犬と猫の神経病学

各論編

DAMNIT-V分類と代表的疾患

監 修　長谷川大輔・枝村一弥・齋藤弥代子

Veterinary Neurology in Dogs and Cats

The DAMNIT-V Approach and Principal Diseases

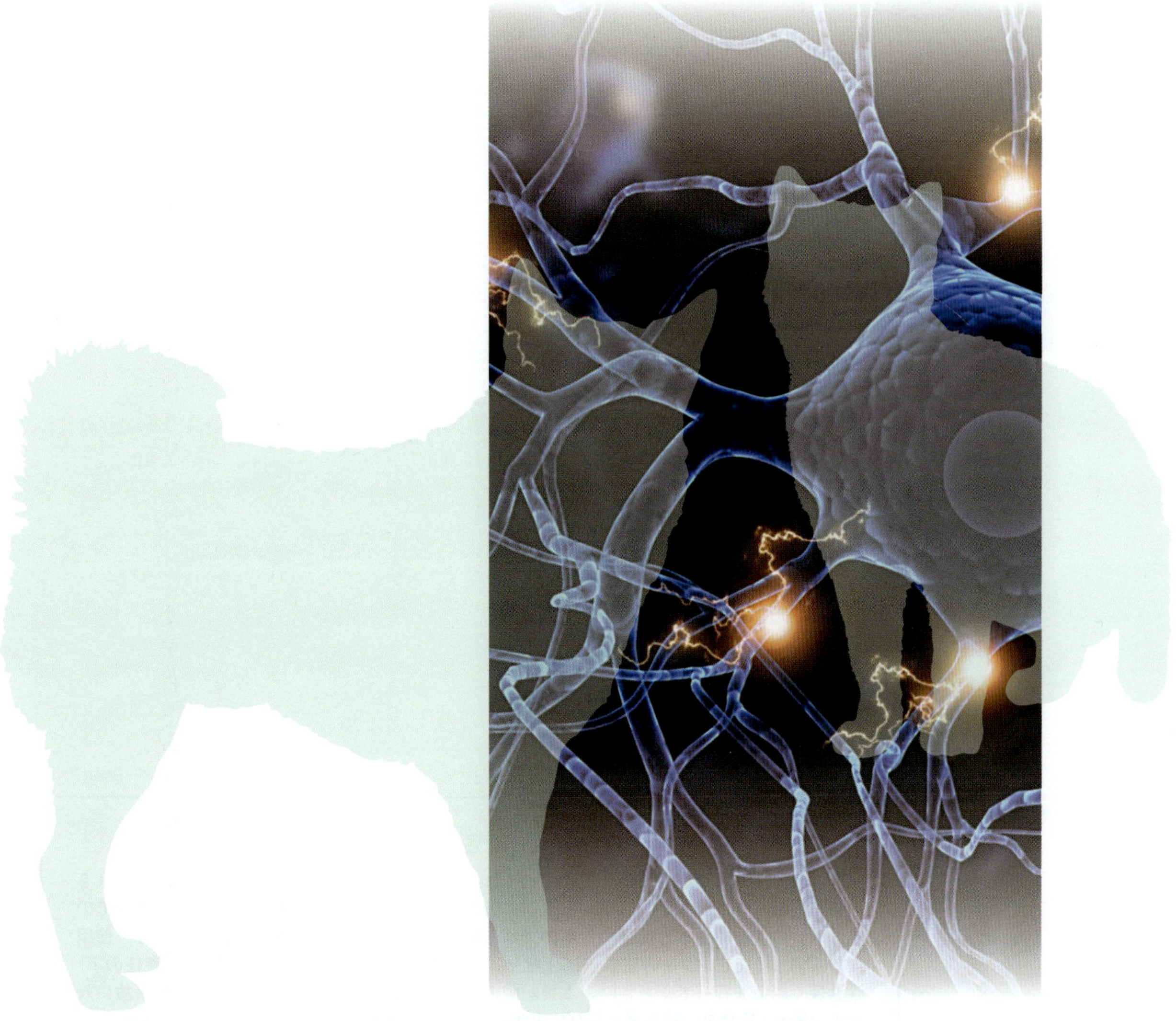

緑書房

推薦の辞

神経学的診断は，まず，その疾患が神経系の病気であるかどうか，神経系に病変が存在するとしたら，その存在部位はどこか(局在診断)，その病変の種類は何か(病因診断)ということを診断および推測していく診断法である。緑書房創業55周年記念出版として刊行される本書『犬と猫の神経病学 各論編— DAMNIT-V 分類と代表的疾患』では，主に米国で用いられているDAMNIT-V 分類を基にして，病変種類ごとに各疾患について詳細に記載されている。取り上げられている疾患は欧米の成書には記載がないものも多く，現在の日本における獣医神経病学の最新知識をまとめた内容である。

本書の執筆者は，今まさに第一線で活躍している臨床家の先生方，臨床家であり研究者でもある大学の先生方であり，それぞれ専門とする分野を書かれている。そのため各疾患に対する内容はかなり深い。さらに，病理学者の内田和幸先生が参加したことによって，臨床例の症状，各種検査所見から病理像までを総合的に理解できるようになっている。なお，獣医学用語は医学用語を踏襲しているが，医学での変性疾患が日本の獣医学では変性性疾患と，脊髄変性症が変性性脊髄症といわれている。本書の内容そのものは素晴らしいものであるが，医学用語とは表記に多少の違いがあることに留意していただきたい。

かつて日本の獣医学は米国より10年以上遅れているといわれていた。1978年に出版されたB. F. Hoerlein監修『Canine Neurology 第3版』には，現在の獣医神経病学の基本となる神経学的検査，脳波，筋電図検査など，ほぼすべてのことが書かれている。手術に関しても，頚部椎間板ヘルニアに対する腹側減圧術(ベントラル・スロット)や，作成したスロットに対する自家骨移植による固定術が1973年と1974年の論文から引用されている。脊髄造影剤のメトリザマイドすらまだ誰も手に入らなかった頃の論文である。ちなみに我々が現在も使用している安全性の高い水溶性非イオン性脊髄造影剤を入手できるようになったのは1987年からである。その頃にはようやく国内でもCTが使えるようになり，CT-myelographyによる診断もできるようになったのである。このように使用する薬剤，医療機器，手術手技は進化し続けるものであり，当時できなかったことも現在ではできるようになっているが，基本的なものの考え方は変わらないものである。もちろん，米国の獣医学の歴史と底力は今でも圧倒的であるものの，本書を読むと，いくつかの分野では日本の獣医学も米国の獣医学にすでに追いついていると思われる。

おわりに，これほど素晴らしい内容の本を作り上げた執筆者，監修者および緑書房に敬意を表するとともに，本書が国内の臨床家の先生方に広く読まれること，また大学においても内科学の教科書の一冊として使われることを期待している。さらに，時代の移り変わりとともにアップデートして，改訂版を出されていくことをお願いしたい。

2015年2月

獣医神経病学会 会長

諸角元二

序　文

私が月刊『CAP』(緑書房)にて「読んで，みてマスターする神経学的検査」の連載を始めたのは2005年10月号であった(2006年10月号で終了)。その後，2008年6月号からは神経病の各論として「DAMNI-Vで学ぶ神経病学各論」が始まった。これは，脳疾患編から脊椎・脊髄疾患編，末梢神経・筋疾患編と監修者も筆者もリレー形式にすることで，最終的に2012年8月号(第49回)まで連載が続いた。おそらく，獣医神経病関連でここまで長きにわたって連載が組まれた例は他にないだろう。これもひとえに，CAP編集部，脊椎・脊髄疾患編監修の枝村一弥先生，末梢神経・筋疾患編監修の齋藤弥代子先生による多大なるご尽力と，また獣医神経病学会を中心とした神経病スペシャリストの筆者の先生方，そして読者皆様の情熱の賜であると感じている。特に，私からの連載監修を快く引き受けていただいた枝村先生と齋藤先生は，2003年に各々の大学へ就任した私の同期生であり，今までも，そしてこれからもよき仲間であり，また互いに切磋琢磨できるライバルでもある。ちなみに，齋藤先生は徳力幹彦先生，枝村先生は小川博之先生，そして私は織間博光先生の門下生であり，この3名の師匠は各々獣医神経病学会の歴代会長でもあり，何か運命的なものを感じる。私はこの2人と同期で本当によかったと感じている。

さて，本書『犬と猫の神経病学 各論編― DAMNIT-V分類と代表的疾患』もまた，私たち3人をつなぐ大きなイベントの1つである。本書出版の構想は，先述した「DAMNIT-Vで学ぶ神経病学各論」の連載を企画していたときだったと記憶している。日本にはこれまで日本人が著した獣医神経病の書籍は全くなく，私達自身も常に欧米の教科書やその翻訳書(翻訳に難があったりした)で勉強してきた。先に挙げた徳力，小川，織間各先生をはじめ，日本には世界に肩を並べるほど多くの神経科獣医師がいるにもかかわらず，日本独自の神経病書籍がないことに私は劣等感を抱いていた。2000年に入って山口大学，東京大学，日本大学，日本獣医生命科学大学，麻布大学と次々にMRIが導入され，これに伴って神経病やMRIに関する日本の研究成果が次々と海外学術誌に掲載されるようになった。徳力先生から「日本はMRIと神経病で世界をリードできる」と励ましの言葉をいただいたことは今でも私のモチベーションの1つであり，またMRI以外でも大和修先生のライソゾーム病研究，内田和幸先生と松木直章先生による壊死性脳炎における抗GFAP自己抗体の発見といった世界をリードする研究は，本書を企画するに十二分の影響を与えてくれた。

本書の出版企画が本格的に始動してからすでに3年が経過した。連載当時より内容が大幅にアップデートされた章もあり，また書籍化に伴って連載時には掲載がなかった新たな章もいくつか書き下ろされている。本書は，この後出版を控えている『犬と猫の神経病学 総論・技術編―臨床神経病学の基礎知識と検査・手術手技』(仮題)との2編構成となっている。いずれも連載時と同様，執筆陣はその内容ごとに第一線で活躍する専門家ばかりであり，妥協はないと信じている。また1つの疾患ごとに本書ほど詳細に記述されている専門書は外国書籍を含めて類を見ない。これは私が思い描いていた，日本初の日本人による，日本人のための獣医神経病の専門書である(私は別に日本至上主義者ではないことを断っておく)。それでもなお，まだ足りない部分はあるかもしれないが，本書が日本小動物臨床に携わる読者にとって神経病診療の道標になってくれることを期待している。

最後になったが，本書が緑書房の創業55周年記念出版として刊行されることを大変喜ばしく思う。

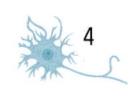

2015年2月

長谷川大輔

日本の動物医療にもMRI検査が普及し，神経病を診断する機会が増えてきている。しかし，神経病の診断や治療は難解で，苦手意識を抱いている獣医師も少なくないであろう。また，神経病領域の診断や治療は日進月歩であり，専門家でもない限り最新知見を常に把握しておくことは難しい。日本で入手することのできる獣医神経病学の成書の多くは，欧米の翻訳が主体である。実際に，これらの成書は体系的にまとめられており，多くの情報が掲載されている。しかし，日本で診察する機会のない神経病が紹介されていたり，日本で入手困難な薬剤や実施されていない治療法が推奨されたりしていて，現状に即していないことがよくある。そのような背景から，日本人による日本の臨床現場発の成書の発刊が切望されていた。私が知る限り，本書が獣医神経病領域において初の日本オリジナルの成書である。特に，臨床家にとって日常の診療現場で重要な情報が豊富に集録されており，いずれの動物病院においても必携の書となるであろう。

本書は，『犬と猫の神経病学 各論編— DAMNIT-V分類と代表的疾患』と題して，国内で診断する機会の多い疾患を中心に体系的にまとめられている。もとは月刊『CAP』（緑書房）の連載「DAMNIT-Vで学ぶ神経病学各論」を書籍化したものであり，私は主に脊椎・脊髄疾患編の監修を行った。脳疾患編の監修者である日本獣医生命科学大学の長谷川大輔先生と，末梢神経・筋疾患編の監修を担当した麻布大学の齋藤弥代子先生は，同時期に大学の教育職に就き，全国獣医臨床系大学教員の研修会で新人として一芸を披露するなど苦境をともにしてきた仲間でもある。また，獣医神経病学会の研究部会のメンバーとして，神経病の診断および治療の底上げのために難解症例の検討を重ね，さまざまなガイドラインの策定も行ってきた。このようなメンバーだからこそ本書をまとめることができ，より臨床的かつ先進的な内容の書にまとまったと確信している。

また，本書の執筆陣は，いずれもわが国において獣医神経病領域の臨床をリードしている先生ばかりであり，欧米の成書に見劣りしない充実した内容になっている。本書には，壊死性脳炎の診断マーカーとしての抗GFAP抗体の診断意義，椎間板ヘルニアや脊髄くも膜嚢胞の術中脊髄超音波検査(intraoperative spinal ultrasonography：IOSU)の有用性，硬膜外特発性無菌性化膿性肉芽腫(ISP)による脊髄障害などといった，日本発の診断および治療法も含まれており，海外の獣医師にも誇れる書籍と言っても過言ではない。このような書籍は，他の診療分野では類を見ず，わが国の獣医神経病領域の先生方の人柄と協力があったからこそ成し得ることができたと思っている。この場を借りて，執筆していただいた先生方に深謝したい。

本書は，近々出版の予定である姉妹編『犬と猫の神経病学 総論・技術編—臨床神経病学の基礎知識と検査・手術手技』（仮題）と2冊構成になっている。現在，こちらの書籍は鋭意監修中であるが，出版されれば診断から治療に至るまでさらに系統立てて学ぶことができる。ぜひとも，完成時には2冊セットで読んでいただき，日常の診療の参考にしていただきたい。

最後に，本書をまとめるにあたりご指導いただいた，徳力幹彦先生，小川博之先生，織間博光先生，諸角元二先生に，そして創業55周年記念として本書を刊行していただいた緑書房に心から感謝の意を表したい。本書が，神経病の動物の診断および治療を行う獣医師にとってのバイブルになれたら幸いである。

2015年2月

枝村一弥

本書の特徴は，DAMNIT-Vという病態分類をもとに，疾患群ごとに疾患の詳細が解説されているところにある(この構成の発案は長谷川大輔先生である)。他のほとんどの獣医神経病の書籍が，臨床現場で神経疾患を疑う動物を診察し，評価していくのと同じ過程で構成されているのに対し，ユニークである。診察と同じ過程で構成されている本は，疑わしい病気が皆目検討つかない場合には役立つが，特定の疾患を調べる際には，情報が本のあちらこちらに散らばっているため，閉口することが多い。本書は，疾患ごとに概要，疫学，臨床徴候，神経学的検査所見，診断方法，治療方法，そして予後が1カ所にまとめられ，それぞれの分野の気鋭の筆者によって詳細に解説されているため，容易に深い情報を探し出すことができる。従来からある獣医神経病の書籍に加え，本書を手元におかれることをお勧めする。

昨今の獣医療における高度診断技術の普及には目を見張るものがある。しかし，神経疾患の診療に最も重要なものは，問診を含むていねいな診察である。形態を描出した画像所見と神経の働きは別問題であり，臨床徴候，すなわち，神経機能の脱落あるいは亢進徴候は，あくまでも診察によって判断されなければならない。神経徴候を適切に把握してはじめて，MRIなどの高度診断技術の情報を生かすことができる。本書においては，主にシグナルメント，臨床徴候，神経学的検査の項目に，診察のエッセンスがちりばめられている。診察にあたっては，まずはそれらを参照していただきたい。神経疾患の診察では，神経学的検査が重要なウエイトを占めるが，本検査方法は近々出版予定である本書の姉妹編『犬と猫の神経病学 総論・技術編―臨床神経病学の基礎知識と検査・手術手技』(仮題)にまとめられている。

本書作成においては，長谷川大輔先生，枝村一弥先生とともに監修を行ったが，その過程において多くの方々にご尽力いただいた。執筆者の先生方，緑書房の方をはじめ，お世話になったすべての人に心より御礼を申し上げたい。ありがとうございました。

2015年2月

齋藤弥代子

監修者・執筆者一覧

（所属は 2015 年 2 月現在）

［監修者］（担当章順）

長谷川大輔 …… 第 1 章，脳疾患（第 2 ～ 22 章），行動学（第 52 章）
日本獣医生命科学大学 獣医学部 獣医学科 臨床獣医学部門 治療学分野 I（神経内科／脳外科），
同大学付属動物医療センター 脳神経外科
獣医師，博士（獣医学）
Daisuke Hasegawa, DVM, PhD

枝村　一弥 …… 第 1 章，脊椎・脊髄疾患（第 23 ～ 41 章）
日本大学 生物資源科学部 獣医学科 獣医外科学研究室，
同大学動物病院 整形外科／神経・運動器科
獣医師，博士（獣医学），日本小動物外科専門医
Kazuya Edamura, DVM, PhD, Diplomate JCVS

齋藤弥代子 …… 第 1 章，末梢神経・筋疾患（第 42 ～ 51 章）
麻布大学 獣医学部 獣医学科 外科学第二研究室，
同大学附属動物病院 神経科（神経外科／神経内科）
獣医師，博士（獣医学）
Miyoko Saito, DVM, PhD

［執筆者］（五十音順）

相川　　武 相川動物医療センター …… 第 31，38，47 章
獣医師，日本小動物外科専門医
Takeshi Aikawa, DVM, Diplomate JCVS

秋吉　秀保 大阪府立大学大学院 生命環境科学研究科 獣医学専攻 獣医外科学教室，…… 第 40 章
同大学生命環境科学部附属獣医臨床センター 外科診療科
獣医師，博士（獣医学），日本小動物外科専門医
Hideo Akiyoshi, DVM, PhD, Diplomate JCVS

伊藤　大介 日本大学 生物資源科学部 獣医学科 総合臨床獣医学研究室，…… 第 50 章
同大学動物病院 総合診療科／神経・運動器科
獣医師，博士（獣医学）
Daisuke Ito, DVM, PhD

入交　眞巳 日本獣医生命科学大学 獣医学部 獣医学科 臨床獣医学部門 治療学分野 I 獣医臨床病理学研究室，…… 第 6，52 章
同大学付属動物医療センター 行動治療科
獣医師，博士（学術），米国獣医行動学専門医
Mami Irimajiri, DVM, PhD, Diplomate ACVB

上野　博史 酪農学園大学 獣医学群 獣医学類 伴侶動物医療学分野 伴侶動物外科学 I ユニット，…… 第 34 章
同大学附属動物病院 伴侶動物医療学分野 外科
獣医師，博士（獣医学）
Hiroshi Ueno, DVM, PhD

内田　和幸 東京大学大学院 農学生命科学研究科 獣医学専攻 獣医病理学研究室 …… 第 4，50 章
獣医師，農学博士，日本獣医病理学専門医
Kazuyuki Uchida, DVM, PhD, Diplomate JCVP

宇塚　雄次 岩手大学 農学部 共同獣医学科 獣医画像診断学研究室 …… 第 9 章
獣医師，博士（獣医学）
Yuji Uzuka, DVM, PhD

宇津木真一 日本動物高度医療センター 脳神経科 …… 第 51 章
獣医師
Shinichi Utsugi, DVM

宇根　　智 ネオベッツ VR センター …… 第 11 章
獣医師，博士（獣医学），日本小動物外科設立専門医
Satoshi Une, DVM, PhD, Charter Diplomate JCVS

枝村　一弥　（前掲）　第 1，23，27 章

王寺　　隆　ネオベッツ VR センター　第 12，24，35 章
獣医師
Takashi Oji, DVM, MS

奥野　征一　アニマルクリニックこばやし　第 43 章
獣医師，博士（獣医学）
Seiichi Okuno, DVM, PhD

小澤真希子　東京大学大学院 農学生命科学研究科 獣医学専攻 獣医病理学研究室　第 6 章
獣医師
Makiko Ozawa, DVM

織間　博光　株式会社 ORM　第 20，45 章
獣医師，獣医学博士，日本獣医生命科学大学名誉教授
Hiromitsu Orima, DVM, PhD, Emeritus Professor at NVLU

金井　詠一　麻布大学 獣医学部 獣医学科 獣医放射線学研究室，　第 29 章
同大学附属動物病院 画像診断科／腫瘍科／一般外科
獣医師，博士（獣医学）
Eiichi Kanai, DVM, PhD

金園　晨一　埼玉動物医療センター　第 30 章
獣医師，米国獣医神経科専門医
Shinichi Kanazono, DVM, Diplomate ACVIM（Neurology）

神志那弘明　岐阜大学 応用生物科学部 共同獣医学科 獣医臨床放射線学研究室，　第 28 章
同大学動物病院 神経科
獣医師，博士（学術）
Hiroaki Kamishina, DVM, PhD

茅沼　秀樹　麻布大学 獣医学部 獣医学科 獣医放射線学研究室，　第 29 章
同大学附属動物病院 画像診断科／脳神経科／整形外科／一般外科
獣医師，博士（獣医学）
Hideki Kayanuma, DVM, PhD

川﨑　安亮　鹿児島大学 共同獣医学部 獣医学科 基礎獣医学講座 行動生理・生態学分野，　第 46 章
同大学共同獣医学部附属動物病院 神経科／行動科
獣医師，博士（獣医学）
Yasuaki Kawasaki, DVM, PhD

神野　信夫　日本獣医生命科学大学 獣医学部 獣医学科 獣医外科学研究室，　第 26 章
同大学付属動物医療センター 外科／麻酔科
獣医師，博士（獣医学）
Nobuo Kanno, DVM, PhD

北川　勝人　日本大学 生物資源科学部 獣医学科 総合臨床獣医学研究室，　第 21，50 章
同大学動物病院 総合診療科／神経・運動器科
獣医師，博士（獣医学）
Masato Kitagawa, DVM, PhD

國谷　貴司　渡辺動物病院　第 17 章
獣医師
Takashi Kuniya, BVSc

小林　正典　日本獣医生命科学大学 獣医学部 獣医学科 臨床獣医学部門治療学分野Ⅱ 獣医臨床繁殖学研究室，　第 49 章
同大学付属動物医療センター 産科／一般外科
獣医師，博士（獣医学）
Masanori Kobayashi, DVM, PhD

齋藤弥代子　（前掲）　第 1，7，8，36，42，48 章

清水純一郎　ユニ動物病院　第 40 章
獣医師，博士（獣医学）
Junichiro Shimizu, DVM, PhD

垰田　高広　葛西りんかい動物病院　第 13 章
獣医師，博士（獣医学）
Takahiro Taoda, DVM, PhD

田中　宏　中山獣医科病院 …… 第25，32章
獣医師，博士(獣医学)，日本小動物外科設立専門医
Hiroshi Tanaka, DVM, PhD, Charter Diplomate JCVS

田村　慎司　たむら動物病院 …… 第4，9，39章
獣医師，博士(獣医学)
Shinji Tamura, DVM, PhD

戸野倉雅美　フジタ動物病院 …… 第19章
獣医師
Masami Tonokura, DVM

鳥巣　至道　宮崎大学 農学部附属動物病院 …… 第10章
獣医師，博士(獣医学)
Shidow Torisu, DVM, PhD

中本　裕也　KyotoAR 獣医神経病センター …… 第16章
日本動物高度医療センター 脳神経科
獣医師，博士(獣医学)
Yuya Nakamoto, DVM, PhD

中山　正成　中山獣医科病院 …… 第25，32章
獣医師，博士(医学・獣医学)，日本小動物外科設立専門医
Masanari Nakayama, DVM, PhD, Charter Diplomate JCVS

長谷川大輔　(前掲) …… 第1，2，6，18，22，41，44章

原　康　日本獣医生命科学大学 獣医学部 獣医学科 獣医外科学研究室，…… 第13，26章
同大学付属動物医療センター 脳神経外科／整形外科
獣医師，博士(獣医学)，日本小動物外科設立専門医
Yasushi Hara, DVM, PhD, Charter Diplomate JCVS

松木　直章　東京大学大学院 農学科学生命研究科 獣医学専攻 獣医臨床病理学研究室 …… 第14，15，36章
獣医師，博士(獣医学)
Naoaki Matsuki, DVM, PhD

松永　悟　日本動物高度医療センター 脳神経科 …… 第7，33，37章
獣医師，日本小動物外科設立専門医
Satoru Matsunaga, DVM, Charter Diplomate JCVS

大和　修　鹿児島大学 共同獣医学部 獣医学科 臨床獣医学講座 臨床病理学分野 …… 第3，5章
獣医師，博士(獣医学)
Osamu Yamato, DVM, PhD

■初出一覧

以下の章は，月刊『CAP』(緑書房)連載「DAMNIT-Vで学ぶ神経病学各論」(2008年6月号～2012年8月号)の記事を元に，加筆修正をしてまとめた。

第2章	2008年 6月号	第22章	2010年 1月号	第37章	2011年 5月号
第3章	2008年 9月号	第23章	2010年 3月号	第39章	2011年 3月号
第4章	2008年 7月号	第24章	2010年 4月号	第40章	2011年 6月号
第7・8章	2008年10～12月号	第25章	2010年 5月号	第41章	2011年 7月号
第9章	2009年 2月号	第26章	2010年 6月号	第42章	2011年9～10月号
第10章	2009年 1月号	第27章	2010年 7月号	第43章	2011年11月号
第11章	2009年 5月号	第28章	2010年 8月号	第44章	2011年12月号
第12章	2009年 3月号	第29章	2010年 9月号	第45章	2012年 1月号
第14章	2009年 6月号	第30章	2011年 8月号	第46章	2012年 2月号
第15章	2009年 7月号	第31章	2010年10月号	第47章	2012年 4月号
第16章	2009年 8月号	第32章	2010年11月号	第48章	2012年 3月号
第18章	2009年9～10月号	第33章	2010年12月号	第49章	2012年 6月号
第19章	2009年11月号	第34章	2011年 1月号	第50章	2012年 7月号
第20章	2010年 2月号	第35章	2011年 2月号	第51章	2012年 8月号
第21章	2009年12月号	第36章	2011年 4月号		

目　次

推薦の辞 …… 3
序文 …… 4
監修者・執筆者一覧 …… 7
初出一覧 …… 9
DAMNIT-V 分類のアイコンについて …… 20

1. DAMNIT-V 分類の概説 21
[長谷川大輔，枝村一弥，齋藤弥代子]
DAMNIT-V とは …… 21
DAMNIT-V と臨床経過 …… 21
1. D：変性性疾患 …… 21
2. A：奇形性疾患 …… 22
3. M：代謝性・栄養性疾患 …… 22
4. N：腫瘍性疾患 …… 23
5. I：炎症性(感染性／免疫介在性／特発性)疾患および特発性疾患 …… 23
6. T：外傷性疾患および中毒性疾患 …… 23
7. V：血管障害性疾患 …… 23

脳疾患 27

2. 脳疾患編イントロダクション 28
[長谷川大輔]
はじめに …… 28
脳の機能解剖と神経学的検査所見 …… 28
1. 前脳(大脳・間脳) …… 28
2. 脳幹(中脳・橋・延髄) …… 31
3. 小脳 …… 32
4. 前庭 …… 33
一般的な頭蓋内疾患の病態生理 …… 34
1. 頭蓋内圧と頭蓋内血行動態 …… 34
2. 血液脳関門(BBB) …… 36
3. 脳浮腫 …… 36
4. 脳室系の閉塞(脳脊髄液の循環不全) …… 38
5. 脳ヘルニア …… 39
脳疾患における DAMNIT-V 分類 …… 39
1. D：変性性疾患 …… 40
2. A：奇形性疾患 …… 40
3. M：代謝性・栄養性疾患 …… 40
4. N：腫瘍性疾患 …… 41
5. I：炎症性(感染性／免疫介在性)疾患 …… 41
6. I：特発性疾患 …… 41
7. T：外傷性疾患および中毒性疾患 …… 41
8. V：血管障害性疾患 …… 41
おわりに …… 42

3. ライソゾーム病 43
[大和　修]
はじめに …… 43
病態生理 …… 44
病理組織学的および超微形態的特徴 …… 44
臨床症状と神経学的検査所見 …… 47
診断 …… 48
補助診断ツール …… 50
治療および予防 …… 51
おわりに …… 52

4. 神経軸索ジストロフィー・小脳皮質アビオトロフィーとその他の疾患 54
[田村慎司・内田和幸]
はじめに …… 54
病態生理 …… 55
1. 神経軸索ジストロフィー(NAD)の病理組織学的特徴 …… 55
2. 小脳皮質アビオトロフィー(CCA)の病理組織学的特徴 …… 57
3. その他の変性性疾患の臨床的・病理学的特徴 …… 57
臨床症状と神経学的検査所見 …… 59
1. 神経軸索ジストロフィー(NAD)の臨床症状および神経学的検査所見 …… 59
2. 小脳皮質アビオトロフィー(CCA)の臨床症状 …… 62
3. その他の変性性疾患 …… 62
診断 …… 63
1. MRI 検査 …… 63
2. まれな変性性疾患に対する診断的アプローチ …… 63
治療，予後および予防 …… 66
症例 …… 66
おわりに …… 68

5. 先天代謝異常症 73
[大和　修]
はじめに …… 73
先天代謝異常症と神経病 …… 73
先天代謝異常症の診断とスクリーニング …… 73
1. タンデムマス …… 75
2. ガスクロマトグラフィー／マススペクトロメトリー(GC/MS) …… 75
動物の先天代謝異常症 …… 76
1. 診断 …… 76
2. 既報されている先天代謝異常症 …… 78

おわりに 79

6. 認知機能不全症候群(痴呆症) 81
[長谷川大輔・小澤真希子・入交眞巳]
はじめに 81
認知機能不全症候群・痴呆症の定義 81
病理所見と病態生理 82
1. 脳の肉眼所見 82
2. 病理組織学的所見 82
3. 発症要因 85
疫学 85
診断 85
1. 臨床症状からの判定基準 85
2. 神経学的検査 86
診断的検査 89
1. 甲状腺機能の評価 89
2. 血中の多価不飽和脂肪酸測定 89
3. 自律神経機能検査 89
4. 画像診断 89
5. 電気生理学的検査 91
治療 91
1. 行動療法 91
2. 食事療法 93
3. 薬剤療法 94
4. 介護 95
5. 安楽死の考慮 95
予後 95
おわりに 96

7. 頭蓋内奇形性疾患(水頭症を除く) 98
[齋藤弥代子・松永 悟]
はじめに 98
頭蓋内くも膜嚢胞 98
1. 発生機序 98
2. 病態生理 99
3. 臨床症状 99
4. 診断 100
5. 治療 101
6. 予後 102
滑脳症 102
1. 発生機序 102
2. 臨床症状 103
3. 診断 103
4. 治療および予後 103
5. 神経細胞遊走異常によるその他の疾患 103
脳梁形成不全/脳梁欠損症, 全前脳胞症 104
1. 発生機序 104
2. 診断 105
3. 治療 105
孔脳症 105
1. 発生機序 105
2. 診断および治療 106
髄膜瘤, 髄膜脳瘤 107
キアリ様奇形 107
1. 発生機序と病態生理 107
2. 臨床症状 108
3. 診断 108
4. 治療および予後 108
COMS 109
1. COMSとは 109
2. 病態生理 110
3. 臨床症状 111
4. 診断 111
5. 治療および予後 112
小脳奇形 112
1. 臨床症状 113
2. 診断 113
3. 治療および予後 113
Dandy-Walker 様奇形 113
1. 臨床症状 114
2. 診断 114
3. 治療および予後 114
おわりに 114

8. 水頭症(主に先天性水頭症について) 117
[齋藤弥代子]
はじめに(水頭症の定義と分類) 117
原因 118
疫学 118
シグナルメントと臨床徴候 119
診断 120
1. 超音波検査 120
2. CT検査, MRI検査 123
治療 124
1. 内科療法 125
2. 外科療法 126

9. 非神経疾患に伴う代謝性脳症・ニューロパチー 129
[宇塚雄次・田村慎司]
はじめに 129
全身状態の把握 129
低血糖症 129
高血糖症 130
犬の甲状腺機能低下症 130
猫の甲状腺機能亢進症 132
尿毒症/尿毒症性脳症 133
電解質異常 133
チアミン欠乏症 134
おわりに 137

10. 肝性脳症 138
[鳥巣至道]
はじめに 138
病態生理 138
1. アンモニア 138
2. メルカプタン 139

3. アミノ酸のインバランス 139
4. GABA-ベンゾジアゼピン受容体複合体異常 140
臨床症状と神経学的検査所見 140
1. 肝性脳症のグレード分類 140
2. 身体検査所見と問診のポイント 141
診断 142
1. 血液検査 142
2. 画像診断 142
治療 144
1. 急性期の治療 145
2. 慢性期の治療 145
予後および予防 146
おわりに 148

11. 神経膠腫 149
[宇根 智]
はじめに 149
脳腫瘍の基礎知識 149
1. 脳腫瘍の分類 149
2. 脳腫瘍の発生と種類 149
臨床症状と神経学的検査所見 152
1. シグナルメント 152
2. 病歴 152
3. 身体検査および神経学的検査所見 153
診断 153
1. 臨床検査所見 153
2. 画像検査 153
3. 確定診断 156
治療および予後 157
1. 外科治療 157
2. 放射線治療 158
3. 化学療法 158
4. 免疫療法 158
おわりに 164

12. 髄膜腫 166
[王寺 隆]
はじめに 166
病態生理 166
臨床症状と神経学的検査所見 167
診断 168
1. CT 検査 168
2. MRI 検査 169
治療 171
1. 外科治療 171
2. 化学療法 173
3. 緩和療法 173
4. 放射線治療 174
予後 174
おわりに 174

13. 下垂体腫瘍 178
[原 康・垰田高広]
はじめに 178
1. 疫学 178
2. 下垂体腫瘍の分類 178
病態生理 178
臨床症状と神経学的検査所見 179
診断 179
1. 内分泌学的検査 180
2. 腹部超音波検査 180
3. 内因性 ACTH 濃度 180
4. 頭部画像検査 181
治療 182
1. 保存療法 182
2. 外科療法 185
3. 放射線療法 185
予後 185

14. 犬の特発性脳炎(1)：壊死性髄膜脳炎と壊死性白質脳炎 189
[松木直章]
はじめに 189
壊死性髄膜脳炎(NME)と壊死性白質脳炎(NLE)の疾患概念と分類 189
パグの壊死性髄膜脳炎(NME) 190
1. 疫学 190
2. 臨床症状 190
3. 画像診断 190
4. 臨床病理検査 192
5. 治療および予後 192
6. 病理所見 193
7. 今後の展開 193
パグ以外の犬種の壊死性髄膜脳炎(NME)および壊死性白質脳炎(NLE) 194
1. 疫学 194
2. 臨床症状 194
3. 画像診断 194
4. 臨床病理検査 194
5. 治療および予後 194
6. 病理所見 197
7. 今後の展開 197
おわりに 197

15. 犬の特発性脳炎(2)：肉芽腫性髄膜脳脊髄炎とその他の疾患 199
[松木直章]
はじめに 199
肉芽腫性髄膜脳脊髄炎(GME) 199
1. 概要 199
2. 病理所見 199
3. 疫学 200
4. 臨床症状 201
5. 診断 201
6. 治療および予後 202

ステロイド反応性髄膜炎・動脈炎(SRMA) 203
1. 概要 203
2. 疫学 203
3. 臨床症状 203
4. 診断 204
5. 治療および予後 204
6. 病理所見 204
特発性好酸球性髄膜炎 204
1. 概要と疫学 204
2. 臨床症状 204
3. 診断 204
4. 治療および予後 205
5. 病理所見 205
まとめ 206

16. 感染性脳炎 207
[中本裕也]
はじめに 207
ウイルス性疾患 207
1. 犬ジステンパーウイルス性脳炎 207
2. 狂犬病ウイルス性脳炎 214
3. 犬ヘルペスウイルス性脳炎 214
4. 猫伝染性腹膜炎ウイルス性髄膜脳炎 215
5. 猫後天性免疫不全ウイルス関連性脳症 219
6. 猫パルボウイルス感染症 221
7. ボルナ病ウイルス性脳炎 221
細菌性疾患 223
細菌性髄膜脳炎 223
真菌性疾患 224
真菌性髄膜脳炎 224
原虫性疾患 226
トキソプラズマ症 226
おわりに 228

17. 不随意運動：全身性振戦症候群をはじめとした振戦を呈する疾患 231
[國谷貴司]
はじめに 231
不随意運動とは 231
1. 振戦 231
2. ミオクローヌス 231
3. ジストニア 232
4. 舞踏運動 232
5. バリスム(バリスムス) 232
6. アテトーゼ(アテトーシス) 232
7. 攣縮(スパズム) 233
8. ミオキミア 233
9. ミオトニア 233
10. ジスキネジア 233
動物の振戦 234
1. 全身性振戦症候群(特発性振戦症候群) 234
2. 特発性頭部振戦 236
3. 起立時振戦 237
4. 高齢犬における振戦 237
おわりに 238

18. てんかん 241
[長谷川大輔]
はじめに 241
てんかんとてんかん発作の定義 241
てんかんの分類 241
1. 病因による分類 241
2. 発作型による分類 242
疫学と遺伝 244
病態生理 245
1. 発作の病態生理学 245
2. 発作による脳損傷(発作性脳損傷) 246
診断 247
1. 個体情報・問診 247
2. 一般身体検査，神経学的検査 249
3. 一般臨床検査 249
4. 追加的高次検査 249
治療の目標と開始 251
抗てんかん薬の作用とその選択 253
抗てんかん薬療法の概念・オーナーの教育 254
主要な抗てんかん薬の特性と使用法 255
1. フェノバルビタール 255
2. 臭化カリウム 257
3. ジアゼパム 258
4. ゾニサミド 258
5. ガバペンチン 259
6. プレガバリン 259
7. レベチラセタム 259
8. その他 260
発作重積／重篤な群発発作の治療 260
抗てんかん薬療法以外の治療 261
1. てんかん外科手術と神経刺激療法 261
2. 鍼治療 262
3. ケトン食療法 262
予後 262
おわりに 262

19. ナルコレプシー 267
[戸野倉雅美]
はじめに 267
臨床症状と神経学的検査所見 267
1. 犬のナルコレプシー 267
2. 遺伝と発症時期 268
病態生理 268
1. ナルコレプシー遺伝子の発見 268
2. ナルコレプシーにおけるヒポクレチン／オレキシンリガンドの欠乏 269
3. ヒポクレチン／オレキシンシステムの生理学的役割 270
診断 272
1. 鑑別診断 272

2. 臨床症状 272
3. 脳脊髄液ヒポクレチン 1 濃度 273
治療 273
予後 274
おわりに 275

20. 各種中毒と神経徴候 277
[織間博光]
はじめに 277
家庭やその周辺で起こりやすい中毒 277
1. エチレングリコール中毒 277
2. チョコレート中毒 277
3. マカダミアナッツ中毒 278
4. キシリトール中毒 278
5. メタアルデヒド中毒 278
6. 有機リン中毒，その他の殺虫剤中毒 278
7. ボツリヌス中毒 279
医原性の中毒 279
1. イベルメクチン中毒 279
2. メトロニダゾール中毒 279
3. 髄鞘(ミエリン)溶解症 280
おわりに 281

21. 頭部外傷 283
[北川勝人]
はじめに 283
メカニズムと病態生理 283
1. 頭蓋内圧(脳圧) 284
2. 脳ヘルニア 285
頭部外傷の分類 285
1. 頭蓋軟部損傷 286
2. 頭蓋骨骨折 286
3. 頭蓋内損傷 286
4. 頭蓋内出血・血腫 287
診断および評価 287
1. グラスゴー・コーマ・スケール (MGCS) 288
2. 画像診断 289
3. モニター 290
治療 290
1. 頭部挙上 291
2. 過換気 291
3. 輸液療法 291
4. ステロイド 292
5. 浸透圧利尿薬 292
6. 高張生理食塩水 292
7. 抗てんかん薬 293
8. 栄養管理 293
9. その他の内科療法 293
10. 外科療法 293
予後 294
おわりに 296

22. 脳血管障害 298
[長谷川大輔]
はじめに 298
病態生理 298
1. 脳の血管系 298
2. 脳血管障害の分類 298
3. 脳血管障害の病態生理 300
臨床症状 303
1. シグナルメント 303
2. 神経学的検査所見 303
診断 303
1. 一般臨床検査と追加的検査 303
2. 神経学的検査 304
3. 画像診断 304
4. 脳脊髄液(CSF)検査 307
治療 309
予後 310
おわりに 310

脊椎・脊髄疾患 313

23. 脊椎・脊髄疾患編イントロダクション 314
[枝村一弥]
はじめに 314
脊椎と脊髄の構造：臨床的に重要な機能解剖 314
1. 脊椎：区分と椎骨の数 314
2. 椎骨の基本的な構造 315
3. 各領域における椎骨の特徴 315
4. 椎間板の構造と機能 317
5. 脊髄の基本的な構造 318
6. 反射に関係する機能解剖 319
7. 脊髄：区分と髄節の数 320
8. 脊髄膨大部と髄節の位置 320
9. 脊髄の運動路と感覚路 322
10. 脊椎および脊髄への血管走行 322
11. 脊髄の脳脊髄液(CSF)循環 323
脊椎・脊髄疾患の診断手順 324
1. 問診および視診のポイント 324
2. 神経学的検査 325
3. 画像診断 325
4. 脳脊髄液(CSF)検査 327
脊椎・脊髄疾患における DAMNIT-V 分類 327
1. D：変性性疾患 327
2. A：奇形性疾患 327
3. M：代謝性・栄養性疾患 328
4. N：腫瘍性疾患 328
5. I：炎症性(感染性 / 免疫介在性 / 特発性)疾患 328
6. I：特発性疾患 329
7. T：外傷性疾患 329
8. T：中毒性疾患 329
9. V：血管障害性疾患 329
おわりに 329

24. 頚部椎間板ヘルニア 331
[王寺 隆]
はじめに 331
病態生理 331
1. 椎間板障害の病態分類 331
2. 頚部椎間板障害の好発部位 331
臨床症状と神経学的検査所見 333
1. 上位運動ニューロン徴候(UMNS)と下位運動ニューロン徴候(LMNS) 333
2. 姿勢反応と脊髄反射 333
3. 臨床症状 333
診断 334
1. 単純X線検査と脊髄造影検査 334
2. CT検査 335
3. MRI検査 335
治療 336
1. 保存療法 336
2. 外科療法 337
予後 342
おわりに 342

25. 胸腰部椎間板ヘルニア 343
[田中 宏・中山正成]
はじめに 343
椎間板の構造と機能 343
病態生理 343
1. 疫学 343
2. 椎間板の変性 343
3. 椎間板ヘルニアのタイプ 344
4. 椎間板ヘルニアの発生部位 344
臨床症状と神経学的検査所見 344
診断 345
1. 単純X線検査 345
2. 脳脊髄液(CSF)検査 346
3. 脊髄造影検査 346
4. CT検査 348
5. MRI検査 348
治療 348
1. 保存療法 349
2. 外科療法 349
術後管理 352
1. 疼痛管理 352
2. 膀胱管理 352
理学療法 353
1. 寒冷療法 353
2. 温熱療法 353
3. マッサージと運動療法 353
4. ジェットバス(温水渦流浴)療法 353
予後 353
再発 353
おわりに 357

26. ウォブラー症候群 360
[神野信夫・原 康]
はじめに 360
病態生理と疫学 361
1. 分類 361
2. 好発犬種 362
臨床症状 362
診断 364
1. 触診 364
2. 神経学的検査 364
3. 単純X線検査 364
4. 脊髄造影検査 366
5. CT検査 367
6. MRI検査 367
7. 脳脊髄液(CSF)検査 369
治療 369
1. 保存療法 369
2. 外科療法 369
おわりに 372

27. 馬尾症候群：変性性腰仙椎狭窄症 374
[枝村一弥]
はじめに 374
馬尾領域の解剖 374
馬尾症候群の原因 376
変性性腰仙椎狭窄症の病態生理 376
疫学 376
臨床症状 377
診断 378
1. 視診および触診 379
2. 神経学的検査 379
3. 単純X線検査 381
4. CT検査 382
5. MRI検査 383
6. その他の検査 383
治療 384
1. 保存療法 384
2. 外科療法 384
リハビリテーション 386
予後 387
おわりに 387

28. 変性性脊髄症 389
[神志那弘明]
はじめに 389
病因 389
疫学 389
1. 好発犬種 389
2. 発症年齢，性差 390
臨床症状 390
1. 初期症状 390
2. 中期〜末期症状 390
3. 進行性 391
診断 392

1. 臨床症状 392
2. 神経学的検査 393
3. 画像診断 393
4. 脳脊髄液(CSF)検査 393
5. *SOD1* 遺伝子検査 394
6. 病理組織学的検査 394
治療 394
1. 薬剤療法，サプリメント 394
2. 理学療法 395
3. 日常的なケア 395
おわりに 395

29. 変形性脊椎症 397
[金井詠一・茅沼秀樹]
はじめに 397
疫学 397
1. 好発犬種 397
2. 好発部位 398
病態生理 398
臨床症状 399
診断 399
治療 399
おわりに 401

30. 進行性脊髄軟化症 402
[金園晨一]
はじめに 402
定義 402
病態生理 402
疫学 403
1. 原因疾患 403
2. 発症部位 403
臨床症状 404
診断 405
1. 神経学的検査 405
2. 画像診断 405
3. 脳脊髄液(CSF)検査 406
4. その他の検査 406
5. 術中の肉眼所見 406
6. 確定診断 406
管理 407
おわりに 407

31. 環椎・軸椎不安定症 409
[相川　武]
はじめに 409
病態生理 409
臨床症状と神経学的検査所見 409
診断 410
治療 411
1. 保存療法 411
2. 外科療法 411
予後 412
おわりに 412

32. 脊椎・脊髄の奇形性疾患 415
[田中　宏・中山正成]
はじめに 415
脊椎の奇形 415
1. 半側椎骨 416
2. 塊状椎骨 416
3. 移行脊椎 416
4. 二分脊椎 417
5. 後頭骨環軸椎奇形 417
6. 先天性脊柱管狭窄 418
脊髄の奇形 418
1. 脊髄癒合不全 419
2. 脊髄空洞症および水脊髄症 419
3. 類皮洞 419
4. 脊髄くも膜嚢胞 419
おわりに 423

33. 脊髄空洞症 426
[松永　悟]
はじめに 426
病態生理 426
臨床症状 427
診断 428
1. 単純 X 線検査 428
2. 脊髄造影検査 428
3. CT 検査，MRI 検査 428
治療 428
1. 保存療法 428
2. 外科療法 429
おわりに 430

34. 脊髄腫瘍 431
[上野博史]
はじめに 431
脊髄腫瘍の分類 431
1. 腫瘍の種類 431
2. 腫瘍の発生部位による分類 431
臨床症状 433
診断 433
1. 稟告の聴取 433
2. 一般身体検査 433
3. 神経学的検査 433
4. 単純 X 線検査 433
5. 超音波検査 434
6. 脊髄造影検査 434
7. CT 検査 434
8. MRI 検査 435
9. 生検 435
治療 436
1. 化学療法 436
2. 放射線療法 436
3. 外科療法 436
合併症 437
予後 437

1. 硬膜外腫瘍 …… 437
2. 硬膜内・髄外腫瘍 …… 437
3. 髄内腫瘍 …… 437
症例 …… 438
おわりに …… 443

35. 脊椎腫瘍 444
［王寺 隆］
はじめに …… 444
病態生理 …… 444
1. 骨肉腫 …… 444
2. 形質細胞腫 …… 444
3. リンパ腫 …… 446
4. 転移性腫瘍，浸潤性腫瘍 …… 446
臨床症状および神経学的検査 …… 447
診断 …… 450
1. 単純X線検査 …… 450
2. 脊髄造影検査 …… 450
3. CT検査 …… 451
4. MRI検査 …… 451
5. 主な腫瘍の画像診断 …… 451
6. 細胞診，生検 …… 451
治療および予後 …… 451
1. 形質細胞腫 …… 451
2. リンパ腫 …… 452
3. 減圧術，減容積術 …… 452
おわりに …… 453

36. 脊髄炎 454
［齋藤弥代子・松木直章］
はじめに …… 454
感染性髄膜脊髄炎 …… 454
1. 疫学 …… 454
2. 猫伝染性腹膜炎ウイルス性髄膜脊髄炎 …… 454
3. 犬ジステンパーウイルス性脊髄炎 …… 456
4. 細菌性髄膜脊髄炎 …… 459
特発性脊髄炎 …… 461
1. 犬の肉芽腫性髄膜脳脊髄炎 …… 461
2. 犬のステロイド反応性髄膜炎・動脈炎 …… 462

37. 椎間板脊椎炎 465
［松永 悟］
はじめに …… 465
病態生理 …… 465
臨床症状 …… 465
診断 …… 466
1. 問診，身体検査，神経学的検査 …… 466
2. 血液検査および全身の精査 …… 466
3. 単純X線検査 …… 467
4. 脊髄造影検査，CT検査，MRI検査 …… 467
5. 椎間板の生検および細菌培養検査 …… 468
6. 脳脊髄液(CSF)検査 …… 468
7. 鑑別診断 …… 468
治療 …… 468
予後 …… 469

38. 硬膜外の特発性無菌性化膿性肉芽腫による脊髄障害 472
［相川 武］
はじめに …… 472
病歴と臨床症状 …… 473
画像診断 …… 473
外科療法と生検 …… 473
病理組織学的検査 …… 473
細菌培養検査 …… 474
術後経過 …… 474
鑑別診断 …… 475
治療 …… 475
おわりに …… 475

39. ビタミンA過剰症，発作性転倒 477
［田村慎司］
はじめに …… 477
ビタミンA過剰症 …… 477
1. 病態生理 …… 477
2. シグナルメント …… 477
3. 臨床症状 …… 477
4. 診断 …… 477
5. 治療 …… 478
6. 予後 …… 478
キャバリア・キング・チャールズ・スパニエルの発作性転倒 …… 478
1. 病態生理 …… 479
2. シグナルメント …… 479
3. 臨床症状 …… 479
4. 診断 …… 479
5. 治療 …… 479
6. 予後 …… 479
おわりに …… 480

40. 脊髄損傷 482
［秋吉秀保・清水純一郎］
はじめに …… 482
病態 …… 482
疫学 …… 482
1. 頚椎 …… 482
2. 胸腰椎 …… 482
診断 …… 483
1. 一般身体検査 …… 483
2. 神経学的検査 …… 483
3. 画像診断 …… 484
治療 …… 485
1. 治療法の選択 …… 485
2. 疼痛管理 …… 485
3. 部位別の治療法 …… 486
予後 …… 488

おわりに 488

41. 脊髄梗塞：線維軟骨塞栓症 490
[長谷川大輔]
はじめに 490
疫学 490
病態生理 490
臨床症状 491
診断 492
1. シグナルメント，鑑別診断 492
2. 画像診断 492
3. 脳脊髄液(CSF)検査 493
治療 494
予後 495
おわりに 495

末梢神経・筋疾患 497

42. 末梢神経・筋疾患編イントロダクション 498
[齋藤弥代子]
末梢神経と筋の機能解剖ならびに基礎知識，用語 498
1. 末梢神経･筋疾患の解剖学的構成要素と臨床的名称 498
2. デルマトーム(皮膚分節)とオートノマスゾーン(自律帯) 501
末梢神経・筋疾患の診断法 502
1. 臨床的特徴と身体検査，神経学的検査 502
2. 皮膚のオートノマスゾーンにおける感覚神経の検査 504
3. 臨床病理学的検査 504
4. 薬物学的検査 505
5. MRI 検査，CT 検査および脳脊髄液(CSF)検査 505
6. 電気生理学的検査 506
7. 筋肉と末梢神経の生検 509
末梢神経・筋疾患における DAMNIT-V 分類 512
おわりに 513

43. 遺伝性ニューロパチー 514
[奥野征一]
はじめに 514
電気生理学的検査 514
1. 神経伝導検査 514
2. F 波検査 515
3. 筋電図検査 515
ニューロパチーの組織学的検査 516
代表的な遺伝性ニューロパチー 517
1. 遺伝性運動感覚ニューロパチー 517
2. ミエリン関連多発性ニューロパチー 520
3. 中枢神経と末梢神経を障害するニューロパチー 521
4. 遺伝性感覚ニューロパチー 522
5. ライソゾーム病 523
おわりに 525

44. 末梢神経鞘腫瘍およびその他の腫瘍に関連するニューロパチー 529
[長谷川大輔]
はじめに 529
末梢神経鞘腫瘍 529
1. 概要と疫学 529
2. 臨床症状と神経学的検査所見 529
3. 診断 531
4. 治療および予後 534
リンパ腫 535
腫瘍随伴性ニューロパチー 536

45. 炎症性ニューロパチー 537
[織間博光]
はじめに 537
急性多発性神経根神経炎 537
1. 病態生理 537
2. 臨床徴候 538
3. 診断および治療 538
慢性炎症性脱髄性多発ニューロパチー 539
1. 病態生理 539
2. 臨床徴候 539
3. 診断および治療 539
腕神経叢神経炎 540
1. 病態生理 540
2. 臨床徴候 540
3. 診断および治療 541
特発性三叉神経炎 541
1. 病態生理 541
2. 臨床徴候 541
3. 診断および治療 541
特発性顔面神経麻痺 542
1. 病態生理 542
2. 臨床徴候 542
3. 診断および治療 542
視神経炎 543
1. 病態生理 543
2. 臨床徴候 544
3. 診断および治療 544
おわりに 544

46. 特発性前庭疾患 547
[川﨑安亮]
はじめに 547
用語の定義：前庭器官，蝸牛器官，内耳，迷路，平衡，前庭感覚，平衡感覚 547
平衡の機能解剖学 548
平衡に関する重要な反射 549
1. 前庭動眼反射 549
2. 視運動性眼振 549

3. 前庭脊髄反射 549
めまいと平衡障害の関係：
犬に“めまい”はあるか？ 549
運動失調と平衡障害の違い 549
前庭障害 550
1. 臨床徴候と神経学的検査所見 550
2. 末梢性と中枢性の鑑別 551
末梢性前庭疾患 553
1. 疫学 553
2. 片側性末梢性前庭障害の特徴 553
3. 小児のめまい・平衡障害診断 553
特発性前庭疾患の特徴 554
1. 臨床徴候 554
2. 臨床検査 554
3. 治療 555
4. 病態生理 555
おわりに 558

47. 外傷性ニューロパチー 560
[相川 武]
はじめに 560
末梢神経損傷 560
1. 病態生理 560
2. 末梢神経損傷の程度 560
3. 治療 561
坐骨神経損傷，橈骨神経損傷 562
腕神経叢裂離 562
1. 神経学的検査所見 563
2. 診断 563
3. 治療 563

48. 後天性重症筋無力症 565
[齋藤弥代子]
はじめに 565
1. 重症筋無力症とは 565
2. 先天性重症筋無力症とは 565
3. 後天性重症筋無力症とは 565
病態生理 565
シグナルメント 566
臨床徴候 567
身体一般検査とその他の一般検査 568
神経学的検査所見 569
鑑別診断 569
診断 569
1. エドロホニウム(テンシロン)検査 569
2. 電気生理学的検査 570
3. 血中抗 AChR 抗体 571
4. 筋終板における免疫グロブリンの検出
(免疫組織化学染色) 572
5. seronegative MG(抗 AChR 抗体
陰性の重症筋無力症)の診断 572
治療および管理 573
1. コリンエステラーゼ阻害剤 573
2. グルココルチコイド 573
3. 免疫抑制剤とその他の治療法 573
4. 巨大食道症の管理 574
5. その他 575
予後 575

49. 筋ジストロフィー，ミトコンドリア筋症 577
[小林正典]
はじめに 577
筋ジストロフィー 577
犬のX染色体連鎖性筋ジストロフィー 578
1. 病態生理と疫学 578
2. 臨床症状 579
3. 神経学的検査所見 580
4. 診断 580
5. 治療 582
6. 予後 582
猫の肥大型筋ジストロフィー 582
1. 病態生理と疫学 582
2. 臨床症状 583
3. 神経学的検査所見 583
4. 診断 583
5. 治療 584
6. 予後 584
ラミニンα2(メロシン)欠損型
筋ジストロフィー 584
1. 病態生理と疫学 584
2. 臨床症状 585
3. 神経学的検査所見 585
4. 診断 585
5. 治療 585
6. 予後 585
α-ジストログリカン欠損型筋ジストロフィー
(デボン・レックスの遺伝性ミオパチー) 585
1. 病態生理と疫学 585
2. 臨床症状 586
3. 診断 586
4. 治療 586
5. 予後 586
サルコグリカン欠損型筋ジストロフィー 586
1. 病態生理と疫学 586
2. 臨床症状 586
3. 神経学的検査所見 587
4. 診断 587
5. 治療 587
6. 予後 587
ミトコンドリア筋症 587
1. 病態生理と疫学 587
2. 臨床症状 588
3. 神経学的検査所見 588
4. 診断 588
5. 治療 589
6. 予後 589
おわりに 589

50. 炎症性筋疾患 593
［伊藤大介・北川勝人・内田和幸］
はじめに 593
特発性炎症性筋疾患 593
1. 全身性炎症性筋疾患 593
2. 局所性炎症性筋疾患 596
二次性炎症性筋疾患 604
1. 感染性筋炎 604
2. 腫瘍随伴性筋炎 608
おわりに 609

51. その他のニューロパチー，ミオパチー 612
［宇津木真一］
はじめに 612
ミオキミア／ニューロミオトニア 612
1. 病態生理 612
2. 臨床症状 613
3. 診断と治療 613
ミオトニア 614
1. 病態生理 614
2. 臨床症状 614
3. 診断と治療 614
線維性ミオパチー 615
1. 病態生理 615
2. 臨床症状 615
3. 診断と治療 615
ラブラドール・レトリーバーミオパチー(LRM) 616
1. 病態生理 616
2. 臨床症状 616
3. 診断と治療 616
甲状腺機能低下症性ニューロパチー／ミオパチー 617
1. 病態生理 617
2. 臨床症状 617
3. 診断と治療 617

行動学 621

52. 神経病と問題行動 622
［入交眞巳］
はじめに 622
攻撃行動 622
1. 攻撃行動の類症鑑別 622
2. 発作との鑑別 623
3. 人に対する攻撃行動 623
常同障害 626
1. 定義 626
2. 常同障害の類症鑑別 626
3. 診断 627
4. 治療 627
5. 予想される経過や予後 628
印象的であった実際の症例 628
1. 急な攻撃行動を示した犬の1例 628
2. 急な攻撃行動を示した猫の1例 628
3. わがままな食べ方と思われたが神経学的疾患であった1例 628
4. 常同障害か，てんかん発作かの判断が困難であった1例 629
おわりに 629

略語表 631
索引 634
付録DVDについて 643
DVDの使用方法 643
収録動画リスト 644
神経学的検査表 646

DAMNIT-V（ダムニットブイ）分類のアイコンについて

疾患名を冠した章では，章題の左上にDAMNIT-V分類のアイコンを掲載した。第1章の表「DAMNIT-Vによる主な疾患分類」(p.24)もあわせて参照されたい。

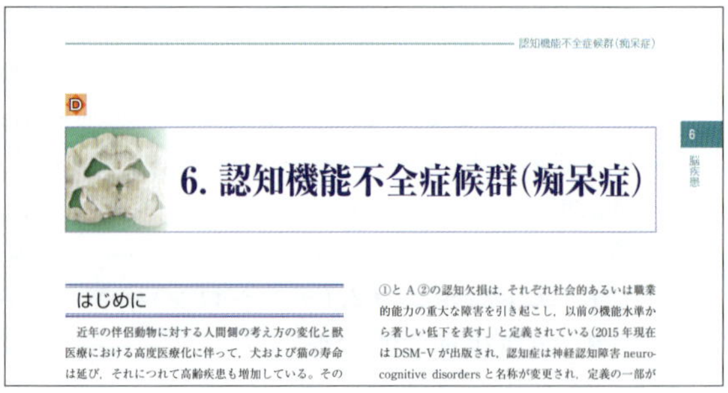
認知機能不全症候群（痴呆症）

D

6. 認知機能不全症候群（痴呆症）

はじめに

近年の伴侶動物に対する人間側の考え方の変化と獣医療における高度医療化に伴って，犬および猫の寿命は延び，それにつれて高齢疾患も増加している。その

①とA②の認知欠損は，それぞれ社会的あるいは職業的能力の重大な障害を引き起こし，以前の機能水準から著しい低下を表す」と定義されている(2015年現在はDSM-Vが出版され，認知症は神経認知障害neuro-cognitive disordersと名称が変更され，定義の一部が

［例］

- D 変性性疾患 degenerative diseases
- A 奇形性疾患 anomalous diseases
- M 代謝性・栄養性疾患 metabolic / nutritional diseases
- N 腫瘍性疾患 neoplastic diseases
- I 炎症性(感染性／免疫介在性／特発性)疾患 inflammatory(infectious / immune-mediated / idiopathic) diseases，または特発性疾患 idiopathic diseases
- T 外傷性疾患 traumatic diseases，または中毒性疾患 toxic diseases
- V 血管障害性疾患 vascular diseases

1. DAMNIT-V 分類の概説

DAMNIT-V とは

神経疾患において，鑑別診断リストを作成する際には，神経学的検査 neurological examination の実施で得られた病変部位とともに，個体情報(品種，年齢など)と病歴，経過が必要である。神経学的検査は，特別な施設や道具を必要とせずに，習得すればどこでも誰でも簡単に行うことができ，かつ病変部位の局在診断には非常に有用性の高い検査法である。実質的な神経学的検査は，観察(意識状態，行動・知性，姿勢，歩様および不随意運動)，触診，姿勢反応，脊髄反射，脳神経検査，知覚からなる。神経学的検査の詳細は総論編で述べられるが，実施にあたっては獣医神経病学会が公開している「神経学的検査表」(巻末参照)を用いるとよい(http://www.shinkei.com/ からダウンロードできる。2015 年 2 月現在)。

DAMNIT-V(語順を変えて VITAMIN-D ともいう)とは，神経疾患の診断を進めていくうえで，非常に便利で一般的な疾患分類法であり，変性性疾患 Degenerative diseases，奇形性疾患 Anomalous diseases，代謝性疾患 Metabolic diseases，腫瘍性疾患 Neoplastic diseases，炎症性(感染性／免疫介在性／特発性)疾患 Inflammatory(Infectious / Immune-mediated / Idiopathic)diseases および特発性疾患 Idiopathic diseases，外傷性疾患 Traumatic diseases および中毒性疾患 Toxic diseases，そして血管障害性疾患 Vascular diseases の頭文字を並べたものである。

栄養性疾患 Nutritional diseases を N に分類することもあるが，本書では N を腫瘍性疾患のみに限定し，栄養性疾患は M の代謝性疾患に分類する。I も遺伝性疾患 Inherited diseases や医原性疾患 Iatrogenic diseases を含む場合があるが，本書では I に遺伝性や医原性を含めない。さらに，遺伝性疾患あるいは先天性疾患は，肉眼的な構造異常を伴うものを A の奇形性疾患へ(たとえばキアリ様奇形)，そうでないものを D の変性性(たとえばラブラドール・レトリーバーミオパチー)あるいは I の特発性疾患へ(たとえばスコッティクランプ)分類した。

これらの分類は，英語の“Damn it”，すなわち「こんちくしょう」「くそっ！(俗)」といった汚い意味の言葉にかけたものであり，米国の学生にとっても覚えやすい(かもしれない)。DAMNIT-V は主として米国で用いられ，順番を並び替えた VITAMIN-D はヨーロッパで用いられている。

DAMNIT-V と，主要な脳，脊椎・脊髄，末梢神経・筋疾患を表に掲示した。表でわかるとおり，いくつかの疾患では脳と脊椎・脊髄といったように部位をまたいで存在するものや，DAMNIT-V では分類が困難な疾患群がある。脳，脊椎・脊髄疾患は比較的 DAMNIT-V で分類しやすいが，特に末梢神経・筋疾患ではいまだ原因や病態が解明されていないものも多く，必ずしも DAMNIT-V では分類できない疾患群があるためである。したがって，DAMNIT-V 分類は流動的なものであることを了承されたい。また DAMNIT-V 分類は鑑別診断を進めていくうえでの概念的な，あるいは推測上での分類法であり，厳密なものではないことに注意されたい。あまりに DAMNIT-V にこだわりすぎると，一度浮かんだ疾患分類から抜け出せなくなり，他の例外的な疾患を見過ごすことになりかねない。

DAMNIT-V と臨床経過

Oliver らは横軸に病態の時間経過を，縦軸に臨床的な重症度をプロットし，DAMNIT-V 分類を巧妙に示した(図)[1]。各々の疾患分類の概要を図を見ながら説明する。

1．D：変性性疾患

「変性 degeneration」とは一般に，正常に発育・発達した，あるいはしていた機能や組織が退行していく

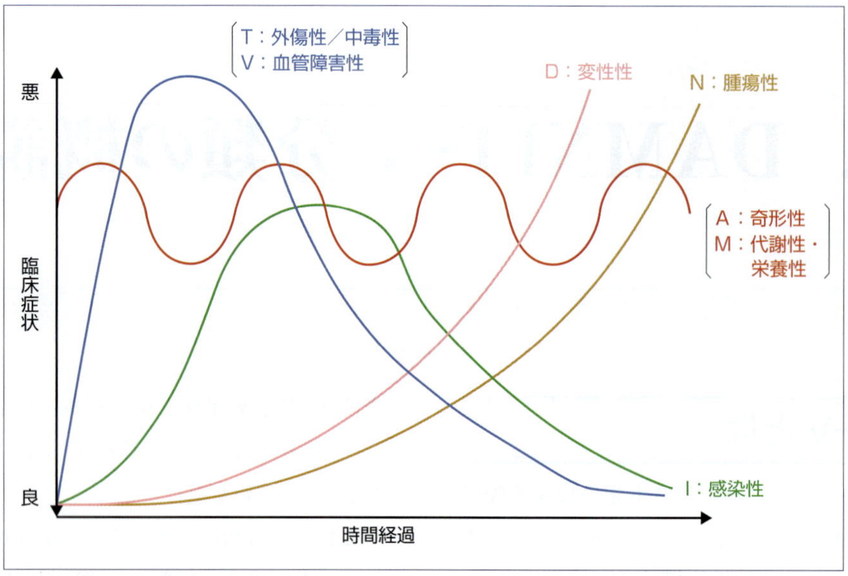

図　DAMNIT-V と臨床経過

I に分類される炎症性／免疫介在性／特発性疾患については，このグラフにあてはめることが難しいため省略されている。
（文献 1 を元に作成）

ことを指す用語である。このカテゴリーの疾患の典型は，初めは臨床症状がなく，ある時点から発症し，亜急性ないし慢性進行性に病態が悪化していくという経過をたどる。変性性疾患の多くは不可逆的であり，特に脳疾患では致死的なものが多い。椎間板ヘルニアなどは局所的な（椎間板の）変性性疾患と捉えることができる。この疾患自体は生命を脅かすような致死的なものではないが，椎間板自体には不可逆的な退行性変化を生じている。変性性疾患は多くの場合，遺伝的な背景が関与している。また本書では遺伝的あるいは品種特異的な疾患の一部を，たとえ非進行性あるいは非致死的なものでも，このカテゴリーに分類しているものがある。

2. A：奇形性疾患

奇形性疾患は，先天的な構造異常によって臨床症状が発現している（時に無症候性のものもある）疾患群である。一般的に生まれつきの異常であるため，本来であれば出生時より臨床症状が存在する（はずである）。しかしながら，生後すぐは生体機能が未発達のため，正常個体との区別が付かないことも多く，通常は出生後しばらくして，動物の運動機能が発達する時期（2～3 カ月齢）になってから異常に気付かれる。通常，奇形性疾患による臨床症状は定性的であり，終生を通して大きく変化しないが，内的あるいは外的要因によって多少の浮き沈みはある。すなわち，幼少期に発症し，ある一定の変動幅をもって大きく改善・悪化のない経過（非進行性・定性性）をたどる。もちろんいくつかの例外はあり，非常に緩徐な慢性進行性の病態を示すものもある。たとえばキャバリア・キング・チャールズ・スパニエルなどで認められる一部のキアリ様奇形に伴う脊髄空洞症では，脊髄中心管の拡大がかなりの年月をかけてゆっくりと進行する場合があり，中齢以降になって初めて臨床症状を発現し診断されることもある。また前述のとおり，本書では遺伝性疾患であっても，肉眼的な構造異常を呈するものはこの奇形性疾患に分類している。

3. M：代謝性・栄養性疾患

代謝性疾患および栄養性疾患（先に述べたとおり，栄養性疾患は Nutrition diseases なので N に分類されるが，本書では代謝性疾患の範囲に含める）とは，神経系以外の臓器の疾患や血液ガス，電解質の異常，あるいは食事中の栄養素の欠損などによって二次的に神経徴候が生じる疾患群であり，神経原発の疾患ではない。これらの疾患はしばしば両側対称性であったり，特異的な領域が先行して徴候を呈することがある。代謝性疾患・栄養性疾患では神経系全体の機能不全を生じることも少なくないが，たとえば脳症状がメインであるような場合，「代謝性脳症」「～性脳症」（肝性脳症など）とよばれることがある。多くの場合，慢性進行性の経過をとるが，原因疾患によりけりであり，また原因疾患の悪化・良化あるいは治療によって，神経学的臨床症状の重症度は大きく変化する。早期に，かつ適切に原因疾患が治療されれば，神経学的な症状も消退するが，原因疾患が慢性的かつコントロールが困難なような場合には，神経構造に不可逆的な損傷を与え，たとえ原因疾患が回復しても神経徴候が後遺症として遺残することもあり，その場合の神経学的徴候は定性的である。

4. N：腫瘍性疾患

腫瘍性疾患は，元来存在しない組織群(腫瘍)がある時点で発生し，それが次第に増殖・拡大していくことにより，腫瘍が発生した組織あるいはその近傍組織の機能障害も次第に重症化していく。したがって，変性性疾患と類似するが，初めは臨床症状がなく，一般に中齢から高齢で発症し，亜急性進行性あるいは慢性進行性に悪化傾向をたどる。一部の腫瘍性疾患，たとえば髄膜腫のような成長が遅い良性腫瘍などでは，腫瘍がある程度の大きさになるまで代償機構が働くことで，臨床症状がほとんどないまま潜在的に進行し，その代償機構が効かなくなったある時点で，急に臨床症状があらわになることもあり，急性発症のようにみられることもある。

5. I：炎症性(感染性／免疫介在性／特発性)疾患および特発性疾患

多くの感染性疾患は，急性発症，急性悪化した後，改善傾向を示す。たとえば，自分が風邪をひいたときを考えればよい。ある日喉に軽い痛みを感じ，次の日には喉の痛みが悪化し発熱し，数日間苦しんだ後，痰や咳が出はじめ，熱もひいてきて，治っていく。図では感染性の経過しか示していないが，免疫介在性の疾患は，同じ炎症性疾患であっても，通常は急性〜慢性進行性に悪化傾向を示すのが特徴的である。

また同じIに分類される特発性疾患は，たとえば，てんかんのように間欠的な徴候が反復するものや，顔面神経麻痺や特発性前庭疾患のように突然発症し，病態そのものは一定期間で終息するが後遺症が残るものなど，様々な経過をたどる。

6. T：外傷性疾患および中毒性疾患

外傷性疾患や中毒性疾患は，当然のことながら全く何の前触れもなく，あるとき突然発症し，発症時が最悪か，あるいは一定短期間にのみ悪化し，その後改善傾向あるいは定性的になる疾患群である。もちろん外傷が重度であれば，初期の急性期のうちに死亡することもあり，また中毒も原因が気付かれずに取り除かれない場合には死に至ることもある。

7. V：血管障害性疾患

血管障害性疾患は，血管の閉塞により神経組織への血液供給が阻害されるか(梗塞)，あるいは血管が何らかの原因により破綻することで出血し，結果その血管から血液供給を受けていた神経組織が損傷する，あるいは出血によって生じた血腫により周囲組織が圧迫・損傷するような疾患である。通常血管障害性疾患も外傷性疾患に類似し，突然急性発症し，ごく短期間のみ悪化傾向を示すが，死亡せずに急性期を耐過すれば，その後は非進行性あるいは改善傾向を示す。

このようにして，DAMNIT-V 分類は神経学的検査による局在診断とは別に，発症年齢(幼齢，若齢，中齢，高齢)，発症形態(急性，緩徐／慢性)，進行過程(非進行性・定性性，急性進行性，慢性進行性)から鑑別診断リストを作成するうえでの重要な位置を担っている。本書は脳，脊椎・脊髄，末梢神経・筋の各々の領域について，可能な限り DAMNIT-V 分類にしたがって章立てしている。読者である臨床獣医師は，その疾患の特異的診断法や治療にばかり注目するのではなく，是非各疾患の冒頭で述べられる個体情報やシグナルメント，疫学にも注意を払い，日常の診療の中で，この DAMINIT-V 分類を意識していただきたい。

［長谷川大輔・枝村一弥・齋藤弥代子］

■参考文献

1) Oliver JE, Lorenz MD. Handbook of Veterinary Neurologic Diagnosis, W.B.Saunders. Philadelphia, PA. 1983.

表　DAMNIT-V による主な疾患分類

DAMNIT-V 分類	主な脳疾患	本書での記載	主な脊椎・脊髄疾患	本書での記載	主な末梢神経・筋疾患	本書での記載
D 変性性疾患 degenerative diseases	• **ライソゾーム病**, 神経セロイド・リポフスチン症(NCL) • **小脳皮質アビオトロフィー(CCA)**, **神経軸索ジストロフィー(NAD)** • **先天代謝異常症** • **認知機能不全症候群(痴呆症)** • 白質脳脊髄症	第 3 章 第 4 章 第 5 章 第 6 章 第 16 章	• **ライソゾーム病** • **神経軸索ジストロフィー(NAD)** • 白質脳脊髄症 • **頚部椎間板ヘルニア** • **胸腰部椎間板ヘルニア**，進行性脊髄軟化症 • **ウォブラー症候群(尾側頚部脊椎脊髄症)** • **馬尾症候群(変性性腰仙椎狭窄症)** • **変性性脊髄症** • **変形性脊椎症** • 脱髄性脊髄症， 硬膜骨化，線維性脊柱管狭窄症， 猫多発性脳脊髄炎，遺伝性運動失調	第 3 章 第 4 章 第 16 章 第 24 章 第 25 章 第 26 章 第 27 章 第 28 章 第 29 章 —	末梢神経疾患 • 変性性腰仙椎狭窄症 • **遺伝性ニューロパチー**，ライソゾーム病 筋疾患 • **筋ジストロフィー**，**ミトコンドリア筋症**， 遺伝性ミオパチー • 線維性ミオパチー， ラブラドール・レトリーバーミオパチー	 第 25 章 第 43 章 第 49 章 第 51 章
A 奇形性疾患 anomalous diseases	• 頭蓋内くも膜嚢胞，滑脳症，小脳低形成， キアリ様奇形， 尾側後頭部奇形症候群(COMS)， 脳梁形成不全／脳梁欠損症， 全前脳胞症，孔脳症，髄膜瘤，髄膜脳瘤， Dandy-Walker 様奇形 • **水頭症** • 裂脳症	第 7 章 第 8 章 —	• 離断性骨軟骨症 • **環椎・軸椎不安定症**(歯突起形成不全)， 後頭骨環椎形成不全 • 背弯症，脊椎側弯症，二分脊椎，移行脊椎， 半側椎骨，蝶形椎骨，癒合椎骨， 先天性脊柱管狭窄，類皮洞 • **脊髄空洞症**，水脊髄症 • 脊髄くも膜嚢胞 • 軟骨性外骨症 • 脊髄形成異常	第 27 章 第 31 章 第 32 章 第 33 章 —	• **遺伝性ニューロパチー** • 遺伝性ミオパチー，**ミトコンドリア筋症** • 先天的な末梢神経低形成や無形成 (視神経欠損や先天性難聴など)	第 43 章 第 49 章 —
M 代謝性・栄養性疾患 metabolic / nutritional diseases	• **ライソゾーム病** • **先天性代謝異常症** • 尿毒症性脳症，糖尿病，低血糖症，高血糖症， 甲状腺機能低下症，甲状腺機能亢進症， 電解質異常，チアミン欠乏症 • **肝性脳症** • 副腎皮質機能低下症，低酸素症	第 3 章 第 5 章 第 9 章 第 10 章 —	• ハウンド犬の運動失調 • **ビタミン A 過剰症**	第 23 章 第 39 章	末梢神経疾患(代謝性ニューロパチー) • 糖尿病，甲状腺機能低下症 • 副腎皮質機能亢進症，カイロミクロン症 筋疾患(代謝性ミオパチー) • 甲状腺機能低下症 • 低 K 血症，副腎皮質機能亢進症， 副腎皮質機能低下症	 第 51 章 — 第 51 章 —
N 腫瘍性疾患 neoplastic diseases	• **神経膠腫** • **髄膜腫** • **下垂体腫瘍** • リンパ腫	第 11 章 第 12 章 第 13 章 —	硬膜外腫瘍 • 脂肪肉腫，骨肉腫，線維肉腫，軟骨肉腫， 血管肉腫，多発性骨髄腫，転移性腫瘍 硬膜内・髄外腫瘍 • 髄膜腫，神経鞘腫 髄内腫瘍 • **神経膠腫**，上衣腫，星細胞腫，希突起膠細胞腫， リンパ腫，血管肉腫	 第 34・35 章 第 34 章 第 34・35 章	• 末梢神経鞘腫，リンパ腫， 腫瘍随伴性ニューロパチー／ミオパチー	第 44 章

I 炎症性（感染性／免疫介在性／特発性）疾患 inflammatory (infectious／immune-mediated／idiopathic) diseases	免疫介在性／特発性 • 壊死性髄膜脳炎(NME)，壊死性白質脳炎(NLE) • 肉芽腫性髄膜脳脊髄炎(GME)，ステロイド反応性髄膜炎・動脈炎(SRMA)，特発性好酸球性髄膜炎	 第14章 第15章	免疫介在性／特発性 • 肉芽腫性髄膜脳脊髄炎(GME)， • ステロイド反応性髄膜炎・動脈炎(SRMA) • 脊髄血管炎症候群，アレルギー性脳脊髄炎	 第36章 —	末梢神経疾患 • 多発性神経根神経炎，腕神経叢神経炎，視神経炎，特発性三叉神経炎 • 原虫性多発性神経根神経炎(ネオスポラ症) • 慢性(再発性)脱髄性多発性神経炎，中耳・内耳炎に伴う顔面神経麻痺やホルネル症候群	 第45章 第50章 —
	ウイルス性 • 犬ジステンパーウイルス(CDV)性脳炎，狂犬病ウイルス性脳炎，犬ヘルペスウイルス性脳炎，猫伝染性腹膜炎(FIP)ウイルス性髄膜脳炎，猫後天性免疫不全ウイルス関連性脳症，猫パルボウイルス感染症，ボルナ病ウイルス性脳炎	 第16章	ウイルス性 • 犬ジステンパーウイルス(CDV)性脊髄炎， • 猫伝染性腹膜炎(FIP)ウイルス性髄膜脊髄炎 細菌性・真菌性 • 細菌性髄膜脳炎，クリプトコッカス症 • コクシジオイデス症，アスペルギルス症，ブラストミセス症，ヒストプラズマ症 • **椎間板脊椎炎** 原虫性 • トキソプラズマ症 • ネオスポラ症	 第36章 第36章 — 第37章 第36章 —	筋疾患 • 特発性多発性筋炎，ウェルシュ・コーギーの炎症性筋症，外眼筋炎，皮膚筋炎，咀嚼筋炎，感染性筋炎(トキソプラズマ症，ネオスポラ症)，腫瘍随伴性筋炎 神経筋接合部疾患 • **後天性重症筋無力症**(自己免疫性)	 第50章 第48章
	細菌性・真菌性 • 細菌性髄膜脳炎，真菌性髄膜脳炎， 原虫性 • トキソプラズマ症	 第16章 第16章				
特発性疾患 idiopathic diseases	• 全身性振戦症候群(特発性振戦症候群)，特発性頭部振戦 • **てんかん** • **ナルコレプシー**	第17章 第18章 第19章	• スコッティクランプ • 特発性無菌性化膿性肉芽腫 • **発作性転倒** • 限局性石灰沈着症，脊髄硬膜外脂肪腫症	第17章 第38章 第39章 —	• 特発性顔面神経麻痺 • **特発性前庭疾患** • 特発性巨大食道症	第45章 第46章 第48章
T 外傷性疾患 traumatic diseases	• **頭部外傷**	第21章	• 外傷性椎間板ヘルニア • **進行性脊髄軟化症** • **脊髄損傷** • 椎骨骨折・脱臼	第25章 第30章 第40章 —	• ニューラプラキシー，軸索断裂症，神経断裂症，末梢神経損傷，坐骨神経損傷，橈骨神経損傷，腕神経叢裂離 • 外傷性筋症	第47章 —
中毒性疾患 toxic diseases	• 破傷風 • ボツリヌス中毒，有機リン中毒，医薬品による中毒(イベルメクチンなど)，チョコレート中毒 • 鉛中毒	第17・50章 第20章 —	• メタアルデヒド中毒，メトロニダゾール中毒，アミノグリコシド系抗生物質中毒 • 農薬中毒，鉛中毒，ヘキサクロルフェン中毒，破傷風	第20章 —	末梢神経疾患 • 慢性有機リン中毒，ビンクリスチンやシスプラチンによるニューロパチー 神経筋接合部疾患 • ボツリヌス中毒，有機リン中毒 • カルバメート中毒	 — 第20章 —
V 血管障害性疾患 vascular diseases	• 脳梗塞，脳出血	第22章	• **進行性脊髄軟化症** • **線維軟骨塞栓症(FCE)** • 動静脈奇形，脊髄出血，脊髄血腫	第30章 第41章 —	• 血栓塞栓による神経や筋の壊死に起因するニューロパチー，ミオパチー	—

※遺伝性および先天性疾患について，肉眼的な構造的異常を伴うものはA：奇形性疾患に，そうではない遺伝性・先天性疾患(一部で奇形もあるが)はD：変性性疾患に分類した。
※栄養性疾患(nutritional diseases)の頭文字は本来Nであるが，本書ではM：代謝性疾患に分類した。
※**太字**で書かれた疾患については，当該章のテーマとして詳述している。
※「本書での記載」欄にある「—」は，本文中に記載はないが主な疾患として列挙した。

脳疾患

[第2～22章]

2. 脳疾患編イントロダクション
3. ライソゾーム病
4. 神経軸索ジストロフィー・小脳皮質アビオトロフィーとその他の疾患
5. 先天代謝異常症
6. 認知機能不全症候群（痴呆症）
7. 頭蓋内奇形性疾患（水頭症を除く）
8. 水頭症（主に先天性水頭症について）
9. 非神経疾患に伴う代謝性脳症・ニューロパチー
10. 肝性脳症
11. 神経膠腫
12. 髄膜腫
13. 下垂体腫瘍
14. 犬の特発性脳炎（1）：壊死性髄膜脳炎と壊死性白質脳炎
15. 犬の特発性脳炎（2）：肉芽腫性髄膜脳脊髄炎とその他の疾患
16. 感染性脳炎
17. 不随意運動：全身性振戦症候群をはじめとした振戦を呈する疾患
18. てんかん
19. ナルコレプシー
20. 各種中毒と神経徴候
21. 頭部外傷
22. 脳血管障害

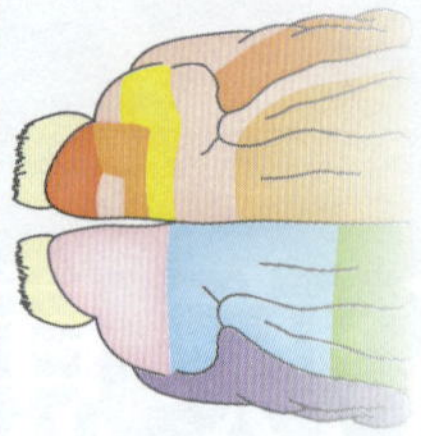

2. 脳疾患編 イントロダクション

はじめに

神経学的検査は“病気の診断”ではなく，“病変部位の局在診断”にその趣を置く。したがって，実際の疾患を診断するのは“DAMNIT-V（あるいはVITA-MIN-D）”による“臨床的仮診断（鑑別診断リストの作成）”（第１章参照）と，それをより確実にする遺伝子診断，血清診断，電気生理学的検査，脳脊髄液（CSF）検査，コンピュータ断層撮影（CT）／磁気共鳴画像（MRI），そして組織学的診断といった“診断的検査（追加検査）”である。DAMNIT-Vから臨床的仮診断・追加検査，そして実際の治療（あるいは予防）に進むためには，DAMNIT-Vに属する各種疾患についての各論を知っておかなくてはならない。

本書はその各疾患における概論，病態生理，診断，治療について，本邦の神経病の疾患ごとに優れた，世界的に誇れるエキスパートの先生方によって執筆された。脳，脊椎・脊髄，そして末梢神経・筋疾患について，それぞれ可能な限りDAMNIT-V，すなわち変性性疾患（D），奇形性疾患（A），代謝性・栄養性疾患（M），腫瘍性疾患（N），炎症性（感染性／免疫介在性／特発性）疾患・特発性疾患（I），外傷性疾患・中毒性疾患（T），血管障害性疾患（V）の順に解説を進めていく。

本章は最初の最初，脳疾患編へ入る前のイントロダクションとして脳の機能解剖や神経学的検査所見，一般病態生理，および脳のDAMNIT-V疾患分類の紹介といった脳疾患についての総論を述べることとし，次章以降の脳疾患各論を学習していくうえでの基礎的知識を論じる。

脳の機能解剖と神経学的検査所見

脳は非常に機能的分化の進んだ組織であり，解剖学的領域とその領域が担う機能の両者を合わせて評価していく必要があり，これを**機能解剖**と呼んでいる。したがって，脳の機能解剖を熟知していれば，臨床症状（神経学的検査所見）から脳のどの領域の異常であるかを推察することができる。脳は解剖学的に，**大脳（大脳皮質，大脳基底核，大脳辺縁系），間脳（視床上部，視床，視床下部），中脳，小脳，橋，延髄**に区分されるが（図1a），臨床機能解剖学的には**前脳（大脳・間脳），脳幹（中脳・橋・延髄），小脳**，そして臨床症状が特徴的な**前庭**の４つに区分される（図1b）。以下，この４つの領域の機能解剖および神経学的検査所見について解説する（図1）。

1．前脳（大脳・間脳）

前脳は大脳と間脳を含む，小脳テントより吻側の領域を指し，しばしば**テント前（テント上）構造物**などと呼ばれる。

大脳はその機能および解剖学的構造から**大脳（新）皮質，大脳基底核，大脳辺縁系**にわけられる[2)]。

大脳皮質はさらに４つの脳葉，すなわち**前頭葉，頭頂葉，側頭葉，後頭葉**と区分され，機能もそれぞれ**前頭前野，運動野，体性感覚野，聴覚野，視覚野**とわかれている（図1c）。したがって，大脳皮質は精神活動，運動，感覚，聴覚，視覚の中枢であり，これらの領域に障害があると，てんかん発作をはじめとしたそれぞれの領域と一致した機能障害を生じる。前頭葉および側頭葉病変では，てんかん発作が比較的よく認められる。前頭葉後部および頭頂葉の病変では感覚障害や運動障害（病変と反対側の姿勢反応低下）がよく認められる。これは後述する基底核への影響も関与していると考えられる。後頭葉病変では対側眼の視覚障害が認められるが，皮質病変の場合，瞳孔のサイズや対光反射に異常は認められない。また，実験的に犬や猫では大脳皮質がなくても立ち直り反応，うずくまる，座る，起立，歩行が可能であることが知られており，大脳皮質病変では脊髄疾患のときのような完全麻痺を生じることはまれである。

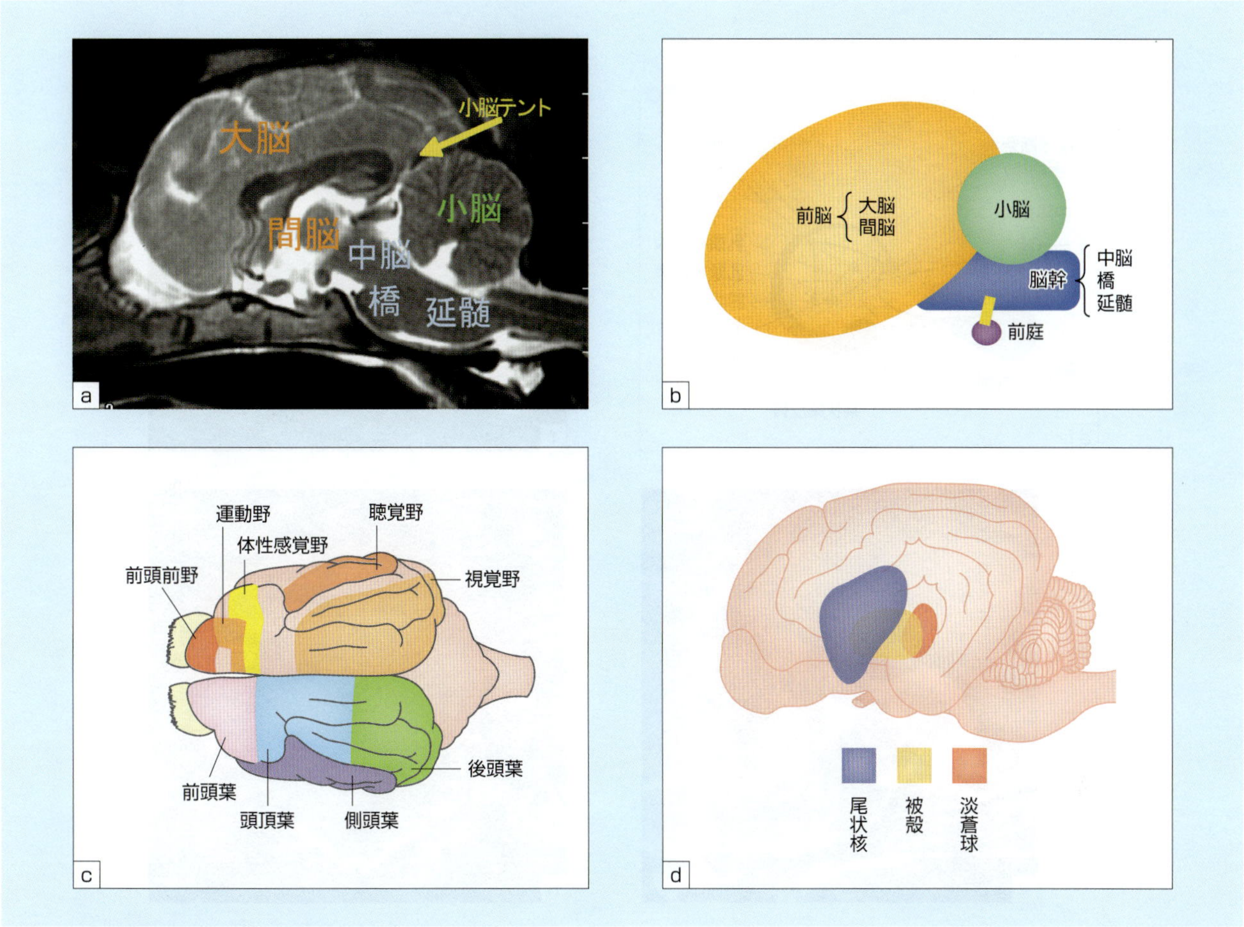

図 1　脳の臨床機能解剖図

a：脳の MRI 矢状断面でみる脳の解剖図。
b：脳の臨床機能解剖の模式図。a の図と照らし合わせてほしい。前庭の中枢組織は脳幹に含まれるが，臨床症状が特徴的であるため，他の脳幹とは区別されることが多い。
c：大脳皮質（大脳半球）。左半球には各脳葉，右半球には各機能的領野を示している。
d：大脳基底核。

大脳基底核は解剖学的に，**線条体（被殻，尾状核），淡蒼球，黒質（中脳），視床下核（視床下部），赤核（中脳）**にわけられ，骨格筋運動の中枢と考えられている（図 1d）。しかしながら，犬や猫ではヒトで知られるような明確な基底核障害は知られていない。まれにてんかん発作以外の明らかな臨床症状がなく，神経学的検査も何ら異常を示さないが，MRI を撮像すると嗅球や前頭葉吻端に病変を有する動物をみることがある。筆者の推測では，これらの領域に発生した病変，たとえば腫瘍で，病変がごく小さいうちは腫瘤による影響（mass effect）などがこの大脳基底核や運動野，感覚野などの皮質に及ばないため，発作以外の神経学的異常を示さないものと考えている。そして，病変のサイズが大きくなり，mass effect や浮腫・炎症が基底核や運動野，感覚野などの皮質に影響を与えるようになると，神経学的検査上で異常所見が得られるものと考えている。

大脳辺縁系とは大脳半球内側面に位置する系統発生学的に最も古い機能系で，**辺縁葉（帯状回，膝状回，梨状葉，海馬など）**と呼ばれる皮質と，**皮質下核（扁桃核，中隔核など）**をいう（図 1e）。辺縁系の主たる機能は攻撃や防御などの闘争行動や不安，喜びなどの情動や学習であり，他にも恒常性の維持，性行動および自律神経機能と密接に関与しており，視床・視床下部といった間脳の機能と重複する。

これらの大脳領域に病変が存在する場合，それぞれの部位で特異的な臨床症状を表出することになるが，多くの場合は占拠性病変による周囲領域の圧排あるいは脳浮腫などが生じるため，厳密な意味での局在診断は難しい。しかしながら，前述した神経機能と解剖を熟知していれば病変が大脳の前の方にあるのか，後ろの方にあるのか，あるいは下の方にあるのかくらいまではおおよその見当が付けられる。大脳病変を有する動物でよく認められる臨床症状および神経学的検査所

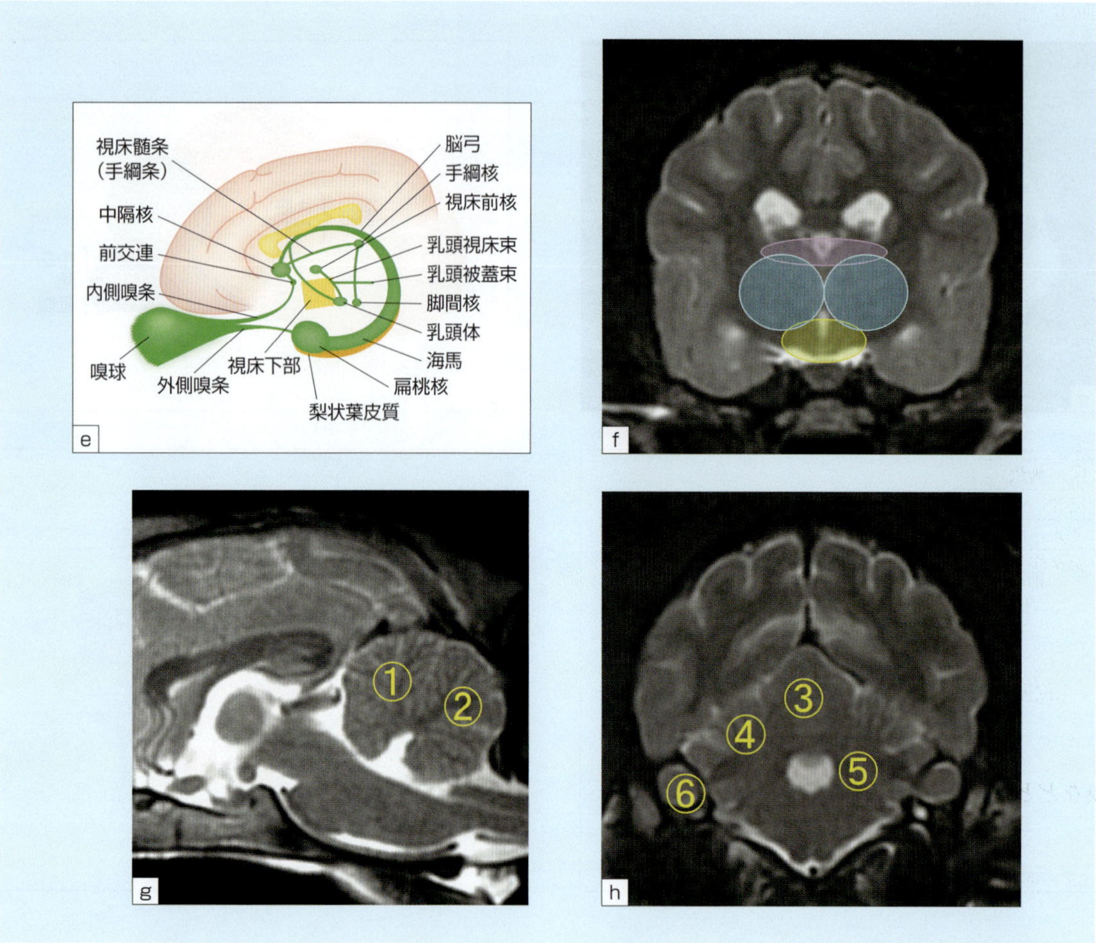

図1のつづき

e：大脳辺縁系。
f：MRI 横断面（視床間橋・下垂体レベル）でみる間脳。ピンク色の領域が視床上部，水色の領域が視床，黄色の領域が視床下部のおおよその位置である。
g：小脳領域の MRI 矢状断面。①小脳前葉，②小脳後葉。
h：小脳領域の MRI 横断面。③小脳中部，④小脳半球，⑤小脳脚，⑥片葉小節葉。

見を表 1 に示す。

間脳は**視床**（**視床上部・視床**），**視床下部**からなる（図 1f）。研究者によっては**下垂体**を含む。下垂体前葉は，厳密な意味では内分泌腺であり，神経系に含まないことが多いが，本章では間脳の領域に含めて説明する。

視床はほとんどの運動・感覚の統合および中継に機能し，下位からの入力情報を大脳皮質へ，あるいは大脳皮質からの情報を様々な中継核を通し処理している。視覚，聴覚の中継核である**外側膝状体**，**内側膝状体**もこの領域に含まれる。また，視床は意識や睡眠の調節を行っている**上行性網様体賦活系**（**ARAS**）の一部を担っている。

視床下部は，下垂体とともに生体の内分泌機能の中枢であり，また様々な内臓機能の，すなわち自律神経系の中枢と考えられている。さらには，前述した大脳辺縁系とも密接な連絡をとり，情動の働きも担っている。これらの主な機能として，摂食，飲水，尿量，体温調節，性行動，怒り，血圧，呼吸，瞳孔サイズなどの調節が挙げられる。

これら間脳領域の臨床症状を表 1 に示す。間脳領域が腫瘍により障害を受けた場合，特徴的な臨床症状としては意識レベルの低下や摂食，飲水，体温調節の異常および視覚障害，瞳孔サイズの変化などがよく認められる。病変が片側に偏っている場合は，大脳皮質で挙げたように病変と反対側での姿勢反応の低下が認められる。病変が視床下部や脳底部に発生する場合，視交叉や視索をも圧排するため，視覚障害や瞳孔サイズの症状が複雑化する。視交叉より上位での障害は対側性視覚障害が認められ，視交叉より下位では散瞳性の視覚障害が認められる。視床下部－下垂体病変では内分泌失調が顕著に現れることが多く，尿崩症を伴う電解質異常や，意識障害を伴うクッシング症候群などが認められる。間脳病変の不明確な臨床症状として，過度の疼痛や知覚過敏を示す病態があり，視床痛，中枢

表1 前脳(大脳・間脳)の臨床症状

臨床症状・神経学的検査所見	関連の深い病変部位	備考
大脳		
てんかん発作(焦点性発作／全般発作)	大脳皮質，辺縁系	頭蓋内腫瘍などの局所的な障害の場合，病変部位に一致した焦点性発作とその二次性全般化が多い
病変と反対側の姿勢反応の低下～消失	大脳皮質，大脳基底核	—
病変と反対側の軽度の UMNS	大脳皮質，大脳基底核	脊髄疾患のような麻痺はまれ
病変と反対側眼の視覚障害	大脳皮質(後頭葉)および視放線	対光反射は正常である
行動異常：旋回，頭部の押し付け行動 head pressing，痴呆，性格の変化(狂暴化やおそれのない動物など)，沈うつなど	大脳皮質，基底核，辺縁系	旋回の多くは病変側への大きな旋回であるが，一部の基底核病変では反対側への旋回もみられる
聴覚障害	大脳皮質(側頭葉)	完全な聴覚消失はまれ
間脳		
疼痛(視床痛)	視床	動物では不明確
性格の変化(怒り，狂暴)	視床下部(大脳辺縁系とともに)	—
多飲多尿／無飲	視床下部，下垂体後葉	電解質異常を伴う
多食／無食	視床下部	—
高体温／低体温	視床下部	—
クッシング症候群，その他の内分泌障害	視床下部，下垂体前葉	—
意識レベルの変化(沈うつ，活動亢進)	網様体賦活系	—
瞳孔の異常	視索，視交叉，外側膝状体	視交叉より末梢では同側性の散瞳性視覚障害，より中枢では対側の散瞳ないし正常な瞳孔での視覚障害

UMNS：上位運動ニューロン徴候

痛現象などと呼ばれている。動物の感覚異常は正確には判定できないため診断は困難であるが，ヒトでは間脳病変で一般的に認められている。

2. 脳幹(中脳・橋・延髄)

本章では**中脳**，**橋**そして**延髄**を合わせて脳幹と呼ぶ(成書や研究者によっては間脳を脳幹に含むこともある)。中脳は**中脳蓋**，**中脳被蓋**および**大脳脚**からなり，中脳蓋には1対の**前丘**，**後丘**から**四丘体**を形成し，中脳被蓋には**中脳水道**，**内側膝状体**(間脳参照)，**網様体**，**動眼神経(第Ⅲ脳神経〔CN Ⅲ〕)核**，**滑車神経(CN Ⅳ)核**，**赤核**を含み，腹側の大脳脚部には**錐体路**や**錐体外路**，**黒質**および**橋**が存在する。橋と中脳の尾側に存在する延髄は三叉神経以降の脳神経(CN Ⅴ～Ⅻ)核およびその派出部をもち，心血管中枢や呼吸中枢を含む網様体や脳－脊髄間の全ての上行路・下行路が存在する。このことからもわかるように，中脳・橋・延髄からなる脳幹は**生命中枢**とも呼ばれる。

臨床症状および神経学的検査所見は**表2**に要約する。中脳病変では瞳孔の変化が特徴的である(**図2**)。片側性の病変である場合，同側性の散瞳を呈する。また両側に影響するような瞳孔サイズの病変や，大脳・間脳領域の占拠性病変のため中脳が全般的に圧排されている場合，およびテント切痕ヘルニアを生じた場合は両側性の縮瞳からその後に続く両側性の散瞳が認められ，予後は悪い。

瞳孔のサイズと関連して，脳幹には間脳の項で少し述べたARASの大部分が存在し，覚醒－睡眠の調整を行っていることから，この部位の病変では意識レベルの変化がよく認められる。神経学的検査において初めに行われる意識状態の観察での異常所見は，脳幹の症状である。

脳幹にはCN Ⅲ～Ⅻが存在しているため，頭蓋内腫瘍のような限局性の病変が存在する場合，脳神経の検査によって病変の局在を限定できることも少なくない。片側の連続した脳神経に異常が認められ，同側の姿勢反応の低下や不全麻痺が認められれば，その領域に病変が存在することを示唆する。たとえば右側の顔面感覚の低下・側頭筋萎縮，内腹側斜視，威嚇まばたき・自発まばたきの消失および右側の姿勢反応低下や不全麻痺が認められれば，病変はCN Ⅴ，Ⅵ，Ⅶの領域に存在するであろう。大きい病変が存在する場合には，前述した意識レベルの変化も同時に観察され，さらには両側の脳神経に異常所見や小脳徴候，四肢不全麻痺なども認められ，症状は複雑化し，病変領域を限定できないこともある。

動物の運動機能をつかさどる主な下行路は，錐体外路系の**赤核脊髄路**であると考えられている(ヒトでは錐体路，すなわち皮質脊髄路が大きな役割を担う)。大脳皮質や基底核，小脳からの情報は皮質赤核投射などを介して赤核に入力される。赤核は中脳被蓋に存在し，赤核を出た直後に交叉し下行するため，臨床的には中

表2　脳幹の臨床症状

臨床症状・神経学的検査所見	関連の深い病変部位	備考
多発性脳神経障害	CN Ⅲ～Ⅻ(中脳～延髄)	片側で，かつ隣接した脳神経が連続性に障害される
片側不全麻痺～麻痺(姿勢反応低下／消失，脊髄反射のUMNS)	赤核(中脳)，赤核脊髄路，皮質赤核投射	病変が赤核(中脳)より上位であれば対側性，橋より下位では同側性
四肢麻痺(四肢のUMNS)	中脳～延髄	病変が大きく両側へ影響を及ぼす場合
除脳固縮	中脳	中脳切断実験で急性にみられる。慢性進行性の腫瘍でみられるのはまれ
意識障害(沈うつ～昏睡)	網様体賦活系	—
瞳孔の異常	EW核，動眼神経核	軽度の圧迫や炎症では縮瞳，重度になると散瞳する(例外もある)
呼吸の異常(チェーンストークス，ビオー，過呼吸，呼吸失調など)	呼吸中枢(橋～延髄)	病変部位，障害される呼吸中枢の核群により呼吸異常の形式は異なる
心血管系の異常	血管運動中枢(橋～延髄)	血管平滑筋の緊張度，心拍数の増減，心収縮力の変化が起こることが知られている

UMNS：上位運動ニューロン徴候，EW核：エディンガー・ウェストファール核

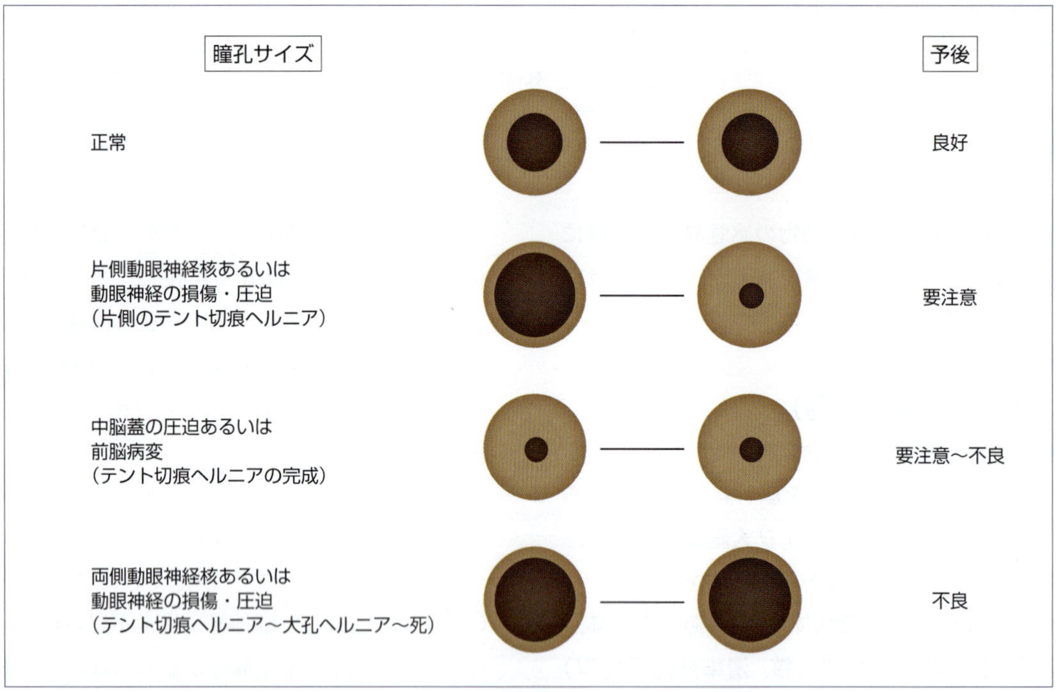

図2　頭蓋内に重度な病変がある場合の瞳孔サイズと病変部位

このシェーマが適用される患者は通常，意識レベルの低下を伴い横臥状態となっている。従って，自立歩行で普通に来院してくる患者の瞳孔不対称がすぐさまこの図にあるような重篤な状態にあるわけではない。

脳より上位の病変(大脳，間脳)では病変と反対側に，中脳以降では病変と同側の運動機能障害(姿勢反応の低下や上位運動ニューロン徴候〔upper motor neuron sign：UMNS〕)が認められる(ヒトでは錐体交叉，すなわち延髄の位置で病変と臨床症状の逆転がみられる)。また，実験的に中脳を傷害した際に認められる特徴的な姿勢として，**除脳固縮(γ固縮)**が挙げられる。この症状は全身筋の伸張反射が亢進した状態で，四肢を突っ張り，頚部を反らして，弓なりになる姿勢である。しかしながら，慢性的に病態が進行するような変性性，炎症性，あるいは腫瘍性疾患において除脳固縮が認められるのはまれと思われる。

脳幹が重度に傷害された場合，前述した瞳孔サイズの変調(図2)，四肢不全麻痺，および昏迷／昏睡などの意識障害の他に呼吸の異常や心血管反応の異常，そして，それに続発する死が挙げられる。さらには嘔吐，咳，くしゃみ，嚥下など種々の生理現象の中枢が延髄に存在するため，非常に多種多様な症状を呈することもある。

3．小脳

小脳は大脳横裂および小脳テントを隔てて大脳の後

表3　小脳の臨床症状

臨床症状・神経学的検査所見	関連の深い病変部位	備考
開脚スタンス，酔っぱらい歩行	片葉小節葉，室頂核	—
測定障害(測定過大／測定過小)	後葉	病変側と同側
企図振戦	後葉	—
振子眼振	片葉小節葉	—
威嚇瞬目反応の欠如	—	視神経，顔面神経は正常
奇異性前庭症候群	片側の小脳脚，片葉小節葉	病変と対側の前庭障害
後弓反張(除小脳固縮)	小脳前葉	急性症状であり，慢性疾患の場合まれと思われる
頻尿	前葉虫部	小脳による排尿反射抑制機構の欠如のため
瞳孔サイズの異常(散瞳，対光反射低下)	室頂核，中位核	室頂核では反対側，中位核では同側

方に位置し(しばしば脳幹と合わせて**テント下構造**と呼ばれる，図1g，図1h)，主に骨格筋運動の協調性を制御している。また，前庭系と密接な関与をもち，体の平衡維持や姿勢の調節を行っている。小脳の症状は非常に特異的で，明確なことが多い。しかしながら，小脳は傷害された際の代償機構が著しく，特に慢性的に進行する病態の場合，発見が遅れることも少なくない(症状に気付くころには病変がかなり大きくなっている)。小脳が傷害された際の臨床症状を表３に示す。

測定障害(測定過大)を主体とした小脳性運動失調が特徴的な症状であり，通常病変側と同側に生じる。測定障害は姿勢，歩行や日常生活の観察から(開脚スタンス，肢を高く上げて歩く，ガチョウが歩くときのように左右に大きく動揺して歩く，採食時に食器をつつくような食べ方をするなど)だけでも見分けることが可能であり，また測定障害を発現している動物では種々の姿勢反応で誇張された反応を示す(多くは測定過大を示す)。

測定障害の他にも，企図振戦(運動開始時に顕著に現れる振戦)，振子眼振(急速相と緩徐相の区別のない眼振)，病変と同側の威嚇瞬目反応の消失(視覚障害や顔面神経麻痺はない)など特徴的な症状が多く，明確なことが多い。見逃しやすい小脳症状には頻尿および瞳孔サイズの異常があるが，頻尿や瞳孔サイズの異常だけを発症する例はまれである。

小脳の頭側(小脳前葉)を傷害するような病変の場合，姿勢の異常が認められるかもしれない。実験的にこの部位を傷害すると急性の**後弓反張(除小脳固縮)**を呈するが，脳腫瘍や脳炎などの慢性経過をとる病態では除脳固縮と同様にまれである。

小脳の入出力を担っている片側の小脳脚部(特に後小脳脚)や片葉小節葉の病変では，病変と反対側の前庭症状，すなわち反対側の斜頚が認められる(**奇異性〔逆説性〕前庭症候群**)。前庭障害については後述するが，奇異性前庭症候群の場合は斜頚と反対側の姿勢反応の異常や他の小脳徴候から鑑別することができる。

4．前庭

前庭系は脳幹に存在する**前庭神経核**およびそこから派出する**前庭神経**，すなわち**内耳神経(CN Ⅷ)**とその受容器である内耳の**半規管**からなる平衡維持に関連した一連の系で，臨床的に特徴的な症状を呈するため，今回のように他の脳幹病変と区別して説明される機会が多い。前庭系の異常は，臨床的に頭蓋内病変すなわち脳幹やCN Ⅷ派出部の病変に起因した中枢性前庭障害と，頭蓋外病変すなわちCN Ⅷと半規管の病変に起因した末梢性前庭障害とにわけることができる。脳腫瘍では中枢性前庭障害が主に認められるが，神経鞘腫のような末梢の脳神経から発症し頭蓋内へ浸潤する場合，病状の初期には末梢性の症状が認められる。

末梢性前庭障害と中枢性前庭障害の臨床症状の相違を表４に示す。中枢性，末梢性を見分ける最も容易な検査は姿勢反応の有無である。中枢性の前庭障害では同側の姿勢反応に異常が認められる。末梢性では姿勢反応に異常は認められない。眼振もまた中枢性，末梢性の鑑別に有用であるが，急性期のみに認められる場合があるので見過ごしやすい。眼振が認められる場合，律動性水平眼振は中枢性でも末梢性でも認められるが，垂直眼振は中枢性障害に特異的である。さらに水平眼振を示している症例でも，頭位を変換することで(たとえば仰向けにするなど)眼振の方向が変化したり，水平眼振だったものが垂直眼振に変化するようであれば，中枢性前庭障害と判断できる。中枢性の障害では隣接する他の脳神経異常が多発性に認められたり，意識レベルの低下が認められることもある。小脳の項でも述べたが，斜頚や旋回の方向と姿勢反応の低下が反対側に現れている場合，奇異性前庭症候群といい，姿勢反応の低下している側の小脳脚の病変が示唆される。

表 4　前庭の臨床症状

臨床症状・神経学的検査所見	末梢性	中枢性	奇異性
斜頚	あり(病変側)	あり(病変側)	あり(対側)
旋回(大脳病変時に比べ半径が小さい)	あり(病変側)	あり(病変側)	あり得る(病変側／対側)
眼振	水平，回転(急速相の逆が病変)	水平，回転，垂直	水平，回転，垂直
体位性の眼振方向変化	なし	あり	あり
姿勢性斜視	同側・外腹側方	同側・様々な方向	あり・対側
他の脳神経障害	あり(CN Ⅶ)	あり	あり得る
姿勢反応・脊髄反射の異常	なし	あり(病変側)	あり(病変側)
意識レベルの変化	なし	あり得る	あり得る

この表は片側性病変の場合を示す。両側性末梢性病変で重篤度に左右差のない場合，対称性の運動失調を示し，斜頚や眼振は起こらない。

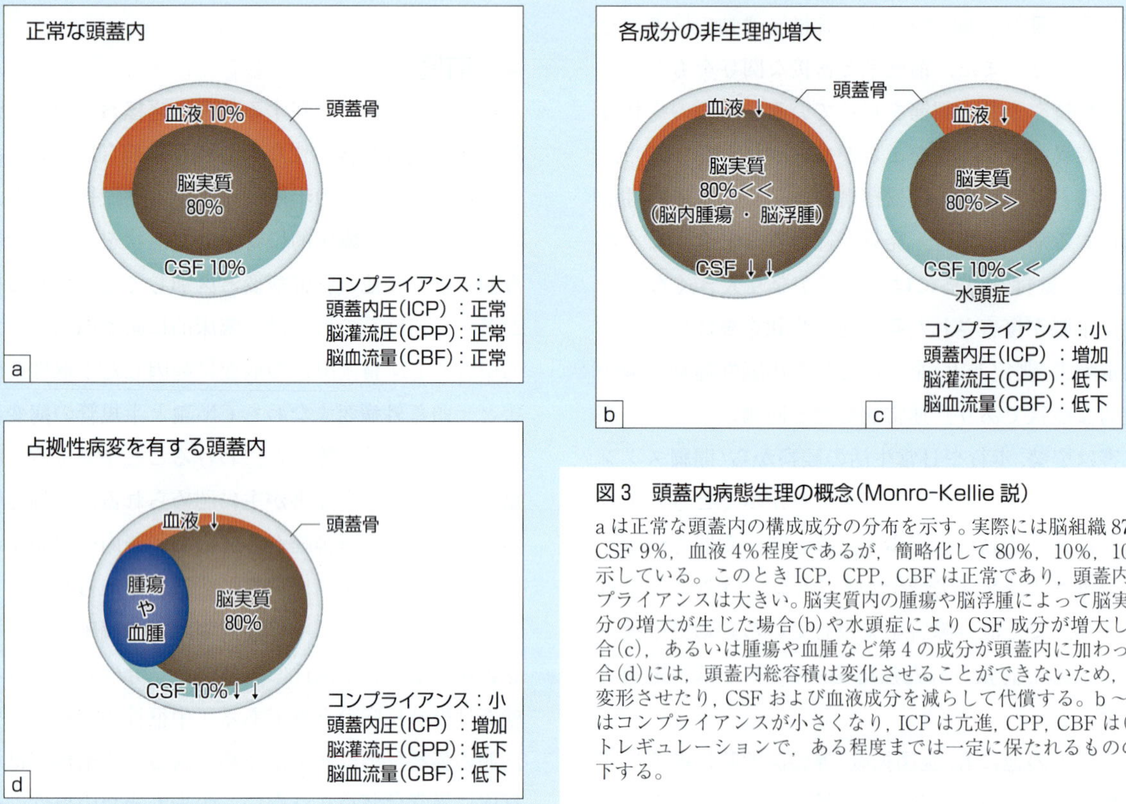

図 3　頭蓋内病態生理の概念(Monro-Kellie 説)

a は正常な頭蓋内の構成成分の分布を示す。実際には脳組織 87%，CSF 9%，血液 4%程度であるが，簡略化して 80%，10%，10%で示している。このとき ICP，CPP，CBF は正常であり，頭蓋内コンプライアンスは大きい。脳実質内の腫瘍や脳浮腫によって脳実質成分の増大が生じた場合(b)や水頭症により CSF 成分が増大した場合(c)，あるいは腫瘍や血腫など第 4 の成分が頭蓋内に加わった場合(d)には，頭蓋内総容積は変化させることができないため，脳を変形させたり，CSF および血液成分を減らして代償する。b～d ではコンプライアンスが小さくなり，ICP は亢進，CPP，CBF は(オートレギュレーションで，ある程度までは一定に保たれるものの)低下する。

一般的な頭蓋内疾患の病態生理

脳疾患(≒頭蓋内疾患)が進行する過程において，原因は DAMNIT-V など様々であるが，いくつかの共通する病態生理学的機構を伴う。ここでは，代表的な脳の病態生理学的機構を挙げて概説する。各病態生理の詳細は今後の各疾患の章において特に重要である場合，改めて解説される。

1．頭蓋内圧と頭蓋内血行動態

頭蓋内は頭蓋骨という一応閉鎖された空間(厳密な意味では大孔が存在するため，完全な閉鎖空間ではない)に脳，CSF，血液の 3 者(厳密な意味では髄膜などその他の成分も存在するが，簡略化するためにここでは無視する)が各々圧平衡を保ち存在している。これらの 1 成分が増大する(たとえば脳浮腫や水頭症など)，あるいは腫瘍や血腫などの第 4 の成分が加わると，この圧平衡に異常が生じることとなる(図 3)。この概念を Monro-Kellie 説という。

この圧平衡を測る基準の 1 つが**頭蓋内圧 intracranial pressure(ICP)**であり，ICP は外気圧に対する頭蓋腔内の圧差である。Monro-Kellie 説と ICP を理解する上で重要になるのが**頭蓋内圧－容積曲線(P-V curve)**であり，図 4 に示す。たとえば脳にごく小さい腫瘍が発生したとする。このとき，頭蓋腔内にはまだ空間的余裕があり，腫瘍の容積が増加しても脳がわず

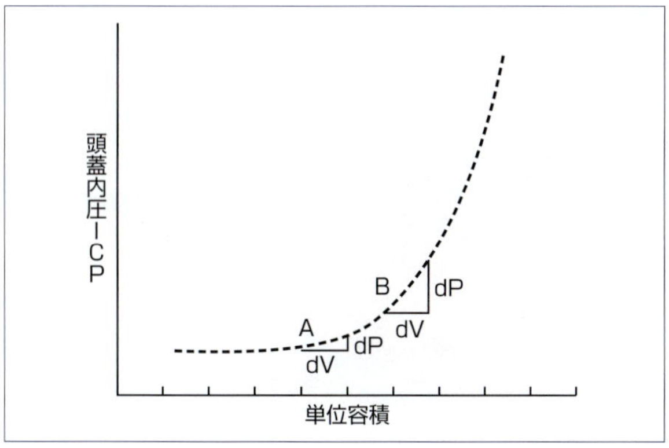

図4　頭蓋内圧－容積曲線（P-V curve）

正常な状態では代償能力が高く，低エラスタンス・高コンプライアンスであり，単位容積増大あたりの ICP 増加もわずかである（A）。しかしながら，ICP が上昇した状態では高エラスタンス・低コンプライアンスであり，同じ単位容積の増大であっても ICP の増加は著しくなる（B）。

かに変位したり，CSF を移動させるなどの代償機構が働くため ICP の上昇はわずかである（図４の A）。しかし，腫瘍がある程度の大きさになり，頭蓋内の代償機能が働かなくなると，腫瘍の容積増大が同じであっても ICP は著しく上昇する（図４の B）。このとき，容積変化に対する圧変化をエラスタンス（＝dP/dV）といい，その逆数である圧変化に対する容積変化をコンプライアンス（＝dV/dP）という。**ICP は正常でおおよそ 5 ～ 12 mmHg**（≒ 7 ～ 16 cmH_2O）である。**病的な ICP の上昇は 15 ～ 25 mmHg** であり，**25 mmHg を超えると重度の ICP 亢進**となる。25 mmHg を超える ICP の上昇では頭蓋内に代償能力はなく（高エラスタンス・低コンプライアンス），また後述する脳の自己調節能は崩壊し，脳には不可逆的な病理的変化が生じることとなる。

脳の病態生理を考察するうえで，ICP と同時に考慮する必要があるのが脳循環，すなわち**脳灌流圧 cerebral perfusion pressure（CPP）**と**脳血流量 cerebral blood flow（CBF）**である。ICP，CPP，CBF は各々次のような関係にある。

CPP＝平均動脈圧－ICP
CBF＝（平均動脈圧－ICP）／脳血管抵抗

ここでの**脳血管抵抗**は脳血管の拡張・収縮，血液粘稠度，および血液の流体力学的性状（血球の形態など）に影響を受けるが，通常は**脳血管の拡張・収縮**，すなわち血管径の面積（血管床）がその主体をなす。上記の関係式から，平均動脈圧が一定で ICP が上昇すると CPP が低下し，CBF も低下することがわかる。また，血管が収縮する（血管抵抗が大きくなる）ことで CBF が低下することが理解できる。しかしながら，脳は**自己調節能 autoregulation** が特に発達した組織であり，平均動脈圧が 50 ～ 150 mmHg の範囲では脳血管の拡張・収縮を自動調整し，CPP および CBF を一定に維持している（図 5a）。さらに，この自己調節能の担い手である脳血管の拡張・収縮は動脈血液中の**炭酸ガス分圧（$PaCO_2$）**，酸素分圧（PaO_2），および pH によって影響を受けるが，特に $PaCO_2$ の影響が大きい。$PaCO_2$ が上昇すると，ガス交換のため血管は拡張し，結果 CBF が上昇する（図 5b）。逆に $PaCO_2$ を低下させると，血管は収縮し，CBF を減少させることが可能となる。このことは脳疾患を有する動物の麻酔や管理な

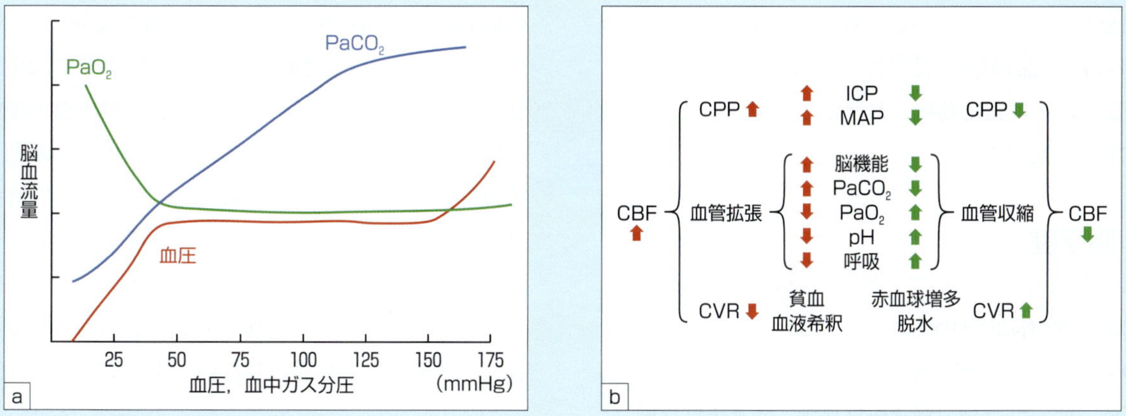

図5　脳循環の自己調節能

a：脳血流量と血圧，血液ガスの関係。血圧が 50 ～ 150 mmHg の範囲では脳血流量は自己調節能により一定化している。また PaO_2 も 50 mmHg 以上あれば脳血流量は一定化している。これに対し，$PaCO_2$ は増加することで直線的に脳血流量を増加させる。
b：脳循環の自己調節能脳血流量に影響する各因子とその関係。MAP：平均動脈圧（血圧），CVR：脳血管抵抗。

どにおいて臨床的に大きな意義をもつ。また，脳の機能的活性（代謝）はこの $PaCO_2$ に大きく影響を及ぼす。脳が活性状態にあるとき，脳代謝は亢進しているのでCBF を増加させ，脳でのガス交換を活発にする必要がある。逆に麻酔などによって脳機能を低下させることで脳代謝を低くし，脳血流を低下させることができる。

ここまで解説すれば理解されると思うが，当然自己調節能を超えるような全身血圧の変化や CPP および CBF の増大は ICP を上昇させることとなる。このことが，脳疾患に罹患した動物を管理するうえで全身血圧を維持し，$PaCO_2$ を低く保ち（過換気で $PaCO_2$ を 25 ～ 35 mmHg に維持する），バルビツール系で麻酔をかけることが推奨される（麻酔により脳代謝を低下させる）ゆえんとなる。

2. 血液脳関門（BBB）

脳の毛細血管では血管内皮のタイトジャンクションや星状膠細胞（アストロサイト，アストログリア）の終足によって血管内外の物質移動を物理的・化学的に制限しており，これを**血液脳関門（BBB）**と呼んでいる（図 6a）。BBB の存在下では，一般に脂溶性が高く，荷電性の低い低分子量の物質ほど通過しやすいが，BBB は選択的透過性を有しており，脳に必要なグルコースやアミノ酸などは水溶性であるにもかかわらず，それぞれに特異的なトランスポーターにより容易に BBB を通過することができる。水は脂溶性は低いが，分子量は小さく，拡散や水チャネルを介して BBB を通過する。炭酸ガスや吸入麻酔などのガスもまた拡散により脳内へ入る。Na^+ や K^+，その他のイオンは荷電しており，また親水性であるため BBB を通過しにくいが，Na^+, K^+-ATPase や各種イオンチャネルを通じて能動輸送をしている。ちなみに，脈絡叢，下垂体，松果体といった一部の脳室周囲組織には BBB が存在しない。このことは正常動物における造影剤投与後の MRI や CT で確認できる。

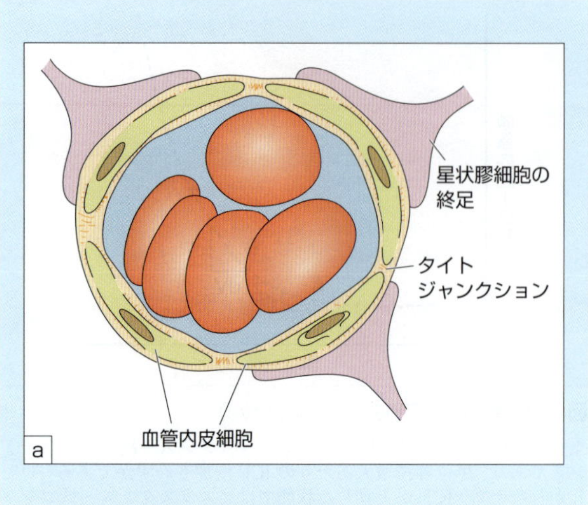

図 6　血液脳関門（BBB）と脳浮腫

a：正常な BBB の構造。血管内皮細胞はタイトジャンクションにより堅固に結合し，さらにその周囲を星状膠細胞の終足が取り巻く。

3. 脳浮腫

様々な脳疾患において一般的に認められる病態の 1 つに**脳浮腫（脳水腫）brain edema** がある。脳浮腫はその発生機序から細胞障害性（細胞毒性）浮腫，血管原性浮腫，間質性浮腫，浸透圧性浮腫，静水圧性浮腫 などに分類される。また，原因疾患によって腫瘍性脳浮腫，外傷性脳浮腫，虚血性脳浮腫などと呼ばれることもしばしばある。脳浮腫もまた Monro-Kellie 説における脳実質成分にあたり，ここでは以下に代表的な脳浮腫について簡単に解説する。

(1) 細胞障害性浮腫（細胞性浮腫）

細胞障害性浮腫あるいは細胞性浮腫 cytotoxic edema とは，細胞のエネルギー代謝障害によって細胞膜に存在するイオンポンプに障害をきたし，ニューロン，グリア，血管内皮細胞の細胞内に水および Na が増加した状態を指す（図 6b, 図 6c）。臨床的には脳虚血（急性期），低酸素，低血糖，てんかん発作，中毒，アシドーシスなどにより，主に灰白質を中心に病変が認められる。MRI において拡散強調画像と呼ばれる特別な撮像法において捉えられる。

(2) 血管原性浮腫（血管障害性浮腫）

血管原性浮腫あるいは血管障害性浮腫 vasogenic edema とは，BBB の破綻により血漿成分（水，Na，アルブミンなど）が毛細血管から細胞間隙に漏出した状態を指す（図 6d, 図 6e）。臨床的には脳虚血の晩期，脳腫瘍，外傷，炎症などで生じる。脳虚血の晩期では虚血性変化の結果，BBB が破綻して生じる。脳腫瘍では腫瘍内血管が BBB を欠くことが多く，そこから白質へ拡散して血管原性浮腫が広がるものと考えられている。MRI の T 2 強調画像や CT で認められる脳浮腫は，一般的にこの血管原性浮腫であることが多い。

(3) 間質性浮腫

間質性浮腫 interstitial edema とは，水頭症時に脳室内圧が増加することで CSF が脳室壁を越え，脳実

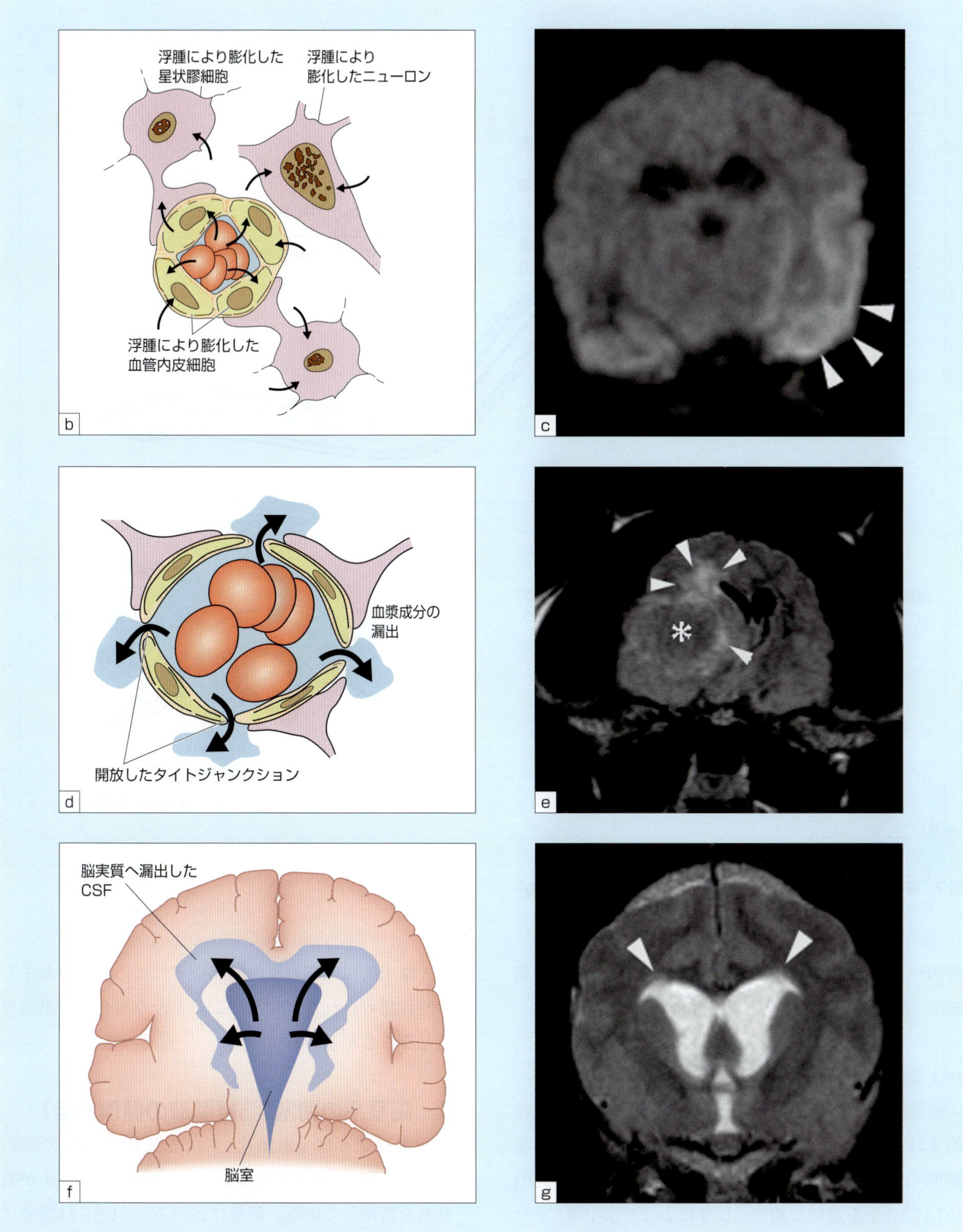

図6のつづき

b：細胞障害性浮腫の模式図。細胞膜に存在するイオンポンプなどに障害を生じ，各種細胞内に水およびNaが増加し，細胞腫大が起こる。
c：てんかん発作重積を生じた犬における脳の拡散強調画像。左側頭葉・海馬に生じた細胞障害性浮腫が高信号として捉えられている（矢頭）。
d：血管原性浮腫の模式図。BBBの破綻により血漿成分が血管外へ漏出する。
e：髄膜腫に罹患した猫のFLAIR画像。低信号で認められる腫瘍（＊）周囲の脳実質白質に高信号領域（矢頭），すなわち血管原性浮腫が拡がっている。
f：間質性浮腫の模式図。高度なCSF圧（脳室内圧）の上昇（水頭症）により，CSFが脳室壁を越えて脳実質内へ浸潤する。
g：閉塞性水頭症の犬のT２強調画像。拡大した側脳室周囲に淡くぼやけた高信号領域を認める（間質性浮腫：矢頭）。
（a，b，d，fは，文献7を元に作成）

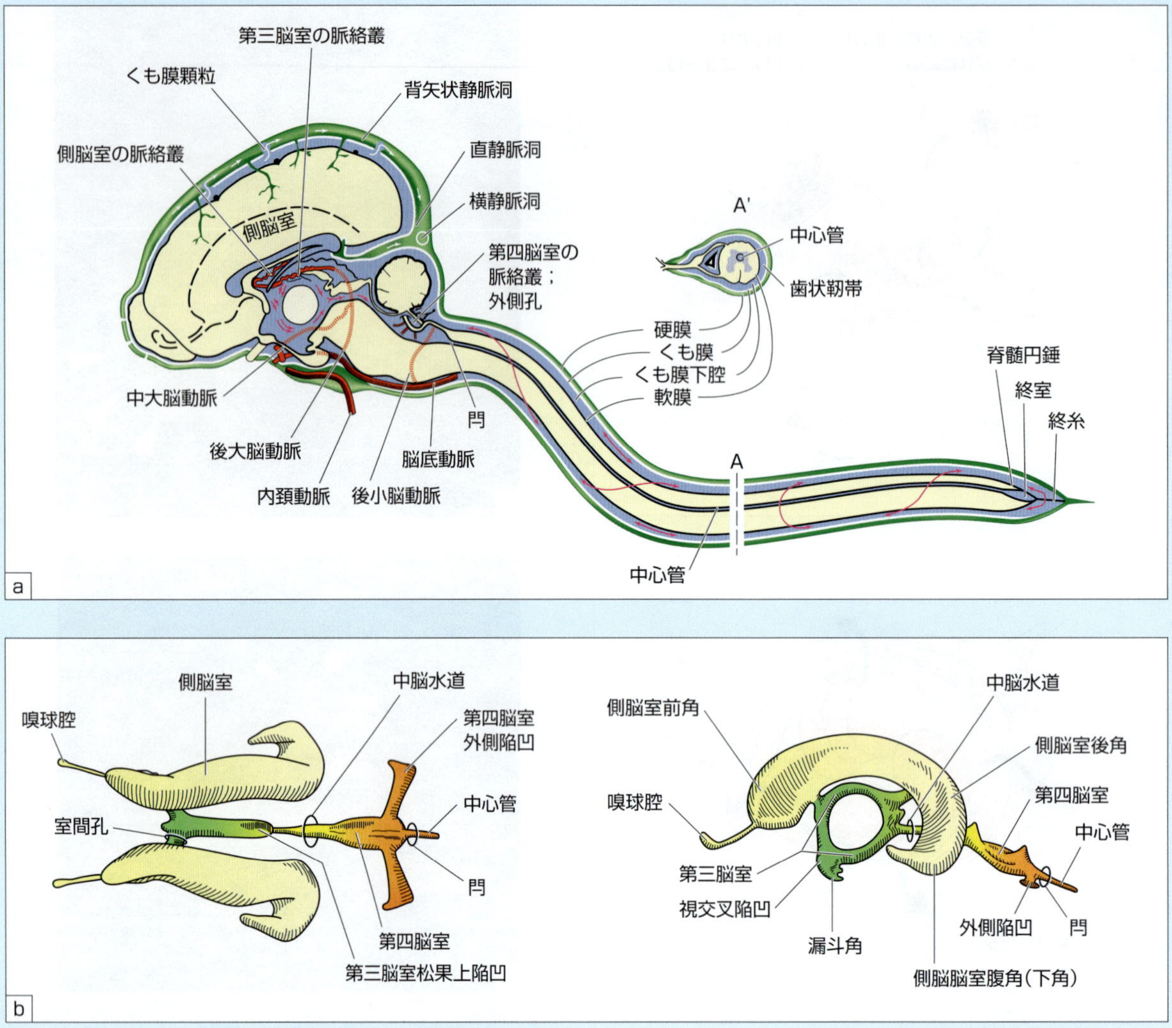

図7　脳脊髄液(CSF)流路を示す模式図(a)と脳室系の解剖(b)

質内へ漏出することによって生じた浮腫で(図6f，図6g)，水頭症性脳浮腫などとも呼ばれる。

(4) 浸透圧性浮腫

浸透圧性浮腫 osmotic edema とは，犬や猫では比較的まれな病態であるが，抗利尿ホルモン不適合分泌症候群 syndrome of inappropriate secretion of ADH (SIADH)や不適切な輸液剤投与によって水中毒，すなわち血漿浸透圧の低下が生じた場合に，血漿中水分が脳実質へ移動することにより生じる脳浮腫である。

(5) 静水圧性浮腫

静水圧性浮腫 hydrostatic edema もまた犬や猫ではまれな病態であるが，脳毛細血管の灌流圧が著しく増加することで血管内外の静水圧差を生じ，BBB の破綻を伴わずに血漿中水分が脳実質へ移動する病態を指す。臨床的には高血圧性脳症などによる急激な血圧上昇時に認められる(ただし，このような場合は脳出血を生じることが多い)。

4. 脳室系の閉塞(脳脊髄液の循環不全)

詳細は第8章「水頭症(主に先天性水頭症について)」で詳細に解説されるが，脳・脊髄では CSF が脳室系を循環している。簡単に述べると，CSF は脳室に存在する脈絡叢組織において血液から産生・分泌され，一般に**側脳室～室間孔(モンロー孔)～第三脳室～中脳水道～第四脳室～外側孔(ルシュカ孔)あるいは閂を経て脊髄中心管～くも膜下腔**へと循環し(現在では，必ずしもこの順で循環しているとは限らないということが判明してきている)，くも膜下腔に存在するくも膜絨毛や神経根周囲に存在する末梢神経リンパ系路で吸収される(図7a，図7b)。

脳室周囲あるいは脳室系内に，前述したCSF流路を閉塞するような病変，たとえば先天性の狭窄や腫瘍や血腫，炎症性病変による肉芽などが存在することにより，水頭症を生じる(閉塞性水頭症)。この場合，閉塞した部位よりも上位の脳室系にCSFが貯留する。片側側脳室の拡大であれば片側の室間孔閉塞，両側側脳室および第三脳室の拡大であれば中脳水道閉塞，側脳室から第四脳室までの脳室系全体が拡大しているのであれば門あるいは外側孔(外側陥凹)の閉塞，といった具合である。このような場合，当然のことながらMonro-Kellie説におけるCSF成分が増大することでICP亢進をきたし，さらには間質性脳浮腫を生じる。より重度になれば最終的に，次に述べる脳ヘルニアを生じることとなる。

5. 脳ヘルニア

脳ヘルニア cerebral(or brain)herniationとは，脳が正常な位置から偏位・逸脱する様の総称である。脳は頭蓋内において小脳テントによりテント前(テント上)構造とテント後(テント下)構造(後頭蓋窩ともいう)に，さらにテント前構造のうち大脳皮質は大脳鎌によって左右の大脳半球に，といったいくつかのコンパートメントに区分される。水頭症や腫瘍，血腫，脳浮腫などによって局所的な組織圧差が生じることで，前述した正常な位置から他のコンパートメントへ移動したり，あるいは重度のICP亢進により頭蓋内全体の圧力が頭蓋内コンプライアンスを上回る状況になると，Monro-Kellie説で述べた“一応閉鎖された空間”である頭蓋内腔といった概念を超え，頭蓋内と頭蓋外を連絡する大孔より脳が頭蓋外(脊柱管内)へ逸脱する。脳ヘルニアは，以下のいくつかのタイプにわけられる。

(1) 帯状回ヘルニア

帯状回ヘルニア cingulate herniationとは，左右の大脳半球に圧差を生じた場合に片側大脳半球が大脳鎌を越え，反対側半球側へ逸脱する脳ヘルニアである(図8a)。腫瘍や血腫など片側大脳半球の局所的な病変に起因することが多く，よく認められる。また，帯状回ヘルニアは次に述べるテント切痕ヘルニアに先立って生じることが多く，テント切痕ヘルニアを予見するためにも重要である。帯状回ヘルニアは完成前あるいは完成後も**正中偏位(大脳鎌偏位)** midline shift (falx shift)などと呼ばれることもある*。

＊ midline shiftあるいはfalx shiftは，脳回の描出が不得意であったCTが主体の時代によく使われていた用語である。現在，MRIを用いることで帯状回ヘルニアを画像上確認することができる。しかしながら，前頭葉吻側では大脳鎌が堅固かつ完全に半球を隔てているため，頭頂部のような帯状回ヘルニアが起こらず，大脳鎌が片側に歪むことがあり，これはmidline shiftと呼ぶにふさわしい(と個人的に思う)。

(2) テント切痕ヘルニア

テント切痕ヘルニア (caudal)transtentorial herniationとは，テント前構造物が小脳テントを越えてテント後部へ逸脱する**尾側テント切痕ヘルニア**と，その逆でテント後構造(すなわち小脳)が上向性に小脳テントを越えてテント前へ逸脱する頭側(上行性)テント切痕ヘルニアとがある。ただ，一般的にテント切痕ヘルニアといえば，尾側テント切痕ヘルニアを指す(図8b)。何らかの原因によりテント前構造(前脳)の容積が増大したときに，側頭葉や後頭葉といった構造体が小脳テントを越え後頭蓋窩へ逸脱する。このことで元来，小脳テント直下に存在する中脳・橋は強く圧迫を受け，縮瞳，意識障害，呼吸不全などといった脳幹症状を生じる。さらに進行すると次に述べる大孔ヘルニアも生じ，死に至る。

(3) 大孔(大後頭孔)ヘルニア(あるいは小脳ヘルニア)

大孔ヘルニア(あるいは小脳ヘルニア) foraminal herniation(tonsillar herniation)は，後頭蓋窩(小脳や脳幹)に生じた腫瘍や血腫などによって，あるいは前述した尾側テント切痕ヘルニアにより後頭蓋窩の容積がその許容を超えた際に，小脳が大孔を通じて頭蓋外，すなわち脊柱管内へ逸脱することを指し，脳ヘルニアの最終形態である(図8b)。頭側あるいは尾側テント切痕ヘルニアを併発していることがほとんどであり，また小脳により延髄をも強く圧迫するため，致命的な脳幹症状を呈し，まもなく死亡する。

脳疾患におけるDAMNIT-V分類

神経疾患の診断を進めていく，あるいは鑑別診断リストを作成していくうえで，DAMNIT-V(あるいはVITAMIN-D)分類は臨床獣医師にとって非常に便利なものとなる(第1章参照)。神経学的検査そのものは病変部位の局在診断であり，疾患そのものの診断を進めていくにはこのDAMNIT-Vによる鑑別診断リス

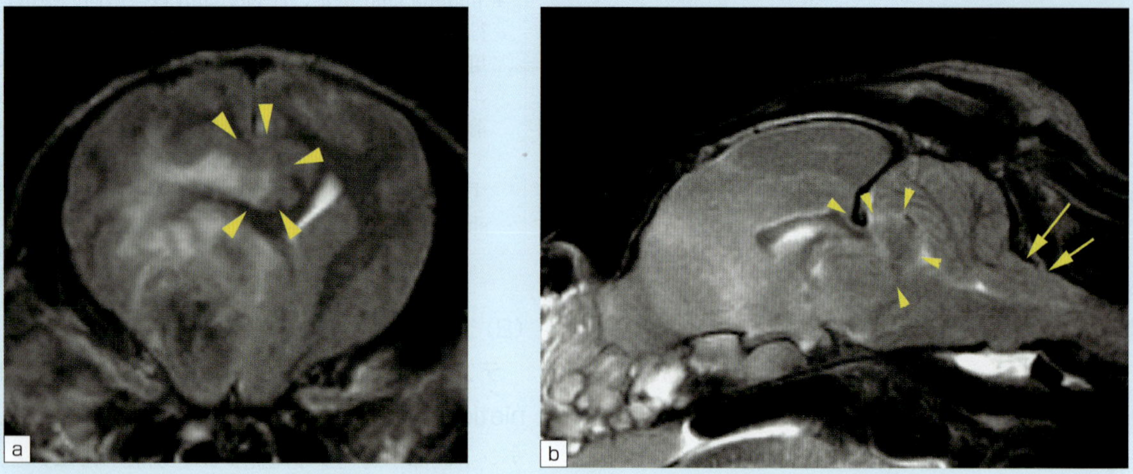

図8　脳ヘルニア

a：帯状回ヘルニアのMRI横断面。右前頭葉に発生した腫瘍により右頭頂葉に存在する帯状回が正中の大脳鎌を超え，対側半球側に逸脱している（矢頭）。

b：テント切痕ヘルニアおよび大孔ヘルニアのMRI矢状断面。鼻腔内腫瘍が頭蓋内に浸潤したことにより，前脳領域が小脳テントを越え，後頭蓋窩へ逸脱し（テント切痕ヘルニア：矢頭），さらにそれにより小脳が大孔から頚髄脊柱管内へ逸脱している（大孔ヘルニア：矢印）。小脳活樹の紋様が尾側へ流れていること，大槽が逸脱した小脳で占拠されていることに注目。

トの作成と追加的検査による絞り込みが重要である。

以下に脳疾患のDAMNIT-Vの各々について，ごく簡単に概説する。

1．D：変性性疾患

変性性疾患 degenerative disease は，脳あるいは神経系全体を慢性進行性に侵し，緩徐に神経細胞が死滅していく病態であり，多くの疾患が遺伝性あるいは家族性の疾患である。発症年齢は様々であるが，大部分は幼若齢に発症し最終的に死に至る。代表的な疾患に小脳皮質アビオトロフィー（CCA），神経軸索ジストロフィー（NAD），ライソゾーム病，神経セロイド・リポフスチン症（NCL）などが挙げられる。また本書では，加齢に伴い（高齢で）発症する認知機能不全症候群（痴呆症）もこの変性性疾患のカテゴリーに分類して紹介する。いずれの疾患においても確定診断は遺伝子診断や死後の病理組織診断に依存するが，臨床症状や経過の観察およびMRIによる画像診断によって，ある程度の臨床診断が可能である。

2．A：奇形性疾患

奇形性疾患 anomalous diseases は先天性の構造的異常をきたす疾患の総称であり，神経組織自体の形態異常によるものと，神経組織以外の形態異常が神経系に影響するものとがある。一般的には出生時よりその異常は存在し，長期的な観察では，臨床症状の悪化・良化を繰り返しながらも比較的一定性（非進行性）の病態を示す。しかしながら，いくつかの疾患では慢性進行性であったり，急性悪化する場合もある。代表的な疾患には水頭症，頭蓋内くも膜嚢胞，滑脳症や裂脳症，小脳低形成，キアリ様奇形および尾側後頭部奇形症候群（COMS）などがある。診断はCTやMRIを用いた画像診断で行うことが可能であり，一部の奇形性疾患では外科療法が功を奏すことがある。

3．M：代謝性・栄養性疾患

代謝性・栄養性疾患 metabolic/nutritional diseases とは，他の臓器の疾患あるいは食事中の栄養素の欠損などによって二次的に神経症状が生じる疾患群であり，神経原発の疾患ではない。これらの疾患はしばしば両側対称性であったり，特異的な領域が先行して症状を呈することがある。代謝性疾患，栄養性疾患では神経系全体の機能不全を生じることも少なくないが，脳症状を呈する場合“代謝性脳症”と呼ばれることがある。多くの場合，慢性進行性の経過をとるが，原因疾患によって様々であり，また原因疾患の悪化・良化あるいは治療によって大きく変化する。代表的な疾患には肝性脳症，尿毒症性脳症，糖尿病，低血糖症，甲状腺機能低下症，副腎皮質機能低下症，低酸素症，電解質失調，チアミン欠乏症などが挙げられる。これらの疾患では血液検査や，他の特徴的な臨床症状から気付かれることが多く，治療もまた原因疾患に向けられる。神経系に不可逆的変化をきたす前に原因疾患が治療されるのであれば，一般に神経学的徴候も消退する。

4. N：腫瘍性疾患

脳を侵す腫瘍性疾患 neoplastic diseases には原発性脳腫瘍，転移性脳腫瘍，そして周囲組織で発生し頭蓋内へ浸潤する腫瘍がある。原発性脳腫瘍はさらに神経上皮性腫瘍，神経鞘細胞腫瘍，髄膜腫瘍，血管・リンパ系腫瘍，胚細胞性腫瘍，下垂体腫瘍などに細分される。各々の腫瘍は腫瘤の増大によって周囲正常脳組織を圧排したり，正常な脳機能を破綻させることで症状を呈し，また腫瘍内あるいは腫瘍周囲で虚血，出血，浮腫，炎症などを併発し二次的な病態生理学的機構を進行させる。一般に中～高齢で発症し，亜急性～慢性進行性に病態は悪化していくが，比較的コンプライアンスが高く，代償機能を有する脳では症状が潜伏的となり（症状に気付かずに），あたかも急性発症のような発症形式をとることも少なくない。犬や猫の代表的な脳腫瘍には髄膜腫，星状膠細胞腫や脈絡叢乳頭腫を主とした各種グリオーマ，リンパ腫，下垂体腫瘍が挙げられる。

臨床診断はCTやMRIによる画像診断で行われることが一般的であり，最近では脳外科手術による腫瘍切除，放射線治療および化学療法によって治療がされてきている。

5. I：炎症性（感染性／免疫介在性）疾患

おそらく近年の獣医神経病の中で最も診断件数，研究件数が増加したのが免疫介在性疾患 immune mediated diseases あるいは炎症性疾患 inflammatory diseases，感染性疾患 infectious diseases である脳炎であろう。感染性脳炎についての発症年齢は様々であるが，恐らく免疫介在性である特発性脳炎はある程度の品種特異性を有し，比較的若齢（～中齢）で発症，急性～慢性進行性の臨床経過を示す。代表的な疾患として，壊死性髄膜脳炎（NME）および壊死性白質脳炎（NLE），肉芽腫性髄膜脳脊髄炎（GME），ステロイド反応性髄膜炎・動脈炎（SRMA），犬ジステンパーウイルス（CDV）性脳炎，猫伝染性腹膜炎（FIP）ウイルス性髄膜脳炎などが挙げられる。いずれの疾患においても根治的な治療法はなく，長期的には予後は好ましくないものの，NMEやGMEでは免疫抑制療法や放射線治療などが行われ，生存期間の延長を可能なものにしている。

6. I：特発性疾患

特発性疾患 idiopathic diseases は原因不明の病態の総称であり，厳密にはまだ病態が完全に判明していないような，先に述べた免疫介在性疾患や炎症性疾患も含む。ただし，本書では，てんかん，ナルコレプシーおよび全身性（特発性）振戦症候群をこのカテゴリーにあてる。前述した炎症性疾患以外の特発性疾患，すなわち特発性前庭疾患や顔面神経麻痺などは「末梢神経・筋疾患編」で述べる。

7. T：外傷性疾患および中毒性疾患

当然のことながら，外傷性疾患 traumatic diseases は急性発症する。急性発症後は数時間～数日間の間に悪化傾向をたどるが，その後多くは非進行性であり，半永久的な欠落症状を呈するか，時間の経過とともに改善傾向を示す。頭部損傷では急性期に死亡することも少なくないが，それを耐過した場合には多少の後遺症が残るものの比較的予後がよい。

中毒性疾患 toxic diseases は有害物質（毒素）に曝露されることにより，急性～亜急性に発症する。多くの中毒性疾患は両側対称性，かつ広範な領域の症状を呈する。毒素への曝露が解除される，あるいは体内の毒素が中和あるいは除去されることで症状は改善する。代表的な中毒性疾患にはボツリヌス中毒，鉛中毒，有機リン中毒，破傷風やイベルメクチンなどの医薬品による中毒などが挙げられる。

8. V：血管障害性疾患

以前，犬や猫における血管障害性疾患 vascular diseases はまれな病態であると考えられていたが，CTやMRIによる画像診断が日常的に行われるようになってきた現在，これらの疾患が診断されることは少なくない。血管障害性疾患は脳梗塞あるいは脳出血による脳の虚血性／出血性障害であり，一般に急性発症し，外傷性疾患同様，脳浮腫などの二次的な病態生理学的機構により数時間～数日以内に悪化傾向をたどり，その後は非進行性ないしは改善傾向を示す。また，通常は限局性が顕著であり，梗塞あるいは出血を生じた血管の支配領域に相当した臨床症状が生じる。

おわりに

本章では「脳疾患編イントロダクション」として，脳疾患における総論的な話を概説した。まだまだ脳の病態生理や病理学的変化（神経細胞死や虚血，炎症，壊死，脱髄など）に関しては解説できていない。これらの病態生理は本書の中で，特に重要視される場合に改めて詳細に解説される。

本章では細かく参考文献を挙げなかったが，以下に獣医神経病を勉強するのに推奨できる文献・図書をいくつか挙げるので参考にされたい。

［長谷川大輔］

■参考文献・参考図書

1) Bagley RS. Fundamentals of Veterinary Clinical Neurology. Blackwell Publishing. Oxford. UK. 2005.

2) Bagley RS. Pathophysiologic sequelae of intracranial diesease. *Vet Clin North Am Small Anim Pract.* 26(4): 711-733. 1996.

3) Chrisman CL, Mariani C, Platt S, Clemmons R. 犬と猫の臨床神経病学―神経疾患の鑑別診断と治療法. 諸角元二監訳, インターズー. 東京. 2003.

4) DeLahunta A, Glass E, Kent M. Veterinary neuroanatomy and clinical neurology, 4th ed. Elsevier Saunders. St. Louis. MO. US. 2014.

5) Dewey CW. A practice guide to canine and feline neurology, 2nd ed. Wiley-Brackwell, 2008.

6) Evans HE, DeLahunta A. Miller's anatomy of the dog, 4th ed. Elsevier Saunders. St. Louis. MO. US. 2012.

7) Fishman RA. Brain edema. *N Engl J Med.* 293(14): 706-711, 1975.

8) Hoerlein BF. 犬の神経病―診断と治療のすべて. 稲田七郎, 戸尾祺明彦監訳. 医歯薬出版. 東京. 1982.

9) Jaggy A. 図解小動物神経病学. 長谷川大輔監訳. インターズー. 東京. 2011.

10) Lorenz MD, Coates JR, Kent M. Handbook of veterinary neurology, 5th ed. Elsevier Saunders. St. Louis. MO. US. 2010.

11) Platt SR, Olby NJ. BSAVA manual of canine and feline neurology, 4th ed. Gloucester. UK. British Small Animal Veterinary Association. 2013.

12) Platt SR, Olby NJ. BSAVA 犬と猫の神経病学マニュアルⅢ. 作野幸孝訳, 松原哲舟監修. NEW LLL Publisher. 大阪. 2004.

13) 山浦晶, 田中隆一, 児玉南海雄. 標準脳神経外科学. 医学書院. 東京. 1999.

D M

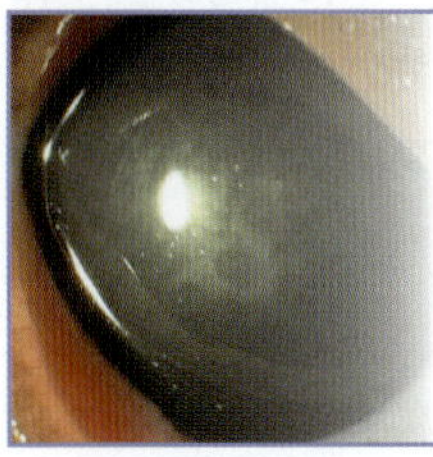

3. ライソゾーム病

はじめに

ヒトの**遺伝病 hereditary diseases, genetic diseases** は数千種以上同定されており，それら遺伝病に関する情報データベースは極めて巨大である[3,4]。それに比較して，今のところ，動物の遺伝病の数や種類は少なく，それらの情報データベースはまだ小さい[1,2]。しかし，犬や猫などの哺乳動物の遺伝子数は，ヒトと同様に2万数千～3万個程度存在すると予測されるため，犬や猫の遺伝病についてもヒトの遺伝病とほぼ同等の疾患数が存在するはずである。つまり，犬や猫にも数千疾患以上の遺伝病が潜在していると考えるべきである。

しかし，様々な理由によって，動物では全ての病的状態の原因究明(確定診断)が求められているわけではないため，ヒトの遺伝病のようには解明が進まない。たとえば，胎生期に死亡してしまうような遺伝病であれば，出産個体数は減少するものの，多胎動物である犬や猫では，何らかの劣性の遺伝病によって8頭が6頭に(あるいは，4頭が3頭に)なったことに気付くブリーダーはほとんどいない。ちなみに，このような胎生期に発症して流産を起こすような疾患は，ヒトでもまだ十分に解明が進んでいない。4回の出産で1回の流産が生じても，それが遺伝病のせいだと考える人は少ないのである。

また，出生後に発症する動物遺伝病であっても，出生直後～生後間もなく(1～2カ月齢までに)発症する場合には，その2カ月齢以下の個体は流通・販売経路にのらないため，結果的に獣医療の現場(動物病院)に現れることはほぼない。出生時～乳子期の異常を積極的にスクリーニングするシステムでもできない限り，これらの疾患は明るみに出てこない。遺伝病として獣医療の現場で遭遇する疾患は，生後ある程度の時間(少なくとも数カ月以上)を経て発症する疾患に限られるのである。ところが，そのような発症時期の比較的遅い疾患がまれに顕在化しても，あえてそれを闇に葬ろうとする人為的力が加わることもあるため，動物遺伝病はまだ多くの部分が闇の中にある。

前述のような観点でみれば，**ライソゾーム病 lysosomal storage diseases**(50疾患程度)は遺伝病全体(数千疾患以上)の中ではほんのひと握りにすぎないが，病理発生メカニズムの性質上(後述)，その多くが出生後ある程度の時間を経て発症するため，比較的獣医療の現場で遭遇しやすい遺伝病であるのかもしれない。また，磁気共鳴画像(MRI)検査の普及によって，このような症例がMRI検査を受ける機会が増したため，MRI検査上の異常が検知されることとなり(後述)，さらに，自然発生的に形成された獣医療ネットワーク(特に神経病症例のネットワーク)のおかげで，筆者の元へ全国の(ときに海外の)症例情報が届く機会が相当多くなった。また，仮に生前に診断がつかなくても，死亡後に病理組織学的検査を実施すれば，何らかのライソゾーム病であることだけは判明するため(ただし，確定診断には新鮮凍結組織が必要な場合が多い)，そういう意味でもライソゾーム病という疾患は，どちらかといえば顕在化しやすい遺伝病といえるのかもしれない。

そして，ライソゾーム病を含む遺伝病が身近なものになってきた最大の理由は，皮肉なことに，本邦独特のペット産業事情のせいではないかと思われる。ある特定の品種が，マスメディアを介したほんのちょっとしたきっかけで爆発的に流行し，そして何年かして人々の熱が冷めると，その品種は急速に廃れていく。その特定品種の短い流行期に効率的にお金を稼ぐために，数少ない個体から近親交配によって，可能な限り多くの個体を生産する努力が払われることになる。この状況は，潜在化する遺伝病を顕在化させることになり，さらに，新たな突然変異による遺伝病をも作出する要因になっていると推測される。悲しいかな，筆者の仕事はこのような風潮のうえに成り立っているのであるが，その仕事の成果は，少しでもこのような風潮の是正に役立てばよいと考えている次第である。

本章では，筆者が専門としている動物のライソゾーム病について，犬や猫の疾患を中心に概説する。ライソゾーム病の病態生理から，病理，臨床症状と神経学的検査所見，診断，治療，予防などについて解説し，代表的な症例についてその中で紹介する。全ての臨床獣医師がライソゾーム病に遭遇するわけではないが，ライソゾーム病に共通するクリニカル・ピクチャーの概略を1度頭に描いておくと，実際に遭遇したときに「もしかしたら」と思うことがある。

病態生理

細胞内小器官の1つであるライソゾームには60種あまりの酸性加水分解酵素が存在し，これらの酵素群が複合糖質や複合脂質などの細胞内基質を分解する役割を担っている。これらのライソゾーム酵素や触媒反応にあずかる活性化タンパクなどの遺伝的異常により，当該酵素反応における基質が蓄積し，細胞障害ひいては臓器障害などを引き起こす全身病がライソゾーム病である。現在，ライソゾーム病は約50疾患が同定されている(表1)。また，ライソゾーム病は，蓄積物質の種類によって，**スフィンゴリピドーシス** sphingolipidosis，**ムコ多糖症** mucopolysaccharidosis，**糖タンパク代謝異常症** glycoplotein storage disorder，**ムコリピドーシス** mucolipidosis などの疾患群に大別される他，疾患群に分類されない多数の単独疾患が存在する。ライソゾーム病のほとんどは**単一遺伝子の異常**に基づく**メンデル遺伝病** mendeliam inherited diseases であり，3疾患(ファブリー病，ハンター病およびダノン病)のみが**X染色体性劣性遺伝病**である。

現在知られている50疾患ほどのライソゾーム病のうち，動物(遺伝子改変動物は除く)においては30疾患程度しか同定されていない(表1)。さらに，動物では，それぞれの疾患における報告家系数や原因変異の種類が，ヒトのそれに比較して極端に少ない。これは，前述したように，動物にライソゾーム病が少ないためではなく，見過ごされているにすぎない。動物のライソゾーム病の報告家系数については，正確にカウントされたデータは存在しないが，筆者が認知している限りでは，全ての動物種を含めると160家系以上の報告(孤発例の報告も含む)がある。なお，犬では約70家系(二十数疾患)ならびに猫では約30家系(十数疾患)の報告がある。さらに，大まかなデータになるが，全体の3割程度で原因変異が同定されている。新たな疾患は年に何件か見つかっており，変異同定のスピードもかなり速い。近年の分子生物学の進歩から考えると，それも当然のことかと思われる。

表1で示したような各大分類に属する疾患は，ある一連の共通代謝系を有しているので，生化学的かつ概念的には比較的捉えやすい。しかし，ライソゾーム病は，あくまで「ライソゾームの機能異常に起因する疾患群」という定義でひと括りにしてあるだけなので，大分類に入らない多くの単独疾患にはほとんど生化学的ないし病態生理学的な共通性がない。しかしながら，可能な範囲で，できるだけ網羅的に，各疾患の生化学上の特徴(欠損酵素と蓄積物質)を表2に簡潔にまとめてみた。このようにまとめると，一見，頭の整理にはなるが，実質的には(つまり，臨床的には)あまり役に立たないような気がする。つまり，このような表面的な情報では，実際の症例を診断することはできない。それぞれの疾患は，欠損酵素と代表的な蓄積物質だけで定義付けできるほど単純ではない。ちなみに，勘違いされていることが多いが，蓄積物質は各疾患で1つというわけでない。これは，ライソゾーム酵素には，多様な分子中に存在する特有の末端構造を切断する酵素が多いことによる。たとえば，*β*-ガラクトシダーゼは色々な分子の*β*-ガラクトース末端を切断する酵素であり，その酵素の基質となる物質として中枢神経細胞で最も多いのがGM1ガングリオシドであり，その特徴により疾患名がGM1ガングリオシドーシスと命名されたにすぎない。他の細胞には他の物質が様々な組成で蓄積しているのである。それぞれの疾患が，非常に複雑な病態生理学的背景を有している。さらに，動物種ごとに物質代謝が若干異なるため，ヒトと動物のライソゾーム病は，それぞれの疾患において，必ずしも同じ病態にはならない。

病理組織学的および超微形態的特徴

ライソゾーム病は遺伝病であるため，その詳細な病因解析には分子生物学的手法を必要とする。にもかかわらず，DNA発見以前の古い時代から，いわゆる“**蓄積病** storage diseases”という概念で，形態学を中心として体系的に研究されてきた経緯がある。これは，

表1　ライソゾーム病の種類

スフィンゴリピドーシス
GM1 ガングリオシドーシス🔵🔴🟢
GM2 ガングリオシドーシス
テイ・サックス病（B バリアント）🔵
サンドホフ病（0 バリアント）🔵🔴
AB バリアント🔵🔴
B1 バリアント🔵
ファブリー病
ゴーシェ病🔵
ニーマン・ピック病🔴
A 型🔵🔴
B 型
C 型🔵🔴
異染性白質変性症🔴
クラッベ病（グロボイド細胞白質変性症）🔵🔴
ファーバー病
多種スルファターゼ欠損症

ムコ多糖症
I 型🔵🔴🟢
I H 型（ハーラー病）
I H/S 型（ハーラー・シェイエ病）
I S 型（シェイエ病）
II 型（ハンター病）🔵
III 型（サンフィリッポ病）
A 型🔵
B 型🔵🟢
C 型
D 型
IV 型（モルキオ病）
A 型
B 型
VI 型（マロトー・ラミー病）🔵🔴
VII 型（スライ病）🔵🔴

ムコリピドーシス
II 型（アイセル病）🔴
III 型（偽ハーラー病）
IIIA 型
IIIC 型
IV 型

糖タンパク代謝異常症
フコシドーシス🔵🔴
α-マンノシドーシス🔴🟢
β-マンノシドーシス🟢
シアリドーシス
I 型（チェリーレッドスポット・ミオクローヌス症候群）
II 型（旧ムコリピドーシス I 型）
ガラクトシアリドーシス🔵
アスパルチルグルコサミン尿症

その他
ポンペ病（糖原病 II 型）🔵🔴🟢
ウォルマン病🔵
コレステリルエステル蓄積症
シスチン症
シアル酸蓄積症
サラ病
乳児型遊離シアル酸蓄積症
酸性ホスファターゼ欠損症
チェディアック・東症候群🔴🟢
シンドラー・神崎病
ダノン病
神経セロイド・リポフスチン症（バッテン病）🔵🔴🟢
CLN1/PPT1 🔵
CLN2/TPP1 🔵
CLN3
CLN4/DNAJC5
CLN5 🔵🟢
CLN6 🔵
CLN7/MFSD8
CLN8 🔵
CLN10/CTSD 🔵
CLN11/GRN
CLN12/ATP13A2 🔵
CLN13/CTSF
CLN14/KCTD7
ARSG 🔵

🔵：犬，🔴：猫，🟢：牛で報告のある疾患

ライソゾーム病が非常に派手で多様な形態像を有しているためである。全身の細胞（正確には赤血球は除く）にライソゾームが存在するため，あらゆる細胞と組織に形態学的異常が生じ，極端なことをいえば，どこを切っても大なり小なり形態学的異常所見が得られる。前述したように，1つの疾患であっても蓄積物質の種類や組成は各細胞で異なるので，全ての組織で様々な形態的変化が観察される。そのような形態的な変化は，疾患特有のものもあるので，組織学的な検査だけである程度の診断をつけることができる場合もある。

たとえば，神経セロイド・リポフスチン症 neuronal ceroid lipofuscinosis（NCL）は，神経細胞やその他の細胞において HE 染色ではやや褐色がかった脂溶性色素（ズダン染色やオイル赤 O 染色などに陽性）が蓄積し，細胞は極端な膨化傾向を示さず（他の多くのライソゾーム病では細胞の膨化が特徴である），特に神経細胞は萎縮脱落する所見も多くみられる（図 1a）。また，NCL の蓄積物質は PAS 染色陽性で（図 1b），蛍光顕微鏡で観察すると自家蛍光性を有している。このような組織学的特徴により NCL は診断が可能である。しかし，一方で，他の多くのライソゾーム病では，特定の疾患にだけ認められるような特徴的所見は乏しく，むしろライソゾーム病全体に共通の所見として，**神経細胞の膨化**ならびに細胞質内に認められる**好酸性ないし泡沫状の蓄積物質**が観察される（図 2a）。したがって，多くの疾患は組織学的検査だけで確定診断に導くこと

表2　欠損酵素と主要な蓄積物質

疾患名	欠損酵素など	主要な蓄積物質
	スフィンゴリピドーシス	
GM1 ガングリオシドーシス	β-ガラクトシダーゼ	GM1 ガングリオシド
GM2 ガングリオシドーシス		
テイ・サックス病	β-ヘキソサミニダーゼ A	GM2 ガングリオシド
サンドホフ病	β-ヘキソサミニダーゼ A・B	GM2 ガングリオシド，グロボシド
AB バリアント	GM2 活性化タンパク	GM2 ガングリオシド
ファブリー病	α-ガラクトシダーゼ	セラミド・トリヘキソシドなど
異染性白質変性症	アリルスルファターゼ A	スルファチド
クラッベ病	ガラクトセレブロシダーゼ	ガラクトセレブロシド
ゴーシェ病	β-グルコシダーゼ	グルコセレブロシド
ニーマン・ピック病		
A・B 型	スフィンゴミエリナーゼ	スフィンゴミエリン
C 型	外因性コレステロール・エステル化障害	コレステロール
ファーバー病	セラミダーゼ	セラミド
	ムコ多糖症	
Ⅰ型(ハーラー・シェイエ病)	α-イズロニダーゼ	デルマタン硫酸，ヘパラン硫酸
Ⅱ型(ハンター病)	α-イズロネート・スルファターゼ	デルマタン硫酸，ヘパラン硫酸
Ⅲ型(サンフィリッポ病)		
A 型	ヘパラン・スルファミニダーゼ	ヘパラン硫酸
B 型	α-グルコサミニダーゼ	ヘパラン硫酸
C 型	α-グルコサミニド N-アセチルトランスフェラーゼ	ヘパラン硫酸
D 型	α-N-アセチルα-グルコサミド 6-硫酸スルファターゼ	ヘパラン硫酸
Ⅳ型(モルキオ病)		
A 型	N-アセチルガラクトサミン 6-硫酸スルファターゼ	ケラタン硫酸
B 型	β-ガラクトシダーゼ	ケラタン硫酸
Ⅵ型(マロトー・ラミー病)	アリルスルファターゼ B	デルマタン硫酸
Ⅶ型(スライ病)	β-グルクロニダーゼ	デルマタン硫酸
	糖タンパク代謝異常症	
フコシドーシス	α-フコシダーゼ	末端にフコースをもつ糖タンパクなど
α-マンノシドーシス	α-マンノシダーゼ	末端に α-マンノースをもつ糖タンパクなど
β-マンノシドーシス	β-マンノシダーゼ	末端に β-マンノースをもつ糖タンパクなど
シアリドーシス	シアリダーゼ	シアル酸をもつ糖タンパクなど，GM3 ガングリオシド
ガラクトシアリドーシス	保護タンパク／カテプシン A	シアル酸をもつ糖タンパクなど，GM3 ガングリオシド
アスパルチルグルコサミン尿症	アスパルチルグルコサミナーゼ	アスパルチルグルコサミン
	ムコリピドーシス	
Ⅱ型(アイセル病)	N-アセチルグルコサミン-1-ホスホトランスフェラーゼ	複数のタンパクと脂質など
Ⅲ型		
ⅢA型	N-アセチルグルコサミン-1-ホスホトランスフェラーゼ	複数のタンパクと脂質など
ⅢC型	トランスフェラーゼ -δ- サブユニット	複数のタンパクと脂質など
Ⅳ型	ムコリピン-1	複数のタンパクと脂質など
	その他	
ポンペ病(糖原病Ⅱ型)	α-1，4-グルコシダーゼ	グリコーゲン
ウォルマン病	酸性リパーゼ	コレステリルエステル，中性脂肪
コレステリルエステル蓄積症	酸性リパーゼ	コレステリルエステル，中性脂肪
シスチン症	シスチン転送障害	シスチン
シアル酸蓄積症	遊離シアル酸転送異常	遊離シアル酸
酸性ホスファターゼ欠損症	酸性ホスファターゼ	リン酸エステル
チェディアック・東症候群	Lysosomal trafficking regulator 異常	好中球巨大顆粒など
シンドラー・神崎病	α-N-アセチルガラクトサミニダーゼ	詳細不明
ダノン病	ライソゾーム膜(LMP Ⅱ)異常	詳細不明
神経セロイド・リポフスチン症		
CLN1	palmitoyl protein thioesterase	スフィンゴ脂質活性化タンパク A・D
CLN10/CTSD	カテプシン D	スフィンゴ脂質活性化タンパク A・D
その他ほとんどの疾患	多様な原因	mitochondrial ATP synthase subunit c

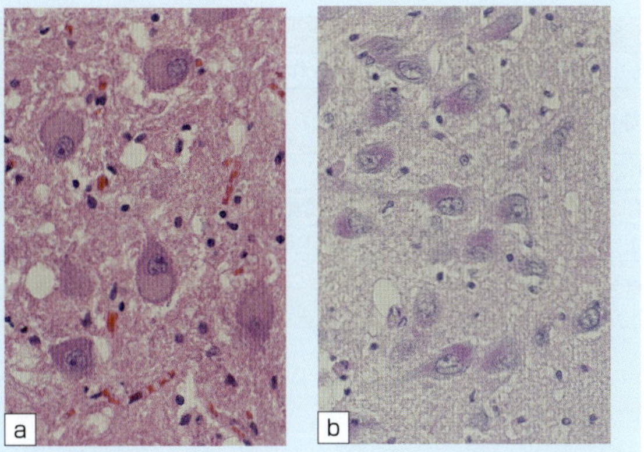

図1　神経セロイド・リポフスチン症(NCL)の病理組織学的所見
NCLのボーダー・コリーの大脳神経細胞。a：HE染色, b：PAS染色。

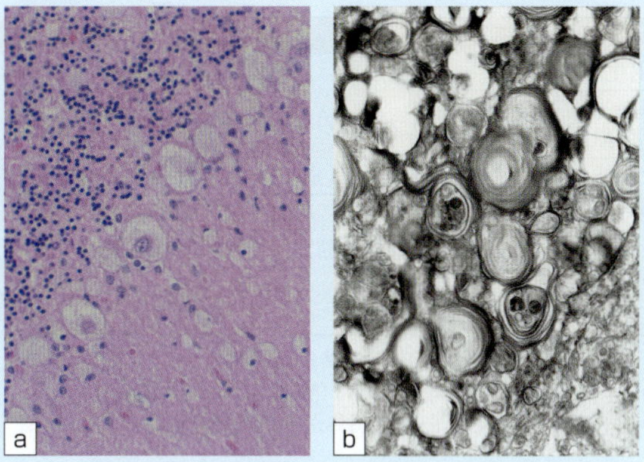

図2　サンドホフ病の病理組織学的所見
サンドホフ病の日本猫の小脳プルキンエ細胞。a：好酸性封入物および空胞が細胞質に充満している(HE染色), b：membranous cytoplasmic body；MCB(透過型電子顕微鏡写真)。

ができないため，蓄積物質の抽出精製とライソゾーム酵素活性測定に対応すべく，**剖検時に新鮮凍結組織を保存**しておかなければならない。

一方，ライソゾーム病の形態学的検査では，電子顕微鏡像が重要な意味をもつ。電子顕微鏡検査で得られるライソゾーム内の超微形態構造は極めて多様であるが，いくつかの構造はある一定の疾患と関連しているため，構造の特徴から疾患候補を絞り込むことができる場合がある。たとえば，図2bで示した構造は，**membranous cytoplasmic body(MCB)**という構造であるが，神経細胞内にこのMCBが主要構造として存在すれば，その疾患はGM1およびGM2ガングリオシドーシスあるいはニーマン・ピック病(スフィンゴミエリノーシス)のうちのいずれかであろうとある程度推測されることになる。また，NCLにもいくつかの特徴的超微形態構造が存在し，その構造が診断の一助になっている。

臨床症状と神経学的検査所見

ライソゾーム病の臨床像は，疾患を越えて共通する部分も存在するが，疾患ごとあるいは家系ごとに大きな違いが存在することも認識しておくべきである。前述の発症メカニズムでも触れたように，ライソゾーム病は全身細胞が徐々に侵されていく疾患であるため，多くの場合にはその律速は神経細胞機能となり，臨床像としてはおのずと進行性の中枢神経障害が目立つことになる。したがって，ライソゾーム病の多くが神経変性性疾患のカテゴリーに入れられており，また多くの獣医師がライソゾーム病は神経病であると認識している。しかし，ムコ多糖症の多くは骨格系の発達障害を起こし(その中にも神経型がある)，循環器異常を主徴とする疾患(ファブリー病Fabry disease)，骨異常や骨折を主徴とする疾患(ゴーシェ病Gaucher disease)など，神経変性性疾患のカテゴリーから外れる疾患も存在する。

しかしながら，結論としては，専門家でない方は，**ライソゾーム病の臨床像は主に進行性の中枢神経機能障害，つまり運動障害，視覚障害，知的障害(認知障害)であると捉えておく**程度がよいのかもしれない。ただし，発症月齢(年齢)，進行速度，神経症状の種類などは多種多様であり，さらに，疾患ごとに決まっているわけでもない。また，多くの疾患は，疾患内における家系間の臨床像の違いによって，亜型(たとえば，乳児型，若年型，成人型，あるいは軽症型，重症型など)に細分されている。これは分子基盤，つまり変異の違いによって起こるバリエーションである。変異が異なれば，異常(酵素)タンパクの性状が異なるため，蓄積する物質やスピードが異なり，侵される細胞機能に違いが生じて，最終的に臨床像にバリエーションが生じることになる。臨床像1つをとっても，極めて複雑である。繰り返しにはなるが，ライソゾーム病の臨床像を考える場合，共通性も存在するが大きなバリエーションも存在するというバランスのとれた認識が必要である。

逆にいえば，ある1つの変異に基づいた動物疾患において，複数症例の詳細かつ正確な臨床データが集約できれば，それは臨床上極めて貴重な情報となる。世界中の獣医師がどこでその症例に遭遇したとしても，そのような信頼性の高い情報が公開されていれば，臨

表3　柴犬のGM1ガングリオシドーシスの臨床像

月齢	臨床症状
出生～5	臨床症状は認められない，リンパ球空胞(30～50%)，唾液腺腫(ガマ腫)が認められることがある
5～6 (発症期)	バランスの欠如，間歇性跛行，運動失調(軽度～中等度)，測定障害(主に測定過大)，頭部振戦(企図振戦)
7～8	運動失調(重度)，酔っぱらい歩行，接触や音に対する過度の反応(びくつき)
9～10	歩行不能，起立不能，角膜混濁(軽度)*1，視覚障害，四肢および頚部の筋緊張，情動異常(知的障害？)
11～12	全身性の筋緊張性硬直，緊張性けいれん，嗜眠傾向，音や呼びかけへの無反応，体重減少
12～15 (末期)	嗜眠，死亡(12カ月齢以降，主に14～15カ月齢)*2

20頭以上の発症犬の臨床データを集約した。
＊1：角膜の混濁は肉眼的には発見しにくい(図3)。
＊2：18カ月齢で死亡した個体が1例ある。

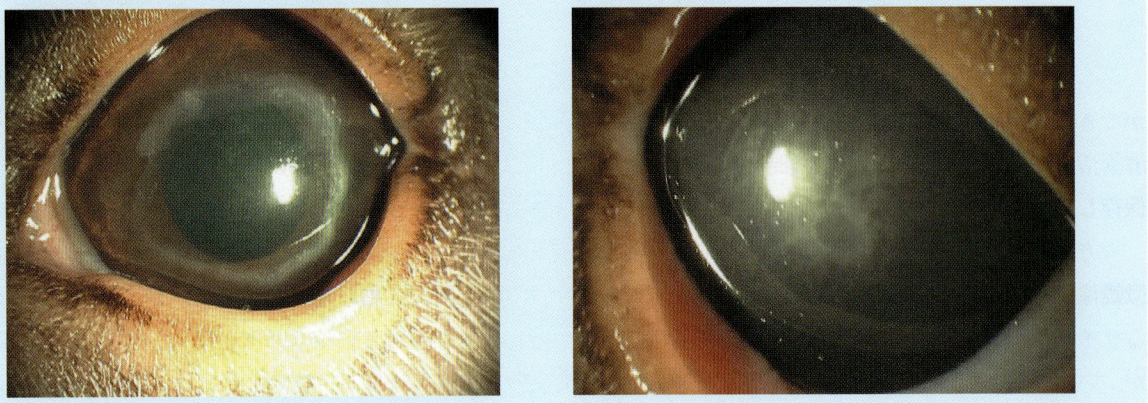

図3　角膜の混濁(GM1ガングリオシドーシス，柴)
個体差はあるが混濁は概して軽度である。検眼鏡などを使って観察すると認識しやすい。柴犬のGM1ガングリオシドーシス以外でも，いくつかの疾患で角膜の混濁所見が確認されることがある。

床症状の観察記録だけで適切な疾患を鑑別診断リストに挙げることができ，その後の確定診断へと結びつけることが可能となる。このような実例として，柴犬の**GM1ガングリオシドーシス GM1 gangliosidosis**(表3，図3)，日本猫の**サンドホフ病 Sandhoff disease**(GM2 gangliosidosis, variant 0)(表4)およびボーダー・コリーの**神経セロイド・リポフスチン症(NCL)**(表5)の臨床像を示した。実際にこれらの症例と遭遇した場合，ここに挙げた表の項目と照らし合わせるだけで，確定診断に近い臨床診断を下すことができる。

余談ではあるが，ライソゾーム病では，全身の全ての細胞機能に多かれ少なかれ異常を来しているわけなので(検査や数値では捉えられないものがほとんどである)，全身全ての何かがおかしいはずである。それは，症例の外観や外貌(あるいは臭気や雰囲気)の変化として現れる。このような観察眼(鼻も大事)で症例の異常や変化を捉えることは非常に重要である。神経病専門の獣医の先生に怒られるかもしれないが，筆者自身は「何かおかしい」や「何かにおう」というような微妙なものを五感(第六感もあるかもしれない)で捉えて，一応の筋道を付け，その後に科学的なエビデンスを付けているようなところもある(あくまで個人的な手法である)。これはいわゆるevidence-based medicine(EBM)ではないかもしれないが，冒険家には進む前に“道”がみえていることが多いような気がする。

診断

ライソゾーム病の確定診断は，簡単なようで簡単ではない。ただし，簡単な場合もある。その「簡単なようで簡単ではない」という意味を説明することも容易ではないが，その意味はこの項の記述を読んでいただければ何となくわかってもらえると思う。まず大前提として，表1のように，ライソゾーム病という大きなカテゴリーがあり，それが疾患群に大別されているが，これらライソゾーム病全体や大別疾患群を1度にスクリーニングする便利な方法はまだ確立されておらず

表 4　日本猫のサンドホフ病の臨床像

月齢	臨床症状
出生～ 2	矮小体躯，動作緩慢，顔貌異常，眼の異常（縮瞳，第三眼瞼の突出，多涙）
2 ～ 3（発症期）	小脳障害（運動失調，企図振戦，測定障害），振戦（頭部～全身），視覚障害（視力低下～失明）
4 ～ 5	歩行不能，起立不能
6 ～ 7	移動不能，嗜眠傾向
7 ～ 10（末期）	意識障害，昏睡，低体温，死亡

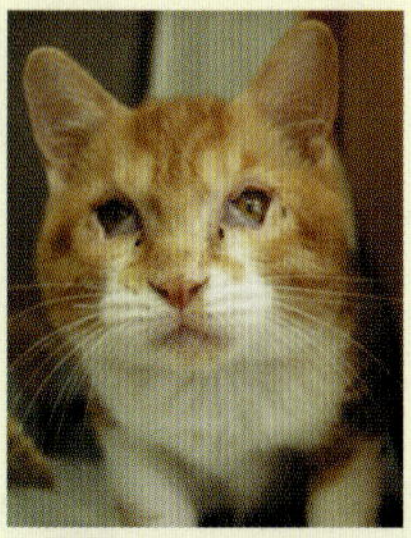
（2 カ月齢）

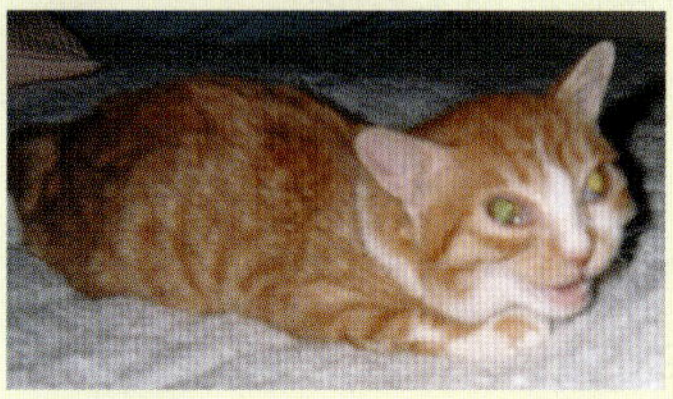
（5 カ月齢）

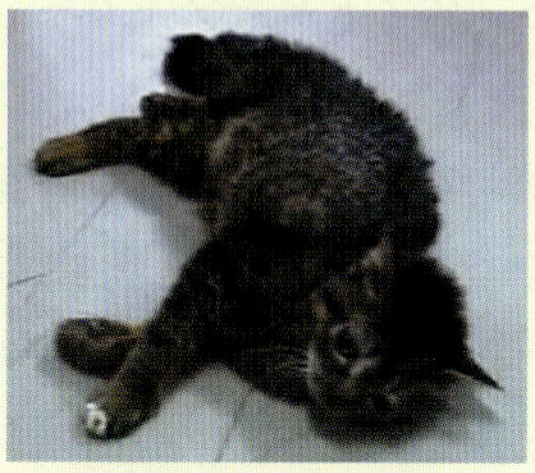
（5 カ月齢）

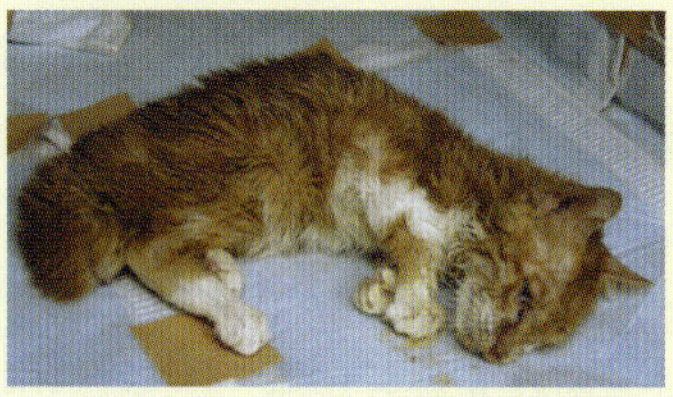
（7.5 カ月齢）

表 5　ボーダー・コリーの神経セロイド・リポフスチン症（NCL）の臨床像

月齢（平均）	臨床症状
15 ～ 23（19.5）	行動異常 強迫性暴走，無目的徘徊，恐怖心，咬む，刺激（音，見るもの，触ること）に対する過剰反応，吠え続ける，騒ぐ，道に迷う，逆上，マニア行動，激怒，幻覚，存在しないものを咬もうとする，ハエ咬み行動，びくつき，生き物でないものに対する威嚇行為，記憶喪失，集中力の欠如，投げた物を追わない，無気力，他の犬に近付かない，他の犬との喧嘩，しつけ行動の喪失，トイレの場所を忘れる，オーナーを忘れる，オーナーの呼びかけに応答しない，など
16 ～ 24（20.8）	運動障害 失調性歩行，測定過大，頭部振戦，ふらつき，段差の乗り越えができない，ジャンプできない，転倒，歩行困難，起立困難（末期），食物のくわえ込みや咀嚼の困難，ミオクローヌス，ミオクローヌス発作，など
17 ～ 24（21.2）	視覚障害 暗闇を嫌う，階段の昇降を嫌う，物にぶつかる，音を発するものに敏感になる，車の音を怖がる，威嚇反応の欠如，失明，など
～ 31	死亡 海外の報告では安楽死は 18 ～ 28 カ月齢（平均 23.1），国内データでは多くは自然死で 23 ～ 32（平均 26.7）カ月齢

海外論文および国内症例（二十数例）の臨床データを集約した。
15 カ月齢より前にも，普通の犬とは異なる“妙な行動や性格”が観察されることがある。

（それでも，ムコ多糖症のスクリーニングはかなり進歩してきた），また共通のアッセイ系で複数疾患を確定診断する方法もないに等しい。

これまでに確認されていない未知症例がいたとして，それがライソゾーム病の 1 つに確定診断される道筋を仮定的に説明するので，そのやや複雑な行程を感じて欲しい。

進行性の神経症状を示す未知症例は，一般臨床検査（血液検査，尿検査，脳脊髄液〔CSF〕検査など）や試験的薬剤療法（ステロイド剤や抗生剤など）を実施しても判然とせず（後述するが，臨床病理学的な有効情報もある），仮に MRI 検査まで実施できたとしても，腫瘍や炎症性疾患が否定されるものの明確な情報が得られない（これも後述するが，画像診断上の有効情報もある）。結局，**多くの場合は致死性疾患**であるがゆえ，治療の甲斐なく症例は死亡することになる。剖検が可能であった場合でも，肉眼的な所見は全く変化がないことがほとんどで（まれに，肝脾腫や脳萎縮が存在することもある)，ここで組織検査を断念すると全ては水泡と化す。さらに病理組織検査を実施して，初めて何らかのライソゾーム病であることが判明する(あるいは疑われる)。しかし，前述したように，病理組織学的検査によって，ある程度の確定診断を下せる疾患はNCLくらいである。しかし，NCLは多疾患の集合体であるため(表1)，病理学的診断は本当の意味での確定診断ではない。ほとんどのライソゾーム病は，特殊染色，レクチンヒストケミストリー，超微形態検査などをもってしても結論に導くことはできない。また，死後検査の時点で，脳(あるいは肝臓などの実質臓器)が新鮮凍結材料として保存されていなかったならば，酵素活性が測定できないので，最終的な確定診断に導けない場合がほとんどである。

幸運にもこのような凍結材料が保存されていた場合に，脳(脂質や糖質の抽出同定はホルマリン浸漬材料でもある程度は可能)に蓄積する物質を振りわけて検索し(各種クロマトグラフィーによる分画)，最終的に物質を同定するに至る(物質同定のための分析方法は多様)。そして最後に，その同定された蓄積基質を代謝する酵素の活性を測定し(測定方法は多様)，その活性の欠損を証明して確定診断に至る。この蓄積物質の同定と欠損酵素の証明からなる生化学的診断法が，最も優先され，最も信頼性のあるライソゾーム病の診断法である。

酵素欠損が証明されたならば，その酵素タンパクをコードする遺伝子を調べることが可能となる。遺伝子異常を証明すれば，その異常を認識する遺伝子診断法を構築することができ，その後はその家系に関してのみ，その遺伝子診断法での診断が可能となる。ただし，同じ疾患で同じ酵素欠損であっても，遺伝子変異の位置や様式が異なれば，特定の遺伝子診断は何の効力も発揮しないため，その遺伝子診断が陰性であってもその特定の変異がないことを証明しただけであり，疾患を否定したことにはならない。たとえば，ヒトのGM1ガングリオシドーシスには100種類以上の原因変異があり，GM2ガングリオシドーシスには200種類程度の変異が存在する。

一方，診断が極めて簡単な場合もある。それはすでにその症例の疾患が既知であり，その原因変異が同定されている場合である。先にも示したが，柴犬のGM1ガングリオシドーシス，日本猫のサンドホフ病，ボーダー・コリーのNCLなどは，その原因変異が同定されている。表3～表5に示した臨床症状と照らし合わせて，その疾患が疑われる場合には，まずポリメラーゼ連鎖反応(PCR)検査によって遺伝子診断が行われる。その結果が陽性であれば，簡単に確定診断がつく。

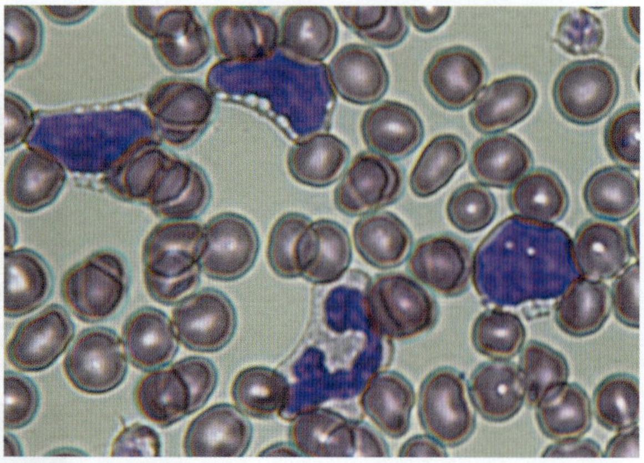

図4　リンパ球細胞質の空胞化

サンドホフ病の日本猫の血液塗抹標本。誰がみても異常とわかるレベルの変化(空胞化)である。いつもこのようなわかりやすい変化であるとは限らない。

補助診断ツール

前述のように，未知症例の場合には，本当の意味での確定診断は非常に複雑であるが，獣医臨床の現場で有効な補助診断ツールも存在する。その1つは，血液塗抹でのリンパ球細胞質空胞化の観察である。ただし，誰がみてもわかる異常もあれば(図4)，熟練していないとわからない程度の異常も多々存在する。また，どちらかといえば，ライソゾーム病であってもリンパ球に異常が現れないことの方が多い。もしも，明確な変化が確認できれば，相当有効な情報となり(ライソゾーム病であることはほぼ確実である)，生前でも力業の酵素スクリーニング(本当の意味では，スクリーニングではなく，消去的酵素診断法である)を適用することが可能となる。なお，単球，好中球，好酸球にも変化が出ることがあるが，もともと正常でも空胞が多い細胞なので，異常と正常を見極める判断が極めて難しい。

もう1つの有効な診断ツールはMRI検査である。特に最近は，大学はもとより一般開業獣医師やそのグループがMRI装置を保有することが多くなったため，ライソゾーム病が疑われるような症例がMRI検査を受ける機会が非常に多くなった。筆者に紹介される事例の多くが，このような機関や病院でMRI検査を受けたケースである。そして，ライソゾーム病であったものについてはほぼ100%の確率でMRI検査上の異常所見が存在した。MRI上の異常所見(図5)としては，

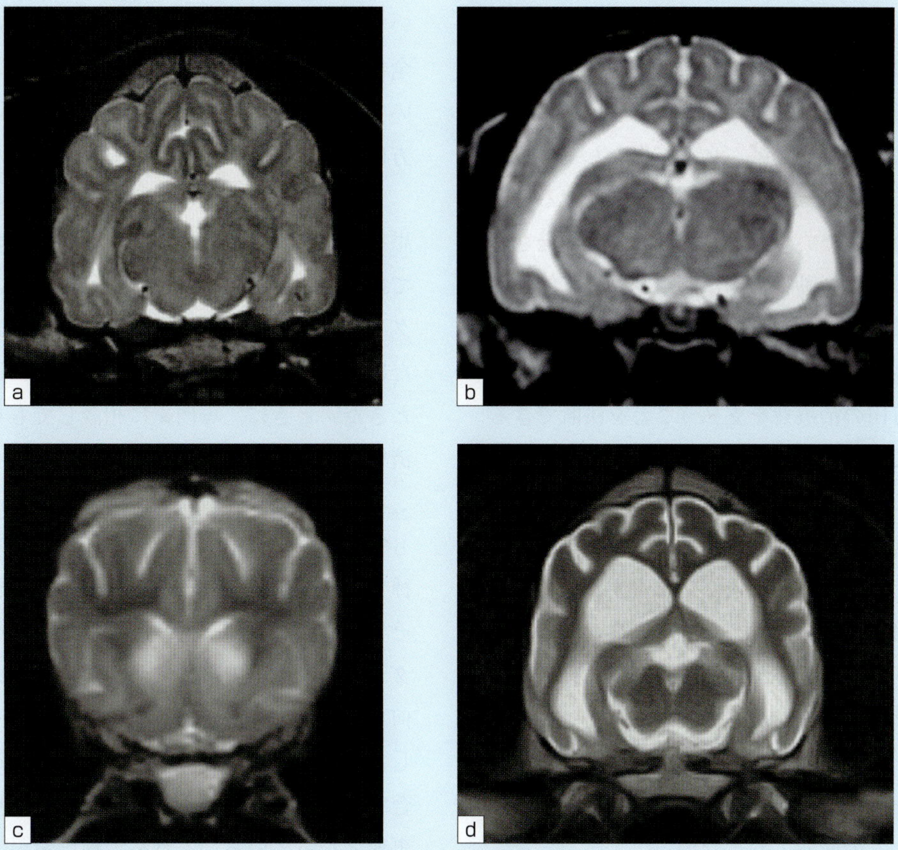

図5　ライソゾーム病症例の頭部 MRI

全て T2 強調画像。a：GM1 ガングリオシドーシス（柴，7 カ月齢），白質全体の高信号による皮髄のコントラストの消失。b：サンドホフ病（日本猫，7 カ月齢），白質全体の高信号および萎縮に基づく脳室の拡張。c：サンドホフ病（ゴールデン・レトリーバー，11 カ月齢），尾状核領域の高信号（同部位は T1 強調画像では低信号）。d：NCL（ボーダー・コリー，24 カ月齢），脳萎縮に基づく，側脳室の拡大および脳溝の明瞭化。

T2 強調（T2W）画像での白質全体の高信号（柴犬の GM1 ガングリオシドーシスおよび日本猫のサンドホフ病），**尾状核領域の T2W 画像高信号および T1 強調画像低信号**（ゴールデン・レトリーバーのサンドホフ病），**脳萎縮**（NCL の好発所見であり，他の疾患では末期でみられる）などである。ライソゾーム病に共通する所見が定義されているわけではないが，**“T2W 画像での白質および視床領域の変化（主に高信号）”**はライソゾーム病にとってかなり重要な所見と考えられる。このようにみえる原因には，物質の蓄積，脱髄，細胞浸潤（マクロファージなど）などが挙げられる。ただし，NCL ではこのような白質変化がみられないことの方が断然多いようである。MRI 撮像に携わる獣医師は，この点を頭の片隅に入れておいてほしい。MRI 撮像数で百～数百に 1 件程度は，このような**先天代謝異常症 inborn error of metabolism, congenital metabolic diseases** が疑われる症例が含まれている。

治療および予防

近年，ヒトのライソゾーム病の治療法に関する研究はかなり進歩してきた。神経型でない疾患，あるいは神経型であっても神経以外の組織のケアが優先される疾患（ファブリー病，ゴーシェ病，ポンペ病 Pompe disease，ムコ多糖症など）には，それぞれの疾患に酵素タンパク製剤が開発され，実用化されている。また，やはり神経型でない疾患には早期の骨髄移植は効果があるため，適合するドナーがいる場合には積極的に移植が行われているようである。

ただ，大多数の神経型ライソゾーム病には，残念ながら，まだ有効な治療法がない。しかし近年，研究レベルでは，“ケミカルシャペロン療法 chemical chaperone therapy”と呼ばれる治療法が急速な進歩をみせており，近いうちに実用化されるものが出てくる可能性がある。また，以前から期待されていた遺伝子治療 gene therapy も，近い将来には実用化されると思われる。

がんやその他の難治性の疾患に関しては，ヒト症例に対する治療法の進歩が，結果的には動物症例に応用されることになり，獣医学領域において恩恵をもたらしている。同じ論理でいえば，ヒト疾患としての遺伝病治療の進歩によって，動物症例が恩恵を受けることがないとは言い切れない。しかし，これまで開発されてきた製剤が，実際の動物症例に適用される可能性があるかといえば，かなり難しいといえる。それは価格があまりにも高すぎるためである。遺伝病症例の犬や猫に年間数千万円の治療費を支払うことを決断できるオーナーは，まずいないのではないだろうか。

以上のような状況を考えると，しばらくの間は，動物を繁殖する現場において，遺伝病の個体を生産しない努力，すなわち“予防”が遺伝病に対する最も重要な獣医学的な対策であると考えられる。この「遺伝病の予防」をテーマとして書かれた解説[5, 9]もあるので，興味のある方はそちらを参照していただきたい。ただ，予防について十分に理解している獣医師やブリーダーは少なく，また，予防はそれほど簡単ではないということだけは，ここで断っておきたい。

おわりに

本章では，ライソゾーム病について，ごく簡単かつ大まかに説明し，実例についても一部しか紹介していない。したがって，多くの読者には“消化不良”を感じさせたかもしれないが，個々の疾患を詳細に解説すると，逆に読者の興味が薄れていくことも事実であり，なかなか苦慮することをご理解いただきたい。筆者らが書いた総説には，ライソゾーム病についてもう少し全体的に詳しく書いたもの[8, 13]，ある特定の疾患について比較的詳細に書いたもの[5, 9, 10]，先天代謝疾患の全体像のみ概説したもの[11, 12]，獣医師の心がまえについて書いたもの[6]などがある。さらに詳しく知りたい方は，これらの総説を読んでいただきたい。

しかし，筆者は，現場の獣医師がここで紹介した疾患を詳細に調べたり勉強したりする必要はないと思っている。これらの総説に書かれているような大まかなクリニカル・ピクチャーをあらかじめ頭に描いているだけで十分である。それらしい症例に遭遇して“ピンときた”ときに，専門家に相談してもらえればそれで済むことである。

ここでは触れていないが，多くの未同定疾患の情報も常にアップデートしている。現在，本邦では，純血種犬の年間総登録件数(30万～40万頭)のうち，およそ半数がトイ・プードル，チワワおよびミニチュア・ダックスフンドで占められている。これらの犬種では，何百万頭もの動物が極めて小さい遺伝子プールを共有しているために，当然のことだが不良遺伝子同士が会合する確率が高まり，たくさんの遺伝病症例が生じる事態となっている。これら犬種においてライソゾーム病が疑われる症例情報は少なからず筆者のところにも入ってきている。そのうちのいくつかは，すでに論文として公表している。また，小動物，産業動物，鳥類，エキゾチックアニマルにかかわらず，ライソゾーム病を含む先天代謝異常症は歴然と存在する。症例についての話を聞くだけで，同一疾患であるかどうか判断できる場合もあるので，疑わしい症例に遭遇した場合は専門家に相談してほしい。“悩むより聞くが早い”である。

［大和　修］

■参考文献
1) OMIA at NCBI: http://www.ncbi.nlm.nih.gov/omia/, 2014年7月現在.

2) Online Mendelian Inheritance in Animals(OMIA): http://omia.angis.org.au/, 2014年7月現在.

3) Online Mendelian Inheritance in Man(OMIM): http://www.ncbi.nlm.nih.gov/omim/, 2014年7月現在.

4) Scriver CR, Beaudet AL, Sly WS, Valle D. The metabolic and molecular bases of inherited disease, 8th ed. McGraw-Hill, New York, US. 2001.

5) 今本成樹, 大和修. どうする⁉ 遺伝性疾患 第7回ボーダー・コリーの神経セロイドリポフスチン症—遺伝性疾患に対する取り組み：獣医師, 飼い主, ブリーダーおよび研究者が協力してできたこと—. *Clinic Note*. 3(11): 38-44, 2007.

6) 田村慎司, 大和修. 犬の遺伝性神経変性性疾患における臨床獣医師の役割：ライソゾーム病症例の経験に基づいた考察. 広島県獣医学会雑誌 26: 1-6, 2011.

7) 中本裕也, 小澤剛, 矢吹映, 大和修. 症例報告 柴犬のGM1ガングリオシドーシス—早期診断を導くために必要な知識. *Clinic Note*. 6(5): 71-82, 2010.

8) 大和修. 看破せよ, 遺伝病(第8回)犬の先天代謝異常症—ライソゾーム病・スフィンゴリピドーシス. *J-VET*. 24(4): 59-70, 2011.

9) 大和修. どうする⁉ 遺伝性疾患(第6回)遺伝病の予防—その理想と現実—柴犬のGM1ガングリオシドーシスに対する取り組みを例にあげて. *Clinic Note*. 3(10): 44-53, 2007.

10) 大和修. 柴犬のGM1ガングリオシドーシス—その発見から迅速遺伝子診断法の開発, そして予防・制圧へ—. *Small Animal Clinic* (*SAC*). 133: 13-22, 2003.

11) 大和修. 治療シリーズ ～私はこうしている～ 神経・筋肉・関節疾患 ライソゾーム(蓄積)病. *SA Medicine*. 12(6): 10-13, 2010.

12) 大和修. 動物の先天代謝異常症：ライソゾーム病および関連疾患について. 鹿児島県獣医師会会報. 第41号. 20(1): 2-7, 2008.

13) 大和修. 特集 先天性・遺伝性疾患 ライソゾーム蓄積病. *SA Medicine*. 7(6): 49-63, 2005.

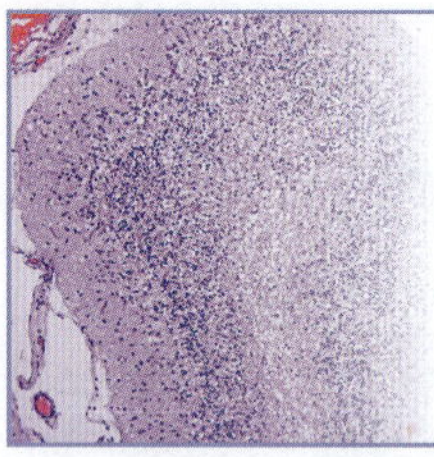

4. 神経軸索ジストロフィー・小脳皮質アビオトロフィーとその他の疾患

はじめに

医学領域では多様な変性性神経疾患が知られており，主要なものは難病に指定され，多角的研究が精力的に行われている。従来，これらの変性性神経疾患は，その臨床的・病理学的特徴から分類されてきたが，近年では分子生物学的知見の集積により，その原因遺伝子やタンパクにより疾患を再分類する傾向にある。

一方，動物の変性性神経疾患では，臨床症状あるいは病理形態学的特徴より大まかに疾患を分類している。ヒトの疾患との比較については，臨床的にヒトの高次神経機能失調に相当する神経症状を動物で描出することは困難であり，また，病理形態学的にも，アルツハイマー病における神経原線維変化，パーキンソン病におけるレビー小体，多くの脊髄小脳変性症における神経細胞核内封入体(ポリグルタミン封入体)など，ヒトで認められる病態が，動物では観察されないものもある。したがって，ヒトの変性性疾患の分類を容易に動物疾患に適用することはできない。さらに，獣医学領域では症例の集積が十分でない疾患も多く存在する。このため，動物の変性性疾患の分類は，非常に特異的な疾患を意味するものから，複数の疾患が含まれる総称的名称が混在していると考えるべきである。

本章で主として取り上げる犬の**神経軸索ジストロフィー neuroaxonal dystrophy(NAD)**あるいは**小脳皮質アビオトロフィー cerebellar cortical abiotrophy(CCA)**は，主にその病理学的特徴に基づいて分類されている疾患名である。犬のNADについては，主にロットワイラー，ジャック・ラッセル・テリア，およびパピヨンで家系情報なども含む複数例の報告があり[19, 42, 44, 91, 102, 107]，これらの犬種については遺伝性変性性疾患であることがほぼ明らかである。また，罹患例の臨床的・病理学的特徴が，比較的均一であることなどから，独立した遺伝性変性性疾患と推測される。これまでのところ，犬のNADの原因遺伝子は不明である。

一方，CCAは，多様な犬種において報告がされており，犬種ごとにその発症時期などの臨床症状に違いがみられる[34, 114]。また，同様の疾患が小脳変性症 cerebellar degeneration，小脳萎縮症 cerebellar atrophy，小脳異形成 cerebellar dysplasia，小脳低形成 cerebellar hypoplasia あるいは小脳運動失調症 cerebellar ataxia など，別名で報告される場合もある。ほとんどの症例の病理発生は未解明のままである。いったん形成された小脳組織の，原因不明の細胞脱落を主な特徴とする疾患に対して，小脳皮質アビオトロフィーの疾患名が用いられる傾向にある。このため，現段階では小脳皮質アビオトロフィーという疾患用語は「正常に発生形成された小脳皮質組織に生じる進行性変性症で，臨床的には運動失調，病理学的にはプルキンエ細胞や顆粒細胞の著明な脱落を特徴とする，遺伝性疾患群の総称」として捉るべきであろう。また，“**アビオトロフィー abiotrophy**”という用語の定義も不明確で，医学辞書には「無生活力，生命がないこと，または細胞や組織の死滅」と解説されている。今後，本疾患については，その用語そのものの再検討に加え，臨床像や病理像あるいはその原因遺伝子などに基づいた疾患の再分類が必要と思われる。

本章では，近年国内のパピヨン，およびパピヨン・チワワの交雑種で発生が確認されたNADの臨床病理像を中心に解説するとともに，同時期にパピヨンで認められたCCAとの類似点，相違を紹介する。

また，これらの疾患やライソゾーム病以外の比較的発生がまれな変性性疾患の基本的な病態や臨床所見についても，簡単に解説する。さらに，臨床現場において変性性疾患の疑いがある症例に遭遇した場合の対処方法についても紹介する。

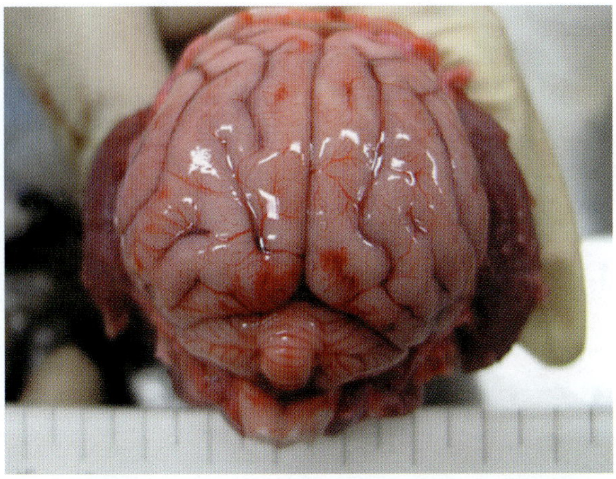

図１　神経軸索ジストロフィー（NAD）の剖検時の脳全景肉眼所見

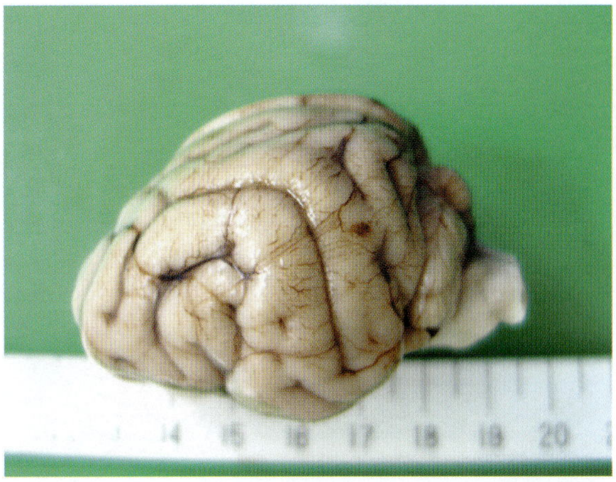

図２　神経軸索ジストロフィー（NAD）の固定後の脳全景肉眼所見

図３　神経軸索ジストロフィー（NAD）の固定後の小脳割面（横断面）

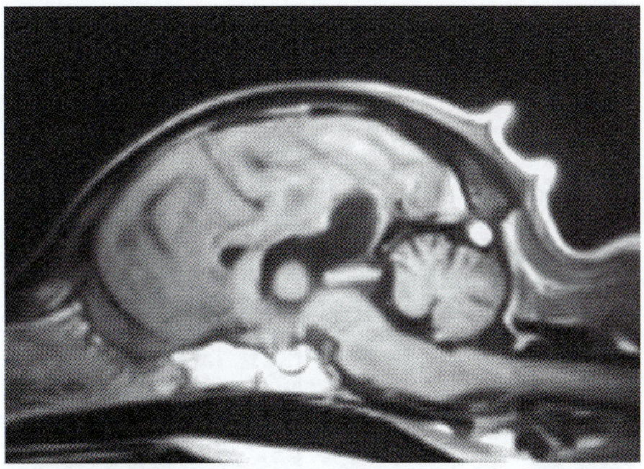

図４　小脳皮質アビオトロフィー（CCA）の MRI 所見
T1 強調（T1W）画像矢状断像。
（画像提供：とがさき動物病院　諸角元二先生）

病態生理

これまでパピヨンとパピヨン・チワワ交雑種の NAD 3 例と CCA 1 例が自験例として収集されている。これらの症例の臨床的・病理学的知見については，すでに学術雑誌に公表しているので参照されたい[91]。

NAD 罹患例の 3 例は，いずれも 3～4 カ月齢時に，運動失調などの神経症状が現れ，その後症状は進行し，治療に反応することなく，生後 1 年以内に 3 症例ともに自然死あるいは安楽死の処置が必要となった。これに対し，CCA と診断されたパピヨンも生後約 5 カ月齢時の発症で，その発症時期は NAD と類似するものの，生後約 2 年間生存した。NAD の症例の生前の臨床症状，画像診断所見の詳細については，1 例に焦点を当てて詳細を後述するが，CCA の症例にも共通して，生前の画像診断では小脳を中心とする萎縮性変化が認められ，ライソゾーム病との鑑別が問題となった。病理解剖時の肉眼所見では，4 症例いずれにおいても**脳全体が小型で，特に小脳萎縮と脳室の軽度～中程度拡張**が共通して認められた（図１～図４）。NAD と CCA の所見は非常に類似しているが，小脳萎縮は後者でより顕著であった。

1．神経軸索ジストロフィー（NAD）の病理組織学的特徴

臨床症状，画像診断所見，および肉眼所見は類似するものの，NAD の病理組織学的所見は非常に特徴的である。本疾患を特徴づける所見は，**軸索球 spheroid** と呼ばれる変性腫大した軸索の存在である。神経組織における軸索球の出現は，神経切断が生じる様々な病態で観察される比較的特異性の低い病理的変化ではあるが，NAD では，脊髄背角，延髄～橋の神経核，あるいは小脳神経核などの特定部位に局在し，様々な大きさ・形状が非常に多数形成される点が特徴的である。また，神経細胞に近接して軸索球が形成されることが多い（図５，図６）。

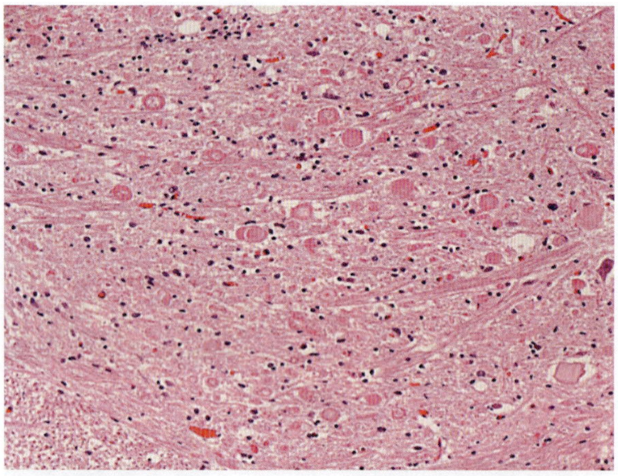

図 5　神経軸索ジストロフィー(NAD)の病理組織学的所見①
脊髄背角縦断面。弱拡大。HE 染色。

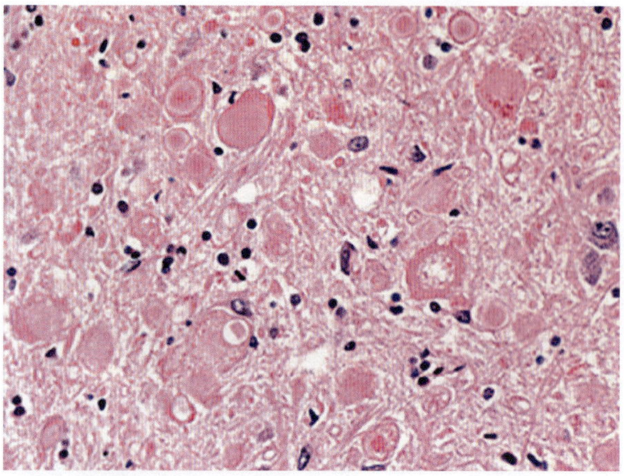

図 6　神経軸索ジストロフィー(NAD)の病理組織学的所見②
軸索球(スフェロイド)の強拡大。HE 染色。

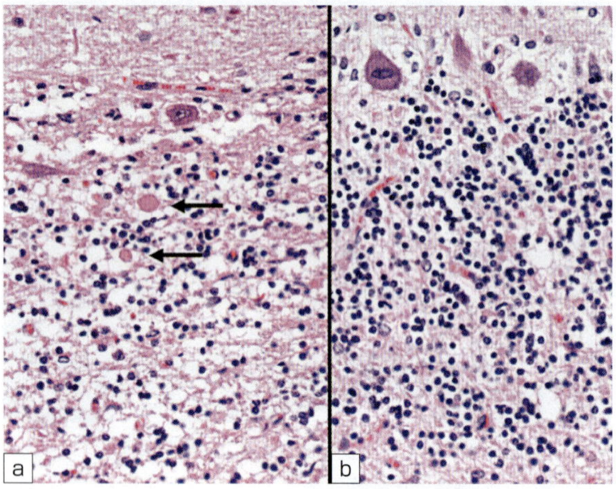

図 7　神経軸索ジストロフィー(NAD)の病理組織学的所見③
小脳皮質細胞の減数とトルペド形成。a：小脳虫部，b：小脳片葉。HE 染色。

小脳の変化は比較的軽度であり，中程度のプルキンエ細胞，顆粒細胞の脱落が認められ，**トルペド torpedo** と呼ばれる変性軸索が小脳白質に認められる(図 7)。電子顕微鏡による観察や免疫組織化学染色などによる研究により，本疾患における軸索球には，大量のシナプス関連タンパクが蓄積していることが明らかにされており，NAD の病理発生には，シナプスの機能異常が深く関与すると推測されている[107]。

ヒトの小児型神経軸索ジストロフィー infantile neuroaxonal dystrophy (INAD) の代表的疾患である Hallervorden-Spatz syndrome では，線条体に鉄が沈着することが知られており[72]，その原因として遺伝子(*PANK2* や *PLA2G6*)の変異が関連することが判明している[88]。パピヨンを含め，その他の犬種における NAD では，Hallervorden-Spatz syndrome のような脳内鉄沈着に関する知見は得られていないため，Hallervorden-Spatz syndrome とは異なる病理発生機序で，軸索変性が生じている可能性が高いと思われる(表 1)。

表 1　過去に犬・猫で報告された神経軸索ジストロフィー(NAD)の概要

犬種・猫種	年齢	臨床症状・経過	特徴・備考	参考文献
ロットワイラー	本文参照			5, 10, 19, 21, 24, 41, 42
パピヨン	本文参照		国内発生あり	37, 44, 91, 115
コリー	2～4 カ月齢	測定過大，開脚姿勢，バランスを維持できない，企図振戦，運動失調，異常運動	ニュージーランド，オーストラリア	22
チワワ	7 週齢	突然の振戦，誇張された歩様	2 頭の同腹子の雌，中程度の側脳室の拡張	9
ジャック・ラッセル・テリア	9 週齢	運動失調，異常運動，後弓反張，眼振，活動亢進，盲目	水頭症，脳梁低形成，透明中隔欠損を伴う。臨床症状と形態的な特徴が人の乳児神経軸索ジストロフィー Seitelberger's disease と類似している	102
イングリッシュ・コッカー・スパニエル		運動失調，固有位置感覚の低下，脊髄反射の異常，筋の虚弱，網膜色素上皮ジストロフィー	代謝性のビタミン E 欠乏症による二次性疾患	84
猫においてもいくつか報告あり				15, 101, 133

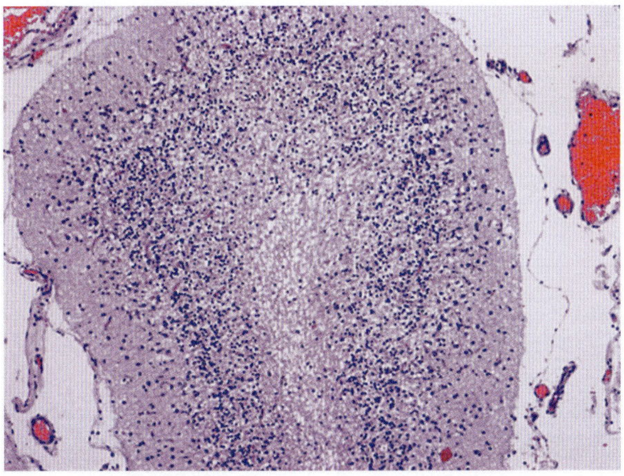

図8　小脳皮質アビオトロフィー(CCA)の病理組織学的所見①
小脳虫部，弱拡大。

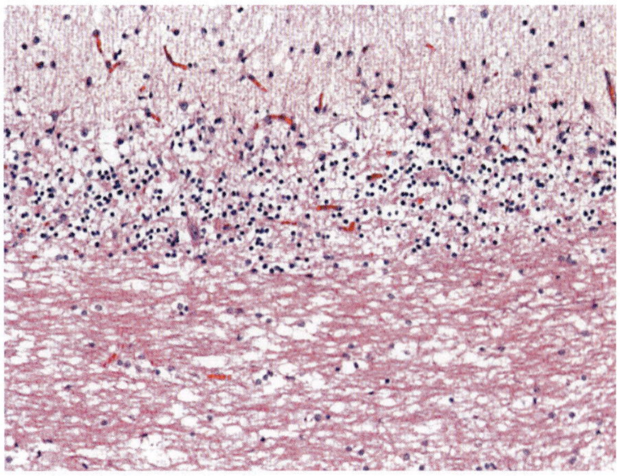

図9　小脳皮質アビオトロフィー(CCA)の病理組織学的所見②
小脳虫部，強拡大。

2. 小脳皮質アビオトロフィー(CCA)の病理組織学的特徴

CCAの病理組織学的特徴は，小脳皮質における**プルキンエ細胞と顆粒細胞の著明な脱落による小脳萎縮**である(図8，図9，表2)。NADで顕著に認められる軸索の変化は，自験例のパピヨンではほとんど認められなかった。また，神経セロイド・リポフスチン症(NCL)などの変性性疾患と比較すると，星状膠細胞(アストロサイト，アストログリア)増殖は軽度である。なお，本症例では，生前の画像診断において小脳以外の脳幹萎縮や大脳萎縮などの所見も確認されているが，病理組織学的検索では，小脳以外の部位の神経細胞脱落所見を明確に描出することはできなかった。また，ヒトの多くの脊髄小脳変性症 spino-cerebellar degeneration ではポリグルタミン凝集によるプルキンエ細胞内の核内封入体が認められるが，犬のCCAでは通常のHE染色やヒト・ポリグルタミン抗体を用いた免疫組織化学染色標本のいずれでも確認できなかった。臨床的・病理学的所見については，ヒトの脊髄小脳変性症との類似点も多いものの，ヒトの本疾患のように，原因遺伝子のCAGリピート増加によるポリグルタミン核内凝集が生じ，これにより神経細胞死が起こる，いわゆるポリグルタミン病としての知見は，犬の症例では得られていない。今後その病理発生機構を解明するためには，犬のCAAにおけるプルキンエ細胞および顆粒細胞脱落のプロセスを明確にしたうえで，その原因を検討する必要がある。

3. その他の変性性疾患の臨床的・病理学的特徴

NAD，CCAおよび各種ライソゾーム病以外の主な変性性疾患について，表3にその概要を示した。ここでは，大まかに**白質ジストロフィー leukodystrophy** あるいは**脊髄変性症 myelopathy** と分類される疾患群，多くは先天的あるいは新生時の髄鞘(**ミエリン)低形成 hypomyelination** を特徴とする疾患群，**海綿状変性 spongy change** を特徴とし，主に白質に病変が局在する疾患群と灰白質に局在する疾患群，複数の神経系統における神経細胞の変性・消失を特徴とする**多系統アビオトロフィー multisystem abiotrophy**，主に運動神経系の神経細胞の変性・消失を特徴とする**運動神経病 motor neuron diseases**，およびその他の未分類疾患群について，臨床的および病理学的特徴を簡単に記載する。

なお，ここで取り上げた疾患分類は，報告された論文で使用された用語に基づくものであり，必ずしも個々の疾患の病態を明確に反映していないものもあるため，注意が必要である。

(1) 白質ジストロフィー

白質ジストロフィーの名称が用いられるアレキサンダー病 Alexander disease 様疾患群の病理学的特徴は，白質における星状膠細胞の増殖，グリア線維性酸性タンパク(GFAP)の異常凝集物であるローゼンタル・ファイバーの集積，および脱髄を特徴とする。一方，その他の白質ジストロフィー leukodystrophy の多くでは，脊髄を主体とする白質におけるミエリン消失を特徴とする。

表2　過去に犬・猫で報告された小脳皮質アビオトロフィー(CCA)の概要

犬種・猫種	年齢	臨床症状・経過	特徴・備考	参考文献
小脳皮質アビオトロフィー				
ケリー・ブルー・テリア	9～16週齢	後肢硬直，頭部振戦		36，86，87
	<1歳	測定過大，起立不能		
ゴードン・セッター	6～30カ月齢	前肢の硬直，測定過大，開脚姿勢，つまずき，眼振±，起立不能にはならない	数年以上かけてゆっくり進行。あるいは短い間進行して，その後変化しない	25，33，110
ラフ・コリー	1～2カ月齢	後肢の協調不全	オーストラリアで報告あり	55
	2～12カ月齢	開脚姿勢，運動失調，威嚇瞬目反応消失，測定過大，頭部の振戦，時折ウサギ跳び歩行，転倒		
	12カ月齢<	変化しない		
ボーダー・コリー	6～8週齢	運動失調，測定過大，頭部の振戦，異常運動	急速に進行	48，105
オーストラリアン・ケルピー	6～12週齢	頭部の振戦，運動失調，測定過大，異常運動，固有位置感覚低下，威嚇瞬目反応低下±		121
ラブラドール・レトリーバー	12週齢	後肢の運動失調，測定過大，体幹の運動失調，開脚姿勢	12頭の同腹子のうち3頭で報告	97
	12～13週齢	急速に前肢にも異常がおよび，転倒し，補助なしでは歩行できなくなる。姿勢性眼振±，威嚇瞬目反応低下±		
ブリタニー・スパニエル	7～14歳	わずかな肢の痙縮と測定過大，最終的に体幹の運動失調，頭部の振戦，千鳥足歩行，前肢で敬礼様の運動，頻繁な転倒，起立不能へと進行。最終的に，罹患犬は頚部を反らしてうずくまった姿勢で這うようになる	たいてい避妊雌で，経過はときには4年以上と長い	57，76，118
ミニチュア・シュナウザー	3カ月齢	運動失調，転倒，意識レベル低下，よく寝る，測定過大，頭部の振戦，威嚇瞬目反応低下	同腹子は正常	7
	4カ月齢	起立不能，頭部を周囲のものに持続的に打ち付ける		
シュナウザー・ビーグル雑種	6歳	ブリタニー・スパニエルのものと似ている	5年以上かけてゆっくり進行	20
オールド・イングリッシュ・シープドッグ	6～40カ月齢	進行性の歩行異常，後肢の開脚姿勢，前肢の測定過大，威嚇瞬目反応の異常	数カ月～数年かけて進行	111
	その後	体幹の運動失調，ナックリング，歩行困難，転倒，起立困難，明瞭な頭部の振戦±		
バーニーズ・マウンテン・ドッグ	4～6週齢	後肢の硬直，軽度の協調不全，軽度の頭部の振戦	結節形成を伴う小肝症による肝不全の徴候もみられる	14
	その後	開脚姿勢，頭部の揺れ head bobbing，自発性の眼振，最終的に不全麻痺		
アメリカン・スタッフォードシャー・テリア	2.5～6歳	運動失調，自発性の眼振，転倒，四肢の運動失調	アメリカ，オーストラリアで報告あり。ゆっくり進行	47，52，53，120
	その後	測定過大，体幹の運動失調，転倒，後弓反張，眼振，威嚇瞬目反応消失		
イングリッシュ・ブルドッグ	2カ月齢	開脚姿勢，全身性の企図振戦，四肢の測定過大，威嚇瞬目反応の低下，固有位置感覚低下		35，46
スコティッシュ・テリア	1歳未満	歩様の異常が1歳未満において76%で認められる。ゆっくり進行。開脚姿勢，測定障害，企図振戦	プルキンエ細胞の減少とポリグルコサン小体の増加。常染色体劣性遺伝	123，124，126
エアデール・テリア	12週齢	運動失調，異常運動，頭部の振戦	ゆっくり進行	126
パピヨン	6カ月齢	開脚姿勢，後肢の運動失調，体幹の運動失調，頭部の振戦，企図振戦，威嚇瞬目反応消失，上位運動ニューロン徴候(UMNS)，顔面麻痺	国内発生あり。ゆっくり進行	91
	2歳10カ月齢	死亡		
ブルマスティフ	9週齢	運動失調，眼振，行動変化，ヒステリー，視覚異常，旋回運動，固有位置感覚低下	水頭症を伴う。組織学的には海綿状変性であり，表3の海綿状変性参照	17，64
ローデシアン・リッジバッグ	<2週齢	成長の遅延，歩行不能，進行性の運動失調	全ての罹患子犬は誕生時に被毛の色が薄く，正常の同腹子は被毛色も正常である。罹患子犬の虹彩は正常のこの犬種でみられる暗茶色から薄い琥珀色ではなく，青い	18
	その後	後弓反張姿勢(除小脳固縮)，企図振戦，水平眼振		
その他，イングリッシュ・スプリンガー・スパニエル，サモエド，フィニッシュ・ハリアー，バーンランニングドッグ，秋田，クランバー・スパニエル，ゴールデン・レトリーバー，コッカー・スパニエル，ケアーン・テリア，フォックス・テリア，グレート・デーン，雑種犬，ジャーマン・シェパード・ドッグ，イングリッシュ・スプリンガー・スパニエル，ミニチュア・プードル，ピット・ブル・テリア，ラゴット・ロマノロ，ポルトガル・ポデンコス，コトン・ド・チュレアール，グレート・ピレニーズ，バーヴェリアン・マウンテン・ドッグなどで報告あり				3，11，34，43，65，75，79，98，114，126，127，135
シャム猫	1.5歳	運動失調，協調不全，頻繁な転倒，頭部の振戦	2年以上にわたり進行	106

表2のつづき

犬種・猫種	年齢	臨床症状・経過	特徴・備考	参考文献
在来短毛種猫	4歳	測定過大，痙縮，全身の振戦，頭部の企図振戦，姿勢性の垂直眼振，平衡失調，威嚇瞬目反応消失，対光反射減弱した散瞳，末期網膜変性，視神経乳頭蒼白，血管の狭小	CAGリピート病(ポリグルタミン病)であるヒトの脊髄小脳変性症タイプ(SCA7)に相当すると考えられている	4
新生子小脳皮質アビオトロフィー				
ビーグル(倒れがち)，サモエド(眼振，前肢より後肢が重度の運動失調，異常行動)，アイリッシュ・セッターなどで報告されている。誕生時に四肢麻痺と弱視がみられる				11, 69, 82, 136

(2) 脊髄変性症

脊髄変性症は，病変の首座が脊髄にある変性性疾患群の総称であり，その病変の主体は，ミエリンの変性・消失あるいは脱髄である。このため，前述の白質ジストロフィーや**変性性脊髄症 degenerative myelopathy** との区別が不明瞭であることが多い。

(3) ミエリン低形成

ミエリン低形成症 hypomyelination と分類される疾患群の多くは，生後に振戦などの臨床症状を示し，主に脊髄や小脳および脳幹部を中心とする白質においてミエリンの低形成あるいは無形成が認められる。炎症や神経膠細胞(グリア細胞)による反応性の変化は乏しい。症状が改善する症例も一部確認されているため，この病態には可逆性があるものが含まれていると考えられる。

(4) 海綿状脳症

海綿状脳症 spongiform encephalopathy とは，海綿状変性を特徴とする疾患の総称であり，主に灰白質(神経核)に病変が局在するものと白質に病変が分布するものにわけられる。前者では，神経細胞やその突起，あるいは星状膠細胞に空胞変性 vacuolar change が認められる傾向があり，ヒトではミトコンドリア脳症 mitochondrial encephalopathy として分類される疾患群との類似性が指摘される。一方，後者では希突起膠細胞の変性によるミエリンの空胞化を主病変とするものが多く，希突起膠細胞の傷害によるミエリン形成異常がその病理発生に深く関与すると考えられる。

(5) 多系統アビオトロフィー

多系統アビオトロフィー multisystem abiotrophy とは，複数の神経系統が傷害される疾患群の総称であり，神経細胞体やその突起の変性あるいは脱落が主な病理学的特徴である。一部の疾患については，後述の運動神経病に分類すべきとするものが含まれる。

(6) 運動神経病

運動神経病 motor neuron diseases とは，上位～下位のいずれかのレベルの運動神経が系統的に傷害される疾患群であり，多くは神経細胞のクロマチン融解と神経細胞の脱落，あるいは軸索の変性・脱落を特徴とする病変が認められる。犬の場合，変性性脊髄症(ウェルシュ・コーギーの変性性脊髄症など)として報告された疾患群に，運動神経病としての病態を示すものが含まれていると考えられる。

臨床症状と神経学的検査所見

1．神経軸索ジストロフィー(NAD)の臨床症状および神経学的検査所見

ロットワイラー，コリー，チワワ，パピヨン，ジャック・ラッセル・テリア，イングリッシュ・コッカー・スパニエル，猫で報告されている。**誕生時には正常だが，その後進行する小脳徴候**を中心とした神経症状が主な臨床症状であり，進行の速さは犬種により異なる。

異なる施設から複数の報告がなされているロットワイラーおよびパピヨンのNADについて，以下に記述する。

ロットワイラー

1歳未満で発症して，徐々に進行し2～6歳で死亡する。10週齢や1歳以降での発症の報告もある。運動失調，協調運動障害，開脚姿勢，頭部の振戦，威嚇瞬目反応消失，頭位変換性眼振が認められる。肢を交叉させた姿勢や，1肢を挙上させた姿勢をとる罹患犬もいる。軽度の固有位置感覚の低下も報告されている。ときに6年以上という時間をかけて進行するとともに，頭部の企図振戦，頭位変換性あるいは自発性の眼振，威嚇瞬目反応の低下がみられるが，視覚，対光反射に異常はみられない。

進行した症例では，階段の昇降が不能となる。筋量，筋の緊張，強度は正常であり，これは筋の虚弱が認め

表3　過去に犬・猫で報告されたその他の変性性疾患の概要

疾患分類	疾患名(動物種，犬種など)	年齢	臨床症状・経過
白質ジストロフィーあるいは脊髄変性症	スコティッシュ・テリアのアレキサンダー病様疾患(フィブリノイド性白質ジストロフィー)	6カ月齢	運動失調，捻転斜頚，後弓反張，前肢強直，UMN性四肢不全麻痺，関節拘縮
	バーニーズ・マウンテン・ドッグのアレキサンダー病様疾患(フィブリノイド性白質ジストロフィー)	4カ月齢	全身性振戦，四肢不全麻痺，意識レベル低下
	ミニチュア・プードルのアレキサンダー病様疾患(フィブリノイド性白質ジストロフィー)	3カ月齢	振戦，運動失調
	フレンチ・ブルドッグのアレキサンダー病様疾患(フィブリノイド性白質ジストロフィー)	1歳8カ月齢	巨大食道，削痩，虚弱
	ダルメシアンの白質ジストロフィー	3～6カ月齢	視覚障害，進行性の運動失調と衰弱
	アフガン・ハウンドの脊髄変性症	3～13カ月齢	対不全麻痺，運動失調。進行性四肢不全麻痺と呼吸不全から進行して死亡
	ミニチュア・プードルの脱髄性疾患	2～4カ月齢	小脳性運動失調，UMN性四肢麻痺
	ロットワイラーの白質脊髄変性症	1～4歳齢	運動失調，四肢不全麻痺，測定過大，筋緊張増大と脊髄反射亢進(しばしば前肢で重度)
	ブルマスティフの希突起膠細胞異形成	5週齢	四肢の運動失調，痙性四肢不全麻痺，全身性企図振戦
ミエリン低形成	バーニーズ・マウンテン・ドッグ	2～8週齢	四肢と頭部の細かい振戦，衰弱，硬直。年齢とともに改善することあり
	チャウ・チャウ	2～4週齢	企図振戦，測定障害，ウサギ跳び歩行，1年後改善
	スプリンガー・スパニエル	2～4週齢	重度振戦，起立困難，発作，進行性衰弱
	サモエド	3週齢	全身性振戦，眼振，威嚇瞬目反応欠如
	ワイマラナー	3週齢	全身性振戦，測定障害，少数の犬は12カ月齢までは正常
	ダルメシアン	5週齢	歩行不能，垂直眼振，振戦
	猫	4週齢	進行性の全身性企図振戦
海綿状脳症：灰白質の海綿状変性	ブルマスティフ	6～9週齢	運動失調，眼振，行動変化，ヒステリー，視覚異常，旋回運動，固有位置感覚低下
	サルーキ	2～3カ月齢	行動変化，発作，徘徊
	ロットワイラー	6～16週齢	進行性運動失調と測定障害，行動の変化，喉頭麻痺，小眼球症
	バーマン	2～6週齢	測定過大，対不全麻痺，抑うつ，運動失調，白内障
	オーストラリアン・キャトル・ドッグの遺伝性灰白脳脊髄症	8カ月齢	てんかん発作，進行性運動失調，前肢虚弱，捻転斜頚，垂直眼振，前肢の筋萎縮
	シー・ズーの灰白脳脊髄症	14カ月齢	虚弱，歩幅短縮，引っこめ反射低下，筋萎縮(いずれも前肢のみ)
	アラスカン・ハスキー	29カ月齢	6カ月齢時から歩様異常。その後，運動失調と測定過大，威嚇瞬目反応低下，盲目，認知症，四肢不全麻痺，群発発作後から四肢麻痺
海綿状脳症：白質の海綿状変性	ラブラドール・レトリーバー	4～6カ月齢	振戦，運動失調，後弓反張，UMN性四肢不全麻痺
	シェットランド・シープドッグ	1～3週齢	発作，抑うつ，横臥，企図振戦
	サモエド	12日齢	振戦，運動失調
	シルキー・テリア	生時	振戦，運動失調，肢の弛緩，傍脊柱筋間代性けいれん
	エジプシャンマウ	7週齢	後肢運動失調，行動異常，平衡障害，威嚇瞬目反応低下，認知症，肝臓腫大
	ペルシャ	3カ月齢	意識レベル低下，運動失調

主な画像所見	主な神経病理所見	特徴・備考	参考文献
	病理学的にはいずれの犬種の症例も脳幹部および白質を中心とする星状膠細胞の増殖，ローゼンタル・ファイバーの蓄積，およびミエリンの消失を特徴とする		26，109
			1，131
			100
		国内発生症例あり	61
	脳広範におよぶミエリン消失，マクロファージ浸潤，星状膠細胞増生	常染色体劣性遺伝	8
	脊髄を中心とする広範かつ両側性のミエリン消失，マクロファージ浸潤	常染色体劣性遺伝	2，23，30，67，116
	小脳，脳幹，脊髄におけるミエリンの消失	20 年以上報告がない	38，83，112，114
MRI：両側の脊髄背角の T2WI 高信号，脳幹の錐体にも左右対称性の T2WI 高信号，同部位は T2*WI，FLAIR 画像でも高信号	脳・脊髄広範囲におよぶ両側性の脱髄性変化	オーストラリア，オランダ，イギリス，ドイツで報告あり。常染色体劣性遺伝の疑い	40，45，58，77，108，134
	脳幹から脊髄白質を中心とする斑状のミエリン消失病変，同部の希突起膠細胞変性		89
	小脳，脊髄を中心とするミエリンの低形成あるいは無形成。症例あるいは疾患により，希突起膠細胞の変性や軽度の星状膠細胞増生を伴う	常染色体劣性遺伝の疑い	94
			128，129
			39，50
			32
		アメリカ，イギリスで報告あり	73，85
			49
			113
MRI：側脳室の軽度拡張，小脳核の T2WI 高信号	小脳核に限局した両側性の海綿状変化	家族性小脳性運動失調として報告されている。常染色体劣性遺伝と考えられている	17，64
	脳幹部および小脳核の両側性の海綿状変化		78，114
	脳脊髄の神経細胞体を主体とする空胞変性と軽度の海綿状変化	北米，ヨーロッパ，オーストラリアで報告あり	41，74，117，125
	脳脊髄の海綿状変化		66
MRI：小脳，前庭神経核，台形体の背角，橋核，背外側網様体に，多発性の円形の T2WI 高信号，T1WI 等～低信号，増強効果なし	脳幹部の海綿状態を特徴とする病変。ミトコンドリア傷害に起因する病態と考えられる		12，54
MRI：頚部脊髄腹核の灰白質が T2WI，FLAIR で高信号，T1W で低信号で，C5～C7 で病変部は最大。後丘，前庭神経核，小脳核に T2WI 高信号	脳幹部の両側性海綿状態を特徴とする病変。オーストラリアン・キャトル・ドックの病変と類似し，同様の病態を考察	神経学的検査では頚部脊髄の病変が疑われたが，MRI で脳にも病変が認められた	71
MRI：T2WI で視床から延髄に書けて脳幹の中心部，被蓋，尾状核，前障に左右対称性の高信号。T1WI で低信号，増強効果なし	海綿状態を特徴とする両側性の海綿状病変。ミトコンドリア傷害に起因する病態と考えられる	ヒトの Leigh 脳症と類似	13，130
MRI：小脳核，視床の T2WI 高信号，T1WI 低信号	視床および小脳・脳幹神経核の神経網の海綿状態		80，90，92
CT：び漫性ミエリン低形成	ヒトのカナバン病に類似する白質の海綿状変化		132
			81
			99
			68
	両側性の小脳および脳幹部神経核神経網における空胞変性		103

表3のつづき

疾患分類	疾患名(動物種，犬種など)	年齢	臨床症状・経過
多系統アビオトロフィー	コッカー・スパニエル	10～14カ月齢	運動失調，振戦，行動異常，視覚障害，固有位置感覚低下，旋回運動，発作
	ケアーン・テリア	4～7カ月齢	進行性四肢不全麻痺，小脳機能不全
多系統アビオトロフィー	ミニチュア・プードル	3～4週齢	小脳前庭症状，1～4カ月かけて筋の硬直を伴うUMN性四肢麻痺に進行
	スウェーディッシュ・ラップランドドッグ	5～7週齢	進行性四肢不全麻痺，筋の消耗と変形(肢の末端部)，脊髄反射消失
運動神経病	イングリッシュ・ポインター	5カ月齢	衰弱，発声障害，脊髄反射の消失，3～4カ月以上にわたり進行する筋萎縮
	ジャーマン・シェパード・ドッグ	2週齢	片側あるいは両側前肢の虚弱と萎縮，手根の外反と屈曲
	ドーベルマン	4週齢	後肢の虚弱，進行性の四肢麻痺，四肢の筋萎縮
	サルーキ	9週齢	進行性の全身性虚弱，両側性の手根の変形
その他	レオンベルガーの白質脳脊髄症	2歳齢	前肢のナックリング，運動失調全身性振戦，四肢の姿勢反応低下，膝蓋腱(四頭筋)反射亢進
	ジャック・ラッセル・テリア	10カ月齢	10週齢からの運動失調，測定過大，聴覚障害，食事の時に悪化する全身性の細かい振戦

られるロットワイラーの白質ジストロフィーとの鑑別点となる。常染色体劣性遺伝様式が推察される。

予後は不良だが，経過が長いためペットとしては長期に飼育可能である。神経伝導速度検査(NCV)は正常で，筋電図検査(EMG)において骨間筋より線維性自発電位ならびに陽性鋭波が記録される。

パピヨン

自験例の詳細な臨床事項について後述する。また，その他の犬種に関しては，単一家系や同腹子のみの報告である(表1)。

2. 小脳皮質アビオトロフィー(CCA)の臨床症状

CCAは，NADと同様に産まれたときには正常で，数週～数カ月齢で，運動失調，測定障害，頭部振戦，開脚姿勢などの小脳徴候がみられはじめ，徐々に進行していく。これらの症状が成犬になってみられたり，誕生時にすでにみられたり(新生子小脳皮質アビオトロフィー)する場合もある。臨床症状は進行性であるが，進行の速さは犬種により異なる。表2に示すように，過去に報告された症例は，ほとんどが単一家系の症例，あるいは一例報告であり，決して詳細が判明しているわけではない。また，それぞれの疾患において，結果として小脳皮質の進行性萎縮が認められるが，恐らく原因，病態は異なるものと考えられる。

国内ではパピヨンの症例について報告がある。犬種によって発症年齢，細かい臨床症状が異なるが，いくつかの犬種では，ヒトの脊髄小脳変性症における知見を基にして，遺伝子変異の解析が進められているようである。

3. その他の変性性疾患

ダルメシアンの白質ジストロフィー Dalmetian leukodystrophy，アフガン・ハウンドの脊髄変性症 Afghan hound myelopathy，ミニチュア・プードルの脱髄性疾患 leukodystrophy，ロットワイラーの白質脊髄変性症 Rottweiler leukoencephalomyelopathy，アレキサンダー病様疾患 Alexander's disease-like disorder，ミエリン低形成 hypomyelination，海綿状脳症 spongiform encephalopathy などが報告されているが，いずれも非常にまれな疾患である。これらの疾患については，表3に概要をまとめた。神経学的検査からは脊髄の病変が疑われたものの，磁気共鳴画像(MRI)で脳にも異常所見が認められた症例なども報告されている。表中には，脊髄のみに異常が認められる疾患も一部掲載した。

主な画像所見	主な神経病理所見	特徴・備考	参考文献
	大脳基底核，間脳，中脳および小脳の神経核における神経細胞の変性・消失，軸索球の出現，およびグリア増生		63，114
	大脳皮質から脳幹神経核各所における神経細胞のクロマチン融解	アメリカ，オーストラリア，オランダ，イギリスで報告あり	27，28，95，96，137
	小脳と大脳の神経細胞の変性（神経細胞膨化あるいは萎縮）。特に小脳プルキンエ細胞で顕著		29，114
	感覚および運動神経系両方の神経細胞変性	運動神経病とする分類もある	104，114
	遠位末梢性運動神経の軸索変性が主体	常染色体劣性遺伝の疑い。国内発症症例あり	59，60，62
	脊髄腹角神経の脱落と残存する神経細胞のクロマチン融解		31
	脊髄腹角，脳幹神経核の神経細胞の空胞変性とクロマチン融解	8頭の同腹子中2頭の雄	114
	脊髄腹角神経の膨化，クロマチン融解，樹状突起の膨化		70
MRI：C1～C4脊髄背角のT2WI高信号，T1WIと造影後T1WIは正常，脳は正常	脊髄背索部を中心とする脱髄と星状膠細胞増殖。ロットワイラーの白質脊髄変性症との類似性が指摘される		93
CT：小脳サイズは正常	脳幹神経核を中心とする両側性の神経細胞変性と石灰沈着を特徴とする		51

T2WI：T2強調画像，T1WI：T1強調画像，T2* WI：T2スター強調画像。

診断

いずれの疾患も，現在のところ，生前の確定診断方法はなく，臨床診断は，犬種，発症年齢，臨床経過，除外診断などを基になされる。疾患によっては，脳・脊髄の生検で確定診断可能と思われるが，実用的ではない。全血球計算（CBC）、血液生化学検査，尿検査，X線検査，超音波検査，脳脊髄液（CSF）検査では異常は認められない。

1．MRI検査

NADおよびCCAの頭部MRI検査では，パピヨンのNAD[115]およびCCA[91]で脳全体の萎縮が，スコティッシュ・テリア[123, 126]，アメリカン・スタッフォードシャー・テリア[56]，バーヴェリアン・マウンテン・ドッグ[43]，ラゴット・ロマノロ[65]，フィニッシュ・ハウンド[75]のCCAで小脳の萎縮が，それぞれ報告されている。その他の犬種でも，報告はされていないが，神経系の萎縮をMRIで捉えることは可能と考えられる。

NADでは脳実質の萎縮の結果，脳室系が拡張し，脳表の脳回や脳溝が明瞭化する。ただし，発症初期で明瞭な萎縮が認められない時期には，MRIで異常所見を検出できない。MRIの正中矢状断像で，小脳と脳幹の面積比を用いて正常と小脳萎縮を鑑別する方法も報告されている[47, 119]。また，可能であれば，複数回の経時的なMRI検査で中枢神経系の萎縮が進行性であることが確認されれば，小脳形成不全などの奇形性疾患との鑑別が可能である。ただし，MRI検査で中枢神経系実質の萎縮を検出することで変性性疾患であることを疑うことは可能だが，個々の疾患に特異的といえる所見は現在知られておらず，MRI検査で確定診断を下すことはできない。また，頭部コンピュータ断層撮影（CT）検査でも萎縮を指摘できる可能性があるが，白質の質的異常の検出や炎症などの除外が不十分であるため，可能であればMRI検査を実施すべきである。

その他の変性性疾患のMRIでは，脳や脊髄の様々な部位における主に左右対称性のT2強調（T2W）画像での高信号病変が報告されている。これらの所見はCTでは検出できない可能性が高いと思われる。詳細は表3を参照されたい。

2．まれな変性性疾患に対する診断的アプローチ

重要なことは，確定診断ができないからといって検査をしないのではなく，脳炎など，その他の治療可能な疾患を必ず除外することである。鑑別すべき主な疾患は，水頭症，小脳低形成などの奇形性疾患，犬ジス

テンパーウイルス性脳炎，肉芽腫性髄膜脳脊髄炎(GME)などの炎症性疾患，肝性脳症などの代謝性疾患，髄芽種(1歳未満でもみられる小脳腫瘍)などの腫瘍性疾患，ライソゾーム病，特発性振戦症候群などである。これらのうち，奇形性疾患は犬種，臨床症状(奇形性疾患でも臨床症状の進行は有り得るので注意)，画像診断などで，炎症性疾患は画像診断，CSF検査などで，代謝性疾患はCBC，血液生化学検査などで，腫瘍性疾患は画像診断で，それぞれ鑑別する。ライソゾーム病は，遺伝子診断で確定可能な一部の疾患(ボーダー・コリーの神経セロイド・リポフスチン症(NCL)，柴犬のGM1ガングリオシドーシスなど)を除いて，現状ではその他の変性性疾患と同様，犬種，発症年齢，臨床経過などから臨床診断をする他ない。特発性振戦症候群は，振戦以外の臨床症状がないこと，頭部の振戦の状態が小脳症状による振戦と比較して小刻みであることから鑑別する。

以下に(広義の変性性疾患としてのライソゾーム病も含む)変性性疾患が疑われた症例に遭遇した場合の，筆者自身の実際の診察法を具体的に示す[138]。

(1) 鑑別診断リストの作成

神経疾患の診察手順として，一般的には稟告聴取と神経学的検査をもとに，DAMNIT-V分類と病変部位の局在を判断し，プロフィールをもとに好発疾患を考慮して鑑別診断リストを作成する。変性性疾患は，多くの場合誕生時には正常だが，比較的若齢で緩徐な進行性の神経症状が認められるのが典型である(6歳などの成犬発症の疾患も一部には存在する)。また，臨床症状としては運動神経病を除いて，振戦，運動失調などの小脳症状が目立ち，詳細な神経学的検査では大脳，脳幹や脊髄の症状もみられるものが多い。

(2)インフォームド・コンセント

変性性疾患は，誕生時にすでに異常が認められる奇形性疾患とは異なり，遺伝性・先天性疾患としては比較的遅い時期から臨床症状が発現するものが含まれる。そのため，このような疾患ではブリーダーは発症している事実すら知らない場合が多く，オーナーも獣医師も遺伝性・先天性疾患であるとの認識をもちにくいと考えられる。このような背景により変性性疾患の一般的な認知度が低かったことが，これまであまり症例報告がなされてこなかったことの理由と考えられる。変性性疾患のほとんどは治療法がなく，そのように宣告されたオーナーの精神的ダメージは大きく，臨床獣医師としてはオーナーに対する精神的ケアが第一に重要となる。また，変性性疾患を疑った場合にはオーナーに遺伝性疾患の疑いがあると説明しなければならないが，遺伝性疾患に悪い先入観をもつオーナーの場合には，ブリーダーやそれ以前に診察していた獣医師に対して不信感を抱くことがある。また，獣医師がブリーダーに対して遺伝性疾患の疑いを指摘したとき，理解が得られない場合には，ブリーダーから敵意をもたれる危険性もある。見落とされやすい疾患であるという背景をオーナーに確実に理解してもらい，ブリーダーの協力も得ることができなければ，その後の家系調査などが困難となる。そのため，遺伝性変性疾患が疑われる場合の**インフォームド・コンセントには非常にデリケートな配慮が必要**である。

(3) 鑑別診断の流れ

診察の過程としては，先に述べたような臨床症状がみられた場合，DAMNIT-V分類の変性性疾患を鑑別診断リストに加えることが診断の第1歩として重要である。前述のとおり，変性性疾患のほとんどは治療法がない。そのため脳炎などの治療可能な疾患との鑑別診断が臨床上重要である。鑑別診断にはDAMNIT-V分類と神経学的検査の結果が特に重要と考えられる。その過程において変性性疾患が疑われた場合，まずは臨床経過，臨床症状，神経学的検査結果を詳細にカルテに記録する。次に，CBC，血液生化学検査，尿検査，X線検査，超音波検査では異常が認められないことを確認する。広義の変性性疾患に含まれるライソゾーム病のうち柴犬のGM1ガングリオシドーシスやトイ・プードルのサンドホフ病などの一部の疾患では，末梢血中のリンパ球の細胞質に空胞が認められるため，血液塗抹標本の確認も重要である。

続いて，中枢神経系のMRI検査では，疾患の進行の度合いによって異常が認められない場合もあるが，左右対称性の脳や脊髄の萎縮，深部白質の左右対称性のT2W画像における異常信号，視床や基底核病変などに着目して読影する。小脳の萎縮を判定するには矢状断像が適している。それとともに，脳炎，奇形性疾患，腫瘍などを除外する。

また，CSF検査で炎症像が検出されないことも確認する必要がある。

(4) 変性性疾患の検索

以上の過程を経て変性性疾患が疑われた場合，まずは，本章と第３章「ライソゾーム病」，第５章「先天代謝異常症」の表において簡潔にまとめてあるので，検索の第１歩として活用していただきたい。ここで見つからない場合やより詳細な最新情報が必要な場合は，犬種名と臨床症状などのキーワードを用いて，成書やPubMed（オンライン上で医学論文が検索できるサービスで，abstractまで読むことができ，雑誌によっては全文へリンクされている：http://www.pumed.gov，2014年12月現在）で該当する疾患の報告の有無を検索する。また，International Veterinary Information service（IVIS）のBraundによるClinical Neurology in Small Animals－Localization，Diagnosis and Treatment.[11]は，適度に詳細な疾患情報が網羅されており，非典型的な症例に遭遇したときに最初に検索するための文献として重宝している。以下のアドレスにアクセスし，メンバー登録（無料）すれば閲覧可能である（http://www.ivis.org，2014年12月現在）。

変性性疾患では，同一の診断名であっても犬種（変異遺伝子）によって臨床像が異なることがある。さらには，同じ診断名であっても犬種（家系）が異なると臨床経過や画像所見などにおいて，別の疾患として扱った方がよい場合がある。そのため，犬種あるいは猫種情報が非常に重要である。論文を発見したら，発症年齢や臨床経過などに共通点がないかを吟味する。

(5) 変性性疾患診断の流れ

犬猫の変性性疾患を診断していく具体的な過程には，以下に示すような３つのパターンがある。

まず，特定の犬種の特定の疾患では，生前の確定診断が可能である。現在，ライソゾーム病であるボーダー・コリーの神経セロイド・リポフスチン症（NCL），柴犬のGM1ガングリオシドーシス，トイ・プードルのサンドホフ病など，いくつかの疾患では病原性遺伝子変異が特定されている。臨床症状からその疾患が疑われた場合には，血液や口腔粘膜（唾液），さらには染色済みの血液塗抹のみでも，DNA検査で確定診断可能である。

次に，病原性遺伝子変異はまだ特定されていないが過去に報告がある疾患については，臨床症状や画像所見などを比較することによって，当該疾患を強く疑うことが可能である。変性性疾患では，同一犬種（家系）の同一疾患において罹患個体はかなり似通った臨床経過をたどるため，症例の年齢（月齢）と臨床症状を詳細に記録し，記載されている臨床症状，血液塗抹所見や画像所見などと比較することが有用となる。

しかし，過去に報告のない疾患ではこのように簡単にはいかない。まず，臨床獣医師は変性性疾患である可能性が高いことを前述のとおり細心の注意を払ってオーナーに告げ，対症療法を施しながら死亡するまで経時的に臨床症状，臨床検査所見の変化を記録するという非常に地道な努力が必要となる。そして，死後できる限り早い時間での病理解剖を行うことによって，脳のホルマリン標本と凍結生標本を作製する。ホルマリン標本を用いて検索した病理組織像で診断可能な疾患もある。しかし，ライソゾーム病や，変性性疾患と類似した臨床所見を呈する代謝性疾患などの中に病理組織検査では最終的な診断にたどり着かないものも多いため，**凍結生標本を保管することが非常に重要**となる。ライソゾーム病の場合は，病理組織検査から可能性が高いと判断されれば（NCL以外のライソゾーム病では通常のホルマリン標本を用いた病理組織検査のみでは診断できない），凍結生標本を用いた蓄積物質の同定，その代謝に関わる酵素活性の測定，これらの酵素をコードする遺伝子変異のシークエンスという過程が必要となる。ここまで判明すれば，次の症例からは生前に遺伝子診断が可能になる。

筆者は，データ集積のため，可能な限り死後に剖検をさせてもらうこと，および遺伝性疾患であることが強く疑われるため，可能であれば早い段階でオーナーから**親犬や同腹を含めた兄弟犬に関する情報を聞き出し，血統書のコピーを入手する**ことを心がけている。すでに疾患によっては，血統書情報から同一血統で何らかの有用な検査結果が未公表ながら判明していることもある。変性性疾患が疑われる症例は，いずれも一般臨床獣医師にとってなじみの薄い疾患であり，必ずしも他疾患との鑑別が容易でない場合が多い。そのため，変性性疾患が疑われた場合は，症例情報をなるべく集積した方がよいと考えられる。また，各施設でのデータを集積することによって，より効率的に研究が進められると考えられ，現在では全国的な協力体制が構築されつつある。

最後に，遺伝性変性性疾患と診断された場合，あるいは強く疑われた場合は，遺伝性疾患でかつ治療法がないという性格上，キャリアを繁殖に使用しないことが重要である。そのためには，血統書をコピーして情報を収集し，臨床獣医師がブリーダーを指導していくべきであると考えられる。その際には，前述したようにブリーダーから誤解に基づく敵意をもたれないように，慎重に接する必要がある。

また，ヒト患者の治療法開発が希求されている医学的現状を考慮すると，しかるべき機関にヒト疾患モデル動物としてのコロニーを形成することも必要なことなのかもしれない。

治療，予後および予防

NADおよびCCAを含む，ほとんどの変性性疾患では効果的な治療法は知られていない。最終的な予後は不良であるが，犬種によって進行速度が異なり，ロットワイラーのNADのように，進行が遅いものでは一定期間通常の飼育が可能である。また，多くの変性性疾患は常染色体劣性遺伝と推測されていることから，発症個体の家系からキャリアと考えられる個体を繁殖に使わないなどの注意が必要と思われる。

症例

パピヨンの神経軸索ジストロフィー(NAD)の症例

症例は3.5カ月齢，雌のパピヨンで，体重1.1 kgであった。2カ月齢のワクチン接種時から後肢が少し弱く，その後起立不能となり頭部の振戦も認められるとのことで精査を目的として当院に紹介来院した。初診時には，起立不能，腹臥位の状態で，頭部の振戦が認められた。呼びかけに対しては尾を振って反応し，意識は明瞭で，両後肢は伸展気味であった(動画1)。神経学的検査では，後肢が前肢より重度の四肢姿勢反応の低下，威嚇瞬目反応の消失，興奮によって重度になりじっとしているときには消失する振戦が認められた。排尿は不随意で，用手にて容易に圧迫排尿可能であった。

以上の所見から，小脳，脳幹，脊髄の病変が疑われた。CBC，血液生化学検査では，特に異常所見は認められなかった。また，頭部MRI検査でも特に異常所見は認められなかった(図10)。若齢での進行性の小脳症状を中心とした神経症状が認められ，水頭症などの奇形性疾患その他が画像診断で否定されたため，変性性中枢神経疾患が疑われた。またライソゾーム病を示唆する血液塗抹上の白血球の形態異常は認められなかった。有効と考えられる治療方法がないため，無処置で経過観察とした。

その後，頭部の振戦，後肢の伸展が徐々に重度になった。生後5カ月齢時には，意識レベル，知性・行動には異常は認められず，食欲はあったが振戦と測定過大のため，自力採食は不可能だった(動画2)。6カ月齢時には，著明な全身性の削痩が認められ，横臥状態となった。意識レベルがやや低下し，頭部は左右に動かすことはできるが挙上することができなかった。後肢は後方に向けて伸展していた。前肢は手根関節がやや屈曲した状態で，肘関節は伸展していた。尾は背側に反り返った状態であった(動画3)。両側性の膝蓋腱(四頭筋)反射の消失が認められたが，四肢の痛覚は正常であった。舌の麻痺と嚥下障害も認められ，食事を摂ることが不可能となった。

この時点で，再度頭部MRI検査を実施した(図11)。3.5カ月齢時の所見と比較すると，6カ月齢時では，脳溝の明瞭化，側脳室の拡大が認められ，大脳の重度の萎縮と考えられた。また，小脳，視床間橋，中脳，橋，延髄の萎縮が明らかに認められた。萎縮によって，第

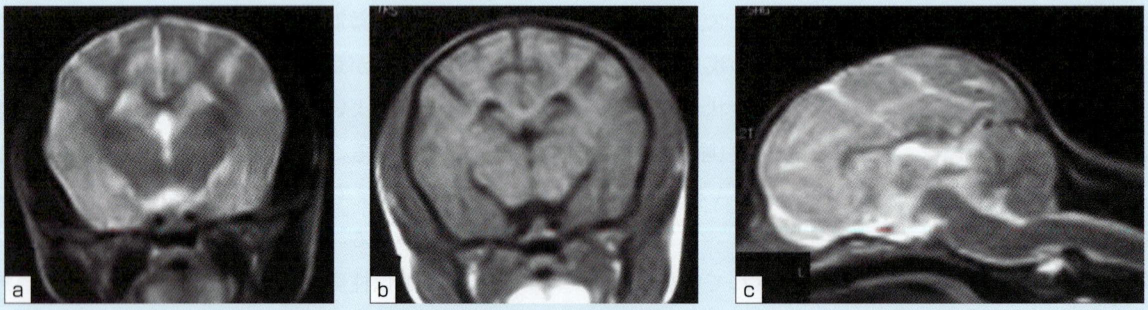

図10　症例初診時(3.5カ月齢)の視床レベルのMRI所見
a：T2強調(T2W)画像横断像，b：T1W画像横断像，c：T2W画像矢状断像。特に異常所見は認められなかった。

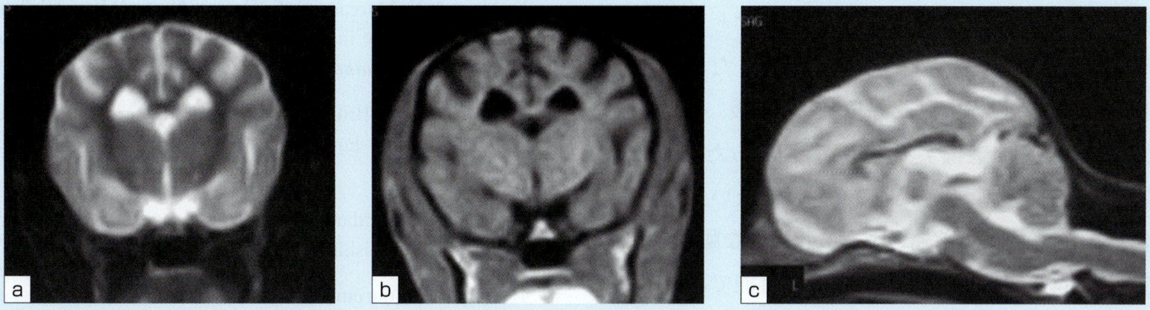

図 11　症例 6 カ月齢時の視床レベルの MRI 所見

a：T2W 画像横断像，b：T1W 画像横断像，脳溝の明瞭化，側脳室の拡大が認められた，c：T2W 画像矢状断像。
初診時と比較して，小脳，視床間橋，中脳，橋，延髄の萎縮が認められ，第四脳室が拡大していた。また，小脳活樹が不明瞭となっていた。

Video Lectures

パピヨンの神経軸索ジストロフィー（NAD）の症例

動画 1　初診時（3.5 カ月齢）の様子
呼びかけに対して尾を振る反応をみせ，意識は明瞭であった。

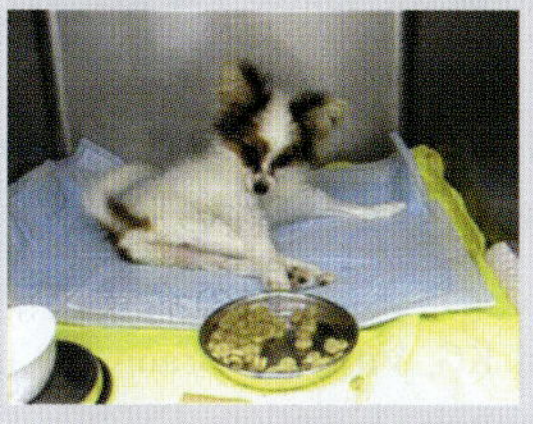

動画 2　5 カ月齢時の様子
食欲はあるものの，振戦と測定過大を呈し自力採食は不能であった。

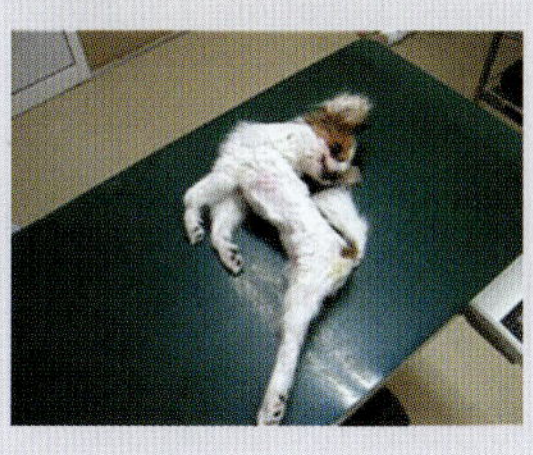

動画 3　6 カ月齢時の様子
四肢の痙性麻痺が認められた。

四脳室が拡大していた。また，小脳活樹が不明瞭となっていた。大槽穿刺による CSF 検査では，細胞数 2 個／μL 以下，蛋白濃度 6.0 mg/dL で，犬ジステンパー IP 抗体価は感染に否定的であった。採食不能で改善の可能性も低いことから，安楽死を実施することとなった。

病理組織学的検査により，本症例は神経軸索ジストロフィー（NAD）と診断された。

バーニーズ・マウンテン・ドッグのミエリン低形成が疑われた症例

その他の変性性疾患に関しては非常にまれであり，筆者には確定診断された症例の経験がないが，バーニーズ・マウンテン・ドッグのミエリン低形成として報告されているものと臨床像が合致した症例を経験したのでここに提示する。

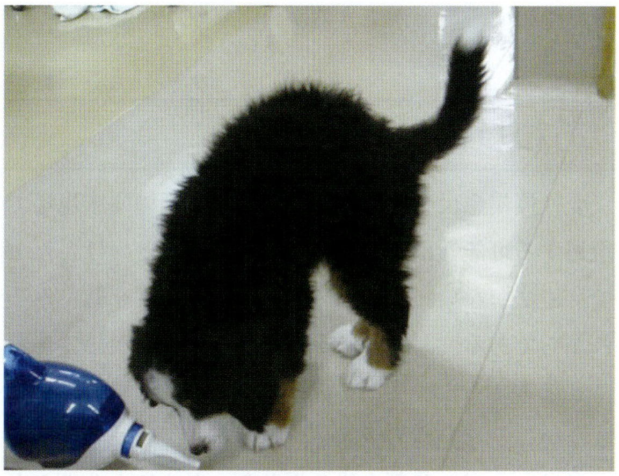

図 12　ミエリン低形成が疑われたバーニーズ・マウンテン・ドッグの外観

背弯姿勢，尾の挙上が認められる。

症例は 9 週齢，雄のバーニーズ・マウンテン・ドッグで，全身性の振戦を主訴に来院した。身体検査では多少やせ気味であったが，その他に異常は認められなかった。外観，歩様の観察では，全身の小刻みな振戦，背弯姿勢，尾の挙上，後肢を伸展させたままの歩行，すぐに腹臥位になる様子が認められた（図 12）。神経学的検査では，後肢の軽度の姿勢反応の低下が認められた。特徴的な臨床症状と発症週齢が合致するため，バーニーズ・マウンテン・ドッグのミエリン低形成が疑われた。本疾患の病変は脊髄に限局するため生検が困難なこと，本疾患の病態が脱髄ではなく低形成のため MRI で異常信号がみられる可能性が低く，異常所見があるとしたら正常より脊髄が細い可能性はあるが，3 カ月齢の正常大型犬の脊髄の正常像のデータがないため比較不能であることから，積極的な診断的検査は実施しなかった。本疾患は経過観察で振戦が軽減することがあるとされるため，髄鞘の形成を促すとされるビタミンB群，Eを内服させて経過観察としたところ，40日後には振戦はかなり改善した。その後，振戦の症状が1～2カ月間継続することが数回あったが，6歳となった現在では全く症状はみられていない。

本疾患においても，前述のように特徴的な臨床症状，犬種，年齢から疾患名に近づくことは可能であり，疾患によっては生検などが可能な標的臓器が判明する場合がある。それがかなわなくても，本疾患のように予後が比較的良い疾患では暫定診断をした後，過去の情報を基にある程度の根拠をもって治療あるいは経過観察を開始することができる。

おわりに

変性性疾患はまれな疾患であり，日常の臨床現場で遭遇する可能性は低いと思われるうえ，そのほとんどで治療法がない。そのため臨床上の重要度を低くみられがちである。しかし，その本質が遺伝性疾患であることを考えると，症例を診断しキャリアを繁殖に使用しないことで発症の予防は可能であり，オーナーや犬自身にとっての悲劇を繰り返さないためにもこのことが重要であると考えられる。

本章の表中の疾患には，最初の報告後数十年間報告がないものもあり，そのような疾患ではすでに変異遺伝子が淘汰されているのかもしれない。そのような疾患は今後遭遇する可能性は極めて少ないと考えられるが，その一方で新規の疾患の報告も散発的にみられ，さらにその背景には診断に至っていない新規疾患の症例（＝家系）が隠れていると思われることを強調しておきたい。

［田村慎司・内田和幸（病態生理）］

■参考文献

1) Alemañ N, Marcaccini A, Espino L, et al. Rosenthal fiber encephalopathy in a dog resembling Alexander disease in humans. *Vet Pathol.* 43(6): 1025-1028, 2006.

2) Averill DR Jr, Bronson RT. Inherited necrotizing myelopathy of Afghan hounds. *J Neuropathol Exp Neurol.* 36(4): 734-747, 1977.

3) Bagley RS. Fundamentals of Veterinary Clinical Neurology. Blackwell Publishing. Ames. US. 2005.

4) Barone G, Foureman P, deLahunta A. Adult-onset cerebellar cortical abiotrophy and retinal degeneration in a domestic shorthair cat. *J Am Anim Hosp Assoc.* 38(1): 51-54, 2002.

5) Bennett PF, Clarke RE. Laryngeal paralysis in a rottweiler with neuroaxonal dystrophy. *Aust Vet J.* 75(11): 784-786, 1997.

6) Bernadini M, Pumarola M, Siso S. Familiar spongy degeneration in Cocker Spaniel dogs. Proceedings of the 14th Annu Symposium, ECVN. 28, 2000.

7) Berry ML, Blas-Machado U. Cerebellar abiotrophy in a miniature schnauzer. *Can Vet J.* 44(8): 657-659, 2003.

8) Bjerkas I. Hereditary "cavitating" leukodystrophy in Dalmatian dogs. Acta Neuropathol. 40(2): 163-169, 1977.

9) Blakemore WF, Palmer AC. Nervous disease in the chihuahua characterised by axonal swellings. *Vet Rec.* 117(19): 498-499, 1985.

10) Boersma A, Zonnevylle H, Sanchez MA, et al. Progressive ataxia in a Rottweiler dog. *Vet Q.* 17(3): 108-109, 1995.

11) Braund, KG. Degenerative Disorders of the Central Nervous System. In: Braund KG, Vite CH. Braund's Clinical Neurology in Small Animals: Location, Diagnosis and Treatment. International Veterinary Information Service, Ithaca. US. 2003.

12) Brenner O, de Lahunta A, Summers BA, et al. Hereditary polioencephalomyelopathy of the Australian cattle dog. *Acta Neuropathol.* 94(1): 54-66, 1997.

13) Brenner O, Wakshlag JJ, Summers BA, de Lahunta A. Alaskan Husky encephalopathy--a canine neurodegenerative disorder resembling subacute necrotizing encephalomyelopathy (Leigh syndrome). Acta Neuropathol. 100(1): 50-62, 2000.

14) Buijtels JJ, Kroeze EJ, Voorhout G, et al. [Cerebellar cortical degeneration in an American Staffordshire terrier]. *Tijdschr Diergeneeskd.* 131(14-15): 518-522, 2006.

15) Carmichael KP, Howerth EW, Oliver JE Jr, et al. Neuroaxonal dystrophy in a group of related cats. *J Vet Diagn Invest.* 5(4): 585-590, 1993.

16) Carmichael KP, Miller M, Rawlings CA, et al. Clinical, hematologic, and biochemical features of a syndrome in Bernese mountain dogs characterized by hepatocerebellar degeneration. *J Am Vet Med Assoc.* 208(8): 1277-1279, 1996.

17) Carmichael S, Griffiths IR, Harvey MJ. Familial cerebellar ataxia with hydrocephalus in bull mastiffs. *Vet Rec.* 112(15): 354-358, 1983.

18) Chieffo C, Stalis IH, Van Winkle TJ, et al. Cerebellar Purkinje's cell degeneration and coat color dilution in a family of Rhodesian Ridgeback dogs. *J Vet Intern Med.* 8 (2): 112-116, 1994.

19) Chrisman CL, Cork LC, Gamble DA. Neuroaxonal dystrophy of Rottweiler dogs. *J Am Vet Med Assoc.* 184(4): 464-467, 1984.

20) Chrisman CL, Spencer CP, Crane SW, et al. Late-onset cerebellar degeneration in a dog. *J Am Vet Med Assoc.* 182 (7): 717-720, 1983.

21) Chrisman CL. Neurological diseases of rottweilers: Neuroaxonal dystrophy and leukoenceph-alomalacia. *J Small Anim Pract.* 33(10): 500-504, 1992.

22) Clark RG, Hartley WJ, Burgess GS, et al. Suspected inherited cerebellar neuroaxonal dystrophy in collie sheep dogs. *N Z Vet J.* 30(7): 102-103, 1982.

23) Cockrell BY, Herigstad RR, Flo GL, et al. Myelomalacia in Afghan Hounds. *J Am Vet Med Assoc.* 162(5): 362-365, 1973.

24) Cork LC, Troncoso JC, Price DL, et al. Canine neuroaxonal dystrophy. *J Neuropathol Exp Neurol.* 42(3): 286-296, 1983.

25) Cork LC, Troncoso JC, Price DL. Canine inherited ataxia. *Ann Neurol.* 9(5): 492-498, 1981.

26) Cox NR, Kwapien RP, Sorjonen DC, et al. Myeloencephalopathy resembling Alexander's disease in a Scottish terrier dog. *Acta Neuropathol.* 71(1-2): 163-166, 1986.

27) Cummings JF, de Lahunta A, Gasteiger EL. Multisystemic chromatolytic neuronal degeneration in Cairn terriers. A case with generalized cataplectic episodes. *J Vet Intern Med.* 5(2): 91-94, 1991.

28) Cummings JF, De Lahunta A, Moore JJ 3rd. Multisystemic chromatolytic neuronal degeneration in a Cairn terrier pup. *Cornell Vet.* 78(3): 301-314, 1988.

29) Cummings JF, de Lahunta A. A study of cerebellar and cerebral cortical degeneration in miniature poodle pups with emphasis on the ultrastructure of Purkinje cell changes. Acta Neuropathol. 75(3): 261-271, 1988.

30) Cummings JF, de Lahunta A. Hereditary myelopathy of Afghan hounds, a myelinolytic disease. *Acta Neuropathol.* 42(3): 173-181, 1978.

31) Cummings JF, George C, de Lahunta A, et al. Focal spinal muscular atrophy in two German shepherd pups. *Acta Neuropathol.* 79(1): 113-116, 1989.

32) Cummings JF, Summers BA, de Lahunta A, et al. Tremors in Samoyed pups with oligodendrocyte deficiencies and hypomyelination. *Acta Neuropathol.* 71(3-4): 267-277, 1986.

33) de Lahunta A, Fenner WR, Indrieri RJ, et al. Hereditary cerebellar cortical abiotrophy in the Gordon Setter. *J Am Vet Med Assoc.* 177(6): 538-541, 1980.

34) de Lahunta A. Abiotrophy in domestic animals: a review. Can *J Vet Res.* 54(1): 65-76, 1990.

35) de Lahunta A. Veterinary Neuroanatomy and Clinical Neurology, 2nd ed. WB Saunders. Philadelphia. US. 1983, p269.

36) deLahunta A, Averill DR Jr. Hereditary cerebellar cortical and extrapyramidal nuclear abiotrophy in Kerry Blue Terriers. *J Am Vet Med Assoc.* 168(12): 1119-1124, 1976.

37) Diaz JV, Duque C, Geisel R. Neuroaxonal dystrophy in dogs: case report in 2 litters of Papillon puppies. *J Vet Intern Med.* 21(3): 531-534, 2007.

38) Douglas SW, Palmer AC. Idiopathic demyelination of brainstem and cord in a miniature poodle puppy. *J Pathol Bacteriol.* 82: 67-71, 1961.

39) Duncan ID, Hammang JP, Jackson KF. Myelin mosaicism in female heterozygotes of the canine shaking pup and myelin-deficient rat mutants. *Brain Res.* 402(1): 168-172, 1987.

40) Eagleson JS, Kent M, Platt SR, et al. MRI findings in a rottweiler with leukoencephalomyelopathy. *J Am Anim Hosp Assoc.* 49(4): 255-261, 2013.

41) Eger CE, Huxtable CR, Chester ZC, et al. Progressive tetraparesis and laryngeal paralysis in a young rottweiler with neuronal vacuolation and axonal degeneration: an Australian case. *Aust Vet J.* 76(11): 733-737, 1998.

42) Evans MG, Mullaney TP, Lowrie CT. Neuroaxonal dystrophy in a rottweiler pup. *J Am Vet Med Assoc.* 192(11): 1560-1562, 1988.

43) Flegel T, Matiasek K, Henke D, et al. Cerebellar cortical degeneration with selective granule cell loss in Bavarian mountain dogs. *J Small Anim Pract.* 48 (8): 462-465, 2007.

44) Franklin RJ, Jeffery ND, Ramsey IK. Neuroaxonal dystrophy in a litter of papillon pups. *J Small Anim Pract.* 36 (10): 441-444, 1995.

45) Gamble DA, Chrisman CL. A leukoencephalomyelopathy of rottweiler dogs. *Vet Pathol.* 21(3): 274-280, 1984.

46) Gandini G, Botteron C, Brini E, et al. Cerebellar cortical degeneration in three English bulldogs: clinical and neuropathological findings. *J Small Anim Pract.* 46(6): 291-294, 2005.

47) Gandini G, Fatzer R, Brini E, et al. Cerebellar cortical abiotrophy in three Bulldogs: clinical and neuropathologic findings. Proceedings of ESVN 15th Annu Sympo. 2002.

48) Gill JM, Hewland M. Cerebellar degeneration in the Border collie. *N Z Vet J.* 28(8): 170, 1980.

49) Greene CE, Vandevelde M, Hoff EJ. Congenital cerebrospinal hypomyelinogenesis in a pup. *J Am Vet Med Assoc.* 171 (6): 534-536,1977.

50) Griffiths IR, Duncan ID, McCulloch M, et al. Shaking pups: a disorder of central myelination in the Spaniel dog. Part 1. Clinical, genetic and light-microscopical observations. *J Neurol Sci.* 50(3): 423-433, 1981.

51) Gruber AD, Wessmann A, Vandevelde M, et al. Mitochondriopathy with regional encephalic mineralization in a Jack Russell Terrier. *Vet Pathol.* 39(6): 732-736, 2002

52) Hanzlicek D, Kathmann I, Bley T, et al. [Cerebellar cortical abiotrophy in American Staffordshire terriers: clinical and pathological description of 3 cases]. *Schweiz Arch Tierheilkd.* 145(8): 369-375, 2003.

53) Hanzlicek D, Srenk P, Gaillard C, et al. Cerebellar cortical abiotrophy in two American Staffordshire Terriers. Proceedings of ESVN 15th Annu Sympo. 2002.

54) Harkin KR, Goggin JM, DeBey BM, et al. Magnetic resonance imaging of the brain of a dog with hereditary polioencephalomyelopathy. *J Am Vet Med Assoc.* 214(9): 1342-1344, 1334, 1999.

55) Hartley WJ, Barker JSF, Wanner RA, et al. Inherited cerebellar degeneration in the Rough Coated Collie. *Aus Vet Pract.* 8: 79-85, 1978.

56) Henke D, Böttcher P, Doherr MG, et al. Computer-assisted magnetic resonance imaging brain morphometry in American Staffordshire Terriers with cerebellar cortical degeneration. *J Vet Intern Med.* 22(4): 969-975, 2008.

57) Higgins RJ, LeCouteur RA, Kornegay JN, et al. Late-onset progressive spinocerebellar degeneration in Brittany Spaniel dogs. *Acta Neuropathol.* 96(1): 97-101, 1998.

58) Hirschvogel K, Matiasek K, Flatz K, et al. Magnetic resonance imaging and genetic investigation of a case of Rottweiler leukoencephalomyelopathy. *BMC Vet Res.* 9: 57, 2013.

59) Inada S, Sakamoto H, Haruta K, et al. A clinical study on hereditary progressive neurogenic muscular atrophy in Pointer dogs. Jap J Vet Sci. 40: 539-547, 1978.

60) Inada S, Yamauchi C, Igata A, et al. Canine storage disease characterized by hereditary progressive neurogenic muscular atrophy: breeding experiments and clinical manifestation. Am J Vet Res. 47(10): 2294-2299, 1986.

61) Ito T, Uchida K, Nakamura M, et al. Fibrinoid leukodystrophy(Alexander's disease-like disorder) in a young adult French bulldog. *J Vet* Med Sci. 72(10): 1387-1390, 2010.

62) Izumo S, Ikuta F, Igata A, et al. Morphological study on the hereditary neurogenic amyotrophic dogs: accumulation of lipid compound-like structures in the lower motor neuron. *Acta Neuropathol.* 61(3-4): 270-274, 1983.

63) Jaggy A, Vandevelde M. Multisystem neuronal degeneration in cocker spaniels. *J Vet Intern Med.* 2(3): 117-120, 1988.

64) Johnson RP, Neer TM, Partington BP, et al. Familial cerebellar ataxia with hydrocephalus in bull mastiffs. *Vet Radiol Ultrasound.* 42(3): 246-249, 2001.

65) Jokinen TS, Rusbridge C, Steffen F, et.al. Cerebellar cortical abiotrophy in Lagotto Romagnolo dogs. *J Small Anim Pract.* 48(8): 470-473, 2007.

66) Jones BR, Alley MR, Shimada A, et al. An encephalomyelopathy in related Birman kittens. *N Z Vet J.* 40(4): 160-163, 1992.

67) Jones BR, Richards RB. Myelomalacia in Afghan hounds. *Aust Vet J.* 53(9): 452-453, 1977.

68) Kelly DF, Gaskell CJ. Spongy degeneration of the central nervous system in kittens. *Acta Neuropathol.* 35(2): 151-158, 1976.

69) Kent M, Glass E, deLahunta A. Cerebellar cortical abiotrophy in a beagle. *J Small Anim Pract.* 41(7): 321-323, 2000.

70) Kent M, Knowles K, Glass E, et al. Motor neuron abiotrophy in a saluki. *J Am Anim Hosp Assoc.* 35(5): 436-439, 1999.

71) Kent M, Platt SR, Rech RR, et al. Clinicopathologic and magnetic resonance imaging characteristics associated with polioencephalomyelopathy in a Shih Tzu. *J Am Vet Med Assoc.* 235(5): 551-557, 2009.

72) Koeppen AH, Dickson AC. Iron in the Hallervorden-Spatz syndrome. *Pediatr Neurol.* 25(2): 148-155, 2001.

73) Kornegay JN, Goodwin MA, Spyridakis LK. Hypomyelination in Weimaraner dogs. *Acta Neuropathol.* 72(4): 394-401, 1987.

74) Kortz GD, Meier WA, Higgins RJ, et al. Neuronal vacuolation and spinocerebellar degeneration in young Rottweiler dogs. *Vet Pathol.* 34(4): 296-302, 1997.

75) Kyöstilä K, Cizinauskas S, Seppälä EH, et al. A SEL1L mutation links a canine progressive early-onset cerebellar ataxia to the endoplasmic reticulum-associated protein degradation(ERAD) machinery. *PLoS Genet.* 8(6): e1002759, 2012.

76) LeCouter R, Kornegay J, Higgins R. Late onset progressive cerebellar degeneration of Brittany spaniel dogs. Proceedings of the 6th Annu Med Forum Am Coll Vet Int Med. 331-334, 1988.

77) Lewis DG, Newsholme SJ. Pseudo cervical spondylopathy in the rottweiler. *J Small Anim Pract.* 28(12): 1178, 1987.

78) Luttgen PJ, Storts RW. Central nervous system status spongiosus of Saluki dogs. Proceedings of the 5th Annu Meet Vet med Forum, ACVIM. 841, 1987.

79) March PA. 変性性脳疾患. In: 獣医臨床シリーズ, 1998年版 Vol.26/ No.4. 頭蓋内疾患. Bagley RS. 田浦保穂監訳. 学窓社. 東京. 1997, pp213-232.

80) Mariani CL, Clemmons RM, Graham JP, et al. Magnetic resonance imaging of spongy degeneration of the central nervous system in a Labrador Retriever. *Vet Radiol Ultrasound.* 42(4): 285-290, 2001.

81) Mason RW, Hartley WJ, Randall M. Spongiform degeneration of the white matter in a Samoyed pup. Aus *Vet Pract.* 9(1): 11-13, 1979.

82) McGrath J. Fibrinoid leukodystrophy (Alexander's disease). In: Andrews EJ, Ward BC, Altman NH. Spontaneous Animal Models of Human Disease. Academic Press. New York. US. 1980, pp147-148.

83) McGrath JT. Neurologic examination of the dog: with clinicopathologic observations, 2nd ed. Lea&Febiger. Philadelphia. US. 1960, pp208-211.

84) McLellan GJ, Cappello R, Mayhew IG, et al. Clinical and pathological observations in English cocker spaniels with primary metabolic vitamin E deficiency and retinal pigment epithelial dystrophy. *Vet Rec.* 153(10): 287-292, 2003.

85) Millán Y, Mascort J, Blanco A, et al. Hypomyelination in three Weimaraner dogs. *J Small Anim Pract.* 51(11): 594-598, 2010.

86) Montgomery DL, Storts RW. Hereditary striatonigral and cerebello-olivary degeneration of the Kerry blue terrier. I. Gross and light microscopic central nervous system lesions. *Vet Pathol.* 20(2): 143-159, 1983.

87) Montgomery DL, Storts RW. Hereditary striatonigral and cerebello-olivary degeneration of the Kerry Blue Terrier. II. Ultrastructural lesions in the caudate nucleus and cerebellar cortex. *J Neuropathol.* 43(3): 263-275, 1984.

88) Morgan NV, Westaway SK, Morton JE, et al. PLA2G6, encoding a phospholipase A2, is mutated in neurodegenerative disorders with high brain iron. *Nat Genet.* 38(7): 752-754, 2006.

89) Morrison JP, Schatzberg SJ, De Lahunta A, et al. Oligodendroglial dysplasia in two bullmastiff dogs. *Vet Pathol.* 43(1): 29-35, 2006.

90) Neer TM, Kornegay JN. Leucoencephalomalacia and cerebral white matter vacuolar degeneration in two related Labrador retriever puppies. *J Vet Intern Med.* 9(2): 100-104, 1995.

91) Nibe K, Kita C, Morozumi M, Awamura Y, Tamura S, Okuno S, Kobayashi T, Uchida K. Clinicopathological features of canine neuroaxonal dystrophy and cerebellar cortical abiotrophy in Papillon and Papillon-related dogs. *J Vet Med Sci.* 69(10): 1047-1052, 2007.

92) O'Brien DP, Zachary JF. Clinical features of spongy degeneration of the central nervous system in two Labrador retriever littermates. *J Am Vet Med Assoc.* 186(11): 1207-1210, 1985.

93) Oevermann A, Bley T, Konar M, et al. A novel leukoencephalomyelopathy of Leonberger dogs. *J Vet Intern Med.* 22(2): 467-471, 2008

94) Palmer AC, Blakemore WF, Wallace ME, et al. Recognition of 'trembler', a hypomyelinating condition in the Bernese Mountain dog. *Vet Rec.* 120(26): 609-612, 1987.

95) Palmer AC, Blakemore WF. A progressive neuronopathy in the young Cairn Terrier. *J Small Anim Pract.* 30(2): 101-106, 1989.

96) Palmer AC, Blakemore WF. Progressive neuronopathy in the cairn terrier. *Vet Rec.* 123(1): 39, 1988.

97) Perille AL, Baer K, Joseph RJ, et al. Postnatal cerebellar cortical degeneration in Labrador Retriever puppies. *Can Vet J.* 32(10): 619-621, 1991.

98) Platt SR, Olby NJ. 松原哲舟監訳. BSAVA 犬と猫の神経病学マニュアルⅢ. NEW LLL PUBLISHER. 大阪. 2006.

99) Richards RB, Kakulas BA. Spongiform leucoencephalopathy associated with congenital myoclonia syndrome in the dog. *J Comp Pathol.* 88(2): 317-320, 1978.

100) Richardson JA, Tang K, Burns DK. Myeloencephalopathy with Rosenthal fiber formation in a miniature poodle. *Vet Pathol.* 28(6): 536-538, 1991.

101) Rodriguez F, Espinosa de los Monteros A, Morales M, et al. Neuroaxoal dystrophy in two siamese kitten littermates. *Vet Rec.* 138(22): 548-549, 1996.

102) Sacre BJ, Cummings JF, De Lahunta A. Neuroaxonal dystrophy in a Jack Russell terrier pup resembling human infantile neuroaxonal dystrophy. *Cornell Vet.* 83(2): 133-142, 1993.

103) Salvadori C, Lossi L, Arispici M, et al. Spongiform neurodegenerative disease in a Persian kitten. *J Feline Med Surg.* 9(3): 242-245, 2007.

104) Sandefeldt E, Cummings JF, De Lahunta A, et al. Hereditary neuronal abiotrophy in the Swedish Lapland dog. *Cornell Vet.* 63: Suppl 3: 1-71, 1973.

105) Sandy JR, Slocombe RE, Mitten RW, et al. Cerebellar abiotrophy in a family of Border Collie dogs. *Vet Pathol.* 39(6): 736-738, 2002.

106) Shamir M, Perl S, Sharon L. Late onset of cerebellar abiotrophy in a Siamese cat. *J Small Anim Pract.* 40(7): 343-345, 1999.

107) Siso S, Ferrer I, Pumarola M. Juvenile neuroaxonal dystrophy in a Rottweiler: accumulation of synaptic proteins in dystrophic axons. *Acta Neuropathol.* 102(5): 501-504, 2001.

108) Slocombe RF, Mitten R, Mason TA. Leucoencephalomyelopathy in Australian Rottweiler dogs. *Aust Vet J.* 66(5): 147-150, 1989.

109) Sorjonen DC, Cox NR, Kwapien RP. Myeloencephalopathy with eosinophilic refractile bodies (Rosenthal fibers) in a Scottish terrier. *J Am Vet Med Assoc.* 190(8): 1004-1006, 1987.

110) Steinberg HS, Troncoso JC, Cork LC, et al. Clinical features of inherited cerebellar degeneration in Gordon setters. *J Am Vet Med Assoc.* 179(9): 886-890, 1981.

111) Steinberg HS, Van Winkle T, Bell JS, et al. Cerebellar degeneration in Old English Sheepdogs. *J Am Vet Med Assoc.* 217(8): 1162-1165, 2000.

112) Steinberg S, Rhodes W, Marshak R, et al. Clinico-pathologic conference. *J Am Vet Med Assoc.* 143: 404-410, 1963.

113) Stoffregen DA, Huxtable CR, Cummings JF, et al. Hypomyelination of the central nervous system of two Siamese kitten littermates. *Vet Pathol.* 30(4): 388-391, 1993.

114) Summers BA, Cummings JF, DeLahunta A. Degenerative disease of the central nervous system. In: Summers BA, Cummings JF, deLahunta A. Veterinary Neuropathology. Mosby. St.Louis. US. 1995, pp208-350.

115) Tamura S, Tamura Y, Uchida K. Magnetic resonance imaging findings of neuroaxonal dystrophy in a papillon puppy. *J Small Anim Pract.* 48(8): 458-461, 2007.

116) Targett M, McInnes E. Afghan hound myelopathy. *Vet Rec.* 142(25): 704, 1998.

117) Tartarelli CL, Baroni M, Cantile C, et al. Rottweiler spongiform encephalopathy: a case observed in Italy. Proceedings of ESVN 15th Annu Sympo. 2002.

118) Tatalick LM, Marks SL, Baszler TV. Cerebellar abiotrophy characterized by granular cell loss in a Brittany. *Vet Pathol.* 30(4): 385-388, 1993.

119) Thames RA, Robertson ID, Flegel T, et al. Development of a morphometric magnetic resonance image parameter suitable for distinguishing between normal dogs and dogs with cerebellar atrophy. *Vet Radiol Ultrasound.* 51(3): 246-253, 2010.

120) Thibaud J-L, Delisle F, Gray F, et al. Cerebellar ataxia in American Staffordshire Terriers. Proceedings of ESVN 15th Annu Sympo. 2002.

121) Thomas JB, Robertson D. Hereditary cerebellar abiotrophy in Australian Kelpie dogs. *Aust Vet J.* 66(9): 301-302, 1989.

122) Troncoso JC, Cork LC, Price DL. Canine inherited ataxia: ultrastructural observations. *J Neuropathol Exp Neurol.* 44(2): 165-175, 1985.

123) Urkasemsin G, Linder KE, Bell JS, et al. Hereditary cerebellar degeneration in Scottish terriers. *J Vet Intern Med.* 24(3): 565-570, 2010.

124) Urkasemsin G, Linder KE, Bell JS, et al. Mapping of Purkinje neuron loss and polyglucosan body accumulation in hereditary cerebellar degeneration in Scottish terriers. *Vet Pathol.* 49(5): 852-859, 2012.

125) van den Ingh TS, Mandigers PJ, van Nes JJ. A neuronal vacuolar disorder in young rottweiler dogs. *Vet Rec.* 142(10): 245-247, 1998.

126) van der Merwe LL, Lane E. Diagnosis of cerebellar cortical degeneration in a Scottish terrier using magnetic resonance imaging. *J Small Anim Pract.* 42(8): 409-412, 2001.

127) van Tongern SE, van Vonderen IK, van Nes JJ, et al. Cerebellar cortical abiotrophy in two Portuguese Podenco littermates. *Vet Q.* 22(3): 172-174, 2000.

128) Vandevelde M, Braund KG, Luttgen PJ, et al. Dysmyelination in Chow Chow dogs: further studies in older dogs. *Acta Neuropathol.* 55(2): 81-87, 1981.

129) Vandevelde M, Braund KG, Walker TL, et al. Dysmyelination of the central nervous system in the Chow-Chow dog. *Acta Neuropathol.* 42(3): 211-215, 1978.

130) Wakshlag JJ, de Lahunta A, Robinson T, et al. Subacute necrotising encephalopathy in an Alaskan husky. *J Small Anim Pract.* 40(12): 585-589, 1999.

131) Weissenböck H, Obermaier G, Dahme E. Alexander's disease in a Bernese mountain dog. *Acta Neuropathol.* 91(2): 200-204, 1996.

132) Wood SL, Patterson JS. Shetland Sheepdog leukodystrophy. *J Vet Intern Med.* 15(5): 486-493, 2001.

133) Woodard JC, Collins GH, Hessler JR. Feline hereditary neuroaxonal dystrophy. *Am J Pathol.* 74(3): 551-566, 1974.

134) Wouda W, van Nes JJ. Progressive ataxia due to central demyelination in Rottweiler dogs. *Vet Q.* 8(2): 89-97, 1986.

135) Wright JA, Brownile S. Progressive ataxia in a Pyrenean mountain dog. *Vet Rec.* 116(15): 410-411, 1985.

136) Yasuba M, Okimoto K, Iida M, et al. Cerebellar cortical degeneration in Beagle dogs. *Vet Pathol.* 25(4): 315-317, 1988.

137) Zaal MD, van den Ingh TS, Goedegebuure SA, et al. Progressive neuronopathy in two Cairn terrier litter mates. *Vet Q.* 19(1): 34-36, 1997.

138) 田村慎司, 大和修. 犬の遺伝性神経変性性疾患における臨床獣医師の役割：ライソゾーム病症例の経験に基づいた考察. 広島県獣医学会誌. 26: 1-6, 2011.

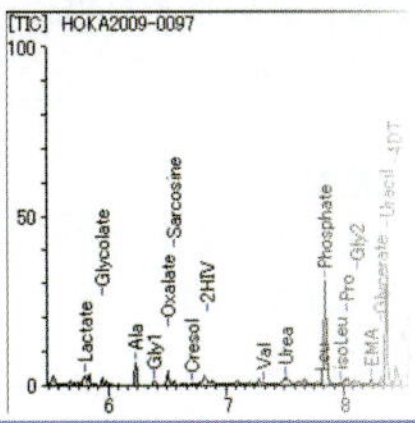

5. 先天代謝異常症

はじめに

人医学領域においては，遺伝子病は数千疾患以上あると推定されている。実際に正確な疾患数を把握することは難しいが，ヒトの遺伝子が２万数千～３万個ある事実から考えれば，数千疾患どころかそれよりもかなり多くの遺伝子病が存在していても不思議ではない。

これらの遺伝子病の中には，代謝の異常，すなわち**先天代謝異常症 inborn errors of metabolism** が含まれる。先天代謝異常症とは，主に酵素やその補助因子をコードする遺伝子の異常により，当該反応を含む一連の代謝経路の機能不全が生じ，その代謝異常に起因する様々な病態が発現する疾患群である。人医学領域における主な先天代謝異常症を示すと**表１**のようになるが，この表は先天代謝異常症の全てを網羅しているわけではなく，実際にはもっと多くの先天代謝異常症が存在する[6]。ライソゾーム病（第３章参照）の疾患群も先天代謝異常症に含まれるが，全体のほんの一部を構成しているに過ぎない。

動物の先天代謝異常症もヒト疾患同様に存在すると考えられるが，ライソゾーム病を除けば，同定されている疾患はまだほんのわずかである。このように，動物の先天代謝異常症がほとんど同定・診断されていない理由としては，多くの疾患が新生子期に発症して，非常に重篤な症状（高アンモニア血症，低血糖，ケトーシス，乳酸アシドーシス，神経症状，肝機能不全，腎不全など）を呈するために，発症動物を救命・延命できず，診断・同定に結びついていないことが推測される。特に，多産動物である犬猫では，数頭産出した同腹子の一部が出生後数日～数週間以内に死亡しても特に重大な問題として捉えられないため，潜在する先天代謝異常症はなかなか明るみに出ることがない。したがって，ごくまれに動物の先天代謝異常症が診断・同定される場合には，当該疾患の典型例ではなく，恐らく軽症の遅発型・成年発症型の非典型例であると推測される。

先天代謝異常症と神経病

先天代謝異常症の全てが神経病に属しているわけではないが，先天代謝異常症の多くが神経症状あるいは神経症状に類似した症状の発現に関連している。それは，代謝異常によって生じた特定の物質の枯渇あるいは蓄積が，直接的に神経系を障害して神経変性あるいは壊死を導くことがあるためと考えられる。そのような典型例はライソゾーム病に属する疾患にも多く含まれているが（**表１**，第３章参照），ライソゾーム病以外でも神経症状を呈する疾患は数多く存在する（**表２**，**表３**）。神経症状の種類は各種疾患によって異なり，精神運動発達遅滞，けいれん，運動失調，行動異常，認知障害，筋緊張（トーヌス）低下，アテトーゼ athetosis，ライ症候群 Reye syndrome，ジストニア dystonia，意識障害，嗜眠，昏睡など多岐にわたる。

さらに，先天代謝異常症では，各種代謝異常の影響によって，**低血糖（低血糖発作），高アンモニア血症，乳酸アシドーシス（多呼吸を誘発），ケトーシス，肝機能不全（肝性脳症），腎不全（尿毒症），などを続発する**ことが多い（**表２**，**表３**）。これらの生化学的異常は，神経症状ないし神経症状に類似した症状を誘発する。さらに，このような生化学的異常が頻発あるいは維持・継続することによって神経系が障害され，二次的に起こった神経変性や壊死によって神経症状が増幅・増悪することになる。

先天代謝異常症の診断とスクリーニング

先天代謝異常症の確定診断は，概して非常に難しい。このことも動物症例がほとんど同定されていない理由の１つである。ただし，ライソゾーム病のように，死後の典型的な病理組織学的所見（蓄積病変）によって，ほぼライソゾーム病疾患群に属することが確定できる

表１　代表的な先天代謝異常症

代謝経路	疾患群	代表的疾患あるいは疾患亜群
アミノ酸・タンパク質の代謝	尿素サイクル異常症	オルニチントランスカルバミラーゼ欠損症，カルバミルリン酸合成酵素Ⅰ欠損症，シトルリン血症，アルギノコハク酸尿症，アルギニン血症，HHH症候群など
	有機酸代謝異常症(古典的)	プロピオン酸尿症，メチルマロン酸尿症，イソ吉草酸尿症，3-メチルグルタコン酸尿症，3-メチルクロトニルグリシン尿症など
	神経性有機酸代謝異常症	グルタル酸尿症Ⅰ型，2-メチル-3-ヒドロキシブチリルCoA脱水素酵素欠損症，カナバン病，L-2-ヒドロキシグルタル酸尿症，エチルマロン酸脳症など
	ビオチン代謝異常症	ホロカルボキシラーゼ合成酵素欠損症，ビオチニダーゼ欠損症など
	分枝鎖アミノ酸代謝異常症	メープルシロップ尿症など
	フェニルアラニン・チロシン代謝異常症	フェニルケトン尿症，高チロシン血症Ⅰ型，高チロシン血症Ⅱ型，アルカプトン尿症など
	ヒスチジン代謝異常症	ヒスチジン血症など
	リジン・トリプトファン代謝異常症	トリプトファン血症など
	含硫アミノ酸代謝異常症	メチレンテトラヒドロ葉酸還元酵素欠損症，メチオニン合成酵素欠損症，軽症ホモシステイン血症，古典的ホモシスチン尿症，亜硫酸酸化酵素欠損症など
	コバラミン代謝異常症	コバラミン吸収・輸送障害，細胞内コバラミン代謝異常症など
	セリン・グリシン代謝異常症	セリン欠乏症，非ケトーシス型グリシン血症，サルコシン血症など
	オルニチン・プロリン代謝異常症	脳回状網脈略膜萎縮症，高プロリン血症Ⅰ型，高プロリン血症Ⅱ型，低プロリン血症など
	アミノ酸輸送障害	リジン尿性タンパク不耐症，シスチン尿症，ハートナップ病，イミノグリシン尿症など
	γ-グルタミル回路異常症	グルタチオン合成酵素欠損症，γ-グルタミルシスチン合成酵素欠損症，γ-グルタミルトランスペプチダーゼ欠損症，5-オキソプロリナーゼ欠損症，膜結合型ジペプチダーゼ欠損症など
	ペプチド回路異常症	プロリダーゼ欠損症，高カルノシン血症，ホモカルノシン血症など
エネルギー代謝	ミトコンドリア異常症	ピルビン酸脱水素酵素複合体欠損症，トリカルボン酸回路の異常症，ライ症候群など
	脂肪酸酸化・ケトン産生系の異常症	カルニチン輸送体欠損症，カルニチンパルミトイル基転移酵素Ⅰ欠損症，カルニチントランスロカーゼ欠損症，極長鎖アシルCoA脱水素酵素欠損症，ミトコンドリア三頭酵素欠損症，中鎖アシルCoA脱水素酵素欠損症，短鎖アシルCoA脱水素酵素欠損症，マルチプルアシルCoA脱水素酵素欠損症(グルタル酸尿症Ⅱ型)など
	ケトン体分解異常症	サクシニルCoA：3-オキソ酸CoA転移酵素欠損症，3-オキソチオラーゼ欠損症など
	クレアチン合成異常症	グアジニノ酢酸メチル基転移酵素欠損症，アルギニン：グリシンアミジノ基転移酵素欠損症，クレアチン輸送体欠損症など
炭水化物代謝	ガラクトース・フルクトース代謝異常症	本態性フルクトース尿症，遺伝性フルクトース不耐性，古典的ガラクトース血症，ガラクトキナーゼ欠損症，UDP-ガラクトースエピメラーゼ欠損症など
	糖新生系異常症	ピルビン酸カルボキシラーゼ欠損症，ホスホエノールピルビン酸カルボキシラーゼ欠損症，フルクトース-1,6-ビスホスファターゼ欠損症など
	糖原病	Ⅰ型(フォンギールケ病)，Ⅱ型(ポンペ病)，Ⅲ型(コリ／フォーブス病)，Ⅳ型(アンダーソン病)，Ⅴ型(マックアードル病)，Ⅵ型(ヘルス病)，Ⅶ型(垂井病)，Ⅷ型(あるいはⅨ型)，0型，Ⅺ型(ファンコニ・ビッケル症候群)など
	グリセロール代謝異常症	グリセロール不耐性，グリセロキナーゼ欠損症など
	ペントース代謝異常症	リボース-5-リン酸イソメラーゼ欠損症，トランスアルドラーゼ欠損症など
	糖輸送異常症	GLUT1欠損症，GLUT2欠損症(糖原病Ⅺ型)，SGLT1欠損症(グルコース・ガラクトース吸収不全)，SGLT2欠損症(腎性糖尿)など
	先天性高インスリン血症	先天性高インスリン血症の各亜型(SUR1欠損症など)，局在性先天性高インスリン血症など
ライソゾーム代謝	スフィンゴリピドーシス	GM1ガングリオシドーシス，GM2ガングリオシドーシス(テイ-サックス病，サンドホフ病，ABバリアントなど)，ニーマン-ピック病，ゴーシェ病，ファブリー病，ファーバー病，クラッベ病，異染性脳白質ジストロフィー，サルファチドーシスなど
	ムコ多糖症	Ⅰ型(ハーラー／シェイエ病)，Ⅱ型(ハンター病)，Ⅲ型(サンフィリッポ病A～D)，Ⅳ型(モルキオ病AおよびB)，Ⅵ(マラトーラミー病)，Ⅶ型(スライ病)など
	糖タンパク代謝異常症	フコシドーシス，α-マンノシドーシス，β-マンノシドーシス，アスパルチルグルコサミン尿症，シアリドーシス(Ⅰ型およびⅡ型)，ガラクトシアリドーシスなど
	ムコリピドーシス	Ⅱ型(アイセル病)，Ⅲ型(偽ハーラージストロフィー)，Ⅳ型など
	脂質蓄積症	ウォルマン病，コレステリルエステル蓄積症など
	ライソゾーム膜の輸送障害	シスチン症，シアル酸蓄積症(サラ病および乳児型遊離シアル酸蓄積症)など
	神経セロイド・リポフスチン症	各種臨床型など
	その他単独疾患	ポンペ病(糖原病Ⅱ型)，酸性ホスファターゼ欠損症，チェディアック・東症候群，シンドラー-神崎病，ダノン病など
ペルオキシソーム代謝	ペルオキシソーム代謝異常症	ペルオキシソーム合成酵素異常症，肢根型点状軟骨異形成症，X連鎖型副腎白質ジストロフィー，レフサム病，α-メチル-アシル-CoAラセマーゼなど

表1のつづき

代謝経路	疾患群	代表的疾患あるいは疾患亜群
ステロール代謝	ステロール生合成異常症	メバロン酸尿症，デスモステロローシス，ラノステロローシス，グリーンバーグ異形成，チャイルド症候群，コンラディ・ヒュナーマン点状軟骨異形成，ラソステロローシスなど
	胆汁酸生合成異常症	胆汁酸合成異常症，脳腱黄色腫症など
タンパク質糖化	先天性糖化異常症	CDG Ⅰa型など
リポタンパク代謝	高コレステロール血症	家族性高コレステロール血症，家族性 ApoB-100 欠損症，シトステロール血症など
	混合型高脂血症	Ⅲ型高脂血症(家族性異 β リポタンパク血症)，家族性複合型高脂血症など
	高中性脂肪血症	家族性高カエロミクロン血症，家族性高中性脂肪血症など
	HDL 代謝異常症	アポリポタンパク A Ⅰ欠損症，タンジャー病など
	LDL コレステロール・中性脂肪低下症	家族性無 β リポタンパク血症，家族性低 β リポタンパク血症など
プリン・ピリミジン代謝	プリン代謝異常症	ホスホリボシルピロリン酸合成酵素過剰，アデニルコハク酸リアーゼ欠損症，筋アデニル酸ジアミナーゼ欠損症，アデノシンジアミナーゼ欠損症，ヌクレオシドホスホリラーゼ欠損症，キサンチン尿症，家族性若年性高尿酸血症性腎症，レッシュ・ナイハン症候群，アデニンホスホリボシルトランスフェラーゼ欠損症など
	ピリミジン代謝異常症	遺伝性オロット酸尿症，ピリミジン-5'-ヌクレオチダーゼ欠損症，ジヒドロピリミジン脱水素酵素欠損症，チミジンホスホリラーゼ欠損症，ジヒドロピリミジナーゼ欠損症，ウレイドプロピオナーゼ欠損症など
	その他のヌクレオチド代謝異常症	ヌクレオチダーゼの過剰(ヌクレオチド欠乏症候群)など
神経伝達物質	生体アミン代謝異常症	ドーパ反応性ジストニア(瀬川病)，テトラヒドロビオプテリン欠損症，チロシン水酸化酵素欠損症，芳香族 L-アミノ酸脱炭酸酵素欠損症，ドーパミン β 水酸化酵素欠損症，モノアミンオキシダーゼ欠損症など
	GABA 代謝異常症	GABA アミノ基転移酵素欠損症，コハク酸セミアルデヒド脱水素酵素欠損症など
	ピリドキシン代謝異常症	ピリドキシン反応性けいれん，ピリドキサルリン酸反応性けいれんなど
	その他の神経伝達物質異常症	フォリン酸反応性けいれん，GLUT1 欠損症，驚愕過剰症など
その他の代謝経路	ポルフィリン症	肝性ポルフィリン症，晩発性皮膚ポルフィリン症，先天性赤芽球性ポルフィリン症，赤芽球性プロトポルフィリン症など
	金属輸送・利用障害	ウィルソン病，メンケス病，無セルロプラスミン血症，腸性先端皮膚炎など
	その他の進行性神経障害	原発性ビタミン E 欠乏症，チアミン欠乏症，LTC4 合成酵素欠損症，有棘赤血球症を伴う舞踏病，マックレオド病，シェーグレン・ラーソン症候群，毛細血管拡張性失調症など
	その他の肝障害	α1-アンチトリプシン欠損症，ヘモクロマトーシス，クリグラー・ナジャー症候群，進行性家族性肝内胆汁うっ滞など
	その他の代謝性疾患	トリメチルアミン尿症(魚臭症候群)，ジメチルグリシン尿症など

ような場合には，同時に保存していた新鮮凍結組織試料を用いて，特定基質の過剰蓄積や酵素活性の欠損が証明できるため，比較的診断は容易である。しかし，それ以外の先天代謝異常症では特異的な病理所見を有する疾患は少ないため，死後の試料を使って確定診断に結びつけることは極めて困難である。したがって，**生前の試料(血液，血清，尿など)を用いて，特定の代謝異常によって起こる特徴的変化(異常増加する中間体など)を捉えて疾患を絞り込み**，さらに異常が推定される触媒過程の基質濃度や酵素活性の測定の他，該当する遺伝子の変異の存在を調べて，確定診断へつなげていくことが必要となる。

1. タンデムマス

近年，国内外のヒト新生児医療において，**タンデムマス**(tandem mass spectrometry あるいは liquid chromatography-mass spectrometry/mass spectrometry，LC-MS/MS)と呼ばれる高度分析機器を用いた先天代謝異常症スクリーニングが実施されている[7]。ただし，このスクリーニングで検出できる疾患は22疾患程度である(**表2**)。理論的には，タンデムマスで検出できる疾患はもっとたくさんあるが，新生児スクリーニングの原則として，検査結果において比較的偽陽性あるいは偽陰性が少なく，発見後に速やかに治療や特別食などによって対応すれば，代謝異常による突然死や精神運動発達遅滞を予防できる疾患が対象となっている。言い換えれば，早期に診断できたとしても救命率が変わらないような疾患については，逆にデリケートな問題が生じる可能性があるため，あえてスクリーニング対象疾患から除かれている。

2. ガスクロマトグラフィー／マススペクトロメトリー(GC/MS)

尿の**ガスクロマトグラフィー／マススペクトロメトリー** gas chromatography/mass spectrometry(GC/MS)による代謝物分析も先天代謝異常症の診断に広く応用

表2　タンデムマスのよるスクリーニング対象疾患(ヒト)

疾患名	発症時期	主な臨床症状
有機酸代謝異常症		
メチルマロン酸血症	新生児～乳児	アシドーシス，発達遅滞
プロピオン酸血症	新生児～乳児	アシドーシス，発達遅滞
βケトチオラーゼ欠損症	新生児～乳児	ケトアシドーシス発作
イソ吉草酸血症	新生児～乳児	アシドーシス，体臭
メチルクロトニルグリシン尿症	新生児～乳児	筋緊張低下，ライ症候群*1
3-OH-3-メチルグルタル酸血症	新生児～乳児	ライ症候群，低血糖
マルチプルカルボキシラーゼ欠損症	新生児～乳児	湿疹，乳酸アシドーシス
グルタル酸血症Ⅰ型	新生児～幼児	アテトーゼ*2，発達遅滞
脂肪酸代謝異常症		
中鎖アシル-CoA 脱水素酵素欠損症	乳児～幼児	ライ症候群，SIDS*3
極長鎖アシル-CoA 脱水素酵素欠損症	乳児～成人	低血糖，骨格筋・心筋障害
長鎖 3-OH-アシル-CoA 脱水素酵素欠損症	新生児～成人	ライ症候群，SIDS
カルニチンパルミトイルトランスフェラーゼⅠ欠損症	新生児～乳児	ライ症候群，肝障害
カルニチンパルミトイルトランスフェラーゼⅡ欠損症	新生児～成人	ライ症候群，筋肉症状
トランスロカーゼ欠損症	新生児～乳児	ライ症候群，SIDS
全身性カルニチン欠乏症	乳児～幼児	ライ症候群，SIDS
グルタル酸血症Ⅱ型	新生児～乳児	ライ症候群，低血糖
アミノ酸代謝異常症		
高チロシン血症Ⅰ型	新生児～乳児	肝硬変，腎性くる病
シトルリン血症Ⅰ型	新生児～乳児	興奮，発達遅滞，昏睡
アルギニノコハク酸尿症	新生児～乳児	興奮，発達遅滞，昏睡
フェニルケトン尿症	新生児～乳児	けいれん，発達遅滞
メープルシロップ尿症	新生児～乳児	発達遅滞，昏睡，アシドーシス
ホモシスチン尿症	新生児～乳児	発達異常，水晶体脱臼，血栓症

*1：ライ症候群 Reye syndrome；インフルエンザ脳症のときに見られるような，突然の嘔吐，けいれん，昏睡状態などを引き起こす状態。
*2：アテトーゼ；脳性麻痺のときに見られるような，手足をねじるようなゆっくりとした不随意運動。
*3：SIDS(sudden infant death syndrome)；乳幼児突然死症候群。

されている。尿の GC/MS 分析では，主に表3に示したような疾患が診断できる[8]。表3に示すのは 40 疾患程度であるが，実際に GC/MS で診断あるいは診断に近い有力情報を得ることができる疾患は 100 種類を超えるといわれている。

タンデムマスと GC/MS は，診断あるいはスクリーニングできる疾患の種類，測定項目，使用試料，測定方法(処理法および時間)，費用，得られるデータの種類などに違いがある。**タンデムマスでは，濾紙(ガスリーペーパー)乾燥血液および血清**が用いられる。迅速に多検体分析が可能であり，比較的ランニングコストが安い。また，タンデムマスは，アシルカルニチン分析に有利であるため，**脂肪酸代謝異常症の診断**に威力を発揮するが，あまり多くの疾患のスクリーニングには対応していない。一方の **GC/MS では，一般に尿**が用いられ，**有機酸代謝異常症の診断**に有利である。また，比較的多くの疾患の診断に対応している他，診断だけでなく患者の状態も評価できるなどの利点をもっている。

したがって，先天代謝異常症の診断・スクリーニングには，これら分析法の長所と短所が考慮されて，両者が補完的に応用されている。

動物の先天代謝異常症

1．診断

現在のところ，動物の先天代謝異常症の診断・スクリーニングは，大規模かつ効率的には行われていない。前述したとおり，多くの先天代謝異常症の症例は，出生直後に発症し，その症状は比較的重篤で適切な処置を施さなければ(あるいは処置を施したとしても)早期に死亡するため，潜在するほとんどの動物症例は気付かれないまま死亡していると推察される。しかし，これらの疾患でも軽症例や晩期発症型の症例は，かろうじて生前に先天代謝異常症が疑われ，筆者のもとに日常的に紹介されてきている。ただし，動物ごとに各種代謝の速度や重要度，依存度が異なるため，これらの検査(特にタンデムマス)には動物ごとの対照値やカットオフ値が必要となる。

タンデムマスおよび GC/MS で得られたデータのみで診断できる疾患は先天代謝異常症全体からみると非

表3　尿ガスクロマトグラフィー／マススペクトロメトリー(GC/MS)分析で診断できる主な疾患(ヒト)

疾患名	発症時期	主な臨床症状	一般検査の異常
メチルマロン酸血症(ムターゼ欠損症，ビタミン B_{12} 反応性メチルマロン酸血症など)	新生児～幼児	哺乳力低下，筋緊張低下，嗜眠，頻回嘔吐，多呼吸，発達遅滞	ケトアシドーシス，高アンモニア血症
プロピオン酸血症	新生児～幼児	哺乳力低下，筋緊張低下，嗜眠，頻回嘔吐，多呼吸，発達遅滞	ケトアシドーシス，高アンモニア血症
βケトチオラーゼ欠損症	新生児～幼児	強いケトーシス発作，意識障害	ケトアシドーシス
イソ吉草酸血症	新生児～乳児	哺乳不良，汗臭い体臭，筋緊張低下，意識障害	ケトアシドーシス，高アンモニア血症，好中球減少
メチルクロトニルグリシン尿症	新生児～乳児	無症状症例も多い，筋緊張低下，嘔吐，けいれん，特異な尿臭	低血糖，アシドーシス，高アンモニア血症
マルチプルカルボキシラーゼ欠損症(ホロカルボキシラーゼ合成酵素欠損症，ビオチニダーゼ欠損症など)	新生児～乳児	難治湿疹，脱毛，多呼吸，けいれん，意識障害，失調	ケトアシドーシス，高乳酸血症，低血糖
3-ヒドロキシ-3-メチルグルタル酸血症	新生児～乳児	筋緊張低下，けいれん，乳幼児突然性危急事態，SIDS	低血糖，アシドーシス，高アンモニア血症，ケトン陰性，肝機能障害
メチルグルタコン酸血症(Ⅰ～Ⅳ型)	新生児～乳児	発達遅滞，拡張型心筋症，低身長，筋緊張低下，貧血，慢性下痢，膵外分泌不全	アシドーシス，低血糖，好中球減少，高乳酸血症
グルタル酸血症Ⅰ型	新生児～乳児	頭囲拡大，退行，アテトーゼ，ジストニア*1	特異的な頭部 CT 所見
グルタル酸血症Ⅱ型	新生児～幼児	筋緊張低下，多呼吸，特異顔貌，嚢胞腎，新生児死亡，突然死	低血糖，アシドーシス，高アンモニア血症，肝機能障害
3-ヒドロキシイソ酪酸	乳児～幼児	筋緊張低下，急性脳症，特異顔貌	ケトアシドーシス，高乳酸血症
5-オキソプロリン血症(ピログルタミン酸血症)	新生児～幼児	けいれん，発達遅滞，小脳失調	アシドーシス，溶血性貧血
2-ヒドロキシグルタル酸血症	乳児～幼児	L 型：発達遅滞，けいれん，失調，D 型：筋緊張低下，けいれん，発達遅滞	まれに CSF 中 γ-アミノ酪酸の高値
4-ヒドロキシ酪酸血症	新生児～幼児	筋緊張低下，発達遅滞，多動，睡眠障害，自閉症	低血糖，頭部 MRI 異常
メバロン酸血症	乳児～幼児	筋緊張低下，発達遅滞，失調，嘔吐発作，関節痛，周期性発熱	高 IgD 症候群，赤沈亢進
グリセロール血症	新生児～乳児	筋緊張低下，ミオパチー，副腎不全	ケトアシドーシス，電解質異常，偽性高トリグリセリド血症
原発性高シュウ酸尿症Ⅰ型	乳児～幼児	若年性尿路結石，腎不全，低身長	腎不全
原発性高シュウ酸尿症Ⅱ型(L-グリセリン酸血症)	乳児～幼児	若年性尿路結石	徐々に腎不全
αケトアジピン酸血症	乳児～幼児	無症状例が多い，一部に発達遅滞，筋緊張低下，退行	特になし
アルカプトン尿症	乳児～成人	尿の黒変，結合組織の黒色変化，リウマチ様関節炎	特になし
尿素回路異常症(オルニチントランスカルバミラーゼ欠損症，オロット酸尿症など)	新生児～乳児	けいれん，意識障害，異常行動	高アンモニア血症，尿素回路で代謝するアミノ酸の高値
フェニルケトン尿症	乳児	発達遅滞，皮膚・毛髪の色素低下	フェニルピルビン酸，フェニル乳酸の高値
メープルシロップ尿症	新生児～乳児	嘔吐，筋緊張低下，けいれん，意識障害	分岐鎖アミノ酸(ロイシン，イソロイシン，バリン)の高値，ケトアシドーシス
高チロシン血症Ⅰ型	新生児～乳児	低血糖，黄疸，肝腫大，出血傾向	肝機能障害，肝硬変，低リン血症，汎アミノ酸尿
中鎖アシル-CoA 脱水素酵素欠損症	新生児～幼児	急性脳症，突然死	普段は正常，急性期に低血糖，高アンモニア血症
カナバン病	乳児	頭囲拡大，発達遅滞，進行性脳症	白質ジストロフィー
高乳酸血症	新生児～乳児	筋緊張低下，低血糖発作	血中乳酸高値，低血糖，高アンモニア血症
呼吸鎖異常症	新生児～成人	脳筋症，肝障害，心筋障害	乳酸／ピルビン酸比上昇，高乳酸血症，ケトーシス
ケトン体代謝異常	新生児～乳児	ケトーシス発作	持続的ケトーシス
ジカルボン酸尿症	乳児～成人	筋緊張低下，倦怠感，急性脳症	肝機能障害，血中 FFA 高値
ケトン性ジカルボン酸尿症	乳児～成人	自家中毒，倦怠感，意識障害	ケトン体強陽性，血中 FFA 高値
非ケトン性ジカルボン酸尿症	乳児～成人	筋緊張低下，倦怠感，急性脳症	肝機能障害，血中アンモニア高値，血中 FFA 高値
3-ヒドロキシジカルボン酸尿症	乳児～成人	突然死，急性脳症，倦怠感，ミオパチー	低血糖，肝機能障害，血中アンモニア高値
ビタミン B_1 欠乏症(脚気)	乳児～成人	座位不能，腱反射消失，心不全，ウェルニッケ脳症*2	血中乳酸・ピルビン酸高値，脳性ナトリウム利尿ペプチド上昇，血中ビタミン B_1 低値

表3のつづき

疾患名	発症時期	主な臨床症状	一般検査の異常
フルクトース-1,6-ビスホスファターゼ欠損症	新生児～幼児	低血糖発作，肝腫大，意識障害，けいれん	低血糖，肝機能障害，高アンモニア血症
ペルオキシソーム病（ツェルウェガー症候群など）	新生児～乳児	筋緊張低下，重度発達遅滞，特異顔貌	肝機能障害，血中極長鎖脂肪酸上昇
プリン代謝異常症（キサンチン尿症など）	新生児～成人	疾患により多様，尿路結石，腎不全，発達遅滞など	尿路結石，腎不全など
ピリミジン代謝異常症（ジヒドロピリミジナーゼ欠損症など）	新生児～成人	疾患により多様，無症状，けいれん，小頭症，発達遅滞，失調など	高アンモニア血症，5-フルオロウラシル投与による重篤な副作用発現

＊1：ジストニア：中枢神経障害による不随意で持続的な筋収縮に関わる運動障害。
＊2：ウェルニッケ脳症：ビタミンB_1欠乏症により起こる脳症で，部分的眼球運動障害，運動失調，記憶障害などを特徴とする。

常に少ないが，以前は認識すらされていなかった多くの疾患が動物の中に潜在しているということが徐々に明らかになってきている。

2. 既報されている先天代謝異常症

近年の先天代謝異常症の解析技術の進歩に伴って，少しずつではあるが，動物の先天代謝異常症が同定されてきている。ここでは，国内外で同定，報告された数少ない実例について下記にその概略を紹介するが，その全ては記載できていない。また，動物に潜在する先天代謝異常は，ヒトと同様に非常に数多くあると考えられるため，今後は次々に新たな先天代謝異常症が同定されてくると予想される。

(1) ジヒドロピリミジナーゼ欠損症

ジヒドロピリミジナーゼ欠損症 dihydropyrimidinase deficiency は，**ピリミジン代謝異常症**に属するまれな疾患であり（**表1**），2012年に猫の本疾患が動物で初めて同定された[1]。この猫はもともと野良猫であったが，野外にて状態が悪化していくのを見かねた獣医師が保護したのが発見のきっかけとなった。高タンパク食を摂ると高アンモニア血症になって嘔吐やけいれんなどの症状が出るため，原因究明のため各種一般検査を重ね，最終的に尿のGC/MS検査を実施したところ，ジヒドロウラシルおよびジヒドロチミンの高排泄が認められたため同疾患が疑われた。さらに，同疾患の原因となるジヒドロピリミジナーゼをコードする*DPYS*遺伝子を解析し，原因変異c.1303G>A（p.G435R）を同定して確定診断に至った。

確定診断までには数年を要したが，先天代謝異常症が疑われてからは，本症の症状に見合った低エネルギー飼料を用い，病態が悪化した際には早期に輸液などの対症療法を施すことができたため，長期に渡って生活の質（QOL）を維持することができ，最終的には健康な猫とほとんど変わらない寿命を全うできた。

(2) グルタル酸尿症Ⅱ型

グルタル酸尿症Ⅱ型 glutaric adiduria type Ⅱ は，マルチプルアシルCoA脱水素酵素欠損症 multiple acyl CoA dehydrogenase deficiency とも呼ばれる**脂肪酸酸化異常症**である（**表1**）。同疾患は，以前には馬で見出されていたが，2013年に猫で初めて診断されるとともに動物では初めて分子基盤が解明された[5]。

本疾患の猫は，幼齢期から低血糖および高アンモニア血症で，元気食欲低下，嘔吐，けいれんなどを引き起こしていた。原因究明のために，各種一般検査を経て，尿GC/MSおよびタンデムマス検査が実施された。特にタンデムマス検査にて，中長鎖アシルカルニチンの血中高濃度を確認できたため，グルタル酸尿症Ⅱ型が強く疑われた。さらに，本症発症に関連する遺伝子のうち，猫*ETFDH*遺伝子に原因変異c.692T>G（p.F231C）が同定されて確定診断に至った。本症例は，ヒトのグルタル酸尿症Ⅱ型の治療方針（リボフラビンおよびカルニチン投与）にしたがって治療が施され，QOLが維持できている。

(3) L-2-ヒドロキシグルタル酸尿症

L-2-ヒドロキシグルタル酸尿症 L-2-hydorxyglutaric aciduria は，**有機酸代謝異常症**に属する疾患であり，比較的顕著な神経障害が発現する（**表1**）。本症は，比較的古くにスタッフォードシャー・ブル・テリアで同定された疾患であり，近年，ヨークシャー・テリアやウエスト・ハイランド・ホワイト・テリアでも報告されている[2]。症状は，およそ生後半年～1年の間で発現し，てんかん発作，ふらつき，振戦，運動や興奮後の筋硬直，運動失調，行動異常，認知障害などが現れる。磁気共鳴画像（MRI）検査所見として，大脳灰白質全域のT2強調画像高信号が報告されている。

本症の原因として，スタッフォードシャー・ブル・テリアでは犬*L2HGDH*遺伝子のエクソン10に2種類の1塩基置換であるc.[1297T>C; 1299c>t]（p.[L433P; H434Y]）が挙げられており，ヨークシャー・テリアでは開始コドンであるc.1A>Gが原因と考えられている。

まだ日本では本疾患症例は見出されていないが，国内でも人気の高い複数犬種に存在する疾患であるため，すでにキャリアが潜伏している可能性がある。発症犬の診断には，尿GC/MSが適用可能である。

（4）選択的コバラミン吸収不良症候群（メチルマロン酸尿症）

有機酸代謝異常症に属する**メチルマロン酸尿症 methylmalonic aciduria**（表1）は，複数の遺伝子疾患の結果として現れる徴候であり，1つの疾患を表す病名ではない[6~8]。メチルマロン酸尿症は，プロピオン酸の代謝過程ではたらくメチルマロニルCoAムターゼあるいはその補酵素であるビタミンB_{12}（VB_{12}，コバラミン）の欠乏によって起こる。ビタミンB_{12}の欠乏は，ビタミンB_{12}合成経路における障害あるいは消化管における吸収不良によって起こり得る。

動物においてのメチルマロン酸尿症は，犬において少なくともジャイアント・シュナウザーおよびオーストラリアン・シェパード[3]ならびにボーダー・コリー[4]で報告されている。ジャイアント・シュナウザーにおける病原性変異は犬*AMN*遺伝子エクソン10の33塩基欠失（c.1113_1145del）であり，オーストラリアン・シェパードでは同遺伝子の1塩基置換（c.3G>A）である。一方，ボーダー・コリーにおける病原性変異は犬*CUBN*遺伝子の1塩基欠失（c.8392delC）である。*AMN*遺伝子および*CUBN*遺伝子の異常によって，消化管からのビタミンB_{12}の吸収が阻害されるため，結果としてメチルマロン酸尿症が生じる。したがって，このような疾患は，**選択的コバラミン吸収不良症候群 selective cobalamin malabsorption syndrome**と呼ばれている。その他，ビーグルやハンガリアン・コモンドールでもメチルマロン酸尿症が報告されているが，これらの犬種の病原性変異は明確になっていない。

選択的コバラミン吸収不良症候群では，生後数週～数カ月齢で，成長不良，食欲不振，好中球減少症，非再生性貧血（巨赤芽球性貧血）などの症状が現れる。高アンモニア血症も伴うことがあるため，二次性に神経症状を発現することもある。

メチルマロン酸尿症は，尿GC/MSで高感度に検出できる他，タンデムマス検査でも一部のアシルカルニチンの増加によって推定が可能であるが，確定診断には障害されている酵素やそれをコードする遺伝子の変異を同定する必要がある。

おわりに

筆者は，1998年からライソゾーム病を中心とした遺伝子病の研究を実施しており，現在までに多くのライソゾーム病（GM1ガングリオシドーシス，サンドホフ病，神経セロイド・リポフスチン症など）を発見し，それら疾患の新規病原性変異も同定してきた（第3章参照）。しかし，前述したとおり，ライソゾーム病は先天代謝異常症全体から見るとほんの一握りに過ぎない（表1）。そのため，筆者のもとに紹介されてくる遺伝子病が疑われる症例の多くは，ライソゾーム病以外の疾患を発症している。これらの先天代謝異常症は，今までに動物では見出されていない疾患あるいは極めてまれな疾患であり，各種動物の集団内に非常に多くの先天代謝異常症が潜在していることを示唆している。したがって，今後も各所で先天代謝異常症が疑われる症例が見出されるはずである。

［大和　修］

■参考文献

1) Chang HS, Shibata T, Arai S, Zhang C, Yabuki A, Mitani S, Higo T, Sunagawa K, Mizukami K, Yamato O. Dihydropyrimidinase deficiency: the first feline case of dihydropyrimidinuria with clinical and molecular findings. *JIMD Rep.* 6: 21-26, 2012.

2) OMIA 001371-9615: L-2-hydroxyglutaricacidemia in *Canis lupus familiaris* [http://omia.angis.org.au/OMIA001371/9615/], 2014年12月現在.

3) OMIA 000565-9615: Intestinal cobalamin malabsorption due to AMN mutation in *Canis lupus familiaris* [http://omia.angis.org.au/OMIA000565/9615/], 2014年12月現在.

4) OMIA 001786-9615: Intestinal cobalamin malabsorption due to CUBN mutation in *Canis lupus familiaris* [http://omia.angis.org.au/OMIA000565/9615/], 2014年12月現在.

5) Wakitani S, Torisu S, Yoshino T, Hattanda K, Yamato O, Tasaki R, Fujita H, Nishino K. Multiple acyl-CoA dehydrogenation deficiency (glutaric aciduria type II) with a novel mutation of electron transfer flavoprotein-dehydrogenase in a cat. *JIMD Rep* in press. 2013.

6) チョッケ J, ホフマン GF. 小児代謝疾患マニュアル. 松原洋一監訳. 診断と治療社. 東京. 2006.

7) 特殊ミルク共同安全開発委員会 編集. タンデムマス導入にともなう新しいスクリーニング対象疾患の治療指針. 社会福祉法人 恩賜財団母子愛育会. 東京. 2006.

8) 山口清次. 有機酸代謝異常ガイドブック. 診断と治療社. 東京. 2011.

D

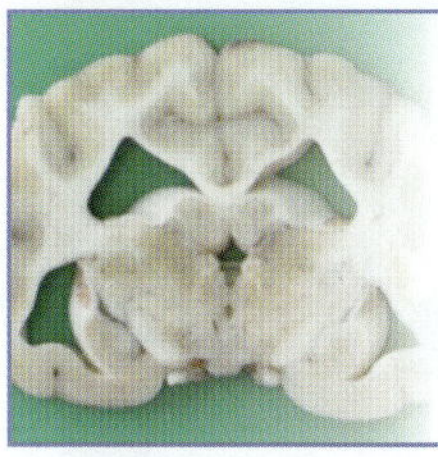

6. 認知機能不全症候群(痴呆症)

はじめに

近年の伴侶動物に対する人間側の考え方の変化と獣医療における高度医療化に伴って，犬および猫の寿命は延び，それにつれて高齢疾患も増加している。その中で最も臨床獣医師，そして伴侶動物の家族を悩ませる問題の1つが，**認知機能不全症候群 cognitive dysfunction syndrome(CDS)**，すなわち**痴呆症 dementia** であろう。周知のとおり，本邦人医療においてはすでに痴呆症という言葉はなく，**認知症**に置き換えられた(英語はどちらも変わらず dementia)。犬・猫について，“痴呆症”か“認知症”か，という議論も出ているが，海外では認知機能不全，認知機能不全症候群の呼び名が一般的になってきている。

獣医療において，認知機能不全症候群は神経病学と行動学の境界領域にある疾患であり，また，動物福祉や倫理・道徳観も重要視されることから，その治療や予後については複雑であるが，本章では主に犬における認知機能不全症候群について神経学的な見地から解説する。

認知機能不全症候群・痴呆症の定義

ヒトの認知症(痴呆症)あるいは認知機能不全は，ステッドマン医学大辞典によると「通常は進行性の，認知・知的機能の喪失で，知覚や意識の障害を伴わない。様々な(構造的，変性的)疾患によって引き起こされるが，脳の構造病変によることが最も多い。見当識障害，記憶力・判断力・知的能力の障害および浅薄で変化しやすい感情が特徴的である」とされ，アメリカ精神医学会基準(1994，DSM-IV)によると「A. 次の①，②の両方によって表現される多数の認知欠損の発現：①記憶障害，②以下の認知障害の一つ(あるいは複数)；a. 失語，b. 失行，c. 失認，d. 実行機能の障害。B. 基準 A ①と A ②の認知欠損は，それぞれ社会的あるいは職業的能力の重大な障害を引き起こし，以前の機能水準から著しい低下を表す」と定義されている(2015 年現在は DSM-V が出版され，認知症は神経認知障害 neurocognitive disorders と名称が変更され，定義の一部が修正されている)。ヒトでは**アルツハイマー病 Alzheimer disease**，**ピック病 Pick disease**，**血管性認知症 vascular dementia** などの疾患が知られている。

獣医療において，dementia(痴呆症，認知症)という用語がいつから公用されているか正確には不明であるが，1978 年に出版された Hoerlein の『Canine Neurology ―犬の神経病』では，用語解説として「精神荒廃に対する一般的な名称」と記されている[27]。DeLahunta の『Veterinary Neuroanatomy and Clinical Neurology』の第2版においても，まだ独立した疾患単位としては記されておらず，行動異常の一部に痴呆の用語が出てくるにとどまる[6]。文献上では，1980 年代後半から高齢犬の脳病理に関する報告(特にヒトのアルツハイマー病との類似性について)が少しずつ増えはじめ，恐らく臨床獣医学領域では 1998 年の Leveque による『Cognitive dysfunction in dogs, cats an Alzheimer's-like disease』が初めての論文になるのかもしれない(筆者による PubMed 上での検索による)[3]。ここでは dementia という用語はなく，cognitive dysfunction(認知機能不全)と紹介され，一定の定義などは記載されていない。一方，本邦では 1995 年，内野らが犬の痴呆症の定義として「**高齢化に伴って，いったん学習によって獲得した行動および運動機能の著しい低下がはじまり，飼育困難となった状態**」と定義し，後述する診断基準を作成した[28]。

最近の獣医神経病領域の教科書[1, 7, 16]においては，一般的に**認知機能不全 cognitive dysfunction(CD)** あるいは **cognitive dysfunction syndrome(CDS)** として表現され，どの書物も明確な定義は示していな

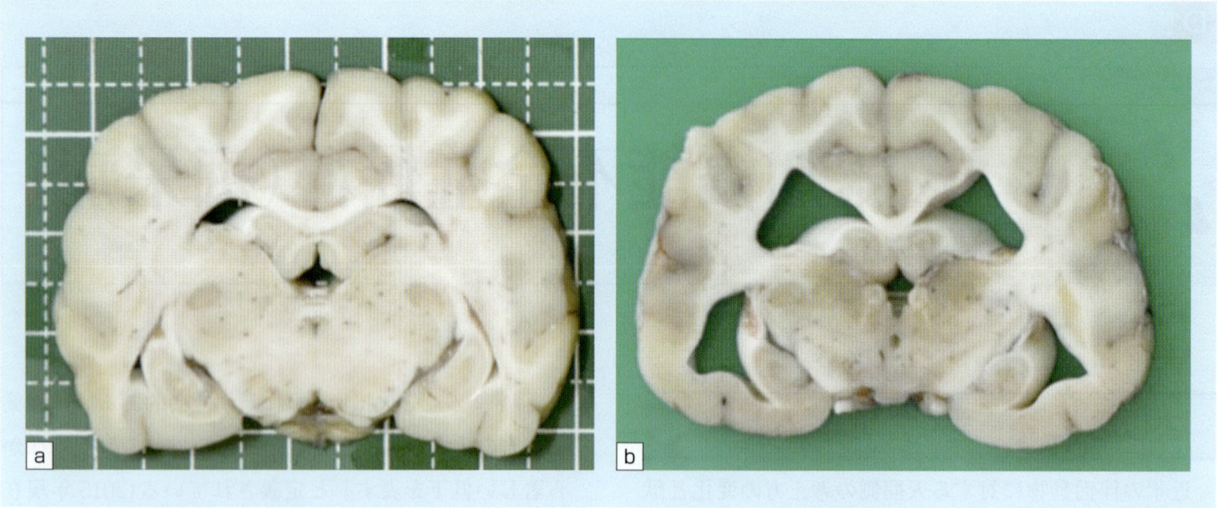

図1　ホルマリン固定後の犬の脳
正常な成犬(6歳)の脳(a)およびCDSの高齢犬(17歳)の脳(b)。CDSでは全体に萎縮し，脳室が拡張する。

いが，押し並べていうと「**老化に関連した症候群であり，認知力の異常，刺激への反応性低下，学習・記憶の欠損などに至る**」ものといえる。加えて，他の内科的疾患では説明できないもの，さらにCDSに関わる病理学的変化(病理・病態生理の項参照)以外の明らかな進行性の器質的病変，例えば脳炎や脳腫瘍が除外されるものである。CDSは疾患分類上，変性性疾患(DAMNIT-VのD)，特に年齢関連性変性性疾患 primary age-related degenerative disease とされる。

病理所見と病態生理

CDSの病態および疾患に関連する病理組織学的変化についてはいまだ議論がある。これは，犬や猫の脳では加齢性に様々な変化が認められ，これら生理的な加齢性変化と加齢性に伴い発症するCDSの変化との境界が曖昧であるためである。

以下に現在疾患との関連が示唆されている病理変化と，それぞれの病態仮説を解説する。

1．脳の肉眼所見

脳全体が萎縮し，脳室は拡張する。犬の脳では白質の萎縮が顕著である(図1)。脳表面および割面で微小出血巣が黒～茶褐色斑として，数個，まれに多数確認されることがある(図2)。

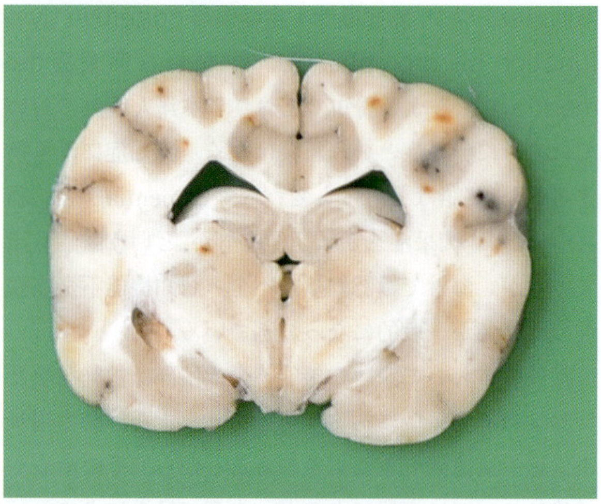

図2　高齢犬の脳でみられた多発性微小出血
大脳皮質を中心に，小型の褐色斑および黒色斑が散見される。

2．病理組織学的所見

(1) 脳実質のアミロイドβ(Aβ)沈着と過リン酸化タウ

アミロイドβ amyloid beta(Aβ)は，主に神経細胞でアミロイド前駆タンパク amyloid precursor protein(APP)からβ，γセクレターゼにより切り出され，産生されるタンパクである。単体あるいは複数集合し，脳の間質液中あるいは組織に沈着して存在する。このAβの蓄積が，ヒトのアルツハイマー病の原因の1つと考えられている。高齢の犬および猫の脳でも，このAβの沈着が高頻度で認められる。

Aβの大脳皮質への斑状沈着は**老人斑 senile plaque**といい，アルツハイマー病の特徴的病理所見の1つである。高齢の犬の大脳皮質には，多数の老人斑が認められる(図3)。猫ではより少量であるが同様に斑状沈着が認められ，また神経細胞体内にも蓄積が認められるという特徴がある。この病理所見から，犬や猫のCDSをヒトのアルツハイマー病と類似疾患とみる人々もいる。特に犬ではCDS症状とAβ沈着に関

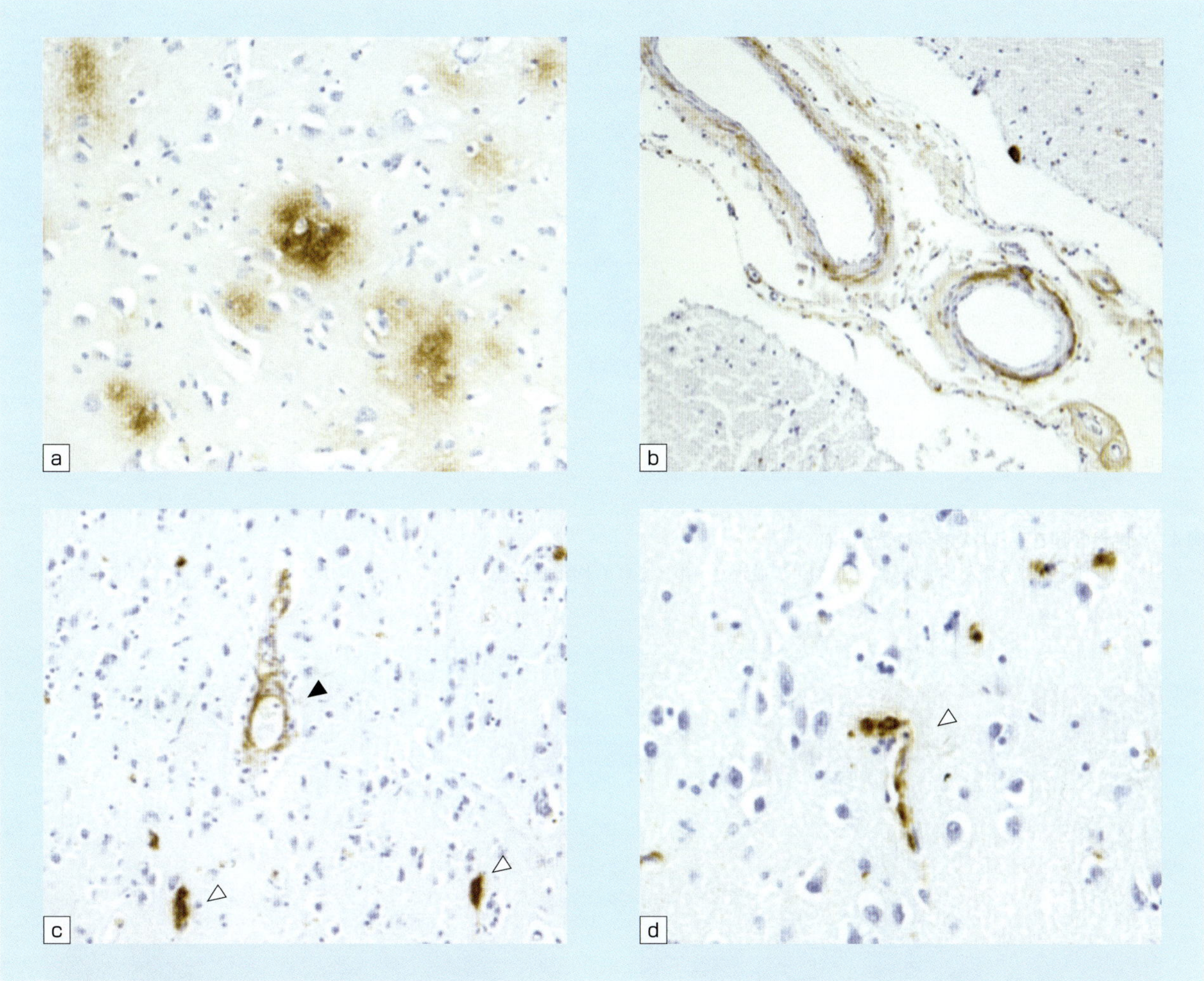

図3　高齢犬の脳でみられたアミロイドβ(Aβ)の沈着
大脳皮質の斑状沈着(a)，軟膜血管への沈着(b)，細動脈(黒矢頭)および毛細血管(白抜き矢頭)への沈着(c, d)。抗Aβ42抗体による免疫染色。

連性があるとする報告も複数ある[22]。

しかし，犬ではヒトのアルツハイマー病のもう1つの特徴的病理所見である，**神経原線維変化 neurofibrillary tangle(NFT；神経細胞体内にみられる過リン酸化タウの線維状凝集物)はほとんど認められていない**。神経原線維変化の前段階といえる**過リン酸化タウ hyperphosphorylated tau** の蓄積も同様に，犬では認められてもごくわずかである。一方，猫では過リン酸化タウの蓄積がはっきりと確認される。チーターやツシマヤマネコといったネコ科の高齢動物ではNFTが多数形成された症例が確認されている。

以上より，高齢の犬と猫の脳で起こる変化はヒトのアルツハイマー病と同一とはいえないが，一部類似した病態生理をとっている可能性がある。CDSの臨床症状とこれらの変化の関連性についての報告が少ないため，CDSの原因変化であるかは確定されていないが，現在最も有力な仮説の1つとされている[10, 12]。

(2) 脳血管のアミロイドβ(Aβ)沈着

犬では大脳皮質の毛細血管および小～中型動脈血管壁，髄膜血管壁にもAβが頻繁に沈着する(図4)。この病理像は，ヒトの**脳血管アミロイド症 cerebral amyloid angiopathy(CAA)**のものと一致する。ヒトのCAAではAβの沈着により血管の硬化，脆弱化が起こり，頭蓋内出血や循環不全を引き起こすことがわかっている。さらに微小出血の多発は血管性認知症を，循環不全はアルツハイマー病などの変性性認知症の悪化を引き起こす。犬でも少数ではあるものの，CAAとCDSの関連性や，CAAと脳出血の関連性が報告されており[26]，ヒトと同様にCDSに至るケースもあると予想される。

(3) 白質の髄鞘(ミエリン)の減少

高齢の犬の白質では，ミエリンの粗鬆化が起こる(図5)。また，脳血管周囲にはミエリン分解産物である脂質を貪食したマクロファージが多数認められ，脱髄の

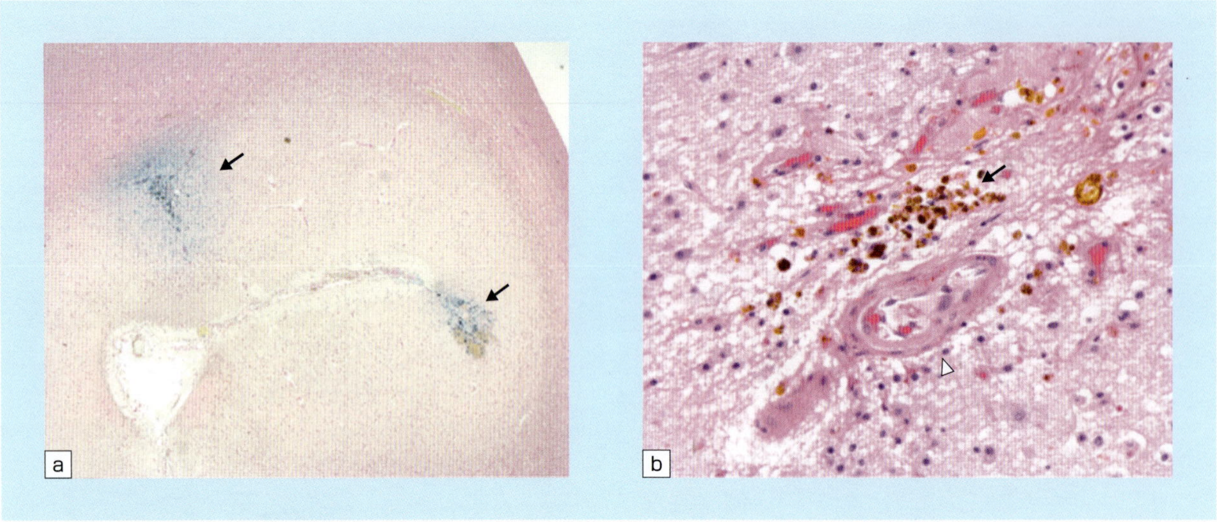

図 4　高齢犬の脳でみられた多発性微小出血

ヘモジデリン沈着を伴う微小出血巣（黒矢印）および血管壁へのアミロイド沈着（白抜き矢頭）。a：ベルリン・ブルー染色，b：HE 染色。

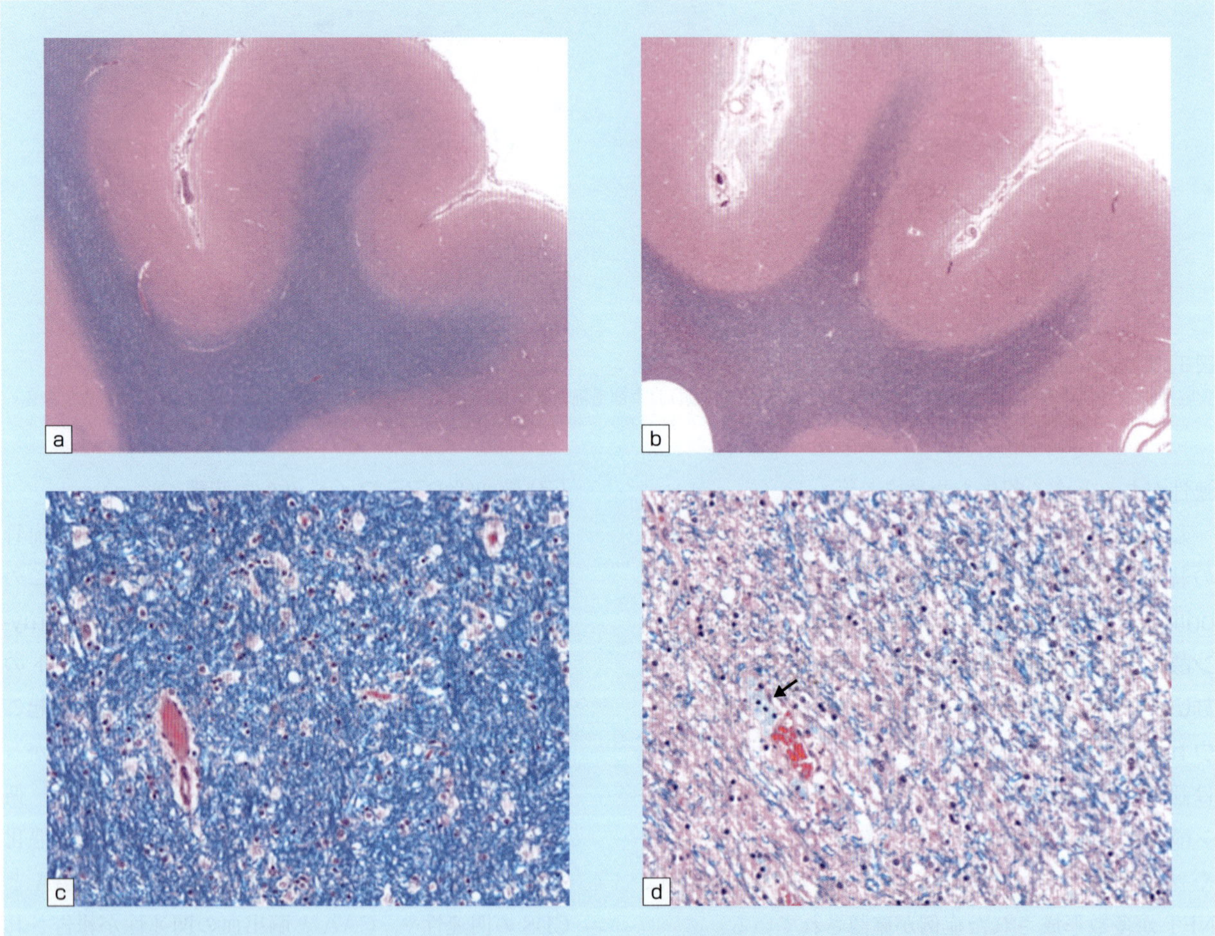

図 5　白質の髄鞘（ミエリン）の減少

正常な高齢犬（9 歳）の犬の脳（a，c）および CDS の高齢犬（17 歳）の脳（b，d）。高齢犬ではミエリンが減少し，血管周囲にミエリン分解物を貪食したマクロファージ（黒矢印）が認められる。CDS の場合，この変化は特に重度である。

亢進と考えられる。これらの変化はヒトの血管性認知症でしばしば認められる所見であり，循環不全の結果起こると考えられている。犬の脳でみられる白質の変化も循環不全によって起こり，CDS につながる病態であるとする説もある[3)]。

前述以外にも，犬では青斑核のノルアドレナリン作動性神経細胞数や縫線核のセロトニン作動性神経細胞数の減少といった病理変化が，CDSの症状や$A\beta$沈着と関連して起こっているという報告があり[2, 13]，CDSでみられる運動障害や情動変化にこれら大脳基底核の神経伝達物質の変化が関わっている可能性があると推測される。

3．発症要因

CDSの病理変化を引き起こす要因の1つとして，**酸化ストレス**が挙げられる[12]。酸化ストレスにより産生される活性酸素やフリーラジカルは，タンパクや脂質，核酸にダメージを与える。通常生体内で産生される抗酸化物質がこれらの酸化ストレスによるダメージから生体を防御しているが，加齢によりこの機構が破綻すると，細胞死が引き起こされる。

高齢の犬の脳では酸化ストレスを示唆する4-ヒドロキシノネナール(4-HNE)やリポフスチン，リポフスチン様物質，マロンジアルデヒドなどの物質の増加が認められる。また，ミトコンドリアはフリーラジカルを多く産生する細胞器官であるが，加齢に伴い機能が低下し，酸化ストレスが増加するということが実験犬を用いた研究で示されている。

疫学

発症あるいは罹患年齢は一般に犬で9歳以上，猫で11歳以上であり，年齢が増すにつれて罹患率が増加してくる。海外での報告では，11～12歳の犬の28%が，15～16歳の68%が何らかのCDS徴候があるとし[19]，また，8歳以上の102頭を調査した別の報告では，41%が後述するDISHAのカテゴリーのうち1つに，32%が2つ以上に変化を認めたとしている[20]。国内では内野らが11歳から発症し，13歳から急増，15歳でピークをむかえると報告している[29]。一方猫では，11～14歳で28%が，15歳以上で50%が何らかのCDS徴候を呈しているとの報告がある[10]。

CDSは，恐らくどの品種においても認められる疾患であると考えられるが，やはり国内では日本犬での発生が群を抜いている。国内442例のCDSの内訳では，日本犬系雑種が51.2%，次いで柴犬が29.6%であり，他の日本犬も含めると実に83%が日本犬であった[29]。日本犬系雑種および柴犬以降にはビーグル，ヨークシャー・テリア(ともに2.3%)，シー・ズー，マルチーズ(ともに1.8%)，シェットランド・シープドッグ(1.6%)と続く。これは筆者の経験においても同様であり，日本犬での発生が多く，次にはビーグルかマルチーズ，シェットランド・シープドッグという印象がある。海外での報告では特定の品種が好発として挙げられることはない[9, 23]。

性差はほとんどないが[9]，内野らの国内446例における統計では雄(去勢も含む)が62.3%と若干多く[29]，逆に海外では雌(54.8%)の方が若干多かったと報告されている[23]。

診断

1．臨床症状からの判定基準

CDSの判定基準は基本的にオーナーによって報告される臨床症状が第一であり，次に類症疾患を除外していくことになる。現在，CDSの臨床症状を表現する方法として最も認知されているのが，DISHAと略される行動変化のカテゴリー表記である(**表1**)[4, 20]。**DISHA**はCDSで臨床的によく認められる徴候に関して，各々の頭文字をとったものであり，**D**isorientation「**見当識障害**」，Socio-environmental **I**nteraction「**社会的交流の変化**」，**S**leep-wake cycles「**睡眠サイクルの変化**」，**H**ouse soiling「**粗相**」，そしてalterations in **A**ctivity / **A**ction levels「**活動性の低下**」の5つのカテゴリーに分類している。前述した海外におけるCDSの疫学的調査は，このDISHAのいずれかの徴候が認められることを基準としている[19, 20]。ただし，最近の研究では必ずしもこのDISHAが用いられるわけではなく，研究者らによって適宜開発された質問票やチェックリストを基にCDSを規定しているものも多い。代表的なものとして**表2**にRofinaらによるものを例示する[22]；これはCDSでよく認められる10項目のカテゴリーが各々段階的に得点化され，合計点数を導き出すものである。また，この質問票は病理組織学的所見との相関も確認されている。この**Rofinaらによる質問票**を用いた研究報告では，合計点で11～15点をボーダーCDS(CDS予備群)，16点以上をCDSとしている[9]。

一方，国際的な認知はないものの，CDSが圧倒的に多い我が国内では，内野らが1997年に開発した100点法がよく知られている(**表3**)[30]。筆者も現段階では基本的に，この**内野式100点法**を用いて診察を行っている。この方法もまた，臨床症状を10項目に分類し，各々に段階的な得点が分配されており，各項目の最高

表1　DISHAの概要：犬における認知状態の評価基準

カテゴリー	概説	記述項目
D：Disorientation 見当識障害	混乱，空間認知の変化，家族や周囲環境，いつもの手順の認識不能	・よく知っている屋外で迷子になる ・よく知っている室内で迷子になる ・よく知っている人を屋外で認識できない ・よく知っている人を室内で認識できない ・ドアの反対方向(蝶番側)へ向かう ・家で間違ったドアへ向かう ・落ち着かない，不安，家の中で歩き回る ・立ち往生，障害物を避けることができない ・よく知っている物に対する異常な反応 (9項目)
I：Socio-environmental interaction 社会的交流	人間や他の犬との関わり方の変化，学習したコマンドに対しての反応低下あるいは不能	・挨拶行動の低下 ・愛撫されることへの興味の低下 ・オーナーと一緒に遊ぶことへの興味の低下 ・おもちゃで遊ぶことへの興味の低下 ・他の犬と遊ぶことへの興味の低下 ・コマンドに対する反応性の低下 ・課題遂行能力の低下 ・常にくっついていようとする(固着) ・イライラの増加(易被刺激性) ・屋外で他の犬に対する攻撃性の増加 ・同居犬に対する攻撃性の増加 ・他の犬からの攻撃性の増加 (12項目)
S：Sleep-wake cycles 睡眠サイクル	日中よく寝て，夜間の睡眠減少あるいは睡眠時間の変化	・ベッドタイムに休まない ・不眠と過眠の繰り返し ・落ち着きのない睡眠，屋外へ出る必要がないのに夜中に徘徊，無目的歩行あるいは咆哮する ・日中の睡眠増加 (4項目)
H：House soiling 不適切な排泄(粗相)	失禁を伴う，あるいは伴わない，室内での排尿・排便コントロールの喪失	・室内で無作為な場所，あるいはオーナーが見ている前での排泄 ・籠やベッドなど睡眠場所での排泄 ・排泄合図の減少 ・屋外へ行った後に室内で排泄 ・排泄場所(床，土，シーツなど)の変化 ・失禁 (6項目)
A：Activity 活動性	目的活動の低下と，繰り返しの無目的活動の増加	・よく親しんだ刺激に対する反応性の低下 ・探索行動および活動性の低下，無関心 ・空中や物体への凝視，固執，咬み付き ・オーナーや家の中の物を過度に舐める ・無目的な徘徊，放浪，咆哮 ・食欲増加 ・食欲減退 (7項目)

合計38項目の各々について，全くない(0点)，まれに(1点)，しばしば(2点)，常に(3点)と4段階評価，各カテゴリーで平均値を算出。(文献20を元に作成)

点を合計すると100点となるように構成されている。この内野式100点法においては，合計点30点以下が生理的な老化(高齢犬)，31～49点を痴呆予備群，50点以上を痴呆犬としている。

2. 神経学的検査

CDS症例における神経学的検査所見は，非常に混沌としている。これは純粋な神経学的異常の他にも高齢化に伴う内科的，整形外科的な複数の問題が重複してくることも関連している。精神作用(意識レベル，知性)や観察(姿勢，歩行，異常行動など)は，前述のCDS判定基準においても評価されているが，一般に意識レベルは低下(沈うつ，ときに興奮)，知性・行動は前述のとおり見当識障害(動画1)，姿勢はCDSの進行程度にもよるが，捻転斜頚，頭位回旋，横臥や腹臥などがよく観察される。捻転斜頚に関しては，CDSの一徴候として捉えるのか，あるいは特発性(高齢犬の)末梢前庭疾患が重複していると捉えるのかは判断が難しい。歩行は概して正常，自力歩行可であるが，様々な程度の運動失調と旋回(多くの症例で回転半径の大きい旋

表 2　Rofina らによる質問票

	項目	点数
1	食欲	
	正常	1
	減少	2
	下痢を伴う増加	3
	下痢を伴わない増加	4
2	飲水	
	正常	1
	多飲	3
3	排泄	
	失禁なし	1
	室内で排尿	2
	自宅で排尿・排便	4
4	昼夜リズム	
	正常	1
	睡眠時間の増加	2
	日中に寝て，夜寝ない	3
5	無目的行動	
	無目的行動はない	1
	スター・ゲイジング(凝視)	2
	常同歩行	3
	旋回	4
6	活動性／交流	
	正常	1
	減少	2
	環境やオーナーと交流しない	4

	項目	点数
7	認知(知覚)の消失	
	認知消失なし	1
	家具にぶつかる	2
	狭いところを通ろうとする	5
	ドアの間違った方(蝶番側)を通ろうとする	5
8	見当識障害	
	見当識障害なし	1
	新しい場所の散歩で見当識障害	2
	いつもの散歩道で見当識障害	4
	自宅でも見当識障害	5
9	記憶	
	正常	1
	馴染みのある人を認識しない	2
	休日後オーナーを認識しない	4
	日常的にオーナーを認識していない	5
10	性格の変化	
	変化なし	1
	他の動物や子どもに対して攻撃的	3
	オーナーに対して攻撃的	4
	合計点	
	痴呆スコア：合計点－正常合計点(10)	

犬の行動変化を評価する 10 項目からなる。これらの項目は，犬のオーナーと議論されて作成され，次に，そのグレードの変化が点数化された。高い点数は重篤度が高いことを示している。

Fast ら(JVIM，2013)[9]はこの質問票を用いて，10 点(痴呆スコア 0)：正常，11 ～ 15 点(痴呆スコア 1 ～ 5)：予備群，15 点(痴呆スコア 5)＜：CDS としている。
(文献 22 を元に作成)

Video Lectures　認知機能不全症候群(CDS)罹患犬

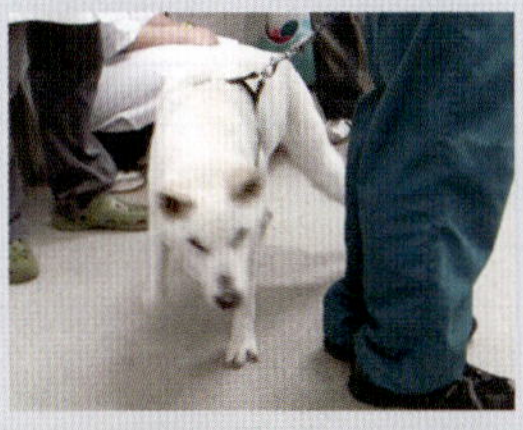

動画 1　特徴的な旋回，無目的歩行，および方向転換・後退行動の不能(15 歳，雑種)

神経学的検査においては見当識障害，四肢姿勢反応低下，軽度の右捻転斜頸，難聴，視覚障害(白内障併発)および両側側頭筋の萎縮が認められた。
(動画提供：日本獣医生命科学大学　長谷川大輔，織間博光先生)

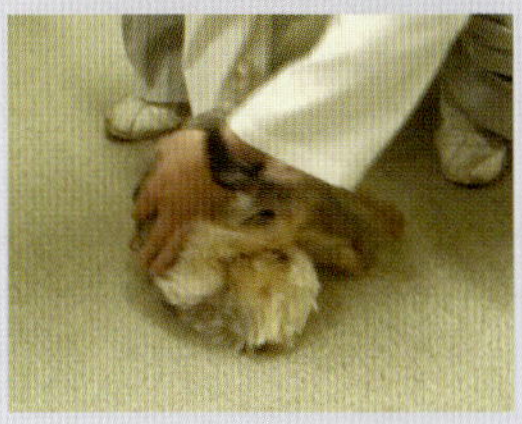

動画 2　姿勢異常および前転(17 歳，ヨークシャー・テリア)

頭頚部の極度な前屈により，起立させようと保持すると前転してしまう。横臥状態では左捻転斜頚が認められる。これに加えて，神経学的検査では見当識障害，四肢姿勢反応低下，難聴および視覚障害(白内障併発)が認められた。

回)，ときに前転(でんぐり返し)が認められる(動画 2)。また，明らかな不随意運動は認められないものの，特に日本犬では高率に起立静止時の両後肢振戦が認められる。姿勢反応においては，ほぼ左右対称性の低下が認められる。

これらの姿勢反応の低下や行動異常は CDS の脳病理所見，すなわち脳萎縮に相応するものであると考えられる。脊髄反射は一般に正常～やや亢進といった具合であるが，たいていの症例で変形性脊椎症や多発性の椎間板ヘルニア，各関節での変性性関節症などを併発しているため，正確な評価は困難である。

脳神経の検査においても，様々な異常が散見される；側頭筋・咬筋の萎縮，顔面麻痺，威嚇瞬目反応の低下～消失，律動性水平眼振，頭位変換性眼振(ときに垂直眼振を呈する)，頭位変換性斜視，顔面感覚の鈍麻などは，比較的よく認められる。加えて，難聴もしば

表3　犬痴呆の診断基準100点法(内野式100点法)

チェック項目		点数
①食欲・下痢	(1)正常	1
	(2)異常に食べるが，下痢もする	2
	(3)異常に食べて，下痢をしたりしなかったりする	5
	(4)異常に食べるが，ほとんど下痢をしない	7
	(5)異常に何を食べても下痢をしない	9
②生活リズム	(1)正常(昼は起きていて夜は眠る)	1
	(2)昼の活動が少なくなり，夜も昼も眠る	2
	(3)夜も昼も眠っていることが多くなった	3
	(4)昼も食事時以外は死んだように眠っていて夜中から明け方にかけて突然動き回る オーナーによる制止がある程度可能	4
	(5)上記の状態を人が制止することが不可能な状態	5
③後退行動(方向転換)	(1)正常	1
	(2)狭い所に入りたがり，進めなくなると何とか後退する	3
	(3)狭い所に入ると全く後退できない	6
	(4)(3)の状態であるが，部屋の直角コーナーでは転換できる	10
	(5)(4)の状態で，部屋の直角コーナーでも転換できない	15
④歩行状態	(1)正常	1
	(2)一定方向にふらふら歩き，不正運動になる	3
	(3)一定方向にのみふらふら歩き，旋回運動(大円運動)になる	5
	(4)旋回運動(小円運動)になる	7
	(5)自分中心の旋回運動になる	9
⑤排泄状態	(1)正常	1
	(2)排泄場所をときどき間違える	2
	(3)所構わず排泄する	3
	(4)失禁する	4
	(5)寝ていて排泄してしまう(垂れ流し状態)	5
⑥感覚器異常	(1)正常	1
	(2)視力が低下し，耳も遠くなっている	2
	(3)視力・聴覚が明らかに低下し，何にでも鼻をもっていく	3
	(4)聴力がほとんど消失し，臭いを異常に，かつ頻繁に嗅ぐ	4
	(5)臭覚のみが異常に敏感になっている	6
⑦姿勢	(1)正常	1
	(2)尾と頭部が下がっているが，ほぼ正常な起立姿勢をとることができる	2
	(3)尾と頭部が下がり，起立姿勢をとれるがアンバランスでふらふらする	3
	(4)持続的にぼーっと起立していることがある	5
	(5)異常な姿勢で寝ていることがある	7
⑧鳴き声	(1)正常	1
	(2)鳴き声が単調になる	3
	(3)鳴き声が単調で，大きな声を出す	7
	(4)真夜中から明け方の定まった時間に突然鳴き出すが，ある程度制止可能	8
	(5)(4)と同様であたかも何かがいるように鳴き出し全く制止できない	17
⑨感情表現	(1)正常	1
	(2)他人および動物に対して，何となく反応が鈍い	3
	(3)他人および動物に対して反応しない	5
	(4)(3)の状態でオーナーのみにかろうじて反応を示す	10
	(5)(4)の状態でオーナーにも，全く反応がない	15
⑩習慣行動	(1)正常	1
	(2)学習した行動あるいは慣習的行動が一過性に消失する	3
	(3)学習した行動あるいは慣習的行動が部分的に持続消失している	6
	(4)学習した行動あるいは慣習的行動がほとんど消失している	10
	(5)学習した行動あるいは慣習的行動が全て消失している	12
合計		

総合点：30点以下…高齢犬，31点以上49点以下…痴呆予備犬，50点以上…痴呆犬。

しば稟告として聴取される。顔面神経麻痺や捻転斜頚，眼振を含む前庭徴候，威嚇瞬目反応に関与する重度な白内障や網膜変性などの眼科疾患は，各々について系統立てて診断していくことが望まれる。また，DISHAでいう，H：排泄・失禁に関する問題がある場合にもCDSの徴候として認められるのか，あるいは脊髄や尿路系に重複する問題があるのかを確認すべきである。

診断的検査

CDSの診断には前述した臨床症状からの判断基準と神経学的検査に加え，行動変化や神経学的検査所見に影響を及ぼす様々な疾患を鑑別・除外する必要がある。例を挙げればきりがないが，特に関節炎を中心とした整形外科的疾患，椎間板ヘルニアなどの脊髄脊椎疾患，歯牙疾患，代謝性疾患，内分泌疾患，循環に影響を及ぼす血液学的変化や循環器疾患，神経系および諸臓器・全身性の腫瘍疾患，尿路感染などに注意する必要がある。

ここではCDSの鑑別診断において，特異的に行われるいくつかの診断的検査についてのみ紹介する。

1. 甲状腺機能の評価

高齢犬で認められる意識レベルの低下，活動性の低下，四肢の虚弱，顔面神経麻痺や，ときに末梢性前庭障害は，甲状腺機能低下症でも認められる臨床症状である。また，猫においても攻撃性の亢進など行動上の変化が甲状腺機能亢進症で認められる。このため，CDSを疑う患者においては甲状腺ホルモンの測定や甲状腺疾患の精査を行うべきである。低下症／亢進症などが認められる場合，他のCDS徴候の有無に関わらず，適宜それらの治療を遂行する。

2. 血中の多価不飽和脂肪酸測定

中山ら，内野らは痴呆犬における血中の**多価不飽和脂肪酸**である**エイコサペンタエン酸(EPA)**，**ドコサヘキサエン酸(DHA)**および**アラキドン酸(ARA)**が正常犬に比べ有意に低下していることを報告している(図6)[29, 31]。これが後述する食事療法の証拠の1つであるが，現在残念ながらルーチンに，あるいは商業ベースで動物の不飽和脂肪酸を測定している施設は筆者の知る限り見当たらない。

3. 自律神経機能検査

内野らは，「痴呆犬では自律神経機能の低下が予測される」として，心電図測定におけるR-R間隔変動率Coefficient of Variation of R-R Interval (CVR-R)を検討している[30]。これは約100回の心拍を解析し，R-R間隔の平均値を標準偏差で除したものに100を乗じて算出される。痴呆犬では0.00～5.77と低下している群と，17.2～28.0と延長している群との2群にわかれ，いずれも自律神経機能が低下しているものと考えられている。内野らの知見では，CVR-Rが延長し，拍動リズムが一定で規則正しいものほど痴呆の度合いが高いとしている。

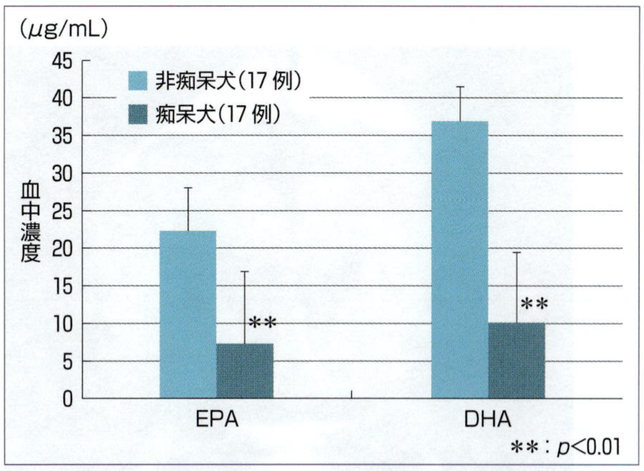

図6　痴呆犬および非痴呆犬のエイコサペンタエン酸(EPA)，ドコサヘキサエン酸(DHA)血中濃度

また，ホルター心電図による心拍変動解析において，高周波(HF)成分(副交感神経性)と低周波(LF)成分(交感神経性)，およびその比(LF/HF比)を検討した結果，痴呆犬ではHFパワー値，LFパワー値ともに正常犬に比べ有意に低く，特に交感神経機能の低下が顕著であったとしている[29]。

4. 画像診断

(1) 探査的X線検査，超音波検査

各種整形外科的疾患，心疾患，腫瘍性疾患などをスクリーニングするため，胸部および腹部，さらには機能障害が疑われる四肢関節についての探査的X線検査や超音波検査が望まれる。

(2) MRI検査

CDSと類似した神経学的徴候を示す頭蓋内疾患，特に高齢発症する脳腫瘍や脳血管障害を鑑別・除外するため頭部磁気共鳴画像(MRI)検査が行われる。ただし，後述する治療や予後にも関わることであるが，すでに臨床症状で明らかな，かつ重篤なCDS徴候を示している症例に対し，麻酔リスクのあるMRI検査による診断が，その後の将来にどれだけ有用であるのかはオーナーと十分に討議したうえで望む必要がある。

CDSのMRI画像所見は病理所見に一致しており，**大脳皮質の菲薄化，脳溝の明瞭化(くも膜下腔の拡大)，灰白質－白質コントラストの不明瞭化，代償性脳室拡大といった脳萎縮所見**，加えて**脳室周囲白質や深部白質に斑状～び漫性に認められるT2強調(T2W)画像あるいはFLAIR画像の高信号(グリオーシスや**

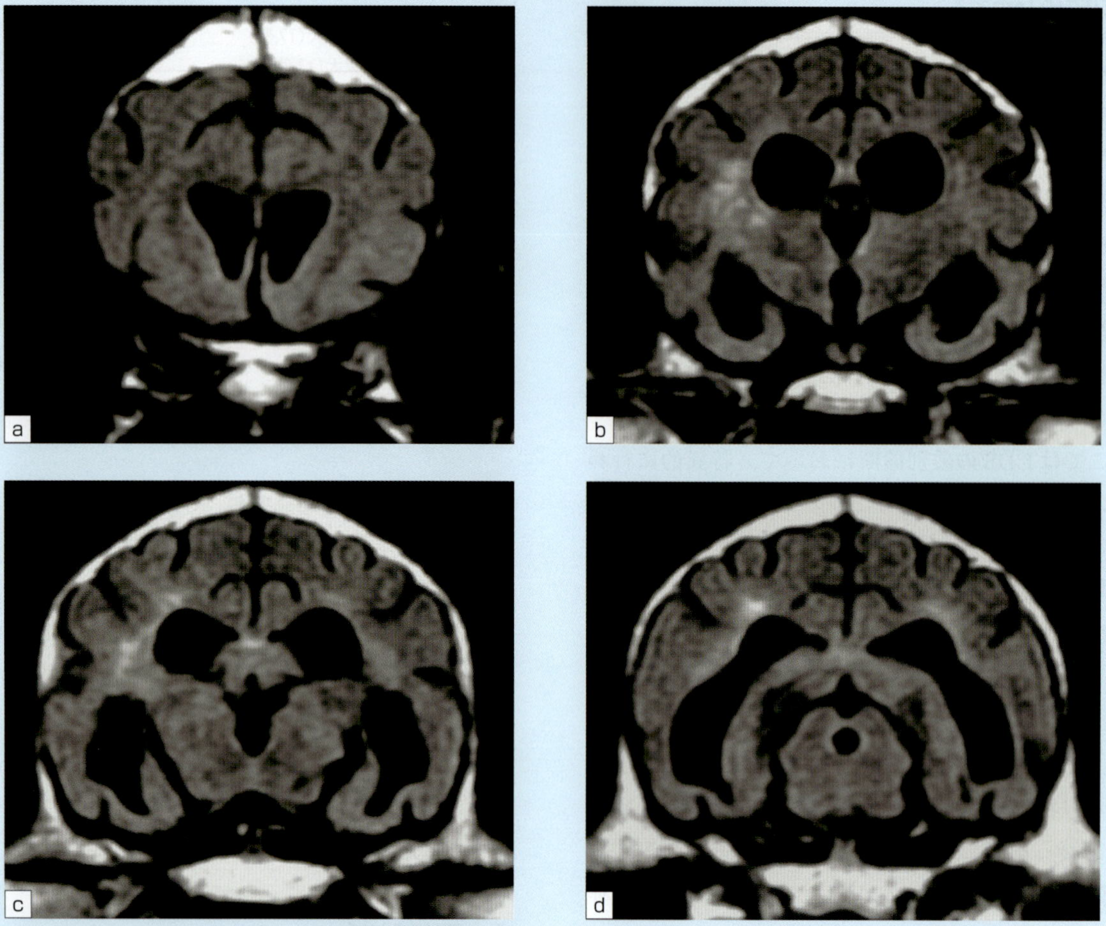

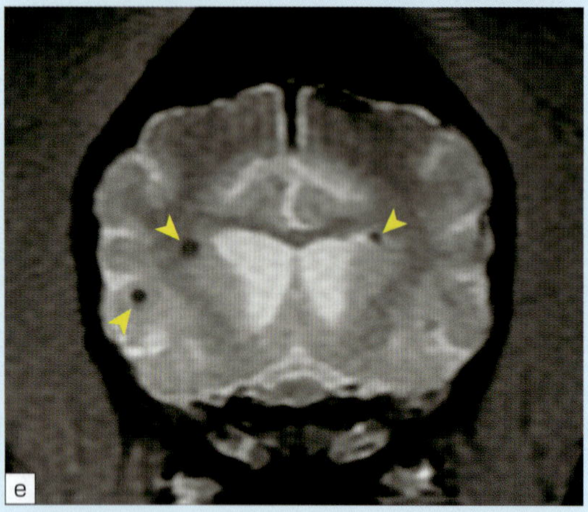

図7　認知機能不全症候群(CDS)の典型的なMRI所見

a：前頭葉レベル，b：側頭葉レベル，c：海馬レベル，d：後頭葉レベルでのFLAIR横断像(CDSに罹患した15歳の柴犬)。脳実質の萎縮に伴う，脳室拡大，脳溝の明瞭化(くも膜下腔の拡大)および脳室周囲・深部白質における散在性・び漫性の高信号領域が認められる。e：T2*強調(T2*W)画像。多発性の微小出血巣が低信号のスポット(矢頭)として認められる(CDSに罹患した17歳の雑種)。

ラクナ梗塞，拡張した血管周囲腔などと考えられる)や**皮髄境界部を中心とした散在性の微小出血(T2W画像やT2*W画像における低信号の斑点)**が特徴的に認められる(図7)[7, 11, 21, 24, 25]。CDSで最も特徴的なのは脳萎縮所見であるが，これは前頭葉や海馬でより顕著に認められる[21, 25]。もちろんこれらの所見は，程度は軽いもののCDS徴候を呈していない高齢犬においても，時折認められるものである。したがって，正常な高齢犬で認められる生理的な加齢性脳萎縮とCDSによる病的な脳萎縮を区別する必要があり，また，犬の脳，特に脳萎縮の目安とされている側脳室のサイズは犬種によって大きくばらつきがあるため，筆者らはMRI上でのCDSによる脳萎縮の基準として，犬種や体重に大きく左右されない視床間橋に注目し，その横断面における厚さの検討を行った[11]。その結果，CDSを伴わない高齢犬は横断面での視床間橋厚が5.0 mm以上あるのに対し，CDS徴候を有する高齢犬は必ず5.0 mmを下回っていた。このことから，現在CDSに

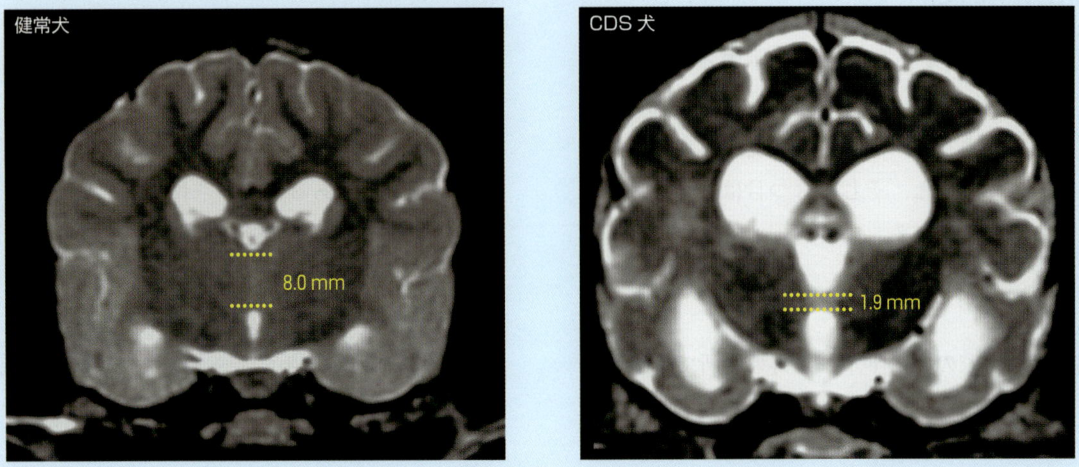

a

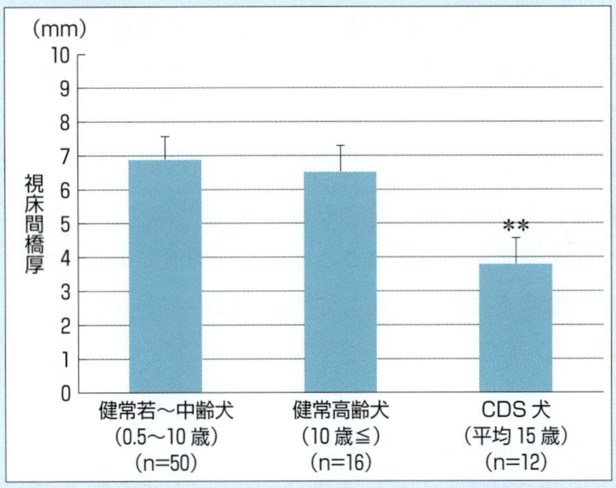

b

図 8　認知機能不全症候群(CDS)による脳萎縮判定基準としての視床間橋厚測定

a：健常犬(左：4 歳，ビーグル)と CDS 犬(右：15 歳，柴)での視床間橋厚を測定した MRI 画像。図の健常犬は視床間橋厚が 8.0 mm であるのに対し，CDS 犬では 1.9 mm と明らかに菲薄化している。

b：健常犬と CDS 犬での視床間橋厚の差。CDS(demented aging)群の視床間橋厚は健常若～中齢犬，健常高齢犬に比べ有意に低下している(**：$p<0.05$)。

よる脳萎縮の判定基準として，横断面における視床間橋厚(5.0 mm)が用いられている(図 8)。

5. 電気生理学的検査

CDS の診断的検査として特異的なものではないが，CDS とは別に，あるいは CDS の一徴候として，視力低下や聴力低下がしばしば認められる。これらの機能低下を評価するうえで，網膜電図(ERG)，視覚誘発電位(VEP)，あるいは聴性脳幹誘発反応(BAER)が用いられることもある。

治療

ヒトの認知症において特異的・根治的治療がいまだないこと，介護の問題が山積みされているのと同様に，変性性疾患である犬猫の CDS に対する決定的な治療法はまだない。それ故，CDS の治療は，病態の進行を可能な限り遅延させること，および患者とオーナー家族の生活の質(QOL)を維持・向上することに向けられる。CDS 患者を含む多くの高齢動物では，様々な併発疾患があることも少なくなく，それらの病態を各々治療することで，CDS の徴候が軽減あるいは管理しやすくなることもある。

以下に，CDS に対して有効性のある(あるいは期待される)いくつかの治療法について述べる。それらの治療法は単独で行われるものではなく，主として併用していくことになる。治療法の選択・決定は獣医師だけで行うものではなく，オーナー家族と協議したうえで(可能であれば，ある程度の目標を立てて)見極めていくことが重要である。

1. 行動療法

CDS の行動療法は基本的に患者になるべくストレスを与えることなく，身体のみならず，精神面も可能な限り活動的にさせることが中心となる[14]。

ここでは，オーナーが具体的に行うことのできる行動修正法として主要な3項目を提示する。1つ目はCDSの犬に意味のないストレスを与えないために，犬を叱責しないこと，2つ目は生活環境をよりストレスのないものにすること，そして3つ目は心身ともに刺激を与えること，である。

(1) 叱責しない

CDSの犬は，家の中のトイレ以外の場所で排泄してしまったり，夜中に徘徊し過剰に吠えたりすることも多くみられる。このようないわゆる「問題行動」は，犬がわざと行っている行動ではなく，またしつけを忘れた，あるいはしつけがなっていないから発現している行動でもない。したがって，たたく，叱る，などの行為をとっても，犬の行動が改善されることはなく，逆に犬のストレスを増やしてしまい，CDSの症状がより顕著に表れることになってしまう。

まずオーナーに言えることは，犬の排泄の失敗や夜間の無駄吠えに対し，決して叱責しないということである。

(2) 生活環境の改善

CDSの症状を示している犬は，往々にして高齢犬である。高齢犬であるため，CDS以外にも様々な問題を抱えていることが考えられる。関節に負担がかかることで，関節炎や変性性関節症などの状態が今後進行してくる可能性もあるため，床に滑りにくいような工夫を施し，犬が滑って歩きにくかったり，転んだりしないようにすることは重要である。また，白内障などで視力も低下している犬も多いため，犬の通路となるところに障害物を置いたり，物を出したままにすることのないように注意するのがよいであろう。

CDSに罹患すると，記憶に関してもあやふやになったり，臨床症状の1つにも記載されているように，見当識障害が起こりはじめる。頻繁に家具を移動したり模様替えを行うことで，犬が自分でどこにいるのかわからなくなったり，混乱したりする可能性があり，不安が増えてしまうことも考えられる。したがって，なるべく派手な模様替えは避けた方がよい。犬の寝床などに関しても，今まで寝ていた布団が汚れたからといっていきなり変更したり，トイレの場所を急に変えたりすることも犬にストレスを与えてしまうことになるため，不必要な交換や変更は避けるように注意する。

排泄を失敗する犬に関しては特に，トイレがわかっている犬に関しても，排泄に関しての粗相予防を行いはじめるとよい。まず，トイレに行くことを忘れている場合も多いため，子犬のトレーニングのようにトイレに積極的に連れて行ったり，頻繁に外に出してあげたりすることである。設置されたトイレや，オーナーの希望とする場所に排泄をしたら，おやつを用いてちゃんと排泄できたことを毎回ほめ，トイレでの排泄を毎回強化していくとよい。ポイントは，頻繁にトイレに連れていく，上手にできたらたくさんほめる(食べ物の報酬を使うとよりほめる行為が効果的となり学習しやすい)の2点である。

(3) 心身への刺激を与える

体も心も，使わないとますます動かなくってくることは，我々の経験からもよくわかるように，犬も高齢だからと何もさせないのではなく，可能な限り体も心も運動をさせるように心がけるとよい。短い時間でもよいので，散歩に連れていくことが推奨される。散歩に行くことで，身体の運動にもなるが，若い頃から慣れ親しんだ外の景色を見て，オーナーとの楽しい散歩の時間を過ごすことは，精神面においても良い影響を与える[5, 8]。

頭(脳)の運動としては，おやつを用いてオーナーの時間のある時に今まで知っている芸やしつけの復習をすることもよいが，新しい芸を教えるのも犬には楽しい経験となる[17, 18]。その犬に無理のない程度に新しい行動を教えることで犬は頭の運動にもなるが，家族のメンバーがわからなくなってしまわないように，オーナー家族との関係をより強いものにするという目的もある。

クリッカートレーニングは，報酬とクリッカーの「カチッ」という音をペアリングすることで，クリッカーの音が古典的条件付けによって報酬となる。犬にとってはクリッカーの音を人に鳴らしてもらうためにはどんな行動をしたらいいのかを考えながら参加できる訓練法であるが，このトレーニング法は犬に積極的に考えさせることができるため，犬の精神面の運動になる。

また，おもちゃの与え方にも工夫をすることで，頭の運動をさせることが可能である。パズルフィーダーと呼ばれる玩具の中におやつを入れて，犬がその玩具をひっくり返したり，転がしたりしないとおやつが出てこないようなものを与えたり(図9，図10)，あるい

図9 パズルフィーダーの1つであるKONG®
玩具の中央に開いた穴の中におやつを詰めて犬に与える。KONG®に詰められたおやつを取り出すために，犬が玩具のもち方を変えたり，玩具を口から落としたりと，おやつを出す工夫をしながら遊べるものである。

図10 Busy Buddy® の Twist'n Treat™ および Dumbbell
UFOやダンベルのような形の玩具の中にドライフードを入れ，側面の穴からドライフードを取り出すために犬が玩具を転がして遊ぶことができる。

は，ペットボトルにドライフードを入れ，ペットボトルの側面に穴を開けて，ペットボトルを転がさないとドライフードが食べられないような玩具ならば安価に作ることができる(図11)。普段の食事をこれらのパズルフィーダーで与えることも可能である。

CDSは治る病気ではなく，何もせずに放置するとDISHAの症状は悪化してしまう個体が多い。オーナーがちょっとした環境修正や行動修正，トレーニングを心がけることで，犬と人のQOL向上に少しでもつながるのであれば，積極的に試すことを勧めるとよいと考える。

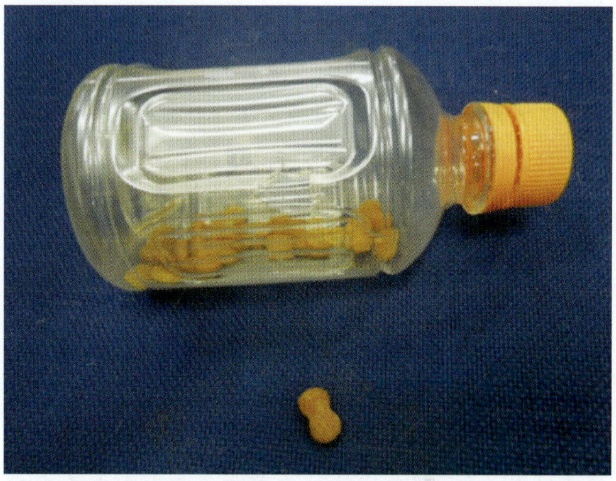

図11 ペットボトルを利用したパズルフィーダー
ペットボトルの側面にドライフードが通るくらいの穴を開け，ドライフードを中に入れて犬に与える。犬は，ドライフードを食べるために，ペットボトルを転がしたり落としたりすることで，頭の運動になる。

2. 食事療法

CDSおよび高齢犬の食事については，比較的よく研究されている。病理や診断的検査の項でも述べられたように，脳における病理学的変化が生じる機構として，ミトコンドリアの加齢や機能不全，その周囲環境の劣化あるいは炎症によって生じるフリーラジカルに起因した酸化的損傷や多価不飽和脂肪酸の不足などが考えられている。このため，**抗酸化作用のあるビタミンEやC，セレニウム，ミトコンドリア補因子であるL-カルニチンやα-リポ酸，神経細胞膜の安定化やセロトニン作用増強，抗炎症作用のあるDHAやEPAといったω3脂肪酸および抗酸化・抗炎症作用を有するフラボノイドやカロチノイド，ポリフェノールを含む果物や野菜を取り入れる**ことが重要視され，栄養学的および行動学的ないくつもの実験からCDS／高齢犬に適切な各栄養素の組成が示されている(表4)[4]。

これらの栄養素を強化して生産された療法食が，Hill's Pet Nutrition社のb/dだった。いくつもの実験結果がb/d(開発段階のものを含む)を給餌された場合，他の一般的な市販食を給餌されていた群よりもDISHA徴候が一部あるいは全て改善したと報告している(観察期間は実験によって30日～2年間)[4]。非常に残念なのは，CDS／高齢犬の多い本邦において，b/dが終売になったということである。筆者はCDSの患者には常々b/dを奨めていたため，今後は表4に挙げた組成に近いもの(各社から市販されているシニア用のものは，これらの栄養素が比較的強化されている)を探すか，あるいは自作するか，海外から輸入するか，または下記に述べるようなサプリメントを利用することになる。

表4　認知機能不全症候群(CDS)および高齢犬に推奨される栄養素

栄養素	タイプ／作用	推奨添加量
ビタミンE	抗酸化物質	750 mg/kg≦
ビタミンC	抗酸化物質	150 mg/kg≦
セレニウム(セレン；Se)	抗酸化物質	0.5 ～ 1.3 mg/kg
L-カルニチン	ミトコンドリア補因子	250 ～ 750 IU/kg
α-リポ酸	ミトコンドリア補因子	100 mg/kg≦
ω3不飽和脂肪酸(DHA・EPA)	神経細胞膜安定化，セロトニン作用増強，PGE_2抑制(COX2阻害)	1%<
果物・野菜(フラボノイド／ポリフェノール)	抗酸化作用 抗炎症作用	5%(各食材で1%<)

(文献4を元に作成)

療法食の他，一般の食事にサプリメントを併せるのも1つの方法である。ω3脂肪酸であるDHA, EPAやARAを主成分としたメイベット® DC(Meiji Seikaファルマ株式会社)，ペットヘルスARA＋DHA(共立製薬株式会社)が代表的である。この他にはビタミンCおよびE，トコフェロール，コエンザイムQ10，グルタチオン，テアニン，ギンナン，西洋オトギリソウ，ホスファチジルセリン，サウスアフリカン茶，メラトニンおよびS-アデノシルメチオニン(SAMe；以前はプロヘパゾン，ノビフィットといった動物用サプリメントとして販売されていたが，これも残念ながら販売終了)などが挙げられる。

3．薬剤療法

CDSに対する薬剤療法もまた，ヒトと同様に治すものではなく(一部の症状は改善することがあるものの)，基本的には対症療法であったり，進行を遅らせるものである。

(1) 塩酸セレギリン

海外において犬のCDS治療薬として認可を受けているのが塩酸**セレギリン(L-deprenyl)**である[4, 7, 16]。塩酸セレギリンはモノアミン酸化酵素(MAO)-B阻害剤であり，結果的にドーパミンおよびフェニルエチラミンの濃度が増加する。ヒトにおいてパーキンソン病治療薬として用いられており，海外ではAnipryl® (Pfizer Animal Health)，日本国内ではエフピー® OD錠(エフピー株式会社)という商品名で販売されている。

塩酸セレギリンの作用として，ドーパミンおよびフェニルエチラミンの増加，各々の代謝回転の増加，フリーラジカルスカベンジャーとしての作用，および神経保護作用，アポトーシス減少などが知られている。用量は，犬において0.5 ～ 1.0 mg/kg，SID，猫では0.5 mg/kg, SIDである。効果判定には4 ～ 6週間の観察期間が推奨され，効果がある場合には継続投与となる。

副作用に胃腸障害(嘔吐，下痢)，強迫行動，流涎過多などがあり，併用禁忌として抗うつ剤(三環系，SSRI)やギンナン，西洋オトギリソウ，あるいは他のMAO阻害薬などが挙げられる。これらの薬剤からの，あるいはそれらへの切り替えには，2 ～ 5週間の休薬期間が必要である。その他の処方食やサプリメントとの併用は可能である。

(2) 塩酸ドネペジル

ヒトのアルツハイマー治療薬である**塩酸ドネペジル**(アリセプト®；エーザイ株式会社)も用いることが可能である。塩酸ドネペジルの開発段階において，犬での毒性実験が行われており，5 mg/kgで流涎や振戦，運動失調がみられ，致死量は15 mg/kgであった[32]。また，犬において1 mg/kgにおける薬物動態は最高血中濃度到達時間が1.5時間，半減期が90分～ 3.7時間であり，肝臓にて代謝され糞尿中に排泄される[33]。

松波らは内野式100点法で，31点以上のCDSおよびCDS予備犬12頭(14 ～ 19歳)に塩酸ドネペジル0.1 mg/kg, SID(1週間後に効果が認められないものには0.17 mg/kgまで増量)を投与し，1週間後および2週間後に再び100点法を用いて評価した[34]。その結果，12頭中10頭が1週間後で改善を示し，残りの2頭も2週間後には改善を示した；2週間後の検定における総合点(治療前平均68.4 →治療後平均51.5)，生活リズム，後退行動，歩行状態，姿勢，鳴き声において有意な改善が認められ，その後継続投与した例においても副作用は認められなかった。この結果は，効果判定に4週間以上かかる前述のセレギリンよりも早く薬効が現れることを示しており，オーナーの負担軽減に好ましいものと思われる。

また，塩酸ドネペジルはヒトにおいて抗うつ薬などとの併用を禁忌，注意にはしていないが，ドネペジルが主としてチトクローム P450(CYP3A4)によって代謝されるため，これを促進・阻害するような薬剤との(フェノバルビタールやパキシルなど)併用には注意が必要だろう。

この他，塩酸ドネペジルと同様アセチルコリンエステラーゼ阻害薬であるリバスチグミン，ガランタミンや NMDA 受容体拮抗薬のメマンチンにも期待がよせられるが，今のところ犬猫での使用報告はまだない。

前述 2 つの CDS 治療薬の他，種々の CDS 徴候に対する対症療法薬として考慮されるものとして，夜間の徘徊や夜鳴きに対しベンゾジアゼピン(ジアゼパム，クロナゼパム，ロラゼパム)，行動治療薬として抗うつ薬(クロミプラミン，SSRI：ただしこれらはセレギリンとの併用不可)，抗炎症薬(病理学的に炎症性変化が認められるため)として非ステロイド性消炎鎮痛剤(NSAIDs)，姿勢異常や行動異常に対してガバペンチンやゾニサミド(ゾニサミドはパーキンソン治療薬としても用いられている)などが利用される。また，家族との相談(主に夜鳴きによって家族が疲弊してしまっている場合など)によっては，アセプロマジンやフェノバルビタールなどが催眠，鎮静目的で用いられることもある。

4. 介護

一部行動療法と重複するが，CDS の中〜末期には様々な程度の介護が必要になる。当然，心疾患や整形外科的疾患などの併発疾患を考慮して検討すべきであるが，適度な運動(散歩)やリハビリは，筋力の維持，起立不能を遅らせるために重要である。また，日中サイクルをできるだけ整え，骨粗鬆症を予防するためにも昼間は日光に当たることが良いとされる。無目的歩行(徘徊)をする患者においては，風呂マット数枚をつなぎ合わせたサークル(エンドレスケージ)[30]や，小型犬であれば子ども用のビニールプールを用いて，歩き疲れるまで歩かせるというのも一法である。

起立不能に陥ると，今度は褥瘡(床ずれ)の問題を考えなくてはならない。低反発マットやウォーターベッドを利用し，褥瘡を予防するとともに，患者周囲が清潔に保たれるよう指導する。起立不能になっても屈伸運動やマッサージなどの理学的療法は継続することが望まれる。さらに，体温調節機能も低下することから，体温・室温管理も必要になる。また，食事管理(強制給餌の方法)や排泄の問題(オムツの利用や尿やけの管理)も適宜オーナーに指導し，一定間隔で獣医師が検診することが推奨される。

5. 安楽死の考慮

CDS の治療管理・介護において患者の QOL はもとより，オーナー家族の QOL も考慮されなくてはならない。いや，CDS の治療の矛先は，むしろオーナー家族に向かっているといって過言ではないだろう。

多くの CDS 動物のオーナーは夜鳴きによって不眠に陥っていたり，近所迷惑や室内での粗相などで精神的にも追いやられ，疲弊しきっていることも多い。いわゆる介護疲れである。このような場合，もちろん患者の臨床症状とそれに対する治療を施すが，それと同時にオーナー家族と安楽死について早期から相談をしておくべきである。早期に CDS が診断された場合には，「今後どのような症状が出たら，どのように治療し，それで効果がなければ，あるいはこの様な症状に陥ったら安楽死を考慮しましょう」というように，大まかな計画を立てることができる。あくまで筆者の私見であるが，安楽死を考慮ないし推奨するポイントとしては，①オーナー家族(特に最も面倒を見ている者)が肉体的，精神的，経済的に疲弊している，②起立不能に陥っている，③食事および排泄には必ず介助が必要になっている，④嚥下困難になりつつある，⑤褥瘡管理が困難になっている，などである。我々人間はある癒しを求めて犬や猫を伴侶としているのが，逆にそれらと暮らすこと(介護すること)が人間の健康に害を及ぼすようになってはならない(と思うのだが)。

予後

2013 年に，Fast らによって犬 CDS の長期観察が報告された[9]。この研究は 8 歳以上の犬 87 頭を，前述した Rofina らによる質問票を用いて，非 CDS 群(23 頭，平均 11.6 歳)，CDS 予備群(27 頭，平均 12.3 歳)，CDS 群(37 頭，平均 12.5 歳)にわけ，その予後を 3 年間観察している。興味深いことに(いや，よく考えれば確かにそうなのだが)，CDS 予備群および CDS 群は非 CDS 群に比べ生存期間が有意に延長していた。CDS 予備群と CDS 群の間には有意差はなかったが，CDS 群の方がより生存期間は長いようであった。また，CDS 犬 37 頭の内，安楽死が選択されたのはたった 6 頭であった。Fast らは，この結果は犬が CDS と診断されたことにより，オーナーがCDSの教育を受け，治療を行ったからではないかと推測している。また，この研究に含まれたCDS犬は診断時にそれほど高いCDSスコアではなかった（早期に診断された）ことがその要因であるかもしれないとも述べている。

以上の結果を含め総合的に判断すると，CDSの病態予後は極めて悪い（CDS徴候が改善することは一時的にあるにしろ，最終的には荒廃の一途を辿る）が，生存予後は良い（多くの場合は併発疾患の悪化による死亡か，安楽死がない場合，最終的には誤嚥性肺炎や低栄養や昏睡を含めた衰弱で死亡する）。CDSという疾患自体が加齢性変性性疾患であり，一部の症例（いわゆる若年性認知症）を除いてCDSに罹患するということは，それだけで長寿であることを暗に示唆しているのかもしれない。

おわりに

安楽死の項で述べたが，筆者がCDSの症例を経験して思うことは，もちろん患者も大事なのだが，それと同等か，ときにそれ以上にオーナー家族の心労・身労のケアが重要だということである。読者の中には認知症の家族を介護した経験がある方がいるのではないだろうか。種族は違えど（また病理学的にいくらかの相違はあるけれど），介護にかかる肉体的・精神的・経済的疲労は近しいものがある。獣医師はオーナー家族とともに，またオーナーが介護疲れを起こす前に，どこにゴールを置くのかを明確にして診療にあたることが望まれる。

一方で，犬のCDSはヒト認知症のモデルとしても重要視されている。いろいろな意味で社会問題にもなっている認知症・CDSについて，人医獣医の枠を越えた研究と，QOLの著しい改善が望める治療法が開発されることを切に願う。

［長谷川大輔・小澤真希子・入交眞巳］

■追記

本章は，CAP連載時[29]には，犬の痴呆症の第一人者である内野富弥先生（MEリサーチセンター，元日本獣医生命科学大学教授）にご執筆いただいていた。本文中幾度となく登場するその内野先生は，本書を企画した時点において体調を崩され，我々が本章を新たに書き下ろした後の2014年12月に永眠された。ここに筆者を代表して内野先生への感謝と哀悼の意を表する。　（長谷川大輔）

■参考文献

1) Bagley RS, Platt S. Coma, stupor and mentation change. In: Platt S, Olby N ed. BSAVA Manual of Canine and Feline Neurology, 4th ed. BSAVA. Gloucester. UK. 2013, pp136-166.

2) Bernedo V, Insua D, Suárez ML, et al. Beta-amyloid cortical deposits are accompanied by the loss of serotonergic neurons in the dog. *J Comp Neurol.* 513(4): 417-429, 2009.

3) Chambers JK, Uchida K, Nakayama H. White matter myelin loss in the brains of aged dogs. *Exp Gerontol.* 47(3): 263-269, 2012.

4) Christie LA, Pop V, Landsberg GM, et al. Cognitive dysfunction in dogs. In: Hand SM, Thatcher CD, Remillard RL, Roudebush PR, Novotny BJ ed. Small Animal Clinical Nutrition, 5th ed. Mark Morris Institute. Kansas. US. 2010, pp715-730.

5) Cotman CW, Engesser-cesar C. Exercises enhances and protects brain function. *Exerc Sport Sci Rev.* 30(2): 75-79, 2002.

6) DeLahunta A. 非嗅覚嗅脳：辺縁系. In: DeLahunta A 著. 青木芳秀, 青木美恵訳. 獣医神経解剖学と臨床神経病学. NEW LLL Publisher. 大阪. 1989, pp357-365.

7) Dewey CW. Encephalopathies. In: Dewey CW. A Practical Guide to Canine and Feline Neurology, 2nd ed. Wiley-Blackwell. New Jersey. US. 2008, pp115-220.

8) Dustman RE, Ruhling RO, Russell EM, et al. Aerobic exercise training and improved neuropsychological function of older individuals. *Neurobiol Aging.* 5(1): 35-42, 1984.

9) Fast R, Schütt T, Toft N, et al. An observational study with long-term follow-up of canine cognitive dysfunction: clinical characteristics, survival, and risk factors. *J Vet Intern Med.* 27(4): 822-829, 2013.

10) Gunn-Moore D, Moffat K, Christie LA, Head E. Cognitive dysfunction and the neurobiology of ageing in cats. *J Small Anim Pract.* 48(10): 546-553, 2007.

11) Hasegawa D, Yayoshi N, Fujita Y, et al. Measurement of interthalamic adhesion thickness as a criteria for brain atrophy in dogs with and without cognitive dysfunction (dementia). *Vet Radiol Ultrasound.* 46(6): 452-457, 2005.

12) Head E. A canine model of human aging and Alzheimer's disease. *Biochim Biophys Acta.* 1832(9): 1384-1389, 2013.

13) Insua D, Suárez ML, Santamarina G, et al. Dogs with canine counterpart of Alzheimer's disease lose noradrenergic neurons. *Neurobiol Aging.* 31(4): 625-635, 2010.

14) Landsberg G. therapeutic agents for the treatment of cognitive dysfunction syndrome in senior dogs. *Prog Neuropsychopharmacol Biol Psychiatry.* 29(3): 471-479, 2005.

15) Leveque NW. Cognitive dysfunction in dogs, cats an Alzheimer's-like disease. *J Am Vet Med Assoc.* 212(9): 1351, 1998.

16) Mertens P. 入交眞巳訳. 問題行動と異常行動. In: Jaggy A 編著, 長谷川大輔監訳. 図解 小動物神経病学. インターズー. 東京. 2011, pp473-496.

17) Milgram NW, Head E, Zicker SC, et al. Learning ability in aged beagle dogs is preserved by behavioral enrichment and dietary fortification: a two-year longitudinal study. *Neurobiol Aging.* 26(1): 77-90, 2005.

18) Milgram NW. Cognitive experience and its effect on age-dependent cognitive decline in beagle dogs. *Neurochem Res.* 28(11): 1677-1682, 2003.

19) Neilson JC, Hart BL, Cliff KD, et al. Prevalence of behavioral changes associated with age-related cognitive impairment in dogs. *J Am Vet Med Assoc.* 218(11): 1787-1791, 2001.

20) Osella MC, Re G, Odore R, et al. Canine cognitive dysfunction syndrome: Prevalence, clinical signs and treatment with a nutraceutical. *App Anim Behav Sci.* 105(4): 297-310, 2007.

21) Pugliese M, Carrasco JL, Gomes-Anson B, et al. Magnetic resonance imaging of cerebral involutional changes in dogs as markers of aging: An innovative tool adapted from a human visual rating scale. *Vet J.* 186(2): 166-171, 2010.

22) Rofina JE, van Ederen AM, Toussaint MJM, et al. Cognitive disturbances in old dogs suffering from the canine counterpart of Alzheimer's disease. *Brain Res.* 1069(1): 216-226, 2006.

23) Salvin H, McGreevy PD, Sachdev PS, Valenzuela MJ. Under diagnosis of canine cognitive dysfunction: a cross-sectional survey of older companion dogs. *Vet J.* 184(3): 277-281, 2010.

24) Su MY, Head E, Brooks WM, et al. Magnetic resonance imaging of anatomic and vascular characteristics in a canine model of human aging. *Neurobiol Aging.* 19(5): 479-485, 1998.

25) Tapp PD, Siwak CT, Gao FQ, et al. Frontal lobe volume, function, and beta-amyloid pathology in a canine model of aging. *J Neurosci.* 24(38): 8205-8213, 2004.

26) Uchida K, Miyauchi Y, Nakayama H, Goto N. Amyloid angiopathy with cerebral hemorrhage and senile plaque in aged dogs. *Nihon juigaku zasshi(Jap J Vet Sci).* 52(3): 605-611, 1990.

27) Walker TL, Swaim SF. 用語の解説. In: Hoerlein BF 著. 稲田七郎, 戸尾祺明彦監訳. 犬の神経病—診断と治療のすべて—. 医歯薬出版. 東京. 1982, pp843-858.

28) 内野富弥, 木田まや, 馬場朗子ら. 高齢の痴呆犬と診断基準. 基礎老化研究. 19: 24-31, 1995.

29) 内野富弥. イヌ痴呆の発生状況および自律神経機能異常のコントロールの現状. CAP. 230: 49-58, 2008.

30) 内野富弥. 脳神経の老化—イヌの痴呆の診断基準—. ProVet. 10: 24-30, 1997.

31) 中山裕之, 中村紳一朗, 内野富弥ら. 痴呆症犬の脳病理所見. 基礎老化研究. 19: 32-37, 1995.

32) 野口正義, 山中宏志, 富松幹夫ら. 塩酸ドネペジルのビーグル犬における経口投与による単回投与毒性試験. 薬理と治療 26: 19-25, 1998.

33) 松井賢司, 水尾均, 三島万年ら. ビーグル犬における 14C 標識塩酸ドネペジル単回投与時の吸収, 分布, 代謝および排泄. 薬理と治療. 26(6): 207-221, 1998.

34) 松波典永, 小泉慶, 深津千佳子ら. 犬の認知障害におけるドネペジル塩酸塩の治療効果. 動物臨床医学. 19(3): 91-93, 2010.

A

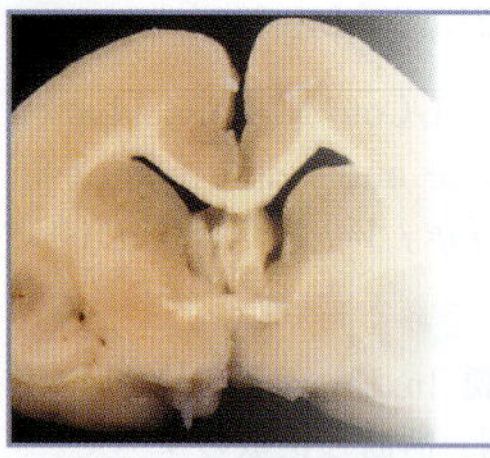

7. 頭蓋内奇形性疾患（水頭症を除く）

はじめに

奇形 malformation（anomaly）とは，胎子（胎児）の発達中の異常によって生じる器官や体の一部の形態的異常のことである。その結果として機能障害をきたすこともあれば，“我々からみて”機能的には正常である場合もある。奇形が機能障害の原因となる場合，臨床症状は生後早い段階から発現することが一般的である。頭蓋内の奇形においては，それが重度な場合は胎内で，あるいは出生後間もなく死亡することが多い。それに対し，我々臨床獣医師にとって遭遇する機会が多いのは，頭蓋内奇形が比較的軽度で，周産期を乗り越え生存した場合であろう。そのような症例では，症状の顕在化が成長期や成長後にみられる場合があるため，注意が必要である。神経系は生後も機能的形態学的発達を続けている。したがって，生後の動物の発育成長とともに異常が顕在化，すなわちオーナーが気付くことは比較的多い。

たとえば，小脳低形成は生後数カ月経ち，動物の歩行機能が発達した後にオーナーが異常に気付くことが非常に多く，大脳形成異常に起因するてんかん発作は，大脳が成熟した生後半年～1年以降に発現することが多い。

頭蓋内奇形は，神経組織自体の形態異常によるものと，神経組織以外の形態異常が神経系に影響を及ぼし機能障害をきたすものとがある。滑脳症，異所性灰白質，多小脳回症，孔脳症，水無脳症は前者に，頭蓋内くも膜嚢胞，髄膜瘤，髄膜脳瘤，水頭症は後者に属する。本章の前半では，臨床獣医師が遭遇する機会の多い前脳領域の頭蓋内奇形を中心に解説するが，水頭症については第8章「水頭症（主に先天性水頭症について）」で述べる。胎子あるいは周産期に死亡する可能性の高い奇形については，文献4を参照していただきたい。

本章の後半では，犬および猫において後頭蓋窩に発生する奇形性疾患について解説する。後頭蓋窩における奇形性疾患として，キアリ様奇形，尾側後頭部奇形症候群（COMS），Dandy-Walker 様奇形，小脳奇形について解説する。後頭蓋窩は頭蓋腔内で小脳テント，後頭骨および頭蓋底に囲まれた部位で，小脳，橋，延髄が収まっている。そして，脳室系から頭蓋内くも膜下腔へ，さらに大後頭孔を通じて脊髄くも膜下腔，脊髄中心管へ循環する脳脊髄液（CSF）について重要な部位でもあり，この部位の奇形性疾患は CSF の循環動態に影響を与えやすい。このため，頚部脊髄における脊髄空洞症を併発することも多い。

また，後頭蓋窩は比較的厚い骨に囲まれている部分が多く，コンピュータ断層撮影（CT）ではアーティファクトの影響を受けやすい。このため CT では内部の微細構造の描出が困難である。よって，後頭蓋窩の奇形性疾患の診断には磁気共鳴画像（MRI）が必要不可欠である。

頭蓋内くも膜嚢胞

くも膜嚢胞 arachnoid cyst とは，くも膜が2層にわかれその間に CSF が貯留した状態である。それが頭蓋内に形成された場合，**頭蓋内くも膜嚢胞 intracranial arachnoid cyst/intracranial intra-arachnoid cyst** という。

1．発生機序

頭蓋内くも膜嚢胞は CSF 循環路のいかなる場所でも発生し得るが，通常くも膜下槽内，あるいはその近くに生じる。図1に代表的なくも膜下槽の位置を示した。中脳の四丘体背側に位置する四丘体槽部のくも膜嚢胞が犬では最も一般的である。四丘体槽部のくも膜嚢胞は，**四丘体嚢胞 quadrigeminal cyst** とも呼ばれる。頭蓋内くも膜嚢胞の発生率は不明だが，CT や MRI といった画像検査の進歩と利用率の上昇に伴い，小動物

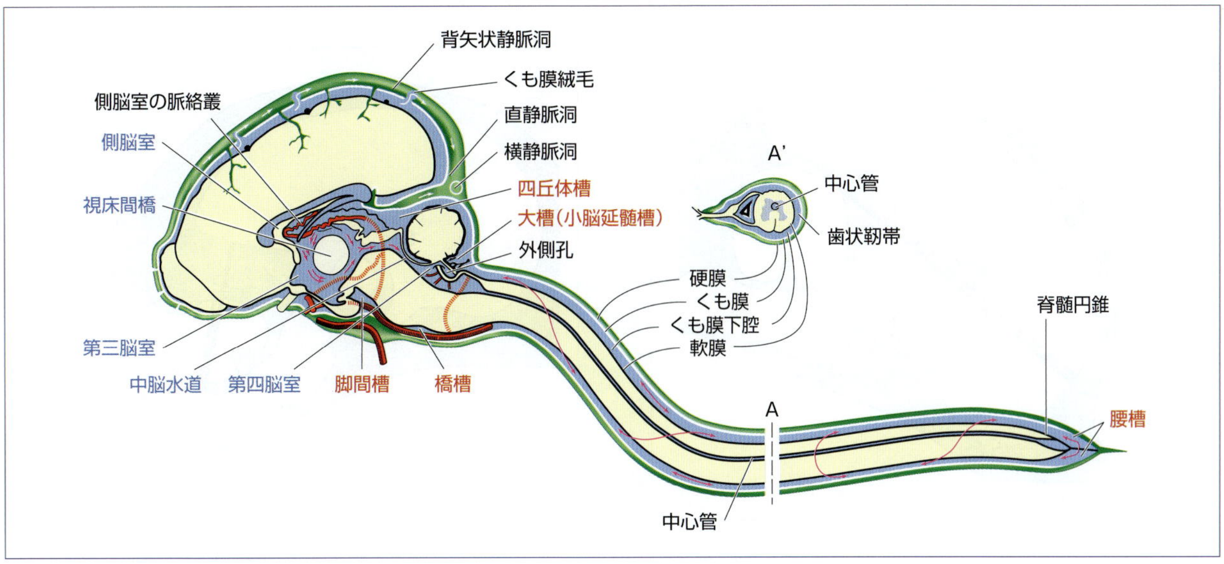

図1　犬の脳脊髄液（CSF）循環路と代表的なくも膜下槽

の臨床現場で遭遇する機会が増えている。ヒトでは，頭蓋内くも膜嚢胞は頭蓋内占拠性病変中の約1％を占め，四丘体嚢胞はそのうちの約10％と報告されている[31]。

脳のMRI撮像が行われた犬を回顧的に調査した研究によると，脳MRI撮像中の0.7％に四丘体嚢胞が認められたとのことである[22]。四丘体嚢胞は小型犬の短頭種に発生が多いが，本邦では特にシー・ズーでの報告が多い[18, 25, 28]。四丘体槽の拡大は，サイズの小さいものを含めると本犬種には高頻度に認められ，嚢胞形成かあるいは単なる拡張なのかの判断がつかない。

四丘体嚢胞診断時の年齢は2カ月齢～10歳と幅広い。これは偶発的に発見される場合が多いためであると考えられる。雄での発生がやや多いようであり[18, 22]，それはヒトと一致する。

猫での頭蓋内くも膜嚢胞の報告は非常に少なく[23]，発生率などの詳細は全く不明である。経験的にも猫は犬より発生が少ないと考える。

2．病態生理

発生原因には諸説存在するが，くも膜が2層にわかれることによって生じる胎生期の発生異常であるという点ではほぼ共通している[30, 40, 41]。くも膜下腔とくも膜嚢胞の連絡の有無について犬や猫では全く不明であるが，ヒトの場合それらは通常自由に連絡してはいないと考えられている。くも膜嚢胞の膜にスリット状の隙間が存在し，それが一方向のみのバルブとしての機能をもち，心収縮期にはくも膜嚢胞へCSFが流入するが，拡張期には排泄されないという現象が神経内視鏡を使用した脳の観察によって認められている[31]。

先天性疾患とは異なるが，頭蓋内の感染，出血あるいは外傷によりくも膜に炎症が生じ，炎症後のくも膜下腔の被包化によってCSFが貯留する場合もある。これは，二次性嚢胞あるいは偽嚢胞pseudocystと呼ばれ，これと比較する意味で，発生異常による先天性のくも膜嚢胞を一次性嚢胞あるいは真嚢胞と呼ぶ場合がある[14]。

脊髄くも膜においてもくも膜嚢胞が発生するが（脊髄くも膜嚢胞spinal arachnoid cyst），その多くはくも膜下腔の拡張のみであり，偽嚢胞である。

3．臨床症状

頭蓋内くも膜嚢胞は，重篤な臨床症状の原因となり得るが，**多くの場合は無症候性**であり，他の疾患の検査中に偶発的に発見される，あるいは剖検時に見つかることが多い。したがって，**神経徴候を呈す動物において本疾患が見つかった場合でも，他疾患の可能性を必ず考えねばならない。**臨床症状は一般的に発生した部位に応じた神経欠損となる。犬で最も一般的な四丘体嚢胞は，大脳後頭葉の尾側と小脳の吻側の間に位置するため，症候性の場合は，大脳あるいは小脳圧迫に起因する神経徴候を呈す場合が多い。

四丘体嚢胞の動物で最も多く報告されている前脳徴候は，**てんかん発作**である[22]。MR画像の矢状断を利用して四丘体嚢胞による前脳圧迫率と小脳圧迫率を求め，それぞれにおける臨床症状の有無の関連を調べた研究があり，前脳圧迫率が14％を超える場合はてんかん発作の原因となる可能性が指摘されている[22]。この

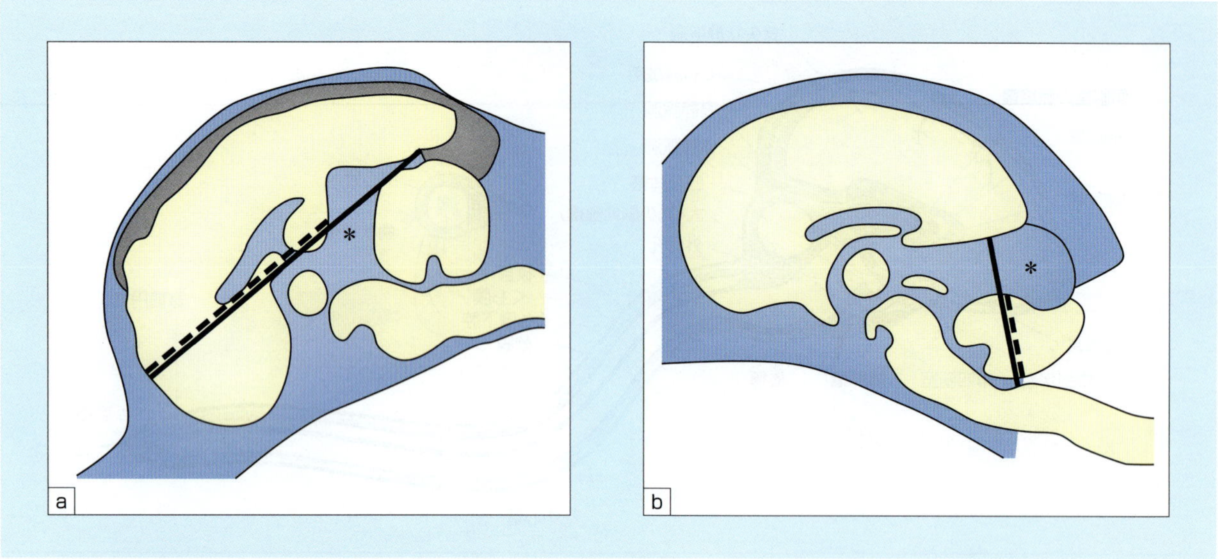

図2　四丘体嚢胞(四丘体槽部のくも膜嚢胞)による前脳・小脳の圧迫率

a：骨性テントの先端と嗅糸を結んだ線を前脳の予測される通常の長さとし(実線)，実際の長さ(破線)との比を算出する。
b：骨性テントの先端と閂を結んだ線を小脳の予測される通常の長さとし(実線)，実際の長さ(破線)との比を算出する。
*：四丘体嚢胞。

研究による前脳圧迫率と小脳圧迫率の求め方を図2に示した。しかし，脳波検査を行うと，てんかん性焦点の位置が四丘体嚢胞の位置とはかなり離れていることがあるため[49]，圧迫率が高かったとしても，**四丘体嚢胞がてんかん発作の直接の原因であるかの判断は慎重に行うべきである**と結論づけている[22]。

四丘体嚢胞に伴う**小脳徴候**としては，小脳性運動失調，頭部の動揺，開脚スタンス，威嚇瞬目反応の消失などがある。前述した四丘体嚢胞による小脳の圧迫率を求めた研究によると，四丘体嚢胞による小脳の圧迫率と臨床症状の有無には相関がなかった[22]。

その他に頻度の高い徴候としては，**中枢性前庭徴候**が挙げられ，また四丘体嚢胞に伴い脳室拡大が認められることも多い。水頭症と四丘体嚢胞の好発品種が重複することから，それぞれの発症メカニズムが同様である可能性が示唆される。その他，四丘体嚢胞による脳室経路(中脳水道や第四脳室)の圧迫のために閉塞性水頭症となる場合がある[22]。したがって，それらが併発しており特に水頭症が重度な場合は，MRI で閉塞の有無を確認し適切な治療を行うことが必要である。

4. 診断

くも膜嚢胞の存在は，CT あるいは MRI 検査にて確認することができる。MRI は CT と異なり，骨によるアーティファクト(beam hardening)がないため，頭蓋骨に接した，あるいは小脳テント・後頭蓋窩に位置する嚢胞(四丘体嚢胞)の検出に優れている。さらに，嚢胞内の信号強度の詳細な解析が可能なため，より適した検査法といえるであろう。

MRI における頭蓋内くも膜嚢胞は，脳実質外に位置し，CSF と等信号の液体を貯留する，造影剤による増強効果のない嚢胞として認められる(図3，図4)。炎症，出血，あるいは腫瘍性の嚢胞は，嚢胞内液体の信号強度が CSF と異なることから，くも膜嚢胞と通常区別可能である[46]。

CT 検査では，辺縁がシャープで CSF と等吸収，造影剤により増強されない嚢胞様領域が，頭蓋内くも膜嚢胞の典型的発生部位に認められた場合，くも膜嚢胞であると判断できる[46]。四丘体嚢胞が第三脳室や第四脳室と連絡があるようにみえる場合もあれば，分離したようにみえる場合もある。嚢胞脳室造影やシネ MRI などの特殊検査を行わない限り，通常の画像所見のみでは，脳室やくも膜下腔との連絡の有無を判断することはできない。

四丘体嚢胞は，大後頭孔をウィンドウとした超音波検査でも確認可能である[35]。また，泉門が開存している場合は泉門から，頭蓋骨が比較的薄い場合は側頭部(こめかみ部位)からも観察できる(図5)[35]。四丘体嚢胞は，後頭葉尾側，中脳背側，小脳吻側の間に位置する，周囲との境界明瞭な，卵円～三角形の無エコー領域として認められる[35]。

外傷により嚢胞内部に出血を生じることがあるが，その場合には MRI，CT，超音波検査で出血に応じた所見を呈する。炎症によって二次的にくも膜嚢胞が発

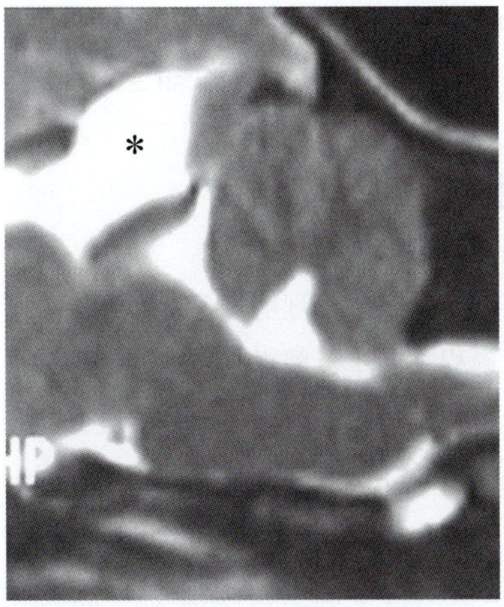

図 3　四丘体嚢胞が存在する犬の MRI T2 強調(T2W)画像
後頭葉尾側，小脳吻側，中脳の背側，すなわち，くも膜嚢胞は四丘体槽に存在する。
＊：四丘体嚢胞。

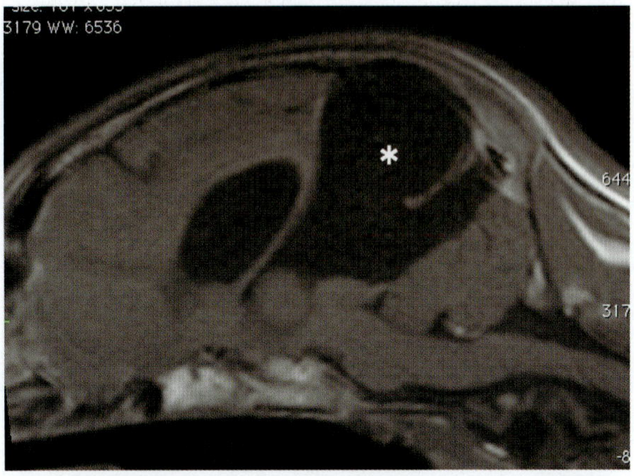

図 4　四丘体嚢胞が存在する犬の MRI ガドリニウム増強 T1 強調(T1W)画像
嚢胞自体に造影剤による増強は認められない。図 3 のくも膜嚢胞と比べて，この犬の嚢胞はかなり大きい。
＊：四丘体嚢胞。

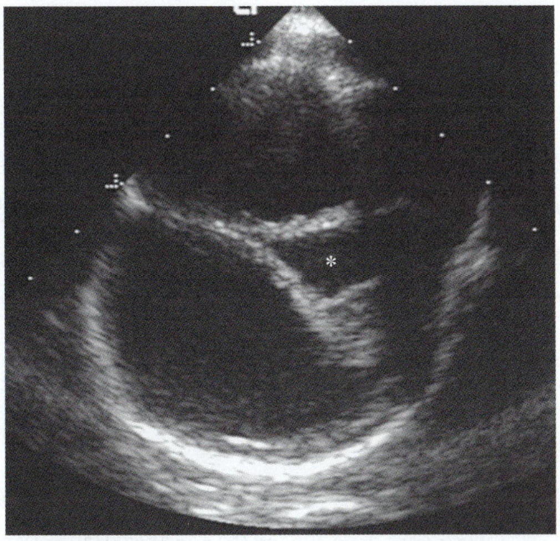

図 5　側頭部(こめかみ)をウィンドウとした超音波画像(犬)
＊：四丘体嚢胞。

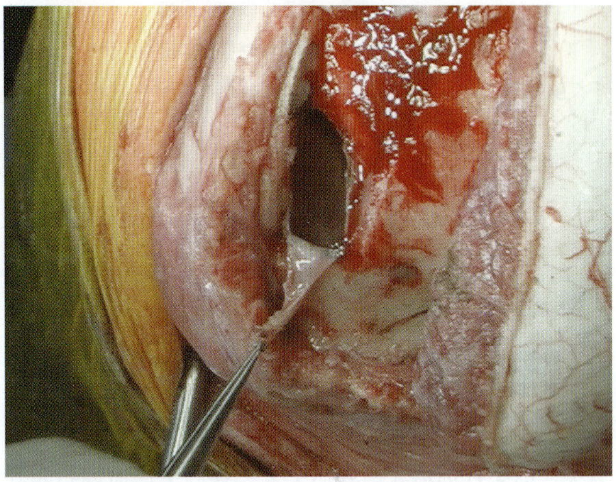

図 6　嚢胞開窓術

生する場合があるため，特に**症候性の場合はCSF検査によって炎症性脳疾患の有無を確認すべき**である[13]。他疾患の併発やくも膜嚢胞内の出血がなければ，CSF 検査は正常所見を示す。臨床症状がてんかん発作のみの場合，くも膜嚢胞が原因となっているかの判断の助けとして，脳波検査が有用かもしれない。

5. 治療

くも膜嚢胞が現症の原因となっていると判断した場合には，治療が行われる。保存療法としては，CSF 量の減少を目的とした**グルココルチコイドや利尿剤**の投与がある。また，対症療法として，**抗てんかん薬や脳圧降下剤**なども利用できる。

外科療法としては，**嚢胞穿刺吸引**[25, 28]，**嚢胞開窓術**[22, 46, 47]が行われており(図 6)，最近では**嚢胞 - 腹腔シャント術(C-P シャント術)cyst-peritoneal shunt**[10]も報告されている。しかし，いずれも症例数が少なく，効果や合併症率などを結論づけることはできない。嚢胞開窓術とは，外科的に嚢胞の一部を切り取る方法である。嚢胞穿刺吸引や嚢胞開窓術により臨床症状の改善が認められることがあるが，再発する場合もある[22, 46, 47]。C-P シャント術とは，水頭症における脳室 - 腹腔シャント術(V-P シャント術)と類似のテクニックにより，嚢胞と腹腔を連絡するようシャントチューブ(低圧バルブ)を設置する方法である。四丘体嚢胞の場合，テント前側方開頭と後頭下開頭を組み合わせて開頭し，嚢胞にアプローチする。その際，片側横静脈洞の閉塞が必要となる。四丘体嚢胞に対して C-P シャント術を行った 4 頭の犬全てで，1 年以上のフォローアップにて再発が認められなかったとの報告があ

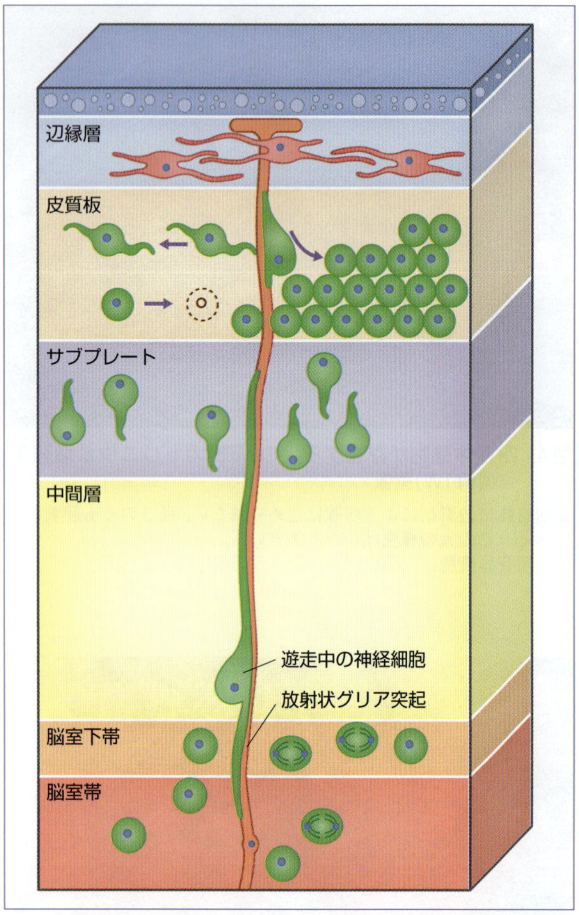

図7　神経細胞遊走

幼若な神経細胞は，脳室に面した脳室帯から，inside-out パターンで，将来の灰白質である皮質板へ移動する。神経細胞は自身の体長の数百倍の距離を遊走し，脳回と6層構造の皮質が構築される。

る[10]。いずれの術式においても，嚢胞上に血管が非常に発達している場合があるので，穿刺や切開の際には十分な注意が必要であることはもとより，嚢胞の急激な縮小により血管が破綻し死亡の原因となった例があることにも留意する必要があるだろう。また，C-P シャント術では，横静脈洞からの出血により輸血が必要になった例が報告されている[10]。

6. 予後

予後についてのまとまった報告はなく不明であるが，無徴候性の小さいくも膜嚢胞は生命予後に影響しないと思われる。

滑脳症

滑脳症 lissencephaly とは，脳回の欠如あるいは減少と，厚い大脳皮質，平滑な脳表面を特徴とする脳の奇形であり，組織学的に大脳皮質の層構造の異常も伴う。これは発生段階に生じる**大脳皮質形成異常 cortical dysplasia** の一種であり，その中でも大脳皮質遊走異常から生じる疾患群に分類される。

1. 発生機序

(1) 大脳皮質の発生

本疾患の発生機序を理解するために，ここで大脳皮質の発生過程を簡単に解説したい。

大脳皮質の神経細胞の祖先は側脳室上衣下の胚細胞層に存在する。ここで神経系幹細胞は神経細胞へと分化するが，分化後この幼若な神経細胞は放射状グリア radial glia の突起を伝って(正確には伝わらない移動法もある)，将来の灰白質である皮質板 cortical plate に向かい表層へと遊走を開始する。途中，中間層を通過し皮質板に到着し層を形成する(図7)。神経細胞はそこでそれぞれの層に固有の性質をもって分化成熟する。この過程は**神経細胞遊走 neuronal migration** と呼ばれ，ヒトの胎児では胎生2～5カ月に起こり，これに対応した大脳の肉眼的形体の変化として脳溝と脳回の形成がみられる。先に生まれ皮質板に達したものが大脳皮質の深部の層を，後からのものが表層の皮質を形成し(この組織構築過程を inside-out パターンという)，最終的に哺乳類では6層からなる大脳皮質が完成する。

(2) 滑脳症の分類

滑脳症は，様々な原因により神経細胞の遊走に異常が生じ，最終到達点でない部位にて神経細胞の増殖が起こった神経細胞遊走障害による奇形性疾患群の1つである。脳回が完全に欠如したもの，部分的な欠如のもの，異常な大脳皮質層構造をもつもの，層構造を全くもたないもの，など形態学的に多様であり，症状もそれに応じて異なる。神経細胞遊走異常が原因の奇形は滑脳症以外にも存在するが(後述)，滑脳症はこの疾患群の中で形態的にも臨床的にも最も重度である。

滑脳症はヒトをはじめ各種動物で認められ，滑脳症単独，あるいは他の先天性異常と併発する場合がある。ヒトは滑脳症の原因遺伝子が各種同定されており，その多くは神経細胞遊走に関わる遺伝子である。遺伝子の異常以外にも，胎生期の感染や虚血など，神経細胞遊走障害を引き起こすいかなる病態も滑脳症の原因となり得る。しかし，遺伝子異常以外では，滑脳症とはならず，同じく皮質形成異常疾患群である多小脳回症が生じることが一般的である。

ヒトの滑脳症は奇形部位，皮質の層構造，そして遺伝子変異に基づき分類されている。

古典的滑脳症(無脳回症－厚脳回症，滑脳症Ⅰ型) classical lissencephaly (lissencephaly type Ⅰ) は，神経細胞の遊走が途中で停止し，あるいは遅れたために生じる滑脳症である。脳表面は溝に乏しく滑らかで4層の大脳皮質を特徴とする。脳回異常の程度は様々であり，完全に脳回が欠如する無脳回症，少数の平坦で幅広い脳回の存在する厚脳回症，あるいはそれらが混在して認められることがある。古典的滑脳症はさらに，特異顔貌を伴うMiller-Dieker症候群や，顔貌は正常である孤発性滑脳症などに分類され，両者は*LIS1*遺伝子変異を伴う。

敷石様滑脳症(滑脳症Ⅱ型) cobblestone lissencephaly (lissencephaly type Ⅱ) は，神経細胞が最終到達点を超えて遊走したために生じる滑脳症である。大脳皮質の層構造形成は全く認められず，画像上皮質はレース状あるいは敷石様にみえる。先天性筋ジストロフィー，眼球の奇形，あるいは髄鞘(ミエリン)形成不全，小脳低形成，Dandy-Walker様奇形などの脳奇形と合併することが多い。現時点でわかっている敷石様滑脳症の全てのタイプで，常染色体劣性遺伝が確認されている。

獣医療領域では，滑脳症は比較的まれな疾患である。単独疾患としては5例のラサ・アプソのみにて文献上の報告がある[15, 36, 49]。また，小脳低形成との併発が2頭のワイヤーヘアード・フォックス・テリアと，3頭のアイリッシュ・セター，単眼症との併発が1頭のジャーマン・シェパード・ドッグの雑種，小頭症 microencephaly がコラットネコにて報告されている[26, 43]。

私験であるが，在来種の猫で滑脳症単独(恐らく孤発性滑脳症)の症例を経験している。ラサ・アプソの滑脳症は，病理所見やMRI所見からヒトの古典的滑脳症の一種，孤発性滑脳症に相当するものだと考えられている[36]。

2. 臨床症状

滑脳症の臨床症状は，滑脳症のタイプによって異なる。過去に報告のある全ての犬において，**比較的若齢からはじまるてんかん発作と行動異常・知能低下**が認められている。筆者らの経験したラサ・アプソの孤発性滑脳症の2例においては，行動異常と知能低下は明らかであったが，程度は軽く，てんかん発作のコントロールさえうまくいけば，ペットとしては通常許容範囲とみなされると考えられた。また，その2例ともに視覚障害が認められた。

同じく，孤発性滑脳症と考えられる猫は，難治性てんかんを主訴に来院したが，発作以外の異常所見がなく，臨床上行動異常も視覚障害も認められなかった。てんかん発作は，高用量のゾニサミド投与により良好にコントロールされている。

3. 診断

滑脳症は，MRI検査によって生前診断が可能である。ヒトにおいてMR画像は形態的病理的変化をよく反映し，滑脳症のタイプごとに特徴的な所見を示すことがわかっている。筆者は2頭のラサ・アプソにて古典的滑脳症のMRIを撮る機会を得たが，それらの所見は平滑な大脳表面，厚い新皮質，薄い白質，そして放線冠の欠如として特徴づけられ，ヒトにおける同疾患と非常に類似していた(図8)[36]。また，MRI所見は病理所見をよく反映していた(図9)。先に述べた猫の滑脳症例におけるMR画像も類似したものであった(図10)。

犬，猫における敷石様滑脳症の報告はまだないが，ヒトの所見としては，大脳半球全体にわたる不規則な表面，不鮮明な灰白質と白質境界，大脳皮質はレース状あるいは敷石様で，T2W画像では高信号を呈す[2, 38]。本疾患は，大脳皮質・白質の構造や脳回の異常を描出する必要がある点で，検査法としてはCTよりMRIが優れていると考える。

4. 治療および予後

滑脳症の治療は対症療法にとどまる。他の大脳皮質形成異常によるてんかんと同様，特発性てんかんと比較して抗てんかん薬が効きにくい傾向にあるようだ。また，経験上，本疾患は群発発作や重積状態を生じやすく，早期診断による初期からの積極的な抗てんかん療法が勧められる。滑脳症自体は非進行性である。したがって，特に孤発性滑脳症の場合，てんかん発作のコントロールが良好で，患者の知能低下をオーナーが許容できるのであれば，天寿を全うできる可能性は高いと考える。

5. 神経細胞遊走異常によるその他の疾患

神経細胞遊走異常によるその他の疾患としては，**異所性灰白質 heterotopia** がある(図11)。これは神経細胞の遊走停止が一部分に起こり，白質中の一部分に灰白質の塊が取り残された状態となることである。滑

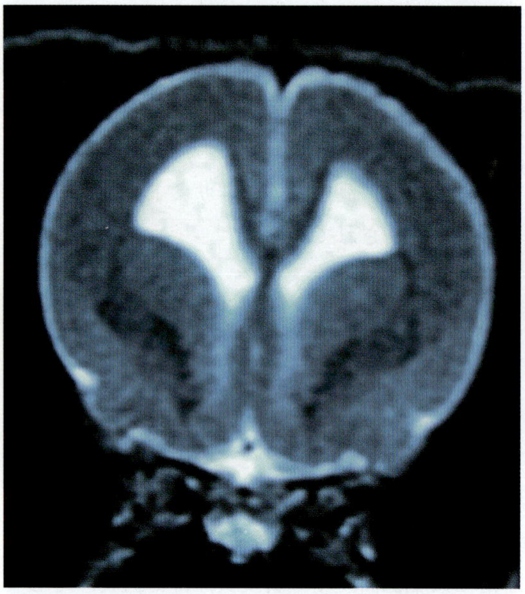

図 8　滑脳症の犬(ラサ・アプソ)の MRI T2W 画像
大脳の表面は非常に平滑で，新皮質は肥厚し，放線冠は認められない。

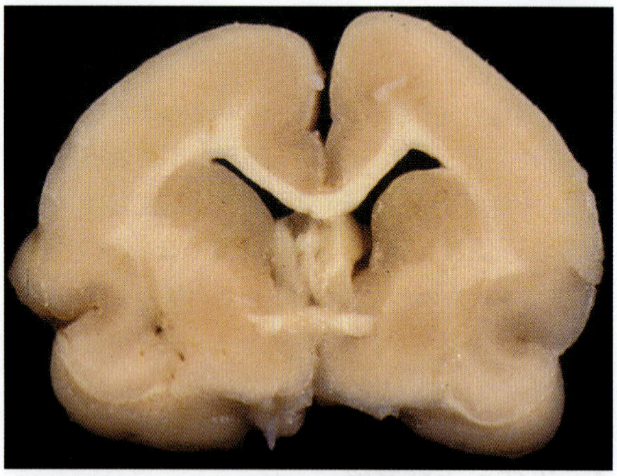

図 9　滑脳症の犬(ラサ・アプソ)の脳肉眼断面
MR 画像(図 8)と所見が一致している。

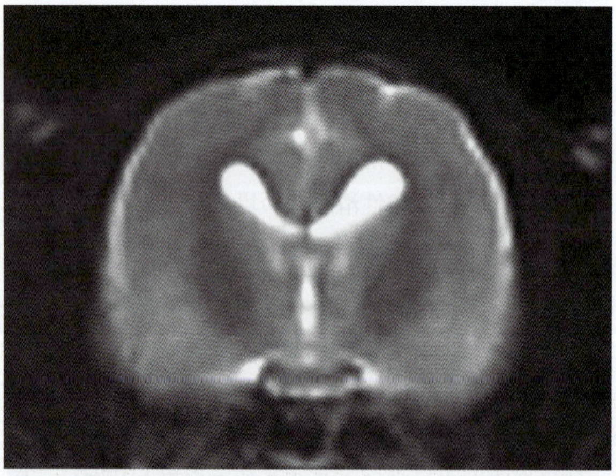

図 10　滑脳症の猫の MRI T2W 画像

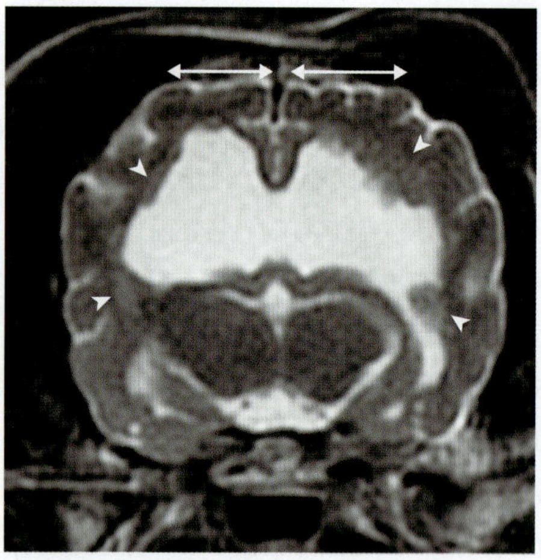

図 11　異所性灰白質と多小脳回
MRI T2W 画像(ミニチュア・ダックスフンド)。側脳室壁において，び漫性に皮質と等信号の構造(異所性灰白質，この場合は上衣下異所性灰白質)を認める(矢頭)。本症例では，さらに頭頂葉皮質に多小脳回(矢印)を認める。
(画像提供：日本獣医生命科学大学　長谷川大輔先生)

脳症遺伝子のヘテロ接合の場合，滑脳症の代わりに本疾患を引き起こすタイプも知られている。

多小脳回症 polymicrogyria(図 11，図 12)は，神経細胞遊走異常に分類される場合もあれば，その後の過程である**大脳皮質組織化 cortical organization** の異常に分類されることもある。これは皮質に小さな脳回が密集した状態を指し，胎生期の感染や虚血が原因と考えられている。異常な皮質における神経細胞はてんかん発作の焦点となりやすく，皮質形成異常疾患群に分類されるいずれの疾患においても，獣医療ではてんかんの治療が重要なポイントとなろう。ヒトでは，難治性のてんかん発作に対して，脳波検査にて，てんかん焦点を同定したうえで異常部位の外科的摘出術が行われることがある。

脳梁形成不全／脳梁欠損症，全前脳胞症

1．発生機序

全前脳胞症 holoprosencephaly とは，大脳半球の正中における分離不全を特徴とする奇形であり，犬や他の動物種で散発的な発生を認める[21, 39, 42, 43]。ヒトでは，前脳の発生分化異常を原因とする奇形の中で，最も一般的とされる[17]。脳梁は，左右の大脳半球をつなぐ白質性の太い連絡経路であるが，本症ではその形成不全(**脳梁形成不全 callosal dysgenesis**)あるいは欠損(**脳梁欠損 callosal agenesis**)を認め，前交連，透明中隔，中隔核，嗅球などにも異常を認めることが

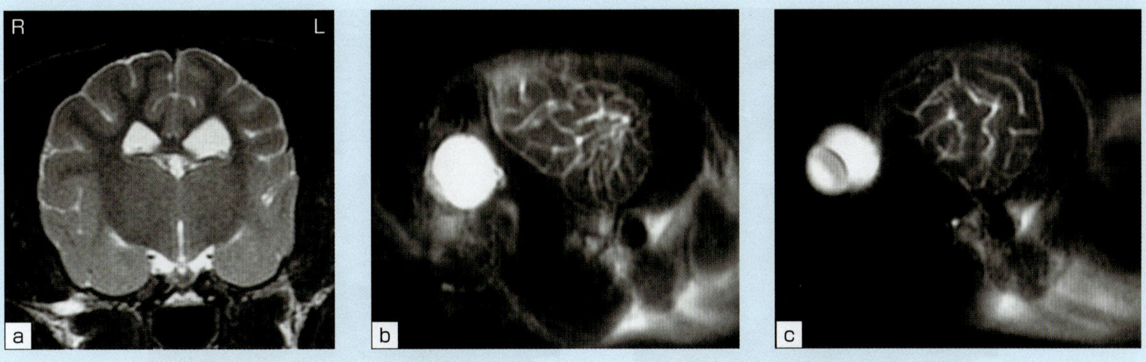

図 12　多小脳回

a：T2W 画像横断像，b：左側頭部 脳表撮像法 surface anatomy scanning（SAS），c：右側頭部 SAS。
パピヨン，7 歳，雄。7 歳になってからの反復性発作（焦点性発作〜二次性全般化）。左側頭葉仮ジルビウス裂を中心に多小脳回が認められる。また，同側は頭蓋形態も対側に比べ変形している（小さい）。
（画像提供：日本獣医生命科学大学　長谷川大輔先生）

多い。単眼症の併発，あるいは併発しない場合でも何らかの顔貌異常を呈する。病変の主座は大脳であり，間脳は正常か，あるいは二次的な変化にとどまる。

脳梁形成不全／脳梁欠損症は，本症の特徴の 1 つであるが，軸索変性症など，その他の奇形[6]，あるいはそれ単独の奇形として発生する場合もある[43]。

母体内での発生過程において，神経管の頭側は脳に，尾側は脊髄に分化する。その際，脳に分化する神経管の頭側には，脳胞と呼ばれる複数のふくらみが形成される。その最も頭側のふくらみは前脳胞（前脳）と呼ばれ，前脳胞は頭尾方向にわかれて終脳と間脳が形成される。終脳はさらに左右にわかれ，大脳半球となる。この時期，すなわち脳胞分化時における異常により，終脳が左右にわかれない脳奇形が全前脳胞症である。ヒトでは，この分化異常の背景として，遺伝子や染色体異常，あるいは環境要因（母体の糖尿病や脂質代謝異常症など）が関与しているといわれている[17]。

全前脳胞症は，奇形の重症度に応じて無分葉型，半分葉型，分葉型に分類される。無分葉型は，大脳半球がまったく分離しない最も重度なタイプである。すなわち，側脳室も 1 つであり，ときに単眼症を伴い，脳梁と透明中隔は欠損する。半分葉型では，吻側の大脳半球は融合するが尾側では分離しており，脳梁は吻側で欠損するが尾側は存在し，透明中隔は欠損する。分葉型は最も軽度なタイプで，大脳半球の最吻側と腹側部のみが融合している。

分葉型全前脳胞症はミニチュア・シュナウザーでまれに認められ[39, 42]，水分摂取不足による**高 Na 血症**を特徴とする。浸透圧受容器の存在する視床下部の異常によるものと推測されている。

2．診断

全前脳胞症や脳梁形成不全／脳梁欠損症の生前診断は，頭部 MRI にて可能である（図 13）。脳梁の低形成部位の特定には，正中矢状断像が有用となる（図 13a）。ライソゾーム病のいくつかにおいて脳梁が MRI では描出されにくいことが報告されているが[16]，臨床症状や脳梁以外の MRI 所見の違いから，本症との鑑別は容易であると考える。

3．治療

治療方法は存在せず，生存例では対症療法を実施する。高 Na 血症を呈する分葉型全前脳胞症に対しては，水分補給が治療の中心となるが，血中 Na 濃度を急速に下げると，不可逆的な脳損傷が生じるおそれがあるため，血液中の Na 濃度は非常にゆっくりと減らす必要がある。

孔脳症

1．発生機序

孔脳症 porencephaly とは，大脳半球中の脳実質の一部が欠損し嚢胞あるいは空洞に置き換わった状態で，欠損部は脳室あるいはくも膜下腔と交通をもつ。ヒトでは出産前あるいは周産期における感染・炎症性疾患，あるいは脳実質まで達する脳室内出血のような血管系の障害により生じ，獣医学領域でも同様に考えてよいと思われる。

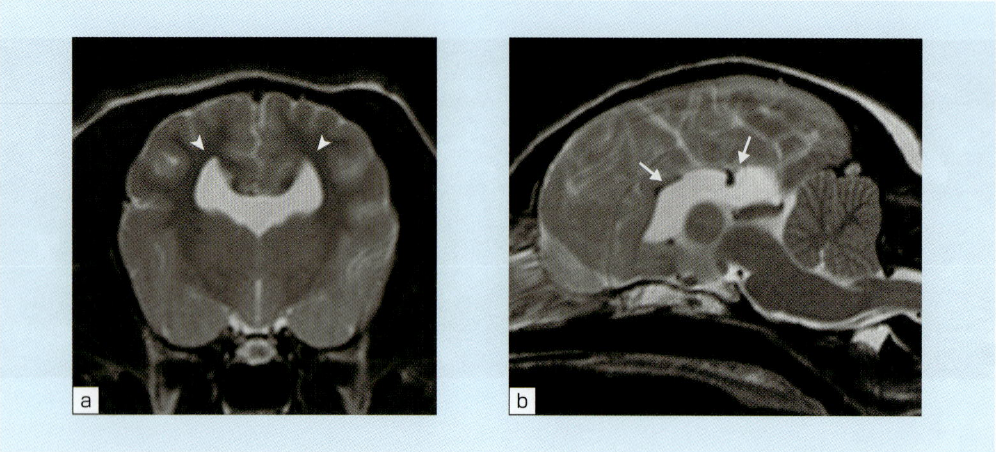

図 13　分葉型全前脳胞症に伴う脳梁形成不全

高 Na 血症を呈したミニチュア・シュナウザー。a：T2W 画像横断像，側脳室の先端が上向きに吊り上がっている（矢頭）。b：T2W 画像矢状断像，脳梁形成不全（矢印）と透明中隔欠損を認める。
（画像提供：日本獣医生命科学大学　長谷川大輔先生）

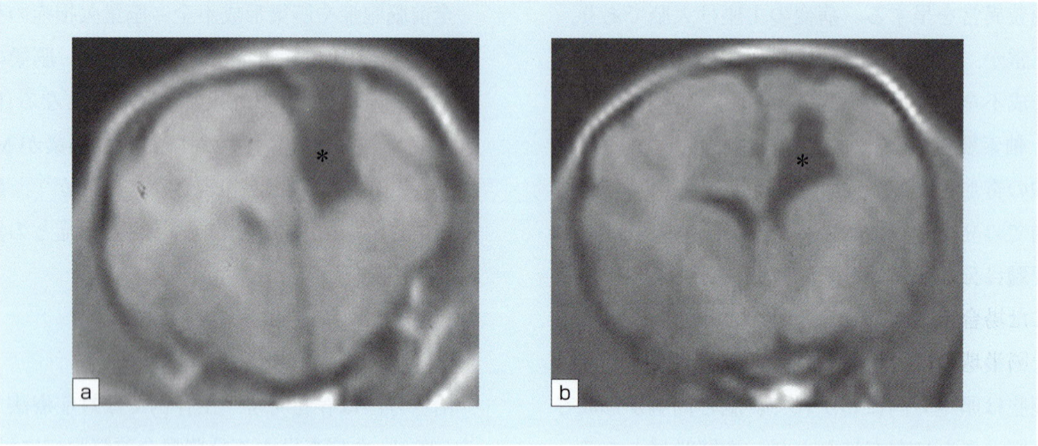

図 14　孔脳症の犬の MRI T1W 画像

脳室とくも膜下腔と連続する CSF と等信号の病変（*）を認める。
a：吻側，b：尾側。

2．診断および治療

CT や MRI では，脳室あるいはくも膜下腔と連続する境界明瞭な CSF と等信号を示す囊胞様構造が認められ，造影剤による増強効果はない。ときに，くも膜囊胞との鑑別が難しい場合があるかもしれない。

獣医学領域では死産あるいは出生後すぐに死亡するといわれてきたが[5]，高度画像診断技術の発展と利用率の上昇とともに生存時に発見される場合も増え，神経異常が軽度で，画像上の脳の欠損程度も軽度の症例にときどき遭遇する。

図 14 は，生後 1 カ月齢で未熟子としてブリーダーから引き取ったトイ・プードルの MR 画像であるが，この症例は生後数カ月しても首の据わりが悪く，後肢がしっかりしないとの主訴で来院した。神経学的異常以外，全身状態に異常は認めなかった。MRI では，孔脳症とともに右大脳皮質の広範な萎縮と吻側頚髄の萎縮が認められた。CSF 中の犬ジステンパーウイルス（CDV）抗体が陽性であり，胎子期あるいは周産期における感染症が原因の 1 つとして考えられた。本疾患は脳室拡大を併発することがあり，それが進行性である場合は V-P シャントの設置を考慮すべきであろう。

孔脳症が重度で，片側あるいは両側大脳半球がほとんど欠如している場合を，特に**水無脳症 hydranencephaly** と称す。同腹犬にて，脳内血管障害により水無脳症の発生した例が報告されている[3]。

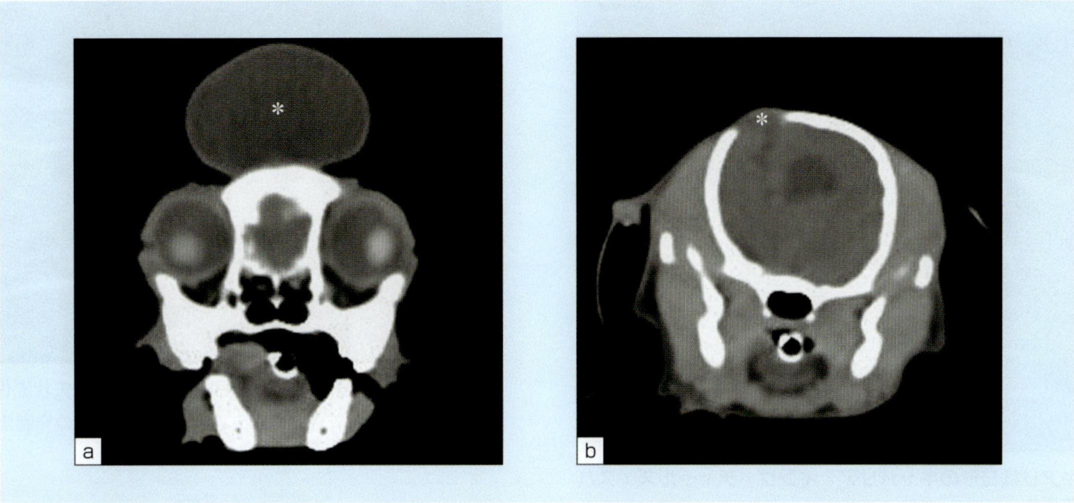

図15　髄膜脳瘤の犬のCT画像
頭蓋骨の欠損部から頭蓋内容物が飛び出している(＊)。
a：吻側，b：尾側。

髄膜瘤，髄膜脳瘤

その他の比較的まれな奇形として，**髄膜瘤 meningocele**，**髄膜脳瘤 meningoencephalocele**(図15)が挙げられる。皮膚に覆われた軟らかい突出物が頭部(通常は正中)に存在する。これは頭蓋骨の欠損部位から，頭蓋内容物の一部が飛び出したもので，髄膜のみが突出した場合を髄膜瘤，脳を伴うものを髄膜脳瘤という。大脳半球のほとんどが腫瘤内に含まれるほど大きい場合もある[7]。頭蓋骨の欠損は正中に多いが(二分頭蓋 cranium bifidum によるもの)，それ以外の頭部のあらゆる部分にも発生し得る。画像上，前述の孔脳症と一見して似る場合があるが，孔脳症の本質は脳実質の欠損という点で区別可能である。

[齋藤弥代子]

キアリ様奇形

1．発生機序と病態生理

(1) ヒトのキアリ奇形

キアリ奇形 chiari malformation とは小脳，橋，延髄の発生異常による先天性奇形であり，1891年にHans von Chiariが最初に報告している[50]。この報告の中で，キアリ奇形は4つの型に分類されている。Ⅰ型は小脳扁桃が大後頭孔から下垂して脊柱管内に陥入した状態と定義されている。Ⅱ型は小脳扁桃に加え小脳虫部，延髄および第四脳室などが脊柱管内に陥入した状態で，腰部の脊髄髄膜瘤に併発する。いずれも大後頭孔を狭窄するのが特徴である。Ⅲ型は水頭症を伴って小脳が頚部の二分脊椎内に陥入した状態，Ⅳ型は小脳形成不全と定義されている[50]。

キアリⅠ型奇形は後頭骨頚椎移行部の骨奇形に関連して起こると考えられている[51]。通常成人で発症し，顔面知覚障害，眼振，嚥下困難，めまいなどの神経症状を呈する。また，キアリⅠ型奇形では，頚部脊髄内に液体が貯留する脊髄空洞症を伴うことが多い。これはキアリⅠ型では小脳の一部が脊柱管内に落ち込むことにより大後頭孔が狭窄してCSFの循環障害を生じ，その結果，脊髄実質内に水分が貯留して空洞が形成されると考えられている。脊髄空洞症を併発している場合には，上肢のしびれ，痛み，表在痛覚障害，筋萎縮，脊椎側弯症などの症状がみられる。大後頭孔部の狭窄を解除する手術(大後頭孔拡大術，後述)により，小脳や脳幹の症状は改善する。また，空洞病変の縮小効果も期待できる。

(2) 犬のキアリ様奇形

犬でもヒトのキアリⅠ型奇形に類似した疾患が報告され，**キアリ様奇形 chiari-like malformation** とよばれている。特にキャバリア・キング・チャールズ・スパニエルでの発症が多い[20]。キャバリア・キング・チャールズ・スパニエルでは遺伝的に後頭骨の発育不全を生じることも報告されており[32]，発症機序もヒトのキアリⅠ型奇形と類似しているものと考えられている。さらに，頚部脊髄における**脊髄空洞症 syringomyelia** を併発している症例も多い[33]。このため，後頭骨頚椎移行部におけるCSFの循環障害にも，ヒトと同様に関与しているものと考えられる。また，水頭症を

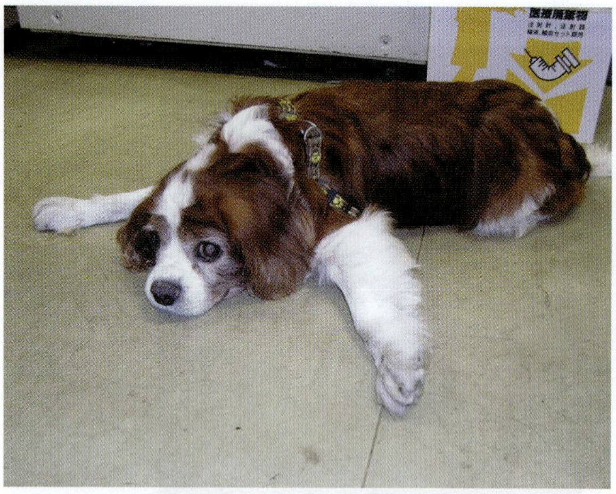

図 16　キアリ様奇形のキャバリア・キング・チャールズ・スパニエル
併発する脊髄空洞症により，前肢に強い麻痺を示している。

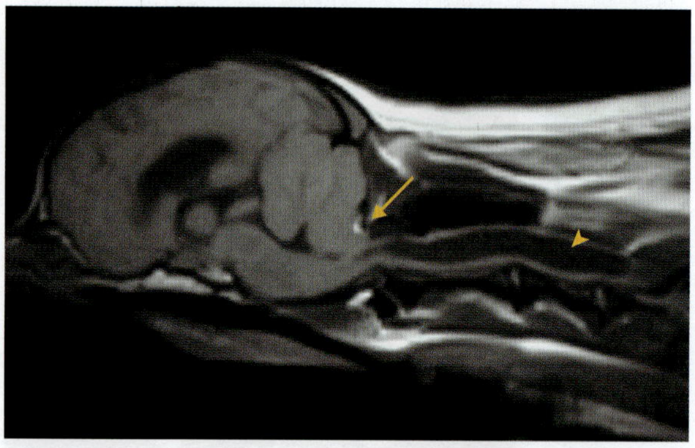

図 17　キアリ様奇形の犬の MRI T1W 画像正中矢状断像
小脳尾側部の脊柱管内への陥入（矢印）および頚髄の脊髄空洞症（矢頭）を認める。

併発していることも多い。

2. 臨床症状

キアリ様奇形の犬の臨床症状は，**振戦**，**斜頚**，**知覚過敏**，**前肢に強い症状を示す四肢不全麻痺**（図 16），**頚部の引っ掻き行動**，**発作**などであり，ヒトと同様に多岐にわたっている[20, 33]。これらの症状のうち，知覚過敏，不全麻痺，頚部の引っ掻き行動などは併発する脊髄空洞症による症状であると考えられる。また，発作は，水頭症に関連して起きている可能性が高い。キアリ様奇形による小脳や延髄の圧迫によって生じている症状は振戦，斜頚などの症状と考えられ，これらの症状を示すことは比較的まれである。

また，明らかな臨床症状を示さずに，椎間板ヘルニアや環軸不安定症など，他の頚部疾患の診断時に偶発的に診断されることも少なくない[20]。

3. 診断

キアリ様奇形の診断は MRI による。頭頚部の正中矢状断像における小脳尾側部の脊柱管内への陥入により診断する[20]。また，頚髄の脊髄空洞症を併発している症例が多く，臨床症状にも関連するため，同時に頚部脊髄の撮像も行うべきである（図 17）。

4. 治療および予後

大後頭孔部の狭窄を解除するために，ヒトのキアリⅠ型奇形において実施されている**大後頭孔拡大減圧術 foramen magnum decompression（FMD）**を犬のキアリ様奇形に実施した報告がある[34, 44, 45]。FMD は小脳の圧迫を解除し大孔頭部における CSF の流路の障害を解除することが目的となる。このためには後頭骨の尾側部の切除だけでなく，硬膜切開および線維化し肥厚した組織の切除，環椎背弓頭側部の切除なども必要となる場合が多い（図 18，動画 1）。キアリ様奇形の犬に対して FMD を実施した場合の予後であるが，臨床症状の改善，空洞病変の縮小などの目的とした治療効果が得られる場合とそうでない場合の両方がある[34, 44, 45]。ヒトと同様の機序で発症していると考えられる犬のキアリ様奇形において，FMD の治療効果がヒトほど得られていない原因は不明であるが，後頭骨の切除範囲が狭い，小脳部の硬膜や環椎部の肥厚した硬膜の切除が不十分であるなどの手技的な問題が考えられる。しかしながら，十分な圧迫の解除を行っても効果が得られない場合もあり，ヒトと犬における解剖学的な差異が関連している可能性も考えられる。さらに，FMD によりいったんは治療効果が得られても，術部の癒着や線維化により CSF の循環障害が再燃して，症状，空洞病変が再発する場合も報告されており[33, 34]，FMD に頭蓋形成術 cranioplasty を組み合わせる術式も報告されている[11]。

問題となる臨床症状が脊髄空洞症によるものであり，空洞病変による脊髄実質の圧迫が原因と考えられる場合には，**空洞－くも膜下腔シャント術（S-S シャント術）syrinx-subarachnoid shunt** を実施する場合もある[24]。S-S シャント術は，液体が貯留している空洞病変内とくも膜下腔とを交通させる細いチューブを設置することにより，空洞病変内の液体をくも膜下腔に排出させる方法である（図 19）。この治療法では空洞病変の縮小効果を手術直後から得られるため，空洞内の圧力が高いと考えられる場合には効果的である。しかしながら，シャントチューブは脊髄実質を通して設置するために，これによる脊髄障害を起こす可能性

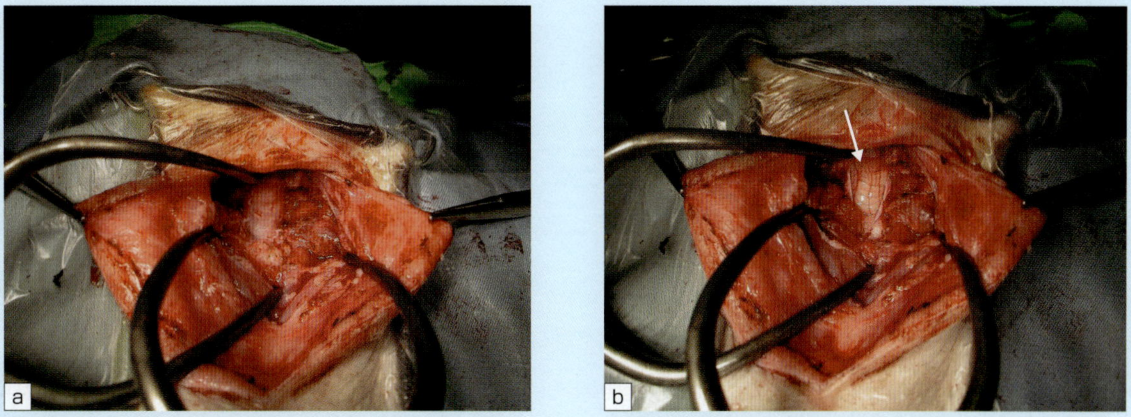

図 18　大後頭孔拡大術

後頭骨の尾側部の切除，硬膜切開および線維化し肥厚した硬膜の切除の様子。環椎頭背弓側部の切除などが必要となる場合もある。
a：後頭骨を切除したところ，b：硬膜を切開し，小脳虫部が露出したところ（矢印）。

Video Lectures　犬のキアリ様奇形

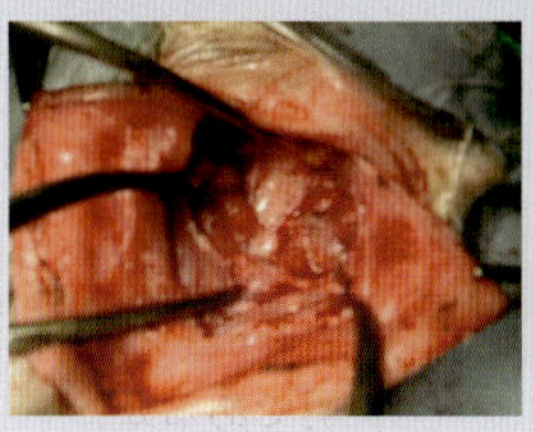

動画 1　大後頭孔拡大術の様子

圧迫解除後の小脳の拍動が確認できる。

がある。また，いったんは治療効果が認められても，チューブの閉塞により症状が再燃する可能性がある。さらに，水頭症と同様に空洞病変による長期にわたる脊髄圧迫により，脊髄実質の障害が不可逆的になっている場合には十分な治療効果は得られない。

キアリ様奇形の犬では，頭蓋内圧が上昇すると大後頭孔部における小脳や延髄の圧迫が進行し，中枢性前庭障害や発作などの臨床症状が悪化する場合がある。このような場合にはステロイド剤や浸透圧利尿剤といった**脳圧降下作用のある内科治療**を施すことにより症状を軽減させることが期待できる。

また，脊髄空洞症による症状を軽減し空洞病変の進行を抑制する目的で，水頭症に準じた内科治療を実施することもできる。アセタゾラミド，フロセミド，イソソルビト，プレドニゾロンなどを症状の程度，治療に対する反応に応じて使用している。これらの薬剤による内科治療は，あくまでも対症療法であり根本的な治療ではないが，犬のキアリ様奇形では比較的軽度の症状しか呈していない場合も多く，内科治療により維持できる場合も少なくない。

COMS

1．COMS とは

ヒトにおける脊髄空洞症の原因は，約 50%がキアリⅠ型奇形に伴うものである。ヒトのキアリⅠ型奇形は小脳扁桃が脊柱管内へ陥入した状態と定義されており，これは後頭骨頚椎移行部の骨奇形に関連して生じると考えられている。また，後頭蓋窩の狭小化や延髄頚髄移行部の圧迫により CSF の循環動態異常を引き起こすと考えられており，これに伴って頚髄における脊髄空洞症を併発することが多い。

犬において脊髄空洞症が診断された症例では，外傷，脊髄腫瘍，炎症に併発する例はまれであり，先天性奇形に関与するものが多い。実際，キャバリア・キング・チャールズ・スパニエルのようにキアリ様奇形に伴って脊髄空洞症を発症している例もある[20, 33]。一方で，犬の脊髄空洞症ではキアリ様奇形を併発している症例は約 10%程度と，ヒトと比べて多くはない。しかしながら，これらの症例の MRI を注意深く評価すると，小脳の脊柱管内への陥入はなくても後頭蓋窩の狭小化や延髄頚髄移行部レベルにおける圧迫を示す所見が多くみられる。つまり，ヒトとは若干異なるものの，延髄頚髄移行部において CSF の循環障害を生じるという点では，ヒトと同様の機序が犬の空洞病変の形成に関与している可能性が考えられる。

そういった状況から，ヒトのキアリ奇形という用語をそのまま犬にあてはめるのではなく，犬におけるこのような病態に対し**尾側後頭部奇形症候群 caudal occipital malformation syndrome（COMS）**とい

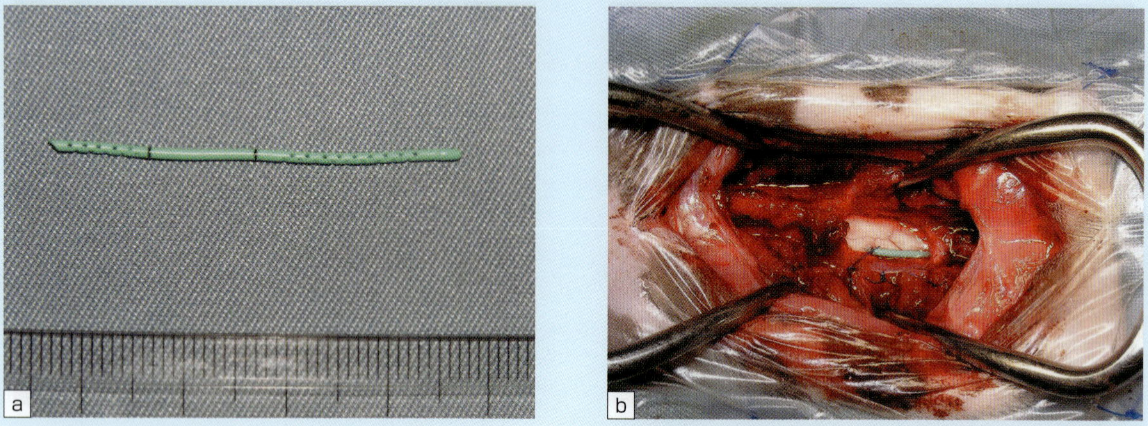

図 19　空洞 - くも膜下腔シャント術（S-S シャント術）

空洞病変内とくも膜下腔とを交通させる専用のチューブを設置し，空洞病変内に貯留した液体をくも膜下腔に排出させる。a：脊髄空洞症用シャントチューブ，b：手術にて設置した様子，c：術後の X 線画像。

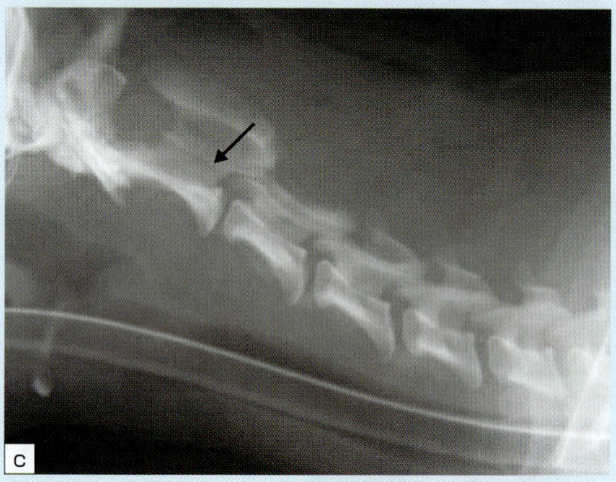

う表現を用いようという考え方が出てきた[9]。これらの症例ではヒトのキアリⅠ型奇形の定義である小脳の脊柱管内への陥入は必ずしもみられないが，後頭骨や環椎，軸椎の奇形を伴う場合が多くみられている。特に，小脳尾側部の頭側への圧迫，延髄頚髄移行部における背側くも膜下腔の狭小化，延髄尾側の屈曲といった所見が認められる場合が多く，これらによりキアリⅠ型奇形と同様の CSF の循環障害を生じて脊髄空洞症を併発していると考えられる[9]。

COMS はチワワ，キャバリア・キング・チャールズ・スパニエル，ヨークシャー・テリア，ポメラニアン，ミニチュア・ダックスフンド，マルチーズ，トイ・プードル，パピヨンなどで多くみられており，小型犬での発症がほとんどである[9]。診断時の平均年齢は 5～6 歳であり，雌雄に関係なく診断されているが，雄の割合が若干多い傾向がある[9]。

2. 病態生理

COMS によってみられる小脳尾側部の頭側への圧迫は，頚髄における脊髄空洞症を発症している小型犬によくみられる所見であるが，これらの症例の頭頚部の CT を撮ると後頭骨の形成不全を伴っている場合が多い。すなわち，小脳は後頭骨により圧迫されているのではなく，後頭骨が正常に形成されなかったことにより髄膜形成が不十分となり，後頭蓋窩の狭小化が生じて，これにより小脳が頭側に圧迫されていると考えられる。このような小脳圧迫により小脳症状を呈することは少ないが，まれに振戦などの小脳症状を呈する場合がある。また，無症候性に経過していたものの，頭蓋内圧を上昇させる他の要因が加わることにより，中枢性前庭障害を呈するようになったと考えられる症例にも遭遇している。

COMS では延髄頚髄移行部におけるくも膜下腔背側部の狭小化，すなわち**大槽の狭小化**がみられることが多い。これらの症例では延髄頚髄移行部の髄膜が肥厚，線維化しており，ヒトのキアリⅠ型奇形でみられる所見と一致している。この部位における髄膜の肥厚がくも膜下腔を狭小化させ，**CSF の循環障害**を引き起こしているものと考えられる。

また，延髄尾側部が背側に屈曲している所見も多くみられる。これは歯突起の形成異常により，歯突起が延髄頚髄移行部を背側に圧迫しているためと考えられる。このような所見も CSF の循環障害に関与しているものと考えられる。

COMS でみられる前述のような所見は，いずれも CSF の循環に影響を及ぼし，これにより頚髄実質内における空洞病変の形成に関与していると考えられている。空洞病変の成因についてはヒトにおいても古くから諸説が考えられているが，いまだに正確な機序については不明である。ただ，空洞病変の成因についての仮説は大きく2つにわけられる。1つは頭蓋内から脊髄くも膜下腔へのCSFの循環が阻害されたときに，頭蓋内圧の亢進に伴って頭蓋内圧と脊柱管内圧とに較差を生じて，これにより第四脳室から閂obexを介して脊髄中心管内へCSFが流入し脊髄内に空洞を形成するという説であり，もう1つは，脊髄くも膜下腔から頭蓋内へのCSFの流れが阻害されたときに，脊髄くも膜下腔における圧が上昇することによりCSFが脊髄実質に浸潤して空洞を形成するという説である[51]。前者の説はGardnerやWilliamsらにより唱えられている。Gardner説（水力学説）は，外側孔（ルシェカ孔）と正中孔（マジャンデ孔）の先天性の形成不全により，脳室内の脈絡叢の拍動が第四脳室，閂を介して脊髄中心管内に直接に伝播（水撃効果water-hammer effect）することにより空洞を形成するという最も古典的な説である[9, 51]。

Williamsは第四脳室における髄液拍動はそれほど強くなく，水頭症を併発した症例も多くないことからGardner説には矛盾があるとして，次のような説（静脈圧説）を唱えた。これは，キアリ奇形，大後頭孔部の腫瘍などの病変，あるいは腫瘍やくも膜炎といった脊柱管内病変がある場合，発咳時などに頭蓋内圧と脊髄くも膜下腔圧間に大きな圧較差を生じ脊柱管内が陰圧になる。この陰圧により第四脳室内，大槽内のCSFが脊髄中心管内に流入（吸引効果suck effect）し，空洞が形成されるという説である[9, 51]。

後者のCSFが脊髄実質に浸潤して空洞が形成されるとする説は，AboulkerやBall，Dayanらにより唱えられている。髄液循環障害を生じるような大後頭孔部病変が存在すると，発咳などによる胸腔内圧亢進が脊柱管内静脈叢を介して脊髄くも膜下腔に伝わるが，大後頭孔部病変がバルブ機構として作用して上行性髄液流を障害する。そのため，AboulkerはCSFが脊髄内に直接あるいは後根に沿って浸潤する（経脊髄実質説）と考え，BallとDayanは，脊髄くも膜下腔の脈波が血管周囲腔を介して脊髄内に伝わり空洞を形成する（経血管周囲腔説）という説を提唱している[51]。

3. 臨床症状

COMSの症例で認められる臨床症状は，**発作，振戦，顔面麻痺，頚部の引っ掻き行動，旋回運動，頚部痛，知覚過敏，斜頚，側弯，頚部下垂，斜視，四肢不全麻痺など**，多岐にわたっている（図20）[9]。これまでに述べたように，COMSでは頚部脊髄における脊髄空洞症を併発している場合がほとんどであり，また水頭症を併発している症例も少なくない。よって，小脳や延髄の圧迫だけによりこれらの症状を生じているわけではなく，水頭症や脊髄空洞症に伴う症状が多いと考えられる。四肢不全麻痺，頚部痛，頚部の引っ掻き行動などは脊髄空洞症に伴って生じていると考えられ，特に前肢の下位運動ニューロン徴候（LMNS）を伴う四肢の不全麻痺は頚部脊髄の内部からの障害によるもの（**中心性脊髄症候群central cord syndrome**）であり，脊髄空洞症の典型的な症状である[9]。

COMSによる臨床症状は多岐にわたっているが，これらの症状を必ず発症しているわけではなく，頚部の引っ掻き行動や知覚過敏などは必ずしもオーナーや獣医師に病的なものと認識されない場合も少なくない。よって，COMSの存在を見逃していたり，頚部椎間板ヘルニアなどの他の疾患によりMRI検査が実施された際に偶然見つかる場合もある。症状が軽度であれば治療の必要はないかもしれないが，進行性の経過をたどる場合もあるため，前述のような臨床症状には注意し，COMSの疑いがある場合にはMRI検査を実施するべきである。

4. 診断

前述のような臨床症状がみられた場合には，キアリ様奇形あるいはCOMSの存在を疑い，MRI検査を実施している。COMSの診断にはMRIが必要不可欠である。**小脳尾側部の頭側への圧迫や延髄頚髄移行部における背側くも膜下腔の狭小化，延髄尾側の屈曲，小脳尾側部の脊柱管内への陥入**といった所見はMRIでしか診断できない。特に，後頭部から頚部にかけてのT2W画像正中矢状断像が有用である。頭部の背断の撮像だけしか行わなかった場合には，COMSの所見を見落とす可能性があるため，筆者は頭部あるいは頚部のMRI検査を実施する場合には，必ずこの部位のT2W画像正中矢状断像を撮像するようにしている。COMSの所見が認められた場合には，頚部脊髄における空洞病変の有無も確認する必要がある（図21）。

CTではCOMSにおいてみられる延髄頚髄移行部の所見を評価することは難しいが，その原因と考えられるこの部位における骨奇形の評価には有用である。特に，ボリュームレンダリングにより3D表示するこ

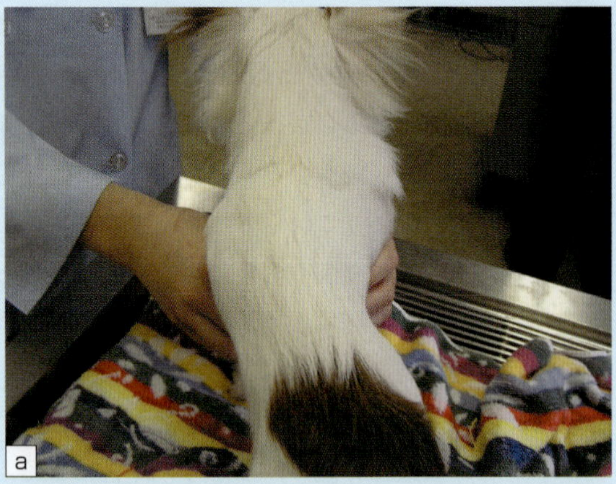

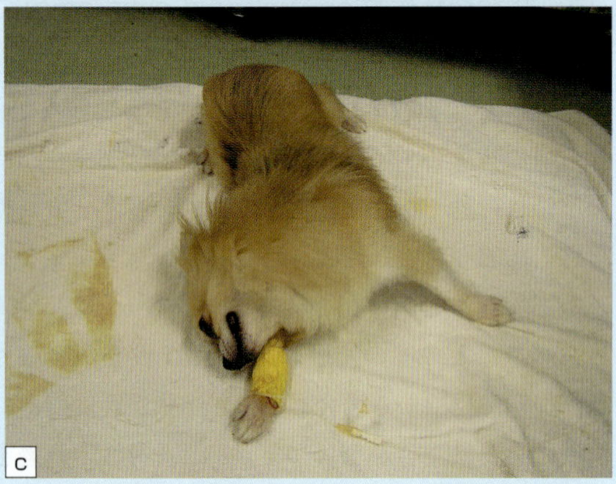

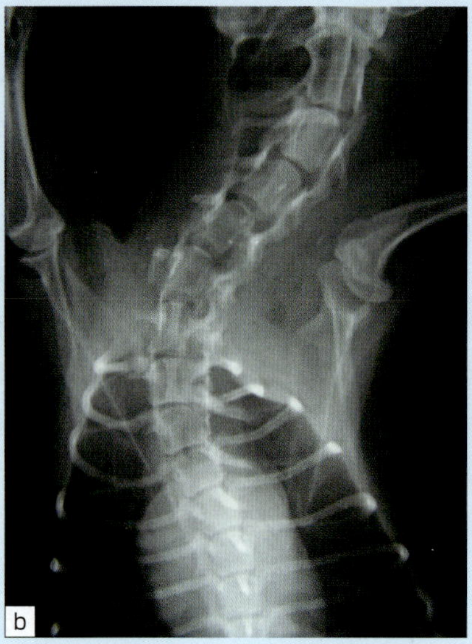

図 20　COMS で認められる臨床症状
頚部側弯が認められた症例の外貌(a)と X 線画像(b)。
中枢性前庭障害の症例の外貌(c)。

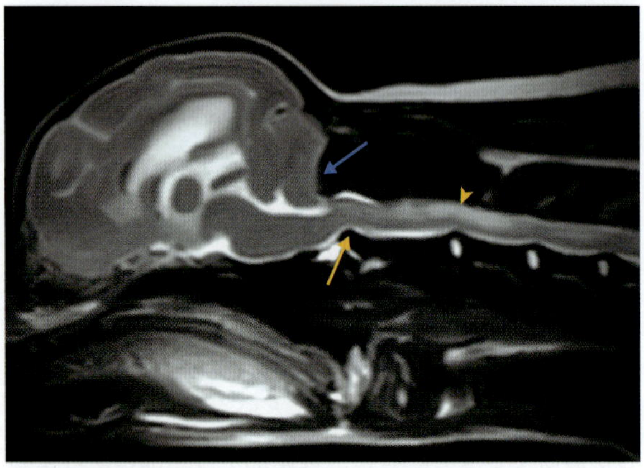

図 21　COMS，MRI T2W 画像 正中矢状断像
小脳尾側部の頭側への圧迫(青矢印)，延髄尾側の屈曲(黄矢印)および頚髄における空洞病変(矢頭)。

とで，後頭骨や歯突起の形成不全を認識しやすくなる。このような骨病変の評価は COMS の診断には必ずしも必要ではないが，FMD のような外科治療を計画する際には重要な情報となる。

5．治療および予後

臨床症状の項で述べたように，COMS では多様な臨床症状を示す一方で，問題となるような重大な症状は示さない場合も少なくない。また，慢性進行性の経過をたどる場合と，進行しない場合がある。このため，治療法の選択も臨床症状によって対応を変える必要がある。疼痛を示している場合には消炎鎮痛剤，頭蓋内圧亢進により中枢性前庭障害が悪化していると判断した場合には浸透圧利尿剤などによる対症療法を実施する。四肢不全麻痺などの重大な症状を呈していない場合には，イソソルビドなどの経口の浸透圧利尿剤やプレドニゾロンの経口投与などにより症状を改善できることが多い。

COMS の原因は先天性の骨奇形であるため，根治的な治療は不可能である。しかしながら，併発している脊髄空洞症による症状や中枢性前庭障害が重度であり対症療法による反応が悪い場合には，小脳圧迫の解除や CSF の循環障害の改善を目的として，外科治療を実施する場合もある。外科治療は，キアリ様奇形と同様に，FMD あるいは S-S シャント術を実施する[12]。

小脳奇形

小脳の先天性奇形が犬および猫において報告されており[4, 8, 21, 27]，奇形が小脳単独で生じる場合と，大脳などの他の脳の異常と併発する場合とがある[21]。小脳の全体的な低形成は原因が不明な場合が多いが，出生前後の小脳の発達時期におけるウイルス感染あるいは遺

Video Lectures　猫の小脳奇形

動画 2　酔っぱらい歩行
小脳低形成に伴う臨床症状を示す猫。酔っぱらい歩行に加え，給餌した際の頭部の企図振戦および測定過大がみられる。（動画提供：日本獣医生命科学大学　長谷川大輔先生）

伝的背景による先天性奇形と考えられている[4, 8, 21, 27]。**小脳の先天性奇形では小脳の形状や臨床症状は非進行性であり**，誕生時の小脳は正常でその後実質が失われていく遺伝性慢性進行性疾患である小脳皮質アビオトロフィー（CCA）とは区別されている[8, 21, 27]。

猫では，猫汎白血球減少症ウイルスの子宮内感染による様々な小脳奇形が報告されている。子宮内感染は，外胚芽層における分裂を障害し，顆粒細胞層が低形成となる。プルキンエ細胞が破壊される場合もある。その結果，小脳は正常よりも縮小した形状となる（**小脳低形成 cerebellar hypoplasia**）[4, 8, 21, 27]。罹患した子猫には，水頭症や水無脳症を併発している例もある[27]。通常，猫汎白血球減少症ウイルス感染による他の全身症状は認められない[27]。また，このウイルスによる出生後の感染が中枢神経系に影響することもまれである[4]。

犬では，一部あるいは全体の欠損，全組織の分化の不完全，一部の組織の低形成などの様々な先天性奇形が，エアデール・テリア，チャウ・チャウ，アイリッシュ・テリア，ボストン・テリア，ブル・テリア，ワイアーヘアード・フォックス・テリアといった犬種で報告されており，遺伝的な関与が疑われている[4]。

1．臨床症状

臨床症状は対称性であることが多く，**測定過大，頭部振戦，開脚姿勢など，小脳疾患に特徴的な症状がみられる**（動画2）。罹患した動物の歩行開始時に，臨床症状が認識される場合が多い[4, 27]。

2．診断

診断は発症年齢，非進行性の経過および画像診断に基づいて下される。MRI では，小脳低形成は小脳周囲の CSF の増加を伴う，小脳サイズの顕著な縮小として観察される（図 22）。一方，小脳皮質アビオトロフィーの場合は，小脳のサイズは正常かわずかに小さく，灰

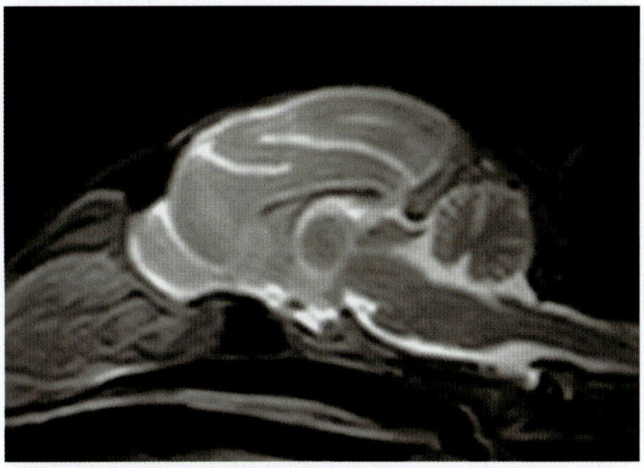

図 22　小脳低形成の MRI 所見
雑種猫，3 カ月齢，雄。
（画像提供：株式会社キャミック　山添比奈子先生）

白質の減少による小葉間スペースの増大がみられる[21]。これらの所見は，T2W 画像正中矢状断像において最も検出しやすく，診断に有用である。

品種あるいは動物種は，小脳皮質アビオトロフィーと鑑別するうえで有用な情報となる。

3．治療および予後

臨床症状は非進行性であるため，症状が軽度であれば生命予後は良い。しかし，治療法はないため，症状が重度で衰弱していく場合には安楽死処置を検討しなければならない[4]。

Dandy-Walker 様奇形

Dandy-Walker 症候群は，ヒトにおける後頭蓋窩を中心とした複合奇形であり，小脳虫部の完全欠損あるいは低形成（虫部下部欠損），第四脳室の嚢胞状拡大，小脳テント付着部や横静脈洞，静脈洞交会の挙上を伴う後頭蓋窩の拡大が三主徴である。また，水頭症や脳梁形成異常，多小脳回症，異所性灰白質，後頭部脳瘤などの他の先天性奇形を伴うことが多い[51]。

多くは生後 1 年以内に症状が出現する。水頭症の進行による頭囲拡大，精神運動発達遅延，頭蓋内圧亢進による頭痛，嘔吐の他，脳神経麻痺，小脳失調，運動麻痺といった症状がみられる。治療としては，水頭症に対するシャント術が行われており，生命予後は悪くないが，知能予後は不良である。

犬や猫においても，まれではあるが，類似した奇形が Dandy-Walker 様奇形 Dandy-Walker-like malformation として報告されている[1, 19, 21, 29, 37]。しかしながら，ヒ

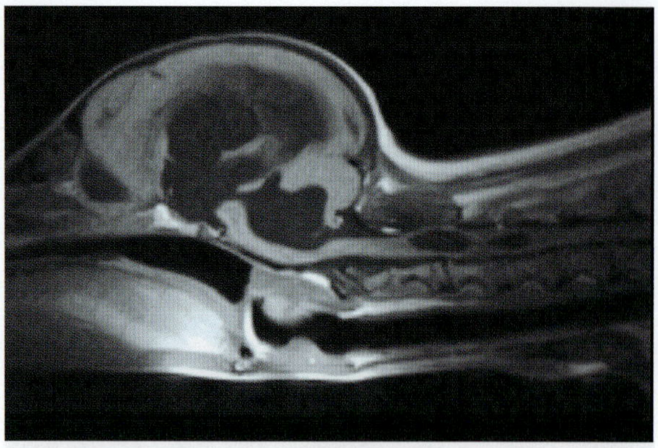

図 23　ミニチュア・ダックスフンドでみられる重度の水頭症症例，MRI T1W 画像正中矢状断像
第四脳室の拡大により小脳が重度に圧迫され変形しており，頚髄の脊髄空洞症も併発している。

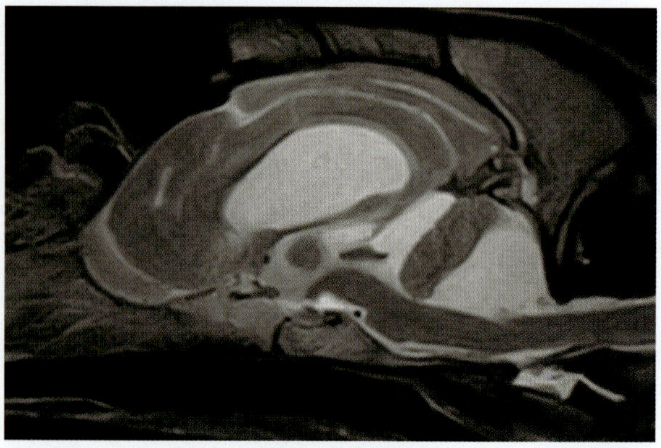

図 24　Dandy-Walker 様奇形の MRI 所見
ラブラドール・レトリーバー，1 歳，未去勢雄。
（画像提供：株式会社キャミック　山添比奈子先生）

トの Dandy-Walker 症候群と一致した所見がみられた症例は必ずしも多くはなく，その診断には注意が必要である。特に，ミニチュア・ダックスフンドに多くみられる第四脳室の重度拡大を伴う全脳室系が拡大した水頭症では，第四脳室が嚢胞状に拡大し強く圧排された小脳が低形成様にみられるため，Dandy-Walker 様奇形と診断される場合がある。しかし，これらの症例では小脳虫部の形成不全は伴っておらず，圧排されていた小脳は V-P シャント術によりほぼ正常な形体に復することから，Dandy-Walker 様奇形とは区別するべきである（図 23）。

1．臨床症状

動物における Dandy-Walker 様奇形の臨床症状は，**運動失調，測定過大，威嚇瞬目反応の消失，振戦などであり，小脳に特徴的な徴候**である。これらの症状は生後 3 カ月以内に認識され，**通常は非進行性**である[1)]。

2．診断

発症時期，臨床症状は特徴的であるが，他の先天性小脳疾患との鑑別が必要である。過去の報告では，脳槽造影，超音波検査，死亡後の剖検により診断されている[29, 37)]が，近年は MRI による生前診断が報告されている[1, 19, 21)]。MRI において，虫部の欠損あるいは低形成，および小脳半球間の CSF と同等の信号強度の大きな嚢胞病変がみられた場合には本疾患が強く示唆される（図 24）。

前述した水頭症による第四脳室の拡大，頭蓋内くも膜嚢胞，小脳低形成などが鑑別疾患となる。

3．治療および予後

本疾患の発生は非常にまれであり，MRI 導入以前は生前診断が容易ではなかったことから，治療と予後に関する報告は少ない。今後のデータの蓄積が望まれる。

おわりに

診断の項でも触れたが，後頭蓋窩の疾患の診断には MRI が必要不可欠である。よって，これらの疾患を生前に診断できるようになってから，まだ 10 年ほどである。このため，長期的な予後や治療に対する効果については不明な点が多く，今後多くの知見が報告されるものと考えられる。予後，治療に関しては最新のデータを参考にしていただきたい。

［松永　悟］

■謝辞
本章を執筆するにあたり，画像をご提供いただいた日本獣医生命科学大学の長谷川大輔先生，株式会社キャミックの山添比奈子先生に深謝する。

■参考文献

1) Bagley RS. Fundamentals of Veterinary Clinical Neurology. Blackwell. Ames. US. 2005, pp142-149.

2) Barkovich AJ. Neuroimaging manifestations and classifi cation of congenital muscular dystrophies. *AJNR Am J Neuroradiol.* 19(8): 1389-1396, 1998.

3) Barone G, deLahunta A, Sandler J. An unusual neurological disorder in the Labrador retriever. *J Vet Intern Med.* 14 (3): 315-318, 2000

4) Braund KG. Clinical syndromes in veterinary neurology, 2nd ed. Mosby. St.Louis. US. 1994, p93.

5) Braund KG. Clinical syndrome in veterinary neurology, 2nd ed. Mosby. St.Louis. US. 1994, p225.

6) de Lahunta A, Ingram JT, Cummings JF, Bell JS. Labrador Retriever central axonopathy. *Prog Vet Neurol.* 5: 117-122, 1994.

7) DeLahunta A, Glass NE. Veterinary neuroanatomy and clinical neurology, 3rd ed. Saunders. St.Louis. US. 2009, pp23-53.

8) deLahunta A, Glass E. Veterinary neuroanatomy and clinical neurology, 3rd ed. Saunders. St.Louis. US. 2009, pp360-377.

9) Dewey CW, Berg JM, Stefanacci JD, et al. Caudal occipital malformation syndrome in dogs. *Compend Contin Educ Prac Vet.* 26(11): 886-896, 2004.

10) Dewey CW, Krotscheck U, Bailey KS, Marino DJ. Craniotomy with cystoperitoneal shunting for treatment of intracranial arachnoid cysts in dogs. *Vet Surg.* 36(5): 416-422, 2007.

11) Dewey CW, Marino DJ, Bailey KS, et al. Foramen magnum decompression with cranioplasty for treatment of caudal occipital malformation syndrome in dogs. *Vet Surg.* 36(5): 406-415, 2007.

12) Dewey CW, Berg JM, Barone G, et al. Foramen magnum decompression for treatment of caudal occipital malformation syndrome in dogs. *J Am Vet Med Assoc.* 227(8): 1270-1275, 2005.

13) Dewey CW. Encephalopathy: disorders of the brain. In: Dewey CW. A practice guide to canine and feline neurology. Iowa State Press. Iowa. US. 2003, pp99-178.

14) Di Rocco C. Arachnoid cysts. In: Youmans J. Neurological Surgery, 4th ed. WB Saunders. Philadelphia. US. 1996, pp967-994.

15) Greene CE, Vandevelde M, Braund K. Lissencephaly in two Lhasa Apso dogs. *J Am Vet Med Assoc.* 169(4): 405-410, 1976.

16) Hasegawa D, Tamura S, Nakamoto Y, et al. Magnetic resonance findings of the corpus callosum in canine and feline lysosomal storage diseases. *PLoS One.* 27: 8(12), 2013.

17) Kauvar EF, Muenke M. Holoprosencephaly: recommendations for diagnosis and management. *Curr Opin Pediatr.* 22 (6): 687-695, 2010

18) Kitagawa M, Kanayama K, Sakai T. Quadrigeminal cisterna arachnoid cyst diagnosed by MRI in five dogs. *Aust Vet J.* 81(6): 340-343, 2003.

19) Kobatake Y, Miyabayashi T, Yada N, et al. Magnetic resonance imaging diagnosis of Dandy-Walker-like syndrome in a wire-haired miniature dachshund. *J Vet Med Sci.* 75(10): 1379-1381, 2013.

20) Lu D, Lamb CR, Pfeiffer DU, Targett MP. Neurological signs and results of magnetic resonance imaging in 40 cavalier King Charles spaniels with Chiari type 1-like malformations. *Vet Rec.* 153(9): 260-263, 2003.

21) MacKillop E. Magnetic resonance imaging of intracranial malformations in dogs and cats. *Vet Radiol Ultrasound.* 52 (1 Supp. 1): S42-51, 2011.

22) Matiasek LA, Platt SR, Shaw S, Dennis R. Clinical and magnetic resonance imaging characteristics of quadrigeminal cysts in dogs. *J Vet Intern Med.* 21(5): 1021-1026, 2007.

23) Milner RJ, Engela J, Kirberger RM. Arachnoid cyst in cerebellar pontine area of a cat-diagnosis by magnetic resonance imaging. *Vet Radiol Ultrasound.* 37(1): 34-36, 1996.

24) Motta L, Skerritt GC. Syringosubarachnoid shunt as a management for syringohydromyelia in dogs. *J Small Anim Pract.* 53(4): 205-212, 2012.

25) Nagae H, Oomura T, Kato Y, et al. A disorder resembling arachnoid cyst in a dog. *J Jpn Vet Neurol.* 2: 9-14, 1995.

26) Njoku CO, Esievo KA, Bida SA, Chineme CN. Canine cyclopia. *Vet Rec.* 102(3): 60-61, 1978.

27) Oliver JE, Lorenz MD, Kornegay JN. Handbook of Veterinary Neurology, 3rd ed. Saunders. St.Louis. US. 1997, pp225-239.

28) Orima H, Fujita M, Hara Y, et al. A case of the dog with arachnoid cyst. *Jpn J Vet Imag.* 10: 49-51, 1998.

29) Regnier AM, de Lahitte MJD, Delisle MB, Dubois GG. Dandy-Walker syndrome in a kitten. *J Am Anim Hosp Assoc.* 29(6): 514-518, 1993.

30) Rengachary SS, Watanabe I, Brackett CE. Pathogenesis of intracranial arachnoid cysts. *Surg Neurol.* 9(2): 139-144, 1978.

31) Rengachary SS, Watanabe I. Ultrastructure and pathogenesis of intracranial arachnoid cysts. *J Neuropath Exp Neurol.* 40(1): 61-83, 1981.

32) Rusbridge C, Knowler SP. Inheritance of occipital bone hypoplasia (Chiari type I malformation) in Cavalier King Charles Spaniels. *J Vet Intern Med.* 18(5): 673-678, 2004.

33) Rusbridge C, MacSweeny JE, Davies JV, et al. Syringohydromyelia in Cavalier King Charles spaniels. *J Am Anim Hosp Assoc.* 36(1): 34-41, 2000.

34) Rusbridge C. Chiari-like malformation with syringomyelia in the Cavalier King Charles spaniel: long-term outcome after surgical management. *Vet Surg.* 36(5): 396-405, 2007.

35) Saito M, Olby NJ, Spaulding K. Identification of arachnoid cysts in the quadrigeminal cistern using ultrasonography. *Vet Radiol Ultrasound.* 42(5): 435-439, 2001.

36) Saito M, Sharp NJ, Kortz GD, et al. Thrall DE. Magnetic resonance imaging features of lissencephaly in 2 Lhasa Apsos. *Vet Radiol Ultrasound.* 43(4): 331-337, 2002.

37) Schmid V, Lang J, Wolf M. Dandy-Walker like syndrome in four dogs: cisternography as a diagnostic aid. *J Am Anim Hosp Assoc.* 28(4): 355-360, 1992.

38) Schuierer G, Kurlemann G, von Lengerke HJ. Neuroimaging in lissencephalies. *Childs Nerv Syst.* 9(7): 391-393, 1993.

39) Shimokawa Miyama T, Iwamoto E, Umeki S, et al. Magnetic resonance imaging and clinical findings in a miniature Schnauzer with hypodipsic hypernatremia. *J Vet Med Sci.* 71(10): 1387-1391, 2009.

40) Shroeder HW, Gaab MR. Endoscopic observation of a slit-valve mechanism in a suprasellar prepontine arachnoid cyst: case report. *Neurosurg.* 40(1): 198-200, 1997.

41) Starkman SP, Brown TC, Linell EA. Cerebral arachnoid cysts. *J Neuropath Exp Neurol.* 17(3): 484-500, 1958.

42) Sullivan SA, Harmon BG, Purinton PT, et al. Lobar holoprosencephaly in a Miniature Schnauzer with hypodipsic hypernatremia. *J Am Vet Med Assoc.* 223(12): 1783-1787, 1778, 2003.

43) Summers BA, Cummings JF, deLahunta A. Malformations of the central nervous system. In: Summers BA, Cummings JF, deLahunta A. Veterinary neuropathology. Mosby. St.Louis. US. 1995, pp68-94.

44) Takagi S, Kadosawa T, Ohsaki T, et al. Hindbrain decompression in a dog with scoliosis associated with syringomyelia. *J Am Vet Med Assoc.* 226(8): 1359-1363, 2005.

45) Vermeersch K, Van Ham L, Caemaert J, et al. Suboccipital craniectomy, dorsal laminectomy of C1, durotomy and dural graft placement as a treatment for syringohydromyelia with cerebellar tonsil herniation in Cavalier King Charles spaniels. *Vet Surg.* 33(4): 355-360, 2004.

46) Vernau KM, Kortz GD, Koblik PD, et al. Magnetic resonance imaging and computed tomography characteristics of intracranial intra-arachnoid cysts in 6 dogs. *Vet Radiol Ultrasound.* 38(3): 171-176, 1997

47) Vernau KM, LeCouteur RA, Sturges BK, et al. Intracranial intra-arachnoid cyst with intracystic hemorrhage in two dogs. *Vet Radiol Ultrasound.* 43(5): 449-454, 2002.

48) Yalçin AD, Oncel C, Kaymaz A, et al. Evidence against association between arachnoid cysts and epilepsy. *Epilepsy Res.* 49(3): 255-260, 2002.

49) Zaki FA. Lissencephaly in Lhasa Apso dogs. *J Am Vet Med Assoc.* 169(11): 1165, 1168, 1976.

50) 林隆士. 脳・脊髄奇形の画像と臨床. 篠原出版新社. 東京. 1994.

51) 山口昂一, 宮坂和男. 脳脊髄のMRI. メディカル・サイエンス・インターナショナル. 東京. 1999, pp357-360.

A

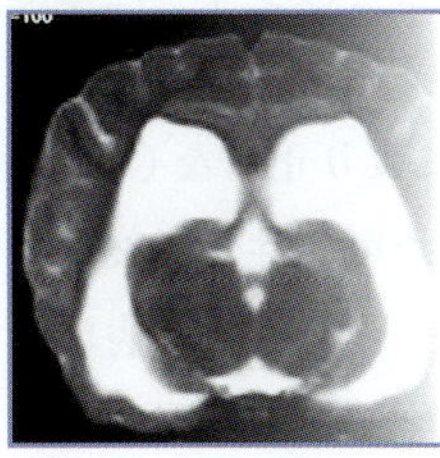

8. 水頭症(主に先天性水頭症について)

はじめに(水頭症の定義と分類)

水頭症 hydrocephalus とは，**脳脊髄液(CSF)**の産生，循環，吸収のバランスに不均衡が生じ，脳室あるいは頭蓋内くも膜下腔に過剰に CSF が貯留した状態と定義される。

つまり，水頭症は **CSF の産生過剰，CSF 循環路の閉塞，あるいは CSF 吸収障害により引き起こされる**。CSF の産生・循環・吸収については第 2 章「脳疾患編イントロダクション」を参照していただきたい。産生過剰による水頭症例としては，CSF 産生組織である脈絡叢の腫瘍(例：脈絡乳頭腫／癌)が知られるが，水頭症の原因としての頻度は高くない。CSF 循環路の閉塞は，CSF 流通路の生理的狭窄部に生じやすく，脳室経路中で最も狭い中脳水道吻側での閉塞による水頭症が，犬やヒトで最も発生頻度が高い[19]。閉塞の原因は，先天的な形態異常(奇形)による場合や，腫瘍などによる二次的な圧迫が一般的である。CSF 吸収障害は，ヒトにおいては周産期のくも膜炎が一般的な成因であるが，犬では存在自体が不明である。

水頭症とは，定義に基づくと「CSF の過剰な貯留」という状態を表現しただけの言葉である。水頭症に臨床的意義をもたせるために，実に様々な分類法があり，ときに混乱の原因ともなる。一般的に用いられている分類法を以下に挙げ，それぞれについて簡単に説明する。

水頭症の分類法

1)先天性 congenital 水頭症と
　後天性 acquired 水頭症
2)交通性 communicating 水頭症と
　非交通 non-communicating 性水頭症
3)外 external 水頭症と内 internal 水頭症
4)症候性 symptomatic 水頭症と
　無症候 asymptomatic 性水頭症
5)hydrocephalus ex vacuo(代償性水頭症)

若齢動物において，奇形をはじめとした先天的かつ非活動的な病態が原因で水頭症を生じている場合，あるいは原因が特定されないが同様な原因が疑われる場合を，一般的に**先天性水頭症**と呼んでいる。これに対し，過剰な CSF 貯留の原因が後天的に生じた場合は(例：脳腫瘍による CSF 循環路の閉塞)，後天性水頭症と称される。しかし，厳密には，病理組織学的検査なしでは本当に先天性なのかを判断することは難しい場合も多い。したがって，ヒトの命名法に準じ，若齢性 juvenile 水頭症と呼ぶ方が，先天性水頭症という言葉より現状に即すと筆者は考えている。

獣医療において先天性水頭症の診断は，①脳室拡大が認められる，②脳室拡大の原因となる活動性病変がない，③水頭症による脳の機能障害を反映した臨床徴候を発現している，この 3 つを満たすことが必要条件とされる[7]。しかし，明らかな脳室拡大があるにもかかわらず，臨床徴候が全く認められない症例もあり，その場合，**無症候性(オカルト)水頭症**と呼ぶことができる。これに対し，臨床徴候が発現している場合は，**症候性水頭症**と称す。

脳室とくも膜下腔の連絡の有無に基づいた分類法では，連絡がある場合を交通性，ない場合を非交通性水頭症と呼ぶ。すなわち，脳室系内(＝側脳室から大槽あるいは中心管へ入る手前まで)に閉塞がある場合を**非交通性水頭症**，CSF 産生過剰や吸収障害のため脳室全体が拡大している場合は**交通性水頭症**となる。脳くも膜下腔への CSF 貯留が顕著な場合は**外水頭症**，脳室内への貯留が顕著な場合を**内水頭症**とする分類法もある。その他，脳実質の減少により二次的に脳室拡大が生じたものに **hydrocephalus ex vacuo(代償性水頭症)**があるが，これは狭義の水頭症には含まない。

本章では，以下に先天性水頭症を解説する。

原因

先天性水頭症の原因は，先天的形態異常に起因するCSF循環や吸収の障害・閉塞である[5)]。CSF循環路の解剖は第7章「頭蓋内奇形性疾患(水頭症を除く)」の図1を参照していただきたい。犬の水頭症の原因として，現在わかっている中で最も多い奇形は，**中脳水道の狭窄**であり[5, 19)]，これは側脳室と第三脳室の拡大を伴う高圧非交通性水頭症の原因となる。先天性水頭症の犬14頭のうち9頭に，何らかの中脳水道の奇形を認めたとの報告がある[19)]。中脳水道の奇形としては，中脳の吻丘(＝上丘)の融合(単一前丘)が多い。左右の尾丘(＝下丘)の部分的融合が併発していることもある。単一前丘部分において中脳水道の閉塞が認められ，それより吻側の脳室経路の拡大が生じている。

犬における単一前丘を生じる要因はわかっていない[5)]。猫では，母猫のグリセオフルビン投与や胎生期の猫汎白血球減少症ウイルス感染により，中脳水道閉塞が生じた例が報告されている[3)]。中脳水道以外に，**室間孔(モンロー孔)，外側孔(ルシュカ孔)の閉塞**による水頭症の報告もある[27)]。これら脳室経路の先天的閉塞以外の原因には，周産期の出血・炎症によるくも膜絨毛の閉塞，くも膜絨毛の奇形による機能不全，発生段階での中脳水道の一時的閉塞，周産期の脳室内出血などがある。しかし，これらは獣医学領域においては仮説の域を出ておらず，症例の報告があったとしてもごく少数例にすぎない。胎児期あるいは周産期における脳室内出血や各種脳炎はヒトの若齢性水頭症の原因として多く認められる。出血や炎症産物が，くも膜絨毛に目詰まりを起こす，あるいは脳室経路の生理的狭窄部を閉塞させることが要因である。

犬において，このような病態の報告例は極めて少なく，海馬周辺の出血が室間孔の部分的閉塞を引き起こし，側脳室の拡大が生じたとの報告がある程度である[15, 28)]。側脳室が重度に拡大し，かつそれに伴う臨床徴候を呈した犬において，脳室造影を行った報告がある。そこでは，生前の脳室造影は正常なCSF循環を示し，死後の病理学的検査でも閉塞の原因が見つからなかった[5)]。実際このような水頭症が臨床現場には多いと筆者は考えている。なぜなら，画像技術の発達と利用率の増加により，生前にかなりの解剖学的詳細を捉えられる機会が多くなったにもかかわらず，中脳水道の閉塞をはじめとした脳室経路の明らかな閉塞が先天性水頭症の犬において確認されることは少ないためである。この脳室造影と病理解剖にて異常が検出されなかった犬では，くも膜絨毛の奇形により正常なCSF吸収が行われないため水頭症となった可能性が示唆されている[5)]。しかし，残念なことにくも膜絨毛の病理組織学的検索は非常に難しく，獣医学領域で証明することは非常に困難である。また，ヒトでは，くも膜顆粒やくも膜絨毛の異常は必ずしも水頭症に関連するとは限らないことが証明されている[4)]。

CSF循環が正常で，病理組織学的検査でも原因が特定できない水頭症におけるその他の要因として，発生段階での中脳水道の一時的閉塞が考えられている。中脳水道の発達段階で，一時的に側脳室，第三脳室からのCSFを十分に流すことができない時期を生じた結果，中脳水道の部分的閉塞により側脳室が拡大する。その後，中脳水道が十分なサイズに発達しCSFは正常に流れるようになるが，脳室の拡大は生後まで残存する[5)]。その他の仮説として，周産期の脳室内出血から脳室の内張りである脳室上衣細胞の血液脳関門(BBB)が破壊→脳室上衣に機能的障害が生じ，CSFを脳室内にとどめておくことが不可能となる→脳室周囲の脳実質が障害され，徐々に脳室の拡大が生じる，との説もある[25)]。しかし，実験的にCSF循環路の閉塞を作成し水頭症を起こさせた犬においても，二次的な脳室上衣の障害と周囲脳実質へのCSF吸収が認められており，(卵と鶏の理論により)水頭症の一次的原因としての脳室上衣障害説の立証を困難にしている。牛では，ビタミンA欠乏による硬膜の線維化に伴い，くも膜絨毛における吸収が阻害され，軽度な水頭症が発生することが知られている[6)]。

疫学

その発生機序により先天性水頭症と後天性水頭症に大別される。水頭症は小動物臨床では比較的よく遭遇する疾患であり，犬において先天性水頭症が全ての奇形性疾患に占める割合は3%[12)]，脳疾患全体に占める割合は5%[9)]である。トイ犬種の流行に伴い，近年その割合はさらに増加していると予想される。ヒトでは，若齢性水頭症が新生児中の0.1%に生じると報告されている[4)]。

先天性水頭症は**トイ犬種や小型の短頭種**に多く認められる。特に，チワワ，ヨークシャー・テリア，トイ・

プードル，パグ，ペキニーズ，マルチーズ，ポメラニアン，イングリッシュ・ブルドッグ，キャバリア・キング・チャールズ・スパニエルといった犬種に好発する[22)]。シャム猫で遺伝性の水頭症が報告されているが[23)]，猫における先天性水頭症の報告数は少なく，猫においての本疾患の発生率や病態などの詳細はいまだ不明である。

シグナルメントと臨床徴候

出生直後は臨床徴候が顕在化していない場合があるが，**多くは生後３カ月～半年で水頭症に伴った神経徴候を発現する**。生後１年以上経ってからの発症は，先天性水頭症においては比較的まれである。先天性水頭症の身体的特徴として，**ドーム状頭蓋**，**外腹側斜視**，**泉門開存**(あるいは頭蓋骨の部分欠損)，発育遅延がある。ここでみられる外腹側斜視は，頭蓋の拡大に伴う眼窩の形態異常によるものであって，動眼神経や前庭神経障害によるものではない，すなわち神経の異常によるものではないと考えられている[6)]。眼窩の形態異常による外腹側斜視の動物では，生理的眼振が正常に誘発されることから真の神経異常と区別することができる。このような身体的特徴が認められたとしても，必ずしも脳室拡大が存在するとは限らない。したがって，**身体的特徴だけで先天性水頭症の診断を行ってはならず，診断にあたっては少なくとも脳室拡大の有無を画像で確認することが必須**となる。

脳の障害部位に応じて様々な神経学的異常が認められる。典型的な先天性水頭症では脳室系中の側脳室の拡大が顕著となるため，側脳室周囲，すなわち前脳(大脳と間脳)の徴候が主体となることが最も一般的である。**前脳徴候**には，意識障害，行動異常，感覚(視覚，触覚など)障害，旋回，徘徊，頭位回旋，てんかん発作などがある。オーナーからの情報では，同腹犬と比べてしつけを覚えられない，できていたしつけができなくなる，怒りっぽい，あるいは逆におとなしくぼんやりした性格，といった知能・行動異常の報告が最も多い[24)]。これらは，オーナーにしかわかり得ない程度のこともあるため，問診が重要となる。神経学的検査では，前脳障害を反映し，**威嚇瞬目反応や顔面の知覚の低下～消失が認められる可能性がある。知能行動の異常と合わせ，感覚の低下も先天性水頭症の犬で非常に頻繁に認められる神経欠損であるとい**われている[6)]。歩様は，細かい動きをさせない限りは正常であるが，**姿勢反応は低下～消失する場合がある**。前述の中でも，先天性水頭症の犬で最も頻繁に認められる前脳徴候は，行動異常と感覚障害であるといわれている[6)]。

頭蓋内圧 intracranial pressure(ICP)の亢進，あるいは第四脳室が拡大し，脳幹に障害が及ぶと，歩様に影響が生じ四肢不全麻痺や運動失調を呈す。また，前庭徴候など，その他の脳幹徴候を呈するようになる。

顕著な脳室拡大と脳実質の萎縮が存在するにもかかわらず明らかな臨床徴候を示さない，無症候性水頭症の犬に遭遇することがある。脳室拡大の程度と臨床徴候の有無あるいは重症度との相関性については，いくつかの研究で調べられているが，いずれにおいても強い相関性は認められていない[13, 26, 32)]。**したがって，脳室拡大の程度よりもICP(CSF圧)の方が臨床徴候により関与している**のではないかと指摘されている[6)]。脳室拡大が重度な場合，突然の症状の顕在化や悪化をみる可能性があるため注意が必要である。これは，脳実質の一部が断裂もしくは蛇行血管が破れることに起因すると考えられており，症状の急変時に超音波検査にて脳室内を観察すると出血を示唆する所見が得られることが多い。このような急激な悪化は，特に心当たりがなくとも生じることがあるが，頭部をぶつけるなどの軽度の脳外傷が引き金となる場合も多いので，重度な脳室拡大を呈す無症候性水頭症のオーナーへは，これらの危険性を説明しておく必要があるだろう。

典型的な先天性水頭症とは別に，**脊髄空洞症 syringomyelia を伴った水頭症**の存在が知られている。単に併発している場合もあるだろうが，単一原因である可能性もある。キャバリア・キング・チャールズ・スパニエルは，水頭症の好発犬種として知られるが，同時に脊髄空洞症においても非常に高い有病率を有している。本邦では，ミニチュア・ダックスフンドにおいても，脳室拡大と脊髄空洞症を併発している症例に比較的よく遭遇する。この場合，側脳室の拡大程度に比べて尾側脳室系の拡大度がより顕著であることが特徴的である。脊髄空洞症の臨床徴候としては，頚部痛，頚部や肩周囲の感覚異常，側弯，さらに進行すると四肢の運動失調や不全麻痺が認められる。皮膚疾患がないにもかかわらず，頚部・肩周囲(通常，左右のどちらか一側)の激しい引っ掻き行動を呈する場合があるが，これは同部位の感覚異常を反映したものと考えられている。この行動には，その様子からファントムスクラッチ phantom scratch，あるいはエアギタースクラッチ air-guiter scratch との通称がある。先天性水頭症の

表1 先天性水頭症の診断

1) 特徴的臨床・神経徴候
2) 脳室拡大
3) 1), 2)の原因となる他疾患の除外

上記の1)～3)を満たせば，先天性水頭症の診断を下すことができる。

動物における脊髄空洞症の併発率は，脊髄空洞症の存在が過去に十分に調べられてこなかったため不明である。先天性水頭症の症例では，MRI検査時や剖検時に頸髄も調べ，脊髄空洞症の有無を確認することが推奨される[6]。

診断

先天性水頭症の診断は，前述した先天性水頭症に特徴的な臨床・神経徴候に加え，脳室拡大の存在の確認と，神経徴候・脳室拡大の原因となる他疾患の除外によって行う(表1)。

脳室拡大の有無を判断する手法は各種ある。過去には，まずX線検査を行い，脳回(X線的に“指圧痕”のように見える)の消失を反映するすりガラス様陰影が認められた場合，続いて側脳室の空気造影あるいは造影剤による造影で脳室拡大の有無と閉塞部を確認する，という手法が用いられてきた[6]。近年では，脳の超音波検査，コンピュータ断層撮影(CT)検査あるいは磁気共鳴画像(MRI)検査における評価法が一般的である。これらの画像検査における脳室拡大の評価法については後に述べる。

脳の画像検査から脳室拡大があると判断した場合，画像上の形態学的異常を評価し，神経徴候と脳室拡大の原因となる水頭症以外の疾患の存在の有無を判断する。特に，臨床徴候や神経学的検査にて**前脳徴候以外が認められた場合は，水頭症以外の他疾患の存在を強く疑う必要がある**。具体的には脳炎，腫瘤，脊髄空洞症の有無などに注意しながら，画像を評価する。さらに，脳炎を疑う場合，またその他の場合でも**必要に応じてCSF検査が必要となる**。一般的に，外科的治療を行う予定の場合には，CSF検査を行うべきであるとされている。外科的介入の是非のために正確な診断が必須であるのみならず，CSF中の炎症や出血の有無はシャント設置術の成功／不成功に関わるので把握しておくべきである。CSF中の炎症や出血は，シャント閉塞の原因となるばかりか，炎症の種類によっては(例：感染症)，その炎症を中枢神経外の全身へ広げる可能性がある。ICP上昇が予測され，大槽からのCSF採取が危険を伴うと考えられる際には，筆者は手術時の開頭後に側脳室穿刺によってCSFを採取し，その後シャントチューブを設置している。

前述のとおり，水頭症の診断には脳室拡大を確認することが必須となる。以下に，それぞれの画像検査の手法を解説する。

1. 超音波検査

超音波画像検査装置を用いて頭蓋から脳を観察する方法は，**経頭蓋超音波画像検査 transcranial ultrasound/neurosonography** と呼ばれ，麻酔を必要とせず脳の形態や性状を手軽に観察することができるという利点がある。一般的に泉門開存部が大きければ，超音波検査は脳室経路のサイズの評価には十分であると考えられている[18]。しかし，泉門開存がなければ脳室経路全体を描出することは困難で，さらに他疾患の除外能力にかけてはMRIにかなり劣るといえるだろう。

先天性水頭症の犬では，泉門開存，頭蓋骨の一部欠損，あるいはそれらが認められなくとも，頭蓋をよく触知すると縫合線が一部離開している部分が見つかることが多い。それらをアコースティックウィンドウ(AW)として脳を鮮明に描出することが可能である。トイ犬種の子犬では頭蓋骨が比較的薄いため，それら開存部がなくとも脳の観察がある程度は行えることが多い。頭蓋に開存部が見つからない場合は，頭蓋が薄そうな場所，すなわち超音波ビームがすっと入っていく場所を探しながらプローブを走査して行く。こめかみ temple と呼ばれる側頭部耳根前縁も，AWとして利用可能である。大孔は脳の尾側部の観察に利用できる。

超音波検査機器の条件は，腹部条件をそのまま利用することもできるが，業者に新生児～小児の経頭蓋超音波条件を設定してもらうとよい。プローブはセクタ型，トイ犬種や猫では7.5 MHz以上が好ましく，筆者は7.5～13 MHzのフェーズドアレイ(セクタ型)を多用している。頭蓋骨が厚い場合は，骨を透過しやすい5 MHz程度が小型犬種でも適している。プローブのfoot print(プローブ先端の動物との接触面)が小さいものほど頭蓋との接触性が高く，より鮮明な画像が得られるので使用しやすい。ヒトの小児の頭部，心臓，腹部用としてつくられたベクター(メーカーによる呼称)と呼ばれるプローブがある。これはフェーズドアレイの一種であるが，パルスを一点からでなくfoot print

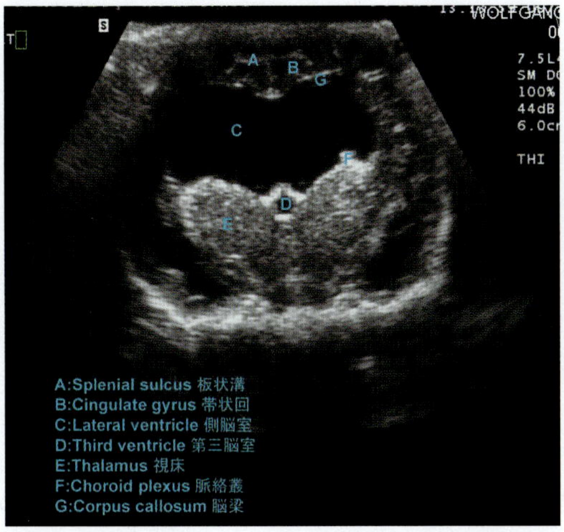

図1　脳の横断像[30]

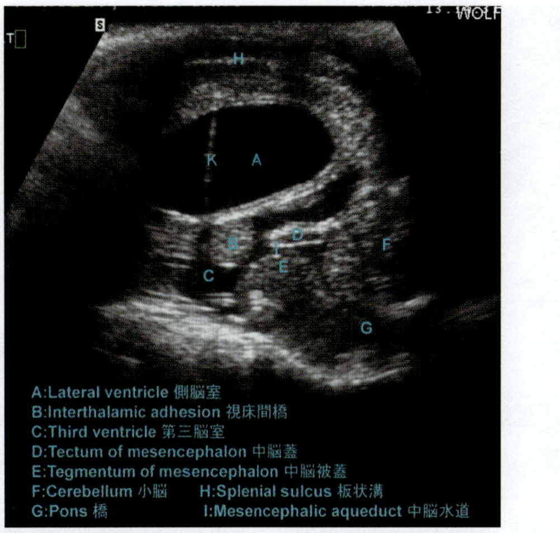

図2　頭頂部ウィンドウからの矢状断像[30]

全面から打つため，浅い所でも幅広く描出できる利点があり，トイ犬種や猫の脳の観察に非常に使用しやすい。

(1) 経頭蓋走査法

様々な方法があるが，ここでは筆者が診療時に通常行っている手順を紹介する。

まず，**頭頂部のAWとして利用可能な部分を使用し，脳の横断像**を得る（利用できるAWは前述，図1）。CSF性状が正常であれば，脳室内は無エコーである。側脳室が拡大していれば，無エコーの側脳室を見つけることは容易であるし，側脳室の拡大が顕著でなくとも，**比較的よく目立つ脈絡叢，板状溝，帯状回をランドマークに無エコーの構造物が側脳室であると確認することができる**。脈絡叢は側脳室の腹側に位置する高エコーの帯として描出され，板状溝（脳溝はやや高エコー）と帯状回（脳溝より低エコー）は側脳室の背側に位置する。それらの側脳室周囲の構造物が確認できれば，脳が正しく描出されているといえる（図1）。この像が得られたら，次に吻側，尾側へゆっくりとプローブを振るように動かしながら，みえる範囲での脳全体を観察する。脳室拡大が存在する場合は，無エコーの脳室をランドマークにその周囲の脳の解剖学的詳細を考えながら脳を観察していくと，位置関係をつかみやすい。水頭症の検査の場合は特に，左右側脳室，第三脳室，それぞれの脳室内のエコー強度などを評価しながら走査する。

AWの大きさにもよるが，頭頂部から観察した場合は，大脳半球最吻側から中脳水道吻側近くまで観察できることが多い。脳室拡大度を計測する場合は，ここで視床間橋レベルでの横断像を描出し脳室拡大度を求める（後述）。次に，**同じく頭頂部ウィンドウから今度は矢状断像**を得る（図2）。この像では第三脳室を評価しやすい。AWが大きければ，ここから中脳水道や第四脳室までの矢状断を観察できる（図2）。中脳水道が見えれば，中脳水道，特に吻側部でのCSF開通性を確認する（水頭症ではここでの閉塞が最も多いといわれているため）。最後に，**大孔をAWとして，脳尾側部の横断や矢状断像を観察**する。大孔からは，頚髄，頭頚移行部，小脳，第四脳室が観察できる。このウィンドウは，後述する脳底動脈のRI測定やCOMSやキアリ様奇形の評価[21]にも利用できる。

(2) 脳室脳比（VB ratio）

犬の超音波検査による脳室サイズの評価については，文献[13, 26]によっていくつかの方法が提唱されている。その中でもSpaulding & SharpとHudsonの方法を応用した，脳の大きさ（高さ）に対する側脳室の大きさ（高さ）の比（**脳室脳比：VB ratio**）を求める方法[20]は，比較的簡単にごく短時間で行うことができる。

頭頂部をウィンドウとして**視床間橋レベルでの横断像**を描出する。その横断像にて**側脳室の高さ（＝背腹方向の長さ）と脳の高さ（＝背腹方向の長さ）を測定する**（図3）。側脳室の高さは，**側脳室体部の最も拡大している部分で測定**し，左右差がある際はより拡大している側で測定を行う。側脳室側頭部の拡大程度や形状は個体差が大きいため，本方法にて拡大度を求める際は側脳室体部のみ使用する。**脳の高さは，背側は頭蓋骨直下（背側脳表）から，腹側は下垂体の直上まで**を計測する。骨アーティファクトのため，背側脳表の位置がわかりにくいことがある。この場合，側脳室背側ラインから板状溝までの長さと板状溝から脳表までの長さがおおよそ等しいため，それを参考にして脳背側の脳

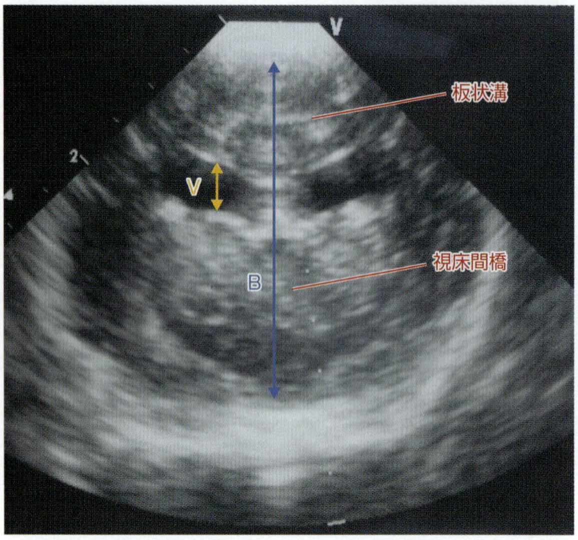

図 3　脳室脳比（VB ratio）を求める際の，側脳室と脳の高さの測定法

表の位置を決めればよい。

VB ratio は以下の式にて求められる。

$$\text{VB ratio}(\%) = \frac{\text{側脳室(Lateral Ventricle)の高さ}}{\text{脳(Brain)の高さ}} \times 100$$

脳室拡大度は，**VB ratio が 14%以下なら正常，15 ～ 25%は中等度の拡大，25%以上であれば重度の拡大**となる[27]。

重要な点として，**これはあくまで脳室の拡大程度を示す値であり，水頭症であるかどうかの判断はこの数値単独では行えない**。前述したが，犬において脳室の拡大程度と水頭症の臨床徴候とは関連性が低いことが過去に多数報告されており[13, 26, 32]，**脳室拡大＝水頭症とは必ずしもいえないことは常に念頭に置く**必要がある。ただし，筆者らの研究では VB ratio が 60％以上と非常に高値を示した犬では，全症例で症候性水頭症あるいは無症候性水頭症から症候性へと進行した[20]，また，神経徴候を示さない小型犬における VB ratio の平均値と範囲は 20％（5.5 ～ 70％）であったが，そこから後に症候性水頭症となった犬を除くと，VB ratio の平均と範囲は 14％（5.5 ～ 28％）であった（n=17）。したがって，脳室拡大度は水頭症の診断材料の 1 つとして，さらに無症候性水頭症において治療を開始するかの判断材料の 1 つとして有用ではないかと考える。

（3）RI 測定

ドプラ機能を用いると，前述の VB ratio に加え，**頭蓋内動脈の RI（resistance index）測定**を行うことができる（動画）。RI とは，血管にどの程度の抵抗がかかっているかを示す抵抗指数であり，実験環境下において**ICP と正の相関が認められる**ことが示されている[10]。筆者らの研究では，先天性水頭症の犬において，神経徴候の重症度と RI に相関が認められた（＝RI が高いほど，臨床徴候も重い）[20]。麻酔を必要とせず，比較的簡単に測定できるため，水頭症の補助診断や治療モニターなどに積極的に使用している。犬において脳室拡大＝水頭症とは必ずしもいえないと述べたが，VB ratio に RI を併用することにより水頭症診断の精度が上昇する（後述）。

Video Lectures

脳底動脈における RI 測定

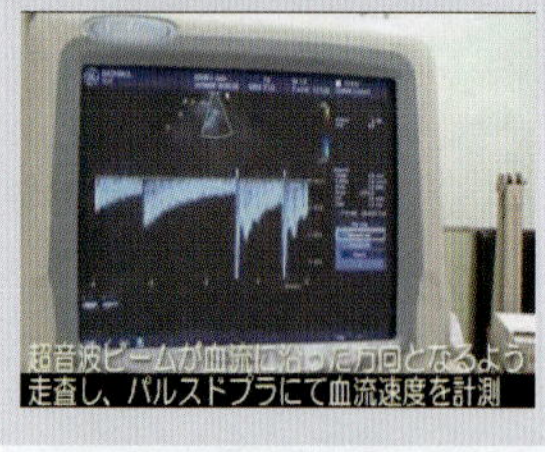

動画　RI の測定法

RI は様々な血管で測定が可能である。しかし，重度脳室拡大下においても血管の変位が少なく安定して描出が可能であり，脳内に入る直前で血管を捉えることができるので脳全体の変化を評価できる可能性がある，加えて大孔ウィンドウで描出するためどの犬においても測定可能であるという理由から，**脳底動脈 basilar artery** を用いて RI を測定している。

1）脳底動脈での RI 測定法

脳底動脈における RI を測定する際は，動物を座位にして頚部を腹屈させ，CSF 採取時のように大孔が開くポジションとする。この姿勢は，環軸亜脱臼をもつ動物には非常に危険であるので行ってはならない（あらかじめ本疾患がないか確認しておく）。

脳底動脈は正中を走行する 1 本の動脈であるので，左右のローテーションがなく，体軸を真っすぐに保定することが重要である。B モードで正中矢状断にて脳幹の腹側面を走行する脳底動脈を確認する。カラードプラがある場合はここでカラーをかけるとわかりやすいが，それがなくとも拍動と解剖学的位置関係から脳底動脈の同定は容易である。

超音波ビームが血流にできるだけ沿った方向になるよう走査し，サンプルボリュームを脳底動脈に合わせ，

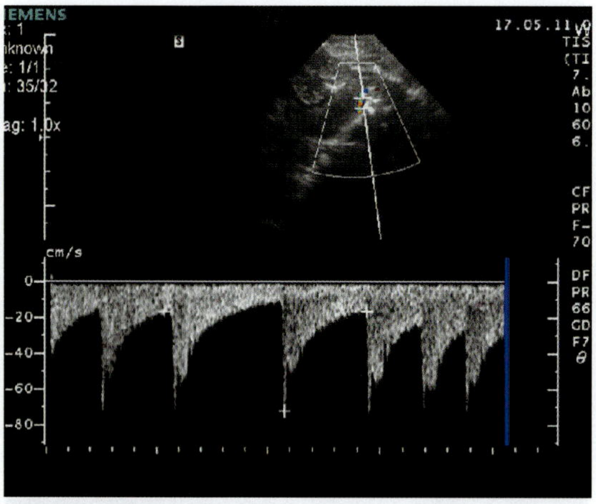

図4　RI測定
脳底動脈をドプラにて描出し，パルスドプラにて血流速度を測定する[30]。

パルスドプラにてFFT波形を得て，収縮期最大血流速度と拡張期最低血流速度を測定する。心拍数の変動が大きく，波形シークエンス内での拡張期最低血流速度の変動が大きい個体では，心拍が速くなる直前の波形，すなわち拡張期最低血流速度が中程度である波形を代表波として選択してRIを求める(図4)。代表波の選択方法などの詳細については論文を参照していただきたい[20]。

RIは以下の式にて求められるが，あらかじめ機械に計算式を入れておくと便利である。

$$RI = \frac{(\text{収縮期最大血流速度} - \text{拡張期最低血流速度})}{\text{収縮期最大血流速度}}$$

2) 脳底動脈でのRI評価法

筆者らの犬における研究によると，**無麻酔下の正常値の目安は0.5～0.65であり，0.75を超える場合は何らかの異常があると考えられる**。水頭症では神経徴候の悪化に伴いRIも上昇するが，脳炎など水頭症以外の原因によってもRIは上昇する場合があり，ICP上昇を反映したものと考えられる。また，腫瘤などによって前方の血管の流れが悪くなってもRIは上昇する可能性がある。

病的要因以外にもRIに影響を及ぼす要因はたくさんある。血圧もその1つで，血圧がかなり高いとRI上昇の原因となる場合がある。また，心血管と呼吸器系の状況の変化でRIはかなり変動するため，臨床において麻酔下で使用する場合は評価が難しいようである。動物が興奮した場合でもRIは上昇することがある。この場合は収縮期最大血流速度の上昇がRI上昇の原因となっているようである。血管にかかる抵抗度の上昇によるRI上昇は，拡張期最低血流速度の低下によるものなので，RIの病的上昇と興奮による上昇とは区別できるものと考える。経験上，門脈－体循環シャントをはじめとした肝性脳症症例で高率にRI上昇をみるが，その成因は不明である。

水頭症診断におけるVB ratioと脳底動脈のRIの臨床応用例を表2に挙げた。

表2　VB ratioと脳底動脈のRIの臨床応用例

1)VB ratioがかなり高ければ(目安60％以上)，水頭症の臨床徴候がなくとも将来症候性となる可能性がある
2)VB ratioとRIともに高値を示せば(目安としてVB ratio 30％以上かつRI 0.7以上)，水頭症である可能性が高い(血圧が高くないことを確認)
3)神経徴候を示す症例で，中等度脳室拡大があったとしてもRIが正常であれば，水頭症以外の原因も探すべきである

2. CT検査，MRI検査

(1) 適用

MRIはCSF流通路全てを最も正確にかつ鮮明に描出できる検査法であり，同時に，水頭症に伴って生じる脳実質の変化，例えば脳室周囲の浮腫の評価を行うことができる。すなわち閉塞部位の確認やICP亢進の有無を確認することまで可能であるため(図5，図6)，病態を把握しそれに基づいた治療方針を組み立てるために大変役に立つ。MRIは水頭症と併発する可能性のある脊髄空洞症の存在の確認や，脳炎をはじめとした水頭症との鑑別に重要な他疾患の描出にも優れている。その半面，CTと比べ麻酔時間が長くなり，利用できる施設が増えたとはいえ遠方まで出向かねばならない場合も多いだろう。CTは側脳室と第三脳室の拡大評価においては恐らく十分であるといえるが，それ以外の点ではMRIに劣る。

したがって，緊急性のある場合を除くとMRIの方が水頭症診断のためのツールとしては優れていると考えられる。ただし，脳室－腹腔シャント(V-Pシャント)設置後の脳室側カテーテル評価の際には，カテーテル先端が写るCTの方が優れているといわれている[31]。

(2) MRIによる脳室サイズの計測

MRIを用いた脳室サイズの計測には，目的に応じて様々な方法が用いられている。手技が比較的簡便で，正常値の報告があり，獣医療に応用できると考えられる例としては，室間孔レベルの横断面にて脳室の高さと脳の高さの比(超音波検査で述べたVB ratioと同様)を求める方法[16]や，視床間橋レベルの横断面にて側

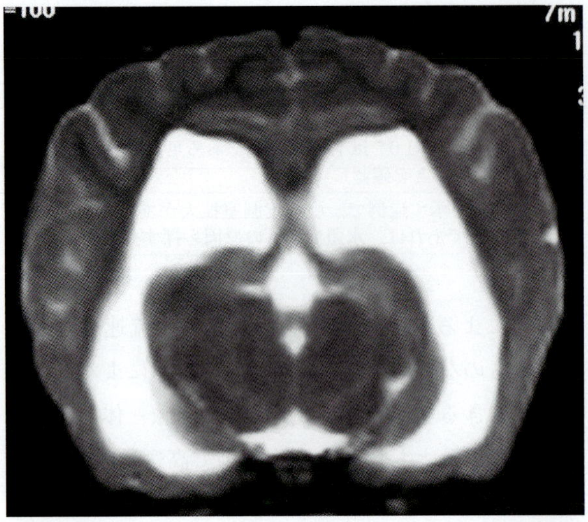

図５　側脳室の拡大を呈した若齢のキャバリア・キング・チャールズ・スパニエル，MRI T2 強調（T2W）画像
脳室辺縁の鈍化や周囲実質の浮腫所見はない。本症例の臨床徴候は軽度であった。

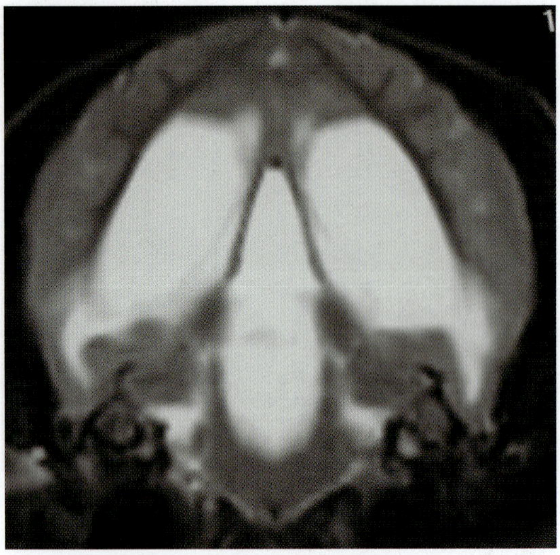

図６　脳室経路全体の拡大を呈した若齢のミニチュア・ダックスフンド，MRI T2W 画像
脳室辺縁の鈍化や周囲実質の浮腫を伴う。本症例の臨床徴候は重度であった。

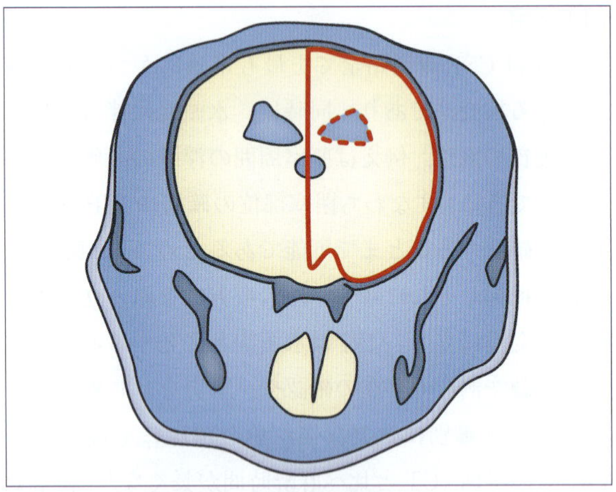

図７　MRI での側脳室と脳半球の面積比（脳室面積比）の計測法
脳室面積比＝波線内の面積÷実線内の面積

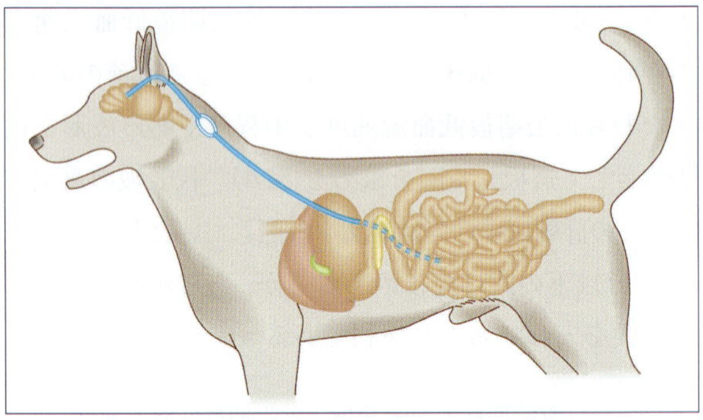

図８　脳室－腹腔シャント（V-P シャント）

脳室の面積と同側の脳半球の面積比を求める方法[8]が挙げられるであろう。

前者の**脳室の高さと脳の高さの比は，超音波検査で述べた VB ratio と同様の検査法であり，脳室拡大度を評価する値をそのまま当てはめることができる**。正常ビーグル系雑種で同値を測定した研究によると（n＝21），正常と中等度の拡大が認められたものがおよそ半数ずつであり[16]，筆者が論文上のデータより計算すると，本ビーグル系雑種での VB ratio の平均と範囲は 12（2.6 ～ 24.3）であった。

他の方法として，**側脳室と脳半球の面積比（relative ventricle area：脳室面積比）**を算出する方法があるが，その計測法[8]を図７に示す。この面積比を用いて神経徴候を示さないヨークシャー・テリアとジャーマン・シェパード・ドッグの側脳室サイズを比較した研究では，ヨークシャー・テリアで脳室面積比が有意に高く，各々の平均と範囲は 5.3（3.0 ～ 7.6，n=6），平均 1.7（0.3 ～ 3.2，n＝12）であった。今後，様々な犬種における脳室サイズを求める研究が進むことが期待される。

治療

先天性水頭症の理想的な治療法は，**脳室－腹腔シャント ventriculo-peritoneal shunt（V-P シャント）**の設置である。シャントとは短絡という意味で，脳室内に過剰に貯留した CSF を管（＝シャントチューブ）で腹腔と短絡させ，そこで吸収させる方法である（図８）。ヒトでは先天性水頭症は外科の適応疾患であるとみなされており，早期のシャント設置により脳実質のダメージを最少に抑えることが治療の目的とされる。内科療法により CSF の産生が減少したとしても，CSF 流通の閉塞が解除されるわけでないため，脳内 CSF の過剰な貯留は永遠に問題になり続けると考えられる。内科療法と外科療法を比較した長期的に経過を追った報告が不足しているため，獣医療における水頭症に対する治療指針は定まっていないが，筆者は獣医療でもヒトと同様，**先天性水頭症は原則的に外科手術が適応であると考えている。**

しかし，前述したように犬の場合，**脳室拡大＝水頭症ではないため，脳室拡大(特に軽度)のみから手術を安易に選択すべきではない。**

1．内科療法

(1) 適応

先天性水頭症による神経学的異常が軽度の場合，あるいは神経異常はないが進行性の脳室拡大が認められる場合，特に初期治療としては内科療法が適応であると考えられる。臨床徴候が顕著であっても，その異常が動物(やオーナー)の生活の質(QOL)をあまり落としていないと判断される場合は，内科療法で様子をみることも実際は多いだろう。

初期に内科療法を行った場合，内科療法中に悪化がみられる場合，あるいは内科療法開始後2週間以内に改善が認められない場合は，手術を考慮すべきであるとされている[11)]。さらに，薬(特にグルココルチコイド)に起因する副作用の徴候が現れ，長期の服用に問題が生じる可能性が高い場合は，その時点で外科療法を勧めるべきと考える。

(2) 薬剤

低量のグルココルチコイドにはCSF産生を抑制する作用があり，水頭症の治療薬としてよく使用されている。**プレドニゾロン predonisolone** は，副作用も少なく最も一般的に使用されている。0.25 ～ 0.5 mg/kg，BID，POから開始し，臨床徴候の十分な改善(できれば消失)が認められるまで初期量を継続する。その状態を維持できる最少量まで漸減し，その量にて投与を継続する。0.2 mg/kg，1日おき投与にて無症候性を維持できれば，薬の副作用なく長期的な維持を行える可能性が高い。デキサメタゾンは，急性期の緩和療法(後述)として有用であるが，長期使用による副作用を防ぐため慢性投与薬としては通常使用されない。浸透圧利尿薬には血漿浸透圧増加による二次的なCSF圧低下作用がある。

臨床徴候が軽度な場合やステロイド療法によって無症候性に至った後の維持薬として，筆者は経口浸透圧利尿剤である**イソソルビド isosorbide** を用いることがある。犬における本薬の正式な薬用量は定まっていないが，医学における犬を用いた脳圧低下実験や毒性実験の結果を参考に，筆者は0.7 ～ 1 mL/kg，BID ～ TIDで経口投与している。この量では目立った利尿作用はほとんどなく，利用しやすい薬である。副作用としては，頻度は高くないが薬剤の吐き戻しと軟便を経験している。投与量が多くなると利尿作用が明らかとなる可能性がある。この薬の主な欠点は，長期投与における副作用が明らかでないことと，投与量が多く液体のため飲ませにくい場合があることであろう。脳疾患であることを考慮すると特に，無理矢理に与えて誤嚥させないよう気を付けねばならない。浸透圧利尿剤のイソソルビド以外の薬として，注射薬の**マンニトール mannitol** や**濃グリセリン(グリセオール®)** は，急性期の緩和療法として使用できる。急性期の緩和療法については後述する。

筆者はあまり使用していないが，浸透圧利尿剤以外の利尿薬で水頭症の治療に使用されているものとして，アセタゾラミドとフロセミドがある。炭酸脱水酵素阻害薬のアセタゾラミド acetazolamide には，グルココルチコイドと同様にCSF産生と吸収を減少させる作用があるが，効果の持続時間が短く，投与後2～3時間でCSF産生と吸収は逆に増加する。シャープな効果が感じられず，かつグルココルチコイドとの併用でKが低下することが多いため，筆者は本薬剤をほとんど使用していないが，成書における薬用量は10 mg/kg，QID ～ TID，POである。ループ利尿薬であるフロセミド furosemide にも，細胞外液でのNa・K共輸送系を阻害することによるCSF産生抑制作用がある。初期投与は0.5 ～ 4 mg/kg，BID ～ SID，PO，その後漸減し有効最少用量で維持することが推奨されている。利尿作用が強い割に，浸透圧利尿薬と比べるとCSF産生抑制作用が少ないようである[33)]。プロトンポンプ阻害剤のオメプラゾール omeprazole には，作用機序は不明であるが実験犬を用いた研究ではCSF産生を26%減少させたことが報告されている[14)]。犬の水頭症の治療として使用する場合は，体重20 kg以下で10 mg/head，SID，体重20 kg以上で20 mg/head，SID，POが推奨されている[3)]。

水頭症に伴い，てんかん発作が生じることがある。その場合，抗てんかん薬の慢性投与が必要となる。抗てんかん薬の使用方法は一般的なてんかん治療と同様なので，第18章「てんかん」を参照していただきたい。

(3) 急性期の緩和療法

・**デキサメタゾン**：0.25 mg/kg を静脈内投与し，必要に応じて，24 時間後に同量を静脈内投与する。

・**マンニトール**：0.5 ～ 1.0 g/kg を 15 分かけて静脈内投与し，必要に応じてその後 24 ～ 48 時間の間に 2 ～ 4 回繰り返し投与を行う。フロセミド 0.7 mg/kg を併用してもよい。マンニトールを繰り返し投与した場合は，電解質のモニタリングが必要である。マンニトール投与後の維持として，濃グリセリン（グリセオール®）を使用してもよい。

・悪化の程度が軽度であり，犬が頻繁に来院できない場合は，短期間のイソソルビドの増量あるいは追加を指示している（例：イソソルビドを 1 日 2 回投与していた場合は臨床徴候の悪化後数日間は 3 回に増量，プレドニゾロンのみ投与している症例には数日間イソソルビドを併用し経過観察，など）。

これらの治療で改善が認められない場合は，手術を考慮する。

2. 外科療法

(1) 手術法の種類

V-P シャントの概要については先に述べたが，短絡させる体腔としては，過去には腹腔以外に心房や胸腔も使用されていた。しかし，安全面や吸収能力の面から，現在では動物もヒトも**脳室腹腔短絡術**が一般的である。シャント術以外の方法として，ヒトでは神経内視鏡を用いて第三脳室底に穴を開け，くも膜下腔と短絡させ，そこから生理的循環経路にて CSF を吸収させる第三脳室開窓術 third ventriculostomy が急速に広まっている。これには，切開創が少なく生体にとって異物となるシャントチューブを使用しないという利点がある。しかし，本法の適応は吸収能が正常である閉塞性水頭症に限られ，吸収能の障害のある交通性水頭症や幼児では今でも V-P シャント術が主流である。犬の先天性水頭症では，明らかな閉塞部位が見つかり閉塞性水頭症と診断できる場合が多くはなく，また利用できる神経内視鏡のサイズが小型犬種には大きすぎるなどの問題点がある。獣医療で第三脳室開窓術を応用させるためには，先に解決しなければならないことが多い。

ここでは，V-P シャント術について解説する。

(2) 外科療法選択にあたり考慮すること

V-P シャント術は，術式としては脳外科の中ではそれほど難しい手術の部類には入らない。しかし，治療への反応性にはかなり個体差が認められ，合併症も存在する。さらに，長期予後についてのまとまった報告が不足しており，正確には予後は不明であるといわざるを得ない。したがって，手術選択にあたっては，オーナーとの十分な話し合いが必須となる。まず，外科療法への反応性であるが，**一般的に脳実質が重度に菲薄化した動物では，多くの神経細胞がすでに壊死・消失しているため手術を行っても十分な改善が期待できないことが多い**。さらにそのような例では，手術後の**オーバードレナージ overdrainage（＝CSF が体腔内へ排泄されすぎること）**により，脳実質が虚脱する危険性が高くなる。しかし，脳が非常に菲薄化している場合でも，症状の重症化直前まで比較的良好に推移していた場合には，シャント手術によって重症化前の状態まで改善できる可能性がある。

このような手術へ対する反応性の相違は，シャント術は過剰な CSF を脳室から除去することにより脳室圧を低下させることが一義的な目的であるということを考えると説明がつく。すなわち，ICP 上昇症例に対しての ICP 低下作用は高く，その効果は術後早期に現れる。しかし，失われた脳の機能回復には，時間が必要となる。さらに，神経細胞がすでに広汎に壊死・消失した状態では，機能回復は望めず，手術や麻酔の影響で状態が逆に悪化する可能性が十分ある。シャントシステムの再設置率はヒトでは 50％と高率である。再設置が必要となる主原因は，シャントシステムの閉塞と成長に伴うサイズの変更である。獣医療での再設置率は十分にわかってはいないが，サイズの変更はほとんど必要ないので，ヒトよりも少ないと考えられる。しかし，**再設置が必要となる可能性のある手術である**旨を，オーナーにあらかじめ伝える必要がある。

シャント設置術をするにあたっての心構えとして，**「Once shunt, always shunt」**という言葉がある。これは，いったんシャントを設置したら，一生シャントを外すことができない，という意味をもつ。獣医療の場合，動物が生涯にわたりシャントという異物に頼った生活を送るようになることに対してのオーナーの心構えであると同時に，本手術を行う獣医師にとっての心構えということにもなるだろう。

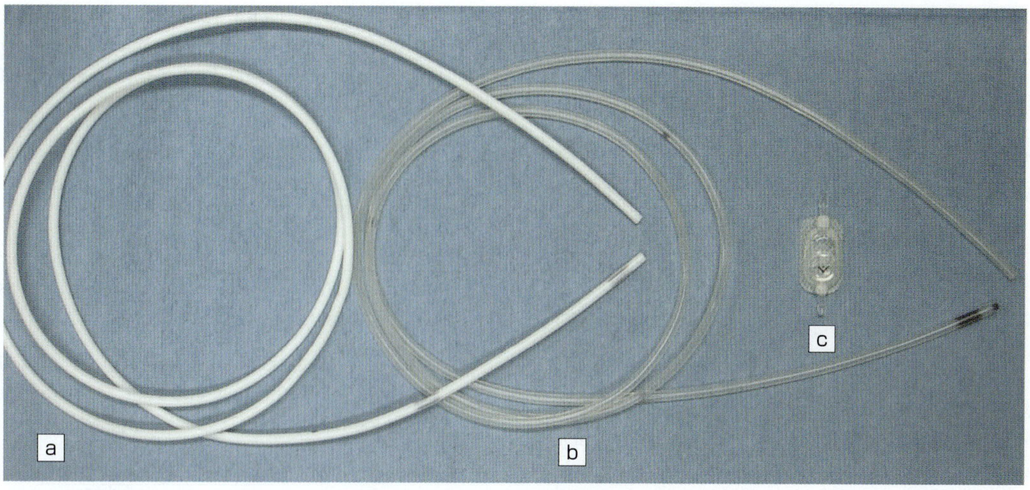

図9　脳室腹腔シャント(V-P シャント)システム(Medtronic 社製)
a：腹腔カテーテル，b：脳室カテーテル，c：フローコントロールバルブ。

(3) 禁忌

中枢神経に感染症がある場合，特にCSF中に炎症像があるとき，CSFタンパク濃度上昇時，CSF中の赤血球数の上昇，腹腔の炎症がある場合は，V-P シャント術は禁忌とされている[11]。これは，このような状況下では，シャントシステム閉塞の危険性が高く，感染症を全身へ広げる可能性があるためである。また，皮下トンネルにシャントチューブを通すため，皮膚病，特に皮膚の感染症がある場合は，あらかじめ治療しておかねばならない。

(4) 脳室－腹腔シャント術(V-P シャント術) 概要

シャントシステムは，脳室側が一定の圧以上になった際のみCSFを腹腔内へ排泄し，腹圧が上昇した際でも，脳室内へ逆流しない仕組みとなっている。通常，**脳室カテーテル，バルブ，腹腔カテーテル**からなるが，それらが一体化したタイプ(＝1－ピース型)もある。バルブは一定の圧下で一定方向にCSFを流す働きを担い，主だった種類として圧が固定されている**圧固定式**と手術後でも圧の変更が可能な**圧可変式**，そして流量調節式バルブがある。バルブ圧とCSF排泄力の関係については文献29を参照していただきたい。

ごく簡単にいうと，**バルブ圧が高いほどCSFを腹腔内へ引く力が弱く，バルブ圧が低いほど強い**。圧固定式には低圧，中圧，高圧があるが，確立された圧の選択基準はない。筆者は通常中圧バルブを用い，脳が非常に非薄化し慢性経過を示している場合では，CSFの引きすぎにより脳が虚脱することを避けるため高圧を選択することもある。圧可変式であれば，高圧設定から動物の状態に応じて徐々に圧を下げていくことが可能なので，圧調節の点では大変理想的といえるだろう。圧可変式の使用は，高額であること，磁場に影響されること，バルブをぶつけると圧設定が変化する可能性があること，などから獣医療で一般化しているとはいえず，まだ成績は不明であるが，今後の研究や症例の蓄積(特に圧固定式と圧可変式との長期成績の差と比較の報告)などが待ち望まれる。

獣医療での使用経験が豊富で重大な問題の報告がない，比較的安価である，閉塞しにくい(経験上)，トイ犬種に適切なサイズがある，手術時の接続がいらない(脳実質が非薄化している場合，バルブとの接続前に脳室カテーテルを挿入するとCSF排泄過多のため脳が虚脱する可能性がある)ことから，筆者は1－ピース型であるCodman社のUni-Shuntシステムを好んで使用していたが，日本での販売が中止されてしまったため，最近は3－ピース型であるMedtronic社のシャントシステムを使用している(図9)。これはリザーバー付きである割にはバルブ部分が非常に小さいタイプがあり，皮下に設置した際に目立たないのでトイ犬種に使用しやすい。術式の詳細はここでは述べないが，腹腔側カテーテルは皮下を通って腹腔内に挿入し，脳室カテーテル側先端は脳実質を介して脳室内へ挿入する(図8)。1－ピース型でない場合は，途中で脳室カテーテルと腹腔カテーテルの間にバルブを設置し，それぞれを接続する必要がある。皮膚の下のカテーテルは，短毛で皮膚が薄いとオーナーにもはっきり認識できるが，長毛種では術後に毛が生えればほとんど目立たなくなる。

シャント設置後の注意点としては，喧嘩などにより皮膚を傷つけることを避ける，**チューブの入った側へ**

の皮下注射を避ける，皮膚疾患は早めに治療するなど，日常生活において皮下チューブの破損や感染予防に注意を払う必要がある。**主な合併症は，シャントの感染と閉塞である。**ヒトでの感染発症率は5～10%，閉塞率は50%と報告されている[2]。犬でのまとまった報告がなく合併症の真の発生率は不明であるが，ヒトと類似すると考えられている[3]。

[齋藤弥代子]

■参考文献

1) Barone G, deLahunta A, Sandler J. An unusual neurological disorder in the Labrador retriever. *J Vet Intern Med.* 14(3): 315-318, 2000.

2) Casey AT, Kimmings EJ, Kleinlugtebeld AD, et al. The long-term outlook for hydrocephalus in childhood. A ten-year cohort study of 155 patients. *Pediatr Neurosurg.* 27(2): 63-70, 1997.

3) Coates JR, Axlund TW, Dewey CW. Hydrocephalus in dogs and cats. *Compend Contin Educ Pract Vet.* 28: 136-146, 2006.

4) Davis RL, Robertson DM. Textbook of neuropathology, 2nd ed. Williams & Wilkins. London. UK. 1991.

5) deLahunta A, Glass NE. Veterinary neuroanatomy and clinical neurology, 3rd ed. Saunders. US. 2009, pp23-53.

6) deLahunta A, Glass NE. Veterinary Neuroanatomy and Clinical Neurology, 3rd ed. Saunders. St.Louis. US. 2009, pp67-76.

7) Dewey CW. Encephalopathy: disorders of the brain. In: Dewey CW. A practice guide to canine and feline neurology. Iowa State Press. Iowa. US. 2003, pp99-178.

8) Esteve-Ratsch B, Kneissl S, Gabler C. Comparative evaluation of the ventricles in the Yorkshire Terrier and the German Shepherd dog using low-field MRI. *Vet Radiol Ultrasound.* 42(5): 410-413, 2001.

9) Few AB. The diagnosis and surgical treatment of canine hydrocephalus. *J Am Vet Med Assoc.* 149(3): 286-293, 1966.

10) Fukushima U, Miyashita K, Okano S, et al. Evaluation of intracranial pressure by transcranial Doppler ultrasonography in dogs with intracranial hypertension. *J Vet Med Sci.* 61(12): 1293-1297, 1999.

11) Harrington ML, Bagley RS, Moore MP. Hydrocephalus. *Vet Clin North Am Small Anim Pract.* 26(4): 843-856, 1996.

12) Hoerlein BF, Gage ED. Hydrocephalus. In: Hoerlein BF. Canine Neurology Diagnosis and Treatment. WB Saunders. Philadelphia. US. 1978, pp736-760.

13) Hudson JA, Simpson ST, Buxton DF, et al. Ultrasonographic diagnosis of canine hydrocephalus. *Vet Radiol.* 31(2): 50-58, 1990.

14) Javaheri S, Corbett WS, Simbartl LA, et al. Different effects of omeprazole and Sch 28080 on canine cerebrospinal fluid production. *Brain Res.* 754(1-2): 321-324, 1997.

15) Kii S, Uzuka Y, Taura Y, et al. Developmental change of lateral ventricular volume and ratio in Beagle-type dogs up to 7 months of age. *Vet Radiol Ultrasound.* 39(3): 185-189, 1998.

16) Kii S, Uzuka Y, Taura Y, et al. Magnetic resonance imaging of the lateral ventricles in beagle-type dogs. *Vet Radiol Ultrasound.* 38(6): 430-433, 1997.

17) Lorenzo AV, Horning G, et al. Furosemide lowers intracranial compertment volumes in normal adults assessed by MRI. *J. Neurosurg.* 84; 982-991, 1986.

18) O'Brien D. Hydrocephalus. In: Ettinger SJ, Feldman EC. Textbook of Veterinary Internal Medicine, 6th ed. WB Saunders. Philadelphia. US. 2005, pp822-823.

19) Sahar A, Hochwald GM, Kay WJ, Ransohoff J. Spontaneous canine hydrocephalus: cerebrospinal fluid dynamics. *J Neurol Neurosurg Psychiatry.* 34(3): 308-315, 1971.

20) Saito M, Olby NJ, Spaulding K, et al. Relationship among basilar artery resistance index, degree of ventriculomegaly, and clinical signs in hydrocephalic dogs. *Vet Radiol Ultrasound.* 44(6): 687-694, 2003.

21) Schmidt MJ, Wigger A, Jawinski S, et al. Ultrasonographic appearance of the craniocervical junction in normal brachycephalic dogs and dogs with caudal occipital (Chiari-like) malformation. *Vet Radiol Ultrasound.* 49(5): 472-476, 2008.

22) Selby LA, Hayes HM Jr, Becker SV. Epizootiologic features of canine hydrocephalus. *Am J Vet Res.* 40(3): 411-413, 1979.

23) Silson M, Robinson R. Hereditary hydrocephalus in the cat. *Vet Rec.* 84(19): 477, 1969.

24) Simpson ST. Hydrocephalus. In: Bonagura J, Kirk RD. Current veterinary therapy: small animal practice. WB Saunders. Philadelphia. US. 1989, pp842-847.

25) Simpson ST. Hydrocephalus. Proceedings, Fifth annual veterinary forum. 1987, pp834-838.

26) Spaulding KA, Sharp NJH. Ultrasonographic imaging of the lateral cerebral ventricles in the dog. *Vet Radiol.* 31(2): 59-64, 1990.

27) Wünschmann A, Oglesbee M. Periventricular changes associated with spontaneous canine hydrocephalus. *Vet Pathol.* 38(1): 67-73, 2001.

28) 宇塚雄次, 紀井幸恵, 中出哲也. 犬の水頭症と側脳室拡張は関連があるのか?. *SA Medicine*, 3(2): 71-76, 2001.

29) 北川勝人. VPシャント術(脳室腹腔短絡術). *Surg.* 68: 31-46, 2008.

30) 齋藤弥代子. 水頭症―原因と診断：超音波を使った補助的診断法. *SA Medicine.* 7(6): 4-13, 2005.

31) 長谷川貴史, 藤本由香, 井芹俊恵. 水頭症の病態と診断. *Surg.* 68: 15-23, 2008.

32) 深田恒夫, 石川佳弥, 大橋文人, ら. X線CTによる水頭症罹患犬の脳室形態. 日獣会誌. 56(3): 153-156, 2003.

33) 松永悟. 水頭症に対する治療指針. *Surg.* 68: 24-29, 2008.

M

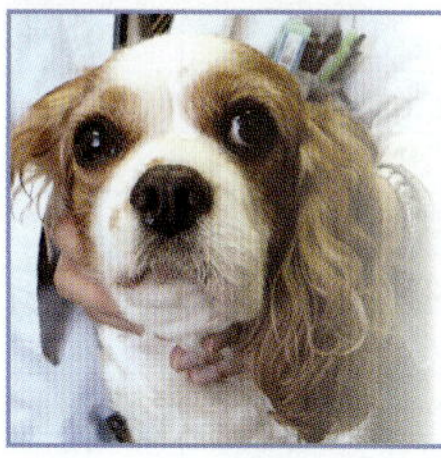

9. 非神経疾患に伴う代謝性脳症・ニューロパチー

はじめに

神経症状を呈する疾患には多くのものがある。誤解してはならないのは“神経症状＝神経疾患”ではないという点である。起立困難ということで診察してみると，単純なアジソン病であったり，ふらつきが主訴で来院した患者が，実は腫瘍が原因だった(傍腫瘍性神経症候群と呼ばれる。悪性腫瘍の遠隔効果のための抗神経抗体が関与すると考えられている)という例は筆者も多数経験している。DAMNIT-V[5](第1章参照)を考慮して神経症状を考えた場合には，M：代謝性疾患 metabolic disease に起因する神経症状は決して少なくない。

そこで，本章では主に神経症状を呈する症例で，どのような代謝性障害を考えなくてはならないかについて記述する。なお，代表的な代謝性疾患の1つである肝性脳症については，第10章「肝性脳症」で詳細に述べられている。

全身状態の把握

一般的に代謝性障害による神経症状はび漫的な形をとるため，神経学的な異常としては意識レベルの障害(沈うつの場合もあれば過敏状態の場合もある)，知的レベルの低下，見当識障害，発作などがみられる。多くは広範な神経細胞の機能不全によって発生すると思われる。したがって，臨床症状はジステンパーなどのび漫性の感染性神経疾患や中毒疾患と類似するものと考えてよい。すなわち，病変の局在が不明瞭な，び漫性の神経疾患をみる場合には，まず神経疾患を疑う前に感染症や代謝性脳障害を考慮していかなくてはならない。

実際にこのような障害を起こす疾患には，低血糖症，高血糖症，甲状腺機能低下症(犬)，甲状腺機能亢進症(猫)，電解質異常(Ca代謝異常も含む)および栄養障害としてチアミン欠乏症などが挙げられるため，これらの疾患を鑑別していく。

各疾患について，以下に記載する。

低血糖症

低血糖症 hypoglycemia においては，身体はカテコールアミン分泌増加が促進され，振戦，頻脈，脱力，悪心などが発生する。50 mg/dL 以下の低血糖では神経細胞のグルコース欠乏の結果，視力障害，疲労，錯乱状態，深い昏睡まで，様々な臨床症状が発現する。症状の種類や重篤度は絶対的な糖濃度，血糖濃度の低下速度や持続時間に依存する[12]。

低血糖症で注意すべきことは，まずは検査上のミスで異常な検査データが出ていないかを確認することである。異常なデータであると疑われる場合には，再検査はもちろんのこと，場合によっては採血からやり直すべきである。院内検査が主流の伴侶動物ではほとんど起こり得ないが，採血した血液の放置は赤血球内の解糖系の活動により血液の血糖検査値を極端に低下させてしまう場合がある。若齢の動物を除くと，多くは中齢～高齢の動物で低血糖が発生するため，吸収不全症候群などのような下痢を呈していない症例ではインスリノーマや平滑筋腫をまず鑑別する必要がある。

治療は，それぞれの原因を除去することであり，また，対症療法としては頻回の食事や経口，静脈内への高張グルコースの投与が挙げられる。原因疾患が見つかり，それが除去できるようであれば予後は良好である。ただし，手術困難なインスリノーマに対してはストレプトゾトシンの経口投与が行われることもあるが[1]，長期的な予後には注意が必要となる。

症例1 インスリノーマが疑われた1例

患者情報：ダルメシアン，10歳

主訴：けいれんを主訴として頭部の断層撮影を依頼さ

Video Lectures　低血糖症

動画 1　低血糖により発作を呈している犬
低血糖による発作の様子。この時の血糖値は 19 mg/dL であった。

動画 2　静脈内への糖補給後の全身状態
処置後の様子。50％グルコース溶液を静脈内投与したところ，発作は消失した。

表 2　血漿浸透圧の推定式

$$\text{血漿浸透圧(mOsm/kg)} = 2 \times (\text{Na} + \text{K}) + \frac{\text{血糖値}}{18} + \frac{\text{BUN}}{2.8}$$

れ，大学附属動物病院に来院した。検査開始時に発作を呈した(動画 1)。

検査所見：血液検査の結果(表 1)から，低血糖発作と判断して 50％グルコース溶液を静脈内投与したところ，症状は消失した(動画 2)。そのため頭部の断層撮影は一時中断，頭部以外の全身のコンピュータ断層撮影(CT)検査を実施したが，大きな異常はみられなかったため，インスリノーマと仮診断した。オーナーはそれ以上の診断・治療は望まなかった。

高血糖症

急激に血糖が上昇することはあまりないため，振戦やけいれんといった重度な神経症状を呈することは少ないが，糖尿病による見当識障害や昏睡は特に猫でみられることが多い。

高血糖症 hyperglycemia に対する鑑別診断リストは糖尿病以外に副腎腫瘍，副腎皮質機能亢進症，先端肥大症，膵炎などが挙げられる。また，注意すべきは中心静脈栄養の開始初期である。高張のグルコース溶液を入れるために，知らず知らずに高血糖状態をつくってしまうことがあるため，この時に意識レベルが低下した場合には高血糖症を疑う必要がある。恐らくほとんどの例では，血漿浸透圧の過度の上昇が神経機能の低下に関与していると思われる。血漿浸透圧の測定ができれば理想的であるが，ほとんどの病院には浸透圧計がないため，一般には表 2 の式を用いて推定し

表 1　症例 1，血液生化学検査結果

項目	結果	項目	結果
Alb(g/dL)	2.8	BUN(mg/dL)	19.5
ALT(U/L)	56	Cre(mg/dL)	0.8
AST(U/L)	28	Ca(mg/dL)	10.7
ALP(U/L)	187	P(mg/dL)	2.9
GGT(U/L)	8	Na(mEq/L)	145
Glu(mg/dL)	19	K(mEq/L)	3.3
T-Cho(mg/dL)	286	Cl(mEq/L)	120
CK(IU/L)	99	NH_3(μg/dL)	17
		TBA(μmol/L)	—

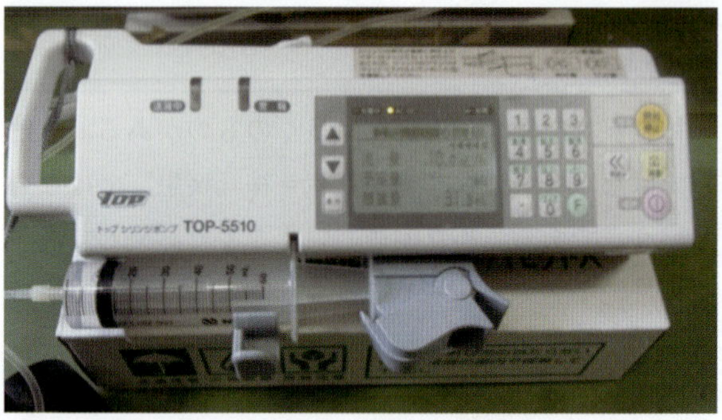

図 1　持続注入器(シリンジポンプ)

ているのが実際と思われる。

治療では，急激な浸透圧の変化が脳浮腫などを引き起こす可能性があるため，血糖値ならびに血漿浸透圧はゆっくりと低下させる必要がある(詳細は他の糖尿病に関する成書を参照)。インスリンの持続投与を行う場合は，持続注入器の利用が有用である(図 1)。

本症は初期治療が重要であり，その段階さえ乗り越えることができれば，基礎疾患に準じた予後が期待できる。

症例 2　**高血糖症の 1 例**

患者情報：雑種猫，19 歳

主訴：食欲不振，ボーっとしているとのことで来院した(動画 3)。

検査所見：血液検査所見から重度の高血糖，高浸透圧が確認された(表 3)。

治療・経過：本症例は即座に点滴とレギュラーインスリンの筋肉内注射を行ったことで意識レベルは改善し，その後，糖尿病の管理が実施された。

犬の甲状腺機能低下症

犬の甲状腺機能低下症 hypothyroidism の多くは自己免疫性の甲状腺炎か甲状腺萎縮によって生じる。すなわち，この疾患は非可逆的な疾患である[8]。甲状

Video Lectures 高血糖症

動画3 高血糖による意識レベルの低下
この症例では慢性腎不全と糖尿病の合併により，高浸透圧症候群を呈し，意識レベルが低下していた。

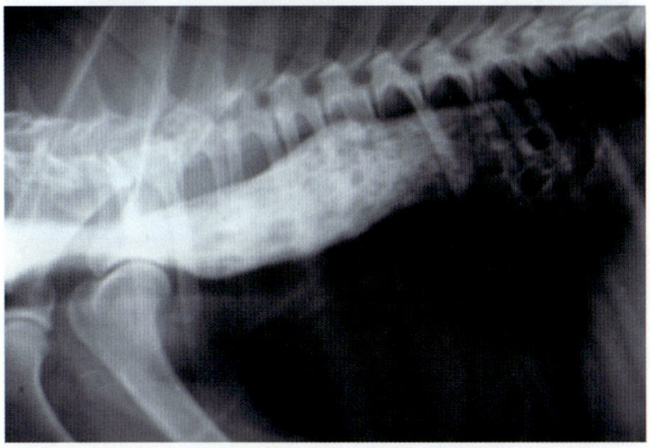

図2 甲状腺機能低下症の犬でみられた巨大食道

表3 症例2，血液検査結果

項目	結果	項目	結果
WBC（$\times 10^4/\mu$L）	13	Alb（g/dL）	3
RBC（$\times 10^6/\mu$L）	5.45	ALT（U/L）	53
PCV（%）	26	AST（U/L）	57
Hb（g/dL）	9.5	ALP（U/L）	49
PLT（$\times 10^4/\mu$L）	16.4	Glu（mg/dL）	608
TP（g/dL）	9.2	T-Cho（mg/dL）	243
Na（mEq/L）	139	TG（mg/dL）	507
K（mEq/L）	4.2	BUN（mg/dL）	126
Cl（mEq/L）	99	Cre（mg/dL）	4.6
		Ca（mg/dL）	9.1
		P（mg/dL）	9.9
		フルクトサミン（μmol/L）	656

血漿浸透圧（mOsm/kg）

$$=2\times(\mathrm{Na}+\mathrm{K})+\frac{\text{血糖値}}{18}+\frac{\mathrm{BUN}}{2.8}$$

$$=2\times 143+\frac{608}{18}+\frac{126}{2.8}$$

$$=286+33.77+45=364.77$$

腺機能低下症自体は致命的症状を呈することは少なく，見逃されることも多いが，ホルモンの補充療法によって容易にもとの元気な状態に戻すことが可能である。それゆえ診断をしっかりとつけて，補充療法を行うことで動物の生活の質（QOL）を向上させることは大事なことであると思われる。

最もよくみられる神経学的な障害は**末梢神経障害（ニューロパチー neuropathy）**で，代表的なものには**顔面神経麻痺，内耳（蝸牛前庭）神経や三叉神経の障害**[9]がある。その他全身性脱力，姿勢反応の減弱や反射低下がみられるという報告もある[4]。また，輪状咽頭アカラシアを呈した甲状腺機能低下症の犬も報告されている[3]。**ミオパチー myopathy** を生じることも報告されており，歩行異常や跛行が甲状腺機能低下症の犬でみられたという報告もある。**巨大食道**も甲状腺機能低下に伴うことが知られている（図2）。甲状腺機能低下症は，ホルモン補充療法によって改善する例が知られている[6]。

また，近年は梗塞（高コレステロール血症に伴う動脈硬化症などに起因して）が原因の神経症状が報告されている[15]。脳梗塞まで起こした場合の予後は注意が必要であるが，一般的には前述したようにホルモンの補充療法を行えば，動物は通常の生活を送ることができる。

症例3 甲状腺機能低下症の1例

患者情報：キャバリア・キング・チャールズ・スパニエル，6歳，雌

主訴：右眼のまばたきがなく，右の口から食べ物をこぼすようになったとのことで来院した（図3）。患者は軽度肥満気味で（BCS：4/5），また心拍数は60 bpmと重度の徐脈が認められた。全身の被毛状態は不良で，ラットテイルがみられた（図4）。

検査所見：脳神経の神経学的検査では，威嚇瞬目反応，眼瞼反射が右側のみで消失していた（表4）。意識レベルは正常で，姿勢反応にも異常はみられなかった。血液一般検査ではPCV 32%と軽度貧血が，血液生化学検査ではT-Cho 335 mg/dL，TG 151 mg/dLと中等度の高脂血症が認められた（表5）。この時点で甲状腺機能低下症と仮診断し，右顔面神経麻痺は甲状腺ホルモン欠乏に起因するものと推察した。

治療・経過：本症例は血清中甲状腺ホルモン濃度の低下により確定診断がなされ，甲状腺ホルモン製剤の投薬が行われた。右顔面神経麻痺はまだ軽度に残るものの全身状態は良好で，以前よりはるかに活動的になり，貧血や尾の脱毛などは消失している。

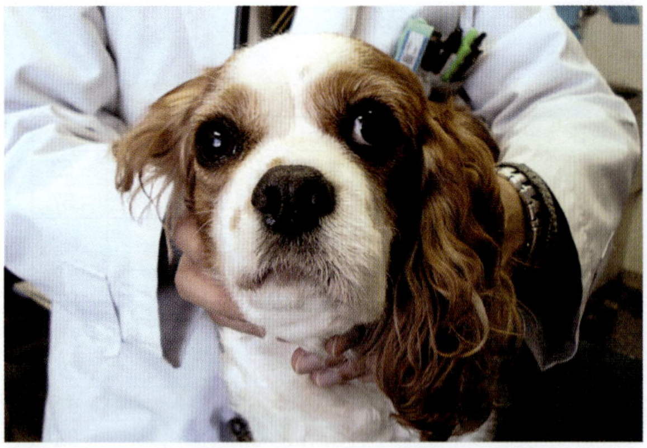

図3　症例3，顔面の外貌
甲状腺機能低下症に起因すると思われる顔面神経麻痺。

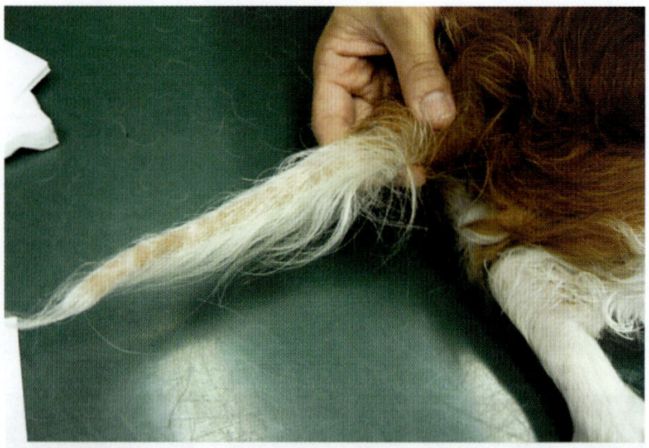

図4　症例3，尾の被毛状態
本症例ではラットテイルがみられた。

表4　症例3，神経学的検査所見

項目		R	L
前肢	固有位置感覚	2	2
	踏み直り	2	2
	手押し車	2	2
後肢	固有位置感覚	2	2
	踏み直り	2	2
	姿勢性伸筋突神	2	2
眼瞼反射		0	2
角膜反射		0	2
威嚇まばたき反射		0	2
対光反射		2	2
知覚		1	2
開口		2	2
舌の動き		2	2

表5　症例3，血液検査結果

項目［正常値］	結果	項目	結果
WBC（$\times 10^4/\mu$L）	10.1	Alb（g/dL）	3.1
RBC（$\times 10^6/\mu$L）	4.6	ALT（U/L）	36
PCV（%）	32	AST（U/L）	25
Hb（g/dL）	10.6	ALP（U/L）	94
TP（g/dL）	5	GGT（U/L）	9
c-TSH（ng/dL）［0.02～0.32］	1.46	T-Cho（mg/dL）	335
		T-Bil（mg/dL）	0.4
T_4（ng/dL）［0.5～3.5］	＜0.4	Glu（mg/dL）	89
		TG（mg/dL）	151
fT_4（pmol/dL）［9.0～32.2］	＜2.5		

表6　猫の甲状腺クリーゼの臨床症状

・頻呼吸	・頻脈
・発熱	・呼吸困難
・心雑音	・突然の失明
・重度の筋力低下	・頚部の腹側屈曲
・四肢の運動麻痺	・突然死

猫の甲状腺機能亢進症

筆者は経験をもたないが，甲状腺機能亢進症に絡む神経学的障害としては**甲状腺クリーゼ thyroid(thyrotoxic)crisis** が考えられる。甲状腺クリーゼとは甲状腺中毒症の急性増悪であり，ヒトの甲状腺クリーゼでは4つの主要症状が挙げられている。その4つとは，発熱，中枢神経系症状，胃腸障害，心血管系症状である[16]。猫の甲状腺クリーゼでも同様の臨床症状が見られるといわれている（表6）。神経学的症状としては血栓症による四肢麻痺，低K血症による急性の筋力低下，興奮から昏睡に至るまでの様々な意識状態の異常が報告されている。

猫の**甲状腺機能亢進症 hyperthroidism** では甲状腺ホルモン濃度の高値を示す。しかし，甲状腺ホルモンの絶対値とクリーゼの重症度は相関しないといわれている。したがって，甲状腺ホルモンの高値に加えて，急性甲状腺中毒の臨床症状に基づいて診断されるべきであると考えられている。

甲状腺クリーゼの治療目標は，①甲状腺ホルモン合成抑制，②甲状腺ホルモンの末梢組織に対する作用阻害，③全身状態の管理，④誘発因子の特定と排除，からなる。①としてはメチマゾールやヨウ化カリウムが利用される。②としては循環器に対する作用がとくに重要となるため，アテノロールなどのβ遮断薬が使用される。③としては発熱や脱水に対する管理が必要とされている。

クリーゼの治療がうまくいくようであれば，その後はメチマゾールによる内科療法，可能であればホルモンを過剰産生している甲状腺の摘出を行う。ただし，手術では副甲状腺を損傷する可能性があるため，手術直後にはCa代謝の異常が発生しないか，注意深いモニタリングが必要となる。

Video Lectures 尿毒症

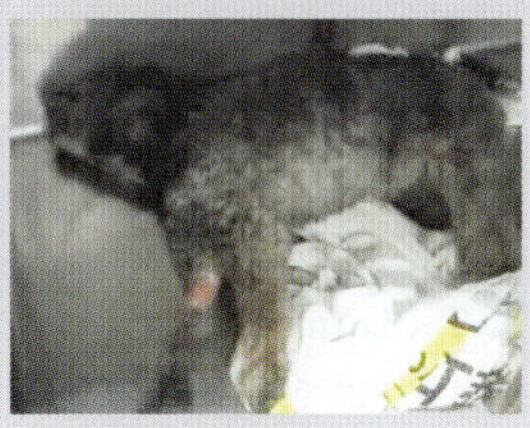

動画 4 尿毒症により，けいれんを呈している犬

尿毒症／尿毒症性脳症

腎不全に伴う**尿毒症 uremia** で様々な神経症状が生じることはよく知られている（**尿毒症性脳症 uremic encephalopathy**）[2]。腎不全から生じる神経毒素物質（尿毒素）には尿素，グアニジン化合物，芳香族化合物，β_2 ミクログロブリンなどが挙げられている。これらの尿毒素物質は比較的分子量が小さいため，血液脳関門（BBB）を通過して神経毒を生じる。尿毒症による嘔吐も，その要因の一部が尿毒素物質による化学受容体トリガー帯の刺激であることを考えると，神経症状の一種といえるのかもしれない。

神経症状としては，嗜眠，せん妄，筋肉攣縮，けいれん，最終的には昏睡に陥る。症状の進行が緩徐な慢性腎不全よりも急性腎不全で神経症状が現れることが多く，猫よりも犬の腎不全でけいれんのような重篤な神経症状を見ることが多い（動画 4）。猫ではけいれんよりも意識レベルの低下やせん妄，見当識障害といった認知機能の変化が症状として多くみられる。

もとの神経症状の原因は腎不全とそれによる尿毒症にあるため，治療は神経毒物，すなわち尿毒素物質の除去であったり，腎不全そのものを治療する必要がある。これには当然，透析（腹膜透析，一部で血液透析）が含まれる。一般に尿毒症が改善すれば神経症状も収まるが，急性腎不全では治療に成功すれば神経症状が回復するのに対し，慢性例では病態が不可逆的なため，神経症状の一時的消失があっても，原疾患が進行すれば同様の症状が再発するであろう。

電解質異常

神経学的異常に関わる**電解質異常 electrolyte abnormality** には，血漿中 Na 濃度の変化（おもに上昇），K 濃度の低下（上昇は理論上は筋肉の虚脱という神経学的異常が発現するが，現実には心筋に対する影響の方が致命的である），Ca 値の低下が挙げられる。

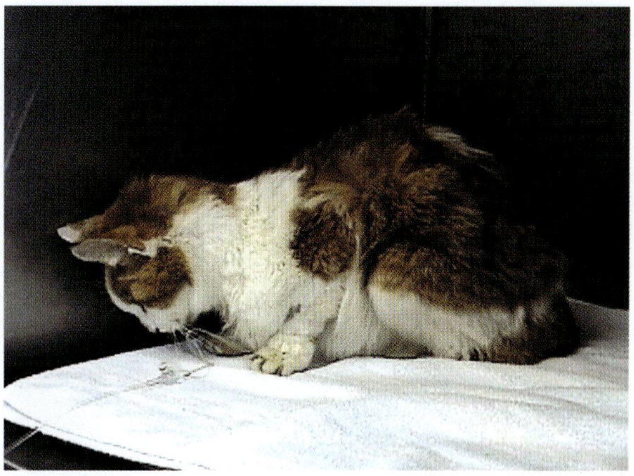

図 5 猫の低 K 血症性ミオパチー
頚部の腹屈が認められる。

高 Na 血症 hypernatremia は一般的ではないが，血清浸透圧の増加が著しいため，糖尿病性昏睡の場合の高浸透圧性昏睡とほぼ同等の病態が発生する[14]。原因としては，医原性の Na 過剰投与（各種輸液剤や麻酔薬などにも含まれている）や過度の脱水，高アルドステロン症が考えられる。治療は，輸液などによって Na 濃度と血清浸透圧を下げることである。このときは糖尿病と同様で，急激に浸透圧を下げると副作用が発現するため，ゆっくりとした浸透圧是正が求められる。

低 K 血症 hypokalemia による筋力低下は猫の慢性腎不全でよく認められる。これは，筋肉の脱力のため，**頚部の腹屈 ventral flexation** が典型的な姿勢である（図 5）[11]。これは腎不全への対応と同時に，経口または非経口的な K 補給によって対処する。

低 Ca 血症 hypocalcemia では，ふらつきや筋攣縮，けいれんが認められる[14]。臨床症状の有無や程度は低 Ca 血症の程度や低 Ca 状態になるまでの経過時間や継続期間に依存する。**原発性上皮小体機能低下症 primary hypoparathyroidism** ではふらつきや歩様異常，**産褥テタニー**（子癇）puerperal tetany（eclampsia）ではけいれんや振戦が起こりやすいのではないかと考えられる。低 Ca 血症の鑑別診断項目は少ないので，原因追求は比較的容易である（表 7）。治療は，救急的に Ca 製剤の補給と，原疾患の根治にわけられるが，詳細はここでは省略する。

その他，低 Mg 血症 hypomagnesemia でも理論上，神経系の障害が起こり得るが，栄養不良などの特殊な事情がない限りは，この病態が関わることは少ないと思われるため，ここでは割愛する。

表 7　低 Ca 血症の鑑別診断項目

- 原発性上皮小体機能低下症
- 腎不全
- 急性膵炎
- 低タンパク血症または低アルブミン血症
- 栄養性二次性上皮小体機能亢進症群
- 抗てんかん薬の投与
- 産褥テタニー
- エチレングリコール中毒
- 吸収不良症候群
- 低 Mg 血症
- 腫瘍融解症候群
- 炭酸水素ナトリウムの投与

Video Lectures　**電解質異常**

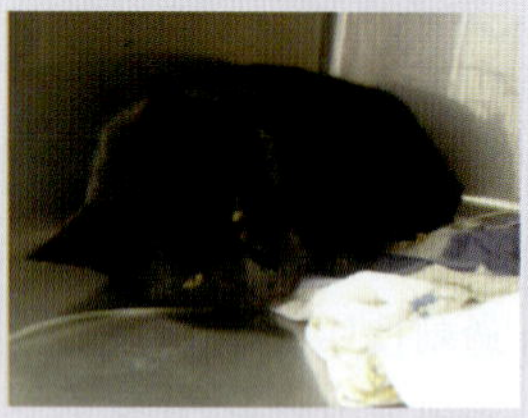

動画 5　低 K 血症のために運動失調を呈した猫
初診時の全身状態。

症例 4　低カリウム血症が認められた 1 例

患者情報：雑種猫，8 歳，去勢雄，5.3 kg

稟告：2 週間前より元気消失，食欲減退。その後しばらく自発的摂食がなかったため，一時的に入院加療を受けた。全身状態に大きな変化はなかったが，昨日より目の動きが鈍く，頸部も腹屈して意識が低下しているようにみられたため，神経学的異常が疑われて大学附属動物病院に紹介された。

検査所見：猫は，意識レベルは軽度低下しているようにみえるものの，脳神経の反射と姿勢反応は全て正常であった(動画 5)。そのときの初診時の血液検査結果は表 8 のとおりである。

治療・経過：血糖値はやや高いが，一過性ストレスによるものと解釈し，低 K 血症が顕著であったため K 補正と脱水改善を目的とした輸液治療を開始した。点滴治療開始翌日には意識レベルも改善し，血清 K 値も上昇したため(表 9)，低 K 血症性の神経学的異常と解釈し，2 日後には元気に退院していった。鼻水とくしゃみがみられ，鼻汁の検査ではヘルペスウイルスが陽性であった。このため，猫伝染性鼻気管炎による食欲不振が続き，これが低 K 血症を誘発し神経症状を呈したものと推察した。追加検査ではトキソプラズマやコロナウイルスなど，他の感染症は陰性であった。

表 8　症例 4，初診時の血液検査結果

項目	結果	項目	結果
WBC($\times 10^4$/μL)	14	Alb(g/dL)	4
RBC($\times 10^6$/μL)	7.87	ALT(U/L)	94
PCV(%)	35	AST(U/L)	63
Hb(g/dL)	12.1	ALP(U/L)	41
PLT($\times 10^4$/μL)	37.8	Glu(mg/dL)	258
TP(g/dL)	8	T-Cho(mg/dL)	220
Na(mEq/L)	148	TG(mg/dL)	19
K(mEq/L)	2.2	BUN(mg/dL)	19
Cl(mEq/L)	109	Cre(mg/dL)	1
		Ca(mg/dL)	9.8
		P(mg/dL)	3.7

表 9　症例 4，治療開始翌日の血液検査結果

項目	結果	項目	結果
WBC($\times 10^4$/μL)	20.9	Alb(g/dL)	—
RBC($\times 10^6$/μL)	9.57	ALT(U/L)	—
PCV(%)	43	AST(U/L)	—
Hb(g/dL)	14.4	ALP(U/L)	—
PLT($\times 10^4$/μL)	20.5	Glu(mg/dL)	124
TP(g/dL)	8.6	T-Cho(mg/dL)	232
Na(mEq/L)	150	TG(mg/dL)	17
K(mEq/L)	3.7	BUN(mg/dL)	14
Cl(mEq/L)	111	Cre(mg/dL)	1.1
		Ca(mg/dL)	10.6
		P(mg/dL)	3.8

チアミン欠乏症

チアミン thiamine(ビタミン B_1) はピルビン酸と α ケトグルタル酸の脱炭酸反応の補酵素であり，糖の有酸素代謝に必要不可欠な水溶性ビタミンである。

チアミン欠乏症 thiamine deficiency は犬でもみられるが，主に猫でみられる。猫のチアミン欠乏症はチアミナーゼ thiaminase を多く含む生魚や，過調理によりチアミンが変性した食事の多給によって起こる。古くから知られているが，良質なキャットフードが普及した近年では，極めてまれな疾患である。しかし，猫という動物は偏食に陥りがちな傾向にあり，鑑別診断リストから外してしまうことはできない疾患と考えられる。

猫のチアミン欠乏症の臨床症状は，軽度の**前庭性運動失調**にはじまり，その後**食欲減退**，**頸部の腹屈**，**対光反射の遅延**などがみられ，末期には，絶え間ない鳴き叫び，後弓反張，持続性の伸筋伸展，半昏睡などがみられる。

臨床診断は，食事内容と特徴的な臨床症状，診断的治療(チアミン投与による急速な臨床症状の回復)により行われる。正確な診断には血液中(全血を使用，血清では正常値より低く出てしまう)または尿中のビタミ

ン B_1 濃度を測定することが必要であるが，ヒトのチアミン欠乏症である**ウェルニッケ脳症 Wernicke's encephalopathy** においても，血中のチアミン濃度が必ずしも組織中のチアミン濃度を反映しないことなどから，生化学的な検査は臨床的には実施されていない。一方で，特徴的な画像所見の得られることが多い頭部磁気共鳴画像（MRI）が重視されている。ヒトでは，第三脳室周囲（視床内側），中脳水道周囲，第四脳室底，乳頭体に T2 強調（T2W）画像や FLAIR 画像で対称性の高信号域を認める。造影増強効果を呈することがあり，特に乳頭体でみられることが多く，乳頭体の造影効果が唯一の所見のこともある。最近では，犬，猫ともにウェルニッケ脳症の MR 画像所見と極めて類似した特徴的な所見が報告されている[7, 18]。

治療は，塩酸チアミンの投与による。犬，猫ともに，文献によって 1 ～ 2 mg/head/day というものから 100 ～ 250 mg/head, BID というものまで，著しい投与量の幅がある。理論的には欠乏の程度によって必要量が異なるはずであるが，塩酸チアミンは水溶性ビタミンであり，よほどの大量投与でない限り副作用が生じにくいと考えられることから，筆者は少し多めの 50 ～ 500 mg/head/day で投与している。投与経路は，静脈内，筋肉内，皮下のいずれも可能であるが，チアミン欠乏症に陥っている動物は脱水していることが多いと考えられるため，少なくとも治療開始初期には静脈内点滴を実施して，塩酸チアミンも静脈内投与する事が望ましい。食欲が出れば，少なくとも 1 週間は，適切なチアミンを含有する食餌あるいはチアミン製剤を与える。もちろん，食欲不振を生じる原発性疾患があればその治療も重要となる。偏食が原因でチアミン欠乏症を発症した猫では，総合栄養食を自発的に食べない可能性があり，個別の工夫が必要となるだろう。当然ながらチアミナーゼを含む生魚などは与えないようにする。治療が早ければ，完全に回復する。

ヒトにおいては，最近では長期間の経静脈栄養療法患者において，保険運用の関係で輸液剤にチアミン製剤を添加していない場合での発生が知られている。犬，猫でも，何らかの理由で食欲が廃絶した症例に長期間輸液療法が必要な場合には，輸液剤に総合ビタミン剤を添加しておくのが無難かもしれない。

症例 5 チアミン欠乏症の症例①

患者情報：雑種猫，2 歳，避妊雌，3.4 kg

稟告：1 カ月前より歩く時よろけるようになり，最近高いところに登ることができなくなったとのことで来院した。

検査所見：血液一般検査や生化学検査でも異常を認めず，身体学的検査では著変はみられなかった。神経学的検査では，左側のみで眼瞼反射や威嚇瞬目反応は低下し，対光反射は両目ともやや反応が低下していた（動画 6）。稟告により，この猫は極度の偏食であることが解り，その食事内容はかつおぶし，きびなご，ちくわのみであった。追加検査により，感染症は否定的で，頭部 CT では明確な異常は描出されなかった。

治療・経過：診断的治療としてビタミン B_1 製剤を投与したところ，10 日後には神経学的欠損も改善し，その後 1 日 1 回のビタミン B_1 経口投与によって，症状は全て消失している。

Video Lectures　チアミン欠乏症①

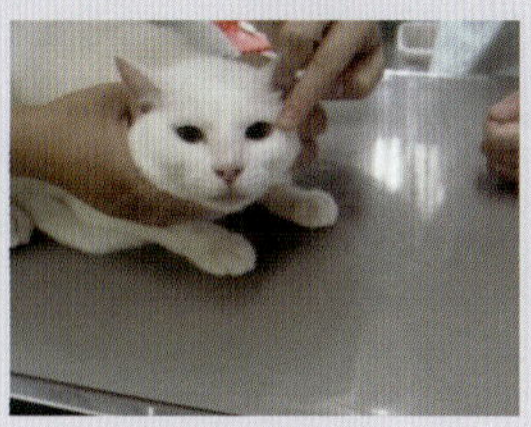

動画 6　眼瞼反射の消失が見られたチアミン欠乏症の猫
眼瞼反射の消失。

症例 6 チアミン欠乏症の症例②

患者情報：アメリカン・ショートヘア，9 歳

稟告：急性の元気減退，食欲不振で来院した。問診により，普段の食事内容はかつおぶしとイカが中心で，それ以外は魚介類であることが明らかになった。身体検査では重度の脱水と低体温，頚部を腹側に著しく屈曲させた姿勢が認められた（動画 7）。

検査所見：神経学的検査では，沈うつ，両側性散瞳，威嚇瞬目反応の低下，顔面麻痺，旋回運動，四肢の運動失調，捻転斜頚，垂直眼振（動画 8），舌の側方屈曲が認められ，広範にわたる中枢神経病変が示唆された。MRI 検査で，両側の視床前核，外側膝状体，後丘，前庭神経核が T1 強調画像で等信号，T2W 画像で高信号に描出され（図 6），後丘，前庭神経核に増強効果が認められた（図 7）。特徴的な画像所見と食事内容，臨床症状などから，総合的にチアミン欠乏症と暫定診断した。

治療・経過：塩酸チアミン（500 mg, IV）の投与と輸液のみで，速やかに臨床症状が改善した。回復後は総合栄養食への食事の変更で維持している。

Video Lectures　チアミン欠乏症②

動画 7　治療前の様子（歩様の観察）

治療前の様子。頚部の著しい腹屈，四肢の運動失調が認められた。

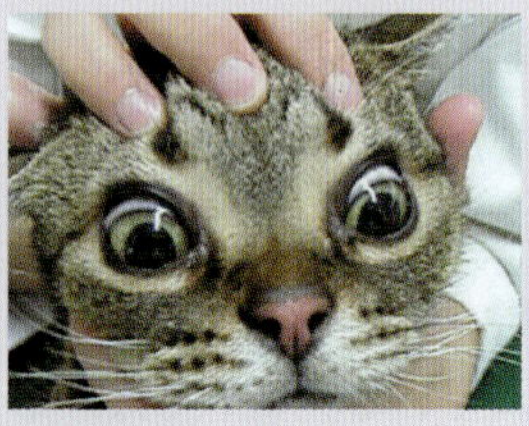

動画 8　治療前の様子（垂直眼振）

治療前の様子。垂直眼振が認められ，中枢前庭病変が示唆された。

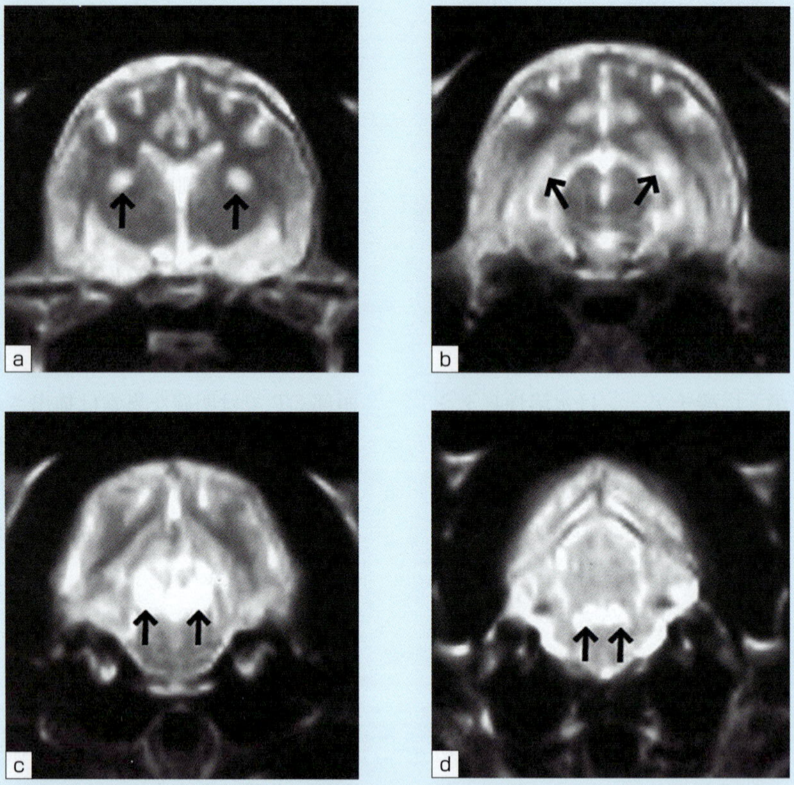

図 6　症例 6，頭部 MR T2 強調（T2W）画像横断像

a：視床前核，b：外側膝状体，c：後丘，d：前庭神経核。
矢印の部分は高信号を呈している。

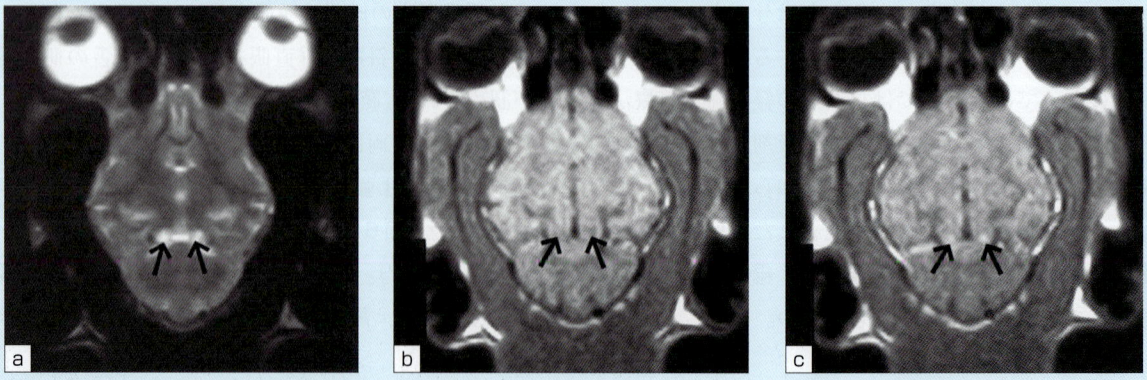

図 7　症例 6，頭部 MRI 背側断像

a：T2W 画像，b：T1 強調（T1W）画像，c：ガドリニウム増強 T1W 画像。
後丘（矢印）は，T2W 画像で高信号，T1W 画像で等信号を呈し，増強効果を伴う。

おわりに

本章では，代謝性障害に関わる神経学的欠損について述べてきた。いずれもほとんどの原因が簡単な血液検査やホルモン検査で原因を見つけることが可能である。また，栄養性障害では食事内容などの稟告聴取が重要であることがわかる。したがって，ていねいな稟告，病歴の聴取や日常の血液検査は，神経症状を呈している患者に対する初歩的なアプローチであり，また全ての動物病院で実施可能／実施すべき検査項目である。断層撮影の発達に伴って五感の検査がおろそかになると同様に，このような初歩的な検査が省かれるような傾向を筆者は感じているため，是非初心（初診）に立ち返って，二次診療施設に患者を送る前には代謝性障害を除外しておく習慣をつけていただきたい。

［宇塚雄次・田村慎司（チアミン欠乏症本文，症例 6）］

■参考文献

1) Bell R, Mooney CT, Mansfield CS, Jones BR. Treatment of insulinoma in a springer spaniel with streptozotocin. *J Small Anim Pract.* 46(5): 247-250, 2005.

2) Biasioli S, D'Andrea G, Feriani M, et al. Uremic encephalopathy: an updating. *Clin Nephrol.* 25(2): 57-63, 1986.

3) Bruchim Y, Kushnir A, Shamir MH. L-thyroxine responsive cricopharyngealachalasia associated with hypothyroidism in a dog. *J Small Anim Pract.* 46(11): 553-554, 2005.

4) Budsberg SC, Moore GE, Klappenbach K. Thyroxine-responsive unilateral forelimb lameness and generalized neuromuscular disease in four hypothyroid dogs. *J Am Vet Med Assoc.* 202(11): 1859-1860, 1993.

5) Chrisman C, Mariani C, Platt S, Clemmons R. イントロダクション. In：諸角元二 監訳. 犬と猫の臨床神経病学. インターズー. 東京. 2003, pp19-60.

6) Fracassi F, Tamborini A. Reversible megaoesophagus associated with primary hypothyroidism in a dog. *Vet Rec.* 168(12): 329b, 2011.

7) Garosi LS, Dennis R, Platt SR, et al. Thiamine deficiency in a dog: clinical, clinicopathologic, and magnetic resonance imaging findings. *J Vet Intern Med.* 17(5): 719-723, 2003.

8) Graham PA, Refsal KR, Nachreiner RF. Etiopathologic findings of canine hypothyroidism. *Vet Clin North Am Small Anim Pract.* 37(4): 617-631, 2007.

9) Jaggy A, Oliver JE, Ferguson DC, et al. Neurological manifestations of hypothyroidism: a retrospective study of 29 dogs. *J Vet Intern Med.* 8(5): 328-336, 1994.

10) Joseph RJ, Peterson ME. Review and comparison of neuromuscular and central nervous system manifestations of hyperthyroidism in cats and humans. *Progress in Veterinary Neurology.* 3(4): 114-118, 1992.

11) Lantinga E, Kooistra HS, van Nes JJ. Periodic muscle weakness and cervical ventroflexion caused by hypokalemia in a Burmese cat. *Tijdschr Diergeneeskd.* 123(14-15): 435-437, 1998.

12) Nelson RW. 膵臓の内分泌疾患. In：長谷川篤彦，辻本元 監訳. スモールアニマル・インターナルメディスン，第 4 版. インターズー. 東京. 2011, pp831-878.

13) Nelson RW, Couto CG. Small Animal Internal Medicine, 3rd ed. Mosby. St.Louis. US. 2003.

14) Nelson RW, Delaney SJ, Elliot DA. 電解質異常. In：長谷川篤彦，辻本元 監訳. スモールアニマル・インターナルメディスン，第 4 版. インターズー. 東京. 2011, pp935-955.

15) Vitale CL, Olby NJ. Neurologic dysfunction in hypothyroid, hyperlipidemic Labrador Retrievers. *J Vet Intern Med.* 21(6): 1316-1322, 2007.

16) Ward CR. Feline thyroid storm. *Vet Clin North Am: Small Anim Pract.* 37(4): 745-754, 2007.

17) 宇塚雄次. 糖尿病性昏睡に対する輸液治療. *Info Vets.* 8(3): 5-7, 2005.

18) 田村慎司，大岡恵，田村由美子ら. 特徴的な MR 画像が得られたチアミン欠乏症の猫の 1 例. 獣医神経病 10, 25-30, 2006.

10. 肝性脳症

はじめに

肝性脳症 hepatic encephalopathy (HE) とは，一般的に肝不全や門脈体循環シャントなどにより引き起こされる精神神経学的障害のことである。同義語として，門脈体循環性脳症 portal-systemic encephalopathy があり，肝性脳症は小動物領域では特に，**門脈体循環シャント portosystemic shunt (PSS)** が原因で引き起こされることが多い。したがって，診断手順は PSS の診断手順に準じる。肝性脳症の原因物質（誘引物質）は特定の物質ではなく，様々な物質が脳症の増悪要因になっていると考えられている。

本章では，臨床的に意義のある増悪要因とその病態生理を解説しながら，問診時のポイントと診断方法，そして治療方法を解説する。

病態生理

肝性脳症の病態は，以下のように考えられている。

①主に食事中のタンパク質が消化管内で消化吸収される過程でアンモニアをはじめとする有毒物質が産生され，これらが肝臓での処理能力の低下や PSS により全身循環に漏れ出すことによって血中濃度が増加する。

②これにアミノ酸インバランスが加わり，血漿成分の異常をきたす。

③これらの異常が脳細胞を直接傷害したり，また脳内モノアミンをはじめとする神経伝達物質やその受容体の変化を介して意識障害を招来する。

慢性肝不全や先天性 PSS では，これらの脳内での変化が脳症準備段階を形成しており，何らかのわずかな負荷によっても容易に意識障害をきたすものと考えられている。

肝性脳症の惹起要因として考えられているものは，アンモニア，メルカプタン，アミノ酸のインバランス，GABA−ベンゾジアゼピン受容体複合体異常などが考えられている。以下に，それぞれについて解説する。

1．アンモニア

肝性脳症時には**高アンモニア血症 hyperammonemia** が認められること，それ自体に明らかな神経毒性があること，また肝硬変患者に塩化アンモニウムを投与すると精神神経症状が出現することなどより，昔からアンモニアは昏睡惹起物質として肝性脳症の中心的役割を担うものと考えられている。アンモニアは，主に消化管で外因性の食事タンパク由来アミノ酸などの含窒素物質および内因性の各種アミノ酸，アミンや尿素などから生成される。血中の尿素の 1/4 は腸管内に排泄され，これが腸管内のウレアーゼによって分解され，アンモニアが産生される。さらに，内因性のグルタミン（Gln）が腸管壁のグルタミナーゼにより分解されて産生されるアンモニアも，かなりの量が門脈血に入るといわれている。

また，腎臓もアンモニア生成においては重要な臓器である。腎臓におけるアンモニア産生の主な基質はグルタミンであり，尿細管細胞のグルタミナーゼにより分解されアンモニアを生成する。生成されたアンモニアは，主に尿中に排泄されるが，一部は再吸収され腎静脈に入る。アルカローシスではアンモニアの非イオン化部分が増大するため，アンモニアの再吸収が促進され，血中アンモニアの値の上昇につながる。

アンモニアの代謝は主に肝臓で行われ，尿素サイクルによって尿素に変換される。しかし，健常者でも動脈血アンモニアの約 50％が骨格筋によって処理されていることも明らかとなっている。したがって，PSS をもつ患者では腸管からのアンモニアが肝臓を通らずに動脈血中に流れるため，筋肉でのアンモニア代謝が重要となってくる。

アンモニアの毒性に関しては，様々な報告がある。脳には尿素サイクルが存在しないため，アンモニアは主にα-ケトグルタル酸と反応してグルタミンを生成する。その結果，α-ケトグルタル酸の濃度が低下してニューロンのTCA回路の機能が低下し，エネルギー代謝障害を起こすと考えられている。また，高アンモニア血症になると，脳浮腫やけいれん発作が引き起こされやすくなるといわれている。

2. メルカプタン

メルカプタン mercaptan は methanethiol, ethanethiol, dimethylsulfide の3つの含硫化合物の総称であり，肝性口臭の一因と考えられている。メルカプタンはアンモニア代謝に影響を及ぼし，血中アンモニア濃度を増加させる作用があり，また脳の Na^+, K^+-ATPase 活性を抑制するといわれている。メルカプタンは，メチオニンなどのアミノ酸が消化管内細菌叢によって代謝され，生成されると考えられている。

3. アミノ酸のインバランス

人医学領域において，肝疾患時に特徴的なアミノ酸パターンが認められることが報告されている。この特徴的なアミノ酸パターンとは，**分岐鎖アミノ酸 branched-chain amino acids**（BCAA：バリン，ロイシン，イソロイシン）の低下と**芳香族アミノ酸 aromatic amino acids**（AAA：チロシン，フェニルアラニン，トリプトファン）の増加であり，**BCAA / AAA（フィッシャー比 Fischer ratio）**の低下として特徴づけられる。そして，このアミノ酸分画の異常はアミノ酸インバランスと呼ばれ，肝性脳症の病態と深く関与している。また，BCAAの低下は，肝臓でのタンパク合成能の低下を引き起こすことが示唆されており，肝疾患の低タンパク血症とアミノ酸インバランスにも深い関係がある。

(1) 分岐鎖アミノ酸（BCAA）が低下する理由

BCAAは，BCAAトランスアミナーゼにより脱アミノ化されて代謝される。しかし，BCAAを代謝する酵素が肝臓にはほとんどなく，骨格筋に多く含まれていることから，腸管から吸収されたBCAAは肝臓を素通りし，筋肉で代謝される。一方，BCAA以外のアミノ酸（AAAを含む）は，ほとんどが肝臓で代謝される。

肝疾患になり肝機能が低下すると，肝臓でのアンモニア代謝能力が低下する。肝臓で代謝できなくなったアンモニアは，筋肉で代謝されることとなる。この筋肉でのアンモニア代謝に重要な役割を果たすのがBCAAである。BCAAは筋肉代謝される過程で，BCKA（分岐鎖α-ケト酸）となってTCAサイクルに入り，α-ケトグルタル酸が生成されてグルタミン酸の基質となる。グルタミン酸はグルタミンに代謝される過程でアンモニアと結合し，グルタミンが生成される。このように，アンモニアを代謝するうえでBCAAが消費されるためにBCAAが低下する。

また，PSSなどでは腸管から吸収したアミノ酸が肝臓に流入しないため，BCAAはより骨格筋で代謝されやすくなっていること，肝不全時などでは末梢でのインスリン抵抗性があるため，グルコースの利用が悪く，BCAAがエネルギー源として消費されていること，さらに肝疾患になると食事中のタンパク制限を行うため，必須アミノ酸であるBCAAの摂取量が低下することもBCAAの低下の原因として考えられている。

以上の理由により，肝疾患において血中のBCAA濃度が低下すると報告されている。

(2) 芳香族アミノ酸（AAA）が増加する理由

消化管で吸収したアミノ酸のほとんどが肝臓で代謝され，タンパク質の素材となったり，エネルギー源として糖新生の素材になったりする。特に，AAAのチロシンはドーパミンを経てノルエピネフリンに変換される。しかし，同時に血中に増加するフェニルアラニンによってチロシン水酸化酵素が競合拮抗を受け，脳内のドーパミンの生成低下とノルエピネフリン濃度の低下が引き起こされる。これが肝性脳症の一因として考えられている。また，フィッシャー比の計算には含まれないが，AAAの一種であるトリプトファンも脳内で増加し，そのほとんどがセロトニンとなるため，過剰に蓄積すると肝性脳症の誘因になると考えられている。事実，先天性PSSの犬においても脳内のグルタミン，トリプトファン，5-HIAA（セロトニンの代謝産物）濃度が正常犬と比較して有意に高いことが報告されているため[2]，これらのアミノ酸インバランスが肝性脳症の一因となっていることが考えられている。

(3) フィッシャー比の低下

肝疾患になると，前述した理由でBCAAが低下しAAAが増加するアミノ酸インバランスが引き起こされる。このBCAA / AAAの比率をフィッシャー比と呼び，このフィッシャー比の低下が肝性脳症の誘因の1つとして考えられている。脳内でAAAが増加することが肝性脳症の一因であることは前述したが，この

表1　肝性脳症のグレード分類

肝性脳症のグレード	臨床症状
0	正常
1	軽度の運動失調，軽度～中程度の無関心
2	間欠的食欲不振，間欠的嘔吐，テンションが高い，流涎，重度の無関心（沈うつ），軽度～中程度の運動失調
3	食欲不振，頭部の押し付け行動 head pressing，一次的な失明，無目的な歩行，重度の無関心（沈うつ），重度の運動失調
4	けいれん発作，昏迷，昏睡

（参考文献5を元に作成）

フィッシャー比が低下することで，より脳内のAAA濃度が上昇することが明らかにされている。その理由は，AAAとBCAAが血液脳関門（BBB）を通過する際に，共通のトランスポーターを介するために，互いの競合現象が認められるからである。つまり，肝機能不全によりBCAA濃度が低下しAAA濃度が上昇することで，AAAはより脳内に流入しやすくなるのである。

また，近年の報告では，フィッシャー比が低下すると肝臓でのタンパク合成が阻害されるということが明らかにされ，これは重要な点として挙げられる[6]。

4．GABA-ベンゾジアゼピン受容体複合体異常

GABA作動性刺激の増加は，肝性脳症の病態で重要な役割を果たしていると考えられている。その理論的根拠として，肝性脳症の患者（ヒト）にベンゾジアゼピン受容体拮抗薬であるフルマゼニルを投与すると，肝性脳症が劇的に改善すると報告されているからである。これは犬や猫においても同様である（後述の症例参照）。

$GABA_A$受容体は，GABA，ベンゾジアゼピンそしてバルビツレートとの複合体を形成している。PSSの犬において，ベンゾジアゼピン受容体リガンドの血中濃度が正常犬と比較して有意に高いことが報告されている。したがって，PSSの病態では，腸管から吸収された**ベンゾジアゼピン様物質 benzodiazepin-like compounds** が肝臓で処理されることなく脳内に流入し，$GABA_A$受容体と結合し，神経細胞の過分極を引き起こす。その結果，沈うつや意識障害，そして昏眠などの肝性脳症の症状を引き起こすのではないかと報告されている[1]。

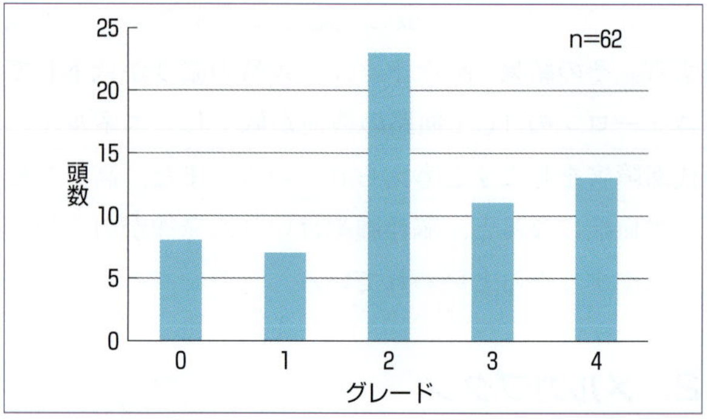

図1　先天性門脈体循環シャント（PSS），62症例の肝性脳症のグレード分類

先天性PSS症例で，明らかに肝性脳症を疑う神経症状を示すグレード3以上の症例は約20％ほどしかいない。多くの症例が沈うつや消化器症状などのグレード2以下で診断されている。

臨床症状と神経学的検査所見

肝性脳症の臨床症状は様々であるが，神経症状としてオーナーが気付き，患者が動物病院に連れて来られる場合は，ある程度重度な症状であることが多い。しかし，肝性脳症に特有の神経症状というものは存在しないため，病歴，現症，検査所見から総合的に判断する必要がある。肝性脳症で比較的よく遭遇する神経症状としては，重度の**沈うつ**，**頭部の押し付け行動 head pressing**，**旋回運動**，**流涎**などである。犬の肝性脳症では沈うつや旋回運動を呈することが多く，猫では流涎を出すことが多い（バケツの水をひっくり返したように口の周りが涎で濡れていることで，オーナーがおかしいと気付く場合もある）。

以下に，獣医療領域で報告されている肝性脳症のグレード分類と，実際に肝性脳症を疑ったときの問診のポイント，ならびにその意義を解説する。

1．肝性脳症のグレード分類

小動物領域での肝性脳症の分類は，Meyerらが定義した分類が存在する[5]。この分類ではグレード0～2までの症状では，一般的に神経症状として病院に来院するケースは少なく，また来院したとしても，非特異的症状であるため肝性脳症とは診断できない。しかし，肝性脳症を起こし得る疾患（特にPSSなど）では，このような非特異的な症状を示すことが多い。このような症状を人医学領域では**潜在性肝性脳症 minimal hepatic encephalopathy** と定義されている。

Meyerらの分類を少し改変したものを表1に示し，我々の施設でPSSと診断された62症例の肝性脳症のグレード分類を図1に示す。グレード4の症例の半数

以上が過去に数度の発作が認められた以外は，日常生活に影響がない程度の症状しか示していなかった。このことからも，PSSでは潜在性の肝性脳症時期があり，何らかのタンパク負荷がかかったときに激しい神経症状を誘発すると考えられる。

2. 身体検査所見と問診のポイント

(1) 食事と神経症状との関係

PSSでは「一般的に食後に神経症状が発現しやすい」と教科書に記載されているが，オーナーの稟告からそのことを聴取できるのは4割程度である。その理由は，アンモニアの血中濃度が最大に上昇する時間帯にムラがあることが考えられる。血中アンモニアは一般的に食後1～8時間でピークを迎える。このことが食事の影響やその関係をわからなくしている要因の1つといえる。つまり，逆にいうと，食事“直後”に調子が悪くなる症例に関しては，PSSを強く疑うことはできない。食後しばらくして具合が悪くなる場合には，肝性脳症を考えて診断を進めなくてはならない。

(2) 口臭

口臭はオーナーが気にしていることが多いものの，あまり問診では聴取できないポイントである。口内炎や歯石など，口臭の原因になるものがないにもかかわらず口臭がきつい場合は，肝性口臭の可能性があるので注意が必要である。

(3) 消化器症状

嘔吐は高頻度に認められる臨床症状である。PSSの約50%の症例で，嘔吐を頻繁にするとオーナーは感じている。下痢はあまり認められないが，消化器症状の1つである。逆に，便秘は肝性脳症の悪化要因の1つとなるため，問診では必ず規則正しい排便がされているかを聴取する必要がある。

肝不全時には播種性血管内凝固 disseminated intravascular coagulation（DIC）を合併する場合がある。消化管出血によって黒色便が出る場合もあるので，便の色調も問診では聴取する必要がある。そして消化管出血は，肝性脳症の急性増悪の原因になるため，注意が必要である。

(4) 泌尿器症状

肝性脳症を発現している症例は，持続的な高アンモニア血症を引き起こしているため，尿結石が認められないかをチェックする必要がある。尿閉を引き起こすと，全身状態が悪化する可能性が高いので注意が必要である。結石成分は酸性尿酸アンモニウム結晶が代表例だが，実際はストルバイト（リン酸アンモニウムマグネシウム）もアンモニウム塩なので検出されることがある。結石の有無によって内科管理が異なることがあるので注意が必要である。

多飲多尿もよく認められる臨床症状である。PSSでは高コルチゾール血症になっていると報告されていることから，そのために多飲多尿が引き起こされているのかもしれない。肝性脳症のコントロールができると，多飲多尿も改善する傾向にある。

(5) 神経症状

肝性脳症の神経症状は，旋回運動，流涎，失明，沈うつ，けいれん発作，攻撃的な性格（急に怒る）など多岐にわたるので，オーナーの話をよく聞く必要がある。しかし，最も多い肝性脳症の症状は，何となく元気がない，遊ばない，食後よく寝ているなど非特異的症状である。肝性脳症を繰り返す患者の場合には，肝性脳症を発現する予徴をオーナーが感じ取れるケースもある。この場合は，速やかに動物病院に来院してもらい，皮下点滴などを行うと，重篤な神経症状に発展せずにコントロールできる場合がある。

(6) 腹水

PSSでは腹水が貯留することは極めて少ないが，低タンパク血症や門脈高血圧を伴う肝不全患者では腹水（漏出液）が貯留する。腹水のコントロールについては割愛するが，高アンモニア血症が認められる症例で腹水が貯留している場合は，腹水中のアンモニア濃度も上昇している場合があるので注意が必要である。低Na食と利尿剤で腹水のコントロールが困難である場合は，腹水を抜去しなければ肝性脳症のコントロールができない場合もある。

(7) 門脈体循環シャント（PSS）猫における銅色の虹彩

先天性PSSの猫では，虹彩の色が銅色（図2，図3）であることが多い。虹彩の色がなぜ銅色になるかは不明であるが，神経症状を呈している幼若齢の子猫の虹彩の色が銅色なら，肝性脳症を疑う必要がある。

(8) 流涎

猫の高アンモニア血症では，流涎が出ることが非常

図2　先天性門脈体循環シャント(PSS)罹患猫とその同腹猫

右の猫が先天性PSS症例。体格の違いに注目。また，虹彩の色がPSS猫では銅色であることに注目。

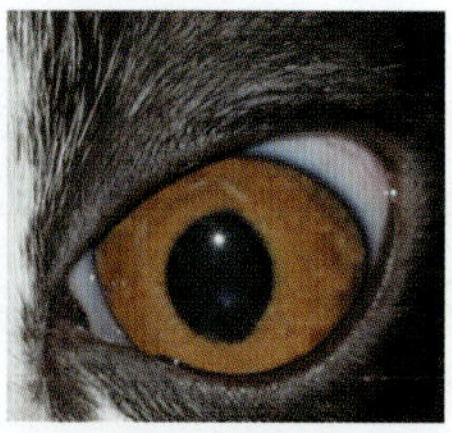

図3　門脈体循環シャント(PSS)罹患猫の虹彩の色調(拡大)

に多い。先天性のPSSの猫の8割以上で流涎が認められている。口内炎などが認められないのに流涎が認められ，沈うつなどの症状を示している場合は，血中のアンモニア濃度を調べる必要がある。

診断

肝性脳症の診断は，臨床症状，血液検査，画像診断から総合的に行う。

1．血液検査

(1) 血液生化学検査

肝性脳症を疑った場合は，必ず**アンモニア，電解質，血糖値，Ca**などを測定する。そして高アンモニア血症が認められた場合は，ALT，AST，ALP，Alb，TP，BUN，T-Cho，Glu，T-Bilなどの血液生化学検査を実施し，肝障害の程度と肝機能低下の程度を評価する。

肝性脳症の症状が内科療法で落ち着いた時点で，次は食事負荷試験を実施して**食前と食後2時間のアンモニアと総胆汁酸(TBA)濃度の測定**を実施する。

(2) 血液凝固系検査，アミノ酸分析

特殊検査としては，血液凝固系の検査とアミノ酸測定を実施する。血液凝固系の検査は，肝機能低下の指標としてだけではない。前述したとおり，消化管出血などの出血傾向は肝性脳症を悪化させる要因でもあるため，凝固系の異常をチェックする必要がある。

アミノ酸測定は，従来は煩雑な操作と時間を要する高速液体クロマトグラフィーを用いるため，臨床的に測定することは困難であった。しかし，近年簡易的にアミノ酸を測定する方法が開発され，それによって使用できるようになったのが**総分岐鎖アミノ酸チロシンモル比 BCAA to tyrosine molar ratio(BTR)**である。測定原理は，酵素法によって，総BCAA濃度とAAAのうちチロシン(TYR)濃度のみを測定し比率を求めたもので，フィッシャー比と相関が認められていることから，近年フィッシャー比の簡易的測定法として人医学領域で一般的に用いられている。

肝性脳症を引き起こす患者では，TYR濃度が上昇し，BCAA濃度が低値になるため，BTRが1(通常は8以上)を下回る症例も存在する。これらの患者では，少しのタンパク負荷でも肝性脳症が発現するが，BCAA療法を行うことによって生活の質(QOL)，肝性脳症の改善が得られることが多い。

(3) 亜鉛濃度

肝疾患になると，食欲不振，動物性タンパクの摂取不足などの原因で亜鉛やMgなどのミネラルの摂取不足が引き起こされる。そして，血中亜鉛濃度の低下は肝性脳症と深い関連があることが知られている[3)]。

亜鉛は生体におけるアンモニア代謝に関連する酵素(尿素回路における酵素)の重要な構成成分であることから，亜鉛欠乏により尿素回路の活性が低下し，尿素の生成が減少して生体内にアンモニアが貯留し，肝性脳症を助長するとされている。

2．画像診断

(1) X線検査，超音波検査

肝性脳症を引き起こしている患者での画像診断は，まずX線検査と超音波検査から行う。X線画像で小肝症や肝腫大などが認められないか(図4)，超音波検査で肝臓やその他の腹部臓器に異常がないかを精査する。特に，超音波検査では門脈系の異常がないかを詳細に評価する。これらの検査で異常が認められた場合は，確定診断を行うために全身麻酔をかけてコンピュータ断層撮影(CT)検査や磁気共鳴画像(MRI)検査を行う。

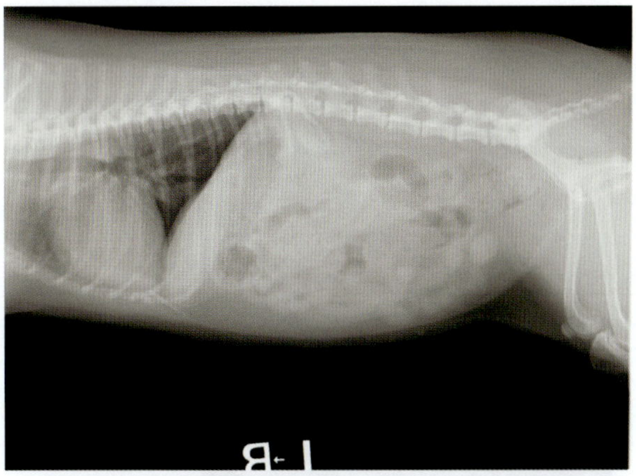

図4　先天性門脈体循環シャント（PSS）の症例，小肝症の所見

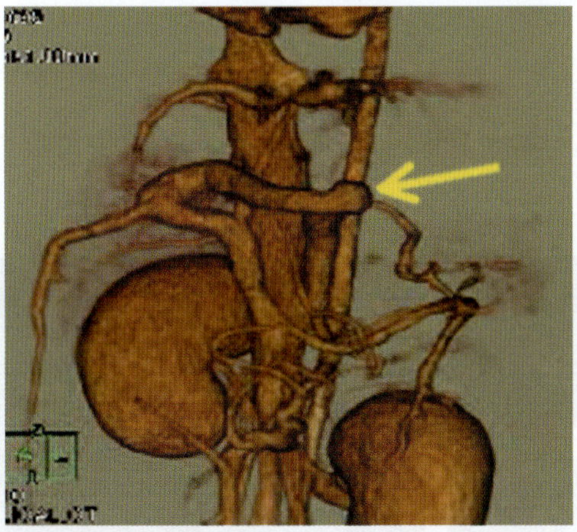

図5　先天性門脈体循環シャント（PSS）の門脈造影 3D-CT 所見

矢印がシャント血管を示している。シャント血管は右胃静脈から後大静脈にシャントしている。門脈造影 3D-CT 検査は，先天性 PSS を診断するには非常に有用な検査である。

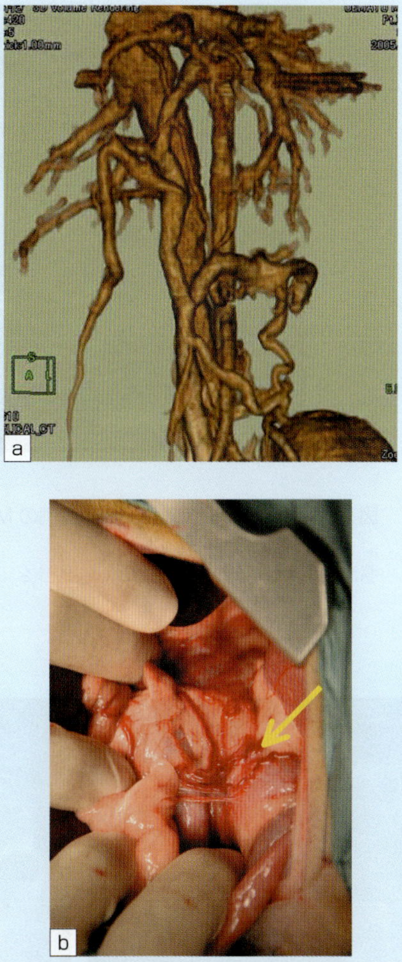

図6　多発性門脈体循環シャント（PSS）の門脈造影 3D-CT 画像と開腹時肉眼所見

3D-CT 検査では多発性 PSS を描出することが困難な場合がある。a：3D-CT 画像ではシャント血管は不明瞭であり，明らかなシャントとは診断できない。b：開腹時所見であり左腎頭側に細かいシャント血管が多数認められる（矢印）。

(2) CT 検査

肝性脳症を CT 検査で診断することはできないが，肝性脳症の原因となっている先天性の PSS があるか否かを判断する必要がある。図５は，先天性 PSS 症例の 3D-CT 画像である。先天性 PSS は外科疾患であるため，手術によって完治を望むことができる。

一方，図６は多発性 PSS の 3D-CT 画像である。このように，多発性の PSS は CT でシャント血管を描出できない場合があるため，この場合は試験開腹や腹腔鏡検査を実施して，門脈造影を行う必要がある。

(3) MRI 検査

近年，人医学領域では頭部 MRI 検査が肝性脳症を診断する１つの方法になっている。肝性脳症における頭部 MRI 検査では，**淡蒼球を中心とした基底核領域に T1 強調（T1W）画像で高信号**を示す所見が得られる[4]。また，慢性肝疾患患者において，肝性脳症が発現する前段階に淡蒼球を中心として T1W 画像の高信号が認められることで，潜在性肝性脳症の診断として応用されてきている[7]。この T1W 画像高信号の原因物質はマンガンであることが解明されており[4]，肝性脳症時の運動機能障害はマンガンの蓄積による神経毒性が原因であると考えられている[3]。

一方，筆者らも犬・猫における PSS 症例の頭部 MRI 所見を報告している[8]。犬や猫においても大脳の萎縮と T1W 画像におけるレンズ核の高信号が認められ（図７），その原因物質はマンガンである可能性が高いことを報告した（T2 強調〔T2W〕画像では等信号）[9]。また，T2W 画像と FLAIR 画像において，両側上縦束付近で高信号を示す場合がある。この信号は脳炎との

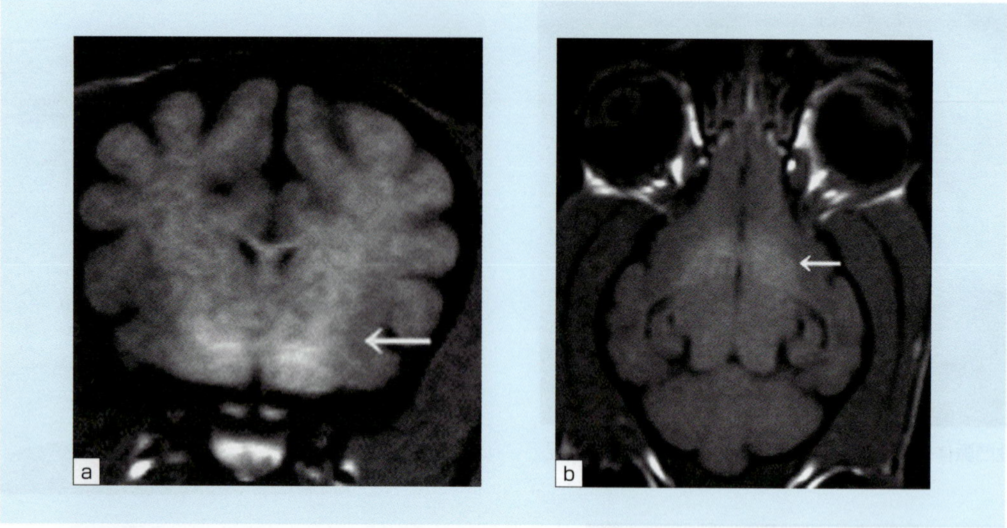

図7　門脈体循環シャント(PSS)症例のMRI所見(T1強調画像)
a：横断像，b：背断像。
脳溝の拡大と両側レンズ核領域に高信号を認める(矢印)。

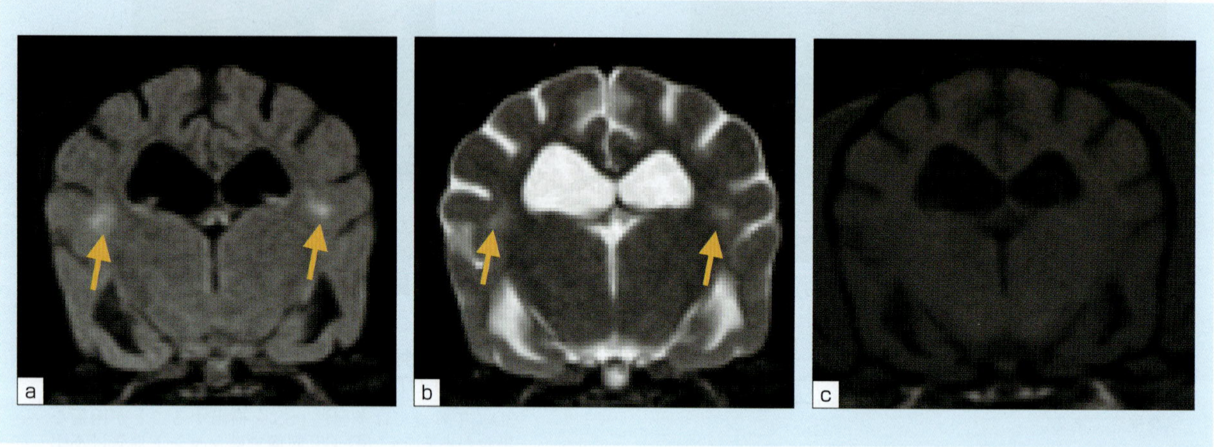

図8　門脈体循環シャント(PSS)症例のMRI所見
a：FLAIR画像，b：T2強調画像，c：T1強調画像の横断像を示す。
a，b：両側上縦束付近で明瞭な高信号を示す(矢印)。このような所見は，幼若齢のPSS症例で比較的認められ，髄鞘(ミエリン)化の遅延の所見として考えている。

区別は困難であるが，幼若齢のPSSでは比較的高率に認められる所見であり，筆者らは髄鞘(ミエリン)化の遅延の所見として考えている(図8)。したがって，PSS症例でみられる大脳の萎縮もまた，実は萎縮ではなく，脳の発育不良所見ではないかと考えている。

我々は，PSSや肝不全の動物で認められる神経症状が，肝性脳症によるものか，あるいは水頭症や脳炎などの他の脳疾患によるものかを鑑別する1つの手段として，MRIを撮像することを推奨している。原因不明の神経症状を呈する若齢動物で頭部MRIにおいて脳萎縮が認められ，T1W画像で基底核領域が高信号を示した場合は，肝性脳症も鑑別診断に入れるべきである。

治療

肝性脳症は急性と慢性にわけられる。急性の肝性脳症の治療は一般的に慢性のものと同じであるが，より積極的に行う必要がある。

肝性脳症の治療は，いうまでもなく肝疾患の厳密なコントロールと肝性脳症増悪因子の除去である。先天性のPSSであれば，手術で完治を目指すことができるが，後天性のPSSでは生涯にわたって内科療法を続けなければならない。したがって，できるだけ肝生検を実施し，病態を把握することが重要である。

1. 急性期の治療

(1) 点滴

急性期の肝性脳症の治療として，絶食と静脈内点滴を行う。アルカリ化溶液はアンモニアが拡散型へ変換されるため，乳酸加リンゲル溶液は使用しない。また代謝性アルカローシス，低K血症も脳細胞内へのアンモニアの移動を助長するために，早急な補正を必要とする。ただし，低アルブミン血症や腹水のある患者では，点滴の内容や点滴速度を考慮しなければならない。

(2) 浣腸

腸内の宿便もまた，肝性脳症を悪化させる因子なので，ラクツロース：水＝3：7の浣腸溶液で，排泄された結腸内容物のpHが6以下になるように4～6時間ごとに浣腸を繰り返すことが有用である。

(3) ベンゾジアゼピン受容体拮抗薬

肝性脳症に関連した沈うつ症状の治療には，脳圧降下処置を行い，ベンゾジアゼピン受容体拮抗薬の**フルマゼニル**(アネキセート®，アステラス製薬株式会社) 0.02 mg/kgの静脈内単回投与により，神経症状を著明に改善させることがある。我々は，アンモニアを低下させても症状の改善しない肝性脳症時や，十分な肝性脳症の治療を行ったにもかかわらず症状の改善しない肝性脳症に対してフルマゼニルを使用している。効果がある症例は，10分以内に著明な意識レベルの改善が認められる。10分以内に若干の改善が認められた症例では，さらに1回だけ追加投与を行っている。用量は半量の0.01 mg/kgの静脈内投与である。

一方，肝性脳症の症状としてけいれん発作が発現した場合は，ベンゾジアゼピン様物質が体内に多いために，肝性脳症の個体ではベンゾジアゼピンに対しすでに耐性が発現している場合があり，その際はベンゾジアゼピンが有効でない，あるいは効きにくいことがある。ジアゼパム等が効きにくい場合は投与を繰り返すのではなくすみやかに他剤(例えば，レベチラセタムの静脈内投与)などで対応すべきである。発作に関してはジアゼパムが有効であったとしても，その他の肝性脳症の徴候(沈うつなど)は悪化する可能性があるため注意が必要である。

(4) 静脈点滴用アルギニン製剤

アルギニン製剤の静脈点滴によって，高アンモニア血症を改善する方法もある。特に猫はアルギニンが必須アミノ酸なので，猫の高アンモニア血症時には有効な手段である(犬でも使用可能)。アミノ酸点滴の明確な使用基準がないのが現状であるため経験的な使用量になるが，筆者は10 mL/kg/dayの投与量を1日の点滴に混合して投与している。

(5) 静脈点滴用分岐鎖アミノ酸(BCAA) 製剤

静脈点滴用BCAA製剤の犬における使用基準は明確にされていない。しかし，経験的に我々はアミノレバン®(大塚製薬株式会社)10 mL/kgを生理食塩水あるいは5%ブドウ糖液と1：1に混合して6～8時間かけて静脈点滴を行っている。多くの症例で，投与後のBCAA濃度は劇的に改善し，TYR濃度も低下する。

BTRが低下して肝性脳症を繰り返す症例では，週に1回このアミノ酸点滴を行っている。この症例は肝性脳症が発現する予兆(食欲不振と振戦など)が認められた時点で，アミノ酸点滴を行うことで肝性脳症の発現回数が劇的に減少している。

2. 慢性期の治療

(1) 食事療法

低タンパク食(例：l/d，日本ヒルズ・コルゲート㈱)を少量で頻回与える。極端な低タンパク食は低タンパク血症を助長するので避ける。肝性脳症が発現しないのであれば，タンパクを極端に制限する必要はない。

(2) ラクツロース

腸内におけるアンモニア産生の抑制のために，**ラクツロース** 1 mL/kg，PO，BID～TID，便が軟便になる量に調節する。猫ではラクツロースの用量が15 mL/dayと多めに使用する場合もある。しかし，ラクツロースの使用量基準としては，軟便になる程度に調節することが大切である。1 mL/kgで使用して水溶性の下痢になるなら用量を減らし，逆にコロコロした便が出るなら軟便になるまで用量を増加した方がよい。

ラクツロースによる下痢は，乳酸菌製剤などの整腸剤を併用することで改善することがある。また，乳酸菌製剤は腸内の細菌叢を改善し，また腸内pHを酸性化するので下痢に関係なく使用してもよい。

(3) 経口分岐鎖アミノ酸(BCAA) 製剤

分枝鎖アミノ酸製剤の経口投与も良質なタンパク源として使用される。分岐鎖アミノ酸製剤はベジタブルサポートドクタープラス，アミノレバン®(大塚製薬

Video Lectures　ベンゾジアゼピン受容体拮抗薬が著効した肝性脳症の１例

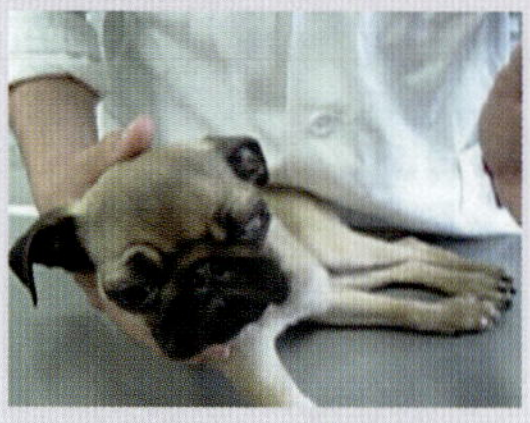

動画１　初診時の様子
起立困難で虚脱状態であった。

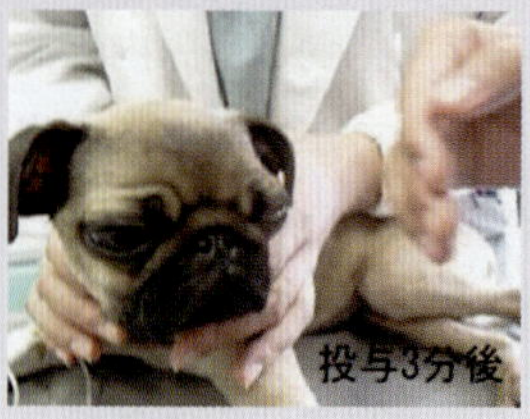

動画２　フルマゼニル投与後
フルマゼニル投与後３分後には顔つきがしっかりし，15分後には自力歩行が可能となった。

㈱)，ヘパン ED®(味の素製薬㈱)，リーバクト®(味の素製薬㈱)など様々な商品が発売されている。

(4) 亜鉛製剤

高アンモニア血症のコントロールが困難である場合は，**亜鉛製剤**(例：プロマック®，ゼリア新薬工業株式会社)の投与が推奨される(ポラプレジングとして 5 mg/kg，BID，PO)。亜鉛は，尿素サイクルの重要な構成成分であることは前述したが，さらに筋肉でアンモニアを解毒する場合に，グルタミン酸とアンモニアが反応してグルタミンを合成するが，このグルタミンシンテターゼの構成成分にも亜鉛が含まれるため，BCAA 濃度が十分に存在していたとしても，血清亜鉛濃度が低下しているとアンモニアを代謝することができずに高アンモニア血症になっているとも考えられる。したがって，BCAA 製剤と亜鉛製剤は併用することが望ましい。

また，亜鉛には抗線維化作用や銅の吸収阻害作用があることが知られている。したがって，銅蓄積性肝炎や肝線維症の治療としても亜鉛製剤の投与は有効である。しかし，亜鉛製剤のサプリメントの中には，比較的嘔吐を引き起こすことが多いサプリメントもあるため，数種類準備しておく必要がある。

(5) 抗生剤

食事療法，ラクツロース，アミノ酸製剤そして亜鉛製剤を使用してもなお，コントロールできない肝性脳症は，**メトロニタゾール**(7.5～10 mg/kg，PO，BID～TID)，**アンピシリン**(22 mg/kg，PO，TID)を使用すると効果的な場合がある。

予後および予防

肝性脳症の予後は，肝疾患の種類によって異なる。先天性の PSS による肝性脳症は外科手術によって予後は良好だが，その他の肝疾患では，現疾患の治療が困難となれば，予後不良である。

以下に症例を挙げる。

症例１ ベンゾジアゼピン受容体拮抗薬が著効した肝性脳症の１例

患者情報：パグ，５カ月齢，雄，2.4 kg

主訴：３日前に急に旋回運動をはじめ，ぐったりするとのことで他院を受診。PSS を疑われ，点滴治療を開始した。アンモニアの値は低下(557 → 180 μg/dL)したが，沈うつ状態は改善しないとのことで附属動物病院に来院した。

来院時所見：起立困難で虚脱状態。両側外斜視があり，瞳孔は縮瞳。神経学的検査において，全般的な大脳症状を示しており，一時的な失明状態と診断した(動画１)。

治療：肝性脳症による昏迷状態と診断し，フルマゼニル(アネキセート®，アステラス製薬株式会社)を 0.02 mg/kg，静脈内投与を行った。投与後３分後には顔つきがしっかりして，意識レベルの著明な改善が認められた。投与後 15 分後には自力歩行可能となり，神経学的異常は認められなくなった(動画２)。

症例２ 栄養療法でコントロールした肝性脳症の１例

患者情報：トイ・プードル，４歳，未去勢雄，5.4 kg

主訴：２年前より他院にて多発性 PSS と診断され，２カ月前に肝性脳症が認められた。肝性脳症と食事のコントロールに関してのセカンド・オピニオンが目的で附属動物病院に来院した。

来院時所見：２カ月前に激しい流涎とけいれん発作を引き起こしたが，それ以降は厳密な手づくり食で低タンパク食(1.7 g/kg/day)を投与していた。よって，一般状態は良好だが，被毛粗剛で若干の腹水がある。

血液検査(表２)：重度の低アルブミン血症，低コレステロール血症，そして凝固不全などが認められ，肝機能が著しく低下していると考えられた。空腹時のアンモニアは 195 μg/dL と高値を示していたが，現在は元気も食欲もあり肝性脳症の症状は示していなかった。

表2　症例2，スクリーニングの血液検査

全血球計算(CBC)	結果
RBC(×10^6/mL)	7.64
PCV(%)	34
Hb(g/dL)	11.8
MCV(fL)	44.6
MCHC(%)	34.6
WBC(/mL)	19,800
Band	0
Seg	14,652
Lym	2,178
Mon	2,534
Eos	455
Baso	0
PLT(×10^3/mL)	171
II	<5

血液生化学検査	結果
TP(g/dL)	4.8
Alb(g/dL)	0.8
T-Bil(mg/dL)	0.4
ALT(U/L)	31
AST(U/L)	65
ALP(U/L)	454
GGT(U/L)	18
T-Cho(mg/dL)	82
BUN(mg/dL)	2.1
Cre(mg/dL)	0.5
Glu(mg/dL)	87

血液生化学検査	正常値	結果
NH_3(Pre)(μg/dL)	<40	195
NH_3(Post)(μg/dL)	<40	—
TBA(Pre)(μmol/L)	<25	144
TBA(Post)(μmol/L)	<25	—
PT(sec)	6.5～9.5	14.4
APTT(sec)	9.5～16.5	29.4
Fib(mg/dL)	100～400	61
AT Ⅲ(%)	70～140	23.3
HPT(%)	60～110	27.7
BCAA(μmol/L)	400～800	175
TYR(μmol/L)	30～50	424
BTR	5～10	0.4
Zn(μg/dL)	70～110	<30

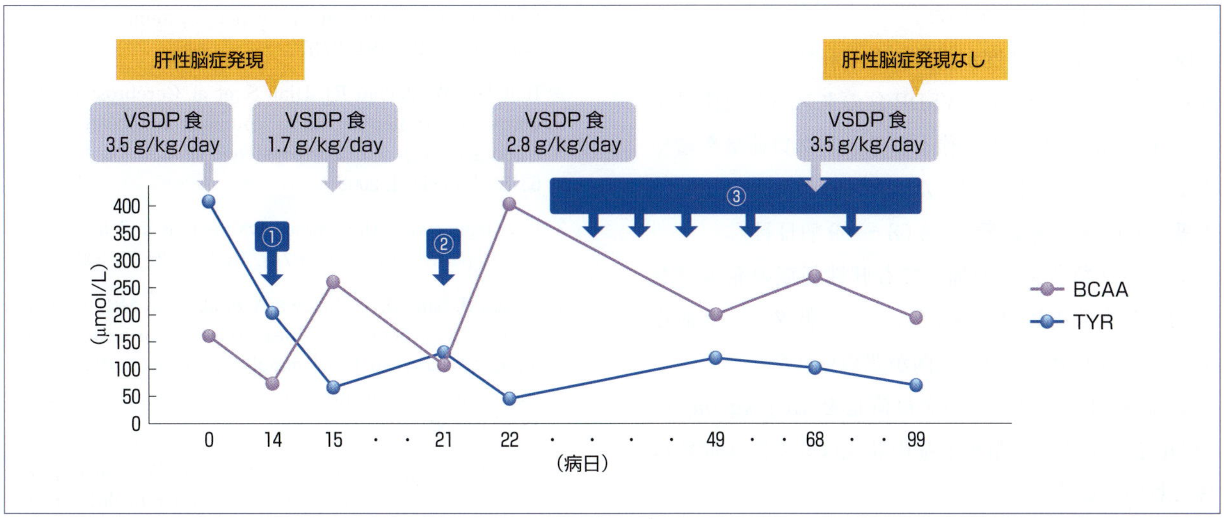

図9　症例2，治療経過
①～③：アミノ酸製剤の点滴。

しかし，アミノ酸分析であるTYRが高値を示しており，肝性脳症がいつ発現してもおかしくない状況であると考えられた。

治療1(第0～14病日目)：オーナーによる手づくり食のメニューでは，極端なタンパク制限(1.7 g/kg/day)がかけられていたため，フィッシャー比が高い手づくり食(ベジタブルサポートドクタープラスを使用した手づくり食：VSDP食)でタンパク摂取量を3.5 g/kg/dayにしたところ，最初の1週間は調子がよかったが，徐々に食欲が低下しはじめ，14病日目には肝性脳症の症状を呈していた(図9)。

治療1の反省点と治療2(第14～21病日目)：

第14病日目の検査では，TYR濃度は低下しているが，BCAA濃度も低下しておりアミノ酸インバランスの顕著な改善は認められなかった。食事中のタンパク負荷量が多すぎたこと，初診時にTYRが異常に高値であったため肝性脳症の予備状態にあり，食事中のタンパク負荷によって肝性脳症が発現したと考えられた。肝性脳症と低タンパク血症の改善を目的に輸血とアミノ酸製剤(アミノレバン®)の点滴を12時間行った(図9の①)ところ，第15病日にはBCAAが250 μmol/L以上，TYRが50 μmol/L以下となり，アミノ酸インバランスが比較的改善した。

第15病日目からはVSDP食のタンパク摂取量を当初の量に戻し，1週間後に再度アミノ酸分析(BTR)を行った。

治療2の反省点と治療3(第21～68病日目)：

タンパク負荷量を制限したため，いくらフィッシャー比の高い食事を与えていても低アルブミンの著明な改善は認められなかった(Alb＝1.0 g/dL)。しかし，肝性脳症の発現は認められなかった。BCAAとTYR濃度も改善傾向にあったが，点滴で補った後ほど

表3　症例2，追加検査

血液生化学検査	正常値	初診時	結果
TP(g/dL)	6.0 ～ 8.0	4.8	6
Alb(g/dL)	2.8 ～ 3.5	0.8	1.7
PT(sec)	6.5 ～ 9.5	14.4	9.5
APTT(sec)	9.5 ～ 16.5	29.4	17.1
Fib(mg/dL)	100 ～ 400	61	237
AT Ⅲ(%)	70 ～ 140	23.3	58.7
HPT(%)	60 ～ 110	27.7	73.9
BCAA(μmol/L)	400 ～ 800	175	215
TYR(μmol/L)	30 ～ 50	424	80
BTR	5 ～ 10	0.4	2.7
Zn(μg/dL)	70 ～ 110	<30	43

の改善は認められなかったため，再度アミノ酸点滴を12時間行ったところ(図9の②)，翌日にはBCAAもTYRも正常値になっていた。

BCAAとTYR濃度が正常になり肝性脳症の発現の危険性が低下したため，VSDP食のタンパク負荷量を2.8 g/kg/dayに増量し，徐々にタンパク負荷量を増やすようにオーナーに指導した。

治療3の反省点と治療4(第68～99病日目)：

タンパク負荷量を増加しても肝性脳症の発現はなく，BTRも改善傾向にあった。また，低タンパク血症や血液凝固不全も，改善傾向が認められた。

第68病日からはタンパク負荷量を3.5 g/kg/dayのVSDP食にしたが，肝性脳症の発現はなく臨床症状は落ち着いている。

第99病日の血液検査の結果を表3に示す。初診時と比較して著明に改善していることに注目してほしい。

考察：アミノ酸インバランスを検査するBTRは，肝性脳症の治療には非常に有用である。BTRが1を下回る症例では，少しのタンパク負荷が肝性脳症を誘発する原因となり得る。このような症例ではアミノ酸製剤を点滴することで，アミノ酸インバランスを劇的に改善できる場合がある。この症例のように，アミノ酸インバランスを改善することで初診時には許容できなかったタンパク負荷量を許容できるようになり，肝機能の改善が見込めるようになるのである。

おわりに

本章では，肝性脳症の概略を臨床的な観点から必要な知識としてまとめた。読者の中には，病態生理やメカニズムの記載が少なく物足りなかった方もいると思う。確かに，肝性脳症に関しては，多くのメカニズムや病因が報告されている。しかし，多くのメカニズムや病因を理解したところで，臨床の現場で役に立つ知識とはならない。したがって，今回は筆者が日常診療で実際に測定し，治療している項目を特に重点的に解説した。エビデンスに欠ける部分も多々あると思われるかもしれないが，エビデンスはこれから集まってくると考えている。

［鳥巣至道］

■参考文献

1) Aronson LR, Gacad RC, Kaminsky-Russ K, et al. Endogenous benzodiazepine activity in the peripheral and portal blood of dogs with congenital portosystemic shunts. *Vet Surg.* 26(3): 189-194, 1997.

2) Holt DE, Washabau RJ, Djali S, et al. Cerebrospinal fluid glutamine, tryptophan, and tryptophan metabolite concentrations in dogs with portosystemic shunts. *Am J Vet Res.* 63(8): 1167-1171, 2002.

3) Layrargues GP. Movement dysfunction and hepatic encephalopathy. *Metab Brain Dis.* 16(1-2): 27-35, 2001.

4) Maeda H, Sato M, Yoshikawa A, et al. Brain MR imaging in patients with hepatic cirrhosis: relationship between high intensity signal in basal ganglia on T1-weighted images and elemental concentrations in brain. *Neuroradiology.* 39(8): 546-550, 1997.

5) Meyer HP, Legemate DA, van den Brom W, et al. Improvement of chronic hepatic encephalopathy in dogs by the benzodiazepine-receptor partial inverse agonist sarmazenil, but not by the antagonist flumazenil. *Metab Brain Dis.* 13(3): 241-251, 1998.

6) Okuno M, Moriwaki H, Kato M, et al. Changes in the ratio of branched-chain to aromatic amino acids affect the secretion of albumin in cultured rat hepatocytes. *Biochem Biophys Res Commun.* 214(3): 1045-1050, 1995.

7) Solomou E, Velissaris D, Polychronopoulos P, et al. Quantitative evaluation of magnetic resonance imaging(MRI) abnormalities in subclinical hepatic encephalopathy. *Hepatogastroenterology.* 52(61): 203-207, 2005.

8) Torisu S, Washizu M, Hasegawa D, Orima H. Brain magnetic resonance imaging characteristics in dogs and cats with congenital portosystemic shunts. *Vet Radiol Ultrasound.* 46(6): 447-451, 2005.

9) Torisu S, Washizu M, Hasegawa D, Orima H. Measurement of brain trace elements in a dog with a portosystemic shunt: relation between hyperintensity on T1-weighted magnetic resonance images in lentiform nuclei and brain trace elements. *J Vet Med Sci.* 70(12): 1391-1393, 2008.

N

11. 神経膠腫

はじめに

脳腫瘍 brain tumor または **頭蓋内腫瘍 intracranial tumor** は頭蓋内に発生する腫瘍の総称で，脳に発生する腫瘍および髄膜，脳神経，下垂体由来の腫瘍などのことを指して用いられる。獣医療分野において，近年の画像診断をはじめとする診断・治療の進歩やオーナーの意識の向上などにより，頭蓋内や脊髄などに発生する神経系腫瘍に遭遇する機会が増加する傾向にあると思われる。

本章では，脳腫瘍の分類について解説した後，主に神経膠腫について記述する。髄膜腫，下垂体腫瘍については第12章「髄膜腫」，第13章「下垂体腫瘍」にて解説されている。

脳腫瘍の基礎知識

1．脳腫瘍の分類

脳腫瘍は，頭蓋内を構成している組織より発生する **原発性脳腫瘍 primary brain tumor** と，他臓器の悪性新生物が頭蓋内へ転移してくる **転移性脳腫瘍 metastatic brain tumor** にわけることができる。原発性脳腫瘍には多くの種類があり，これまで腫瘍細胞形態を発生学的見地から正常細胞形態と比較して分類する方法や，組織学的な悪性度から分類する方法などが用いられてきたが，近年では中枢神経系腫瘍の世界保健機関 World Health Organization（WHO）分類によって分類がされている。ヒトでは1979年にWHO分類第1版[49]，1993年に第2版[18]が刊行され，グローバルスタンダードとなって普及していたが，2000年にこの分類が改訂[19]された。そのWHO脳腫瘍分類第3版（WHO分類2000）[19]では，脳腫瘍を7つの群に大別し，計126の腫瘍型が含まれている。悪性度はWHO gradeとして，grade Ⅰ～Ⅳの4段階に分類されている。

動物では，1999年のWHO動物神経系腫瘍の分類（**表1**）[22]が参考にされている。

神経組織は，神経細胞と神経膠細胞（グリア細胞）glia cellから構成される。**グリオーマ glioma** とはグリア細胞に由来する腫瘍の総称であり，**星状膠細胞腫 astrocytoma**，**膠芽腫 glioblastoma**，**希突起膠細胞腫 oligodendroglioma**，**上衣腫 ependymoma**，**脈絡叢乳頭腫 choroid plexus papilloma** などが挙げられる。なお，グリオーマは，慣用的（広義）に，用いられる場合もある。すなわち，神経外胚葉から神経上皮が発生し，これから色々な細胞が生まれ分化していき，最終的に脳が形成されるため，この神経上皮組織neuroepithelial tissue由来の腫瘍（神経上皮組織由来腫瘍 tumors of neuroepithelial tissue）の総称を指して使用される場合がある。ステッドマン医学辞典では，神経膠腫は，「脳，松果体，下垂体後葉，網膜の間質組織を形成する種々の型の細胞の1つから生じる腫瘍」と説明されている。ヒトではWHO分類2000[19]の中で神経膠腫（広義に神経上皮組織由来細胞として）も分類されている（**表2**）[19]。

神経膠腫は，ヒトで最も発生頻度が高く，犬では2番目，猫では4番目に多い脳腫瘍として知られている。

しかし，WHO腫瘍分類では腫瘍名が多く複雑であるため，慣用的な分類が用いられることもある（**表3**，**表4**）。さらにヒトでは，過去の多くの知見から腫瘍の局在や好発年齢などによる分類もされている。動物においてもそれらは分類されることもあるが，さらなる検討が望まれる。

2．脳腫瘍の発生と種類（表5）

ヒトの統計では，人口10万人に対して12.8人で発生しており，その腫瘍別発生頻度は神経膠腫が最も多く（27.3％），次いで髄膜腫（26.9％），下垂体腺腫（17.9％），神経鞘腫（10.4％）である。神経膠腫の中で発生頻度が高いものは，膠芽腫 glioblastoma，星状膠細胞腫 astrocytoma，悪性星状膠細胞腫 malignant astro-

表1　WHO 動物神経系腫瘍の分類
（文献 22 を元に作成）

1. tumors of neuroepithelial tissue　神経上皮組織由来腫瘍
1. 1 astrocytic tumors　星状膠細胞性腫瘍
1. 1. 1 low-grade astrocytoma (well differentiated) low grade（高分化型）星状膠細胞腫
1. 1. 1. 1 fibrillary　原線維性
1. 1. 1. 2 protoplasmic　原形質性
1. 1. 1. 3 gemistocytic　肥胖細胞性
1. 1. 2 medium-grade astrocytoma (anaplastic) medium grade（退形成・異型）星状膠細胞腫
1. 1. 3 high-grade astrocytoma (glioblastoma) high grade（低分化型）星状膠細胞腫（膠芽腫）
1. 2 oligodendroglial tumors　希突起膠細胞性腫瘍
1. 2. 1 oligodendroglioma　希突起膠細胞腫
1. 2. 2 anaplastic (malignant) oligodendroglioma 退形成性（悪性）希突起膠細胞腫
1. 3 other gliomas　その他の膠細胞腫
1. 3. 1 mixed glioma (oligoastrocytoma)　混合膠腫
1. 3. 2 gliosarcoma　膠肉腫
1. 3. 3 gliomatosis cerebri　大脳膠腫症
1. 3. 4 spongioblastoma　海綿芽腫
1. 4 ependymal tumors　上衣細胞性腫瘍
1. 4. 1 ependymoma　上衣腫
1. 4. 2 anaplastic (malignant) ependymoma 退形成性（悪性）上衣腫
1. 5 choroid plexus tumors　脈絡膜腫瘍
1. 5. 1 choroid plexus papiloma　脈絡膜乳頭腫
1. 5. 2 choroid plexus carcinoma　脈絡膜癌
1. 6 neuronal and mixed neuronal-glial tumors 神経細胞性／神経－膠細胞混合腫瘍
1. 6. 1 gangliocytoma　神経節細胞腫
1. 6. 2 ganglioglioma　神経節膠腫
1. 6. 3 olfactory neuroblastoma (esthesioneuroblastoma) 嗅神経芽腫
1. 7 embryonal tumors　胚細胞性腫瘍
1. 7. 1 primitive neuroectodermal tumors (PNETs) 未分化神経外胚葉性腫瘍
1. 7. 1. 1 medulloblastoma　髄芽腫（小脳 PNET）
1. 7. 1. 2 PNETs, excluding cerebellar origin PNETs, 小脳外
1. 7. 2 neuroblastoma　神経芽細胞腫
1. 7. 3 ependymoblastoma　上衣芽細胞腫
1. 7. 4 thoracolumbar spinal cord tumor of young dogs 若齢犬の胸腰部脊髄腫瘍
1. 8 pineal parenchymal tumors　松果体実質腫瘍
1. 8. 1 pineocytoma　松果体細胞腫
1. 8. 2 pineoblastoma　松果体芽腫

2. tumors of the meninges　髄膜腫瘍
2. 1 tumors of the meningothelial cells　髄膜上皮細胞の腫瘍
2. 1. 1 meningioma　髄膜腫
2. 1. 1. 1 meningotheliomatous　髄膜上皮型髄膜腫
2. 1. 1. 2 fibrous (fibroblastic) 線維性（線維芽細胞様）髄膜腫
2. 1. 1. 3 transitional (mixed)　移行型（混合型）髄膜腫
2. 1. 1. 4 psammomatous　砂粒体型髄膜腫
2. 1. 1. 5 angiomatous (angioblastic) 血管腫状髄膜腫
2. 1. 1. 6 papillary　乳頭状髄膜腫
2. 1. 1. 7 granular cell　顆粒細胞髄膜腫
2. 1. 1. 8 myxoid　粘液状髄膜腫
2. 1. 1. 9 anaplastic (malignant)　退形成性（悪性）髄膜腫
2. 2 mesenchymal, nonmeningothelial tumors 非髄膜上皮の間葉性腫瘍
2. 2. 1 fibrosarcoma　線維肉腫
2. 2. 2 diffuse meningeal sarcomatosis　び漫性髄膜肉腫症
3. lymphomas and hematopoietic tumors リンパ腫および造血器系腫瘍
3. 1 lymphoma (lymphosarcoma)　リンパ腫
3. 2 non-B, non-T leukocytic neoplasm (neoplastic reticulosis) 非 B, 非 T 細胞性白血球腫瘍（腫瘍性細網内皮症）
3. 3 microgliomatosis　小膠細胞腫症
3. 4 malignant histiocytosis　悪性組織球症
4. tumors of the sellar region　トルコ鞍部に発生する腫瘍
4. 1 suprasellar germ cell tumor　トルコ鞍部胚細胞腫
4. 2 pituitary adenoma　下垂体腺腫
4. 3 pituitary carcinoma　下垂体腺癌
4. 4 craniopharyngioma　咽喉頭管腫瘍
5. other primary tumors and cysts　その他の原発腫瘍および嚢胞
5. 1 vascular hamartoma　血管過誤腫
5. 2 epidermoid cyst　類表皮嚢胞
5. 3 pituitary cyst　下垂体嚢胞
5. 4 other cysts　その他の嚢胞
6. metastatic tumors　転移性腫瘍
7. local extensions of regional tumors 特定部位腫瘍の神経系への局所進展
7. 1 nasal carcinomas　鼻腔癌
7. 2 multilobular tumor of bone　骨の多小葉性腫瘍
7. 3 chordoma　脊索腫
8. tumors of the peripheral nervous systems　末梢神経系腫瘍
8. 1 ganglioneuroma　神経節神経腫
8. 2 peripheral neuroblastoma　末梢神経芽腫
8. 3 paraganglioma　傍神経節腫
8. 4 peripheral nerve sheath tumors　末梢神経鞘腫瘍
8. 4. 1 benign (schmannoma, neurofibroma) 良性（シュワン細胞腫, 神経線維腫）
8. 4. 2 malignant (malignant schwannoma, neurofibrosarcoma) 悪性（シュワン細胞腫, 神経線維肉腫）

表2　WHO分類2000によるグリオーマ（広義に神経上皮組織由来細胞として）の分類

astrocytic tumours
diffuse astrocytoma
fibrillary astrocytoma
protoplasmic astrocytoma
gemistocytic astrocytoma
anaplastic astrocytoma
glioblastoma
giant cell glioblastoma
gliosarcoma
pilocytic astrocytoma
pleomorphic xanthoastrocytoma
subependymal giant cell astrocytoma
oligodendroglial tumours
oligodendroglioma
anaplastic oligodendroglioma
mixed gliomas
origoastrocytoma
anaplastic oligoastrocytoma
ependymal tumours
ependymoma
cellular ependymoma
papillary ependymoma
clear cell ependymoma
tanycytic ependymoma
anaplastic ependymoma
myxopapillary ependymoma
subependymoma
choroid plexus tumours
choroid plexus papilloma
choroid plexus carcinoma
glial tumours of uncertain origin
astroblastoma
gliomatosis cerebri
choroid glioma of the 3rd ventricle
neuronal and mixed neuronal-glial tumors
gangliocytoma
dysplastic gangliocytoma of cerebellum
desmoplastic infantile
astrocytoma/ganglioglioma
dysembryoplastic neuroepithelial tumor
ganglioglioma
anaplastic ganglioglioma
central neurocytoma
cerebellar liponeurocytoma
paraganglioma of the filum terminale
neuroblastic tumors
olfactory neuroblastoma
(aesthesioneuroblastoma)
olfactory neuroepithelioma
pineal parenchymal tumors
pineocytoma
pineoblastoma
embryonal tumours
medulloepithelioma
ependymoblastoma
medulloblastoma
desmoplastic medulloblastoma
large cell medulloblastoma
medullomyoblastoma
melanotic medulloblastoma
supratentorials primitive neuroectodermal tumour
neuroblastoma
ganglioneuroblastoma
atypical teratoid/rhabdoid tumour

（文献19を元に作成）

表3　発生母地の違いによる分類

原発性脳腫瘍
脳実質内
グリア細胞由来（神経膠腫＝グリオーマ）
神経細胞由来
その他
悪性リンパ腫
血管起源の腫瘍
胎生期遺残組織由来の腫瘍
胚細胞腫
脳実質外
髄膜由来の腫瘍
髄膜腫
脳神経由来の腫瘍
神経鞘腫
下垂体前葉由来の腫瘍
下垂体腺腫
転移性脳腫瘍
脳実質内が大部分

表4　摘出を考慮した悪性度による分類

完全摘出が困難で根治が期待できない腫瘍＝脳実質内腫瘍：浸潤性発育
神経膠腫（グリオーマ）
脳原発悪性リンパ腫
胚細胞腫の一部
完全摘出により根治が期待できる腫瘍＝脳実質外腫瘍：圧排性発育
髄膜腫
神経膠腫
下垂体腺腫
頭蓋咽頭腫
神経膠腫の特殊型など

cytoma，髄芽腫 medulloblastoma，希突起膠細胞腫 oligodendroglioma，上衣腫 ependymomaの順である（日本脳腫瘍全国集計，vol. 10，2000，vol. 11，2003）。

一般的に，犬の頭蓋内腫瘍の発生頻度は，10万頭に約14.5頭として知られている。犬において発生頻度が高い原発性脳腫瘍は，髄膜腫が最も多く，神経膠腫は2番目に多く診断される脳腫瘍である。44例の報告では，髄膜腫27例（48％），星状膠細胞腫7例（12％），脈絡叢腫瘍6例（11％），鼻腔内腫瘍の浸潤4例（7％）であった[15]。また，39例の報告では，髄膜腫13例（33％），鼻腔内腫瘍の浸潤13例（33％），星状膠細胞腫7例（18％），神経芽細胞腫5例（13％），上衣腫1例（3％）であった[12]。173例の原発性脳腫瘍の報告では，髄膜腫78例（45％），星状膠細胞腫29例（17％），希突起膠細胞腫25例（14％），脈絡叢腫瘍12例（7％），原発性中枢神経系リンパ腫7例（4％），膠芽腫5例（3％），未分化神経外胚葉性腫瘍5例（3％），組織球性肉腫5例（3％），

表5 脳腫瘍の発生率

	ヒト	犬			猫
発生率(%)	0.0128	0.0145			0.0035
報告	日本脳腫瘍全国集計	Heidner GL, et al.[15]	Faster ES, et al.[12]	Snyder JM, et al.[38]	Troxel MT, et al.[42]
組織型(発生率〔%〕)	神経膠腫(27.3)	髄膜腫(48)	髄膜腫(33)	髄膜腫(45)	髄膜腫(58)
	髄膜腫(26.9)	星状膠細胞腫(12)	鼻腔内腫瘍の浸潤(33)	星状膠細胞腫(17)	リンパ腫(14)
	下垂体腺腫(17.9)	脈絡叢腫瘍(11)	星状膠細胞腫(18)	希突起膠細胞腫(14)	下垂体腫瘍(9)
	神経鞘腫(10.4)	鼻腔内腫瘍の浸潤(7)	神経芽細胞腫(13)	脈絡叢腫瘍(7)	神経膠腫(8)
	—	—	上衣腫(3)	原発性中枢神経系リンパ腫(4)	転移性腫瘍(6)
	—	—	—	膠芽腫(3)	二次性腫瘍の進展(4)
	—	—	—	未分化神経外胚葉性腫瘍(3)	—
	—	—	—	組織球肉腫(3)	—
	—	—	—	血管過誤腫(2)	—
	—	—	—	未分類神経膠腫(2)	—

血管過誤腫4例(2%),未分類の神経膠腫3例(2%)であった[38]。177例の二次性脳腫瘍の報告では,血管肉腫51例(29%),下垂体腫瘍44例(25%),リンパ肉腫21例(12%),転移性癌21例(12%)であった[37]。

一方,猫における頭蓋内腫瘍の発生頻度は10万頭に約35頭であり,最も発生頻度の高い原発性脳腫瘍は髄膜腫である。髄膜腫以外の原発性脳腫瘍は猫では発生は多くないが,神経膠腫,リンパ腫,上衣腫,嗅神経芽細胞腫,神経節細胞腫などが報告されている。160例の猫の報告では,髄膜腫93例(58%),リンパ腫23例(14%),下垂体腫瘍14例(9%)と神経膠腫12例(8%)であり,転移性腫瘍9例(6%),二次性腫瘍の進展6例(4%)も認められた[42]。

猫の160例の報告では,発生の多くは高齢(11.3±3.8歳)であった[42]。2例の希突起膠細胞腫の報告では,どちらも中年齢の去勢雄で,ペルシャ猫とドメスティック・ロング・ヘア(DLH)であった[27, 36]。猫での星状膠細胞腫の発生はまれではあるが,前頭葉,後頭葉,脳室壁,視床に発生することがあり[10],2～12歳のペルシャ猫で発生したとの報告がある[23]。猫の上衣腫は,18カ月齢～12歳で報告があり[3, 13, 17, 23, 30, 48],ほとんどがドメスティック・ショート・ヘア(DSH)であるが,バーミーズで1例[3],シャム猫で2例報告されている[4, 17]。上衣腫は脳室から発生するが,14例の猫のうち6例は側脳室,5例は第三脳室,3例は第四脳室に発生していた[3, 4, 35, 40, 48]。また,猫において4カ月齢のDSHで奇形腫[5]が,3カ月齢で小脳の髄芽腫[4]が診断されている。

臨床症状と神経学的検査所見

1. シグナルメント

長頭種では髄膜腫の発生が多い傾向にあるといわれているが,短頭種では神経膠腫や下垂体腫瘍がより多く発生する傾向にある。また,ある報告では,脳腫瘍の犬36頭において,年齢の中央値は9歳であった[15]。星状膠細胞腫は,高齢の短頭種の吻側窩や中脳蓋窩で最も多く発生する。星状膠細胞腫[25]や神経節膠腫[46]では,若齢犬での発生も報告されている。大脳神経膠腫症は神経膠腫のまれな病型であり,腫瘍性のグリア細胞がび漫性に浸潤しているものである[34]。多形性神経膠芽細胞腫[28]や巨細胞多形性神経膠芽腫[45]は,浸潤性の高い未分化の星状膠細胞腫の一種で,犬ではまれである。

2. 病歴

神経膠腫の多くは,大脳内において発生を認めるが,その位置,サイズ,浸潤性,成長速度により臨床症状や病歴は異なる。脳腫瘍と関連した臨床症状として,性格の変化や運動機能の異常が最も多いとの報告[32]もあるが,犬の脳腫瘍では発作が最も多い臨床症状である[1, 12]。小脳テントより吻側の領域(嗅覚野,前頭葉,頭頂葉)に腫瘍が発生した犬では発作を起こしやすく,小脳テントより尾側に発生した犬では斜頚や運動失調が多く認められた[1]。43例の脳腫瘍の報告では,43例中31例で発作の病歴があったものの,診察時の神経学的検査では異常は認められなかった。しかし,その31例中25例では,その後持続的な神経学的異常を示すようになり，多くは初診後３カ月以内に異常が認められた。初期の段階では，腫瘍が運動野や感覚野を含まない大脳の吻側を侵しているためと考えられ，腫瘍が進行し他の領域を侵すようになると持続的な異常が発生するようになると考えられる[12]。しかし，発作を呈した犬の研究では，基礎疾患として中枢性腫瘍病変を認めたのは7.7％であり，特発性てんかんや脳炎と比較して少ないとするBatemanらの報告[2]にあるように，発作の発現のみでなく，他の臨床症状や病歴が重要となる。

猫での頻度の高い神経症状について，160例の報告では意識の変化42例(26％)，旋回36例(23％)，発作36例(23％)，特異的な神経症状を示さない34例(21％)であった[42]。猫の希突起膠細胞腫では，神経症状を示さないもの[6]や片麻痺，斜頚，旋回，運動失調などを示すものもいるが[20, 36]，攻撃行動や発作が１年継続した例も報告されている[27]。また，脳幹に病変があるもので小脳症状を示した猫が２例認められた[8]。猫の星状膠細胞腫では，症状を示さなかったもの[6]，２週間の異常行動や片麻痺が認められたもの[23]や２カ月にわたって失明や行動の変化を認めた例がある[10]。猫の上衣腫における臨床症状の持続時間は２週間未満と短いことから，腫瘍の成長も早いと推測される[13, 17, 35]。猫の上衣腫では，脳脊髄液(CSF)の循環障害で水頭症，失明，見当識障害，協調不全，四肢麻痺が引き起こされたり[3, 35, 40]，前庭症状の発現，昏睡，半昏睡，脳ヘルニアの発生により死に至ることもある[3, 4, 13, 17, 30, 40]。

3．身体検査および神経学的検査所見

一般的な臨床症状として，正常食欲における体重減少，食欲低下，口渇感の低下，徐脈など，単独あるいは神経学的異常と同時に発現する。一般的な神経学的異常としては，発作，旋回，運動障害，視覚異常，聴覚障害，意識状態の変化，頭部の押し付け行動head pressingなどが認められる。Bagleyらの報告では，旋回(23％)，運動失調(21％)，斜頚(13％)，嗜眠(11％)，強制歩行(10％)，行動変化(7％)，失明(6％)，攻撃性の増加(5％)，徘徊(5％)が認められている[1]。視覚異常は，大脳の腫瘍をもつ犬においてまれに認められる症状であり，腫瘍が視交叉などに及んでいることを示している場合がある[7, 32]。脳腫瘍の患者の中には，病変部位の特定が困難な神経学的異常を呈する場合もあるが，腫瘍の存在部位を推測できるような神経学的異常を伴うこともある。神経膠腫は大脳に多く発生するが，大脳では発作，head pressing，性格の変化，病変側への旋回，病変とは反対側での運動障害や姿勢反応異常などが認められる。他の部位に関していえば，脳幹においては脳神経障害(たとえば，第Ｖ脳神経(CN Ｖ)障害：顔面と眼の感覚消失，CN Ⅶ障害：まばたき消失，顔面や口唇の下垂，CN Ⅷ障害：斜頚，眼球震盪，運動失調など)や意識状態の変化(抑うつ，昏迷，昏睡など)を認める。小脳においては，運動失調，測定障害，企図振戦，開脚姿勢などを認める。

診断

診断には，シグナルメント，病歴，身体検査所見，神経学的検査所見より，障害部位が脳であることを特定する。その際，障害の神経解剖学的位置を推測することが可能な場合もある。しかし，脳腫瘍と他の疾患を鑑別することは困難であり，鑑別診断には全血球計算(CBC)，血液生化学検査，CSF検査，画像検査，組織生検などが必要となる。

1．臨床検査所見

CBCおよび血液生化学検査所見は一般的に正常である。これらは，代謝異常との鑑別診断として重要である。

CSF分析では，約半数の犬でタンパク濃度の上昇，正常から増加した白血球数，腫瘍細胞の存在などの変化がみられる。脳幹に希突起膠細胞腫が認められた２例の猫で，CSF中に腫瘍細胞の循環がみられている[8]。

2．画像検査

コンピュータ断層画像(CT)検査，磁気共鳴画像(MRI)検査のような断層撮影検査により脳腫瘍の正確な解剖学的位置，サイズ，構造などに関する情報が提供される(図１～図９)。

CT検査は，腫瘍部位を特定し，腫瘍組織の辺縁を描出する目的で用いられ，診断のみでなく外科治療や放射線治療においても利用される。造影剤を使用することにより，腫瘍組織と正常組織の境界を描出したり，腫瘍が頭蓋辺縁か脳実質内に存在するのかなどの情報を提供する。出血を示唆する腫瘍では低分化型(high grade)の星状膠細胞腫や神経膠芽細胞腫が疑われ[23]，リング状に増強されることが多いが，この所見は特異的なものではない[47]。

MRI検査は，CT検査と比較して頭蓋内の描出に優

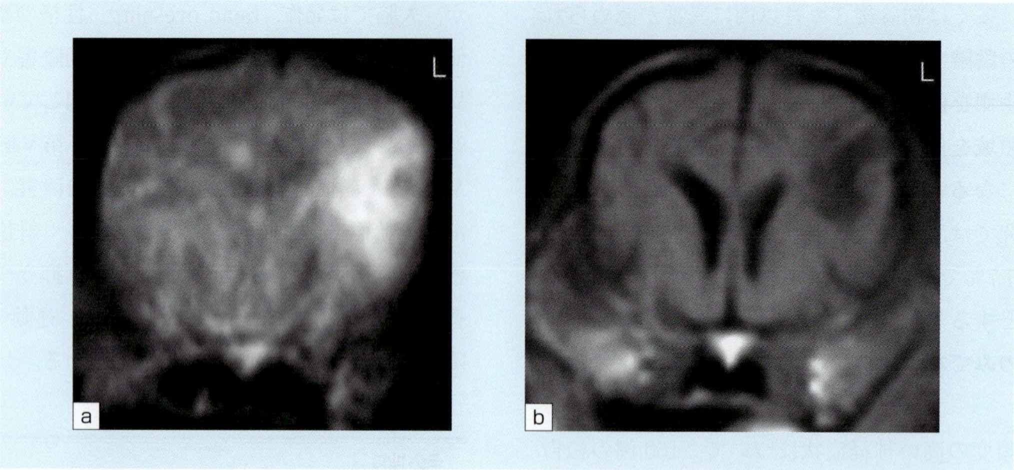

図1　星状膠細胞腫の MRI

a：T2 強調（T2W）画像横断面，b：T1 強調（T1W）画像横断面。腫瘍は前頭葉・頭頂葉・側頭葉に位置し，T2W 画像で高信号，T1W 画像で低信号を呈し，無定形で境界不整，不明瞭に描出される。

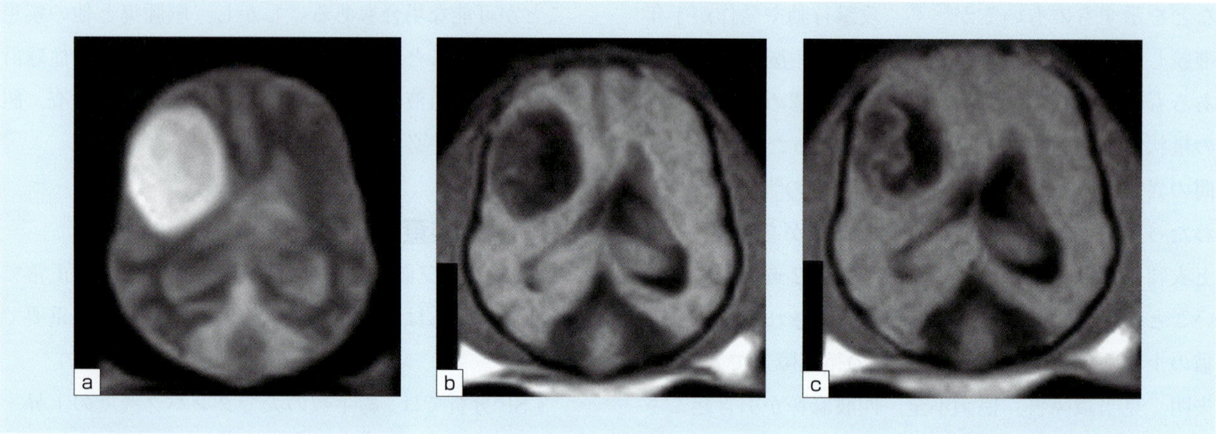

図2　膠芽腫の MRI

a：T2W 画像背断面，b：T1W 画像背断面，c：ガドリニウム増強 T1W 画像背断面。腫瘍は前頭葉に位置し，T2W 画像で高信号，T1W 画像で低信号，不均一でリング状に増強効果を呈し，卵形，境界不整で，周囲組織を圧排している。

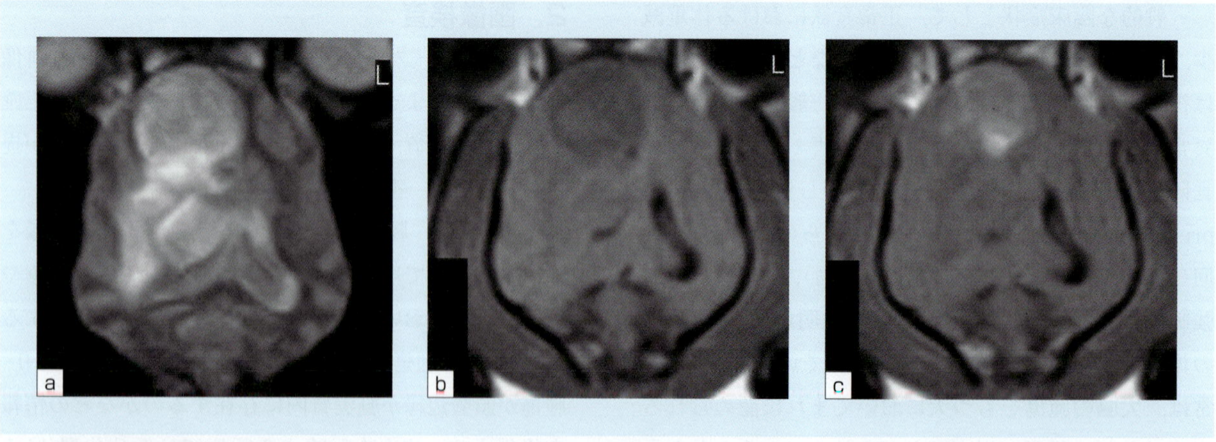

図3　希突起膠細胞腫の MRI

a：T2W 画像背断面，b：T1W 画像背断面，c：ガドリニウム増強 T1W 画像背断面。腫瘍は前頭葉に位置し，T2W 画像で高信号，T1W 画像で低信号，不均一に軽度増強効果を呈し，無定形，境界不整で，浮腫や周囲組織の圧排は重度である。

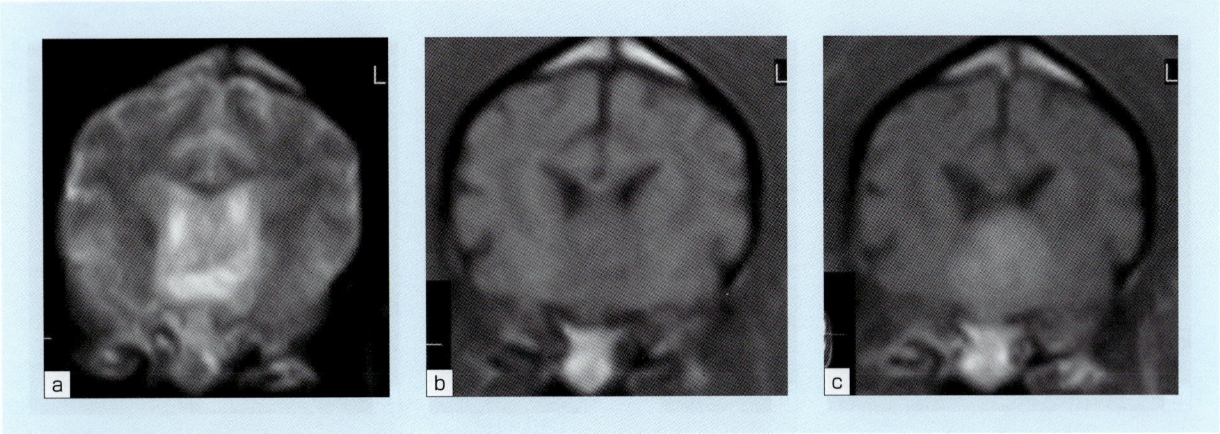

図4　上衣腫の MRI

a：T2W 画像横断面，b：T1W 画像横断面，c：ガドリニウム増強 T1W 画像横断面。腫瘍は側脳室～間脳に位置し，T2W 画像で高信号，T1W 画像で低信号，均一に増強効果を呈し，球形，境界明瞭で，浮腫や周囲組織の圧排を認める。

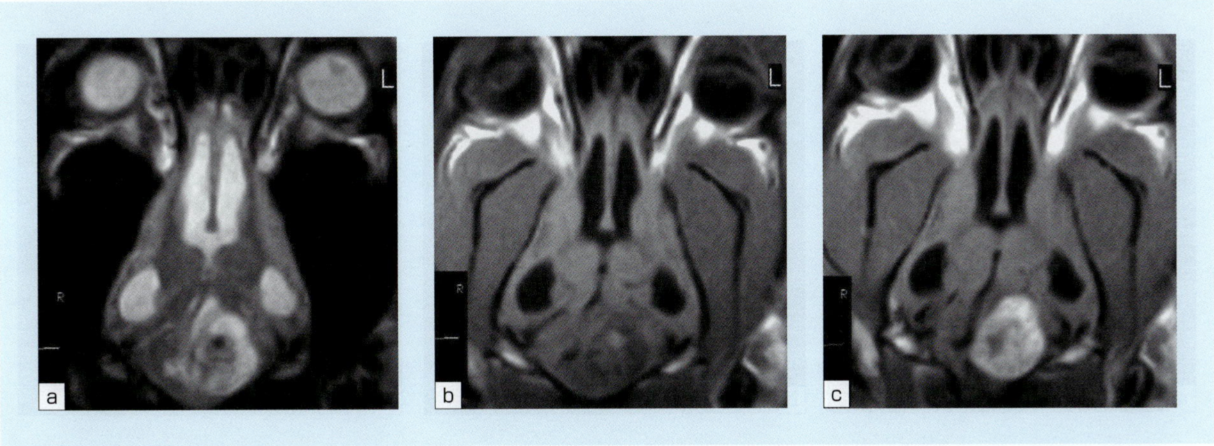

図5　脈絡叢乳頭腫の MRI

a：T2W 画像背断面，b：T1W 画像背断面，c：ガドリニウム増強 T1W 画像背断面。腫瘍は小脳橋角に位置し，T2W 画像で高信号，T1W 画像で低信号，不均一に増強効果を呈し，卵形，境界明瞭で，浮腫は軽度，周囲組織の圧排は重度であった。第四脳室の変位および側脳室の拡張が認められ，CSF の排出障害が推測される。

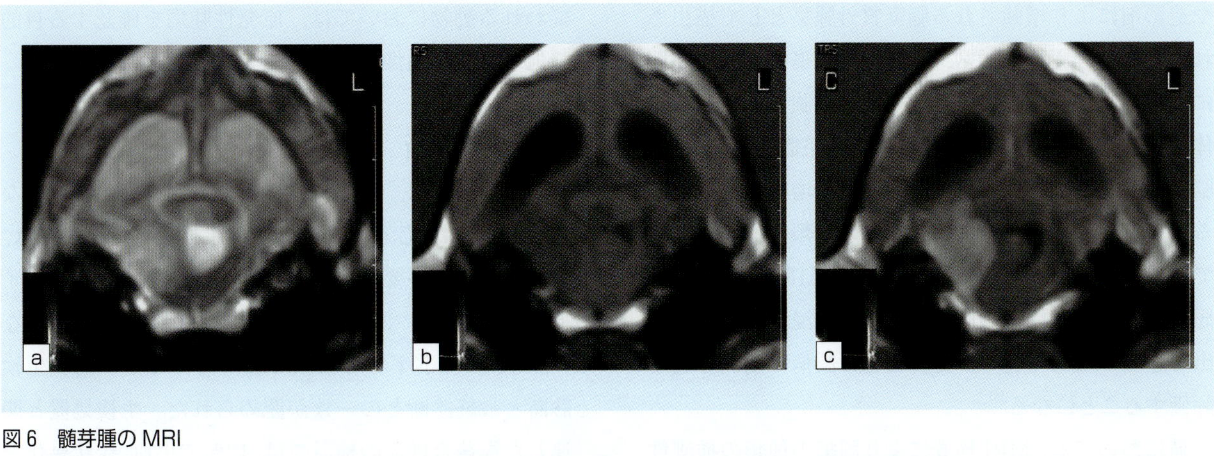

図6　髄芽腫の MRI

a：T2W 画像横断面，b：T1W 画像横断面，c：ガドリニウム増強 T1W 画像横断面。腫瘍は小脳橋角に位置し，T2W 画像で高信号，T1W 画像で低信号，均一に増強効果を呈し，球形，境界明瞭で，浮腫は軽度である。第四脳室の変位および側脳室の拡張が認められ，CSF の排出障害が推測される。

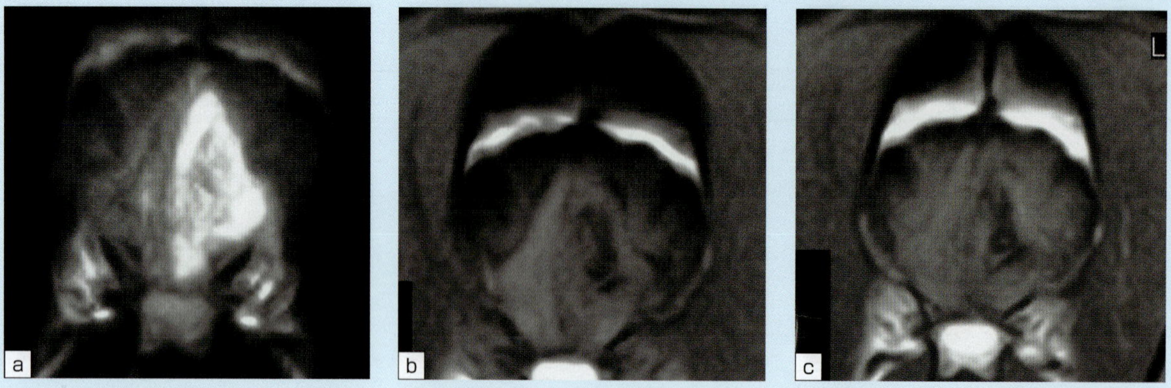

図 7　神経芽細胞腫瘍の MRI

a：T2W 画像横断面，b：T1W 画像横断面，c：ガドリニウム増強 T1W 画像横断面。腫瘍は前頭葉に位置し，T2W 画像で高信号，T1W 画像で低信号，軽度に不均一な増強効果を呈し，無定形，境界不整・不明瞭で，浮腫や周囲組織の圧排を認める。

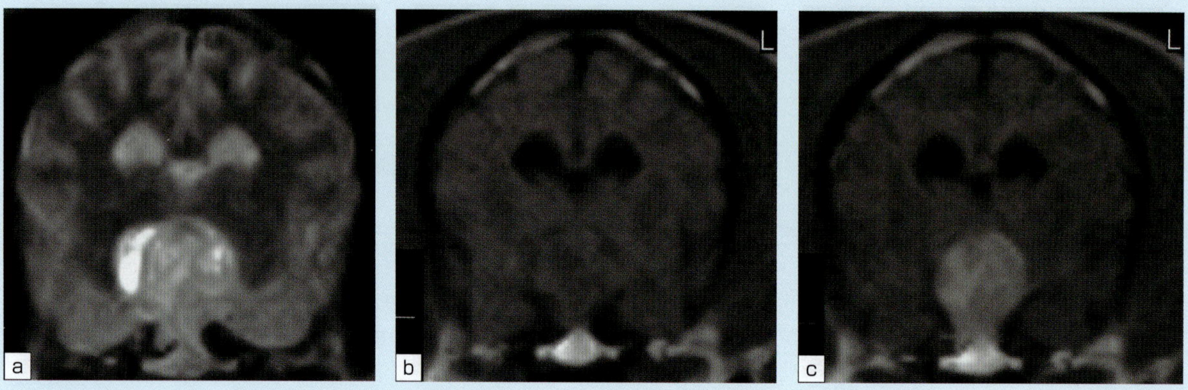

図 8　下垂体腺癌の MRI

a：T2W 画像横断面，b：T1W 画像横断面，c：ガドリニウム増強 T1W 画像横断面。腫瘍はトルコ鞍周囲に位置し，T2W 画像で高信号，T1W 画像で等信号，不均一に増強効果を呈し，球形，境界明瞭で，浮腫や周囲組織の圧排を認める。

れている。多くの髄膜腫は隣接した硬膜の肥厚，囊胞や造影剤により増強される脳実質外腫瘍として描出されるが，神経膠腫は通常，脳実質内腫瘍であり，周囲に浮腫を認め造影剤により不規則に増強される。下垂体腫瘍はその位置により判断され，脈絡叢腫瘍は通常，脳室と関連して存在し，造影剤により増強される。ある報告では，MRI 検査により腫瘍の種類の推測が可能であることを述べている[39]。しかし，MRI を用いても周囲の正常組織内への腫瘍の顕微鏡的浸潤を正確に描出できないこともあり，その場合は腫瘍の浸潤を過小評価することになる[24]。

猫においても，MRI 検査により腫瘍の種類の推測性について検討した報告によると，脳腫瘍の検出率は98％であり，82％において腫瘍型の推測が可能であった[41]。猫の上衣腫では，MRI 検査や CT 検査により脳室の拡張が描出でき，造影剤を使用すると腫瘍病変をきれいに描出できることが多い[3, 30]。転移性脳腫瘍が疑われる動物においては，原発性腫瘍を確認する目的で他の部位の画像診断が実施されるべきである。

3．確定診断

確定診断には，組織生検による病理検査が必要となる。完全切除もしくは部分的切除生検を行うためには，外科的露出が必要となる。もしくは，CT や MRI ガイド下での生検[21]や死後剖検が検討されるかもしれない。CT ガイド下での生検では，91％で定位的脳生検診断と最終診断との一致が認められた。生検処置と関連した術後合併症の検討では，12％で出血，症状悪化，昏睡，発作などの合併症を認めた[21]。他の報告では，23 例で CT ガイド下での定位固定装置による脳生検を行った報告において，22 例(95％)で検体が得られたが，6 例(26％)で合併症を認めた。そのうち脳幹腫瘍

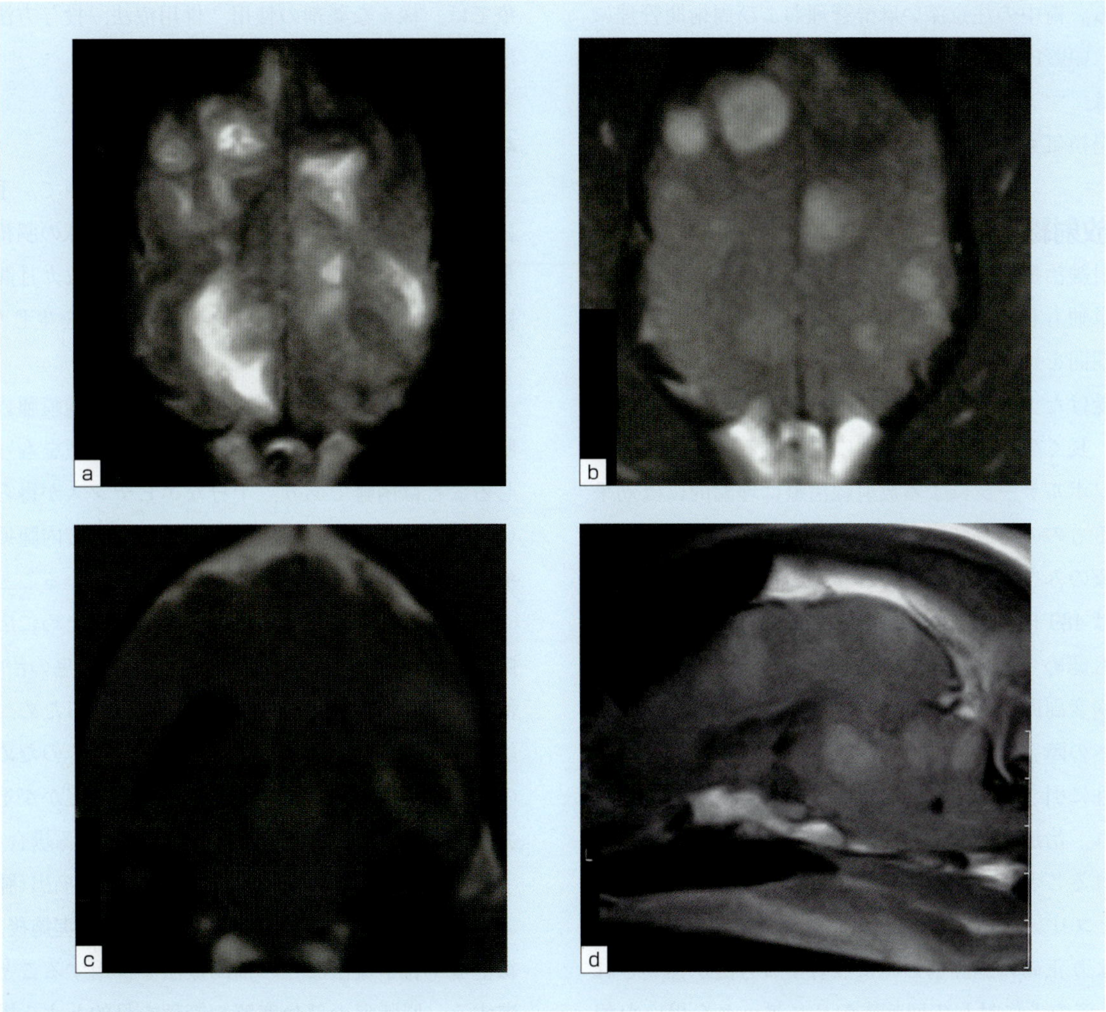

図 9　転移性腫瘍の MRI

a：T2 強調画像背断面　b：ガドリニウム増強 T1W 画像背断面　c：横断面　d：矢状断面。腫瘍は多病巣性に認められ，T2W 画像で高信号，様々な増強効果を呈し，球～無定形，浮腫を認める。

の犬 2 例（9%）で死亡し，4 例（17%）で軽度の神経障害を認めたとしている[31]。10 例の脳腫瘍における針吸引生検（FNA）と Tru-cut 生検の比較では，全例で腫瘍性病変であることは確認されたが，組織学的診断との相関は，FNA では 50%，Tru-cut 生検では 90%であった[33]。

治療および予後

脳腫瘍の治療は，原因となる腫瘍を除去，あるいは縮小させることと，腫瘍による二次的な影響に対して実施される。外科治療，化学療法，放射線治療，免疫療法などは腫瘍自体を除去あるいは縮小させることが可能な治療である。腫瘍周囲の浮腫の軽減や頭蓋内圧低下の目的でステロイド剤や利尿薬が使用され，発作の軽減や予防の目的で抗てんかん薬などが使用される。対症療法のみを実施した 8 例の犬の生存期間の中央値は 56 日であった[43]。一方，猫の希突起膠細胞腫では，ステロイド単独[36]またはフェノバルビタールとの併用[27]はあまり効果がなく，症状の管理をするのみであった。

1．外科治療

外科治療は，脳腫瘍治療において基本とされている。脳腫瘍に対して，外科治療による完全切除，部分切除が最も確実に減容積することの可能な方法であり，病理組織学検査の検体組織を提供する。手術は，根治的な治療であり，通常は表層の脳腫瘍に適用されるが，実質性の脳腫瘍においても適用される。髄膜腫や神経鞘腫などの腫瘍の場合，全摘出により治癒が期待できる。しかし，神経膠腫を含む悪性腫瘍の場合は手術だけでは根治できない可能性が多く，放射線治療と化学療法などの補助療法も必要となる。大きな脳腫瘍の切除後には，出血や浮腫によって周術期に死亡することもある。術中の注意深い麻酔管理および周術期管理により，頭蓋内圧亢進を防ぐ必要がある。頭蓋内圧の管理には，マンニトールやステロイドの投与，頭部の挙上，過換気も有用である。

2．放射線治療

放射線治療は，より深部に位置している脳腫瘍に対して単独もしくは外科治療と併用して実施され，犬の生存期間を延長させる。メガボルテージでの放射線治療を受けた犬は，手術や支持療法を実施した犬と比較して，長く生存した[15]。深部に位置する腫瘍に対するオルソボルテージによる放射線治療は理論的には効果が劣るものの，脳腫瘍に対しオルソボルテージの放射線治療のみを実施された14例の犬では，生存期間の中央値は489日であり，10例のうち7例では臨床症状の改善も認められている[11]。放射線治療の問題点の1つに，病変周囲の正常な脳組織への障害がある。正常脳組織への障害は，脳腫瘍の症状と類似した神経症状を遅発性に引き起こす。このため，放射線の照射量が制限され，治療の際に腫瘍周囲の照射領域が不適切に縮小されることも考えられる。その打開策の1つとして，CTとコリメーター付照射装置を組み合わせることで，より正確に脳腫瘍のみに照射する方法が推奨される。3例の犬に対して回転式のリニアックを用いた報告では，大量照射による放射線手術(10～15Gy)により，2例の髄膜腫では生存期間が56週と227週，希突起膠細胞腫では66週であった[26]。放射線治療単独で治療された10例の神経膠腫の犬では，生存期間の中央値は5.8カ月であった[44]。

3．化学療法

化学療法は，血液脳関門(BBB)を通過することが重要となる。しかし，現実には大きな腫瘍ではBBBが破壊されていることが多いと考えられている。脂溶性のニトロソウレア剤であるロムスチン(CCNU)やカルムスチン(BCNU)はCSF中に移行し，動物においては血中濃度の15～30%の濃度に到達する。51例の脳腫瘍の犬におけるCCNUの治療では，生存期間の中央値は6カ月であった[29]。神経膠腫の犬においてBCNUの投与により部分寛解が認められており，生存期間の中央値は7.2カ月であった[14]。星状膠細胞腫においてもBCNUにより部分寛解が得られたとの報告もある[9]。手術後にCCNUを投与された犬14例では，生存期間の中央値は16.7カ月であったとの報告もある[29]。人医療では，様々な薬剤の使用，併用療法，投与方法が検討されている。

4．免疫療法

免疫療法では，神経膠腫5例の犬において，手術後にインターロイキン-2(IL-2)刺激リンパ球の脳槽内投与が実施され，4例において神経膠腫が数カ月間顕著に縮小したが，2例では壊死性の炎症病変を生じた[16]。

現時点では症例数が少ないことから，髄膜腫以外の脳腫瘍に関して，治療方法による治療成績をもって論じることは困難であり，十分なエビデンスが得られているとは言い難いのが現状である。脳実質内腫瘍の治療では，手術摘出が絶対非治癒切除に終わることが多く，神経症状悪化の危険性が危惧されるために広範切除も容易ではない。しかし，現状では固形癌の治癒は，治癒切除によってのみ得られるものであるため，放射線治療と化学療法が主役とはならない。そのため，どのような目的，目標をもって治療に当たるかが重要であり，治癒により近付けることを目的とする場合には，手術による全摘出，可能であれば適正な全摘出(腫瘍および浸潤周辺脳を含めた広範囲摘出術)を実施後，放射線治療や化学療法などの補助療法を併用することを考慮する。脳腫瘍の部分寛解や管理を目的とする場合には，放射線治療，外科療法，化学療法を単独もしくは組み合わせて適用することが考えられる。

以下に症例を挙げる。

症例1 犬の膠芽腫の1例①

患者情報：ヨークシャー・テリア，8歳，雄

主訴：けいれん発作。

病歴：5週間前にけいれん発作，ふらつき，左側の片側不全麻痺を認めた。

臨床症状：起立位における左側前肢の前外方変位(動画1)。歩行時の左側へのふらつき(動画2)。

神経学的検査(表6)：歩行時の左側へのふらつき，起立位における左側前肢の前外方変位を認めた。また，左右対光反射が低下していた。

MRI検査(図10)：前頭葉に，T2強調(T2W)画像で高信号，T1強調(T1W)画像で低信号，不均一でリング状に増強効果を呈する腫瘤が認められた。その腫瘤は，卵形，境界不整で，周囲組織の圧排を認めた。

仮診断：右側前頭葉の腫瘤。

Video Lectures 症例 1，犬の膠芽腫の 1 例①

動画 1　起立位の様子

動画 2　ふらつきの様子

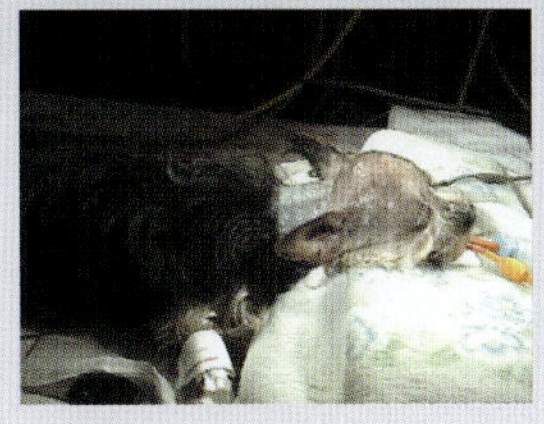

動画 3　手術の様子

動画 4　治療後の様子

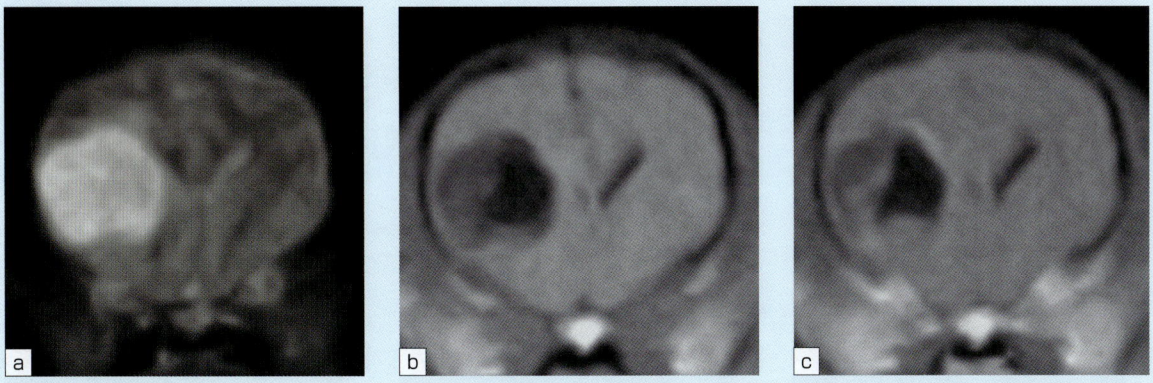

図 10　症例 1，MRI 所見
a：T2W 画像横断面，b：T1W 画像横断面，c：ガドリニウム増強 T1W 画像横断面。

表 6　症例 1，神経学的検査所見

観察	
意識状態	正常
姿勢	左前肢の前外方変位
歩様	正常，ときどき倒れる

脳神経	R	L
眼瞼反射	2	2
角膜反射	2	2
威嚇瞬目反応	2	2
眼振	正常	正常
対光反射	1	1
知覚	2	2
舌	正常	
飲み込み	正常	
僧帽筋	正常	

姿勢反応	RF	LF	RR	LR
固有位置感覚	2	2	2	2
踏み直り反応	2	2	2	2
跳び直り反応	2	2	2	2
手押し車反応	2	2		
姿勢性伸筋突伸反応			2	2

脊髄反射	RF	LF	RR	LR
橈側手根伸筋反射	3	3		
二頭筋反射	3	3		
三頭筋反射	3	3		
膝蓋腱(四頭筋)反射			3	3
前脛骨筋反射			3	3
腓腹筋反射			3	3

RF：右前肢，LF：左前肢，RR：右後肢，LR：左後肢。

治療・経過：外側開頭術を実施し，腫瘤を摘出した(動画 3)。病理組織学的検査により，膠芽腫と診断された(図 11)。術後，症状の消失が認められ，MRI 検査により腫瘤の全摘出が確認された(図 12)。術後に補助療法として放射線治療を実施した(図 13)。動画は治療後の様子である(動画 4)。定期的に検査を実施し，腫瘍の再発は確認できなかったが，術後 534 日に死の転帰をとった。

症例 2 犬の膠芽腫の 1 例②

患者情報：ヨークシャー・テリア，12 歳，雄

主訴：けいれん発作，旋回運動。

病歴：2 カ月前に，けいれん発作を認めた。1 カ月前より，性格の変化，右旋回運動，左眼の反応性低下，後肢の不全麻痺を認めた。

臨床症状：右旋回運動(動画 5)。

神経学的検査(表 7)：右旋回運動，左眼の威嚇まばた

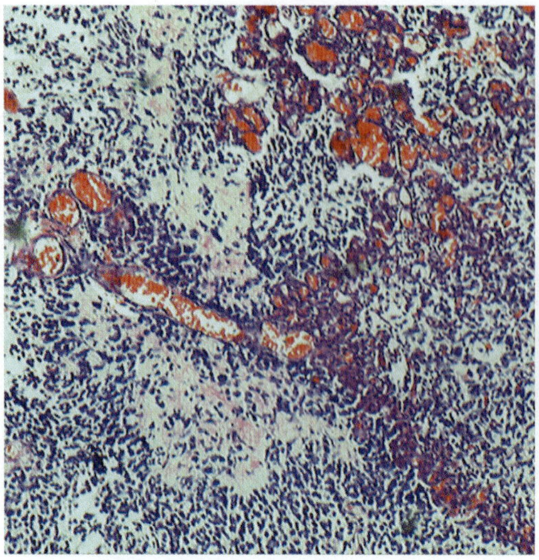

図 11　症例 1，病理組織学的所見

図 13　症例 1，放射線治療

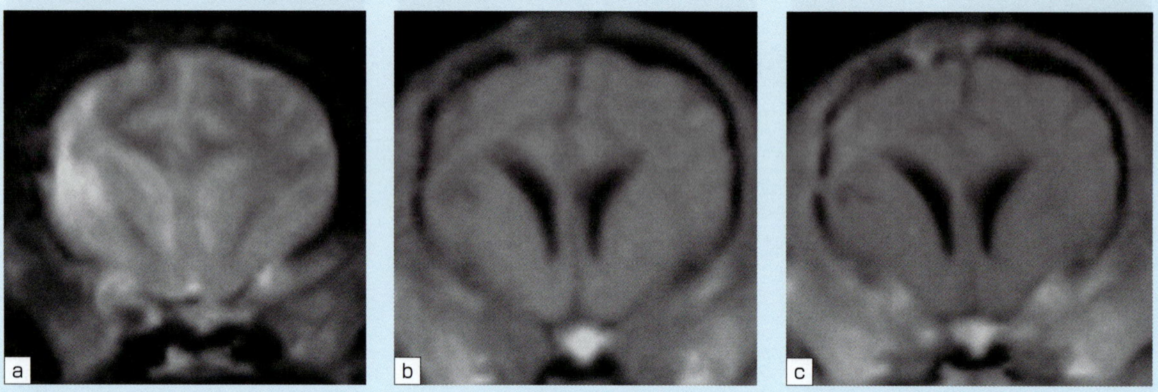

図 12　症例 1，術後 MRI 所見

a：T2W 画像横断面，b：T1W 画像横断面，c：ガドリニウム増強 T1W 画像横断面。

Video Lectures

症例 2，犬の膠芽腫の 1 例②

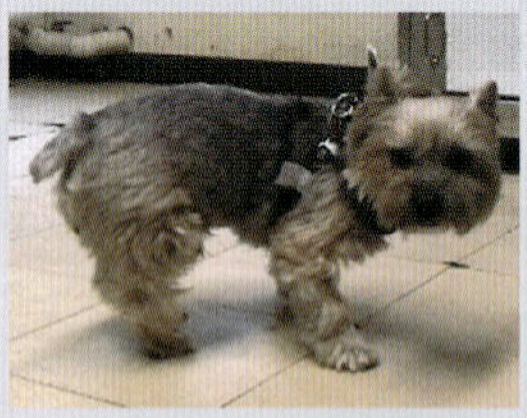

動画 5　初診時の様子

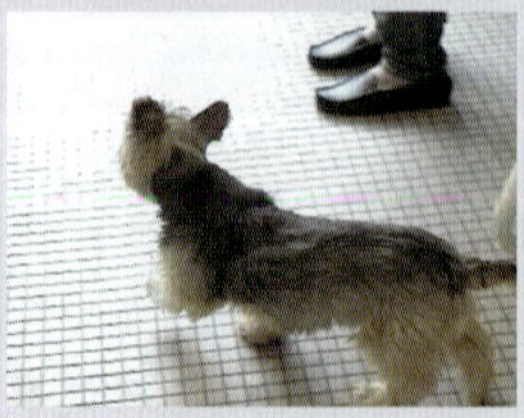

動画 6　手術 220 日後の様子

表 7　症例 2，神経学的検査所見

観察	
意識状態	正常
姿勢	正常
歩様	右旋回運動

姿勢反応	RF	LF	RR	LR
固有位置感覚	2	2	2	2
踏み直り反応	2	1	2	1
跳び直り反応	2	1	2	1
手押し車反応	2	1		
姿勢性伸筋突伸反応			2	1

脳神経	R	L
眼瞼反射	2	0
角膜反射	2	0
威嚇瞬目反応	2	0
眼振	正常	正常
対光反射	2	0
知覚	2	2
舌	正常	
飲み込み	正常	
僧帽筋	正常	

脊髄反射	RF	LF	RR	LR
橈側手根伸筋反射	3	1		
二頭筋反射	3	1		
三頭筋反射	3	2		
膝蓋腱(四頭筋)反射			2	2
前脛骨筋反射			2	2
腓腹筋反射			2	2

RF：右前肢，LF：左前肢，RR：右後肢，LR：左後肢。

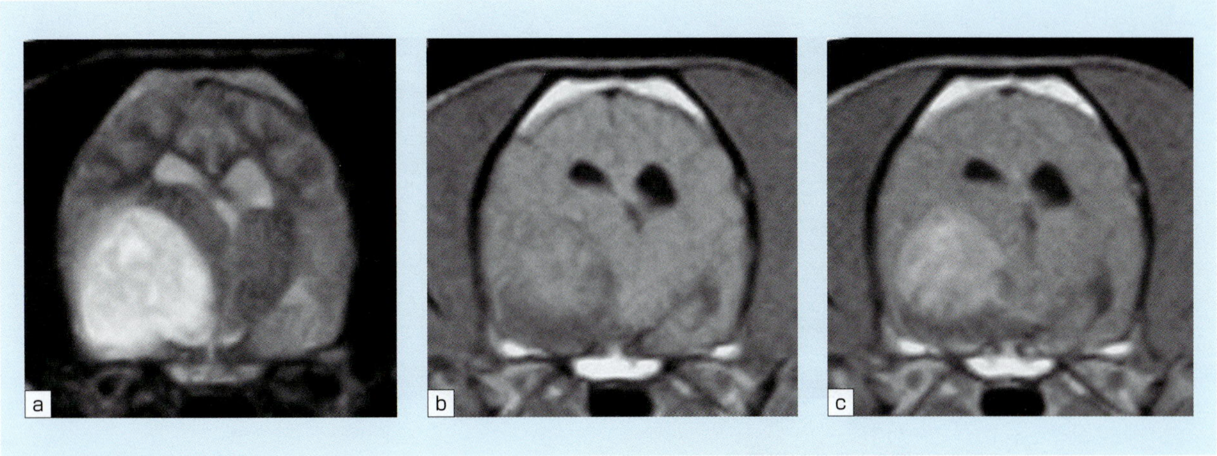

図 14　症例 2，MRI 所見
a：T2W 画像横断面，b：T1W 画像横断面，c：ガドリニウム増強 T1W 画像横断面。

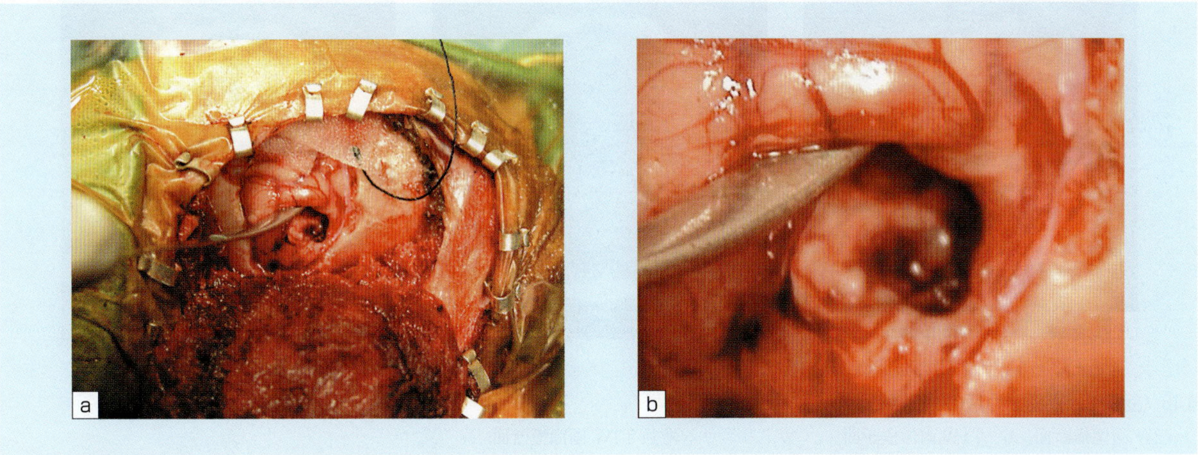

図 15　症例 2，手術所見
変色した腫瘤を認める。

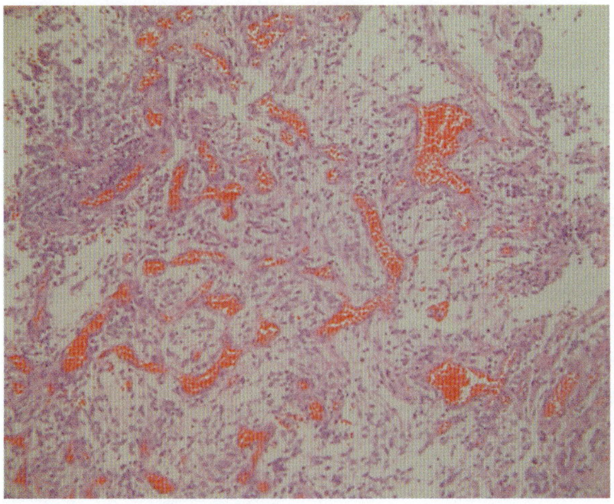

図 16　症例 2，病理組織学的所見

き反応および対光反射の消失，左側の片側不全麻痺を認めた。

MRI 検査（図 14）：前頭葉～側頭葉に，T2W 画像で高信号，T1W 画像で低～等信号，不均一に増強効果を呈する腫瘤が認められた。その腫瘤は球形，境界不整で，周囲組織圧排を認めた。

仮診断：右側前頭葉～側頭葉の腫瘤。

治療・経過：外側開頭術を実施し，腫瘤（図 15）を摘出した。病理組織学的検査により，膠芽腫と診断された（図 16）。術後に補助療法として放射線治療を実施し，症状の消失を認めた。3 カ月後の MRI 検査では腫瘤は認められなかった（図 17）。しかし，5 カ月後に旋回運動の再発を認め，MRI 検査により腫瘍の再発が確認された（図 18）。再度，手術を実施した結果，旋回運動の消失を認めた（動画 6）が，8 カ月後に 3 度目の再発を認め，9 カ月後に死の転帰をとった。

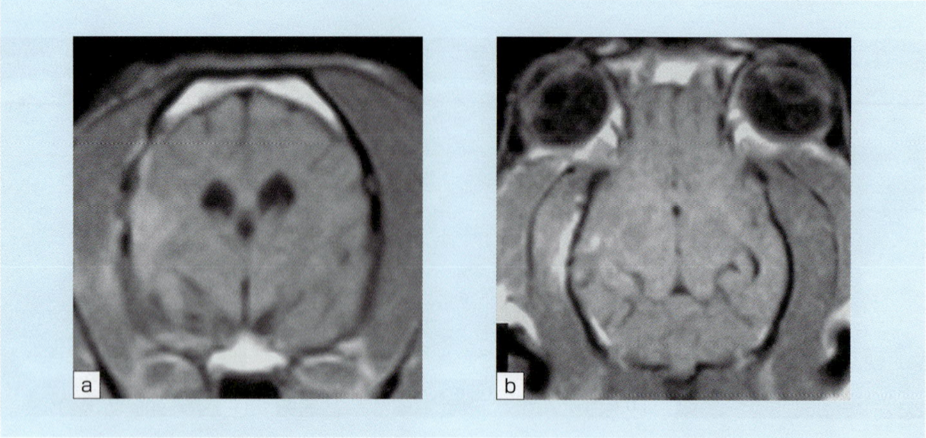

図 17　症例 2，術後 3 カ月の MRI 所見
a：ガドリニウム増強 T1W 画像横断面，b：ガドリニウム増強 T1W 画像背断面。

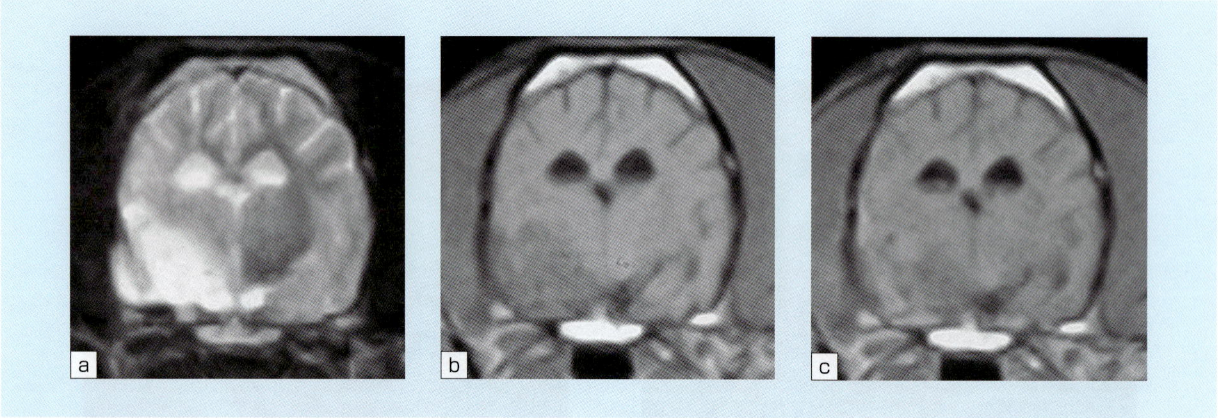

図 18　症例 2，術後 5 カ月の MRI 所見
a：T2W 画像横断面，b：T1W 画像横断面，c：ガドリニウム増強 T1W 画像横断面。

症例 3 犬の神経芽細胞腫の 1 例

患者情報：ブルドッグ，7 歳，雄

主訴：けいれん発作，旋回運動。

病歴：1 カ月前より，けいれん発作を認める。1 週間前より，異常行動，性格の変化，ふらつきを認めた。

臨床症状：興奮して歩き回るが，ふらついて倒れる（動画 7）

神経学的検査（表 8）：踏み直り反応の消失，後肢脊髄反射の低下を認めた。

MRI 検査（図 19）：左前頭葉に球形，境界不整の腫瘤を認めた。その腫瘤は，T1W 画像低信号，T2W 画像高信号，FLAIR 画像低信号，造影効果(-)として描出されたが，その内部に T1W 画像等～低信号，T2W 画像高信号，FLAIR 画像高信号，造影効果なしの構造物を認めた。側脳室拡張を認めた。

仮診断：左側前頭葉の腫瘤。

治療・経過：前頭洞アプローチによる開頭術を実施し，腫瘤（図 20）を摘出した。病理組織学的検査により，神経芽細胞腫と診断された（図 21）。術後は，症状の消失を認め，術前に比較して活発になった（動画 8）。1 カ月後の MRI 検査では腫瘤は認められず，3 カ月を経過した時点においても症状の再発は認められていない。

Video Lectures

症例 3，犬の神経芽細胞腫の 1 例

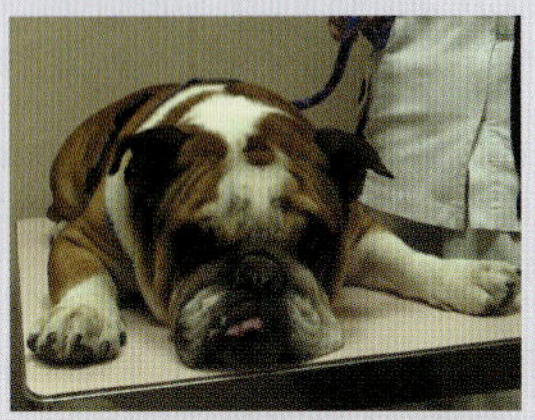

動画 7　初診時の様子

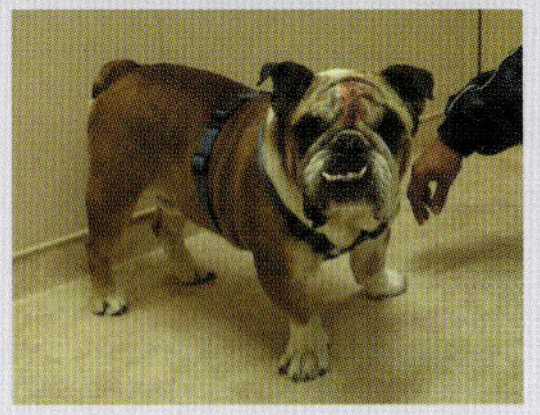

動画 8　手術 5 日後の様子

表 8　症例 3，神経学的検査所見

観察	
意識状態	正常
姿勢	正常
歩様	正常，ときどき倒れる

姿勢反応	RF	LF	RR	LR
固有位置感覚	2	2	2	2
踏み直り反応	0	0	0	0
跳び直り反応	2	2	2	2
手押し車反応	—	—		
姿勢性伸筋突伸反応			—	—

脳神経	R	L
眼瞼反射	2	2
角膜反射	2	2
威嚇瞬目反応	2	2
眼振	正常	正常
対光反射	2	2
知覚	2	2
舌	正常	
飲み込み	正常	
僧帽筋	正常	

脊髄反射	RF	LF	RR	LR
橈側手根伸筋反射	2	2		
二頭筋反射	2	2		
三頭筋反射	2	2		
膝蓋腱(四頭筋)反射			1	1
前脛骨筋反射			1	1
腓腹筋反射			1	1

RF：右前肢，LF：左前肢，RR：右後肢，LR：左後肢。

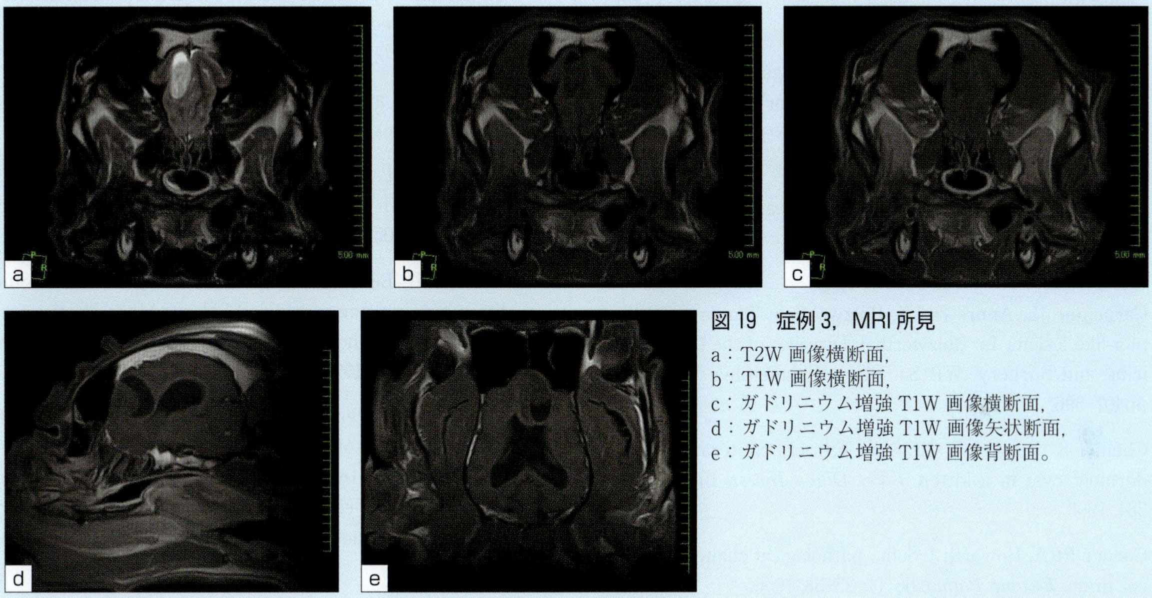

図 19　症例 3，MRI 所見

a：T2W 画像横断面，
b：T1W 画像横断面，
c：ガドリニウム増強 T1W 画像横断面，
d：ガドリニウム増強 T1W 画像矢状断面，
e：ガドリニウム増強 T1W 画像背断面。

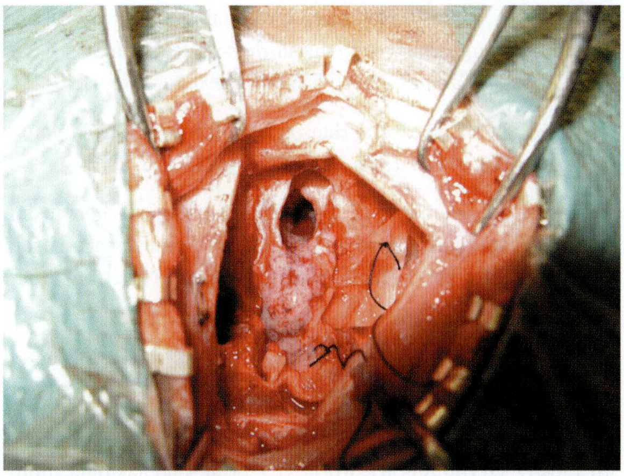

図 20　症例 3，手術所見

変色した腫瘤を認める。

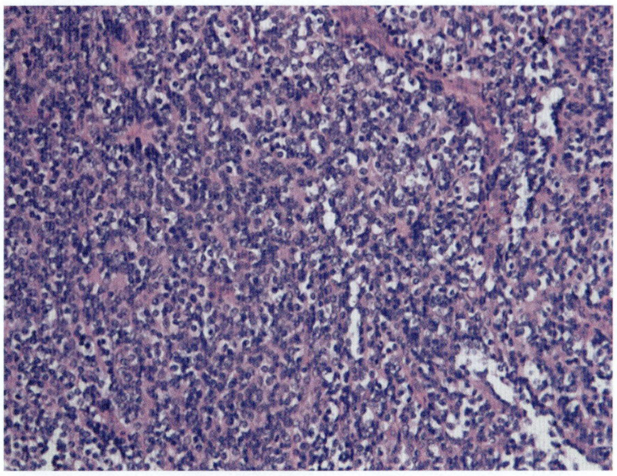

図 21　症例 3，病理組織学的所見

おわりに

近年，脳腫瘍の診断や治療機会が増加していると思われるが，犬や猫においては各脳腫瘍別の十分な情報はないのが現状である。人医療のように各腫瘍における治療成績およびエビデンスに基づいた治療方針の決定が可能になることが望まれる。今後，多くの知見が報告されるものと思われるため，予後や治療に関して最新のデータを参考にし，最良の治療方法の選択や治療成績の向上に努めていただきたい。また，そうすることがさらなるエビデンスとして将来につながるものと思われる。

［宇根　智］

■参考文献

1) Bagley RS, Gavin PR, Moore MP, et al. Clinical signs associated with brain tumors in dogs: 97 cases (1992-1997). *J Am Vet Med Assoc.* 215(6): 818-819. 1999.

2) Bateman SW, Parent JM. Clinical findings, treatment, and outcome of dogs with status epilepticus or cluster seizures: 156 cases (1990-1995). *J Am Vet Med Assoc.* 215(10): 1463-1468, 1999.

3) Berry WL, Higgins RJ, Lecouteur RA, et al. Papillary ependymomas and hydrocephalus in three cats. *J Vet Intern Med.* 12: 243, 1998.

4) Carpenter JL, Andrews LK, Holzworth J. Tumors and tumor-like lesions. In: Holzworth J. Diseases of the Cat. Medicine and Surgery. WB Saunders. Phiadelphia. US. 1987, pp407-596.

5) Chénier S, Quesnel A, Girard C. Intracranial teratoma and dermoid cyst in a kitten. *J Vet Diagn Invest.* 10(4): 381-384, 1998.

6) Cooper ERA, Howarth I. Some pathological changes in the cat brain. *J Comp Pathol.* 66(1): 35-38, 1956.

7) Davidson MG, Nasisse MP, Breitschwerdt EB, et al. Acute blindness associated with intracranial tumors in dogs and cats: Eight cases (1984-1989). *J Am Vet Med Assoc.* 199(6): 755-758, 1991.

8) Dickison PJ, Higgins RJ, Keel MK, et al. Clinical and pathological features of caudal fossa oligodendrogliomas in two cats. *Vet Pathol.* 37(2): 160-167, 2000.

9) Dimski DS, Cook JR Jr. Carmustine-induced partial remission of an astrocytoma in a dog. *J Am Anim Hosp Assoc.* 26(2): 179-182, 1990.

10) Duniho S, Schulman FY, Morrison A, et al. A subependymal giant cell astrocytoma in a cat. *Vet Pathol.* 37(3): 275-278, 2000.

11) Evans SM, Dayrell-Hart B, Powlis W, et al. Radiation therapy of canine brain masses. *J Vet Intern Med.* 7(4): 216-219, 1993.

12) Foster ES, Carrillo JM, Patnaik AK. Clinical signs of tumors affecting the rostral cerebrum in 43 dogs. *J Vet Intern Med.* 2(2): 71-74, 1988.

13) Fox JG, Snyder SB, Reed C, Campbell LH. Malignant ependymoma in a cat. *J Small Anim Pract.* 14(1): 23-26, 1973.

14) Hamilton TA, Cook JR, Scott-Moncreif C, et al. Carmustine chemotherapy for canine brain tumors. Proc 11th Annu Conf Vet Cancer Soc. 1991, pp43-44.

15) Heidner GL, Kornegay JN, Page RL, et al. Analysis of survival in a retrospective study of 86 dogs with brain tumors. *J Vet Intern Med.* 5(4): 219-226, 1991.

16) Ingram M, Jacques DB, Freshwater DB, et al. Adoptive immunotherapy of brain tumors in dogs. *Vet Med Report.* 2: 398-402, 1990.

17) Ingwersen W, Groom S, Parent J. Vestibular syndrome associated with an ependymona in a cat. *J Am Vet Med Assoc.* 195(1): 98-100, 1989.

18) Kleihues P, Burger PC, Scheithauer BW. Histological typing of tumours of the central nervous system. In: World Health Organization international histological classification of tumours, 2nd ed. Springer-Verlag. Berlin Heidelberg. BRD. 1993.

19) Kleihues P, Cavenee WK. Patholoy and genetics of tumours of the nervous system. IARC Press. Lyon. RF. 2000.

20) Knowlton FP. A case of tumor of the floor of the fourth ventricle with cerebellar symptoms in a cat. *Am J Physiol.* 13: 20-21, 1905.

21) Koblik PD, LeCouteur RA, Higgins RJ, et al. CT-guided brain biopsy using a modified Pelorus Mark Ⅲ stereotactic system: experience with 50 dogs. *Vet Radiol Ultrasound.* 40(5): 434-440, 1999.

22) Koestner A, Bilzer T, Fatzer R, et al. Histological Classification of Tumors of the Nervous System of Domestic Animals. In: WHO International Histological Classification of Tumors of Domestic Animals, 2nd series. Armed Forces Institute of Pathology. Washington D.C. US. 1999. 5: pp1-71.

23) Kornegay JN. Imaging brain neoplasms. Computed tomography and magnetic resonance imaging. *Vet Med Report.* 2: 372-390, 1990.

24) Kraft SL, Gavin PR, Leathers CW, et al. Diffuse cerebral and leptomeningeal astrocytoma in dogs: MR features. *J Comput Assist Tomogr.* 14(4): 555-560, 1990.

25) Kube SA, Bruyette DS, Hanson SM. Astrocytomas in young dogs. *J Am Anim Hosp Assoc.* 39(3): 288-293, 2003.

26) Lester NV, Hopkins AL, Bova FJ, et al. Radiosurgery using a stereotactic headframe system for irradiation of brain tumors in dogs. *J Am Vet Med Assoc.* 219(11): 1562-1567 1550, 2001.

27) LeCouteur RA, Fike JR, Cann CE, et al. X-ray computed tomography of brain tumors in cats. *J Am Vet Med Assoc.* 183(3): 301-305, 1983.

28) Lipsitz D, Higgins RJ, Kortz GD, et al. Glioblastoma multiforme: Clinical findings, magnetic resonance imaging, and pathology in five dogs. *Vet Pathol.* 40(6): 659-669, 2003.

29) McDonnell JJ, Potthoff AD, Frimberger AE, Moore AS. Lomustine for treatment of canine intracranial masses. Proc 23rd Annu Conf Vet Cancer Soc. 2003, p84 .

30) McKay JS, Targett MP, Jeffery ND. Histological characterization of an ependymoma in the fourth ventricle of a cat. *J Comp Pathol.* 120(1): 105-113, 1999.

31) Moissonnier P, Blot S, Devauchelle P, et al. Stereotactic CT-guided brain biopsy in the dog. *J Small Anim Pract.* 43(3): 115-123, 2002.

32) Palmer AC, Malinowski W, Barnett KC. Clinical signs including papilloedema associated with brain tumours in twenty-one dogs. *J Small Anim Pract.* 15(6): 359-386, 1974.

33) Platt SR, Alleman AR, Lanz OI, Chrisman CL. Comparison of fine-needle aspiration and surgical-tissue biopsy in the diagnosis of canine brain tumors. *Vet Surg.* 31(1): 65-69, 2002.

34) Porter B, de Lahunta A, Summers B. Gliomatosis cerebri in six dogs. *Vet Pathol.* 40(1): 97-102, 2003.

35) Simpson DJ, Hunt GB, Tisdall PL, et al. Surgical removal of an ependymoma from the third ventricle of a cat. *Aust Vet J.* 77(10): 645-648, 1999.

36) Smith DA, Honhold N. Clinical and pathological features of a cerebellar oligodendroglioma in a cat. *J Small Anim Pract.* 29: 269-274(5), 1988.

37) Snyder JM, Lipitz L, Skorupski KA, et al. Secondary intracranial neoplasia in the dog: 177 cases(1986-2003). *J Vet Intern Med.* 22(1): 172-177, 2008.

38) Snyder JM, Shofer FS, van Winkle TJ, et al. Canine intracranial primary neoplasia: 173 cases(1986-2003). *J Vet Intern Med.* 20(3): 669-675, 2006.

39) Thomas WB, Wheeler SJ, Kramer R, Kornegay JN. Magnetic resonance imaging features of primary brain tumors in dogs. *Vet Radiol Ultrasound.* 37(1): 20-27, 1996.

40) Tremblay C, Girard C, Quesnel A, et al. Ventricular ependymoma in a cat. *Can Vet J.* 39(11): 719-720, 1998.

41) Troxel MT, Vite CH, Massicotte C, et al. Magnetic resonance imaging features of feline intracranial neoplasia: retrospective analysis of 46 cats. *J Vet Intern Med.* 18(2): 176-189, 2004.

42) Troxel MT, Vite CH, van Winkle TJ, et al. Feline intracranial neoplasia: retrospective review of 160 cases(1985-2001). *J Vet Intern Med.* 17(6): 850-859, 2003.

43) Turrel JM, Fike JR, LeCouteur RA, et al. Radiotherapy of brain tumors in dogs. *J Am Vet Med Assoc.* 184(1): 82-86, 1984.

44) Turrel JM, Higgins RJ, Child G. Prognostic factors associated with irradiation of canine brain tumors. Proc 6th Annu Conf Vet Cancer Soc. 1986.

45) Uchida K, Kuroski K, Priosoeryanto BP, et al. Giant cell glioblastoma in the frontal cortex of a dog. *Vet Pathol.* 32(2): 197-199, 1995.

46) Uchida K, Nakayama H, Endo Y, et al. Ganglioglioma in the thalamus of a puppy. *J Vet Med Sci.* 65(1): 113-115, 2003.

47) Wolf M, Pedroia V, Higgins RJ, et al. Intracranial ring enhancing lesions in dogs: A correlative CT scanning and neuropathologic study. *Vet Radiol Ultrasound.* 36(1): 16-20, 1995.

48) Zaki FA, Hurvits AI. Spontaneous neoplasms of the central nervous system of the cat. *J Small Anim Pract.* 17(12): 773-782, 1976.

49) Zulch KJ. Histological typing of tumours of the central nervous system. World Health Organization. Jeneva. CH. 1979.

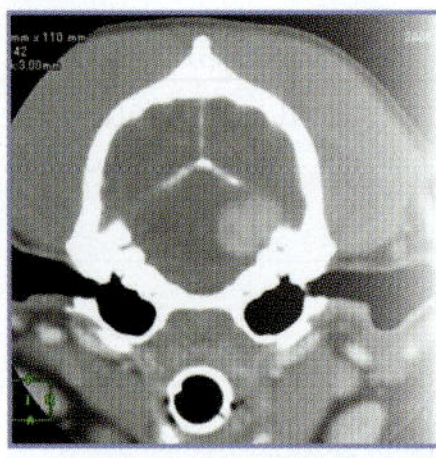

12. 髄膜腫

はじめに

腫瘍性疾患は，現在の獣医療では日常的に遭遇する頻度の高い疾患である。また，最近10年にみられる断層画像診断の発展やその小動物への応用により，頭蓋内や脊髄などの神経系腫瘍も診断・治療を行う機会が増加する傾向にある。中でも髄膜腫は，小動物で高頻度に認められることや脳表層に存在する腫瘍であることから，診断結果・治療成績といったエビデンスが明瞭となりつつある。

頭蓋内腫瘍の発生率は，過去の報告においてヒトで10万人に約8人，犬で10万頭に約14頭，猫では10万頭に約3頭であり，原発性脳腫瘍のうち髄膜腫の発生率はヒトでは約20%，犬で約40%，猫では約70%と動物で高率に発生することが記載されている[16, 20, 22]。犬では，特にジャーマン・シェパード・ドッグ，ゴールデン・レトリーバー，ラブラドール・レトリーバーなどの長頭犬種に多く発生する傾向があり，本邦では飼育頭数からもレトリーバー系の犬種で多く報告されている。髄膜腫の発生年齢は一般的に高齢であり，犬では7歳以上，猫では9歳以上が好発年齢とされる。ヒトでは女性での発生が男性に比べやや高いとされているが，動物での性差は報告されていない[22]。

病態生理

髄膜とは，脳・脊髄を覆う3つの膜性組織（**硬膜，くも膜，軟膜**）の総称であり，髄膜腫はくも膜顆粒に存在するくも膜上皮を起源として発生する。くも膜上皮は，正常な髄膜組織において，上皮性の代謝機能や線維性の保護皮膜機能，および脳脊髄液（CSF）循環における吸収・分泌機能など，多様かつ重要な役割を担っている。このうち，くも膜上皮様細胞 arachnoid cap cellが腫瘍化したものが髄膜皮性型髄膜腫，くも膜内部にある fibrous core cell からの発生は線維形成型の髄膜腫と考えられるが，多くの髄膜腫は上皮系・間葉系両者の性質を有しており，それらの形態を有する細胞が混在し，多様な組織型を形成することが知られている。

表1 ヒトの髄膜腫におけるWHO分類

WHO グレードⅠ
髄膜皮性髄膜腫
線維性髄膜腫
移行性髄膜腫
砂粒腫性髄膜腫
血管腫性髄膜腫
微小嚢胞性髄膜腫
分泌性髄膜腫
リンパ球・形質細胞に富む髄膜腫
化生性髄膜腫
WHO グレードⅡ
明細胞髄膜腫
脊索腫様髄膜腫
異型性髄膜腫
WHO グレードⅢ
乳頭状髄膜腫
ラブドイド髄膜腫
退形成性髄膜腫

（文献12を元に作成）

髄膜腫の病理診断では，渦状紋形成・砂粒体・合胞体形成が診断の根拠とされるが，これら以外にも多様な組織型が報告されている[12]。人医療における髄膜腫の世界保健機関 World Health Organization（WHO）分類では，この多様な組織型を15種類に分類している。さらに，生物学的挙動や悪性度を考慮した組織学的グレードに分類され（表1）[12]，治療の選択，術後の治療計画，予後の判定において重要な役割を果たしている。"動物" の髄膜腫における WHO の組織学的な分類では，1999年 Koestner らの報告に基づいた分類が指標とされ（表2）[11]，組織型・生物学的挙動を考慮した2つのグループに分類される。これらは，生物学的に良性で緩徐な増殖を示す組織型（髄膜皮性 meningothelial, 線維芽細胞様 fibroblastic, 移行性 transitional,

表2　動物の髄膜腫におけるWHO分類

進行の緩徐な良性の挙動を示す髄膜腫
髄膜皮性髄膜腫
線維芽細胞様髄膜腫
移行性髄膜腫
砂粒腫性髄膜腫
血管腫性髄膜腫
乳頭状髄膜腫
顆粒細胞性髄膜腫
粘液性髄膜腫
悪性の挙動を示す髄膜腫
退形成性髄膜腫

（文献11を元に作成）

砂粒腫性 psammomatous，血管腫性 angiomatous，乳頭状 papillary，顆粒細胞性 granular cell，粘液性 myxoid）と未分化型の退形成性（悪性）anaplastic（malignant）髄膜腫である。

しかし，動物の髄膜腫での組織学的分類では，ヒトの分類のように生物学的悪性度や，それに基づくグレード分類などが明確化されていないのが現状である。犬の髄膜腫を組織学的に分類し，生物学的挙動を検討したSturgesらの報告では，犬112例のうち，ヒトのWHO組織型分類に基づいて56％が良性（グレードⅠ），43％が異型性（グレードⅡ），1％が悪性（グレードⅢ）と分類された[17]。これはヒトの髄膜腫の発生率がそれぞれ80％，8％，3％未満と診断されることと比較し，犬の髄膜腫での生物学的な悪性傾向を示している。また，他の報告では，**犬の髄膜腫症例において，約27％の症例で脳内への浸潤が認められる**とされている。外科治療や放射線治療など技術的側面での相違はあるが，ヒトで髄膜腫治療後の非再発率が5年間で90％以上であるのに対し，犬の髄膜腫治療後の平均生存率が1.5～3年とされることからも，組織型分類による犬の髄膜腫の悪性傾向とともに，犬での本疾病の難治性を裏付けているものと考えられる。

猫の髄膜腫は，脳実質との境界が明瞭に認められる髄膜皮性髄膜腫が多く，外科手術による摘出が犬と比べ容易に実施される。筆者らの経験でも，猫の髄膜腫はほとんどの症例で脳実質との明瞭な境界が認められ（図1），脳実質への浸潤は観察されないため，ヒトと同様に良性の傾向があり，完全な摘出および長期的な予後の維持が可能であると考えている。

髄膜腫の発生部位としては，嗅球，大脳背側の円蓋部，大脳鎌，小脳テント，脳底蝶形骨縁部，鞍結節部，内耳孔付近の小脳脚角，また，側脳室，第三脳室内脈絡叢付近の髄膜組織などが報告されている。ヒトの髄膜腫では円蓋部での発生が約25％と最も多く，大脳鎌で11.7％，傍矢状洞で11.4％とされているが[22]，犬の髄膜腫では経験的に嗅球（嗅溝部）での発生が多く認められる。これら髄膜腫の発生部位については本章でも後述するが，臨床症状の発現，手術の難易度および予後に大きく影響を及ぼすため，十分な検討が必要である。

臨床症状と神経学的検査所見

髄膜腫に罹患した動物で特徴的とされる臨床症状は

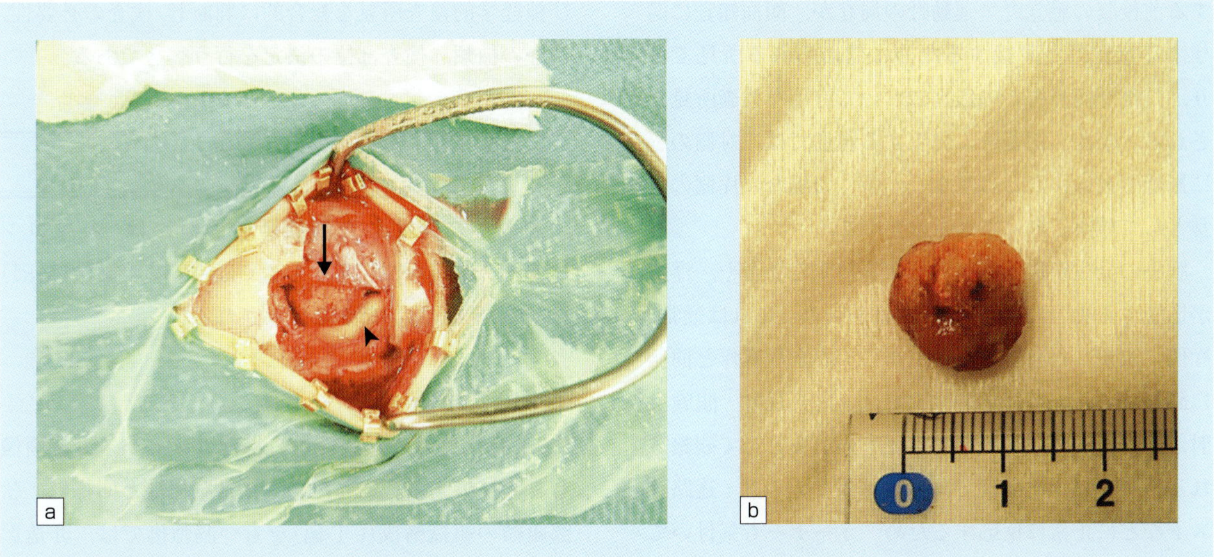

図1　猫の頭頂部（大脳円蓋）に発生した髄膜腫

a：腫瘍（矢印）と脳実質（矢頭）との境界は明瞭である。b：腫瘍は硬度のある球形の腫瘤として摘出された。

なく，症状は他の神経疾患と同様に，頭蓋内での異常(腫瘍)の発生部位に起因する。これらの臨床症状は，ゆっくりとした腫瘍の増大と周囲神経組織への障害により生じるが，発作や麻痺などの神経障害が発現する頃には腫瘍が大型化していることも多く，オーナーの稟告では急性発症として表現されることも多い。また，神経学的検査でも腫瘍に特徴的な所見は得られないため，慎重に検査を行うことにより異常部位の判定を行うべきである。

発生部位から考慮される髄膜腫の臨床症状として，**嗅窩や前頭葉**に孤在性に発生した髄膜腫では，他の症状や神経学的な異常を伴うことなく全般性のけいれん発作を臨床症状とするものが多い。このような症例では，神経学的検査にて異常が確認されない症例も多く，特に高齢犬(7歳以上)では，てんかん発作様の臨床症状を呈した症例に対して，特発性てんかんの仮診断に基づいた対症療法を実施するのではなく，積極的な画像診断の実施を検討する必要がある。

大脳円蓋部に発生した髄膜腫では，腫瘍の発生部位と反対側で前肢・後肢の姿勢反応低下や顔面知覚反応の低下，また盲目などの臨床症状が観察される。これらの症例ではふらつきなどを主訴とする症例が多く，頚部脊髄障害などと混同されるが，前脳障害として発生する感覚・運動機能障害では頚部脊髄障害に比べ軽度な症例がほとんどである。神経学的検査では，脊髄反射の異常を伴わない片側性の姿勢反応(固有位置感覚，跳び直り反応など)の低下が観察される(不全片麻痺)。同時に多くの症例では，同側の顔面においても知覚反応の低下が観察される。これは大脳頭頂葉に存在する前後肢の感覚野・運動野の局在が，顔面知覚に関与する感覚野と隣接するために認められる所見であり，頚部脊髄障害との鑑別において有用な検査所見とされる。また，円蓋部に発生する腫瘍では，対側の脳に影響を及ぼすことは少なく，多くの場合に片側の異常として観察されることも重要である。

腫瘍の発生が後頭葉視覚野に隣接する場合や，浮腫が影響する場合には，盲目も観察される。これは通常，片側に限定した盲目(半盲)であり，不全片麻痺と同側に観察される。神経学的検査では，対光反射・眼瞼反射が正常に存在する威嚇瞬目反応の消失として観察される。半盲を示す症例では，綿球落下テスト・迷路テストなどに正常に反応するため，オーナーも気付いていないことが多い。

小脳テントや小脳脚角に発生し，小脳の圧排・変形を伴うものでは，小脳徴候が観察される。これらの症例では，企図振戦・測定障害などの一般的な小脳障害から，眼振(垂直眼振・振子眼振など)を伴う前庭障害も観察される。ただし，一部の小脳障害で認められる斜頚は奇異性前庭症候群と呼ばれ，病変側とは反対側への斜頚が観察される。

脳底部の蝶形骨縁部や鞍結節などに髄膜腫が発生した場合，視神経および中脳から延髄にかけての各脳神経に障害を与える可能性があり，各脳神経徴候が観察される。これらの症例で認められる神経学的異常は，影響を受けた各脳神経により様々であるが，脊髄視床路や錐体路への障害により病変と同側，もしくは両側での姿勢反応異常が確認されることもある。

以上のような臨床症状・神経学的異常とともに腫瘍が大型化し，**頭蓋内圧の亢進**や**テント切痕ヘルニア**，**小脳大孔ヘルニア**を呈した症例では，沈うつ，昏迷，昏睡などの様々なレベルでの意識障害を呈する。特に，脳ヘルニアを生じた症例で意識レベルの障害は重篤であり，昏睡を呈する症例では瞳孔のサイズ(縮瞳，散瞳，固定など)や，対光反射を観察することにより脳幹障害の程度を把握し，予後評価を行うことが重要である。

脊髄に発生した髄膜腫では，脊髄障害の程度にもよるが，一般的な横断性脊髄障害と同様な症状が観察される。ただし，疾患の発症形態としては慢性で進行性の悪化を示し，ほとんどの症例で腫瘍発生部位の疼痛が観察される。

頭蓋内・脊髄に発生する髄膜腫で特徴的な症状は存在しないため，症例のシグナルメント，発症形態および神経学的検査所見を総合的に判断し，検査の必要性，検査の種類，検査部位の決定を行うべきである。

診断

頭蓋内に発生した髄膜腫の診断には，X線コンピュータ断層画像(CT)，もしくは磁気共鳴画像(MRI)などの断層画像診断が必要とされる。

1. CT検査

CTは，X線の透過性から得たコントラストを画像として描出する。このため，正常脳組織と同様に，軟部組織の組織構成(CT値)をもつ脳腫瘍では，非造影CT画像で明確な診断を下すことは困難となる。しかし，多くの髄膜腫は非イオン性ヨード造影剤による末

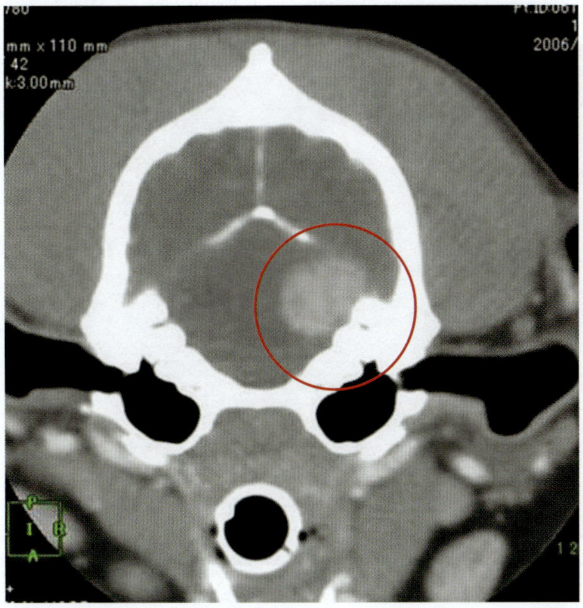

図2　髄膜腫の CT 末梢血管造影像
明瞭な増強効果を伴う腫瘤性病変として確認される。

梢血管造影により，明瞭な増強効果が認められるため，容易に診断が可能である（図2）。髄膜腫は，通常，頭蓋内－実質外の硬膜と連続した腫瘤性病変として観察される。腫瘤性病変周囲の脳実質，大脳鎌の変位が確認され，腫瘍周囲の実質では浮腫による CT 値の低下が確認される[14)]。

また，壊死や嚢胞形成，粘液を分泌する髄膜腫では，腫瘍内部は低 CT 値を示し，腫瘍内部に石灰化などが存在する場合には高 CT 値を示す。しかし，脳底部・小脳脚角など，頭蓋骨のアーティファクトを強く受ける部位においては，読影において十分な注意が必要である。また，CT 所見では周囲脳実質における浮腫の程度や脳ヘルニア，腫瘍自体の組織構成などに関しては分解能に乏しいために，頭蓋内状況をより詳細に把握・診断するためには MRI 検査が推奨される。

2. MRI 検査

MRI での髄膜腫の診断所見は，いくつかの報告においてその特徴が記載されている[7, 9, 10, 18)]。髄膜腫で特徴とされる所見として，腫瘍は**脳実質外 extra-axial** に組織充実性の腫瘤性病変として観察され，正常組織との境界は比較的明瞭である。腫瘍は，T1 強調（T1W）画像では周囲実質と低～等信号，T2 強調（T2W）画像では等～高信号に認められる。また，多くの他の腫瘤性病変と同様に，脳実質や大脳鎌，脳室系の変位や圧排（mass effect）および傍腫瘍領域や脳白質領域を中心とした浮腫（peritumoral edema）を伴う。これらの腫瘤は，ガドリニウム系造影剤による T1W 画像で明確な増強効果が得られ，髄膜に隣接して認められる “dural tail sign”（付着部硬膜の肥厚／造影剤による増強）が認められる[6, 14)]。しかし，実際に臨床の現場で遭遇する髄膜腫は，多様な組織型を反映するように画像所見も様々なパターンとして認められる。

人医療での MRI に基づく髄膜腫診断の整合性は，65 ～ 96％と高値を示し，それに加え腫瘍の組織型やグレード，生物学的動態を断層診断から類推することで，予後や補助治療の必要性を検討する試みがなされている。しかし，前述のように髄膜腫の組織型は様々であるために，実際の画像診断で認められる髄膜腫も一様ではない。

以下に，様々な形態で認められた髄膜腫の MRI での画像診断的特徴について考察する。

症例 1

患者情報：ゴールデン・レトリーバー，11 歳，雄
MRI 所見：右大脳円蓋部に T2W 画像（図 3a），T1W 画像（図 3b）で，ともに大脳灰白質と等信号を示す充実性腫瘤を認める。腫瘤は大脳鎌を左方に変位させ，同側の側脳室を圧排している。ガドリニウム系造影剤により，均一に増強される腫瘤を中心として，硬膜下に浸潤性の増強像が確認された。腫瘍と硬膜の連続部には “dural tail sign” が認められる（図 3c）。

症例 2

患者情報：ゴールデン・レトリーバー，9 歳，雌
MRI 所見：小脳テント下に，造影剤により均一な増強効果を示す腫瘤を認める（図4）。また，腫瘤腹側に T1W 画像にて低信号を示す嚢胞形成を認め，小脳および脳幹は腹側および吻尾側方向に圧排されている。

症例 3

患者情報：ゴールデン・レトリーバー，9 歳，雌
MRI 所見：右大脳嗅球から前頭葉において大脳鎌と隣接し，図 5a の T2W 画像で脳実質に比べ高信号（中心部は一部低信号），造影剤により不均一に増強される腫瘤性病変が認められる（図 5b）。

MRI での信号強度と組織型分類

髄膜腫が疑診される頭蓋内腫瘍のうち，全ての症例において生検や組織学的検査が実施されるものではないことを考慮すると，腫瘍に対する治療法・予後を検

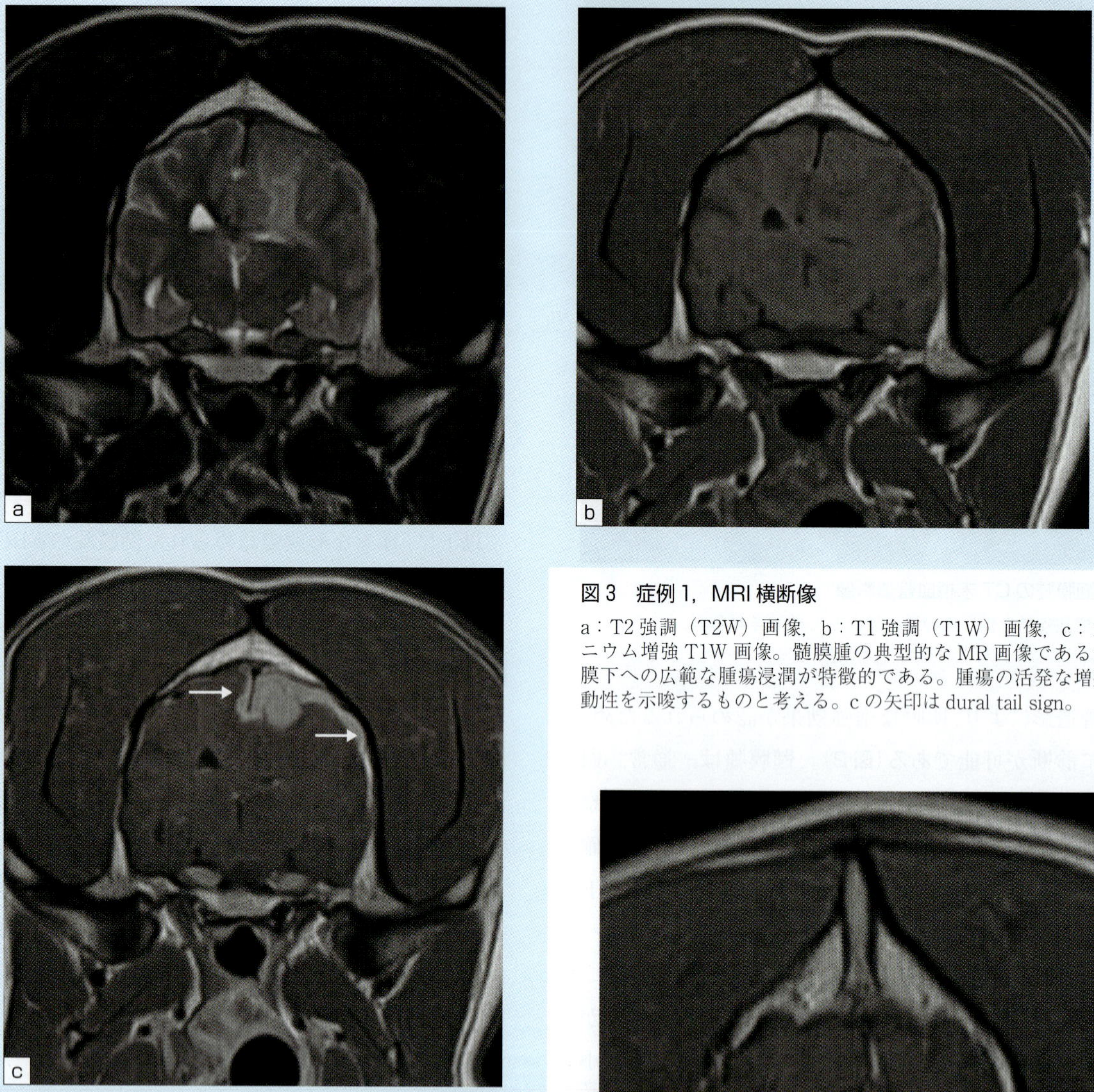

図 3　症例 1，MRI 横断像

a：T2 強調（T2W）画像，b：T1 強調（T1W）画像，c：ガドリニウム増強 T1W 画像。髄膜腫の典型的な MR 画像であるが，髄膜下への広範な腫瘍浸潤が特徴的である。腫瘍の活発な増殖・活動性を示唆するものと考える。c の矢印は dural tail sign。

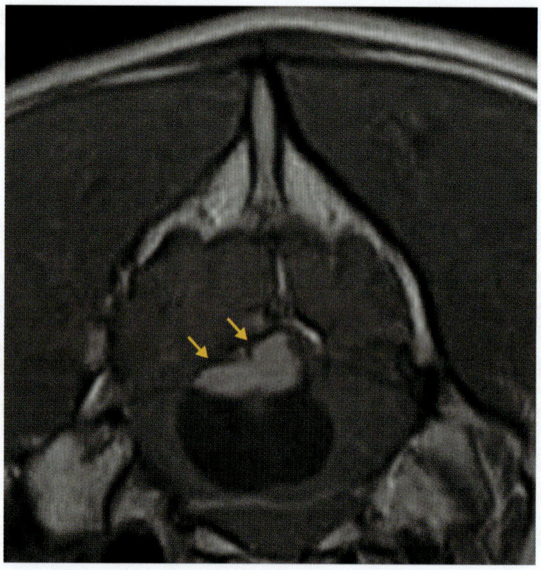

図 4　症例 2，MRI 横断像

ガドリニウム増強 T1W 画像，横断像。組織型は髄膜皮性髄膜腫であるが，MR 画像上，砂粒腫性髄膜腫と診断される。矢印は造強された髄膜腫。

討するうえで，MRI による画像所見から腫瘍の悪性度や生物学的挙動を推測することは重要である。そのため，ヒトの髄膜腫においても悪性度や組織型と MRI 所見との整合性が検討されているが，現在までに明確な結論付けはなされていない。また，同様に，Sturges らによる犬の髄膜腫を 112 例考察した過去の報告においても，髄膜腫の組織学的分類と MRI の画像診断的特徴に有意な関連性は認められないとされている[17]。

髄膜腫はその多様な組織像を反映することで，T1W 画像，T2W 画像およびガドリニウム増強 T1W 画像での観察において，様々な信号強度を示す。また，従来，特徴的所見の 1 つとされた，dural tail sign が観察されない症例も多い。今回，筆者らが紹介した症例においても画像所見は様々であり，MRI にて髄膜腫の仮診断を行う際には，発生部位，形状，造影剤による増強効果を含めた慎重な検討が必要であると考えられる。

高グレードな（悪性度の高い）髄膜腫の画像診断における特徴として，①腫瘍実質が T1W 画像，T2W 画像においてともに高信号に認められること，②中心部に壊死像が観察されること，③重度の浮腫が確認されること，④正常実質との境界が不明瞭であること，以上の傾向を示すことが示唆されている。これらのうち，T1W 画像での信号強度の増加は，細胞内外での出血，腫瘍細胞の脂肪含量，中程度の石灰化および腫瘍細胞

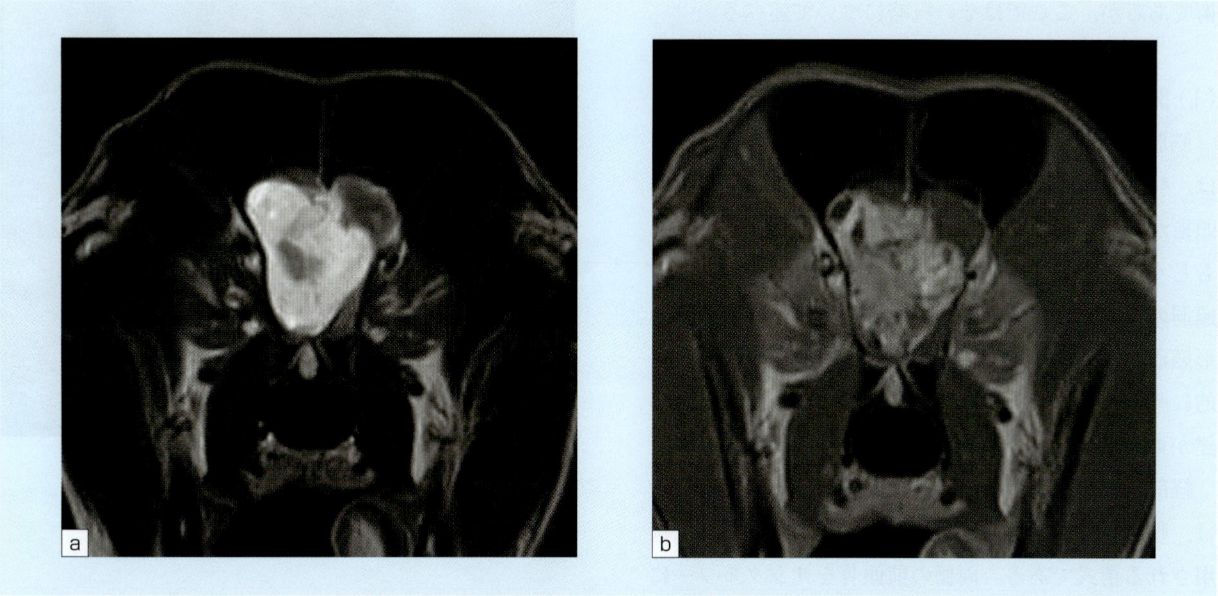

図5　症例3，MRI横断像

a：T2W画像，b：ガドリニウム増強T1W画像。T2W画像において低～高信号を示す粗雑な信号強度が観察された。これは腫瘍内部での粘液産生，組織壊死，出血などを反映しているものと考えられる。

の過剰な充実を示唆し，対して，T2W画像での信号強度は，腫瘍組織内の液体貯留や腫瘍内壊死組織，および出血によるヘモグロビン，ヘモジデリンなどの常磁性体の変化に依存しているものとされる[7, 17]。

以上のように，MRIで観察される各信号強度の変化は，髄膜腫の多様な組織構成を反映している。同時に，壊死像の有無，腫瘍の組織浸潤に伴う浮腫所見からその生物学的挙動を推測し，髄膜腫の示す悪性度を予測する必要がある。これら画像診断所見から組織型，悪性度を予測することは手術手技の決定だけではなく，予後や術後の補助治療の必要性の判断においても重要と思われる。

治療

頭蓋内に発生する腫瘍の場合，組織学的・生物学的に良性の挙動を示す髄膜腫であっても，二次的に生じる周囲脳実質への圧排や頭蓋内圧（ICP）の亢進が症状の原因となるため，臨床的には悪性の腫瘍として治療されるべきである。髄膜腫の治療には，他の腫瘍性疾患と同様に，外科治療，放射線治療，化学療法の適応が報告されている。ただし，まれではあるが，高齢動物の頭部MRI検査にて臨床症状とは関連しない領域で腫瘍が偶発的に発見される症例もあるため，慎重な神経学的検査と画像診断により，臨床症状と腫瘍との関連を考慮したうえで治療の必要性を検討する。

1．外科治療

組織学的および生物学的に良性の挙動を示す髄膜腫においても，治療の第1選択は外科切除となる。しかし，腫瘍の発生部位により手術における難易度・治療成績・予後などは大きく左右されるために，症例の臨床症状，年齢，画像所見なども考慮し，適応については症例ごとの十分な検討が必要である。人医療における髄膜腫摘出術では，手術が容易とされる大脳円蓋部に発生した髄膜腫の場合，絶対的適応として①けいれん発作，ICP亢進などの臨床症状を呈している例，②非典型あるいは悪性の髄膜腫を疑わせるような画像所見を示す例，相対的適応として①腫瘍周囲の脳浮腫が広範で高度な例，②放置することにより矢状静脈洞に浸潤し，根治的摘出術が困難になる可能性がある例，③特に若年者で，運動野や言語野など高次脳機能に関係する部位に発生している例が挙げられており，高齢者で硬化に富む大きな腫瘍に関しては手術の適応外と判断されている[6]。小動物の場合，人医療のように健康診断で偶発的に発見される例とは異なり，ほとんどの症例で何らかの臨床症状を呈したうえでの診断結果となるため，多くの症例は必然的に手術対象であると考える。

髄膜腫摘出手術には，正確な画像診断による綿密な手術計画と手術用顕微鏡や拡大鏡を含め，いくつかの特殊な手術器具が必要とされる。これらの理由からも，一般的には二次診療施設にて実施されることの多い手術であるが，ここではその概略について述べる。

(1) 開頭

脳腫瘍摘出術を行う際に適応とされる開頭術式には，経前頭洞開頭術やテント前開頭術および後頭骨開頭術が挙げられ，腫瘍が観察された位置に応じて単独，もしくは併用して適用される。ただし，犬の場合，前頭洞の形態，頭頂骨の厚さなど，犬種により頭蓋骨の形態が大きく異なるため，術式の選択には，最も効果的に腫瘍に到達可能で，容易に開頭され閉頭時の骨再建が可能な部位を選択して行う必要性がある。

経前頭洞開頭術 transfrontal(sinus) craniotomy は，嗅窩もしくは前頭葉に腫瘍が観察される場合に適用される術式である。両側の前頭骨をサジタルソーにより開頭し，前頭洞底部に確認される薄い頭蓋骨内板を，高速ドリルもしくはロンジュールにより切除する。このとき，嗅窩に発生する髄膜腫においては篩板付近まで浸潤を示す例も多く，腫瘍細胞の取り残しがないよう，十分に前方まで脳を露出する必要がある。

テント前開頭術 rostrotentorial craniotomy は，大脳円蓋から側頭葉において髄膜腫が観察される場合に用いられる術式であり，小動物において最も容易に実施される。また，本術式は**頬骨弓切除**と組み合わせることにより，側頭葉深部や脳幹・視床部へのアプローチも可能である。頭頂部より側頭筋を，骨膜起子などを用いて剥離後，側頭骨に十分なスペースが存在する場合には，パーフォレーターやクラニオトームといった開頭専用器具を使用する。これらの器具の使用で，硬膜や脳実質を傷付けることなく安全に開頭を行うことができる。また，側頭深部へのアプローチや，小型犬のようにこれらの器具が使用不可能な場合には，高速ドリルによる開頭が実施される。腫瘍が傍矢状洞や大脳鎌に存在する際には，本術式を頭頂部に応用した両側テント前開頭術が用いられる。しかし，特に大型の長頭犬種は厚い頭頂骨をもち，開頭術に労力を要することも多い。両側テント前開頭術では，大脳正中溝を走行する矢状静脈洞を傷付けることのないよう，十分な注意が必要とされる。

後頭骨開頭術 occipital(あるいは suboccipital) craniotomy は，小脳テント下や小脳・大孔に存在する髄膜腫に対して適応とされる。多くの症例で後頭骨は薄い骨質のため，ロンジュールによる容易な切除が可能である。本開頭術式では腫瘍が小脳テント直下に存在する症例や，側頭骨開頭術との併用で小脳延髄角，脳幹底部にアプローチする場合に，直静脈洞・横静脈洞の処理に注意が必要である(片側横静脈洞閉塞術)。

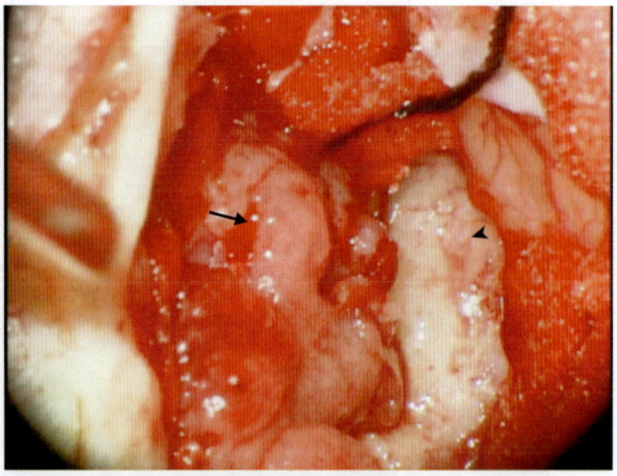

図6　犬の前頭洞に認められた髄膜腫

犬の髄膜腫（矢印）では境界不明瞭な症例も多く，色調・硬度の違いにより正常な脳実質（矢頭）と分離する。

(2) 髄膜腫の摘出

脳腫瘍の摘出は，他の神経外科手術と同様に，手術用顕微鏡もしくは拡大鏡を用いた手術が適応とされる。多くの髄膜腫では，腫瘍は硬膜下もしくは硬膜と付着して観察される。腫瘍組織と正常脳実質との境界は，色調・硬度により判別される(図6)。

大型の髄膜腫では，超音波吸引装置などを使用し内減圧を行ったうえで，腫瘍と脳実質の境界を剥離する。猫の髄膜腫では，正常脳との境界が極めて明瞭であり，容易な剥離が可能であるが，犬の多くの症例では，周囲正常組織との境界が不明瞭である場合が多い。この場合，可能な限り肉眼での剥離摘出を行った後に超音波吸引装置などを脳実質の表面に使用し，腫瘍組織の残存をなくすように心がける。また，摘出後に周囲硬膜の電気的焼烙を行うなど，付着する硬膜は全て切除する必要がある。硬膜欠損部は人工硬膜もしくは側頭筋筋膜を使用することにより補填する。

(3) 閉頭

厚い側頭筋や後頭～頚部の筋肉を有する犬・猫では，同部位の開頭術において必ずしも骨再建は必要とされないと考えている。しかし，前頭骨開頭術や頭頂骨開頭術のように，付着する筋肉量が少なく，審美的問題や骨欠損による問題が予測される場合には，開頭骨片の整復やチタンメッシュプレートによる頭蓋骨の形成を行う。

2. 化学療法

(1) 現在使用されている薬剤

髄膜腫に対する化学療法は，人医療分野においても十分に確立されておらず，同様に獣医療分野においても有効性を記載した報告は少ない。獣医療での有効性が記載されている薬剤としては，**ハイドロキシウレア hydoroxyurea**（ハイドレア®，ブリストル・マイヤーズ株式会社）とロムスチン lomustine（**CCNU**：本邦では未承認）が挙げられる。

ハイドロキシウレアは，リボヌクレオチドリダクダーゼを阻害することによるDNA合成阻害作用をもち，髄膜腫細胞のアポトーシスを促進させることが，細胞（*in vitro*）および動物モデルを用いた実験（*in vivo*）により明らかとなっている。人医療における治験例によれば，手術による不完全切除症例や再発症例への投与により，約40～90％の症例において腫瘍の増殖抑制効果が認められている。これらの報告において，効果が示されているのは，いずれも低グレードの髄膜腫であり，高グレードの異型性・退形成性髄膜腫においては，明確な治療反応は認められていない。また，同薬剤は，低グレードで成長速度の遅い髄膜腫であっても，外科的な切除を試みていない症例に使用した例では効果が認められておらず，あくまでも手術・放射線治療との組み合わせによる補助療法として使用されるべきである。ヒトの医療における有効投薬量は20 mg/kg/dayの投与と記載されている[15]。犬や猫に対する薬用量についての指標はないが，筆者らは外科手術後に用いる補助化学療法として50 mg/kgを週3回の経口投与として用いている。副作用は主として骨髄抑制作用であり，まれに重度の貧血を伴う血球減少症を呈する例も報告されているため，頻回の全血球計算（CBC）モニターが必要とされる。

CCNUはニトロソウレア系の抗がん剤であり，脂溶性の高い薬剤であるため，高濃度で血液脳関門（BBB）を通過することが可能である。このことから，脳実質内にも十分な濃度で浸透し，慣例的に頭蓋内腫瘍に対して使用されている。ヒトの医療では特に，プロカルバジン，ビンクリスチンと組み合わせたPCV療法として高グレードの神経膠細胞腫瘍（グリオーマ）に有効とされる。しかし，髄膜腫に対してはヒトの医療分野を含め，有効性を示唆する報告はないため，筆者らに使用経験はない。

(2) 化学療法における展望（ホルモン療法と免疫療法）

現在，人医療や治験レベルでの髄膜腫に対する化学療法として，抗プロジェステロン剤を使用したホルモン療法や，インターフェロン-αを用いた免疫療法の有効性が検討されている。髄膜腫では，プロジェステロン，エストロゲン，アンドロゲンなどの性ホルモンが，腫瘍増殖の刺激因子の1つとされる。特に良性の髄膜腫において，高率にプロジェステロン受容体を発現していることが報告されている。このため，抗プロジェステロン剤を使用することで，腫瘍増殖の抑制効果があるとされている[15]。犬や猫においても髄膜腫細胞におけるプロジェステロン受容体の発現が報告されており，今後の化学療法の1つとなり得る[1]。インターフェロン-αはDNAのチミジン活性を阻害することにより，*in vivo*および*in vitro*で髄膜腫の増殖抑制効果が期待されている[15]。

以上のように，現段階でいくつかの化学療法の可能性が示唆されているが，これらは効果が確立されたものではなく，また全てにおいて，外科切除，放射線治療後の補助療法として使用されていることに注意するべきである。

3. 緩和療法

髄膜腫による急性脳圧亢進や，動物のオーナーが積極的な治療を希望しない場合には，緩和療法が選択される。髄膜腫での臨床症状のほとんどは，周囲実質に及ぼす浮腫とICPの亢進が原因とされるため，**ステロイド**（プレドニゾロン 1～2 mg/kg/day）の投薬は有効である。ステロイドは，脳室内でのCSF産生を抑制するとともに，脳実質での血管原性浮腫を軽減する作用が知られている。マンニトールやグリセリンなどの**浸透圧利尿薬**も，特に急性のICP亢進症状を示す症例に効果的である。通常1～2 g/kgの投与量を1日2～3回に分割し，30分程度かけて静脈内投与にて使用する。また，けいれん発作などの発現に対しては，ジアゼパム，フェノバルビタール，臭化カリウムなどの使用による，**抗てんかん薬療法**が適応とされる。

以上のような緩和療法は，ICPが亢進した症例への使用により症状の緩和・疼痛の改善など，一時的な生活の質（QOL）の改善に有効である。ただし，これらの緩和療法は，テント切痕ヘルニアや後大孔頭での小脳ヘルニアなどの重度のICP亢進を示す症例では効果に乏しく，また腫瘍の腫瘤容積の増大とともに，その効果に限界があるのは事実である。しかし，特に高齢

表3　髄膜腫の治療と予後

頭蓋内髄膜腫		
犬		
Axlund TW, et al (2002)[2]	外科切除 外科切除＋放射線治療	0.5～22カ月：生存中央値　7カ月 3～58カ月：生存中央値　16.5カ月
Greco JJ, et al (2006)[5]	外科切除 外科切除＋化学療法 （ハイドロキシウレア）	42カ月（生存中央値） 16カ月，46カ月（2例）
Tamura S, et al (2007)[19]	緩和療法＋化学療法 （ハイドロキシウレア）	14カ月（1例）
Jung DI, et al (2006)[8]	緩和療法＋化学療法 （CCNU）	13カ月（1例）
猫		
Forterre F, et al (2006)[3]	外科切除	6～30カ月：生存中央値　20カ月
Gallagher JG, et al (1993)[4]	外科切除	18～47カ月：生存中央値　27カ月
脊髄髄膜腫		
Petersen SA, et al (2008)[13]	無治療 外科切除 外科切除＋放射線治療	0～21日（安楽死） 12～29カ月：生存中央値　19カ月（ただし，3カ月以上生存した症例） 18～78カ月

犬において認められる良性の髄膜腫では，腫瘍自体の成長速度は緩やかであるため，ステロイドや抗てんかん薬の投薬のみで数カ月～1年程度のQOLの改善をもたらすことも可能である。

4．放射線治療

神経系の腫瘍においても，治療目的もしくは組織学的検査による診断目的として外科手術は第1選択といえる。しかし，実際の治療においては，腫瘍が脳底槽などの頭蓋内深部に発生する例，脳室内などに発生し手術によって正常脳組織への侵襲が大きくなると予測される例には，**放射線治療が単独**の治療として選択されることがある。また，異型性，退形成性髄膜腫のように脳実質への浸潤が強く，外科切除のみにより完全な摘出が困難と考えられる場合には，**外科手術との併用療法**として放射線治療が用いられる。髄膜腫の治療で放射線の有効性は，外科手術との併用，補助療法として，もしくは単独の治療として，いくつかの報告において記載されている[2)]。筆者に放射線治療の使用経験はないが，一般的な概要について解説する。

頭蓋内への照射では，骨組織に覆われた部位への照射となるため，オルソボルテージに比べメガボルテージを用いた放射線療法がより有効とされる。通常，分裂や分化を示さない脳や脊髄は晩期反応組織とされ，放射線に対する感受性は低いが，数カ月～数年をかけて発生する壊死や脱髄などの合併症を発現する。これらの合併症は治療困難であり，重篤な機能障害を生じるため，小分割の照射プログラムにより軽減させる必要がある。メガボルテージを使用した放射線治療では，照射野や放射線量を分割することも可能であるため，合併症とされる正常脳組織の損傷を軽減させることが可能である。特に，CTと組み合わせたコリメーター付照射装置とリニアックの使用により，腫瘍への正確な照射が可能となるとともに，大線量の一回照射が可能となるため，より正確で効果的な照射が可能となっている。ただし，放射線照射装置は，小動物での使用がいまだに限られており，今後の積極的な獣医療領域への導入が課題とされる。

予後

髄膜腫は，他の頭蓋内腫瘍と比べて中央生存期間が長いとされているが，予後は腫瘍の発生部位と選択される治療法によって大きく左右される。これまでに統計的に報告されている各治療に対する予後について，上記の表3にまとめた[2～5, 8, 13, 19)]。ただし，これらの報告には，術中や手術直後の死亡や安楽死症例は含まれていないことに注意していただきたい。

おわりに

本章では脳腫瘍の中でも，特に髄膜腫について解説した。本腫瘍は診断技術の発展により診断の機会が増加し，また顕微鏡下手術など脳神経外科手技の進歩により，治療成績も向上しているものと思われる。しかし，これら神経系腫瘍では診断技術，治療手技などにおいても，ヒトの医療と比較して発展途上であることも事実である。

最後に筆者が経験した中で，印象深い症例について以下に紹介する。

症例4 髄膜腫の症例

患者情報：ジャック・ラッセル・テリア，6歳，避妊雌

主訴：発作症状，活動性の低下

意識レベル：沈うつ

歩様：異常なし

神経学的検査：顕著な異常なし

外貌：右頭頂部の膨隆（硬度のある頭蓋骨隆起が観察された）（図7）

MRI検査：右頭頂葉にT2W画像にて白質の浮腫と側脳室，視床の圧排を伴う腫瘤性病変が認められた（図8a）。頭蓋内全域において脳溝，くも膜下腔は不明瞭であり，頭蓋内圧の亢進が示唆される。ガドリニウム造影後のT1W画像では腫瘤は明瞭に増強された（図8b）。また，頭蓋骨には周囲実質と境界明瞭な骨隆起が観察される（図8）。

CT検査：CTで頭蓋骨隆起はサンバースト様の骨増殖像として観察された。隆起を伴う頭蓋冠のCT値はやや低下して観察される（図9）。

手術：頭蓋骨腫瘤下では患部の硬膜は肥厚して観察された。硬膜下では脳実質内へ浸潤する腫瘍性病変が観察された（図10）。

病理組織検査：病理組織学的検査では頭蓋骨腫瘤，脳内腫瘤ともに髄膜腫と診断された。硬膜下に発生した髄膜腫が血管孔などに沿い緩徐な浸潤を示したものと思われる（図11）。

経過：本症例は脳実質への浸潤が認められたものの，手術単独にて現在までの約4年間を良好に経過している。

［王寺　隆］

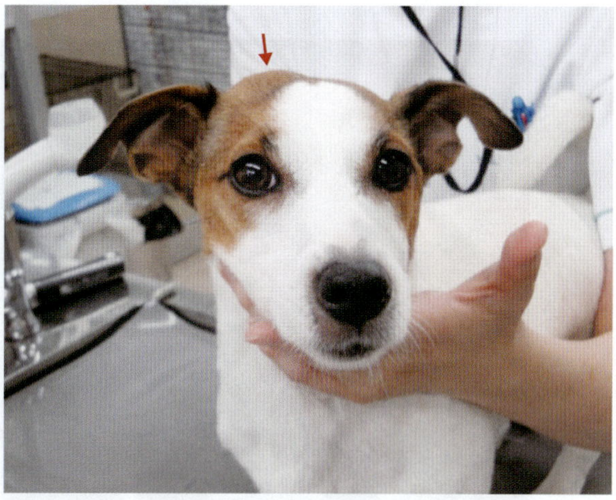

図7　症例4，外貌

硬度のある頭蓋骨隆起が観察できる（矢印）。

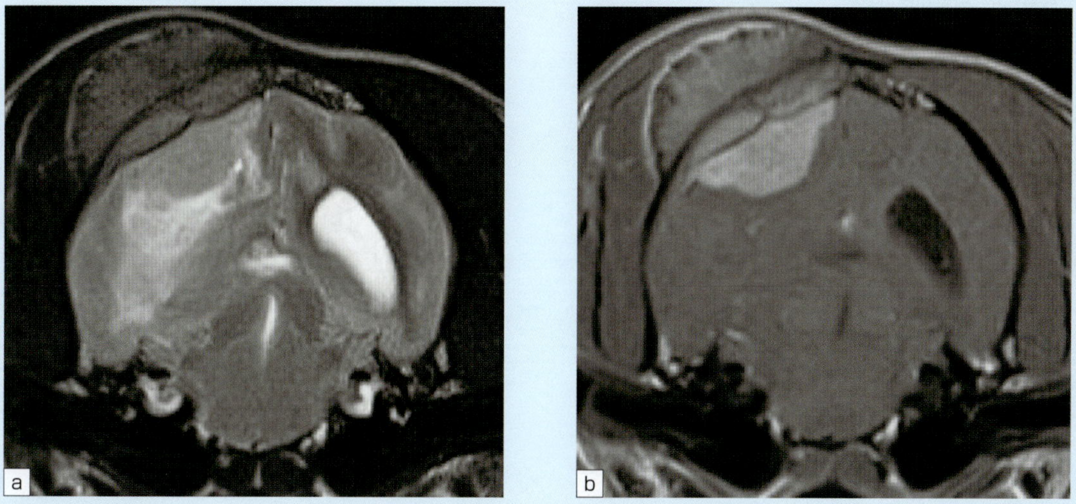

図8　症例4，MRI所見

a：T2W画像，b：ガドリニウム増強T1W画像。

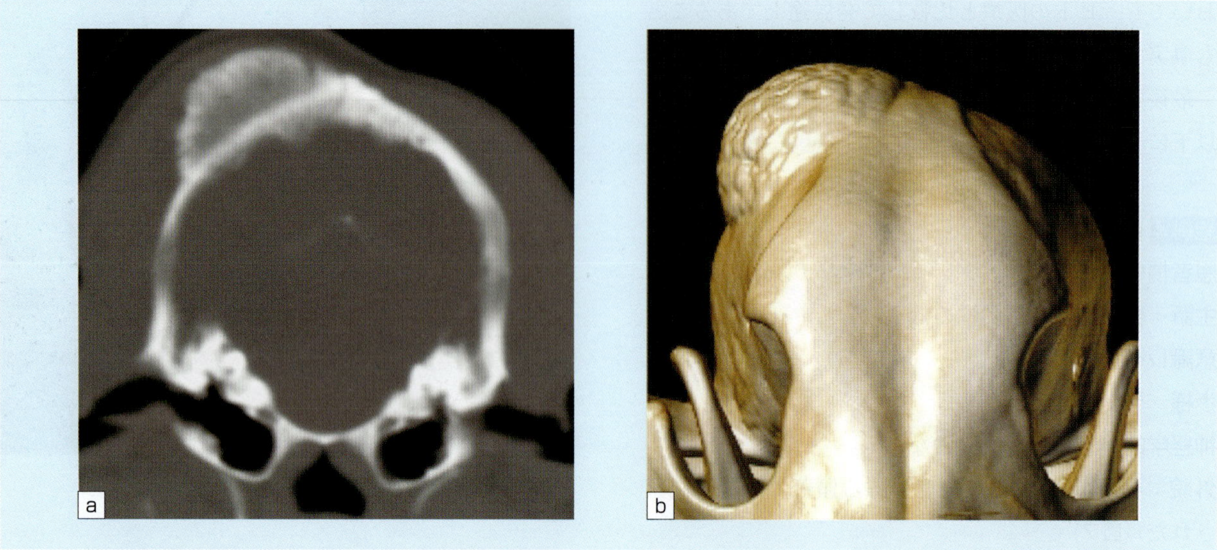

図 9　症例 4，CT 所見
a：bone WL，b：3D-CT。

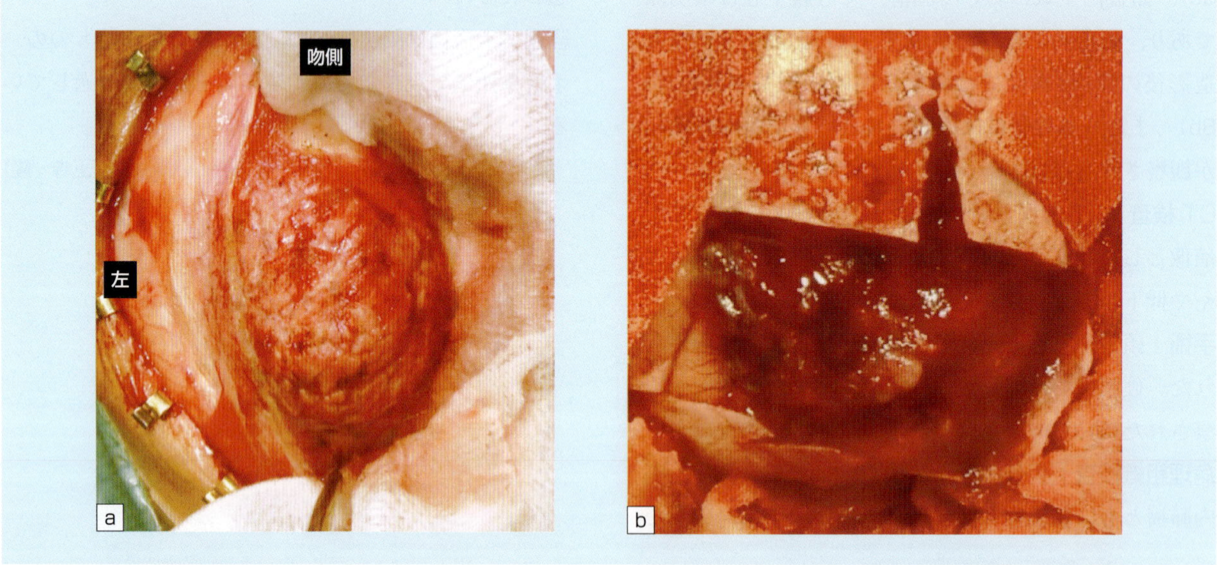

図 10　症例 4，手術所見
a：頭蓋骨外観，b：硬膜切開所見。

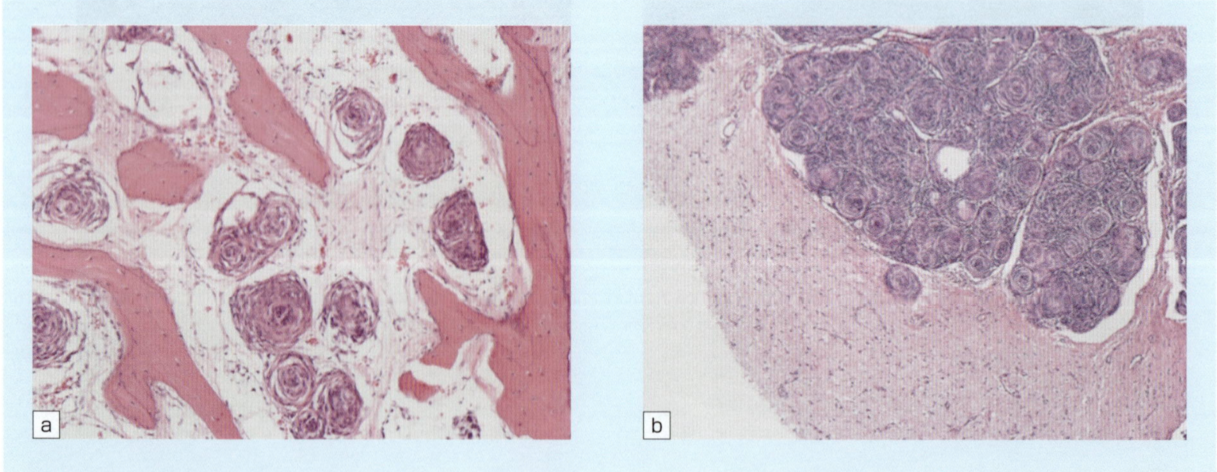

図 11　症例 4，病理組織所見
a：頭蓋骨腫瘤，b：脳内腫瘤。

■参考文献

1) Adamo PF, Cantile C, Steinberg H. Evaluation of progesterone and estrogen receptor expression in 15 meningiomas of dogs and cats. *Am J Vet Res.* 64(10): 1310-1318, 2003.

2) Axlund TW, McGlasson ML, Smith AN. Surgery alone or in combination with radiation therapy for treatment of intracranial meningiomas in dogs: 31 cases(1989-2002). *J Am Vet Med Assoc.* 221(11): 1597-1600, 2002.

3) Forterre F, Fritsch G, Kaiser S, et al. Surgical approach for tentorial meningiomas in cats: a review of six cases. *J Feline Med Surg.* 8(4): 227-233, 2006.

4) Gallagher JG, Berg J, Knowles KE, et al. Prognosis after surgical excision of cerebral meningiomas in cats: 17 cases. (1986-1992). *J Am Vet Med Assoc.* 203(10): 1437-1440, 1993.

5) Greco JJ, Aiken SA, Berg JM, et al. Evaluation of intracranial meningioma resection with a surgical aspirator in dogs: 17 cases(1996-2004). *J Am Vet Med Assoc.* 229(3): 394-400, 2006.

6) Graham JP, Newell SM, Voges AK, et al. The dural tail sign in the diagnosis of meningiomas. *Vet Radiol Ultrasound.* 39 (4): 297-302, 1998.

7) Hasegawa D, Kobayashi M, Fujita M, et al. A meningioma with hyperintensity on T1-weighted images in a dog. *J Vet Med Sci.* 70(6): 615-617, 2008.

8) Jung DI, Kim HJ, Park C, et al. Long-term chemotherapy with lomustine of intracranial meningioma occurring in a miniature schnauzer. *J Vet Med Sci.* 68(4): 383-386, 2006.

9) Kitagawa M, Kanayama K, Sakai T. Cerebellopontine angle meningioma expanding into the sella turcica in a dog. *J Vet Med Sci.* 66(1): 91-93, 2004.

10) Kitagawa M, Kanayama K, Sakai T. Cystic meningioma in a dog. *J Small Anim Pract.* 43(6): 272-274, 2002.

11) Koestner A, Bilzer T, Fatzer R, et al. Histological classification of tumors of the nervous system of domestic animals, 2nd ed. The armed forces institution of pathology. Washington, D. C. US. 1999.

12) Kubota T, Takeuchi H. Pathology of Meningeal tumor. *Jpn J Neurosurg.* 14(12): 761-771, 2005.

13) Petersen SA, Sturges BK, Dickinson PJ, et al. Canine intraspinal meningiomas: imaging features, histopathologic classification, and long-term outcome in 34 dogs. *J Vet Intern Med.* 22(4): 946-953, 2008.

14) Polizopoulou ZS, Koutinas AF, Souftas VD, et al. Diagnostic correlation of CT-MRI and histopathology in 10 dogs with brain neoplasms. *J Vet Med A Physiol Pathol Clin Med.* 51 (5): 226-231, 2004.

15) Sioka C, Kyritsis AP. Chemotherapy, hormonal therapy, and immunotherapy for recurrent meningiomas. *J Neurooncol.* 92(1): 1-6, 2008.

16) Snyder JM, Shofer FS, Van Winkle TJ, et al. Canine intracranial primary neoplasia: 173 cases(1986-2003). *J Vet Intern Med.* 20(3): 669-675, 2006.

17) Sturges BK, Dickinson PJ, Bollen AW, et al. Magnetic resonance imaging and histological classification of intracranial meningiomas in 112 dogs. *J Vet Intern Med.* 22(3): 586-595, 2008.

18) Suzuki M, Nakayama H, Ohtsuka R, et al. Cerebellar myxoid type meningioma in a Shih Tzu dog. *J Vet Med Sci.* 64 (2): 155-157, 2002.

19) Tamura S, Tamura Y, Ohoka A, et al. A canine case of skull base meningioma treated with hydroxyurea. *J Vet Med Sci.* 69(12): 1313-1315, 2007.

20) Troxel MT, Vite CH, Massicotte C, et al. Magnetic resonance imaging features of feline intracranial neoplasia: retrospective analysis of 46 cats. *J Vet Intern Med.* 18(2): 176-189, 2004.

21) 大西丘倫. 円蓋部髄膜腫摘出術. In：河瀬文武監修. 脳神経外科専門医をめざすための経験すべき手術 44. メジカルビュー社. 東京. 2007, pp160-164.

22) 窪田惺. 脳神経外科ビジュアルノート, 第 3 版. 金原出版. 東京. 2003, pp133-142.

N

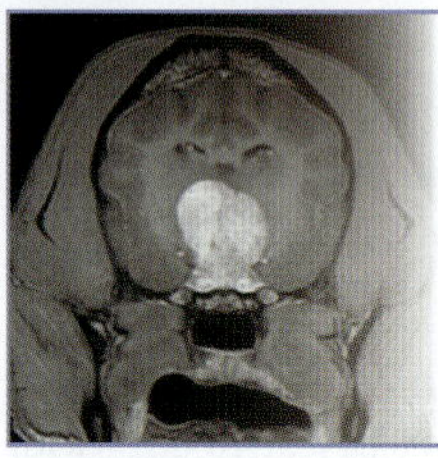

13. 下垂体腫瘍

はじめに

近年，小動物臨床分野においてCTやMRIといった高度画像診断装置が導入され，下垂体の形態を詳細に評価することが可能となり，下垂体腫瘍に遭遇する機会が増加している。小動物臨床において臨床的に診断される機会の多い下垂体腫瘍としては，**ACTH産生腺腫 corticotroph adenoma** が挙げられる。ヒトと同様に，ACTH産生腺腫は二次的に高コルチゾール血症を引き起こし，外貌上も特徴的な腫瘍随伴症候群（クッシング症候群）を誘発する。本症は，"クッシング病 Cushing's disease"あるいは"下垂体依存性副腎皮質機能亢進症 pituitary dependent hyperadrenocorticism（PDH）"とも呼ばれる。

1．疫学

下垂体腫瘍（ACTH産生腺腫以外のホルモン産生腺腺腫や非機能性腺腫も含む）は，ヒトにおいて原発性脳腫瘍の約18%を占め，髄膜腫，神経膠腫に次いで多い脳腫瘍とされている[22]。犬における脳腫瘍の発生は全腫瘍の約14.5%と，ヒトと比較してかなり多い一方，髄膜腫および神経膠腫の発生頻度がヒトと同様に最も高いとされている[27, 33]。また，犬の原発性脳腫瘍に占める下垂体腫瘍の割合に関する詳細な報告は存在しないものの，その発生頻度は比較的高いことが示唆されている[27]。猫においては，下垂体腫瘍は脳腫瘍の9%程度を占めると報告されている[55]。

犬において発生が多いACTH産生腺腫に起因した**下垂体依存性副腎皮質機能亢進症**は高齢期に発生し，その75%以上は9歳以上である。さらに，PDH罹患犬の55～60%が雌であり，小型犬種に多く発生すると報告されている[11]。

2．下垂体腫瘍の分類

従来，下垂体腫瘍は直径10 mm未満の**微小腺腫 microadenoma** と直径10 mm以上の**巨大腺腫 macroadenoma** とに分類され，微小腺腫の発生頻度が高い（80～90%）ことが知られている[6, 27]。また，犬における巨大腺腫の約10%は非機能性下垂体腫瘍であったと報告されている[11]。しかし，この微小腺腫および巨大腺腫といった分類はヒトの基準を犬に適用したものであり，犬種によって体格が大きく異なる犬では下垂体腫瘍サイズを評価するうえで客観性に問題があった。

1997年にKooistraらによって，犬の体格差にとらわれることなく客観的に下垂体サイズを評価する指標として**下垂体高／脳断面積比 pituitary height / brain area ratio（P/B ratio）**が提唱され，現在では犬の下垂体サイズを評価する指標として一般的に使用されている[26]。P/B ratioは，トルコ鞍外に伸展している腫瘍（下垂体腫大），およびトルコ鞍内にとどまっている腫瘍（下垂体非腫大）とを，P/B ratioをもって判定するよう策定されているもので，P/B ratio 0.31以上をもって下垂体に腫大があると判断する。この基準により犬では約60%の下垂体腫瘍が下垂体腫大を伴うと報告されている[26]。本来，ヒトにおいて微小腺腫はトルコ鞍内の下垂体腫瘍であり，巨大腺腫はトルコ鞍外まで伸展するほど成長した下垂体腫瘍とされている。すなわち，犬におけるP/B ratioによる下垂体腫大有無の判定は，ヒトにおける微小腺腫および巨大腺腫の判別基準と同様の意義をもつと考えられている。

病態生理

下垂体は頭蓋内に存在する内分泌中枢であり，多種多様なホルモンを産生している。ヒトの下垂体腺腫は，ホルモン分泌が顕著でない非機能性腺腫 non-functional adenoma が約30～45%を占め[9, 38]，ホルモン分泌が顕著な機能性腺腫 functional adenoma には，下垂体前葉ホルモンである成長ホルモン growth hormone(GH)，プロラクチン prolactin(PRL)，副腎皮質刺激ホルモン adrenocorticotropic hormone(ACTH)，甲状腺刺激ホルモン thyroid stimulating hormone (TSH)，および性腺刺激ホルモン gonadotropin(卵胞刺激ホルモン follicle stimulating hormone〔FSH〕，および黄体形成ホルモン luteinizing hormone〔LH〕)の，各ホルモン産生腺腫や，これらのホルモン産生腫瘍が併発する混合分泌腺腫が知られている。犬では末端肥大症を呈したGH産生腺腫の報告が1例あるのみで[12]，機能性下垂体腺腫のほとんどがACTH産生腺腫で，クッシング症候群の主要な原因となっている。小動物臨床分野においてクッシング症候群は主要な内分泌疾患の1つと認識されており，犬における発病率は約0.1%と報告されている[11]。犬の自然発生性クッシング症候群の原因は，その約80～85%が下垂体ACTH産生腺腫に起因するPDHであり(クッシング病)，残りの15～20%は片側性もしくは両側性のコルチゾール産生副腎腫瘍が原因である[11]。また，猫におけるクッシング症候群の発病率に関する詳細な報告は存在しないものの，ごくまれと思われる。猫におけるACTH産生腺腫の発生頻度は明らかとなっていないが，犬同様GH産生腺腫の発生も知られている[14]。

解剖学的に犬および猫の下垂体組織は，下垂体前葉，中葉および後葉の明瞭な3葉構造で構成され，犬の下垂体ACTH産生腺腫の発生は下垂体前葉もしくは中葉に由来する[16, 47]。犬の下垂体ACTH産生腺腫の約70%が下垂体前葉のcorticotroph由来であり，約30%が下垂体中葉A細胞もしくはB細胞由来である[15, 40]。また，犬において下垂体腫瘍の多くは良性であり，腺癌の発生は5%程度である[11]。

臨床症状と神経学的検査所見

通常，犬の下垂体腫瘍に伴う初期症状は，腫瘍化した細胞が分泌するホルモンに依存する。小動物において一般的な下垂体ACTH産生腺腫では，過剰なACTH分泌によって両側副腎皮質の過形成とそれに起因する高コルチゾール血症が引き起こされる。これにより，多飲多尿，多食，腹部膨満および脱毛などの臨床症状が発現する。これらの臨床症状のうち，多飲多尿は副腎皮質機能亢進症 hyperadrenocorticism (HAC)における一般的な症状であり，コルチゾールが腎糸球体濾過量を増大させるとともに，下垂体後葉から分泌されるアルギニンバソプレシンに腎尿細管で拮抗することに起因すると考えられている。多食は猫ではまれであるが，HAC罹患犬において一般的である。しかし，巨大な下垂体腫瘍を伴う症例では，視床下部の圧迫に伴い食欲が低下もしくは消失する。太鼓腹もしくはポットベリーと称される腹部膨満は，コルチゾールによる腹腔内脂肪の増加，肝腫大およびコルチゾールのタンパク異化作用に伴う腹部筋力の低下が原因である。また，筋力の低下に伴い易疲労性，跛行などの症状も引き起こされる。左右対称性の脱毛は猫においても認められるが，犬でより一般的であり，膿皮症や毛包虫症などが続発していない限り，通常掻痒はみられない。さらには，皮膚の菲薄化，創傷治癒の遅延，易感染性は犬および猫において典型的である。また，免疫系の抑制に伴い，膿皮症および毛包虫症が併発する。

一方，高コルチゾール血症はインスリン抵抗性を引き起こし，HAC罹患動物では糖尿病が併発しやすい[21]。他にも，HAC罹患犬において凝固因子の著しい増加が知られており，肺の血栓塞栓症を併発することがある[11, 51]。また，原因は明らかとはなっていないものの，筋硬直症(偽ミオトニア)が併発することも知られている(クッシング性ミオパチー)[11]。

下垂体は頭蓋内に存在するため，腫瘍の成長に伴い視床下部など周辺神経組織への圧排および侵襲といった頭蓋内占拠性病変としての性質を帯び，神経症状が引き起こされる。初期症状として鈍化，無関心，食欲の低下が挙げられ，これらの症状は食欲不振，刺激に対する反応の遅延，性格の変化，方向感覚の喪失などへと進行する。さらに巨大な下垂体腫瘍を伴う症例では，運動失調，四肢不全麻痺，徘徊などの神経症状が発現する。また，HAC罹患犬において顔面神経麻痺がみられる場合があるが，これは高コルチゾール血症に起因し，下垂体腫瘍の大きさとは無関係である。さらに，まれではあるものの，眼振，旋回運動，頭部の押し付け行動 head pressing，失明，発作，昏睡などが認められることがある。しかしながら，下垂体腫瘍特有の神経症状は存在せず，他の疾患との鑑別が必要である。

診断

頭蓋内に発生する下垂体腫瘍の診断には，MRIもしくはCTなどの断層画像検査が必要である。また，HACを伴う症例が多いため，内分泌学的検査および腹部超音波検査なども診断には有用となる。

1．内分泌学的検査

(1) ACTH 刺激試験

PDH では過剰かつ慢性的な ACTH 刺激により副腎皮質の二次的過形成が引き起こされる。副腎皮質過形成に伴い，コルチゾールの合成および分泌能が亢進する。ACTH 刺激試験では，合成 ACTH 製剤（0.25 mg/head）を静脈内投与もしくは筋肉内投与し，投与前および投与後 1 ～ 2 時間の血中コルチゾール濃度を測定する。参考範囲は各検査機関により多少の違いは認められるものの，刺激前コルチゾール濃度は 0.5 ～ 6.0 μg/dL，刺激後コルチゾール濃度は 6.0 ～ 17.0 μg/dL である。刺激後コルチゾールが 22 μg/dL 以上のものは HAC と診断するが，17 ～ 22 μg/dL の場合には HAC および偽陽性とを判別することは困難である。刺激前および刺激後コルチゾール濃度の比や変化率は有益な指標とはなり得ない。また，PDH 罹患犬において刺激後コルチゾール濃度が 22 μg/dL 以上を示す症例は 30%，17 ～ 22 μg/dL の症例が 30%，参考範囲内の症例が 40% 程度とされている。したがって，ACTH 刺激試験は非常に簡便に実施でき，診断後に内科治療を実施する際の指標とはなるものの，PDH の診断において感度が高いとはいえない。また，他の疾患に伴うストレスによってコルチゾール分泌能が亢進する可能性があり，HAC に罹患していない動物において偽陽性の結果が生じることがある。

(2) 低用量デキサメタゾン抑制試験

下垂体から分泌される ACTH は，副腎皮質におけるグルココルチコイドの合成および分泌を刺激し，血中コルチゾール濃度を上昇させる。コルチゾールはネガティブフィードバックを介し，下垂体からの ACTH 分泌を抑制することで血中コルチゾール濃度を生理的範囲内に維持している。下垂体 ACTH 産生腺腫はコルチゾールによるネガティブフィードバックに対する抵抗性をもち，低用量のデキサメタゾン投与では ACTH 分泌が抑制されないため，血中コルチゾール濃度も結果的に抑制されない。

低用量デキサメタゾン抑制試験では，デキサメタゾン（0.01 mg/kg）を静脈内投与し，投与前，投与後 4 時間および投与後 8 時間の血中コルチゾール濃度を測定する。健常犬では投与後 8 時間の血中コルチゾール濃度は 1.0 μg/dL 以下であり，HAC 罹患犬では，投与後 8 時間の血中コルチゾール濃度は 1.4 μg/dL 以上である。投与後 8 時間の血中コルチゾール濃度が 1.0 ～ 1.4 μg/dL の場合には，HAC とは診断できない。ただし，投与後 4 時間および，8 時間の血中コルチゾール濃度が投与前値の 50% 以上の値の場合には，HAC の可能性が考えられる。

また，投与後 4 時間のコルチゾール濃度が 1.4 μg/dL 未満もしくは投与前値の 50% 未満でかつ，8 時間後のコルチゾール濃度が 1.4 μg/dL 以上，もしくは投与前値の 50% 以上の場合には，副腎性ではなく，下垂体依存性 HAC である可能性が高い。

(3) 高用量デキサメタゾン抑制試験

下垂体 ACTH 産生腺腫は，内因性コルチゾールによるネガティブフィードバックに対し抵抗性を示すが，高用量のグルココルチコイド投与により ACTH 分泌が抑制される。一方，副腎皮質腫瘍はネガティブフィードバック機構とは無関係かつ自律的にコルチゾールを分泌するため，高用量のデキサメタゾンを用いて下垂体依存性および副腎性副腎皮質機能亢進症を鑑別することが可能である。高用量デキサメタゾン抑制試験では，デキサメタゾン（0.1 mg/kg）を静脈内投与し，投与前，投与後 4 時間および 8 時間の血中コルチゾール濃度を測定する。デキサメタゾン投与後 4 時間もしくは 8 時間のコルチゾール濃度が基準値の 50% 以下，または 1.4 μg/dL 未満の場合には PDH と診断できる。しかし，PDH 罹患犬の約 25% では高用量デキサメタゾン投与によりコルチゾール分泌が抑制されないため，注意が必要である。

2．腹部超音波検査

PDH では過剰な ACTH 刺激により，副腎皮質過形成が引き起こされる。そのため，副腎の大きさを検査することで診断の一助となる。健常犬の副腎厚は通常 7.5 mm 以下であり，左右側ともに副腎の厚みが 7.5 mm を超える場合には PDH の診断と一致する。片側の副腎のみが 7.5 mm を超えて腫大している，もしくは形態的に著しい変化が生じている場合には，副腎腫瘍である可能性が高い。しかし，まれに両側副腎に腫瘍が発生している例が存在するため，腹部超音波検査のみで判断してはならない。

3．内因性 ACTH 濃度

PDH では過剰な ACTH 分泌により，高コルチゾー

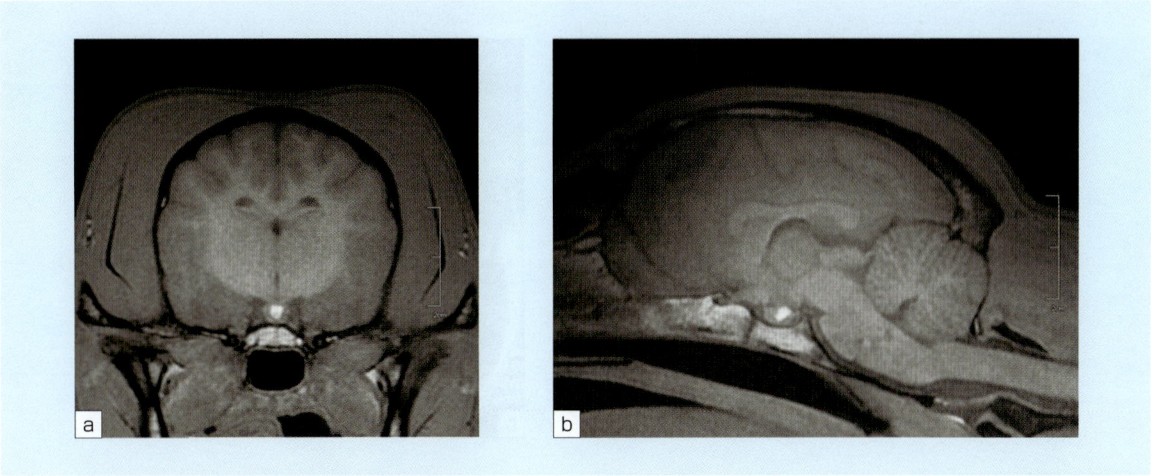

図1　下垂体腫瘍の頭部 MRI（T1 強調〔T1W〕画像）
a：横断像（間脳レベル），b：矢状断像（正中）。

ル血症が引き起こされるため，内因性血漿 ACTH 濃度の測定はその原因を探るうえで重要である。しかし，多くの場合，検査結果が基準範囲内であるため，HAC の診断において有用ではない。ただ, HAC とすでに診断がされているのであれば，下垂体依存性もしくは副腎性かを鑑別するうえで重要な手がかりとなる。

内因性 ACTH 濃度が 45 pg/mL 以上の場合には PDH と診断できる。実際に PDH 罹患犬の 85% 程度は ACTH 濃度が 45 pg/mL を超えるが，PDH 罹患犬の 15% は 10 ～ 45 pg/mL であるため，ACTH 濃度が 45 pg/mL 以下であっても PDH を否定することはできない。しかし，PDH では ACTH 濃度が 10 pg/mL 未満であることはまれであり，その場合には副腎性と考えるべきである。

4．頭部画像検査

(1) CT 検査

下垂体の CT 検査は非イオン性ヨード造影剤を用いて実施される。下垂体には血液脳関門が存在しないため，明瞭な増強効果が認められ，CT によりその大きさを確認することが可能である。造影直後には下垂体中心部にある後葉のコントラストが増強され（pituitary flush），その後増強部位は辺縁へと移動する[56]。下垂体の大きさは犬種によって大きく異なるため，下垂体高の実測値ではなく，P/B ratio を用いて判定する。P/B ratio は下垂体高が最大となる横断像を用いて，下垂体高（mm）を脳断面積（mm^2）で除し，100 倍することで算出する。

$$\text{P/B ratio} = \frac{\text{下垂体高 Pituitary height (mm)}}{\text{脳断面積 Brain area (mm}^2\text{)}} \times 100$$

しかし，PDH 罹患犬の 40% 程度は下垂体サイズに影響を及ぼさないほど微小な腺腫であり，CT では描出されないことがある。PDH 罹患犬において，本来中心部に円（球）状に描出される下垂体後葉の変位や変形は，腺腫の存在を示唆する[56]。

(2) MRI 検査

MRI は，脳実質や周囲血管などとの関係性を確認するうえで CT よりも優れているため，下垂体腫瘍の診断には MRI が推奨される。下垂体前葉は T1 強調（T1W）画像において大脳灰白質と等信号に，下垂体後葉は高信号に描出される（図1）。また，腫瘍は通常周囲の下垂体正常組織と比較して低信号に描出されるため，比較的容易に区別が可能である。しかし，巨大な腫瘍においては必ずしも低信号に描出されるわけではない。さらに，CT 同様，MRI においても下垂体後葉の変位や変形は腺腫の存在を示唆する[47]（図2）。T2 強調（T2W）画像においては，下垂体前葉，後葉ともに等信号に描出される（図3）。下垂体前葉および後葉は，ガドリニウム系造影剤による T1W 画像で明瞭な増強効果が得られるが，腺腫は正常組織と比較して造影効果が弱く，正常下垂体と比較して低信号に描出される（図4）。しかし，非ガドリニウム増強 T1W 画像同様に，巨大な腺腫ではこの限りでなく，腫瘍全体のコントラストが増強される。

下垂体サイズの測定にはガドリニウム増強 T1W 画

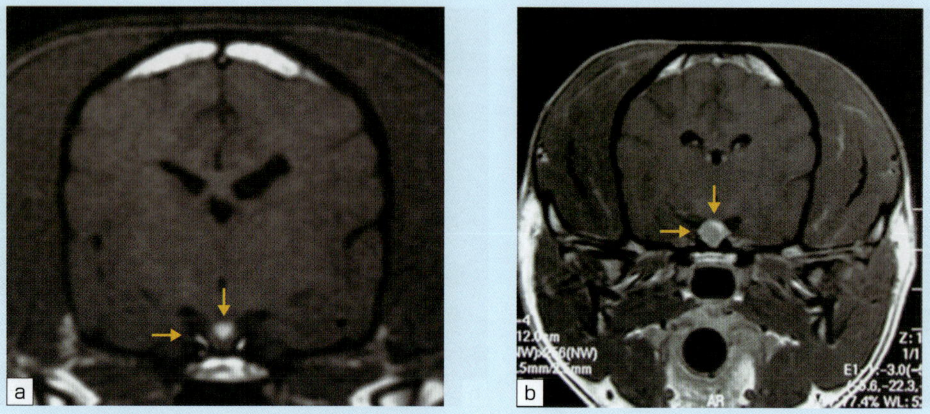

図2　頭部 MRI(T1W 画像)，健常犬(a)とクッシング病罹患犬(b)の比較

a：正常犬では，下垂体後葉は T1 強調画像上で高信号を呈し，横断像においては，下垂体の中央部に存在している。
b：クッシング病罹患犬においては，下垂体前葉または中葉内に発生した腫瘍の成長に伴い，下垂体後葉が偏位する。

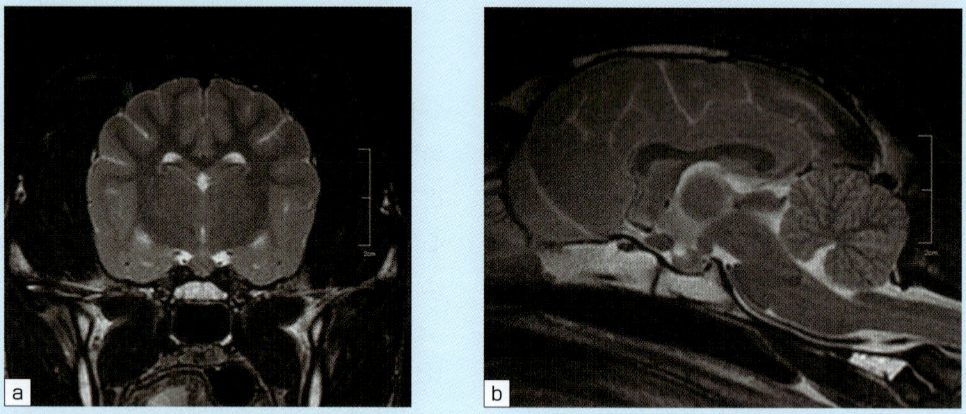

図3　下垂体腫瘍の頭部 MRI（T2 強調〔T2W〕画像）

a：横断像（間脳レベル），b：矢状断像（正中）。

像横断像を用い，下垂体高が最大となる画像において P/B ratio を算出する(図5)。

以下に，様々な大きさの下垂体腫瘍 MR 画像を示す(図6～図8)。

治療

現在，PDH に対する治療法として，保存療法，外科療法，および放射線療法が実施されている。人医学分野では経蝶形骨下垂体切除術による腺腫組織の摘出が治療法の第 1 選択であり，最も有効な治療手段として認識され[2, 3, 16, 20, 46]，腫瘍の周囲への組織浸潤が著しい場合や腫瘍の再発に対する治療には，放射線療法が適用されている[28, 57]。

一方，小動物臨床分野において，PDH は内分泌疾患として捉えられ，薬物投与を中心とした治療が主に行われているが，本疾患の根治を主眼とした場合，本疾患の原因が頭蓋内に発生した脳腫瘍であることを考慮する必要がある。したがって，腫瘍サイズは治療方法を選択するうえで非常に重要となる。

1．保存療法

犬の PDH に対する保存療法には，副腎毒性を示す **op'-DDD(ミトタン)**や，3β-hydroxysteroid dehydrogenase 阻害剤である**トリロスタン**といった薬剤が用いられている。近年では副作用の発現が他の薬剤と比較して少ないことから，トリロスタンによる治療を適用される症例が増加している。これらの薬剤は，本疾患の原因である下垂体 ACTH 産生腺腫に対する効果はなく，それぞれの薬理作用は異なるものの，副腎皮

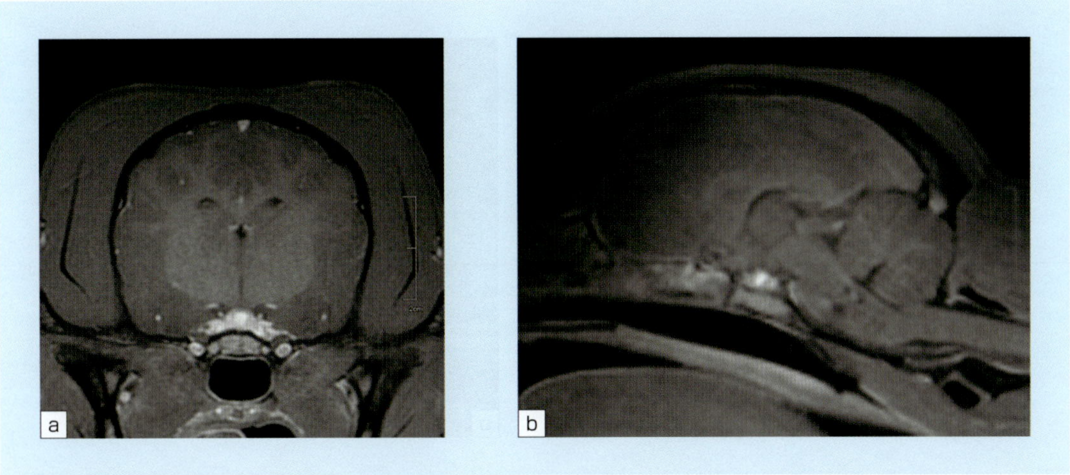

図 4　下垂体腫瘍の頭部 MRI（ガドリニウム増強 T1W 画像）

a：横断像（間脳レベル），b：矢状断面（正中）。

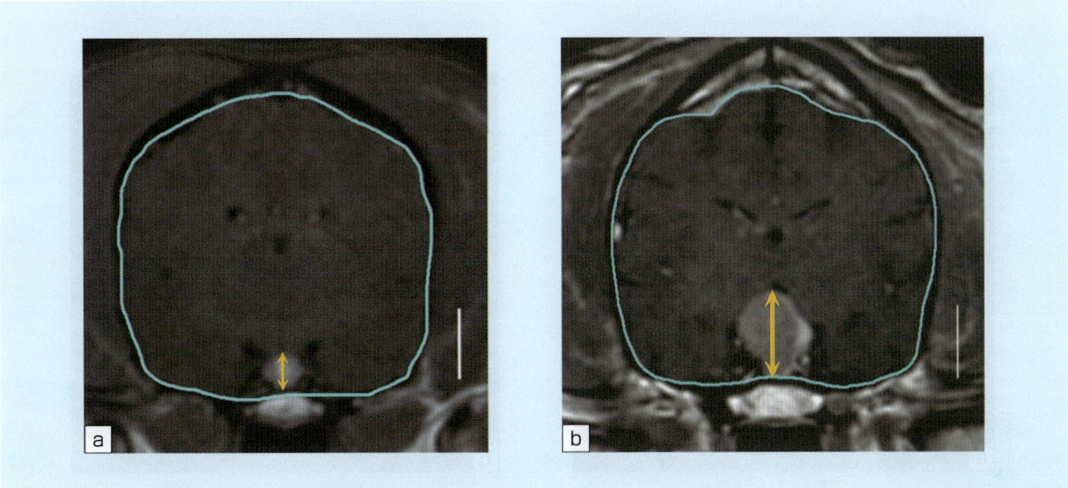

図 5　P/B ratio の算出

a：健常犬。脳断面積：1608 mm^2，下垂体高：4.7 mm，P/B ratio：0.292。
b：クッシング病罹患犬：脳断面積：1650 mm^2，下垂体高：11.4 mm，P/B ratio：0.691。

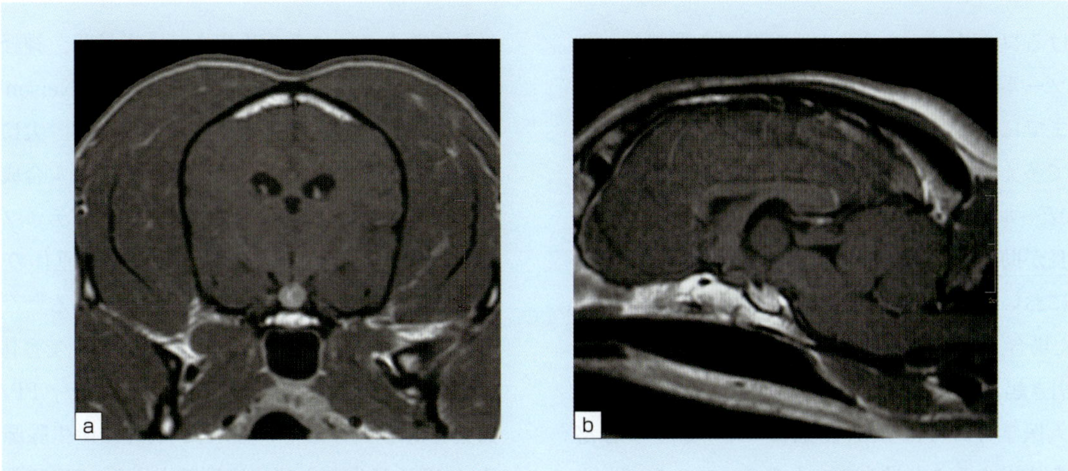

図 6　下垂体腫瘍 MRI（ビーグル，8 歳，雄）

a：ガドリニウム増強 T1W 画像横断像。下垂体内に正常組織と比較して造影効果の弱い腫瘤領域が認められる。この腫瘤により高信号に描出されている下垂体後葉が三日月状に変形している。本症例は下垂体高 5 mm，P/B ratio 0.308 と，下垂体腫大を伴わない下垂体腫瘍であった。
b：ガドリニウム増強 T1W 画像矢状断像。下垂体がトルコ鞍内にとどまっていることが確認できる。

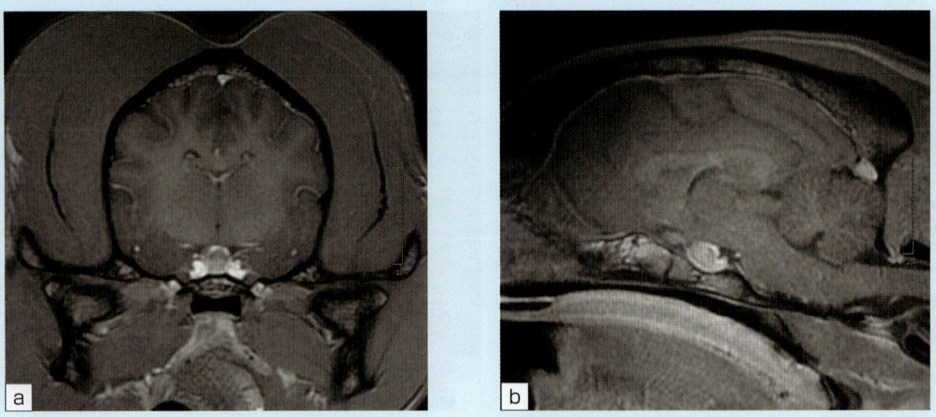

図7　下垂体腫瘍 MRI（雑種，10歳，雌）

a：ガドリニウム増強 T1W 画像横断像。下垂体背側部に造影効果の弱い腫瘤領域が認められる。下垂体後葉は背側に押し上げられている。本症例は下垂体高 6 mm，P/B ratio 0.371 と，下垂体腫大を伴う下垂体腫瘍である。
b：ガドリニウム増強 T1W 画像矢状断像。下垂体がトルコ鞍外に伸展していることが確認できる。

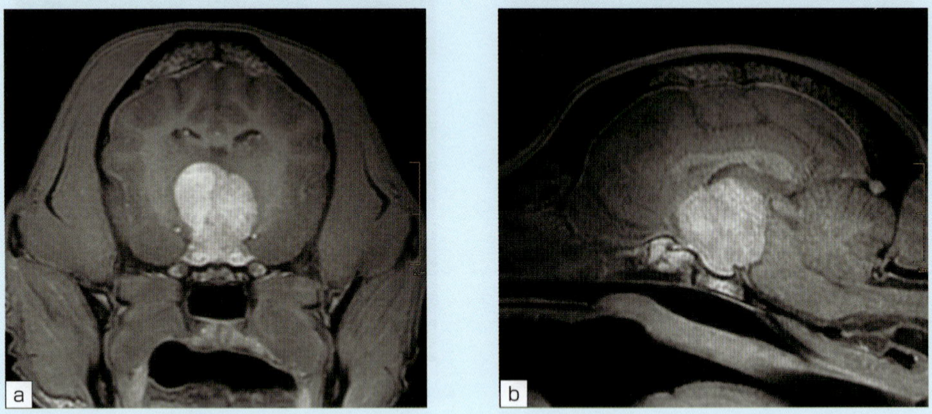

図8　下垂体腫瘍 MRI（雑種，5歳，雌）

ガドリニウム増強 T1W 画像横断像（a）。脳底部から第三脳室内に造影剤により不均一な増強効果を示す巨大な腫瘤が認められる。下垂体後葉は確認できない。腫瘤は第三脳室内に侵入し，視床下部を圧排し，さらに視床間橋にまで達しているのがガドリニウム増強 T1W 画像矢状断像（b）からも確認できる。本症例の下垂体高は 20 mm，P/B ratio は 1.34 である。

質におけるコルチゾール産生および分泌を抑制し，高コルチゾール血症を緩和することがその目的である。

これまでに，内科治療の有用性およびその治療効果について多くの報告がなされているが[1, 4, 7, 34, 42, 43]，コルチゾール分泌抑制によって下垂体 ACTH 産生腺腫の成長が助長される危険性が指摘されている。人医学分野においては，PDH 患者に対し両側副腎切除術を実施した場合，下垂体腺腫の成長が助長され，**Nelson 症候群**を引き起こすことが認識されている[5, 23, 24, 35, 36, 39, 53, 54]。また，人医学分野では PDH 治療にコルチゾール分泌阻害薬を使用することは少ないものの，コルチゾール分泌阻害薬投与の結果，下垂体腺腫の成長が助長される現象を chemical Nelson 症候群と表現している報告もある[49]。小動物臨床分野においても，PDH 罹患犬に対してミトタンによる治療を行った結果，神経症状の発現および悪化が認められた報告では，Nelson 症候群発症の危険性が示唆されている[11, 37, 41, 44]。犬においても，ACTH 産生腺腫に対するコルチゾール合成阻害薬を使用した治療は，下垂体に対するネガティブフィードバックを減弱せしめることにより，下垂体の ACTH 産生腺腫の機能を賦活化する危険性がある[48, 50]。

近年，ペルオキシソーム増殖剤応答性受容体γ peroxisome proliferation-activated receptor γ（PPARγ）作動薬であるレチノイン酸が犬 ACTH 産生腺腫における ACTH 産生および分泌抑制を示し，PDH 治療に有効であると報告されている[8]。しかしながら，レチノイン酸に関する報告は限られており，その効果も限定的である。

2. 外科療法

人医学分野では，**経蝶形骨下垂体切除術 transsphenoidal hypophysectomy** を用いた腫瘍組織の摘出が治療法の第 1 選択であり，小動物臨床分野においても，経蝶形骨下垂体切除術が PDH に対する有効な治療手段であることが報告されている[30, 31]。現在では，クッシング病罹患犬に対する経蝶形骨下垂体切除術は，寛解率および術後生存期間の双方において保存療法よりも優れた治療法であると認識されている[17, 30]。しかし，経蝶形骨下垂体切除術の技術的難度や複雑な術後管理の必要性から，本治療法を実施している施設は限られている。

経蝶形骨下垂体切除術では，口腔内から脳底部にアプローチを実施するため，術野が制限され，腫瘍サイズが小さいものほど術後成績が良い[17]。実際に，下垂体腫瘍サイズの指標である P/B ratio は術後の予後に影響することが知られている[17]。手術適応となる下垂体腫瘍のサイズについて厳密な基準は設けられていないものの，術後成績などから下垂体高は 12 mm 以下とする報告が存在する[32]。さらに，巨大な下垂体腫瘍において，下垂体背側に存在する Willis 動脈輪などの重要血管を巻き込んでいる際には手術適応外となる。

小動物では下垂体全切除を実施するため，術後一過性に下垂体後葉から分泌される抗利尿ホルモンが不足し，**中枢性尿崩症**が必発する。通常，術後 1 ～ 2 週間程度，バソプレシンの補充が必要である[18]。しかし，巨大な下垂体腫瘍によって抗利尿ホルモンを合成する視床下部組織が障害されている場合には，永続的なバソプレシン補充が必要となる例も存在する。また，下垂体全切除に伴い下垂体機能が低下するため，コルチコステロイド(プレドニゾロン 0.2 mg/kg/day)および甲状腺ホルモン(チロキシン 0.02 ～ 0.04 mg/kg/day)の補充が生涯にわたって必要となる。

3. 放射線療法

人医学分野では経蝶形骨下垂体切除術が治療法の第 1 選択だが，腫瘍の周囲への組織浸潤が著しい場合や腫瘍の再発に対する治療には放射線療法が適用されている[28, 57]。小動物における報告は限られた症例数ではあるものの，メガボルテージを用いた放射線療法では，下垂体腫瘍の縮小が期待できるとされている[10, 13, 25, 52]。しかし，放射線療法単独では下垂体腫瘍の機能的な問題である高コルチゾール血症を速やかに管理することは難しく，保存療法の併用が必要である。

予後

犬の下垂体腫瘍の予後は腫瘍の大きさおよび神経症状の有無に影響される。特に重度の神経症状を伴う場合には，予後が非常に悪い。また，治療法によっても大きく予後が左右され，保存療法における中央生存期間は報告によって異なるものの 21.7 ～ 29.6 カ月である[1, 4, 7, 34, 42, 43]。一方，外科的切除を施された症例における術後生存率は，術後 1 年で 86 ～ 92%，術後 2 年で 81 ～ 83%，術後 3 年で 80 ～ 81%，術後 4 年では 79 ～ 81% である[17, 19]。また，放射線療法単独における中央生存期間は 11.7 ～ 24.8 カ月と報告されている[10, 13, 25, 52]。ただし，これらの報告は，保存療法および外科療法の対象が PDH であるのに対し，放射線療法の対象には PDH および非機能性下垂体腫瘍が含まれていることに注意が必要である。また，放射線療法に関する報告では，比較的サイズの大きな下垂体腫瘍を伴う症例が多いことにも留意しなければならない。

猫の下垂体腫瘍では，外科療法や放射線療法に関する報告があるが[29, 32, 45]，非常に少数例であり，その予後は不明な点が多い。その中で，放射線療法単独での治療による中央生存期間は 15 ～ 25 カ月と報告されている[29, 45]。

以下に，筆者らが経験した症例について紹介する。

症例 1

患者情報：ウエスト・ハイランド・ホワイト・テリア，11 歳，雌

主訴：多飲多尿，腹部膨満，脱毛，運動不耐性

検査所見：ACTH 刺激試験では，刺激前コルチゾール濃度 4.8 μg/dL，刺激後コルチゾール濃度 41.1 μg/dL と高値を示し，腹部超音波検査では両側性の副腎肥大が確認された。神経学的な異常は認められなかった。頭部 MRI では下垂体高 10.2 mm，P/B ratio 0.62 と，腫大を伴う下垂体腫瘍が確認された(図 9a)。

治療・経過：経蝶形骨下垂体切除術を実施し，術後下垂体組織の残存がないことを確認した(図 9b)。切除された腫瘍組織は，病理組織学的検査により ACTH 産生腺腫と診断された(図 10)。術後は HAC の改善および内分泌学的検査結果が正常化し，定期検査においても臨床症状の再発は認められなかった。本症例は，術後 4 年 5 カ月生存した。

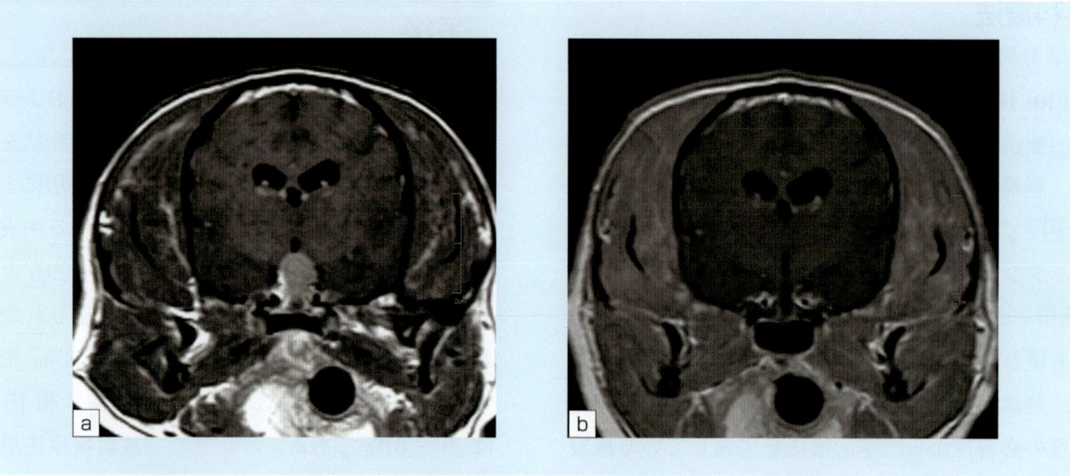

図 9　症例 1，術前および術後のガドリニウム増強 T1W 画像横断像

術前画像では下垂体高 10.2 mm，P/B ratio 0.62 と，腫大を伴う下垂体腫瘍が認められるが（a），術後の画像では下垂体腫瘍組織の残存は認められない（b）。

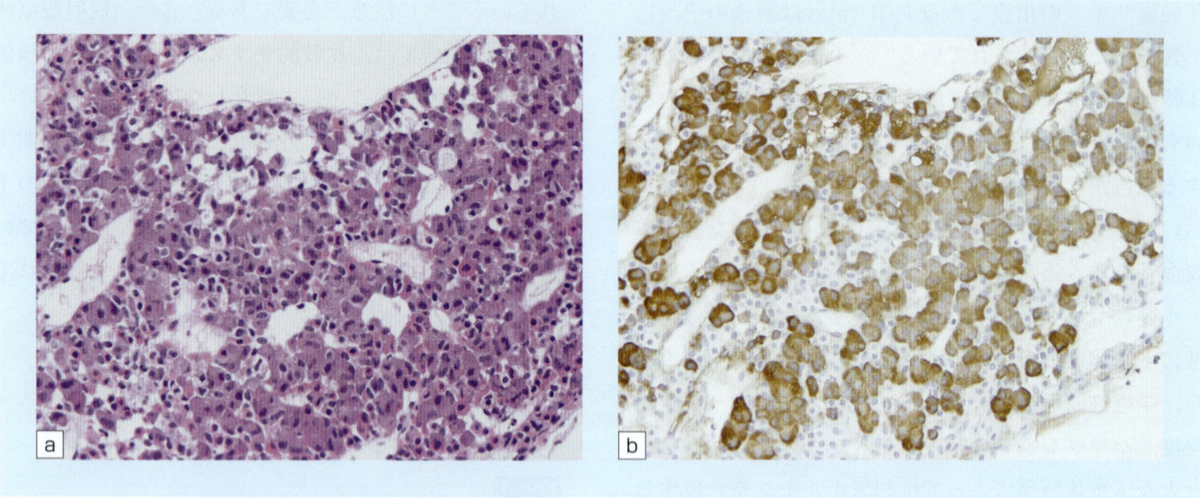

図 10　症例 1，HE 染色および抗 ACTH 免疫組織化学染色像

a：HE 染色では核の異型性像は弱いものの，塩基性の細胞質をもつ腫大した腫瘍細胞が巣状に認められた。
b：これらの細胞は抗 ACTH 染色に強陽性を示し，下垂体 ACTH 産生腺腫と診断された。

［原　康・圷田高広］

■参考文献

1) Alenza DP, Arenas C, Lopez ML, Melian C. Long-term efficacy of trilostane administered twice daily in dogs with pituitary dependent hyperadrenocorticism. *J Am Anim Hosp Assoc.* 42(4): 269-276, 2006.

2) Atkinson AB, Kennedy A, Wiggam MI, et al. Long-term remission rates after pituitary surgery for Cushing's disease: the need for long-term surveillance. *Clin Endocrinol (Oxf)*. 63(5): 549-559, 2005.

3) Baker FG 2nd, Klibanski A, Swearingen B. Transsphenoidal surgery for pituitary tumors in the United States, 1996-2000: mortality, morbidity, and the effects of hospital and surgeon volume. *J Clin Endocrinol Metab.* 88(10): 4709-4719, 2003.

4) Barker EN, Campbell S, Tebb AJ, et al. A comparison of the survival times of dogs treated with mitotane or trilostane for pituitary-dependent hyperadrenocorticism. *J Vet Intern Med.* 19(6): 810-815, 2005.

5) Barnett AH, Livesey JH, Friday K, et al. Comparison of preoperative and postoperative ACTH concentrations after bilateral adrenalectomy in Cushing's disease. *Clin Endocrinol(Oxf)*. 18(3): 301-305, 1983.

6) Bertoy EH, Feldman EC, Nelson RW, et al. One-year follow-up evaluation of magnetic resonance imaging of the brain in dogs with pituitary-dependent hyperadrenocorticism. *J Am Vet Med Assoc.* 208(8): 1268-1273, 1996.

7) Braddock JA, Church DB, Robertson ID, Watson AD. Trilostane treatment in dogs with pituitary-dependent hyperadrenocorticism. *Aust Vet J.* 81(10): 600-607, 2003.

8) Castillo V, Giacomini D, Páez-Pereda M, et al. Retinoic acid as a novel medical therapy for Cushing's disease in dogs. *Endocrinology.* 147(9): 4438-4444, 2006.

9) Chanson P, Brochier S. Non-functioning pituitary adenomas. *J Endocrinol Invest.* 28(11): 93-99, 2005.

10) de Fornel P, Delisle F, Devauchelle P, Rosenberg D. Effects of radiotherapy on pituitary corticotroph macrotumors in dogs: a retrospective study of 12 cases. *Can Vet J.* 48(5): 481-486, 2007.

11) Feldman EC, Nelson RW. Canine hyperadrenocorticism (Cushing's syndrome). In: Feldman EC, Nelson RW. Canine and Feline Endocrinology and Reproduction, 3rd ed. WB Saunders. Philadelphia. US. 2004, pp252-357.

12) Fracassi F, Gandini G, Diana A, et al. Acromegaly due to a somatroph adenoma in a dog. *Domest Anim Endocrinol.* 32 (1): 43-54, 2007.

13) Goossens MM, Feldman EC, Theon AP, Koblik PD. Efficacy of cobalt 60 radiotherapy in dogs with pituitary-dependent hyperadrenocorticism. *J Am Vet Med Assoc.* 212(3): 374-376, 1998.

14) Greco DS. Feline acromegaly. *Top Companion Anim Med.* 27(1): 31-35, 2012.

15) Halmi NS, Peterson ME, Colurso GJ, et al. Pituitary intermediate lobe in dog: two cell types and high bioactive adrenocorticotropin content. *Science.* 211(4477): 72-74, 1981.

16) Hammer GD, Tyrell JB, Lamborn KR, et al. Transsphenoidal microsurgery for Cushing's disease: initial outcome and long-term results. *J Clin Endocrinol Metab.* 89(12): 6348-6357, 2004.

17) Hanson JM, van 't HM, Voorhout G, et al. Efficacy of transsphenoidal hypophysectomy in treatment of dogs with pituitary-dependent hyperadrenocorticism. *J Vet Intern Med.* 19(5): 687-694, 2005.

18) Hara Y, Masuda H, Taoda T, et al. Prophylactic efficacy of desmopressin acetate for diabetes insipidus after hypophysectomy in the dog. *J Vet Med Sci.* 65(1): 17-22, 2003.

19) Hara Y, Teshima T, Taoda T, et al. Efficacy of transsphenoidal surgery on endocrinological status and serum chemistry parameters in dogs with Cushing's disease. *J Vet Med Sci.* 72(4): 397-404, 2010.

20) Hofman BM, Hlavac M, Martinez R, et al. Long-term results after microsurgery for Cushing disease: experience with 426 primary operation over 35 years. *J Neurosurg.* 108(1): 9-18, 2008.

21) Ishino H, Hara Y, Teshima T, et al. Hypophysectomy for a dog with coexisting Cushing's disease and diabetes mellitus. *J Vet Med Sci.* 72(3): 343-348, 2010.

22) Kaneko S, Nomura K, Yoshimura T, Yamaguchi N. Trend of brain tumor incidence by histological subtypes in Japan: estimation from the Brain Tumor Registry of Japan, 1973-1993. *J Neurooncol.* 60(1): 61-69, 2002.

23) Kasperlik-Załuska AA, Nielubowicz J, Wisławski J, et al. Nelson's syndrome: incidence and prognosis. *Clin Endocrinol(Oxf)*. 19(6): 693-698, 1983.

24) Kelly WF, MacFarlane IA, Longson D, et al. Cushing's disease treated by total adrenalectomy: long-term observations of 43 patients. *Q J Med.* 52(206): 224-231, 1983.

25) Kent MS, Bommarito D, Feldman E, Theon AP. Survival, neurologic response, and prognostic factors in dogs with pituitary masses treated with radiation therapy and untreated dogs. *J Vet Intern Med.* 21(5): 1027-1033, 2007.

26) Kooistra HS, Voorhout G, Mol JA, Rijnberk A. Correlation between impairment of glucocorticoid feedback and the size of the pituitary gland in dogs with pituitary-dependent hyperadrenocorticism. *J Endocrinol.* 152(3): 387-394, 1997.

27) LeCouteur RA, Withrow SJ. Tumors of the Nervous System. In: Withrow SJ, Vail DM. Small animal clinical oncology, 4th ed. WB Saunders. Philadelphia. US. 2007, pp659-685.

28) Mahmoud-Ahmed AS, Suh JH. Radiation therapy for Cushing's disease: a review. *Pituitary.* 5(3): 175-180, 2002.

29) Mayer MN, Treuil PL. Radiation therapy for pituitary tumors in the dog and cat. *Can Vet J.* 48(3): 316-318, 2007.

30) Meij BP, Voorhout G, van den Ingh TS, et al. Results of transsphenoidal hypophysectomy in 52 dogs with pituitary-dependent hyperadrenocorticism. *Vet Surg.* 27(3): 246-261, 1998.

31) Meij BP, Voorhout G, Van den Ingh TS, et al. Transsphenoidal hypophysectomy in beagle dogs: evaluation of a microsurgical technique. *Vet Surg.* 26(4): 295-309, 1997.

32) Meij BP. Hypophysectomy as a treatment for canine and feline Cushing's disease. *Vet Clin North Am Small Anim Pract.* 31(5): 1015-1041, 2001.

33) Moore MP, Bagley RS, Harrington ML, Gavin PR. Intracranial tumors. *Vet Clin North Am Small Anim Pract.* 26(4): 759-777, 1996.

34) Neiger R, Ramsey I, O'Connor J, et al. Trilostane treatment of 78 dogs with pituitary-dependent hyperadrenocorticism. *Vet Rec.* 150(26): 799-804, 2002.

35) Nelson DH, Meakin JW, Dealy JB Jr, et al. ACTH-producing tumor of the pituitary gland. *N Engl J Med.* 259(4): 161-164, 1958.

36) Nelson DH, Meakin JW, Thorn GW. ACTH-producing pituitary tumors following adrenalectomy for Cushing's syndrome. *Ann Intern Med.* 52: 560-569, 1960.

37) Nelson RW, Feldman EC, Shinsako J. Effect of o,p'DDD therapy on endogenous ACTH concentrations in dogs with hypophysis-dependent hyperadrenocorticism. *Am J Vet Res.* 46(7): 1534-1537, 1985.

38) Osamura RY, Kajiya H, Takei M, et al. Pathology of the human pituitary adenomas. *Histochem Cell Biol.* 130(3): 495-507, 2008.

39) Pereira MA, Halpern A, Salgado LR, et al. A study of patients with Nelson's syndrome. *Clin Endocrinol(Oxf).* 49(4): 533-539, 1998.

40) Peterson ME, Krieger DT, Drucker WD, Halmi NS. Immunocytochamical study of the hypophysis in 25 dogs with pituitary-dependent hyperadrenocorticism. *Acta Endocrinol (Copenh).* 101(1): 15-24, 1982.

41) Peterson ME, Orth DN, Halmi NS, et al. Plasma immunoreactive proopiomelanocortin peptides and cortisol in normal dogs and dogs with Addison's disease and Cushing's syndrome: basal concentrations. *Endocrinology.* 119(2): 720-730, 1986.

42) Peterson ME. Medical treatment of canine pituitary-dependent hyperadrenocorticism (Cushing's disease). *Vet Clin North Am Small Anim Pract.* 31(5): 1005-1014, 2001.

43) Reine NJ. Medical management of pituitary-dependent hyperadrenocorticism: mitotane versus trilostane. *Clin Tech Small Anim Pract.* 22(1): 18-25, 2007.

44) Sarfaty D, Carrillo JM, Peterso ME. Neurologic, endocrinologic, and pathologic findings associated with large pituitary tumors in dogs: eight cases (1976-1984). *J Am Vet Med Assoc.* 193(7): 854-856, 1988.

45) Sellon RK, Fidel J, Houston R, Gavin PR. Linear-accelerator-based modified radiosurgical treatment of pituitary tumors in cats: 11 cases (1997-2008). *J Vet Intern Med.* 23(5): 1038-1044, 2009.

46) Shimon I, Ram Z, Cohen ZR, Hadani M. Transsphenoidal surgery for Cushing's disease: endocrinological follow-up monitoring of 82 patients. *Neurosurgery.* 51(1): 57-61, 2002.

47) Taoda T, Hara Y, Masuda H, et al. Magnetic resonance imaging assessment of pituitary posterior lobe displacement in dogs with pituitary-dependent hyperadrenocorticism. *J Vet Med Sci.* 73(6): 725-731, 2011.

48) Taoda T, Hara Y, Takekoshi S, et al. Effect of mitotane on pituitary corticotrophs in clinically normal dogs. *Am J Vet Res.* 67(8): 1385-1394, 2006.

49) Teramoto A. Diagnosis and treatment of Cushing's disease. *Jpn J Neurosurg.* 10:86-91, 2001.

50) Teshima T, Hara Y, Takekoshi S, et al. Trilostane-induced inhibition of cortisol secretion results in reduced negative feedback at the hypothalamic-pituitary axis. *Domestic Anim Endocrinol.* 36(1): 32-44, 2009.

51) Teshima T, Hara Y, Taoda T, et al. Cushing's disease complicated thrombosis in a dog. *J Vet Med Sci.* 70(5): 487-491, 2008.

52) Théon AP, Feldman EC. Megavoltage irradiation of pituitary macrotumors in dogs with neurologic signs. *J Am Vet Med Assoc.* 213(2): 225-231, 1998.

53) Thomas CG Jr, Smith AT, Benson M, Griffith J. Nelson's syndrome after Cushing's disease in childhood: a continuing problem. *Surgery.* 96(6): 1067-1077, 1984.

54) Thomas JP, Hall R. Medical management of pituitary disease. *Clin Endocrinol Metab.* 12(3): 771-788, 1983.

55) Troxel MT, Vite CH, Van Winkle TJ, et al. Feline intracranial neoplasia: retrospective review of 160 cases(1985-2001). *J Vet Intern Med.* 17(6): 850-859, 2003.

56) van der Vlugt-Meijer RH, Voorhout G, Meij BP. Imaging of the pituitary gland in dogs with pituitary-dependent hyperadrenocorticism. *Mol Cell Endocrinol.* 197(1-2): 81-87, 2002.

57) Vance ML. Pituitary radiotherapy. *Endocrinol Metab Clin North Am.* 34(2): 479-487, 2005.

I

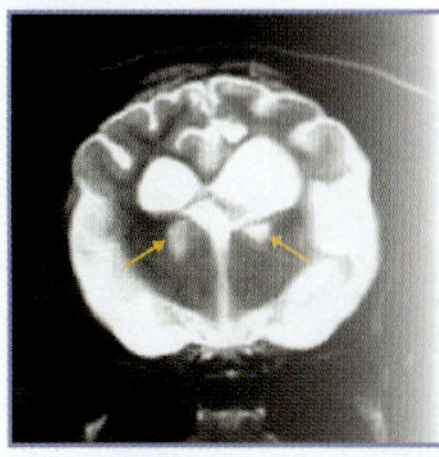

14. 犬の特発性脳炎(1):壊死性髄膜脳炎と壊死性白質脳炎

はじめに

犬では免疫介在性溶血性貧血，結節性皮下脂肪織炎，多発性関節炎，特発性リンパ球性甲状腺炎など，ほぼあらゆる臓器で**免疫介在性(自己免疫性)の疾患 immune-mediated diseases(autoimmune diseases)**がみられる。これは，脳や脊髄などの中枢神経系も例外ではない。犬では，感染因子を検出・特定できない特発性の脳炎や脳脊髄炎がしばしば認められる。磁気共鳴画像(MRI)は炎症で生じたわずかな脳実質浮腫を描出できるため，MRI の普及によって脳炎を生前診断する機会が急速に増えている。

本章では，犬の特発性脳炎である**壊死性髄膜脳炎 necrotizing meningoencephalitis(NME)**，**壊死性白質脳炎 necrotizing leukoencephalitis(NLE)**について解説する。

壊死性髄膜脳炎(NME)と壊死性白質脳炎(NLE)の疾患概念と分類

犬の NME と NLE はいずれも**脳実質壊死を伴う非化膿性脳炎**であるが，その分類はまだ確立されておらず，いわば過渡期にある。用語の混乱を避けるために，まずは NME と NLE の疾患概念が形成されてきた経緯を述べておきたい。

若いパグが急激に進行する神経症状を呈して死亡し，剖検により大脳皮質(灰白質)の壊死を伴う非化膿性脳炎がみられることは，1982 年頃には北米で認識されていたようである[5]。最初のまとまった論文は，Cordy と Holliday によって 1989 年に発表された[2]。これはパグ 17 頭の報告であり，NME という病名が最初に使われた論文である。その後すぐにパグの NME についての認識が広がり，国内では 1994 年，北海道大学の Kobayashi らによって最初に報告された[9]。いつしかパグの NME には“**パグ脳炎 Pug dog encephalitis**”という異名が付けられ，NME よりもパグ脳炎の方が病名として広く使われるようになっている。

1993 年には，Tipold ら[21]によってヨークシャー・テリアでの脳実質壊死を伴う非化膿性脳炎が報告された。ヨークシャー・テリアでは，大脳皮質の壊死とともに，パグの NME 初期ではまれな脳幹病変が認められた。そこで，彼らはこの疾患を NME ではなく necrotizing encephalitis(NE)と呼んだ。ヨークシャー・テリアのこの疾患もすぐに認識されたが，しばらくは NME あるいは NE とまちまちな病名で呼ばれていた[3, 11, 15]。そこで，パグの NME とは病理像が異なり，初期から脳幹や大脳白質の壊死を伴う脳炎として，2005 年頃に NLE と呼ぶよう提唱された[5]。

パグとヨークシャー・テリア以外にも，いくつかの犬種で類似の脳炎が報告されているが，病名の表記は一定していない。ペキニーズの NME として報告された症例の病理像はパグの NME に類似している[1]。一方，マルチーズ[18]やチワワ[6]の NME として報告された症例には脳幹病変や白質病変が強く，ヨークシャー・テリアの NLE に近い症例が含まれている。NE として報告されたフレンチ・ブルドッグ[6]も，病変の主座は脳幹にあった。さらにシー・ズー，ポメラニアン[5, 12]，パピヨン[20]，ゴールデン・レトリーバー[20]なども病理組織学的に NME または NLE といえる脳炎を発症する。

筆者の私見だが，パグの NME の臨床像・病理像は，重症度の個体差はあっても本質的には均質であるようにみえる。一方，ヨークシャー・テリアやチワワなどのパグ以外の犬種では，脳幹病変の有無や白質病変の程度は様々であり，典型的な NME あるいは NLE の個体もいれば，それらの中間タイプといえる個体もいる。NME と NLE が単一疾患であってその表現型に幅があるのか，別の疾患であって両者が混在しているのかは不明である。筆者は前者の立場，つまりパグ以外の犬種の NME と NLE は単一疾患であると予想してい

Video Lectures　壊死性髄膜脳炎（NME）

動画1　発症から2日後のパグ
起立不能のため腹臥している。顔面のけいれんが認められる。

る。なぜなら，NMEやNLEに罹患する犬種は非常に限られており，しかもそれらの犬種の一部は重複するからである。

このような考えから，本章ではパグとそれ以外の犬種をわけて扱う。また，パグ以外の犬種におけるNMEとNLEはまとめて扱い，両者はMRI所見と病理像のみで分類する。たとえば，ヨークシャー・テリアなら必ずNMEでなくNLEと診断すべきである，という立場には立たない。

パグの壊死性髄膜脳炎（NME）

1．疫学

パグのNMEの発症率について，正確な統計はない。全パグ犬のうち1/100～1/1,000程度でNMEが発生しているようである。ただし，経験的には1/15～1/20という高頻度でNMEを発症するパグの家系もある。

最近，剖検でNMEと確定診断されたパグ60頭の疫学調査が報告された[10]。この報告では発症年齢の中央値は2歳（範囲：4カ月齢～9歳）であり，小型の雌に好発する傾向があった。NMEの発症に季節性はなく，地理的要因やワクチン接種との関連も認められなかった。

Schatzbergら[16]はNME，NLEあるいはGMEに罹患した犬の脳パラフィン包埋標本を用い，ポリメラーゼ連鎖反応（PCR）法にてDNAウイルス（ヘルペスウイルス，アデノウイルス，パルボウイルス）の検出を試みたが，いずれのウイルスDNAも検出されなかった。犬ジステンパーウイルス（CDV）などRNAウイルスの検出も試みられており，実際に脳組織にウイルス抗原が検出されることもあるが，NME発生とウイルス感染との因果関係は不明である[20]。

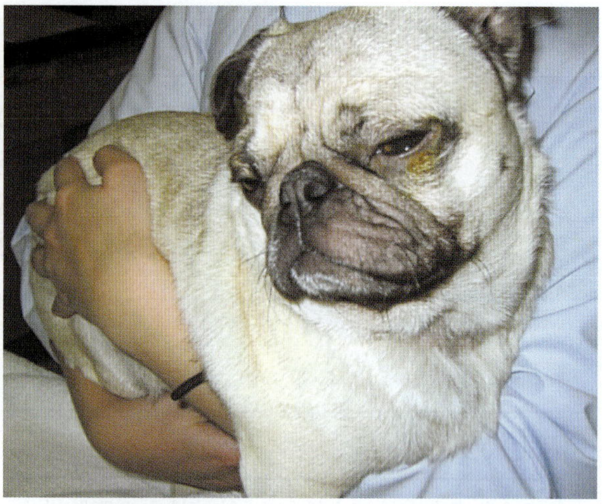

図1　壊死性髄膜脳炎（NME）が進行したパグ
意識レベルが低下し，姿勢にも異常がみられる。

2．臨床症状

NMEの初期病変は**大脳皮質の炎症**である。炎症は恐らく突然はじまり，症状も突然現れる。初期症状としては発作，運動失調，視力障害などが現れやすい。治療しなければ炎症と症状は急激に進行し，広範囲の大脳皮質症状が現れる。髄膜の強い炎症による顔面のけいれんも認められることがある（動画1）。

さらに進行すると大脳基底核，脳幹，小脳が冒され，次第に意識レベルの低下（図1），旋回運動，捻転斜頸，昏睡，摂食障害，遊泳運動などがみられるようになる。最終的には重積発作や誤嚥により死亡するか，それ以前に安楽死が選択される。

3．画像診断

パグで急激に進行する神経症状がみられたら，NMEを疑って画像診断を急ぐ価値がある。後述するステロイド療法や抗てんかん薬は画像診断の結果には影響しないので，応急処置を躊躇してはならない。一方，パグにも特発性てんかんはある。他の神経症状を全く伴わない散発的な発作のみが現れている場合，NMEの可能性は低い。

パグのNMEは，病変が重度であればコンピュータ断層撮影（CT）でも描出できるが（図2），MRIの方が観察しやすい。**初期病変は大脳の髄膜直下や皮髄境界（灰白質と白質の境界）**に，T2強調高信号・T1強調等～低信号として現れ周囲が造影剤で増強されることがある（図3a, b）。このような病変は治療しても消失せず，脳浮腫が軽減することでむしろ壊死巣が拡大してみえる（図3c，d）。慢性経過をたどると，大脳皮質は広範に軟化し，基底核や視床の病変も認められるようにな

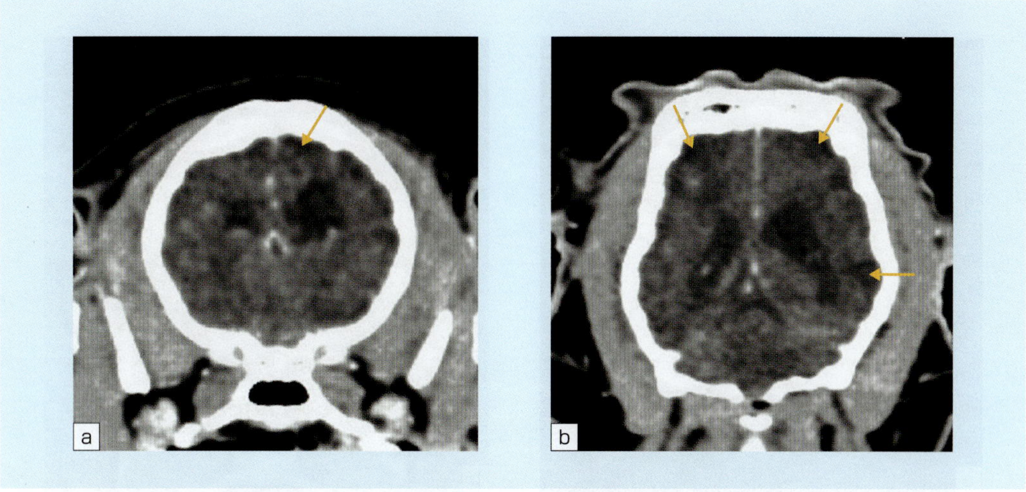

図 2　壊死性髄膜脳炎（NME）発症から 1 カ月後のパグ（3 歳，雌）における脳の CT 所見

横断像（a）と背断像（b）。大脳の壊死巣が低吸収領域（矢印）として描出されている。
（画像提供：帯広畜産大学　山田一孝先生）

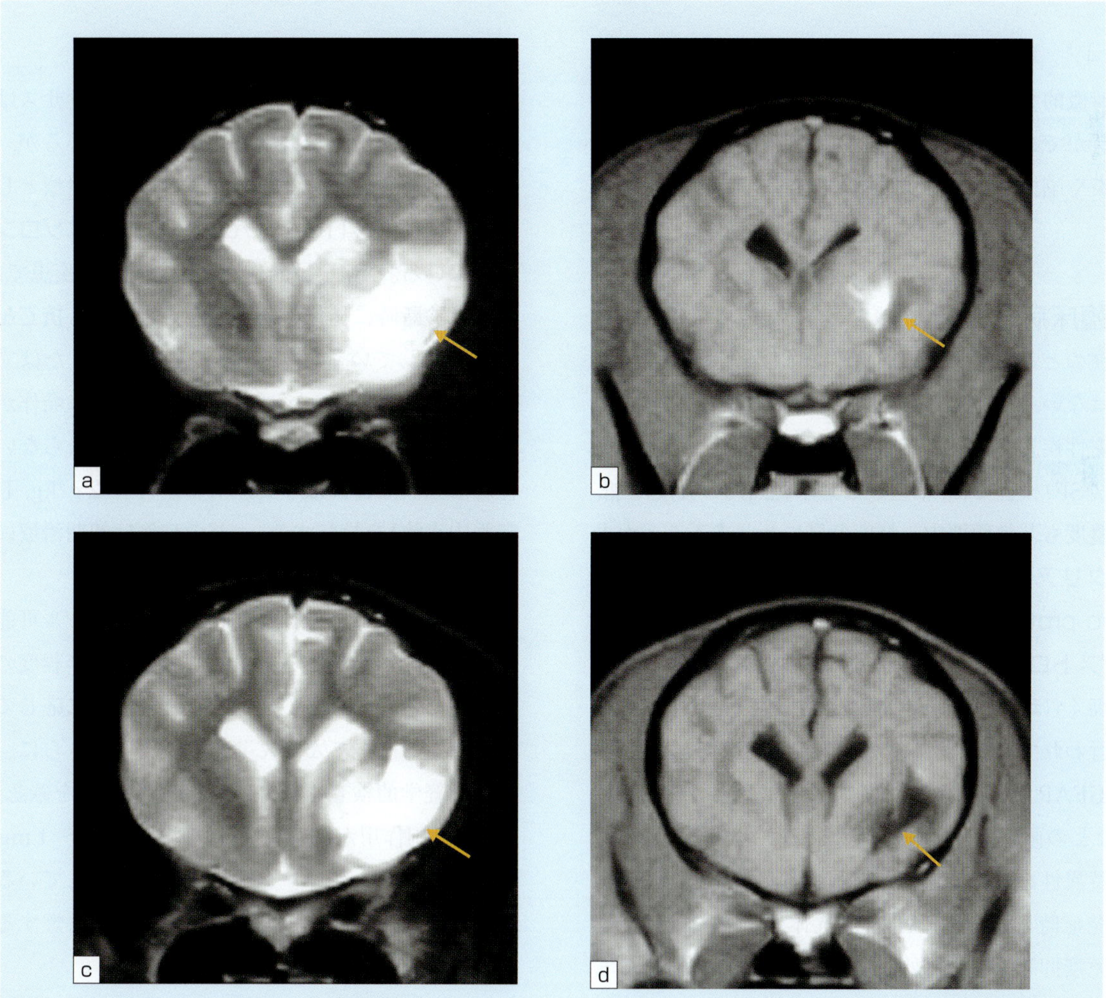

図 3　壊死性髄膜脳炎（NME）発症から 3 日後のパグ（1 歳，雌）における脳の MRI 所見

T2 強調（T2W）画像（a）とガドリニウム増強 T1 強調（T1W）画像（b）。左前頭葉に T2W 画像で高信号・T1W 画像で低信号の病変が認められ（矢印），周囲の一部が造影剤で増強されている。c と d は免疫抑制療法を開始して 28 日目の同じ症例を同条件で撮影したもの。T1W 画像で低信号の軟化巣が拡大し，造影剤による増強はなくなっている（矢印）。

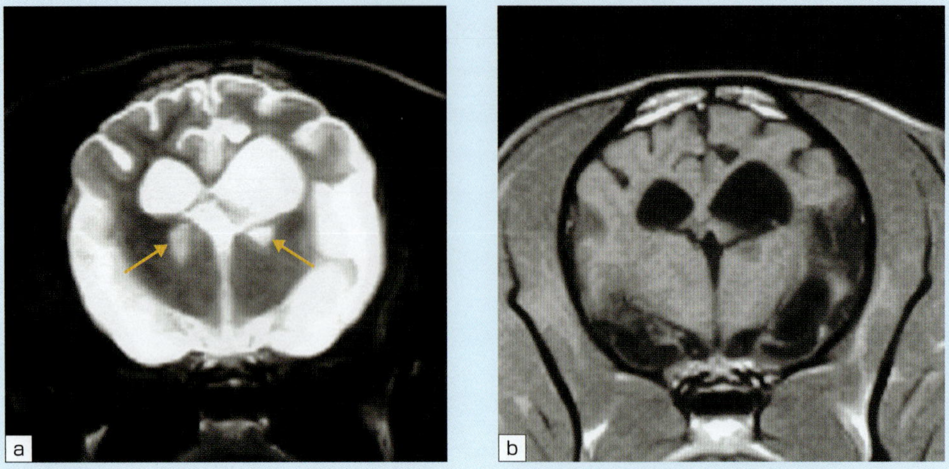

図 4　壊死性髄膜脳炎（NME）発症から 3 カ月後のパグ（1 歳，雌）における脳の MRI 所見（図 3 とは別の個体）
T2W 画像（a）とガドリニウム増強 T1W 画像（b）。側頭葉，頭頂葉に広範な病変がみられ，基底核病変（矢印）もみられる。側頭葉の軟化・壊死が NME 病変か発作による二次的な軟化かは不明。

る（図 4）[8]。脊髄に病変が現れることはまずない。これらの特徴的な所見から，パグの NME は MRI で高精度に診断ができる。画像診断上の鑑別疾患としては，他の脳炎や脳梗塞があるが，臨床像から明らかに区別できる。

4. 臨床病理検査

現在のところ，パグの NME に対して特異的な血液検査はない。少なくとも全血球計算，血液生化学検査で代謝性疾患を除外しておかなければならない。脳脊髄液（CSF）検査では，細胞数は基準範囲内～軽度増加，蛋白濃度も基準範囲内～軽度上昇にとどまることが多い。**グリア線維性好酸性タンパク質 glial fibrillary acidic protein（GFAP）に対する CSF 中の自己抗体（抗アストロサイト抗体）**は，パグの NME に対して感度が高く（ほぼ 100％），NME のマーカーとして受託検査が行われている。脳腫瘍など他の脳疾患でも CSF 中の抗 GFAP 抗体が陽性となることがある[12]が，MRI や CT などの画像診断と組み合わせることで NME に対する特異性を確保できると思われる。パグの NME では，発症時には抗 GFAP 自己抗体がすでに陽性であり，免疫抑制療法を開始しても数カ月以上は陽性のまま推移する[13]。このため，CSF 検査に先立って投薬を控える必要は全くない。なお，血液中の抗 GFAP 自己抗体は NME に対する感度も特異性も低く，診断マーカーとしては使用できない[4]。

5. 治療および予後

パグの NME に対する治療法のコンセンサスはまだない。経験的に免疫抑制療法が行われているが，エビデンスといえるものはない。筆者は初期治療として**免疫抑制量（2 ～ 4 mg/kg/day）のプレドニゾロン**を開始している。NME は発作を起こしやすい疾患であり，筆者は診断時に発作の病歴がない場合でも**抗てんかん薬**を開始している（フェノバルビタールまたはゾニサミド，開始量 2 ～ 3 mg/kg，BID）。すでに発作が現れている場合には積極的に管理しなければならない。脳浮腫が強い場合にはマンニトール（1 ～ 2 g/kg，BID，静脈内点滴）を投与する。一部の症例は初期治療に全く反応せず，1 ～数日で死亡する。

初期治療によって神経症状がコントロール可能になり，慢性経過をたどる例では数カ月～ 3 年程度の生存が見込める。これらの症例では神経症状に応じてプレドニゾロンや抗てんかん薬を増減する。さらに，定期的な神経学的検査を行い，進行がないことを確認する。筆者は，副作用が許容範囲にある限り 0.5 ～ 1 mg/kg/day のプレドニゾロンを継続するようにしている。経験的に，これ未満まで減量すると脳炎が再燃する可能性が高くなる。

他の免疫抑制療法として，**プレドニゾロンとシクロスポリンの併用療法**の有効性を指摘した報告があるが，まだ少数例での検討にとどまっている[7]。筆者は，経済的な事情が許せばプレドニゾロンとシクロスポリン（開始量 5 mg/kg，BID，血中濃度トラフ値 100 ～ 200 ng/mL を目標とする）を併用している。

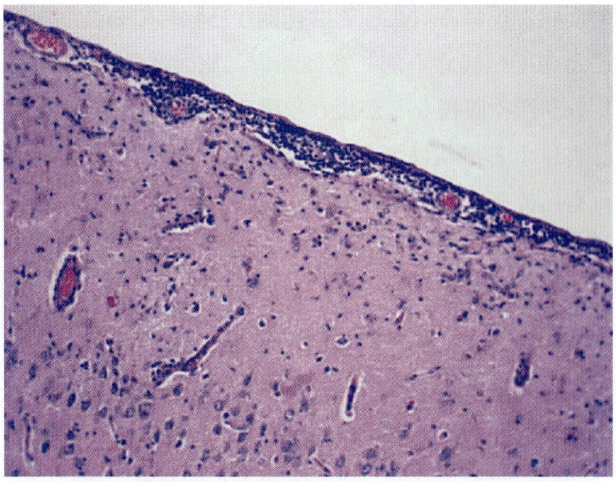

図5　壊死性髄膜脳炎(NME)発症から7日後に安楽死となったパグ(2歳，雌)の病理組織学的所見
髄膜直下および大脳皮質の血管周囲に著しい細胞浸潤が認められるが，壊死・軟化は起きていない。
(画像提供：東京大学　内田和幸先生)

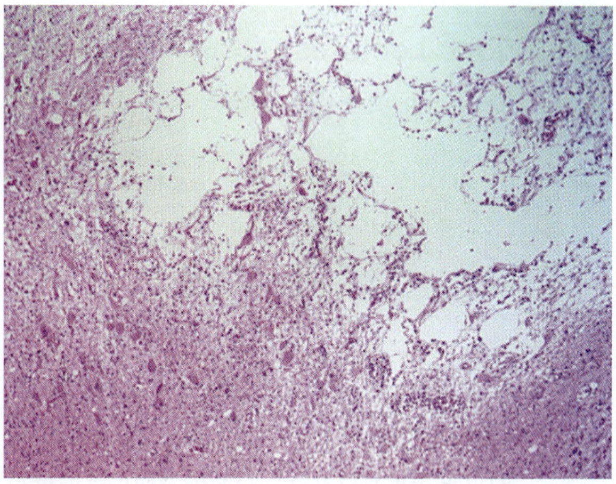

図6　パグの壊死性髄膜脳炎(NME)慢性期の病理組織学的所見
大脳皮質に広範な壊死巣が認められ，その一方で炎症性変化は減弱している。
(画像提供：東京大学　内田和幸先生)

一方，前述した60頭のパグの研究では，NME症例の生存期間の中央値は93日(範囲：1～680日)であり，免疫抑制療法は生存期間を延長せず，むしろ抗てんかん薬が生存期間を有意に延長させたと解釈された[10)]。確かに，発作の群発・重積をきっかけに状態が急変する症例が多いので，発作の管理はパグのNME治療のうえで重要である。しかし，病理像や自己抗体の存在から，やはりNMEは自己免疫疾患である可能性が高く，免疫抑制療法を検討する意義はあると思われる。

NME慢性期のパグは角膜潰瘍を起こす可能性が非常に高い。パグ特有の顔つき，視力障害や運動失調によって顔面や眼をぶつけること，長期のステロイド療法などが角膜潰瘍のリスクとなる。眼に外傷を負わないよう生活上の注意をするとともに，角膜潰瘍が起きたら点眼や眼瞼縫合など十分な治療が必要である。

6. 病理所見

パグのNMEはMRIやCSF検査で正確に生前診断できるが，やはり確定診断には病理組織学的検査が必要である。壊死性脳炎の病理像は病期によって異なり，詳細に検討されている[20)]。急性期には，大脳の髄膜直下，大脳皮質の血管周囲，皮髄境界領域にCD3/CD8陽性T細胞(細胞傷害性T細胞)を主体とし，少数のマクロファージやB細胞を伴う細胞浸潤が認められる(図5)。急性期には脳実質壊死は不明瞭な場合があり，GMEとの鑑別が必要になる場合もある。しかし，一般にGMEの細胞浸潤は血管周囲に限局する傾向があり，NMEでは血管から脳実質へのび漫性細胞浸潤がみられやすい。一方，亜急性～慢性のNMEでは大脳皮質や皮質直下の白質に軟化巣が形成され，大脳皮質の萎縮や脳室拡張が明瞭に認められるようになる。炎症性変化は次第に減弱し，軟化巣の周囲には星状膠細胞(アストロサイト，アストログリア)の反応性増殖が認められる(図6)。免疫組織化学的に，大脳皮質には免疫グロブリンや補体の沈着がみられる。

7. 今後の展開

これまで筆者の研究室ではパグのNMEの原因を究明するべく病態解析を進めてきた。そのきっかけはUchidaらがNMEのパグのCSFにアストロサイトに対する自己抗体を検出したことである[23)]。筆者らが多数のパグについて検討した結果，この自己抗体はアストロサイトの細胞骨格タンパクであるGFAPを認識し[17)]，NMEのパグのほぼ全例で認められた[12, 22)]。さらに，NMEあるいは健康なパグのCSFには高率にGFAPが認められるが，健康ビーグル犬のCSFではGFAPは検出されなかった。

健康な動物の脳では，GFAPはアストロサイトの細胞内に局在しており，細胞外には認められない。しかしアストロサイトに障害が起きるとGFAPが漏出し，CSFや血清中に出現する。このためヒトではGFAPが脳障害のマーカーとして期待されている。

パグでは臨床的に健康でもCSFにGFAPが認められる個体がいることから，これらの個体ではアストロサイトに何らかの異常があり，常にGFAPが漏出していると考えられる。筆者は，パグには遺伝的にアストロサイトが脆弱な家系があり，脆弱なアストロサイト

Video Lectures 壊死性白質脳炎(NLE)

動画2 脳幹(視床)が障害され旋回運動をする雑種犬(マルチーズ×シー・ズー)

に対する自己免疫がNMEの本質であると考えている[22]。この仮説が正しければ，パグのNMEは治療不可能な遺伝性疾患と考えるのが妥当かもしれない。

NMEの病態を修飾する因子として，興奮性アミノ酸がある。NME症例のCSFを採取してアミノ酸を定量すると，興奮性アミノ酸であるグルタミン酸やアスパラギン酸が高濃度で存在する。健康犬のアストロサイトをNME症例のCSF中で培養すると，興奮性アミノ酸輸送担体(EAAT2)のmRNA発現が減少し，培養上清中のグルタミン酸濃度が上昇する。NME症例のCSFにおける過剰なグルタミン酸は神経細胞を興奮させ，発作や神経細胞死(いわゆる興奮毒性)に関与しているかもしれない[14]。

パグ以外の犬種の壊死性髄膜脳炎(NME)および壊死性白質脳炎(NLE)

1．疫学

前述したように，ヨークシャー・テリア，チワワ，マルチーズ，パピヨン，ポメラニアン，ペキニーズ，シー・ズー，フレンチ・ブルドッグ，ゴールデン・レトリーバーはNMEまたはNLEに罹患し得る。ヨークシャー・テリアはNLEのタイプが多く，ペキニーズやシー・ズーはパグと同様のNMEタイプが多いようである。それぞれの犬種における発病率，性差などの疫学データはまだ蓄積されていない。パグのNMEと同様に，数カ月齢～5歳で，それぞれの犬種のうち小ぶりの個体が罹患しやすいようである。

2．臨床症状

NMEの臨床症状および進行はパグのそれと同様である。まず大脳皮質の炎症が起こるので，発作，運動失調，視力障害などの初期症状が現れやすい。その後に病変が大脳基底核や脳幹に進行することで，意識レベル低下，旋回運動，捻転斜頸，昏睡，摂食障害などの症状が現れる。**NLEでは初期から脳幹にも炎症が起こる**ので，起立不能，意識障害，旋回運動(動画2)，捻転斜頸や眼振などが現れやすい。大脳皮質と脳幹の障害による症状は混在して現れる。NME・NLEいずれも，放置すれば神経症状が進行して死亡する。

3．画像診断

NMEのMRI像はパグのものと同様であり，大脳皮質の軟化・壊死が認められる(図7)。**NLEでは大脳白質の炎症と軟化・壊死(図8)および脳幹の炎症(図9)**が同時に認められる。NLEとNMEの判断が難しい個体も存在する(図10)。

重篤な神経症状のため麻酔・鎮静下のMRI検査が難しい症例では，脳内の状況をある程度把握するために超音波検査が役立つことがある。条件が整えばNLEの壊死病変も描出できる(図11)。筆者は7.5MHzのコンベックス型プローブを用い，腹部臓器の条件で観察している。特にチワワでは，大泉門の直上に少量のエコーゼリーを付けるだけで十分な視野が得られる。注意すべき点として，脳炎と先天性水頭症の鑑別がある。超小型犬では，先天性水頭症に加えてNMEやNLEを発症することがある。また，NMEやNLEによって大脳が萎縮し，相対的に脳室が拡張して水頭症にみえることがある。このため，**脳の超音波検査で安易に先天性水頭症と診断し，脳炎を否定してはならない。**

4．臨床病理検査

NMEやNLEに特異的な血液検査はない。しかしながら，パグのNMEと同様に代謝性疾患は除外しておくべきである。CSF検査では，細胞数や蛋白濃度は基準範囲にとどまることが多い。CSFの抗GFAP抗体は，NMEの典型例ではパグと同様に陽性となり，NLEの典型例では微弱な陽性～陰性となる。

5．治療および予後

NMEおよびNLE共に，パグのNMEと同じくステロイドを主体とした免疫抑制療法を行い，抗てんかん薬を用いて発作をコントロールする。正確な疫学はないが，パグのNMEと比較すると治療に対する反応性は良好で，数年以上にわたって生活の質(QOL)を維持できる症例も多い。

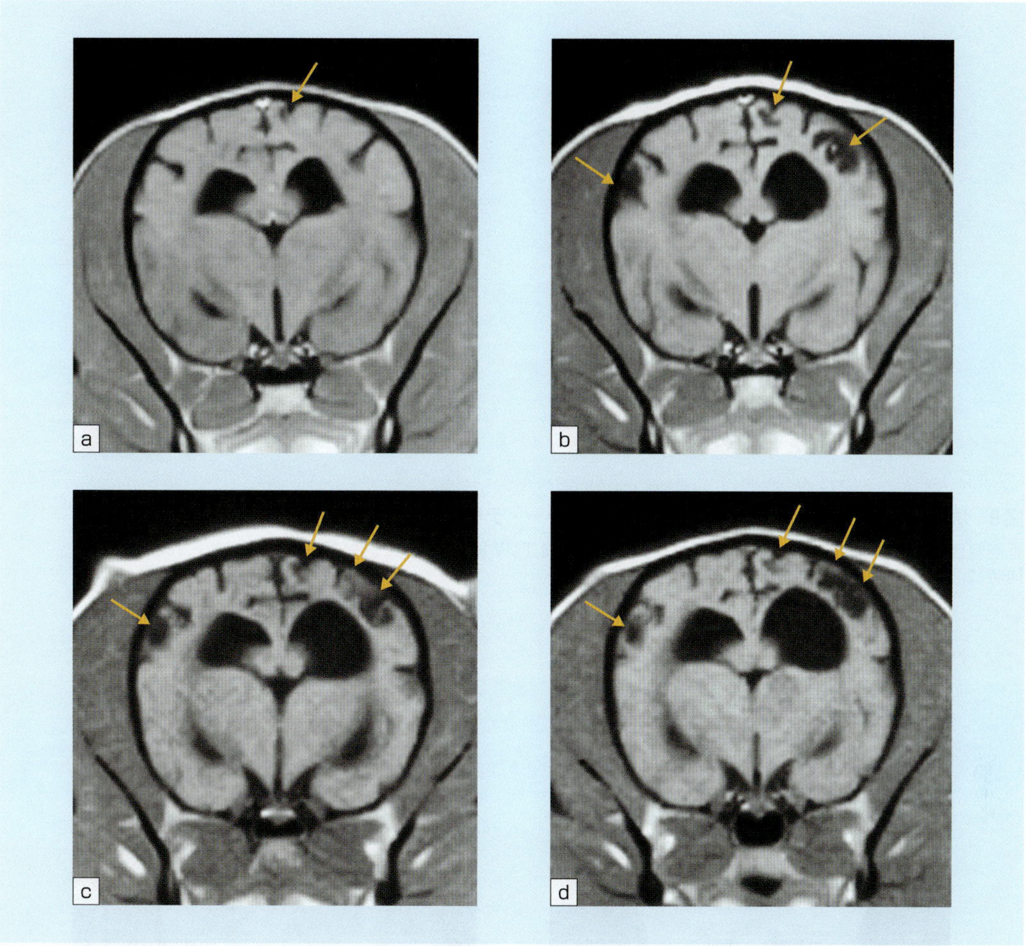

図 7　壊死性髄膜脳炎(NME)と診断された初診時 5 歳，雄，ポメラニアンの脳の MRI 所見

a：第1 病日，b：第265 病日，c：第580 病日，d：第1,137 病日の下垂体レベル T1W 画像。大脳皮質の軟化・壊死巣は次第に拡大している（矢印）。

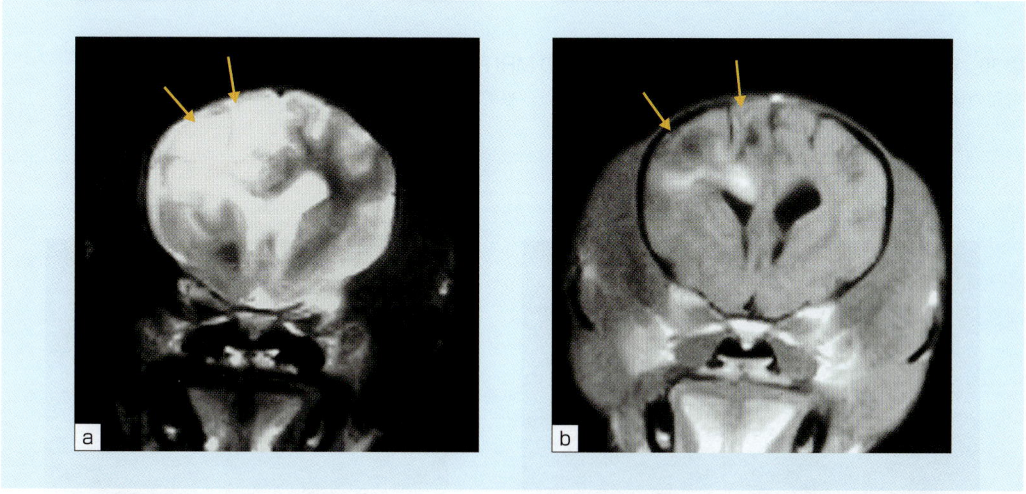

図 8　壊死性白質脳炎(NLE)と診断されたチワワ(4 歳，雄)の脳の MRI 所見

右側前頭葉の白質に T2W 画像（a）で高信号，ガドリニウム増強 T1W 画像（b）では低信号領域と造影剤で増強される領域が混在して描出されている（矢印）。

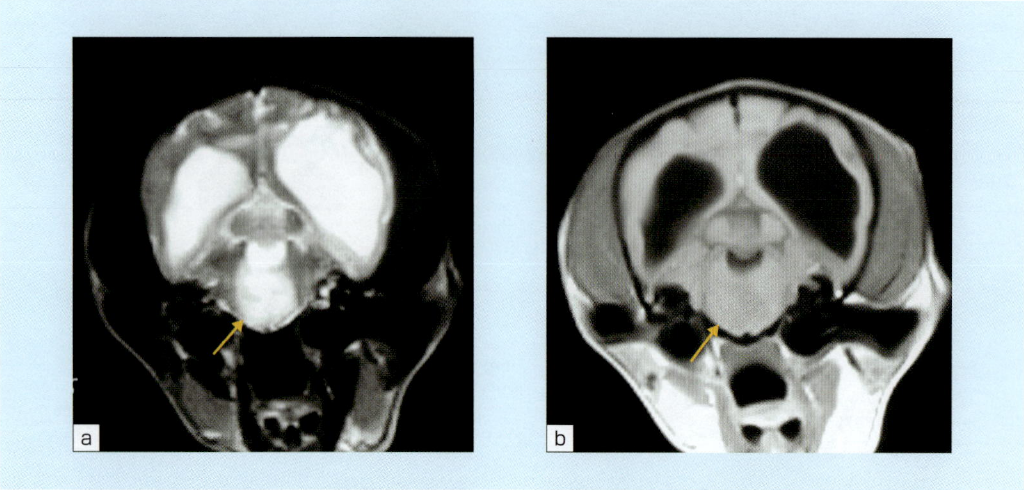

図 9　壊死性白質脳炎（NLE）と診断されたヨークシャー・テリア（3 歳，雌）の脳の MRI 所見

延髄腹側に T2W 画像（a）で高信号，ガドリニウム増強 T1W 画像（b）で低信号の病変が認められる（矢印）。同時に，左右の大脳後頭葉に著しい萎縮が認められる。

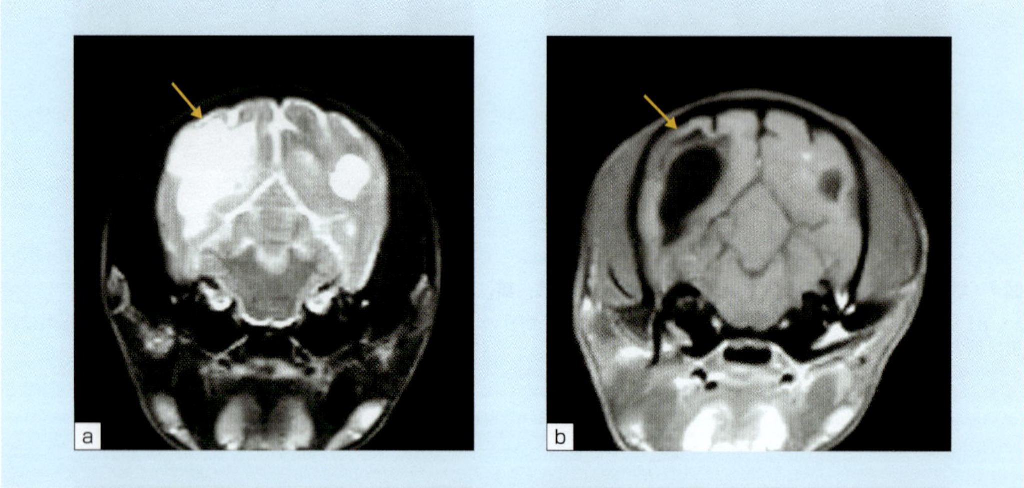

図 10　初診時 6 歳，雌，ヨークシャー・テリアの脳の MRI 所見

右側の後頭葉に白質主体の軟化巣が認められるが（矢印），脳幹病変はない。

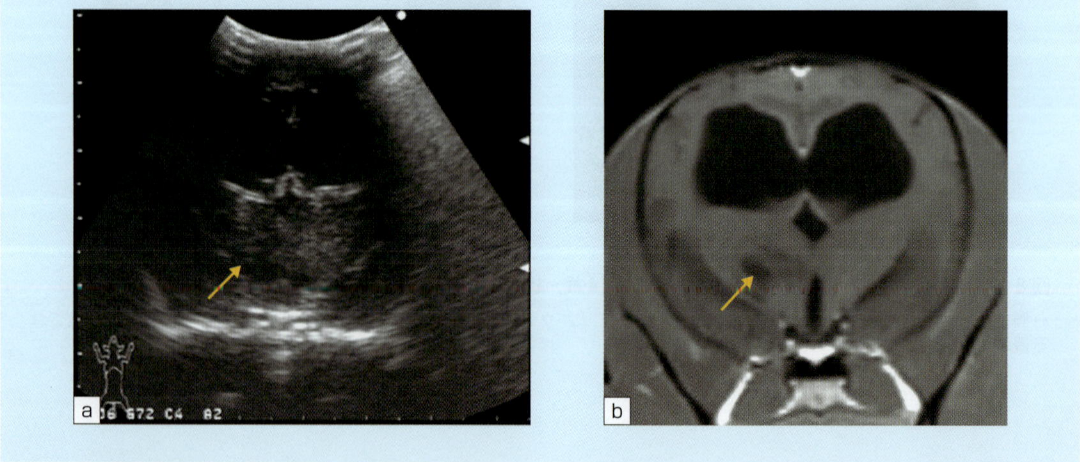

図 11　壊死性白質脳炎（NLE）と診断されたチワワの MRI

右側視床に超音波検査（a）で低エコー（矢印），MRI ガドリニウム増強 T1W 画像（b）で低信号の軟化巣（矢印）が認められる。

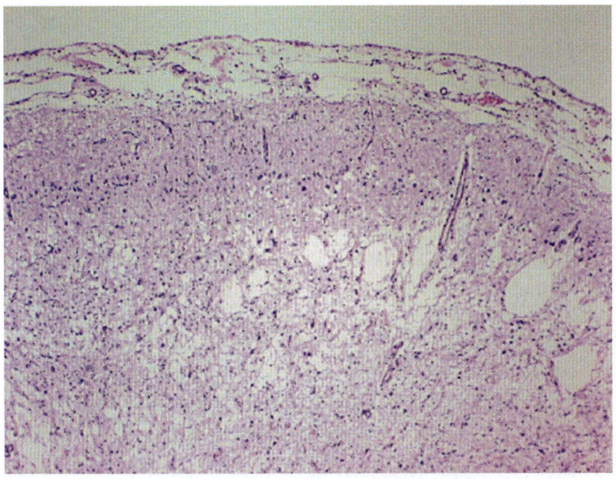

図 12　図 7 で示したポメラニアンの剖検時（9 歳）の大脳
大脳皮質が広範に壊死しており，炎症細胞はまばらに認められる。

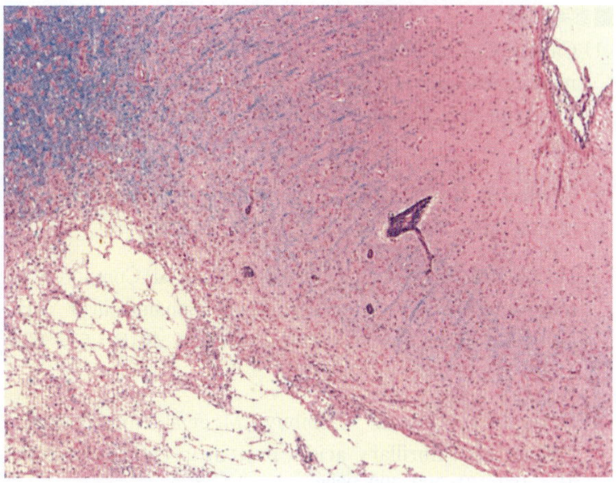

図 13　壊死性白質脳炎（NLE）と診断されたヨークシャー・テリアの大脳
白質の著しい壊死が認められる。
（画像提供：東京大学　内田和幸先生）

6．病理所見

NME の病理組織像はパグのそれと同様である（図 12）。NLE では灰白質直下の白質や脳幹に，T 細胞を主体とする細胞浸潤と脱髄，壊死が認められる[6)]（図 13）。

7．今後の展開

NME と NLE の原因は明らかになっておらず，両者が異なる疾患かどうかもわかっていない。パグ以外の犬種でも，NME の病理像をもつ症例では CSF に GFAP が検出され，抗 GFAP 抗体も陽性となる[12, 22)]。これらの症例ではパグの NME と同等の病態が存在すると思われる。一方，典型的な NLE は NME と病理像が異なり，抗 GFAP 抗体も認められないことが多い。しかし，実際には，前述したように NME と NLE の中間型の症例が少なからず存在する。ラットの実験的な自己免疫性脳脊髄炎 experimental autoimmune encephalomyelitis（EAE）はヒトの炎症性神経疾患である多発性硬化症のモデルとして広く用いられているが，ラットの系統差によって病変の主座に差がある。つまり，ある系統のラットでは大脳皮質に強く病変が現れ（犬でいえば NME 型），別の系統では脳幹のみに病変が現れる（犬でいえば NLE 型）[19)]。犬でも，犬種や家系によって同じ疾患の表現型が異なるという可能性は十分にあると思われる。

NME と NLE の病因解明は今後の研究の進展を待たなければならないが，パグ以外の犬種では発生が散発的であるため，症例を蓄積するのはなかなか難しい。

おわりに

本章では犬の NME および NLE について概説した。NME と NLE は画像診断や CSF 検査によって高精度な生前診断ができる。治療法のコンセンサスはないが，ステロイド療法に加え，発作を十分に管理することが QOL を保つために重要である。

［松木直章］

■参考文献

1) Cantile C, Chianini F, Arispici M, Fatzer R. Necrotizing meningoencephalitis associated with cortical hippocampal hamartia in a Pekingese dog. *Vet Pathol.* 38(1): 119-122, 2001.

2) Cordy DR, Holliday TA. A necrotizing meningoencephalitis of Pug dogs. *Vet Pathol.* 26(3): 191-194, 1989.

3) Ducoté JM, Johnson KE, Dewey CW, et al. Computed tomography of necrotizing meningoencephalitis in 3 Yorkshire Terriers. *Vet Radiol Ultrasound.* 40(6): 617-621, 1999.

4) Fujiwara K, Matsuki N, Shibuya M, et al. Autoantibodies against glial fibrillary acidic protein in canine sera. *Vet Rec.* 162(18): 592-593, 2008.

5) Higginbotham MJ, Kent M, Glass EN. Noninfectious inflammatory central nervous system diseases in dogs. *Compend Contin Educ Vet.* 29(8): 488-497, 2007.

6) Higgins RJ, Dickinson PJ, Kube SA, et al. Necrotizing meningoencephalitis in five Chihuahua dogs. *Vet Pathol.* 45(3): 336-346, 2008.

7) Jung DI, Kang BT, Park C, et al. A comparison of combination therapy (cyclosporine plus prednisolone) with sole prednisolone therapy in 7 dogs with necrotizing meningoencephalitis. *J Vet Med* Sci. 69(12): 1303-1306, 2007.

8) Kitagawa M, Okada M, Kanayama K, et al. A canine case of necrotizing meningoencephalitis for long-term observation: Clinical and MRI findings. *J Vet Med Sci.* 69(11): 1195-1198, 2007.

9) Kobayashi Y, Ochiai K, Umemura T, et al. Necrotizing meningoencephalitis in pug dogs in Japan. *J Comp Pathol.* 110(2): 129-136, 1994.

10) Levine JM, Fosgate GT, Porter B, et al. Epidemiology of necrotizing meningoencephalitis in Pug dogs. *J Vet Intern Med.* 22(4): 961-968, 2008.

11) Lotti D, Capucchio MT, Gaidolfi E, Merlo M. Necrotizing encephalitis in a yorkshire terrier: clinical, imaging, and pathologic findings. *Vet Radiol Ultrasound.* 40(6): 622-626, 1999.

12) Matsuki N, Fujiwara K, Tamahara S, et al. Prevalence of autoantibody in cerebrospinal fluids from dogs with various CNS diseases. *J Vet Med Sci.* 66(3): 295-297, 2004.

13) Matsuki N, Takahashi M, Yaegashi M, et al. Serial examinations of anti-GFAP autoantibodies in cerebrospinal fluids in canine necrotizing meningoencephalitis. *J Vet Med Sci.* 71(1): 99-100, 2009.

14) Pham NT, Matsuki N, Shibuya M, et al. Impaired expression of excitatory amino acid transporter 2 (EAAT2) and glutamate homeostasis in canine necrotizing meningoencephalitis. *J Vet Med Sci.* 70(10): 1071-1075, 2008.

15) Sawashima Y, Sawashima K, Taura Y, et al. Clinical and pathological findings of a Yorkshire terrier affected with necrotizing encephalitis. *J Vet Med Sci.* 58(7): 659-661, 1996.

16) Schatzberg SJ, Haley NJ, Barr SC, et al. Polymerase chain reaction screening for DNA viruses in paraffin-embedded brains from dogs with necrotizing meningoencephalitis, necrotizing leukoencephalitis, and granulomatous meningoencephalitis. *J Vet Intern Med.* 19(4): 553-559, 2005.

17) Shibuya M, Matsuki N, Fujiwara K, et al. Autoantibodies against glial fibrillary acidic protein (GFAP) in cerebrospinal fluids from Pug dogs with necrotizing meningoencephalitis. *J Vet Med Sci.* 69(3): 241-245, 2007.

18) Stalis IH, Chadwick B, Dayrell-Hart B, et al. Necrotizing meningoencephalitis of Maltese dogs. *Vet Pathol.* 32(3): 230-235, 1995.

19) Storch MK, Bauer J, Linington C, et al. Cortical demyelination can be medeled in specific rat models of autoimmune encephalomyelitis and is major histocompatibility complex (MHC) haplotype-related. *J Neuropathol Exp Neurol.* 65(12): 1137-1142, 2006.

20) Suzuki M, Uchida K, Morozumi M, et al. A comparative pathological study on canine necrotizing meningoencephalitis and granulomatous meningoencephalomyelitis. *J Vet Med Sci.* 65(11): 1233-1239, 2003.

21) Tipold A, Fatzer R, Jaggy A, et al. necrotizing encephalitis in Yorlshire terriers. *J Small Animal Pract.* 34(12): 623-628, 1993.

22) Toda Y, Matsuki N, Shibuya M, et al. Glial fibrillary acidic protein (GFAP) and anti-GFAP autoantibody in canine necrotizing meningoencephalitis. *Vet Rec.* 161(8): 261-264, 2007.

23) Uchida K, Hasegawa T, Ikeda M, et al. Detection of autoantibody from Pug dogs with necrotizing encephalitis (Pug dog encephalitis). *Vet Pathol.* 36(4): 301-307, 1999.

Ⅰ

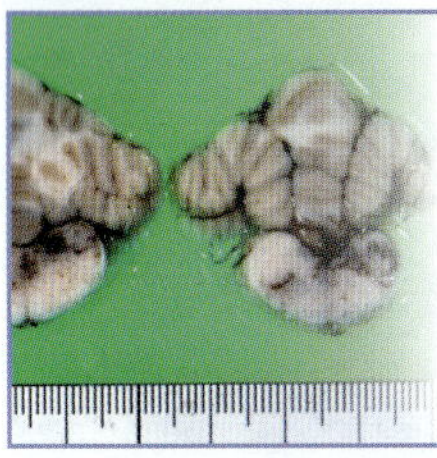

15. 犬の特発性脳炎(2)：肉芽腫性髄膜脳脊髄炎とその他の疾患

はじめに

前章では，犬の特発性脳炎である壊死性髄膜脳炎 necrotizing meningoencephalitis(NME)および壊死性白質脳炎 necrotizing leukoencephalitis(NLE)について解説した。本章では，同じく特発性脳炎に分類される**肉芽腫性髄膜脳脊髄炎 granulomatous meningo-encephalomyelitis(GME)，ステロイド反応性髄膜炎・動脈炎 steroid-responsive meningitis-arteritis(SRMA)**および**特発性好酸球性髄膜炎 idiopathic eosinophilic meningitis**について解説する。

肉芽腫性髄膜脳脊髄炎(GME)

1．概要

GMEは犬の中枢神経系にみられる非化膿性の炎症性疾患である。NMEやNLEよりも古くから知られており，最初に報告されたのは1962年のことである[12]。当初は“reticulosis”と呼ばれていたが，1978年にGMEという病名が提唱され[4]，現在に至っている。GMEの原因はまだわかっていないが，その病理所見や治療反応性から**自己免疫疾患であると考えられており**[11]，様々な治療が試みられている。2007年に，GMEについて非常に詳細なレビューが発表された[1]。

2．病理所見

GMEという病名は病理学的特徴に基づいているので，まずGMEの病理を説明する。GMEの病理は詳細に検討されており[11, 21, 22]，病変が好発する部位は**大脳白質，小脳白質，脳幹，脊髄**，そして**視神経**である。肉眼的には病変部分の膨化や変色，さらに髄膜の肥厚が観察される(図1a)。病理組織学的には白質の血管周囲にT細胞およびマクロファージを主体とする細胞浸潤が認められ，**肉芽腫を形成**する。肉芽腫周囲には浮腫と反応性グリア増生が認められる。血管周囲の細胞浸潤は灰白質にもみられ，髄膜の肥厚もみられる(図1b～d)。NMEやNLEと異なり，広範な壊死巣を形成することはない。

GMEはマクロ的な病変の分布によって**巣状型 focal type，播種型 disseminated type**および**眼型 ocular type**に分類されている。

肉眼的に，少数の比較的境界明瞭な肉芽腫が認めら

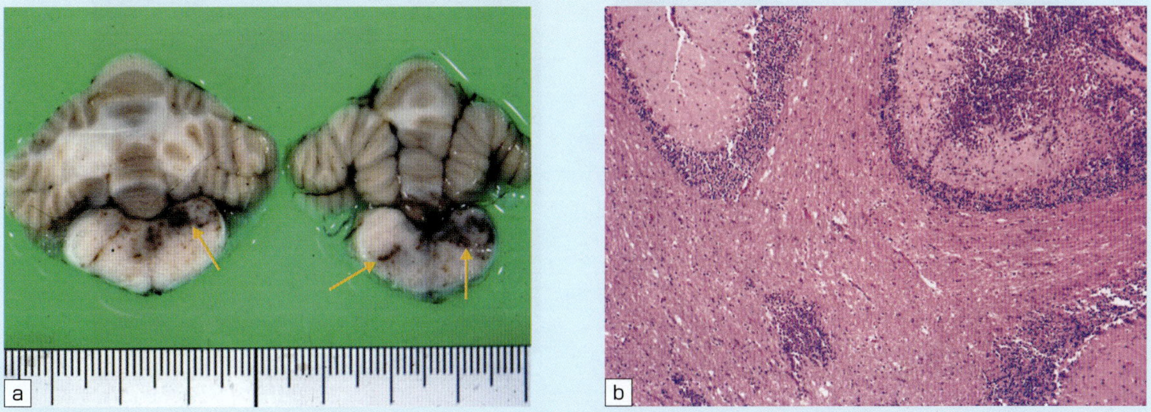

図1　肉芽腫性髄膜脳脊髄炎(GME)に罹患した雑種犬の脳
a：小脳～橋の肉眼所見。橋に著しい変色（矢印）が認められる。b：小脳の組織所見。皮質および白質に多数の単核球が浸潤している。

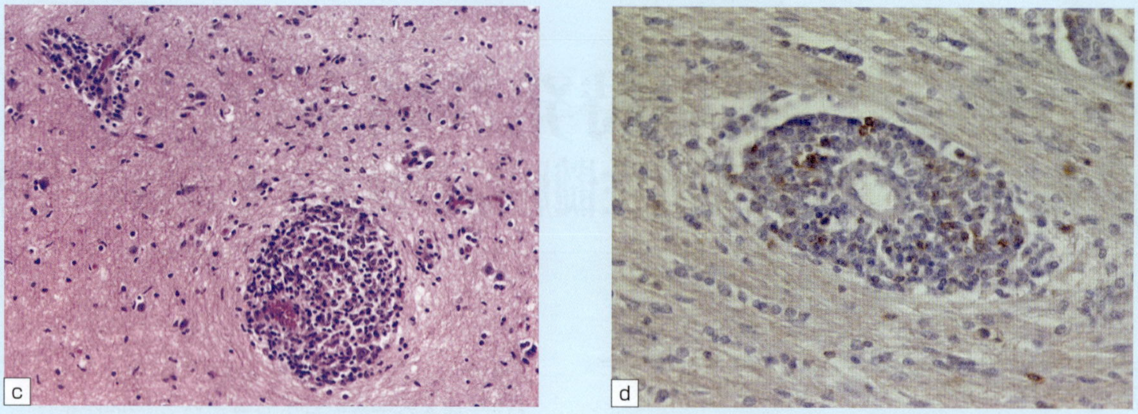

図1のつづき

c：大脳白質の組織所見。血管周囲に多数の類上皮細胞がみられる。d：大脳白質・抗CD3抗体による免疫組織化学染色所見。血管周囲に浸潤した細胞にはCD3陽性のT細胞（褐色）が多数含まれる。
（画像提供〔図1a～d〕：東京大学　内田和幸先生）

れるものを巣状型GMEと呼ぶ(図2)。この肉芽腫は小さな血管周囲肉芽腫が合体したものであり，大脳白質，小脳白質および脳幹に好発する。同時に，顕微鏡的な血管病変が他の部位に認められることもある。

脳および脊髄の広範囲にび漫性病変がみられるタイプを播種型GMEと呼ぶ(図3，図4)。

眼型はGMEの特殊なタイプで，視神経～視交叉～脳内の視覚経路に限局した病変が現れる(図5)。

3. 疫学

GMEは小型犬に好発するとされているが[11, 16]，NMEやNLEのような犬種特異性はみられない。筆者の自験例にはチワワ，パピヨン，トイ・プードル，ミ

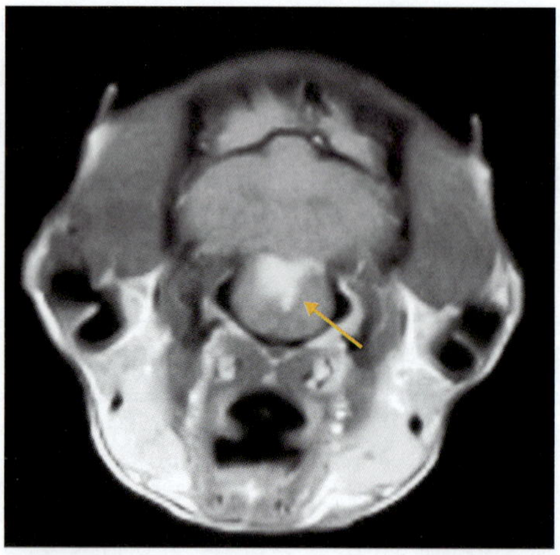

図2　巣状型肉芽腫性髄膜脳脊髄炎（GME）と仮診断されたマルチーズ(4歳，雄)の脳MRI(ガドリニウム増強T1強調〔T1W〕画像)

脳幹に造影剤で明瞭に増強される病変が認められる（矢印)。

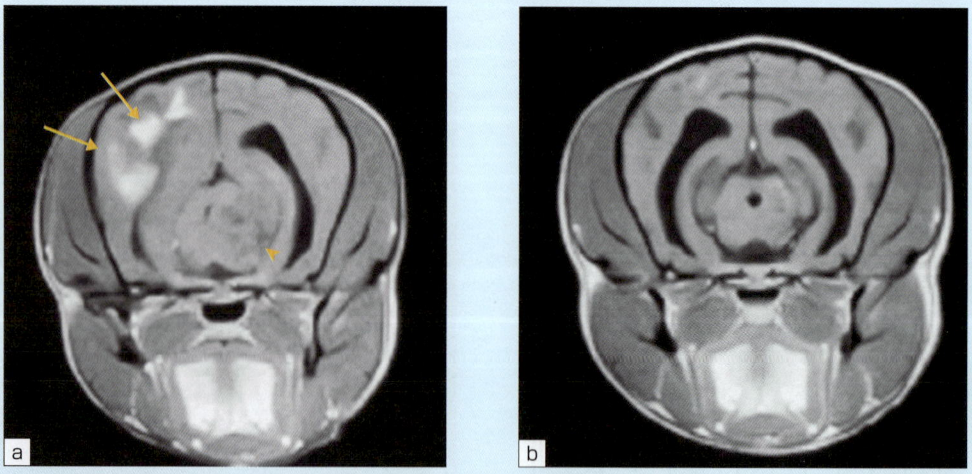

図3　播種型肉芽腫性髄膜脳脊髄炎（GME）と仮診断されたウィペット(2歳，雌)の脳MRI(ガドリニウム増強T1W画像)

治療前（a）には大脳白質に造影剤で明瞭に増強される病変が認められ（矢印)，中脳にも造影剤で増強されない腫脹と変形（矢頭）がみられた。これらの病変は，ステロイド治療後にはほぼ完全に消失し（b)，治療終了後の再発も認められなかった。

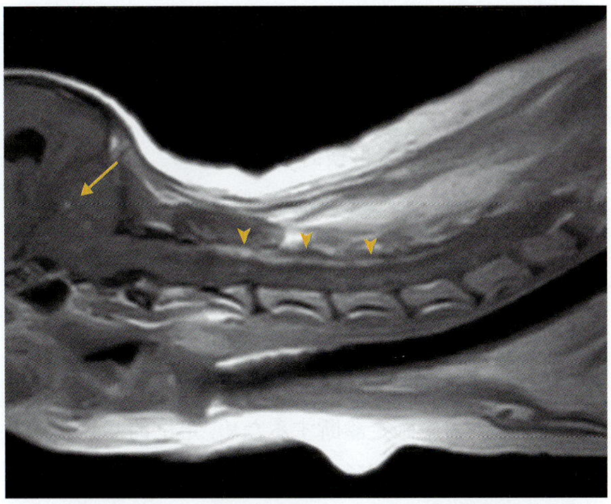

図4　播種型肉芽腫性髄膜脳脊髄炎(GME)と確定診断されたトイ・プードル(7歳，雌)の脳～脊髄 MRI(ガドリニウム増強 T1W 画像矢状断像)

小脳に造影剤で点状に増強される病変が複数存在する（矢印）。頚髄背側には造影剤で明瞭に増強される病変が認められる（矢頭）。

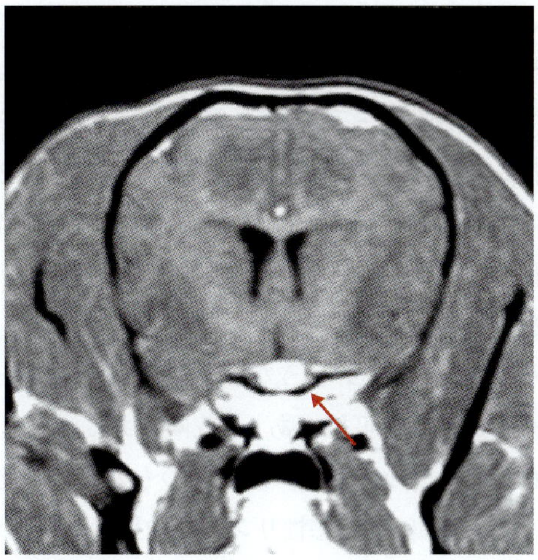

図5　眼型肉芽腫性髄膜脳脊髄炎(GME)と仮診断されたミニチュア・ダックスフンド(5歳，雄)の脳 MRI(ガドリニウム増強 T1W 画像)

造影剤で増強され，視交叉（矢印）が明瞭に示されている。
（画像提供：日本獣医生命科学大学　長谷川大輔先生）

Video Lectures　播種型 GME

動画　確定診断されたトイ・プードル（7歳，雄）

図4の症例。小脳病変による企図振戦を呈している。

ニチュア・ダックスフンド，ウェルシュ・コーギーなど，現在の人気犬種が多数含まれている。一方，ラブラドール・レトリーバーやゴールデン・レトリーバーなどの大型犬ではほとんど認められない。性差は，雌に多いとする文献とそうでないものがある[1)]。発症年齢は数カ月齢～8歳程度であり，1～4歳の犬に好発する。ワクチンや感染因子と GME との関連は不明である[19)]。

4．臨床症状

症状は急に現れ，治療しなければ急激に進行する。GME は脳の様々な部位に孤立性または多発性の病変を形成するので，障害部位に応じて様々な異常が現れる。

大脳白質(および皮質～髄膜)に病変があれば発作，運動失調，視力障害，性格や行動の変化が認められやすい。小脳に病変があれば捻転斜頚，眼振，企図振戦(**動画**)，測定過大などの特徴的な症状がみられる。脳幹に病変があれば意識レベルの低下，旋回運動，中枢性前庭障害，四肢の不全麻痺，頚部の痛みや緊張がみられる。脊髄病変は頚部に好発し，四肢の不全麻痺，頚部の痛みや緊張が現れる。これらの症状は単独で現れるのではなく，様々な程度で混在している。眼型 GME では突発的な視力障害が現れる(主に**散瞳性失明**)。

若い小型犬で頚部の痛みや緊張がみられた場合，まず環軸椎亜脱臼や水頭症，脊髄空洞症などの解剖学的異常を疑いがちであるが，それらの症例の中にはかなりの確率で GME も含まれているので注意を要する。

5．診断

NME や NLE は発症する犬種が限られ，さらに画像診断で特徴的な軟化・壊死巣が観察されるので，生前診断の精度は高い。これに対し，GME は犬種特異性に乏しく，画像診断や臨床病理学的には特徴的な所見が得られにくいため，他の炎症性疾患や腫瘍性疾患を除外しなければならない。GME の確定診断には病理組織学的検査が必須であり，生前診断はあくまで仮診断にとどまる。GME の仮診断は，後述の画像診断，脳脊髄液(CSF)検査や微生物学的検査を含む臨床病理学的所見，そして治療に対する反応性を基に下す。GME と仮診断した症例は，治療に反応して軽快することも少なくない(**図3**)[8, 17)]。このような症例は確定診断に至らないため，GME の正確な疫学研究はかなり難しい。

(1) 画像診断

コンピュータ断層撮影(CT)による観察も不可能で

はないが[1]，磁気共鳴画像(MRI)の方が圧倒的に観察しやすい。肉芽腫性病変はT2強調(T2W)画像高信号，T1強調画像等～低信号であり，造影剤で明瞭に増強されるか，リング状に増強される[5]。また，T2W画像では肉芽腫性病変の周囲にび漫性の高信号領域が認められ，病変周囲の実質に浮腫や微細な炎症巣があることを示唆する。

しかしながら，このようなMRI所見だけでGMEと診断することは不可能であり，危険である。MRI上でみられるGMEの病変は，感染性のものを含む他の炎症性疾患や腫瘍(特に悪性リンパ腫や悪性組織球症)と区別できない。したがって，これらの鑑別疾患は画像診断以外の方法で除外しなければならない。

いったんGMEの仮診断が成立すれば，MRIでみられる病変の分布によって巣状型(図2)，播種型(図3，図4)，眼型(図5)の分類も可能である。

(2) 臨床病理

GMEに特異的な血液検査項目はないが，少なくとも全血球計算とスクリーニング的な血液生化学検査(血糖値，電解質，肝酵素など)を行い，代謝性疾患を除外しておく必要がある。**CSF検査では細胞数の増加と蛋白濃度の上昇が認められることが多い**[1]。**CSFの細胞診では主に小リンパ球とマクロファージが認められ**，少数の好中球も認められる。悪性リンパ腫や悪性組織球症はCSFに腫瘍細胞が現れやすいため，この細胞診の段階で確定できることがある。しかし，その他の腫瘍(例：転移癌)の診断は難しい。

細菌，真菌，原虫などの感染因子が認められてはならない。犬ジステンパーウイルス(CDV)をはじめとするウイルスも認められないはずだが，実際には生前にCDV感染を否定することは難しい。現在，ほとんどの飼育犬はCDVに対するワクチンを接種されており，血中の抗体価は十分に上がっていることが多い。このような犬がGMEに罹患すると，血液脳関門(BBB)の障害によって血中の抗CDV抗体がCSFに漏出し，高い抗体価を示すことがある。CDVに対するポリメラーゼ連鎖反応(PCR)が陽性であればウイルスの存在を肯定できるが，CDVと脳炎の因果関係を証明できるわけではない。さらに，PCR陰性でもCDV感染を完全に否定することはできない。このため，CDVを肯定または否定するには，死後の脳組織についてCDVに対する免疫組織化学検査を行わなければならない。このような事情は他のウイルスについてもほぼ同様である。

筆者が以前に発表した論文[14]では，病理組織学的にGMEと確定診断した3例は全て抗グリア線維性酸性タンパク質(GFAP)抗体陽性であった。しかし，その後に症例を増やして再検討したところ，死後にGMEと確定診断された犬(主に播種型)のうち，抗GFAP抗体陽性であったのは4割程度であった。GMEと仮診断し，治療に反応した例まで含めると，抗GFAP抗体陽性率は20～30%にとどまるため，GMEの診断マーカーとして抗GFAP抗体の意義は少ない。

GMEを生前に確定診断するため，定位的CTガイド下でTru-cut脳生検が行われたという報告がある[7,15]。生前の確定診断のためには唯一の方法だが，脳生検のリスクと生検で得られる情報とが釣り合うかどうか検討が必要である。

6. 治療および予後

GMEの治療法としてステロイド，放射線照射，シクロスポリン，レフルノミド，シトシンアラビノシド，プロカルバジンなど，**主に免疫抑制を目的とした治療法**が報告されている。以下に，各々の治療法を紹介する。

注意すべき点は，GMEの治療研究の多くは仮診断レベルで行われていることである[8,17]。あるいは，GMEと確定診断されるのが死亡例であるため，死亡した重症例によって結果にバイアスがかかることもある。このため，GME治療に関してエビデンスといえるものはなく，経験論にとどまる。筆者はステロイド，シクロスポリン，常電圧X線照射を中心に使用している。一般的に，**巣状型GMEは播種型GMEよりも治療に反応しやすく**，予後もよいようである[16]。

(1) ステロイド療法

初期治療として**免疫抑制量のプレドニゾロン**(例：2 mg/kg/day)を注射または経口で投与する。初期治療に対する反応は様々であり，劇的に改善する症例もあれば(図3)，ほとんど反応しない症例もある。治療に反応した症例では，神経症状を観察しつつプレドニゾロンを継続または漸減して維持量を決定する。多くの症例では，状態を維持するために0.5～1.0 mg/kg/day程度のプレドニゾロンを継続投与しなければならない。副作用は消化管出血や医原性クッシング症候群である。ある報告では，プレドニゾロン単独で治療されたGME症例の生存期間中央値は，巣状型で41日，播種型で8日であった[16]。

(2) 放射線治療

GMEに放射線治療が適用されるようになった経緯は不明であるが，広く用いられている。照射線量のコンセンサスはない。筆者は，ステロイド療法のみでは改善の乏しい症例に対して，6～8 GyのX常電圧X線(300 kV)を1回だけ局所(巣状型GME)または全脳(播種型GME)に照射している。副作用は早発性障害(脱毛,皮膚の紅斑など)と晩発性障害(脱髄・脳実質壊死)である。再発を繰り返すGMEでは放射線治療を繰り返すことになり，副作用の発現率も増える。

GMEの犬42頭の研究では[16]，放射線治療のみが有意に生存期間を延長させた。特に巣状型のGMEでは，放射線治療の成績がよかったとされている。

(3) シクロスポリン

GMEが疑われる犬に対して**シクロスポリン cyclosporin**を使用した報告が2報ある。1報は5 mg/kg, BIDで開始し，神経症状を観察しながら継続した[8]。もう1報は6 mg/kg，BIDで開始し，シクロスポリンの血中濃度のトラフ値が200～400 ng/mLになるよう増減した[2]。さらにこの論文では，シクロスポリンの代謝を抑えて血中濃度を保つために，シクロスポリン5 mg/kg，SIDとケトコナゾール8 mg/kg，SIDの併用も試みられた。この論文では症例の生存期間中央値が930日と異例の長さであるが，GMEが仮診断であることに注意すべきである。

シクロスポリンの副作用としては嘔吐や下痢，歯肉の増生，多毛などが挙げられる。犬では長期間の過剰投与をしない限り，腎不全のリスクは高くないと考えられている[1]。

(4) レフルノミド

レフルノミド leflunomideはヒトの抗リウマチ薬であり,免疫抑制剤としても使用されている。GMEが疑われる犬に対してレフルノミドを使用した論文はない(学会報告のみ)。筆者はGMEが疑われる犬に対してヒトの投与量を外挿し，4 mg/kg，SIDで1週間，その後は維持量として1 mg/kg，SIDを連続投与したところ，神経症状とMRI上の病変が消失した。しかし，自験例の数頭のうち1頭で重度の間質性肺炎が生じたため，現在では脳炎の症例には使用していない。

レフルノミドの副作用として，間質性肺炎の他に肝障害や骨髄抑制などが知られている。

(5) シトシンアラビノシド

シトシンアラビノシド cytosine arabinoside (AraC)は抗悪性腫瘍薬だが，脳への移行がよいことや免疫抑制作用を期待して，GMEが疑われる犬に使用されている[17, 27]。50 mg/㎡，BIDを連続した2日間経口投与し，これを3週間ごとに繰り返す。低コストのため，GMEの維持療法として選択する価値はあるが，副作用として骨髄抑制が高率に現れる。

(6) プロカルバジン

プロカルバジン procarbazineも抗がん剤であり，シトシンアラビノシドと同様に脳への移行がよいため，GMEが疑われる犬に使用されている[6]。25～50 mg/㎡，SIDで経口投与する。副作用として骨髄抑制が高率(30％程度)に現れ，消化管出血を起こす可能性もある。

ステロイド反応性髄膜炎・動脈炎(SRMA)

1．概要

SRMAはビーグル，バーニーズ・マウンテン・ドッグ，ボクサーなど特定の犬種でみられる疾患である。この疾患はビーグル犬の集団で発生する**壊死性動脈炎**として見いだされ[9]，**壊死性動脈炎 necrotizing arteritis**や**“Beagle(neck)pain syndrome”**と呼ばれていた[10, 20]。その後，同様の疾患が他の犬種でも報告されるようになり，現在ではSRMAという病名の方が一般的である。

病名のごとく，様々な程度の脊髄炎と特徴的な動脈炎を呈し，ステロイド療法に比較的よく反応する。自己免疫性の疾患だと考えられているが，原因は明らかになっていない。

2．疫学

ビーグル，バーニーズ・マウンテン・ドッグ，ボクサーの若い個体(生後6カ月齢～3歳程度)で散発的に発生する。これらの犬種の雑種犬でも発生する。性差は特にない。

3．臨床症状

典型的には40℃以上の**発熱**，**頚部の痛みと緊張**，**神経過敏**，**歩様の異常**などが現れる[23]。これらの症状は抗生剤や非ステロイド性消炎鎮痛剤(NSAIDs)にはほ

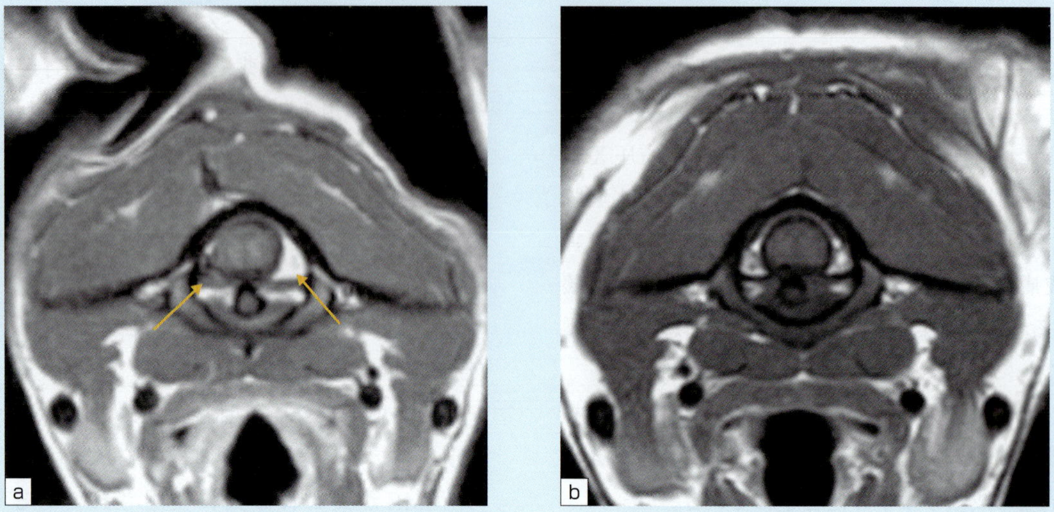

図6　ステロイド反応性髄膜炎・動脈炎(SRMA)が疑われたビーグル(1歳，雄)の頸部MRI所見
頸部痛と発熱（39.9℃）を主訴に来院した。初診時のMRI（a）では椎骨静脈叢と考えられる部位（矢印）に造影剤で明瞭に増強される左右非対称の病変を認めた。CSF検査では好中球，マクロファージ，リンパ球の増多が観察され，血清CRPも5.8 mg/dLと上昇していた。プレドニゾロン治療により症状は改善し，頸部の病変も消失した（b）。
（画像提供：日本獣医生命科学大学　長谷川大輔先生）

とんど反応せず，抗炎症量のステロイド剤で緩和される。**重症例では脊髄炎が脳にまで波及し，発作，視力障害，測定過大などの神経症状が同時にみられることもある**[26]。

4. 診断

まず，感染性疾患(椎体炎など)を除外する必要がある。SRMAの脊髄炎および脳炎をMRIで描出した報告は少ないが，実際には様々な程度で炎症性の変化が認められる(図6)[26]。

SRMAの際立った特徴はCSFに現れる。**CSFの細胞数は増加し(～数百/μL)，その多く(80%以上)は好中球**である。好中球に細菌貪食像や変性は認められない。CSFではIgAが著しく増加し，IgGやIgMも増加する[24]。血清中のC反応性蛋白C-reactive protein(CRP)や他の急性相蛋白はSRMAで上昇し，治療マーカーとして期待されている[3, 13]。

5. 治療および予後

プレドニゾロン1～2 mg/kg，SIDで治療を開始し，臨床症状をみながら増減する。ステロイドへの反応性には個体差がある。多くの例では長期(6～12カ月以上)のステロイド投与が必要であり，ステロイドを減量または中止すると炎症が再発する。特に，慢性に再燃を繰り返すと神経症状が不可逆的になり，予後が悪化する。

6. 病理所見

SRMAの犬では全身性の動脈炎が認められる。動脈には著しいフィブリノイド沈着，細胞浸潤や血栓が認められる。中枢神経系では頸部脊髄の髄膜に動脈炎が好発し，そこから頸部の脊髄炎や髄膜脳炎に波及する(図7)。

特発性好酸球性髄膜炎

1. 概要と疫学

非常にまれに，犬の中枢神経系で好酸球性の炎症が起こり，**CSFで好酸球増多が認められる**ことがある。このような犬のうち，**寄生虫疾患やアレルギー性疾患が除外され，原因不明のものは特発性好酸球性髄膜炎と総称されている**。最近，CSFで好酸球増多が認められた犬23例のデータが報告されたが[25]，好発犬種，性差，好発年齢は特にない。また，これ以外にはまとまった報告はない。

2. 臨床症状

運動失調，視力障害，発作，虚弱など様々な中枢神経症状が観察される。

3. 診断

MRIでは髄膜の肥厚，脳実質の炎症が観察される(図8a)。**CSF検査では，全白血球のうち好酸球が**

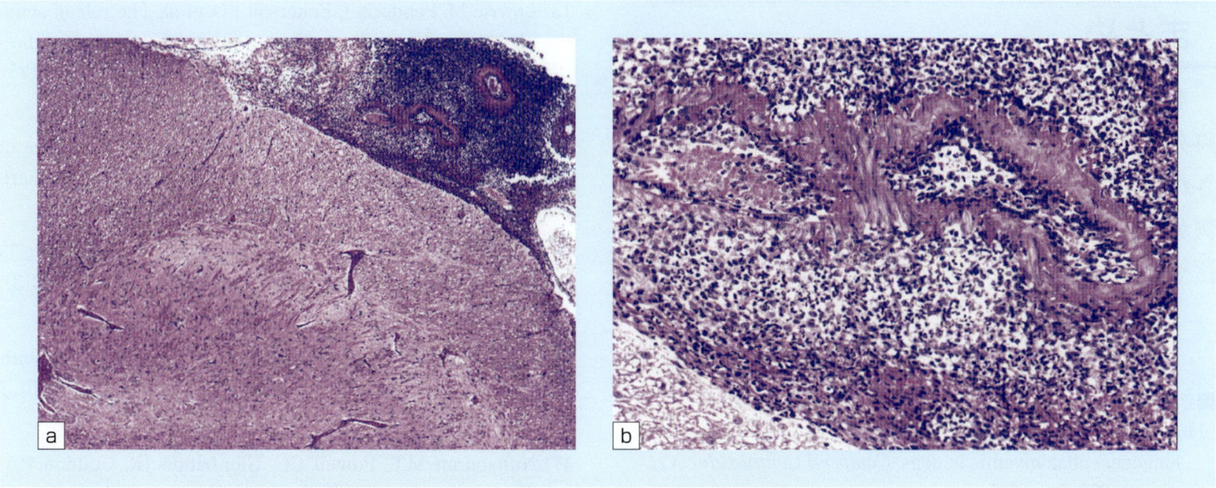

図7　ステロイド反応性髄膜炎・動脈炎(SRMA)に罹患したビーグル犬の脊髄病理組織所見

a：病理組織像。脊髄の髄膜および髄外の血管周囲に著しい細胞浸潤が認められる。
b：強拡大像。フィブリノイド沈着を伴う壊死性動脈炎が顕著である。
(画像提供：東京大学　内田和幸先生)

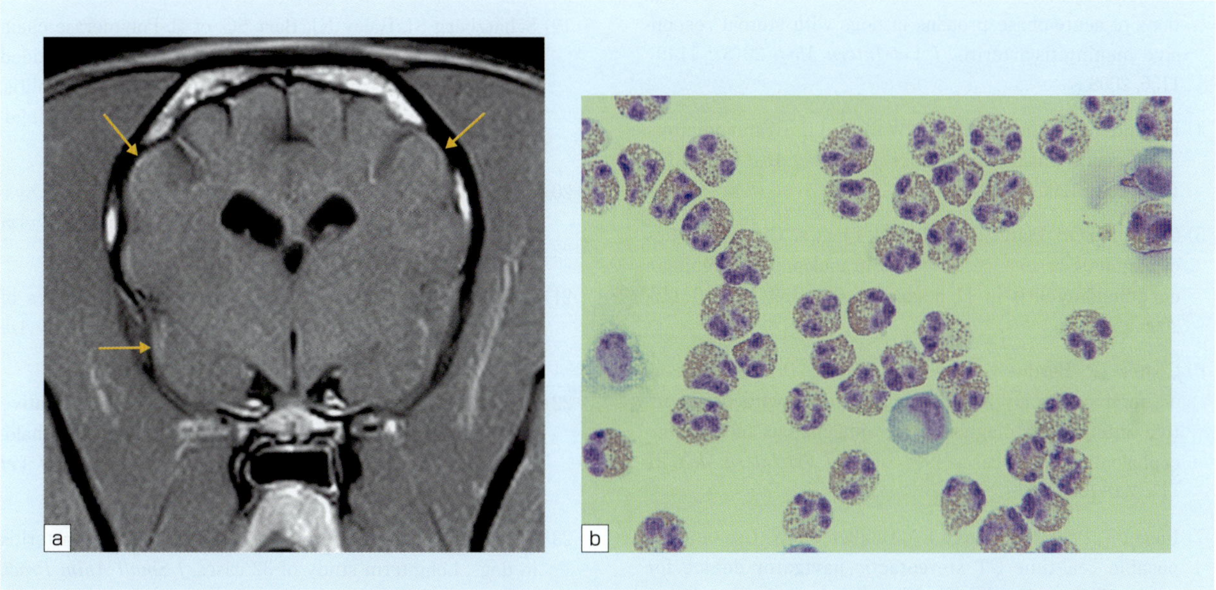

図8　四肢不全麻痺を主徴としたボストン・テリア(7歳，雌)の脳MRI(ガドリニウム増強T1W画像)と脳脊髄液(CSF)検査所見

髄膜が広範囲に増強されている（a:矢印）。血液検査では著しい好酸球増多（11,123/μL）が認められ，CSFでも好酸球増多が認められた（b）。寄生虫感染症（ネオスポラ症，トキソプラズマ症，消化管内寄生虫，犬糸状虫症）は否定され，プレドニゾロン投与により臨床症状，好酸球増多とも改善したことから，特発性好酸球性髄膜炎と診断した。
(画像提供：たむら動物病院　田村慎司先生)

20%以上であれば好酸球増多とみなすよう推奨されている(図8b)[25]。このような犬の多くでは，末梢血でも好酸球増多が認められる。各種の寄生虫疾患やアレルギー性疾患が否定され，実際にはステロイド療法に反応する犬が特発性好酸球性髄膜炎と診断される。

4. 治療および予後

プレドニゾロン1～2 mg/kg，SIDで治療を開始し，臨床症状をみながら増減する。ほとんどの症例は治療によく反応し，臨床症状ならびに好酸球増多が改善する。多くの症例では数カ月程度のステロイド療法が必要だが，その後は投薬を漸減・中止できる。

5. 病理所見

犬の特発性好酸球性髄膜炎はステロイド治療によく反応し，臨床症状は著明に改善する。このため，本疾患の病理像はほとんど検討されていない。6カ月齢のマレンマ・シェパードの1症例について詳細に検討した報告があるが，灰白質に著しい萎縮が認められるなど，特発性好酸球性髄膜炎の典型例とはいえない[18]。

まとめ

本章で解説したGME，SRMA，特発性好酸球性髄膜炎はいずれも原因不明であり，診断法も十分に確立されているとは言いがたい。今後，これらの疾患の症例が蓄積され，病態解析が進むことで，よりよい治療法や予防法が確立されるよう努力したい。

[松木直章]

■参考文献

1) Adamo PF, Adams WM, Steinberg H. Granulomatous meningoencephalomyelitis in dogs. *Compend Contin Educ Vet.* 29(11): 678-690, 2007.

2) Adamo PF, Rylander H, Adams WM. Ciclosporin use in multi-drug therapy for meningoencephalomyelitis of unknown aetiology in dogs. *J Small Anim Pract.* 48(9): 486-496, 2007.

3) Bathen-Noethen A, Carlson R, Menzel D, et al. Concentrations of acute-phase proteins in dogs with steroid responsive meningitis-arteritis. *J Vet Intern Med.* 22(5): 1149-1156, 2008.

4) Braund KG, Vandevelde M, Walker TL. Granulomatous meningoencephalitis in six dogs. *J Am Vet Med Assoc.* 172(10): 1195-1200, 1978.

5) Cherubini GB, Platt SR, Anderson TJ, et al. Characteristics of magnetic resonance images of granulomatous meningoencephalomyelitis in 11 dogs. *Vet Rec.* 159(4): 110-115, 2006.

6) Coates JR, Barone G, Dewey CW, et al. Procarbazine as adjunctive therapy for treatment of dogs with presumptive antemortem diagnosis of granulomatous meningoencephalomyelitis: 21 cases(1998-2004). *J Vet Intern Med.* 21(1): 100-106, 2007.

7) Flegel T, Podell M, March PA, Chakeres DW. Use of a disposable real-time CT stereotactic navigator device for minimally invasive dog brain biopsy through a mini-burr hole. *Am J Neuroradiol.* 23(7): 1160-1163, 2002.

8) Gnirs K. Ciclosporin treatment of suspected granulomatous meningoencephalomyelitis in three dogs. *J Small Anim Pract.* 47(4): 201-206, 2006.

9) Harcourt RA. Polyarteritis in a colony of beagles. *Vet Rec.* 102(24): 519-522, 1978.

10) Hayes TJ, Roberts GK, Halliwell WH. An idiopathic febrile necrotizing arteritis syndrome in the dog: beagle pain syndrome. *Toxicol Pathol.* 17(1 Pt 2): 129-137, 1989.

11) Kipar A, Baumgärtner W, Vogl C, et al. Immunohistochemical characterization of inflammatory cells in brains of dogs with granulomatous meningoencephalitis. *Vet Pathol.* 35(1): 43-52, 1998.

12) Koestner A, Zeman W. Primary reticuloses of the central nervous system in dogs. *Am J Vet Res.* 23: 381-393, 1962.

13) Lowrie M, Penderis J, Eckersall PD, et al. The role of acute phase proteins in diagnosis and management of steroid-responsive meningitis arteritis in dogs. *Vet J.* 182(1): 125-130, 2008.

14) Matsuki N, Fujiwara K, Tamahara S, et al. Prevalence of autoantibody in cerebrospinal fluids from dogs with various CNS diseases. *J Vet Med Sci.* 66(3): 295-297, 2004.

15) Moissonier P, Blot S, Devauchelle P, et al. Stereotactic CT-guided brain biopsy in the dog. *J Small Anim Pract.* 43(3): 115-123, 2002.

16) Muñana KR, Luttgen PJ. Prognosis factors for dogs with granulomatous meningoencephalitis: 42 cases(1982-1996). *J Am Vet Med Assoc.* 212(12): 1902-1906, 1998.

17) Nuhsbaum MT, Powell CC, Gionfriddo JR, Cuddon PA. Treatment of granulomatous meningoencephalomyelitis in a dog. *Vet Ophthalmol.* 5(1): 29-33, 2002.

18) Salvadori C, Baroni M, Arispici M, Cantile C. Magnetic resonance imaging and pathological findings in a case of canine idiopathic eosinophilic meningoencephalitis. *J Small Anim Pract.* 48(8): 466-469, 2007.

19) Schatzberg SJ, Haley NJ, Barr SC, et al. Polymerase chain reaction screening for DNA viruses in paraffin-embedded brains from dogs with necrotizing meningoencephalitis, necrotizing leukoencephalitis, and granulomatous meningoencephalitis. *J Vet Intern Med.* 19(4): 553-559, 2005.

20) Scott-Moncrieff JC, Snyder PW, Glickman LT, et al. Systemic necrotizing vasculitis in nine young beagles. *J Am Vet Med Assoc.* 201(10): 1553-1558, 1992.

21) Sorjonen DC. Clinical and histopathological features of granulomatous meningoencephalomyelitis in dogs. *J Am Anim Hosp Assoc.* 26: 141-147, 1987.

22) Suzuki M, Uchida K, Morozumi M, et al. A comparative pathological study on granulomatous meningoencephalomyelitis and central malignant histiocytosis in dogs. *J Vet Med Sci.* 65(12): 1319-1324, 2003.

23) Tipold A, Jaggy A. Steroid responsive meningitis-arteritis in dogs: Long-term study of 32 cases. *J Small Anim Pract.* 35(6): 311-316, 1994.

24) Tipold A, Vandevelde M, Zurbriggen A. Neuroimmunological studies in steroid-responsive meningitis-arteritis in dogs. *Res Vet Sci.* 58(2): 103-108, 1995.

25) Windsor RC, Sturges BK, Vernau KM, Vernau W. Cerebrospinal fluid eosinophilia in dogs. *J Vet Intern Med.* 23(2): 275-281. 2009.

26) Wrzosek M, Konar M, Vandevelde M, Oevermann A. Cerebral extension of steroid-responsive meningitis arteritis in a boxer. *J Small Anim Pract.* 50(1): 35-37, 2009.

27) Zarfoss M, Schatzberg S, Venator K, et al. Combined cytosine arabinoside and prednisone therapy for meningoencephalitis of unknown aetiology in 10 dogs. *J Small Anim Pract.* 47(10): 588-595, 2006.

I

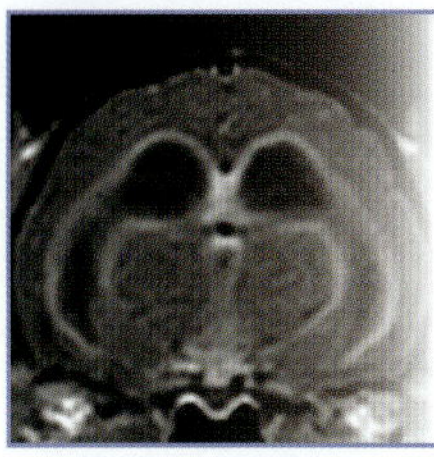

16. 感染性脳炎

はじめに

獣医学領域において，コンピュータ断層撮影（CT）検査や磁気共鳴画像（MRI）検査などの断層撮影検査の普及によって，頭蓋内疾患症例の診断を行うことが可能となった。特に脳腫瘍や水頭症などの明瞭な肉眼的病変を形成する神経系疾患に関しては，その診断精度は高まってきている。しかし，組織レベルの異常を主体とするような炎症性疾患や変性性疾患などは，断層撮影検査の他に，現在でも様々な臨床検査所見（全血球計算，血液生化学検査，神経学的検査，脳脊髄液（CSF）検査など）の総合的判断に基づいている。

炎症性疾患群における脳炎は，**感染性脳炎 infectious encephalitis** と**非感染性脳炎 non-infectious encephalitis** に大別される[8]。犬では一般的に非感染性脳炎に遭遇する機会が多い一方で，猫では感染性脳炎に遭遇することが多い。犬と猫の中枢神経系に感染を引き起こす感染性病原体には，ウイルス，細菌，真菌，原虫，寄生虫などが報告されている（**表**）[8]。

本章ではDAMNIT-VのI炎症性 inflammatory（感染性 infectious，免疫介在性 immune，特発性 idiopathic）に含まれる感染性脳炎のうち，発生頻度が比較的高いとされる犬ジステンパーウイルス（CDV）性脳炎および猫伝染性腹膜炎（FIP）ウイルス性髄膜脳炎を中心に，その他のウイルス性脳炎，細菌性髄膜脳炎，真菌性髄膜脳炎，原虫性脳炎に関しても記載した。

ウイルス性疾患

犬に感染し，主として神経症状を呈するウイルスとしては，犬ジステンパーウイルス，狂犬病ウイルス，仮性狂犬病ウイルスなどがあり，猫に感染するウイルスとしては猫伝染性腹膜炎ウイルス，猫後天性免疫不全ウイルス，狂犬病ウイルス，ボルナ病ウイルスなどがある[8]。

表　犬と猫に中枢神経系の感染を引き起こす感染性病原体

種類	一般的な感染性病原体	種類	一般的な感染性病原体
犬に感染するウイルス	犬ジステンパーウイルス 狂犬病ウイルス 仮性狂犬病ウイルス 犬ヘルペスウイルス ウエストナイルウイルス	細菌	*Streptococcus* spp. *Staphylococcus* spp. *Pasteurella* spp. *Actinomyces* spp. *Nocardia* spp. *Escherichia coli* *Klebsiella* spp. *Bartonella* spp. 嫌気性菌
猫に感染するウイルス	猫伝染性腹膜炎ウイルス 猫後天性免疫不全ウイルス 狂犬病ウイルス 猫パルボウイルス ボルナ病ウイルス 仮性狂犬病ウイルス ウエストナイルウイルス	リケッチア・スピロヘータ	*Ehrlichia canis* *Rickettsia rickettsii* *Borrelia burgdorferi* *Prototheca* spp.
真菌	*Cryptococcus neoformans* *Aspergillus* spp. *Blastomyces dermatidis* *Coccidioides immitis* *Cladosporium* spp. *Histoplasma* spp.	寄生虫	*Cuterebra* spp. *Dirofilaria immitis* *Baylisascaris procyonis* *Taenia serialis* *Ancylostoma* spp. *Toxascaris* spp. *Angiostrongylus* spp.
原虫	*Toxoplasma gondii* *Neospora caninum*	その他	プロトテカ スクレイピー

1．犬ジステンパーウイルス性脳炎

(1) 犬ジステンパーウイルスとは

犬ジステンパーウイルス canine distemper virus（CDV）は，パラミクソウイルス科のモルビリウイルス属に属する1本鎖マイナス鎖RNAウイルスである[80]。CDVの大きさは直径150～300 nmであり，リポタンパクで構成された厚さ約10 nmのエンベロープをもつ。CDVはヌクレオカプシド（N）タンパク，リン（P）タンパク，ポリメラーゼ（L）タンパク，膜（M）タンパク，融合（F）糖タンパク，吸着（H）糖タンパクの6つの主要タンパクから構成されている。モルビリウイルス属には，CDVの他に抗原性が互いに近縁である牛疫ウイルス，麻疹ウイルスなどが含まれ，リボヌクレオタンパクを含む細胞質内と核内に封入体を形成する。CDVでは通常のウイルス増殖に加えて，細胞表面に出現するFタンパクの細胞融合能によって隣接細胞にウイルスRNAが流入する“cell-to-cell infection”

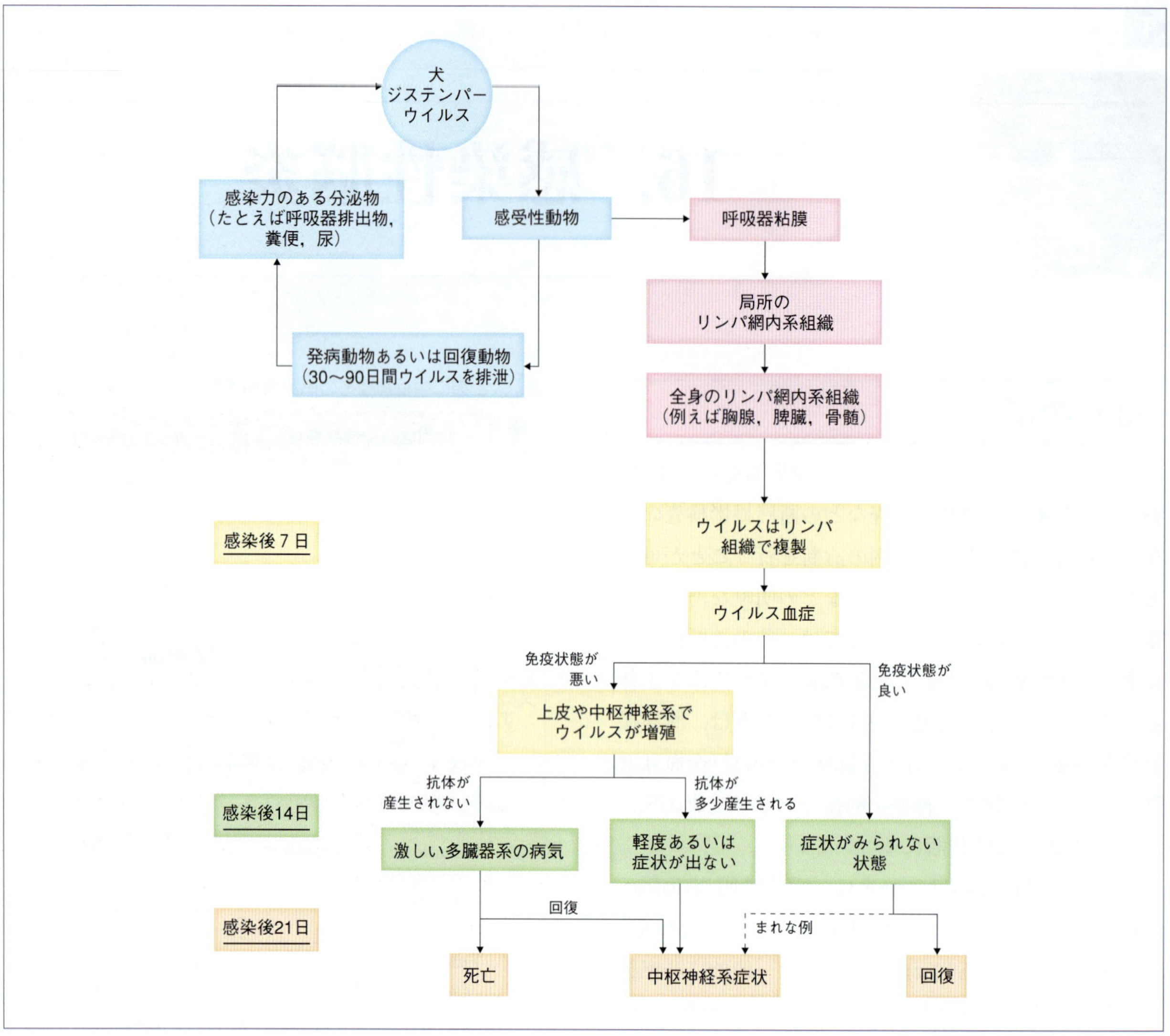

図1　犬ジステンパーウイルス(CDV)感染症の伝播方法と発病機序

と呼ばれる感染拡大も同時に起こる。また，持続感染を起こしやすいことも特徴的である[80]。

近年のCDVは遺伝子系統樹による分類により，現在のところ，アメリカ1型(ワクチン型)，アメリカ2型，ヨーロッパ型，北極型，アジア1型，アジア2型の6つの型に大きく分類される[38]。日本ではアジア1型とアジア2型が存在するが，かつてはアメリカ1型が存在した。アジア1型はその履歴では下痢などの消化器症状を主とすることが多い。

(2) 病態生理

犬ジステンパーウイルス性脳炎(脳脊髄炎)canine distemper encephalitis(CDE)(encephalomyelitis)は，一般的に幼少期のCDV感染に起因する。CDV感染による犬ジステンパー感染症 canine distemper infection(CDI)の発生は2カ月齢～1歳までに多く，成犬には少ない[75]。2カ月齢以下に発生が少ない理由としては，母犬からの移行抗体による受動免疫が関係しており，3カ月齢～1歳までに発生が多いのは，母犬からの受動免疫が消滅する時期であることが関与している。成犬に発生が少ないのは，野外ウイルスによる不顕性感染，あるいはワクチン接種によって能動免疫の状態にあるものが多いためと考えられている[75]。しかし，ワクチン接種によって発症するCDIも報告されている[6, 18]。

感染経路としては，感染犬から排出される分泌物中のウイルスが経口的に，あるいはエアロゾル／飛沫によって気道を介して呼吸器粘膜に拡がると考えられている(図1)[51]。感染したウイルスはリンパ組織に拡がり，T細胞やB細胞を傷害し，白血球減少症を引き起こす[51]。近年のモルビリウイルス研究では，モルビリウイルスの受容体である signaling lymphocyte activation molecule(SLAM，犬ではイヌSLAM)が発見された[33]。CDVの主な標的は上皮細胞とされてきたが，主なSLAMの発現はリンパ球に存在することから[33]，リンパ球が主なCDV感染の標的と考えられる。組織上の抗原分布において，CDVはリンパ節やリンパ装置のリンパ球に存在する。リンパ組織において複製を行ったウイルスは，感染後10日程して様々な上皮組織(特に皮膚，呼吸器，消化器)や中枢神経組織(CNS)へ拡がっていく[29, 31]。CNSへのCDV感染経路に関しては，現在のところ不明である。しかし，ある研究ではCDV感染後10日経過したCDV感染リンパ球がCNSの血管周囲腔に存在することで，その後の最初のCNS感染領域が発生すると報告されている[61, 62]。また，CDEの症例の脳室周囲や軟膜下領域，脈絡叢細胞や上衣細胞においてCDVが頻繁に認められることから，CSFを通じてCDV感染性免疫細胞による脳実質へのCDV侵入が行われている可能性も示唆されている[21]。

CDV感染によるCNSの病変部は多岐にわたっているが(図2)，神経病理学的には非常に類似した様相を呈している。しかし，宿主側の要因やCDV株の相違によって病変部の進行度合いは異なり，神経病理学的な所見の変化が認められる[70]。脱髄性病変を呈するとされるR252[39]やA75/17[61]などのCDV株では，灰白質と白質に多発性の病変が認められる。また，灰白質ではCDVに感染したニューロンによる壊死や灰白脳軟化症が認められる[30]。

(3) 病理組織学的検査

CNSの組織病変は，**播種性の非化膿性脳脊髄炎**を基本とする。その重症度と性状は多彩である。これらの病変性状の差異は，感染年齢・免疫応答・CDVの病原性の強さ，病変経過などの違いに起因するとされる[70]。一般的にCDVは白質に親和性が高いため，初期病変としては第四脳室周囲組織や小脳脚に非炎症性の**脱髄病変**が出現しやすい。この初期病変はCDVの増殖による直接的障害とされる[74]。白質病変が優勢に進行する場合には，脱髄性変化に加えて星状膠細胞(アストロサイト，アストログリア)の肥大・増殖，合胞体形成，非化膿性炎症反応などが認められるようになる。一方，主要病変が灰白質に存在する場合には，神経膠細胞(グリア細胞)集合や神経侵食の減少，小膠細胞(ミクログリア)集簇，囲管性細胞浸潤などが認められる[70, 74]。

急性脳脊髄症 acute encephalomyelopathyでは組織病変をほとんど欠くか，あるいは少数の神経細胞に壊死が認められる程度である[74]。しかし，免疫組織化学検査では，小脳皮質プルキンエ細胞をはじめとして大脳白質血管内皮細胞や周皮細胞，膠細胞などにCDV抗原が検出される(図3)。

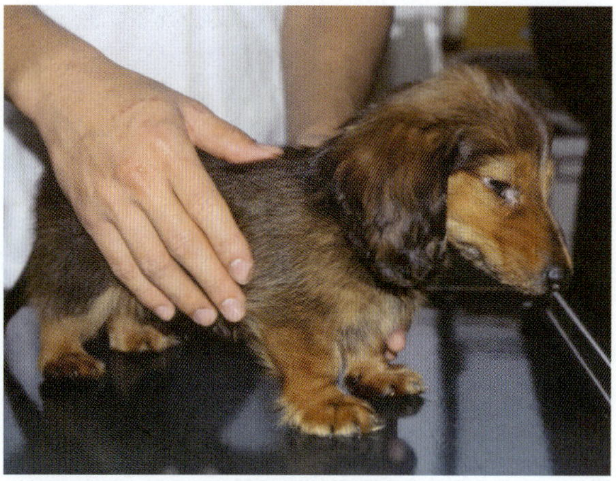

図2 犬ジステンパー罹患症例の外観
眼脂，鼻汁が認められる。
(画像提供：とがさき動物病院 諸角元二先生)

亜急性脱髄性脳脊髄炎 subacute demyelinating encephalomyelitisでは，主要病変が延髄，橋，小脳脚および小脳灰白質，第四脳室周囲領域に出現し，脱髄ならびに脳実質の空胞変性，小膠細胞集簇，リンパ球による囲管性浸潤などが認められる[74]。これらの他，様々な程度で巣状軟化，星状膠細胞の肥大および増生，多核巨細胞形成などが加わる。また，星状膠細胞，上衣細胞，まれに神経細胞などの細胞質ならびに核内に**好酸性封入体**が形成され，免疫組織化学染色検査所見では広範にCDV抗原が認められる(図4)。

遅発性脱髄性脳脊髄炎 delayed-onset demyelinating encephalomyelitisはリンパ球と形質細胞からなる囲管性細胞浸潤が主体で，星状膠細胞や神経細胞における**好酸性核内封入体形成**を特徴とする[74]。灰白質では，グリア増殖が著明で，白質においては脱髄巣が散発し，星状膠細胞増殖によるび漫性硬化を伴う(図5)[74]。病巣内にCDV抗原が検出されるが，ウイルス分離や実験感染による病態の再現はなされていない。本疾患は麻疹ウイルスの持続感染によって起こるヒトの亜急性硬化性全脳炎 subacute sclerosing panencephalitisに相当する疾患とされている[70, 74]。

近年，CDIに遭遇する機会は少なくなっている。理由としては，①ワクチンの普及率，②ブリーダーを含めた簡易キットの使用による感染犬の発見，③1950年に発見されてから症状が多様化してきているため，典型的なCDIが少なくなり臨床的に発見しにくいこと，などが挙げられる。

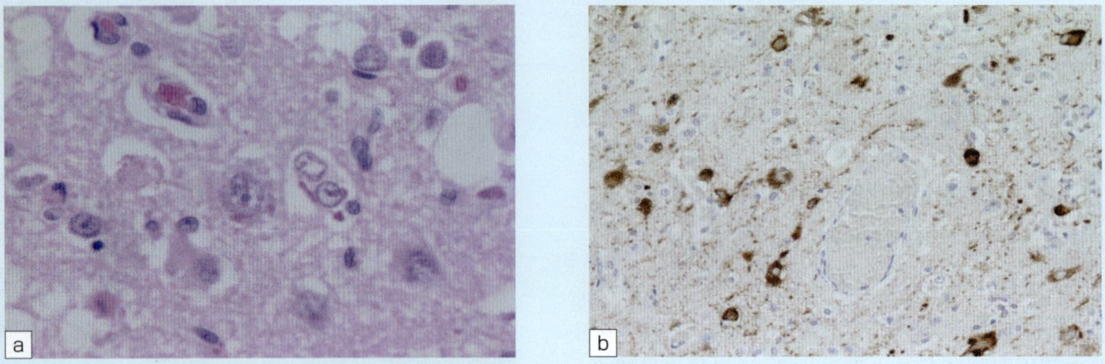

図 3　急性脳脊髄症の病理組織学的所見

a：HE 染色。神経細胞の変性と，同細胞内に好酸性核内・細胞質内封入体が多数認められる。
b：免疫組織化学染色。大脳皮質の神経細胞とその突起に一致して，大量の CDV 抗原が認められる。
（画像提供：東京大学　内田和幸先生）

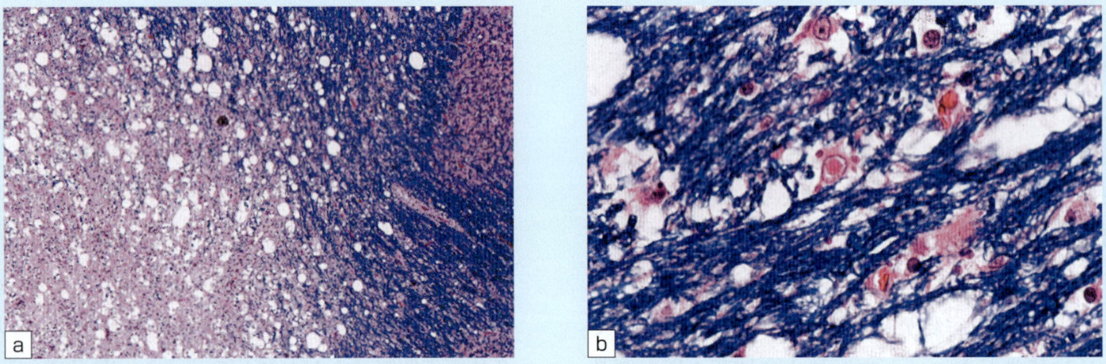

図 4　亜急性脱髄性脳脊髄炎の病理組織学的所見

a：LFB-HE 染色，弱拡大。LFB 染色性の低下した広範な脱髄巣が小脳白質に認められる。
b：LFB-HE 染色，強拡大。脱髄巣周囲の比較的正常な部位の膠細胞（希突起膠細胞〔オリゴデンドログリア〕）に好酸性核内・細胞質内封入体が認められる。
（画像提供：東京大学　内田和幸先生）

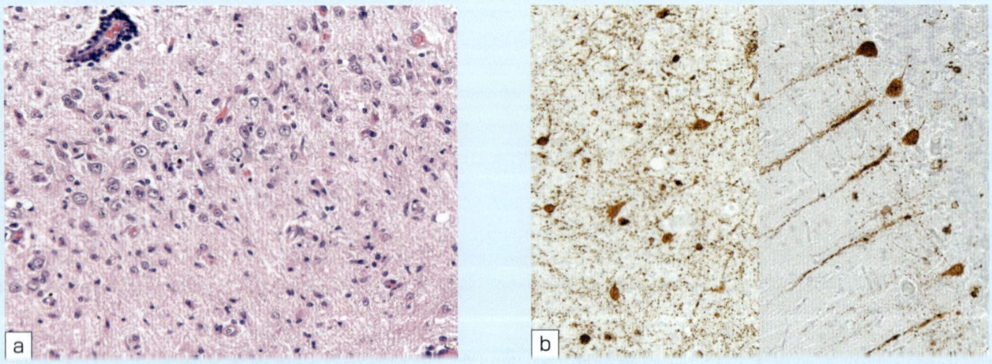

図 5　遅発性脱髄性脳脊髄炎の病理組織学的所見

a：HE 染色。大脳皮質の組織像。小膠細胞を主体とするび漫性のグリオーシスとリンパ球と形質細胞からなる囲管性細胞浸潤が認められる。
b：免疫組織化学染色。大脳皮質（左）と小脳皮質（右）において神経細胞とその突起に大量の CDV 抗原が認められる。
（画像提供：東京大学　内田和幸先生）

Video Lectures 犬ジステンパーウイルス(CDV)感染

動画1　CDV感染が認められた子犬
（動画提供：とがさき動物病院　諸角元二先生）

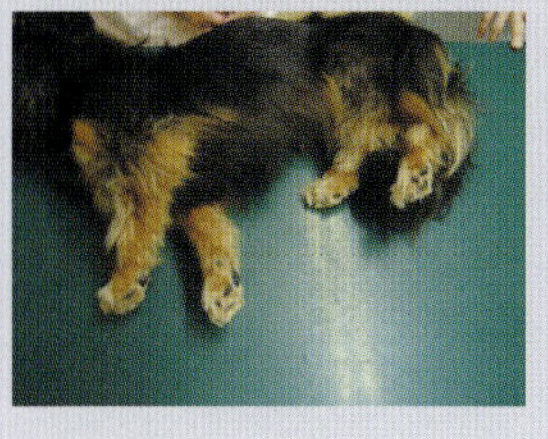

動画2　CDV感染が認められた成犬
（動画提供：たむら動物病院　田村慎司先生）

(4) 臨床症状と神経学的検査

CDV感染犬はCDVを30～90日間排出する。CDVは抗体価の上昇に伴って排除されていくが，神経組織や眼などの保護された組織では残存する。免疫は終生持続するとされるが，免疫無防備状態や病原性の強い株の攻撃感染，ストレスなどが加わると，発症することがある[51)]。

CDIの潜伏期間は5～8日間である。典型的な症例では初期に一時的な発熱，軽度の結膜炎，扁桃炎が認められ，不明瞭な消化器症状が認められるようになる。初期症状は数日間を経過した後に，再度の高熱によって一般状態の悪化が認められる(二峰性の発熱)。食欲不振，体重減少，脱水などの全身状態とともに，鼻炎，結膜炎の悪化が認められ，鼻汁や眼脂が粘性・膿性を帯びてくる(粘液膿性結膜炎，粘液膿性鼻炎，図2)。また，気管支肺炎による咳や呼吸困難が認められる。その他には，胃腸障害からの嘔吐や，粘液性で粥状の強い悪臭を放つ下痢や脈絡網膜炎などが認められる[8, 51, 75)]。一般的にCDIを発症すると急性期に死亡することが多いが，十分な支持療法により症状の改善が見込める場合がある[8, 51, 75)]。

急性期のCDEでは，前述した激しい症状が認められた後に神経症状が認められることが多いが，明らかな臨床症状を示さずに感染後1～2週間程で神経症状を示す犬もいる[49)]。どのような犬が神経症状を呈するのかを事前に予測するのは不可能であるが[51)]，**最も多い症状は全身性の間代性けいれん**であり，その他には後躯麻痺，運動失調，ミオクローヌス，旋回運動なども認められる[8, 51, 75)]。時に，瞳孔硬直による黒内障amaurosisが認められる場合もある[75)]。非典型的な症例では，前述した症状の一部しか認められない場合がある。

亜急性期のCDEでは，呼吸器や消化器における激しい臨床症状が改善した後の，数週間～数カ月後に神経症状が認められるようになる。鼻鏡や足裏の**角化亢進(ハード・パット症)**は診断のための有用な所見であり，CDV感染後3～6週間で認められることが多い[8, 51, 75)]。これは全年齢層に認められるが，中でも成犬に多いとされる。CDVは，発熱によってエナメル質産生細胞を傷害し，形成不全を生じることがあるため，**エナメル質形成不全**が認められた場合，幼少期のCDV感染が示唆される[51, 75)]。

また，ワクチン接種の有無にかかわらず発症し，神経症状を主体とするCDIの犬が報告されている[14, 46)]。このような症例では典型的なCDIの症状が認められず，細胞組織などからのウイルス分離もできないことが多い。

CNSにおけるCDIは，年齢によって3つの型に分類される[8)]。**1歳未満の若齢犬**では非炎症性に進行し，主に灰白質に病変の主座(**灰白脳症 polioencephalopathy**)を伴い，前脳症状が顕著に認められる。この病態の犬では，**てんかん発作**が最もよく認められる症状である[8)]。病理組織学的には，急性脳脊髄症の所見が認められることが多い。**1歳以上の成犬**では，脳幹，小脳，脊髄を病変の主座とする白質の脱髄性病変が炎症性に進行する(**白質脳脊髄症 leukoencephalomyelopathy**)。この病態の犬では**小脳前庭系の異常を示唆する症状や脊髄疾患を示唆する症状**が認められる[8)]。病理組織学的には，亜急性脱髄性脳脊髄炎の所見が認められることが多い。**5歳以上**の犬では**老齢脳炎 old dog encephalitis**と呼ばれる型が認められる。**前脳の機能障害**が特徴的であり，行動の変化や視覚異常，旋回運動などの症状を呈する[8, 49)]。病理組織学的には，遅発性脱髄性脳脊髄炎の所見が認められることが多い。

複数肢の**ミオクローヌス myoclonus***(反復性の律動的な筋収縮)や頭部のミオクローヌスはCDEの特徴的な症状である(**ジステンパー〔性〕ミオクローヌス，動画1，動画2**)。ミオクローヌスはウイルスによる神経細胞の損傷から生じた異常なペースメーカーによって

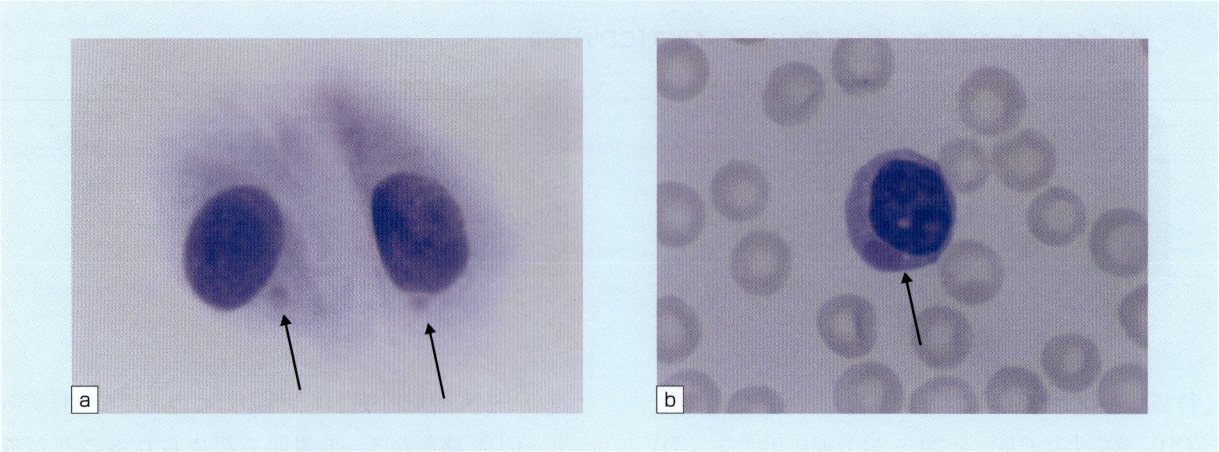

図 6 結膜と末梢血中の白血球細胞質における封入体

a：結膜の上皮細胞における封入体（矢印），b：末梢血中の白血球細胞質における封入体（矢印）。
（画像提供：とがさき動物病院　諸角元二先生）

起こると考えられており[8, 49, 51, 75]，急性期を脱した症例や高齢期に発症した症例において認められることが多い。

> ＊“ミオクローヌス”と“チック tic”は同意語ではない。チックはヒトの医学領域における異なる病態を指す単語である。現在は言葉の混乱を避けるため，獣医学領域では用いられない。

(5) 診断

CDE の確定診断は，死後剖検における脳組織中での封入体の確認やウイルスの分離[8, 49, 51, 75]，および遺伝子検査による CDV 遺伝子の検出によって下される[13]。しかし，CDE の症例であっても，病変部にウイルス封入体やウイルス抗原が必ず認められるわけではない。また，CDV 遺伝子の検出も必ず認められるわけではない。

生前診断に関しては現在のところ困難であり，臨床症状や様々な検査結果および症例の生存地域で CDI が多発しているかどうかなどを，総合的に判断するしか方法がないのが現状である。

1) 血液検査

急性期の場合，全血球計算では初期発熱時や，二次感染のない CDE において**白血球数の減少**が認められる。白血球数減少の激しい症例では，約 2,500/μL の低値が認められることもある。一方で，症例の多くでは白血球数の増加も認められる（約 20,000/μL）。白血球の百分率では好中球の増加，リンパ球・好酸球・単球の減少が認められる。また，重症例では好中球の左方移動が認められる。赤血球数は病状の末期に減少し，軽度な貧血が認められる。少数の**白血球や赤血球に封入体が認められることがある**[75]。

血液生化学検査ではアルブミンの減少，初期血清中の $\alpha 2$-グロブリンの増加および γ-グロブリンの増加が認められる。ALP の増加が認められるが，ALT の増加は認められない。また，軽度の AST の増加や CK の増加が認められることがある。経胎盤感染した子犬では低グロブリン血症を示す[75]。

慢性期の場合は，血液検査における明らかな異常を呈さないことが多い[75]。

2) 封入体検査

急性期～亜急性期の場合，CDV の封入体が認められる場合がある。**封入体は主として結膜上皮などの細胞質内に認められるが（図 6a），核内に認められる場合もある。**封入体の大きさは不同で，細胞質内のものは 1～20 μm で，核内のものは 1～6 μm である[75]。形態は球状から桿状など多様である。また，末梢血の塗抹上の**白血球内における細胞質に封入体が認められる場合がある（図 6b）**[75, 80]。しばしば核内に認められる場合もある。

3) 脳脊髄液（CSF）検査

急性期では，CSF の一般性状は正常であるケースが多い。亜急性期～慢性期の場合，CSF は炎症疾患の特徴である細胞数の増加（主にリンパ球）と蛋白濃度の上昇（主に IgG）の両方を示すことがある[8, 49]。**CSF 中に CDV 抗体が検出されれば診断に役立つ。**一般的に，CSF 中の抗体価が血清中よりも高ければ感染が強く示唆されるが[8]，**CSF 中の CDV 抗体価が血清中の**

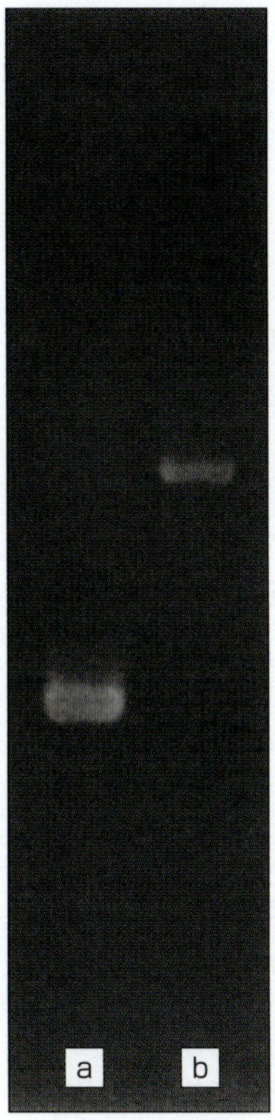

図7 RT-PCRにおける犬ジステンパーウイルス(CDV)遺伝子のH遺伝子およびN遺伝子の電気泳動写真

a：H遺伝子のバンド（871 bp）。
b：N遺伝子のバンド（287 bp）。
（画像提供：マルピー・ライフテック(株) 相馬武久先生）

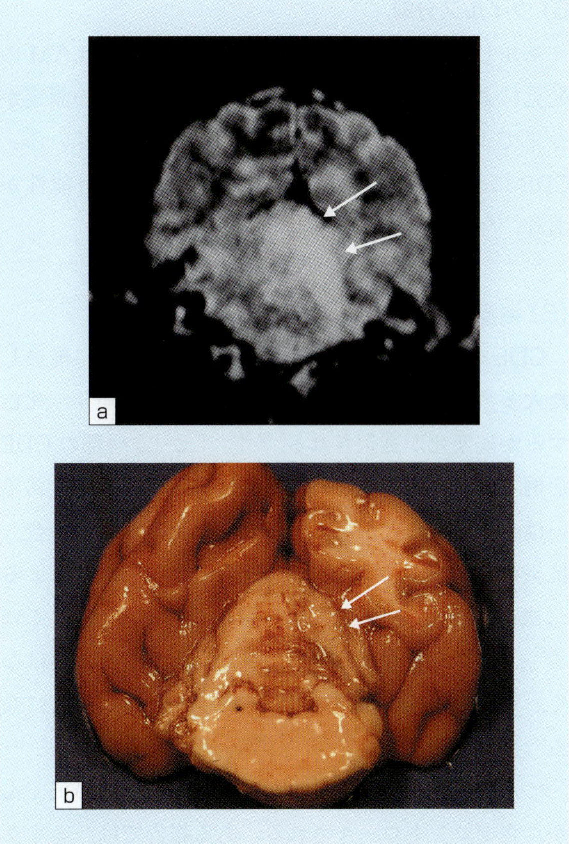

図8 亜急性期の犬ジステンパーウイルス性脳炎(CDE)

a：MRI写真（T2強調〔T2W〕画像，横断像）。左側小脳部が高信号を呈している（矢印）。b：剖検時肉眼所見。MRI所見の信号強度異常領域と同一部に軟化した領域が認められる（矢印）。
（画像提供：山口大学　中市統三先生）

CDV抗体価の200分の1以上であれば，CDV感染が示唆される[17]。しかし，CDV抗体価単独でCDV感染の有無を評価すると誤診してしまう可能性がある[59]。これは，CSF採取時に全血が混入することでCDV抗体価が上昇することがあるためである。このことから，CSF採取時には注意が必要である。血液混入が肉眼的に判断できない場合には，CSF中のアルブミン値を測定し，血液中のアルブミン値と比較することで血液混入による影響を検討することができる。

また，リファレンス抗体として犬パルボウイルス抗体価や犬アデノウイルス抗体価を用いることで，それぞれの血清中とCSF中の抗体比 antibody ratioとCDV抗体比を確認することが可能となる[59]。これにより，CDV脳炎の誤診を予防することが可能と考えられている[59]。

4) 遺伝子検査

近年は**逆転写ポリメラーゼ連鎖反応(RT-PCR)検査によるCDV遺伝子の検出**によって，診断を行うことができる(図7)[13, 45]。CDE症例の血清では86%，全血では88%の陽性率であったとの報告がある[13]。しかし，CDE症例のCSFを用いたRT-PCRで約40%が陰性であったという結果も合わせて報告されているため[13]，**CDV遺伝子検査が陰性であってもCDV感染は否定することはできない**。また，CDV遺伝子検査において，尿におけるRT-PCRがより感度が高いとの報告もあり，血清やCSFにおいてCDV遺伝子が陰性であっても，尿で陽性となる場合が報告されている[1]。

5) 画像診断

急性期〜亜急性期のCDEの場合，MRI検査では病変部がT2強調(T2W)画像およびFLAIR画像にて高信号を呈し，T1強調(T1W)画像で低〜等信号を呈する(図8)[4]。また，造影剤による造影効果が認められる場合がある[4]。慢性期のCDEにおけるMRI検査所見は明らかになっていないが，筆者の経験では明らかな信号強度の異常が認められず，脳の萎縮およびそれに伴った脳室の拡張が認められていた。

CT検査では，正常あるいは白質に好発する単発性／多発性の病変が認められ，造影剤によって同形またはリング状の造影効果が認められることがある[51]。

CDEと確定診断された断層撮影検査所見のデータが少ないため，今後の研究が待たれる。

6) ウイルス分離

モルビリウイルス属の受容体であるイヌSLAMの発見により[33]，CDVの分離およびCDV力価の測定が今までよりも正確に行えるようになってきている。CDEにおける画期的な診断法の1つになる可能性があり，今後の研究が待たれる。

(6) 治療および予後

CDEの一般的な予後は不良である。CDEに罹患した大多数の症例は進行性の神経機能不全に陥り，死亡するか安楽死が選択される[8, 49, 51]。しかし，一部のCDE症例では，臨床症状が対症療法によって非進行性あるいは改善することがある。また，上記の症例の場合，抗炎症量のプレドニゾロンがCNSのウイルスによる二次的な損傷を軽減させる可能性が示唆されている[8]。CDVを管理するための有効な抗ウイルス薬はなく，治療は支持療法および予防的抗生剤の投与になる[8]。

てんかん発作は，フェノバルビタールなどの抗てんかん薬でコントロールされる。ある報告では，ミオクローヌスに対してプロカインアミドやクロナゼパムを用いた治療を行ったものの，反応はあまりよくないと述べられている[66]。

2. 狂犬病ウイルス性脳炎

(1) 狂犬病ウイルスとは

狂犬病ウイルス rabies virus(RV)はラブドウイルス科リッサウイルス属に属する1本鎖マイナス鎖RNAウイルスである。犬・猫・ヒトを含めた全ての哺乳類において感染するとされ，世界的に非常に重要な疾患である[53, 76]。現在，日本国内では犬を含めた狂犬病の発生はないものの，日本の周辺国では依然として狂犬病は発生している[76]。2006年には，海外渡航した際に感染したヒト2名が死亡している[76]。

(2) 病態生理

RVの感染は，RVを保有する犬・猫・コウモリなどによる咬傷により，唾液内のRVが筋肉内に接種されることからはじまる[36, 53, 76]。その後，末梢神経を経由して中枢神経領域に向かう。中枢神経領域に到達すると灰白質領域で複製が生じ，白質を経由して迅速に播種される[36, 53]。中枢神経では，中脳・脳神経節・頚髄などにおける障害が重度である[36]。その後，ウイルスは神経経路に沿って唾液腺などに拡がり，心臓や皮膚など遠心性にも拡がる[53]。

潜伏期間は接種された部位によって異なるものの，4～6週間とされる。

(3) 病理組織学的検査

病理組織学的には，囲管性の単核球細胞浸潤やグリア小節，細胞質内の**ネグリ小体 Negri body**が脳幹部において頻繁に認められる[68]。診断には病理組織学的検査，脳組織を用いたRT-PCR法によるウイルス特異遺伝子の検出，脳組織を用いた直接蛍光抗体法によるRV抗原の検出，マウスへの接種によるウイルス分離法などが挙げられる[53, 76]。

(4) 臨床症状

臨床症状は**狂躁型 aggressive type**と**麻痺型 dumn type**に区別されるが，両型の明確な区分は困難とされる[53, 76]。臨床症状は**前駆期 prodromal phase**・**狂躁期 furious phase**・**麻痺期 paralytic phase**に大別される[36, 76]。前駆期には発熱・性格の変化・行動異常・てんかん発作などが認められる。狂躁期には興奮状態(無目的な徘徊・周囲の物を無差別に咬むなど)・神経過敏状態(光や音などの刺激に対する過敏な反応)・進行性の不全麻痺・意識レベルの低下・頭部押しつけ行動などが認められる。麻痺期には全身の麻痺症状による歩行不能・咀嚼筋の麻痺に伴った下顎の下垂・嚥下困難・流涎を呈し，昏睡状態となって死亡する[53, 76]。ワクチン接種により臨床症状を発現することがある[36]。本疾患の症状は他の神経疾患と類似した症状を呈するため，鑑別が重要である[53]。

予後は不良であり，特異的な治療法はない[53, 76]。予防はワクチン接種による[36, 53]。

3. 犬ヘルペスウイルス性脳炎

(1) 犬ヘルペスウイルスとは

犬ヘルペスウイルス canine herpesvirus(CHV)はヘルペスウイルス科に属する線状の2本鎖DNAウイルスである[54]。新生子における感染症として重要であり，犬では子宮内・出産時・新生子期の早期にCHVに感染する[54]。潜伏期間は3～7日間とされる[54]。

(2) 臨床症状

犬ヘルペスウイルス性脳炎 canine herpesvirus encephalitisでは，出産時あるいは生後1～3週間までに感染した子犬では致死的な全身症状を呈することがあり，嘔吐，食欲不振，点状出血，鼻汁，中枢神経症状，突然死を呈することがある[15, 35, 54]。神経症状を呈することは非常にまれだが[15]，CHV 感染による炎症の後遺症として小脳性運動失調が残存(非進行性)するとされる[35]。2 週齢を過ぎて感染した場合には，上部気道における軽度な感染症を呈することがあるものの，不顕性感染であることが多いとされる[54]。CHV に感染した脳炎の報告は北米においてのみ認められており，病理組織学的には脳幹部や小脳皮質における広範囲の壊死を伴う灰白質における異常を呈していたとされている[68]。診断のためのウイルス分離は困難とされ，臨床症状や死後の病理組織学的検査所見などによる[15, 54]。特異的な治療法はなく，予後は悪い[15]。

4. 猫伝染性腹膜炎ウイルス性髄膜脳炎

(1) 猫伝染性腹膜炎ウイルスとは

猫伝染性腹膜炎ウイルス性髄膜脳炎 feline infectious peritonitis viral meningoencephalitis (CNS-FIP) の原因ウイルスは，**猫伝染性腹膜炎ウイルス feline infectious peritonitis virus (FIPV)** である。FIPV はコロナウイルス科コロナウイルス属に属する 1 本鎖プラス鎖 RNA ウイルスである[80]。

猫コロナウイルス feline coronavirus (FCoV) は，核(N)タンパク，膜貫通(M)タンパク，スパイク(S)タンパクの 3 つの主要タンパクからなる[21, 81]。4 つあるコロナウイルス群のうち，犬コロナウイルス canine coronavirus (CCoV) や豚伝染性胃腸炎ウイルス transmissible gastroenteric virus (TGEV) と同じ 1 群に属する。これらは遺伝子構造や抗原性が類似し，血清学的に交差する。しかし，M タンパクをコードする M 遺伝子と N タンパクをコードする N 遺伝子の比較により，FCoV は CCoV や TGEV とは区別される。

FCoV は猫伝染性腹膜炎 feline infectious peritonitis (FIP) を引き起こす FIPV と，感染しても軽い腸炎のみを引き起こす猫腸コロナウイルス feline enteric coronavirus (FECV) が知られている。FCoV は抗原性や遺伝子解析の結果，中和抗原エピトープ(抗原決定基)が存在する S タンパクをコードする S 遺伝子型により，I 型 FCoV と II 型 FCoV に細分類されている。I 型と II 型のそれぞれにおいて FIP 起病力を有する FIPV ともたない FECV が存在する(図 9)。腸粘膜上皮細胞のみに増殖する FECV に対し，**FIPV はマクロファージに親和性を示し，マクロファージの細胞質内で増殖可能である**[41, 42]。FIP 発症猫の体内において，

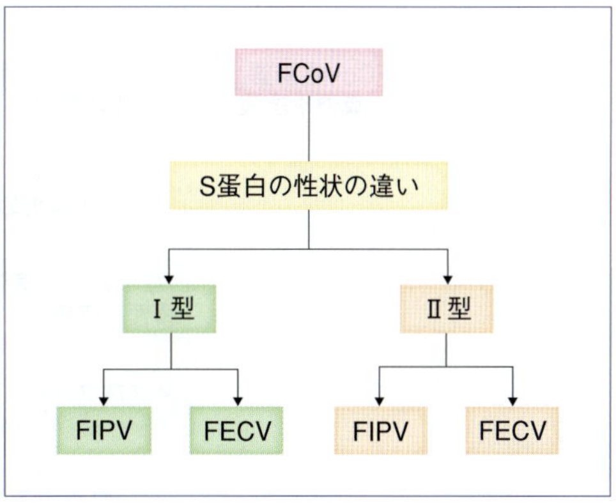

図 9　猫コロナウイルス(FCoV)の血清型による分類

FCoV は S タンパクの性状によって I 型および II 型に分類され，さらにそれぞれが細胞培養の増殖性の違いから FIPV と FECV に分類される。

FIPV の陽性像は単球／マクロファージ系細胞ならびに化膿性肉芽腫や滲出液中に認められる。これらのマクロファージ系の細胞における FCoV 増殖の有無が，FIP 発症に重要な要因として考えられている。

さらに，FIPV と FECV は細胞培養での増殖性の違いから，各々 I 型(細胞での増殖は限局的で悪い)と II 型(細胞でよく増殖する)に分類されている[41, 42]。FIPV の毒力には差があり，これまでに分離されたウイルス株の中では，I 型よりも II 型の分離株が強い病原性を示す。I 型 FIPV は一般に病原性が弱く，経口経路による実験感染では FIP を発症させることは困難である。一方，II 型 FIPV は経口・経鼻・腹腔内投与のいずれも高い起病率を誘導し，その病理学的所見は滲出型に加えて実質障害性壊死性肉芽腫病変(非滲出型)が特徴である[41, 42]。しかしながら，上記の病原性の違いを規定する要因についてはいまだ不明な点が多い。現在，FIP の発病機序には抗 FIPV 抗体によって感染を増強させる**抗体介在性感染増強 antibody-dependent enhancement** が知られており[63]，本疾患の病態発生機序の解明をさらに難しくしている。

(2) 病態生理

FIP は，FIPV によって起こる全身性疾患であり，1963 年に初めて報告された[63]。1968 年には FIP 発症猫からウイルスの分離が行われた[73]。FIP は全ての年齢の猫で発生するが，3 歳未満での発症が一般的である[11]。実験感染では 1 歳未満での幼猫において高い感受性を示すことが明らかとなっている。雑種よりも純血種において発生頻度が高く，また，雌猫よりも雄猫において発生割合が多いとされる[20]。

FCoV が猫に感染する経路は明らかになっていない

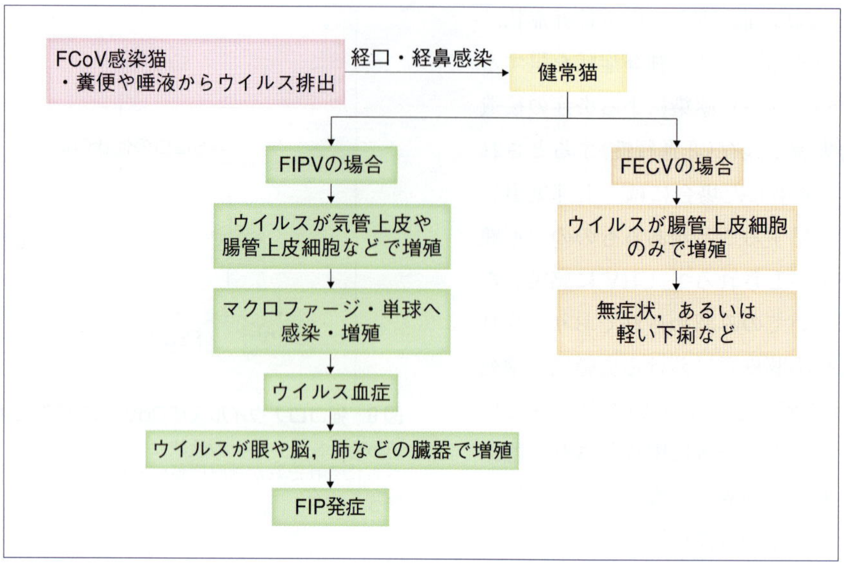

図 10　猫コロナウイルス（FCoV）感染から猫伝染性腹膜炎（FIP）発症までの過程

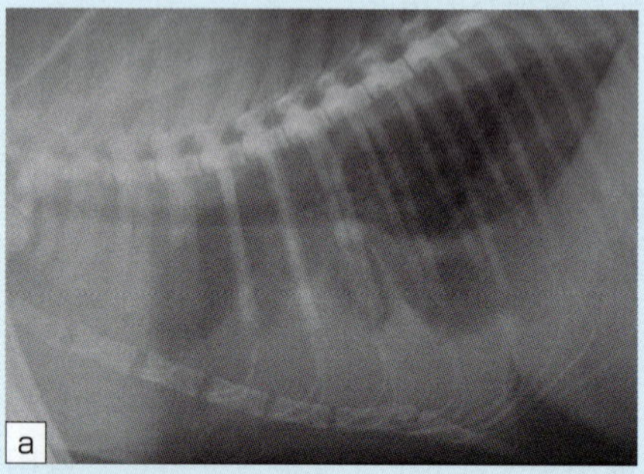

図 11　滲出型猫伝染性腹膜炎（FIP）を発症した猫の症例
a：胸部レントゲン所見。胸水の貯留が認められる。b：吸引した貯留胸水。滲出液は蛋白濃度が高く，色調は黄褐～薄緑色の透明な液体で，粘稠性を伴うことが多い。c：胸水中のフィブリン析出。FIP 罹患症例の胸水を長時間放置したことによってフィブリンが析出している。
（画像提供：とがさき動物病院　諸角元二先生）

が，糞便や唾液中のウイルスが経口・経鼻感染し，上部気道または腸管上皮細胞で増殖すると考えられている。FCoV の中でも病原性が強い FIPV は，粘膜バリアを通過し，マクロファージに感染後，血液を介して肝臓，腎臓，眼そして CNS などの標的器官に拡がる[48, 50, 81]。FIPV の感染数や FIPV のウイルス株，宿主の免疫反応，罹患する臓器によって臨床症状は様々であるが[2, 48, 58]，一般的には発熱，食欲不振，元気消失，体重減少，眼症状，呼吸器症状，CNS 症状などが認められる（図 10）[48, 58]。

FIP の病型は**滲出型 wet-type** および**非滲出型 dry-type** に大別される[20]。滲出型は線維素性腹・胸膜炎とこれに起因する腹水，胸水の貯留を特徴とし（図 11）[20, 81]，非滲出型は諸臓器の実質における多発性壊死性肉芽腫が特徴である[20, 81]。しかし，両者は完全に独立した病型ではなく，共存する例も少なくない。

FIP 発症猫では眼疾患が認められることがあり，これは網膜やブドウ膜に化膿性肉芽腫性病変が形成されることで発症する。その他，出血，眼房水の混濁，虹彩の色調変化，網膜や脈絡膜の炎症などが認められる

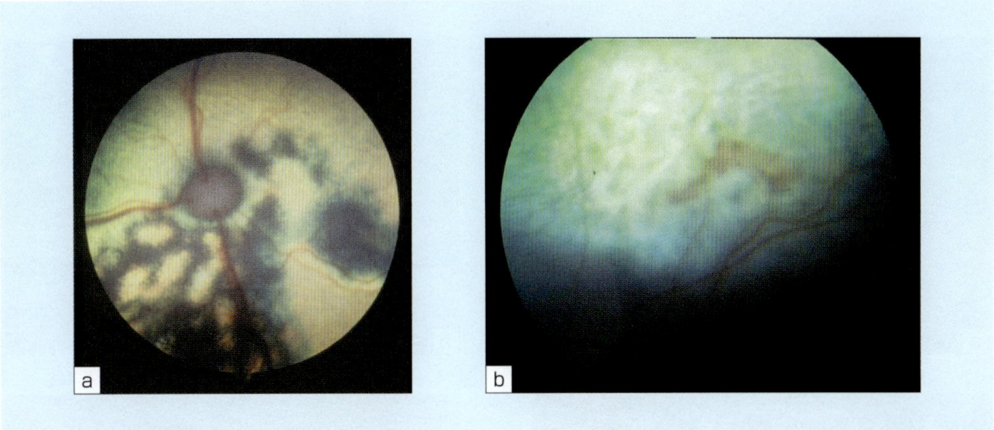

図 12　猫伝染性腹膜炎（FIP）における眼底所見
脈絡網膜炎が認められる。
（画像提供：a；とがさき動物病院　諸角元二先生，b；うえおか動物病院　上岡尚民先生）

（図 12）[58]。

FIPV による CNS の炎症である CNS-FIP は **FIP 発症猫の約 30％**で認められ[11]，**非滲出型の 45％以上**が CNS 症状を呈する[8]。また，ある報告では CNS-FIP の 84％が非滲出型であったと記載している[27]。猫の CNS における CNS-FIP の発症は，感染性脳炎の約半数を占める[5]。症状は CNS の病変部位によって異なり，特異的な神経症状に乏しい。

鑑別疾患としてリンパ腫，トキソプラズマ症およびクリプトコッカス症などが挙げられる[34]。また，**CNS-FIP と診断された猫の 75％において水頭症**が認められると報告されている[27]。水頭症は炎症による脳室の閉塞が原因として考えられている（図 13）[32, 64]。

図 13　猫伝染性腹膜炎ウイルス性髄膜脳炎（CNS-FIP）の脳実質の肉眼所見
脳室の拡張が認められる。
（画像提供：たむら動物病院　田村慎司先生）

（3）病理組織学的検査

大脳，小脳，脳幹などの広範な領域において，**脳実質よりも髄膜，脈絡叢，上衣層に重度の炎症性病変**が認められる[28, 32, 34, 58]。特に，第三脳室と第四脳室において顕著である。その他の病変として，毛細血管や細・小静脈内外に免疫複合体が沈着する血管炎の所見とともに，脳実質における**壊死性または肉芽腫性病巣**が血管の分布に関連して多発性に認められる。また，脳室の拡張が認められることが多い[32, 64]。脊髄における病変はまれであるが，脳病変と同様に，中心管や血管の炎症に伴った限局的な脊髄炎が認められる[32, 64]。壊死病変では，フィブリンの析出が著明である。炎症細胞にはマクロファージ，リンパ球，形質細胞，好中球などが含まれるが，形質細胞の浸潤が重度に認められる場合がある（図 14）[2, 32, 34, 58]。

（4）臨床症状と神経学的検査

一般的な CNS-FIP の初期臨床症状は，発熱や元気消失，体重減少など非特異的な症状が挙げられ，その後，多発性の CNS 症状が認められるようになる[20, 27, 28]。しかしながら，局所的な CNS 症状にとどまる症例も報告されている[8]。主訴として，てんかん発作，意識レベルの変化，眼振，歩様のふらつき，振戦，捻転斜頚，採食困難，旋回運動などである[3, 27]。神経学的徴候としては，前庭動眼反射の異常，視覚異常，測定過大，小脳性運動失調，威嚇瞬目反応の異常，不全麻痺（片側，後躯，四肢），振戦，捻転斜頚，嚥下障害，旋回運動，痛覚過敏，固有位置感覚の低下などが報告されている[3, 27]。

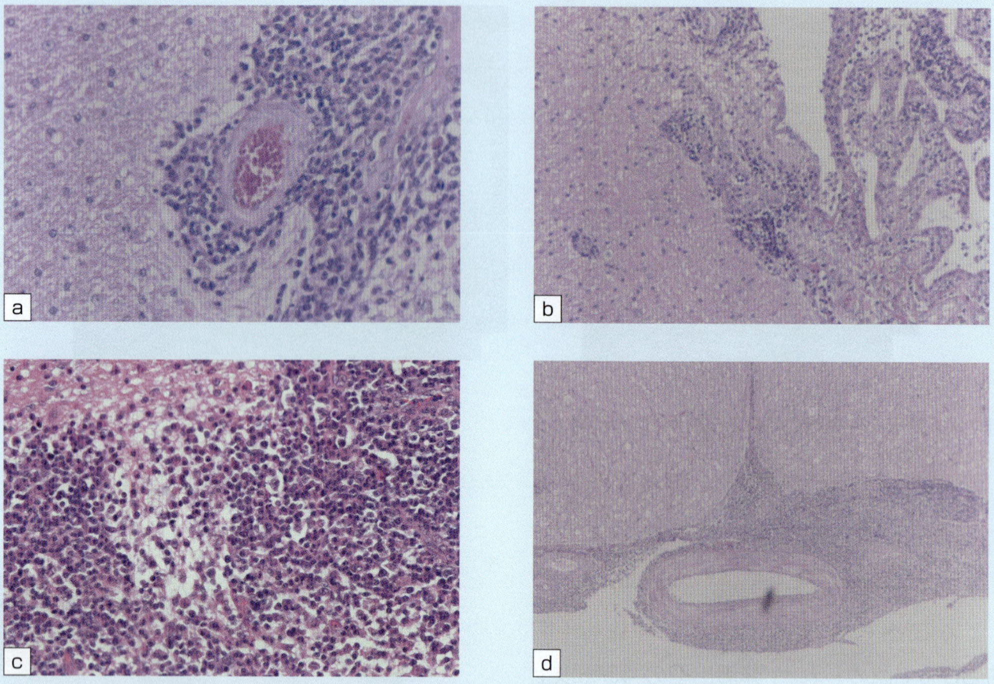

図 14　猫伝染性腹膜炎ウイルス性髄膜脳炎（CNS-FIP）罹患症例における脳実質の病理組織学的所見
a：血管周囲の炎症細胞（主にリンパ球）浸潤が認められる（HE 染色）。b：脳室上衣炎が認められる（HE 染色）。c：重度な形質細胞性脳室脳炎が認められ，一部に好中球浸潤を伴う壊死巣が認められる（HE 染色）。d：リンパ球，好中球，マクロファージから構成される脳底動脈周囲の髄膜炎が認められる（HE 染色）。
（画像提供：a，b，d；とがさき動物病院　諸角元二先生，c；たむら動物病院　田村慎司先生）

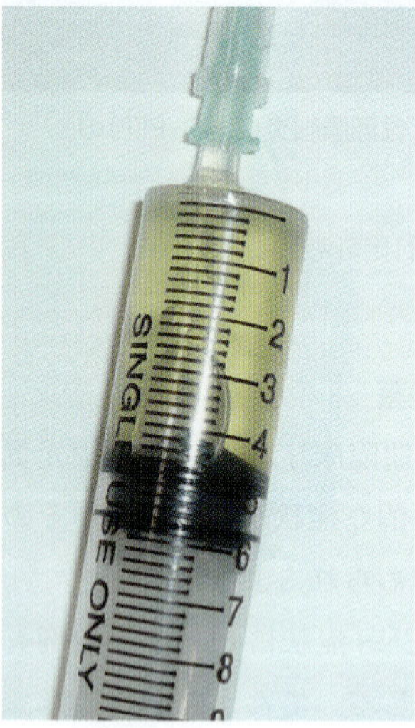

図 15　CNS-FIP 罹患症例から採取された脳脊髄液（CSF）
CSF 中の蛋白は 7.0 g/dL であり，血清とほぼ同様の値であった。
（画像提供：たむら動物病院　田村慎司先生）

(5) 診断

CNS-FIP の確定診断は，脳組織からのウイルスの分離[8]，および病理組織学的特徴（**化膿性肉芽腫 pyogranuloma**）の確認によって下される[8]。しかし，CNS-FIP の症例であっても，病変部にウイルス抗原が必ず認められるわけではない。

現在のところ，生前診断は困難であり，様々な検査結果を総合的に判断するしか方法がない。

1) 血液検査

全血球計算所見では，貧血，好中球の増加，リンパ球の減少，血小板の減少などが認められることがある。血液生化学検査では**高グロブリン血症（高 γ-グロブリン血症）および総蛋白の増加**が認められることが多い[20]。これは FIPV 感染に伴う過剰な抗体産生によるものと考えられる。血清中の FCoV 抗体価については，400 倍を超えると FIP 感染が疑われるとされる[20]。しかし，FCoV の株間には交差反応が認められることがあり，正常猫においても FCoV 抗体価が 400 倍を超えることが知られている。そのため，血清中の FCoV 抗体価が 1,600 倍以上で FIP 感染を疑う，との指標が提示されているのみである[19]。一方，FCoV 抗体価が 400 倍未満であっても CNS-FIP と診断された症例が報告されており[3, 27]，**FCoV 抗体価の推移のみで FIP 感染症を判断することは難しい**。その他，肝酵素（ALT，AST，ALP）の上昇，T-Bil や Cre の上昇が認められる場合がある。

近年，α1-酸性糖タンパク質 alpha 1-acid glycoprotein（α1-AGP）が類症鑑別に有効であることが報告されている[47]。CNS-FIP の診断補助に成り得るかどうかは，さらなる検討が必要であろう。

2) 脳脊髄液（CSF）検査

CSF 検査は有用な検査の1つである。CNS-FIP の一般的な CSF 検査では，細胞数の増加や蛋白濃度の増加が認められる（図 15）[3, 8, 20, 27]。FCoV 抗体価に関して，CSF 中の FCoV 抗体価が血清中の FCoV 抗体価よりも高ければ，CNS-FIP が強く疑われることになる[8]。また，CSF 中の FCoV 抗体価が 25 倍以上であれば CNS-FIP が疑われるとの記載もある[8]。しかし，CSF 中の FCoV 抗体価が陰性であっても CNS-FIP と確定診断された症例も報告されており[3, 8, 27]，**CSF 中の FCoV 抗体価が陰性であっても完全に CNS-FIP を否定することはできない**。

3) 遺伝子検査

近年，**RT-PCR による FCoV 遺伝子の検出**が可能となってきている[11]。CSF を用いた RT-PCR では約 31%，脳実質組織を用いた RT-PCR では 66.7 ～ 76.5% が陽性であったと報告されている[11, 12]。このことから，CSF を用いた RT-PCR は CNS-FIP の診断に対して有効であるが，脳実質に比べて検出感度は低い（図 16）。

図 16　Nested 法を用いた 3'-UTR 遺伝子の PCR 写真

Nested 法とは，1 度目の遺伝子増幅で使用したプライマーペアの内側に新たなプライマーを設定し，再度 PCR にかける方法のこと。1 度目の PCR 産物に比べて 2 度目の PCR 産物は小さくなる。1 度目の PCR 産物では 223 bp にバンドが認められる（a）。2 度目の PCR 産物では 177 bp にバンドが認められる（b）。
（画像提供：マルピー・ライフテック（株）相馬武久先生）

4) 画像診断

CT 検査や MRI 検査は頭蓋内の評価に用いられ，CNS-FIP の診断の一助になると考えられる[8, 27, 44]。CNS-FIP の場合，画像として捉えられる**典型的な異常所見は水頭症や脳室周囲の炎症**である[8, 27, 44]。水頭症の有無に関しては CT 検査であっても評価できるが[27, 44]，脳室周囲の炎症所見を捉えることは困難と考えられる。MRI 検査は脳実質の評価に優れているため，脳室の拡張のみならず，造影剤を用いた際の脳室周囲の炎症を把握することが可能である。MRI 所見として，病変部は局在性またはび漫性であり，境界は明瞭であることが多い。また，**脳室の拡張や小脳ヘルニアが認められることがある**。信号強度としては，T1W 画像において等信号～軽度の高信号を呈し，T2W 画像では等信号～高信号を呈する。また，重症例では **FLAIR 画像で CSF の抑制ができない**ため，CSF 領域が低信号とはならないことがある。これは，CSF 中の蛋白濃度が高いことや細胞数の増加が理由として考えられる。造影剤による増強効果は比較的よく認められ，**特に脳室壁の上衣層に強い増強効果**が認められる（図 17）[27]。MRI 上の信号強度の異常が認められない場合でも，造影剤の使用によって信号強度異常が認められるようになる場合がある[27]。そのため，MRI 検査時には造影剤の使用が推奨される。一方，MRI 検査を実施した 50％の CNS-FIP の症例で，異常所見が認められなかったとの報告もあるため，**画像上の異常所見が認められないからといって CNS-FIP を完全に否定できるわけではない**[8]。

(6) 治療および予後

現在のところ，CNS-FIP における有効な治療手段はない。ステロイドの投与によって症状の改善が認められる場合があるが，**長期的な予後は不良**である[8]。

抗ウイルス薬であるインターフェロン（INF）を FIP の症例に用いた報告がいくつか認められている。ある報告では，ステロイドとネコインターフェロン-ω の併用によって寛解期間が延長したとされている[23]。しかし，無作為のプラセボ対照試験を実施した報告では，ネコインターフェロン-ω による治療効果は認められなかったとされている[56]。CNS-FIP に対して有効かどうかは不明である。

5. 猫後天性免疫不全ウイルス関連性脳症

(1) 猫後天性免疫不全ウイルスとは

猫後天性免疫不全ウイルス feline immunodeficiency virus（FIV）はレトロウイルス科レンチウイルス属に分類される[8, 36]。猫後天性免疫不全ウイルス関連性

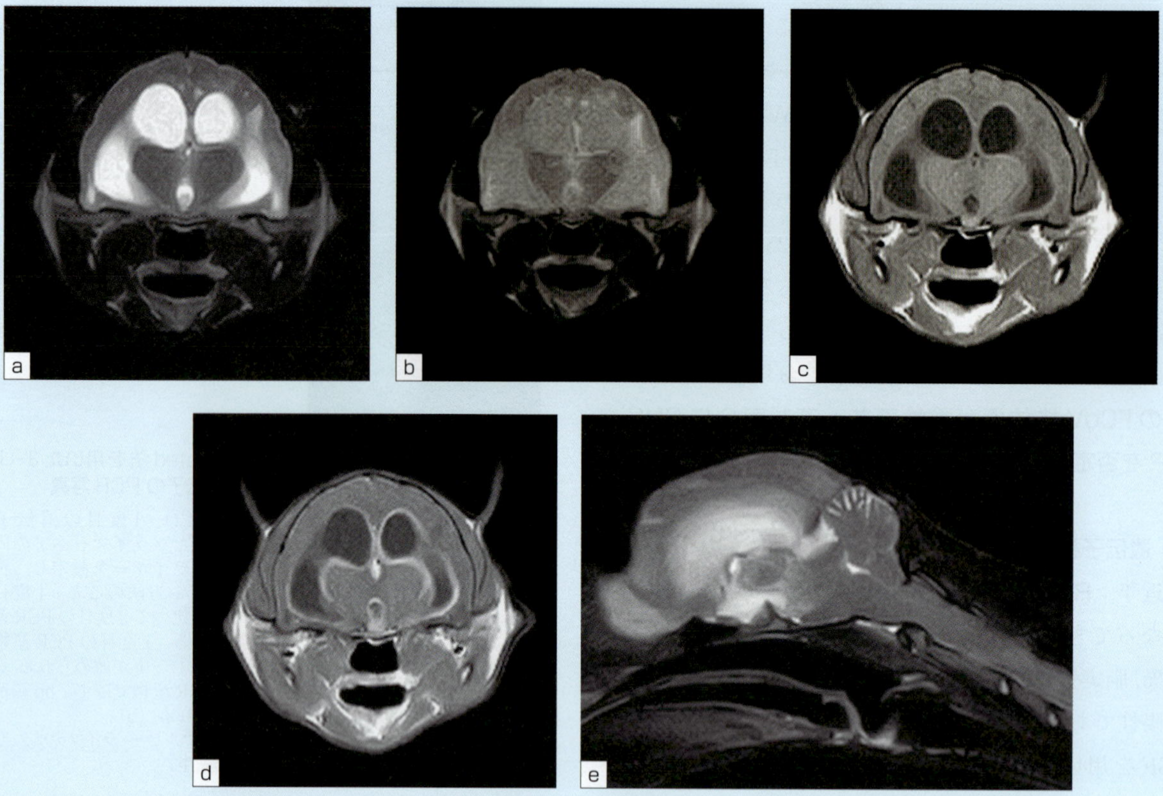

図 17　猫伝染性腹膜炎ウイルス性髄膜脳炎（CNS-FIP）罹患症例の MR 画像

ベンガル，8 カ月齢，雌。主訴は運動失調と傾眠。腹水貯留は認められず，非滲出型の FIP を発症。血清中の FCoV 抗体価は 800 倍。a：T2W 画像，横断像。重度な脳室の拡張が認められる。b：FLAIR 画像，横断像。CSF が低信号を呈していない。CSF の蛋白濃度が高いことや細胞数が増加しているためと考えられる。c：T1 強調（T1W）画像，横断像。重度な脳室の拡張が認められる。d：ガドリニウム増強 T1W 画像，横断像。脳室周囲が造影剤によって増強されている。e：T2W 画像，矢状断像。小脳ヘルニアが認められている。
（画像提供：たむら動物病院　田村慎司先生）

脳症 feline immunodeficiency virus associated encephalopathy は近年報告されるようになってきている。FIV に感染した猫の約 30％に発症するとされ，以前に考えられていたよりも発生頻度は高いものと推測されている[8]。感染初期に，FIV は脳内に入り込むとされる[53]。

(2) 病理組織学的検査

感染の主要標的は小膠細胞とされる[68]。実験的に FIV を感染させると，病理組織学的には神経細胞の神経上膜・髄膜・脈絡叢にリンパ球の細胞浸潤が早期の反応性変化として認められる。その後，白質に主座する囲管性単核細胞浸潤や線維化が認められる。さらに進行すると，白質における虚血性変化や空胞性変化，脱髄性変化が認められる[68]。

(3) 臨床症状

臨床症状は主に前脳の機能障害であり，攻撃性の亢進，見当識障害，過度の舌なめずり，行動異常，強迫性徘徊 compulsive pacing などが認められる[8, 36, 53]。また，実験的に FIV を感染させた猫では，対光反射の遅延を伴う瞳孔不同が認められたとされている[8]。臨床症状はごく軽度に進行し，慢性経過を呈する[8, 36]。神経学的な改善を呈する猫も報告されている[8]。

診断には ELISA や病理組織学的検査が用いられている[36]。また，臨床的には FIV 感染猫に中枢神経障害を呈するリンパ腫や日和見感染症などの他の疾患を除外することで疑われる[53]。

(4) 治療

臨床例での報告はないものの，抗ウイルス薬であるジドブジンが急性期の FIV 感染に対して有効である可能性が考えられている[10]。しかし，慢性期の FIV 感染には有効ではないとされている[40]。治療に関して，今後の研究が待たれる。

予防はワクチン接種のみとされる[36]。

6. 猫パルボウイルス感染症

(1) 猫パルボウイルスとは

猫パルボウイルス feline parvovirus(FPV)はパルボウイルス科パルボウイルス属に分類される直鎖1本鎖DNAウイルスである[52, 53)]。猫パルボウイルス感染症 feline parvovirus infection では，汎白血球減少症を呈することで有名だが[52)]，**妊娠末期にFPV感染した雌猫では出産した子猫**に様々な障害を呈する[52, 53)]。特に，**小脳低形成 cerebellar hypoplasia** は重要な神経症状の原因である[35, 53)]。2週齢以降でFPV感染した場合，神経症状を呈することはまれとされる[35)]。しかし，神経症状を呈した場合には，重篤であるとされる[35)]。

(2) 臨床症状

臨床症状には，企図振戦，測定障害，運動失調が挙げられる[35, 53)]。**非進行性の小脳徴候**が幼齢猫において認められた場合には，小脳低形成が強く示唆される[35)]。まれに前脳における障害を呈することがあり，てんかん発作や行動変化などを臨床症状として呈する[53)]。また，網膜の障害を起こすこともある[53)]。ウイルス誘導性の細胞破壊によって，顆粒細胞層を形成することになる軟膜下の神経芽細胞に対して広範囲の障害を呈すため，低形成や形成不全を生じる[69)]。また，プルキンエ細胞への分化も障害され，広範囲の小脳葉の低形成・形成不全が引き起こされる[69)]。しばしば非化膿性脳炎の所見が認められる場合もある[69)]。臨床症状を改善させる治療法はないものの，脳の代償作用によって室内における飼育は可能とされる[53)]。

7. ボルナ病ウイルス性脳炎

(1) ボルナ病ウイルスとは

ボルナ病ウイルス borna disease virus(BDV) は，モノネガウイルス目ボルナウイルス科に属する，エンベロープに被われた非分節型の1本鎖マイナス鎖RNAウイルスである[7, 67)]。BDVは馬において最初に同定され[9)]，その後はヒトを含めて犬や猫などにおいて感染が確認されている[24, 37, 43, 57, 71)]。ヒトと脊椎動物との間における感染は証明されていないが，BDVには人獣共通感染症の可能性があると考えられている[25)]。

BDVは少なくとも，核(N)タンパク質，リン酸化(P)タンパク質，膜貫通(M)タンパク質，エンベロープ(G)タンパク質，Xタンパク質(詳細な機能に関しては不明)そしてポリメラーゼ(L)タンパク質の6つのタンパク質から構成されている[67)]。BDVは，過去に **staggering disease(千鳥足の疾患，猫ヨロヨロ病)** と呼ばれた猫の原因不明疾患に関連していることが示されている[37)]。BDVは神経親和性をもつウイルスであり，BDVに感染した細胞であっても見た目は非感染細胞と変わりはない[78)]。また，細胞からのウイルス粒子の放出が微量であることもBDV感染の特徴である。BDVは，核内で転写・複製を実施するという特徴をもっている[78)]。近年は鳥における前胃拡張症候群 proventricular dilatation disease の原因の1つとして，鳥類のみに感染する鳥ボルナウイルス avian bornavirus (ABV)の関与が判明してきている[26, 55)]。感染動物に違いがあるものの，BDVとABVは核酸における塩基配列の高い一致を示していることから[26)]，今後も注目すべきウイルスと考えられる。

以下に猫におけるBDV脳炎に関して主に記載する。必要に応じて他の動物種におけるBDV感染に関して記述する。

(2) 病態生理

BDVに猫が感染すると，staggering disease(千鳥足の疾患，猫ヨロヨロ病)などの神経症状を発症する可能性が生じる[24, 37, 43)]。しかし，不顕性感染が多いとされ[7, 24, 43, 67)]，神経症状を呈していない猫において血清中のBDV抗体検査を実施すると，実に約20%においてBDV抗体が検出される[24)]。猫においての好発年齢は報告によって様々であり，詳細は不明である[24)]。ある報告では，1歳～8歳10カ月齢だった[72)]。また，屋外と接する機会のある猫において好発する可能性が考えられている[24)]。今後の大規模な検討により，詳細な傾向が判明してくるものと推測される。性差による偏りは認められていないが，雑種猫での発生が多い傾向が認められている[24, 72)]。これは雑種猫が純血種よりも屋外と接する可能性が高いことが原因ではないかと考えられる。

自然感染例におけるBDVの侵入門戸は，嗅球における神経上皮と考えられている。これは，馬の感染初期に同部位に強い炎症を起こすためである。また，実験的にBDVを経鼻感染させたラットにおいては，接種後4日目に嗅球の神経上皮細胞にBDV抗原が検出される。同時にBDVは感染の早期に神経細胞の軸索に沿って拡散し，シナプスを経由して他の神経細胞へと拡散する。実験的に眼球内にBDVを接種した場合には視神経を経由して，四肢の神経組織にBDVを接種した場合には脊髄の上行線維に沿って上位の中枢へ

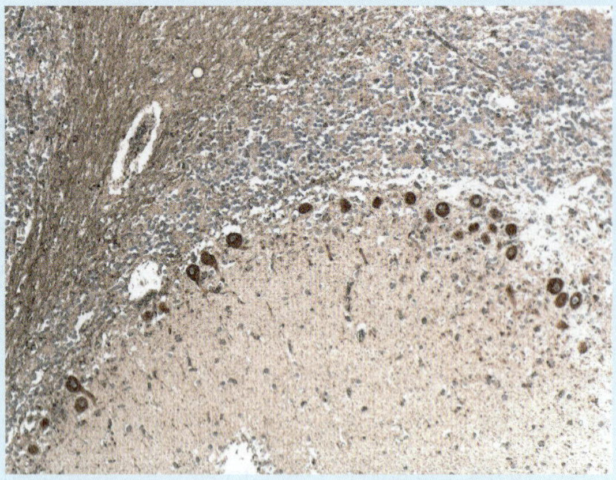

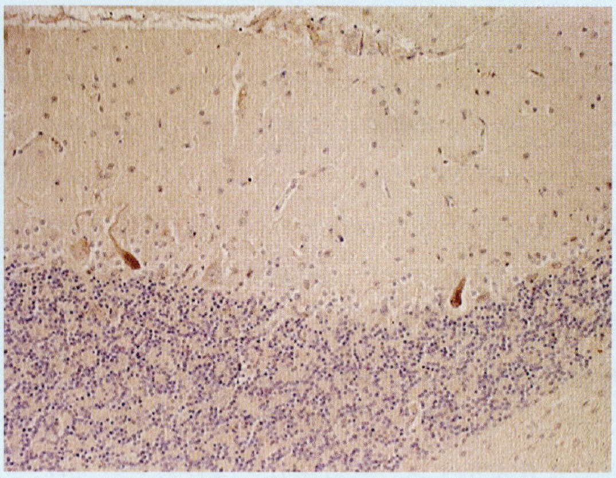

図 18　免疫組織化学染色
小脳のプルキンエ細胞において，抗リン（P）タンパク質抗体（抗 p24 抗体）による明瞭な陽性反応が認められる。
（画像提供：京都大学ウイルス研究所　朝長啓造先生）

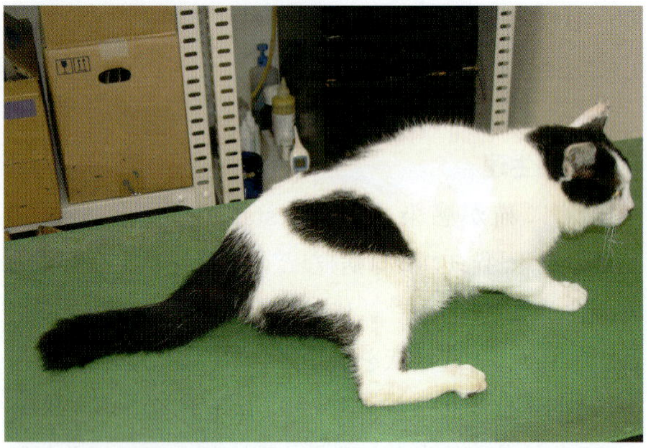

図 19　ボルナ病ウイルス（BDV）感染症例（腹臥位）
（画像提供：京都大学ウイルス研究所　朝長啓造先生）

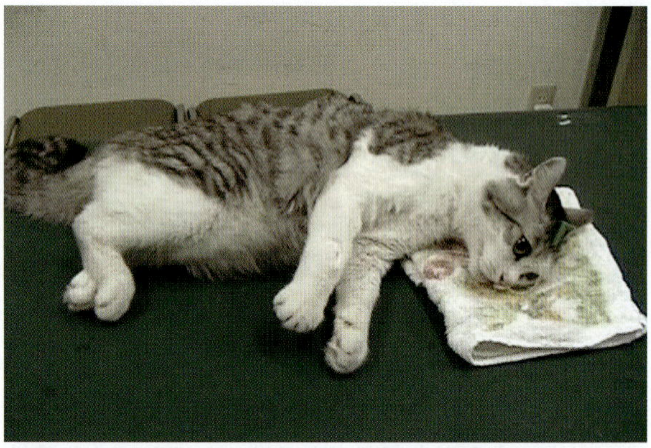

図 20　ボルナ病ウイルス（BDV）感染症例（横臥位）
（画像提供：京都大学ウイルス研究所　朝長啓造先生）

拡散するとされている[16, 60]。その他，実験的なものを含めると血行性の感染や垂直感染なども報告されている[24]。

（3）病理組織学的検査（図 18）

BDV は**非化膿性脳炎（脳脊髄炎）**の原因となり，白質よりも灰白質に炎症性病変を形成する[43, 60, 72]。嗅球，大脳皮質，基底核，海馬，視床下部，中脳，橋，延髄などの広範囲に病変形成をする[72]。猫では脳幹部に病変が主座する症例や脊髄の白質変性を伴う症例などが報告されている[43]。犬では脳実質の壊死を伴い，炎症性の変化は軽度ながらも延髄や小脳にも認められる[71]。病理組織では囲管性に単核球，リンパ球，小膠細胞などが主に認められる。また，神経細胞の変性や神経細胞浸食された神経細胞が中等度に認められる。髄膜における単核球浸潤も認められる。**好塩基性封入体（Joest-Degen 小体）**が核内や細胞質内に認められるのもボルナ病の特徴的所見である。ウイルス抗原は核内において認められ，時折周核体においても認められる。慢性症例では，星状膠細胞においてウイルス抗原が認められる[24, 43, 60, 72]。

（4）臨床症状と神経学的検査

猫の BDV 感染による臨床症状には，食欲不振，発熱，活動性の低下，行動変化，異常興奮，焦点性てんかん発作，後肢の運動失調や不全／麻痺，意識低下，測定障害，腰仙部の疼痛などが挙げられる（図 19，図 20）[24, 37, 43, 72, 79]。臨床症状は甚急性～慢性の経過を辿り，死亡する 1 ～ 4 週間前には重度な臨床症状の悪化が認められる[24]。

（5）診断

1）血液検査

全血球計算所見では，**白血球数の減少（好中球やリン**

パ球の減少)を呈することがある[24, 72]。また，神経学的な症状が重度であれば，リンパ球の減少が顕著に認められる[72]。BDV 感染と白血球数の減少との関連から，BDV の長期的な感染によって軽度な骨髄抑制を呈するものと考えられている[24]。血液生化学検査では，ALT の軽度な上昇を呈することがある[72]。その他，Hb，Cre，ALP，総蛋白，アルブミンなどにおける明らかな異常は認められない[24, 72]。**血清中に BDV 抗体が検出されれば，BDV 感染が示唆される**。神経症状を呈した猫では 50～87%で認められるとされるものの，神経症状を呈していない症例においても約 20%で BDV 抗体が検出されている[24, 72]。BDV 抗体の検出率と，神経症状の重症度や病理組織学的所見上の重症度における関連性は低い[72]。

2) 脳脊髄液(CSF)検査

BDV 感染猫における CSF 検査に関する報告は少ない。ある報告では，白血球数の増加(特に単核球細胞)が認められている[72]。また，蛋白濃度の増加も認められている[72]。BDV 抗体が検出された場合には，診断の一助となる。しかし，CSF 中の BDV 抗体の検出率は 20%と報告されていることから[72]，それほど有用ではないと推測される。

3) 遺伝子検査

RT-PCR による BDV RNA の検出が可能であり，診断に用いられている(図 21)[24, 72]。ある報告では，脳実質や血液サンプルを用いた RT-PCR による BDV RNA の検出は約 58%であり，血清中の BDV 抗体の検出率(約 87%)よりも低かった[72]。このことから，遺伝子検査によって BDV RNA が検出されなくても，BDV 感染を完全には否定できない。BDV RNA の検出率と，神経症状の重症度や病理組織学的所見上の重症度における関連性は低い[72]。

4) 画像診断

猫における MRI 検査所見の報告は限られており，特異的な所見は不明である。ある報告では，臨床症状を呈していたにもかかわらず，画像上の明らかな異常は認められなかったとされている[79]。また，MRI 上の異常が認められなかった部位において BDV 抗原が検出されたとの報告も認められている[77]。これらのことから，MRI 上の異常が認められない場合でも，BDV 感染は否定できないと推測される。

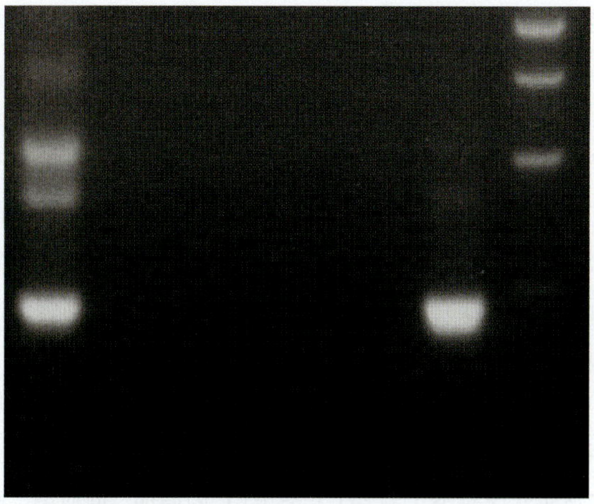

図 21　遺伝子検査電気泳動写真(脳実質からの RNA を，リン(P)遺伝子に対するプライマーにて PCR を実施)

最左側：陽性コントロール（約 250 bp），最右側：サイズマーカー，右から 2 番目が陽性症例検体。
（画像提供：京都大学ウイルス研究所　朝長啓造先生）

(6) 治療および予後

現在のところ，BDV 感染による臨床症状に対する有効な治療手段はない。臨床症状発症後に生存した症例や，臨床症状の部分的な改善も報告されているが[24]，**臨床症状発症後の予後はおおむね不良**である[24, 79]。

細菌性疾患

細菌性髄膜脳炎

(1) 病態生理および病理所見

細菌性髄膜脳炎 bacterial meningoencephalitis (BME)は，膿瘍による脳実質組織の圧迫や細菌毒素の放出による神経機能の障害によって起こる。しかし，主となる神経機能の障害は細菌によってもたらされる二次的な炎症反応である。炎症メディエーターであるインターフェロンや腫瘍壊死因子 tumor necrosis factor(TNF)，プロスタグランジン，キニンなどは細菌に反応した白血球によって産生される。これらの炎症メディエーターは脳浮腫や脈管炎，梗塞病変の原因となる。犬や猫では *Streptococcus* spp.，*Staphylococcus* spp.，*Pasteurella* spp.，*Actinomyces* spp.，*Nocardia* spp.，*Escherichia coli*，*Klebsiella* spp.，嫌気性菌などでの発症が報告されており，*Bartonella* spp. は潜在的な CNS 疾患と関連していることが示唆されている[8]。

(2) 臨床症状と神経学的検査

BME は品種，年齢，性別を問わずに発生するが，1～7 歳の若齢～中年齢で最も一般的である。臨床症状や神経学的機能障害は**急性発症し，急速に進行する**。

発熱や頚部の知覚過敏が犬のBMEの20%に認められる[8)]。

(3) 診断

BMEの診断は病歴や臨床病理検査所見(血液検査，CSF検査など)，細菌培養検査，断層撮影検査から判断される。また，抗生剤投与によって症状の改善が認められれば，BMEを示唆する材料となる。

全血球計算では，犬のBMEの57%で白血球増加症，白血球減少症，血小板減少症などが認められる。血液生化学検査ではALTやALPの増加，低血糖，高血糖などがBMEの70%で認められる。断層撮影検査では腫瘤病変(膿瘍形成)やび漫性病変，脳浮腫，閉塞性水頭症などが認められることがある[8)]。**最も有用な検査はCSF検査**であり，BMEの90%以上で異常所見が得られる[8)]。CSF所見としては，**変性または中毒性変化を伴った好中球の出現**，および**グルコース値の顕著な低値**が最も一般的である。蛋白濃度は増加する場合もある。CSF，血液中に感染した細菌が検出されれば確定診断となるが，BMEの80%では陰性となる[8)]。この理由に関しては現在のところ明確ではない。

(4) 治療および予後

治療は抗生剤の投与になる。細菌が検出されれば，その感受性検査によって効果のある抗生剤を特定し，その抗生剤を投与する。抗生剤は血液脳関門(BBB)を通過する高容量のアンピシリン(22 mg/kg，IV，q6hr)投与や，嫌気性菌への感受性が高いメトロニダゾール(10 mg/kg，IV，q8hr)が推奨される[8)]。その他，グラム陰性菌による感染の場合にはエンロフロキサシン(10 mg/kg，IV，q12hr)や第3世代のセファロスポリン系薬剤のセフォタキシム(25～50 mg/kg, IV, q8hr)が推奨される[8)]。抗生剤投与期間に関しては，その都度CSF検査を実施し，細胞数の変化，好中球の形態変化，培養検査所見などをもとに判断する必要がある。しかし，臨床現場においてその都度CSF検査を実施するのは難しいため，一般的な投与期間の目安としては臨床症状が消失した後，少なくとも10～14日の抗生剤投与が推奨されている[8)]。また，断層撮影検査において膿瘍が認められた場合には，外科的摘出を検討することもある。

獣医学領域における予後としては不良とされる。しかし，人医学領域ではBMEの70%以上で症状の改善が認められるため，獣医学領域においても早期の診断・早期の積極的な治療により，改善が見込めるのではないかと思われる。

症例1 細菌性髄膜脳炎の1例

患者情報：雑種猫，6歳，雄(図22a)

主訴：活動性の低下とふらつき。その後，強直性けいれん，意識レベルの低下が認められるようになった。

MRI検査(治療前，図22b～f)：1度目の検査では，左後頭葉～頭頂葉に長径2 cmにわたる腫瘤が認められた。T2W画像，FLAIR画像にて腫瘤周囲の浮腫が目立つ。拡散強調画像では腫瘤に高信号強度が認められた。ガドリニウム増強T1W画像において腫瘤はリング状の造影効果が認められた。また，広範な左髄膜の濃染が合わせて認められた。髄膜の濃染は左側の中耳と連続に認められていた。

CSFを用いた細菌培養検査にて*Enterobacter Cloacae*(グラム陰性桿菌)が検出された。

MRI検査(治療後：オルビフロキサシンを投与開始後10日で神経症状の消失。210日間投与後に再度MRI検査を実施，図23)：2度目の検査では，左側頭葉から頭頂葉にT2W画像およびFLAIR画像にてスリット状の高信号強度を示す炎症瘢痕が認められた。ガドリニウム増強T1W画像によって造影される領域は認められなかった。

真菌性疾患

真菌性髄膜脳炎

(1) 病態生理

真菌性髄膜脳炎fungal meningoencephalitis (FME)は*Cryptococcus neoformans*，*Aspergillus* spp.，*Blastomyces dermatidis*，*Coccidioides immitis*，*Cladosporium* spp.，*Histoplasma* spp.などによって発症する。犬や猫において最もよく発症するFMEの原因は*Cryptococcus neoformans*によるものである[8)]。FMEは鼻腔や前頭洞，あるいは血行性にCNSへ真菌が感染し，真菌胞子の拡がりによって症状が発現する。

(2) 臨床症状と神経学的検査

臨床症状や神経学的機能障害はBMEと類似しており，FMEでは**真菌性ゼラチン様塊や真菌性肉芽腫形成**によって脳実質の圧迫，あるいはCNSへの真菌侵入に伴った炎症反応によって発症する。BMEと同様

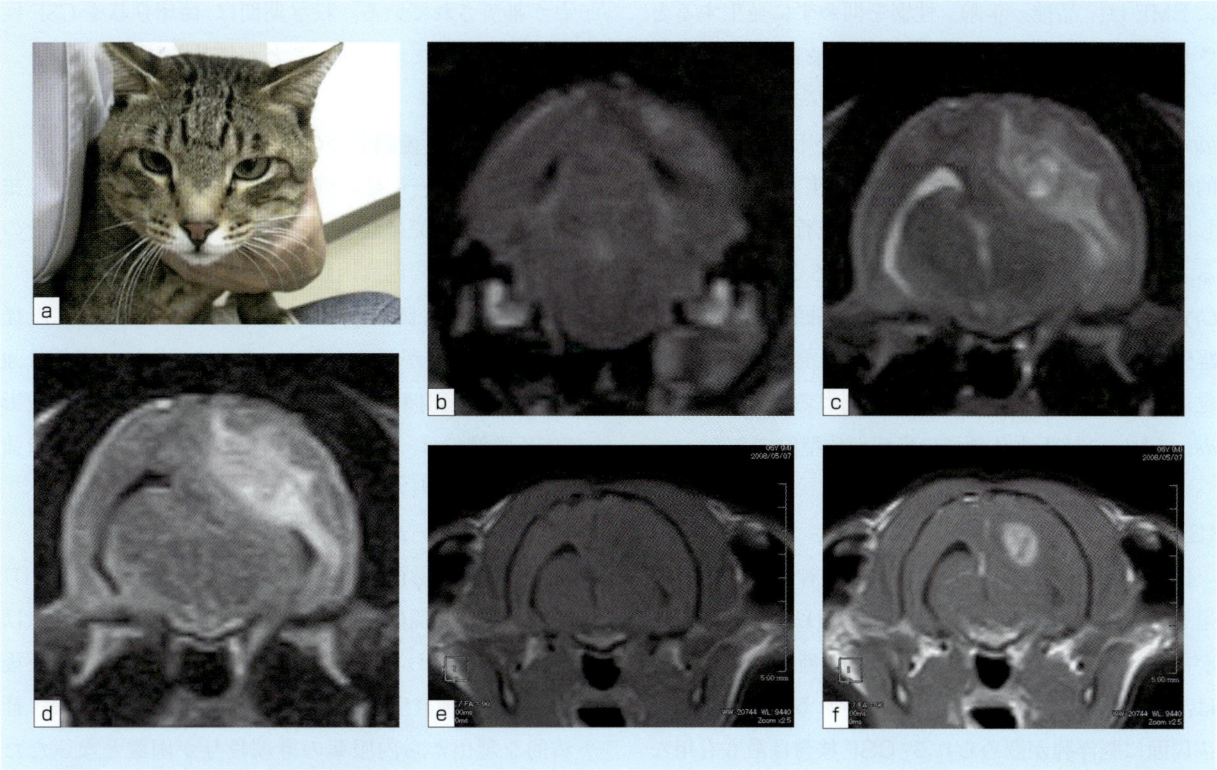

図 22　症例 1，治療前の外貌および MRI 所見

a：症例 1 外貌，b：T2W 画像。左側中耳に高信号領域が認められ，中耳炎が疑われた。c：T2W 画像。腫瘤周囲の浮腫が認められる。d：FLAIR 画像。腫瘤周囲の浮腫が認められる。e：T1W 画像。f：ガドリニウム増強 T1W 画像。腫瘤はリング状の造影効果が認められた。また，広範な左髄膜の濃染が合わせて認められた。

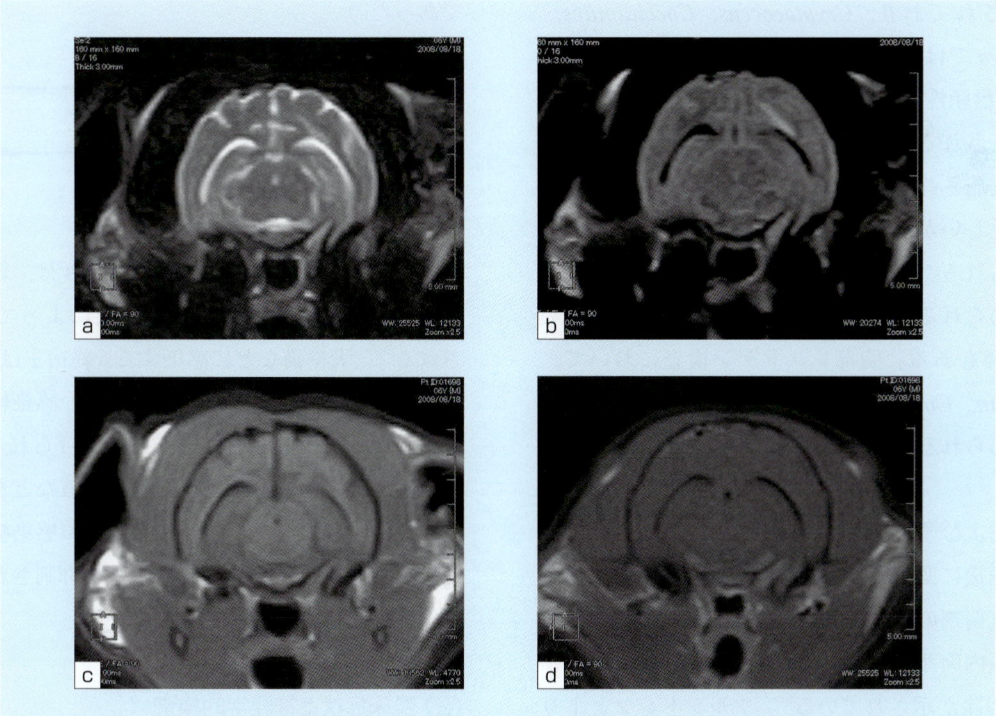

図 23　症例 1，治療後の MRI 所見

a：T2W 画像。スリット状の高信号強度を示す領域が認められた。b：FLAIR 画像。スリット状の高信号強度を示す領域が認められた。c：T1W 画像。d：ガドリニウム増強 T1W 画像。ガドリニウム増強 T1W 画像によって造影される領域は認められなかった。

にFMEは，品種，年齢，性別を問わずに発生するとされるが，1～7歳の若齢～中年齢で最も好発する[8)]。アメリカン・コッカー・スパニエルやシャム猫は*Cryptococcus*に感染しやすいとされる[8)]。臨床症状や神経学的機能障害は急性発症し，急速に進行するとされるが，しばしば数週間～数カ月かけて緩徐進行することもある。病変は前脳や脳幹部で認められることが多い[8)]。***Cryptococcus*に関しては眼や鼻，前頭洞において神経外の炎症が認められることがある**。発熱や頚部の知覚過敏が犬のFMEの20％に認められる[8)]。*Coccidioides*においては下垂体領域の炎症が典型的である。

(3) 診断

FMEの診断は真菌の検出による。神経機能障害を呈した症例で，CNS以外に皮膚糸状菌以外の真菌感染が認められれば，FMEが疑われる。断層撮影検査では，病変部が造影剤によって増強される。また，病変部周囲に脳浮腫が認められる。**CSF検査**は最も有用な検査であり，*Cryptococcus*に起因したFMEの犬の93％でCSF中に*Cryptococcus*が認められる[8)]。その他，混合型の髄液細胞増加症および蛋白濃度の増加が認められる。**CSFや血清中の真菌に対する抗体価の測定**が実施されており，*Cryptococcus*，*Coccidioides*，*Blastomyces*ではその抗体価は信頼性があり，*Aspergillus*では信頼性が低く，また，*Histoplasma*では信頼性がないとされる[8)]。一方，*Cladosporium*では抗体価の測定は実施されていない。血液検査における特異的な所見は乏しいが，全血球計算では貧血，好中球増加症が認められる。また，血液生化学検査では高K血症などが認められることがある。尿中に真菌分子が認められる場合もある。胸部レントゲン検査において，*Histoplasma*，*Coccidioides*，*Blastomyces*では胸部の異常が認められる場合がある。

(4) 治療および予後

治療と予後に関しては，明確なデータは示されていない。抗真菌剤の投与が一般的に実施されているが，巨大な頭蓋内肉芽腫を形成している場合には外科的治療による切除が示されている[8)]。フルシトシンとトリアゾール系薬剤(**イトラコナゾール**：5 mg/kg，PO，SID～BID，**フルコナゾール**：2.5～5 mg/kg，PO，SID)は血液脳関門(BBB)を超えることができる薬剤とされる[65)]。投薬によって臨床症状が改善した症例では，何カ月にもわたって抗真菌剤の投与を継続することが推奨されている。投与期間は，臨床症状やCSF検査所見によって判断することが推奨されている。

症例2　真菌性髄膜脳炎の1例

患者情報：ゴールデン・レトリーバー，13歳2カ月齢，雄

主訴：両後肢での起立不能となり，徐々に悪化。その後，両前肢での起立困難となってきた(図24)。

MRI検査：右側前頭葉～頭頂葉の深部白質に直径15 mmの腫瘤が認められた。T2W画像にて高信号強度を呈し，周囲には著明な浮腫が認められた。造影T1W画像では，腫瘤の辺縁部に淡いリング状の増強効果が認められた。

CSF検査：*Cryptococcus*が多数認められた。

治療・経過：診断後，フルコナゾール(4 mg/kg，SID)の経口投与を開始した。内服後47日目には神経症状は改善を呈しており，内服薬の継続を実施した。治療後3ヵ月間は神経症状の再発は認められなかったが，経済的な理由から内服薬の継続投与が困難となったため，休薬を実施した。休薬後10日で食欲不振，元気の低下が認められるようになり，その約2週間後，自宅にて死亡した。剖検は実施できなかったことから，死因とクリプトコッカス症や内服薬などとの関連は不明であった。

原虫性疾患

トキソプラズマ症

(1) 病態生理および病理所見

トキソプラズマ症 toxoplasmosisは，細胞内寄生する*Toxoplasma gondii*の感染によって引き起こされる[36)]。犬や猫などに感染する。終宿主は猫であり，糞便中にオーシストが排出される[36)]。感染経路としては，経口感染や経胎盤感染などが挙げられる[36)]。感染後は迅速な増殖を呈し，リンパや血液などを経由して他の組織へ拡大していく[53)]。大多数の感染症例においては宿主の抗体反応によって増殖が抑制され，シストが組織内に形成される[53)]。

(2) 臨床症状と神経学的検査

トキソプラズマ症は多臓器の感染症であり，筋肉，中枢神経，肝臓，肺，眼などに感染が認められる[36, 53)]。そのため，筋炎，脳炎，肺炎，網膜炎などの多様な臨床症状を呈する[36, 68)]。神経症状としては，意識障害，てんかん発作，視覚異常，運動失調，不全麻

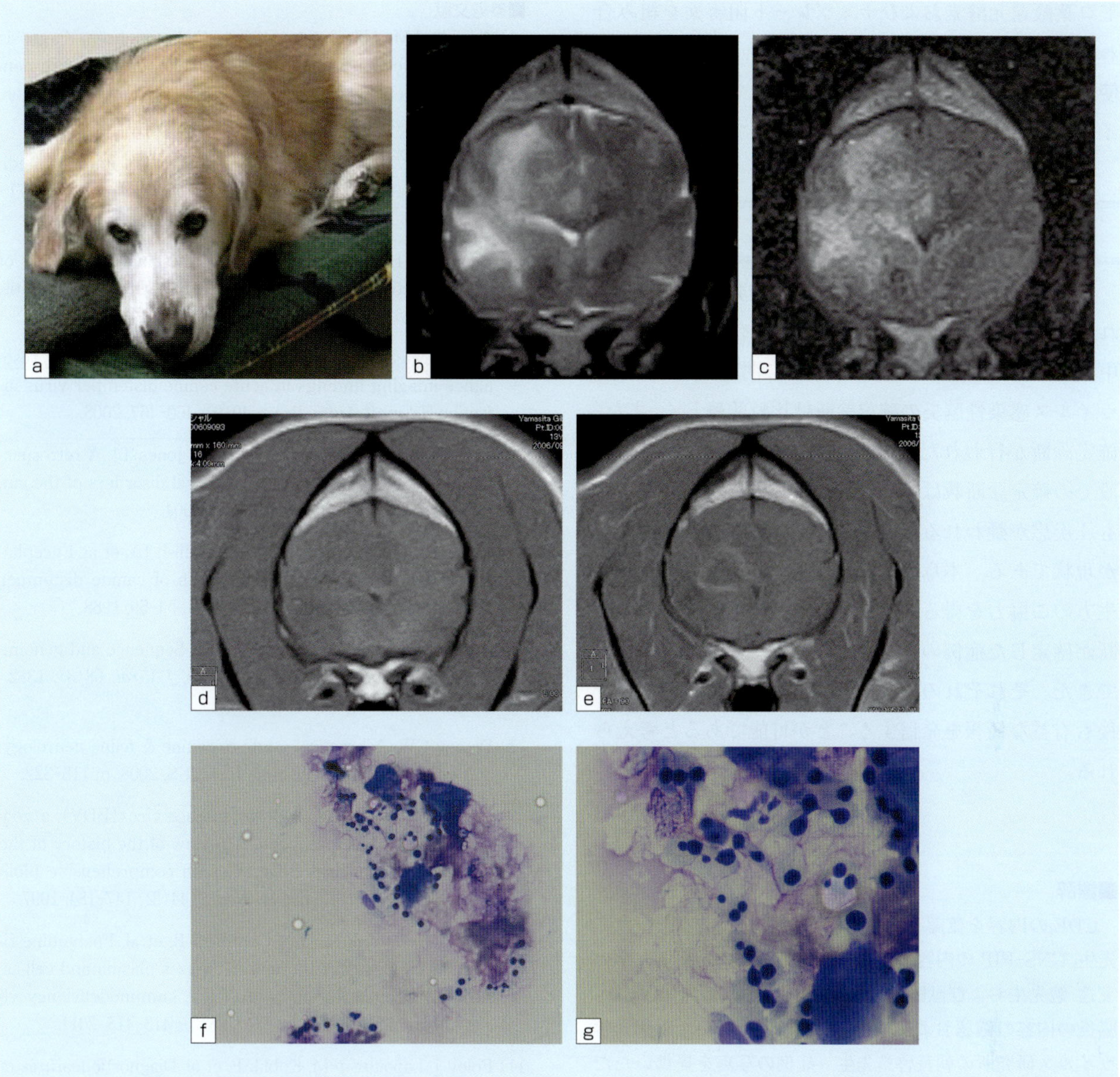

図 24　症例 2，外貌，MRI 所見，脳脊髄液（CSF）検査所見

a：症例 2 外貌。b：T2W 画像。白質における著明な高信号領域が認められた。c：FLAIR 画像。白質における著明な高信号領域が認められた。d：T1W 画像。e：ガドリニウム増強 T1W 画像。右前頭頭頂葉の深部白質に直径 15 mm の腫瘤が認められた。ガドリニウム増強 T1W 画像では腫瘤の辺縁部に淡いリング状の増強効果が認められた。f：CSF 塗抹（弱拡大）。g：CSF 塗抹（強拡大）。*Cryptococcus* が認められた。

痺などである[53)]。トキソプラズマ症は神経疾患の類症鑑別として含まれるものの，その発生割合はまれとされる[53)]。また，神経症状は侵された動物の約 10％で認められるが，神経症状のみを呈することはほとんどない[53)]。特に，猫において *T.gondii* に起因した脳脊髄炎を呈することは非常にまれである[68)]。

（3）診断

トキソプラズマ症の診断には，臨床症状，組織生検における *T.gondii* のタキゾイトやブラディゾイトの確認，免疫検査により血清・眼液・CSF 内の抗体や抗原の検出，PCR が用いられている[36, 53, 68)]。犬や猫においては，ELISA を用いた ***T.gondii* に特異的な IgM や IgG の測定**が頻繁に用いられている[36)]。感染後 16 週を経過すると，IgM は検出されなくなる[36)]。IgG が 256 倍以上であれば，感染が示唆される[36)]。CSF 中から IgM や IgG が検出された場合には *T.gondii* の中枢神経領域への感染が示唆される[36)]。

（4）治療および予後

治療には**クリンダマイシン塩酸塩**（猫：12.5 ～ 25 mg/kg，PO または IM，BID。犬：10 ～ 20 mg/kg，PO または IM，BID）が用いられる[36, 53)]。猫では CSF 中に有効濃度の薬剤が移行するとされる[36)]。猫では一過性の嘔吐が認められることがあるが，少なくとも 4 ～ 5 週間の継続投与が必要である。その他，ジヒドロ葉酸還元酵素およびチミジレート阻害薬を組み合わせたサルファ剤にも感受性がある[54]。**ステロイドの使用は禁忌であり**[54]，神経症状に対して安易にステロイドを使用することには，注意が必要である。

おわりに

本章では感染性脳炎のうち，比較的発症が多いとされるCDEおよびCNS-FIPなどのウイルス性疾患を中心に，その他BMEおよびFMEに関して記載した。ウイルス感染性脳炎の確定診断は比較的難しく，また，確定診断が行われた症例の詳細な情報も少ない。1施設での確定診断数は少ないものと考えられ，あくまでも「疾患が疑われる」という段階にとどまっているのが現状である。本章の記載に際して，様々な施設の先生方のご協力を得ることによって，各施設において診断が確定した症例の写真などの資料を掲載することができた。それぞれの施設の情報を共有することで，今後も有益な情報を発信することが可能であると考えられる。

［中本裕也］

■謝辞

CDEの内容を確認していただいた宮崎大学の山口良二先生，CNS-FIPの内容の確認をしていただいた北里大学の宝達 勉先生および獣医病理学研究室の朴 天鎬先生，BDV脳炎の内容の確認および写真をご提供いただいた京都大学ウイルス研究所の朝長啓造先生，症例の写真を提供いただいた東京大学の内田和幸先生，山口大学の中市統三先生，とがさき動物病院の諸角元二先生，うえおか動物病院の上岡尚民先生，症例の写真と動画を提供いただいた，たむら動物病院の田村慎司先生，電気泳動写真を提供いただいたマルピー・ライフテック株式会社の相馬武久先生に深謝する。

■参考文献

1) Amude AM, Alfieri AA, Alfieri AF. Antemortem diagnosis of CDV infection by RT-PCR in distemper dogs with neurological deficits without the typical clinical presentation. *Vet Res Commun.* 30(6): 679-687, 2006.

2) August JR. Feline infectious peritonitis: An immune-mediated coronaviral vasculitis. *Vet Clin North Am.* 14(5): 971-984, 1984.

3) Baroni M, Heinold Y. A review of the clinical diagnosis of feline infectious peritonitis viral meningoencephalomyelitis. *Prog Vet Neuro.* 6(3): 88-94, 1995.

4) Bathen-Noethen A, Stein VM, Puff C, et al. Magnetic resonance imaging findings in acute canine distemper virus infection. *J Small Anim Pract.* 49(9): 460-467, 2008.

5) Bradshaw JM, Pearson GR, Gruffydd-Jones TJ. A retrospective study of 286 cases of neurological disorders of the cat. *J Comp Pathol.* 131(2-3): 112-120, 2004.

6) Cornwell HJ, Thompson H, MacCandlish IA, et al. Encephalitis in dogs associated with a batch of canine distemper (Rockborn) vaccine. *Vet Rec.* 122(3): 54-59, 1988.

7) Cubit B, Oldstone C, de la Torre JC. Sequence and genome organization of Borna disease virus. *J Virol.* 68(3): 1382-1396, 1994.

8) Dewey CW. A practical guide to canine & feline neurology, 2nd ed. Blackwell Publishing. Iowa. US. 2008, pp115-322.

9) Dürrwald R, Ludwig H. Borna disease virus(BDV), a(zoonotic?) worldwide pathogen. A review of the history of the disease and the virus infection with comprehensive bibliography. *Zentralbl Veterinarmed B.* 44(3): 147-184, 1997.

10) Fogle JE, Tompkins WA, Campbell B, et al. Fozivudine tidoxil as single-agent therapy decreases plasma and cell-associated viremia during acute feline immunodeficiency virus infection. *J Vet Intern Med.* 25(3): 413-418, 2011.

11) Foley J, Lapointe J-M, Koblik P, et al. Diagnostic features of clinical neurologic feline infectious peritonitis. *J Vet Intern Med.* 12(6): 415-423, 1998.

12) Foley JE, Rand C, Leutenegger C. Inflammation and changes in cytokine levels in neurological feline infectious peritonitis. *J Feline Med Surg.* 5(6): 313-322, 2003.

13) Frisk AL, Konig M, Moritz A, et al. Detection of canine distemper virus nucleoprotein RNA by reverse transcription-PCR using serum, whole blood, and cerebrospinal fluid from dogs with distemper. *J Clin Microbiol.* 37(11): 3634-3643, 1999.

14) Gemma T, Watari T, Kai C, et al. Epidemiological observations on recent outbreaks of canine distemper in Tokyo area. *J Vet Med Sci.* 58(6): 574-550, 1996.

15) Godde T. Brain Stem. In: Jaggy A. small animal neurology an illustrated text, 1st ed. Schlütersche Verlagsgesellschaft mbH & Co. Hannover. FRG. 2010. pp 406-407.

16) Gonzalez-Dunia D, Sauder C, de la Torre JC. Borna disease virus and the brain. *Brain Res Bull.* 44(6): 647-64, 1997.

17) Greene CE. Clinical microbiology and infectious diseases of the dog and cat, 1st ed. W. B. Saunders Company. Philadelphia. US. 1984, pp284-301.

18) Hartley WJ. A post-vaccinal inclusion body encephalitis in dogs. *Vet Pathol.* 11(4): 301-312, 1974.

19) Hartmann K, Binder C, Hirschberger J, et al. Comparison of different tests to diagnose feline infectious peritonitis. *J Vet Intern Med.* 17(6): 781-790, 2003.

20) Hartmann K. Feline infectious peritonitis. *Vet Clin North Am Small Anim Pract.* 35(1): 39-79, 2005.

21) Higgins RJ, Krakowka SG, Metzler A, et al. Primary demyelination in experimental canine distemper virus induced encephalomyelitis in gnotobiotic dogs. Sequential immunologic and morphologic findings. *Acta Neuropathol.* 58(1): 1-8, 1982.

22) Hoizworth J. Some important disorders of cats. *Cornell Vet.* 53: 157-160, 1963.

23) Ishida T, Shibatani A, Tanaka S, et al. Use of recombinant feline interferon and glucocorticoid in the treatment of feline infectious peritonitis. *J Feline Med Surg.* 6(2): 107-109, 2004.

24) Kamhieh S, Flower RL. Borna Disease Virus(BDV) infection in cats; A concise review based on current knowledge. *Vet Q.* 28(2): 65-73, 2006.

25) Kinnunen Pm, Palva IA, Vaheri A, et al. Epidemiology and host spectrum of Borna disease infections. *J Gen Virol.* 94(2): 247-262, 2013.

26) Kistler AL, Gancz A, Clubb S, et al. Recovery of divergent avian bornaviruses from cases of proventricular dilatation disease: identification of a candidate etiologic agent. *Virol J.* 5(1): 88, 2008.

27) Kline K, Joseph R, Averill D. Feline infectious peritonitis with neurological involvement: Clinical and pathological findings in 24 cats. *J Am Anim Hosp Assoc.* 30: 111-118, 1994.

28) Kornegy J. Feline infectious peritonitis: the central nervous system form. *J Am Anim Med Assoc.* 14(5): 580-584, 1978.

29) Krakowka S, Higgins RJ, Koestner A. Canine distemper virus: review of structural and functional modulations in lymphoid tissues. *Am J Vet Res.* 41(2): 284-292, 1980.

30) Krakowka S, Mador RA, Koestner A. Canine distemper virus-associated encephalitis: Modification by passive antibody administration. *Acta Neuropathol.* 43(3): 235-241, 1978.

31) Krakowka S. Mechanisms of in vitro immunosuppression in canine distemper virus infection. *J Clin Lab Immunol.* 8(3): 187-196, 1982.

32) Krum S, Johnson K, Wilson J. Hydrocephalus associated with the noneffusive form of feline infectious peritonitis. *J Am Vet Med Assoc.* 167(8): 746-748, 1975.

33) Lan NT, Yamaguchi R, Kawabata A, et al. Stability of canine distemper virus(CDV) after 20 passages in Vero-DST cells expressing the receptor protein for CDV. *Vet Microbiol.* 118(3-4): 177-188, 2006.

34) Legendre AM, Whitenack DL. Feline infectious peritonitis with spinal cord involvement in two cats. *J Am Vet Med Assoc.* 167(10): 931-932, 1975.

35) Lorenz MD, Coates JR, Kent M. Handbook of veterinary neurology, 5th ed. Elsevier Saunders. Missouri. US. 2011, pp250-281.

36) Lorenz MD, Coates JR, Kent M. Handbook of veterinary neurology, 5th ed. Elsevier Saunders. Missouri. US. 2011, pp432-487.

37) Lundgren AL, Zimmermann W, Bode L, et al. Staggering disease in cats: Isolation and characterization of the feline Borna disease virus. *J Gen Virol.* 76(9): 2215-2222, 1995.

38) Martella V, Elia G, Lucente MS, et al. Genotyping canine distemper virus(CDV) by a hemi-nested multiplex PCR provides a rapid approach for investigation of CDV outbreaks. *Vet Microbiol.* 122(1-2): 32-42, 2007.

39) McCullough B, Krakowka S, Koestner A. Experimental canine distemper virus-induced demyelination. *Lab Invest.* 31(3): 216-222, 1974.

40) Miller MM, Fogle JE. Administration of Fozivudine tidoxil as a single-agent therapeutic during acute feline immunodeficiency virus infection does not alter chronic infection. *Viruses.* 4(6): 954-962, 2012.

41) Motokawa K, Hohdatsu T, Aizawa C, et al. Molecular cloning and sequence determination of the peplomer protein gene of feline infectious peritonitis virus type I. *Arch Virol.* 140(3): 469-480, 1995.

42) Motokawa K, Hohdatsu T, Hashimoto H, et al. Comparison of the amino acid sequence and phylogenetic analysis of the peplomer, integral membrane and nucleocapsid proteins of feline, canine and porcine coronaviruses. *Microbiol Immunol.* 40(6): 425-433, 1996.

43) Nakamura Y, Watanabe M, Kamitani W, et al. High prevalence of Borna disease virus in domestic cats with neurological disorders in Japan. *Vet Microbiol.* 70(3-4): 153-169, 1999.

44) Negrin A, Lamb CR, Cappello R, et al. Results of magnetic resonance imaging in 14 cats with meningoencephalitis. *J Feline Med Surg.* 9(2): 109-116, 2007.

45) Ohashi K, Iwatsuki K, Nakamura K, et al. Molecular identification of a recent type of canine distemper virus in japan by restriction fragment length polymorphism. *J Vet Med Sci.* 60(11): 1209-1212, 1998.

46) Okita M, Yanai T, Ochikubo F, et al. Histophathological features of canine distemper recently observed in Japan. *J Comp Pathol.* 116(4): 403-408, 1997.

47) Paltrinieri S, Giordano A, Tranquillo V, et al. Critical assessment of the diagnostic value of feline alpha1-acid glycoprotein for feline infectious peritonitis using the likelihood rations approach. *J Vet Diagn Invest.* 19(3): 266-272, 2007.

48) Pedersen NC. Feline infectious peritonitis and feline enteric coronavirus infections. Part II: Feline infectious peritonitis. *Feline Pract.* 13(5): 5-19, 1983.

49) Platt SR, Olby NJ. Head tilt and nystagmus. In: BSAVA manual of canine and feline neurology, 3rd ed. British Small Animal Veterinary Association Publishing. Gloucester. UK. 2004, pp155-171.

50) Poland AM, Vennema H, Foley JE, et al. Two related strains of feline infectious peritonitis virus isolated from immunocompromised cats infected with a feline enteric coronavirus. *J Clin Microbiol.* 34(12): 3180-3184, 1996.

51) Ramsey I, Tennant B. The respiratory tract. In: 並河和彦監訳. Manual of canine and feline infectious diseases. インターズー. 東京. 2005, pp91-118.

52) Ramsey I, Tennant B. The alimentary tract. In: 並河和彦監訳. Manual of canine and feline infectious diseases. インターズー. 東京. 2005. pp131-153.

53) Ramsey I, Tennant B. The nervous system. In: 並河和彦監訳. Manual of canine and feline infectious diseases. インターズー. 東京. 2005. pp241-275

54) Ramsey I, Tennant B. The reproductive tract and neonate. In: 並河和彦監訳. Manual of canine and feline infectious diseases. インターズー. 東京. 2005. pp193-203.

55) Rinder M, Ackermann A, Kempf H, et al. Broad tissue and cell tropism of avian bornavirus in parrots with proventricular dilatation disease. *J Virol.* 83(11): 5401-5407, 2009.

56) Ritz S, Egberink H, Hartmann K. Effect of feline interferon-omega on the survival time and quality of life of cats with feline infectious peritonitis. *J Vet Intern Med.* 21(6): 1193-1197, 2007.

57) Rott R, Herzog S, Fleischer B, et al. Detection of serum antibodies to Borna disease virus in patients with psychiatric disorders. *Science.* 228: 755-756, 1985.

58) Slauson DO, Finn JP. Meningoencephalitis and panophthalmitis in feline infectious peritonitis. *J Am Vet Med Assoc.* 160(5): 729-734, 1972.

59) Soma T, Uemura T, Nakamoto Y, et al. Canine distemper virus antibody test alone increases misdiagnosis of distemper encephalitis. *Vet Rec.* 173(19): 477, 2013.

60) Stitz L, Bilzer T, Richt JA, et al. Pathogenesis of Borna disease. *Arch Virol Suppl.* 7: 135-51, 1993.

61) Summers BA, Greisen HA, Appel MJ. Early events in canine distemper demyelinating encephalomyelitis. *Acta Neuropathol.* 46(1-2): 1-10, 1979.

62) Summers BA, Greisen HA, Appel MJ. Possible initiation of viral encephalomyelitis in dogs by migrating lymphocytes infected with distemper virus. *Lancet.* 312(8082): 187-189, 1978.

63) Takano T, Katada Y, Moritoh S, et al. Analysis of the mechanism of antibody-dependent enhancement of feline infectious peritonitis virus infection: aminopeptidase N is not important and a process of acidification of the endosome is necessary. *J Gen Virol.* 89(4): 1025-1029, 2008.

64) Tamke PG, Petersen MG, Dietze AE, et al. Acquired hydrocephalus and hydromyelia in a cat with feline infectious peritonitis: A case report and brief review. *Can Vet J.* 29(12): 997-1000, 1988.

65) Tiches D, Vite CH, Dayrell-Hart B, et al. A case of canine central nervous system cryptococcosis: Management with fluconazole. *J Am Anim Hosp Assoc.* 34(2): 145-151, 1998.

66) Tipold A, Vandevelde A, Jaggy A. Neurological manifestations of canine distemper virus infection. *J Small Anim Pract.* 33(10): 466-470, 1992.

67) Tomonaga K, Kobayashi T, Ikuta K. Molecular and cellular biology of Borna disease virus infection. *Microbes Infect.* 4(4): 491-500, 2002.

68) Vandevelde M, Higgins RJ, Oevermann A. Veterinary neuropathology essentials of theory and practice, 1st ed. Blackwell Publishing. Iowa. US. 2012.pp48-80.

69) Vandevelde M, Higgins RJ, Oevermann A. Veterinary neuropathology essentials of theory and practice, 1st ed. Blackwell Publishing. Iowa. US. 2012. pp92-105.

70) Vandevelde M, Zurbriggen A. The neurobiology of canine distemper virus infection. *Vet Microbiol.* 44(2-4): 271-280, 1995.

71) Weissenböck H, Nowotny N, Caplazi P, et al. Borna disease in a dog with lethal meningoencephalitis. *J Clin Microbiol.* 36(7): 2127-2130, 1998.

72) Wensman JJ, Jaderlund KH, Gustavsson MH, et al. Markers of Borna disease virus infection in cats with staggering disease. *J Feline Med Surg.* 14(8): 573-582, 2012.

73) Zook BC, King NW, Robison RL, et al. Ultrastructural evidence for the viral etiology of feline infectious peritonitis. *Pathol Vet.* 5(1): 91-95, 1968.

74) 梅村孝司, 布谷鉄夫, 島田章則. 神経系, 脳炎：動物病理学各論. 文永堂出版. 東京. 2001, pp364-379.

75) 大石勇. ウイルス性疾患：犬の臨床病理マニュアル. インターズー. 東京. 1993, pp342-348.

76) 狂犬病：厚生労働省 HP：http://www.mhlw.go.jp/bunya/kenkou/kekkaku-kansenshou10/（2014 年 12 月現在）

77) 田村慎司, 田村由美子, 鈴岡宣孝ら. 脳内にクリプトコッカスとボルナ病ウイルスが重複感染した猫の 1 例. 動物臨床医学雑誌. 15(2): 49-52, 2006.

78) 朝長啓造. ボルナ病ウイルスの持続感染と病態機序に関する研究. ウイルス. 53(1): 103-112, 2003.

79) 町田晴市, 川村知世, 宇根有美ら. ボルナ病と診断された猫における臨床徴候に関する一考. 獣医神経病. 11: 3-9, 2010.

80) 三上彪. パラミクソウイルスと感染症：獣医微生物学. 文永堂出版. 東京. 1995, pp247-250.

81) 宝達勉. 猫のコロナウイルス感染症：犬, 猫および愛玩小動物のウイルス病. 望月雅美監修. 学窓社. 東京. 2005, pp175-188.

17. 不随意運動：全身性振戦症候群をはじめとした振戦を呈する疾患

はじめに

不随意運動は，神経疾患に限らず，臨床におけるあらゆる疾患の中で，最も劇的な臨床症状を伴うことが多い。しかし，振戦をはじめとする動物の不随意運動の多くは，その症状に関連する神経解剖学的な背景，疾患の病態生理の詳細が明らかにされていないのが現状である。近年海外で出版されている動物の神経疾患に関するテキストに目を通してみても，不随意運動の定義や分類は研究者間で統一されておらず，同一(であると臨床的に判断されている)病態について極めてバラエティに富んだ用語，疾患名で記述され，さらなる混乱を来す一因となっている。このような現象は，他の神経疾患のカテゴリーにおいては見受けられず，不随意運動に特筆すべき事項である。

臨床像として同じ不随意運動を呈する症例の中でも，主に中枢神経系 central nervous system(CNS)に組織学的な変化を伴った，先天性あるいは変性性疾患に起因するケースでは，病理組織学的な検索，さらに分子生物学的な調査が進められている[4, 15, 16]。しかしその一方で，後述する全身性振戦症候群をはじめとした多くの不随意運動ではCNSに構造的な変化を認めず，その病態生理も明らかにされていないのが現状である。

本章では，犬や猫でみられるいくつかの不随意運動について解説し，その中でも臨床の現場で比較的遭遇する機会の多い，振戦を呈する疾患について，**全身性振戦症候群**を中心に，**特発性頭部振戦**，**起立時振戦**，**高齢犬にみられる振戦**の各病態の概要，疫学，原因，臨床症状，診断，治療，予後および用語の整理について解説する。

不随意運動とは

不随意運動 involuntary movement とは，随意的に制御が不可能な運動器，骨格筋にみられる様々な動きの総称である。ヒトのパーキンソン病，ハンチントン病に代表される不随意運動では，その発生機序として，主に大脳皮質，大脳基底核，小脳といった運動制御に関わる諸領域の関与が重要視されているが，動物においては，そのほとんどが解明されていない。意志に関係なく生じ，制御が不可能な身体の一部の動きについて，動物では先に挙げた脳の諸領域の他，脊髄や末梢神経，神経筋接合部，筋組織の異常に起因した徴候も包括して記述されることが多い[1, 4, 5, 8, 10]。

なお，以下に挙げる不随意運動の各用語は，“跛行”や“発咳”と同様，動物が呈する特徴的な臨床症状を指す用語であり，決して特定の疾患名ではないこと，不随意運動の背景には無数の疾患が存在し得ることを十分留意して使用していただきたい。

1. 振戦

振戦 tremor とは，律動的に振動する体の動きを指す。全身性に生じる他，頭部，頚部，体幹，四肢，皮膚など体のあらゆる領域にみられ，筋肉が不随意に収縮と弛緩をリズミカルに繰り返す。持続的に生じるケースの他，間欠的，再発性にみられるケースもある。睡眠時や休息時，抱き上げた際，動物の意識を集中させた際や，振戦している肢の随意動作をすることにより症状が軽減，消失することもあれば，逆に，静止時や動作時，起立時など動物が特定の姿勢をとった際，あるいは企図振戦のように目標に向かう goal-directed 動作といった特定の条件，タスクの際に振戦症状が出現，増強する場合もある。

2. ミオクローヌス

ミオクローヌス myoclonus は，脳，脊髄，末梢神経などの神経系に由来して，関連する複数の筋群が同時に素早く(持続は100 msec 未満)収縮する徴候である。傍脊柱，体幹，四肢の近位・遠位など多様な筋群にみられ，臨床的には，犬ジステンパーウイルス(CDV)感染症における近位体幹の律動的な筋収縮，持続性のてんかん(焦点性)発作でみられる顔面の筋収縮，ラフォラ病の犬(本邦ではワイヤーヘアードのミニチュア・ダックスフンドにみられる)での驚愕刺激により誘発される特徴的な徴候などが挙げられる。なお，ヒトの“しゃっくり”は横隔膜および呼吸に関連する筋群に生じたミオクローヌスと考えられている。

ジステンパー性ミオクローヌス

獣医臨床において，CDV 感染症やてんかんの犬における頚部や顔面の持続的な筋収縮を指す用語として，“チック”や“ジステンパー・チック”などの用語が慣習的に使用されてきた経緯がある。

本来，チック tic とは，顔面などの限局した一定の筋群が，突発的，無目的に収縮する臨床症状で，不随意の瞬目，首振り，顔しかめ，口すぼめ，肩上げなどの動き(運動性チック)の他，咳払い，鼻ならし，叫び，単語を連発するといった発声(音声チック)も含まれる。発生機序は明らかになっていないが，大脳基底核(線条体)の障害など器質的な要因と，精神・心因性の要因が相互に関連して発症すると考えられている。

発生機序から考えても，上記に示した**犬の臨床症状を示す用語として，“チック”は不適切であり，“ミオクローヌス”を用いるべき**である。

3. ジストニア

ジストニア dystonia とは CNS の障害に起因した作動筋と拮抗筋との持続的な収縮により捻転や異常姿勢などを生じる病態である。異常姿勢，運動パターンは患者により常に一定で，変化しないことが知られている。動物のジストニアとしては，焦点性発作において，偏向発作 versive seizure，向反発作 adversive seizure と呼ばれる，頭部，頚部が回転あるいは側方へ変位する異常姿勢が挙げられる。

ヒトでは，頚部筋群の間欠的かつ異常な筋収縮により，頭部の位置や首が回ってしまう，横に傾いている，あるいは肩が上がるといった症状を呈する痙性斜頚(攣縮性斜頚，spasmodic torticollis)の他，プロミュージシャンにおける職業性ジストニアなど特定の随意運動時に出現，あるいは増強する病態も知られている。

torticollis と head tilt について

痙性斜頚 spasmodic torticollis の原因は，大脳における運動姿勢プログラムの異常に起因した，異常な筋収縮であると推測されており，犬や猫に一般的にみられる前庭や小脳の障害により生じる斜頚 head tilt とは，発症メカニズムが異なっている。

英語では明確に区別されている“torticollis”と“head tilt”だが，この2つの徴候について，獣医療では同じ“斜頚”という用語が用いられることがあり，しばしば混乱を招くことがある。このため，前庭障害でみられる“head tilt”の対訳として**“捻転斜頚”**という用語が正しい。

4. 舞踏運動

舞踏運動 chorea は，非持続性，リズム，パターンは不規則であり，同一の患者において様々な領域の筋群の収縮により症状が出現する。舞踏運動における筋活動は，正常な動物の随意運動とほぼ同等の性質とされ，ミオクローヌスほど早くなく，アテトーゼほど遅くないのが特徴とされている。

ドーベルマンダンス病(踊るドーベルマン病)

ドーベルマンダンス病(踊るドーベルマン病) dancing Dorberman disease は，ドーベルマンにみられる起立姿勢の際足踏みするように片足ずつ交互に飛節を屈曲，挙上する動きを特徴とした疾患である。ハンチントン病に代表されるヒトの舞踏運動が主に大脳基底核の異常に起因して生じるとされる一方，本疾患の原因は脛骨神経のニューロパチー，あるいは腓腹筋のミオパチーが疑われている[1, 4, 5, 8, 10]。

不随意の舞踏運動という点では一致するかもしれないが，厳密には**ヒトの舞踏病，舞踏運動とは区別されるべき疾患**である。

5. バリスム(バリスムス)

バリスム ballism，あるいは**バリスムス ballismus** とは，四肢の筋群の収縮により，急に四肢を“投げ出す”あるいは“振り回す”と表現される激しい動きを呈する不随意運動である。

6. アテトーゼ(アテトーシス)

アテトーゼ athetose あるいはアテトーシス athetosis とは，四肢あるいは体幹筋のゆっくりとした収縮による不規則な動きを特徴とする臨床症状である。アテトーゼでは，一定の位置に身体を保つことができず，常にゆっくりと屈曲させたり捻れながら動いているのが特徴とされる。

7. 攣縮(スパズム)

攣縮 spasm は，持続性があり断続的に生じる異常な筋収縮で，臨床的には伸筋(抗重力筋)にみられることが多い。

動物では，低Ca血症に代表される代謝性疾患などにより末梢神経が異常に興奮する結果生じるテタニーtetanyや，破傷風菌(*Clostridium tetani*)が産生する神経毒(テタノスパスミン tetanospasmin)により神経筋接合部における抑制性神経伝達物質(グリシン，GABA)の放出が障害される結果生じる**テタヌス tetanus** があげられる。

8. ミオキミア

ミオキミア myokymia とは，筋の一部分にみられる律動的かつ反復性，持続性のある筋収縮を特徴とする臨床症状である。

犬では，ジャック・ラッセル・テリアで多く発生することが知られており，体幹部，四肢の筋に繰り返し波打つような動きが観察される。この動きは睡眠中や麻酔下においても消失しない。ミオキミアは，末梢神経軸索の興奮性の亢進によって生じ(ニューロパチーは関与しない)，この発生機序としてヒトと同様，電位依存性カリウムチャネル voltage-gated potassium channel(VGKC)の異常が疑われている[4, 5, 13)]。

ミオキミアの犬では，運動や興奮により持続性の筋収縮が誘発され，数分〜数時間継続する全身性の筋硬直や四肢を硬直させた状態での横臥姿勢をとるケースが多くみられ，この徴候をニューロミオトニア neuromyotonia と呼ぶ研究者もいる[4, 5, 10, 13)]。

9. ミオトニア

ミオトニア myotonia は，骨格筋の筋弛緩が遅延し，疼痛や筋けいれんを伴わない筋収縮が長く持続する臨床症状である。"竹馬"，"ウサギ跳び歩行" と称されるような歩幅の狭い，明らかに硬くぎこちない歩様がみられたり，四肢(近位)や舌の筋肥大が触診，視診により明らかなこともある。筋収縮の際には，通常，疼痛や筋けいれんは伴わないとされている。

犬では，チャウ・チャウやミニチュア・シュナウザーでの発生が知られており，中でもミニチュア・シュナウザーでは，常染色体劣性遺伝による筋細胞膜のClチャネルの異常により発症するということが解明されている[1, 4, 5, 8, 10)]。

また，犬では副腎皮質機能亢進症に続発して，後天的にミオトニアを発症することが知られており，臨床上重要である[1, 4, 10, 13)]。

10. ジスキネジア

ヒトの患者にみられる一連の臨床症状が，単一の不随意運動だけでなく，舞踏運動やジストニア，ミオクローヌスなど，多数の要素を含む場合に，**ジスキネジア dyskinesia** という用語が用いられている。

古くから知られている犬の不随意運動を呈する疾患の中には複数の徴候が観察されるケースもあり，ヒトの用語を当てはめれば，ジスキネジアに分類される疾患も多いかもしれない。

キャバリア・キング・チャールズ・スパニエルの発作性転倒

キャバリア・キング・チャールズ・スパニエルの発作性転倒 episodic falling は，運動や興奮，ストレスによって誘発され，主に四肢のテタニーと異常姿勢を特徴とする疾患である。四肢にテタニーが出現した後および一連の徴候の中で，意識消失はみられない。

本疾患の徴候には，"deer stalking" と形容される四肢を硬直させた状態のまま転倒あるいは起立している異常姿勢を含む[1, 4, 5, 8, 10)]。

スコティッシュ・テリアのスコッティクランプ

スコティッシュ・テリアの**スコッティクランプ Scottie cramp** は，獣医神経病学において古くから知られている不随意運動の1つである。興奮や運動の後，主に後肢の筋収縮，硬直がみられ，"竹馬" 様，あるいはあたかも運動失調であるかのようなぎこちない動きを特徴とする。発生機序としては，脊髄灰白質におけるセロトニンの異常が疑われている[1, 4, 5, 8, 10)]。本疾患の臨床症状は，舞踏運動とジストニアの徴候を含むと考える研究者もいる[4, 10)]。一般的に疼痛は認められない。

cramp 筋けいれんは，ヒトの "こむら返り" に代表される，突発的に生じる制御できない筋の短縮，筋の硬直を特徴とする臨床症状であり，数秒〜数分間持続し，多くが有痛性であることが知られている。よって，スコティッシュ・テリアの本病態の疾患名として "cramp" を使用することは適切ではないと思われる。

動物の振戦

犬や猫における振戦を引き起こす原因としては，特発性と分類される原因不明の病態の他に，CNSに組織学的な変化を生じる種々の病態，代謝性疾患および内分泌疾患，中毒や薬剤により誘発されるもの，心因性，外傷性など，非常に多岐にわたる（表1，表2）。薬物誘発による動物モデルを用いた実験，ヒトの患者における電気生理学的検査，機能画像を用いた分析，磁気刺激を用いた調査，定位破壊術や深部刺激療法での治療効果，あるいは剖検例などから，CNSにおいて振戦のリズムを発射する責任病変として，これまでに小脳－下オリーブ核系，黒質－線条体ドーパミン系，小脳－視床－運動野系など様々な領域，経路が提案されてきたが，現時点では解明されていない。また，CNSの要因以外にも，重力や心臓の鼓動による機械的な振動と四肢の弾性の関係によって生じる機械的な機序や，末梢からの感覚入力刺激に応じた反射性の機序といった，機械的あるいは末梢性の要因が関与する振戦も存在する。

ヒトでは，症状の出現する状況や，振戦周期，部位（手，足，頭など）により振戦を詳細に記載，分類しているが，残念ながら，動物の振戦に関する分類，診断基準は現在のところ存在しない。犬や猫における振戦の診断は，上記に挙げたような振戦を生じる状況に関する注意深い問診，臨床経過（罹患期間，進行性）の聴取，視診，身体検査，神経学的検査に加えて，各種臨床検査，画像診断，脳脊髄液（CSF）検査，電気生理学的検査を行い，各種の鑑別疾患について1つずつ除外を進めていくことが重要である。この作業は，けいれん convulsion とてんかん epilepsy とを鑑別していくステップに似ているかもしれない。

1．全身性振戦症候群（特発性振戦症候群）

急性発症する全身性の細かな振戦 fine tremor が特徴である。**全身性振戦症候群 generalized tremor syndrome** あるいは **特発性振戦症候群 idiopathic tremor syndrome** は，診察室では極めて劇的な症状を目にする一方で，多くの場合，治療への反応，日常生活における機能的な予後，あるいは生命に関わる予後は良好であることが知られている（動画）。

一般に，発症は5歳未満の若齢犬，15 kg 未満の犬に多いとされる[17]。マルチーズ，ウエスト・ハイランド・ホワイト・テリア（ウェスティ）といった白色の被毛をもつ小型犬種での発症が多く認められたため[2, 3]，以前は **little white shaker's syndrome**，**白犬の振るえ症候群 shaky white dog disease** などといった疾患名で扱われていたが，現在では毛色に関わらずあらゆる犬種において発症することが認識されている[4, 5, 8]。

（1）病態生理

過去の報告は，少数例でのケースシリーズやケースレポートに限られており，これまでに大規模な症例群における病理組織学的，分子生物学的な調査に基づいた研究報告はない。はっきりとした原因は明らかにされていないが，限られた剖検例における病理組織学的所見と，全血球計算，血液化学検査，磁気共鳴画像（MRI），CSF検査などの臨床検査所見，および治療への反応から，本疾患はおそらく神経伝達物質あるいは受容体を標的とする免疫介在性疾患であろうと考えられている[4, 9, 10]。中でも脳内におけるカテコールアミン類の神経伝達物質の異常，とりわけチロシンからL-ドーパが合成され，さらにドーパミンやノルアドレナリンが合成される経路や，チロシンからメラニンが合成される経路の異常に着目する研究者もいる[9, 10]。

（2）臨床症状

本疾患の臨床症状として，特徴的な全身の細かな震えに加えて，威嚇瞬目反応の低下，捻転斜頸，眼振，

Video Lectures　全身性振戦症候群の1例

動画　マルチーズ，6歳，避妊雌の様子

1週間前から急に震えるようになり，どんどん震えが強くなってきたとのことで来院。

歩行は可能であるが，滑る床だとすぐに転倒してしまう。振戦が強く正確な神経学的評価は困難であったものの，起立時の後肢はやや開脚スタンス，歩様はやや測定過大気味の運動失調，振子眼振，威嚇瞬目反応の低下が観察された。MRIでは特異所見がなく，CSF検査では単核球増多が認められた。

これらから全身性振戦症候群と診断し，検査後よりプレドニゾロン（1カ月間は2 mg/kg，その後1カ月かけて漸減，休薬）による治療を行った。治療開始後2週間目には臨床症状は消失した。

（動画提供：日本獣医生命科学大学　長谷川大輔先生）

表1　振戦症状の原因となり得る小脳疾患の鑑別診断リスト

D：変性性疾患		
		小脳皮質アビオトロフィー（CCA） 小脳皮質変性症（CCD） 神経軸索ジストロフィー（NAD） ライソゾーム病
A：奇形性疾患		
小脳の奇形		小脳低形成 cerebellar hypoplasia 小脳異形性 cerebellar agenesis 小脳形成不全 cerebellar aplasia Dandy-Walker 様奇形
頭頸移行部奇形性疾患		尾側後頭部奇形症候群（COMS） キアリ様奇形 環椎-後頭骨オーバーラッピング
M：代謝性・栄養性疾患		
		低 Ca 血症 低 Na 血症，高 Na 血症 低血糖症 肝性脳症 アジソン病 カテコラミン過剰（クロム親和性細胞腫） チアミン欠乏症
N：腫瘍性疾患		
小脳に発生する腫瘍		髄芽腫 脈絡叢腫瘍 類表皮嚢胞 神経膠腫 髄膜腫 転移性脳腫瘍
腫瘍随伴性の小脳変性		免疫介在性のプルキンエ細胞をはじめとする小脳の障害
I：炎症性疾患		
免疫介在性／特発性		肉芽腫性髄膜脳脊髄炎（GME） 壊死性髄膜脳炎（NME） 壊死性白質脳炎（NLE）
感染症	ウイルス	猫汎白血球減少症ウイルス／猫パルボウイルス（FPV） 猫伝染性腹膜炎（FIP）ウイルス／猫コロナウイルス（FCoV） 犬ジステンパーウイルス（CDV） 犬ヘルペスウイルス（CHV） 犬パラインフルエンザウイルス ウエストナイルウイルス[14]
	真菌	クリプトコッカス
	リケッチア	エールリヒア 紅斑熱
	原虫	トキソプラズマ ネオスポラ
	藻類	プロトテカ
	プリオン	海綿状脳症
I：特発性疾患		
		全身性振戦症候群（特発性振戦症候群）
T：外傷性疾患		
		—
T：中毒性疾患		
		（表2を参照）
V：血管性疾患		
		梗塞 出血

表2　小脳症状を発現する一般的な中毒物質

種類	中毒物質
殺虫剤	有機塩素化合物 有機リン化合物 カルバメート剤 ピレスリン／ピレスロイド メタアルデヒド ヒ素
殺鼠剤	ストリキニーネ タリウム α-ナフチルチオ尿素 フルオロ酢酸ナトリウム（1080：TEN EIGHTY） ワルファリン リン化亜鉛 リン コレカルシフェロール Bromethalin
除草剤，防カビ剤	
重金属	鉛
薬剤	オピオイド アンフェタミン バルビツレート トランキライザー アスピリン 大麻 イベルメクチン ミルベマイシン モキシデクチン アミトラズ メトロニダゾール アミノグリコシド系抗生剤 5-フルオロウラシル（5-FU） コリンエステラーゼ阻害薬
人間の食事	カフェイン テオブロミン（チョコレート） マカデミアナッツ アクリルアミド（加熱したデンプン質の食品中に含有）
ゴミ，残飯	ブドウ球菌が産生する毒素 ボツリヌス毒 マイコトキシン（*Aspergillus* 属菌，*Penicillium* 属菌，*Claviceps paspali* が産生する verrucologen や penitrem A など）
自然毒	フグ 貝 キノコ（多数） 植物（多数）
不凍液	エチレングリコール
洗剤，消毒薬	ヘキサクロロフェン フェノール
動物由来の毒	ヘビ ヒキガエル クロゴケグモ トカゲ ダニ麻痺

不全対麻痺，運動失調，測定過大など小脳症状がみられることも多い。また，動物を持ち上げた際に，振戦症状が悪化するのも本疾患における特徴である。その他，筋組織の持続的な活動に由来する高体温が多くのケースで認められる。通常，意識レベルに異常は認められない。自発的，随意的な運動はみられるものの，振戦や運動失調，測定過大により正常な歩行が困難であることが多く，同様の理由から，神経学的検査では正常な反射が誘発できないケースが多い。

(3) 臨床検査

全身性振戦症候群の犬における臨床検査で，特異的所見が得られることはほとんどない。MRI では一般に画像上の変化は確認されない。CSF 検査は正常なケースが多いが，まれに単核球主体の軽度の細胞数増多がみられることがある。

本疾患を疑う動物におけるこれらの検査は，振戦を生じ得る他の疾患を鑑別，除外する目的で実施されるものである。

(4) 病理組織学的検査

病理組織学的な調査が実施されたケースは少数例に限られている。これらの中では，ごく軽度の非化膿性髄膜脳脊髄炎が確認されており，組織学的な特徴としてリンパ球を主体とする軽度の囲管性細胞浸潤が CNS 全域，とりわけ小脳において認められている[4, 5]。ただし，この病理組織学的所見が本疾患の特徴的な臨床症状の原因となり得るのか疑問を呈する研究者もいる[8]。

(5) 治療

免疫抑制量のステロイド投与により，本疾患の予後は極めて良好であることが知られている。状況に応じて，適切な体温の管理，水分や栄養的なサポートといった支持療法が必要な場合もある。通常，プレドニゾロン(2 ～ 4 mg/kg/day)を投与し，症状の消失がみられれば，投薬量を 1 ～ 3 カ月かけて漸減，休薬する。全身性振戦症候群の犬の 80% が，投与後 3 日以内に反応するとされており[17]，致死的な転機をとることはまれである。振戦症状が再発するケースでは，低用量投与，隔日投与による維持治療が必要な場合がある。なお，シクロスポリンにより治療成功したケースもある[4]。筆者自身もプレドニゾロン後に再発のみられたケースにおいて，シクロスポリン，シトシンアラビノシドを投与し寛解した治験例を有している。

ステロイド投与による振戦症状の改善が乏しい場合には，ベンゾジアゼピンの投与が推奨されている[5, 8, 13, 17]。ジアゼパム(0.1 ～ 1.0 mg/kg，PO，q8 ～ 12 hr)，あるいは長時間作用型のクロラゼプ酸二カリウム(0.5 ～ 1.0 mg/kg, 12 時間おき)をプレドニゾロンと併用するにより，振戦症状が軽減することが多い。なお，ベンゾジアゼピンの併用でもコントロールが不可能な場合にはフェノバルビタールの投与，あるいはヒトの本態性振戦において有効性が示されている β 遮断薬のプロプラノロール(2.5 ～ 10.0 mg/head，PO，q8 ～ 12 hr)投与を推奨する研究者もいる[8, 10, 19, 20]。

2. 特発性頭部振戦

“head bob”，“head bobbing” とも呼ばれる本疾患は，頭部の震えが間欠的に繰り返しみられるのが特徴である。本疾患を指す他の用語として，head tremor，head bob，head bobber，postural repetitive myoclonus などが成書に記載されている。

特発性頭部振戦 idiopathic head tremor で生じる頭部の振戦は “coarse tremor” と表現されるゆっくりとした周期の振戦で，特徴的な動きから “張子の虎” や “振子” とも例えられている。振戦の方向は，水平方向のこともあれば垂直方向のこともある。

ボクサー，ブルドッグ，フレンチ・ブルドッグ，ドーベルマンといった特定の犬種において 1 ～ 5 歳の若齢犬でみられ，特に 2 歳以下での発症が多いとされている[7, 18]。なお，類似したケースが国内のシェットランド・シープドッグにおいても報告されている[11]。

(1) 病態生理

本疾患の原因は明らかにされていない。頚部の筋に，ある決まった程度の緊張が生じた際に振戦症状が出現することから，この領域の伸張反射メカニズムの異常が示唆されており，可能性の 1 つとして遺伝的な背景も疑われている[4, 5, 7, 18]。

(2) 臨床症状

震えが生じている最中でも，動物の意識レベルは正常であり，起立姿勢の維持や，歩行も可能である。頭部や頚部の位置を変えたり，名前を呼んだり，おもちゃや食事を与えることで振戦症状は消失する。また，他の体位性振戦と同様に，頭部を支え，頚部の筋に負重をさせないようにすることで，振戦は軽減する傾向がある。長時間の激しい運動の後に発症する傾向を感じているオーナーもいる。

(3) 臨床検査

臨床検査，神経学的検査，他の検査(脳の画像診断，CSF 検査)では異常を認めないのが特徴である。診断は，特徴的な臨床症状，シグナルメントと臨床検査における他の要因の除外に基づいて行われる。

(4) 治療

ステロイド，抗てんかん薬，ベンゾジアゼピンの投与は無効とされており，現時点で推奨される治療法はない。

臨床症状は，数年間にわたって間欠的に，繰り返し生じるが，非進行性で患者の生活の質(QOL)を害することはなく，基本的に本疾患は良性の病態と考えられている。なお，まれに自然寛解することもあるとされている。

3. 起立時振戦

起立時の大型犬の四肢にみられる小刻みな震えが本疾患の特徴である。**起立時振戦 orthostatic tremor** は，primary orthostatic tremor，あるいは orthostatic postural myoclonus tremor とも呼ばれ，若齢(通常，2 歳以下)の，グレート・デーン，マスティフ，スコティッシュ・ディアハウンドといった超大型犬での発症が報告されている[4, 5, 6, 10, 12]。

(1) 病態生理

現在のところ，本疾患の原因は明らかにされていない。脊髄伸張反射メカニズムの異常が疑われているが，臨床獣医師と神経生理学の研究者との間で見解はわかれている[4]。発症には遺伝的な背景の存在が疑われている[4]。

(2) 臨床症状

起立姿勢の際に，四肢全てに生じる，“quivering”，“shivering” と呼ばれる小刻みで急速な震えが本疾患の特徴である。四肢の筋肉をよく観察すると，小刻みに波打つ様子が視認できる。起立時振戦の犬では，起立位から犬座姿勢をとるのが苦手とされており，この際顕著に震えが悪化する。まれに顔面および頭部の筋にも振戦がみられるという報告もある[5]。床に伏せて横になっている時や歩行あるいは走っている最中，あるいは物に寄りかかったり，持ち上げられた(負重を全てなくした状態)際には，振戦症状は消失する。動物が横臥位で寝ている状態でも，肢端を押す(等尺性筋収縮を引き起こす)ことで，振戦症状を誘発することが可能である。

本疾患では，疼痛や運動による易疲労性は認められない。

(3) 臨床検査

臨床検査，電気生理学的検査における，特徴的な所見が知られている。起立時の振戦している筋を聴診すると，遠く飛行するヘリコプターのような特徴的な低ピッチの反復性ノイズが聴取可能であるとされている[5, 10]。また，覚醒時に起立位の状態で記録する表面筋電図では，特徴的な 13 ～ 16 Hz の連続的な放電が観察される[4, 5, 10]。床に伏せているなどの起立位以外の姿勢では，この電位は出現しない[4, 10]。

神経学的検査，乳酸，ピルビン酸，クレアチニンキナーゼ，抗アセチルコリン受容体抗体を含む血液検査，麻酔下での脳の MRI 検査，CSF 検査，運動・感覚神経伝導速度(NCV)，反復神経刺激試験，脳波検査，同心針電極を用いた筋電図検査(EMG)においては，異常は認められない。また，神経および筋生検標本の組織学的検査においても，特異所見はみられない。

本疾患の診断は，特徴的な臨床症状，シグナルメントと，身体検査，表面筋電図検査により行われる。

(4) 治療

本疾患に対する治療として，フェノバルビタールやガバペンチン，ベンゾジアゼピンの経口投与に反応する傾向がある。また，ヒトの姿勢性振戦に対しては，クロナゼパムが用いられている。しかし，ベンゾジアゼピンやクロナゼパムの投与は薬剤耐性を生じる可能性があるために避けるべきであり，犬の姿勢性振戦に対してはフェノバルビタールあるいはガバペンチンの使用が推奨される[4, 5]。

本疾患は，非常にゆっくりと進行していく傾向があるようである[4]。

4. 高齢犬における振戦

高齢犬，とりわけテリア系の犬種や日本犬で，起立時における後肢の急速な振戦がみられることがある(tremor of geriatric dogs)。動物が起立している際にのみ観察され，歩行時や横になるなど負重をしていない時には振戦が止まるのが本病態の特徴である。興奮時や運動後に震えが悪化することもある。筋力や歩様の異常はみられない。

オーナー自身が本症状を許容し問題化されなかったり，獣医師も本病態が良性であり動物のQOLを害さないこと，治療方法がないことを経験的に認識しているため，あえて診療や治療の対象として扱われないケースが大半だと思われる。

(1) 病態生理

加齢に関連した伸展メカニズムの機能異常が疑われているが，本疾患に関する生理学的な検証，病理学的な研究はこれまでに報告されておらず，病態生理は不明である[4, 5]。

(2) 治療および予後

本病態に推奨される治療法はない。

数カ月〜年単位で振戦症状が進行するケースもあるが，予後は概して良好である。

本病態を指すこの他の用語としては，老齢性振戦 senile tremor，良性姿勢性ミオクローヌス振戦 benign postural myoclonus tremor，高齢犬における姿勢性再発性ミオクローヌス postural repetitive myoclonus in geriatric dogs などが成書に記載されている他，本邦では“老犬のプルプル病”と俗称されることもある。

上記疾患の臨床症状，好発犬種，発生機序，診断方法，治療方法，予後，用語のまとめを表3に記した。

おわりに

動物の不随意運動の原因，病態生理は，これまでのところほとんど不明のままである。これは，日常生活における機能的および生存に関わる予後が良好であるケースも多く，病態解明の研究対象としてあまり注目されてこなかったためといっても過言ではない。今後の病態解明には，ヒトと同様，PETや高磁場MRIによる脳の機能的な解析が有用であると考えられる。また，MRIデータを用いた新たな脳の形態的な解析方法として近年注目されているvoxel-based morphometry (VBM)も，有力な解析ツールになるであろう。いずれも，動物の臨床例においての実施には種々のハードルがあることは事実であるが，これらのデバイス，テクニックを用いて動物の不随意運動の発生機序，病態が解明され，疾患の再整理，細分類が進むことを期待している。

不随意運動を呈する動物に遭遇した際，我々が行っておくべきこととして，動物の徴候を詳細に，網羅的に観察し，臨床データ，サンプルとともに記録を残しておくことが何より重要である。

［國谷貴司］

表 3　犬に原因不明の振戦を生じる各病態のまとめ

	全身性振戦症候群 generalized tremor syndrome	特発性頭部振戦 idiopathic head tremor	起立性振戦 orthostatic tremor	高齢犬における振戦 tremor of geriatric dogs
症状	・静止時，全身の細かな振戦 ・持ち上げると，振戦は悪化 ・動作時に振戦症状は増大，測定過大 ・ゆっくりと進行する傾向 ・高体温	・頭部の垂直方向あるいは水平方向への運動 ・突発的に生じ，間欠的に，繰り返しみられる ・振戦の間でも，意識レベルは正常で，起立，歩行も可能	・起立時，四肢の小刻みで急速な震え ・歩行可能，疼痛，易疲労性なし ・休息時，歩行時には振戦は消失	・起立時，後肢の急速な振戦 ・前肢にみられることもあり ・興奮時や，運動後に悪化する傾向あり ・睡眠時，横になっての休息時，歩行時には消失
好発犬種，発症年齢	・あらゆる犬種で発症 ・マルチーズ，ウェスト・ハイランド・ホワイト・テリア，ミニチュア・ピンシャー ・若齢(5 歳未満)，15 kg 未満	・ドーベルマン，ボクサー，ブルドッグ，フレンチ・ブルドッグ ・シェットランド・シープドッグ ・若齢(多くは 2 歳以下)	・超大型犬 ・グレート・デーン，マスティフ，スコティッシュ・ディアハウンド ・若齢(通常，2 歳以下)	・あらゆる犬種で発生，とりわけテリア系の犬種 ・高齢犬
原因	・不明 (免疫学的機序による神経伝達物質，受容体の障害？)	・不明	・不明	・不明
診断	・特徴的な臨床症状，他の疾患の除外 ・MRI 検査：特異所見なし ・CSF 検査：正常～軽度の細胞数増多(単核球主体)	・特徴的な臨床症状，プロフィール ・臨床検査：特異所見なし ・神経学的検査，MRI，CSF 検査：特異所見なし	・特徴的な臨床症状，プロフィール ・表面筋電図(覚醒時，起立姿勢)で特徴的(13 ～ 16 Hz)な放電，聴診でも聴取可 ・臨床検査，神経学的検査，MRI 検査，CSF 検査，組織検査(神経・筋)：特異所見なし	・特徴的な臨床症状，プロフィール
治療	・プレドニゾロン(2 ～ 4 mg/kg/day) ・振戦のコントロールを目的として，ジアゼパム(0.1 ～ 1.0 mg/kg，q8 ～ 12 hr) ・あるいはクロラゼプ酸二カリウム (0.5 ～ 1.0 mg/kg，PO，12 時間おき) ・フェノバルビタール，あるいはプロプラノール(2.5 ～ 10.0 mg/head, PO, q8 ～ 12 hr) (※ベンゾジアゼピンでコントロールが不可能な場合)	・なし ・ステロイド，抗てんかん薬，ベンゾジアゼピンは無効	・フェノバルビタール，ガバペンチン，ベンゾジアゼピンに反応する傾向	・なし
予後	・免疫抑制治療により，予後は極めて良好 ・罹患犬の 80% が，投与開始から 3 日以内に反応 ・まれに再発ケースあり	・非進行性で，動物の QOL を害することはないが，症状は継続 ・まれに，自然消失するケースあり	・ゆっくりと進行する傾向あり	・基本的に良性の病態 ・加齢に伴って少しずつ進行することあり
同義語	・acquired action-related receptive myoclonus ・idiopathic generalized tremor syndrome ・idiopathic tremor of adult dogs ・idiopathic cerebellitis ・little white shaker ・little white shaker's syndrome ・white shaker syndrome ・little white shaker disease ・shaky white dog disease ・white shaker dog syndrome ・corticosteroid responsive tremor syndrome	・head tremor ・head bob ・head bobber ・head bobbing ・postural repetitive myoclonus ・essential tremor	・primary orthostatic tremor ・orthostatic postural myoclonus tremor	・seline tremor ・benign postural myoclonus tremor ・postural repetitive myoclonus in geriatric dogs ・essential tremor

■参考文献

1) Bagley RS. Fundamentals of veterinary clinical neurology. Wiley-Blackwell. New Jersey. US. 2005.

2) Bagley RS. Tremor syndromes in dogs: Diagnosis and treatment. *J Small Anim Pract.* 33(10): 485-490, 1992.

3) Bagley RS, Kornegay JN, Wheeler SJ, et al. Generalized tremors in maltese: clinical findings in seven cases. *J Am Anim Hosp Assoc.* 29(2): 141-145, 1993.

4) de Lahunta A, Glass E, Kent M. Veterinary neuroanatomy and clinical neurology, 3rd ed. Saunders. Philadelphia. US. 2008.

5) Dewey CW. A practical guide to canine and feline neurology, 2nd ed. Wiley-Blackwell. New Jersey. US. 2008.

6) Garosi LS, Rossmeisl JH, de Lahunta A, et al. Primary orthostatic tremor in Great Danes. *J Vet Intern Med.* 19(4): 606-609, 2005.

7) Guevar J, De Decker S, Van Ham LM, et al. Idiopathic head tremor in English bulldogs. *Mov Disord.* 29(2): 191-194, 2014.

8) Jaggy A, Couteur R. Small animal neurology, 2nd ed. Schlutersche. Hannover. FRG. 2010.

9) Kirk RW. Current veterinary therapy IX. Saunders. Philadelphia. US. 1986.

10) Lorenz MD, Coates J, Kent M. Handbook of veterinary neurology, 5th ed. Elsevier. Philadelphia. US. 2011.

11) Nakahata K, Uzuka Y, Matsumoto H, et al. Hyperkinetic involuntary movements in a young Shetland Sheepdog. *J Am Anim Hosp Assoc.* 28(4): 347-348, 1992.

12) Platt SR, De Stefani A, Wieczorek L. Primary orthostatic tremor in a Scottish Deerhound. *Vet Rec.* 159(15): 495-496, 2006.

13) Platt SR, Garosi L. Small animal neurological emegencies. CRC Press. London. UK. 2012.

14) Read RW, Rodriguez DB, Summers BA. West Nile virus encephalitis in a dog. *Vet Pathol.* 42(2): 219-222, 2005.

15) Thomson CE, Hahn C. Veterinary neuroanatomy: A clinical approach. Saunders. Philadelphia. US. 2012.

16) Vandevelde M, Higgins RJ, Oevermann A. Veterinary neuropathology: Essentials of theory and practice. Wiley-Blackwell. New Jersey. US. 2012.

17) Wagner SO, Podell M, Fenner WR. Generlized tremors in dogs: 24 cases (1984-1995). *J Am Vet Med Assoc.* 211(6): 731-735, 1997.

18) Wolf M, Bruehschwein A, Sauter-Louis C, et al. An inherited episodic head tremor syndrome in Doberman pinscher dogs. *Mov Disord.* 26(13): 2381-2386, 2011.

19) Zesiewicz TA, Elble RJ, Louis ED, et al. Evidence-based guideline update: treatment of essential tremor: report of the quality standards subcommittee of the American Academy of Neurology. *Neurology.* 77(19): 1752-1755, 2011.

20) Zesiewicz TA, Elble R, Louis ED, et al. Practice parameter: therapies for essential tremor: report of the quality standards subcommittee of the American Academy of Neurology. *Neurology.* 64(12): 2008-2020, 2005.

I

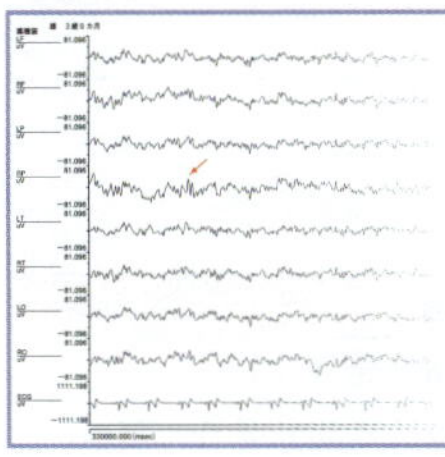

18. てんかん

はじめに

本章では，脳の特発性疾患の主軸である“てんかん”について解説する。てんかんは，おそらくほぼ全ての哺乳動物に起こり得る慢性機能性の脳疾患であり，“てんかん”および“てんかん発作”は，小動物臨床において最も頻繁に遭遇する脳疾患，神経症状である。てんかん発作，中でも犬や猫で最もよく認識される全般強直間代性発作の発現は，オーナーにとってこれ以上にない精神的不安を与えるようである。また特発性てんかんであれば，多くの場合で生涯にわたる治療が求められ，経済的な負担も強いられる。このため，オーナーに対するインフォームド・コンセントが重要であり，またそのためには，てんかんに対する正確な知識と治療が要求される。

てんかんとてんかん発作の定義

“てんかん epilepsy”の定義として，最も一般的な支持を受けているのは，1973 年の世界保健機関 World Health Organization（WHO）および国際抗てんかん連盟 International League Against Epilepsy（ILAE）による「種々の病因に起因する脳の慢性疾患であり，大脳神経細胞の過剰な発射に由来する反復性の発作を主徴とし，変化に富んだ臨床・検査所見の表出を伴うもの」というものである[102]。よりわかりやすい言葉で述べるならば，「てんかんとは様々な原因により大脳神経細胞が異常興奮することで生じるてんかん発作を反復する疾患で，様々な臨床所見を伴うもの」ということになる。この定義での「てんかん」には，次に述べる特発性てんかんや症候性てんかんも含まれている。

“てんかん発作 epileptic seizure”あるいは単に発作 seizure とは，「脳（灰白質）の異常な電気的放電の結果として生じる突発性の定型的な運動，感覚，行動，情動，記憶あるいは意識の変化を伴うエピソードである」と定義される。獣医療において最も頻繁に遭遇するてんかん発作が，けいれんを伴う全般発作であるがゆえ，多くの臨床医が“発作＝けいれん”と誤解しているようであるが，定義にあるとおり，発作はけいれんだけに限らず，たとえば「幻覚がみえる」や「同じ行動を繰り返す」などといったけいれん以外の徴候も発作として現れる（詳細は後述の発作型による分類を参照）。

てんかんの分類

現在，てんかんは ILAE によるてんかん国際分類[19, 56]に基づいて分類されており，獣医療においてもそれに基づいて分類されている。基本的には病因（原因）による分類と発作型（発作症状）による分類であるが（図 1），最近の分類ではより詳細に細分化してきている。しかしながら，動物のてんかんをヒトと同様に分類しようとしても，動物では意識減損の有無や脳波所見，発作型をヒトほど正確に把握することが困難なため，かなりの制限がある。このため，現在の獣医療における一般的なてんかん分類を表 1 に示し，以下に解説を加える。

1．病因による分類

(1) 特発性てんかん

特発性てんかん idiopathic epilepsy とは，脳に器質的病変が存在せず，発作を起こす原因が遺伝的素因以外に認められないてんかんを指す。一般に，発作間欠期（発作がみられないとき）には脳波 electroencephalogram（EEG）検査以外の臨床検査に何ら異常所見が認められない。初発発作の発症年齢は 1 ～ 5 歳（幅：6 カ月齢～ 5 歳）に最も多い。犬に多く，猫では比較的まれである。通常，なんの断りもなく“てんかん”といった場合は特発性てんかんを指すことが多い。

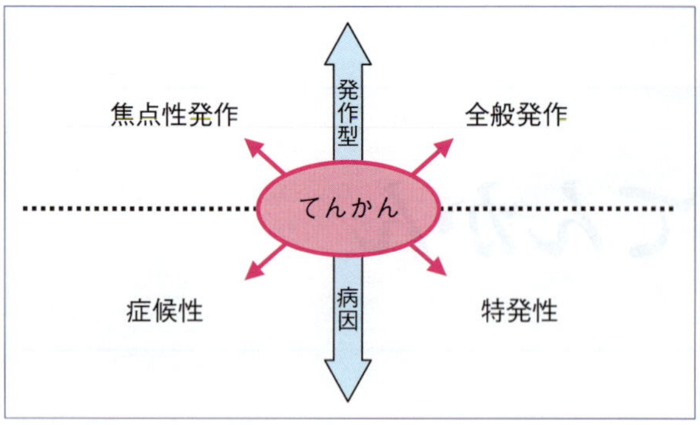

図1　てんかん分類の理念

てんかんは病因による分類と発作型による分類がある。たとえば"全般発作を示す特発性てんかん","焦点性発作の症候性てんかん"などと分類される。

(2) 症候性てんかん

症候性てんかん symptomatic epilepsy とは，脳に発作の原因となる器質的病変が認められるてんかんのことで，脳腫瘍や脳炎，脳奇形(水頭症など)，脳血管障害などにより，発作が反復する場合を指す。研究者の中には発作の原因が頭蓋外にある場合，すなわち肝性脳症や低酸素症，低血糖，中毒などの代謝異常も症候性てんかんに分類するものもある。ただし，一般的には頭蓋内原因によるものに限る。

発症年齢は原因疾患によるため多様である(たとえば，脳腫瘍であれば7歳以上，水頭症であれば1歳未満など)。猫の反復性発作では，この症候性てんかんであることが多い。

(3) おそらく症候性てんかん(潜因性てんかん)

おそらく症候性てんかん(潜因性てんかん) probably symptomatic epilepsy(cryptogenic epilepsy) とは，症候性と考えられるものの，明らかな器質的病変が認められない(病因が特定できないため特発性にみえるが，本質的には症候性の)てんかんのこと。あるいは特発性と考えられるが，症候性てんかんを除外できない場合に用いられていることもある。

人医における最も新しいてんかん分類(ILAE, 2010)において，特発性てんかんを"**素因性てんかん genetic epilepsy**"，症候性てんかんを"**構造性／代謝性てんかん structural/metabolic epilepsy**"，おそらく症候性てんかんを"**原因不明 unknown**"と換言することが提案された。しかし，獣医はもとより人医においてもこの呼称についてはまだ議論されており，今しばらくは"特発性""症候性"および"おそらく症候性"が用いられるものと思われる。

表1　てんかんの分類

病因による分類
特発性てんかん
症候性てんかん
おそらく症候性てんかん
(非てんかん性発作)
発作型による分類
焦点性(局在関連性)発作：FS(以前の部分発作：PS)
・意識減損を伴わない焦点性発作(以前の単純部分発作：SPS)
・意識減損を伴う焦点性発作(以前の複雑部分発作：CPS)
・二次性全般化
全般発作：GS
・全般強直間代性発作(大発作 grand mal)：GTCS
・(全般強直性発作)
・(全般間代性発作)
・ミオクロニー発作
・欠伸発作(小発作 petit mal)
・脱力発作

2. 発作型による分類

(1) 焦点性(あるいは局在関連性)発作

焦点性(あるいは局在関連性)発作 focal(or localization-related)seizure(FS) とは，以前は(現在もしばしば)**部分発作 partial seizure(PS)** と呼ばれていた。発作が臨床的，あるいは脳波的に脳の局所から起始する発作であり(発作の起始する場所を**発作焦点 focus** という)，発作症状は発作焦点の担う機能に依存する(図2a)。FSには意識減損を伴う(発作中の記憶がない)場合と伴わない(発作中の記憶や意識がある)場合があり，以前は前者を**複雑部分発作 complex partial seizure(CPS)**(動画1)，後者を**単純部分発作 simple partial seizure(SPS)**(動画2，動画3)と呼んでいた。現在，人医・獣医問わず，これらの用語は移行期にあり，FSやPSの使用は混沌としていて，complex/simple focal seizureなどといった言葉も用いられている。現在，FSの場合でEEG検査や典型的な発作症状などから焦点部位が同定できる場合には，焦点部位の解剖学的名称を冠した名称が付けられることがある(たとえば前頭葉発作や辺縁系発作など)。また，ハエ咬み行動 fly biting(動画1)などの決まった行動を繰り返すような意識減損を伴う(であろうと考えられる)FS(すなわちCPS)もしばしば認められ，以前は**精神運動発作 psycomotor seizure** などと呼ばれていた。ハエ咬み行動など一定の行動を繰り返す症状，発作のことを**自動症 automatism** という。FSは発作波が焦点周囲および脳全体に拡がりをみせることがあり，発作型もFSから全般発作へと移行することがある(図2b，動画4)。このことを**二次性全般化 second-**

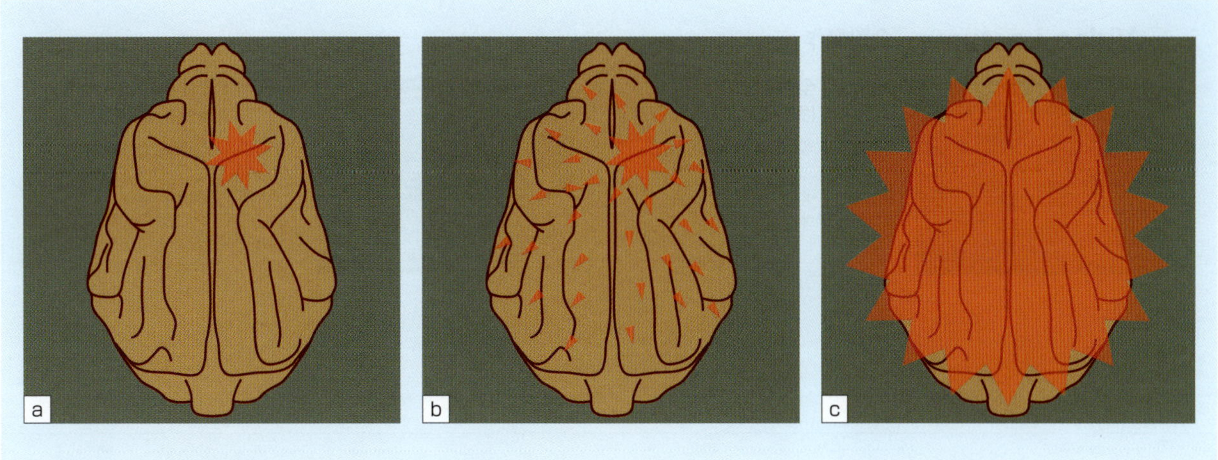

図2　てんかん発作のイメージ

a：焦点性発作。発作は脳の一部（発作焦点）のみで生じる。
b：焦点性発作からの二次性全般化。発作焦点から発作が脳全体へ波及していく。
c：全般発作。発作が脳全体で一斉に生じる。

Video Lectures　焦点性発作

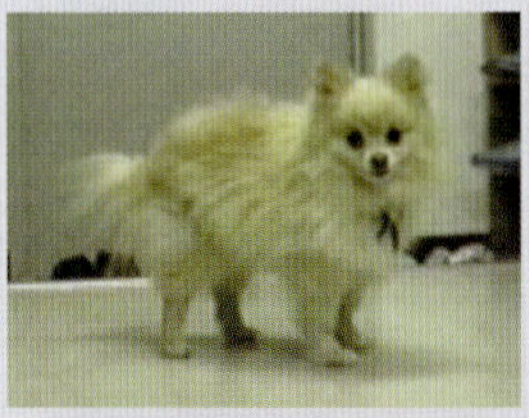

動画1　ハエ咬み行動

fly bitingとして認められる意識減損を伴う焦点性発作（以前の複雑部分発作）。このように，同じ行動を繰り返す発作，症状は"自動症"と呼ばれることもある。

動画3　意識減損を伴わない焦点性発作②

頭位回旋と不動化を示す意識減損を伴わない焦点性発作（単純部分発作）。症例はオーナーの呼びかけやカメラの動きに対し，眼を動かして反応するが，頭位回旋や不動化のために動くことができない。

動画2　意識減損を伴わない焦点性発作①

右前肢のけいれんから起始する意識減損を伴わない焦点性発作（以前の単純部分発作）。はじめは右前肢のみのけいれんであるが，しばらくすると右後肢にもけいれんが波及する。この症例において発作型から左運動野（前頭葉）に発作焦点があることが疑われる。

動画4　焦点性発作からの二次性全般化

動物は，はじめ顔面けいれんおよび咀嚼運動といった自動症を示し，その後全般発作へ移行する。

ary generalization（あるいはsecondary generalized seizure）と呼ぶ。

(2) 全般発作

全般発作generalized seizure（GS）とは，発作が臨床的，脳波的にも脳全域で一斉に起始する発作（開始と同時に意識減損を認める）であり，症状も両側性に認められる（図2c）。動物で最も一般的に認知されているものは**全般強直間代性発作**generalized tonic-clonic seizure（**大発作**grand mal）であり，はじめに全身性の強直性けいれん（全身筋が突っ張るように）が生じ，それから間代性けいれん（伸筋と屈筋が交代性に収縮する）へと移行し，通常数分内に終息する（動画5）。また，GSにはけいれんを伴うものと伴わないものがあり，けいれんを伴うものは先の全般強直間代性発作，全般強直性発作（強直相のみ），全般間代性発作（間代相のみ）および**ミオクロニー発作**myoclonic seizure（動画6），けいれんを伴わないGSには欠伸発作absence seizure（小発作petit mal），脱力発作atonic seizureがある。しかしながら，動物でのけいれんを伴わない全般発作に関する明確な報告はない。

Video Lectures　全般発作

動画５　全般強直間代性けいれん

睡眠中に突然強直けいれんがはじまり，次第に間代性けいれんへ移行し発作が終息する。

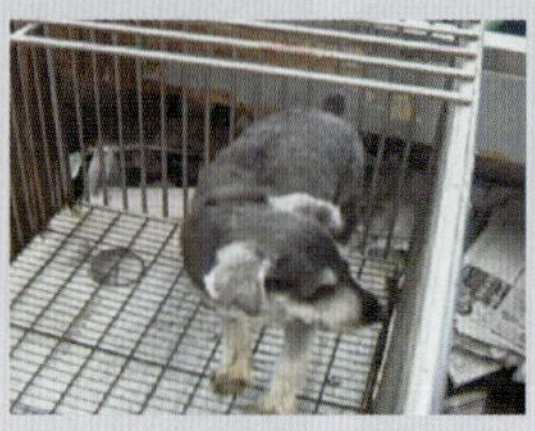

動画６　ミオクロニー発作

全身性に電撃的な筋収縮が連発して認められ，強いときには腰が落ちるようになる。この症例は，このようなミオクロニー発作から全般強直間代性けいれんに移行することもあった。

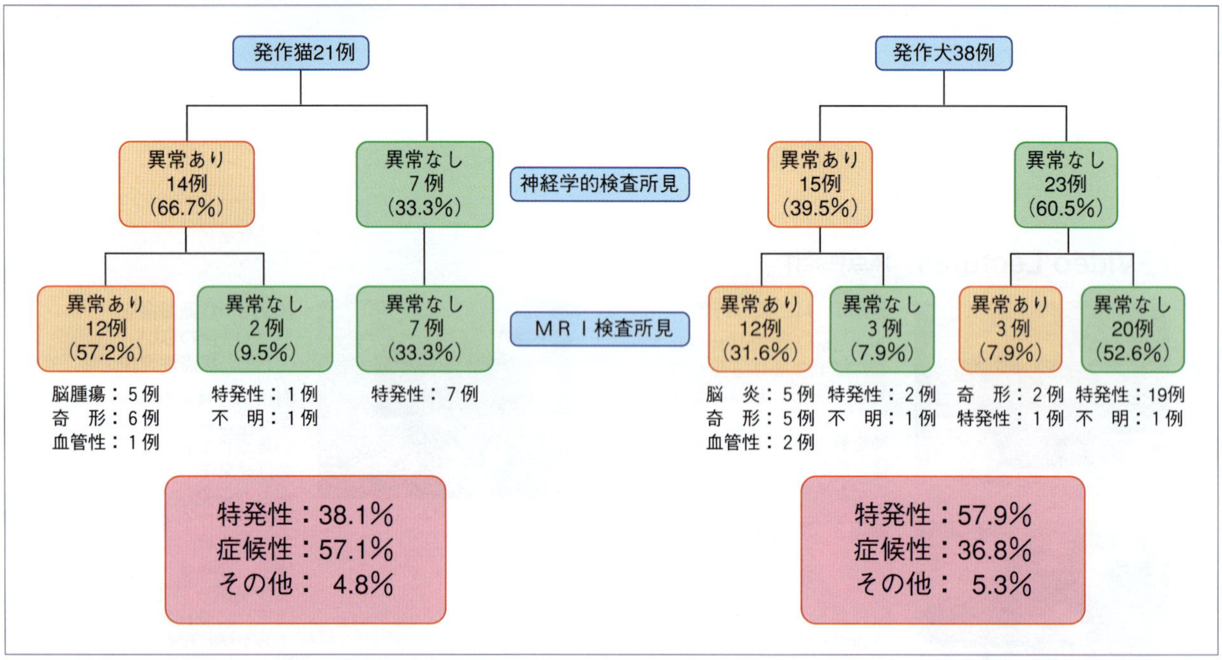

図３　反復性発作を主訴として来院した犬と猫のてんかん分類

犬では特発性てんかん，猫では症候性てんかんが多い。
（文献 98，100 を元に作成）

疫学と遺伝

一般的に特発性てんかんは犬で多く，猫では比較的まれである。具体的なデータとして，犬のてんかんの発生率はおおよそ１～２%[37, 45]，猫では0.5%[69, 70]程度である。しかし，犬でも猫でも純血種あるいは特定の品種に限れば，恐らく5%を超える発生率になると予想されている。

ここで，筆者の所属施設における反復性発作を主訴とした犬および猫のてんかんの内訳を図３に示す[98, 100]。犬では約６割が特発性，一方の猫では約６割が症候性であった。最近の比較的大規模なてんかん犬（n＝240）[59]，およびてんかん猫（n＝91）[76]における研究においても，犬では特発性 56%，症候性 44%であり，猫では特発性 34%，症候性 66%であった（注意：これら２つの論文内では全体n数の中に頭蓋外原因も含まれており，筆者がそれらを除して再計算した値を示しているため，論文本文とは値が異なる）。また，これらのデータは大学でMRI検査まで行った症例のデータであり，症候性がやや多いと考えられ，実際には犬では７割程度が特発性と考えてよいだろう。また，犬と猫において明らかな性差は認められていない。特発性てんかんの発症年齢は１～５歳で最も多く，より幼齢では脳奇形，より高齢では脳腫瘍や脳血管障害といった症候性てんかんの可能性が高くなる[37]。

特発性てんかんでは，その発生原因に遺伝的要因が強く疑われている。遺伝性あるいは家族性が確立されている品種には，ビーグル，シベリアン・ハスキー，シェットランド・シープドッグ，ビズラ，キャバリア・キング・チャールズ・スパニエル，ラブラドール・レトリーバー，ベルジアン・タービュレン，キースホンド，ゴールデン・レトリーバー，ジャーマン・シェパード・ドッグ，アイリッシュ・ウルフハウンド，イングリッシュ・スプリンガー・スパニエルなどが挙げられ，いずれも多遺伝子（多因子）性，常染色体劣性遺伝が予想されている。しかしながら，原因遺伝子が特定されているてんかんおよび犬種はほとんどなく，現在のところ一般的に認められる特発性てんかんの遺伝子診断などは行われていない。ヒトの特発性てんかんでは，神経伝達に関わるいくつかのチャネル，受容体，輸送タンパクにおける遺伝子の異常により，特定のてんかん症候群が生じることが次々と証明されてきている（Na チャネル，電位依存性 Ca チャネル，電位依存性 K チャネル，電位依存性 Cl チャネル，アセチルコリン受容体，GABA 受容体など）[93]。犬においてワイヤーヘアード・ミニチュア・ダックスフンド（WHMD）やビーグル，バセット・ハウンドなどにおける進行性ミオクロニーてんかん（ラフォラ病 Lafora disease）（動画 7）[42]，およびスタンダード・プードルにおける発作を伴う新生子脳症[11]については，各々 *EPM2B* および *ATF2* といった原因遺伝子が特定されている。ただし，進行性ミオクロニーてんかんも発作を伴う新生子脳症も犬ではまれな発作型であり，通常の特発性てんかんとは大きく異なる。

病態生理

1．発作の病態生理学

てんかんおよびその主症状である発作の発生メカニズムにおける基本的な考えは，発作焦点における神経細胞（群）の**興奮性と抑制性の不均衡**による相対的な興奮性亢進である。神経細胞の興奮性と抑制性を決定するのは神経伝達物質，その受容体，細胞内外の電解質，イオンチャネル，トランスポーターといった分子学的構成因子とそれらの活動によって生じる膜電位の変化である。図４にシナプスとそこに関連する各種分子学的構成因子を模式図的に示す。

簡潔に説明すると，正常な神経細胞では，興奮性シナプス前細胞のシナプス前膜から**興奮性神経伝達物質であるグルタミン酸（GLU）**が放出され，その GLU がシナプス後膜のグルタミン酸受容体（より詳しくは，AMPA/KA［non-NMDA］受容体および，より強力な NMDA 受容体）へと結合する。グルタミン酸受容体はイオンチャネルを内蔵しており，これにより細胞外

Video Lectures

WHMD の進行性ミオクロニーてんかん（ラフォラ病）

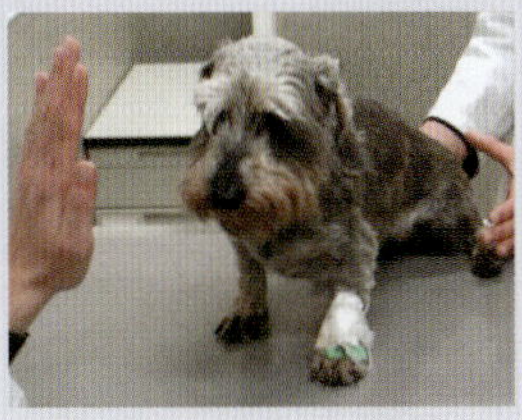

動画 7　視覚刺激によるミオクローヌス
威嚇瞬目反応などの視覚刺激により，ミオクローヌスが誘発される。

Na^+（および水），Ca^{2+} が細胞内へ流入し膜電位を陽性へと押し上げ脱分極を生じ（興奮性シナプス後電位：EPSP），次の神経細胞へと興奮性を伝達する。この際，余分な GLU はグルタミン酸トランスポーターにより周囲の神経膠細胞（グリア細胞）やシナプス前細胞へと回収される。この EPSP は同時に自己へと反回する抑制性介在ニューロンにも興奮性を伝達し，今度はその抑制性介在ニューロンから**抑制性神経伝達物質であるγ-アミノ酪酸（GABA）**の放出を受ける。GABA はシナプス後膜に存在する Cl^- チャネルを共役する GABA 受容体へと結合し，結果 Cl^- が細胞内へ流入することで過分極（抑制性シナプス後電位：IPSP）を生じ，正常な膜電位へと回復していく。この際に，余分な GABA は GABA トランスポーターによってグリア細胞やシナプス前細胞へと回収される。ここでは例として１つの EPSP と IPSP の変化のみで解説を試みたが，実際には一斉に何重もの EPSP と IPSP が加重されており，総和として閾値を超えると活動電位として次の神経細胞へと伝導されることとなる。てんかん脳（発作焦点）では，たとえば GLU の過剰放出，GABA の不足，各受容体・イオンチャネルの機能不全，トランスポーターの機能不全などといった分子学的構成因子の異常により（そしてこれらの異常が遺伝子異常によるものの場合は特発性てんかんとなる），EPSP が IPSP を大きく上回り（**発作性脱分極シフト paroxysmal depolarization shift〔PDS〕**），また連続した活動電位が発せられることで発作活動が生じるものと考えられている。ここではできるだけわかりやすいよう，ごく大まかに解説しているので，より詳細な病態生理学的・分子生物学的機構の説明を望まれる場合には章末の参考文献[86, 95, 107]を参照されたい。

また，ヒト側頭葉てんかん患者や実験てんかんモデル動物の海馬歯状回顆粒細胞や錐体細胞では，異常な苔状線維の発芽 mossy fiber sprouting が認められる[90, 107]。苔状線維は GLU を含有する興奮性神経線維

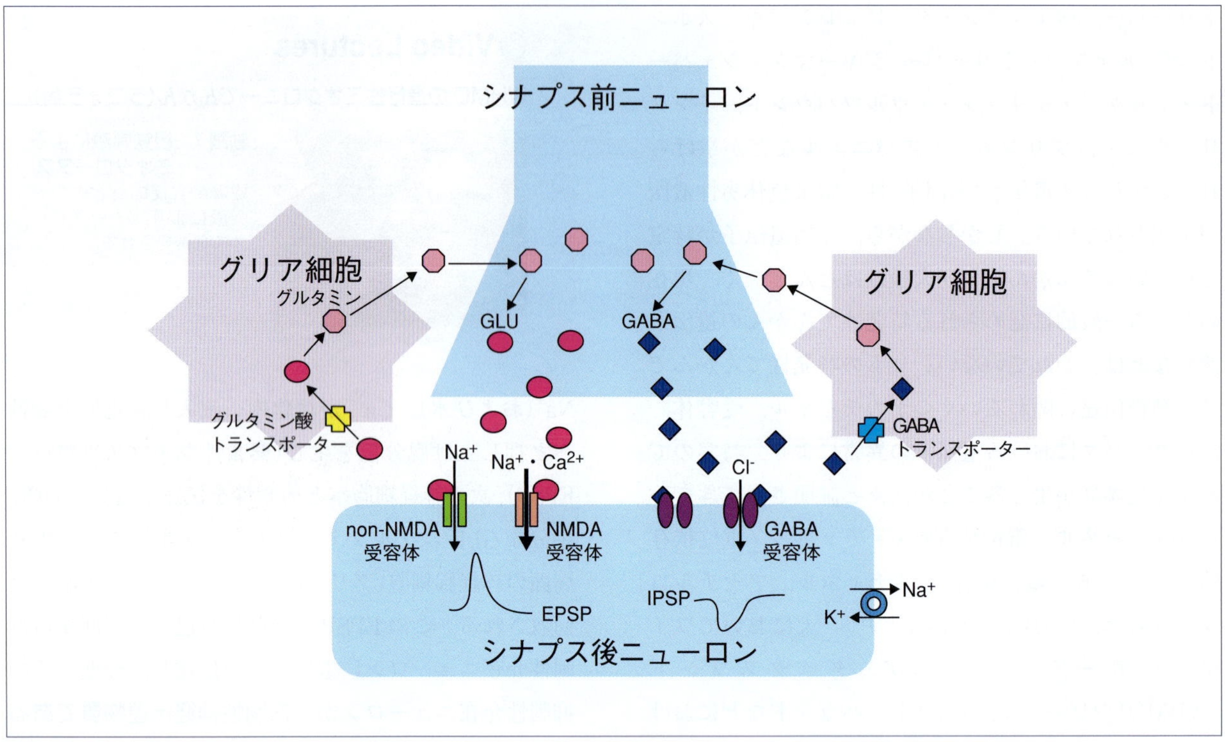

図4　てんかんにかかわるシナプスでの興奮性・抑制性神経伝達の模式図

興奮性神経伝達物質であるグルタミン酸（GLU）がグルタミン酸受容体（non-NMDA および NMDA 受容体）に結合すると興奮性シナプス後電位（EPSP）が，抑制性神経伝達物質である GABA が GABA 受容体に結合すると抑制性シナプス後電位（IPSP）が，それぞれ生じ，これらの総和が閾値を超えるとシナプス後ニューロンでは脱分極を生じる。

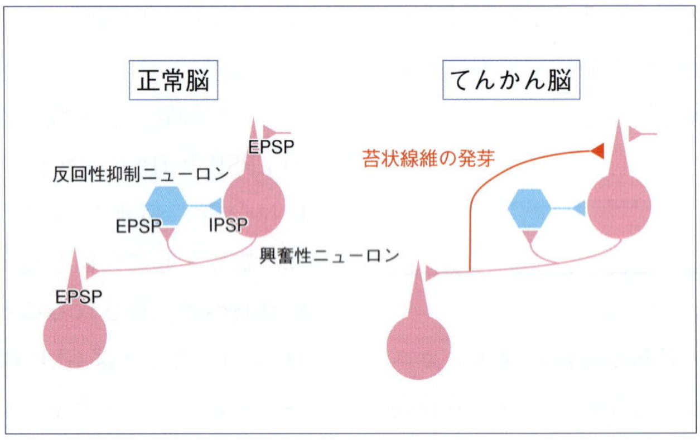

図5　てんかん脳における苔状線維の発芽

ピンク色は興奮性ニューロン，水色は抑制性ニューロンを示す。正常脳において，興奮性ニューロンは興奮を次の興奮性ニューロンに伝達するとともに，反回性の自己抑制性ニューロンにもシナプスし，自己を抑制する。しかし，てんかん脳では自己へ反回性の興奮刺激を入力する苔状線維が発芽し，自己の興奮を再び自己に伝達してしまう経路が生じてくる。
（文献 107 を元に作成）

であり，てんかん脳では前述した反回抑制性神経のように自己への興奮性フィードバック経路を形成し，自己興奮性のサーキットが形成される（図5）。このことにより発作性興奮が促通・増強されることで，より発作を生じやすくなることも予想されている。

2．発作による脳損傷（発作性脳損傷）

発作焦点およびそこから発作が伝播した領域では，前述のメカニズムによる過剰興奮（発作）が頻発することで，発作による脳損傷（**発作〔てんかん〕性脳損傷 epileptic brain damage（EBD）あるいは続発性脳損傷 secondary brain injury**）を生じる[41, 53, 101]。この脳損傷は，先に示した過剰な細胞外 GLU とそれに引き続いて生じる細胞内 Ca^{2+} 毒性カスケードによる神経細胞死がその主軸をなしていると考えられており，**興奮毒性（説）excitotoxity（theory）**と呼ばれている[57, 80, 88]。簡略化して解説すると，細胞外の過剰な GLU は神経細胞に過剰な興奮を頻発させ（すなわち発

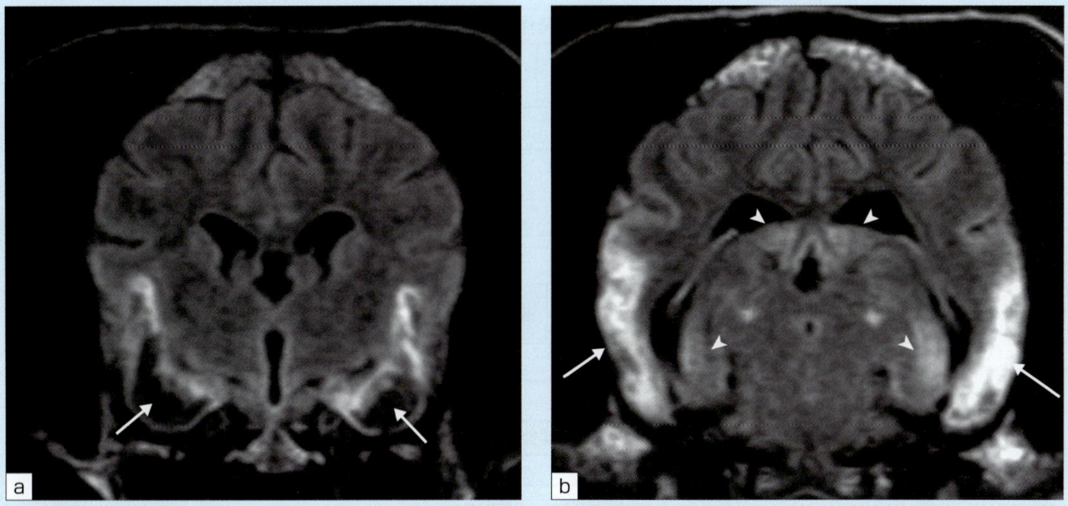

図6 重積後に重篤な発作性脳損傷を呈したてんかん犬の MRI FLAIR 画像
両側の扁桃核（a：矢印），外側側頭葉（b：矢印）が脱落壊死し，両側海馬（b：矢頭）も高信号を呈している。
（文献 27 より転載）

作性脱分極），神経細胞の代謝が非常に亢進することで局所的なアシドーシスや ATP，グルコースの枯渇（常軌を逸した高代謝に，脳血流による酸素・グルコース供給が間に合わない）を招くこととなる。一方，絶え間ないグルタミン酸受容体の活性と持続的なイオンチャネルの開口により細胞内への Na^+，Ca^{2+}，および水の流入が過剰となる。しかし，ATP が枯渇していることでこれらのイオンを細胞外へくみ出すことができない。したがって，細胞内には過剰な水貯留と細胞内 Ca^{2+} 濃度の上昇を生じ，細胞障害性（細胞毒性）浮腫および Ca^{2+} 毒性が引き起こされ，細胞死に至る。これと同時に局所的なアシドーシスは内皮細胞やグリア細胞にも障害を生じさせ，血液脳関門（BBB）の破綻および血管障害性浮腫も生じ，神経細胞死がより助長される。この興奮毒性は発作のみならず，脳虚血（低酸素）や低血糖でも起こり得る神経細胞死の共通したメカニズムであり，頭蓋内生理を考察するうえで非常に重要である。このような発作性脳損傷，興奮毒性は脳内の特定部位，とりわけ海馬，扁桃核，帯状回といった辺縁系組織において顕著に認められる。ヒト側頭葉てんかんにおける海馬硬化 hippocampal sclerosis[57, 80, 88, 90, 101]，猫てんかん患者における海馬・梨状葉病変[6, 20, 75]，犬で認められる発作性脳損傷[1, 24, 27, 28, 38, 49, 51, 78]（ただし犬の特発性てんかんにヒトと同様の典型的な海馬硬化が存在するかどうかについては議論がある）[8]などがその例である（図6）。以前の実験てんかんモデルにおける検討では，犬は他種動物（マウス，ラット，猫，およびサル）に比べ，辺縁系組織の発作に対する脆弱性が高く，また二次性全般化を生じやすい動物種であることが示唆されている[28]。

診断

臨床獣医療におけるてんかんの診断は，まず「特発性なのか，症候性なのか」を鑑別することに集約される。特発性てんかんはその定義にあるように，遺伝的要因以外に発作の原因が認められないものであることから，他の脳疾患を除外していくこととなる。

てんかんの診断における主な流れは次のとおりである（一般的に費用のかからない順で進めていく）。①個体情報・問診，②一般身体検査・神経学的検査，③一般臨床検査，④追加的高次検査（EEG 検査，MRI 検査，脳脊髄液〔CSF〕検査）。また，反復性発作に対する診断過程のフローチャートを図7に要約する。

1．個体情報・問診

特発性てんかんでは発作以外に明らかな臨床症状は認められないため，また，たいていの患者は発作がない状態で（発作間欠期に）来院しているため，獣医師はその情報のほとんどを問診から得ることとなる。前述のとおり，特発性てんかんでは動物種（犬で特発性が多く，猫で症候性が多い），好発品種（遺伝性，家族性），発症年齢（初発発作の年齢）といった個体情報を改めて確認する。その後，発作や発作以外の症状の有無につ

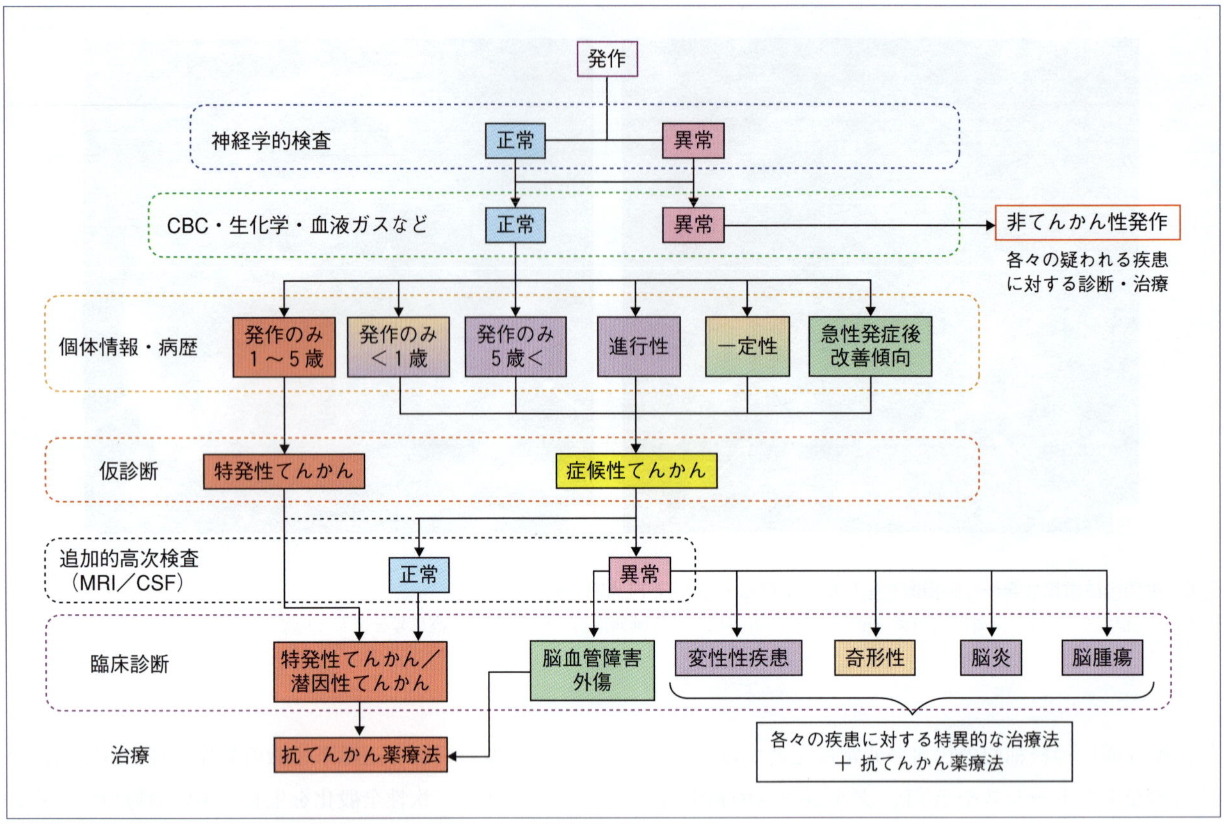

図7　反復性発作を示す動物の診断フローチャート

いて稟告を聴取していく。これといった標準化された方法があるわけではないが，筆者は以下の事項について聴取している。

1) 初めて発作を起こしたのはいつか？（初発発作年齢）
2) （すでに何回か発作を起こしている場合は）発作頻度はどれくらいか？（例：2回／月など）
3) 発作はどのような症状か？…発作型の診断として，焦点性発作か（その場合どのような症状か），全般発作か。
4) 1回の発作の持続時間はどれくらいか？
5) 発作の直前に何らかの予兆（前兆 aura という）があったか？…現在，前兆は焦点性発作であるとする考え方が一般的である[102]。
6) 実質的な発作が終わってから通常の状態に回復するまで（発作後期という）にどれくらいの時間がかかるか？　およびその間に生じている問題は何か？（たとえばふらつく，盲目など）
7) 発作を起こすときに決まった環境要因はないか？
8) 発作時以外に，他の神経症状はないか？
9) ワクチン接種を行っているか？
10) 過去に頭部外傷などの既往歴がないか？
11) （転院・紹介の場合）現在処方されている薬物はないか？
12) 同腹子や親などに同様の発作を起こしている個体はいないか？

また発作の症状（発作型）について，オーナーからの問診だけではその様子を把握しきれない場合が多い。オーナーのいう“発作”や“けいれん”が，我々の意図する“発作”や“けいれん”ではないこともしばしば経験される。このような場合には発作のビデオ記録が非常に有効であり，機会があればオーナーに発作時のビデオを撮影してもらうようにお願いすることを心がけるとよい。ただし，この発作ビデオ記録もたいていはオーナーが発作に気付いてからの撮影になるため，発作開始時の様子を捉えきれていないことが多く，最初から全般発作であったのか，二次性全般化（すなわち焦点性発作）であるのかの判断には注意が必要である。

2. 一般身体検査，神経学的検査

特発性てんかんの動物では，通常明らかな身体的あるいは神経学的異常を認めない。すなわち，発作のない間（発作間欠期）はいたって普通の動物である。したがって，一般的な身体検査（TPR，聴診，触診など）や神経学的検査において明らかな異常が認められる場合，症候性てんかんや非てんかん性発作（代謝性脳症や中毒など），あるいは心原性失神などを疑うべきであり，それらを精査する必要がある。以前の我々の回顧的研究において，神経学的検査において明らかな異常所見が認められた反復性発作を有する動物は80％以上が症候性てんかんであった[98, 100]。したがって，神経学的検査は症候性てんかんを疑ううえで非常に有用な診断ツールである。ただし，神経学的検査において異常が認められない反復性発作を有する動物において少数ながら症候性てんかんである場合もあり，それらの多くは嗅球や前頭葉吻側に病変を有している。

一方，特発性てんかんの患者においても発作直後（発作後期），慢性例や重篤例，あるいはすでに抗てんかん薬が投与されている動物では，まれに神経学的異常所見が得られることもある。発作後期ではいまだ脳が正常状態へ回復しておらず，様々な神経学的異常が観察される（多くは発作焦点を予想させる所見を示すが，正確ではない）。また，慢性例や群発発作・発作重積を幾度となく経験している重症例では，前述したような発作性脳損傷のため，性格の変化，盲目，見当識障害，行動異常，記憶喪失などといった痴呆様症状を呈することもある[27]。すでに抗てんかん薬が投与されている動物では，投与開始からの期間や抗てんかん薬の血中濃度，種類，個体差などにより軽微な神経学的異常が認められる場合があり，それらには沈うつ，後肢（まれに四肢）の固有位置感覚の低下，多食，性格の変化などがある。

3. 一般臨床検査

特発性てんかんでは一般臨床検査，すなわち全血球計算，血液生化学検査，電解質検査，X線検査および超音波検査においても何ら異常所見が認められないのが一般的である。逆にこれらの検査で異常が認められる場合，代謝性脳症や中毒などの頭蓋外原因による非てんかん性発作である可能性が高く，それらを精査する必要がある（これらの事項については第9章「非神経疾患に伴う代謝性脳症・ニューロパチー」，第10章「肝性脳症」も参照されたい）。これらのスクリーニング検査は，これから抗てんかん薬を処方する場合に，事前の全身状態を知る，あるいは抗てんかん薬の選択にも有益であり，いずれの病態が予想される場合でも行われるべきである。また，すでに抗てんかん薬（特に犬におけるフェノバルビタールおよび臭化カリウム）の処方を受けている動物では，フェノバルビタールでALPの上昇および臭化カリウムでCl^-の異常高値が認められるが，臨床的に有意なものであることはほとんどない。

また，幼若齢（一般に特発性てんかんが発症する6カ月齢に満たない動物）においててんかん発作が反復する，あるいは高アンモニア血症や代謝性アシドーシス，低血糖，ケトアシドーシスなどが認められるなどの非てんかん性発作や先天的代謝異常が疑われる場合には，第5章「先天代謝異常症」で紹介されたタンデムマスと尿のGC/MSによるスクリーニング検査も考慮されたい。

4. 追加的高次検査

前述した個体情報・問診，一般身体検査・神経学的検査，および一般臨床検査の結果により，特発性てんかんあるいは症候性てんかん，非てんかん性発作の鑑別はほぼ可能である。ここで，特発性てんかんをより確定的にするため，あるいは症候性てんかんの原因を見いだすために追加的高次検査へ進む場合がある（症候性が疑われる場合は，むしろ推奨される）。代表的な追加的高次検査にはEEG検査，MRIを主とした画像診断，およびCSF検査が挙げられる。また，前述した原因遺伝子が同定されているラフォラ病については遺伝子検査を行うことができる。

（1）脳波検査

てんかんはその定義にあるとおり，脳神経細胞の過剰な発射に由来する疾病であるため，脳の電気的活性を記録する**EEG検査**が最も合理的な診断方法であることに矛盾はなく，事実ヒトのてんかん診断ではゴールド・スタンダード，必須検査である（発作型診断もEEG所見によることが多い）[54, 92, 108]。ヒトおよび動物においても最も一般的に行われるEEG検査は，発作間欠期における頭皮上脳波記録である。てんかん患者では背景脳波から逸脱する**突発性異常波 paroxysmal discharge**，すなわち棘波 spikeや鋭波 sharp wave，棘徐波 spike and waveなどが高頻度に検出される（図8）[32]。特発性てんかんは，前述の各種検査あ

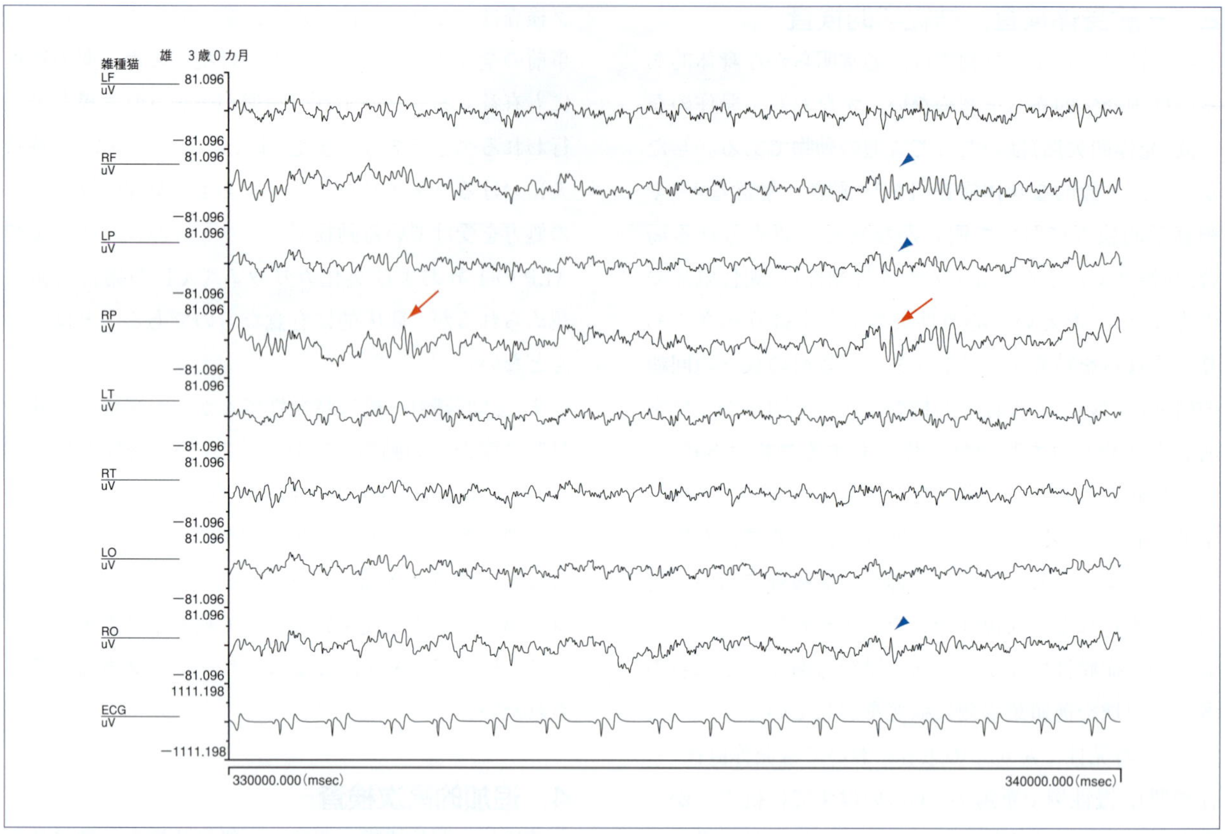

図8　特発性てんかんの猫における発作間欠期脳波

右頭頂部（RP）に優位な棘波が認められ（矢印），後半の棘波は同側の前頭（RF），後頭（RO）および対側頭頂部（LP）でも記録される（矢頭）。

るいは以下に紹介するMRI, CSF検査においても異常が検出されないのが一般的であるが，EEG検査では突発性異常波が記録されることが多い。犬125頭の特発性てんかんにおける脳波記録では，その86％で突発性異常波が検出され[33]，また脳波的異常が認められた犬と猫のてんかん患者の報告は数多く存在する。したがって，EEG検査はてんかんを有する動物における診断方法として非常に利用価値が高く，評価すべき検査法である。

しかし，臨床獣医療においてEEG検査は一般的ではなく，ごく限られた病院や施設でしか実施されていないのが現状である。これには様々な要因があると思われるが，動物のEEG記録に対していまだ国際的に標準化された方法がとられていないこと（ただしヒトの国際10-20法を摸した電極配置になりつつあり，またデジタル脳波計の出現により様々なモンタージュを組めるようになってきている）[4, 31, 32, 62]，ヒトに比べ頭蓋骨や側頭筋などに種差，個体差が多く，またそれによるアーチファクトも非常に多いこと，およびEEGでの所見だけでは確定的な診断に至らないことなどが挙げられる。

(2) 画像診断

神経画像診断neuroimagingとしては，磁気共鳴画像法（MRI）およびコンピュータ断層撮影（CT）といった高度画像診断装置が獣医療に導入されたことで，脳疾患の生前診断が飛躍的に向上したことは周知のとおりである。したがって，脳に器質的病変を有する症候性てんかんの原因を調査するため，あるいは症候性てんかんを除外することで特発性てんかんの診断精度を高めるため，高度画像診断装置を用いることが日常的になってきている。症候性てんかん（脳奇形，脳炎，脳腫瘍，脳梗塞，脳損傷など）を確定・除外するには脳実質の描出に優れるMRIが推奨される。CTでは軽微な脳炎や陳旧性の梗塞巣などを描出するには難があり，見過ごされる危険性が高い。なお，泉門などが開存している犬種においては，超音波装置による水頭症診断が有用であることが第8章「水頭症（主に先天性水頭症について）」で詳細に述べられているので，そちらを参照されたい。

現在の獣医療では，MRIを撮影し，病変が認められなかった場合には特発性てんかんと診断されることが多いが，本来てんかんでの画像診断的意義は上記の症候性てんかんの確定・除外に加え，発作性脳損傷の視覚化および発作焦点の検索に重きが置かれる。動物のMRIにおいて，発作性脳損傷の視覚化という面ではいくつかの症例報告[27, 48, 75, 83]および実験的研究結果[29, 79]が公表されている。発作焦点の検索としての画像診断は，人医領域において陽電子放出断層撮影(PET)および単光子放出断層撮影(SPECT)による発作時あるいは発作間欠期における血流量，ブドウ糖代謝あるいは各種受容体分布の観察が主流となっている[54, 109]。また，様々な発展したMRI撮像法による焦点検索もいくつか開発されてきており，PETやSPECTに代わる非侵襲的方法として期待されている[17, 29, 30, 35, 39, 73, 94]。PET，SPECTあるいは先進のMRI撮影技術を用いた焦点検索に関する報告は，今のところ獣医療では認められないが，今後急速に発展がみられるかもしれない期待すべき領域である。

(3) 脳脊髄液(CSF)検査

特発性てんかんの発作間欠期では，やはり他の検査項目と同様，一般的なCSF検査(細胞数，蛋白濃度)に明らかな異常が認められることは少ないが(ただし発作直後であれば軽度の細胞数増加，CKの上昇などが認められる)，ある研究では49頭の特発性てんかんが疑われる犬のうち12頭(24.5%)で異常が認められている(ただし各々の症例がどの程度の異常であったかは明らかではない)[9]。むしろ一般的なCSF検査は主に脳炎の鑑別として用いられており[87, 91]，またMRI上の異常所見との相関性がある[9]。現在，脳炎のさらなる精査のため，あるいは他の病態を詳細に把握するための特殊項目として，犬ジステンパーウイルス(CDV)や猫伝染性腹膜炎ウイルス(FIP)の抗体・抗原検査，培養検査，抗GFAP自己抗体，各種生化学項目(AST，CK，LDH，グルコース，Cl^-など)，神経特異的エノラーゼ(NSE)，ミエリン塩基性タンパク(MBP)，S-100タンパクなどの解析が行われている[91]。

一方，特発性てんかん患者におけるCSF検査の特殊項目として，CSF中のグルタミン酸(GLU)およびGABAの測定がある[18, 26, 44, 52, 65, 66]。これは病態生理の項目で述べた，発作およびてんかんが脳内における興奮性および抑制性の不均衡によって生じる，ということに基づいている。PodellとHadjiconstantinouはてんかん犬が正常犬に比べ高GLU，低GABAであること，すなわち興奮性の亢進を示し[65]，またEllenbergerらは，35頭のてんかんラブラドール・レトリーバーにおいてGLU/GABA比が正常犬やラブラドール・レトリーバー以外のてんかん犬に比べ高かったことを示している[18]。これらのCSF中のGLUおよびGABA濃度の測定は特発性てんかんの診断に有用なツール(もしかしたら発症前診断が可能かもしれない)として期待できる。しかし，残念なことに，現在本邦ではルーチン(あるいは商業的に)にこれらCSF中のアミノ酸解析は行われていない。

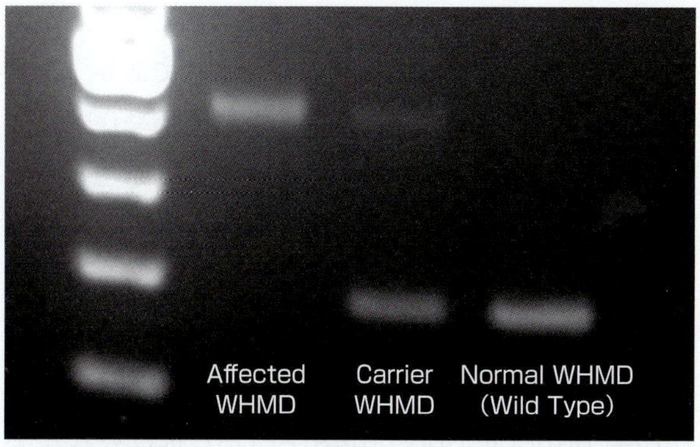

図9　進行性ミオクロニーてんかん(ラフォラ病)の遺伝子診断
ラフォラ病では原因遺伝子である*EPM2B*に異常な繰り返し配列の挿入が認められる。左からスケールマーカー，ラフォラ病罹患例のWHMD，キャリアーのWHMD，正常なWHMD。
(写真提供：日本獣医生命科学大学　呰上大吾先生)

(4) 進行性ミオクロニーてんかん(ラフォラ病)の遺伝子診断

特発性てんかんのうち，まれな病態であるラフォラ病(動画7)は原因遺伝子が特定されており(*EPM2B*：マリン)[42]，遺伝子診断が可能である(図9)。ラフォラ病はその特徴的な臨床症状から診断にはそれほど苦慮しないが，前述したWHMD，ビーグル，バセット・ハウンド以外の犬種でもWHMDで報告された遺伝子異常と同じ異常が見つかっているため，ミオクロニー発作を示す犬が認められた場合，ラフォラ病の遺伝子診断も考慮すべきである(ただし，全てのミオクロニー発作やラフォラ病を検出できるわけではない)。

治療の目標と開始

まず，てんかんはなぜ治療すべきものなのか。これまでの病態生理や診断で述べたとおり，てんかん発作は脳の興奮系／抑制系の不均衡によって生じており，また，過剰な発作活動は興奮毒性による発作性脳損傷やキンドリング，苔状線維の発芽などを引き起こす。てんかん患者はそれらにより種々の障害(てんかん性脳症；盲目や性格の変化，痴呆など)やてんかんの重篤化・難治化が促進され生活の質(QOL)が著しく低下する。またオーナーにとって，愛する動物のてんかん発作は非常に精神的な苦痛を与えるものであり，極端なオーナーの中には「あのような恐ろしい発作が起こるのであれば，安楽死させたい」と言われることがあるくらいである。このような理由から，我々獣医師は患者のQOLのため，オーナーの福祉向上のため，てんかんを治療する必要がある。

現在，小動物臨床におけるてんかんの治療は**抗てんかん薬 antiepileptic drugs（AEDs）**（抗けいれん薬 anticonvulsive drugs ともいう）を用いた内科療法（ここでは**AED療法**とする）である。前述したとおり，とりわけ特発性てんかんでは一生涯を通じた治療が必要になることが多く，**発作をいかに低頻度にコントロールし，伴侶動物としてのQOLを維持していくかが最大の治療目標**となる。ここで“いかに低頻度に”といって，AEDsによる治療を行っていても，てんかんの発作を100％抑制することができるケースは極めてまれであり，たいていの動物は治療を行っていても，いくらかの発作を示すことが通例である。したがって患者のオーナーに対しては，「てんかんは基本的に完治する病気ではない」こと，「治療を行っていても発作は出る」ことをあらかじめ伝えておく必要がある。またてんかん患者のうち，おおよそ20～30％の症例は各AEDsを用いても良好な発作コントロールができず，**難治性てんかん intractable（refractory）epilepsy**（あるいは薬剤抵抗性てんかん drug-resistant/pharmacoresistant epilepsy）と呼ばれる[37, 40, 64, 81, 102]。逆に言えば，**約70～80％の患者は適切なAED療法により発作をコントロールできる**のである。

さて，このようにAED療法を行っても発作が出てしまうといった中で，てんかん治療（＝発作コントロール）の具体的な目標をどこに置くかということになる。当然，発作の完全抑制が行えるのであればそれに越したことはないが，治療が奏功しているかの判断は一般に，**治療開始前の発作頻度に比べ治療開始後の発作頻度が50％以下**となることを目指している。すなわち，治療前は1カ月に1回の発作を示していた症例が，AEDsの処方により2カ月に1回以下になれば「改善」と解釈される。単発の発作（重積や群発ではない）での脳障害はそれほど重篤なものではなく，年間に数回の発作であれば著しいQOLの低下を起こさずに生涯を終えることができる。したがって，治療の主眼は発作頻度を低下させる，低い発作頻度で維持させることにある。これは，この後に述べるAEDsの抗閾値作用が主たる要因となる。

ただし，治療の奏功を判断するに際してはもう1つ，AEDsの作用でいう抗拡延作用に通ずるものであるが，**発作の重篤度（発作の強さ，発作型の改善）の軽減**というものもある。たとえば，治療前の発作が4分間に及ぶ焦点性発作からの二次性全般化だったものが，AEDsの処方により1分間の焦点性発作のみで終息するようになった，というものである。

ヒトのてんかんにおいても同様の現象は認められ，患者の家族にとっては“頻度の低減”よりもこの“重篤度の低減”の方に関心が強いようである（治療する側の我々獣医師や医師は頻度にばかり目が向く一方で，オーナーや家族はむしろ重篤度を気にしているという，治療側と患者側のギャップにも注意されたい）。筆者もしばしば「発作頻度はあまり変わらないけれど，発作が軽くなったので満足しています」というオーナーの声を耳にする。実際，多くの症例は頻度・重篤度ともに低減するわけであるが，様々な症例を経験すると発作頻度だけが低減する症例や，重篤度だけが低減する症例も少なくない。

それでは実際に，いつ治療を開始すべきか，という点であるが，これには研究者によって諸説あり[37, 67, 82]，完全に確立されているものではないが，筆者らは以下の基準で治療を開始している。

1) 3カ月に2回以上の発作がみられる場合（焦点性／全般性を問わない）
2) 1年に2回以上，群発発作が断続的に起こる時期がある場合
3) 発作の頻度が低くても，発作が重積となる場合
4) 発作後期の症状が重篤である場合
5) 症候性てんかんであることが明らかな場合

もしも，発作頻度が1)の基準に満たない場合，たとえば1年に1回程度で単発の発作しか生じない症例において，AED療法を開始する必要があるかどうか？前述のとおり，AED療法を行っていても，発作が完全に抑制されることはまれであり，この症例においてAEDsを毎日しっかり飲んでいても発作は起こるかもしれない。すなわち，AED療法が奏功しているかどうかの判断ができない。さらには，その起こるかもしれないし，起こらないかもしれない1年に1回の発作のために，365日投薬する，費用がかかる，（少ないとは

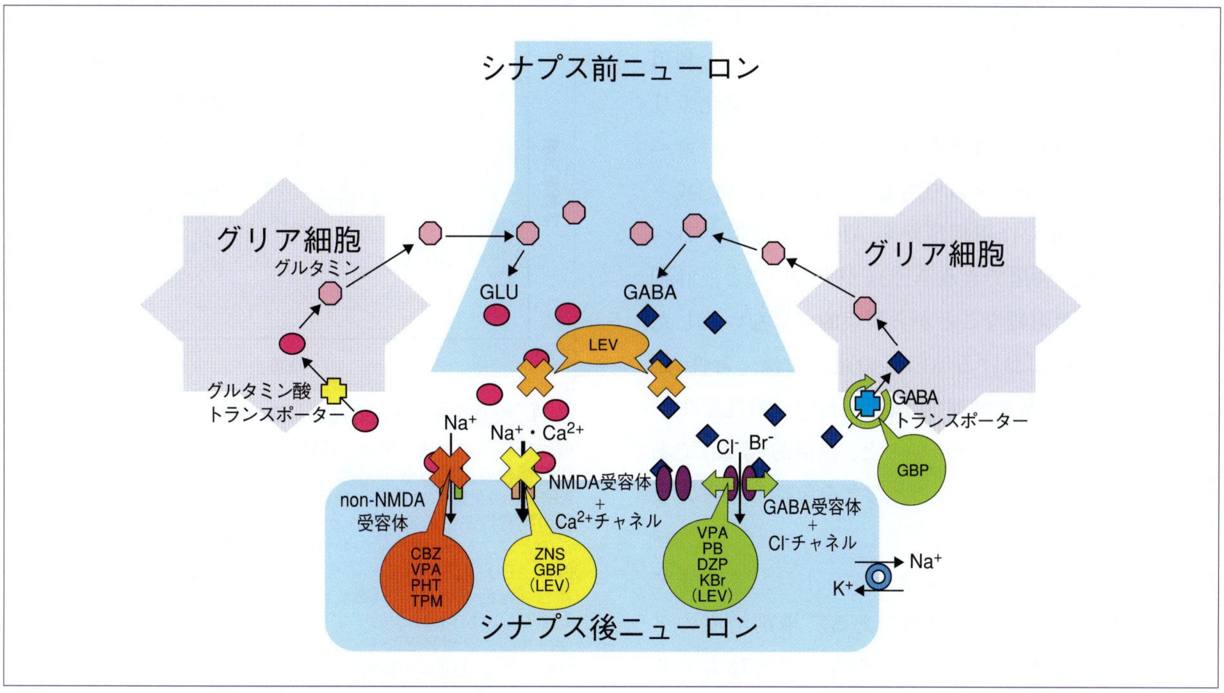

図 10　主な抗てんかん薬の作用点

ZNS，GBP は NMDA 受容体および Ca チャネルを阻害し，興奮性を低下させる。PB，DZP，KBr は GABA 受容体およびそれに共役する Cl^- チャネルを促通させることで抑制性を増強する。また，KBr では Br^- が Cl^- のように機能する。GBP は GABA トランスポーターの活性化にも作用する。LEV はシナプス前膜に作用し，神経伝達物質の放出を抑制する。
GLU：グルタミン酸，CBZ：カルバマゼピン，VPA：バルプロ酸，PHT：フェニトイン，TPM：トピラマート，ZNS：ゾニサミド，GBP：ガバペンチン，LEV：レベチラセタム，PB：フェノバルビタール，DZP：ジアゼパム，KBr：臭化カリウム。

いえ）副作用もある，といったオーナーの精神的，身体的，経済的負担，および患者に精神的，身体的負担をかけるのはいかがなものであろうか。すなわち，このような症例では治療を開始せず，オーナーに発作の記録だけを行ってもらいながら経過観察とし，発作頻度や重篤度が増加し（一般的にてんかんは治療を行わなければ頻度・重篤度ともに悪化してくることが多い），上記の基準を満たすようになったならば治療を開始する。

抗てんかん薬の作用とその選択

病態生理の項で述べたとおり，発作の発症は脳の興奮系／抑制系の不均衡が原因と考えられている。AEDs はこのシナプス領域における代謝，受容体やイオンチャネル，トランスポーターなどに作用し，抗てんかん作用を発現する。主な作用点として①電位依存性 Na チャネル阻害（non-NMDA 受容体，NMDA 受容体）＝興奮系の抑制，②電位依存性 Ca チャネル阻害（NMDA 受容体）＝興奮系の抑制，③ GABA 受容体，ベンゾジアゼピン受容体の増強＝抑制系の増強，④ GABA トランスポーター活性化＝抑制系の増強などが挙げられる（図 10）。たとえば，後述するフェノバルビタールは GABA 受容体に作用し，抑制系の機能を増強することで抗てんかん作用を発揮する。各 AEDs の抗てんかん作用は，開発段階における様々な実験から 2 つの性質にわけられる。すなわち**抗閾値作用**と**抗拡延作用**である[96]。抗閾値作用とは興奮自体（発作性興奮の発火）を起こりにくくする，臨床的には発作自体の頻度を少なくする作用であり，抗拡延作用とはある領域（発作焦点）で起こった発作性発火が他の領域へ拡がるのを防除する，臨床的には発作波の波及（たとえば二次性全般化など）を妨げる作用である。各 AEDs はその作用点によって，抗閾値・抗拡延の両方の作用をもち合わせているものや，どちらか一方の作用しかないものもある。

また，ヒトのてんかんにおける AED 療法では，**発作スペクトラム**という考え方がある[104]。ヒトの AEDs は合剤も含めると 10 種類以上存在し，それぞれ前述した作用点・作用機序が異なったり，ある AED はある発作型や症候群に特異的に著効するなどの特徴を有している。すなわち，抗生剤のように AEDs にもスペクトラムがあり，様々な発作型に対応できる AED は広域スペクトラムの AED などと呼ばれている。このような背景から，ヒトの AED 療法は発作型や症候群により AEDs を選択するのが AED 療法の基本である。

しかし，我々の獣医療においてはAEDsの薬物動態および副作用の点から，ごく限られたAEDsしか利用できない。すなわち，フェノバルビタール，臭化カリウム，ジアゼパム(クロナゼパム)，ゾニサミド，ガバペンチン，レベチラセタムである。本来であれば，我々獣医師も発作型や作用機序からAEDsを選択するべきではあるが，利用できるAEDsが少ないこと，詳細な発作型分析が困難なことから現実的ではない。したがって，獣医療におけるAEDsの選択には，毒性(副作用が少ない)，薬物動態(半減期が長い，耐性を生じにくい)，スペクトラムが広いこと，経済的(安価)であること，投与が簡便であることなどを包括して考えなくてはならない。

AED療法のゴールド・スタンダードは，あくまで単一のAEDによる**単剤治療**である。単剤治療のメリットは他の薬剤との相互作用がないことはもちろん，薬物動態やその特性，および副作用について予想が付きやすく，また経済的なことである[67]。しかし，単剤治療では良好な発作コントロールが得られない患者もあり，その場合は**多剤併用**となる。多剤併用を行う場合，理想的には前述した作用点や作用機序の異なるAEDsを組み合わせるのが好ましいが，動物ではAEDsに制限があるためそのようにはできない。したがって犬や猫のてんかんにおける多剤併用は，薬物相互作用や併用による副作用のリスク増大，あるいは費用といった面を考慮して行われているのが現状である。

抗てんかん薬療法の概念・オーナーの教育

前述のとおり，特発性てんかんの場合，生涯を通じてAED療法を行う可能性もあり，獣医師とオーナーが共通の理解で治療にあたらなくてはならない。まず図11を参照されたい。縦軸に脳の興奮性，横軸に時間(たとえばここでは横軸の端から端までが3カ月とする)をとったものである。脳は覚醒したり，睡眠したり，興奮したり，落ち着いたりなど瞬間瞬間，日に日に様々な活性を示している。ここにある一定以上の興奮，すなわち**閾値**を超えるような興奮を起こすと発作が生じるとする。AEDsはこの閾値ラインを上げる(あるいは脳全体の興奮性を下げる)ことで発作を抑制するのである(ここでは抗閾値作用についての概念を解説する)。そして，この上昇した閾値ラインは，すなわちAEDsの血中濃度として考えられ，毎日の定時的な

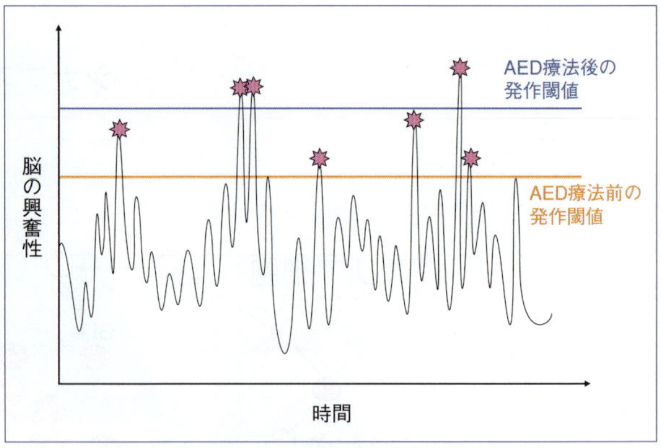

図11　発作の閾値と抗てんかん薬(AED)療法の概念図

縦軸に脳の興奮性，横軸に時間をとったグラフ。たとえば，この図の横軸の端から端までが3カ月間とする。オレンジのラインはAED療法をはじめる前の発作閾値で，このラインを超えるような脳の興奮性が生じるとてんかん発作（ピンク色の星印）が起きる。このとき，AED療法前の発作頻度は7回／3カ月である。この症例にAED療法をはじめると，AEDsの効果により発作閾値が上昇し（青色のライン）（あるいは脳の興奮性が全体的に下方へシフトする），発作頻度が低下する。この場合のAED療法後の発作頻度は3回／3カ月となる。この上昇した発作閾値（青色のライン）は定期的なAEDsの服用により維持される。

投薬(たとえば1日2回，12時間ごと)によって維持されるものである。したがって，AEDsを飲ませ忘れたり，オーナーの独断で休薬するといったことが生じると，この閾値ライン(あるいは抑制されていた脳活性)が崩壊し，より重篤な発作活動を引き起こすことになる。多くのAEDsでは**脱抑制(離脱発作)**と呼ばれる，一種の禁断症状が知られている[97]。このため定時的なAEDsの投薬はもちろんのこと，たとえ完全な発作抑制を行えていたとしても，突然の断薬ということがあってはならない(臭化カリウムを除く)ことをオーナーに熟知させる必要がある。

各AEDsの血中濃度は，一般的に投与開始からその薬剤の半減期の5倍の長さで**定常状態**に達する。すなわち，初めてAEDを処方した，あるいはAEDの投与量を変更した場合は，そのAEDの半減期の5倍以上経過した時点で血中濃度測定を行うことが望ましい。また各AEDsには**有効血中濃度(治療域)**というものが示されており，その範囲まで血中濃度を増加させるものと考えがちである。もちろん，AEDの効果が不十分であれば有効血中濃度まで増加させるべきであるが，たとえば血中濃度が有効血中濃度に到達していなくても，臨床的に十分な発作コントロールができているのであれば，その必要はない。逆に，血中濃度が低値であっても非常に強い副作用を呈する症例や，少ない投与量にもかかわらず非常に高い血中濃度を示す症例もあることに注意する必要がある。血中濃度測定のための採血は，次回の投与直前，すなわち日中で血中

濃度が最も低くなっていると考えられる時間帯に行うことが推奨されている。このときの血中濃度の値を**トラフ値**といい，血中濃度の評価はトラフ値で行うことが一般的である（ただし，理論的には定常状態にあればいつでもよいわけで，最近はあまりトラフ値にこだわらない）。一度血中濃度が安定し，発作のコントロールがうまく行えている場合においても，一般的な血液検査（副作用のチェック）と同様に6カ月～1年に1度はAEDの血中濃度測定を行うことが望まれる。これにより動物の体重の増減や耐性，あるいは代謝不全などによる血中濃度の変動がないかどうか，適正な血中濃度が維持されているかを判断する。

主要な抗てんかん薬の特性と使用法

主要なAEDsの投与量や有効血中濃度，薬物動態についての要約を表2に示し，以下にそれぞれのAEDsの特性について解説する。

1．フェノバルビタール

フェノバルビタール phenobarbital（PB）は，獣医療において最も一般的なAEDであり，発作スペクトラムも広く，かつ経済的であることから犬と猫ともに第1選択薬として用いられてきている。PBはGABA受容体およびベンゾジアゼピン（BZD）受容体に作用・促通することで，Cl^-の透過性を増大させるものと考えられており，抗閾値・抗拡延の両方の作用を合わせもっている。また，周知のとおりPBは肝ミクロゾーム酵素（チトクロームP450）の自動誘導物質であり，チトクロームP450を代謝酵素としている他の薬剤に相互作用を生じさせる。また，長期間投与により耐性を生じ，半減期が減少することが知られている。

薬用量は2.0～5.0 mg/kg, BID（4.0～10 mg/kg/day），POであり，半減期は犬・猫でおおよそ30～70時間である[43, 68, 82]。筆者らはたいてい2.0 mg/kg，BIDで開始し，発作コントロールが得られるまで1.0～2.0 mg/kgずつ，数週間～数カ月の発作頻度を観察しながら増量している。有効血中濃度は15～40 µg/mLであるが，この濃度に到達していなくても効果が得られているのであれば，無理にこの濃度まで上げる必要はない。経験的ではあるが，血中濃度が25 µg/mLを超えても効果がない場合はその症例にPBは合っていないと判定している。また，30 µg/mLを超えると明らかな運動失調や沈うつがみられる症例が多い印象があり，さらに35 µg/mL以上では用量依存性に肝毒性があるとされている（後述）。

PBの副作用は様々なものが知られている[82]。代表的なものとして，投与開始直後の鎮静，無気力，傾眠，歩様狼瘡がある。これは比較的よく経験されるもので，開始量（1.0～2.0 mg/kg，BID）のPB療法開始直後（開始から1週間前後）に傾眠傾向やふらつき，無気力などの（効き過ぎてしまっているのではないか?! と思わせるような）副作用が出現することがある。これらの症状はたいてい1週間ほどで消退し，その後投与前と同様の生活態度へ復帰することがほとんどである。多くの獣医師がこの初期の鎮静に惑わされ，投与開始からたった3～5日目にして用量を半減，あるいは断薬してしまうことが多いようである。もちろん，特異体質的（あるいはすでに肝疾患がある場合や併用注意の薬剤を併用している場合）に低用量でも血中濃度が高値を示す症例がいないわけではないが，PBの血中濃度を安定させるためには約2週間が必要となる。そのため，PBを開始した場合は最低1週間は（あまり恐れずに）経過を観察した方がよい。

開始量であるにもかかわらず，1週間を過ぎてもなお，あるいはQOLの低下が著しく，オーナーが容認できないほどの鎮静効果がみられる場合は，血中濃度を測定して確認する必要がある（一般的には，副作用の有無にかかわらず，PB開始から2～3週間後には血中濃度の測定が推奨される）。その結果，血中濃度が高値を示しているのであれば減量，あるいは他剤への変更を考慮すべきである（ただし，この場合も突然の断薬は避けるべきである）。

次に，PBの最も一般的な（オーナーが告知してくる）副作用は多飲・多尿，多食とそれに伴う体重増加であろう。多尿に関しては抗利尿ホルモン（ADH）放出に対する抑制作用，多食に関しては満腹中枢への抑制作用がそれぞれ考えられている[82]。また，向精神作用のためと述べているものもある[68]。これらの副作用のため，（人にとって）不都合な場所での排尿や，盗み食いあるいは残飯あさりをする傾向が強くなり，オーナーが管理できなくなることもある。そのような場合は他剤への変更が考慮される。

犬のPB療法で最も一般的に認められる血液生化学検査上の異常値は，ALPの上昇である。しかし，これはPBによる重篤な副作用である肝毒性を示すものではない。ALPのみの上昇は前述した酵素誘導のた

表2　主な抗てんかん薬(AEDs)

AEDs	半減期	有効血中濃度	投与量	主な副作用，その他
フェノバルビタール(PB)	犬：24～40時間 猫：34～43時間	15～40 μg/mL	2.0～5.0 mg/kg，BID	・多飲・多尿，多食 ・肝障害 (PB投与下の犬におけるALP上昇は肝障害の評価として成り立たない) ・鎮静・運動失調 ・耐性 ・脱抑制・離脱発作 ・クロラムフェニコール併用禁忌 ・KBrとの併用で膵炎の危険率上昇 ・ZNSなどチトクロームP450により代謝される薬剤と相互作用
臭化カリウム(KBr)	犬：25～40日	70～200 mg/dL	20～40 mg/kg，SID あるいはBIDに分割	・多飲・多食 ・性格の変化 ・傾眠傾向 ・猫では肺炎を起こす危険性が高く，推奨できない ・Cl^-が異常高値を示すが，Br^-によるものであり，病的なものではない
ジアゼパム(DZP)	猫：15～20時間 (犬：3時間)	0.15～0.25 μg/mL	0.5～2.0 mg/kg/dayをBIDあるいはTIDに分割	・鎮静・運動失調 ・食欲増進 ・依存性・離脱発作 ・奇異性興奮(まれ) ・劇症型肝不全(ごくまれ) ・犬では半減期が短く，また耐性を生じやすいため，日常のAEDとしては使用しない
ゾニサミド(ZNS)	犬：15時間 猫：35時間	10～30 μg/mL (犬ではより多くても副作用の発現がないこともある)	2.5～10.0 mg/kg，BID (犬ではより多くても副作用なく使用できる)	・消化器症状(主に食欲不振) ・傾眠傾向・運動失調 ・PBとの併用時，半減期・血中濃度が減じる
ガバペンチン(GBP)	犬：2～4時間 猫：不明(おそらく数時間)	半減期が短く，他の薬剤との相互作用もないため，測定の必要なし	10～30 mg/kg，TID ※他のAEDsと併用で用いる	・副作用は特になし(初期に運動失調が出ることもある)
レベチラセタム(LEV)	犬：2～4時間 猫：2～5時間	いくつか報告はあるが，一般にGBPと同様，測定しない	10～30 mg/kg，TID	・副作用は特になし ・犬では3～5カ月の連続投与により耐性を生じる

めであり，PB投与中の動物の肝機能を評価するためには食前・食後の総胆汁酸(TBA)測定によって行う[12]。また，猫ではこのALPの上昇ないし，PBによるものと考えられる肝障害は認められないのが一般的である[82]。犬および猫において，PB誘発性の肝毒性に関する決定的な証拠は挙げられていない。報告されているものの多くは特異体質的なものか，あるいはPB以外に肝臓で代謝される薬剤を併用している場合のようである。しかしながら，35 μg/mL以上の血中濃度では肝毒性の発現と相関がみられる[68]。この場合，前述のALP増加に加え，ALT増加，低Alb，T-Bil増加が認められ，腹部X線検査で肝腫大をみることもある。また，ALPの増加と不均衡に他の肝酵素の増加がみられる場合(ALPの増加が軽度であるにもかかわらず，ALTやASTが高値を示す場合)，肝障害を生じている可能性が高いとされている[82]。軽度の肝毒性の場合，肝庇護剤や強肝剤を一時的に併用することで沈静化させることが可能である。

筆者はALP以外の肝酵素の増加がみられ，肝機能低下がうかがえる場合はグルタチオンやウルソ酸，あるいはS-アデノシルメチオニンなどを2～4週間投与し，再評価している。多くの場合，これらの肝庇護剤投与で肝酵素は正常範囲内へと回復する。しかし，特異体質的な重度の，不可逆性の肝壊死が生じている場合はこの限りではない。また，PBの長期投与では，血中濃度を維持しているにもかかわらず効果が減弱していくことがある(これが本当に機能耐性なのか，発作の重篤度が増した結果なのかはわからないが)。その場合，投与量の増加や他剤の追加併用が必要となる。

PBに限った話ではないが，最も注意すべきは，AEDsの多くには依存性があることである。そのためAEDsの突然の断薬，飲ませ忘れは急激な血中濃度の低下を引き起こし(まさに溜まっていたものが爆発するかのように)，高い頻度で発作が発現する。このことを獣医師が理解することはもちろんのこと，オーナーにもよくインフォームド・コンセントをしておく必要がある。筆者はPBの断薬，あるいは他剤への移行の際，最低でも1カ月，可能であれば2カ月以上かけて漸減している。この他，PBのまれな副作用として，アレルギー性の皮膚炎，非再生性貧血や汎白血球減少[82]，血清チロキシン濃度の低下[22]などが知られている。

また，PBでは，薬物相互作用による併用注意および禁忌がある。代表的なものとして，抗生剤であるクロラムフェニコールは肝臓でのPB代謝を阻害し，PB血中濃度が上昇するため，PBとクロラムフェニコールの併用は禁忌である[12, 82]。また，PBはGABA作動薬であり，多くの麻酔薬に相加作用を示すので注意が必要である。犬のてんかん治療において一般的であるPBと臭化カリウムの併用は，PB単剤治療の犬(発現率0.3％)に比べ膵炎を起こす可能性が高い(発現率10％)という報告がされている(筆者に経験はない)[21]。さらに，最近になって明らかとされてきた事実として，PBとゾニサミド(ZNS)の併用時には，PBの酵素誘導によりZNSの代謝が亢進することで，ZNSの血中濃度や半減期が低く，かつ短くなることが知られている(後述)[58]。同様に，PBによる酵素誘導によってジゴキシン，グルココルチコイド，フェニルブタゾンの効果減弱，吸収阻害によるグリセオフルビンの効果減弱などが考えられる[82]。また，キノロン系抗生剤はGABA受容体の結合阻害作用をもつとされているが，PBあるいは他のAEDsの血中濃度に影響するかどうかは確かめられていない。

2. 臭化カリウム

臭化カリウム potassium bromide(KBr)(主成分は臭素Br)は，発作スペクトラムも広く，安価であり，また肝臓での代謝を受けないことから，もともと肝臓に問題のある症例やPBなどにより肝障害が生じている症例で用いやすい，犬で有用なAEDである。最近では，KBrが犬での第1選択薬として推奨されていることもある[12]。KBrはてんかん史上最も古いAEDであるにもかかわらず，その作用機序はいまだ不明のままである。考えられている作用機序として，Cl^-チャネルの開口時間延長作用と，Cl^-と同様に細胞内流入し過分極を促通するという作用(Br^-分子はCl^-分子よりも小さく，構造も類似しているため，Cl^-チャネルからの細胞内流入が容易であり，作用も同じと考えられている)がある[7]。

薬用量は20～40 mg/kg/dayをSIDあるいはBIDで，経口投与する(臭素はヒトに対し吸引や経皮吸収による毒性を示すとも言われており，また長期間容器外に置くと変色することもあり，水溶液としてオーナーに処方することがある)。犬における有効血中濃度は70～200 mg/dL(0.7～2.0 mg/mL)，半減期は約25～40日であるとされる[46, 82]。この長い半減期，すなわち定常状態に達するまでにかかる時間のため，KBrでは急速負荷導入が行われることがある。急速負荷導入では450～600 mg/kgを4～5日間かけて投与する。すなわち1日(BID～TIDでの投与が望ましい)に，維持量(20～40 mg/kg)＋100 mg/kgを5日間程度[81]投与する。ただし，この際には嘔吐などの消化器症状が出る可能性がある。

KBrは腸管から吸収，腎臓を経て排泄され，肝臓での代謝を受けないとされている[82]。このため，前述のとおり肝障害を有する症例で非常に有用であるが，逆に腎疾患を有する患者では注意が必要である。

KBrで最も一般的に観察される副作用は多飲，多食，嘔吐，食欲不振，便秘といった消化器関連の症状である。この中でも多食は最も多く経験され，時折「これまでゴミ箱をあさるようなことはなかったが，KBrを飲みはじめてからは年中ゴミ箱をあさって食べ物を探している」などという報告を受ける。また，KBrでは用量依存性に傾眠傾向，歩様失調が観察される。ある研究では，血清Br濃度がおよそ400 mg/dL以上の場合で，後肢のふらつきと関連した[68]。筆者はたいてい30 mg/kgで用いており，血中濃度の測定はほとんど行っていないが，KBrによるものと考えられる傾眠や歩様失調の経験はない。このようなKBr中毒に対しては，生理食塩水を静脈内投与し腎臓からのBr^-排泄を促す必要がある。この他のKBrのまれな副作用として，膵炎，行動異常(探索行動，攻撃性亢進，活動亢進，食糞)が挙げられている[82]。PBとの併用で膵炎の発生率が増加することは，PBの項でも述べた。また，腎疾患患者において，KBrのクリアランス低下と血清高濃度が報告されている[82]。KBr投与中の動物において，塩化物を多く含む食事，サプリメント，薬剤，利尿剤の使用は腎臓からのBr^-排泄を促通させ，血中濃度に影響を与えるために注意が必要である。最近はあまり用いられないため問題は少ないと思われるが，Br^-は犬においてハロセン代謝産物でもあり，ハロセン麻酔後に血中濃度が増加する可能性がある。

また，前述のとおり，Br^-は構造上Cl^-に類似しており，KBr投与中の患者の血液を一般的な電解質測定器で測定すると，Cl^- が異常高値を示す(真の高 Cl 血症ではない)[12, 82]。これを利用して，KBr 濃度を Cl^- 濃度から間接的に推定する方法も思案されているが，測定法の違いやエラーもあることから臨床応用に適当とは言いがたい[72]。

KBr は猫においても抗てんかん作用を示すことが知られているが，KBr を処方された猫の 35 〜 42％において，頑固な，ときに致死的な気道疾患，間質性肺炎が引き起こされる[5]。このため，猫の AED としては推奨できない。したがって，猫では PB や後述するジアゼパム，ゾニサミドなどに無反応な場合にのみ，十分なインフォームド・コンセントを行ったうえで処方すべきである。また，多くは投与開始から 1 カ月以上経過して症状を発現するため，厳重な注意が必要であり，呼吸器症状が確認されたならば速やかに断薬する。

3．ジアゼパム

ジアゼパム diazepam(DZP)は猫において有用な AED であり，筆者は猫の第 2 あるいは第 3 選択薬として用いている。犬では有効なものの，半減期が短いため(3 時間強)血中濃度を維持できないこと，および耐性を生じやすいため(1 〜 2 週間)，長期投与の AED として用いることができず，たいていは重積時の治療や緊急用の常備薬として用いられる。猫において DZP を投与する際には，0.5 〜 2.0 mg /kg /day を BID あるいは TID に分割して用いている。猫における DZP の半減期は 15 〜 20 時間であり，有効血中濃度は 0.15 〜 0.25 μg/mL である(筆者は測定した経験がない)。DZP は GABA 受容体，Cl^- チャネルと共役する BZD 受容体に結合することで，抗閾値および抗拡延両者の作用を合わせもつ。

DZP は鎮静薬でもあり，当然のごとく用量依存性に鎮静作用を示す。猫において(症例によってはより低用量でも)2.0 mg /kg /day を超える用量では強い鎮静効果が現れ，QOL の点で問題となる。逆に，ごくまれにではあるが，DZP 投与，特に低用量での投与では興奮作用(攻撃性の亢進や興奮性の行動異常)を示す症例も存在するようである。また，DZP は猫で食欲増進剤として用いられることがあるように，てんかん猫における DZP 投与でも多食がよく認められる。また，筆者に経験はないが，猫の DZP ではごくまれに劇症型肝不全が報告されている[10]。この肝障害は投与後 3 〜 5 日から表出するとされ，DZP 投与開始後 5 日目には肝機能の評価が推奨される。

DZP は禁断症状としての離脱発作が最もよく観察される AED であり，これは DZP の長期投与で最も注意すべき点である。前述したようなてんかんの既往歴をもたない患者で，食欲増進の目的で DZP を長期投与された猫でも，DZP の断薬により時折認められるほどである。

4．ゾニサミド

ゾニサミド zonisamide(ZNS)は本邦で開発された AED であり，犬・猫ともに有用で，最近では欧米でも使われはじめている[15, 85]。ZNS の作用機序は正確に判明しているわけではないが，NMDA 受容体および電位依存性 Ca チャネルおよび Na チャネルに作用し，細胞内への Ca^{2+}，Na^+ 流入を阻害することで抗拡延作用(一部抗閾値作用)を示すと考えられている。発作スペクトラムは PB や KBr に比べると狭い。ZNS は肝臓において代謝され，糞および尿中に排泄される。犬・猫での投与量は，いずれも 2.5 〜 10.0 mg /kg，BID である。半減期は犬で 15 時間，猫で 35 時間程度であるため，BID での投与が望まれる。有効血中濃度は 10 〜 30 μg/mL と考えられている。単剤でも利用可能であり，また作用点が他の AEDs と異なるため(ZNS は興奮系の抑制，他の薬剤の多くは抑制系の増強)，PB や KBr との相加作用を期待することができる。

ZNS の安全性は高く，前述の臨床的な投与量で副作用が現れることは非常にまれである。実験的に猫では 20 mg /kg /day を超える用量(血中濃度として 46 μg/mL 以上)で鎮静や歩様失調などがみられることがあり[25]，犬での研究では血中濃度が 96 μg/mL で神経症状が現れた[47]。また，これらを超えるような中毒量では肝毒性・腎毒性が認められるが，通常の投与量ではまず認められないであろう。不安定な副作用として食欲低下，嘔吐，下痢などの消化器症状が認められるが，これらが真の ZNS による影響であるかどうかは不明である。また，まれな副作用として代謝性アシドーシス，尿結石，肝障害の報告がある。

最近，Orito らの研究により，ZNS と PB の併用において，PB による酵素誘導のため，ZNS の代謝が亢進し，ZNS の半減期および血中濃度などが低下することが示された[58]。したがって，PB と併用(あるいは PB から ZNS への切り替えを)する場合，ZNS 単独と同様の血中濃度を維持するためには ZNS 単独時の約 2 倍の投与量が必要となる。現在のところ，筆者は PB と ZNS を併用する際，ZNS は 4.0 〜 5.0 mg /kg，BID から開始している。

5. ガバペンチン

ガバペンチン gabapentin(GBP)は，これまでのAEDsとは作用点が異なる新しいAEDであり，副作用も少なく，犬・猫で利用が可能である[23, 63, 67, 81]。GBPの正確な作用機序はいまだ明確にされていないものの，電位依存性Caチャネルへ結合し，Ca^{2+}流入を抑制することで興奮系を抑制すること，およびGABAトランスポーターを活性化させることでGABA量を増加し，抑制系を増強することなどが考えられている。GBPは代謝を受けず，そのまま腎臓から排泄されることから(犬では一部代謝されるが，代謝産物も速やかに排泄される)[71]，他の薬剤との相互作用は認められない。ゆえに，GBPも肝障害のある動物で利用しやすいAEDである。

しかし，これはGBPの利点でもあり，欠点でもあるが，犬・猫ともに半減期は2～4時間程度であり，GBPによる抗てんかん作用を期待するには1日に3～4回の投与(TID～QID)が必要となる。また，この短い半減期のため，GBPにおける血中濃度を測定する意義は低い。これまでにPB，KBrあるいはそれらの併用に難治性を示すてんかん犬において，GBPを追加投与することにより約半数の症例で発作頻度が減少した[23, 63]。また，GBPは単独での効果はあまり期待できず，あくまで他のAEDsとの併用でその効果を発揮する(ヒトにおいても併用薬として認可されている)。GBPの推奨される投与量(他のAEDsとの併用で)は10～30㎎/kg，TID(30～90㎎/kg/day)であり，筆者ははじめ5.0～10㎎/kg，TIDから開始し，効果が認められなければ5.0㎎/kgずつ用量を増加させている。犬におけるGBPの実験的な無毒性量は500㎎/kg/dayとされている[105]。

また，余談ではあるが，GBPは本邦においてAEDとしての承認しか受けていないものの，欧米では神経痛に対する鎮痛薬としてもその有効性が認められている。実際，筆者もGBPはAEDとしての利用よりも，むしろキアリ様奇形や尾側後頭部奇形症候群(COMS)の感覚異常や疼痛管理として用いることが多い[14]。

6. プレガバリン

プレガバリン pregabalin(PGB)は，新しいGBPの類似体であり，第2世代のGBPとも呼ばれている。PGBはヒトにおいて電位依存性Caチャネル$\alpha 2\delta$サブユニットに対する親和性が高いことから，GBPよりも高い抗てんかん作用をもつと考えられている。PGBは犬において，GBPよりも半減期が長く(7時間)，TIDでの投与が好ましいものの，BIDでもある程度維持できると考えられる。投与量は2～4㎎/kgであり，GBP同様，他のAEDsとの併用で用いる。副作用には軽度の鎮静，運動失調およびALP，ALTの上昇が報告されている[13]。

7. レベチラセタム

レベチラセタム levetiracetam(LEV)は，他のAEDsとは全く異なる作用点を有する新しいAEDである。シナプス前膜におけるシナプス小胞タンパク2A(SV2A)に特異的に結合することで神経伝達物質の放出を調節し，抗てんかん作用を示す。この他，N型Caチャネル阻害や細胞内Ca^{2+}遊離抑制，GABAおよびグリシン作動性電流に対するアロステリック阻害抑制などの作用も併せもつ[16]。発作スペクトラムが広く，様々な発作型に対し有効性が示され，単剤療法はもちろんのこと，ヒトでは肝臓(チトクロームP450)での代謝を受けず，他の薬剤との相互作用も認められないことから，併用でも利用可能である。(ただし，犬においてPBとの併用によりLEVの薬物動態に影響があるとの報告もされている[50])。

犬での半減期はおよそ4時間(2～4時間)，猫で3時間(2～5時間)であり，投与量は10～30㎎/kg，TIDである。安全域が広く，後述する静脈内投与では60㎎/kgでも利用可能である。副作用も通常の使用量ではほとんど認められず，400㎎/kg/day以上で流涎や運動失調，嘔吐などが認められる。有効血中濃度はヒトで5～45μg/mLとされるが，GBPと同様に半減期が短いため臨床的に測定する意義は低く，犬での有効血中濃度は明確にされていない。

前述のように，LEVは非常によく発作を抑え，副作用もなく優れたAEDであるが，犬においては3～5カ月の反復投与により効果が減弱することが報告されている(ハネムーン効果)[84]。このため，LEVによる長期管理は難しいとされ，次世代のLEVが期待されている。しかし，最近筆者を含めた複数の研究者は，群発発作を呈する症例に対し，一定期間のみLEVをadd-onし，群発発作をやりすごす方法に取り組んでおり，いまだ公表するレベルではないものの，非常に良い発作コントロールを実現できている。

また，LEVのもう1つの利点として静注製剤の存在がある。すなわち，経口投与が困難な場合，特に重積時にDZPに代わる静注AEDとしての利用である。重積時のLEV使用については発作重積の治療の項で後述する。この他にも，脳外科手術や門脈体循環シャントの術前・術後での発作予防としての短期投与や頭部外傷などの救急対応としての静注利用といった使用方法も期待されている。

8. その他

前述した主要なAEDsの他に，いくつかのAEDsをごく簡単に紹介する。しかしながら，以下のAEDsは犬・猫での薬物動態や使用経験がいまだ確立されていない，あるいは不適切であることなどから，十分なエビデンスはなく，その使用に関しては十分なインフォームド・コンセントと慎重な投与計画が必要である。

(1) トピラマート

トピラマート topiramate(TPM)は，新しいAEDであり，グルタミン酸受容体であるAMPA/KA受容体を抑制することで抗てんかん作用を示すと考えられている。肝臓で代謝を受け，PBなどと相互作用を示す。犬での半減期は2～4時間であり，GBPと同様に他のAEDsと併用で，かつTIDでの投与が必要となり，肝臓での代謝を受けることから犬・猫での(すなわちPBとの併用)使用には注意が必要であろう。

(2) フェルバメート

フェルバメート felbamate(FBM)は電位依存性Naチャネル干渉作用やNMDA受容体拮抗薬として作用することで，抗閾値・抗拡延作用を示すAEDであり，単独あるいは併用で用いられる。FBMはチトクロームP450にて代謝を受け，幼若齢の犬では代謝速度が早い。成犬での半減期は5～6時間(幼若犬では2～3時間)であり，投与量は15～20㎎/㎏を初期投与量としてBIDないしTIDで処方する。発作コントロールがつかない場合は，2週間ごとに漸増する。犬における中毒量は，300㎎/kg/dayである。通常量での副作用はまれであり，鎮静は認められない。まれな副作用として，白血球減少，血小板減少，神経質，肝障害，過剰興奮，食欲不振などが挙げられている。なお，猫でのFBMについての報告はない。米国では犬で期待できるAEDとして使用されはじめているが，残念ながら本邦において承認される見込みはない(ヒトでの治験が，再生不良性貧血や肝不全により中止となった)。

(3) ラモトリギン

ラモトリギン lamotrigine(LTG)も期待された新しいAEDであったが，犬におけるラモトリギンには心毒性が認められるとのことから，その利用は避けられるべきであろう。

(4) その他

フェニトイン，プリミドン，カルバマゼピン，バルプロ酸などはヒトにおいて非常に有用なAEDsであるが，犬・猫では半減期が短い，中毒を起こすなどの薬物動態的，毒性的理由からその利用は推奨されない。

発作重積／重篤な群発発作の治療

発作重積あるいは単に**重積 status epilepticus (SE)**は，1回の発作が30分以上(臨床的には5～10分以上)継続する，あるいは1回の発作が完全に終息する前に(完全な意識回復が認められる前に)次の発作が連続してはじまる状態を指し[81, 102]，これは神経疾患におけるエマージェンシーとして考えられるべき状態である。また**群発 cluster seizures(CS)**は24時間以内に2回以上のてんかん発作が認められることを示す用語であるが[81]，重篤な例では24時間以内に数十回の発作を数えることもあり，このような重篤なCS(筆者は1日に5回以上発作がある場合)もまたSEと同様に対処すべき状態にある。SEや重篤なCSは前述した興奮毒性による発作性脳損傷や脳浮腫を加速度的に進行させ，最悪の場合は脳浮腫による脳ヘルニアを生じ，死に至ることもある。このため動物がSEや重篤なCSにある場合は即時的な治療による発作抑制が必要とされる。

SEあるいは重篤なCSを呈している場合，原因が何であれ，まずは現在生じている発作の抑制に努める。**はじめにDZPを1.0～2.0㎎/kg(あるいはミダゾラム midazolam〔MDZ〕0.07～0.2㎎/kg)を静脈内投与**，血管確保が難しい場合は筋肉内，鼻腔内あるいは直腸内投与を行う(静脈確保の際には採血を行い，代謝性疾患や中毒性疾患を除外する必要がある。筋肉内投与を行った場合は，動物が鎮静化した後に静脈確保・採血を行い，次に来るかもしれない発作に備える)。この処置により発作が終息すればよいが，効果がない場合，あるいはDZPの効果が切れてくると(30

分～3時間後）発作が再燃してしまう場合には，DZPの静脈内投与を2～3回反復投与する。また，**これまでにPBなどによるAED療法が行われていない症例では，PB 4.0 ㎎/㎏を30分ごとに3～4回静脈内投与する（PB負荷投与）**。これによりPBの血中濃度を急速に増加させることができ，その後は通常どおり12時間ごとに2.0 ㎎/㎏でのPB投与を開始する。現在，DZP静脈内投与あるいはPB負荷投与を行っても発作が抑制できず再燃する場合，LEVの静脈内投与（もしくは筋肉内投与）あるいは経鼻／胃カテーテル経由でのLEV投与を行うことも可能である。LEVを静脈内投与する場合には，LEV20～60 ㎎/㎏を5分以上かけて（あるいは生理食塩水と1：1に希釈し，15～30分かけて）投与する。これを8時間ごとに行うことで大きな副作用なく発作を抑制できる場合がある。また，DZPによる鎮静下あるいはSE/CSで意識消失し，経鼻カテーテル設置が可能な場合には，LEVの錠剤20～60 ㎎/㎏をお湯で溶かし，カテーテル経由で胃内投与することも可能である。

初期治療としてのDZP静脈内投与（あるいはPB負荷投与，LEV投与）を行っても発作を抑制できない場合は，**DZP（またはMDZ）あるいはペントバルビタールpentobarbital（PTB）の持続点滴constant-rate infusion（CRI）を行う**。DZPの持続点滴は0.25～1.0 ㎎/㎏/hrでDZPが投与できるよう，5％ブドウ糖液で適宜希釈して持続点滴器にて投与する。この際，シリンジポンプはアルミホイルなどで遮光し，点滴チューブはできるだけ短めにする（DZPは光に当たるとプラスチックへ吸着する特性があるため）。MDZの場合は，0.2 ㎎/㎏/hrで持続点滴を行う。PTBを用いる場合には，2～15 ㎎/㎏の静脈内投与で導入し，その後1.0～5.0 ㎎/㎏/hrで維持する。PTBの場合，用量によっては呼吸抑制が顕著にかかるため，挿管・呼吸管理する必要があるかもしれない（多くの場合は呼吸抑制がかかる前に発作が鎮静化するので，自発呼吸で維持できる）。

最近では，DZPやPTBに代わるものとして，**プロポフォールpropofol（PRO）を用いた方法**もある。はじめに2.0～8.0 ㎎/㎏で導入し，挿管後0.1～0.6 ㎎/㎏/minで維持する。PROを用いる場合は，人工呼吸による呼吸管理が必須となる。**DZP，PTBあるいはPROを用いた持続点滴による発作抑制は少なくとも12時間，可能であれば24時間は継続し，その後6～12時間かけて覚醒させる（2～3時間ごとに10～25％ずつ漸減）**。また，覚醒途中に発作が再燃するようであれば，もう一度用量を戻し再度6～12時間は麻酔をする。PTBの場合，覚醒時に特有のシバリングや遊泳運動が認められることがあり，発作の再燃と見間違えないよう注意する。最終的にイソフルランを用いた吸入麻酔下に置く方法もあるが，十分な麻酔深度で，かつ長時間になるため呼吸管理は純酸素ではなく，空気を用いる必要がある。イソフルラン麻酔を行う場合においても，強制導入は決して行ってはならない。なお，SEやCSを含めた発作の抑制にα_2作動薬（キシラジン，メデトミジン），フェノチアジン系鎮静薬（アセプロマジン，クロルプロマジン），ケタミン＊，ハロセン，セボフルランは用いてはならない。

SEや重篤なCSの場合，上記のプロトコールによる発作抑制の他，持続した発作のため高体温になっていれば正常体温まで冷却を行ったり，頭蓋内圧亢進に対する減圧療法として濃グリセリンやマンニトール（いずれも0.5～1.0g/kg，15～30分かけて点滴静注，6～12時間ごと）の投与を加えることもある。また各種の持続点滴で麻酔状態に置く場合，体位は腹臥位で，顎の下に枕を敷き，頭部をやや挙上した状態で保持するとよいであろう。

＊：ケタミンでSEを治療した報告[77]もあるが，一般的にケタミンは発作誘発性があるので用いるべきではないと考える。

抗てんかん薬療法以外の治療

てんかんの治療法には前述したAED療法の他にも，いくつかの治療法がある。しかしながら，それらの治療法は特別な装置や知識が必要となり，一般的ではない。

1．てんかん外科手術と神経刺激療法

ヒトの難治性てんかんや症候性てんかんでは，てんかん外科手術（脳外科手術）が行われ，比較的良好な治療成績を収めている[89, 106]。てんかん外科手術は大きく切除外科と遮断外科に大別される。切除外科は詳細な脳波，画像診断などにより発作焦点を同定し，焦点を外科的切除する方法で，焦点切除術focal resection，病巣切除術lesionectomy，脳葉切除術lobectomy，選択的扁桃体－海馬切除術selective amygdalohippocampectomyなどがある。これに対し遮断外科は，発

作焦点からの発作活動が周辺領域へ拡延しないよう，焦点からの神経線維を切断する方法で，脳梁離断術 corpus callosotomy や軟膜下皮質多切除術 multiple subpial transection(MST)などが挙げられる。以前，犬における脳梁離断術の手術手技に関する報告はなされているものの[2, 103]，臨床例での報告はない。獣医療においてこれらのてんかん外科手技はいまだ確立されておらず，今後の発展が望まれる領域である。

てんかん外科とともに期待される治療法として，神経刺激療法がある。これもヒトの難治性てんかんにおいて行われている治療法である。具体的には頚部を走行する迷走神経に刺激電極を巻き付け，刺激装置を皮下へ埋め込むという迷走神経刺激療法 vagus nerve stimulation(VNS)が最も一般的である。この方法は，てんかん犬においての報告[55, 99]もなされており，期待ができる。しかしながら，神経刺激装置が非常に高額であることから，獣医療において一般化されるのは現実的に難しい。

2. 鍼治療

鍼による犬のてんかん治療がいくつか報告されているが，筆者は鍼治療に関する知識に疎く，詳細はそれらの文献を参照されたい[34, 36, 60]。

3. ケトン食療法

比較的古くからケトーシス，およびそれを誘引する食療法がヒトのてんかん治療として用いられてきている。ケトーシスが脳内のアミノ酸(神経伝達物質)バランスに変調を引き起こし，抗てんかん作用を示すものと考えられている。基本的には厳密な栄養計算に基づく高脂肪，低炭水化物，低タンパク食であるが，処方の厳格さと副作用の危険性から一般的な治療法になりにくい。また，犬の特発性てんかんに対するケトン食療法では，十分な発作頻度の改善が認められなかったと報告されている[61, 99]。

予後

特発性てんかんの動物の予後は，一般に(AED 療法に反応する場合は)良好であるとされる[37]。しかし，動物の特発性てんかんの予後に関する報告は驚くほど少ない。最近，てんかん犬における早期死亡に関する報告がなされ，その報告における死亡時中央年齢は 7 歳であり，デンマークにおける犬全体の死亡時中央年齢である 10 歳に比べ有意に早かったが，AED 療法を受けていた犬の死亡時中央年齢は 10 歳(治療を受けていない犬は 6.5 歳)であり，全体の死亡時中央年齢との差はないようであった[3]。一方，この研究において 63 頭のてんかん犬のうち，8 頭(13%)が AED 療法または自然寛解，卵巣摘出術によっててんかんを克服(完全な発作抑制)している。また，特発性てんかんの犬 32 頭における SE を検討した報告では，19 頭(59%)の犬が SE を経験し，そのうち 6 頭(32%，全体の 19%)が SE により死亡している[74]。この研究で SE を起こさなかった特発性てんかんの平均生存期間は 11.3 歳，SE を起こしたことのある特発性てんかんでは 8.3 歳であった。このことから，SE や CS を有する個体では，それらを発症しないてんかん動物よりも寿命が短いと考えられる。すなわち，特発性てんかんでは SE を起こさずに，AED 療法によって発作のコントロールが良好な場合には通常の動物とほぼ同じ寿命を全うできる。

ただし 1 つ，ヒトてんかん患者の約 10%において**突然死 sudden unexpected death in epilepsy(SUDEP)**が知られている[102]。SUDEP はてんかん患者における予期せぬ突然死であり，死亡時の発作の有無は問わないが，SE ではなく，事故や溺死，窒息などの説明し得る死亡原因が認められないものを指す。前述の特発性てんかんの予後を調査した研究では，63 頭中 1 頭で SUDEP があったと述べており[3]，筆者もまた，犬で 2 例(いずれも発作は AED 療法により比較的良好にコントロールできていたが，ある日突然死亡した)ほど経験がある。ヒトにおける SUDEP の危険因子として，高発作頻度，強直間代性発作，AEDs の多剤併用，頻回の AEDs 変更，怠薬や急な休薬，長期の罹患期間，成人，男性などが挙げられているが，動物での SUDEP の発生率や詳細な検討に関しての報告は今のところない。どれほどの確率かはわからないが，発作が良好にコントロールされている動物でも SUDEP のリスクがあることを獣医師は知っておく，およびオーナーに伝えておく必要があるかもしれない(ただし，あまり不安をあおらないよう注意すべきである)。

おわりに

てんかんは獣医療において最もよく遭遇する脳疾患であり，また長期的な治療管理が必要となることが多く，患者およびオーナーとは付き合いの長い関係になり，また十分な信頼関係を築き上げなくては治療自体も成功しない（筆者も様々な失敗を経験し，幾度となく反省している）。本章が読者のてんかん患者に対する治療管理の一助となれば幸いである。また，てんかんは古い病気であるが，これからも遺伝子診断の発展，MRIなどの高次診断機器の普及，新しい抗てんかん薬の登場，てんかん外科手術などの発展が期待される領域である。

[長谷川大輔]

■参考文献

1) Andersson B, Olsson SE. Epilepsy in a dog with extensive bilateral damage to the hippocampus. *Acta Vet Scand.* 1: 98–104, 1959.

2) Bagley RS, Baszler TV, Harrington ML, et al. Clinical effects of longituidinal division of the corpus callosum in normal dogs. *Vet Surg.* 24(2): 122–127, 1995.

3) Berendt M, Gredal H, Ersbøll AK, et al. Premature death, risk factors, and life patterns in dogs with epilepsy. *J Vet Intern Med.* 21(4): 754–759, 2007.

4) Berendt M, Høgenhaven H, Flagstad A, et al. Electroencephalography in dogs with epilepsy: similarities between human and canine findings. *Acta Neurol Scand* 99(5): 276–283, 1999.

5) Boothe DM, George KL, Couch P. Disposition and clinical use of bromide in cats. *J Am Vet Med Assoc.* 221(8): 1131–1135, 2002.

6) Brini E, Gandini G, Crescio I, et al.: Necrosis of hippocampus and piriform lobe: Clinical and neuropathological findings in two Italian cats. *J Feline Med Surg.* 6(6): 377–381, 2004.

7) Browne TR, Ascanape JS. Diones, paraldehyde, phenacemide, bromides, and sulthiame. In: Engel J Jr, Pedley TA eds. Epilepsy: A comprehensive textbook. Lippincott-Raven. Philadelphia. US. 1998, pp1627–1644.

8) Buckmaster PS, Smith MO, Buckmaster CL, et al. Absence of temporal lobe epilepsy pathology in dogs with medically intractable epilepsy. *J Vet Intern Med.* 16(1): 95–99, 2002.

9) Bush WW, Barr CS, Darrin EW, et al. Results of cerebrospinal fluid analysis, neurologic examination findings, and age at the onset of seizures as predictors for results of magnetic resonance imaging of the brain in dogs examined because of seizures: 115 cases(1992–2000). *J Am Vet Med Assoc.* 220(6): 781–784, 2002.

10) Center SA, Elston TH, Rowland PH, et al. Fulminant hepatic failure associated with oral administration of diazepam in 11 cats. *J Am Vet Med Assoc.* 209(3): 618–625, 1996.

11) Chen X, Johnson GS, Schnabel RD, et al. A neonatal encephalopathy with seizures in standard poodle dogs with a missense mutation in the canine ortholog of ATF2. *Neurogenetics.* 9(1): 41–49, 2008.

12) Chrisman C, Mariani C, Platt S, et al. 発作. In: Chrisman C, Mariani C, Platt S, Clemmons R. 諸角元二監訳. Teton 最新獣医臨床シリーズ：犬と猫の臨床神経病学. インターズー. 東京. 2003, pp107–137.

13) Dewey CW, Cerda-Gonzalez S, Levin JM, et al. Pregabalin as an adjunct to phenobarbital, potassium bromide, or a combination of phenobarbital and potassium bromide for treatment of dogs with suspected idiopathic epilepsy. *J Am Vet Med Assoc.* 235(12): 1442–1449, 2009.

14) Dewey CW. Encephalopathies: Disorders of the brain. In: Dewey CW. A practical guide to canine and feline neurology, 2nd ed. Wiley-Blackwell. Iowa. US. 2008, pp115–220.

15) Dewey CW, Guiliano R, Boothe DM, et al. Zonisamide therapy for refractory idiopathic epilepsy in dogs. *J Am Anim Hosp Assoc.* 40(4): 285–291, 2004.

16) Dewey CW. Seizures and narcolepsy. In: Dewey CW. A Practical Guide to Canine and Feline Neurology, 2nd ed. Wiley-Blackwell. Iowa. US. 2008, pp237–259.

17) Ebisu T, Rooney WD, Graham SH, et al. MR spectroscopic imaging and diffusion-weighted MRI for early detection of kainate-induced status epilepticus in the rat. *Magn Reson Med.* 36(6): 821–828, 1996.

18) Ellenberger C, Mevissen M, Doherr M, et al. Inhibitory and excitatory neurotransmitters in the cerebrospinal fluid of epileptic dogs. *Am J Vet Res.* 65(8): 1108–1013, 2004.

19) Engel J Jr. 国際抗てんかん連盟てんかん発作とてんかんの診断大要案分類・用語作業部会報告. 日本てんかん学会 分類用語委員会編訳. てんかん研究. 21(3): 242–251, 2003.

20) Fatzer R, Gandini G, Jaggy A, et al. Necrosis of hippocampus and piriform lobe in 38 domestic cats with seizures: a retrospective study on clinical and pathological findings. *J Vet Intern Med.* 14(1): 100–104, 2000.

21) Gaskill CL, Cribb AE. Pancreatitis associated with potassium bromide/Phenobarbital combination therapy in epileptic dogs. *Can Vet J.* 41(7): 555–558, 2000.

22) Gaskill CL, Gelens HC, Ihle SL, et al. Changes in serum thyroxine and thyroid-stimulating hormone concentrations in epileptic dogs receiving phenobarbital for one year. *J Vet Pharmacol Ther.* 23(4): 243–249, 2000.

23) Govendir M, Perkins M, Malik R. Improving seizure control in dogs with refractory epilepsy using gabapentin as an adjunctive agent. *Aust Vet J.* 83(10): 602–608, 2005.

24) Hasegawa D, Fujita M, Nakamura S, et al. Electrocorticographic and histological findings in a Shetland sheepdog with intractable epilepsy. *J Vet Med Sci.* 64(3): 277–279, 2002.

25) Hasegawa D, Kobayashi M, Kuwabara T, et al. Pharmacokinetics and toxicity of zonisamide in cats. *J Feline Med Surg.* 10(4): 418–421, 2008.

26) Hasegawa D, Matsuki N, Fujita M, et al. Kinetics of glutamate and gamma-aminobutyric acid in cerebrospinal fluid in a canine model of complex partial status epilepticus induced by kainic acid. *J Vet Med Sci.* 66(12): 1555–1559, 2004.

27) Hasegawa D, Nakamura S, Fujita M, et al. A dog showing Klüver-Bucy syndrome-like behavior and bilateral limbic necrosis after status epilepticus. *Vet Neurol Neurosurg J.* 7(1): 1, 2005.

28) Hasegawa D, Orima H, Fujita M, et al. Complex partial status epilepticus induced by a microinjection of kainic acid into unilateral amygdala in dogs and its brain damage. *Brain Res.* 955(1-2): 174-182, 2002.

29) Hasegawa D, Orima H, Fujita M, et al. Diffusion-weighted imaging in kainic acid-induced complex partial status epilepticus in dogs. *Brain Res.* 983(1-2): 115-127, 2003.

30) Heiniger P, el-Koussy M, Schindler K, et al. Diffusion and perfusion MRI for the localisation of epileptogenic foci in drug-resistant epilepsy. *Neuroradiology.* 44(6): 475-480, 2002.

31) Holliday TA, Williams C. Advantages of digital electroencephalography in clinical veterinary medicine. *Vet Neurol Neurosurg J.* 3(1): 1, 2001.

32) Holliday TA, Williams DC. Interictal paroxysmal discharges in the electroencephalograms of epileptic dogs. *Clin Tech Small Anim Pract.* 13(3): 132-143, 1998.

33) Jaggy A, Bernardini M. Idiopathic epilepsy in 125 dogs: a long-term study. Clinical and electroencephalographic findings. *J Small Anim Pract.* 39(1): 23-29, 1998.

34) Janssens LA. Ear acupuncture for treatment of epilepsy in the dog. *Prog Vet Neurol.* 4(3): 89-94, 1993.

35) Kim JA, Chung JI, Yoon PH, et al. Transient MR signal changes in patients with generalized tonicoclonic seizure or status epilepticus: periictal diffusion-weighted imaging. *Am J Neuroradiol.* 22(6): 1149-1160, 2001.

36) Klide AM, Farnbach GC, Gallagher SM. Acupuncture therapy for the treatment of intractable, idiopathic epilepsy in five dogs. *Acupunct Electrother Res.* 12(1): 71-74, 1987.

37) Knowles K. Idiopathic epilepsy. *Clin Tech Small Anim Pract.* 13(3): 144-151, 1998.

38) Koestner A. Neuropathology of canine epilepsy. *Probl Vet Med.* 1(4): 516-534, 1989.

39) Krakow K, Woermann FG, Symms MR, et al. EEG-triggered functional MRI of interictal epileptiform activity in patients with partial seizures. *Brain.* 122(9): 1679-1688, 1999.

40) Lane SB, Bunch SE. Medical management of recurrent seizures in dogs and cats. *J Vet Intern Med.* 4(1): 26-39, 1990.

41) Leonard SE, Kirby R. The role of glutamate, calcium and magnesium in secondary brain injury. *J Vet Emerg Criti Care.* 12(1): 17-32, 2002.

42) Lohi H, Young EJ, Fitzmaurice SN, et al. Expanded repeat in canine epilepsy. *Science.* 307(5706): 81, 2005.

43) Lorenz MD, Kornegay JN. Seizure, narcolepsy, and cataplexy. In: Lorenz MD, Kornegay JN. Handbook of veterinary neurology, 4th ed. Saunders. Philadelphia. US. 2004, pp323-344.

44) Loscher W. Relationship between GABA concentration in cerebrospinal fluid and seizure excitability. *J Neurochem.* 38(1): 293-295, 1982.

45) Loscher W, Schwartz-Porsche D, Frey HH, et al. Evaluation of epileptic dogs as an animal model of human epilepsy. *Arzneimittelforschung.* 35(1): 82-87, 1985.

46) March PA, Podell M, Sams RA. Pharmacokinetics and toxicity of bromide following high-dose oral potassium bromide administration in healthy beagles. *J Vet Pharmacol Ther.* 25(6): 425-432, 2002.

47) Masuda Y, Utsui Y, Shiraishi Y, et al. Relationships between plasma concentrations of diphenylhydantoin, phenobarbital, carbamazepine, and 3-sulfamoylmethyl-1, 2-benzioxazole(AD-810), a new anticonvulsant agent, and their anticonvulsant or neurotoxic effects in experimental animals. *Epilepsia.* 20(6): 623-633, 1979.

48) Mellema LM, Koblik PD, Kortz GD, et al. Reversible magnetic resonance imaging abnormalities in dogs with following seizures. *Vet Radiol Ultrasound.* 40(6): 588-595, 1999.

49) Montgeomery DL, Lee AC. Brain damage in the epileptic beagle dog. *Vet Pathol.* 20(2): 160-169, 1983.

50) Moore SA, Muñana KR, Papich MG, et al. The pharmacokinetics of levetiracetam in healthy dogs concurrently receiving phenobarbital. *J Vet Pharmacol Ther.* 34(1): 31-34, 2011.

51) Morita T, Shimada A, Ohama E, et al. Oligodendroglial vacuolar degeneration in the bilateral motor cortices and astrocytosis in epileptic beagle dogs. *J Vet Med Sci.* 61(2): 107-111, 1999.

52) Morita T, Shimada A, Takeuchi T, et al. Cliniconeuropathologic findings of familial frontal lobe epilepsy in Shetland sheepdogs. *Can J Vet Res.* 66(1): 35-41, 2002.

53) Moshe SL, Decker JF. Neuroprotection and epilepsy. Medscape CME(http://medscape.com/viewprogram/305_pnt), 2001.

54) Moshe SL, Pedley TA. Diagnostic evaluation. In: Engel J Jr, Pedley TA. Epilepsy: A comprehensive textbook. Lippincott Williams & Wilkins. Philadelphia. US. 1997, pp801-1097.

55) Munana KR, Vitek SM, Tarver WB, et al. Use of vagal nerve stimulation as a treatment for refractory epilepsy in dogs. *J Am Vet Med Assoc.* 221(7): 977-983, 2002.

56) (Noauthors listed) Proposal for revised clinical and electroencephalographic classification of epileptic seizures. from the commission of classification and terminology of the international league against epilepsy. *Epilepsia.* 22(4): 489-501, 1981.

57) Olney JW. Neurotoxicity of excitatory amino acid. In: McGeer EG, Olney JW, McGeer PL. Kainic acid as a tool in neurobiology. Raven Press. New York. US. 1978, pp95-121.

58) Orito K, Saito M, Fukunaga K, et al. Pharmacokinetics of zonisamide and drug interaction with Phenobarbital in dogs. *J Vet Pharmacol Ther.* 31(3): 259-264, 2008.

59) Pakozdy A, Leschnik M, Tichy AG, et al. Retrospective clinical comparison of idiopathic versus symptomatic epilepsy in 240 dogs with seizures. *Acta Vet Hung.* 56(4): 471-483, 2008.

60) Panzer RB, Chrisman CL. An auricular acupuncture treatment for idiopathic canine epilepsy: A preliminary report. *Am J Chin Med.* 22(1): 11-17, 1994.

61) Pattersib EE, Munana KR, Kirk CA, et al. Results of a ketogenic food trial for dogs with idiopathic epilepsy(Abstract). *J Vet Intern Med.* 19: 421, 2005.

62) Pellegrino FC, Sica RE. Canine electroencephalographic recording technique: findings in normal and epileptic dogs. *Clin Neurophysiol.* 115(3): 477-487, 2004.

63) Platt SR, Adams V, Garosi LS, et al. Treatment with gabapentin of 11 dogs with refractory idiopathic epilepsy. *Vet Rec.* 159(26): 881-884, 2006.

64) Podell M, Fenner WR. Bromide theraphy in refractory canine idiopathic epilepsy. *J Vet Intern Med.* 7(5): 318-327, 1993.

65) Podell M, Hadjiconstantinou M. Cerebral fluid gamma-aminobutyric acid and glutamate values in dogs with epilepsy. *Am J Vet Res.* 58(5): 451-456, 1997.

66) Podell M, Hadjiconstantinou M. Low concentration of cerebrospinal fluid GABA correlated to a reduced response to Phenobarbital therapy in primary canine epilepsy. *J Vet Intern Med.* 13(2): 89-94, 1999.

67) Podell M. 発作：BSAVA 犬と猫の神経病学マニュアル 3. In: Platt SR, Olby NJ. 作野幸孝訳, 松原哲舟監訳. New LLL Publisher. 大阪. 2006, pp97-112.

68) Podell M. Seizures in dogs. *Vet Clin North Am Small anim Pract.* 26(4): 779-809, 1996.

69) Quesnel AD, Parent JM, McDonell W, et al. Clinical management and outcome of cats with seizure disorders: 30 cases(1991-1993). *J Am Vet Med Assoc.* 210(1): 72-77, 1997.

70) Quesnel AD, Parent JM, McDonell W, et al. Diagnostic evaluation of cats with seizure disorders: 30 cases(1991-1993). *J Am Vet Med Assoc.* 210(1): 65-71, 1997.

71) Radulovic LL, Turck D, von Hodenberg A, et al. Disposition of gabapentin(neurontin) in mice, rats, dogs, and monkeys. *Drug Metab Dispos.* 23(4): 441-448, 1995.

72) Rossmeisl JH, Zimmerman K, Inzana KD, et al. Assesment of the use of plasma and serum chloride concentrations as indirect predictors of serum bromide concentrations in dogs with idiopathic epilepsy. *Vet Clin Pathol.* 35(4): 426-433, 2006.

73) Rugg-Gunn FJ, Eriksson SH, Boulby PA, et al. Magnetization transfer imaging in focal epilepsy. *Neurology.* 60(10): 1638-1645, 2003.

74) Saito M, Munana KR, Sharp NJ, et al. Risk factor for development of status epilepticus in dogs with idiopathic epilepsy and effects of status epilepticus on outcome and survival time: 32 cases(1990-1996). *J Am Vet Med Assoc.* 219(5): 618-623, 2001.

75) Schmied O, Scharf G, Hilbe M, et al. Magnetic resonance imaging of feline hippocampal necrosis. *Vet Radiol Ultrasound.* 49(4): 343-349, 2008.

76) Schriefl S, Steinberg TA, Matiasek K, et al. Etiologic classification of seizures, signalment, clinical signs, and outcome in cats with seizure disorders: 91 cases(2000-2004). *J Am Vet Med Assoc.* 233(10): 1591-1597, 2008.

77) Serrano S, Hughes D, Chandler K. Use of ketamine for the management of refractory status epilepticus in a dog. *J Vet Intern Med.* 20(1): 194-197, 2006.

78) Summers BA, Cummings JF, de Lahunta A. Degenerative disease of the central nervous system. In: Veterinary Pathology. Mosby. St Louis. US. 1995, pp244-246.

79) Tanaka S, Tanaka T, Kondo S, et al. Magnetic resonance imaging in kainic acid-induced limbic seizure status in cats. *Neurol Med Chir.* 33(5): 285-289, 1993.

80) Tanaka T, Tanaka S, Fujita T, et al. Experimental complex partial seizures induced by a microinjection of kainic acid into limbic structures. *Prog Neurobiol.* 38(3): 317-334, 1992.

81) Thomas WB, Dewey CW. Seizure and narcolepsy. In: Dewey CW. A practical guide to canine & feline neurology, 2nd ed. Wiley-Blackwell. Iowa. US. 2008, pp237-259.

82) Vernau KM, LeCouter RA, Maddison JE. Anticonvulsant drugs. In: Maddison JE, Page SW, Church D. Small Animal Clinical Pharmacology. W.B.Saunders, London. UK. 2002, pp327-341.

83) Viitmaa R, Cizinauskas S, Bergamasco LA, et al. Magnetic resonance imaging findings in Finnish spitz dogs with focal epilepsy. *J Vet Intern Med.* 20(2): 305-310, 2006.

84) Volk HA, Matiasek LA, Feliu-Pascual A, et al. The efficacy and tolerability of levetiracetam in pharmacoresistant epileptic dogs. *Vet J.* 176(3): 310-319, 2008.

85) Von Klopmann T, Rambeck B, Tipold A. Prospective study of zonisamide theraphy for refractory idiopathic epilepsy in dogs. *J Small Anim Pract.* 48(3): 134-138, 2007.

86) Wada JA, 佐藤光源, 森本清編著. てんかんの神経機構 - キンドリングによる研究. 世界保健通信社. 大阪. 1994.

87) Wamsley H, Alleman AR. Clinical pathology. In: Platt SR, Olby NJ. BSAVA 犬と猫の神経病学マニュアル. 作野幸孝訳. 松原哲舟監訳. New LLL Publisher. 大阪. 2006, pp35-53.

88) Wasterlain CG, Fujikawa DG, Penix L, et al. Pathophysiological mechanisms of brain damage from status epilepticus. *Epilepsia.* 34 Suppl 1: S37-53, 1993.

89)朝倉哲彦監修. てんかんの最新外科治療. 医学書院. 東京. 1994.

90)植村秀治, 久保田裕子, 八木和一ら. 側頭葉てんかんと神経発芽. In: 田中達也編, てんかん研究の最前線. ライフ・サイエンス. 東京. 1994, pp106-113.

91)枝村一弥. 脳脊髄液検査の特殊検査とその解釈. *Info Vets.* 10(12): 13-21, 2007.

92)大隈輝雄. てんかん. In: 臨床脳波学, 第5版. 医学書院. 東京. 1999, pp173-240.

93)兼子直, 金井数明, 朱剛ら：てんかんの遺伝子. 神経研究の進歩. 48(6): 889-898, 2004.

94)鎌田恭輔, 川合謙介, 太田貴裕ら. てんかん治療戦略における機能 MRI, 脳磁図, tractgraphy, 脳皮質電気刺激融合能機能マッピング. In: 柳下章, 新井信隆編. 難治性てんかんの画像と病理. 秀潤社. 東京. 2007, pp217-230.

95)川崎安亮. 発作およびてんかん発作の病態生理学とてんかん. *SA Medicine*. 11: 3-19, 2001.

96)久郷敏明. 抗てんかん薬の種類と特徴. In: 久郷敏明. てんかん学の臨床. 星和書店. 東京. 1996, pp359-383.

97)久郷敏明. 抗てんかん薬治療の実際. In: 久郷敏明. てんかん学の臨床. 星和書店. 東京. 1996, pp302-355.

98)國谷貴司, 長谷川大輔, 藤田道郎ら. 発作を主訴として来院したイヌ 38 症例における神経学的検査・MRI 検査・EEG 検査の回顧的研究. 獣医神経病. 8: 11-20, 2001.

99)齋藤弥代子. 犬の抗てんかん薬以外の治療法 - 迷走神経刺激療法とケトン食療法. *Info Vets*. 7: 25-28, 2003.

100)高橋大志, 長谷川大輔, 前島圭ら. 反復性の発作を主訴とした猫 21 例における神経学的検査・MRI 検査の回顧的研究. 第 20 回獣医神経病研究会抄録集. 2003.

101)田中達也, 田中滋也, 米増祐吉. カイニン酸誘発てんかんと二次性脳障害. 秋本波留夫, 山内俊雄編, てんかん学の進歩 3. 岩崎学術出版社. 東京. 1996, pp148-425.

102)日本てんかん学会. てんかん学用語事典. 日本てんかん学会. 東京. 2006.

103)長谷川大輔, 前島圭, 高橋大志ら. 犬カイニン酸誘発辺縁系発作重積モデルを用いた脳梁離断術の基礎的研究. 獣医神経病. 10: 3-11, 2006.

104)林北見. 発作型による抗てんかん薬の選択法. 小児内科. 34: 748-752, 2002.

105)ファイザー(株). ガバペン錠製品情報概要. 2006.

106)真柳佳昭, 石島武一監修. てんかんの外科. メディカル・サイエンス・インターナショナル. 東京. 2001.

107)丸栄一. てんかん発作発生と停止の神経機構. 神経研究の進歩. 44: 36-51, 2000.

108)三原忠紘. 脳波検査法. In: 真柳佳昭, 石島武一編. てんかんの外科. メディカル・サイエンス・インターナショナル. 東京. 2001, pp87-99.

109)百瀬敏光. てんかんにおける FDG-PET, SPECT 検査. In: 柳下章, 新井信隆編. 難治性てんかんの画像と病理. 秀潤社. 東京. 2007, pp231-240.

I

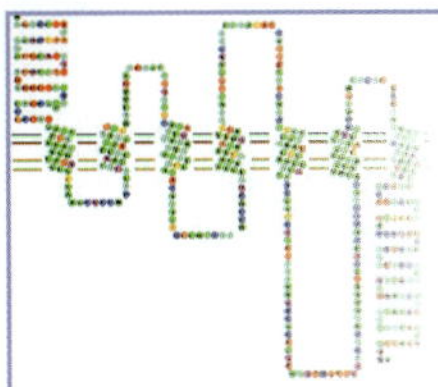

19. ナルコレプシー

はじめに

ナルコレプシー narcolepsy は慢性の睡眠疾患であり，ヒト以外でも犬や馬において自然発症することが知られている。ヒトでは日中の過度の眠気 excessive daytime sleepiness，**情動脱力発作 cataplexy（カタプレキシー）**ならびにレム睡眠関連障害 rapid eye movement（REM）sleep-related abnormalities を主徴とする[14]。一方，犬のナルコレプシーにおいては，食事や遊戯などの刺激で引き起こされるカタプレキシーを特徴とする[14]。ヒトのナルコレプシーは100年以上前に最初に報告され，罹患率は全人口の0.02～0.18％を示す[11]。犬においては1970年代に孤発例（非家族性）と遺伝性の家族例のナルコレプシーが存在することが発見された[1]。犬における罹患率は不明だが，孤発例は17犬種以上で認められており，家族例はドーベルマン，ラブラドール・レトリーバー，ダックスフンドの3犬種で認められている[1, 9]。しかし，本疾患は現在のところ獣医師やオーナーにあまり認知されていない。

近年，視床下部の神経ペプチドである**ヒポクレチン hypocretin／オレキシン orexin** の神経伝達障害がナルコレプシーの主たる病態生理であることが明らかにされ，犬ナルコレプシーにおいて家族例ではヒポクレチン受容体の変異が，孤発例においてはヒトの症例と同様にヒポクレチン産生障害が認められた[10, 16, 18, 22]。

ナルコレプシーは進行性かつ致死的な疾患ではないが，生涯にわたり症状が続く[14]。したがって，薬物療法と日常のケアにより生活の質（QOL）の改善が求められる。犬においては，カタプレキシーの抑制が治療の主体となり，抗カタプレキシー薬として三環系抗うつ剤などが用いられている[14]。

本章では，近年のナルコレプシー研究の進歩に基づき，犬のナルコレプシーについて解説する。

臨床症状と神経学的検査所見

1. 犬のナルコレプシー

ヒトのナルコレプシーのように，ナルコレプシーの犬は覚醒から眠りまでの時間，すなわち睡眠潜時の短縮がみられる[15]。そのため，同じ年齢や種類の犬に比べて日中の眠気が強く，活動性の低下がみられる。しかし，正常犬においても日中，頻繁な居眠りがみられるためこの症状は気付かれにくい。脳波と筋電図を用いて各睡眠段階を示すヒプノグラム（睡眠脳波経過図）により，罹患犬は睡眠・覚醒ステージにおける分断化ならびに頻回なステージ変化が記録される（図1）[15, 26]。つまり，ナルコレプシーの犬においては覚醒 wake／レム睡眠 REM sleep／ノンレム睡眠 non-REM sleep の状態が正常犬に比べて頻回に変化し，各ステージを持続することが困難である。また，長時間の覚醒状態を維持できず，睡眠潜時の短縮を示す。

罹患した犬は顕著な情動脱力発作，すなわちカタプレキシーがみられることが大きな特徴である。カタプレキシーは主として食事を与えられたり，遊びに没頭するような好ましい情動的な刺激により誘発される（動画1）。犬における発作は両後肢の屈曲からはじまり，頚部がだらりと垂れる。犬は床に崩れるように倒れ，数秒～数分間静止した状態が続くことがある。しばしば，犬は発作に対してもがき，最終的に倒れる前に何度か臀部をたわませながら酒に酔ったような物腰で歩き回る。カタプレキシーの間，筋肉はいつも弛緩しており，決して強直することはなく，多くのてんかん発作でみられるようなけいれんとは異なる。しかし，長いカタプレキシーの間には，レム睡眠状態に陥ることもあり，急速眼球運動（REM）や速い筋の収縮 muscle twitching がみられることもある。発作は大きな音（例えば，犬の名前を呼んだり手をたたく）や体に触れられる刺激（頭や体を軽くたたく）により容易に回復させることも可能である。発作中も犬はたいてい意識が

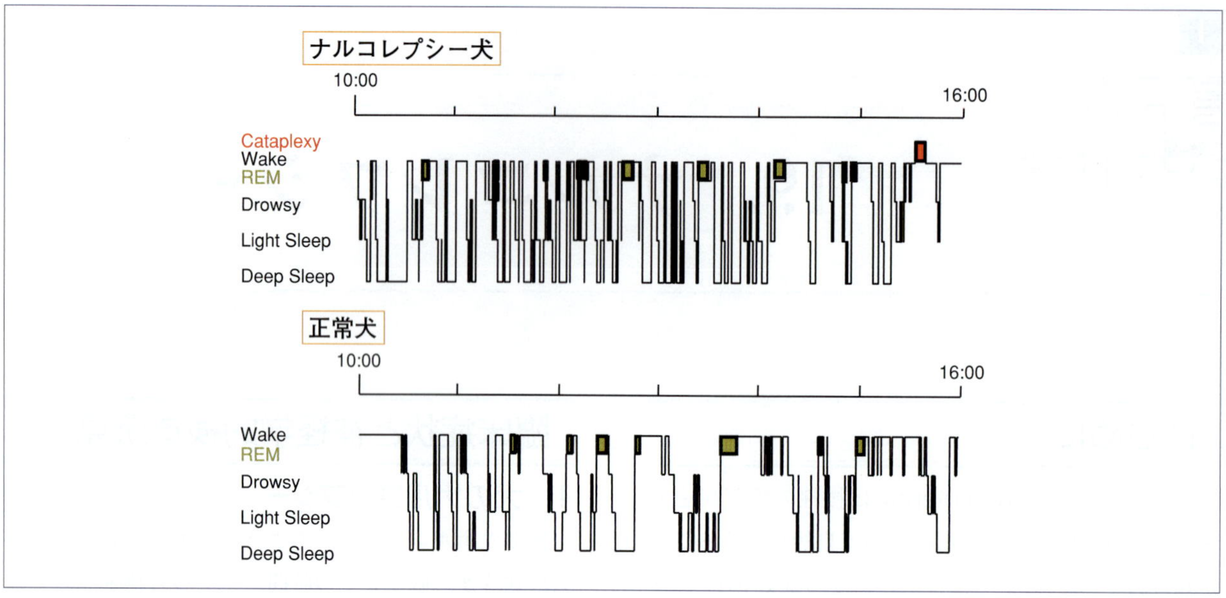

図1　ナルコレプシー犬と正常犬のヒプノグラム（睡眠脳波経過図）

脳波と筋電図に基づいて睡眠・覚醒状態が記録され，30秒ごとに覚醒（Wake），ノンレム睡眠（Drowsy，Light Sleep，Deep Sleep），レム睡眠（REM）に分類される。ナルコレプシー犬は入眠までの時間が短く（睡眠潜時の短縮），入眠直後にレム睡眠が出現する異常（SOREMP：黄色）が頻回に認められる。また，日中の睡眠と覚醒の各合計時間は正常犬と比べて差がみられないが，覚醒と睡眠の分断化ならびに覚醒と睡眠の各ステージ間の頻回な移行を示す異常が認められる。
（文献26を元に作成）

Video Lectures　犬のナルコレプシー

動画1　遊戯によるカタプレキシー

カタプレキシーは給餌や遊戯などの好ましい情動的な刺激により誘発される。動画はスタンフォード大学睡眠疾患研究所で飼育されていた家族性ナルコレプシーのドーベルマンの遊戯によるカタプレキシーを示す。
（動画提供：スタンフォード大学　西野精治先生）

あり，開眼したままであり，動く物体を眼で追うことができる。てんかん発作でみられるような失禁や流涎は認められない[13, 27]。また，呼吸筋や嚥下反射は障害されない。

ヒトでみられるレム睡眠関連障害の症状である睡眠麻痺（いわゆる金縛り）sleep paralysisや入眠時幻覚（就寝時に体験される幻覚）hypnagogic hallucinationsは犬でも起こり得ると考えられるが，これらは主観的な症状であり，犬において客観的に検査する方法はない。

2．遺伝と発症時期

犬のナルコレプシーはヒトと同様に家族例と孤発例が存在する[1, 9]。そのほとんどは孤発性であると考えられているが，ドーベルマンやラブラドール・レトリーバーにおけるナルコレプシーは家族性であり，常染色体劣性の単一遺伝子で遺伝することが知られている[6]。また，ダックスフンドの家族例も報告されている[9]。ホモ接合の犬が発症し，ヘテロ接合の犬は無症候性キャリアーとなる。したがって，両親が2頭とも罹患していればその子犬は100％の確率でナルコレプシーとなり，一方，両親がキャリアーの場合，生まれた子犬は約25％が罹患する。

家族性ナルコレプシーでは4週齢から発症がみられ，6カ月齢以内に全例が発症する[21]。一方，孤発例の発症はしばしば家族例よりも遅く，7週齢～7歳の間に発症すると報告されている[3]。

病態生理

近年，犬のナルコレプシーの病態生理として，孤発例ではヒポクレチンリガンド欠乏が，家族例ではヒポクレチン受容体異常という異なる2つのヒポクレチン神経伝達の障害が明らかにされている[10, 22]。以下に，最近のナルコレプシー研究の成果を踏まえ，病態生理について詳しく述べていく。

1．ナルコレプシー遺伝子の発見

家族性にナルコレプシーが発症するドーベルマンと

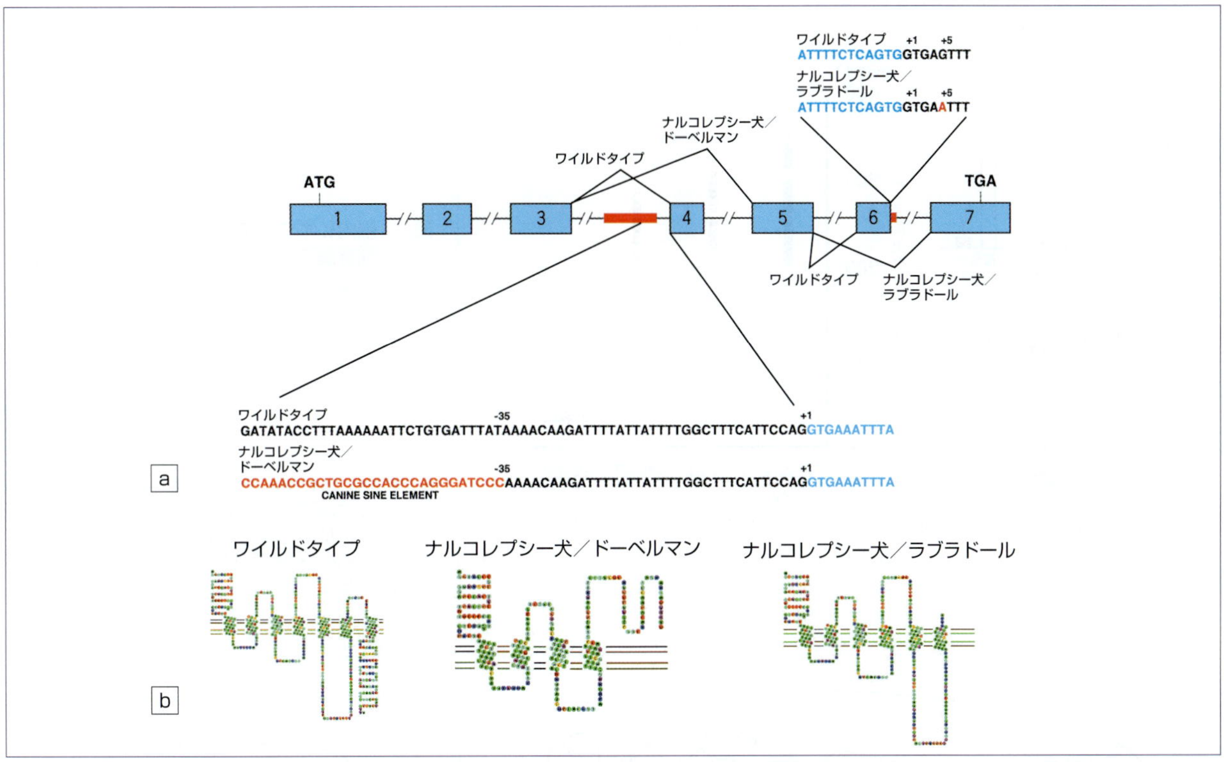

図2　犬のヒポクレチン2受容体遺伝子座の塩基配列(a)と正常犬とナルコレプシー犬におけるヒポクレチン2受容体の構造(b)

a：ヒポクレチン2受容体遺伝子は7つのエクソンから構成される。家族性ナルコレプシーのドーベルマンではエクソン4の前のイントロンの中に変異があり，エクソン3はエクソン5にスプライスされ，家族性ナルコレプシーのラブラドール・レトリーバーではエクソン6の中に変異があり，エクソン5はエクソン7にスプライスされる。

b：ヒポクレチン2受容体は正常では膜7回貫通型Gタンパク結合型受容体である(ワイルドタイプ参照)。ナルコレプシーのドーベルマンやラブラドール・レトリーバーでみられる遺伝子変異は不完全な変異受容体を生成し，受容体の機能が失われ，ヒポクレチン神経伝達に障害が生じる。

(文献10を元に作成)

ラブラドール・レトリーバーでは突然変異した常染色体劣性単一遺伝子により遺伝し，その浸透率は100%である[6]。スタンフォード大学では1976年よりこの家族性ナルコレプシーの犬のコロニーを確立し，ナルコレプシーの病態生理・病因の解明および治療法の開発を行ってきた。1999年，スタンフォード大学のグループは家族性の犬・ナルコレプシーの原因遺伝子が，視床下部外側部に局在する神経ペプチドであるヒポクレチン／オレキシンの2つの受容体の1つ，ヒポクレチン2受容体遺伝子(*Hcrtr 2*)であることを発見した(図2)[10]。さらに，その突然変異したヒポクレチン／オレキシン受容体は細胞膜上に発現されず，リガンドの結合能が認められないことが判明した。また，同年，テキサス・サウスウエスタン大学のグループはヒポクレチンの前駆体であるプレプロヒポクレチンの遺伝子ノックアウトマウスでナルコレプシーの表現型が観察されることを示した[3]。これらの研究により，ヒポクレチン／オレキシンの神経伝達障害がナルコレプシーの原因であることが明らかにされた。

2．ナルコレプシーにおけるヒポクレチン／オレキシンリガンドの欠乏

ヒトでは孤発例が多く(約95%)，ヒポクレチンシステムに関連する遺伝子異常が発症の原因ではないと考えられていた。しかし，2000年，大多数のヒトのナルコレプシーの患者(85〜95%)において脳脊髄液(CSF)中のヒポクレチン濃度が検出限界以下であることが示され，ヒトでもヒポクレチンの神経伝達障害が発症に関与していることが判明した[16]。さらに，患者の死後脳では視床下部外側部にプレプロヒポクレチンmRNAが認められず，ヒポクレチンが産生されないことが示された[18]。また，通常ヒポクレチン神経細胞に共存する他の物質(ダイノルフィンというペプチド)も欠落していることがわかり[4]，ヒポクレチン神経細胞の脱落が示唆された。

また，孤発例のナルコレプシーの犬では，ヒポクレチン受容体に変異はみられず，ヒトの症例と同様にヒポクレチンペプチドの異常低値が認められ，ヒポクレチン産生障害が主たる病態生理であると想定されている(図3)[22]。したがって，犬のナルコレプシーの病態

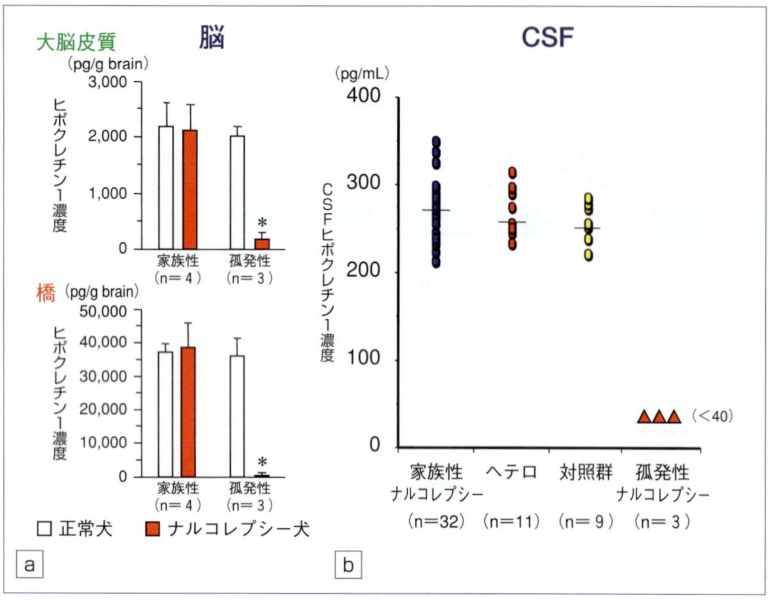

図3　脳内ヒポクレチン1濃度(a)および脳脊髄液(CSF)ヒポクレチン1濃度(b)

a：3頭の孤発性ナルコレプシー犬ならびに4頭の家族性ナルコレプシーのドーベルマン，3頭の正常な小型犬，4頭の正常なドーベルマンにおける大脳皮質ならびに橋におけるヒポクレチン1含有濃度を示す。孤発例のナルコレプシー犬ではヒポクレチン1濃度の有意な低値が認められる。

＊有意差($p<0.05$)

b：家族性ナルコレプシー犬ならびにヘテロ接合の犬，対照群，孤発性ナルコレプシー犬におけるCSFヒポクレチン1濃度を示す。孤発性ナルコレプシー犬では異常低値を示す。

(文献22を元に作成)

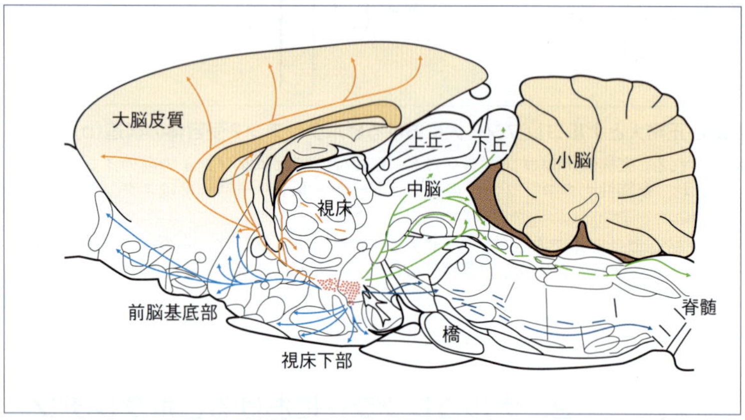

図4　ヒポクレチン神経細胞投射系の模式図

ヒポクレチン神経細胞は視床下部外側部に局在し，青斑核(ノルアドレナリン系)，腹側被蓋野(ドーパミン系)，背側縫線核(セロトニン系)，結節乳頭核(ヒスタミン系)，背外側被蓋核(アセチルコリン系)など，覚醒のコントロールにとって重要な脳の領域に広域に投射している。

(文献22を元に作成)

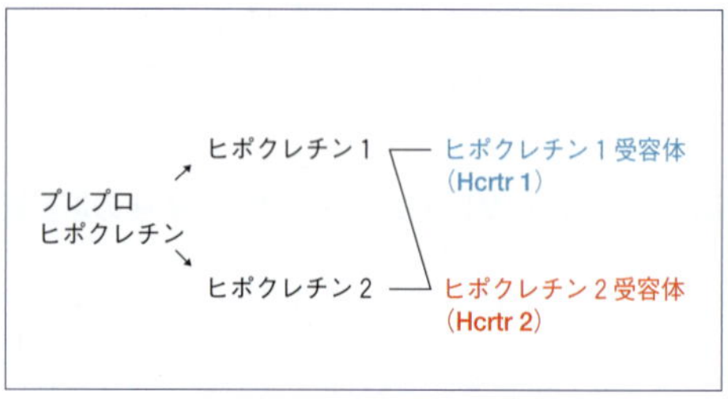

図5　ヒポクレチンと受容体の相関図

ヒポクレチン1，ヒポクレチン2は共通の前駆体であるプレプロヒポクレチンから生成される。ヒポクレチンには2つの受容体が存在し，ヒポクレチン1受容体(Hcrtr 1)はヒポクレチン1と選択的に結合し，ヒポクレチン2受容体(Hcrtr 2)はヒポクレチン1，2のそれぞれに対してほぼ同等の結合親和性を示す。

(文献32を元に作成)

として，**孤発例ではヒポクレチン産生障害**が，**家族例では受容体異常**という異なる2つのヒポクレチン神経伝達の障害が確認されている。

ヒトにおけるCSFヒポクレチン濃度の低下は他の睡眠疾患や神経疾患と比較すると，ナルコレプシーにおいて特異的な所見である。一連の研究の成果により，ヒトのナルコレプシーにおいてはCSFヒポクレチン濃度の測定が最も特異的で感度の高い診断法として確立され，2005年に改訂された睡眠疾患の国際分類のナルコレプシーの診断基準に追加された。

3. ヒポクレチン／オレキシンシステムの生理学的役割

ヒポクレチン／オレキシンは，1998年に2つのグループにより新しく同定された神経ペプチドであり[5, 23]，その神経細胞は視床下部外側部に局在し，青斑核(ノルアドレナリン系)，腹側被蓋野(ドーパミン系)，背側縫線核(セロトニン系)，結節乳頭核(ヒスタミン系)，背外側被蓋核(アセチルコリン系)など覚醒のコントロールにとって重要な脳の領域に広域に投射している(図4)[19]。ヒポクレチンは睡眠覚醒調節機構に関与するモノアミン系やコリン系の神経伝達系を統御していると考えられている。ヒポクレチンは共通の前駆体であるプレプロヒポクレチンからヒポクレチン1(オレキシンA)とヒポクレチン2(オレキシンB)の2つの活性ペプチドとして生成され，その受容体としてヒポクレチン1受容体(Hcrtr 1)とヒポクレチン2受容体(Hcrtr 2)が存在する(図5)。犬の家族性ナルコレプ

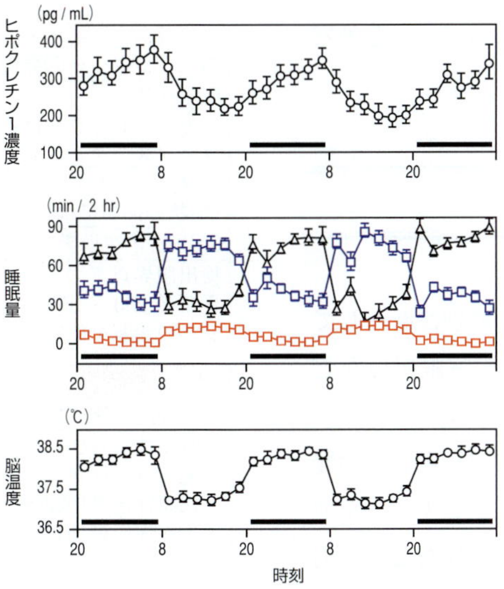

図6　ラットにおける脳内の細胞外液中ヒポクレチン1濃度の日内変動

覚醒期である夜間(ー部分：ラットは夜行性である)にヒポクレチン1濃度は蓄積性に増加し，覚醒期の終わりに最高値を示す。睡眠期に入るとヒポクレチン1濃度は徐々に減少を示す。
(文献29を元に作成)

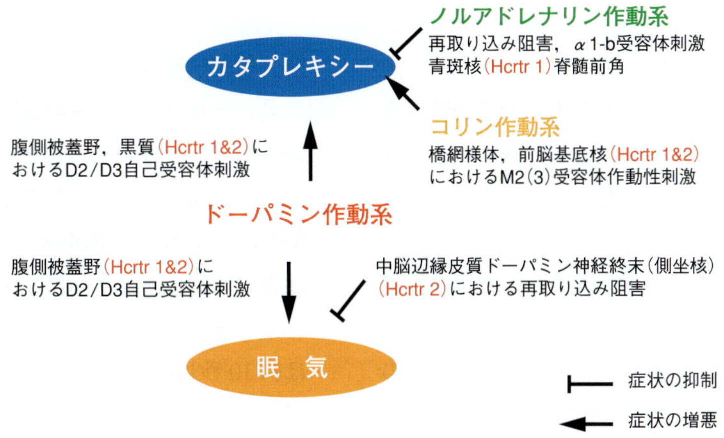

図7　ナルコレプシーにおけるモノアミン系・コリン系の不均衡モデル図

これまでナルコレプシーにおいては，モノアミン系の機能低下とコリン系の感受性の増大からカタプレキシーと眠気が発現すると考えられていた。しかし，最近の研究により，これらモノアミン・コリン系の神経核や受容体部位にヒポクレチン受容体が存在していることがわかり，ヒポクレチンの神経伝達の障害からこれらの神経伝達機能不全が二次的に引き起こされる可能性が示唆されている。
(文献30を元に作成)

シーと遺伝子ノックアウトマウスの実験結果から，ナルコレプシーの表現型の発現にはHcrtr 2の関与がHcrtr 1の関与より重要であることが示唆されている[3, 22]。実験的に，ヒポクレチン1を中枢への注入することにより覚醒が促進されレム睡眠が抑制されることが認められ[2, 8, 20]，ヒポクレチンは覚醒の維持とレム睡眠抑制物質のカギであることが示唆された。また，CSFヒポクレチン濃度は睡眠中よりも活動中に高いレベルを示すことが明らかにされている(図6)[29]。

また，ヒポクレチンは摂食調節，エネルギー恒常性，神経内分泌，自律神経機能，体温調節などの視床下部機能の関与も示唆されている[24]。

ヒポクレチン神経伝達系はモノアミン系やコリン系の神経伝達系を統御していると考えられているため，ヒポクレチン神経伝達障害はその下流の神経機構であるモノアミン系神経伝達の機能低下とコリン系の感受性の増大を引き起こすと示唆されている。これらがナルコレプシーの症状発現に深くかかわっていると推察されている(図7)[30]。

診断

1. 鑑別診断

ヒトのナルコレプシーにおいては，鑑別診断として過眠症などの過度の眠気を引き起こす睡眠疾患など様々な疾患が含まれる。しかし，犬のナルコレプシーにおける診断はより単純であり，**カタプレキシーの発現が決め手**となる。したがって，カタプレキシーを他の発作，すなわち失神発作やてんかん発作などと鑑別することが重要である。鑑別疾患リストとして，失神発作を起こす疾患としては心臓疾患が挙げられ，てんかん発作を起こす疾患としては特発性ならびに症候性てんかん，先天奇形(門脈シャント，水頭症など)，代謝性疾患(低血糖または低Ca血症など)，炎症性疾患(肉芽腫性髄膜脳脊髄炎〔GME〕，ジステンパー脳炎など)，中毒，ライソゾーム病(GM2ガングリオシドーシス，神経セロイド・リポフスチン病〔NCL〕など)，腫瘍，外傷が挙げられる。重症筋無力症や多発性筋炎などの神経筋疾患は，“カタプレキシー様”の筋の虚弱を呈する可能性もあるため，鑑別には注意が必要である(表1)。

全血球計算ならびに血液生化学検査，心電図検査では異常がみられない。また，ナルコレプシーでは脳の器質病変を認めないため，X線検査ならびに磁気共鳴画像(MRI)検査，コンピュータ断層画像(CT)検査においても異常がみられない。ナルコレプシーのドーベルマンにおける睡眠ポリグラフ検査では，入眠までの時間が短く(睡眠潜時の短縮)，入眠直後にレム睡眠が出現する異常，すなわちsleep-onset REM period(SOREMP)(通常，正常犬では入眠後ノンレム睡眠が約30分続いた後にはじめてレム睡眠が出現する)が頻回に認められている(図1)[15]。また，日中の睡眠と覚醒の各合計時間は正常犬と比べて差がみられないが，覚醒と睡眠の分断化ならびに覚醒と睡眠の各ステージ間の頻回な移行を示す異常が認められている[15]。

カタプレキシー時の脳波は，正常の覚醒時の波形またはレム睡眠時の波形に類似しており，てんかんなどで認められる異常な活動電位や波形はみられない。

表1　犬のナルコレプシーの診断

確定診断
カタプレキシーの発現
臨床症状 ：カタプレキシーは給餌や遊戯により誘発 フィゾスチグミン発作誘発試験 ：フィゾスチグミン0.05 mg/kg, IVによりカタプレキシー悪化 (症状の抑制には抗てんかん薬は無効，抗うつ剤が有効)
CSFヒポクレチン1濃度
検出限界以下のヒポクレチン1濃度の異常低値(<80 pg/mL，正常値250～350 pg/mL)はヒポクレチン欠乏性ナルコレプシーの診断を確定

鑑別診断
てんかん発作(けいれんなど)
・特発性ならびに症候性てんかん ・先天奇形(門脈シャント，水頭症など) ・代謝性疾患(低血糖または低Ca血症など) ・炎症性疾患(肉芽腫性髄膜脳脊髄炎，ジステンパー脳炎など) ・中毒 ・ライソゾーム病(GM2ガングリオシドーシス，神経セロイド・リポフスチン病〔NCL〕など) ・腫瘍 ・外傷
失神発作
・心臓疾患
神経筋疾患
・重症筋無力症 ・多発性筋炎

2. 臨床症状

犬のナルコレプシーの診断は，カタプレキシーの発現に基づいて行われることが一般的である。カタプレキシーは給餌による**カタプレキシー発作誘発試験food-elicited cataplexy test(FECT)**により迅速な評価が可能である[14]。この検査は，床に12個のドッグフードを並べ，犬をその部屋に入れて行う。正常な犬は約10秒以内に食事を食べ終わるのに対し，ナルコレプシーの犬は食事に興奮してカタプレキシーを示す(動画2)。この検査は治療の効果の判定にも用いることができる。しかし，犬が神経質な場合，検査室ではカタプレキシーを示さないこともあり評価が困難である。

また，オーナーからの発作の詳細な稟告の聴取は非常に有用である。どのような発作がどのようなときに発現するのか，またそれに付随する症状についても聴取する。さらに，実際にオーナーにナルコレプシー犬のカタプレキシーの動画をみせることにより，発作がそれに類似するものか否かを尋ねることも有用である。

コリン作動系薬物がカタプレキシーを増悪させることがわかっており，コリンエステラーゼ阻害薬であるフィゾスチグミンの投与によりナルコレプシーの犬においては発作を誘発させることができる[14]。この**フィゾスチグミン発作誘発試験**では0.05 mg/kgのフィゾ

表2　犬のナルコレプシーの治療における抗カタプレキシー薬

薬物	薬用量	半減期(時間)*	注意／副作用
三環系抗うつ剤			
イミプラミン	1.5 ～ 3.0 mg/kg	5 ～ 30	全ての三環系抗うつ剤において，嘔吐，食欲不振，眠気，下痢などの抗コリン作用および抗ヒスタミン作用の副作用あり。また，てんかん発作をもつ犬への投与には注意を要する
デシプラミン	1.5 ～ 3.0 mg/kg	10 ～ 30	
クロミプラミン	3.0 ～ 6.0 mg/kg	15 ～ 60	
セロトニン／ノルアドレナリン再取り込み阻害剤			
ベンラファキシン	6.0 ～ 12.0 mg/kg	4 (代謝産物が生成されると 11 時間となる)	抗コリン作用の副作用はない
アドレナリン α2 受容体拮抗薬			
ヨヒンビン	0.15 ～ 0.30 mg/kg，BID	<1	発作，興奮，筋振戦，流涎

＊三環系抗うつ剤とベンラファキシンは半減期が長く，長期投与により体内で蓄積されるため，1 日 1 回の投与が可能である。

Video Lectures　犬のナルコレプシー

動画 2　カタプレキシー発作誘発試験

ナルコレプシーの犬における給餌によるカタプレキシー発作誘発試験(food-elicited cataplexy test〔FECT〕)。

(動画提供：スタンフォード大学　西野精治先生)

スチグミンの静脈内注射により，ナルコレプシーの犬では頻回にカタプレキシーが誘発される。一方，正常な犬では発作は誘発されない。犬はこの薬物試験によく耐え，軽いカタプレキシーの発現により診断でき，有用性がある。カタプレキシーの増悪は投与後 5 ～ 30 分間続く。薬物は安全ではあるが，副作用として流涎や下痢が罹患犬でも正常犬でも起こる可能性がある。

正常な犬も日中，頻回な睡眠が認められるため，犬のナルコレプシーにおける“日中の過度の眠気”の症状を客観的に判断することは容易ではない。そこで，客観的な評価方法としては睡眠ポリグラフ検査を用いてその傾眠傾向を確認することが有用である(図 1)。しかし，その診断方法はまだ獣医臨床領域においては確立されていない。

犬種や家族歴(同じ血統に同様の症状を示す犬の有無)，初発年齢に関する情報は家族性と孤発性(後天性)の分類に役立つ。

3．脳脊髄液ヒポクレチン 1 濃度

リガンド欠乏の後天性の症例において，**CSF 中のヒポクレチン 1 濃度 CSF hypocretin-1 levels** の測定は特異性と感度が最も高い診断方法である[22]。検出限界以下のヒポクレチン 1 濃度の異常低値(80 pg/mL 以下，正常犬では CSF 中に 250 ～ 350 pg/mL)は後天性ナルコレプシーの確定診断となる(表 1)。

一方，受容体変異の家族例では正常なヒポクレチン濃度を示すので，正常レベルでもナルコレプシーの診断を除外することはできない。

治療

ナルコレプシーの治療としては，薬物による対症療法が行われる。ナルコレプシーの犬において治療が必要となる最も重要な症状はカタプレキシーである。犬でのナルコレプシーにおける神経薬理学的実験の成果により，種々の薬物の抗カタプレキシー効果が明らかにされ，モノアミン系神経伝達を活性化させる薬剤がカタプレキシーを軽減させることが示されている[14]。

初期治療としては，**三環系抗うつ剤であるイミプラミン(1.5 ～ 3.0 mg/kg/day)やクロミプラミン(3.0 ～ 6.0 mg/kg/day)**が用いられることが多い(表 2)[14]。その作用機序は，ノルアドレナリン再取り込み阻害作用によるモノアミン神経伝達作用の増強である。また，アドレナリン α2 受容体拮抗薬である**ヨヒンビン(0.15 ～ 0.30 mg/kg，BID)**はノルアドレナリン放出促進作用により抗カタプレキシー作用を示す。ヨヒンビンは犬とげっ歯類における中枢神経刺激剤として知られており，ナルコレプシーの犬においてはカタプレキシーと日中の過度の眠気の長期治療において有効である[12, 25, 31]。また，近年，家族性ナルコレプシーのドーベルマンを用いた実験によりドーパミン D2/D3 受容体拮抗作用をもつベンズアミド系抗精神病薬であるスルピリドの有効性が報告されている[17]。

ナルコレプシーにおいては，症状や薬物の効果に個体差がかなり認められる。犬のナルコレプシーでは一

般的に，家族例より孤発例の方が重症であることが多く[32)]，ヒポクレチン神経以外にも，睡眠，筋トーヌスや情動など，ナルコレプシーの症状にかかわる神経伝達機構においての遺伝要因や個体要因，薬剤の代謝の差異などが関係して，症状や薬物効果の面で個体差を生じる可能性も考えられる。したがって，抗カタプレキシー薬の効果は症例によって著しく異なる可能性があるため，個々の症例にとって最も適した薬剤を見いだすことが必要である。

ヒトの日中の過度の眠気の治療では，中枢神経刺激剤が用いられている。ナルコレプシーの犬においても中枢神経刺激剤の2つの薬剤，d-アンフェタミン（0.1～1.0 mg/kg）ならびにモダフィニル（15～60 mg/kg）の経口投与で日中の睡眠が減少することが示されている[14, 26)]。しかし，犬においてこの症状に対する治療の必要性は十分には検討されていない。

ナルコレプシーの新しい治療法として，ヒポクレチンリガンドの補充療法の研究がナルコレプシー犬で行われている[7, 25)]。最近の研究では，孤発例のナルコレプシーの犬において高用量のヒポクレチンの静脈内投与により，ヒポクレチンは中枢神経に少量移行するが，十分な抗カタプレキシー作用は得られなかったという結果が示され[7, 25)]，現在のところ，ヒトと犬の両者において補充療法はまだ臨床的には行われていない。将来的には，中枢に移行するヒポクレチンアゴニストの経口薬が開発され，臨床的に使用できるようになることが期待される。

予後

ナルコレプシーは進行性かつ致死的な疾患ではないが，生涯にわたり症状が続く。したがって，ナルコレプシーの診断が確定した際には，オーナーに適切な治療と病気への理解により，ペットとして飼育を続けることが可能であることを伝えておくべきである。また，獣医師はオーナーにQOL向上のために日常のケアについても指導すべきである。ナルコレプシーの犬においてはカタプレキシーによる障害を少なくすることが重要であり，指導することとして以下の項目が挙げられる[28)]。

- 食事の際には軟らかいマットを敷くこと
- ガラスや陶器の器を避けること
- 肩の高さの給水ボトルを使用すること
- 低カロリー食を与えること（ナルコレプシーでは肥満になりやすいため）
- 抗カタプレキシー剤の適切な投与

症例　孤発性ナルコレプシーの症例

患者情報：チワワ，2歳，雄，1.3 kg

主訴：2日前より，採食しようとすると首を垂れ，あるいは好物をくわえたまま動きが止まり，急に倒れるとの主訴で来院した。

臨床検査・診断：既往歴や発作の家族歴はなく，血液検査，神経学的検査等の一般臨床検査においては著変を認めなかった。給餌による発作所見として，採食しようとする際に頚部および四肢の筋の脱力が生じ，床に倒れこみ，静止した状態が数秒～数分間続いた（動画3）。その間，呼吸や心拍数は正常であり，声をかけたり体をゆすったりすると，その刺激により発作を妨害させることが可能であり，発作中も意識のあることが確認された。発作中は開眼したままであり，ときに急速眼球運動も認められた。さらに，同居犬との遊戯の際や，オーナーに抱かれて喜んでいるとき，ならびに他の犬を威嚇する際にも脱力発作が認められた。以上の所見から，本症例をナルコレプシーと診断した。

治療・経過：抗カタプレキシー薬として三環系抗うつ剤のイミプラミンの経口投与を開始した。投薬翌日より徐々に発作の程度が軽減し，採食に要する時間が短縮した。発症から13週間後にオーナーの承諾が得られ，CSF検査を行った結果，CSFヒポクレチン1濃度は定量限界以下（＜80 pg/mL）を示したため，孤発性のヒポクレチン欠乏性ナルコレプシーと確定診断した[27)]。その後，種々の抗カタプレキシー薬により治療を行い，イミプラミンのほか，ヨヒンビン（アドレナリン$\alpha 2$受容体拮抗薬），スルピリド（ドーパミンD2/D3受容体拮抗薬：0.10～0.15 mg/kg/day）ならびに塩酸ミルナシプラン（選択的セロトニン・ノルアドレナリン再取り込み阻害薬）を用いた。これらの薬剤のうち本症例にとってはヨヒンビンが最も良好な抗カタプレキシー効果を示した。ヨヒンビンによる抗カタプレキシー効果は長期にわたり安定しており，さらに日中の眠気の抑制作用もみられた。

抗カタプレキシー薬の投与により，重大な副作用は

Video Lectures　犬のナルコレプシー

動画3　症例犬の発作所見

動画は給餌により採食しようとする際や，他の犬を威嚇して怒ったとき，ならびに久しぶりにオーナーに再会し抱かれて喜んでいる際にみられたカタプレキシーを示す。

みられず，一般状態は良好に経過した。また薬物治療により，同居犬と遊んだり，外へ散歩に出ることも可能となり，オーナーの満足も得られた[31)]。

おわりに

犬のナルコレプシーはその発作様式が非常に特徴的であるので，本章とともに動画をご覧になることをお勧めする。

1999年，新しく発見された神経伝達物質であるヒポクレチンがナルコレプシーの病態生理に深くかかわっていることが明らかにされたのは，ナルコレプシーの研究において大きなブレークスルーとなり，その後の研究で様々な新知見が見いだされている。しかしながら，なぜ後天性にヒポクレチンの転写の消失が起こるのか，自己免疫性疾患との関連性の有無など，いまだ完全には病態生理が解明されていない。また，治療においても原因療法はまだ開発されておらず，対症療法の域を出ないのが現状であり，今後の研究の進展が期待される。

ナルコレプシーはヒトと犬の共通の疾患であることから，ナルコレプシーの犬が本疾患研究の歴史の中では大いに貢献してきた。一方，実際の獣医臨床においては犬のナルコレプシーの報告は極めて少なく，病気の存在があまり知られていなかった。しかし，本邦では筆者らが2002年に初めて報告し，その後，数例の報告があり，未報告の症例も含めるとナルコレプシーの犬の存在は思ったよりも少なくないものと推測される。

［戸野倉雅美］

■謝辞

本章により，この疾患の理解度が深まり，臨床獣医師の診断・治療の助けとなれば幸いである。

最後に，本章の校閲ならびに動画を提供していただいたスタンフォード大学ナルコレプシー研究所の西野精治先生に深謝する。

■参考文献

1) Baker TL, Foutz AS, Mcnerney V, Mitler MM, Dement WC. Canine model of narcolepsy: genetic and developmental determinants. *Exp Neurol.* 75(3): 729-742, 1982.

2) Bourgin P, Huitron-Resendiz S, Spier AD, et al. Hypocretin-1 modulates rapid eye movement sleep through activation of locus coeruleus neurons. *J Neurosci.* 20(20): 7760-7765, 2000.

3) Chemelli RM, Willie JT, Sinton CM, et al. Narcolepsy in orexin knockout mice: molecular genetics of sleep regulation. *Cell.* 98(4): 437-451, 1999.

4) Crocker A, Espana RA, Papadopoulou M, et al. Concomitant loss of dynorphin, NARP, and orexin in naecolepsy. *Neurology.* 65(8): 1184-1188, 2005.

5) de Lecea L, Kilduff TS, Peyron C, et al. The hypocretins: hypothalamus-specific peptides with neuroexcitatory activity. *Proc Natl Acad Sci USA.* 95: 32-327, 1998.

6) Foutz AS, Mitler MM, Cavalli-Sforza LL, Dement WC. Genetic factors in canine narcolepsy. *Sleep.* 1(4): 413-421, 1979.

7) Fujiki N, Ripley B, Yoshida Y, et al. Effects of IV and ICV hypocretin-1(orexin A) in hypocretin receptor-2 gene mutated narcoleptic dogs and IV hpocretin-1 replacement therapy in a hypocretin-ligand-deficient narcoleptic dog. *Sleep.* 26(8): 953-959, 2003.

8) Hagan JJ, Leslie RA, Patel S, et al. Orexin A activates locus coeruleus cell firing and increases arousal in the rat. *Proc Natl Acad Sci USA.* 96(19): 10911-10916, 1999.

9) Hungs M, Fan J, Lin L, et al. Identification and functional analysis of mutations in the hypocretin(orexin) genes of narcoleptic canines. *Genome Res.* 11(4): 531-539, 2001.

10) Lin L, Faraco J, Li R, et al. The sleep disorder canine narcolepsy is caused by a mutation in the hypocretin(orexin) receptor 2 gene. *Cell.* 98(3): 365-376, 1999.

11) Mignot E. Genetic and familial aspects of narcolepsy. *Neurology.* 50(2 Suppl 1): S16-S22, 1998.

12) Nishino S, Arrigoni J, Fruhstorfer B, et al. Effects of chronic administration of yohimbine(alpha-2 antagonist) on cataplexy and platelet alpha-2 receptors of narcoleptic canines. *Sleep Res.* 21: 246, 1992.

13) Nishino S. Canine models of narcolepsy. In: Nishino S, Sakurai T. The Orexin/Hypocretin System, 1st ed. Humana Press. New Jersey. US. 2006, pp233-253.

14) Nishino S, Mignot E. Pharmacological aspects of human and canine narcolepsy. *Prog Neurobiol.* 52(1): 27-78, 1997.

15) Nishino S, Riehl J, Hong J, et al. Is narcolepsy a REM sleep disorder? Analysis of sleep abnormalities in narcoleptic Dobermans. *Neurosci Res.* 38(4): 437-446, 2000.

16) Nishino S, Ripley B, Overeem S, et al. Hypocretin(orexin) deficiency in human narcolepsy. *Lancet.* 355(9197): 39-40, 2000.

17) Okura M, Riehl J, Mignot E, Nishino S. Sulpiride, a D2/D3 blocker, reduces cataplexy but not REM sleep in canine narcolepsy. *Neuropsychopharmacology.* 23(5): 528-538, 2000.

18) Peyron C, Faraco J, Rogers W, et al. A mutation in a case of early onset narcolepsy and a generalized absence of hypocretin peptides in human narcoleptic brains. *Nat Med.* 6(9): 991-997, 2000.

19) Peyron C, Tighe DK, van den Pol AN, et al. Neurons containing hypocretin (orexin) project to multiple neuronal systems. *J Nuerosci.* 18(23): 9996-10015, 1998.

20) Piper DC, Upton N, Smith MI, et al. The novel brain neuropeptide, orexin-A, modulates the sleep-wake cycle of rats. *Eur J Neurosci.* 12(2): 726-730, 2000.

21) Riehl J, Nishino S, Cederberg R, et al. Development of cataplexy in genetically narcoleptic Dobermans. *Exp Neurol.* 152(2): 292-302, 1998.

22) Ripley B, Fujiki N, Okura M, et al. Hypocretin levels in sporadic and familial cases of canine narcolepsy. *Neurobiol Dis.* 8(3): 525-534, 2001.

23) Sakurai T, Amemiya A, Ishii M, et al. Orexins and orexin receptors: a family of hypothalamic neuropeptides and G protein-coupled receptors that regulate feeding behavior. *Cell.* 92(4): 573-585, 1998.

24) Sakurai T. Roles of orexins in regulation of feeding and wakefulness. *Neuroreport.* 13(8): 987-995, 2002.

25) Schatzberg SJ, Cutter-Schatzberg K, Nydam D, et al. The effect of hypocretin replacement therapy in a 3-year-old Weimaraner with narcolepsy. *J Vet Intern Med.* 18(4): 586-588, 2004.

26) Shelton J, Nishino S, Vaught J, et al. Comparative effects of modafinil and amphetamine on daytime sleepiness and cataplexy of narcoleptic dogs. *Sleep.* 18(10): 817-826, 1995.

27) Tonokura M, Fujita K, Morozumi M, et al. Narcolepsy in a hypocretin/orexin-deficient chihuahua. *Vet Rec.* 152(25): 776-779, 2003.

28) Tonokura M, Fujita K, Nishino S. Review of pathophysiology and clinical management of narcolepsy in dogs. *Vet Rec*, 161(11): 375-380, 2007.

29) Yoshida Y, Fujiki N, Nakajima T, et al. Fluctuation of extracellular hypocretin-1(orexin A) levels in the rat in relation to the light-dark cycle and sleep-wake activities. *Eur J Neurosci.* 14(7): 1075-1081, 2001.

30)大倉睦美, 藤木道弘, 小津真理子ら. ナルコレプシーの臨床, 病態生理, およびモデル動物での疾患遺伝子 — ヒポクレチン(オレキシン)の関与 —. 神経進歩, 45(1): 131-158, 2001.

31)戸野倉雅美, 田熊大祐, 島田雅美ら. イヌ・ナルコレプシーにおける各種抗カタプレキシー薬による治療効果. 動物臨床医学. 16: 71-76, 2007.

32)西野精治, 吉田祥. 概日リズムの分子精神医学 ナルコレプシーとオレキシン/ヒポクレチン. 分子精神医学. 1(5): 49-58, 2001.

T

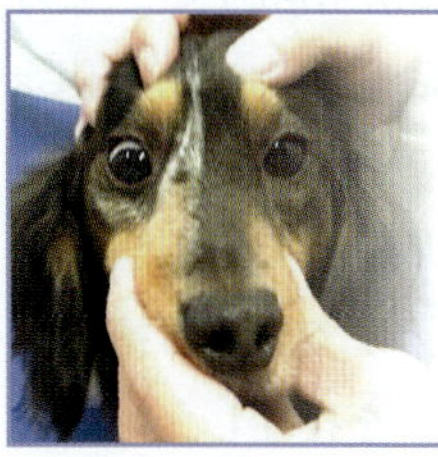

20. 各種中毒と神経徴候

はじめに

犬や猫が生活している環境中には中毒を起こし得る多くの物質が存在しており，常に中毒の危険性をはらんでいる。中毒では，その原因が何であっても，ほとんどの場合で神経学的な異常が認められる。したがって，神経徴候を呈する動物の診察にあたっては，常に中毒を念頭におく必要がある。

神経学的異常を呈する原因として，その原因物質の神経系への直接的作用による場合と，原因物質が全身的な代謝異常や循環異常を引き起こし，結果として神経徴候を示す場合とにわけられる。前者は特異的な神経徴候を呈することが多く，後者では非特異的徴候となることが多い。しかし，多くの中毒では，直接作用と代謝・循環異常の両者が関係しており，複雑な臨床徴候を示すことが多い。本章では，神経学的異常を主訴として来院する可能性が高い中毒を中心に説明する。

家庭やその周辺で起こりやすい中毒

米国ではよくみられる犬や猫の中毒として**抗血液凝固性の殺鼠剤**，**エチレングリコール**，**マリファナ**，**チョコレート**，**メタアルデヒド**が挙げられている[17]。これらのいくつかは本邦でも報告があり，筆者もマリファナ中毒を除く4つを経験しているので，本邦でもよく起こる中毒と考えられる。

1．エチレングリコール中毒

不用意に廃棄した**不凍液**を犬や猫がなめて中毒を起こすことが多いが[17]，不凍液交換を自宅で行うことが少ない本邦では，米国ほど中毒例は多くないようである。しかし，自動車整備工場付近での猫の集団中毒の報告もあるので，不凍液を使用する地域ではその可能性を念頭におく必要がある[29]。

筆者は**保冷剤**を噛んだことによると思われる中毒例も経験している。多くの保冷剤は，成分を表示していないため，稟告で保冷剤と接触した可能性がある場合は，メーカーなどに成分を確認する必要がある。猫は犬に比べ，エチレングリコールに対して感受性が高く，中毒になりやすい。

エチレングリコールの神経系への直接作用の他，中毒の結果起こる低Ca血症，アシドーシス，急性腎不全などの全身的異常が，複合的に神経徴候に関与していると考えられる。運動失調，振戦が最初の神経徴候であり，腎不全が起こると急速に神経徴候が悪化し，けいれんや昏睡に至る。診断・治療については多くの論文や成書に書かれているので，そちらを参考にしていただきたい。

2．チョコレート中毒

犬がチョコレート中毒を起こしやすいことはよく知られている[7, 17, 23～25]。原因はココア豆に含まれるメチルキサンチン類，特に**カフェイン**，**テオブロミン**による。チョコレートには，テオブロミンがカフェインの3～10倍量含まれている。メチルキサンチンはホスホジエステラーゼを阻害する結果，細胞内サイクリックAMP濃度が上昇し，中枢神経興奮状態を引き起こす。また，ベンゾジアゼピン受容体と競合することも神経徴候に関与しているかもしれない。また，心筋刺激や不整脈など，循環動態の異常が神経徴候に影響を及ぼしていることも明らかである。

臨床徴候は，摂取後6～12時間で現れ，カフェイン，テオブロミンの20 mg/kg摂取で軽い中毒症状(嘔吐，下痢，多渇)がみられ，40～50 mg/kgでは頻拍，異常興奮，不眠，振戦，協調運動失調が起こり，60 mg/kgの摂取では発作が起こる。カフェイン，テオブロミンのLD_{50}は100～200 mg/kgとされているが，犬の感受性によってはこれより低い量でも死亡することがあり，発作が起こっている場合は死亡する危険性が高い。

カカオ豆製品中の総メチルキサンチン量は，乾燥ココア粉末では 29 mg/g，調理用チョコレートで 16 mg/g，セミスイート～スイートダークチョコレートで 5.4 ～ 5.7 mg/g，ミルクチョコレートで 2.3 mg/g 程度であるとされている。ホワイトチョコレートは中毒の原因になるほどのメチルキサンチン量は含まれていない。

3. マカダミアナッツ中毒

マカダミアナッツはマダガスカルやオーストラリア原産のナッツで，チョコレートでコーティングされたものや，そのままのベークド・ナッツとして市販されているものがある。この中毒では，脱力や歩様失調，後肢の不全麻痺が特徴で，原因毒素は不明である[11, 12]。中毒徴候は摂取後 3 ～ 12 時間で現れ，元気喪失，嘔吐，発熱が初期徴候であるが，次第に筋の脱力が強くなり，ふらつきがみられ，さらには支えなしでは立つことができなくなる。特に後肢の脱力が顕著である。その他，振戦，腹痛，跛行，貧血した粘膜などがみられることもある。振戦は中枢性のものではなく，筋の脱力によって生じると考えられている。血液生化学的変化としては，TG，ALP の軽度の上昇，48 時間後には正常化する Lip の上昇が報告されている。

中毒量には差がみられ，推定量として 2.2 ～ 62.4 mg/kg（平均 11.7 mg/kg）の摂取で徴候が認められている。摂取直後は催吐，胃洗浄などの処置を行うが，徴候が出てからの特異的治療法はなく，支持療法を行う。

予後は良好で，24 ～ 48 時間で自然に回復する。ただしチョコレートでコーティングされたものでは，チョコレートの摂取量に関しても注意が必要である。

4. キシリトール中毒

キシリトールは糖アルコールの一種で，ガムやキャンディーなどのお菓子類に含まれる甘味料である。ヒトには基本的に毒性を示さないため，犬には中毒の危険性があることを知らずにオーナーが与えたり，盗食により中毒を起こす。中毒徴候は虚脱やけいれんで，キシリトールにより引き起こされる**低血糖**が原因と考えられるが，重度の中毒では肝壊死や凝固異常も起こるので，重症時にはこれらも徴候の発現に関連があると思われる[8, 9]。

キシリトール水溶液 1 g/kg，4 g/kg を実験的に犬に投与すると，20 分後にインスリンが急上昇し，30 分後には血糖値が低下しはじめ，低血糖が出現する。そのほか AST，ALT の上昇，低 P 血症，低 K 血症，高 Ca 血症がみられる[26]。

処置としては，キシリトール摂取直後で臨床徴候が出ていない場合は催吐処置を行い，すでに低血糖が現れている場合はただちにグルコースを投与し，血糖値の維持に努める。

肝酵素の著しい上昇とともに，メレナや出血傾向がみられる場合は，死亡する可能性が高い。

5. メタアルデヒド中毒

メタアルデヒドはアセトアルデヒドのポリマーであり，**ナメクジ駆除薬**，**固形燃料**などに含まれている。中毒の多くはナメクジ駆除薬によるもので，犬の中毒例が多いが，猫でも起こり得る[17]。犬での LD_{50} は 100 mg/kg とされている。中毒のメカニズムは明確にはわかっていないが，メタアルデヒドは容易に血液脳関門を通過し，脳内のセロトニン，GABA，ノルエピネフリンを減少させ，振戦やけいれんなどの神経徴候を起こすと考えられている。中毒初期は不安や落ち着きのない様子がみられ，次第に流涎，パンティング，散瞳や振戦，歩様失調，けいれんなどが起こる[27]。最もよくみられる特徴的な徴候は振戦である。遅発性の肝不全や失明も報告されている。血液検査から確定できる所見はないが，強い代謝性アシドーシスが認められる。

治療は輸液，酸素吸入などの対症療法である。けいれんはジアゼパムでコントロールする。バルビツール製剤は，その分解の際にアセトアルデヒドを分解する酵素と競合するので避けた方がよい。治療に反応しないけいれんに対してはプロポフォールの投与を行う。

6. 有機リン中毒，その他の殺虫剤中毒

有機リン系殺虫剤は家庭用，農業用殺虫剤などで使用されている。有機リン剤は，アセチルコリンを分解するコリンエステラーゼを抑制するため，シナプス後部受容体でのアセチルコリン濃度が高くなり中毒徴候を示す。徴候の多くは**副交感神経刺激徴候**である[1]。犬よりも猫の方が感受性が高い。急性中毒徴候は，流涎，縮瞳，下痢，嘔吐，沈うつ，運動失調，振戦，筋線維束攣縮などである。血液生化学検査でコリンエステラーゼの低値が確認できる。

亜急性中毒では，脱力が主徴候で，ムスカリン様作

用をほとんど，あるいは全く示さない場合がある。この場合は，筋炎，重症筋無力症，ビタミンB_1欠乏症のような他の脱力疾患との鑑別が必要になる。しかし，亜急性中毒を起こす代表的な有機リン製剤であるクロルピリフォス（シロアリ駆除に使用）は2003年の建築基準法の改正で使用禁止となったため，本邦での発生の可能性は低いと思われる。

ペルメトリンは犬用のスポットオン用の殺ノミ剤に含まれ，Type Iに分類される合成ピレスロイドであるが，猫には比較的毒性が強く，犬の体に付いたものをなめたり，適用外とされている猫での使用により中毒が発生している[16, 25]。毒性はペルメトリンが神経軸索の膜にあるNa^+チャネルに結合することにより起こる。経口あるいは経皮的に吸収されたペルメトリンは肝臓で代謝され，グルクロン酸あるいは硫酸抱合により解毒・排泄される。猫はグルクロン酸転移酵素を欠如しているため毒性が強く生じると考えられる。主たる中毒徴候は発作，筋線維束攣縮，振戦，歩様失調で，その他に，吐き気，流涎，食欲低下，下痢，虚脱，錯乱，発熱，知覚過敏，嗜眠，一過性失明などが挙げられる。1歳以下の猫では特に重度の中毒徴候を示す。有機リン中毒と異なり縮瞳は認められない。

有機リン中毒や，ペルメトリン中毒では**筋線維束攣縮**が認められ，特にペルメトリン中毒での発現頻度が高く，他の疾患でみられることはまれであるので，診断上有用な徴候である。

7．ボツリヌス中毒

ボツリヌス中毒は脱力を主訴として来院する可能性が高く，他の脱力性疾患との鑑別が重要である。犬のボツリヌス中毒は**腐敗した肉**の摂取によるものが一般的で，庭での放し飼いや，散歩中に腐肉（鳥の死骸など）を摂取することにより中毒が発生する[3, 5]。犬の中毒は**C1型毒素**によることが最も多いとされている。毒性は毒素が神経筋接合部の神経終末に結合し，アセチルコリンの分泌を抑制することによって生じる。このため神経筋接合部での伝達が遮断され，下位運動ニューロン徴候（LMNS）を示す脱力を起こす。知覚は障害されない。

中毒徴候は摂取後数時間〜数日に発現する。後肢の脱力からはじまり，前肢の脱力，脳神経異常へと進行する。顎，咽頭，喉頭，食道の筋の異常により，流涎，誤嚥，発咳などがみられることも多い。多くは1〜3週間で回復する。

鑑別診断としては各種脱力性疾患（重症筋無力症，亜急性有機リン中毒，ビタミンB_1欠乏症，多発性ニューロパチーなど）であるが，特に発症が急であるという点で急性特発性多発性ニューロパチーとの鑑別が重要である。ボツリヌス中毒では脳神経異常（特に顔面麻痺）を伴うことが多いが，急性特発性多発性ニューロパチーではまれである。また，ボツリヌス中毒では，固有位置感覚は障害されない。また，回復までの期間が，急性特発性多発性ニューロパチーに比べて短いことも鑑別点である。

医原性の中毒

治療のために投与した薬物による中毒は，誤って過剰投与したときに起こるのが一般的であるが，通常使用量でも中毒徴候が出ることがある。また，筆者はフェノバルビタールで発作をコントロールしているてんかん症例に，クロラムフェニコールを処方したため起立困難が出現した例や，発作歴のある犬にニューキノロンと非ステロイド性消炎鎮痛剤（NSAIDs）を処方したために発作頻度が上昇した例などを経験している。したがって，通常はあまり問題にならない場合でも，薬物相互作用や患者側の解毒機能，基礎疾患などによって中毒徴候が出ることがあるため注意が必要である[13]。

1．イベルメクチン中毒

イベルメクチン，モキシデクチン，セラメクチンなどのマクロライド系ラクトンは，フィラリア症の予防や毛包虫症の治療に使用されているが，コリーをはじめとした，いくつかの犬種ではこれら薬物に感受性が高いことがよく知られている[14, 19, 20]。その理由は，これらの犬種でP糖タンパクをコードしている***MDR1*遺伝子**が欠損しているためで，正常な犬では問題にならないような通常使用量で中毒を起こす。また，誤って多量の投与をしてしまうと，遺伝子異常のない犬でも中毒を起こす。中毒徴候は投与後10時間以内に現れ，振戦，散瞳，錯乱，咆哮，失明，昏迷，昏睡などがみられる（動画1）。特異的治療法はなく，徴候が出てからの治療は輸液などの支持療法のみである。

2．メトロニダゾール中毒

メトロニダゾールの中毒は，**犬では中枢性前庭徴候や小脳徴候**が，**猫では発作や小脳徴候**がみられる[6, 10, 21, 28]。多くは60 mg/kg/day以上の投与量で発

▶Video Lectures　医原性の中毒

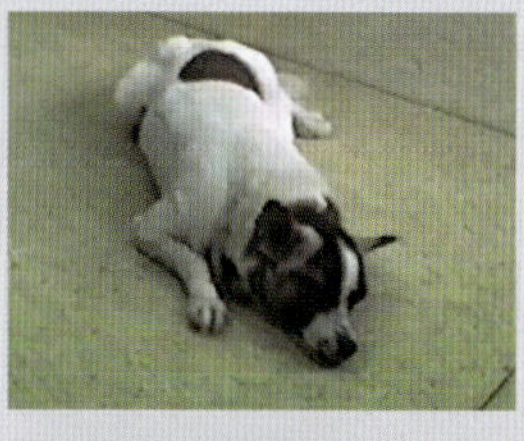

動画 1　犬と猫のイベルメクチン中毒

（動画提供：メディカルセンター 西田獣医　西田幸司先生）

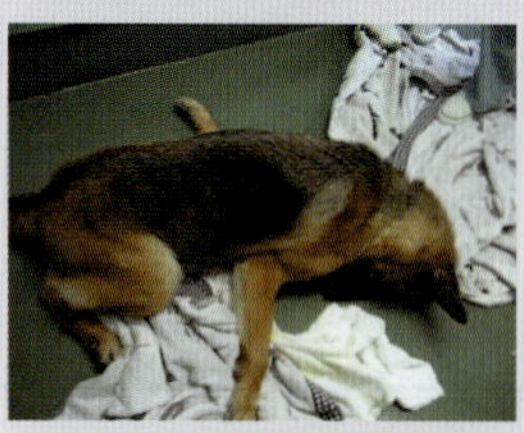

動画 2　メトロニダゾール中毒

中枢性前庭障害が認められる。起立不能と垂直性の眼振が認められた。補助しても起立できない。
（動画提供：川村動物病院　川村正道先生）

動画 3　メトロニダゾール中毒による発作

現するが，通常の治療量でも発症するケースがあることから，個体の感受性の違いが大きいと考えられる。したがって，メトロニダゾール投与中に突然の中枢性前庭徴候を呈した犬では，通常使用量であっても，また投与開始後かなりの日数が経過してからの発症であっても，メトロニダゾール中毒を疑う必要がある。中毒のメカニズムはよくわかっていないが，メトロニダゾールはシナプス後膜のGABA受容体複合体のベンゾジアゼピン受容体に結合して徴候を出すと考えられている。

犬の中毒徴候は，**眼振（垂直眼振が多い）**，歩様失調や起立困難ないし不能などの中枢性前庭障害徴候を示す（動画2）。投与量が多い場合は発作がみられることがある（動画3）。通常，両側前庭障害を起こすので，捻転斜頚がみられるのはまれである。また，小脳性運動失調，測定過大，企図振戦などの徴候を示すことも多い。投与量が増えると振戦や発作がみられるようになる。

治療は投与をただちに中止することと，**3日間のジアゼパムの投与**である。ジアゼパムの投与により回復に要する期間が明らかに短縮される。

第Ⅷ脳神経（CN. Ⅷ）徴候を示す中毒を起こす可能性のあるその他の薬物としては，**アミノグリコシド系抗生剤**がよく知られている。前庭障害は明瞭な臨床徴候を現すので，見逃すことはなく，気が付いた時点でただちに投与を中止すれば回復する。しかし，**難聴**は見逃されることが多く，気が付いてから投与を中止しても一度発症すると回復しないため十分な注意が必要である。

3．髄鞘（ミエリン）溶解症

いわゆる中毒ではないが，医原性に発現する可能性が高い神経疾患として知っておくべきである。ミエリン溶解は，48時間以上続いた**低Na血症を急激に補正した場合に起こる**ことが知られている[2, 4, 15, 18, 22)]。

低Na血症が起こると脳細胞は電解質や有機物などの浸透圧物質を細胞外に排出して浸透圧平衡を保つが，これには約48時間かかる。細胞外液の浸透圧が回復してくると，再び細胞内に電解質を取り込み，また有機物を蓄え浸透圧平衡を保持しようとする。しかし，この反応は，低下の場合より遅く5日程度かかるため，医原性による細胞外液濃度（＝浸透圧）の急激な正常化（上昇）には対応できず，ミエリン溶解症を起こす。したがって，ヒトでは慢性低Na血症の補正速度は15 mEq/L/24 h以下で行うとされている。さらにミエリン溶解のリスクが上がるような，低栄養，肝疾患，低K血症などがある場合は10 mEq/L/24 h以下の補正速度が推奨されている。

筆者の経験例は全て副腎皮質機能低下症（アジソン病）の治療時であり，重度の低Na血症が長期間続いた

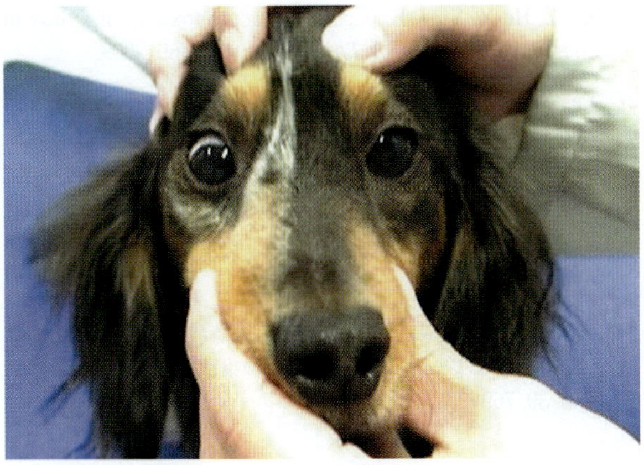

図 ミエリン溶解症
姿勢性斜視が出現している。この犬は歩様失調，測定過大などがみられている。

場合の補正時にはミエリン溶解に十分な注意が必要である。

神経症状は，Na 濃度補正後 24 時間程度経過してから出現してくる。症状は元気消失，ふらつき～起立困難，頭部振戦，前庭徴候(図)など，脳幹，小脳症状が主である。犬の場合は，ただちに補正を中止すれば回復することが多いが，回復には数週間を要する。

おわりに

中毒症例は慢性中毒例を除けば救急疾患であることが多く，筆者が勤務していた大学の病院のような二次診療中心の施設ではほとんど経験することがない。したがって，経験例の多くは開業されている先生からの電話やメールでの問い合わせや，予約なしのいわゆる飛び込み症例である。これら少数例の経験では多くのことは語れないが，特徴的神経徴候を呈する中毒を除けば，多くの中毒で認められる神経学的異常は振戦やけいれん発作である。これに消化器や循環器の異常徴候を伴う場合(自律神経症状の強い焦点発作重積のような状態)で発作歴のない動物では，最初に中毒を除外する必要がある。冒頭で記したように中毒を起こす可能性のある物質は無数にあるので，神経学的異常を呈する動物に遭遇した場合は，常に中毒を鑑別診断リストに加えることを忘れてはならない。

[織間博光]

■参考文献

1) Bagley RS. 中毒性のニューロパシーおよびミオパシー. In：徳力幹彦監訳. Dr. Bagley のイヌとネコの臨床神経病学. ファームプレス. 東京. 2008, pp317-318.

2) Brady CA, Vite CH, Drobatz KJ. Severe neurologic sequelae in a dog after treatment of hypoadrenal crisis. *J Am Vet Med Assoc*. 215(2): 222-225, 1999.

3) Bruchim Y, Steinman A, Markovitz M, et al. Toxicological, bacteriological and serological diagnosis of botulism in a dog. *Vet Rec*. 158(22): 768-769, 2006.

4) Churcher RK, Watson AD, Eaton A. Suspected myelinolysis following rapid correction of hyponatremia in a dog. *J Am Anim Hosp Assoc*. 35(6): 493-497, 1999.

5) Coleman ES. Clostridial neurotoxins: tetanus and botulism. *Compend Contin Educ Pract Vet*. 20: 1089-1097, 1998.

6) Dow SW, LeCouteur RA, Poss ML, Beadleston D. Central nervous system toxicosis associated with metronidazole treatment of dogs: five cases(1984-1987). *J Am Vet Med Assoc*. 195(3): 365-368, 1989.

7) Drolet R, Arendt TD, Stowe CM. Cacao bean shell poisoning in a dog. *J Am Vet Med Assoc*. 185(8): 902, 1984.

8) Dunayer EK, Gwaltney-Brant SM. Acute hepatic failure and coagulopathy associated with xylitol ingestion in eight dogs. *J Am Vet Med Assoc*. 229(7): 1113-1117, 2006.

9) Dunayer EK. Hypoglycemia following canine ingestion of xylitol-containing gum. *Vet Hum Toxicol*. 46: 87-88, 2004.

10) Evans J, Levesque D, Knowles K, et al. Diazepam as a treatment for metronidazole toxicosis in dogs: a retrospective study of 21 cases. *J Vet Intern Med*. 17(3): 304-310, 2003.

11) Hansen SR, Buck WB, Meerdink G, Khan SA. Weakness, tremors, and depression associated with macadamia nuts in dogs. *Vet Hum Toxicol*. 42(1): 18-21, 2000.

12) Hansen SR. Macadamia nut toxicosis in dogs. *Vet Med*. 97: 274-276, 2002.

13) Kim J, Ohtani H, Tsujimoto M, Sawada Y. Quantitative comparison of the convulsive activity of combinations of twelve fluoroquinolones with five nonsteroidal antiinflammatory agents. *Drug Metab Pharmacokinet*. 24(2): 167-174, 2009.

14) Krautmann MJ, Novotny MJ, De Keulenaer K, et al. Safety of selamectin in cats. *Vet Parasitol*. 91(3-4): 393-403, 2000.

15) Laureno R, Karp BI. Myelinolysis after correction of hyponatremia. *Ann Intern Med*. 126(1): 57-62, 1997.

16) Linnett PJ. Permethrin toxicosis in cats. *Aust Vet J*. 86(1-2): 32-35, 2008.

17) Luiz JA, Heseitine J. Five common toxins ingested by dogs and cats. *Compend Contin Educ Vet*. 30(11): 578-587, 2008.

18) MacMillan KL. Neurologic complications following treatment of canine hypoadrenocorticism. *Can Vet J*. 44(6): 490-492, 2003.

19) Mealey KL. Adverse drug reactions in herding-breed dogs: The role of P-glycoprotein. *Compend Contin Educ Vet*. 28(1): 23-33, 2006.

20) Merola V, Khan S, Gwaltney-Brant S. Ivermectin toxicosis in dogs: a retrospective study. *J Am Anim Hosp Assoc.* 45 (3): 106-111, 2009.

21) Schunk KL. Disorders of the vestibular system. *Vet Clin North Am Small Anim Pract.* 18(3): 641-665, 1988.

22) Soupart A, Decaux G. Therapeutic recommendations for management of severe hyponatremia: current concepts on pathogenesis and prevention of neurologic complications. *Clin Nephrol.* 46(3): 149-169, 1996.

23) Stidworthy MF, Bleakley JS, Cheeseman MT, Kelly DF. Chocolate poisoning in dogs. *Vet Rec.* 141(1): 28, 1997.

24) Strachan ER, Bennett A. Theobromine poisoning in dogs. *Vet Rec.* 134(11): 284, 1994.

25) Sutton NM, Bates N, Campbell A. Clinical effects and outcome of feline permethrin spot-on poisonings reported to the Veterinary Poisons Information Service(VPIS), London. *J Feline Med Surg.* 9(4): 335-339, 2007.

26) Xia Z, He Y, Yu J. Experimental acute toxicity of xylitol in dogs. *J Vet Pharmacol Ther.* 32(5): 465-469, 2009.

27) Yas-Natan E, Segev G, Aroch I. Clinical, neurological and clinicopathological signs, treatment and outcome of metaldehyde intoxication in 18 dogs. *J Small Anim Pract.* 48(8): 438-443, 2007.

28) 齋藤弥代子. 犬の前庭疾患ケース・スタディ. *mvm.* 81: 51-55, 2004.

29) 佐藤れえ子, 岡田幸助, 佐々木重荘, 内藤義久, 村上大蔵. ネコにおけるエチレングリコール中毒の集団発生. 日本獣医師会雑誌. 39: 769-773, 1986.

T

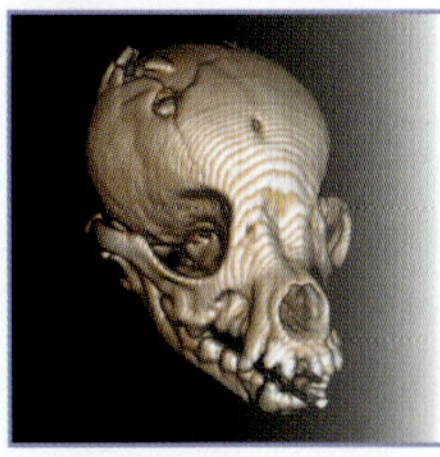

21. 頭部外傷

はじめに

頭部外傷 head injury/head trauma とは，頭部に外力が加わったことで発生する損傷を指し，頭部軟部組織，頭蓋骨，および脳の損傷が含まれる[23]。人医学領域では頭部外傷は外因死の多くを占め，頭部外傷に関する発生状況や病態などの研究，報告がなされている。一方，獣医学領域での頭部外傷に関する報告は少なく，その発生状況も不明である。頭部外傷は，交通事故，落下，咬傷などによって発生するが，一般的に動物は，ヒトに比べて頭部外傷の頻度は少ないと考えられる。その理由として，①四本足であるため姿勢が安定しており脳を保護する助けになっている，②交通事故など，ヒトと比べて頭部外傷になる環境が少ない，③頭蓋と比較して脳実質が小さい，などが挙げられる[10]。

本章では，ヒトの頭部外傷に関する病態生理，分類，診断と治療を基にして述べ，いくつかの頭部外傷症例を紹介する。

メカニズムと病態生理

外傷性脳損傷は，**一次脳損傷** primary brain injury と**二次脳損傷** secondary brain injury に分類される。さらに二次脳損傷の要因として，頭蓋内因子と全身性因子に分類される（表 1）。

一次脳損傷は，脳に衝撃が加わった瞬間に生じる傷害で，軟部組織の挫傷や頭蓋骨折および脳実質，脳神経，血管などの機械的破壊である[24]。その一次脳損傷を受けた部位の細胞は破壊されて細胞死が起こり，細胞死を起こした部位の周囲にも様々な傷害を受けた細胞が存在する（一次細胞障害）。

二次脳損傷は衝撃後の生体反応で惹起されるもので，脳浮腫，出血，虚血への進展などをいう（頭蓋内因子）[24]。また，全身性の低酸素や低血圧，貧血，高体温なども二次脳損傷の因子となり（全身性因子），これら二次脳損傷によって，傷害細胞が増加する（図 1）。二次脳損傷では，細胞のエネルギー障害が起こり，生体反応として細胞内 Ca イオンの上昇，活性酸素の発生，興奮アミノ酸（グルタミン酸，アスパラギン酸）やサイトカインの放出などの細胞障害性カスケード反応が生じ，最終的に細胞死を起こす（図 2）。二次脳損傷メカニズムの 1 つとして，内因性オピオイドの上昇，神経栄養因子の産生増加，血小板活性化因子，モノアミンなどの関連も示唆されている[6, 24]。また，重度脳損傷によって，視床下部－下垂体－副腎系から神経内分泌ホルモンが放出され，循環動態の不安定化，脳温上昇，

表 1　二次脳損傷の要因

頭蓋内因子	全身性因子
脳虚血	低酸素，低血圧，高体温
急性頭蓋内圧亢進	高炭酸ガス血症
脳浮腫，脳腫脹	貧血（出血性ショックを含む）
脳ヘルニア	低血糖
二次的出血，血管損傷	播種性血管内凝固（DIC）
脳組織の低酸素	多臓器不全（MOF）
直後てんかん	全身性炎症反応症候群（SIRS）
脳血管攣縮	
頭蓋内感染	

（文献 24 を元に作成）

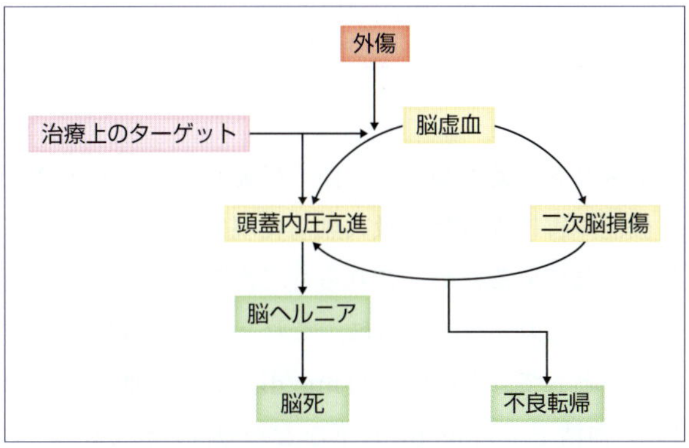

図 1　頭部外傷後の頭蓋内病態と治療

頭部外傷の治療ターゲットは，脳圧のコントロールと脳虚血の防止である。
（文献 24 を元に作成）

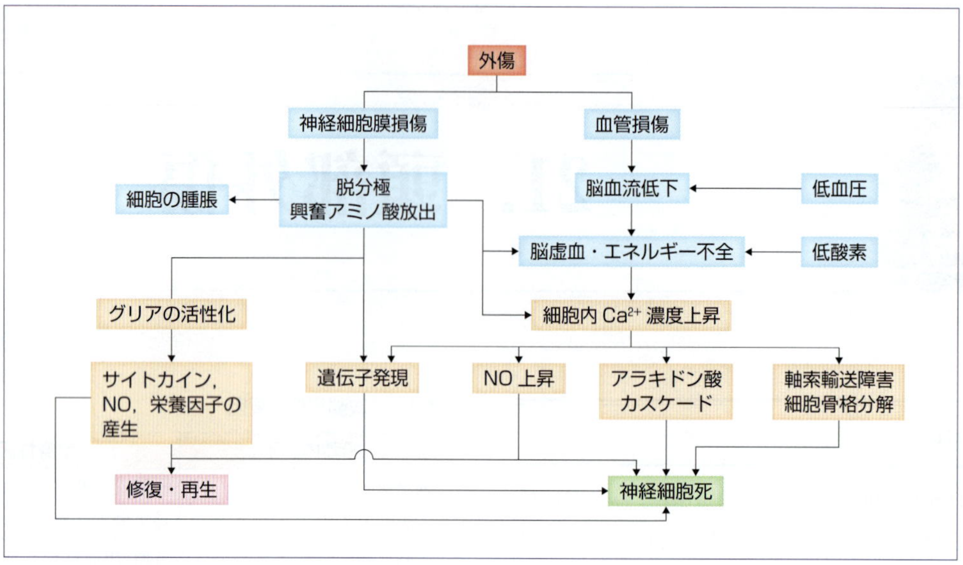

図2　頭部外傷後の生体反応
（文献 24 を元に作成）

表2　脳血流量

CPP：脳灌流圧 cerebral perfusion pressure，MAP：中心動脈圧 mean arterial pressure，ICP：頭蓋内圧 intracranial pressure，CVR：血管抵抗 cerebral vascular resistance。

$$CPP = MAP - ICP$$
$$CPP = \frac{MAP}{CVR}$$

表3　脳血流量と酸素供給量

DO_2：酸素供給量 delivered oxygen，CaO_2：動脈血酸素含量 arterial oxygen content，CBF：脳血流量 cerebral blood flow。

$$DO_2 = CaO_2 \times CBF$$

インスリン無効性高血糖に伴う代謝異常，ヘモグロビン機能障害による酸素吸入無効化現象が生じることが報告されているため，これらも二次脳損傷の因子になると考えられる[24]。さらに，これらの二次脳損傷の憎悪因子として，高血糖（230 mg/dL 以上），血清 pH 7.2 以下，血清 P 1.5 mg/dL 以下などが報告されている[24]。

以上のことから，一次細胞障害は傷害を受けたときに起きてしまうため，頭部外傷の治療ターゲットは二次脳損傷を防ぐことであると理解できる。

1．頭蓋内圧（脳圧）[6, 24]

頭部外傷の治療ターゲットは，全身状態（全身性因子）の正常維持および頭蓋内圧と脳血流のコントロールである。ここで，**頭蓋内圧 intracranial pressure（ICP）**と脳血流の病態生理について解説する。

二次脳損傷の多くは**脳虚血 cerebral ischemia** によって発生する。脳機能に大きな影響を与えているのは，**脳酸素要求量 cerebral metabolic rate of oxygen（$CMRO_2$）**と**脳血流量 cerebral blood flow（CBF）**である。CBF は，**脳灌流圧 cerebral perfusion pressure（CPP）**と ICP に関連しており，表2のような式に表される。この式からわかるように，血圧低下（平均血圧）および ICP 上昇は，CBF を低下させ脳虚血を起こす。また $CMRO_2$ は高体温やてんかん発作などで上昇するため，それらを防ぐことと酸素供給量を増加させることが重要である。そのため，動脈血酸素量と CBF を増加させる必要がある（表3）。一方，ある一定範囲の血圧では，CBF は一定に保たれる（**自己調節能 autoregulation**）が，それ以上になると CBF が増加して，ICP は上昇する（図3）。よって，CBF を一定に維持するための血圧のコントロールが重要である。

ICP の変化は脳実質，血液，脳脊髄液（CSF）の変化に伴って起こる（図4）。脳損傷による ICP の変化は，**脳浮腫 brain edema** と**頭蓋内出血 intracranial hemorrhage** による圧上昇であると考えられる。これら脳浮腫や出血による頭蓋内容積の上昇には，脳血液量および CSF を減らすことによって対応できるが，ある一定以上になると急激に上昇する（図5）。ICP の上昇によって，CBF が低下－脳虚血－脳浮腫の悪化－脳ヘルニアという悪循環が引き起こされる。

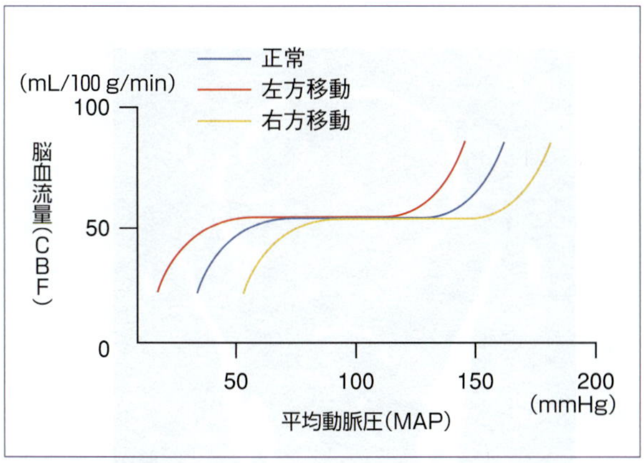

図3 自動調節能

平均血圧が50〜150 mmHgの間では，脳血流は一定である。慢性高血圧ではその血圧範囲が右方移動し，低血圧では左方移動する。

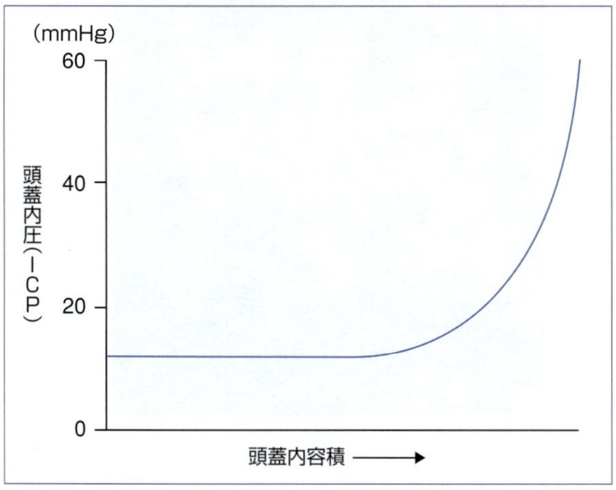

図5 頭蓋内容積と頭蓋内圧との関係

頭蓋内容積が増加しても代償機能によりすぐには頭蓋内圧は上昇しないが，ある一定以上になると急激に上昇する。

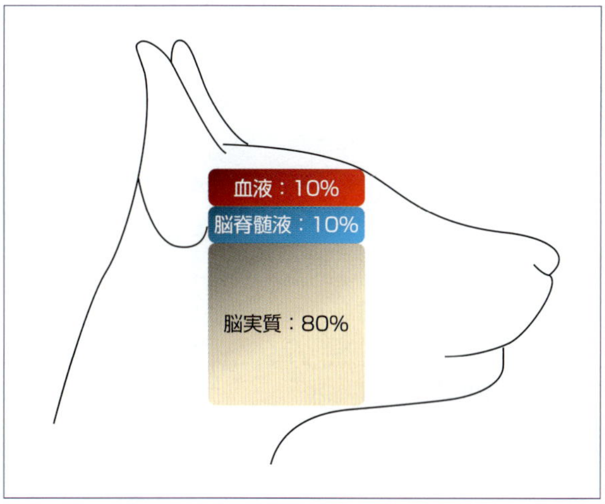

図4 頭蓋内分布

頭蓋内は，脳実質，髄液および血液で構成されており，脳腫瘍や脳浮腫などによる脳実質の増加，水頭症で髄液の増加，脳血管の拡張による脳血液量の増加などによって頭蓋内圧が増加する。

表4 頭部外傷の分類

1．頭蓋軟部損傷
2．頭蓋骨骨折
3．頭蓋内損傷
a．開放性
1)外開放性 2)内開放性
b．閉鎖性
1)限局性
(1)脳挫傷 (2)頭蓋内血腫
2)び漫性脳損傷
(1)脳震盪 (2)び漫性脳腫脹 (3)び漫性脳組織損傷

2．脳ヘルニア

頭蓋内圧(ICP)亢進によって脳ヘルニアが生じる。脳ヘルニアには，**大脳鎌下(帯状回)ヘルニア** subfalcian (cingulate) herniation，**吻側および尾側テント切痕ヘルニア** rostral-caudal tentorial herniation，**大孔ヘルニア** foraminal herniration，および開頭部からのヘルニアがある[18]。この中で最も多いのが尾側経テントヘルニア(テント切痕ヘルニア)と大孔ヘルニア(小脳ヘルニア)である。これらはテント上下の内圧差が10 mmHgを示す場合に生じ，ICPが60 mmHg以上になると症状を呈する[22]。

ヘルニアは，**脳幹部障害を引き起こして死に至る。**脳ヘルニアを起こすと，脳神経系障害，たとえば中脳障害による斜視や瞳孔散瞳(動眼神経麻痺)，尾側脳幹障害による前庭症状などを呈するが，実際にはヘルニア症状を発症する率は少ないと報告されている[18]。よって，犬における脳ヘルニアの影響は少ないかもしれないが，筆者は画像診断にてヘルニアと診断した場合，早急に頭蓋内圧降下処置を行っている。

頭部外傷の分類

頭部外傷は，解剖学的に開放性頭部外傷と閉鎖性頭部外傷に分類される。**開放性頭部外傷 open head injury** は，軟部組織損傷および頭蓋骨骨折，さらに硬膜損傷を起こして，外界との連絡があるものをいい，**閉鎖性頭部外傷 closed head injury** は，外界との連絡がないものをいう[22, 23]。さらに，頭部外傷の受傷の状況，傷害部位から，頭蓋外・頭蓋内損傷を区別し，頭蓋内病変と頭蓋外損傷との関連，頭蓋内病変の病態を診断するため，頭部外傷を表4のように分類する[22, 24]。

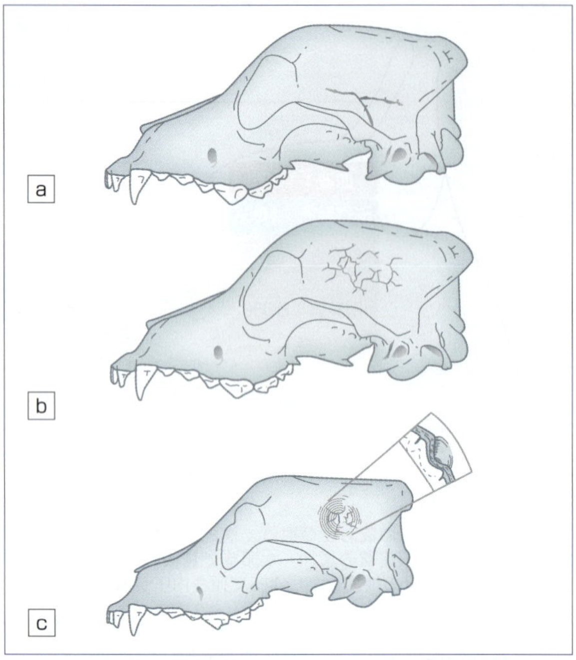

図6　頭蓋骨骨折の形状による分類
a：線状骨折，b：粉砕骨折，c：陥没骨折。

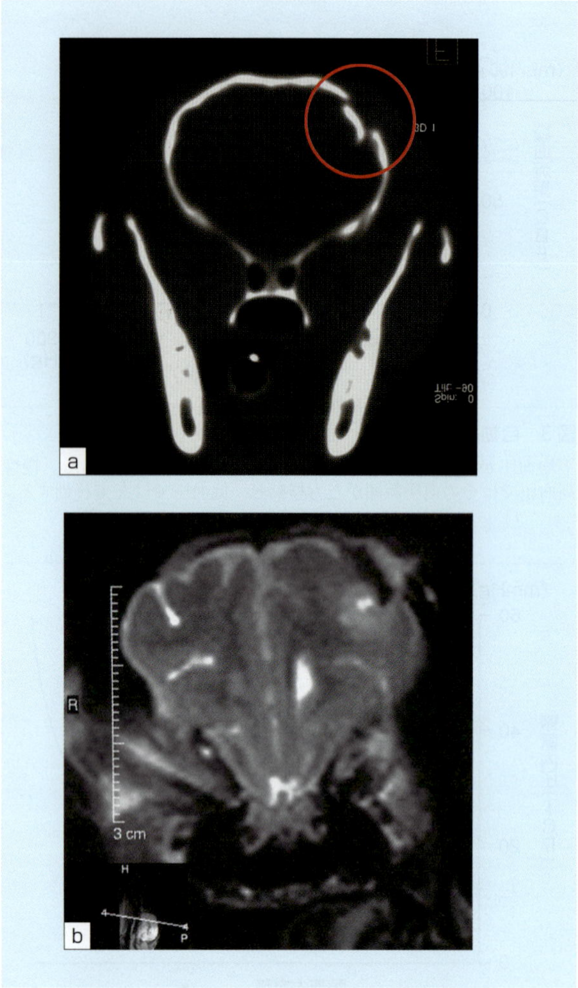

図7　陥没骨折の症例
a：CT 所見，b：MRI 所見。
（画像提供：ペットクリニックアニホス　岡田みどり先生）

1．頭蓋軟部損傷

頭蓋軟部損傷は，軟部組織が外界に開放している開放性頭蓋軟部損傷（切創，裂創など）と，外界に開放していない閉鎖性頭蓋軟部損傷（皮下血腫など）がある。

2．頭蓋骨骨折

骨折は形状により，**線状骨折 linear fracture**，**粉砕骨折 comminuted fracture**，**陥没骨折 depressed fracture** などに分類される（図6）。線状骨折は，頭蓋骨との接触面が平らで，かつ接触面積が大きい場合に起こりやすい。粉砕骨折は，手術適応である。骨折の整復は，骨折時に発生する周辺組織損傷，頭蓋内血腫などの損傷の悪化の阻止，脳の圧迫を除去するために行われる[22, 24]。陥没骨折は，接触面積が小さくかつ衝突が高速であった場合に起こりやすい。陥没骨折が疑われたときには陥没の程度，硬膜損傷の有無，頭蓋内損傷（脳挫傷，頭蓋内血腫，静脈洞損傷など）の有無を確認しなくてはならないので，コンピュータ断層撮影（CT）および磁気共鳴画像（MRI）などの画像検査が必要となる（図7）[24]。頭蓋骨は脳の保護器であるため，線状骨折は特に治療されない。陥没骨折は，開放している場合や病変部に関連した神経症状を発症している場合，血腫を形成している場合に手術適応となる。

3．頭蓋内損傷

脳損傷は，神経や軸索の圧迫，伸張，裂傷によって発生する。これらの傷害は脳の頭蓋骨への衝突，および前後，回転，角度のある力が急速に加わったとき（加速または減速）に生じる。頭蓋内脳損傷は，脳震盪，脳挫傷，び漫性軸索損傷に分類される。**脳震盪 cerebral concussion** とは，短時間の意識消失（意識の変化）があり肉眼的にも顕微鏡的にも実質の異常を伴わない状態である。**脳挫傷 cerebral contusion** とは，頭部を強打するなどの原因によって外傷を受けた際に，頭蓋骨内部で脳が衝撃を受け，脳本体に損傷を受けた病態である[10]。**び漫性軸索損傷 diffuse axonal injury (DAI)** は，受傷直後から6時間を超えて意識消失がある場合で，通常は，明らかな脳挫傷や血腫がない場合である。頭部に回転性の外力が加わることにより，脳の神経細胞の線維（軸索）が広範囲に断裂し，機能を失うと考えられている（図8）。

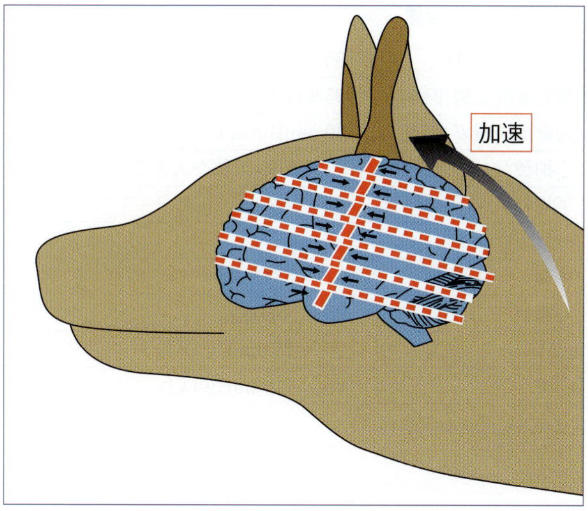

図 8　び漫性軸索損傷
直線または回転性運動の加速が起こることによって，軸索が剪断されるために発生する。

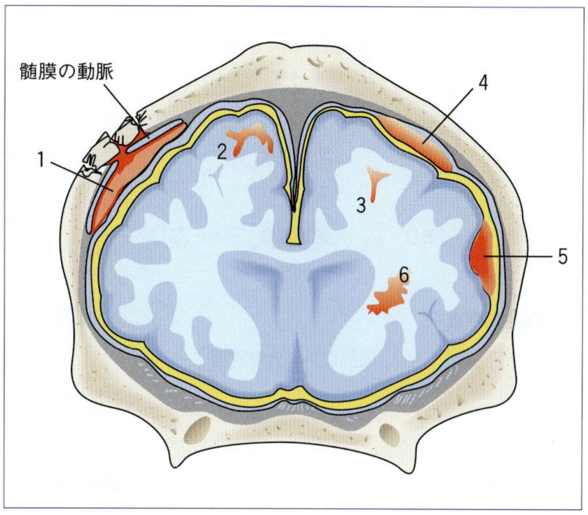

図 9　頭蓋内出血
1：硬膜外出血，2：皮質出血，3：皮質下白質の出血，4：硬膜下出血，5：くも膜下出血，6：深部脳内出血。

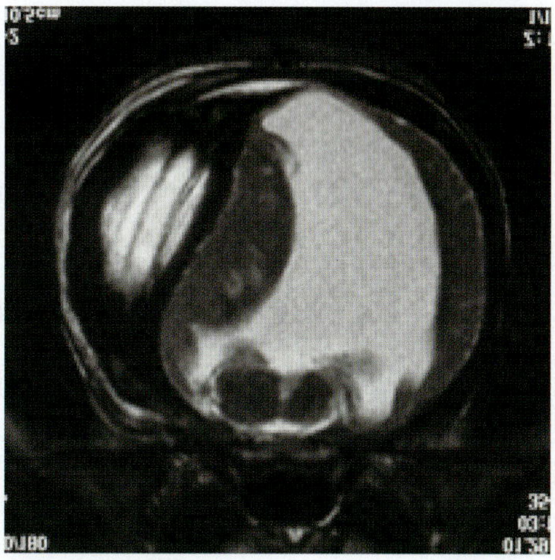

図 10　硬膜下血腫の症例
雑種犬，4 カ月齢，雌 T2 強調（T2W）画像。てんかん発作と旋回を主訴に来院した。水頭症があり，左側頭外部に慢性硬膜下血腫がみられた。

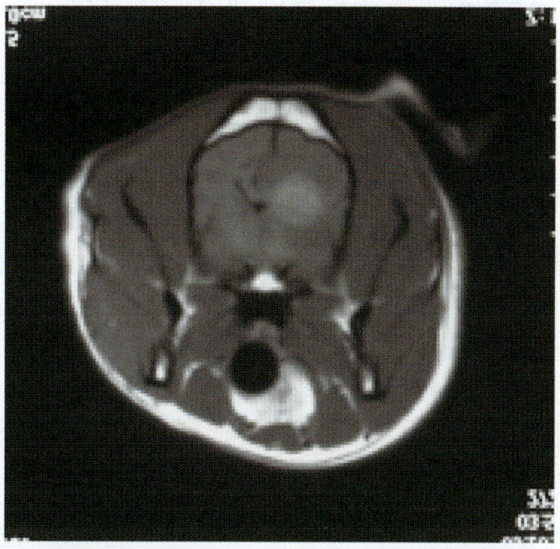

図 11　脳内血腫の症例
階段から落下した後，4 日目の MRI である。落下直後は目立った神経症状はみられなかったが，徐々に進行し，起立不能となった。T1 強調（T1W）画像で高信号，T2W 画像で等信号の血腫がみられた。ステロイド剤と抗生剤の投与を行い，経過観察とした。2 週間後には症状が改善し，その後の MRI では血腫は消失していた。

4. 頭蓋内出血・血腫

脳が頭蓋に衝突，または垂直，回転，角度のある力が神経細胞および軸索に作動したときには，衝突，剪断(突然の加速が起こり神経および血管傷害を起こす)，伸張，圧迫を生じる。その結果，脳または髄膜に出血を起こす(図 9)。

頭蓋内出血・血腫 intracranial hemorrhage/hematoma には，**硬膜外 epidural**，**硬膜下 subdural**，**くも膜下 subarachnoid** および**脳内 intracerebral 血腫**がある(図 10，図 11)[10]。硬膜外出血・血腫は，頭蓋と硬膜の間における出血であり，主に頭蓋骨折に伴う硬膜動脈損傷によって発生する。しかし，脳と頭蓋骨が密着しているためその発生率は低い[10]。硬膜下出血は，硬膜とくも膜の間における出血であり，主に架橋静脈の損傷により発生する。この硬膜下血腫の発生もまれで，ヒトのように血腫を形成することはほとんどないようである。くも膜下出血と脳内出血は，頭部外傷に伴ってよくみられる[10]。

診断および評価

頭部外傷の管理は，一次脳損傷の予防・処置はできないので，二次脳損傷の予防・処置が主体になる。

頭部外傷患者に対する評価は，まず生命に関わる障害に集中する(図 12)。頭部外傷症例の多くは，**循環血液減少性ショック**の状態で運ばれてくる。よって，外

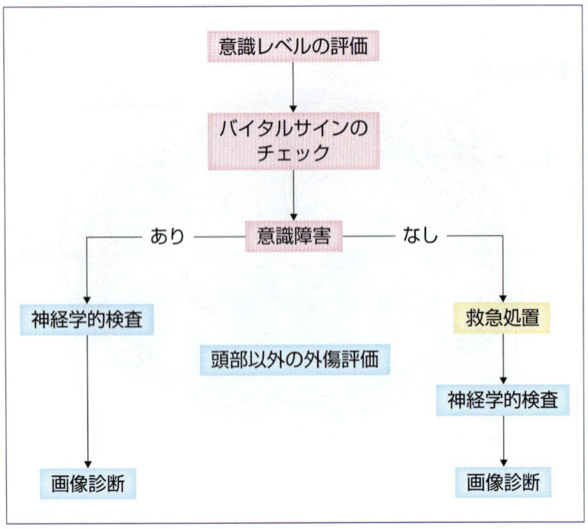

図 12　頭部外傷における初期診療
（文献 24 を元に作成）

表 5　治療管理目標

動脈血酸素分圧	80 mmHg 以上
動脈血酸素飽和度	95％以上
動脈血炭酸ガス分圧	40 mmHg 以下
心拍数	正常範囲（犬種や大きさによる）
平均動脈血圧	80 ～ 120 mmHg 以上
ヘマトクリット	30 ～ 35％
体温	37 ～ 38℃
血糖値	4 ～ 6 mmol/L
ICP	20 ～ 25 mmHg 以下
CPP	60 ～ 70 mmHg 以上

（文献 14，24 を元に作成）

表 6　グラスゴー・コーマ・スケール（Modified Glasgow Coma Scale）

意識レベル	
生き生きとした状態の生ずる期間がときどきあり，環境に反応する	6
抑うつ，せん妄，環境に反応可能であるが，反応が適切でない場合がある。	5
半昏睡，視覚刺激に反応する	4
半昏睡，聴覚刺激に反応する	3
半昏睡，反復性侵害刺激にのみ反応する	2
昏睡，反復性侵害刺激に対して無反応である	1

運動能	
正常歩様，脊髄反射正常	6
片側不全麻痺，四肢不全麻痺あるいは除脳活動	5
側臥，間欠性の伸筋固縮	4
側臥，持続性の伸筋固縮	3
側臥，弓なり緊張を伴う持続性伸筋固縮	2
側臥，筋の緊張低下，脊髄反射低下あるいは消失	1

脳幹反射	
瞳孔の光反射と眼球頭反射が正常	6
瞳孔の光反射の緩徐化と眼球頭反射は正常か低下	5
正常あるいは低下した眼球頭反射を伴う両側性の無反応性縮瞳	4
低下あるいは消失した眼球頭反射を伴う点状縮瞳	3
低下あるいは消失した眼球頭反射を伴う片側性の無反応性散瞳	2
低下あるいは消失した眼球頭反射を伴う両側性の無反応性散瞳	1

グレード	合計点数	予後予測
Ⅰ	3 ～ 8	不良（Grave）
Ⅱ	9 ～ 14	要注意（Guarded）
Ⅲ	15 ～ 18	良好（Good）

（文献 14 を元に作成）

傷の処置に先がけて，**気道確保，呼吸，循環の管理がまず行われるべき**である。要するに，十分な酸素化と循環が重要である。二次脳損傷を予防するための治療管理目標を表 5 に示す。ヒトでは，来院時全身酸素化状態（低酸素），来院時血圧（低血圧），頭蓋内血腫存在時の減圧手術までの時間，ICP 20 mmHg 以上の時間，内頸静脈血酸素飽和度低下，外傷性血管攣縮などが，死亡率や罹患率増加に関連していると報告されている[24]。よって，早期処置が重要である。

血圧および酸素化が十分であれば，骨折，腹部臓器損傷の有無を検査する。血圧，血液ガス，全血球計算，血糖値，電解質，血中 BUN，尿比重の測定などが必要となる。さらに，胸部 X 線検査，心電図検査も必要である。

全身を評価した後，神経学的評価を受傷直後から 30 ～ 60 分ごとに行う。頭部外傷の重症度を測るため，**グラスゴー・コーマ・スケール Modified Glasgow Coma Scale（MGCS）**が利用できる（表 6）[14]。グラスゴー・コーマ・スケールは，意識レベル，運動能，脳幹反射についてそれぞれ 1 ～ 6 の点数を付け，それらの合計点から予後予測を良好（Good），要注意（Guarded），不良（Grave）に分類する（表 6）[14]。

1．グラスゴー・コーマ・スケール（MGCS）

（1）意識レベル

正常（覚醒），沈うつ，錯乱，昏迷，昏睡などの状態

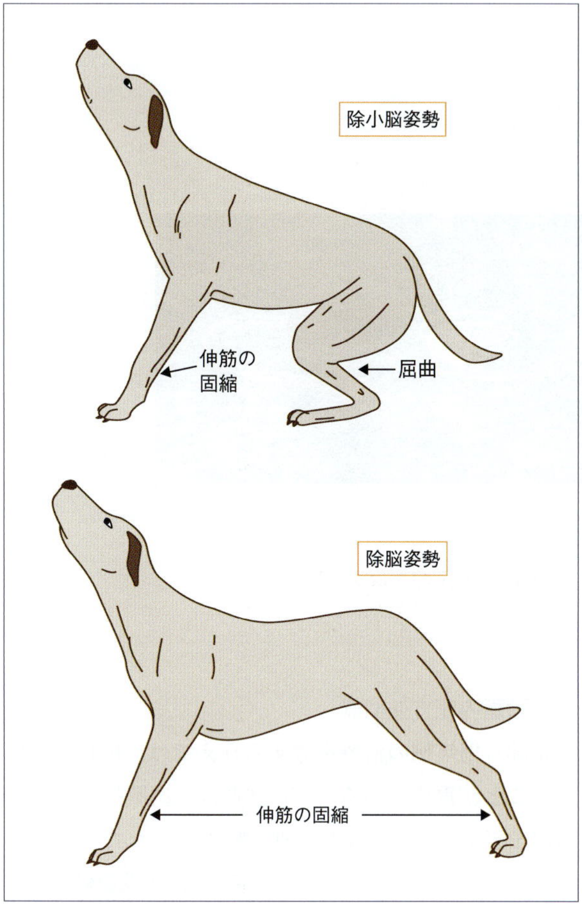

図 13　異常姿勢

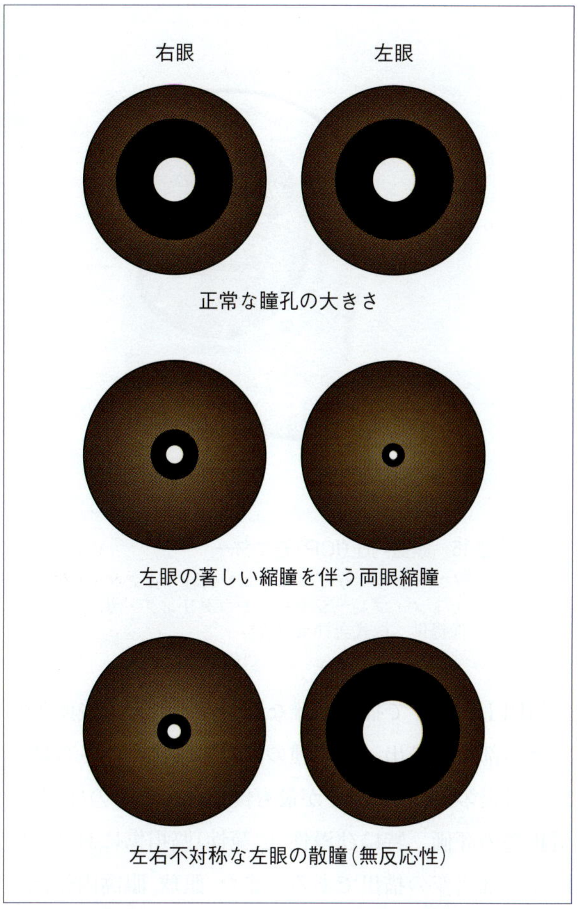

図 14　瞳孔異常
両側縮瞳は大脳傷害を示す。瞳孔不同は脳幹傷害を示す。

や，物や音に対する反応などをみて点数を付ける。これら動物への呼びかけ意識レベルは，特に脳全体の機能を表しているため，昏睡などを呈している場合は，広範囲の大脳障害または脳幹障害が疑われる。

(2) 運動能

運動能は，患者が意識障害を呈している場合に評価することはできない。しかし，動物の姿勢を観察することによって主な障害部位が想定でき，重症度が評価できる（図 13）。四肢の強直性の伸展を呈した場合は**除脳姿勢（除脳固縮）decerebral rigidity** を示し，重症である。前肢の強直性伸展と後肢の屈曲，すなわち後弓反張を呈する場合は，**除小脳姿勢（除小脳固縮）decerebellar rigidity** を示している。

(3) 脳幹反射

脳幹反射の評価は，**対光反射**と**生理的眼振**で評価する。瞳孔の大きさは，頭蓋内損傷の程度や部位を表している（図 14）。縮瞳は動眼神経や神経核を含む脳幹レベルの損傷を表している。縮瞳は前脳レベルの障害を表しているが，前脳レベルの障害であっても，進行すると散瞳するようになる。対光反射は脳幹レベルの機能を表しているため，対光反射の消失は重症であることを示している。

2. 画像診断

頭部外傷患者の評価には，画像診断が必要である。頭部の X 線検査では，頭蓋骨骨折を見つけることはできるかもしれないが，脳実質の状態は把握できないため，CT または MRI が好ましい。出血後数時間後には CT で検出ができるため初期検査としては好ましいかもしれない。また，頭蓋骨骨折を詳細に描出できるため，外科手術を行う際には適した検査法である。

CT および MRI の読影を行う際は，頭部軟部組織－頭蓋骨－脳表－脳実質－脳槽－正中変位の順に，系統立てて読影を行う[23]。CT では，脳条件と骨条件で観察し，腫瘤が疑われたら血腫条件でも観察する。とりわけ，**脳槽の消失**と**正中変位 midline shift** は，頭蓋内圧（ICP）亢進を強く示唆する所見であるため特に注意して観察する。

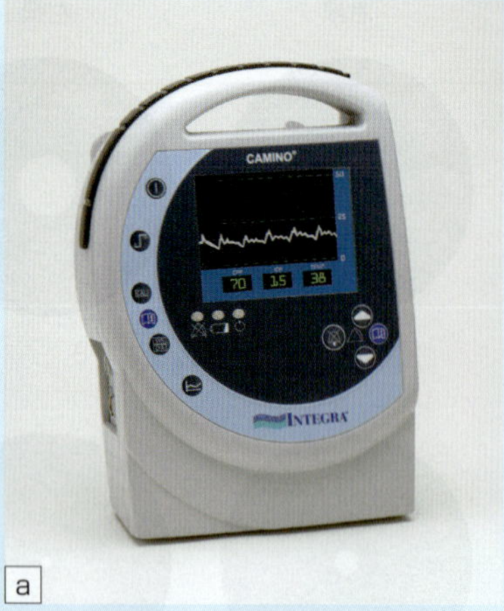

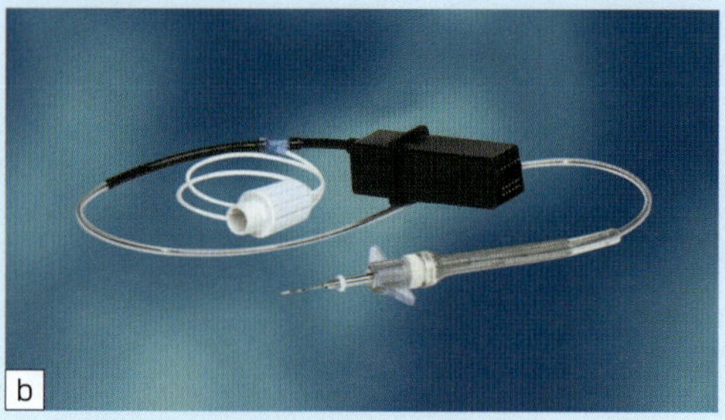

図 15　頭蓋内圧(ICP)モニター

a：インテグラ　ライフサイエンス社，カミノ・マルチパラメーター・モニタリング・システム。
b：カミノ・プレッシャー・モニタリング・カテーテル。
(画像提供：株式会社東機貿)

MRI は，CT で描出困難な部位，たとえば後頭蓋窩などの部位の描出，脳浮腫の鑑別に役立つ。さらに，頭部外傷の診断で MRI が最も優位性をもつのは，脳実質損傷の評価，特にび漫性(広範性)脳損傷における脳幹や深部病変の描出である。また，眼球，眼窩内組織，副鼻腔，下垂体なども対象となる。これら画像診断検査は，動物の状態に合わせて繰り返し行う。

3. モニター

(1) 頭蓋内圧(ICP) モニター

頭部外傷の治療のターゲットの 1 つは ICP である。ICP の推移と予後はよく相関していると報告されており，ICP のモニターは重要である(図 15)。獣医学領域では一般化されていないが，いくつかの報告がある[1〜4, 7, 15]。

(2) 聴性脳幹誘発反応

聴性脳幹誘発反応 brainstem auditory evoked responce(BAER)(auditory brainstem response: ABR)は，難聴の聴覚生理学的鑑別診断法の 1 つであるが，頭部外傷症例では脳幹損傷の程度を測る目的で使用される。意識障害がある症例では，神経学的検査による脳神経系の評価が難しく，BAER が役に立つ。頭部外傷症例で BAER の無反応は予後不良であるといわれている。獣医学領域の報告は見当たらないが，筆者は昏睡症例の予後判定に利用することがある。

(3) 頭蓋内圧亢進徴候

頭部外傷症例の治療を考えるうえでは，ICP を把握することが重要である。ICP 亢進は二次脳損傷の頭蓋内因子であるため，ICP 亢進徴候がみられたら早急に治療をはじめる。頭部外傷による ICP 亢進徴候は，急速に発症し，徐脈，高血圧，意識障害を生じる。特に**徐脈，高血圧，呼吸異常はクッシング三徴候あるいはクッシング反射 Cushing reflex** といわれている。

クッシング三徴候の血圧上昇は，延髄の血管運動中枢の乏血に対する反応で，徐脈や呼吸異常が発現した後に現れる。ICP が上昇すると，クッシング三徴候以外に瞳孔不同，瞳孔散大，対光反射消失，除脳硬直などがみられる。これらの臨床症状がみられたら頭蓋内圧をコントロールするための治療をはじめる。

治療

頭部外傷の初期治療は，全身状態を判断し，まず**気道の開放(airway)，呼吸管理(breath)，循環管理(circulation)**などの呼吸・循環管理を行う。この初期治療を行うことによって，全身性因子による二次脳損傷を回避できる。初期治療によって安定すれば，中枢神経系の状態を判断し治療を行う。

頭蓋内治療の目的は二次脳損傷に対して行うもので，CBF の維持と ICP のコントロールが主である(図 16)。ICP を低下させる方法を表 7 に示す。これらの治療法の指針は，獣医学領域では確定されたものがないため，ヒトの医学分野での指針を利用して治療を

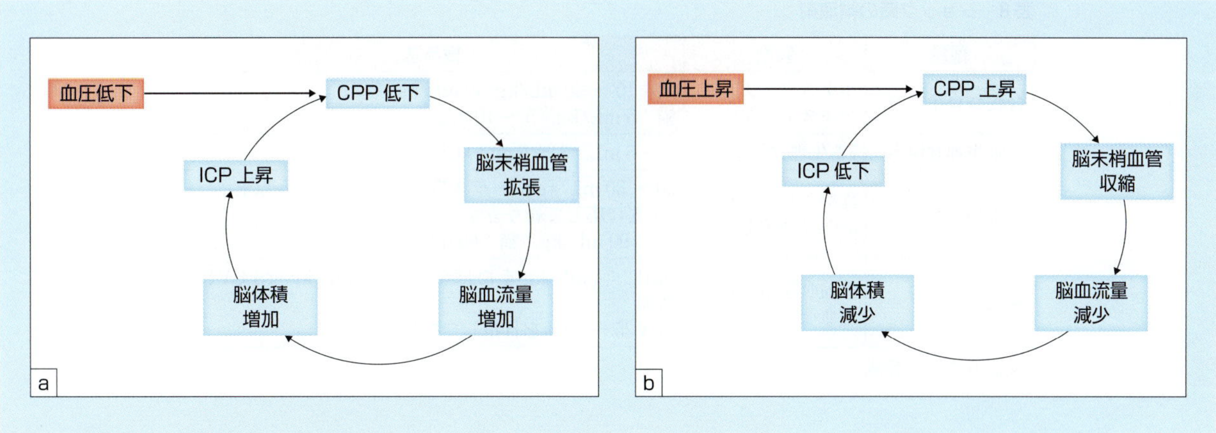

図 16　頭蓋内圧（ICP）のコントロール
a：血圧が低下すると最終的に脳体積量を増加させ ICP を上昇させる。
b：適切範囲内で血圧が上昇すると最終的に脳体積量を減少させ，ICP を低下させる。

表 7　頭蓋内圧（ICP）を下げる処置

・頭部挙上
・過換気
・浸透圧利尿剤（マンニトールなど）
・バルビツレート療法
・低体温療法
・ステロイド療法
・開頭術

行っている[10, 12, 19～21]。

1．頭部挙上

頭部挙上は，静脈流出増加による頭蓋内血液量の減少と，髄液の頭蓋内から脊髄髄腔内への移動を促進するため，ICP が低下する。患者の**頭部を 15 ～ 30°に挙上**させるが，特に ICP が 15 以上の場合は有用である。しかし，頭部挙上は CPP を低下させる可能性もあるため，頭部挙上の適応は慎重でなければならない。よって，頭部挙上はショック状態で血圧低下がみられる場合を除いた頭部外傷に適応となる。また，強い浮腫などで脳ヘルニアを生じる可能性がある場合は，2 ～ 3 分かけて頭部挙上を行う方がよい。

2．過換気

過換気療法は，ICP コントロールおよび脳アシドーシスの改善のために行われる。

過換気にすると，脳血管が収縮するため CBF が減少して ICP を降下させる。しかし，脳血管が収縮しすぎると CBF が低下するため，過剰な過換気は禁忌である。$PaCO_2$ 低下による血管の反応は 6 ～ 24 時間で消失する。また，$PaCO_2$ が 20 mmHg 以下になると CBF は半分となり，脳虚血が助長する。よって，$PaCO_2$ を 35 mmHg 以下にならないように維持し，ICP 亢進徴候や神経症状の悪化がみられる場合にのみ過換気療法を行う。ICP が測定できる場合には，ICP が 20 mmHg 以下にコントロールできない場合に過換気療法を行う。気管挿管されている場合は，$PaCO_2$ を 30 ～ 35 mmHg に維持する。ICP が 20 mmHg 以下にコントロールできない場合は，短期間 $PaCO_2$ を 25 ～ 30 mmHg まで下げる。

3．輸液療法

頭部外傷は，多発性外傷の 1 つであることがあり，出血および体液損失，またショックによる血圧低下を起こす可能性がある。低血圧は二次脳損傷の要因であり，脳損傷を悪化させるため，できるだけ早く適切な血圧に戻す必要がある。そのため，積極的な輸液療法が必要である。

輸液療法は，血圧維持など循環の安定を目的として行う。晶質剤による積極的な輸液療法は，脳浮腫を導くことがあるとされ，脱水状態にして脳浮腫を抑える試みがなされていたが，脳代謝を障害するため勧められない[10]。ショック時には**コロイド剤**，**等張晶質剤**および**高張生理食塩水**の投与や輸血療法が行われる（表 8）。コロイド剤は血圧維持には効果的であるが，体液

表 8　ショック時の輸液剤

種類	製剤	投与法
合成コロイド剤	ヘタスターチ デキストラン	犬：10 ～ 20 mL/kg(40 mL/kg まで) 猫：5 mL/kg，5 ～ 10 min
高張生理食塩水	7%生理食塩水	4 ～ 5 mL，3 ～ 5 min 以上
等張晶質剤	乳酸化リンゲル 0.9%生理食塩水	20 ～ 30 mL/kg ボーラス投与，15 ～ 20 min 以上 (必要に応じて繰り返す。 犬：90 mL/kg，猫：60 mL/kg)
輸血	濃縮血球(pRBC) 全血液	pRBC：1 mL/kg または全血液：2 mL/kg で PCV1%増加 PCV25 ～ 30%を目指して投与

(文献 6 を元に作成)

損失した患者には，まず等張晶質剤を投与すべきである[10]。出血や細胞外液の損失においては，できるだけ損失した成分を補うようにする[21]。脳浮腫や外傷急性期には，血糖値上昇がみられることがあるため，糖質入りの輸液剤は避ける。

4. ステロイド

外傷後の脳浮腫は，**細胞障害性(細胞毒性)浮腫 cytotoxic edema**(細胞膜の機能不全)，**血管原性浮腫 vasogenic edema**(血液脳関門〔BBB〕の破綻)の混合だと考えられている。ステロイド剤は血管原性浮腫を軽減すると考えられている[19～21]。さらに局所の炎症反応を抑制し，活性化小膠細胞(ミクログリア)から放出される細胞毒性サイトカインの放出を減少させ，脳を保護するとも考えられている[19～21]。しかし，頭部外傷に対するステロイド剤(メチルプレドニゾロン，デキサメタゾン)の効果はないと報告され，さらに免疫機能低下や消化管出血などの副作用を考慮すると，使用すべきではないとされている[10]。しかし，頭部外傷に対するステロイド剤の使用は効果があるという報告もあるため，ステロイド剤は人医療分野では現在も投与されることがある。特に，他の治療に反応がない場合などには使用されている。また，頭部外傷に併発する重症感染症ショックによる循環不全などにはヒドロコルチゾンが投与される。

5. 浸透圧利尿薬

現在，ICP を降下させる代表的な浸透圧利尿剤には，**マンニトール**および**濃グリセリン**がある。これらの薬剤は，血管内の浸透圧を上昇させ，浸透圧勾配によって間質や細胞内の水分が血管内に移行し，ICP を低下させる。その他，急速な血漿量増加効果(ヘマトクリット値および血液粘稠度の低下)，フリーラジカル捕捉作用，CSF の産生抑制などによって脳保護作用を示す。マンニトールは，体内で代謝されず腎臓で排泄され，効果発現が早く，急性期に使用される。投薬後 15 ～ 30 分から効果が出現し，2 ～ 5 時間持続する。投与法は 10 ～ 20 分以上かけ，0.5 ～ 1.5 g/kg，TID ～ QID で投与する。**フロセミド**は，マンニトールと併用すると脳圧低下の効果があるとされているが，フロセミド単独またはマンニトールとの併用でも脳浮腫を軽減しないという報告もある[4, 10]。マンニトールは BBB の障害部位などを通過することがあり，局所の細胞内浸透圧を上昇させて脳浮腫を悪化させることがある(リバウンド)。また，マンニトールは，急性尿細管壊死(血漿浸透圧 320 mOsm/L 以上)，糖尿病(非ケトン性高浸透圧昏睡)，腎不全患者(腎排泄される薬剤につき)のリスクや腎不全発症，心臓への負担(血液容量の増加のため)などの副作用があるため，ショック状態から脱した後に使用する。

グリセオール®(中外製薬株式会社)は，グリセリンと果糖の配合製剤(濃グリセリン：20 g，果糖：10 g〔200 mL〕)で，マンニトールと異なり細胞内に取り込まれ代謝される。また，マンニトールよりもリバウンドが起こりにくいとされている[4]。グリセオール® は，作用が緩徐で副作用が少ないといわれているが，筆者は，頭部外傷の場合，マンニトールを使用することが多い。

6. 高張生理食塩水

マンニトールおよび濃グリセリンの他に，**高張生理食塩水 hypertonic saline** がある。高張生理食塩水は，脳血流を上昇させ，また全身血圧を上昇させることで ICP を下げる。その効果はマンニトールより優れている[11, 16]。高張生理食塩水の CBF 上昇効果は，脳血管の内皮細胞における浮腫を軽減する事による。また，グルタミン酸などの細胞興奮因子の再取り込み増進，炎症を調節する細血管への多形核細胞の接着を抑制することにより，興奮毒性を抑える効果がある。投与方法は，7.5% の生理食塩水 4 mL/kg または 3% の生理食塩水 5.3 mL/kg を 2 ～ 5 分以上かけて行う事が推奨されている[11, 16]。

高張生理食塩水を投与すると組織が脱水するため，後で晶質液を投与すべきである。血管内容積を維持するため，高張生理食塩水とコロイド溶液の投与が推奨されている。脱水症や高 Na 血症のある症例には投与を避ける。

慢性の低 Na 血症症例に投与した場合，急激かつ重度な高 Na 血症になり，意識レベルの低下，てんかん発作などの神経症状を呈することがある。また，多発性外傷で心肺が障害されている場合，肺水腫や挫傷を悪化させることがあるため，投与は慎重にするべきである[11, 16]。

7. 抗てんかん薬

頭部外傷を受けた症例は，てんかん発作を起こすことがある。これは**外傷性てんかん traumatic/post-traumatic epilepsy** といい，外傷性脳損傷に起因するてんかんである。外傷性てんかんは，直後（受傷後 24 時間以内）／早期（受傷後 1 週間以内）／晩期に分類される[10, 23]。直後てんかんは，K の細胞外逸脱現象による一過性のけいれんであり，早期てんかんは損傷の刺激による発作である[23]。よって，これらは真のてんかんではなく，晩期てんかんが真のてんかんである。早期てんかんがあると，晩期てんかんの危険率は 2 ～ 8 倍となる[23]。

予防的**抗てんかん薬**の投与は，直後および早期てんかんの発生を減少させるので，受傷後 7 日間の予防的投与は支持される[10]。また，てんかん発作は，ICP 亢進，脳虚血など二次脳損傷を起こす可能性があるため，積極的にてんかん発作をコントロールするべきである[4]。しかし，ある報告では，晩期てんかん（外傷後てんかん）には効果がなかったとしている[10]。したがって，ヒトでは 1 カ月以内に投薬を中止して，その後てんかん発作が起これば投薬をはじめるとされている[10]。外傷後の抗てんかん薬として，フェノバルビタール（2 mg/kg，IM，q6 ～ 8 hr）が投与される。効果がない場合には，ジアゼパム（0.5 ～ 1.0 mg/kg/hr）の持続点滴を行うこともある。また，フェノバルビタールを最大 24 mg/kg まで 30 分ごとに投与する方法もある[4]。

人医療分野では，ゾニサミドに開頭術後のてんかん焦点形成に対する抑制作用があると報告されている[23]。また，外傷後の意識障害改善効果，低酸素状態・脳梗塞に対する保護効果，拡延性抑制を抑える効果，Ca 拮抗作用などが知られている[23]。犬および猫においても，ゾニサミドは外傷後てんかんに対する抗てんかん薬として効果があるかもしれない。

8. 栄養管理

外傷急性期は代謝亢進を示す。また，除脳姿勢などの筋緊張はエネルギー消費を高める。異化亢進は，外傷後 2 週間続くため，窒素喪失量が増加する。ヒトの報告では，低アルブミン血症（2.5 g/dL 以下）の症例は，その 75% が予後不良であったと報告されている[10]。よって，早期の中心静脈または経腸的に栄養投与が勧められる。経腸栄養投与は，肺炎などの合併症が考えられるので慎重に行うべきである。

高血糖は，高浸透圧，乳酸産生，pH 低下，興奮アミノ酸の上昇などの二次損傷因子を増加させることが報告されているため，血糖値の制御が必要である[4]。

9. その他の内科療法

頭部外傷に対する効果が報告されているものに，ポリエチレングリコール（PEG）療法，バルビツレート療法，低体温療法などがある。PEG 療法は，軸索膜を保護し，脊髄損傷に対する効果があると報告されているが，実験動物モデルの研究において頭部外傷に対する効果も報告されている[8]。バルビツレート療法は脳代謝および ICP を低下させて脳保護効果を示すと報告されている。一方，バルビツレート療法の予後は悪いという報告もある[10, 12, 19]。

低体温療法（32 ～ 34℃）は，脳代謝低下および炎症性サイトカインとグルタミン酸の放出を抑制することによって効果を現すと報告されている[10, 12, 19]。

10. 外科療法

頭部外傷に対する外科手術には，頭蓋内の**血腫（硬膜下血腫，脳内血腫など）**の**除去**および**減圧開頭術**がある。これらの手術は ICP 亢進による二次脳損傷（脳幹圧迫や CPP 低下による虚血）の予防・軽減が主な目的である[4, 10, 12, 19～21, 23]。獣医学領域でも，硬膜下血腫の摘出などの報告はある[5]。血腫がある症例では，血腫の増大，ICP 亢進徴候の悪化または神経症状の悪化などがみられた場合に，血腫が除去される。減圧開頭術は，人医療分野ではいまだ論争されているが，内科治療に抵抗する ICP 亢進が進行する場合に行われている[4, 12, 19～21)]。手術方法として，頭蓋骨の開頭だけではなく，硬膜切開を必ず加える。ヒトでは，その後に自己の硬膜を使用して硬膜拡大術を行うか，または人工硬膜を使用して閉頭する。

この減圧開頭術を行ってもICPがコントロールできない場合には，葉切除を行うこともある。減圧開頭術による脳浮腫の悪化(静水圧性脳浮腫 hydrostatic brain edema)が起こる可能性があるため，血圧を上げすぎないように注意する必要がある。獣医学領域では，これら頭部外傷に対する外科手術の適応は確立されていない。しかし，正常犬において開頭術を行ったところ，ICPが急激に低下することが報告されているため，内科療法に抵抗する場合は，人医療と同様に減圧開頭術を行うべきである。筆者も，ICPがコントロールできない場合には減圧開頭術を行っている。

筆者の経験した症例を以下に記載する。

症例1 **開放性頭部外傷の症例**

患者情報：パピヨン，4歳，雄

稟告：家具の上から落下し，頭部を強打した。頭部皮膚が裂傷し，落下直後からてんかん発作がみられた。意識レベルは低下していたが，紹介病院での加療後，意識レベルは改善した。来院時には，四肢不全麻痺，左側威嚇まばたき反応の低下および瞳孔不対称(右＜左)がみられた(図17a)。頭部には，皮下出血がみられた(図17b)。

臨床検査：MRIおよびCTを撮影したところ，右側頭蓋の粉砕骨折および左右に硬膜外血腫がみられた(図17c～e)。

治療・経過：骨片および血腫を取り除くために手術を行ったところ，皮下には血腫がみられ，骨折部位から脳が突出していた(図17f)。遊離している骨片を取り除き，開頭を拡大させて血腫を摘出した(図17g, h)。術後の症例は，左側不全麻痺，左側威嚇まばたき反応消失，右旋回の症状が残ったが，自力で起立および歩行をするようになり通常の生活が可能となった。術後3カ月後，突然のてんかん重積発作のため死亡した。

症例2 **閉鎖性頭部外傷の症例**

患者情報：在来種猫，約6カ月齢，雄

稟告：道路上に倒れていたところを保護されて来院した。来院時は，意識レベルの低下，瞳孔不対称がみられ，ときおり錯乱状態となった。下顎の脱臼と，下顎部からの出血がみられた。

臨床検査：CTを撮影したところ，左側頭頂葉に高濃度領域が認められ，脳挫傷と診断した(図18)。血液検査では，CK，ASTおよびGluが高値を示した。

治療・経過：酸素ケージに入れ，輸液療法および抗生剤の投与を行った。さらにHb(9.1→4.9)，HCT(30.3→13.7)に低下したため輸血を行った。その後，意識レベルも回復し，自力での飲食が可能になったため第4病日に退院した。

症例3 **閉鎖性頭部外傷の症例**

患者情報：在来種猫，3カ月齢，雄

稟告：オーナーと遊んでいたときに頭を強打し，全身けいれんと後弓反張を呈して意識消失を呈した。第2病日，日本大学動物病院に来院した。来院時の症例は，威嚇まばたき反応は消失していたが，意識レベルは回復し，四肢の運動能は回復していた。

臨床検査：MRIを行ったところ中脳－橋背側部に病変がみられた(図19)。

治療・経過：ATP製剤およびビタミンB複合体を投与し，経過観察した。第5病日には，歩行が可能となった。

予後

ヒトでは，頭部外傷症例の予後を判定することは困難であるが，予後判定因子として，年齢，外傷の原因，MGCS，対光反射，CT所見などが挙げられる。さらに，外傷時の低血圧，低酸素症，血糖値，プロトロンビン時間が重要な予後因子とされている[16)]。CT所見では，大脳半球の腫脹，脳幹損傷，正中偏位などが予後因子の所見とされている。

一方，獣医学領域では 頭部外傷の予後については不明であるが，いくつかの予後因子が報告されている。MRI所見におけるMGCSと生存期間との関連性についての報告では，MRI所見の重症度と生存期間とは関連があったが，MRIの異常所見の有無，髄内または髄外出血の有無，頭蓋骨骨折の有無やタイプに関連はなかったと報告されている[13)]。MRI所見とMGCSとの間では，髄外出血の有無，頭蓋骨骨折の有無やタイプに関連性はなかったが，髄内出血，MRIの異常所見の有無，MRI所見の重症度，髄外出血，正中偏位に関連がみられた[13)]。頭部外傷の犬のMGCSに関する報告では，性別，体重，年齢，頭蓋骨折は予後と関連はなかっ

図 17　症例 1，開放性頭部外傷

a：軽度の沈うつがみられ，起立困難であり，ほとんど横臥状態であった。
b：頭部に皮下出血がみられ，触診で骨片が触知できた。
c：頭部 T2WMR 画像横断像。右側頭頂部に高信号と等信号の混合を示す部位がみられ（黄矢印），正中が変位していた。脳実質の脱出がみられる（青矢印）。また，硬膜外にも等信号の腫瘤がみられる（血腫：橙矢印）。
d，e：頭部 3D-CT 右側面像（d），右斜め側面像（e）。右頭頂骨の陥没と多数の骨片がみられる。
f：術中写真。皮膚を切開すると，脱出した脳実質が認められた（矢印）。
g：摘出した骨片。
h：骨折部位から開頭を拡大すると血腫がみられた。

たが，MGCS と生存期間との間に関連性がみられ，スコアが 8 の場合，受傷後 48 時間内に死亡する確率は 50％であると報告されている[14)]。外傷後の高血糖についても報告されており，脳外傷の重症度と関連があるとされている[17)]。

これら頭部外傷に関する予後因子が複数報告されているものの，頭部外傷の原因は交通事故が多く，全身性の多発性外傷を起こしている可能性が高いため一概に予後を推測することは困難である。また，犬猫では脳組織の欠損に対して驚くべき代償能力があるため，外傷時の状態から安易に予後不良と判断しないことは重要であると述べられている[16)]。よって，全身状態の慎重な把握，神経症状および画像診断の慎重な評価が，予後を判断するうえで重要かもしれない。

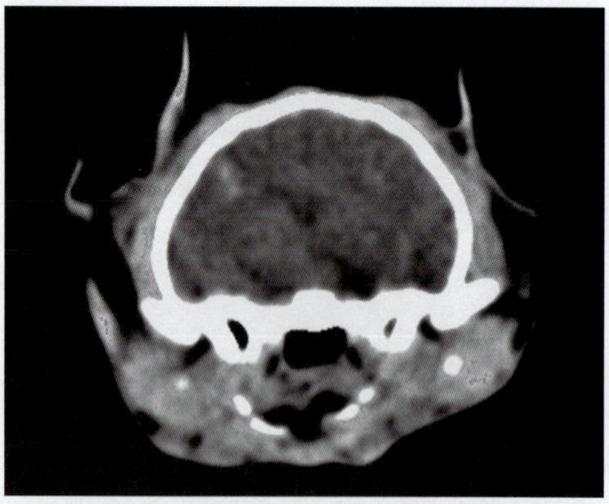

図 18　症例 2，閉鎖性頭部外傷（CT 所見）

左側大脳に高濃度の領域がみられ，出血を伴う脳挫傷がみられる。

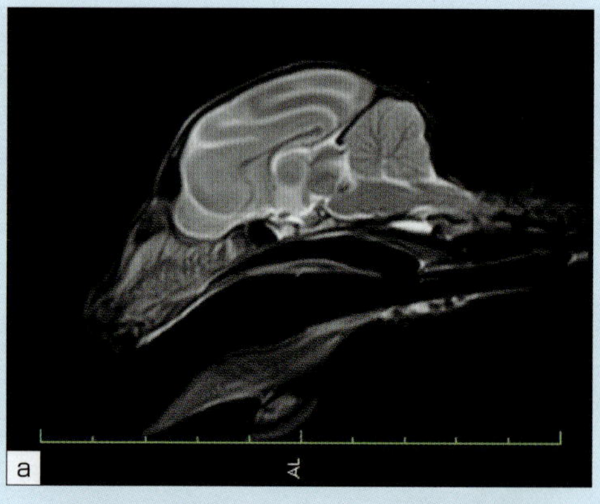

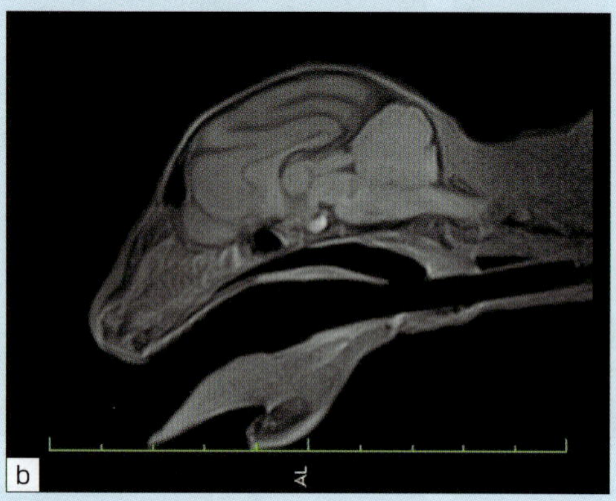

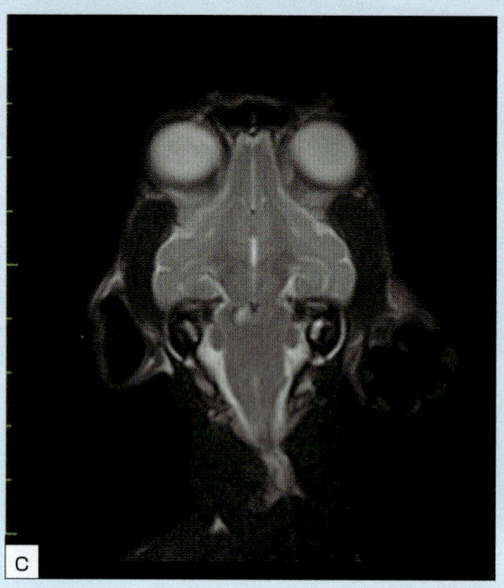

図 19　症例 3，閉鎖性頭部外傷（MRI 所見）

a：T2W 画像矢状断像。中脳－橋において中心部は高信号，周囲で低信号領域を呈している。
b：T1W 画像矢状断像。中脳－橋において中心部は低信号，周囲で高信号領域を呈している。
c：T2W 画像水平断像。中脳－橋において中心部は高信号，周囲で低信号領域を呈している。

おわりに

頭部外傷症例に遭遇する機会は少なく，遭遇した症例の状態をみると悲観的になることもある。しかし，症状が改善し完全に回復することもある。人医学では，外傷後の治療開始が早いほど予後良好であると報告されている。よって，犬および猫でも積極的な初期治療が重要であると思われる。外傷治療は，単純に脳損傷を起こした部位の治療ではなく，その後に続く二次脳損傷を防ぐことが重要である。本章を参考にして積極的に治療を行っていただければ幸いである。

［北川勝人］

■参考文献

1) Bagley RS, Harrington ML, Pluhar GE, et al. Acute unilateral transverse sinus occlusion during craniectomy in seven dogs with space-occupying intracranial disease. *Vet Surg*. 26(3): 195-201, 1997.

2) Bagley RS, Harrington ML, Pluhar GE, et al. Effect of craniectomy / durotomy alone and in combination with hyperventilation, diuretics, and corticosteroids on intracranial pressure in clinically normal dogs. *Am J Vet Res*. 57(1): 116-119, 1996.

3) Bagley RS, Keegan RD, Greene SA, et al. Pathologic effects in brain after intracranial pressure monitoring in clinically normal dogs, using a fiberoptic monitoring system. *Am J Vet Res*. 56(11): 1475-1478, 1995.

4) Bagley RS, Keegan RD, Greene SA, et al. Intraoperative monitoring of intracranial pressure in five dogs with space-occupying intracranial lesions. *J Am Vet Med Assoc*. 207(5): 588-591, 1995.

5) Cabassu JB, Cabassu JP, Brochier L, et al. Surgical treatment of a traumatic intracranial epidural haematoma in a dog. *Vet Comp Orthop Traumatol*. 21(5): 457-461, 2008.

6) Dewey CW. A Practical Guide to Canine and Feline Neurology, 2nd ed. Wiley-Blackwell. New Jersey. US. 2008.

7) Harrington ML, Bagley RS, Moore MP, Tyler JW. Effect of craniectomy, durotomy, and wound closure on intracranial pressure in healthy cats. *Am J Vet Res*. 57(11): 1659-1661, 1996.

8) Koob AO, Borgens RB. Polyethylene glycol treatment after traumatic brain injury reduces beta-amyloid precursor protein accumulation in degenerating axons. *J Neurosci Res*. 83(8): 1558-1563, 2006.

9) Koob AO, Colby JM, Borgens RB. Behavioral recovery from traumatic brain injury after membrane reconstruction using polyethylene glycol. *J Biol Eng*. 27; 2: 9. doi: 10. 1186/ 1754-1611-2-9, 2008.

10) McGavin MD, Zachary JF. Pathologic Basis of Veterinary Disease, 4th ed. Mosby Elsevier. St.Louis. US. 2006.

11) Platt S, Olby N. Neurological Emergency. In: BSAVA manual of Canine and Feline Neurology, 4th ed. BSAVA. Gloucester. UK. 2013, pp388-408.

12) Platt S. Evaluation and treatment of the head trauma patient. *In Practice*. 27: 31-35, 2005.

13) Platt SR, Adams V, McConnell F, et al. Magnetic resonance imaging evaluation of head trauma in 32 dogs : Associations with modified Glasgow coma score and patient outcome. *J Vet Int Med*. 21(5): 1145, 2007.

14) Platt SR, Radaelli ST, McDonnell JJ. The prognostic value of the modified Glasgow Coma Scale in head trauma in dogs. *J Vet Intern Med*. 15(6): 581-584, 2001.

15) Pluhar GE, Bagley RS, Keegan RD, et al. The effect of acute, unilateral transverse venous sinus occlusion on intracranial pressure in normal dogs. *Vet Surg*. 25(6): 480-486, 1996.

16) Sande A, West C. Traumatic brain injury: a review of pathophysiology and management. *J Vet Emerg Crit Care (San Antonio)*. 20(2): 177-190, 2010.

17) Syring RS, Otto CM, Drobatz KJ. Hyperglycemia in dogs and cats with head trauma: 122 cases (1997-1999). *J Am Vet Med Assoc*. 218(7): 1124-1129, 2001.

18) Walmsley GL, Herrtage ME, Dennis R, et al. The relationship between clinical signs and brain herniation associated with rostrotentorial mass lesions in the dog. *Vet J*. 172(2): 258-64, 2006.

19) 有賀徹. 頭部外傷をめぐる controversies. 救急医学. 25(11): 1557-1560, 2001.

20) 有賀徹ら. 神経救急・集中治療ガイドライン. メディカルサイエンスインターナショナル. 東京. 2006.

21) 北原孝雄. EBM を重視した頭部外傷の病態・診断・治療. 救急医学. 30(13). 2006.

22) 窪田惺. 頭部外傷を究める. 永井書店. 東京. 2002.

23) 坪川孝志. 現代の脳神経外科学. 金原出版. 東京. 1994.

24) 山浦晶. 脳神経外科学大系. 中山書店. 東京. 2005.

V

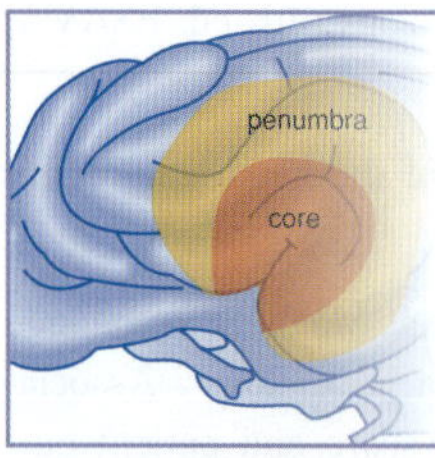

22. 脳血管障害

はじめに

脳血管障害 cerebrovascular disease は**脳卒中 stroke** とも呼ばれ（その語源は突然倒れるということらしい），脳の虚血性血管障害（脳梗塞）と出血性疾患（脳出血）を総称した疾患群である。脳血管障害（脳卒中）はヒトの3大死因の1つとして医学においては非常に重要な位置を占めるが，獣医学ではDAMNITからも外れていたように，あまり重要視されていなかった。しかしながら，近年の獣医療におけるコンピュータ断層撮影（CT），磁気共鳴画像（MRI）といった画像診断の普及によって脳血管障害がしばしば検出されるようになり，だいぶ認知されるようになった。

本章では犬と猫の脳血管障害について，その病態生理と診断，そしてわずかながらの治療について解説する。

病態生理

1. 脳の血管系

脳血管障害を理解するには，脳の血管系について理解しておく必要がある。犬において，脳は鎖骨下動脈から分岐する左右の椎骨動脈が吻合した**脳底動脈**と腕頭動脈－総頚動脈から分枝する左右の**内頚動脈**，およびそれらの吻合により下垂体周囲を取り囲む**大脳動脈輪（Willis 動脈輪）**からその血液供給を受ける（図1）[4)]。この脳底動脈，内頚動脈および動脈輪から分枝する臨床上特に重要な（知っておきたい）動脈は尾側から，**後小脳動脈**，**迷路動脈**，**前小脳動脈**，**後交通動脈**，**後大脳動脈**，**中大脳動脈**，**前大脳動脈**といった主要血管である。また，内部構造物（基底核や視床）への血管として，動脈輪の内尾側から分枝する**傍正中（視床）動脈**や中大脳動脈の内側分枝である**線条体動脈**もまた重要である。大脳動脈とその支配領域を図2に示す[4)]。一方，猫のWillis動脈輪は外頚動脈からの分枝である上顎動脈から形成され，脳幹尾側部は椎骨動脈から血液供給を受ける[1)]。

脳の静脈系（図3）は弁を欠き，筋層もないという特徴を有し，主に背側矢状静脈洞，直静脈洞，横静脈洞，S状静脈洞，海綿静脈洞，脳底静脈洞といった硬膜静脈洞および脳内から硬膜静脈洞へ排出する背側大脳静脈，大大脳静脈，脳梁静脈，内大脳静脈，背側／腹側小脳静脈などが重要である[4)]。

2. 脳血管障害の分類

ヒトの脳血管障害は米国立神経疾患脳卒中研究所National Institute of Neurological Disorders and Strokeなどによりいくつかのカテゴリーに分類されるが（表1），動物の脳血管障害についての詳細な分類は行われていない[12, 16)]。したがって，ヒトでの脳血管障害分類を参考に臨床的な私案から，筆者は動物の脳血管障害は以下のようにごく簡単に分類している；①**出血性疾患**と②**虚血性疾患**である。①出血性疾患には，**脳出血（脳内出血）cerebral hemorrhage**，**くも膜下出血 subarachnoid hemorrhage**，**硬膜下出血 subdural hemorrhage**，**硬膜外出血 epidural hemorrhagen** などを含み，②虚血性疾患には**脳梗塞 cerebral infarction**，**一過性脳虚血性発作 transient ischemic attack（TIA）**を含む。

脳出血はさらにその発生原因から**高血圧性**，**特発性**，**腫瘍性**，**出血性素因**，**脳動脈瘤や脳動静脈奇形の破綻**，**脳静脈閉塞**，**菌血症**，**アミロイドアンギオパチー**，**壊死性血管炎**，そして恐らくは**寄生虫の迷入**などによる原因分類と解剖学的位置からの分類（例えば被殻出血，視床出血，皮質下出血，橋出血，小脳出血）などに細分される。

脳梗塞もまた，原因から**脳血栓症 cerebral thrombosis** と**脳塞栓症 cerebral embolism** にわけられ，さらに血管部位からも皮質枝系（領域性）病変と穿通枝（ラクナ）病変にわけられる。主な脳梗塞の分類には，

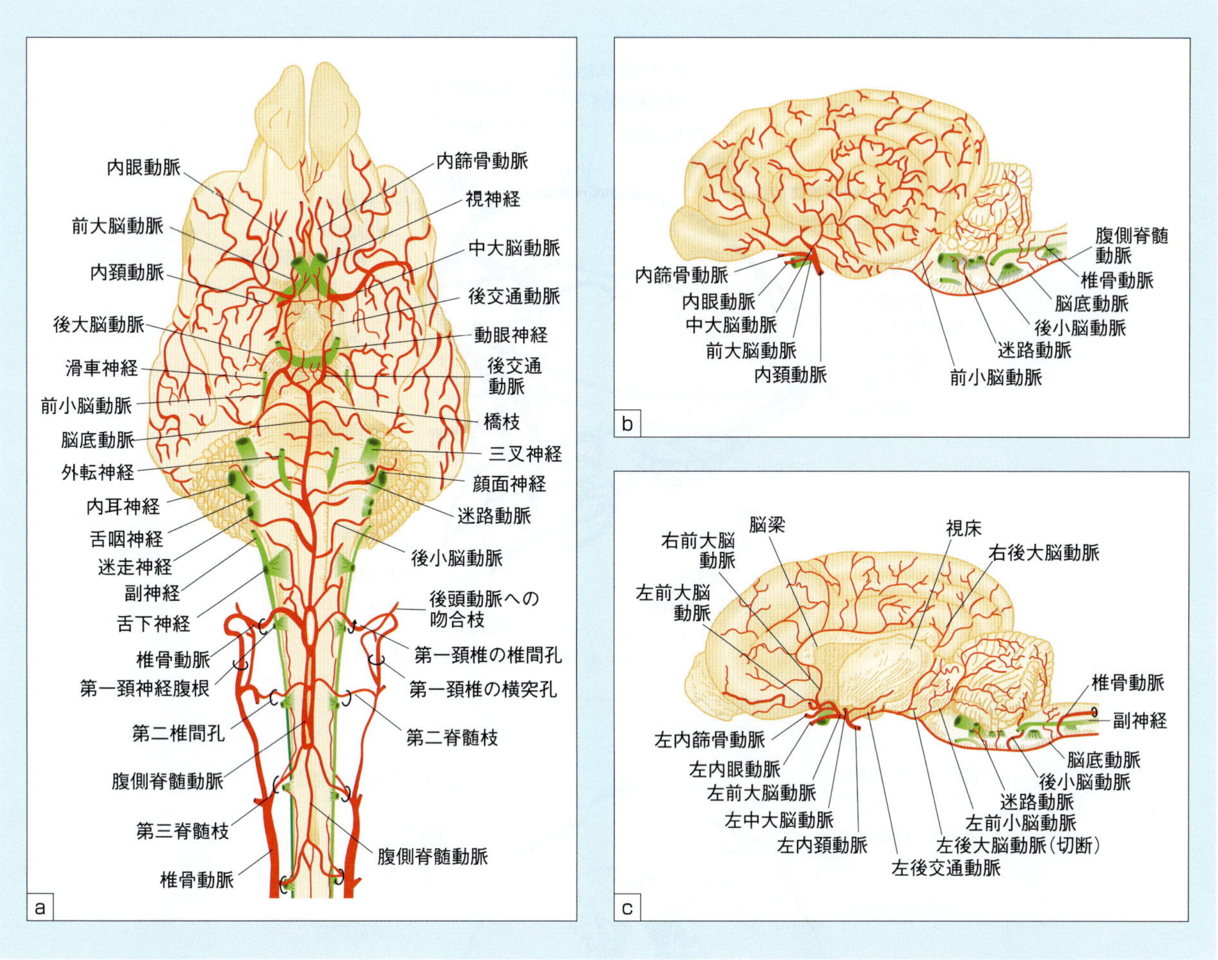

図1　犬の脳動脈

a：腹側観，b：外側観，c：内側観。
（文献4を元に作成）

アテローム血栓性梗塞 atherothrombotic infarction，**ラクナ梗塞** lacunar infarction，**脳塞栓症**などが挙げられる。アテローム血栓性梗塞はヒトにおいて最も頻繁に認められる脳梗塞であり，頚部あるいは脳動脈のアテローム（粥状）硬化（動脈硬化）による血管閉塞である。一方犬では比較的まれであり，その基礎疾患としては甲状腺機能低下症，糖尿病，副腎皮質機能亢進症，高コレステロール血症などが挙げられている。ラクナ梗塞とは，脳内の細い穿通枝血管の梗塞による微小な虚血性病変（ヒトでは3～15 mm）を有するものを指す。その原因としては穿通枝血管のアテローム硬化が多いと考えられているが，脂肪硝子様変性や小血栓なども挙げられている。脳塞栓症の原因としては様々な栓子が考えられ，心臓性の血栓が最も有力であり，その他には空気，脂肪，腫瘍塊，線維軟骨，菌塊，寄生虫，人工産物などが挙げられる。

虚血性疾患として挙げられる一過性脳虚血性発作（TIA）とは，ヒトにおいてよく知られる虚血性の一過

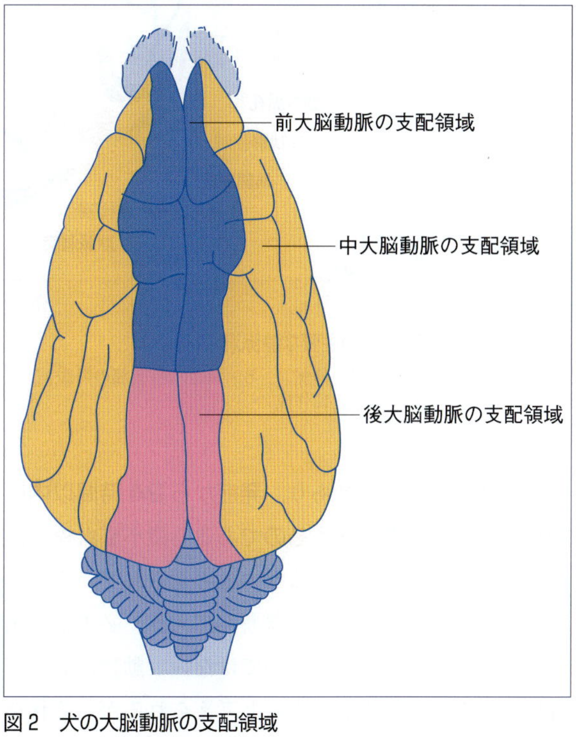

図2　犬の大脳動脈の支配領域

（文献4を元に作成）

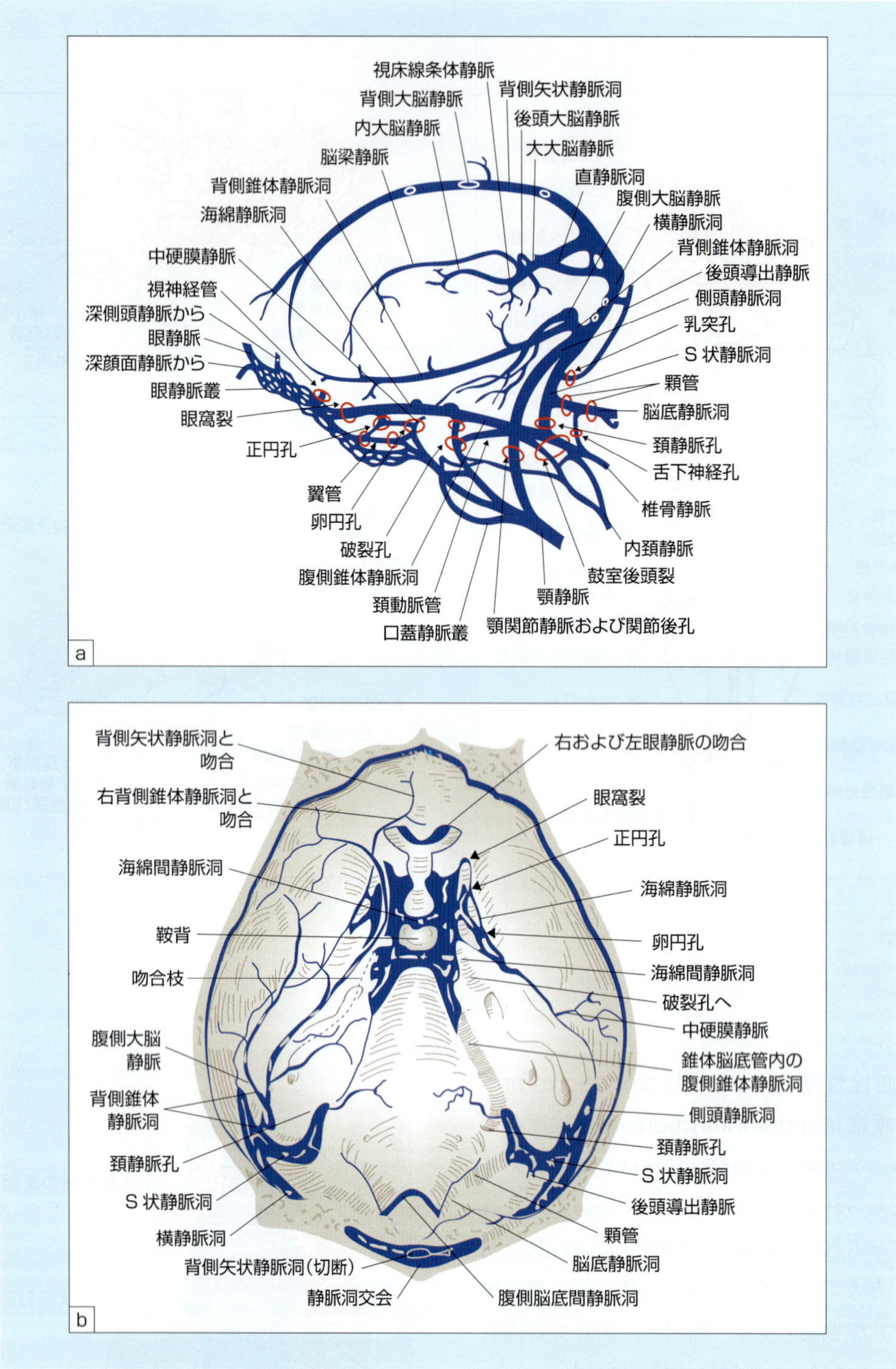

図 3　犬の主要な静脈洞

a：頭蓋冠の静脈洞，b：頭蓋内脳底部の静脈洞。
(文献 4 を元に作成)

性局所性脳機能障害であり，**発症から 24 時間以内に神経学的異常が消失するもの**である。微小脳血栓や微小脳塞栓，血管攣縮によるものと考えられているが，あくまでも臨床症状からの診断名であり，必ずしも画像所見や病理所見を伴うものではない。動物においても比較的よく認められるものと考えられるが，それを証明するのは困難な病態であろう。

3. 脳血管障害の病態生理

脳は生体内で最も血液およびグルコースの供給を必要とする組織であり，脳にはそれを担保するための脳血液循環の自己調節能 autoregulation が備わっている。このこと(頭蓋内血行動態)については，第 2 章および第 21 章において解説されているので参照されたい。

表1　脳血管障害の分類

虚血性疾患	
解剖学的部位（血管領域）	前大脳動脈 中大脳動脈 後大脳動脈 前小脳動脈 後小脳動脈 穿通動脈 脳底動脈 椎骨動脈
サイズ	支配領域の territorial 梗塞 ラクナ梗塞
病期	超急性 急性 亜急性早期 亜急性後期 慢性
タイプ	非出血性 出血性
病理	動脈性疾患 静脈性疾患
メカニズム	血栓症 塞栓症 血行動態性
基礎疾患（例として）	塞栓（脂肪，空気，寄生虫，腫瘍，線維軟骨など） 凝固能亢進状態 高血圧 アテローム性動脈硬化 特発性（原因不明，自然発症性）

出血性疾患	
解剖学的部位	硬膜外 硬膜下 くも膜下 脳実質内 脳室内
サイズ	小 大
病期	超急性 急性 亜急性早期 亜急性後期 慢性
基礎疾患（例として）	高血圧 腫瘍 寄生虫迷入 凝固障害 血管奇形 アミロイドアンギオパチー 特発性（原因不明，自然発症性）

（National Institute of Neurological Disorders and Stroke，1990 および文献 12 を元に作成）

脳において局所性あるいは広範な虚血状態（低酸素，低血糖）および再灌流が生じた際の主要な病態生理学的メカニズムは，**ATP の枯渇，細胞膜の過剰な脱分極と細胞外グルタミン酸毒性（興奮毒性），局所性アシドーシス，細胞内 Ca カスケード，およびフリーラジカル産生**といった一連の脳代謝不全が一般的に考えられている[2, 8, 12, 15]（図 4）。脳に虚血（脳内グルコースの低下，PaO_2 の低下，$PaCO_2$ の増加）が生じたとき，全酸素量は 10 秒ほどで消費され，貯蔵されている ATP は 4 〜 5 分で枯渇する。すると，虚血の生じた脳領域では嫌気性グリコーゲン分解にシフトするが，これでは十分な代謝が行えず，乳酸アシドーシスとなる。この結果，細胞内のイオン勾配が消失し，細胞膜透過性が亢進する。これにより細胞外への K^+ 放出，細胞内への Na^+ 流入が引き起こされ脱分極を生じ，また細胞内 Ca^{2+} が増加する。また，この際にはグルタミン酸の過度な放出も行われ，グルタミン酸（NMDA）受容体の活性化を生じ，さらなる異常発火，すなわちより過剰な Ca^{2+} の細胞内流入が間断なく発生する。しかしながら，ATP が枯渇している状況において，もはやそれらのイオンや水をくみ出す機能は消失しており，**細胞障害性（細胞毒性）浮腫**，血管障害性浮腫へと発展する。また，細胞内の過剰な Ca^{2+} はホスホリパーゼやリパーゼ，プロテアーゼといった細胞内の代謝酵素を活性化させ，細胞傷害を進行させる。加えて NMDA 受容体活性，細胞内 Ca^{2+} 増加は，フリーラジカルを産生し，また再灌流（再酸素化）はそれを増悪させる。このような一連の，かつ悪性な脳代謝不全が，最終的には細胞死を招くのである（ここではかなり省略して解説しているため，より詳細なメカニズムの理解には参考文献[2, 8, 12, 15]を参照されたい）。

また，てんかんにおいて傷害されやすい領域がある（第 18 章「てんかん」）のと同様に，脳虚血により傷害されやすい領域がある。全脳虚血が生じた際，傷害されやすい領域は順に**海馬錐体細胞層（特に CA1，CA4），大脳皮質，小脳皮質**である（図 5）。このように選択された領域に虚血性細胞死が生じることを**選択的神経細胞壊死**といい，また海馬 CA1 における細胞死は虚血から数日後にその機能を失うことから**遅発性神経細胞死**とも呼ばれている[15]。局所性の脳虚血（すなわち脳梗塞）では，虚血によってダイレクトな影響を受ける虚血中心部（**コア core** ともいう。最終的には完全な神経細胞脱落を生じ壊死部となる）の外側周辺領域に，虚血によって機能障害は起こしているものの，まだ細胞死には至らず不安定な状態にある領域が存在する。この領域は，日食でみられる半陰陽にちなんで**ペネンブ**

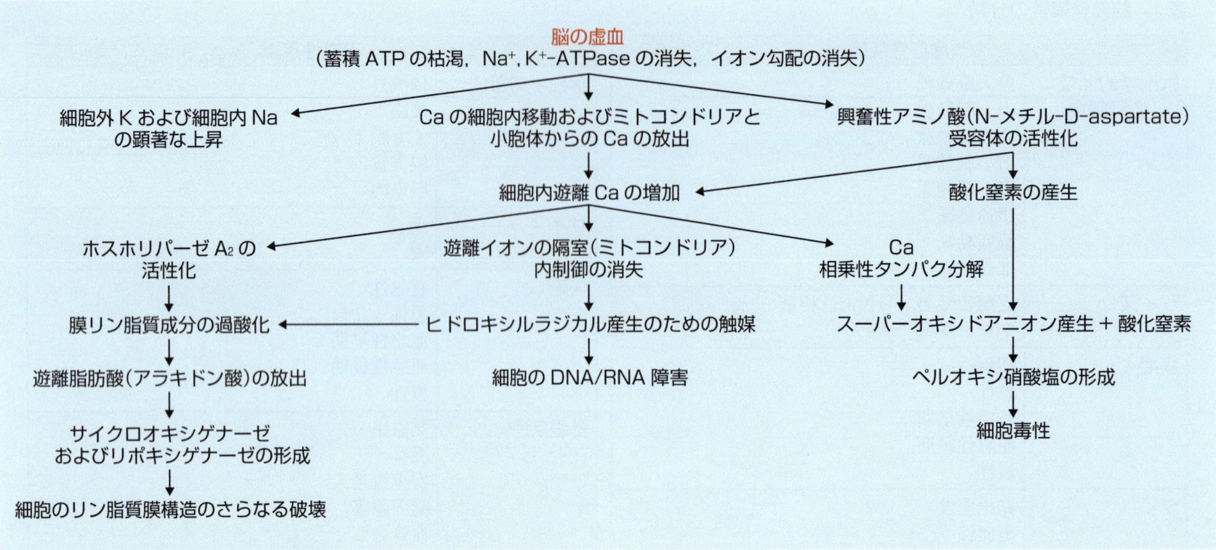

図 4　脳虚血における生化学的病態機構のフローチャート
（文献 2 を元に作成）

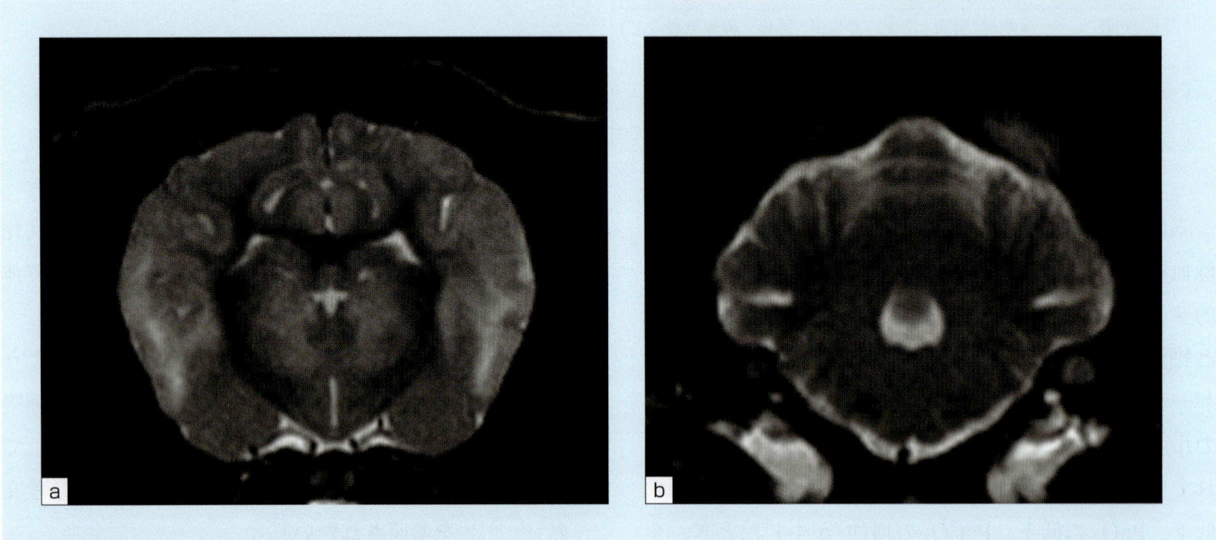

図 5　全脳虚血を生じた犬の MRI T2 強調(T2W)画像
大脳皮質，海馬，および視床内側部（a），および小脳皮質（b）が選択的に高信号を呈している。

ラ penumbra と呼ばれている(図 6)。このペネンブラ領域は虚血状態が速やかに解除されれば(血流が再開されれば)機能回復が望めることから，脳梗塞の治療はこのペネンブラ領域に向けられている。

一方，出血性疾患では出血した血液により血腫を生じ，いわゆる mass effect として脳実質組織を圧排する。また，これにより局所の血管・血流を障害し，**血管原性浮腫**および局所性の脳虚血を引き起こす。これらの mass effect，浮腫は脳腫瘍と同様に**占拠性病変として頭蓋内圧(ICP)の上昇**も引き起こすこととなる。血腫は時間経過に伴い脱酸素化し，オキシヘモグロビンからデオキシヘモグロビン，メトヘモグロビン，最終的にはフェリチンとヘモジデリンとなり，マクロファージにより貪食される。血腫は吸収されるものの，影響を受けた領域は壊死し，空洞化あるいはグリア瘢痕といった病変を形成する。また，出血の際に組織中に漏出した鉄イオン(Fe^{+})成分も，フリーラジカル産生およびてんかん発作の発作焦点形成に強く関与する[12]。脳虚血や頭部外傷の後遺症としてのてんかん発作(数カ月～数年の潜伏期がある)は，症候性てんかんとして臨床上比較的よく遭遇する。

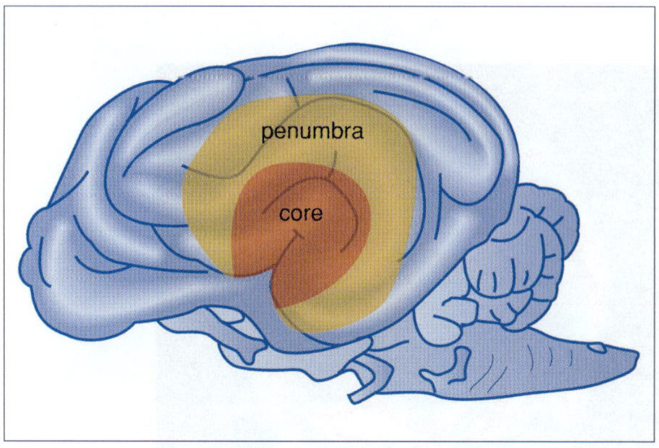

図 6　脳梗塞のコアとペネンブラの概念図

コア（core，虚血中心：赤領域）は最終的に壊死し，その周辺のペネンブラ領域（penumbra，橙領域）は機能障害を示すもののまだ細胞死には至っておらず，治療により回復が望める可能性がある。

臨床症状

1．シグナルメント[5, 6, 9)]

犬と猫の脳血管障害に関する大規模な研究は少なく，明らかな好発年齢や品種，雌雄差などは証明されていない。しかし，ごく限られた情報ではあるものの，いくらかの傾向が認められている。

発症年齢は**中齢～高齢の動物**に多く，その中央年齢は8～9歳である。性差に関し，筆者はあまり感じないものの，ある研究は，雌の方で若干発生頻度が高いと述べている。また，犬で比較的よく認められる**小脳梗塞はキャバリア・キング・チャールズ・スパニエルを代表とした小型犬種に多く発生**し，これにはキアリ様奇形／尾側後頭部奇形症候群（COMS）の関与が示唆されている。一方，**大型犬種では視床や中脳におけるラクナ梗塞がよく認められる**ようであり，またグレーハウンドは他の犬種にくらべ高血圧を有し，脳梗塞の素因があるものと考えられている。

2．神経学的検査所見

脳血管障害は第2章「脳疾患編イントロダクション」のDAMNIT-V分類の項でも述べたとおり，通常は**急性発症を来し，数時間～数日間（おおよそ24～72時間）の悪化傾向を示した後，その後は非進行性および改善傾向**が認められる。発症する臨床症状は，梗塞した血管の支配領域あるいは出血した領域に合致した神経学的検査所見を呈する。ただし，急性期には原発病変周囲にも浮腫などを生じ，より広範な神経学的検査所見を呈することもある。逆に病巣が非常に小さい**ラクナ梗塞では（ヒトでもそうであるように），無症候性であることも少なくない**（これらは頭部MRI検査で偶発所見として認められる）。なお，病態生理の項でも述べたとおり，発現した臨床症状が24時間以内に消退する場合を，その原因にかかわらず，TIAと呼ぶ。

脳の代表的な領域における血管障害時に認められる主な臨床徴候を以下に簡単に記載する[5)]。

①前頭・頭頂葉領域（前大脳動脈・線条体動脈など）
：精神状態・意識レベルの変化，対側の姿勢反応低下～消失，対側口唇の痛覚鈍麻，対側眼の威嚇瞬目反応低下～消失，同側への旋回および頭位回旋，頭部の押し付け行動 head pressing，てんかん発作など。

②側頭・頭頂葉領域（中大脳動脈など）
：同側への旋回および頭位回旋，対側の姿勢反応低下～消失，てんかん発作，対側の威嚇瞬目反応低下～消失など。

③後頭葉（後大脳動脈など）
：対側の威嚇瞬目反応消失（盲目），てんかん発作など。

④視床～中脳（線条体動脈，正中動脈など）
：同側あるいは対側への旋回および頭位回旋，対側の威嚇瞬目反応消失，同側あるいは対側の姿勢反応低下～消失，同側への斜視および斜頚，異常眼振など。

⑤小脳（前小脳動脈など）
：同側性の小脳性運動失調（測定過大），奇異性前庭症状（同側の姿勢反応低下と対側への斜頚），企図振戦，振子眼振，同側の威嚇瞬目反応消失，後弓反張（除小脳固縮）など。

⑥脳幹（脳底動脈の分枝，迷路動脈，後小脳動脈など）
：意識レベルの低下，同側の姿勢反応低下～消失，同側あるいは四肢不全麻痺～麻痺，同側への旋回・斜頚・頭位回旋，異常眼振，瞳孔不対称，顔面神経麻痺などの片側の脳神経障害など。

診断

1．一般臨床検査と追加的検査[7, 12)]

脳血管障害が疑われる，すなわち急性の神経学的徴候を発症した動物に対しては，基本的な検査項目として**聴診，全血球計算（ミクロフィラリアの検査を含む），血液生化学検査，心電図検査および血圧測定，可能であれば胸部・腹部X線検査，胸部の超音波検査，尿検査，血液培養・尿培養**を行う。また，先にも述べたとおり，甲状腺機能低下症や副腎皮質機能亢進症が脳梗塞の基礎疾患となっている場合があり，追加検査とし

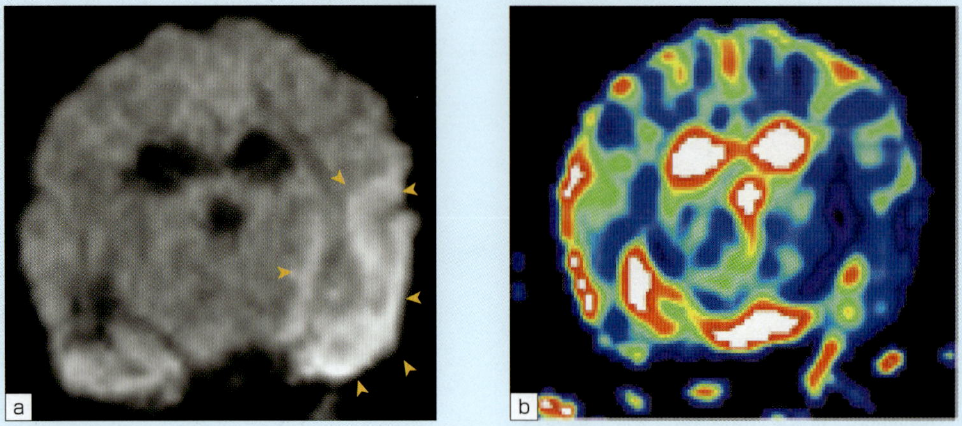

図7 拡散強調画像(DWI)
DWI は脳梗塞の超急性期に細胞毒性浮腫の領域を視覚化することが可能である。画像上では高信号として描出され(a：矢頭で囲む範囲)，また DWI から計算される拡散係数は低下する(b：a で示された領域が青～黒色で表示されており，水の拡散性が低下していることが示される)。※ただし，この症例は脳梗塞の症例ではない。

て**甲状腺および副腎皮質ホルモンの測定**も行われる。**血液凝固検査(プロトロンビン時間，活性化部分トロンボプラスチン時間，活性凝固時間，D-dimer など)**もまた，早期の段階で実施されるべきである。しかしながら，筆者の経験ではこれらの臨床検査で明らかに脳血管障害の原因となる基礎疾患を捉えられたことはほとんどなく，たいていの症例は特発性と診断されている(ただし我々の診療施設は二次診療のみを行っているので，病態早期にこれらの検査が行えたのであれば，結果は違っているのかもしれない)。

2. 神経学的検査

完全な神経学的検査を行うことが推奨される。脳血管障害では前述したとおり，比較的局所性の神経学的検査所見を呈することから，病変領域を特定しやすい(臨床症状の項参照)。ただし，急性期ではより広範な神経学的検査所見を示すことも多く，また梗塞では多発性の場合もある。発症時に見受けられた神経学的検査所見が，時間経過および臨床症状の改善とともに限局化していく場合，脳血管障害の疑いはより強くなる。

3. 画像診断[3, 5～7, 9～14, 16, 17]

脳血管障害の診断のゴールド・スタンダードは CT および MRI による画像診断である。また，これらの画像診断は脳血管障害の鑑別診断リストに挙げられる脳腫瘍，脳炎，末梢前庭障害あるいは認知機能不全症候群(CDS，痴呆)などを除外するのにも有益である。

虚血性疾患および出血性疾患における CT，MRI の有用性とその所見について，以下に述べる。

(1) 虚血性疾患

脳梗塞の診断は，ヒトにおいて**超急性期(～4 時間)**であれば，**CT および MRI の拡散強調画像 diffusion-weighted imaging(DWI)**および CT・MRI のどちらでも可能な**脳灌流画像 perfusion(-weighted)imaging(CT-perfusion/MR-perfusion ないしは MR-PWI)**が有力であり，**それ以降の病期(6 時間以降)**では**通常の MRI 撮像(T1 強調〔T1W〕画像，T2 強調〔T2W〕画像，FLAIR，およびガドリニウム増強 T1 強調〔Gd-T1W〕)画像および MR アンギオグラフィー(MRA)**での診断が一般的である。そして，これは小動物でも同様である。しかしながら，現在の獣医療において発症から 4 時間以内に診断価値のある DWI や perfusion imaging を撮像できる環境はほとんどなく(これは治療にも大きく関わるのだが)，また動物において CT は脳のサイズやビームハードニング効果のためヒトほど有益な情報を得ることが難しい。したがって，現段階では動物における脳梗塞の診断は通常の MRI 検査ということになるであろう。

少しだけ DWI と PWI について触れておく(詳細は他書に譲る)[13, 17]。DWI はヒトの脳梗塞診断において最優先される MR 診断技術である。DWI はプロトン(すなわち水)の拡散性を示す MR 撮像法であり，病態生理の項でも述べた脳梗塞の初期病態である細胞障害性浮腫をいち早く検出できる(図7)。一方，CT でも MRI でも可能な perfusion imaging は造影剤を投与し

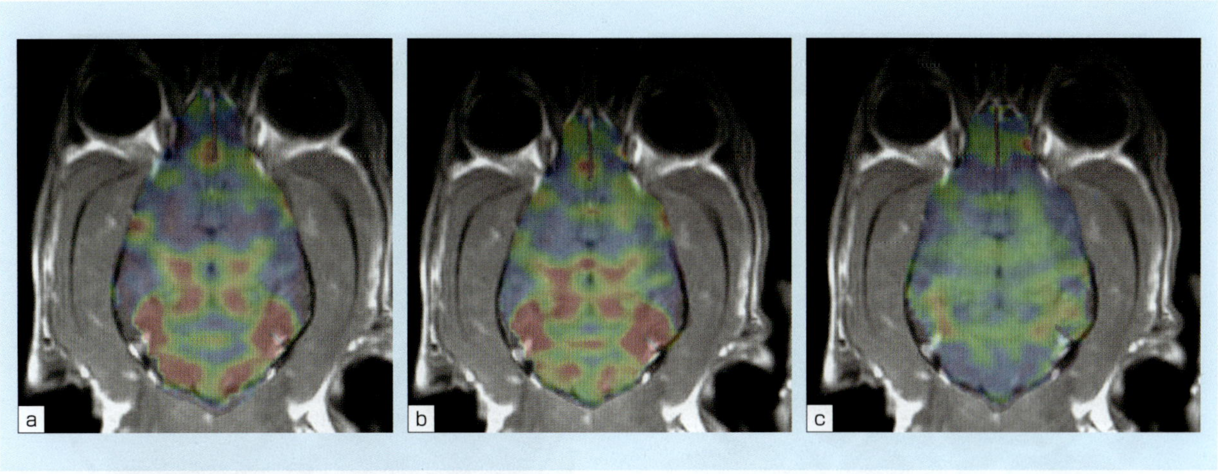

図8　MR灌流画像（T1強調〔T1W〕画像とのfusion画像）
脳の循環動態に関するパラメータを得ることができる。a：局所脳血流量（rCBF），b：局所脳血液量（rCBV），c：平均通過時間（MTT）。
※ただし，この症例は脳梗塞の症例ではない。

表2　脳梗塞（非出血性）におけるMRI信号強度の変化

病期	撮像までの時間	T2強調画像	T1強調画像	FLAIR画像	増強効果
超急性期	3～6時間	等～高信号	等～低信号	等～高信号	なし
急性期	6～24時間	高信号	低信号	高信号	なし
亜急性早期	24時間～1週間	高信号	低信号	高信号	様々
亜急性後期	1～6週間	高信号	低信号	高信号	様々
慢性期	6週間以降	高信号	低信号	高信号～低信号（壊死した部位はCSFに置換される）	様々

（文献3を元に作成）

（MRIでは造影剤なしでも行える），それが脳を通過する様を連続的に撮影し，局所脳血流量（rCBF），局所脳血液量（rCBV），および平均通過時間（MTT）を測定する，あるいはマップ化するものである（図8）。ヒトではDWIとperfusion imagingを撮影し，そのミスマッチ領域がペネンブラである可能性が高いと診断している。

脳梗塞時のMRI所見を表2に要約する[3]。大脳皮質および小脳の急性～亜急性の梗塞巣は，一般に比較的境界明瞭な**楔形あるいは扇形のT2W画像・FLAIR高信号，T1W画像低信号領域として描出され，Gd-T1W画像において増強されない**（図9）。CTでは，梗塞により浮腫を呈した領域が低吸収領域として描出される。皮質における梗塞の場合は，MRIもCTも浮腫により脳回・脳溝の輪郭が不明瞭となる。**ラクナ梗塞の場合はT2W画像・FLAIR高信号，T1W画像低信号の斑状の領域**として脳実質内に認められる（図10）。亜急性の後期～慢性期において，あるいは梗塞で脆くなった領域への再灌流によって出血が認められる例（**出血性梗塞**という）では，梗塞巣の中にT2W画像低信号，T1W画像高信号あるいはGd-T1W画像で増強される領域を有する場合もある（出血時のMR信号変化は下記参照）（図11a～c）。慢性期以降，病変は空洞化ないしは萎縮性の変化を示す（図11f，g）。形成された空洞病変は脳脊髄液（CSF）によって満たされる。また，空洞周囲や萎縮した領域ではグリオーシスがT2W画像高信号領域として遺残することがある。

MRAはMRIにおける脳血管造影写真を提供するものである。MRAにより閉塞血管や動静脈奇形，動脈瘤などの病変を視覚化できる（図11e）。しかしながら，現段階における動物のMRAでは，比較的大きな血管の描出は可能なものの，細かい分枝まではとらえることが困難であり，今後の技術革新が期待される。

(2) 出血性疾患

出血性疾患において，超急性期にはCTが有益であるが，先にも述べた事情から，発症から4～5時間以上経過しているのであればMRIが有用である。可能であれば，CTとMRIを両方とも撮影することが望ましい。

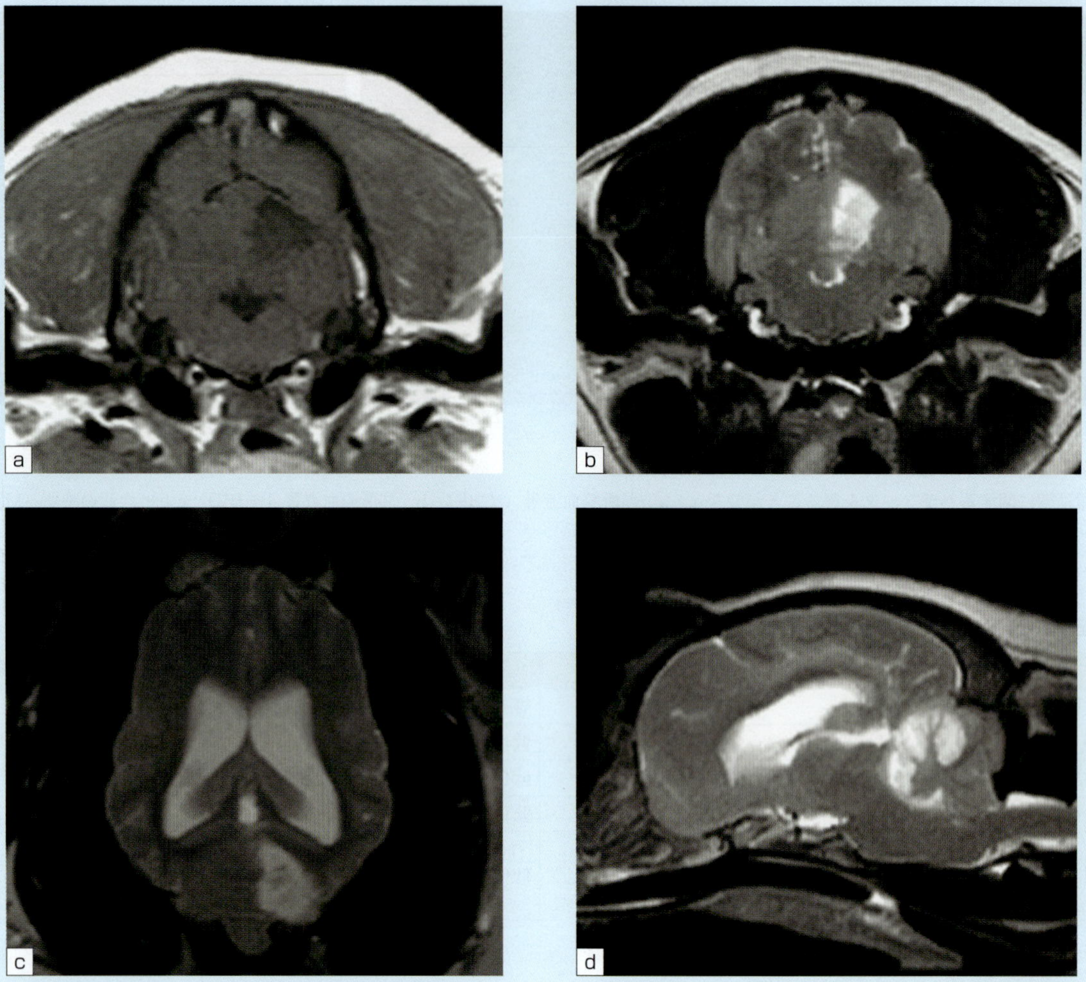

図 9　小脳梗塞

突然の小脳徴候を呈したキャバリア・キング・チャールズ・スパニエル，10 歳，雌。a：T1W 画像横断像，b：T2W 画像横断像，c：T2W 画像背断面，d：T2W 画像傍正中矢状断像。左小脳半球に楔形の T2W 画像高信号，T1W 画像低信号が認められる。この部位の小脳梗塞では前小脳動脈の閉塞が疑われる。

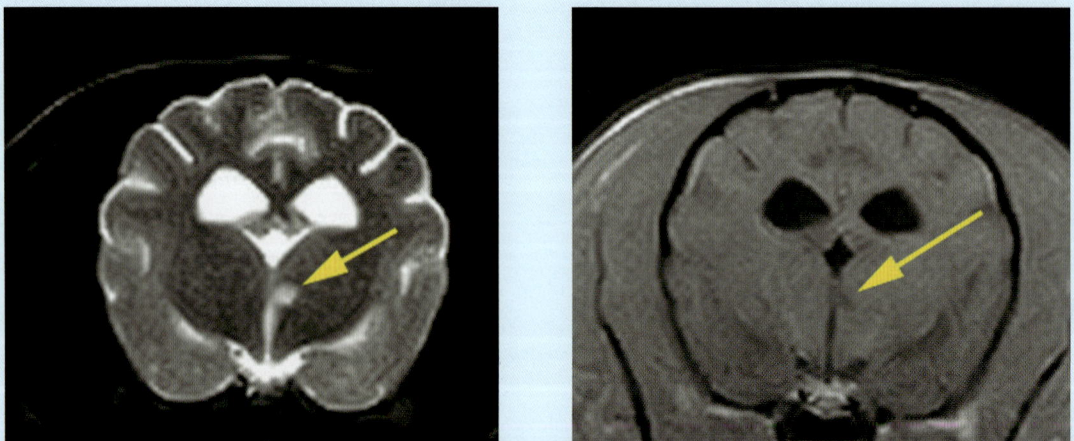

図 10　ラクナ梗塞

突然の意識障害で発症し，その後 5 ～ 10 日で改善傾向を示したキャバリア・キング・チャールズ・スパニエル，7 歳，雄。視床左傍正中部に T2W 画像高信号 (a)，T1W 画像低信号，ガドリニウム増強 T1 強調（Gd-T1W）画像で増強されない (b) 斑状の病変を認める。ラクナ梗塞では，このような脳実質内の点状～斑状の T2W 画像高信号病変が認められる。この症例は同時に，中脳と小脳にも同様の信号値を示す梗塞巣を認めた。

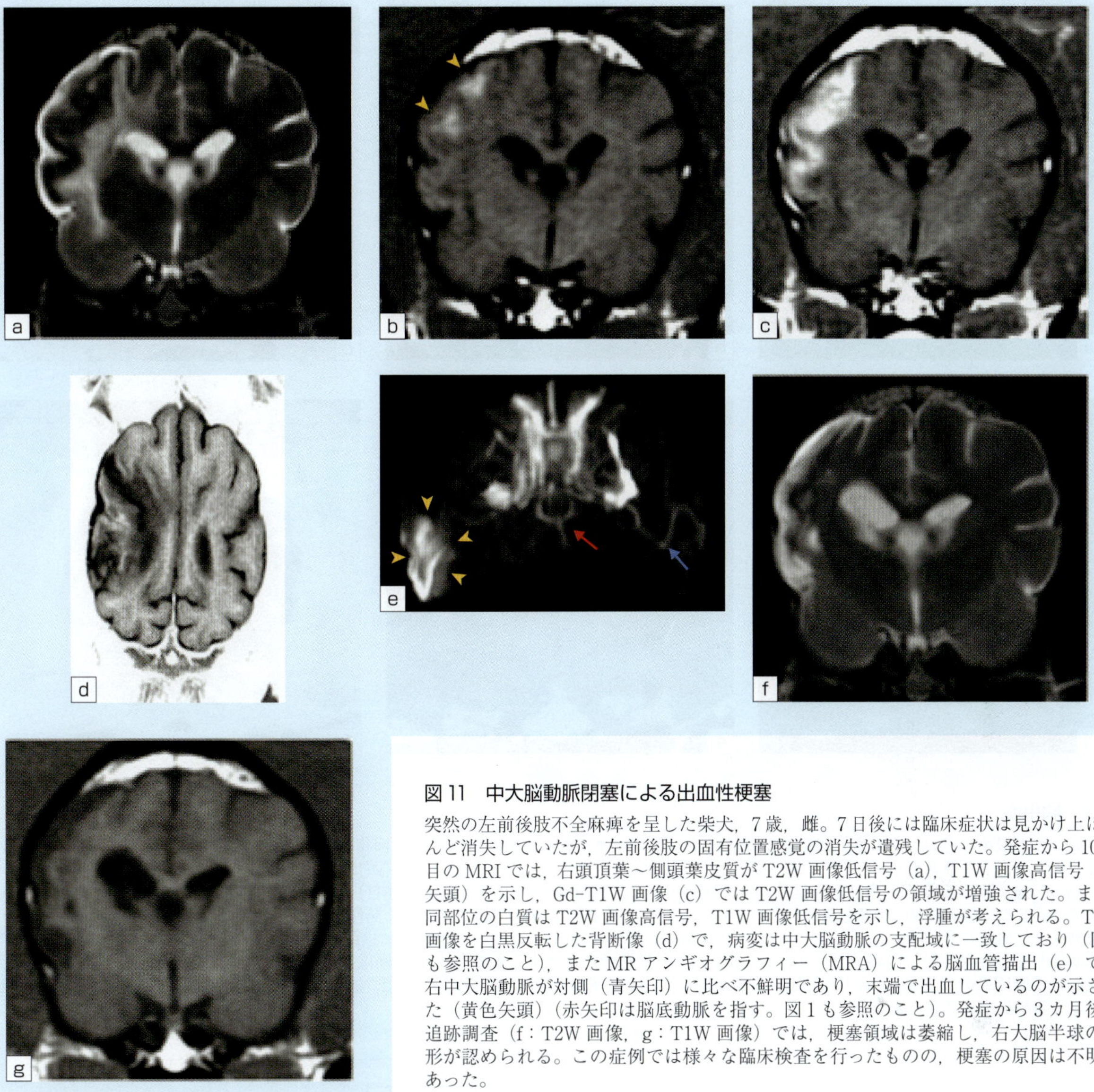

図 11　中大脳動脈閉塞による出血性梗塞

突然の左前後肢不全麻痺を呈した柴犬，7 歳，雌。7 日後には臨床症状は見かけ上ほとんど消失していたが，左前後肢の固有位置感覚の消失が遺残していた。発症から 10 日目の MRI では，右頭頂葉～側頭葉皮質が T2W 画像低信号（a），T1W 画像高信号（b：矢頭）を示し，Gd-T1W 画像（c）では T2W 画像低信号の領域が増強された。また，同部位の白質は T2W 画像高信号，T1W 画像低信号を示し，浮腫が考えられる。T2W 画像を白黒反転した背断像（d）で，病変は中大脳動脈の支配域に一致しており（図 2 も参照のこと），また MR アンギオグラフィー（MRA）による脳血管描出（e）では右中大脳動脈が対側（青矢印）に比べ不鮮明であり，末端で出血しているのが示された（黄色矢頭）（赤矢印は脳底動脈を指す。図 1 も参照のこと）。発症から 3 カ月後の追跡調査（f：T2W 画像，g：T1W 画像）では，梗塞領域は萎縮し，右大脳半球の変形が認められる。この症例では様々な臨床検査を行ったものの，梗塞の原因は不明であった。

CT において出血は超急性期の時点から高吸収領域として描出されるため，診断価値が高い（図 12c）。**MRI において出血および血腫の信号強度は，ヘモグロビンの変性過程と時間経過に伴い，様々に変化する**[10, 14]。出血性病変の MR 信号強度の経時的変化を図 13 に示す[14]。動物において最も一般的に MRI 撮像が行われるであろう急性～亜急性の時点において，出血性病巣は **T2W 画像低信号，T1W 画像高信号**として描出される（図 11a，b および図 12a，b）。より時間が経過したものであれば周辺に **T2W 画像低信号の縁取り（low signal rim：ヘモジデリン沈着による）のある T2W 画像高信号，T1W 画像高信号病変**として認められる（図 12a，d）。その後は出血巣が吸収され，空洞化あるいは脱落病変として CSF（T2W 画像高信号，T1W 画像低信号）に置換される。MRI 撮像法の 1 つである **T2* 強調（T2*W）画像**（* はスターと呼ぶ。またグラジエントエコー〔GRE〕T2W とも呼ばれる）は出血性病変の検出に特異的である（図 14）。この方法は磁場の乱れに敏感な GRE 法を用いることで，ヘモジデリンによる磁場の乱れを低信号領域として描出する。T2*W 画像は，CT でも描出不可能な微小出血も捉えることが可能である。

4．脳脊髄液（CSF）検査

血管障害性疾患の診断において，CSF 検査は概して有用ではない。行えば細胞数増加，タンパクの増加，キサントクロミーといった非特異的異常所見が得られるであろう。しかし，実際の所，急性期であれば頭蓋内圧（ICP）が亢進している可能性が高く（特に血腫を形成している場合や広範囲に浮腫が及んでいる場合），

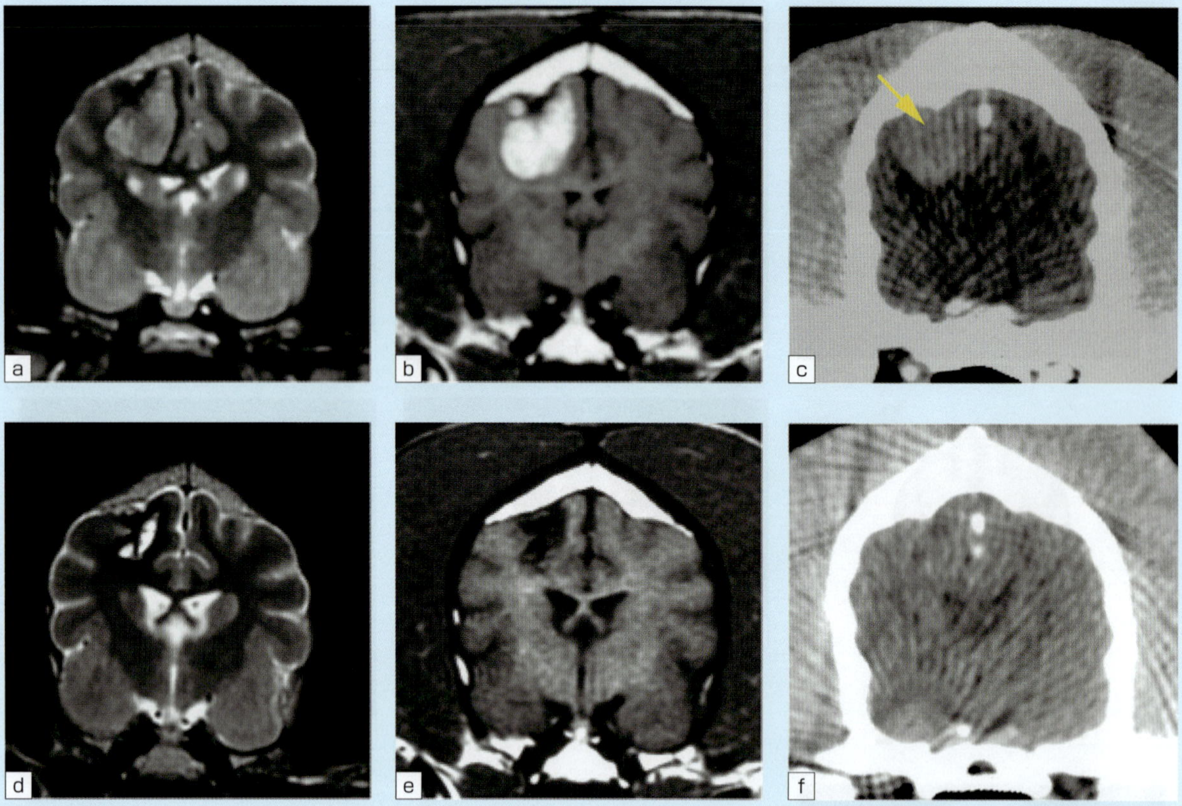

図 12　脳出血

シャンプーの最中に急にふらつき，以降左前後肢のナックリング歩行が認められ，その後回復したものの，1 カ月後よりてんかん発作が起こりはじめたシェットランド・シープドッグ，5 歳，雄。発症から 1 カ月後の MRI 検査では，右頭頂葉内に T2W 画像（a）にて辺縁が低信号（T2 low signal rim：図13 も参照），内部が高信号，T1W 画像（b：Gd-T1W 画像ではないことに注目）で顕著な高信号を示す腫瘤性病変が認められ，同病変は CT で高吸収領域（c：黄色矢印）として描出された。検査時の臨床症状はてんかん発作以外にほとんど異常が認められなかったこと，画像所見より血腫が考えられたことから，抗てんかん薬療法以外は行わず，さらに 2 カ月後に追跡調査を行った。2 カ月後の画像（d ～ f）では，血腫はほとんど吸収され，T2W 画像（d）では若干の高信号領域が遺残するものの，T1W 画像（e）では低信号の脱落病変として認められた。本症例では凝固系の検査から von Willebrand 病が疑われたが，確定診断には至らなかった。また，シェットランド・シープドッグでは血管奇形による脳出血の報告もある[11]。

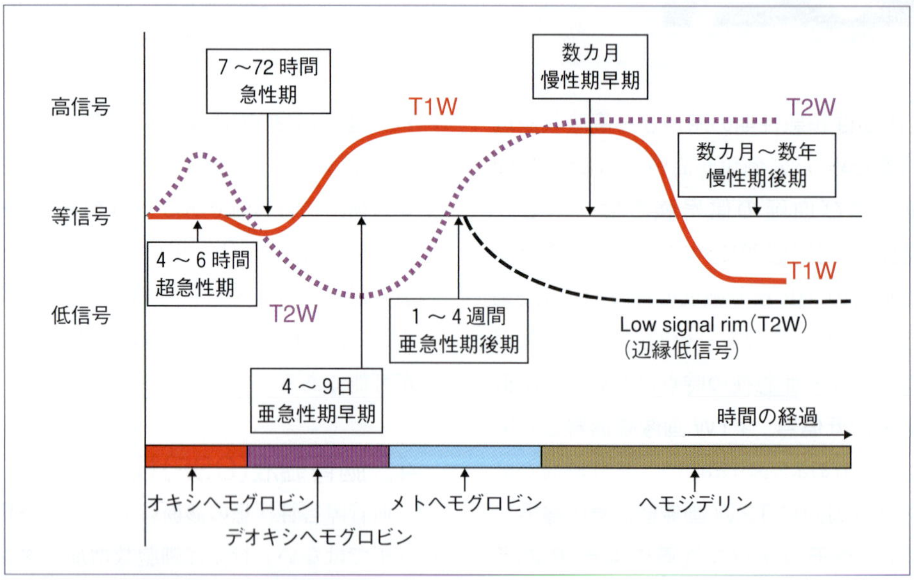

図 13　MRI における出血／血腫の信号強度の経時的変化

T1W：T1 強調画像，T2W：T2 強調画像。
MRI 上での出血の信号強度はヘモグロビンの正常変化に伴い，経時的に変化していく。恐らく獣医療で最も診断されやすい時期は急性期～亜急性期であり，このとき出血病巣は T2W 画像低信号（あるいは辺縁低信号，中心部高信号），T1W 画像高信号である（図 11a，b，図 12a，b 参照）。
（文献 11 を元に作成）

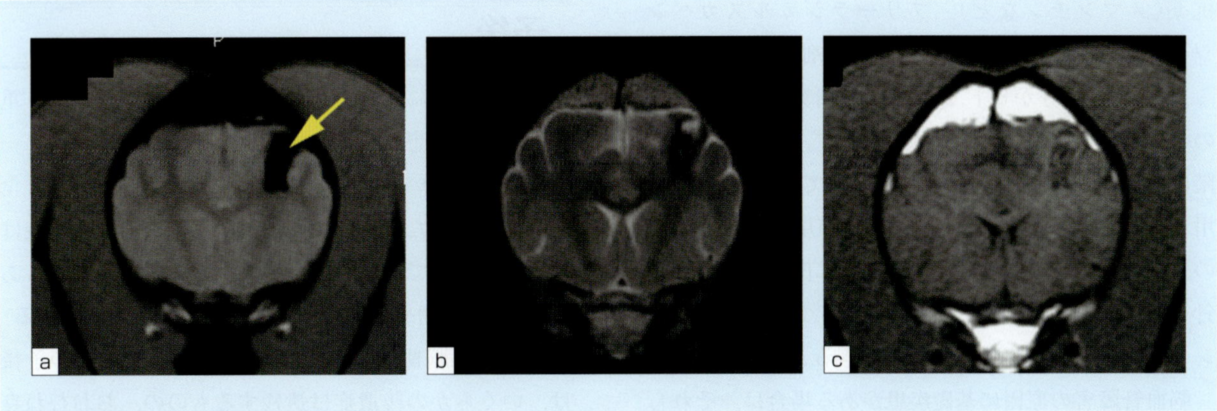

図 14　T2*W 画像による出血病変

脳出血を示した犬（ウィペット，5 歳，雄）の T2*W 画像（a），T2W 画像（b），および T1W 画像（c）出血病変はヘモジデリンによる磁場の乱れによって低信号病変として認められる（a：矢印）。

CSF 採取自体が危険なことも少なくない。筆者が思うには，慢性期の（たとえば空洞化病変や壊死による萎縮がある）症例であって，画像上脳炎との鑑別が困難な，あるいは脳炎の除外が必要である症例において行うべきである。

治療

動物の脳血管障害は，診断までに時間がかかる（臨床獣医師の知識および環境上の問題），多くの症例が数日で改善傾向を示し対症療法をしている間に寛解する，日常生活に支障を来すような重篤な後遺症がみられない，あるいは重度の症例では急性期のうちに（診断がつく前に）死亡してしまう，など様々な要因も相まって，**明確かつ有効性が証明されている特定の治療法はない**。特に，ラクナ梗塞による TIA である場合は，オーナーも気付かない，あるいはあれよあれよといっているうちに回復してしまう。実際，主に二次診療を行っている筆者自身は治療したことはない。図 9 ～ 12 に挙げた症例も初期の対症療法のみ，あるいは初期治療もなく回復している（障害領域に一致したわずかな神経学的異常が後遺症として残っている）。

ヒトにおける脳梗塞では，発症から即座（超急性期）に DWI，perfusion imaging を含めた MRI および CT を行い，血栓溶解剤である組織プラスミノゲン活性化因子（t-PA）やウロキナーゼ型プラスミノゲン活性化因子（uPA；ウロキナーゼ）を投与することで閉塞血管の再疎通を行ったり（その有用性についてはいまだに議論がある），急性期には抗凝固剤であるアルガトロバンやヘパリン療法，微小循環改善（抗血小板）療法（オザグレルナトリウム），脳保護剤（エダラボン）投与なども行われる[16]。しかし，これらの治療法は前述の理由から，獣医療において利用できる状況はほとんどない。

獣医療で行える脳血管障害に対する初期療法は，ヒトでも行われる，脳浮腫，ICP 亢進およびそれらによる二次的な脳損傷に対する治療である。基本的には症状の進行が治まるまで（およそ 24 ～ 72 時間程度まで），**内科的減圧療法として，濃グリセリン（グリセオール® 〔中外製薬株式会社〕，0.5 ～ 2.0 g/kg，15 ～ 30 分かけて静脈内点滴）あるいはマンニトール（0.5 ～ 2.0 g/kg，15 ～ 30 分かけて静脈内点滴）**[7, 12]を重度の脱水および電解質失調に注意しながら，1 日に 2 ～ 3 回の頻度で投与する（ただし，出血性疾患におけるマンニトールの使用には議論がある）。コハク酸メチルプレドニゾロン（MPSS）を含むステロイドの使用には議論がある。神経保護作用（膜の安定化）やフリーラジカルスカベンジャーとしての作用を期待し，MPSS の投与が行われる場合もあるが，その有用性は証明されておらず，またヒトにおける脳血管障害では推奨されていない[7, 12]。重症患者においては，前述の内科的減圧療法に加え，バルビツール系麻酔薬による麻酔，挿管および酸素吸入，頭部挙上，発作がある場合は抗てんかん薬療法といった，頭部外傷（第 21 章参照）や発作重積（第 18 章「てんかん」参照）と同様の処置を行う必要がある。一般に，動物の脳血管障害に対する初期の薬物療法はこれで終える。**その後は積極的な支持療法（起立不能や採食困難の場合は集中的な看護）とリハビリテーション**である。**多くの症例は，病変の範囲や局在により様々であるが，数日～数週間で回復する**。

脳血管障害に対するその他の治療法として，Ca チャネル拮抗薬，グルタミン酸（NMDA/AMPA）受容体拮抗薬(メマンチンなど)，フリーラジカルスカベンジャー(エダラボンなど)，鉄キレート剤(デフェロキサミン)などの投与がヒト，動物ともに研究されているものの，その有用性は証明されておらず，いまだ実験段階にある。ヒトにおいて再発予防として抗血小板薬(低用量のアスピリンやチクロピジン)が用いられるものの，動物ではその開始時期や投与量に関して明確な指針を提示するものはない(1つの総説[7]では，アスピリン 0.5 mg/kg, SID が安全に利用できると述べている)。

脳血管障害の原因に基礎疾患がある場合は，それらの治療も開始される。高血圧に対する治療は収縮期圧が 170 ～ 180 mmHg 以上にある場合に行われるが，ICP が亢進している状態では脳の障害部位で脳血流の自己調節能が破綻しているため，急激な血圧低下は障害部位でのさらなる脳灌流低下を引き起こす可能性があり危険である。このような場合，患者の状態が落ち着いた後に経口抗高血圧薬(エナラプリル，ベナゼプリル，アムロジピンなど)で治療を行う。

硬膜外，硬膜下，くも膜下あるいは脳内出血によって形成された血腫が存在し，それらの増大および臨床症状の悪化傾向が持続する場合には，**外科的開頭による血腫除去が必要になる場合もある**。急性期の内科的減圧療法に反応が乏しい場合は，即時的に CT・MRI 撮像を行い，外科的戦略を考慮する。しかしながら，症状の進行が認められない，あるいはすでに改善傾向が認められる場合には，図 12 の症例で示すように，比較的大きな占拠性病変であっても外科を必要とせず血腫が吸収されることもしばしばあり，外科手術の適応・不適応の明確な基準は今のところ存在しない。

予後

脳血管障害における予後は，病変の局在，範囲，重篤度や基礎疾患の有無など様々な要因があるため，一概にはいえない。病変の部位が脳幹に存在したり，全脳虚血を生じたり，治療が遅れたりした場合の予後はおおむね不良であり，急性期のうちに死亡する例もある。梗塞の範囲や血腫のサイズが比較的限局的である，あるいは小脳梗塞，ラクナ梗塞や TIA の場合の予後は，いくらかの後遺症は遺残するものの，おおむね良好である。しかしながら，犬の脳梗塞 33 頭における回顧的研究[6]では，梗塞のタイプや部位，臨床症状の有無と予後の間に明らかな相関は認められなかった。この研究では 10 頭の犬が安楽死となったが，その半数は基礎疾患の悪化によるものであった。また，基礎疾患(慢性腎不全，副腎皮質機能亢進症など)を有する場合と有さない(特発性)場合とでは，基礎疾患のある動物で再発率が高く，また生存期間も有意に短かったと報告している。

おわりに

犬と猫の脳血管障害は，CT・MRI の急速な普及により，まれではあるものの診断数は増加傾向にある。本文でも述べたように，ヒトの脳血管障害治療は，超急性期の正確な診断と治療が要となっている。現在の臨床獣医療において超急性期に診断・治療が行える機会や施設はごく限られているものの，臨床獣医師は中齢～高齢動物における急性発症の神経学的徴候に目を光らせ，動物の脳血管障害における診療指針がつくれるよう努力されたい。

[長谷川大輔]

■参考文献

1) Altay UM, Skerritt GC, Hilbe M, et al. Feline cerebrovascular disease: clinical and histopathologic findings in 16 cats. *J Am Anim Hosp Assoc.* 47(2): 89-97, 2011.

2) Cuddon PA. Metabolic eucephalopathies. *Vet Clin North Am Small Anim Pract.* 26(4): 893-923, 1996.

3) Dewey CW. Encephalopathies: disorder of the brain. In: Dewey CW. A practical guide to canine & feline neurology, 2nd ed. Wiley-Blackwell. Ames. US. 2008, pp115-220.

4) Evans HE, Christensen GC. 犬の解剖学. 望月公子監訳. 学窓社. 東京. 1985.

5) Garosi L, McConnell JF, Platt SR, et al. Clinical and topographic magnetic resonance characteristics of suspected brain infarction in 40 dogs. *J Vet Intern Med.* 20(2): 311-321, 2006.

6) Garosi L, McConnell JF, Platt SR, et al. Results of diagnostic investigations and long-term outcome of 33 dogs with brain infarction(2000-2004). *J Vet Intern Med.* 19(5): 725-731, 2005.

7) Hillock SM, Dewey CW, Stefanacci JD, et al. 犬の血管性脳障害：診断，治療，予後. 越後良介訳, 望月学監訳. *J-VET.* 9: 16-24, 2006.

8) Hillock SM, Dewey CW, Stefanacci JD, et al. 犬の血管性脳障害：発生率, 危険因子, 病態生理, 臨床徴候. 越後良介訳, 望月学監訳. *J-VET.* 9: 8-15, 2006.

9) McConnel JF, Garosi L, Platt SR. Magnetic resonance imaging findings of presumed cerebellar cerebrovascular accident in twelve dogs. *Vet Radiol Ultrasound.* 46(1): 1-10, 2005.

10) Tamura S, Tamura Y, Tsuka T, et al. Sequential magnetic resonance imaging of an intracranial hematoma in a dog. *Vet Radiol Ultrasound.* 47: 142-124, 2006.

11) Thomas WB, Adams WH, McGavin MD, et al. Magnetic resonance imaging appearance of intracranial hemorrhage secondary to cerebral vascular malformation in a dog. *Vet Radiol Ultrasound.* 38(5): 371-375, 1997.

12) Wessmann A, Chandler K, Garosi L. Ischemic and haemorrhagic stroke in the dog. *Vet J.* 180(3): 290-303, 2009.

13) 青木茂樹, 阿部修編著. これでわかる拡散 MRI. 秀潤社. 東京. 2002.

14) 荒木力. はじめての MRI. 秀潤社. 東京. 1995.

15) 桐野高明. 脳虚血とニューロンの死. 中外医学社. 東京. 1996.

16) 篠原幸人. 脳血管障害. In: 水野美邦, 栗原照幸編. 標準神経病学. 医学書院. 東京. 2000, pp198-230.

17) 山田惠. 磁気共鳴画像を用いた脳潅流測定法. In: 伊藤正男. 川合述史編. ブレインサイエンスレビュー 2004. クバプロ. 東京. 2005, pp227-249.

脊椎・脊髄疾患

[第 23 ～ 41 章]

23. 脊椎・脊髄疾患編イントロダクション
24. 頚部椎間板ヘルニア
25. 胸腰部椎間板ヘルニア
26. ウォブラー症候群
27. 馬尾症候群：変性性腰仙椎狭窄症
28. 変性性脊髄症
29. 変形性脊椎症
30. 進行性脊髄軟化症
31. 環椎・軸椎不安定症
32. 脊椎・脊髄の奇形性疾患
33. 脊髄空洞症
34. 脊髄腫瘍
35. 脊椎腫瘍
36. 脊髄炎
37. 椎間板脊椎炎
38. 硬膜外の特発性無菌性化膿性肉芽腫による脊髄障害
39. ビタミンA過剰症，発作性転倒
40. 脊髄損傷
41. 脊髄梗塞：線維軟骨塞栓症

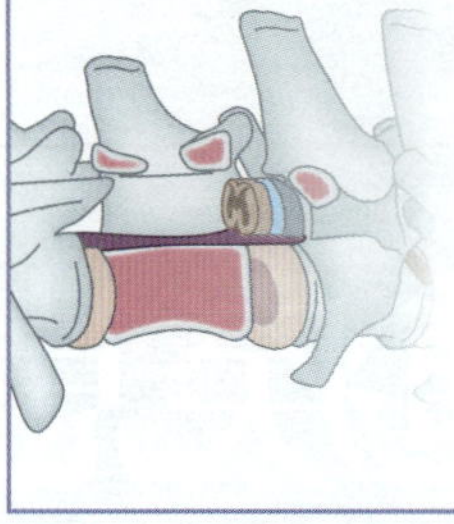

23. 脊椎・脊髄疾患編 イントロダクション

はじめに

近年，ミニチュア・ダックスフンド，チワワ，フレンチ・ブルドッグが人気犬種であるという傾向から，脊椎・脊髄疾患を診断する機会は増加している。特に，これらの犬種で発生しやすい椎間板ヘルニア，脊椎奇形，環椎・軸椎不安定症（亜脱臼）は，多くの神経疾患の中でも比較的，身近な疾患となってきている。

ラブラドール・レトリーバー，ゴールデン・レトリーバー，バーニーズ・マウンテン・ドッグといった人気大型犬種の一部が高齢化し，ウォブラー症候群（尾側頸部脊椎脊髄症）や馬尾症候群（変性性腰仙椎狭窄症）といった変性性疾患の発症も増加傾向にある。

獣医療の発展に基づく動物の高齢化により，高齢の犬や猫においては椎骨の骨肉腫や，脊髄の髄膜腫，神経鞘腫，リンパ腫といった腫瘍も散見され，治療法の発展に伴い積極的な治療も行われるようになってきている。

ワクチン接種率が高い現在においては感染症の発生は低下傾向にあるものの，神経病領域においては犬ジステンパーウイルス（CDV）感染症や猫伝染性腹膜炎（FIP）による脊髄炎は今なお発生している。小型犬種では，肉芽腫性髄膜脳脊髄炎（GME）といった非感染性の髄膜脊髄炎の存在も明らかになってきており，一定の割合で発生している。都心部近郊では，飼育形態や住宅環境などの変化から外傷による脊髄損傷は年々減少傾向にあるが，重症例では現在の医療技術を駆使してもいまだに画期的な治療法は存在していない。近年，一部の施設にて，重度の脊髄損傷例に対して脊髄再生医療が行われはじめているが，将来はこれらの分野の発展も期待されるところである。

獣医療領域へのMRI導入後に，脊髄空洞症や線維軟骨塞栓症（FCE，脊髄梗塞）といった疾患が注目されはじめ，現在ではそれらの診断率も向上してきている。また，高齢のウェルシュ・コーギーの不全麻痺の原因として，変性性脊髄症が関連していることも新たな話題となっている。本邦では，前述したような脊椎・脊髄疾患の発生が多い傾向にあり，現実的にはこれらの疾患の診断および治療が中心となっている。

本章では，脊椎・脊髄疾患の診断および治療をする際に必要な機能解剖について概説する。次いで，これらの疾患を診断する際の手順や手法について順に述べる。最後に，脊椎・脊髄疾患の分類についての紹介をする。

脊椎と脊髄の構造：臨床的に重要な機能解剖

脊椎・脊髄疾患を診断していく際に重要となる神経学的検査や画像診断を正確に評価するためには，脊椎および脊髄の機能解剖学に，ある程度は精通しておく必要がある。また，脊椎や脊髄の構造と機能の把握は，それぞれの神経疾患の病態生理の理解や治療法の選択にも役立つので，極めて重要である。しかし，神経解剖や生理は大変複雑かつ難解であるため，苦手意識をもっている獣医師も多いであろう。したがって，ここでは，日常の診療を行ううえで最低でも知っておくべき情報をコンパクトにまとめたので参考にしていただきたい。

1．脊椎：区分と椎骨の数

脊椎 vertebral column は体の軸となる骨で，それぞれの椎骨が関節して構成されている。脊椎の主な役割は，①体幹の支柱，②脊髄の保護，③前肢と後肢の筋肉の体幹への付着の3つである[5]。脊椎は，それぞれの領域によって，頚椎，胸椎，腰椎，仙椎，尾椎に分類することができる（図1）[2]。臨床の現場では，頚椎のことを「C」，胸椎を「T」，腰椎を「L」，仙椎を「S」，尾椎を「Cd」と呼ぶことが多いので，その略称も覚えておくとよい。それぞれの椎骨の数は，動物種によっ

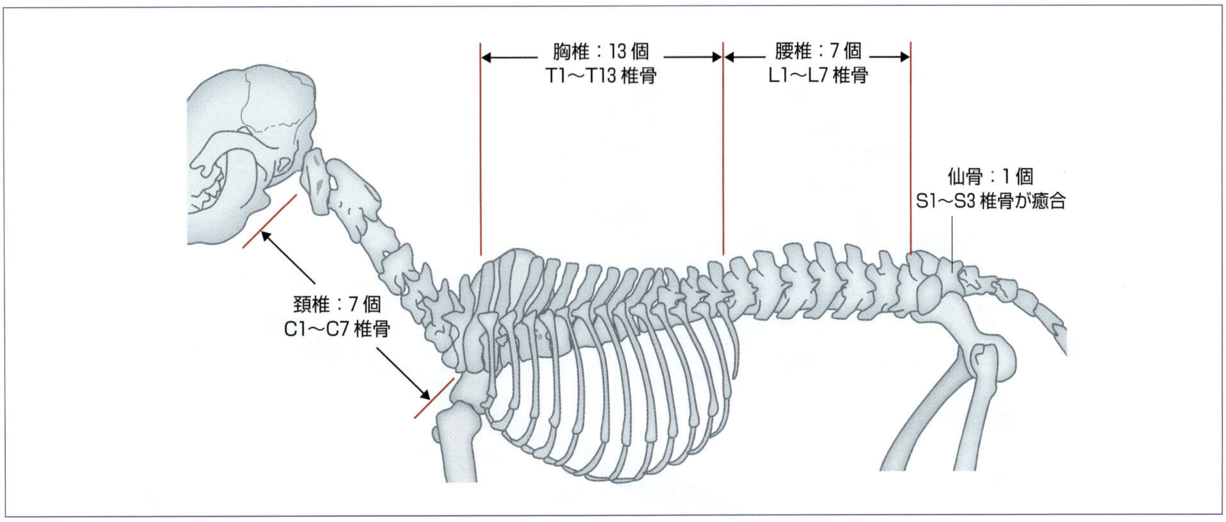

図1　犬と猫の脊椎の区分と数

て大きく異なるが，犬と猫では，頚椎が7個，胸椎が13個，腰椎が7個で，それらの数は同じである（図1）[2, 7]。これらの椎骨は，猫の方が全体的に頭尾側方向に縦長である。一般的に，犬と猫の仙椎は3個あるが，通常はそれらが1つに癒合して仙骨を形成している（図1）[7]。

椎骨の数は，画像診断や手術を行うときの目印となるので，最低限覚えておくべきである。尾椎は尾を形成する骨で，その数は品種や尾の長さによって異なる。

2. 椎骨の基本的な構造

典型的な椎骨は，椎弓，突起，椎体で構成されている[5]。最も背側の中央からは棘突起が突出し，そこから左右に椎弓板と椎弓根からなる椎弓を形成する（図2）[7]。片側の椎弓板と椎弓根を切除する手術のことを**片側椎弓切除術 hemilaminectomy**，背側の棘突起と両側の椎弓板を切除する手術のことを**背側椎弓切除術 dorsal laminectomy** という。これらの手術は，椎間板ヘルニアを中心とした脊柱外科でよく行われるため，少なくともその周辺の解剖は理解をしておくべきである。

椎骨には，棘突起の他に，前関節突起，後関節突起，乳頭突起，副突起，横突起といった突起が左右に1対ずつ存在する（図2）。これらの突起には，多くの筋肉が付着している。前関節突起と後関節突起で椎骨同士の関節の一部を形成しており，2つの突起を合わせて関節突起と呼ぶ。椎骨の側面には**横突起**があり，それよりも腹側にあって椎弓と連続している部分を**椎体**という。椎骨の骨折や脱臼を整復するとき，また脊柱に不安定性のある症例に対して脊椎固定術を行うときには，椎弓と横突起の基部がスクリューやピンを刺入する際の目印となるので，この領域の解剖も頭に入れておくべきである。

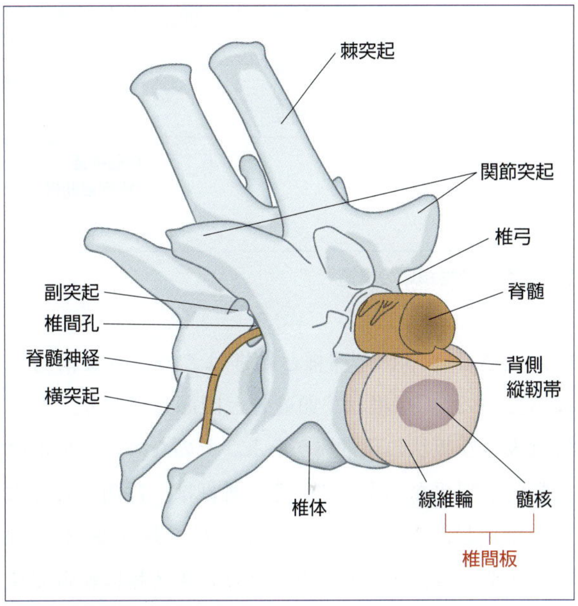

図2　椎骨の基本的な構造

椎弓と椎体で構成される穴を**椎孔**といい，脊柱の中で椎孔は連続してトンネルとなって脊柱管を形成し，その中を脊髄が尾側に向かって伸びている。副突起の下には椎間孔という穴があり，脊髄神経の通路になっている（図2）[5]。

3. 各領域における椎骨の特徴

（1）頚椎

頚椎領域では，第1頚椎である環椎と第2頚椎である軸椎の形が特徴的で，この2つの椎骨は他の椎骨と形態が大きく異なる（図3）[2, 7]。頭部を自由に動かすこ

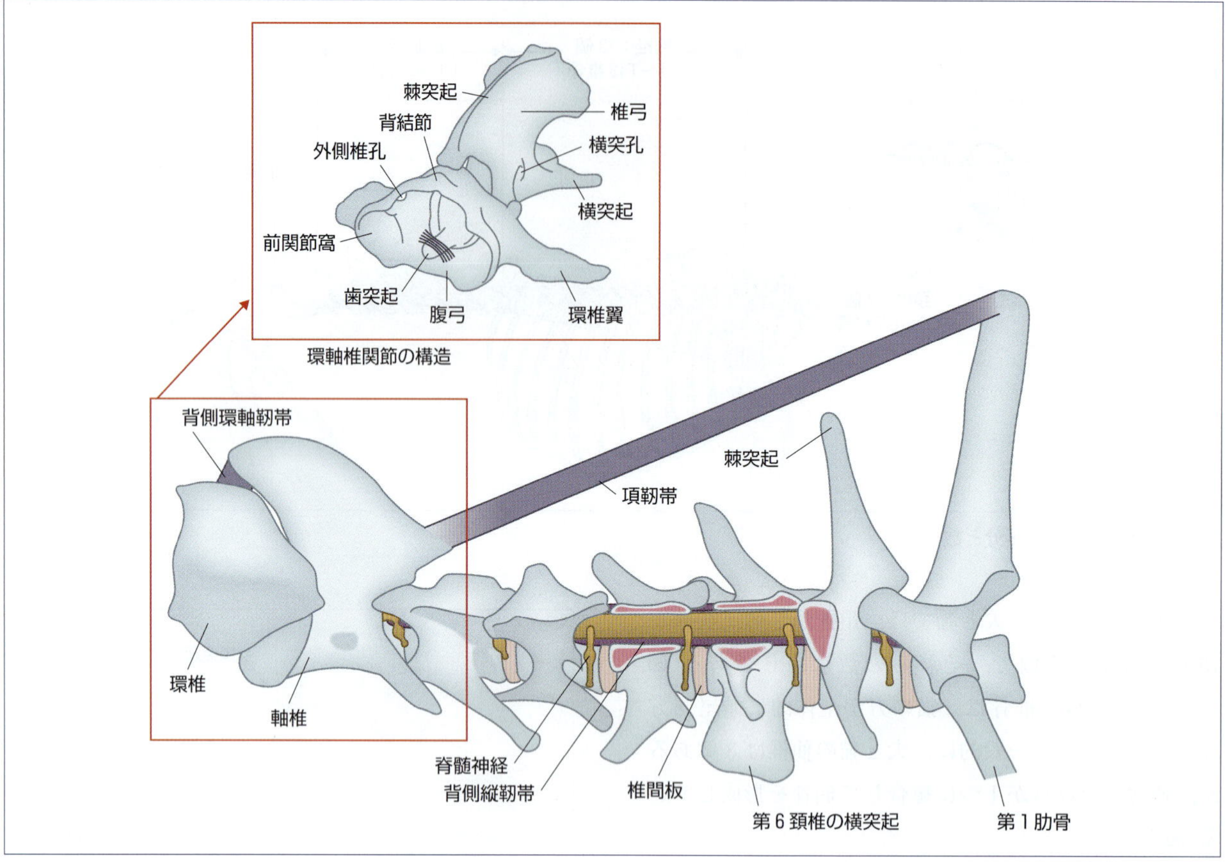

図3　犬の頚椎領域の構造

とができるように，環椎と軸椎はこのような構造になっている[2)]。環椎は，頭蓋骨と関節しており，左右には大きな板状の環椎翼がある。そのために，環椎は比較的，扁平な形をしている。軸椎は，背側に長く大きな棘突起があり，椎体はやや縦長である(図3)。軸椎の頭側には歯突起があり，さらに歯突起は靭帯で環椎と固定されているため，環軸椎関節は安定化している(図3)。先天的に歯突起の形成が異常であったり，環椎と軸椎を固定するための靭帯が欠損していると，環軸椎の不安定症を引き起こす。頚椎では，横突起の基部に横突孔があり，その中を椎骨動脈が通っている[2)]。第6頚椎の横突起は大きく腹側に突出しているので(図3)，腹側減圧術(ベントラル・スロット，ventral slot)など頚椎の腹側からの手術を行うときの目印となる。

(2) 胸椎

胸椎は，肋骨と関節していることと，長い棘突起をもつことが最大の特徴である。犬と猫の胸椎は13個あるが，頭側の9個と尾側の4個では形態が異なる[7)]。第1～9胸椎の棘突起は長く，尾側方向へ傾斜している[7)]。頭側胸椎領域では，背側縦靭帯と直交するように肋骨頭間靭帯が存在するため[7)]，椎間板ヘルニアは生じにくいとされている。一方，第10～13胸椎では棘突起が短く，第11胸椎以降の棘突起は頭側方向へと傾斜している[7)]。犬や猫では第10胸椎の棘突起が垂直になるため，第10胸椎のことを解剖学的に**対傾椎骨**という。第10胸椎は，前肢と後肢の間にある胸椎と腰椎を合わせた20個のちょうど中央にある。胸椎や腰椎の数が正常と異なる場合には，この対傾椎骨を中心に，どちらの椎骨の数が少ないか，または多いかを数えるとよい。胸腰椎移行部は，脊柱全体の屈曲および伸展の中心となるため，椎間板ヘルニアや椎骨骨折・脱臼が生じやすいとされている。

(3) 腰椎

腰椎は手術を行う機会が最も多いため，解剖を熟知しておく必要がある(図4)。腰椎は，基本的に7個であるが，犬や猫ではその数がよく変動する。たとえば，腰椎が6個の猫は珍しくはない。腰椎が6個の症例では，コンピュータ断層撮影(CT)や磁気共鳴画像(MRI)などで断層像を評価するときや，術中に目印を設定する際に混乱を生じることがあるので，診断時に腰椎の数は必ず把握しておくべきである。腰椎の背側からは

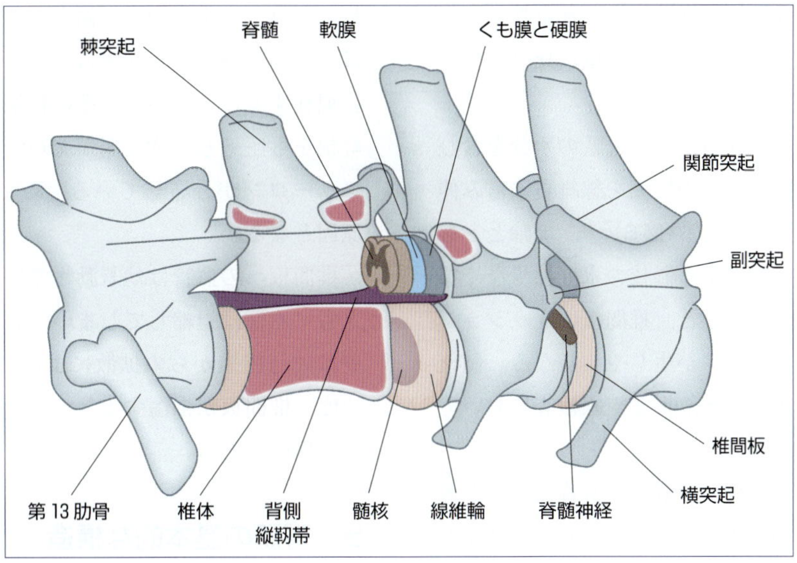

図 4　犬の胸腰椎領域の構造

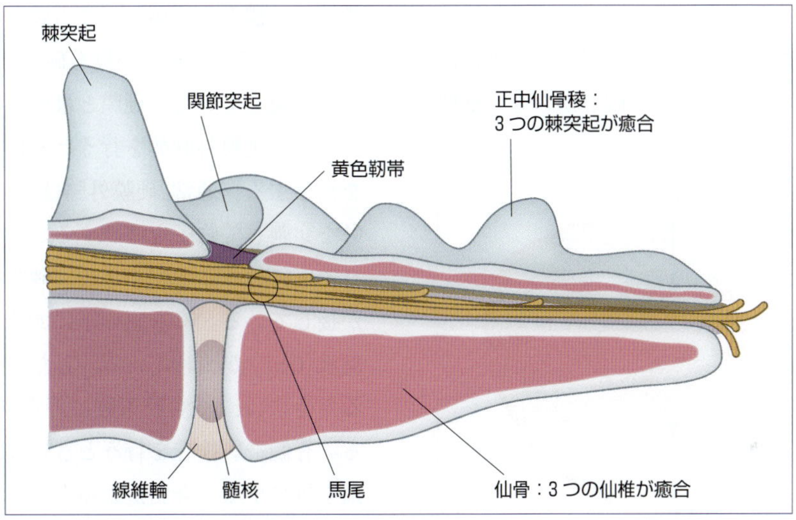

図 5　犬の仙骨の構造と馬尾神経との位置関係

棘突起が突出し，その左右には椎弓がある（図４）。関節突起と副突起の下にある椎間孔から，脊髄神経が派出している。脊髄の腹側には背側縦靭帯があり，さらにその腹側の椎体と椎体の間に椎間板がある（図４）。腰椎では，特に横突起が発達している。尾側へ向かうにつれて腰椎の位置は深くなる。腸骨翼の中心に第７腰椎の棘突起が存在する。これは，硬膜外麻酔，脊髄造影，手術を行うときの目印となるので，解剖学的な位置関係は十分に把握しておくべきである。第７腰椎と仙骨の関節は，他の椎骨間に比べて屈曲と伸展の運動性が高いため，椎間板や周辺靭帯の変性が生じやすい。このような背景が，変性性腰仙椎狭窄症の発症要因の１つとなっている。

(4) 仙骨

仙骨は，仙腸関節によって骨盤と関節している。仙骨は，3 つの仙椎が癒合して形成されているが（図５），このように仙椎を硬く骨化させることで，運動時に後肢の推進力を脊柱に伝えやすくしていると報告されている[2)]。仙骨の椎孔の中には馬尾が通過している（図５）。仙骨から後肢に向けては坐骨神経が派出しているので，仙骨を損傷したり，周辺の椎骨や靭帯の変性の結果として馬尾が圧迫されると坐骨神経の障害が生じる。

4. 椎間板の構造と機能

椎体と椎体の間には，脊柱を屈曲させたときにクッションとして働く椎間板が存在している[2, 4, 7)]。環椎と軸椎の関節以外には，頚椎から仙骨までの全ての椎骨の間に椎間板が存在する。頸椎と腰椎は運動性がより高いため，その領域の椎間板は他の部位に比べて厚くなっている。

椎間板の中心部には，軟らかくて大量の水分を含むゼリー状の**髄核**が存在し，その周囲を線維質に富み伸張性のある**線維輪**が囲んでいる(図6)[2, 7]。加齢とともに，椎間板の中心部に存在する髄核の水分は少なくなる。このような変性が生じると，椎間板のクッション性が失われて椎間板ヘルニアが生じやすくなる。髄核が変性して石灰化を生じると，単純X線検査においても容易に確認することができる。

犬や猫の線維輪は，髄核の腹側よりも背側の方が薄いという解剖学的な特徴があるため(図6)，残念なことに脊髄の方向である背側に椎間板ヘルニアが生じやすい。また，脊柱を屈曲方向へと動かしたときに，椎間板への圧力が最も上昇する。そのような状況下では，髄核よりも腹側の線維輪が圧迫され，背側の線維輪は伸張する。このような動態力学的な観点からも，椎間板は背側に突出しやすい傾向がある。椎間板の背側には，背側縦靭帯が存在するため，ヘルニア物質は左右に偏在することが多い。その結果，脊髄のみでなく神経根をも圧迫し，背部痛が発現する。線維輪には感覚ニューロンが分布しているため[4)]，その破綻も疼痛の原因となる。

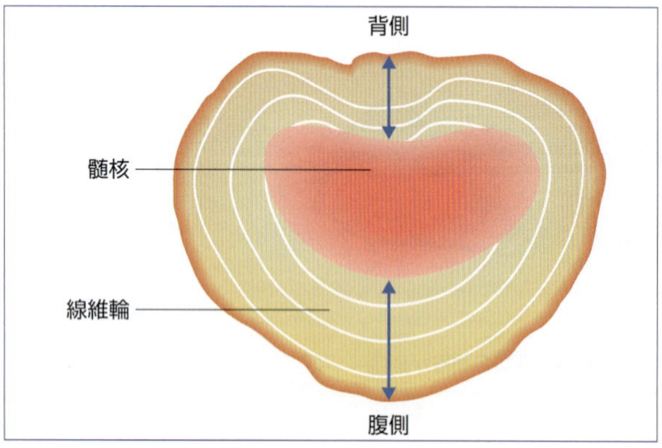

図6　犬の椎間板の正面像

椎間板への血管は幼若動物では存在するが，成長とともに血管は退縮してしまい，成長後の椎間板への栄養は周辺組織からの拡散によって供給されている[2)]。一度，椎間板が損傷すると治癒しにくいのは，そのような理由もある。

5．脊髄の基本的な構造

脊髄は，**「第1頸椎以降の脊柱管内に存在する中枢神経」**と定義されており，髄膜に覆われている[7)]。髄膜は，外側から，硬膜，くも膜，軟膜の順で構成されている(図7)[5)]。硬膜が最も硬く，線維鞘を形成し，脊髄を保護している。硬膜と椎骨の間の空間を硬膜外腔という。硬膜外麻酔を行うときには，この領域に薬剤を投与する。通常，硬膜外腔は陰圧になっているため，針を穿刺して陰圧を確認することで硬膜外腔への投与を確実に行うことができる。硬膜の内側には，くも膜が接している。くも膜の下にあるくも膜下腔には脳脊髄液(CSF)が流れている。したがって，CSFを採取するときには，くも膜下腔に針を刺してCSFを採材する。脊髄造影検査を行うときには，くも膜下腔に造影剤を投与する。脊髄造影検査やMRI検査では，くも膜下腔を描出することで，脊髄の輪郭を確認することができる。脊髄を直接覆っているのが軟膜で，血行が最

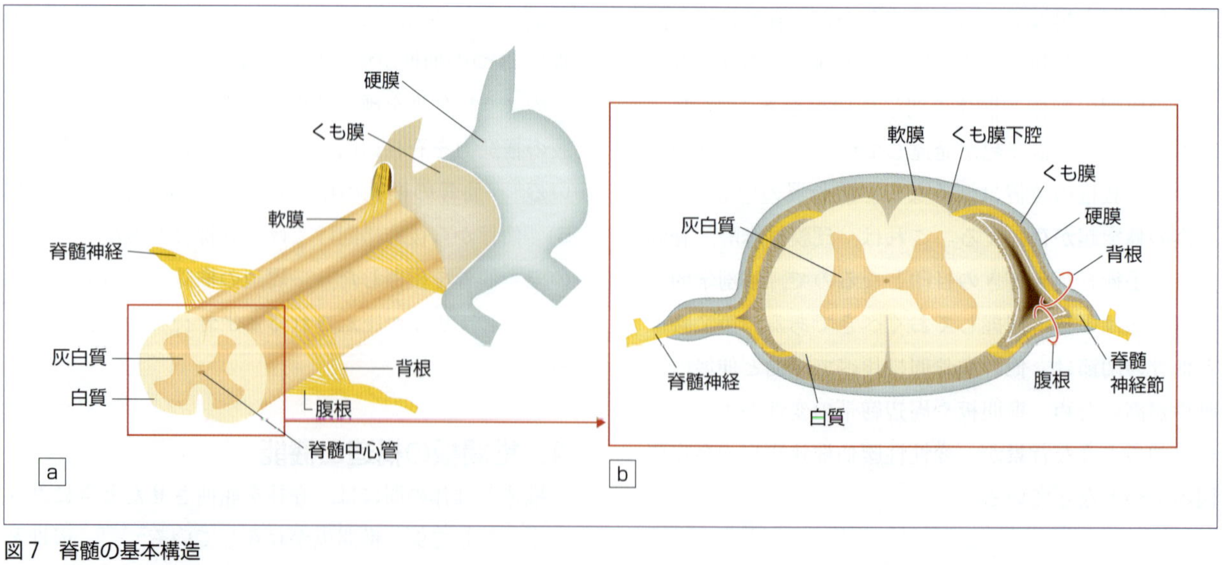

図7　脊髄の基本構造
a：全体像，b：断層。

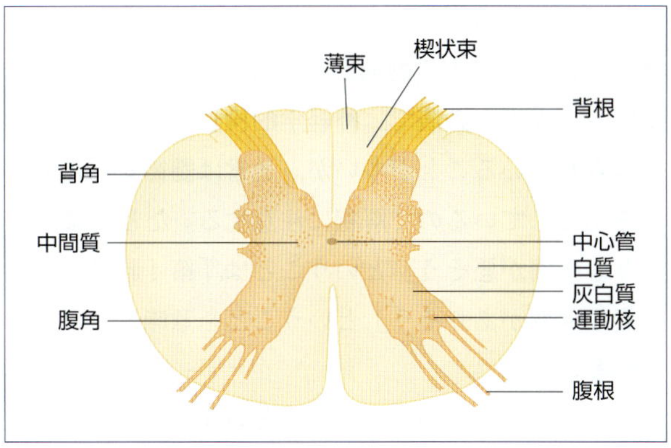

図8　脊髄の灰白質と白質

も豊富である(図7)[7]。

脊髄の背側からは，感覚ニューロンが**背根**として脊髄に入力される。背根は，7つ前後の根糸に分枝してから[7]，最終的に脊髄に入力される。背根には，丸い脊髄神経節が存在し，そこに感覚ニューロンの細胞体が集合している(図7)。一方，脊髄の腹側からは，運動ニューロンが複数の根糸を形成しながら出力され，それらがまとまって**腹根**となる(図7)。腹根と背根は，硬膜内で1本に合流して脊髄神経となる。脊髄は，それぞれの分節にわかれており，1つの分節を髄節という。一般的に，1つの髄節からは，1対の腹根と背根が出入りしている。

脊髄は，脳とは逆で，中心部に灰白質があり，その周辺に白質がある(図7，8)。灰白質は，蝶が羽を広げたような形をしており，ニューロンの細胞体や樹状突起および軸索，そして介在ニューロンが存在している[1, 5]。灰白質は，背側から，背角，中間質，腹角の3つの区画に分類することができる(図8)[7]。胸髄から頭側の腰髄にかけては，側角も存在する。背角には，背根からの感覚の情報が入力され，主に感覚機能に関連している。中間質には，自律神経系のニューロンが多い[1]。腹角は，主に運動機能に関連している[1]。腹角には下位運動ニューロン(LMN)の細胞体があり，脳からの運動に関する情報を伝達して末梢へと伝える(図8)。灰白質の周囲にある白質は，主に有髄性の神経線維で構成されている。白質には，感覚に関する情報を脳へ伝達する経路(薄束，楔状束，脊髄視床路，脊髄小脳路，脊髄オリーブ路)や，脳からの運動に関する情報を末梢側に伝達する経路(皮質脊髄路，皮質延髄路，赤核脊髄路，前庭脊髄路，視蓋脊髄路，網様体脊髄路など)，神経根を経由して末梢神経に向かう経路がある[7]。刺激の伝達といった電線としての役割を白質が，支線への分枝とスイッチといった役割を灰白質が担っ

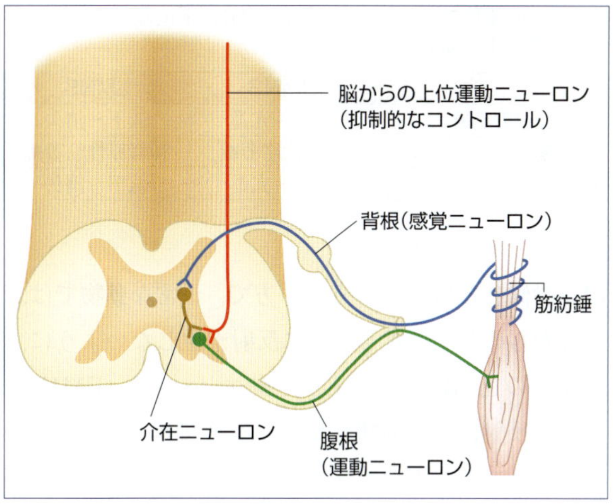

図9　脊髄反射の経路(反射弓)

ていると考えると，脊髄の構造を理解しやすいかもしれない。

6. 反射に関係する機能解剖

外部からの刺激に対して，脳を介さずに不随意に筋肉の収縮が誘発されることを**反射 reflex** という。多くの人が，熱い鍋を触ったときや針で指を刺したときに，意識せずに素早く手を引っ込めるということを経験したことがあるだろう。これがまさに反射である。

脊髄疾患を診断するときには，この反射を利用して脊髄反射という検査を行う。四肢の脊髄反射は，屈筋または伸筋の付着部や腱部を，打診槌や鉗子で刺激することによって行うことができる。打診槌や鉗子でこれらの部位を刺激すると，伸張受容器である筋紡錘が刺激される。筋紡錘からは主に，らせん型の1次終末を介して感覚ニューロンへと刺激が伝達される。さらに，感覚刺激は，背根を経由して脊髄の背角に入力される(図9)。脊髄に入力された刺激は，脳を経由せずに髄節レベルにおいて，腹角にある下位運動ニューロンの細胞体へと伝達される(図9)。このときに介在ニューロンを介することもある。伝達された刺激は，腹根から出力され下位運動ニューロンを経由して，最終的に筋肉に伝達される。その結果，筋肉が興奮して収縮する。この反射が成立するための，感覚器(筋紡錘あるいは侵害受容器など)→末梢感覚ニューロン(Ⅰa求心性線維)→背根→脊髄(背角)→(介在ニューロン)→脊髄(腹角)→下位運動ニューロン(LMN：α 運動ニューロン)細胞体→腹根→末梢神経運動ニューロン→筋肉，で形成される経路を**反射弓**と呼ぶ(図9)。

末梢神経や脊髄を含む反射弓に異常があるときには，反射が消失または低下する。これを**下位運動ニュー**

表1　上位運動ニューロン徴候（UMNS）と下位運動ニューロン徴候（LMNS）の違い

	UMNS	LMNS
脊髄反射の結果	正常～亢進	低下～消失
筋萎縮	廃用性筋萎縮	神経原性筋萎縮
筋緊張	正常～亢進	低下～消失

ロン徴候（LMNS）という。一方で，正常な動物では，外部からの刺激に対して常に反射が生じないように，脳からの運動路である上位運動ニューロン（UMN）によって反射は常に抑制されている（図9）。UMNは，α運動ニューロンがシナプスを形成する位置で反射を抑制的にコントロールしている（図9）。すなわち，病変部位よりも上位の脳や脊髄にあるUMNが障害されると，反射が抑制されなくなり，逆に反射が亢進する。これを**上位運動ニューロン徴候（UMNS）**という。UMNSとLMNSの特徴を表1にまとめたので診断時の参考にしていただきたい。

このように，反射に関する生理学を理解しておくと，脊髄反射を行ったときの解釈が容易になる。脊髄反射を正しく行い，そして評価することで，病変部位の局在や範囲，重症度を推測することができる。それには，後述する髄節と椎骨の位置関係も把握しておく必要がある。

7. 脊髄：区分と髄節の数

脊髄は，椎骨の分類と同様に，頚髄，胸髄，腰髄，仙髄，尾髄の5つの区分に分類することができる[2)]。脊髄も椎骨と同じく，頚髄を「C」，胸髄を「T」，腰髄を「L」，仙髄を「S」，尾髄を「Cd」と略す。脊髄には，椎骨に相応する髄節が存在し，1つの単位となっている。成書や講演で，神経学的検査の結果が略語で述べられていることが多いが，通常は髄節レベルのことを示唆しているので解釈に注意する。たとえば，「L4よりも尾側が悪そう」ということは，「第4腰髄節以降に責任病変がありそう」ということを意味していることが多い。

髄節の数と椎骨の数が異なるということは，臨床上重要である。頚椎の椎骨の数は7個であるが，頚髄節は第8頚髄節（C8髄節）まで存在する。成書でC8という表現をみて「誤植ではないか？」と疑問に思った方もいるかと思われるが，これは第8頚髄節（C8髄節）のことを指している。それ以外の部位では，胸髄節が13個，腰髄節が7個，仙髄節が3個と，基本的に椎骨の数と同じ数である。尾髄節の数は品種によって異なるが，犬では5個であることが多いようである[1)]。

8. 脊髄膨大部と髄節の位置

脊髄は，全ての領域で同じ太さではなく，第6頚髄節（C6髄節）～第2胸髄節（T2髄節），第4腰髄節（L4髄節）～第3仙髄節（S3髄節）の2カ所でその直径が太くなっている（図10）。C6髄節～T2髄節の領域の太くなっている部分を**頚膨大部**，L4髄節～S3髄節の領域の太くなっている部分を**腰膨大部**という（図10）[1,2,4,)]。頚膨大部と腰膨大部からは，前肢と後肢の筋肉を支配するLMNが出ており，それぞれ腕神経叢と腰仙骨神経叢を形成する（図10）[2,4)]。これらの髄節には，その

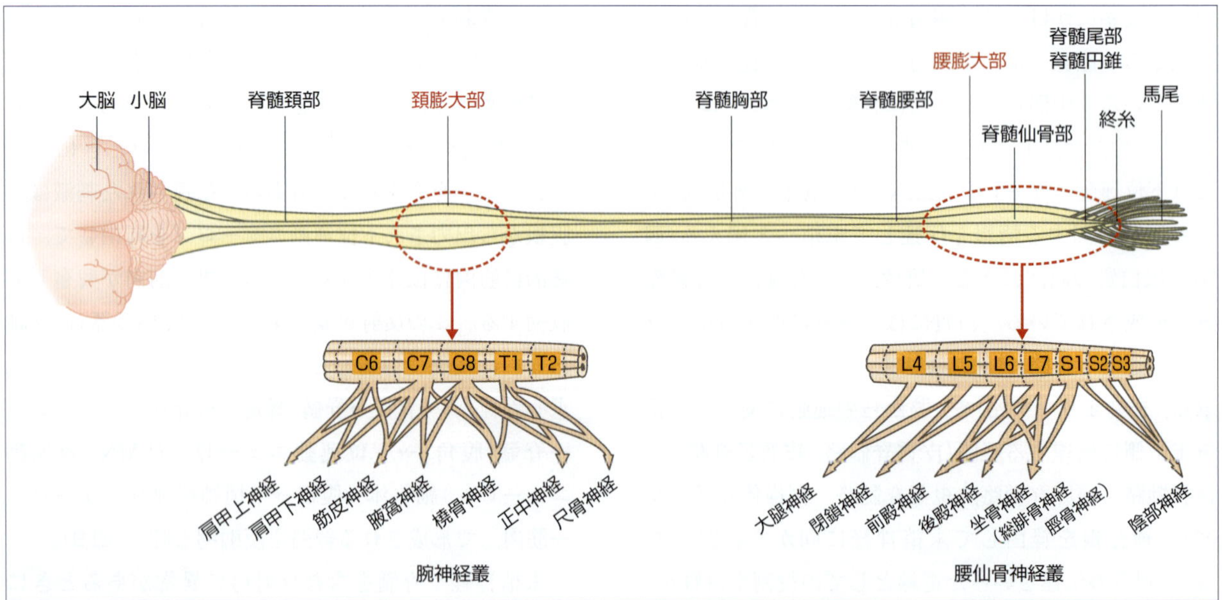

図10　脊髄の全体像

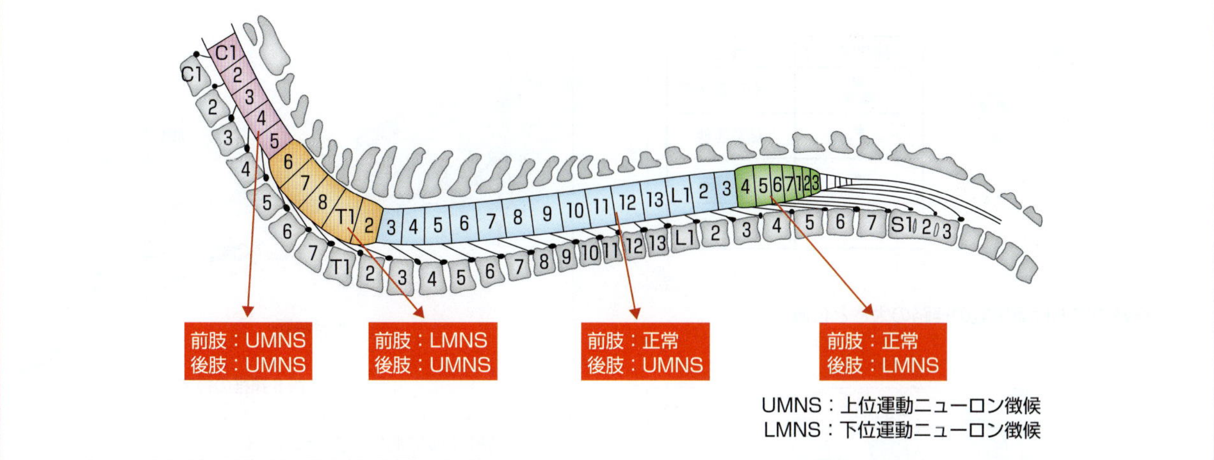

図 11　椎骨と髄節の位置関係と脊髄反射の解釈

他の髄節と異なり，LMN の細胞体が存在する。したがって，C6 髄節～ T2 髄節や L4 髄節～ S3 髄節に病巣が存在するときには，前肢または後肢の LMNS を呈する。

神経学的検査を正しく評価するためには，椎骨とそれに対応する髄節の位置を理解しておくことが重要である。頚椎領域では，7 つの椎骨に対して 8 つの髄節が存在するが，椎骨と髄節の位置関係はほとんど同じである（図 11）。頚椎領域では，髄節と同じ頚椎の頭側から脊髄神経が出る。第 8 頚髄（C8 髄節）の脊髄神経だけは，第 7 頚椎の尾側から出る（図 11）。胸椎以降では，髄節と同じ椎骨の尾側から脊髄神経が出る。第 1 胸椎から第 3 腰椎までは，椎骨と髄節の位置はほとんど同じレベルにある（図 11）。

椎骨の成長は脊髄に比較して早く，最終的に長くなるので，尾側部分では椎骨と髄節の位置関係が大きく異なる。第 4 腰椎内には，L4 髄節～ L7 髄節の 4 つの腰髄節が位置する（図 12）。第 4 腰椎の 4 は，4 つの腰髄節があるの 4 と覚えると，腰椎と腰髄の位置関係が理解しやすい。第 5 腰椎内には 3 つの仙髄節（S1 髄節～ S3 髄節）が存在する（図 12）。これは，仙髄の S と数字の 5 の形が似ていると考えれば仙髄節の位置関係は覚えやすいかもしれない[1]。このような解剖学的な特徴から，第 5 腰椎付近の疾患では，仙髄節の徴候が認められる。

中・大型犬の脊髄は，第 6 腰椎付近で終止することが多いが，体重が 7 kg 以下の小型犬の脊髄は尾側に長い傾向があり，中・大型犬より 1 椎体分尾側まで脊髄が存在すると報告されている。猫では，第 7 腰椎から仙椎にまで脊髄があることが多い[1]。このような解剖学的差異は，神経学的検査を解釈するうえで重要である。脊髄の尾端からは，末梢神経が束となって尾側へ向かい並走している（図 10，図 12）。その形態が，馬の尻尾の形態に似ていることから，これらの神経束のことを馬尾と呼んでいる。馬尾が障害されて神経症状が発現することを総称して**馬尾症候群**という[5]。

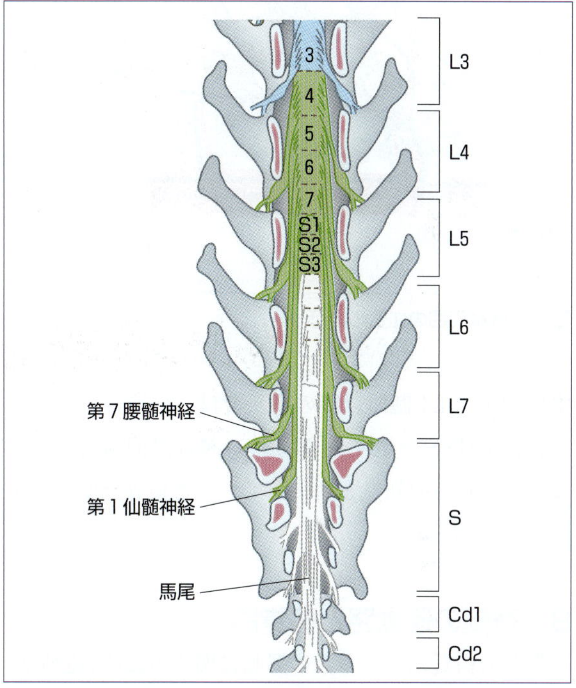

図 12　尾側腰椎領域における腰椎と髄節の位置関係

これらの機能解剖学を把握していれば，脊髄反射を行ったときの結果から，損傷部位または病巣をある程度は推測することが可能である。C1 髄節～ C5 髄節に病変が存在しているときには，前肢と後肢ともに UMNS を示す（図 11）。C6 髄節～ T2 髄節に病変が存在しているときには，前肢は LMNS を，後肢は UMNS を示す（図 11）。T3 髄節～ L3 髄節に病変が存在しているときには，前肢は正常であるが，後肢は UMNS を示

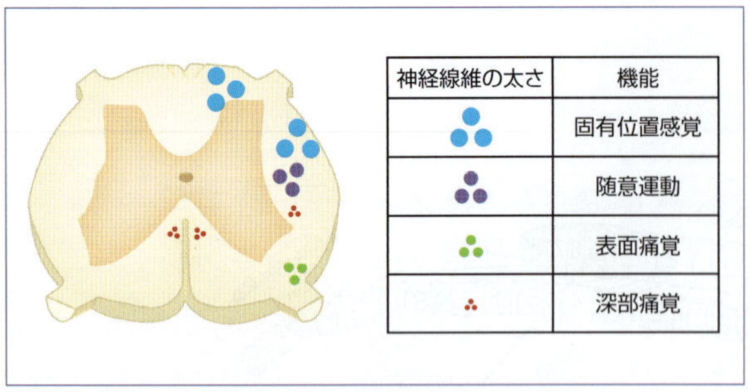

図 13　脊髄内における感覚の経路の太さと位置

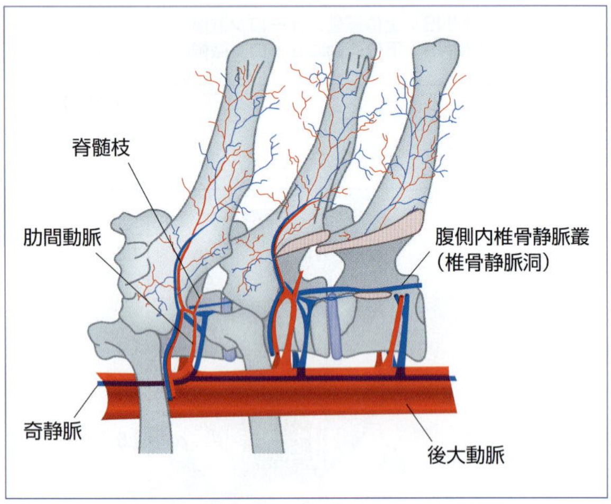

図 15　胸椎周囲の血管の走行

す(図 11)。L4 髄節以降の病変では，前肢は正常で，後肢は LMNS を呈する(図 11)。神経学的検査を行うには，これらの知識を習得しておくと検査感度が向上する。

9. 脊髄の運動路と感覚路

脊髄の白質には，多数の運動に関する経路(運動路)や感覚に関する経路(感覚路)が往来している。これら全ての経路を解説することは困難なので，ここでは日常の診療に役立つ経路を 2 つ挙げる。

尾側頚椎の不安定症を含むウォブラー症候群は，尾側頚髄が圧迫されることにより四肢の運動失調や不全麻痺が発現する疾患である。ウォブラー症候群は頚部の疾患であるにもかかわらず，初期では後肢の臨床症状からはじまることが多い。尾側頚髄では，前肢への運動路が脊髄の内側を，後肢と連絡する伝導路が脊髄の外側を通過している。そのため，尾側頚髄が圧迫されたときには後肢と連絡する伝導路が最初に影響を受ける[1]。このような機能解剖学を理解しておくと，ウォブラー症候群の病態をより把握しやすくなり，疾患の早期発見にも役立つ。

白質における感覚の経路の位置や太さを把握してお

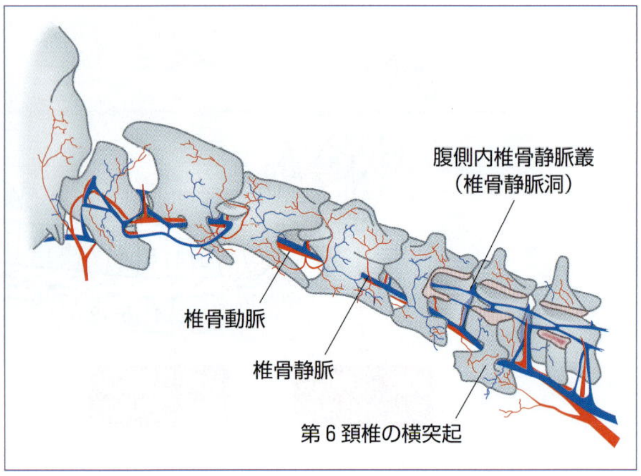

図 14　頚椎領域における血管の走行

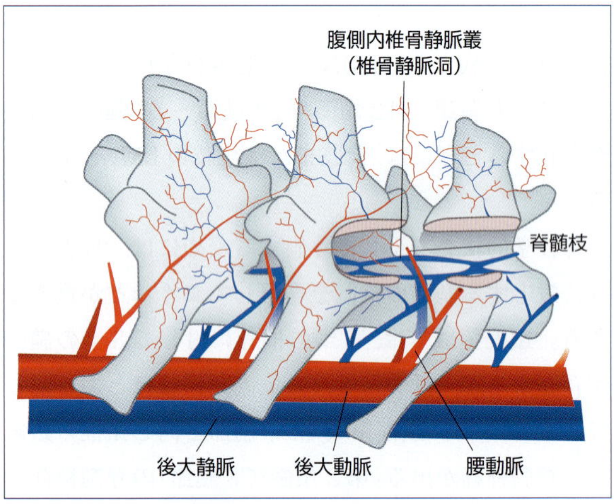

図 16　腰椎周囲の血管の走行

くことも臨床上重要である。固有位置感覚の経路は，脊髄の背側の表層を通過する比較的太い線維である(図 13)[4]。この線維は外力に対して最も影響を受けやすいため，椎間板ヘルニアなどで脊髄が圧迫されると，随意運動よりも先に固有位置感覚に影響が生じる。これらの経路で最も深部にあり，かつ最も細い無髄性の線維が深部痛覚の経路である(図 13)[4]。そのため，この経路は外部からの圧迫や損傷に対して最も影響を受けにくい。したがって，深部痛覚に異常が認められたときには，最も重度の脊髄の機能障害があるということを示唆している。これは，脊髄疾患の重症度や治療効果の判定に広く用いられている。

10. 脊椎および脊髄への血管走行

脊髄の圧迫性病変や梗塞性疾患では血流に変化が生じて，脊髄の機能に影響を与える。また，脊椎固定術や椎弓切除術といった手術を行うときには，椎骨の周囲にある血管走行を十分に把握しておく必要がある。

頚椎は，鎖骨下動脈から分枝した**椎骨動脈**から栄養

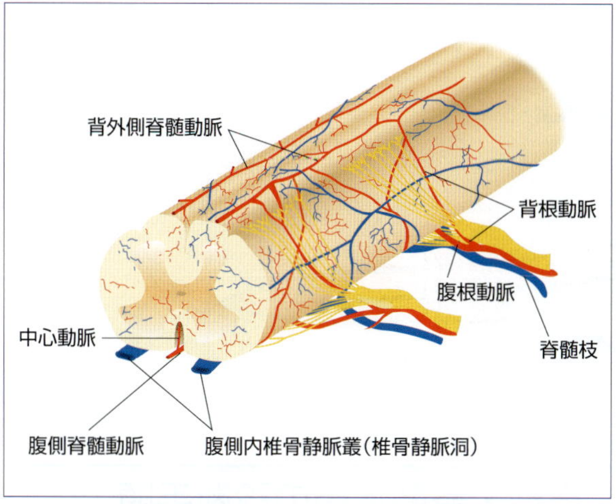

図 17　脊髄周囲の血管の走行

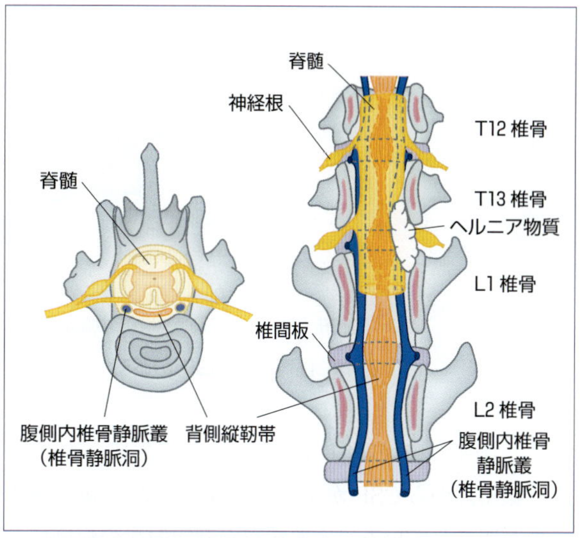

図 18　腹側内椎骨静脈叢（椎骨静脈洞）と椎間板ヘルニア物質との位置関係

供給を受ける（図 14）[7]。胸腔から出た椎骨動脈は，第6頚椎の横突起の基部にある横突孔を尾側から通過し，それぞれの椎骨の横突孔を経由しながら環椎に向かって走行する（図 14）。椎骨動脈は，この領域の脊椎固定術を行うときに注意すべき血管の１つなので，椎体，横突起，横突孔と，椎骨動脈の位置関係を把握することは臨床上重要である。椎骨動脈は，椎骨ごとに脊髄枝にわかれ，脊髄神経に沿って各々の椎間孔から脊柱管内に入る（図 14）[4, 7]。

第４胸椎までの頭側胸椎では，鎖骨下動脈から背側に分枝する肋頚動脈よりさらにわかれる胸椎骨動脈から栄養供給を受ける[7]。第４胸椎以降の胸椎では，後大動脈から直接分枝する肋間動脈から栄養供給を受ける（図 15）[7]。肋間動脈から分枝した脊髄枝が，脊髄神経に沿って椎間孔から脊柱管内に入り，胸髄へ向かう（図 15）。

腰椎では，後大動脈から分枝する７対の腰動脈から栄養供給を受ける[4, 7]。さらに，腰動脈からわかれる脊髄枝が各々の椎間孔から脊柱管内に入り，腰髄へ分布する（図 16）。腰動脈は，関節突起の近くを通るので，片側椎弓切除術を行うときには特に注意する。

各々の脊髄神経に沿って椎間孔から脊柱管内に入った脊髄枝は，脊髄の背側へ向かう背根動脈と，腹側へ向かう腹根動脈に分枝する（図 17）[1, 7]。腹根動脈は，脊髄の腹側正中裂に沿って長軸状に走行する腹側脊髄動脈に合流する[1, 7]。腹側脊髄動脈は，再び分節ごとに分枝して脊髄の腹側正中から灰白質に入り，脊髄の灰白質と白質の一部（側索）に動脈血を供給する[7]。背根動脈は，脊髄の背側で１対の背外側脊髄動脈に合流する[4, 7]。背外側脊髄動脈からは，軟膜を取り巻くように再び広範に分枝する[4, 7]。細かく分枝した動脈は，脊髄の外側から白質へ入り，主に脊髄の白質に動脈血を供給する（図 17）[4, 7]。すなわち，脊髄の灰白質へは主に腹側脊髄動脈が，白質へは主に背外側脊髄動脈からの分枝が分布している。これらの動脈の走行は，脊髄外科を安全に行うため，そして脊髄の梗塞性疾患の病態を把握するために，極めて重要である。

脊髄からの静脈血は，脊髄の表面に広く分布している細静脈を経由して，脊髄の腹側で脊柱管の底部を走行する１対の腹側内椎骨静脈叢（椎骨静脈洞）へと流れ込む（図 17，図 18）[4, 7]。腹側内椎骨静脈叢は，脊柱管内を頭部から尾椎まで走行する長い静脈である[7]。腹側内椎骨静脈叢は，脊柱管内を平行に走行するのではなく，椎間板のところでは広く，椎体の中央では狭くなるように蛇行している（図 18）。腹側内椎骨静脈叢の壁は，極めて薄いため損傷しやすい。椎間板ヘルニアの動物では，ヘルニア物質が腹側内椎骨静脈叢の周囲に存在したり，腹側内椎骨静脈叢を巻き込んでいることがあるので，腹側減圧術や片側椎弓切除術を行うときには，腹側内椎骨静脈叢の走行と取り扱いに特に注意すべきである（図 18）。腹側内椎骨静脈叢は，各々の椎間孔の位置で椎間静脈を分枝し，脊髄神経に沿って脊柱管から出る。

11．脊髄の脳脊髄液（CSF）循環

CSF は，主に，側脳室，第三脳室，第四脳室に存在する脈絡叢において血漿から生成される[2, 7]。さらに，脳室の上衣細胞や実質の毛細血管からの産生も確認されている[4, 6]。CSF は，犬では 0.047 mL/min（1.0 mL/

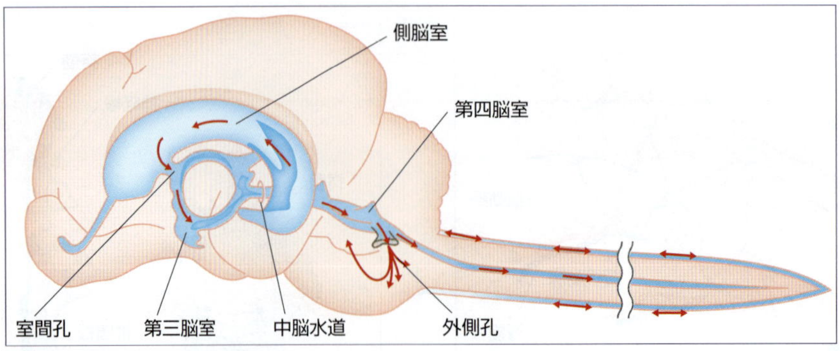

図 19　脳脊髄液(CSF)の循環

hr)[7]，猫では 0.017 mL/min[6] の速度で生成されている。脈絡叢から CSF が産生されるときには，炭酸脱水酵素が関与している。水頭症や脊髄空洞症の症例において，CSF の産生を減らす目的で，炭酸脱水酵素阻害薬であるアセタゾラミド(ダイアモックス®：株式会社三和化学研究所)を投与することがあるが，それはこのような理由からである。

側脳室で産生された CSF は，室間孔を経由し第三脳室に流入する[6]。さらに，中脳水道を経由して第四脳室へと流れ込む。第四脳室からは両側にある外側孔(ルシュカ孔)からくも膜下腔へと流出する。くも膜下腔へ流出した CSF は，脳と脊髄の 2 方向へと流れる。脊髄のくも膜下腔を流れる CSF は，尾側にそして頭側へと移動する(図 19)。CSF の移動は，主に呼吸に影響されている。通常は，呼気時に CSF は尾側へ移動する。CSF の移動は，血圧，体位，歩行，走行，興奮，発咳，嘔吐にも影響を受ける。犬や猫では，第四脳室と脊髄中心管が直接つながっており，脳からの CSF の一部は直接的に脊髄中心管へと流れ込む(図 19)。脊髄中心管には，CSF とタンパク様物質が流れている[7]。脊髄中心管の中またはその周囲に CSF 様の液体が過剰に貯留した状態を，水脊髄症または脊髄空洞症と呼ぶ。

最終的に頭蓋くも膜下腔へ流出した CSF は，くも膜顆粒から能動的に静脈内へと吸収される。また，毛細血管を介して中枢神経の至る所で能動的に吸収されているという報告もある[6]。脊髄くも膜下腔にある CSF は，背根と腹根が合流する部位よりも遠位にある末梢神経リンパ隙へ流入する。また，椎間孔の領域にくも膜顆粒があり，そこからの CSF の吸収も報告されている[7]。脊髄疾患の病態を把握するためには，このような CSF 循環に関する知識も必要である。

脊椎・脊髄疾患の診断手順

脊椎・脊髄疾患の診断手順は，頭蓋内疾患の診断手順と同じである。各々の疾患のアプローチについては各章で詳細を述べるので，ここでは一般的な検査法について概説する。

1. 問診および視診のポイント

脊椎・脊髄疾患を診断するときには，問診や視診から開始する。問診では，品種，年齢，発症期間，発症の時期，経過を中心に聴取する。問診を確実に行うだけでも十分な情報が得られることが多い。視診では，起立時に均等に四肢に負重しているのか，筋肉の付き方に左右差があるのかなどを中心に，動物を観察する。肢を挙上するときや着地時に疼痛を認めるときは整形外科疾患であることが多い。しかし，頚部椎間板ヘルニア，腕神経叢腫瘍，変性性腰仙椎狭窄症などで神経根徴候を呈する症例においても，このような症状を認めることがあるので鑑別には注意が必要である。四肢の爪を注意深く観察することも重要である。脊椎・脊髄疾患の症例では，爪が削れていたり，毛が抜けて皮膚に擦過傷を認めることが多い。

姿勢を評価するときには，通常は運動時でなく，静止時に行う。捻転斜頚，横臥，腹臥，座位，頭位回旋の有無を中心に観察する。その他に，脊椎・脊髄疾患の症例では障害部位により，側弯，開脚姿勢，頚部硬直，除小脳固縮，Schiff-Sherrington 徴候といった姿勢が認められる。脊椎・脊髄疾患の症例では，歩行時に，ふらつき，患肢の引きずり，そしてナックリングを呈することが多い。不全麻痺なのか，それとも麻痺なのかを評価することも，疾患の重症度や予後を判定するうえで重要である。犬ジステンパーウイルス(CDV)脳脊髄炎の症例では，ミオクローヌスといった不随意運動を認めることがある。

このように，問診と視診は脊椎・脊髄疾患の診断の重要な部分を占めているといっても過言ではない。これらの検査が終了したら，次いで神経学的検査を行う。

2．神経学的検査

神経学的検査を行うときには，系統立てた診断が行えるように獣医神経病学会公認の神経学的検査表(http://www.shinkei.com/pdf/kaigyou.pdf，2014 年 10 月現在)を使用することを推奨する。本検査表は，獣医神経病学会の会員外であっても無料でダウンロードして使用することができるので，是非とも利用していただきたい。

最初に姿勢反応をみる項目から検査を行う。姿勢反応には，固有位置感覚，跳び直り反応，踏み直り反応(触覚性，視覚性)，手押し車反応，立ち直り反応，姿勢性伸筋突伸反応といった検査がある。姿勢反応には，神経系のスクリーニング検査としての意味合いがあり，その異常は脳の一部，脊髄，末梢神経のいずれかに異常があることを示唆している。一方で，姿勢反応のみでは病巣部位の特定は困難であるため，引き続いて脊髄反射と脳神経検査を行って，病巣部位を絞り込んでいく。

脊髄反射は，脊椎・脊髄疾患の動物を診断するときには必須で行うべきである。脊髄反射を行うことで，ある程度の病巣の広がりや局在の診断が可能となるからである。後肢では，膝蓋腱(四頭筋)反射，前脛骨筋反射，腓腹筋反射，引っこめ反射といった検査を行うことができる。前肢では，橈骨手根伸筋反射，二頭筋反射，三頭筋反射，引っこめ反射といった検査が行われている。後肢のみが麻痺している症例であっても，必ず四肢の脊髄反射を行うことを推奨する。各々の結果を評価して，UMNS か LMNS かを判定する。UMNS のときには，検査肢よりも上位の中枢神経系に異常があることを示唆している。一方で，LMNS を認めたときには，検査肢を支配する末梢神経か，それに関連する髄節に異常がある可能性を示している。これらの検査の判定で最も重要なことは，引っこめ反射の結果と深部痛覚の有無を混同しないことである。交叉伸展反射，会陰反射，バビンスキー反射などといった脊髄反射も脊椎・脊髄疾患の診断に有用である。体幹皮筋反射は，損傷部位の位置決めに極めて重要であるため，脊椎・脊髄疾患を疑った症例では必ず実施する。脊椎・脊髄疾患を疑った症例においても，頭蓋内疾患との鑑別を目的に脳神経検査を必ず行う。

知覚の検査は痛みを伴う検査となるので，通常は全ての検査の最後に行う。知覚の検査は，病変の重症度と損傷部位の位置決めに有効である。特に深部痛覚の有無は，予後の予測の一助となるため，表在痛覚が消失している場合に限っては，必ず評価すべきである。

排尿障害の評価も，脊椎・脊髄疾患の診断に有効である。膀胱が緊張しているにもかかわらず，圧迫排尿が困難である膀胱麻痺を UMN 性膀胱麻痺，膀胱が弛緩し尿漏を示すような膀胱麻痺を LMN 性膀胱麻痺という。UMN 性膀胱麻痺は S1 髄節よりも頭側に病変が，LMN 性膀胱麻痺は S1 髄節～ S3 髄節に病変があったときに生じる。したがって，胸腰椎部の椎間板ヘルニアや脊髄損傷の多くは UMN 性膀胱麻痺を，変性性腰仙椎狭窄症では LMN 性膀胱麻痺を呈する。

3．画像診断

脊椎・脊髄疾患を診断するときには，単純 X 線検査，脊髄造影検査，コンピュータ断層撮影(CT)検査，磁気共鳴画像(MRI)検査といった画像診断が有効である。ここでは，それぞれの画像診断の特徴について簡潔に述べる。

脊椎・脊髄疾患の一部は，単純 X 線検査でも診断が可能である。そのため，脊椎・脊髄疾患を疑ったときには，必ず単純 X 線検査を行うことを推奨する。単純 X 線検査では脊髄は描出されないため，主に脊椎疾患の診断に有効である。椎骨骨折・脱臼，脊椎腫瘍，環椎・軸椎不安定症，脊椎奇形(二分脊椎，半側椎骨，蝶形椎骨など)，変形性脊椎症，強直性脊椎症，椎間板脊椎炎は，単純 X 線検査である程度は診断が可能である。椎間板ヘルニアの症例では，椎間腔の狭小化，椎間孔の透過性の低下，椎間板の石灰化などの所見から推測は可能であるが，その診断率は約 50 ～ 60％と報告されている。ウォブラー症候群や変性性腰仙椎狭窄症も，椎間腔の狭小化や骨棘の存在から推測が可能である。

脊髄造影検査は，脊椎・脊髄疾患の診断に極めて有効である。脊髄造影には，非イオン性かつ水溶性でヨード濃度が 240 ～ 300 mgI/mL の造影剤を用いるのが望ましい。造影剤は，大槽または第 5-6 腰椎間から投与するのが一般的である。中～大型犬では，大槽から造影剤を投与したときに発作が生じる可能性が指摘されているので，注意して投与する。腰椎からの造影剤の投与においても頚部の疾患の診断はある程度可能であることと，腰椎からの投与の方が圧力をかけて投与することができることから，圧迫性病変の描出には第

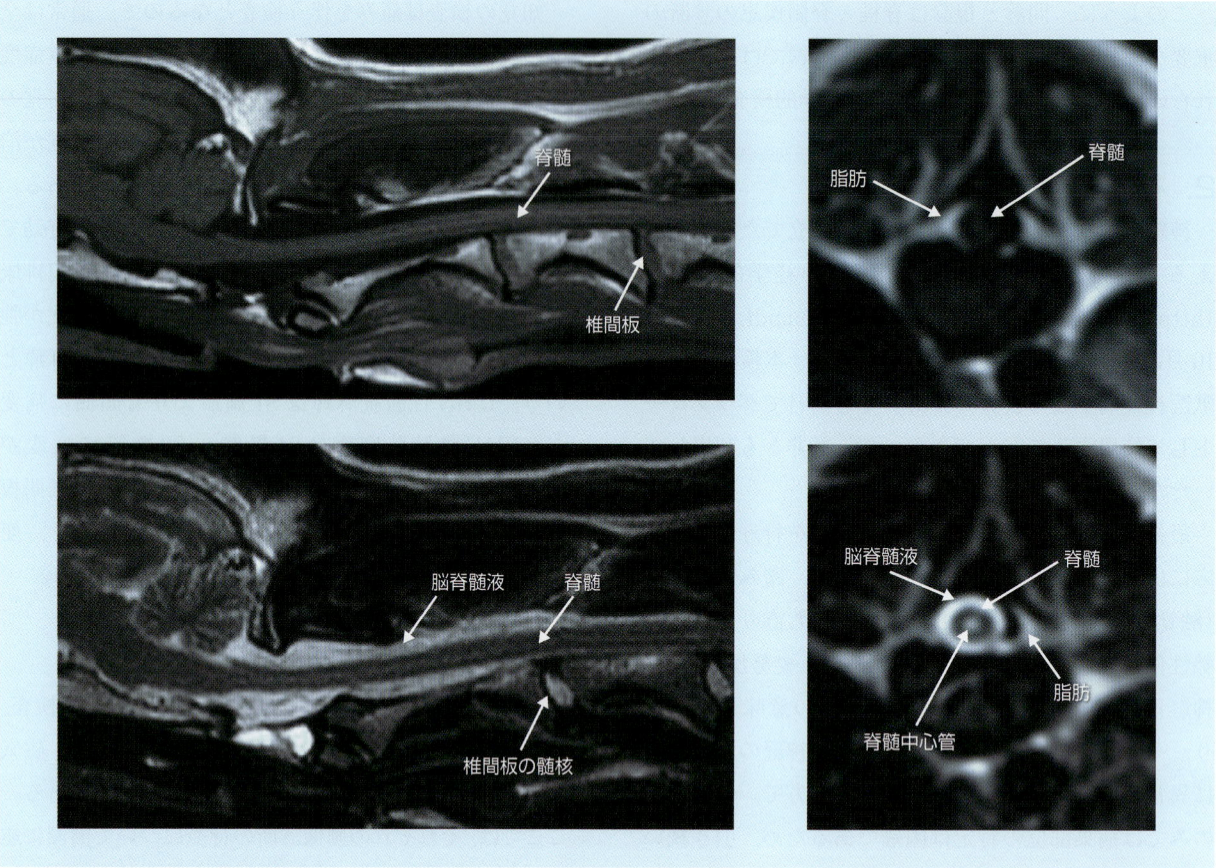

図 20　MRI における脊髄の正常像
上：T1 強調（T1W）画像，下：T2 強調（T2W）画像。

5-6 腰椎間からの投与が好んで行われている。造影剤の投与量については様々な報告があるが，0.33 ～ 0.45 mL/kg が一般的である。体重の軽い小型犬では，最低でも 2 mL 以上の造影剤を投与することが推奨されている。脊髄造影のパターンは，硬膜外病変パターン，硬膜内・髄外病変パターン，髄内病変パターンに分類することができる。硬膜外病変パターンは，椎間板ヘルニア，ウォブラー症候群，脊椎腫瘍などで認められる。特に，ウォブラー症候群では，屈曲位と伸展位，そして牽引下で撮影して動的圧迫を捉えることも重要である。硬膜内・髄外病変パターンは，髄膜腫や神経鞘腫といった脊髄腫瘍が存在したときに認められる。髄内病変パターンは，髄内腫瘍や脊髄の浮腫が生じたときに認められる。病変脊髄軟化症があるときには，脊髄実質内への造影剤の浸潤が認められる。このように，脊髄造影では多くの情報を得ることができるが，一方で手技が煩雑でかつ合併症が生じる可能性がある。

CT や MRI といった特殊機器を用いた画像診断は獣医療領域においても普及しはじめ，脊椎・脊髄疾患の診断にはなくてはならないものになりつつある。関東地方には画像診断センターも開設され，多くの獣医師の利用が可能になってきている。CT 検査や MRI 検査を依頼するときには，それぞれの画像特性を十分に把握しておく必要がある。CT は，単純Ｘ線検査と同様にＸ線を利用した画像診断装置である。単純Ｘ線検査と同じく CT 検査でも脊髄が描出されないため，主に椎骨骨折・脱臼，椎間板ヘルニア，脊椎腫瘍，環椎・軸椎不安定症，ウォブラー症候群，変性性腰仙椎狭窄症，椎骨奇形，変形性脊椎症，椎間板脊椎炎といった脊柱疾患の診断に有効である。脊髄疾患でも出血性病変の初期では，MRI 検査よりも CT 検査の方が検出感度が高いとされている。

MRI は強磁場を利用した画像診断装置で，CT とは撮像原理が大きく異なる。MRI 検査では，脊髄や CSF も描出することができるため，脊髄疾患を診断する場合には全ての診断装置の中で最も優れている。したがって，脊髄疾患を疑ったときには，MRI 検査を行うのが理想的である。MRI 検査の所見を読像する際には，その画像特性を十分に理解しておく必要がある。脊椎・脊髄疾患の MRI 検査を行うときには，特殊な場合を除き，T1 強調（T1W）画像，T2 強調（T2W）画像，水分抑制(FLAIR)画像，ガドリニウム増強 T1 強調(C-T1W)画像を撮像する。MRI で診断をするときは，T1W 画像と T2W 画像を比較しながら診断することが多いので，それぞれの組織が T1W 画像と T2W 画像でどのような色調で描出されるのかを診断前に理解しておくべきである。T1W 画像では，脊髄と椎間板は灰色に，CSF と椎骨の皮質は黒色に，脊柱管内の脂肪は白色に描出される(図 20)。一方，T2W 画像では，脊髄は灰色に，椎骨の皮質は黒色に，椎間板の髄核，CSF，脊柱管内の脂肪は白色に描出される(図 20)。脊髄に炎症，腫瘍，浮腫などの病変が存在するときには，T2W 画像で高信号になり，白色で描出される。したがって，T2W 画像は病変をみる画像ともいわれている。炎症と腫瘍の鑑別は，造影を行って鑑別をする。造影剤を投与する前と後での T1W 画像を比較して，造影剤で増強される所見が認められる場合には腫瘍の可能性が高い。くも膜嚢胞や脊髄空洞症といった脊髄への CSF 様の液体の貯留も T2W 画像で白色で描出される。液体の貯留と炎症を鑑別する場合には，FLAIR 画像を撮像して抑制されたときには液体の貯留と判断する。

近年，MRI 検査は疾患の診断のみならず，椎間板ヘルニアなどの疾患の予後の判定にも利用されつつある。一方で，変性性脊髄症など一部の疾患では，脊髄に病理学的な病変が明らかに存在しているにもかかわらず，MRI 検査においても診断ができないという事実があることも知っておくべきである。

4．脳脊髄液(CSF)検査

CSF 検査も，脊髄疾患を診断するために有効な検査の 1 つである。獣医神経病学会では，CSF の採取方法，検査手順とその解釈についてのガイドラインを策定している。CSF 検査の詳細については，このガイドラインを参考にしていただきたい。

CSF は，全身麻酔下で大槽穿刺または腰椎穿刺によって採取することができる。CSF の採取後は色調を確認し，ただちに細胞数をカウントする。CSF の細胞診を行うときには，採取 30 分以内に行うことを推奨する。脊髄炎や髄膜炎の症例，またはリンパ腫の症例において，CSF の細胞診は極めて有効である。次いで，比重，蛋白濃度，pH，Pandy test といった一般性状の検査を行う。LDH，Glu，CK，AST といった生化学検査が有効なときもある。NSE(神経のマーカー)，MBP(髄鞘〔ミエリン〕のマーカー)，抗 GFAP 抗体，CDV 抗体価，FCoV 抗体価といった特殊項目の測定が脊椎・脊髄疾患の鑑別に有効なことがある。

脊椎・脊髄疾患における DAMNIT-V 分類

神経疾患の分類法には多くの方法があるが，本章からは DAMNIT-V という欧米でよく用いられている分類法に従って脊椎・脊髄疾患を紹介していく。それぞれの疾患の詳細については以下の章で取り上げていくので，ここでは脊椎・脊髄疾患における各カテゴリーに分類される疾患を簡潔に述べる。

1．D：変性性疾患

脊椎・脊髄疾患における変性性疾患は，日常の診療で最も診断する機会が多い疾患である。変性性疾患には，先天的な疾患で品種特異性に認められるものと，椎間板・靭帯・椎骨などの加齢性変化によって生じる疾患の大きく 2 つにわけられる。本邦では，ミニチュア・ダックスフンドが人気犬種であるという背景から，椎間板ヘルニアの発症が多い(表 2)。

また，ゴールデン・レトリーバー，ラブラドール・レトリーバー，バーニーズ・マウンテン・ドッグ，ジャーマン・シェパード・ドッグといった人気犬種が高齢化したため，ウォブラー症候群，変性性腰仙椎狭窄症，変形性脊椎症といった疾患を診断する機会は少なくない。最近では，ウェルシュ・コーギーやジャーマン・シェパード・ドッグの変性性脊髄症の診断機会も増えている(表 2)。

その他に，ライソゾーム病，白質脳脊髄症，硬膜骨化，猫多発性脳脊髄炎，ジャック・ラッセル・テリアやスムース・フォックス・テリアの遺伝性運動失調，アフガン・ハウンドの脊髄軟化症，ラブラドール・レトリーバーの脱髄性脊髄症，ミニチュア・プードルの脱髄性脊髄症，ロットワイラーの神経軸索ジストロフィー(NAD)といった先天性または品種特異的な疾患も報告されている[1)]。

2．A：奇形性疾患

脊椎や脊髄の奇形性または先天性疾患も，比較的診断する機会が多い疾患である。ヨークシャー・テリア，チワワ，ポメラニアン，トイ・プードルといった人気小型犬種は，環椎・軸椎不安定症(歯突起形成不全)の好発犬種である(表 2)[1)]。近年の人気犬種であるフレン

表2　脊椎・脊髄疾患のDAMNIT-V 分類

D：変性性疾患 degenerative diseases	
椎間板疾患，ウォブラー症候群(尾側頚部脊椎脊髄症)，馬尾症候群(変性性腰仙椎狭窄症)，変形性脊椎症，変性性脊髄症，白質脳脊髄症，硬膜骨化，線維性脊柱管狭窄症，猫多発性脳脊髄炎，遺伝性運動失調，ライソゾーム病，アフガン・ハウンドの脊髄軟化症，ラブラドール・レトリーバーの脱髄性脊髄症，ミニチュア・プードルの脱髄性脊髄症，ロットワイラーの神経軸索ジストロフィー　など	
A：奇形性疾患 anomalous diseases	
環椎・軸椎不安定症(歯突起形成不全)，脊柱側弯症，背弯症，二分脊椎，半側椎骨，癒合脊椎，先天性脊柱管狭窄，後頭骨環椎形成不全，仙尾椎発生異常，離断性骨軟骨症，軟骨性外骨症，脊髄形成異常，類皮洞，脊髄空洞症，脊髄くも膜嚢胞　など	
M：代謝性・栄養性疾患 metabolic/nutritional diseases	
高K血症，低・高Ca血症，糖尿病，副腎皮質機能低下症，甲状腺機能障害，ビタミンA過剰症，ハウンド犬の運動失調　など	
N：腫瘍性疾患 neoplastic diseases	
硬膜外腫瘍	骨肉腫，線維肉腫，軟骨肉腫，血管肉腫，多発性骨髄腫，脂肪肉腫，リンパ腫　など
硬膜内・髄外腫瘍	髄膜腫，神経鞘腫　など
髄内腫瘍	星細胞腫，希突起膠細胞腫，上衣腫　など
I：炎症性(感染性／免疫介在性／特発性)疾患 inflammatory(infectious/immune/idiopathic)diseases	
免疫介在性／特発性	肉芽腫性髄膜脳脊髄炎(GME)，ステロイド反応性髄膜炎・動脈炎(SRMA)，脊髄血管炎症候群，アレルギー性脳脊髄炎　など
ウイルス性	犬ジステンパーウイルス(CDV)性脊髄炎，猫伝染性腹膜炎(FIP)ウイルス性髄膜脊髄炎　など
細菌性・真菌性	クリプトコッカス症，コクシジオイデス症，アスペルギルス症，ブラストミセス症，ヒストプラズマ症　など
原虫性	トキソプラズマ症，ネオスポラ症　など
I：特発性疾患 idiopathic diseases	
限局性石灰沈着症，脊髄硬膜外脂肪腫症　など	
T：外傷性疾患 traumatic diseases	
椎骨骨折・脱臼，外傷性椎間板ヘルニア，外傷性脊髄損傷　など	
T：中毒性疾患 toxic diseases	
農薬中毒，鉛中毒，ヘキサクロルフェン中毒　など	
V：血管障害性疾患 vascular diseases	
線維軟骨塞栓症(FCE)，動静脈奇形，脊髄出血，脊髄血腫，進行性脊髄軟化症　など	

チ・ブルドッグやボストン・テリアでは，高率に脊椎奇形(半側椎骨・楔状椎骨・蝶形椎骨)を認める[1]。その他の脊柱の奇形としては，脊柱側弯症，背弯症，二分脊椎症，癒合脊椎，先天性脊柱管狭窄，後頭骨環椎形成不全，仙尾椎発生異常，離断性骨軟骨症，軟骨性外骨症などが報告されている(表2)[1, 4]。

脊髄に発生する奇形性および先天性疾患では，脊髄空洞症を診断する機会が多い[1]。本邦では，ヨークシャー・テリア，チワワ，ミニチュア・ダックスフンド，キャバリア・キング・チャールズ・スパニエルといった犬種で脊髄空洞症を認める。ミニチュア・ダックスフンドでは水頭症を伴うDandy-Walker様奇形，キャバリア・キング・チャールズ・スパニエルではキアリ様奇形による脊髄空洞症が多い傾向がある。その他には，くも膜嚢胞，類皮洞，脊髄形成異常といった疾患が報告されている(表2)[1]。

3. M：代謝性・栄養性疾患

代謝性疾患は，脊椎や脊髄に限局せず，全身的な疾患であることが多い。中枢神経系に影響を及ぼす代謝性疾患には，高K血症，低・高Ca血症，腎不全，糖尿病，副腎皮質機能低下症，甲状腺機能障害，門脈体循環シャントといった疾患が挙げられる(表2)[1, 3, 4]。

栄養性の脊椎・脊髄疾患も，全身性疾患を反映していることが多い。現在，本邦においては適確なフードが普及しているため，犬や猫での栄養性疾患の発生はまれである。脊椎・脊髄領域の栄養性疾患としては，ビタミンA過剰症，ハウンド犬の運動失調などが報告されている(表2)[1]。

4. N：腫瘍性疾患

脊椎および脊髄に発生する腫瘍は，その解剖学的な発生部位によって，硬膜外腫瘍，硬膜内・髄外腫瘍，髄内腫瘍に分類することができる。

犬では骨肉腫，髄膜腫，神経鞘腫の発生が多く，猫では骨肉腫やリンパ腫の発生が多い傾向にある。硬膜外腫瘍には，骨肉腫，線維肉腫，軟骨肉腫，血管肉腫，多発性骨髄腫，脂肪肉腫，リンパ腫などが含まれる[1]。硬膜内・髄外腫瘍では，髄膜腫と神経鞘腫の発生が多く，これらは頚髄と腰髄での発生が多い傾向にある[1]。腕神経鞘腫や坐骨神経鞘腫の脊髄浸潤も少なくない。髄内腫瘍では，星細胞腫，希突起膠細胞腫，上衣腫といった腫瘍の発生が報告されている(表2)[1]。

5. I：炎症性(感染性／免疫介在性／特発性)疾患

犬や猫における脊椎・脊髄領域の炎症性疾患は，MRIの普及により診断率が向上している。炎症性疾患は，非感染性疾患と感染性疾患に大別される。非感染性疾患には，肉芽腫性髄膜脳脊髄炎(GME)，ステロイド反応性髄膜炎・動脈炎(SRMA)，脊髄血管炎症候群，アレルギー性脳脊髄炎などが挙げられる(表2)。

これらの中で，小型犬種におけるGMEと，ビーグルやバーニーズ・マウンテン・ドッグにおけるSRMAは，本邦でもよく認められる疾患である。感染性は，原因となる微生物の種類によって，ウイルス性，細菌性，真菌性，原虫性に分類される。犬や猫では，CDV感染症やFIPによる脊髄炎を診断する機会が多い。したがって，MRI検査において脊髄炎が疑われたときには，CSFおよび血清のCDVまたはFCoVの抗体価を測定することを推奨する。細菌性または真菌性脊髄炎の原因として，クリプトコッカス，コクシジオイデス，アスペルギルス，ブラストミセス，ヒストプラズマが報告されている（表2）[1]。トキソプラズマやネオスポラといった原虫性疾患の可能性もあるので，これらの抗体価検査は鑑別診断の一助となる。

6. I：特発性疾患

犬や猫における特発性疾患は多くあると思われるが，キャバリア・キング・チャールズ・スパニエルの発作性転倒，ジャーマン・シェパード・ドッグやグレート・デーンの限局性石灰沈着症，脊髄硬膜外脂肪腫症などが報告されている（表2）[1]。

7. T：外傷性疾患

交通事故，暴力，落下などの結果として，脊椎または脊髄を損傷することを外傷性脊椎損傷または外傷性脊髄損傷という（表2）。そのような症例では，椎骨の脱臼または骨折が認められる。その結果として，外傷性脊髄損傷を引き起こす。外傷時に直接的に脊髄がダメージを受けることを一次損傷という[1]。外傷によって椎間板ヘルニアが生じることもある[4]。脊髄損傷に続発して脊髄内に出血，浮腫，虚血を生じて脊髄に持続的な機能障害を引き起こすことを二次損傷という[1]。現在の最新の医療を駆使しても重度の脊髄損傷に対する根治的な治療法は存在しないため，長期の介護が必要となることが多い。近年では，重度の脊髄損傷の症例に対し，損傷した脊髄を再生する試みが行われている。

8. T：中毒性疾患

農薬，鉛，ヘキサクロルフェン，メタアルデヒド，メトロニダゾール，アミノグリコシド系抗生物質などによる中毒は，様々な程度の中枢神経症状を引き起こす（表2）。これらは，全身的なものが多く，脊椎や脊髄のみが標的となることはまれである。

9. V：血管障害性疾患

犬や猫の脊椎・脊髄疾患で最も重要な血管性疾患は，犬の線維軟骨塞栓症（FCE）である。犬では梗塞性疾患は存在しないとされていた時代もあったが，現在ではFCEは診断する機会の多い疾患の1つとなってきている。本邦では，柴犬，ミニチュア・シュナウザー，アメリカン・コッカー・スパニエル，イングリッシュ・コッカー・スパニエル，ミニチュア・ダックスフンド，ヨークシャー・テリアでの発症が多い傾向にある。FCEの発生原因や病態についてはいまだ不明な点が多い。椎間板の変性と関連があるという指摘もある[1, 3]。今後は，FCEの発生原因や病態の解析が進むことを期待する。

脊髄出血や脊髄血腫も血管性疾患に属する（表2）。原発性の脊髄出血の発生はまれで，多くの場合は外傷や腫瘍に続発する。原発性脊髄出血の原因として，抗凝固剤の投与，播種性血管内凝固症候群（DIC），菌血症，敗血症，または動静脈奇形が報告されている[1]。進行性脊髄軟化症の病態は不明だが，脊髄内に出血が生じていることが多いので血管性病変に分類されることもある[4]。

おわりに

本章では，「脊椎・脊髄疾患編イントロダクション」として，脊椎と脊髄の機能解剖学，診断へのアプローチ，DAMNIT-V分類について概説した。本章では，それぞれの脊椎・脊髄疾患の詳細を紹介することはできなかったが，これらの疾患を診断および治療して行くうえで最低でも知っておきたい神経解剖学と神経生理学の知識について，多大なスペースを割いて解説した。実は，多くの臨床獣医師が苦手意識をもっているのが，この神経機能解剖である。しかし，これらの知識を習得しておけば，今後，脊椎・脊髄疾患の病態生理の把握に役立つことは間違いない。また，神経学的検査の解釈や治療法の決定の一助にもなる。脊椎・脊髄疾患編では，DAMNIT-V分類の中から比較的，臨床現場で遭遇する機会の多い脊椎・脊髄疾患を中心に紹介する。

［枝村一弥］

■参考文献

1) Bagley SR. Dr. Bagleyのイヌとネコの臨床解剖学. 徳力幹彦監訳. ファームプレス. 東京. 2008.

2) Köning HE, Liebich HG. カラーアトラス獣医解剖学編集委員会監訳. カラーアトラス獣医解剖学. チクサン出版社. 東京. 2008.

3) Oliver JE, Lorenz MD, Kornegy JN. Handbook of Veterinary Neurology, 3rd ed. Saunders. Philadelphia. US. 1997.

4) Sharp NJH, Wheeler SJ. Small Animal Spinal Disorders. Diagnosis and Surgery, 2nd ed. Elsevier, Mosby. London. UK. 2005.

5) 河田光博, 稲瀬正彦. カラー図説. 人体の正常構造と機能Ⅷ. 神経系(1). 日本医事新報社. 東京. 2004.

6) 松永悟. 脳脊髄液の循環. 獣医麻酔外科学雑誌. 40(2): 94, 2009.

7) 望月公子監修. 新版 犬の解剖学. 学窓社. 東京. 1985.

D

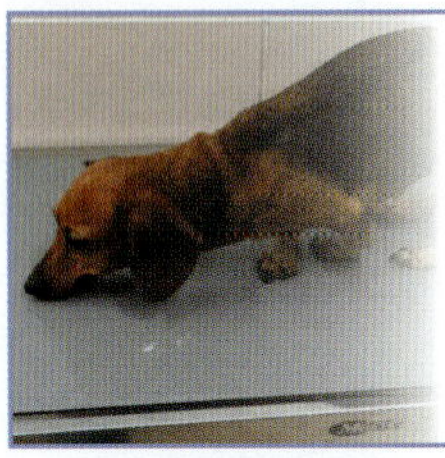

24. 頸部椎間板ヘルニア

はじめに

椎間板疾患は古典的な疾病であり，1960年代からその報告は挙げられている。本邦でもダックスフンドの飼育頭数の爆発的な増加により，一般的に認められる疾患の1つとなっている。同時に獣医療領域への断層診断装置の導入が飛躍的な増加を遂げており，脊髄造影などの特別な技術を必要とすることなく診断も可能となった。そのため，現在では一次診療の場においても診断や治療が必要とされることが多くなっている。

本章では，頸部椎間板ヘルニアについて，病態生理をはじめ臨床症状，診断，治療について記載する。典型的な頸部椎間板ヘルニアのみについて記載し，同様な症状・病態を呈するウォブラー症候群については，第26章「ウォブラー症候群」を参照されたい。

病態生理

1. 椎間板障害の病態分類

椎間板ヘルニアの素因となる椎間板変性は，軟骨様変性と線維性変性の2つのタイプに分類される。

(1) Hansen I 型 椎間板ヘルニア

線維輪の破損により脱出 extrusion した**髄核**が脊柱管内に認められるもので，**軟骨異栄養性犬種**において多く認められる。軟骨異栄養性犬種では約2歳時までに，ほぼ全ての椎間板において急速な椎間板の軟骨様変性が認められる。軟骨様変性では，ゼラチン質の髄核が水結合容量を失い，その結果グリコサミノグリカン成分が分解され石灰化が生じる。椎間板ヘルニアでは，変性した髄核内容物質が破綻した背側線維輪から脊柱管内に脱出することで脊髄障害を生じる。椎間板脱出による脊髄の障害は，一般的に脱出の速度による衝撃，脱出した椎間板物質の量，脊髄圧迫の持続時間に関連すると考えられている。

ミニチュア・ダックスフンド，ペキニーズ，ビーグル，シー・ズーなどに多く認められ，急性発症の症状を主訴に来院する症例が多い(図1a)。

(2) Hansen II 型 椎間板ヘルニア

全ての犬種で，高齢において多く認められる椎間板ヘルニアで，慢性で進行性の悪化が認められる。原因となる椎間板の線維性変性では，加齢とともに進行性に肥厚した椎間板背側線維輪の脊柱管内への突出 protrusion により，脊髄の硬膜外圧迫を生じる(図1b)。

図2と図3に，2010年9月～2011年9月に筆者が頸部椎間板ヘルニアと診断し，手術を行った50症例の概要を示す。犬種では，前述したような軟骨異栄養性犬種が他犬種に比べて多いものの，診断，治療時の平均年齢は8歳であり，従来の報告にある胸腰部椎間板ヘルニアでの発症年齢と比較し高齢となっている。これは，頸部椎間板ヘルニアでは胸腰部椎間板ヘルニアに比べ，Hansen II 型の発症形態を示す症例も多く，また，同様の病態によるヘルニアでも，頸部脊髄障害による激しい疼痛への内科的管理が困難であることに起因する。

2. 頸部椎間板障害の好発部位

頸部椎間板障害の好発部位は，頭頸部の動きによる椎体への荷重の大きさ・不安定性に依存するものと考えられ，小型犬では頭側頸椎(C2-C3椎骨間，C3-C4椎骨間)における発症が最多であり，大型犬ではウォブラー症候群と関連して尾側頸椎(C5-C6椎骨間，C6-C7椎骨間)で発症が多い傾向を示すとされる。しかし，Hansen II 型の発症を示す症例では，複数の椎間にわたる。椎間板突出を認める症例も少なくなく，慎重な神経学的検査・画像診断による責任病変の把握は重要である。図4に上記50症例での罹患部位を示す。

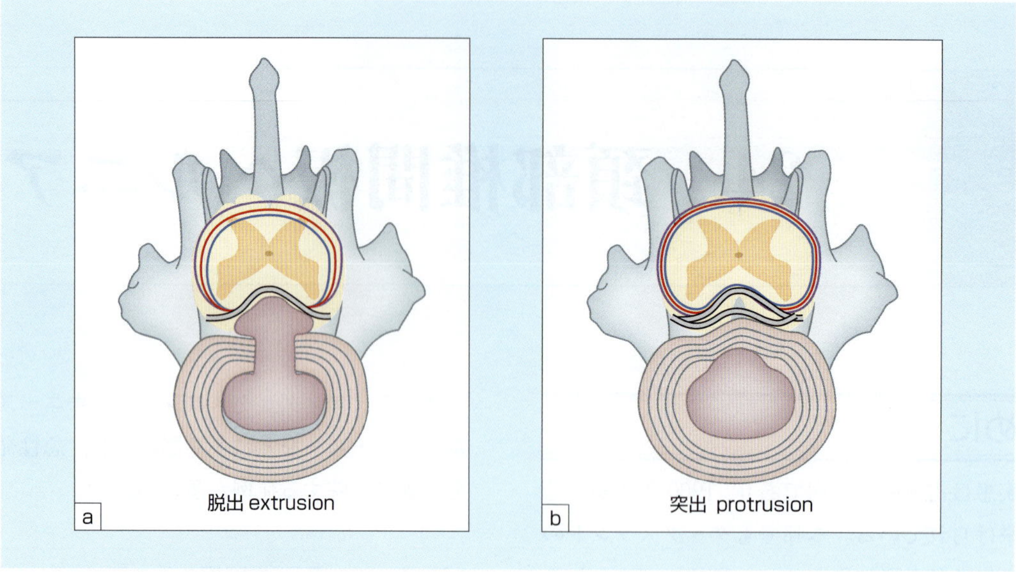

図 1　椎間板障害の病態分類

a：Hansen Ⅰ型 椎間板ヘルニア，b：Hansen Ⅱ型 椎間板ヘルニア。

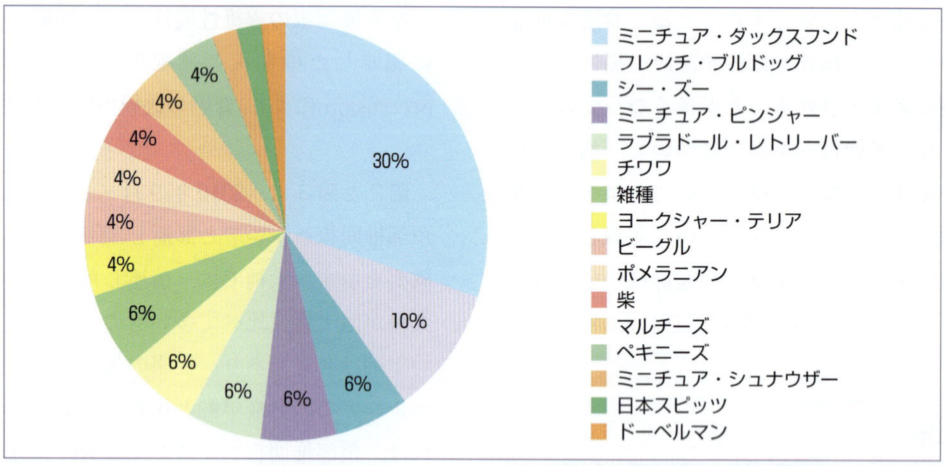

図 2　2010 年 9 月から 1 年間に頸部椎間板ヘルニアと診断し手術を実施した 50 症例の犬種

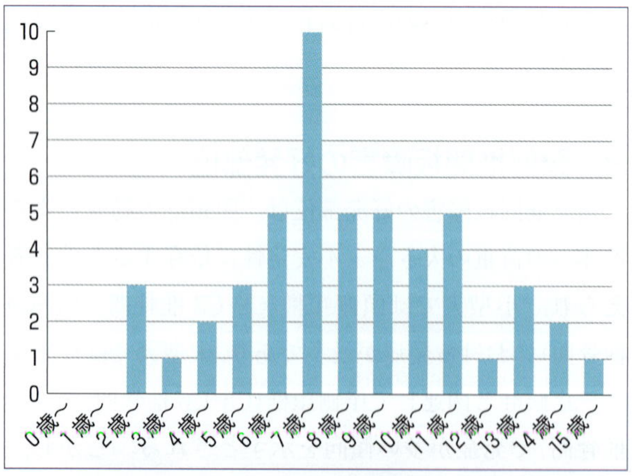

図 3　2010 年 9 月から 1 年間に頸部椎間板ヘルニアと診断し手術を実施した 50 症例の年齢分布

平均年齢は 8.1 歳，3 歳未満の症例はフレンチ・ブルドッグ。

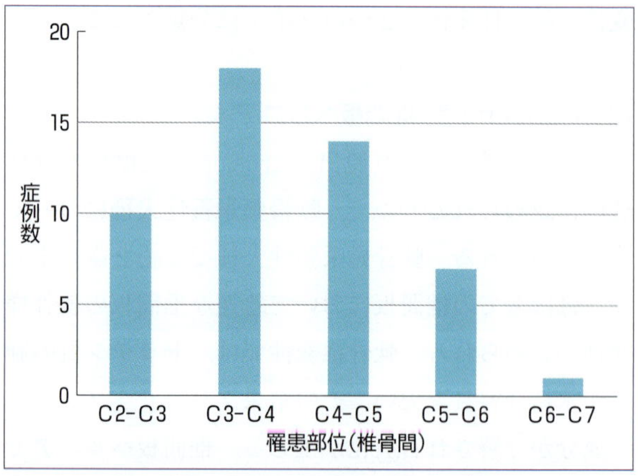

図 4　50 症例の椎間板ヘルニア罹患部位

臨床症状と神経学的検査所見

臨床症状の把握と神経学的検査の実施は，頚部椎間板障害による病変部位の推定，予後判断において重要である。それらを理解するための必要な知識について簡単に記述する。

頚部椎間板ヘルニアにおいて障害される脊髄分節はC3 髄節（C2-C3 椎骨間）から C8 髄節（C7～T1 椎骨間）であり，脳神経検査所見および前後肢の神経学的異常などから頚部脊髄障害の罹患部位を推測する。

1．上位運動ニューロン徴候（UMNS）と下位運動ニューロン徴候（LMNS）

大脳皮質運動野より発生した体性運動神経は，脊髄外側白質の皮質脊髄路を経由し脊髄灰白質においてα運動ニューロンとシナプスする。このシナプス以前に脊髄が障害を受けると，皮質運動野からの抑制系解除により，α運動ニューロンの刺激に対する運動性は過剰となり，脊髄反射の亢進が認められる。これを上位運動ニューロン徴候（UMNS）と呼ぶ。また，シナプス部位やシナプス以降のα運動ニューロンにおいて障害が加わると，運動性が低下し脊髄反射の低下が認められ，下位運動ニューロン徴候（LMNS）が発現する。頚部椎間板ヘルニアでは，C3～C5 脊髄分節（C2-C3 椎骨間から C4-C5 椎骨間）での脊髄障害では四肢のUMNS が認められ，C6～C8 脊髄分節（C5-C6 椎骨間から C7-T1 椎骨間）では前肢の LMNS とともに後肢の UMNS が観察される。

2．姿勢反応と脊髄反射

（1）姿勢反応

動物が正常な姿勢を保持するには，末梢感覚受容器から感覚ニューロン－脊髄上行路－大脳皮質感覚野に至る正常な感覚の伝達と，皮質運動野－脊髄下行路（主に皮質脊髄路）を経由し，α運動ニューロン支配による骨格筋の正常な運動が必要とされる。よって，姿勢反応の異常が認められる症例の多くは神経学的疾患の存在が示唆される。姿勢反応系の検査として固有位置感覚，踏み直り反応，跳び直り反応などが挙げられる。

（2）脊髄反射

感覚ニューロン－脊髄（介在ニューロン）－運動ニューロンからなる単もしくは多シナプス反射である。神経核の存在する脊髄灰白質から末梢神経系における障害の有無が判定される。前肢の脊髄反射では二頭筋反射（C6～C8 髄節），三頭筋反射（C7～T1 髄節），橈骨手根伸筋反射（C7～T2 髄節）が検査され，それぞれの脊髄分節での異常や筋皮神経，橈骨神経，正中神経，尺骨神経の障害による病変が鑑別される。動物では前肢の脊髄反射の判定に苦慮することも多く，そのような場合には，指間を鉗子などでつねり，引っこめ反射の有無を鑑別する。しかし，引っこめ反射と頚部椎間板障害の罹患部位を調査した過去の文献では，その正確性は 65.8%であったとの報告もあり，前肢の脊髄反射の判定には慎重な解釈が必要である[1]。

3．臨床症状

頚部横断性脊髄障害に対する症例を，臨床症状および神経学的検査を基に，以下のように分類することがある。

Grade 1：頚部痛を示し，神経学的異常を伴わない。
Grade 2：歩様異常が認められる。起立・歩行可能であるが四肢のいずれかに神経学的異常が認められる。
Grade 3：起立・歩行困難であり，四肢において神経学的異常が認められる。

頚部痛は頚部脊髄障害を示す症例において，最も軽度とされる臨床症状であるが，疼痛の程度は様々である。軽度の臨床症状であれば，抱き上げた際に悲鳴をあげる，触ると痛がるなど部位不明の疼痛を主訴とする症例も多い。頚部痛は重度になるほど活動性の低下を示し，背中を丸め頚部を下垂した姿勢（背弯姿勢）（図5）をとり，耳介から頚部周囲のチック様のミオクローヌス（筋肉攣縮）が認められる（動画 1）。

神経学的検査では頚部の触診により疼痛の有無を確認する。小型犬であれば頚椎両側の横突起を片手で圧診する。頚部痛を有する症例であれば，頚部の筋肉を緊張させるなどの疼痛反応が確認される。大型犬では頚部の筋肉が厚く頚椎横突起を圧診することが困難なことも多い。このような症例では腹側より指で気管・食道をゆっくりと左側へ変位させ，腹側から直接椎体を圧診する。または頭頚部を用手により上下左右に受動的にそっと屈曲させることで，疼痛や筋肉の緊張を引き出すことも実施される。ただし，動物は診察室内で緊張している場合も多く，受動屈曲による疼痛の確

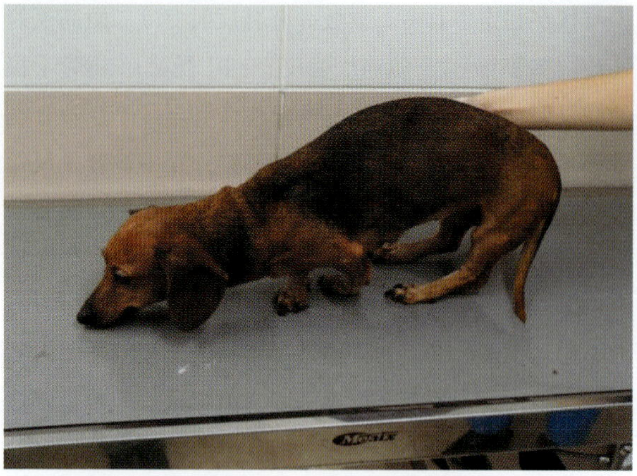

図5　頚部痛を示す症例に認められる背弯姿勢

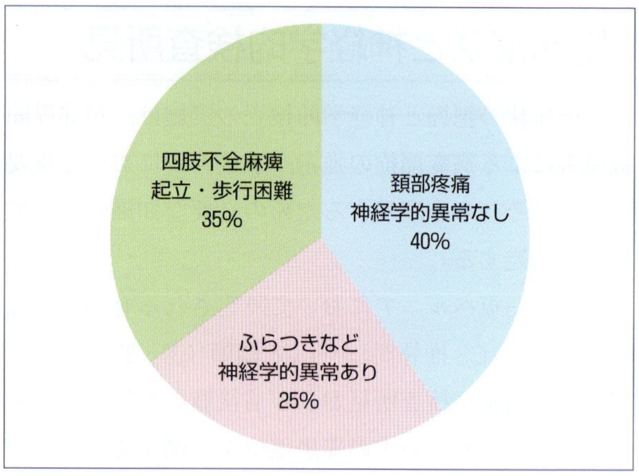

図6　頚部椎間板ヘルニア50症例の神経学的症状

Video Lectures　臨床症状と神経学的検査

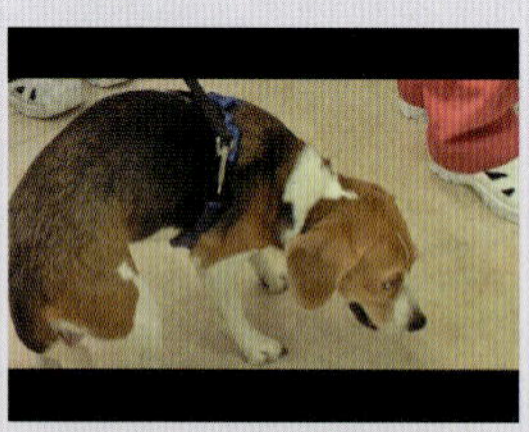

動画1　背弯姿勢，ミオクローヌスを示す症例

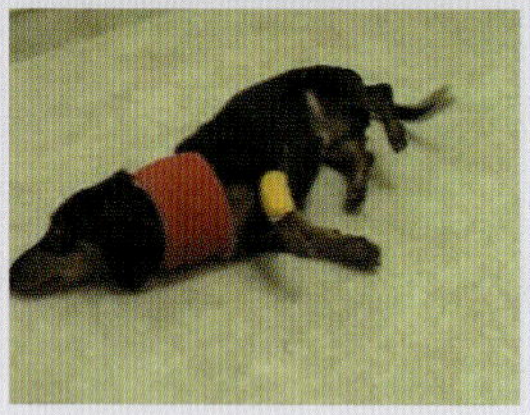

動画2　四肢麻痺・起立困難を示す症例と神経学的検査

認は困難であることも多い。また，尾側頚椎において末梢神経根に関連した椎間板ヘルニアを発症した症例では，患側の前肢を挙上する神経根徴候が認められる。

ふらつきや不全麻痺を呈し，歩様異常などを主訴とする症例は随意運動が残り，歩行可能である。神経学的検査では，固有位置感覚，跳び直り反応など姿勢反応の低下を示す前肢の不全麻痺，片不全麻痺および前後肢不全麻痺が認められる。これらの症例では，頭蓋内疾患との鑑別として，顔面知覚・視覚などの脳神経検査において異常が認められないことが挙げられ，片不全麻痺を示す症例でも，症状の左右差は頭蓋内疾患の症例に比べ，比較的軽度である。

四肢不全麻痺を示し起立困難を呈する症例では，四肢において姿勢反応の消失が確認され，随意運動は低下もしくは消失している(動画2)。これらの症例で，特に尾側頚椎において重度の脊髄障害が存在する場合には，眼瞼下垂，眼球後引，縮瞳，第三眼瞼突出などを認め，ホルネル症候群が生じることもある。頚部椎間板ヘルニアの症例において，前肢・後肢の痛覚の消失や，排尿不全を呈する症例はほとんど認められない。そのような症例では，開口呼吸や浅速呼吸などの呼吸筋麻痺による呼吸障害(換気不全)を示すことが多く，血液ガス測定により $PaCO_2$ の上昇が認められる。このような症例に対しては，人工呼吸管理が必要とされ，緊急疾患として対応される[2)]。

筆者が2010年9月からの1年間で診断・手術を実施した症例の臨床症状は，従来の胸腰部椎間板ヘルニアと比較し，疼痛のみで手術対象とされる症例が多いことがわかる(図6)。これは筆者が診療を行う二次診療施設では，保存療法で対処困難な症例が多いこと，頚部では脊髄に対して脊柱管の径が大きく，画像所見の重篤度と比較して臨床症状が軽度であること，頚部椎間板ヘルニアではHansen II型の症例も積極的な外科治療の対象とされることが理由に挙げられる。

診断

頚部椎間板ヘルニアでは，画像診断によりヘルニア罹患部位などを含めた確定的な診断を得ることが可能である。全ての症例で麻酔下での検査が必要とされ，現在ではコンピュータ断層撮影(CT)や磁気共鳴画像(MRI)といった断層画像による診断が主流となっている。

1. 単純X線検査と脊髄造影検査

頚部椎間板ヘルニアの診断に対する探査的X線検査の目的として，環椎・軸椎不安定症や脊椎腫瘍との鑑別が挙げられる。ヘルニア罹患部位の予測もX線検査により可能な場合はあるが，正確なポジショニングのためには全身麻酔が必要とされることが多い。そのため，X線検査で椎間板ヘルニアの診断を得るには，全症例において，脊髄造影が実施されるべきである[5]。

脊髄造影は原則としてL5-L6椎骨間での脊髄針の刺入により行われ，頚部脊髄の造影を目的とした場合，0.3～0.5 mL/kgの非イオン性ヨード剤（ヨード濃度240～300 mgI/mL）を使用することにより安全に実施される。腰椎穿刺による頚部脊髄造影では，造影剤注入後5～10分間，頭側を下方向へ傾斜することで，頚部の脊髄くも膜下腔への造影剤の流入を促進させる。造影手技としては大槽穿刺による造影手技も知られているが，本手法は造影後にけいれん発作などを起こしやすいとの報告もあるため，やむを得ない状況を除き，筆者は実施しない。

X線撮影では低電圧高mAsを用い，椎骨に絞った撮影条件により，明瞭な病変の抽出が可能となる（図7）。特に大型犬の頚部椎間板ヘルニアの症例では，尾側頚椎における不安定性を確認するため，脊髄造影時の伸展，屈曲，牽引，正常位によるストレス撮影によって動的病変と静的病変を確認することが重要となる。

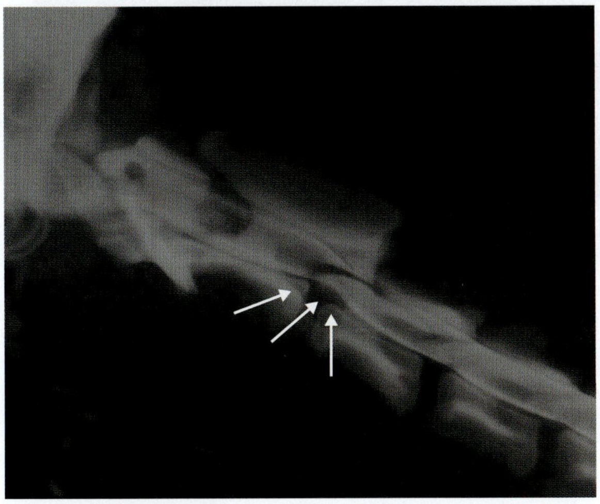

図7　頚部脊髄造影検査
C2-C3椎骨間での脊髄硬膜外圧迫病変を示す（矢印）。

2. CT検査

頚部椎間板ヘルニアに限れば，ほとんどの症例でCT検査およびCT造影検査により病変の局在・手術計画に関する診断・情報の把握は可能と考えられる。特に椎間板髄核が軟骨様変性を示し，石灰化した椎間板の脱出を示す症例では，CT単独の撮影により，脊柱管内の椎間板物質が明瞭に描出される（図8）。ただし，脱出した物質の石灰化が認められない場合や椎間板線維輪の突出を示す症例では，CT値において圧迫物質と脊髄の差が認められないため，脊髄造影下でのCT検査myelo-CTが必須とされる。脊髄造影の手技は前述したとおりである。

3. MRI検査

MRI検査では，全ての症例で椎間板ヘルニアの診断が可能である。同時に脊髄内病変を観察することにより，髄内腫瘍，血管性障害，炎症性疾患の鑑別もできるため，可能であれば頚部脊髄障害に対する診断検査の第1選択として推奨する。また，頚部椎間板ヘルニアに対するMRI検査では，脊髄の変性所見（T2強調画像による高信号）や脊髄空洞症の有無（脊髄中心管の拡張）を把握することで，予後予測において重要な所見を得ることができる。突出した椎間板の形態や脊柱管内の背側縦靱帯の連続性などに着目することで，ヘルニアのタイプなども術前に把握することが可能であり，手術計画においても有用であると考えている（図9，図10）。ただし，骨構造の描出と動的病変の鑑別にはCT検査や脊髄造影検査に劣るため，必要に応じてこれらの検査を併用する。

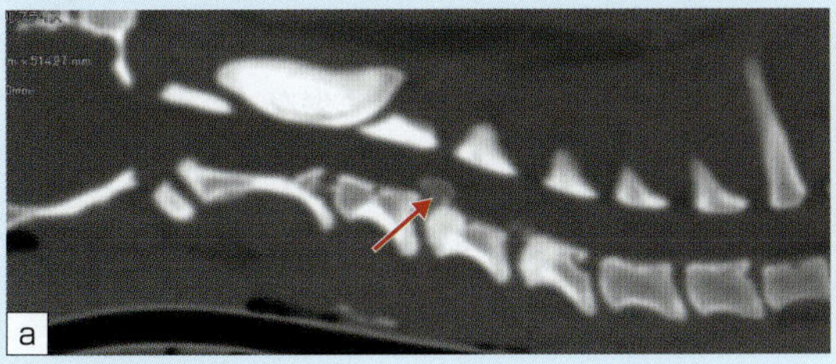

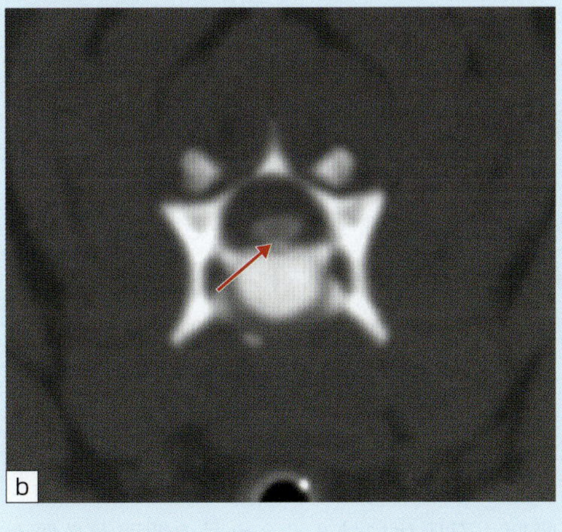

図8　頚部CT検査
a：C3-C4椎体間での頚部椎間板ヘルニア，b：石灰化した髄核の脱出が脊柱管内に明瞭に観察される（矢印）。

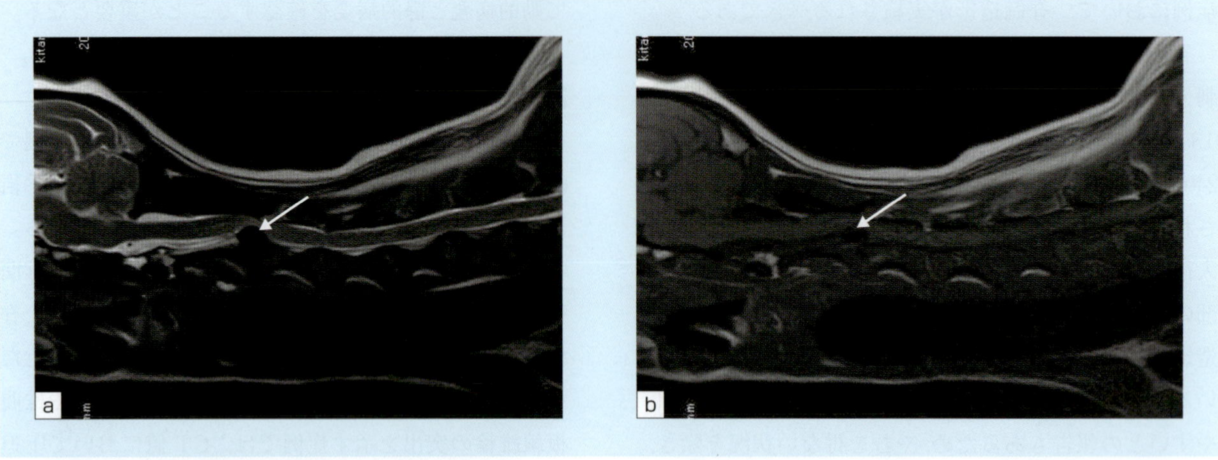

図 9　Hansen Ⅰ型頚部椎間板ヘルニア，MRI 矢状断像
a：T2 強調（T2W）画像，b：T1 強調（T1W）画像。ボタン状の形状を呈する脱出した椎間板物質が脊柱管内に認められる（矢印）。

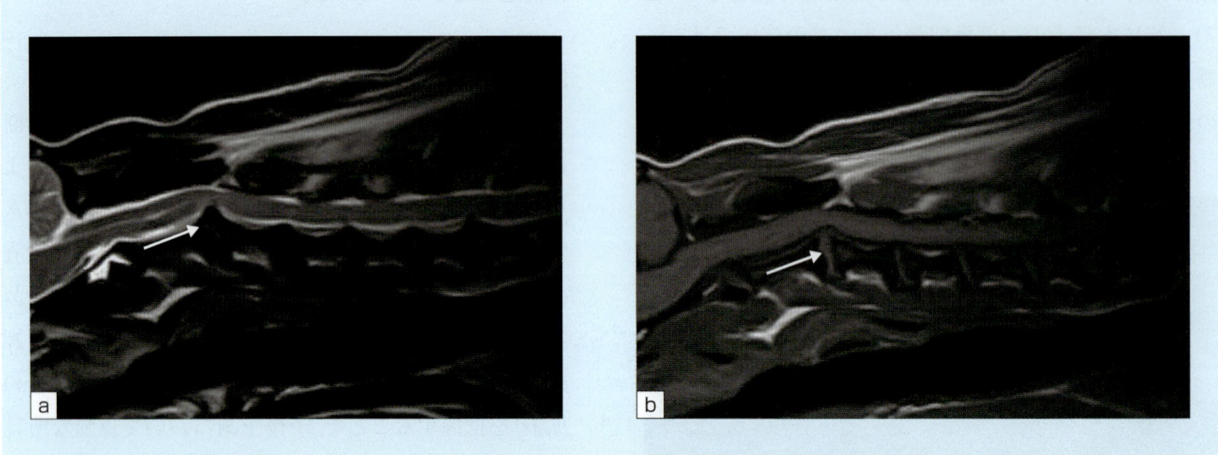

図 10　Hansen Ⅱ型頚部椎間板ヘルニア，MRI 矢状断像
a：T2W 画像，b：T1W 画像。脊柱管内に直線状に突出した椎間板が観察される（矢印）。

治療

椎間板ヘルニア症例では，個々の動物の臨床症状や画像診断所見に基づいた適切な治療の選択が必要とされる。それぞれの臨床症状において保存療法・外科手術に対する予後は左右されるため，早期における的確な判断が必要である。

1．保存療法

(1) ケージレスト

保存療法で最も重要とされることはケージレスト（運動制限）である。脊柱管内に脱出した変性髄核の安定には，3 ～ 4 週間の完全なケージレストが必要とされる。この期間は臨床症状の改善よりも悪化を防ぐことが重点とされる。その後，破綻した線維輪の修復に必要な 6 ～ 8 週間は軽度な運動のみとする。脱出した髄核の吸収，石灰化には 6 ～ 8 カ月の期間が必要とされるため，その期間はジャンプ，上下運動などを制限する。

(2) ステロイドの使用

椎間板障害に対する保存療法として，一般的にプレドニゾロンをはじめとしたステロイドの使用が挙げられる。しかし，これまでに椎間板疾患に対してステロイドが有効とされる報告は少なく，一方でステロイドの使用による合併症は多数報告されているため，個人的な見解として椎間板疾患に対するステロイドの使用に関しては否定的である。

(3) 保存療法による予後

保存療法による改善率および再発率を調査した過去の報告では，頚部椎間板ヘルニアが疑われた症例（97％の症例が歩行可能）のうち，保存療法に良好に反応し再発が認められなかった症例が 48.9％，症状の再発が認められた症例が33%，保存療法の効果が得られなかった症例が18.1%であったとされている。また，この報告ではケージレストの期間とステロイドの投薬に関しては，改善率に対しての相関が認められず，非ステロイド性消炎鎮痛剤（NSAIDs）の投薬が有効であったとされる[3]。しかし，この報告では画像診断による重症度と保存療法に対する改善率の相関などは述べられていない。

頚部椎間板ヘルニアでは重度の脱出であっても疼痛のみの症状を示す症例が多く，そのような症例に対しては積極的な外科介入が必要であると筆者は考えている。

筆者が考える外科的介入の基準を以下に示す。

1）症状は疼痛のみであるが，画像診断にて中程度～重度の圧迫が認められる。
2）ケージレストのみによる疼痛管理が困難である。
3）NSAIDsなどによる疼痛管理に反応するが，休薬により再発が認められる。
4）神経学的検査による異常が認められる（ふらつき，四肢不全麻痺，四肢麻痺など）。

以上のような症例に対してオーナーの同意が得られれば，積極的な手術を推奨する。

2．外科療法

椎間板ヘルニアに対する手術の目的として，椎間板により圧迫された脊髄の減圧および脱出した椎間板物質や突出した椎間板線維輪の除去が挙げられる。このため，頚部椎間板ヘルニアであれば手術法として筆者は腹側減圧術を推奨する。手術にあたっては，他の全ての手術と同様に解剖学に対する正確な知識が必要であるとともに，脊髄に対してより慎重な操作が必要とされる。また，適切な器具の選択とともに拡大鏡，手術用顕微鏡の使用が推奨される。

（1）頚部腹側減圧術（ベントラル・スロット）

腹側減圧術（ベントラル・スロット ventral slot）では，脊柱管内を走行する椎骨静脈洞からの出血を防ぐため，スロットを脊柱管に対して垂直に形成する必要がある。正確なスロットの形成を行うには，手術台への動物の的確な保定が重要である。動物を仰臥位に保定し，前肢を尾側へと牽引する。頚部は背側にタオルやクッションなどを置くことでやや上方に持ち上げ，伸展させる。環椎の翼突起を触知し，手術台に対し平行であることを確認する（図11）。

皮膚切開は，目的とする椎間部位に応じて甲状軟骨から胸骨柄までの正中切開により行われる（図12）。胸骨舌骨筋と胸骨乳突筋を正中にて分離後（図13），頚動静脈と神経鞘を症例の右側，気管と食道を対側へと鈍性分離し，頚長筋へのアプローチを行う（図14）。これらアプローチの際には，気管に沿って走行する反回神経や食道の位置に十分に注意し，軟部組織を傷害しないように心掛ける（図15，図16）。罹患椎間は環椎の腹結節，第6頚椎の横突起をランドマークとして確認する（図17）。目的とする椎体間の腹側結節に付着する頚長筋を電気メス・骨膜起子により分離し，椎間の露出を行う（図18，図19）。椎骨の切削は椎間のやや頭側より行い，椎間板の正中をハイスピードドリルにより開窓する。開窓の幅は椎体幅の1/3とされるが，可能な限り小さくすることが必要である（図20，図21）。まれに椎骨の切削時に椎体の骨髄より出血を認める。骨切削時の出血は必要があれば，ボーンワックスなどを用いて止血する。骨切削後は背側線維輪，背側縦靭帯を切除し，脱出した椎間板物質を除去する。脊柱管内に進入する際には，脊柱管内を走行する椎骨静脈洞に十分に注意する。椎骨静脈洞からの出血が認められた際には，局所止血剤，止血用ゼラチンスポンジ，ガーゼ，神経鉤などを用いて止血する。椎体正中でのスロット形成が正しく行われている場合には椎骨静脈洞からの出血は理論上認められないため，椎骨静脈洞からの出血が認められた場合にはスロットの形成が片側に偏っていることを意識するべきである。

除去される脊髄圧迫物質は，発症している椎間板ヘルニアの病態による。つまりHansen I型の椎間板ヘルニアであれば，変性した硝子軟骨様の硬度のある脱出椎間板物質もしくは，チーズ様に変性した脱出椎間板物質が摘出される。また，Hansen II型の椎間板ヘルニアであれば，椎間板背側に突出した線維輪が摘出される。正確に圧迫物質を摘出できれば，形成したスロットより脊柱管内の脊髄腹側が確認でき，圧迫が解除されたものと判断する（図22）。特にHansen I型の椎間板ヘルニア症例では脱出した物質が片側へ変位している場合もあり，神経鉤やマイクロハウスキュレットなどを用いて，脊柱管内を探査し，摘出・除去する。椎間板物質の除去・減圧が終了後，頚長筋を縫合し，胸骨甲状筋・皮下組織・皮膚を常法に従い，閉創する。

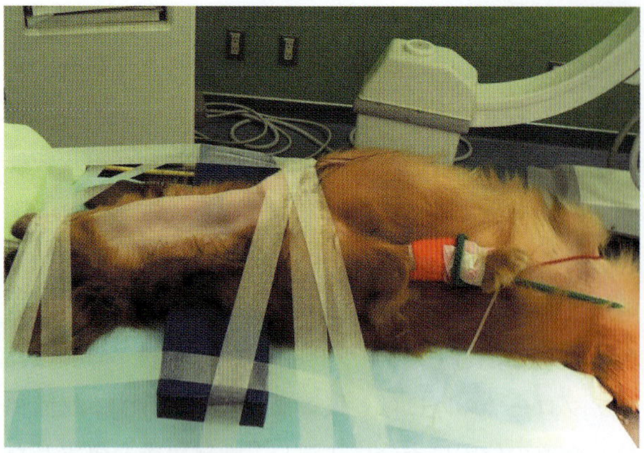

図11　手術台への保定
頚部背側にクッションを置き伸展させ，前肢は尾側に牽引する。

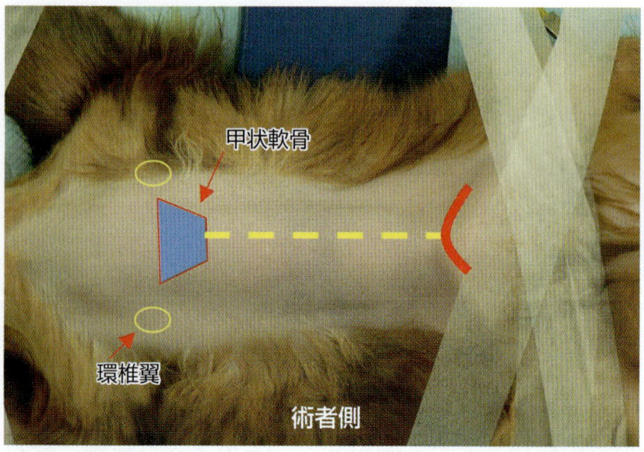

図12　皮膚切開
両側の環椎翼が手術台と平行であることを確認する。次いで，甲状軟骨・胸骨柄を確認し，皮膚の正中切開によりアプローチする。

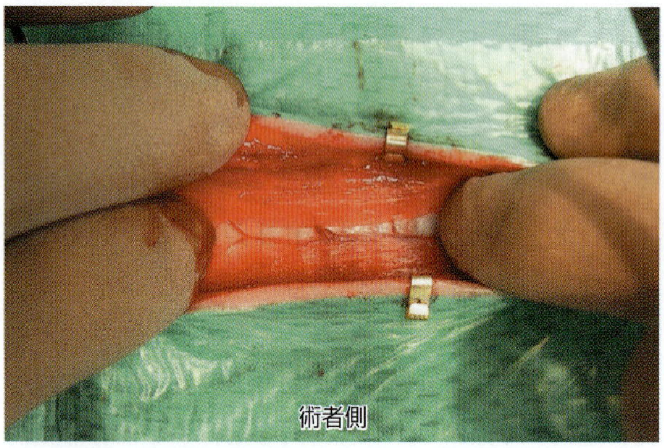

図13　胸骨舌骨筋の分離
気管上を指で圧迫することで，胸骨舌骨筋の正中を確認することができる。

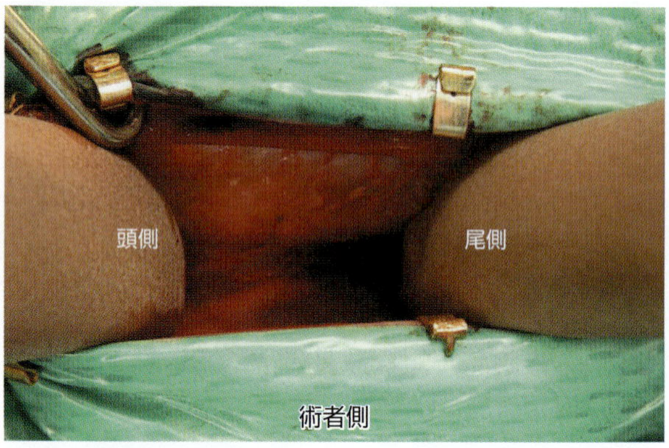

図14　頚長筋へのアプローチ
気管，食道を左側に変位させるように，頚部の軟部組織を鈍性に分離する。

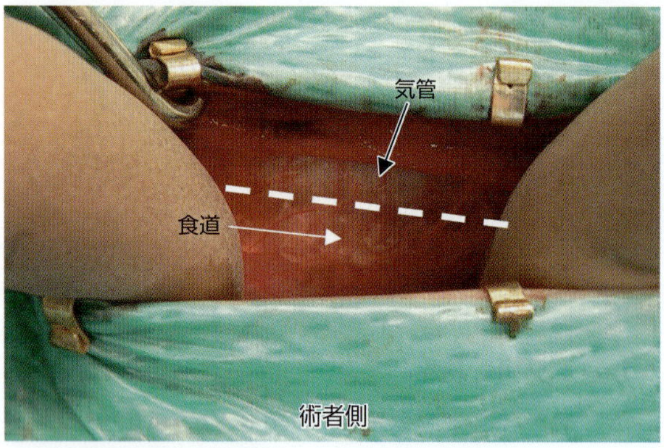

図15　気管周囲組織の確認①
気管，食道，反回神経（破線）を左側に確認する。

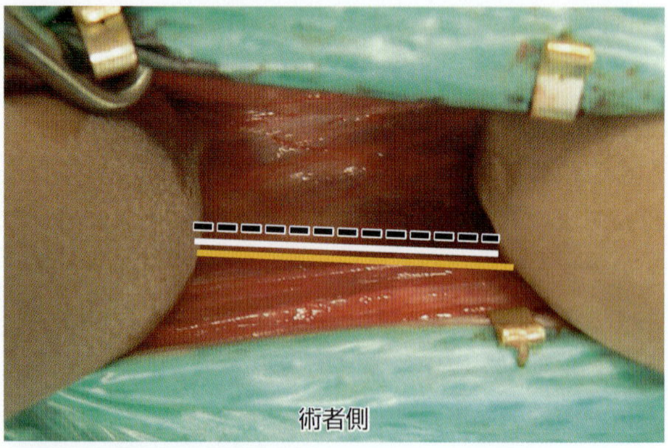

図16　気管周囲組織の確認②
頚動静脈（黄線・白線），神経鞘（黒破線）を右側に確認する。

図23には術前および術後のMRI画像，術後X線画像を示す。

(2) 頚部腹側椎間板造窓術（フェネストレーション）

椎間板造窓術は，画像診断において椎間板の変性所見や軽度の線維輪突出が認められる椎間板など，今後臨床症状を招くことが予想される部位について，腹側

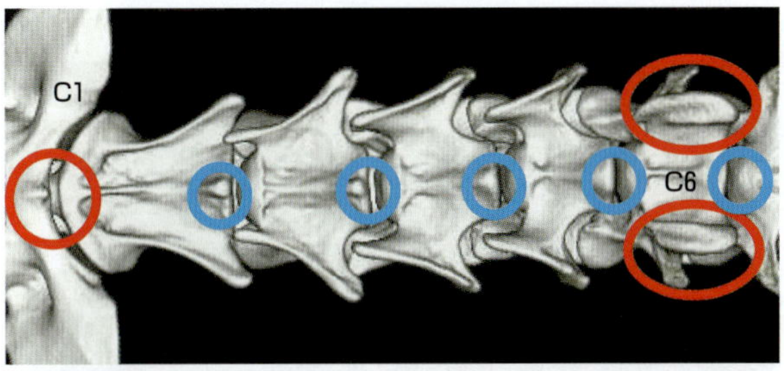

図 17　頚椎のランドマーク

C6 椎骨の横突起もしくは環椎の腹結節（○）を目印とし，目的とする椎骨間（○）を確認する。

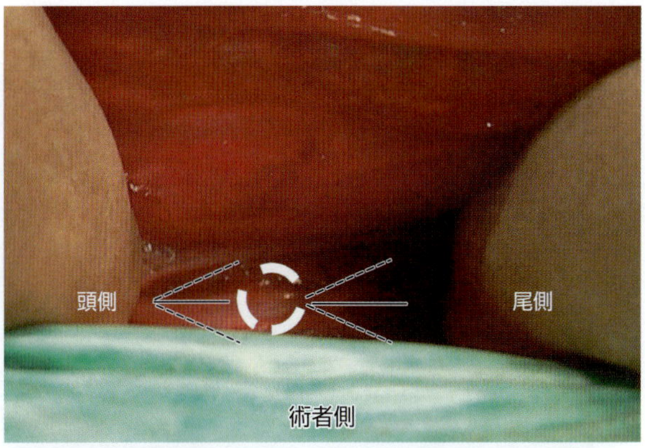

図 18　頚長筋の分離

目的とする椎骨間の腹側結節（白丸）および付着する頚長筋の走行（破線，実線）を確認する。

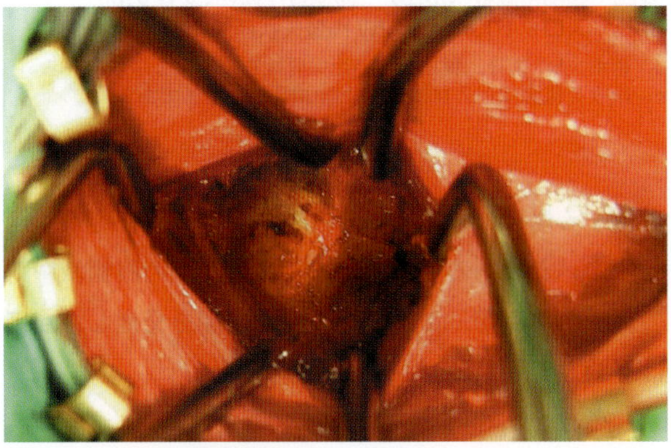

図 19　目的の椎骨間の露出

目的の椎骨間を確認し，付着する頚長筋を電気メス・骨膜起子を用いて腹側結節より剥離する。

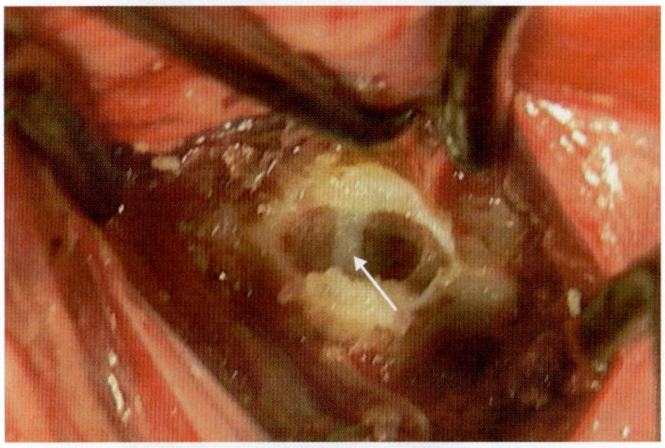

図 20　椎体の切削

椎体の 1/3 を目安に椎骨の切削を行う。中央に椎間板（矢印）を確認し，スロットの形成を行う。

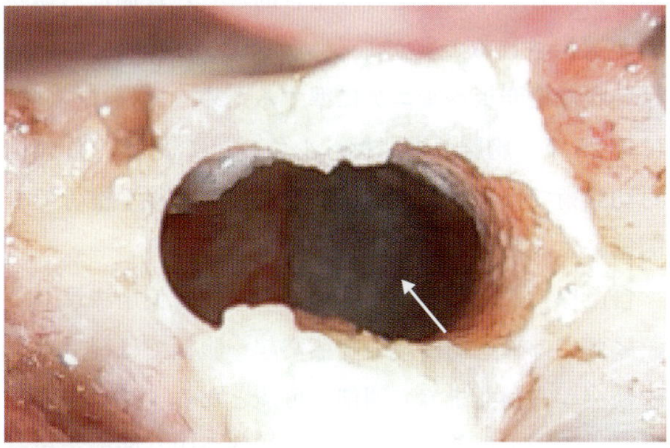

図 21　スロットの形成

スロットの底部に皮質骨膜（矢印）が確認される。

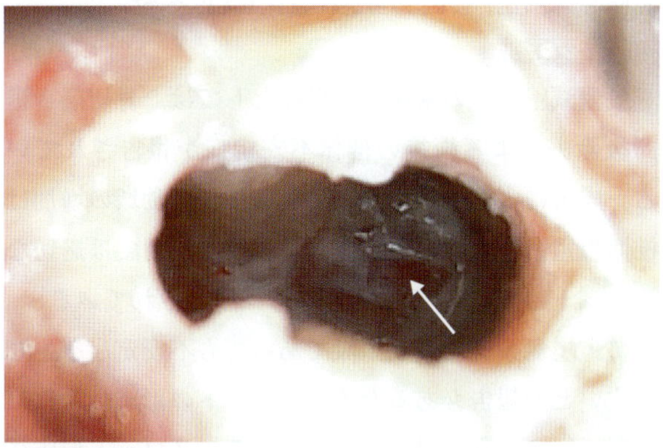

図 22　脊髄圧迫解除の確認

背側縦靭帯の切除により脊髄（矢印）の腹側が確認される。

減圧術と併用して行われる。腹側減圧術と同様なアプローチにより目的の椎体間へ到達するが，不安定症の発生を軽減するため，頚長筋の剥離を最小限とする。椎間板の腹側線維輪を No.11 のメスにより長方形に切開し，キュレットやロンジュールを用いて，腹側の線維輪および髄核を除去する。

本術式は，あくまで予防的処置としての術式であり，脊髄圧迫が明らかな部位に対しては，腹側減圧術を行うべきである。

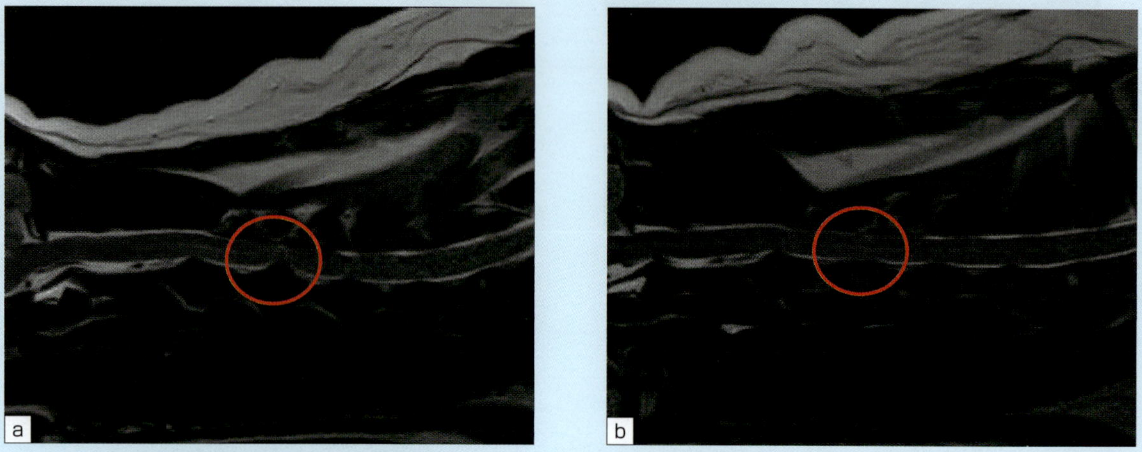

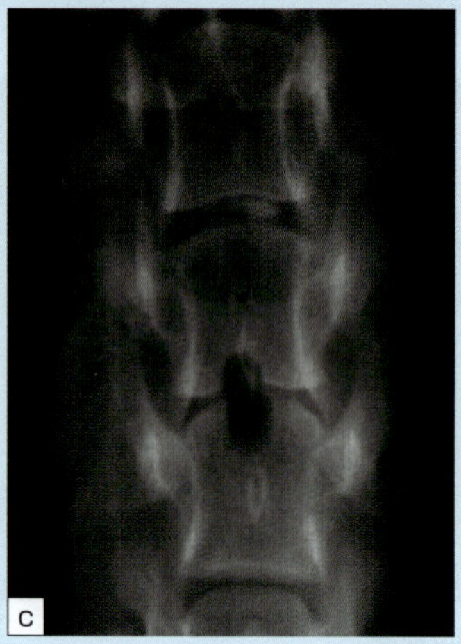

図 23　頚部椎間板ヘルニア　腹側減圧術(ベントラル・スロット)，MRI T2W 画像矢状断像

a：術前，b：術後，脱出していた椎間板物質が除去されている。
c：術後 X 線画像，スロット幅は椎体幅の約 30％である。

腹側減圧術(ベントラル・スロット)による椎体不安定症

腹側減圧術での術後の合併症としては，骨切削・椎間板除去による術後の椎体不安定症が報告されている。成書によると，術後に生じる椎体可動域の増加は椎間板造窓術では正常の 33％，腹側減圧術では適切なスロット幅であっても 66％にのぼるとされている[4]。特に，尾側頚椎では小型犬であっても不安定症を生じやすいとの報告もあるため，スロットの形成は常に最小限に行うよう心掛けるべきである。スロット形成後の椎体骨癒合を促進する方法として，自己海綿骨移植などの方法も報告されているが，筆者は行っていない。また，複数の椎間板において髄核の脱出，椎間板線維輪の突出が観察され，減圧が必要となる症例にまれに遭遇する。このような症例での減圧法としては複数部位での腹側減圧術が理想的であるが，上記のような椎体不安定症が懸念されるため，最も重度と思われる部位について腹側減圧術を実施し，他の部位は椎間板造窓術により対処する。あるいは，複数の腹側減圧術を実施する場合にも開窓するスロットのサイズを最小限とするべきである。筆者は連続 2 椎間での腹側減圧術の経験があるが，これまでに不安定症を発症した症例は経験していない。

(3) 片側椎弓切除術または背側椎弓切除術

頚部椎間板ヘルニアでは，脊髄の減圧および片側に変位した脱出椎間板物質の摘出を目的とした片側椎弓切除術，もしくは減圧のみを目的とした背側椎弓切除術が選択されることがある[6]。これらの術式についてはは胸腰部椎間板ヘルニアに準ずるため，詳細については第 25 章「胸腰部椎間板ヘルニア」に譲るが，片側椎弓切除術では罹患部位の椎骨間を挟む前後 1 椎骨での開創による椎弓切除を行う。

自己保持式のゲルピー開創器の適切な使用により，頭尾側では罹患側前後の関節突起，腹側では罹患部位の横突起背側面までの開創が可能となる。頚部の片側椎弓切除術を行う場合，筆者は可能な限り関節突起を温存し，ハイスピードドリルにより関節突起内側縁の椎弓のみを切削することを好む。椎弓の切削は十分な幅で脊柱管側の骨膜まで行い，脊髄を傷付けるおそれのあるロンジュールの使用は極力避ける。開窓後は極力脊髄への接触は避け，脊髄周囲の椎間板物質を除去する。

(4) 術式の選択

頚部椎間板ヘルニアに対する術式の選択としては，

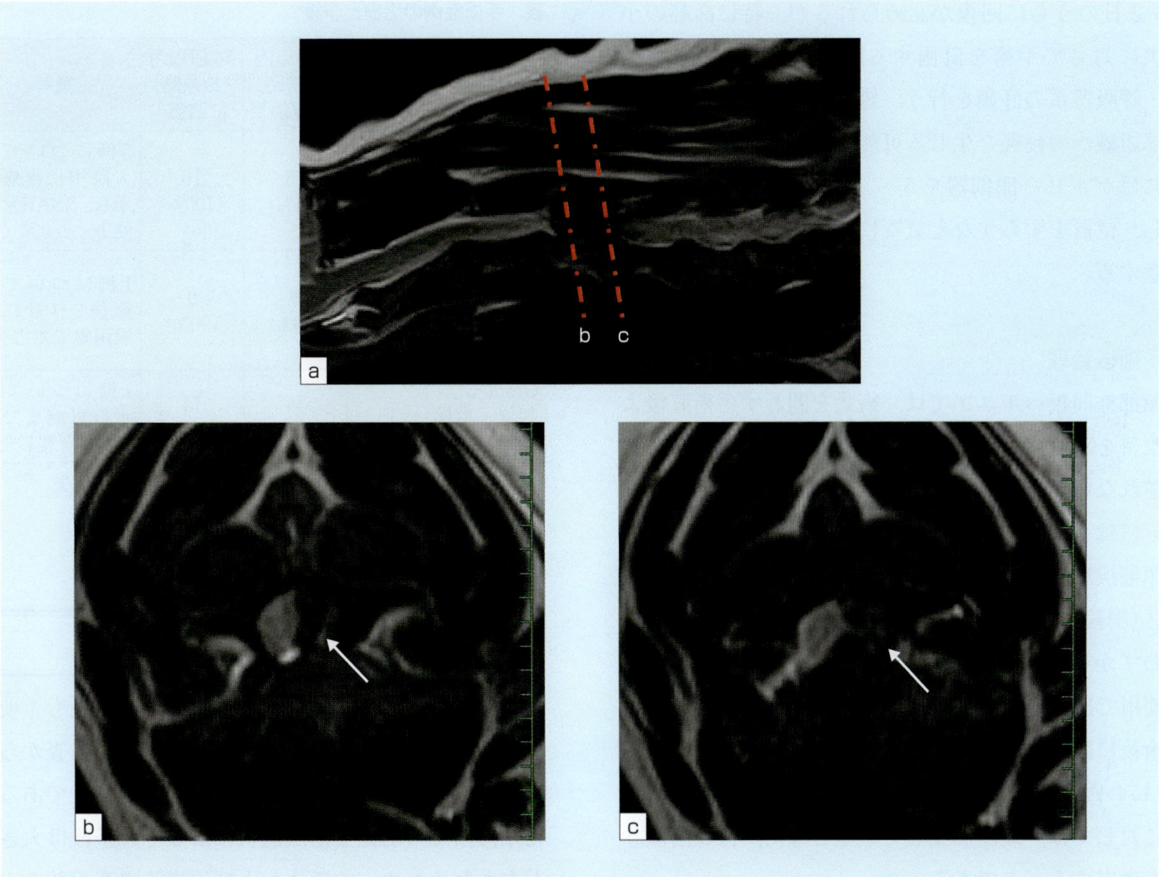

図 24　片側椎弓切除術により対応した Hansen Ⅰ型 頸部椎間板ヘルニア

a：MRI T2W 画像矢状断像，b，c：MRI T2W 画像横断像（a での破線：b，c における横断面）。
C4-C5 椎体間での椎間板物質の脱出によるものであるが，C4 椎体中央部まで脱出した椎間板物質が認められた（矢印）。腹側減圧術では完全な摘出が困難と思われたため，背側アプローチによる片側椎弓切除術を追加した。

術者の好みによるところが多いと感じるが，筆者は下記の点で腹側減圧術を選択している。

①アプローチが容易であり，短時間で椎体に到達することが可能である。

②椎体周囲の筋組織への侵襲が最小限である。

③ Hansen Ⅱ型の椎間板ヘルニアを含め，椎体腹側より突出した線維輪や脱出した椎間板物質を効果的に除去および摘出することが可能である。

しかし，まれに腹側減圧術では脱出した椎間板物質の完全な摘出が困難な症例に遭遇する。2009 年 1 年間で筆者が経験した 41 症例のうち，腹側減圧術単独による手術が 39 症例，腹側減圧術（ベントラル・スロット）および片側椎弓切除術の併用が 1 症例，片側椎弓切除術単独が 1 例であった。片側椎弓切除術が必要であった症例については，脱出物質が脊髄外側に変位している，もしくは椎体中央部までに圧迫物質が脱出しており，腹側減圧術のみでは圧迫椎間板物質の摘出が困難と思われた症例である（図 24）。

（5）周術期の合併症

周術期の重篤な合併症について，筆者はこれまでに 2 例経験している。脊髄障害による呼吸障害（呼吸筋麻痺）と手術での軟部組織侵襲による呼吸障害である。

呼吸筋麻痺による呼吸障害は，術前より浅速呼吸・開口呼吸などの症状が認められ（多くの場合，四肢は麻痺を呈する），特に血液ガス測定において $PaCO_2$ の上昇を伴う換気不全を示す症例で注意が必要である。このような症例では人工換気による麻酔後に意識は覚醒するものの，自発呼吸の回復が遅延する傾向にある。多くの症例では術後に呼吸状態は正常に回復するが，筆者の経験した 1 症例は術後 1 週間の人工呼吸管理を実施したが，死の転機をたどった。

軟部組織侵襲による呼吸障害として，特に短頭種症候群や気管虚脱を基礎疾患としてもつ症例には注意が必要である。これらの症例では手術による頸部軟部組織の操作・牽引により気管・喉頭の炎症を生じ，呼吸状態の悪化が認められることがある。ほとんどの症例が酸素吸入やステロイド投薬などの適切な処置により

1～2日のうちに回復が認められるが，特に高齢の小型犬に対して手術を計画する際には，術前に必ず気管・呼吸器系の評価を行う。短時間の手術であっても軟部組織への侵襲を生じる可能性があるため，手術の際にはゲルピー開創器を5～10分に一度の割合で解除し，位置をずらすなど気管に負荷を与えないように注意する。

(6) 術後管理

頚部椎間板ヘルニアでは，術式を問わず手術直後より改善を示す症例が多いため，特別な術後管理は必要とされない。術後の適切な抗生剤の使用とともに，オーナーには2週間程度のケージレストを指示する。筆者は頚部疾患の症例全てで，首輪の使用を禁止させ，ハーネス（胴輪）を使用するように指示している。まれに術後わずかな頚部痛を示す症例に遭遇するが，NSAIDsの使用で抜糸時にはすべての症例で改善を認めている。

術後に臨床症状の悪化が認められる，長期（2～4週間）にわたり臨床症状の改善が認められないなどの症例に対しては，問題が生じていると考え，再び画像診断を考慮するべきである。

予後

頚部椎間板ヘルニアに対する手術による予後はおおむね良好であり，他の神経疾患同様，術前の神経学的徴候の重症度に依存する。頚部の疼痛のみの症例と同様に四肢麻痺による起立困難を呈する症例であっても，随意運動が認められる症例では，手術翌日から多くの症例で劇的な改善が認められる。ただし，四肢の随意運動が消失している症例では，術後に介助歩行などのリハビリテーションが必要とされ，改善（歩行可能となる）までに1～2カ月の期間を要した症例も経験している。

以上のように，頚部椎間板ヘルニアの手術では周術期での重篤な合併症が生じた場合を除き，ほぼ全ての症例で良好な結果をたどる（表）。

表　手術症例の治療と予後

術前評価	症例数	7日以内（退院時）に改善*	14日以内（抜糸時）に改善*	備考
Grade 1 頚部痛のみ	16	13 (81%)	16 (100%)	3例については入院中に疼痛を示し，NSAIDsを処方
Grade 2 神経学的異常あり歩行可能	10	9 (90%)	9 (90%)	1例については術後2日目に呼吸困難で死亡
Grade 3 起立・歩行困難	15	14 (93%)	14 (93%)	1例については歩行可能までに2カ月を要した

*改善の評価　Grade 1：頚部疼痛・違和感の完全な消失
Grade 2：神経学的異常の消失
Grade 3：歩行・起立可能

おわりに

頚部椎間板ヘルニアの初期診断において最も重要とされることは，シグナルメントと神経学的検査から疾患や病変部位を予測し，予後判断を行うことである。初期診断での的確な治療選択によりその予後は大きく左右されるため，診断法および治療法の選択肢を十分に認識しておく必要がある。適切な治療法の選択により，頚部椎間板ヘルニアが比較的予後の良い疾患であることも踏まえ，麻痺を呈した動物を抱えるオーナーの不安を少しでも軽減する必要がある。

［王寺　隆］

■参考文献

1) Forterre F, Konar M, Tomek A, et al. Accuracy of the withdrawal reflex for localization of the site of cervical disk herniation in dogs: 35 cases (2004-2007). *J Am Vet Med Assoc.* 232(4): 559-563, 2008.

2) Kube S, Owen T, Hanson S. Severe respiratory compromise secondary to cervical disk herniation in two dogs. *J Am Anim Hosp Assoc.* 39(6): 513-517, 2003.

3) Levine JM, Levine GJ, Johnson SI, et al. Evaluation of the success of medical management for presumptive cervical intervertebral disk herniation in dogs. *Vet Surg.* 36(5): 492-499, 2007.

4) Sharp NJH, Wheeler SJ. Small animal spinal disorders, diagnosis and surgery, 2nd ed. Mosby. Philadelphia. US. 2005.

5) Somerville ME, Anderson SM, Gill PJ, et al. Accuracy of localization of cervical intervertebral disk extrusion or protrusion using survey radiography in dogs. *J Am Anim Hosp Assoc.* 37(6): 563-572, 2001.

6) Tanaka H, Nakayama M, Takase K. Usefulness of hemilaminectomy for cervical intervertebral disk disease in small dogs. *J Vet Med Sci.* 67(7): 679-683, 2005.

D

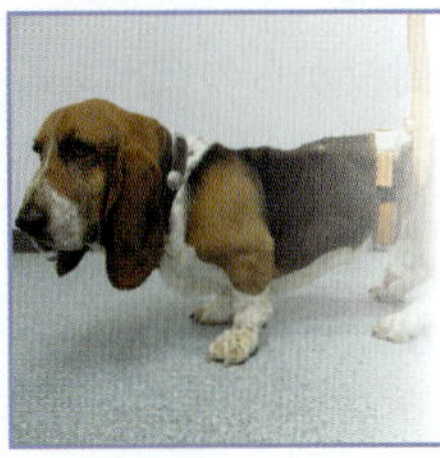

25. 胸腰部椎間板ヘルニア

はじめに

犬の胸腰部の脊椎・脊髄疾患は，小動物臨床において比較的発生例の多い中枢神経系疾患である。変形性脊椎症や脊椎奇形といった椎骨の形態異常が間接的に脊髄に障害を与えるものから，椎骨の骨折／脱臼，椎間板ヘルニア，線維軟骨塞栓症（FCE），脊髄腫瘍のように脊髄が直接障害を受けるものまである。椎間板ヘルニアは犬において最もよく認められる胸腰部の脊椎・脊髄疾患であり，小動物臨床上重要な疾患であるため，中枢神経疾患の中でも詳しく研究されてきた疾患である。まれではあるが，猫においても報告がある[17, 22]。

椎間板ヘルニアとは，椎間板の変性に続いて起こる脊柱管内への椎間板の突出あるいは髄核の脱出である。犬，猫の椎間板ヘルニアを診断および治療するには，椎間板や脊髄の解剖および生理学的知識を理解したうえで，一般臨床検査，神経学的検査および X 線検査，脊髄造影コンピュータ断層撮影（CT）ならびに磁気共鳴画像（MRI）による画像診断を行い，総合的に適切な判断を行うことが必要である。

椎間板の構造と機能

椎間板は椎骨の椎体間に存在し，線維構造をした外層の線維輪とそれに囲まれた髄核と呼ばれるゼラチン様物質で構成されている。線維輪は約 30 層あり，犬ではその腹側は背側の 2 倍厚く，髄核は中央より背側に存在することから，髄核の脱出は背側に起こりやすいと考えられている。また，線維輪の内側には移行帯と呼ばれる線維性軟骨組織があり，これが**軟骨異栄養性犬種**では非軟骨異栄養性犬種よりも厚いことが指摘されており，椎間板の変性にはこの移行帯が大きく関与していることが示唆されている[21]。椎間板の機能は様々に挙げられているが，最も大きな機能は椎骨間の運動を円滑にし，外的な衝撃を吸収するクッションの役割を果たしている点と考えられている[5]。

病態生理

胸腰部椎間板ヘルニアは，椎間板の変性に続いて起こる椎間板の突出あるいは髄核の脱出であり，これにより急性または慢性の脊髄障害を引き起こす。

1．疫学

椎間板ヘルニアの素因には，体型などが関与する生体力学的要因および椎間板変性に関与する遺伝的要因が反映されるようである。小型犬では，ミニチュア・ダックスフンド，ペキニーズ，トイ・プードル，コッカー・スパニエル，ウェルシュ・コーギー，シー・ズーといった軟骨異栄養性犬種に最も起こりやすい。大型犬では，ジャーマン・シェパード・ドッグ，バセット・ハウンド，ラブラドール・レトリーバー，ドーベルマンで発生しやすい。最も発症がみられる年齢は軟骨異栄養性犬種で 4 ～ 6 歳，非軟骨異栄養性犬種で 6 ～ 8 歳といわれている[21]。

最も罹患しやすいミニチュア・ダックスフンドでは，その要因についていくつかの研究が行われている。家系分析では，被毛型に関与する常染色体多遺伝子により遺伝することが示唆されている[1]。また，脊柱の長さ（T1 ～ S1 椎骨までを計測）がより短く，踵骨隆起から膝蓋腱中央部までの高さがより短い場合に，急性椎間板ヘルニアを起こしやすいようである[27]。

2．椎間板の変性

椎間板の変性には，髄核からの水分の消失，プロテオグリカン濃度の減少が関連していると考えられている。Hansen は椎間板の変性について 2 つのタイプを報告している[15]。1 つは軟骨異栄養性犬種に起こる軟骨性変性で，比較的若い年齢に起こる変性である。この変性過程は生後短期間で起こり，髄核内の軟骨細胞の老化によって引き起こされる。これは椎間板が水分を失い，髄核にヒアリン様軟骨が侵入してくるもので，軟骨異栄養性犬種では1歳で全髄核の75～100%にこの変化が起こり，最終的にはこれらの髄核の30～60%に石灰化が生じるといわれている。

もう1つの変性は線維性変性と呼ばれるもので，高齢動物の椎間板で起こる変性である。軟骨性変性と同様に髄核の脱水が起こるが，侵入するのは線維性軟骨という点が異なる。これは軟骨性変性よりもかなりゆっくりと発現し，典型的には非軟骨異栄養性犬種によくみられる。石灰化はみられるが，それほど多くはない。

3. 椎間板ヘルニアのタイプ

髄核の変性に続いて線維輪にも変性が起こり，髄核物質が押し出されはじめる。線維輪が完全に断裂するとそこから脊柱管内に髄核が脱出するが，このタイプの椎間板ヘルニアをHansen Ⅰ型あるいは**椎間板脱出 disk extrusion**と呼び，一般的には軟骨性変性に最も多く起こる。つまり，軟骨異栄養性犬種に起こりやすいタイプである。通常，脱出した髄核は線維輪からの脱出部近くの硬膜外腔に位置することが多いが，様々な部位に移動する[50]。非常にまれではあるが，脊髄内へ脱出した例も報告されている[31, 41]。脱出した髄核は腹側内椎骨静脈叢（椎骨静脈洞）の裂傷による硬膜外出血，腹側脊髄動脈圧迫による脊髄虚血や線維軟骨塞栓症（FCE）を引き起こすこともある[8]。症状の発現は劇的で，麻痺や不全麻痺を伴う運動障害を起こすことが多い。

一方，線維輪の内層が断裂し，その中に移動した髄核が線維輪を押し上げることで脊髄を圧迫するタイプをHansen Ⅱ型あるいは**椎間板突出 disk protrusion**と呼び，線維性変性によくみられる。このタイプは非軟骨異栄養性犬種によくみられる。これは髄核の水分が徐々に減少し，髄核内圧もゆっくりと減少するので線維輪を突き破るまでに至らないためであると考えられている。一般的に，慢性的な脊髄圧迫を引き起こす。

この他に，最近では別のタイプの椎間板ヘルニアが報告されている。変性していない椎間板から少量の椎間板物質が非常に強い力で脱出し，明瞭な圧迫がなく，脊髄に障害を与えるもので，外傷性椎間板ヘルニア，非圧迫性の椎間板脱出，high-velocity, low-volume disk disease など様々な用語が使われている[16]。中にはⅢ型椎間板疾患と呼んでいるものもあるが，Hansen のヘルニアタイプの分類は変性した椎間板からの突出あるいは脱出であるから，混同を避けるためⅢ型という語は使うべきではないという研究者もいる[19]。

また，獣医学領域において明確な分類はされていないが，disk bulge と呼ばれるタイプがある。これは線維輪の対称性肥厚と定義され，恐らく線維輪の損傷およびわずかな不安定性に対する反応の結果，起こる肥厚であると考えられている。Disk protrusion と同様にされていることが多いが，多くの場合に全く別のタイプとして扱われる[3]。

4. 椎間板ヘルニアの発生部位

椎間板ヘルニアの発生と椎骨間の関節の可動性の大きさには密接な関係がある。可動性が大きい関節ほど，椎間板に負荷がかかり損傷を受けやすい。つまり，椎間板ヘルニアの発生頻度が高い。椎骨の関節面をみると頭側胸椎では水平方向に，腰椎では垂直方向に面を形成している。この関節面が変化する部位が第10-11胸椎（棘突起の方向が変わる部分：第10胸椎では後方に，第11胸椎は前方に向いている）であり，それより頭側では水平に（左右に）動きやすく，尾側では垂直に（上下に）動きやすい。この構造上の特徴から，胸腰部で最も可動範囲の大きい関節は第10-11胸椎で，この関節を中心にし，前後に位置する関節の可動域は大きい。第10-11胸椎より頭側の胸椎での椎間板ヘルニアの発生は非常にまれであるが，これは胸椎に付着している肋骨と肋骨頭間靭帯が胸椎の運動を抑制しているためと考えられている。しかし，肋骨も尾側に向かうにつれて可動域が増大するため，第12-13胸椎の肋骨では，それより前部のものに比べてはるかに可動域が大きくなり，この椎体間に存在する椎間板には非常に大きな負荷がかかっている[53]。

これらの理由から，最も発生頻度の高い部位は第12-13胸椎および第13胸椎-第1腰椎と考えられている。筆者らの研究[50]においても，これまでの報告[24]と同様，第12-13胸椎で25%，第13胸椎-第1腰椎で21%と，この2椎体間だけで椎間板ヘルニア罹患例全体の約半数を占めていた。

臨床症状と神経学的検査所見

胸腰部椎間板ヘルニアの症状は，ヘルニアの進行する速度，量，部位などにより様々である。早期に運動失調を認め，続いて対不全麻痺がみられる。最終的には対麻痺，排尿不全，深部痛覚の消失といった症状に至る場合もある。この過程は数分～数カ月といった時間で進む。

神経学的検査の異常は，**進行性脊髄軟化症**＊1 や，**Schiff-Sherrington 徴候**＊2 の例を除けば，後肢に限定される。歩行検査では，運動失調，歩幅の変化，対不全麻痺そして対麻痺がみられる。対不全麻痺および対麻痺を呈する動物では，姿勢反応（固有位置感覚，踏み直り反応，跳び直り反応など）が低下または消失している。

脊髄反射（膝蓋腱〔四頭筋〕反射，前脛骨筋反射，引っこめ反射）は障害部位によって正常，亢進，低下もしくは消失する。第３胸髄～第３腰髄間の障害では，後肢の脊髄反射が正常もしくは亢進する。これは，上位運動ニューロンが障害されると下位運動ニューロンに対する抑制が解けるためで[53]，後肢の筋を支配する末梢神経が出る第４腰髄～第１仙髄間の脊髄機能が亢進し，後肢の筋の緊張が高まる（上位運動ニューロン徴候〔UMNS〕）。一方，第４腰髄～第１仙髄間の障害では，これらの分節に存在する運動ニューロンが障害を受けることにより，これらが支配する後肢の筋は制御不能となり，脊髄反射は低下もしくは消失する（下位運動ニューロン徴候〔LMNS〕）。

胸腰部椎間板ヘルニアの犬のうち何例かでは，皮筋反射の低下または消失がみられる。この反射の出現部位を確認することは病変部を診断するのに有効で，一般的には，出現した部位より頭側に２椎骨以内の間に病変部が存在する。

ときとして，臨床症状に左右差，つまり右側あるいは左側の肢に神経学的重症度の違いがみられることがある。筆者らは，その重度な側を clinical lateralization（臨床的に障害の強い側）としてカルテに記録しているが，clinical lateralization と反対側にヘルニア物質が存在していることがある。このような症例は 14 ～ 26％に認められると報告されており[42, 47, 50]，ヘルニア物質が最初に脱出した側とは反対側に，重度の神経障害を与える可能性があることを示唆している。これは，液体の中にある器官に対し外力による衝撃が作用した場合，直接外力が加わった部分と反対側の部分が損傷を受ける**反衝損傷**または**間接性振盪**＊3 countrecoup injury と呼ばれる現象が，脊髄においても起こる，あるいは反対側には固い骨があるためヘルニア物質により押さえ付けられた反対側に，より大きな圧力がかかり大きな障害を与えることが背景として考えられる[42]。そのため，神経学的検査を行ったときに認められた clinical lateralization が，圧迫されている側であると考えることは危険であり，必ず後述する画像診断を行い，確実な脊柱管内における位置診断を行うべきである。

＊1 進行性脊髄軟化症：出血性壊死の結果，肉眼的に脊髄が軟らかい状態になる。深部痛覚が消失するほどの重度の脊髄障害を起こした椎間板ヘルニアの犬のうち，約５～ 10％で脊髄軟化症に発展するといわれている[36]。上行性にも下行性にも進む。第３胸髄～第３腰髄間におけるヘルニアにより脊髄軟化症を起こした犬は，後肢の脊髄反射の低下，肛門および尿道括約筋の弛緩，腹部筋群の弛緩を呈し，最終的には前肢の弛緩性麻痺と呼吸停止を起こして死に至る。予後は悪く，現在のところ治療法はない[27, 38]。

＊2 Schiff-Sherrington 徴候：後肢が麻痺している動物で前肢に過度の緊張が起こる症状で，特に横臥時に顕著に現れる。前肢の反射は正常である。これは胸腰髄部における前肢への伸筋抑制ニューロンが障害を受け，その抑制が解除されるために起こるといわれている。

＊3 反衝損傷（間接性振盪）：頭蓋において強い外力が加わると，周囲に脳脊髄液がある脳は外力が加わった方へと移動して強い力で頭蓋骨に衝突する。そして，その反動により反対方向へ引き戻され，対側の頭蓋骨に衝突して損傷を受ける。この反衝による損傷は，直撃による損傷より大きくなるとされる。脊髄も脳と同じ CSF 内の臓器であることから，同様のことが起こると考えられる。

診断

1．単純 X 線検査

椎間板ヘルニアが疑われる患者の全てに実施する。脊椎の単純 X 線検査は，椎間板脊椎炎，外傷あるいは脊椎腫瘍の除外に役立つ。単純 X 線検査によって椎間板ヘルニアと診断された患者のうち，50 ～ 60％で病変部位の診断が可能であったと報告されている[26]。椎間板ヘルニアを疑う X 線検査所見として，椎間板腔の楔形化，椎間孔のサイズの減少，関節突起腔の幅の減少，そして脊柱管内あるいは椎間孔内の不透過性陰影の存在（図１）が挙げられる。しかし，外科手術の計画にあたって必要な，正確な情報（脊髄の圧迫やその脊柱管内における位置）が得られないため，必ず脊髄造影検査，CT あるいは MRI による画像診断を行うべきである。

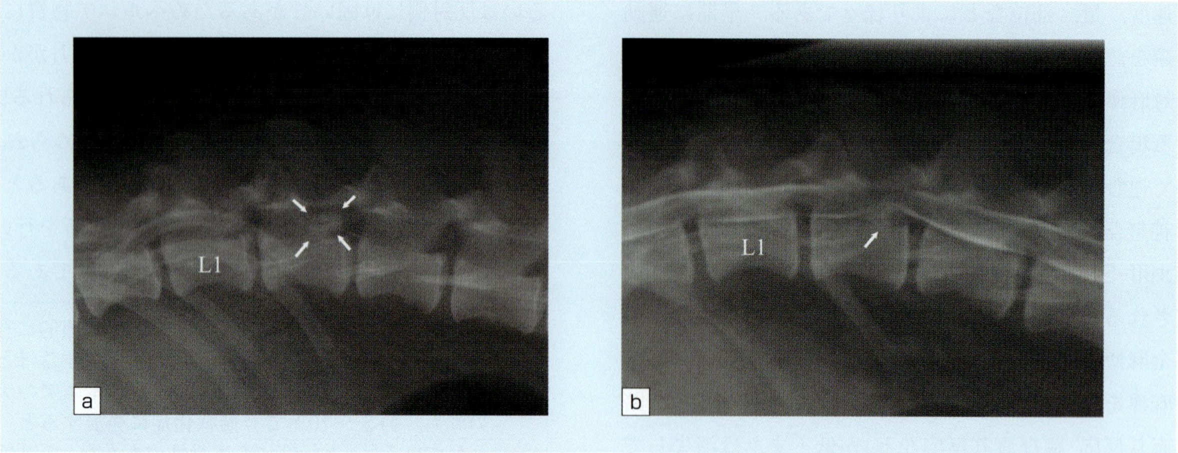

図1　X線検査所見

a：第2腰椎部の脊柱管内にX線不透過性の陰影を認める（矢印）。これは石灰化したヘルニア物質が脊柱管内へ脱出したことを示唆する所見である。b：脊髄造影検査の結果，同部位で腹側からの硬膜外圧迫が認められた（矢印）。

2. 脳脊髄液(CSF)検査

基本的にCSF検査では椎間板ヘルニアを診断できない。しかし，髄膜脊髄炎を起こしている場合，脊髄造影によりさらに脊髄機能不全を悪化させてしまう可能性があるため，脊髄造影検査の実施の前にCSF検査により除外しておく必要がある。くも膜下出血があると数日後にCSFが黄色を示すようになる(**キサントクロミー**，図2)。椎間板ヘルニアでこの所見がみられた場合，脱出した髄核物質によって重度の衝撃が加えられたことを示唆する。

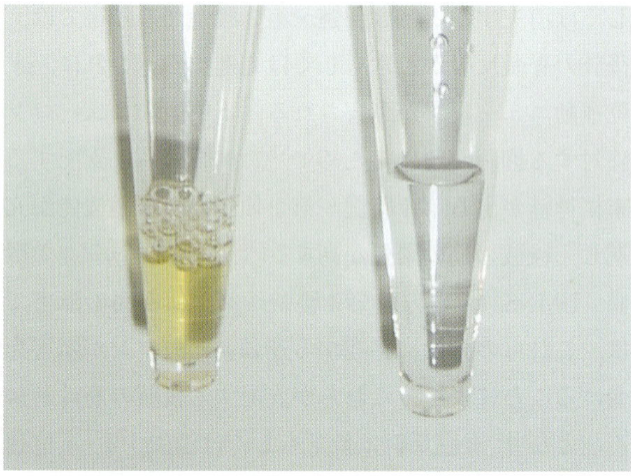

図2　脳脊髄液(CSF)所見

正常なCSFの色は無色透明である(右)。CSFが黄色を呈する場合，数日前にくも膜下出血があったことを示唆する（左）。

3. 脊髄造影検査

脊髄造影検査とは，造影剤をくも膜下腔へ注入して脊髄の輪郭を描出する検査法である。獣医学領域では，椎間板ヘルニアによる脊髄圧迫の位置を診断する検査法として主な位置を占めてきた。脊髄造影検査所見と外科的所見の間には高い相関があり，脊髄造影により86～98%の患者で正確なヘルニア部位を診断できる[36, 50]。

脊髄造影の利点はCTやMRIと比較して安価で特別な器具や機器を必要としないことである。欠点としては，造影剤の副作用と硬膜外漏出によるアーティファクトがある。造影剤の副作用には，けいれん，腎不全，さらなる脊髄機能不全の悪化などが報告されている[51]。現在，安全に利用できる造影剤はイオヘキソール(オムニパーク®：第一三共株式会社)で，通常用いられる濃度は240～300 mgI/mLである。投与量は，胸腰部のみの場合0.33 mL/kgを注入するが，基本的には0.45 mL/kg(ただし最低2 mL/head)として全脊髄を造影することが望ましい。穿刺部位として，大槽および第4～6腰椎間が選択されるが，通常第5-6腰椎間(単純X線で明らかな異常所見が認められなければ)で穿刺を実施する。しかし，ジャーマン・シェパード・ドッグなどの大型犬では脊髄終末部がより頭側にあるため，脊髄造影を成功させるためには第4-5腰椎間での穿刺がよいといわれている[34]。造影剤の注入は，透視下で行うことにより失敗は少なくなる。まず，脊髄針が正確に腹側のくも膜下腔へ入ったことを確認するため，少量の造影剤をテスト注入する。透視下であれば，造影剤が硬膜外へ漏出したかどうかをすぐに確認できる(図3)。透視を利用できない場合は，テスト撮影を行い造影剤の硬膜外への流出がないことを確認しなければならない。

正確にくも膜下腔へ入ったことを確認できれば，その後，必要量を注入する。病変の描出の質を良くするには，迅速に撮影する必要がある。そのため，神経学

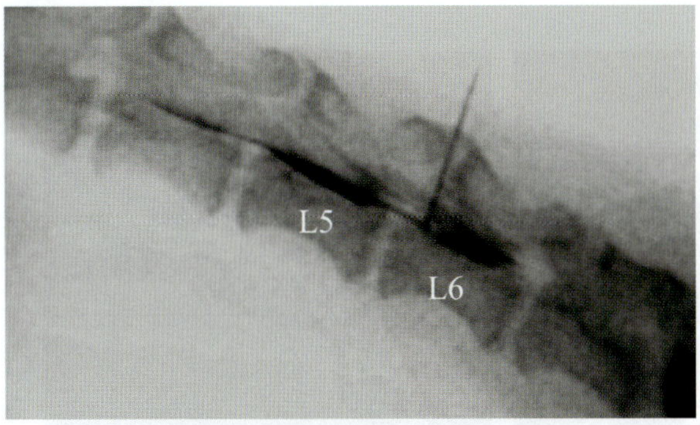

図3 透視下で脊髄造影検査を行っている様子
第5-6腰椎間に脊髄針を刺入し，少量の造影剤を注入することで，硬膜外への漏出がないことが確認できる。

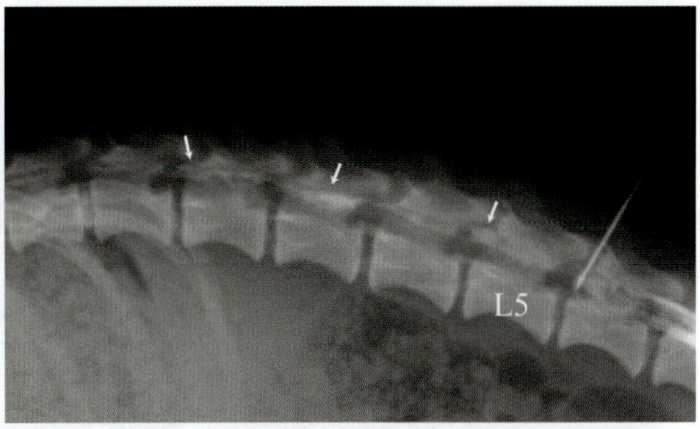

図4 造影剤が髄内に浸潤している所見(矢印)
これは脊髄軟化症を示唆する所見である。

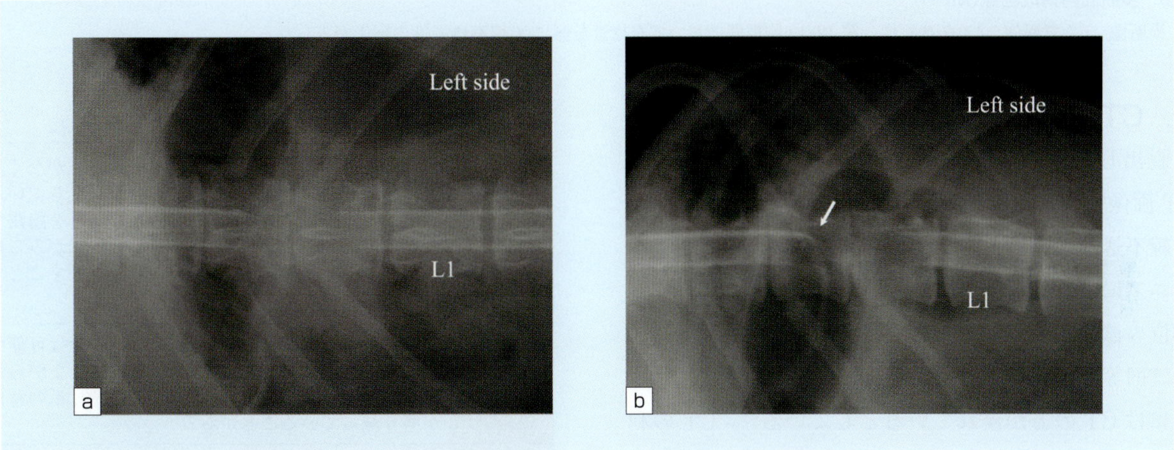

図5 ヘルニア物質が主に左背外側に位置する脊髄造影検査所見
腹背像（a）に比べ右斜位像（b）においての造影柱の変位が明らかである（矢印）。

的検査所見および単純X線所見から最も疑われる部位もしくは透視下で病変を確認し，すぐにその部位の側方像を撮影する。

続いて脊髄針を抜去して，同部位の腹背像，右および左斜位像を撮影する。その後，腰椎，胸腰椎，胸椎および頚椎にわけて順次撮影を行う。このとき，病変部の輪郭をできるだけ明瞭に描出するためのいくつかの解決策が提唱されている。造影剤の粘稠性を下げるため注入前に造影剤を温めること(造影剤を注入しやすくする)や造影剤の注入をできるだけ早く行うこと(10秒以内)，撮影前に患者を数回ローリングすること，注入後は迅速に撮影を行うことなどである[23, 48]。

椎間板ヘルニアの脊髄造影所見は基本的に硬膜外病変パターンとして描出されるが，急性ではくも膜下腔が消失するほどの脊髄浮腫や，引き続き起こった脊髄軟化により髄内病変パターンとして描出されることもある(図4)。胸腰部椎間板ヘルニアに対する外科手術では，ほとんどの症例で片側椎弓切除術が適用される。この場合，脱出した髄核物質が主に脊柱管内のどの位置に存在するか，特に病変側が脊髄造影によって的確に判断される必要がある。そのためには，腹背像および側方像に斜位撮影を加えて考察する必要がある。病変側の決定には腹背像あるいは斜位像の評価が大切で，Kirbergerら[24]の研究にもあるように，特に斜位像の重要性は高い。我々の研究においても，病変側の判別には腹背像が41%に対し，斜位像が64%とより判別率が高かった。その後のGibbonsら[13]の椎間板ヘルニアの病変側決定における脊髄造影の撮影方向に関する報告においても，斜位像を組み合わせることにより99%で病変側の判別が可能であったといわれており，斜位像の重要性を強調している。ヘルニア物質が脊髄の腹外側あるいは背外側に存在していれば，斜位像で最も造影柱の変位を判定しやすい(図5)。前述した，脊髄浮腫や脊髄軟化症の場合は，ヘルニア物質による造影柱の変位が隠されてしまい，圧迫部位の位置診断が困難もしくは全くできなくなるため(これは，脊髄造影検査による病変側の診断の欠点である)，CTあるいはMRI検査が必要となる。

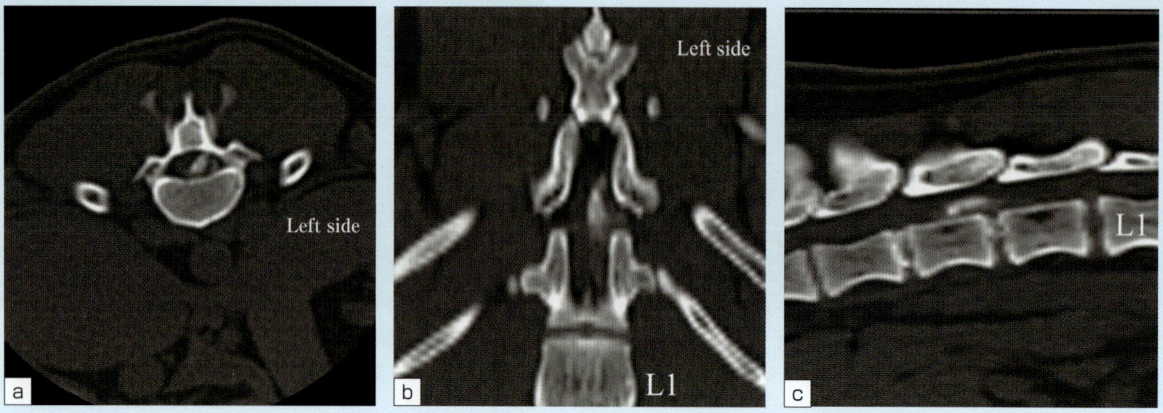

図6　多断面再構成画像（MPR）

a：横断像，b：背断像，c：矢状断像。第12-13胸椎間において脊柱管左側にX線不透過性の陰影がみられる。

4. CT検査

脱出した髄核物質は，そのミネラル分にもよるがCT画像では不均質で，脊髄と同程度の陰影もしくはX線不透過性陰影として描出される[38]。犬の椎間板ヘルニアにおける脊髄造影とCTの比較研究では，病変部位の診断の相対的感度はそれぞれ83.6%，81.8%とほぼ同等であるが，より重度のあるいは慢性化した症例にはCTの方が優れているとしている[18]。CTの利点は，麻酔を除けば副作用が非常に少ないこと，そして現在，多列検出器型CT（multidetector row CT：MDCT）の登場により薄スライス厚データが簡単に得られることから多断面再構成画像（multiplanar reconstruction：MPR）を作成することが可能となり，空間分解能（空間的に位置の違いを見わける力）に優れた矢状断面像や背断面像で評価ができるようになったことである（図6）[54]。欠点としては，HansenⅡ型のような線維輪膨隆型が診断できないこと，いくらかの症例で脱出した髄核（脊髄と同程度のX線陰影）を描出できないことであるが，この場合は脊髄造影と併用することにより，より確実な診断が可能となる[44]。

5. MRI検査

椎間板および脊髄の描出にはCTよりもコントラスト分解能（濃度の差を見わける力）に優れたMRIの方が有用である。椎間板ヘルニアの診断におけるMRIの利点は，ヘルニアのタイプ（HansenⅠ型，Ⅱ型およびdisk bulge）の分類に役立つこと，さらに椎間板のわずかな変性でも描出することができることに加え，脊髄造影よりもより詳細なヘルニアの位置を診断することができる点であるといわれている[3]。また，脊髄実質

表1　神経学的重症度のGrade分類

Grade 1	軽度の脊髄圧迫のために，脊髄の機能障害がなく，神経学的な異常はないが，脊椎の痛みを生じている状態。背中を丸める姿勢や階段の昇り降りを躊躇するなどの，運動したがらないといった症状がみられることがある。身体検査のとき，脊柱を押すことで痛みを確認できることがある。
Grade 2	後肢の不全麻痺，運動失調を認める。歩行は可能であるが，後肢の力が弱いため，ふらつきながら歩く。足先を引きずるようにして歩くため，爪の背面が磨り減っていることがある。
Grade 3	強い後肢の不全麻痺。後肢での歩行はできないが，支持することで後肢の起立は可能である。しかし，歩き出すと前肢だけで進み，後肢は引きずる。
Grade 4	後肢の麻痺。深部痛覚は存在している。
Grade 5	後肢の麻痺。深部痛覚が消失している。

や靭帯といった軟部組織構造を評価できるため，予後判断にも役立つ。しかし，MRIはCTに比べ空間分解能が劣るため，椎間孔内の細かい情報（神経線維の偏位，神経根と突出あるいは脱出した椎間板の位置関係など）が得られにくい。そのため，人医学領域では，手術を目的とした場合には，椎孔内の細かい情報を把握するために脊髄造影およびその後のCT検査が必要であるといわれている[44]。

治療

臨床症状と神経学的検査から神経学的重症度を分類し，それに基づいて治療を選択する。いくらかの重症度分類が存在するが[42,46]，筆者らは表1に示す重症度分類を行っている。

1. 保存療法

椎間板ヘルニアによる脊髄の圧迫が軽度な場合に適用される。一般的に，Grade 1 に対する治療であるが，Grade 2 の場合にも適用されることがある。基本となる保存療法は，4～6 週間の絶対安静である。しかし，これだけでは治療に失敗するリスクのあることをオーナーに伝えておくべきである[46]。また，神経学的機能不全が進行しないかどうかをオーナーに注意深くモニターしてもらい，少しでも進行がみられるようであれば，できるだけ早期に外科療法を考慮する。自宅での管理には抗炎症量のプレドニゾロン（0.5～1 mg/kg/day）あるいは非ステロイド性消炎鎮痛剤（NSAIDs）を使用する。しかし，これらは脊髄や椎間板の炎症を抑えるのに役立つが，脊髄の機能を直接改善させる作用はもたない。

Grade 3 以上の歩行ができない重度な椎間板ヘルニアや急速に神経学的機能不全が悪化した場合は，臨床症状が進行するにつれて予後が悪くなるため，緊急の外科療法の適応とみなすが，ヘルニアにより損傷を受けた脊髄の二次的な細胞破壊の拡がりを抑える目的で薬剤による緊急の薬剤療法を行うことがある。急性の脊髄損傷に使用される薬剤として報告されたものに，コハク酸メチルプレドニゾロン（MPSS）がある。この薬剤は，細胞毒性の強いフリーラジカルの放出を抑制する作用があり，これにより二次的に細胞破壊を抑え，さらなる脊髄損傷を抑えようというものである。損傷後 8 時間以内に MPSS を投与することにより，重度の脊髄損傷後に起こる二次損傷を有効に改善させることが報告された[45]。この作用は抗炎症量よりも高用量（30 mg/kg）で得られる。しかしながら，損傷後 8 時間以上経過していたり，過剰投与（初期投与量 30 mg/kg 以上）であったりすると逆に有害である[4]。そのため，損傷後 8 時間以上経過した動物に対して MPSS を投与すべきかどうかの指標は曖昧で，標準的なプロトコールはない。また，犬の椎間板ヘルニアに対する MPSS の使用を支持するエビデンスはなく，いくつかの回顧的研究ではその有用性は見出されていない[10, 40]。筆者らが行った，外科療法を実施した Grade 3 以上の椎間板ヘルニアの症例に対する高用量 MPSS の術前投与による予後への影響に関する研究においても，その有用性を示す結果は得られなかった[55]。近年，犬における二重盲検法による大規模調査が進められ，MPSS は 8 時間以内であっても効果がないという結果が出つつあるという。さらに高用量 MPSS 治療の重大な副作用は報告されていないものの，1 つの研究では 33％の犬に下痢，メレナや嘔吐などの胃腸障害がみられたと報告されている。これらの副作用は MPSS を急速投与した場合に起こりやすいようである[9]。このような背景から，現在のところ MPSS は標準的な治療・ガイドラインとして推奨されていない[25]。

2. 外科療法

（1）減圧術

椎間板ヘルニアに対する外科療法の目標は，圧迫を受けている病変側の骨の除去による減圧と，できる限り脱出したヘルニア物質を摘出することである。これは片側椎弓切除術 hemilaminectomy，小範囲片側椎弓切除術 mini-hemilaminectomy，椎弓根切除術 pediculectomy あるいは背側椎弓切除術 dorsal laminectomy のいずれかによって行われるが，最も適応が多い術式は**片側椎弓切除術**である。通常は，脊髄造影検査，CT 検査あるいは MRI 検査により罹患部位および脊柱管内の位置を診断した後，そのまま手術に入ることがほとんどである。

椎弓切除術を実施するにあたり，一般的な外科器具の他に使用する器具を図 7 に示した。骨除去に用いるドリルやロンジュール，ヘルニア物質を取り出すための器具として，先端の大きさが異なるものをいくつかそろえておくと手術がしやすい。動画に片側椎弓切除術のアプローチ法の概略を示した。小範囲片側椎弓切除術および椎弓根切除術のアプローチ法は片側椎弓切除術とほぼ同じであるが，骨除去の部位が異なる。その違いを図 8 に示す。

ヘルニア物質が硬膜や腹側内椎骨静脈叢（椎骨静脈洞）に癒着しているような慢性椎間板ヘルニアや Hansen Ⅱ型椎間板ヘルニアでは，ヘルニア物質を簡単に摘出することは困難である[43]。無理に摘出しようとすれば，脊髄に対し永久的なダメージを与えてしまう可能性がある。これらに対する外科療法として，Moissonnier らは脊髄に損傷を与えずに椎間板を摘出する側方椎体切除術 lateral corpectomy のテクニックを報告している[33]。原理は頚部領域の椎間板ヘルニアに対する腹側減圧術（ベントラル・スロット）と同じである。側方椎体切除術は罹患部の椎間板を中心に，前後の椎体の 1/4，深さ 1/2～1/3，高さ 1/2 で椎間板とともに椎体を切除する方法である（図 9）。また，15 例の臨床例における成績では，14 例で改善したと報告されている。しかし，この方法は侵襲度が高く，椎体不安

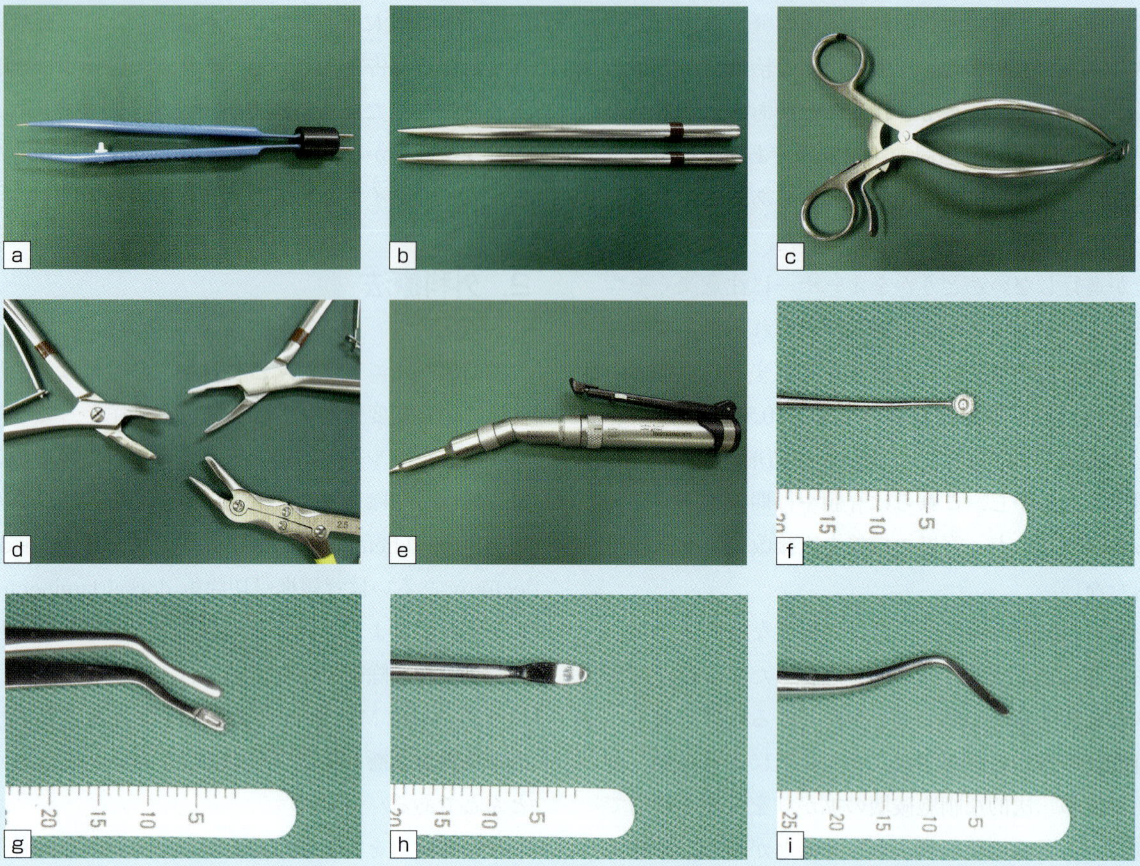

図7　椎弓切除術に使用する外科器具

a：バイポーラ型電気メス，b：骨膜起子，c：ゲルピー開創器，d：ロンジュール，e：ハイスピードドリル，f～i：ヘルニア物質を除去するための器具。

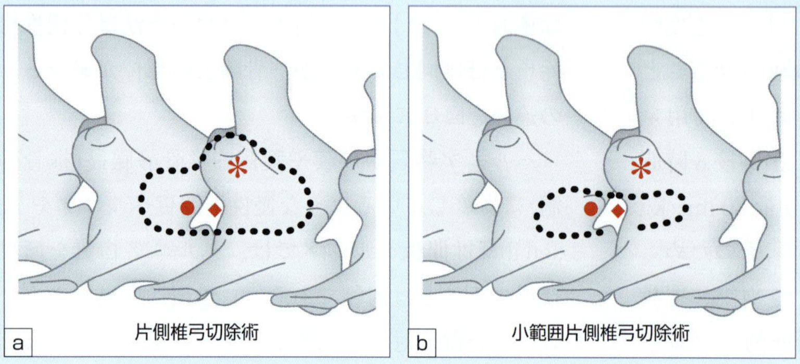

図8　椎弓切除における骨窓形成位置の違い(点線)

＊：関節突起，◆：椎間孔，●：副突起。

定症，脊椎骨折・脱臼，胸椎領域では気胸の危険性といった重大な併発症の可能性があるため，さらなる臨床例の積み重ね，評価が必要であると感じる。

(2) 造窓術

造窓術は線維輪を切開して髄核を除去する方法である。一般的に減圧術と同時に予防的措置として行われる。Brissonら[6]は造窓術の効果に関する研究で，実施部位のヘルニア再発率が減少したと報告している。一方で，造窓術は椎体を不安定にする可能性があり，造

Video Lectures 外科手術

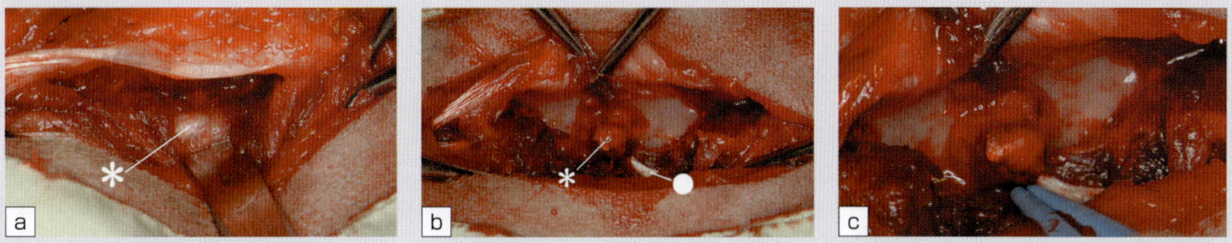

動画 片側椎弓切除術のアプローチ法

術野の露出に必要な分の皮膚を切開し，棘突起に沿って筋膜を切開する。棘突起に付着する多裂筋をていねいに剥離し，関節突起に付着する筋肉を切断する（a)。ゲルピー開創器で術野を拡げ，さらに筋肉をていねいに剥離して，関節突起，副突起がはっきりと目視できるようにする(b)。副突起の背側部には椎骨動脈からの分枝が走っており，バイポーラ型電気メスを用いて止血する(c)。ここでモノポーラ型電気メスによる止血は避ける。副突起の腹側部には神経根があり，ダメージを与えてしまう可能性がある。
＊：関節突起 ●：副突起に付着する腱。

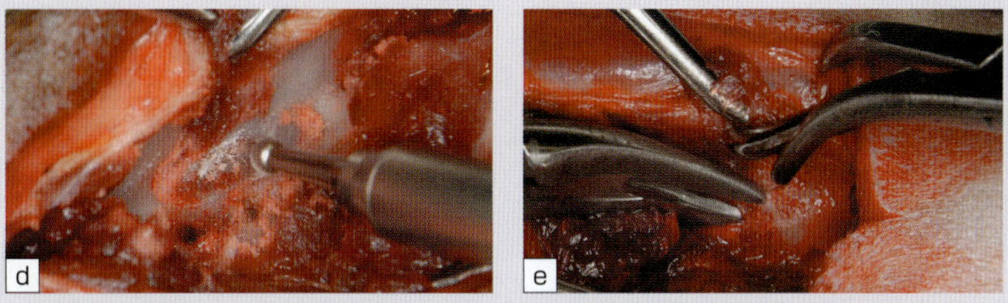

大きめのロンジュールを用いて関節突起の切除を行う。小型犬においてはロンジュールのみで椎弓切除を全て行うことが可能であるが，ドリルを用いることもある（d)。ロンジュールのみの場合，タオル鉗子を棘突起にかけて尾側または頭側へ牽引し，椎間腔を拡げることによって小型のロンジュールを入れる隙間をつくり，そこから椎弓を切除していく（e)。

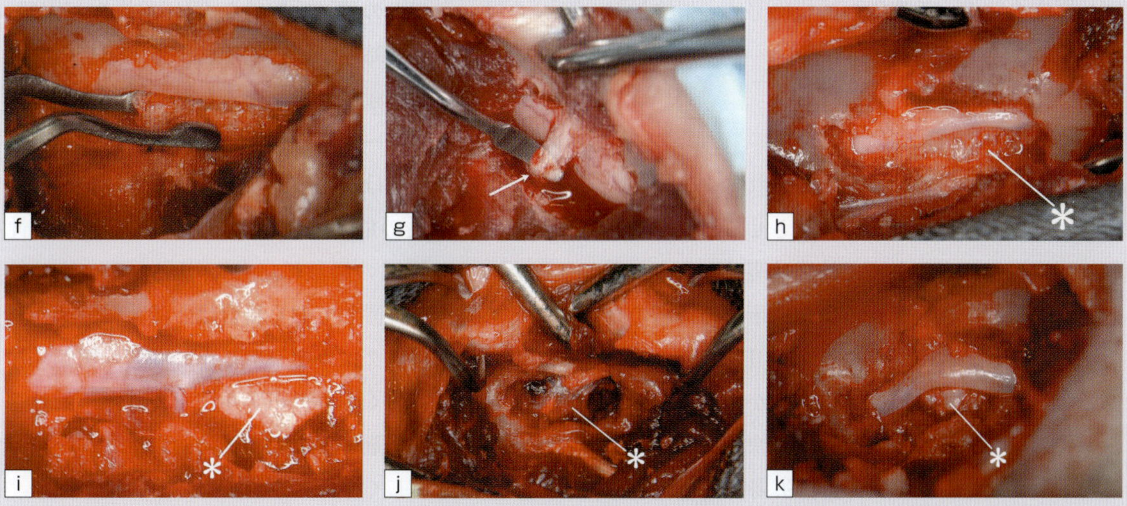

骨窓を形成し，脊髄を露出した後，可能な限りていねいに脱出したヘルニア物質を取り除く（f）が，関節突起を除去した後，前後へ椎弓を切除して脊髄を露出すると，そこに薄い膜があり（g，矢印），この下に脱出したヘルニア物質が存在してみえることがある。この場合，この薄い膜を破ってヘルニア物質を取り除く。硬膜は外板と内板の２層からできており，脊髄では，脊柱管内面の骨膜と接触している部分を硬膜外板，脊髄実質の周りの膜を硬膜内板と呼んでいる。関節突起を除去した後に，みられる薄い膜は骨膜に付着している硬膜外板が残ったものと考えられる。脱出したヘルニア物質の性状は，硬いもの（h)，軟らかいもの（i）や血餅と混在したもの（j）など様々である。慢性化した椎間板ヘルニアでは，硬く弾力のあるゴム状を呈していることがあり（k)，線維輪や硬膜に癒着しているため摘出が困難である。＊：ヘルニア物質。

窓術を行った椎間板に隣接した，造窓術を行わなかった部位でのヘルニアの発症を助長するとしている。現在のところ，医原性の椎体不安定症や手術時間の延長による感染のリスク，オーナーへのコストの負担などいくらかの問題があるため，造窓術の有用性についてまだ議論がある。

造窓術に代わるものとして，コラゲナーゼ，コンドロイチナーゼ ABC による経皮的髄核融解法，レーザーを用いた経皮的椎間板ヘルニア蒸散法が報告されている[2, 32, 49, 52]。高橋らは臨床例にコンドロイチナー

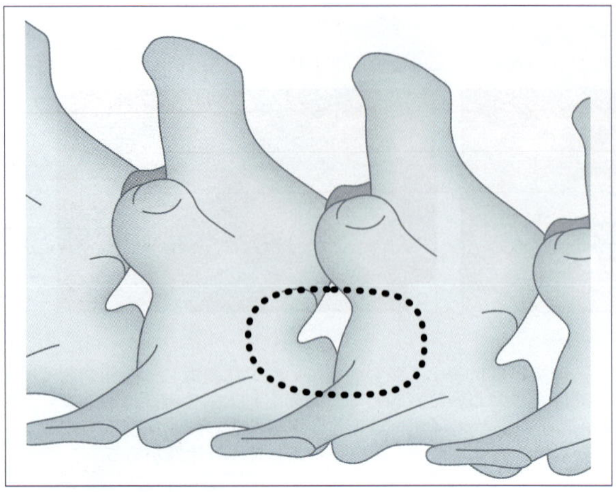

図9　側方椎体切除術

椎間板を含めた椎体の切除（点線）は，慢性椎間板ヘルニアやHansen Ⅱ型ヘルニアに対して行われる。

ゼABCを使用した研究で，その高い有用性を示した[49]。しかしながら，現在，これらの薬剤の入手は困難であるため，その利用は難しい。

術後管理

術後管理の目標は，疼痛管理，膀胱管理，水和状態の維持，褥瘡の防止，手術創の監視に努め，術後併発症を予防することである。

1. 疼痛管理

疼痛は，心肺機能の低下，不安，恐れおよび睡眠不足など，組織治癒の遅延を一層悪化させる事象を生じさせる。治癒に対して不必要な妨害は避けられるべきである。疼痛管理を成功させるには，術後の疼痛の存在を認識し，適切なオピオイドやNSAIDsを与えることである[20]。また，術後は温かく，柔らかい敷物を敷いたケージにおいてあげるなど，動物に快適な環境を与えることも大切である。疼痛の臨床的，身体的徴候と脊椎外科の疼痛管理に使用される薬剤をそれぞれ表2，表3に示した。

表2　疼痛の徴候

・食欲不振	・手術部位を警戒する
・抑うつ	・鳴きわめく
・動くのを嫌がる	・呼吸促迫
・臆病になる	・頻脈
・落ち着きがなくなる	・瞳孔散大
・不安	・流涎

外科手術後，これら全ての症状がどの患者にもみられるというわけではないが，これらのうちいくつかの症状が同時に起これば，疼痛の存在を認識する。

表3　犬の脊椎外科の疼痛管理に使用される薬剤

薬剤	用量
オピオイド	
モルヒネ	0.25 ~ 1.25 mg/kg，IM/SC
ブトルファノール	0.1 ~ 0.65 mg/kg，IV/IM/SC
ブプレノルフィン	0.005 ~ 0.02 mg/kg，IV/IM/SC
非ステロイド性消炎鎮痛剤（NSAIDs）	
ピロキシカム	0.2 ~ 0.4 mg/kg，PO
カルプロフェン	4.4 mg/kg，SC/PO
ロベナコキシブ	1.0 mg/kg，POあるいは 術前に2.0 mg/kg，SC
メロキシカム	0.2 mg/kg，SC/PO
フィロコキシブ	5mg/kg，PO

IV：静脈内投与，IM：筋肉内投与，SC：皮下投与，PO：経口投与。

2. 膀胱管理

膀胱管理[14, 20]は術後最も重要である。これを怠ると膀胱炎，膀胱アトニー，腎盂腎炎および医原性膀胱破裂のような重大な問題を引き起こす可能性がある。膀胱管理における目標は，膀胱容量を正常に保つあるいは減少させること（膀胱の筋萎縮を防ぐ訓練）および膀胱の過度の拡張を予防することである。これには用手による圧迫，周期的あるいは持続的カテーテル法を利用して尿を採取し膀胱内を空にする方法がある。筆者らは，大型犬の雌，攻撃的な犬（圧迫排尿が困難）を除いては4～8時間ごとに用手による圧迫排尿で管理を行っている。尿漏と失禁がみられる犬では，尿やけを防ぐためカテーテルによる管理を行う。カテーテル法による管理では，持続的に行うよりも周期的に行う方が尿路感染の危険性は少ないが，感染の危険性はカテーテル導尿の回数に応じて増加する。持続的にカテーテルを留置しておく場合は，滅菌輸液チューブで空の輸液バッグにカテーテルをつなぎ，閉鎖採尿システムにしておく。カテーテル法を行う際，耐性菌をつくる危険性を避けるため，予防的に抗生剤を投与することは好ましくないとされている。

膀胱および尿道機能が正常に回復するまでに薬物療法を行うことがあるが，これは短期間の使用を基本として行う。薬剤によって正常な膀胱に回復させるのではなく，単に全体的な膀胱管理を助けるだけのものであることを認識しておく必要がある。膀胱管理に利用される薬剤を表4に示した。

表4　犬の膀胱管理に利用される薬剤

薬剤	用量	臨床効果
フェノキシベンザミン	0.25～0.5mg/kg，POもしくは5～15mg/head，PO，12～24時間ごと	内尿道括約筋の緊張を減少 効果が出るまで数日を要する
プラゾシン	1mg/kg，PO，8～24時間ごと	内尿道括約筋の緊張を減少
ジアゼパム	2～10mg/head，PO，8時間ごと	間接的に骨格筋を弛緩
ベタネコール	2.5～25mg/head，PO，8時間ごと	排尿筋の収縮性を増強
プロパンテリン	7.5～30mg/kg，PO，8時間ごと	排尿筋の収縮性を減少

PO：経口投与

理学療法

理学療法は回復を促進する鍵となる。関節の動きを正常な範囲に維持することを助け，筋力や炎症治癒を促進することが目的である。また，筋肉の萎縮を予防できる可能性がある。我々はBockstahlerらの著書を参考にして，理学療法を行っている[7]。

1．寒冷療法

冷水やアイスパックを用いた寒冷療法は，術後12～48時間の間に行う。局部の冷却により，軽度の鎮痛作用，浮腫の減少そして骨格筋の弛緩が期待できる。滅菌された水を通さない布を患部に置き，その上から冷却する。1日に2～4回，1回5～10分間行う。

2．温熱療法

局所の温熱は，組織温度を上昇させ，局所の代謝を増加させる。温熱により血管拡張が起こり，その結果として，局所の血流を増加させ治癒過程を促進する。寒冷療法に続いて48～72時間の間に実施する。簡単な温パックは濡れたタオルをナイロン袋に入れ電子レンジで温めることでつくることができる。1日に2～3回，1回10～20分間行う。

3．マッサージと運動療法

マッサージは組織の血液およびリンパの流れを増加させることによって，その領域へ栄養を供給し，老廃物の除去を促進する作用をもつ。マッサージの頻度は1日2～3回，1回約10分程度が理想である。

運動療法には，**他動運動**と**自動運動**がある。他動運動とは筋肉の収縮を利用せず，外力をかけて関節を動かすことである。これには，屈伸運動(図10a)，ストレッチ，自転車こぎ運動や引っこめ反射の誘発などが含まれる。他動運動は，筋肉の萎縮と収縮の予防，関節の動きと筋肉の機械的伸縮性の維持，血流の改善と痛みの軽減，運動感覚の維持を目的として行う。

自動運動とは筋肉の収縮によって起こる運動のことである。補助器具を利用した起立歩行訓練(図10b)，バランス運動(図10c)，強化運動(体重移動，三本肢起立，ダンス運動，手押し車歩行，階段や坂の上り下りなど)や水泳・水中トレッドミルが含まれる。自動運動は，筋肉の再建と患者本来の力を取り戻すことを目的として行う。モチベーションを高めるため屋外で行うことが望ましい(猫の場合は大きな部屋で行う)。運動療法は，術後3～4日目より開始し，1日に3回行う。

4．ジェットバス(温水渦流浴)療法

25～30℃の温水で行うジェットバス療法により，皮膚表面の温熱効果とジェット流によるマッサージ効果の2つの効果を得ることができる。また，水浴には動物の皮膚に付いた尿や便を洗い流す目的もある。通常は，抜糸後(術後10～14日)より開始する。1回に5～10分間行う。

予後

保存療法による予後に関しての報告は少なく，あまり知られていない。深部痛覚のある神経学的Grade 4までの犬における外科療法による改善率は80％以上といわれている[10, 12, 35]。深部痛覚の消失した神経学的Grade 5の犬で，歩行可能となる率は43～72％といわれている[11, 28, 37, 40]。この幅広い数値の報告は症例数が少ないこと，深部痛覚検査の評価法の違いや判定基準の違いからくるものと思われる[14]。機能が回復した犬のほとんどにおいて，2週間以内に深部痛覚が戻ったという報告もある[37]。

再発

術後の椎間板ヘルニアの再発は約20％の犬で起こる。特にダックスフンドの再発率は他犬種の再発率に比べ，非常に高い。石灰化した椎間板の多さが再発の

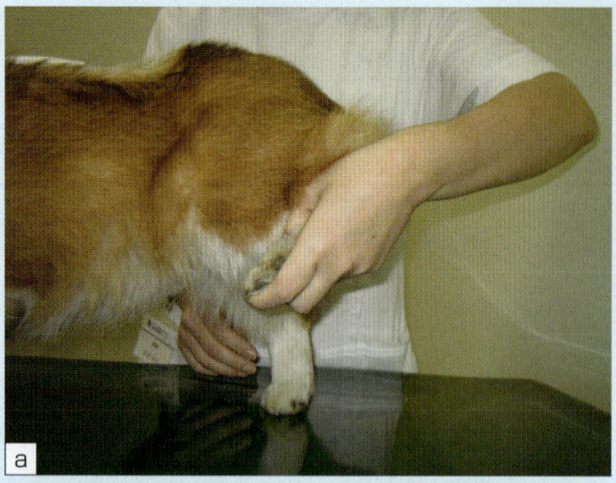

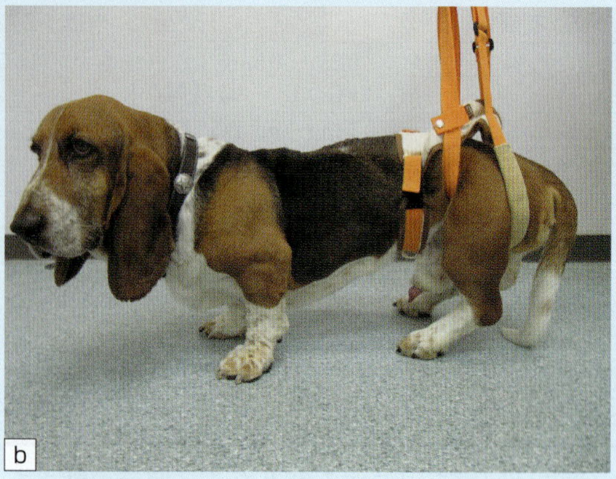

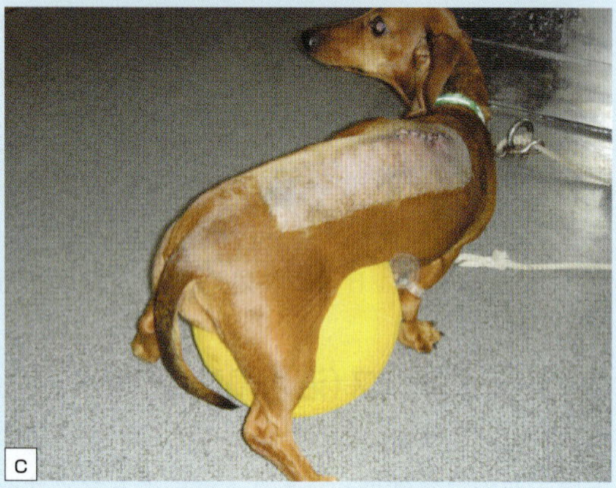

図 10　運動療法

a：屈伸運動，b：補助器具を使った起立歩行訓練，c：ボールを使ったバランス運動。

表 5　症例 1，神経学的検査所見

項目		右後肢	左後肢
固有位置感覚		0	0
踏み直り反応	触覚性	0	0
	視覚性	0	0
膝蓋腱（四頭筋）反射		2	2
引っこめ反射		2	2
皮筋反射		第 4 腰椎部より頭側で出現	
表在痛覚		0	0
深部痛覚		2	2

0：消失，1：低下，2：正常，3：亢進，4：クローヌスを伴う亢進。

リスクファクターとなり，最初の手術時に単純 X 線検査によって 5 ～ 6 つの石灰化した椎間板がみられた犬では 50％の再発率であったと報告されている[30]。

症例 1 腰部椎間板ヘルニア，Grade 4 の症例

患者情報：ミニチュア・ダックスフンド，6 歳，未去勢雄，7.4 kg

主訴：来院前日に悲鳴をあげ，後肢が立たなくなった。

神経学的検査：歩行検査では，後肢を引きずって歩き，後肢は起立不能であった。後肢の神経学的検査所見は表 5 のとおりであった。前肢および脳神経検査は正常であった。表在感覚は消失していたが，深部痛覚は存在していた。

以上の結果から，神経学的 Grade 4，clinical lateralization（－），T3 ～ L3 脊髄分節障害と診断した。

単純 X 線検査：第 13 胸椎左側肋骨の部分的欠損を認めた。椎間板腔の楔形化，椎間孔のサイズの減少，関節突起腔の幅の減少，脊柱管内あるいは椎間孔内の不透過性陰影の存在といった椎間板ヘルニアを疑う X 線所見は認められなかった。

CT 検査（非造影）：特に異常は認められなかった（図 11）。

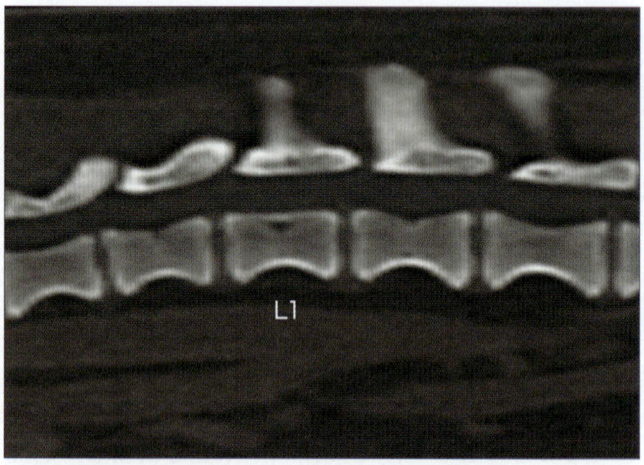

図 11　症例 1，非造影の CT 検査所見矢状断像

非造影の CT 検査では，ヘルニア物質が脊髄と同程度の X 線陰影のため描出できなかった。

脊髄造影検査：第 1 ～ 3 腰椎部で造影剤の充填欠損像が認められた（図 12）。

CT 検査（脊髄造影下）：第 2-3 腰椎部に腹側～右側の硬膜外圧迫像が認められた（図 13）。

治療：第 2-3 腰椎部における右側片側椎弓切除術を実施し，軟らかいヘルニア物質を摘出した。

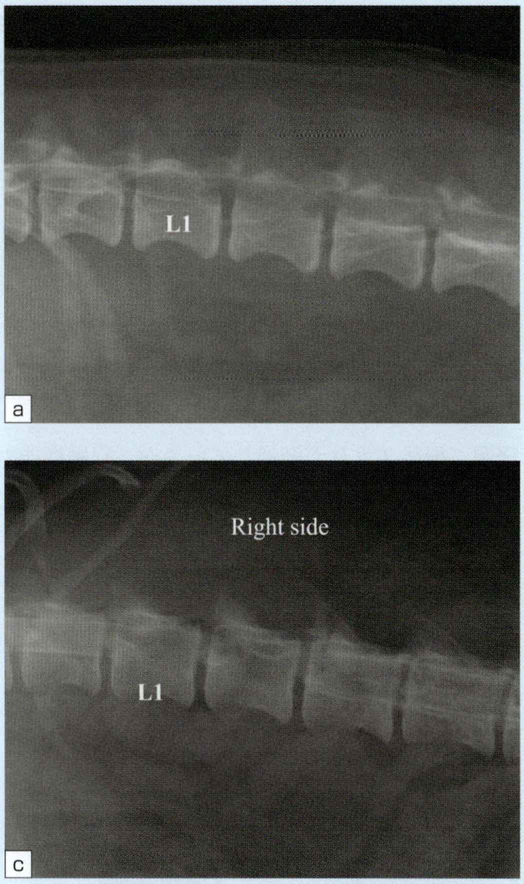

図 12　症例 1，脊髄造影検査所見

a：側方像，b：腹背像，c：左斜位像，d：右斜位像。いずれの方向も第 1 腰椎〜第 3 腰椎において造影剤の充填欠損がみられる。脊髄浮腫がある場合，造影剤が欠損してしまうため，ヘルニア物質の位置診断ができなくなる。

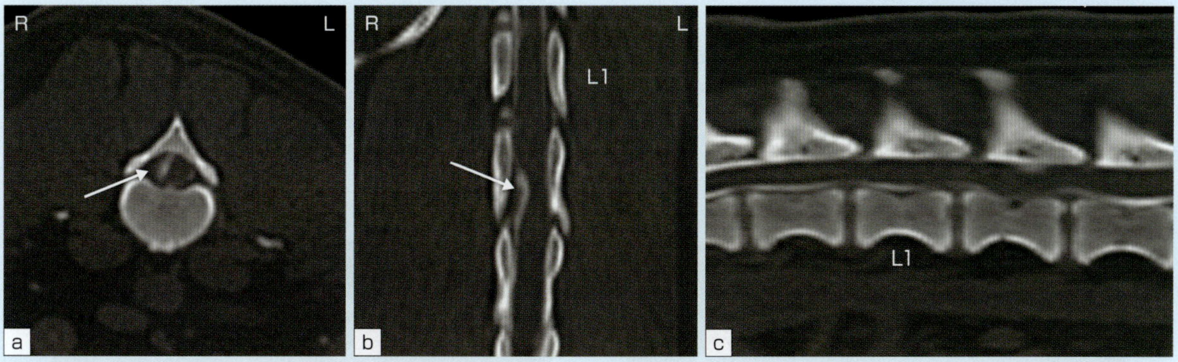

図 13　症例 1，脊髄造影下での CT 多断面再構成画像

a：脊髄造影下での CT 横断像，b：脊髄造影下での CT 背断像，c：脊髄造影下での CT 矢状断像。脊髄造影後に CT を行うことにより，明瞭に硬膜外からの圧迫が確認された（矢印）。

経過：手術翌日には，支持起立が可能となった(Grade 3 に改善)。術後 2 日目にはふらつきながら歩行可能となり(Grade 2 に改善)，術後 3 日目には退院した。術後 14 日目には抜糸を行ったが，歩行検査では異常を認めなかった。

症例 2 胸部椎間板ヘルニア，Grade 5 の症例

患者情報：ミニチュア・ダックスフンド，6 歳 5 カ月齢，未避妊雌，4.5 kg

主訴：来院前日に突然，後肢が立たなくなった。

神経学的検査：歩行検査では，後肢を引きずって歩き，

後肢は起立不能であった。後肢の神経学的検査所見は表6のとおりであった。前肢および脳神経検査は正常であった。両後肢の深部痛覚は消失していた。

以上の結果から，神経学的 Grade 5，clinical lateralization(－)，T3～L3 脊髄分節障害と診断した。

表6　症例2，神経学的検査所見

項目		右後肢	左後肢
固有位置感覚		0	0
踏み直り反応	触覚性	0	0
	視覚性	0	0
膝蓋腱(四頭筋)反射		3	2
引っこめ反射		2	2
皮筋反射		第2腰椎部より頭側で出現	
表在痛覚		0	0
深部痛覚		0	0

0：消失，1：低下，2：正常，3：亢進，4：クローヌスを伴う亢進。

単純X線検査：椎間板腔の楔形化，椎間孔のサイズの減少，関節突起腔の幅の減少，脊柱管内あるいは椎間孔内の不透過性陰影の存在といった椎間板ヘルニアを疑うX線所見は認められなかった。

CT検査(非造影)：第11-12胸椎部，腹側～右側にX線不透過性陰影が認められた(図14)。

治療：第11-12胸椎部における右側の片側椎弓切除術を実施した。肉眼的に脊髄は軟膜血管が不明瞭で，浮腫状に観察された。硬いヘルニア物質を摘出(図15)し，脊柱管内を生理食塩水で洗浄し，手術部位を閉鎖した。

経過：術後3カ月が経過しているが，脊髄機能の改善はみられず，現在もリハビリテーションを継続している。

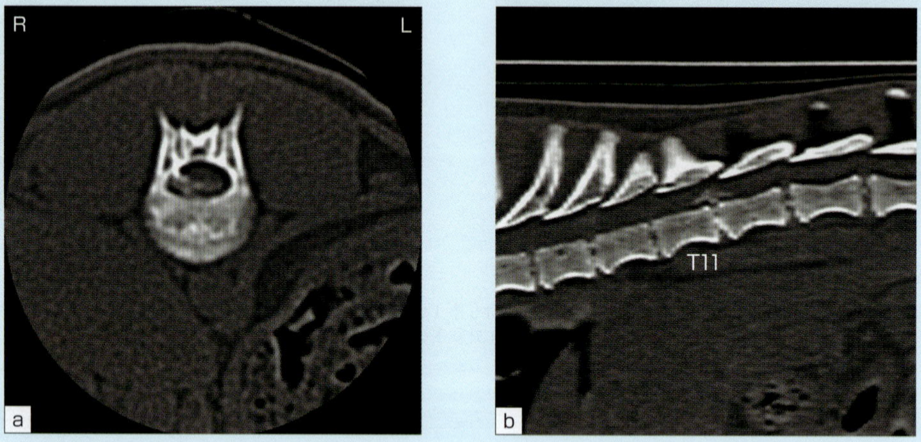

図14　症例2，非造影でのCT多断面再構成画像

a：非造影でのCT横断像，b：非造影でのCT矢状断像。ヘルニア物質は脊髄よりX線不透過性が高く，脊髄の腹側～右腹外側部に明瞭に描出されている。

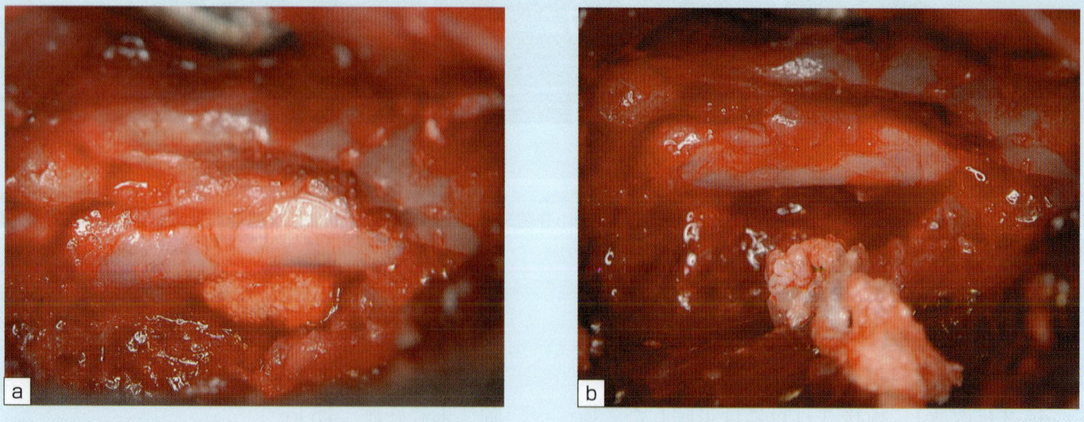

図15　症例2，術中所見

a：ヘルニア物質摘出前。椎間板物質が脊髄の腹外側部にみられ，脊髄は浮腫状に観察される。b：ヘルニア物質摘出後。

考察

症例2のように石灰化したヘルニア物質はCT画像において X 不透過性陰影として描出され，脊髄造影検査なしで診断が可能である[38]。しかし，症例1では，脱出したヘルニア物質が脊髄と同程度の X 線陰影のため，非造影での CT 検査では描出できなかった。この場合，脊髄造影検査もしくは MRI 検査が必要となる。浮腫が強い場合，脊髄造影検査では造影剤の充填欠損として描出され，脊柱管内における脱出したヘルニア物質の位置を描出できない。そのため，脊髄造影後に CT 検査を併用することによって明瞭に描出することができ，より確実なヘルニアの位置診断が可能となる。

おわりに

1952年[15]に Hansen が犬の椎間板ヘルニアには2つの型があることを報告して以来 60 年が経とうとしている。その間の初期には，この病気は診断や治療が困難な病気として臨床獣医師は長い期間，手を付けられないものとして扱ってきたように思われる。このような背景の中，我々は過去 30 年余り日常多く遭遇する脊髄疾患の研究を続けてきたが，X 線写真読影法の進歩，脊髄造影のための安全性の高い造影剤の開発，手術中脊髄超音波検査法，CT，MRI 装置の出現などによって，現在では診断，治療が十分可能な病態として対処することができるようになった。中でも脊髄造影のための造影剤は，水溶性陽性造影剤が開発されて副作用が劇的に減り，加速度的に臨床応用の報告が増加したうえ，疫学や病態生理の理解，診断法，手術法の開発がなされてきた。

将来的には，CT，MRI 装置の改良がさらに加えられていくであろうし，椎間板ヘルニア関連遺伝子の研究や手術を含む治療法の開発が進むものと期待される。

［田中　宏・中山正成］

■参考文献

1) Ball MU, McGuire JA, Swaim SF, Hoerlein BF. Patterns of occurrence of disk disease among registered dachshunds. *J Am Vet Med Assoc.* 180(5): 519-522, 1982.

2) Bartels KE, Higbee RG, Bahr RJ, et al. Outcome of and complications associated with prophylactic percutaneous laser disk ablation in dogs with thoracolumbar disk disease: 277 cases(1992-2001). *J Am Vet Med Assoc.* 222(12): 1733-1739, 2003.

3) Besalti O, Pekcan Z, Sirin YS, Erbas G. Magnetic resonance imaging findings in dogs with thoracolumbar intervertebral disk disease: 69 cases(1997-2005). *J Am Vet Med Assoc.* 228(6): 902-908, 2006.

4) Bracken MB, Shepard MJ, Collins WF, et al. Methylprednisolone or naloxone treatment after acute spinal-cord injury: 1-year follow-up date. Results of the second National Acute Spinal Cold Injuri Study. *J Neurosurg.* 76(1): 23-31, 1992.

5) Bray JP, Burbidge HM. The canine intervertebral disk: part one: structure and function. *J Am Anim Hosp Assoc.* 34(1): 55-63, 1998.

6) Brisson BA, Moffatt SL, Swayne SL, Parent JM. Recurrence of thoracolumbar intervertebral disk extrusion in chondrodystrophic dogs after surgical decompression with or without prophylactic fenestration: 265 cases(1995-1999). *J Am Vet Med Assoc.* 224(11): 1808-1814, 2004.

7) Bockstahler B, Levine D, Millis DL. Essential facts of physiotherapy in dogs and cats: rehabilitation and pain management. BE Vet. Babenhausen. DE. 2004.

8) Cauzinlle L. Fibrocartilaginous embolism in dogs. *Vet Clin North Am Small Anim Pract.* 30(1): 155-167, 2000.

9) Culbert LA, Marino DJ, Baule RM, Knox VW 3rd. Complications associated with high-dose prednisolone sodium succinate therapy in dogs with neurological injury. *J Am Anim Hosp Assoc.* 34(2): 129-134, 1998.

10) Davis GJ, Brown DC. Prognostic indicators for time to ambulation after surgical decompression in nonambulatory dogs with acute thoracolumbar disk extrusions: 112 cases. *Vet Surg.* 31(6): 513-518, 2002.

11) Duval J, Dewey C, Roberts R, Aron D. Spinal cord swelling as a myelographic indicator of prognosis: a retrospective study in dogs with intervertebral disc disease and loss of deep pain perception. *Vet Surg.* 25(1): 6-12, 1996.

12) Ferreira AJ, Correia JH, Jaggy A. Thoracolumbar disc disease in 71 paraplegic dogs: influence of rate of onset and duration of clinical signs on treatment results. *J Small Anim Pract.* 43(4): 158-163, 2002.

13) Gibbons SE, Macias C, De Stefani A, et al. The value of oblique versus ventrodorsal myelographic views for lesion lateralisation in canine thoracolumbar disc disease. *J Small Anim Pract.* 47(11): 658-662, 2006.

14) Griffin JF 4th, Levine J, Kerwin S, Cole R. Canine thoracolumbar intervertebral disk disease: diagnosis, Prognosis, and treatmnet. *Conpend Contin Educ Vet.* 31(3): E1-E14, 2009.

15) Hansen HJ. A pathologic-anatomical study on disk degeneration in the dog, with special reference to the so-called enchondrosis intervertebralis. *Acta Orthop Scand Suppl.* 11: 1-117, 1952.

16) Henke D, Gorgas D, Flegel T, et al. Magnetic resonance imaging findings in dogs with traumatic intervertebral disk extrusion with or without spinal cord compression: 31 cases(2006-2010). *J Am Vet Med Assoc.* 242(2): 217-222, 2013.

17) Hiroshi T, Rika N, Masahiko K, Masanari N. Intervertebral disk disease in a cat. 獣医麻酔外科学雑誌. 第34巻. 第1号：1-5, 2003.

18) Israel SK, Levine JM, Kerwin SC, et al. The relative sensitivity of computed tomography and myelography for identification of thoracolumbar intervertebral disk herniations in dogs. *Vet Radiol Ultrasound.* 50(3): 247-252, 2009.

19) Jeffery ND, Levine JM, Olby NJ, Stein VM. Intervertebral Disk Degeneration in Dogs: Consequences, Diagnosis, Treatment, and Future Directions. *J Vet Intern Med.* 27: 1318-1333, 2013.

20) Jerrum RN, Hart RC, Schulz KS. Postoperative management of the canine spinal surgery patient-Part 1. *Conpend Contin Educ Vet.* 19(2): 147-161, 1997.

21) Jhon FG IV, Jonathan ML, Sharon CK. Canine thoracolumbar intervertebral disk disease: Pathophysiolosy, neurologic examination, and emergency medical therapy. *Conpend Contin Educ Vet.* 31: E1-E13, 2009.

22) Munana KR, Olby NJ, Sharp NJ, et al. Intervertebral disk disease in 10 cats. *J Am Anim Hosp Assoc.* 37(4): 384-389, 2001.

23) Kirberger RM. Recent developments in canine lumbar myelography. *Conpend Contin Educ Vet.* 16(7): 847-854, 1994.

24) Kirberger RM, Roos CJ, Lubbe AM. The radiological diagnosis of thoracolumbar disc disease in the dachshund. *Vet Radiol Ultrasound.* 33(5): 255-261, 1992.

25) Kube SA, Olby NJ. Managing acute spinal cord injuries. *Compend Contin Educ Vet.* 30(9): 496-504, 2008.

26) Lamb CR, Nicholls A, Targett M, Mannion P. Accuracy of survey radiographic diagnosis of intervertebral disc protrusion in dogs. *Vet Radiol Ultrasound.* 43(3): 222-228, 2002.

27) Levine JM, Levine GJ, Kerwin SC, et al. Association between various physical factors and acute thoracolumbar intervertebral disk extrusion or protrusion in Dachshunds. *J Am Vet Med Assoc.* 229(3): 370-375, 2006.

28) Loughin CA, Dewey CW, Ringwood PB, et al. Effect of durotomy on functional outcome of dogs with type I thoracolumbar disc extrusion and absent deep pain perception. *Vet Comp Orthop Traumatol.* 18(3): 141-146, 2005.

29) Lu D, Lamb CR, Targett MP. Results of myelography in seven dogs with myelomalacia. *Vet Radiol Ultrasound.* 43(4): 326-330, 2002.

30) Mayhew PD, McLear RC, Ziemer LS, et al. Risk factors for recurrence of clinical signs associated with thoracolumbar intervertebral disk herniation in dogs: 229 cases(1994-2000). *J Am Vet Med Assoc.* 225(8): 231-1236, 2004.

31) McConnell JF, Garosi LS. Intramedullary intervertebral disk extrusion in a cat. *Vet Radiol Ultrasound.* 45(4): 327-330, 2004.

32) Miyabayashi T, Lord PF, Dubielzig RR, et al. Chemonucleolysis with collagenase. A radiographic and pathologic study in dogs. *Vet Surg.* 21(3): 189-194, 1992.

33) Moissonnier P, Meheust P, Carozzo C. Thorcolumbar lateral corpectomy for treatment of chronic disk herniation: technique Description and use in 15 dogs. *Vet Surg.* 33(6): 620-628, 2004.

34) Morgan JP, Atilola M. Baily CS. Vertebral canal and spinal cord mensuration: a comparative study of its effect on lumbosacral myelography in the dachshund and German shepherd dog. *J Am Vet Med Assoc.* 191(8): 951-957, 1997.

35) Muir P, Johnson KA, Manley PA, Dueland RT. Comparison of hemilaminectomy and dorsal laminectomy for thoracolumbar intervertebral disc extrusion in dachshunds. *J Small Anim Pract.* 36(8): 360-367, 1995.

36) Olby NJ, Dyce J, Houlton JEF. Correlation of plain radiographic and lumbar myelographic findings with surgical findings in thoracolumbar disk disease. *J Small Anim Pract.* 35(7): 345-350, 1994.

37) Olby NJ, Levine J, Harris T, et al. Long-term functional outcome of dogs with severe injuries of the thoracolumbar spinal cord: 87cases(1996-2001). *J Am Vet Med Assoc.* 222(6): 762-769, 2003.

38) Olby NJ, Muñana KR, Sharp NJ, Thrall DE. The computed tomographic appearance of acute thoracolumbar intervertebral disc herniations in dogs. *Vet Radiol Ultrasound.* 41(5): 396-402, 2000.

39) Platt SR, McConnell JF, Bestbier M. Magnetic resonance imaging characteristics of ascending hemorrhagic myelomalacia in a dog. *Vet Radiol Ultrasound.* 47(1): 78-82, 2006.

40) Ruddle TL, Allen DA, Schertel ER, et al. Outcome and prognostic factors in non-ambulatory Hansen Type I intervertebral disc extrusions: 308 cases. *Vet Comp Orthop Traumatol.* 19(1): 29-34, 2006.

41) Sanders SG, Bagley RS, Gavin PR. Intramedullary spinal cord damage associated with intervertebral disk material in a dog. *J Am Vet Med Assoc.* 221(11): 1594-1596, 2002.

42) Schulz KS, Walker M, Moon M, et al. Correlation of clinical, radiographic, and surgical localization of intervertebral disc extrusion in small-breed dogs: A prospective study of 50 cases. *Vet Surg.* 27(2): 105-111, 1998.

43) Seim HB. Surgery of the thoracolumbar spine. In：Fossum TW(ed): Small animal surgery, 2nd ed. Mosby. St. Louis. US. 2002, pp1269-1301.

44) Shimizu J, Yamada K, Mochida K, et al. Comparison of the diagnosis of intervertebral disc herniation in dogs by CT before and after contrast enhancement of the subarachnoid space. *Vet Rec.* 15; 165(7): 200-202, 2009.

45) Simon RP, Carley JA, Laurent SG. Administering corticosteroids in neurologic disease. *Conpend Contin Educ Vet.* 27(3): 210-228, 2005

46) Simpton ST. Intervertebral disc disease. *Vet Clin North Am Small Anim Pract.* 22: 889-897, 1992.

47) Smith JD, Newell SM, Budsberg SC, Bennett RA. Incidence of contralateral versus ipsilateral neurological signs associated with lateralized Hansen type 1 disc extrusion. *J Small Anim Pract.* 38(11): 495-497, 1997.

48) Taeymans O, Saunders JH, van Bree H. Radiology corner--canine myelography. *Vet Radiol Ultrasound*. 43(6): 550-551, 2002.

49) Takahashi T, Nakayama M, Chimura S, et al. Treatment of canine intervertebral disc displacement with chondroitinase ABC. *Spine(Phila Pa 1976)*. 22(13): 1435-1439, 1997.

50) Tanaka H, Nakayama M, Takase K. Usefulness of myelography with multiple views in diagnosis of circumferential location of disc material in dogs with thoracolumber intervertebral disc herniation. *J Vet Med Sci*. 66(7): 827-833, 2004.

51) Widmer WR, Blevins WE. Veterinary myelography: a review of contrast media, adverse effects, and technique. *J Am Anim Hosp Assoc*. 27: 163-177, 1991.

52) 金井浩雄. 犬の椎間板ヘルニアに対するレーザー治療の現況. 日本獣医師会雑誌. 64(6): 427-430. 2011.

53) 徳力幹彦. 犬と猫の神経疾患. 獣医畜産新報. 45(1): 32-36.

54) 中村實. 診療画像検査法. 最新・X線CTの実践. 医療科学社. 2006, p251.

55) 西田英高, 田中宏, 北村雅彦, 栗山麻奈美, 林聡恵, 越智すなお, 大橋美里, 中山正成. 犬の胸腰部椎間板ヘルニアにおけるコハク酸メチルプレドニゾロンの効果. 近畿地区三学会抄録. 2009.

D

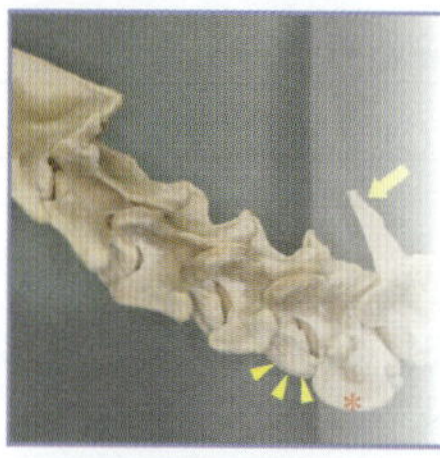

26. ウォブラー症候群

はじめに

ウォブラー症候群 wobbler syndrome はドーベルマン，グレート・デーンなどの大型犬に好発する脊椎の形成異常に起因した脊髄損傷性疾患の総称である。本症候群では多様な病態を伴うため，頚椎不安定性・形成異常症候群 cervical vertebral instability-malformation syndrome，頚部脊椎症 cervical spondylopathy，尾側頚部脊椎脊髄症 caudal cervical spondylomyelopathy (CCSM)，尾側頚椎形成・関節異常 caudal cervical malformation-malarticulation，頚椎不安定症 cervical vertebral instability，そして頚椎すべり症 cervical spondylolisthesis と様々な呼び方が存在する[15, 19]。いずれの病態も，脊柱管の狭窄により頚部脊髄が圧迫性障害を受けることが特徴的である[24]。

動物はおよそ 36 個の**脊髄分節**より構成され，頚部脊椎には 8 つの脊髄分節が存在する[2]。この領域の椎間部では，第 1 頚椎－第 2 頚椎間（C1-C2 椎骨間）は特徴的な滑膜性可動性関節構造を備えているが，C2-C3 椎骨から C7 頚椎－第1 胸椎（T1 椎骨）までの各椎間部は背側に 1 対の関節突起関節，そして腹側に椎間板結合を備えている[2]。C1 ～ C6 椎骨では椎骨動脈の走行する横突孔を備えており，C6 椎骨は横突起が外腹側に突出している。C7 椎骨は頚椎の中で最も高い棘突起をもち，かつ横突孔を欠く（図 1，図 2）[9, 10]。C2 椎骨の特徴的な背側棘突起と C6 椎骨の横突起は解剖学上ならびに画像診断上のランドマークとして用いられる[2]。

本疾患に関係する頚部領域の構造物としては，背側椎弓板，椎弓根，関節突起，黄色靭帯，椎体，そして椎間板などがある。また C2 椎骨の棘突起尾側から起始し，T1 椎骨の棘突起に終始する**項靭帯**は，頭を持ち上げる際に頭部の重量を支え，頭頚部の筋の負担を軽減させる構造物である（図 3）[8, 14]。項靭帯は頭部が比較的重い犬には存在するものの猫には存在せず，また犬と同様にウォブラー症候群の発生が知られている馬にも存在する[14]。頚椎の椎間関節は他の部位の椎骨よりも関節面ならびに関節包が大きく，屈曲・伸展・側屈・回旋方向へ大きな可動性を有している[8, 12, 14]。

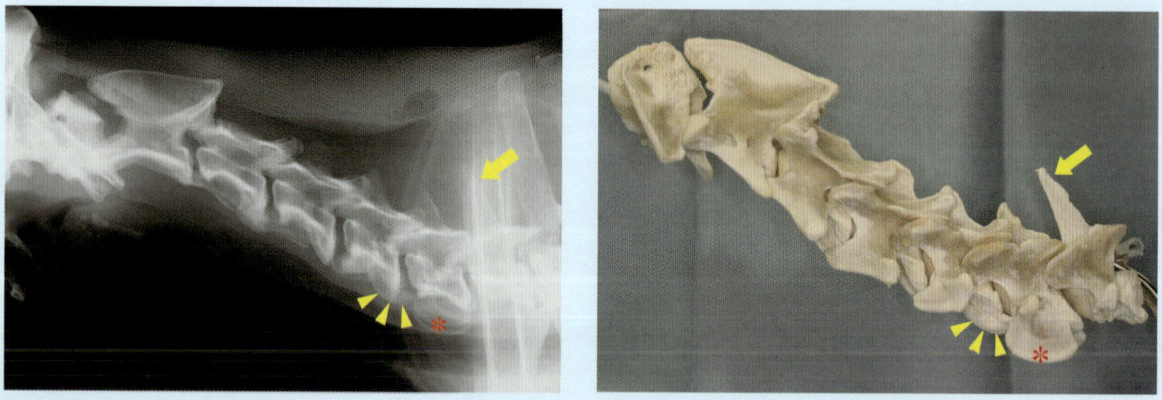

図 1　犬の頚椎

C3 ～ C5 椎骨まではほぼ同様の形態であるが，C6 椎骨は横突起（＊）が外腹側に突出しており，C7 椎骨は頚椎の中で最も高い棘突起（矢印）を備えている。これらの特徴は画像診断，または外科手術時における重要なランドマークとなる。また，この症例では C5-C6 椎骨の腹側に，変形性脊椎症に伴う骨棘形成症（矢頭）が存在する。症例は，ラブラドール・レトリーバー，11 歳，雌。

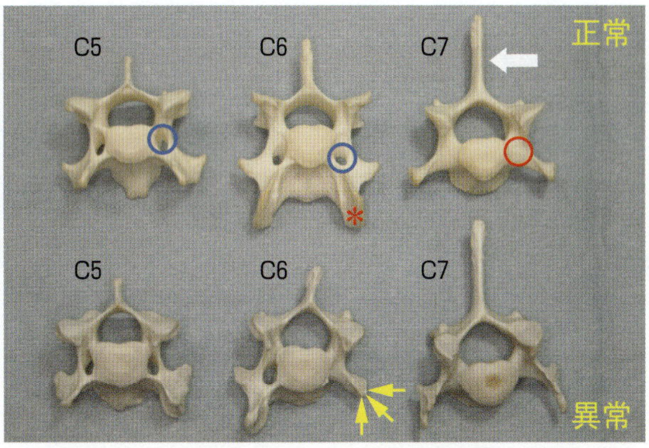

図2 C5～C7椎骨の頭側観

C6椎骨は横突起（＊）が外腹側にせり出しているのが特徴である。C7椎骨は高い棘突起（白矢印）をもち，横突孔（○）を欠いている。なお，C6より前方では横突孔がある（○）。

下段の個体ではC6椎骨の横突起に奇形（黄矢印）が存在する。このような症例では，画像診断および手術時にC6椎骨をランドマークとして利用する場合，十分注意する必要がある。症例はビーグルの成犬。

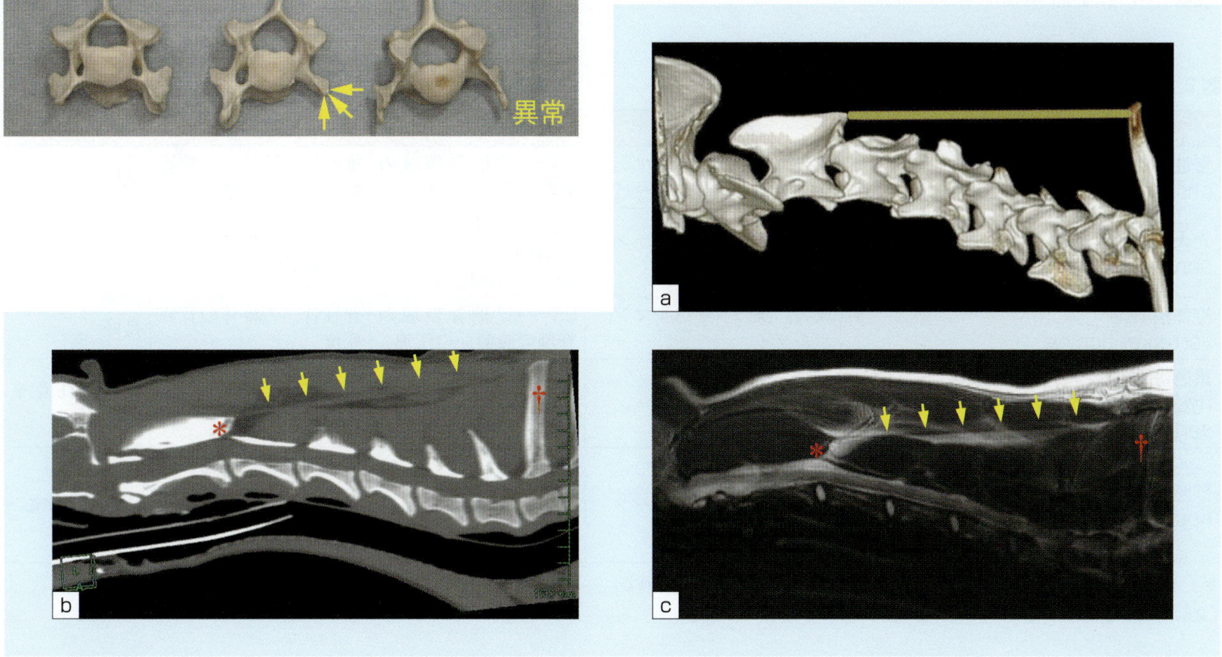

図3 犬の項靭帯

a：3D-CT外側観，b：CT正中矢状断像，c：MRI T2強調（T2W）画像正中矢状断像。

aに項靭帯の走行を示した。b，cにはC2椎骨の棘突起尾側（＊）から起始しT1椎骨の棘突起（†）に終始する項靭帯（矢印）が画像上に認められる。この構造物は頭を持ち上げる際に頭部の重量を支え，頭頚部の筋の負担を軽減させる機能がある。症例はボルゾイ，4歳2カ月齢，雌，29.0 kg。

病態生理と疫学

1．分類

ウォブラー症候群は，前述のように大型犬または超大型犬で認められ，発生原因は栄養，外傷，遺伝的，後天的なものが示唆されているが，現時点では未解明のままである[20, 22]。ドーベルマン，グレート・デーンでは遺伝的因子が疑われている[22]。ウォブラー症候群の病態生理はいまだ不明な点が多いが，臨床的には病態の種類に基づいて2つ（表1）[1, 4, 6, 7, 17]または5つ（表2）[19, 20]に分類される。また，本疾患に認められる脊髄圧迫は**静的病変** static lesionまたは**動的病変** dynamic lesionに分類される。静的病変は頚椎の屈曲・伸展・牽引に伴い脊髄圧迫の程度は変化せず，一方，動的病変では頚部の操作に伴い脊髄圧迫の程度が悪化または解除される[2, 16, 19]。

前述の2つの臨床病態の中の1つはグレート・デーンでよく知られており（表1），背側の椎骨（椎弓）形態異常による脊髄圧迫は一般的に静的病変である[17]。他の犬種としてはマスティフ，セント・バーナード，バセット・ハウンドでも同様の病態の発生が知られており，いずれの犬種でも若齢で認められることは特徴の1つである。臨床症状は生後数カ月から認められ，一般的に1歳以前で発症する[6]。このような超大型の若齢犬では背側の関節突起関節そして椎弓根が変形しており，二次的に関節包と支持靭帯の肥厚が認められる[1]。この関節面の形態異常は先天的な形成異常，または重い頭を支えきれないことによって続発する二次的な障害と考えられている[1]。この疾患は，ときとして頚部狭窄性脊髄症 cervical stenotic myelopathy とも呼ばれ，その発生は比較的まれである[7]。この疾患が動的病変を呈する場合，頚部の屈曲により圧迫が悪化する傾向にある[15]。

もう1つの臨床病態としては，前述の病態とは対照的に中高齢のドーベルマンで発生し，腹側からの動的圧迫によるものが最も一般的であり[1]，背側の軟部組

表1　ウォブラー症候群の2分類

分類	年齢・犬種	障害部位	圧迫原因
椎骨の不安定性 椎骨の形成異常	中～高齢(3～9歳)のドーベルマン	尾側頚椎の腹側からの圧迫	靭帯の肥厚 椎間板線維輪の突出 動的圧迫
先天的な関節面の形成異常	若齢(2歳以下)のグレート・デーン，マスティフ，セント・バーナード，バセット・ハウンド	背側関節面の病的変化ならびに変性肥厚した組織による背側および腹側からの圧迫	関節包と支持靭帯の二次的肥大 静的圧迫

(文献1，6，17を元に作成)

表2　ウォブラー症候群の5分類

分類	年齢・犬種	障害部位	圧迫原因	一般的な予後*
慢性変性性椎間板疾患 chronic degenerative disc disease	成犬，雄のドーベルマン，ラブラドール・レトリーバー	C5～C7椎骨領域の脊髄の腹側面の圧迫	椎間板変性そして線維輪の二次的肥厚	良好
先天性骨形成異常 congenital osseous malformation	若齢のグレート・デーン，ドーベルマン	C3～C7椎骨領域の腹背方向または側方からの脊髄圧迫	関節突起と椎体の先天的形成異常	不良
椎体傾斜症 vertebral tipping	成犬，雄のドーベルマン，ボルゾイ	C5～C7椎骨領域の脊髄の腹側面の圧迫	脊柱管への椎体の背側変位	良好
黄色靭帯肥厚・椎弓の形成異常 hypertrophied ligamentum flavum・vertebral arch malformation	若齢のグレート・デーン	C4～C7椎骨領域の脊髄の背側面の圧迫	黄色靭帯の肥厚ならびに過形成，椎弓の形成異常	良好～注意を要する
砂時計様圧迫 hourglass compression	若齢のグレート・デーン	C2～C7椎骨領域における脊髄の全周性の圧迫	黄色靭帯と線維輪の肥厚・突出，関節突起関節の形成異常または変性性椎間板疾患	注意を要する

＊：予後は神経の損傷程度および侵されている領域の数により影響される。
(文献6，20を元に作成)

織(黄色靭帯)肥厚も起こり得る。この場合，背側からの圧迫は関節包および黄色靭帯の肥厚に起因し，腹側からの圧迫は背側縦靭帯の肥厚と線維輪の突出に起因する(Hansen Ⅱ型椎間板ヘルニア)[15, 17]。発症部位としてはC5-C6椎骨間，C6-C7椎骨間が最も一般的であり[7]，さらにC6-C7椎骨間の方がより一般的である[15]。大型犬，超大型犬では約20%で複数カ所に病変が存在する[15, 16]。

このような軟部組織の肥厚が起こる原因は，いまだ完全には解明されていないものの，頚部にかかる大きな力が頚部の不安定性を引き起こし，椎間板や頚椎間の関節構造を傷害していると考えられる[1]。軟部組織による脊髄圧迫は動的病変であることが多く，骨性構造物が関わる動的病変の場合とは対照的に，頚部の伸展により圧迫が悪化し，頚部の屈曲により圧迫が解除される[15]。

ウォブラー症候群を脊柱管の圧迫領域の性質，部位によって5つの病態に分類する方法(表2)を，Seimが提唱している。この分類方法では慢性変性性椎間板疾患 chronic degenerative disc disease，先天性骨形成異常 congenital osseous malformation，椎体傾斜症 vertebral tipping，黄色靭帯肥厚・椎弓形成異常 hypertrophied ligamentum flavum・vertebral arch malformation，砂時計様圧迫 hourglass compression の5つに分類されている[19, 20]。

2. 好発犬種

ウォブラー症候群のおよそ60～80%がドーベルマンとグレート・デーンであり[3, 5]，慢性変性性椎間板疾患の雌雄比は雄：雌＝2：1である[19]。国内で認められるその他の好発犬種としては，バーニーズ・マウンテン・ドッグ，ボルゾイ，セント・バーナードなどが挙げられる。

臨床症状

最も一般的な初期の臨床症状は歩行障害である[22]。ウォブラー症候群に罹患した犬は，一般的に数カ月～数年にわたる協調運動障害(測定障害)を示し，症状は緩徐に進行するが，ときとして，急性または些細な外傷により発生または悪化する[7, 15, 16, 19, 20]。四肢ともに影響を受けるが，多くの場合，初期の症状は後肢からはじまり[7, 19]，後肢の開脚，そして歩行中の歩幅の増大(測定過大)または歩行時の爪の引きずり，ナックリ

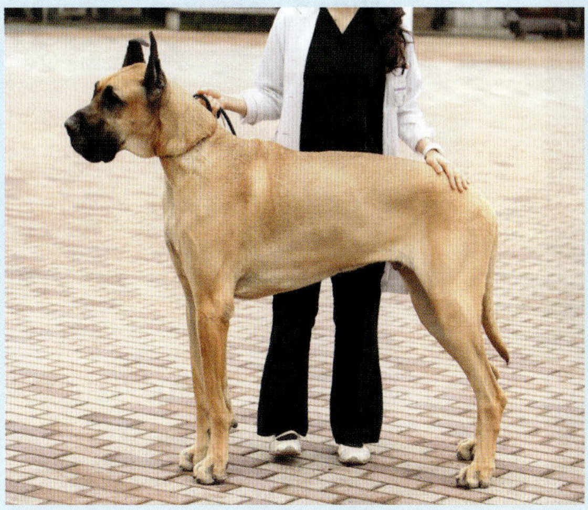

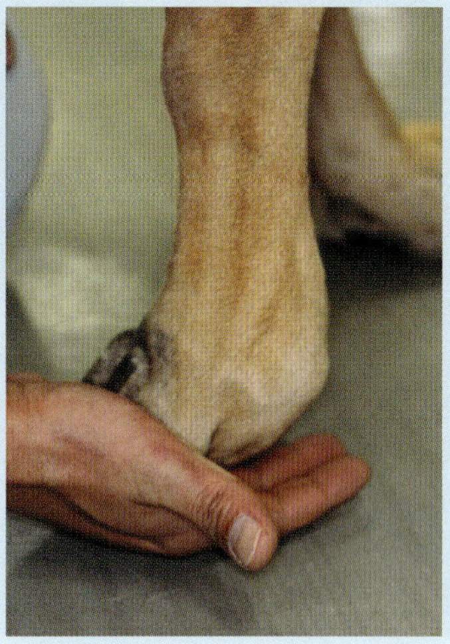

図4　固有位置感覚の評価

ウォブラー症候群の初期においては，四肢の随意運動に障害が認められない場合でも，四肢（特に後肢）の固有位置感覚の低下が認められることが多い。大型犬で固有位置感覚を評価する場合は，後肢の負重に伴う疼痛刺激による反応が生じないように，ナックリングさせた足の背側面が固い床に直接接触しないように注意して評価する。写真はグレート・デーン，3歳，避妊雌，66.1 kg。

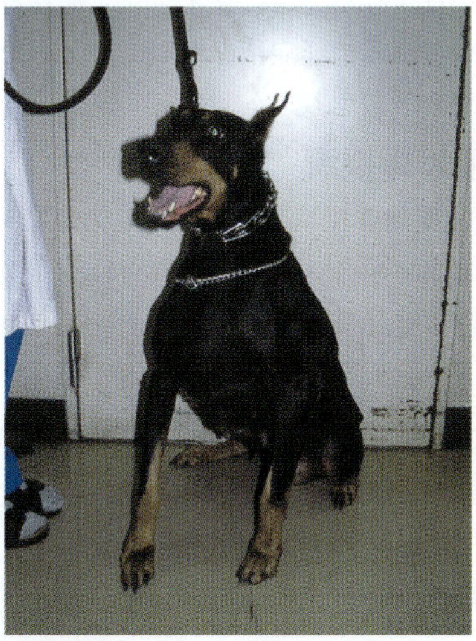

図5　前肢の異常姿勢

C5-C6 椎骨間の脊髄圧迫病変を伴うウォブラー症候群の犬（ドーベルマン，6歳，雌，31.5 kg）で認められた，肘関節の外旋と前肢端部の内旋（toe-in）。

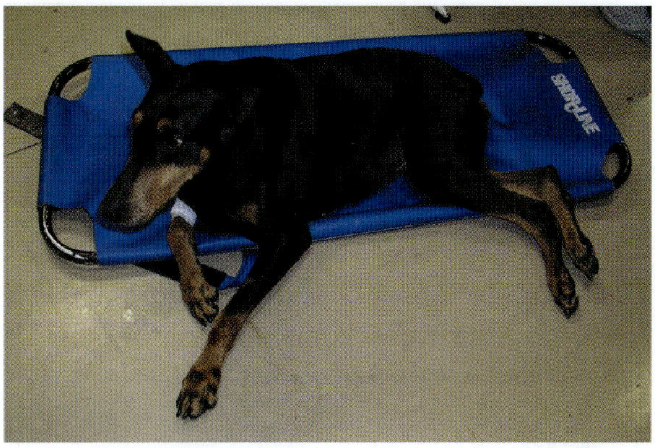

図6　四肢麻痺に至った症例

8カ月前からの後肢の測定過大，不全麻痺，そして前肢の不全麻痺の発現と進行性の脊髄障害を伴って来院した，ウォブラー症候群罹患犬（ドーベルマン，8歳，避妊雌，33.0 kg）。

ングなどが特徴的である（図4）[1, 15, 20]。これは，尾側頸髄においては，後肢の末梢神経に投射される脊髄路（毛体路，脊髄小脳路など）が脊髄断面においてその表層を走行していること，脊髄内で後肢へ投射する神経が少ないことなどが起因すると考えられている[1]。

症状の初期段階では前肢の歩行異常がはっきりしないこともあるが，歩幅が短縮した木馬様の硬直性の歩様（測定過小）が認められることがある[4, 7, 16]。また，前肢では肘関節の外旋，および前肢端部の内旋を伴うtoe-in と呼ばれる異常姿勢を呈することがある（図5）[7]。前肢の症状は頸部を伸展した状態での手押し車反応，跳び直り反応を行うことにより，顕著となることがある[15]。後肢にはじまる神経学的異常は，その後，徐々に進行し，最終的には前肢の不全麻痺，四肢での起立困難を経て，四肢麻痺に至る（図6）。

頸部疼痛は必ずしも認められるわけではなく[17]，罹患症例の40％が頸部痛の症状を呈する[19, 20]。多くの罹患犬は頸部を屈曲し，頭部を下垂しており（図7，動画），この姿勢を呈している犬では，この姿勢により圧迫が軽減されることを示唆している[22]。ときとして，前肢を牽引することによって疼痛が誘発される，いわゆる神経根徴候が認められる[4, 22]。神経根の圧迫は前肢跛行，両側性の肩部筋萎縮および著しい頸部疼痛を呈する要因となる[15, 22]。

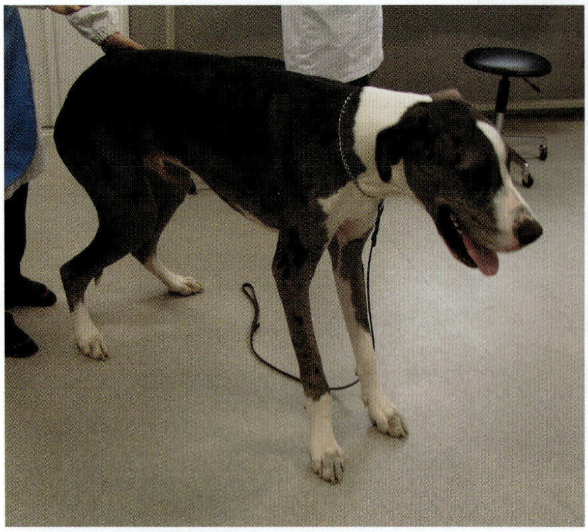

図7　頭部を下垂した姿勢

グレート・デーン，1歳9カ月齢，去勢雄，61.9 kg。ウォブラー症候群に罹患した犬では，頭部を下垂した姿勢をとることがある。

Video Lectures　罹患犬の様子

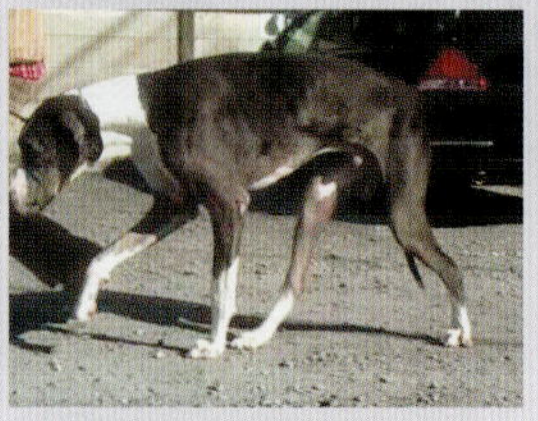

動画　ウォブラー症候群に罹患した犬

頭部の下垂ならびに後肢の測定過大ぎみの歩様が認められる。図7と同じ罹患犬の歩行時の様子。

診断

ウォブラー症候群の画像診断は，単純X線検査，脊髄造影検査，コンピュータ断層撮影(CT)検査，磁気共鳴画像(MRI)検査を組み合わせて行われる。脊椎の骨格形態に異常がある場合，または関節突起の著しい変形などが存在する場合は，単純X線検査のみで診断が可能な場合もあるものの，全ての症例で脊髄造影検査(CTを含む)，あるいはMRI検査が有用となる。

1．触診

ウォブラー症候群に罹患している症例に対する触診では，椎体腹側面を背側方向へ指で圧迫することにより不快感が誘発されることがある[7]。頚椎の伸展は，ときとして脊髄の圧迫を増大させ，症状を悪化させる危険性があるため，頚部の操作は慎重に行うべきである[19, 20]。また，慢性経過をたどった症例では，棘上筋，棘下筋の萎縮および肘関節の屈曲制限が認められる[15, 19, 20]。

2．神経学的検査

神経学的異常は，C1～C5脊髄分節またはC6～T2脊髄分節の領域に限定される。後肢の神経学的異常には，固有位置感覚の低下，膝蓋腱(四頭筋)反射など脊髄反射の亢進，および引っこめ反射評価時の交叉伸展反射などが含まれる[15, 20]。ウォブラー症候群に罹患した犬で認められる神経症状を表3にまとめた。

3．単純X線検査

探査的X線検査では，椎間板腔の狭小化，隣接した椎体の異常なアライメント(椎体傾斜症など)，変形性脊椎症に伴う骨棘形成，関節突起関節の変形性関節症などの所見が明らかとなる(図8)[4, 13, 15]。しかしながら，単純X線検査では脊髄の圧迫部位を正確に特定することは難しく[15]，ウォブラー症候群の確定診断とはならない[8]。探査的X線検査は，他の疾患(骨折・脱臼，骨融解性／骨形成性の脊椎腫瘍，椎間板脊椎炎など)との鑑別診断を目的として行う[15]。

表3　ウォブラー症候群で認められる主な神経学的異常所見

頚部	前肢	後肢
・頚部疼痛 ・頭部の下垂姿勢 ・頚部知覚過敏 ・第6頚椎横突起の触診時の疼痛	・歩幅短縮(測定過小) ・肘の外旋と指の内旋(toe-in) ・片側または両側性の肩部筋萎縮 ・神経根徴候(前肢の牽引時疼痛) ・固有位置感覚の低下 ・前肢帯筋の緊張→肘関節の屈曲制限	・歩幅増大(測定過大) ・開脚肢勢 ・運動失調(後肢でより強い) ・固有位置感覚の低下(後肢でより強い) ・脊髄反射の亢進 ・引っこめ反射検査時の交叉伸展現象(慢性症例)
	・測定障害 ・木馬様歩行 ・後肢の歩行不能な不全麻痺 ・前肢の不全麻痺の続発(四肢不全麻痺) ・起立困難 ・四肢麻痺	

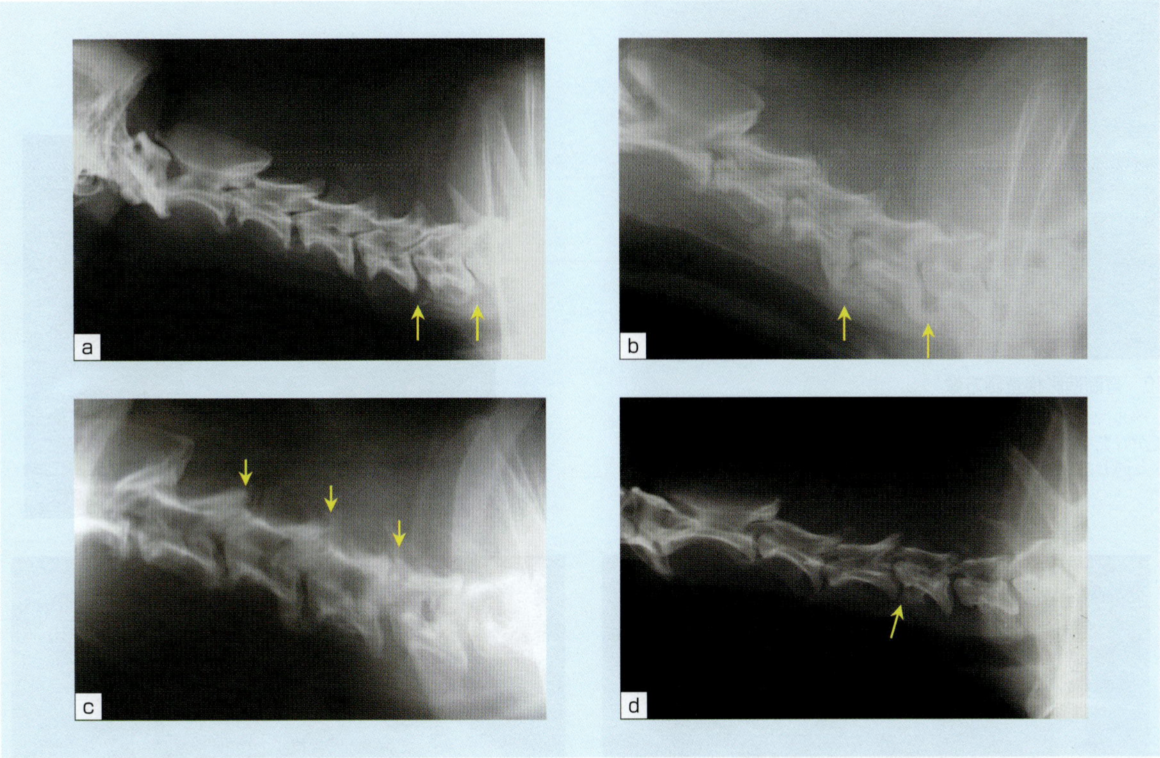

図 8　単純 X 線所見

a：ラブラドール・レトリーバー，13 歳，去勢雄。C5-C6 椎体間そして C6-C7 椎体間に椎間板腔の狭小化（矢印）が認められる。
b：ラブラドール・レトリーバー，15 歳，雄。進行性の後肢の起立不能を主訴として来院。C4-C5 椎体間と C5-C6 椎体間に変形性脊椎症に伴う骨棘形成（矢印）が認められる。
c：セント・バーナード，7 歳 5 カ月齢，雄（図 12 と同じ症例）。C3-C4 椎骨間，C4-C5 椎骨間，そして C5-C6 椎骨間の関節突起関節に変形性関節症（矢印）が認められる。また C3～C6 椎体の腹側部に変形性脊椎症に伴う骨棘形成が認められる。
d：ボルゾイ。C5 椎体の椎体傾斜症。

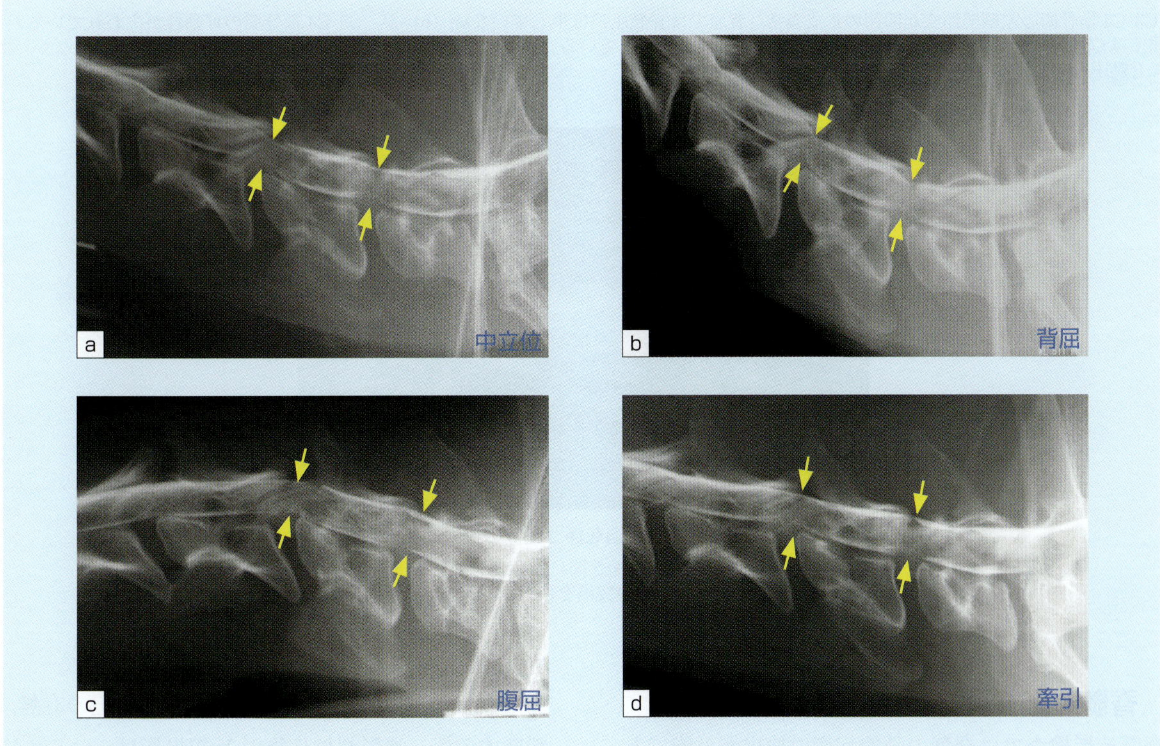

図 9　脊髄造影検査所見

ウォブラー症候群が疑われる症例では，中立位（a）以外に，背屈・腹屈・牽引と 3 方向のストレス撮影を行う。中立位（a）で若干認められる C5-C6 椎骨間, C6-C7 椎骨間の脊髄絞扼（矢印）は, 背屈（b）により顕著となっている。この絞扼は, 腹屈（c）および牽引（d）により軽減されている。この症例（ドーベルマン，6 歳 2 カ月齢，雄）のように軟部組織による動的病変の場合は，腹屈位ではなく，背屈位で脊髄圧迫が生じる。

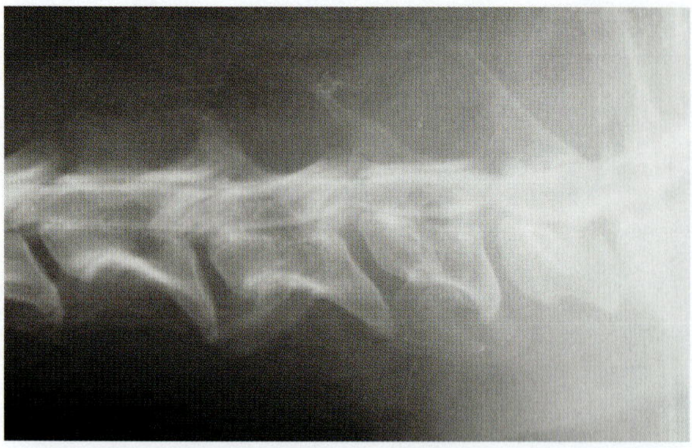

図 10　脊髄造影検査側方像

ドーベルマンでは，C5-C6 椎骨間，C6-C7 椎骨間の 2 カ所の動的病変が好発する。
図 6 と同じ症例（ドーベルマン，8 歳，避妊雌，33.0 kg）。

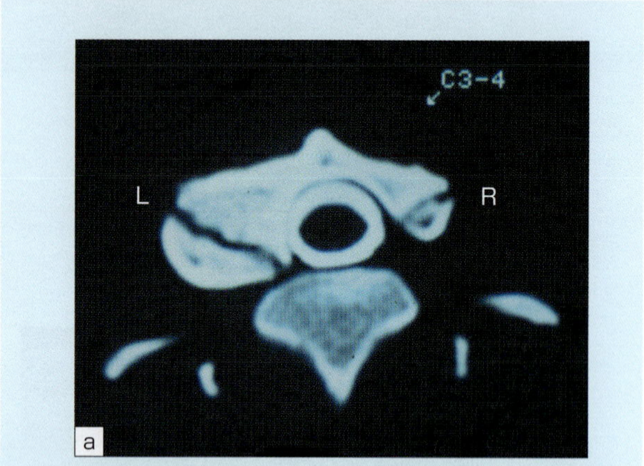

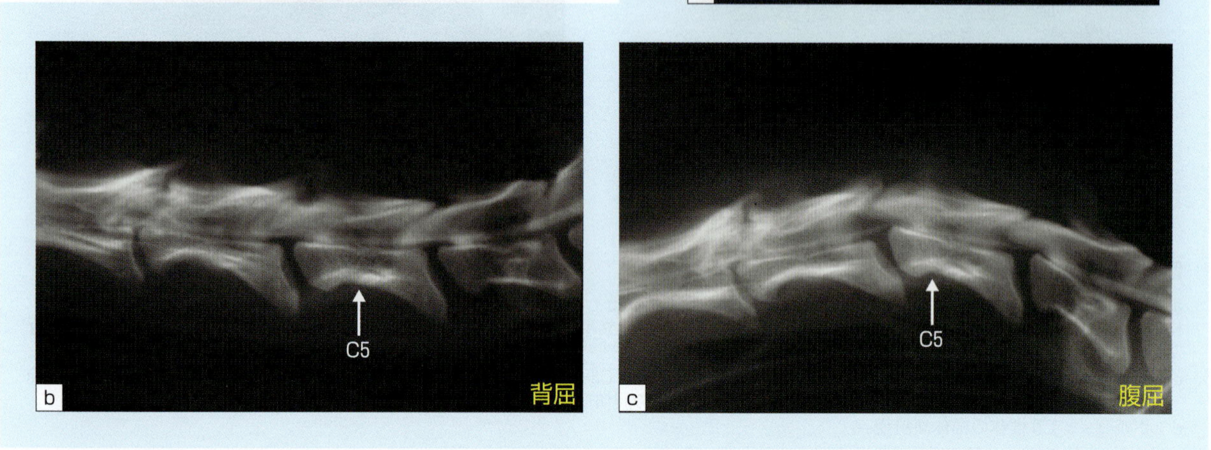

図 11　脊髄造影検査所見

a：C3-C4 椎骨間の左側関節突起関節の形成異常。背屈では脊髄圧迫は生じていない（b）が，C3-C4 椎骨間の可動性が失われているため，腹屈では C5 椎体頭側部が著しく背側に突出し（c），脊髄を圧迫している。このように硬部組織による動的病変では，背屈位ではなく，腹屈位で脊髄圧迫が生じる。症例はボルゾイ，7 歳，雄。

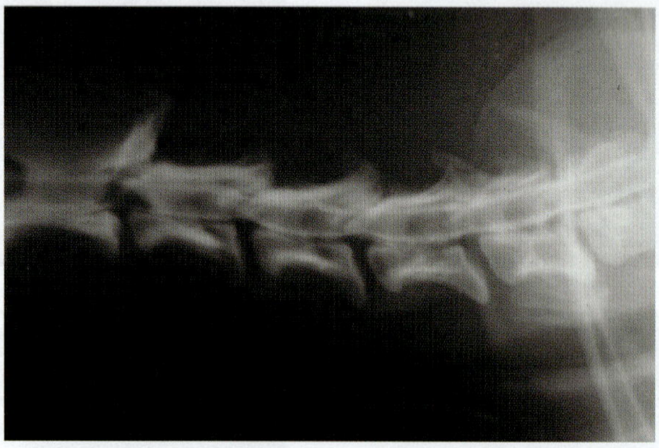

図 12　多発性の砂時計様圧迫を伴う症例の脊髄造影検査側方像

C3-C4 椎骨間そして C4-C5 椎骨間に，背側の黄色靭帯の肥厚と，そして腹側の椎間板線維輪の突出を伴い，絞扼性の脊髄圧迫が認められるボクサーの症例。

4．脊髄造影検査

脊髄造影検査では脊髄の動的病変の検出が可能であり，ウォブラー症候群の診断に際しては必要不可欠な方法である。脊髄造影検査では，①罹患椎骨および椎間腔の局在および数，②脊髄圧迫病変の位置（背側・腹側・側方），③脊髄圧迫の程度，④動的圧迫の有無，を判断する[19]。造影剤投与後の X 線撮影は，はじめに側方向と腹背／背腹方向で行い，その後に動的病変を検出する目的でストレス撮影を行う（図 9～図 12）。2 種類のストレス撮影法，すなわち"腹背方向ストレス撮

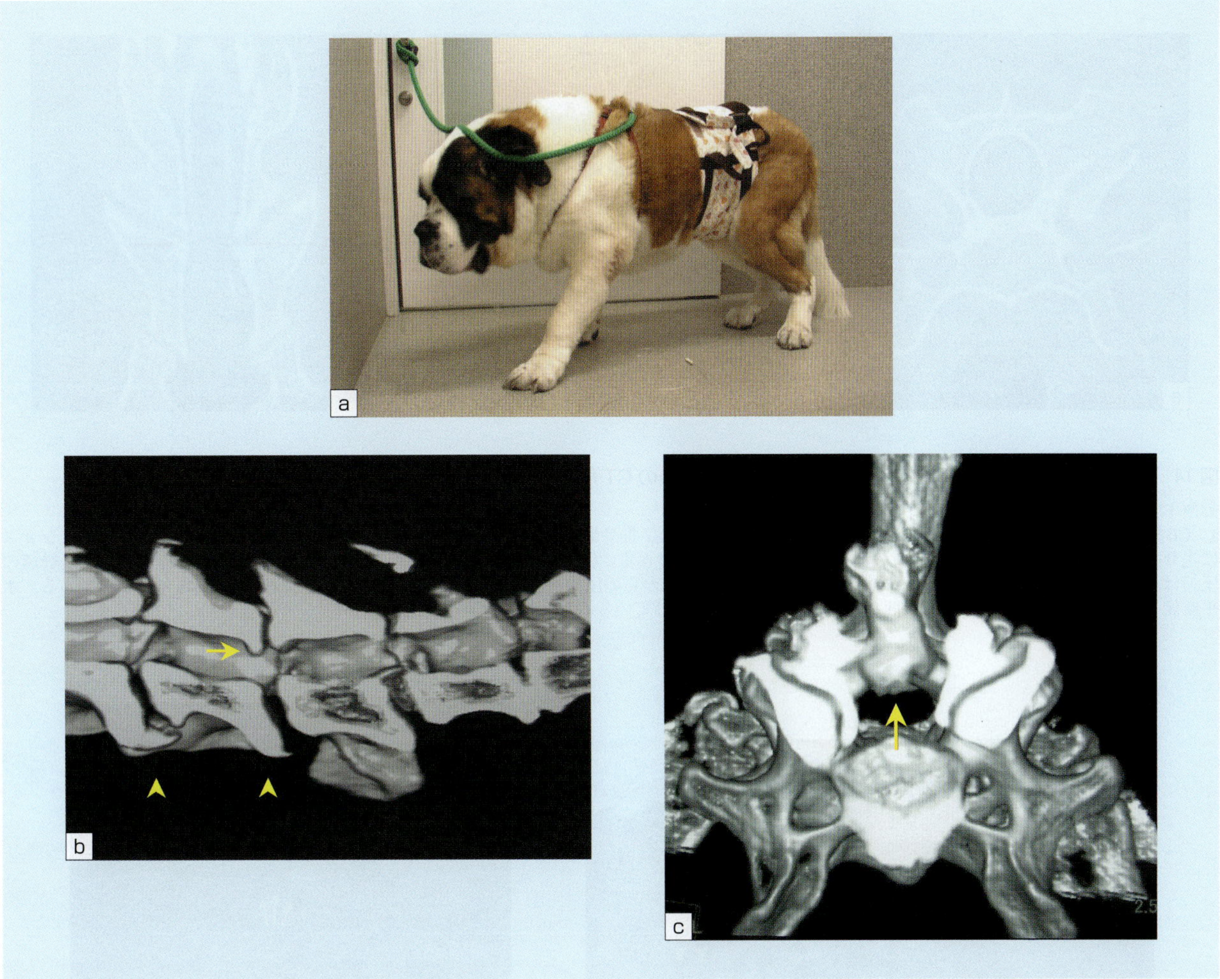

図 13　来院時の様子と 3D-CT 検査所見

a：本症例（セント・バーナード，7 歳 5 カ月齢，雄）は，両側の前十字靭帯断裂，馬尾症候群の診断と治療を受けた病歴を有する。その後，前肢の進行性の不全麻痺，そして四肢での起立困難を主訴として来院した。
b，c：同症例の 3D-CT 正中矢状断像（b）と C5-C6 椎間部の横断像（c）において，椎弓背側からの骨増殖体が脊柱管内に突出していることがわかる（矢印）。また，C4-C5 および C5-C6 椎体の腹側部に変形性脊椎症に伴う骨棘形成が認められる（矢頭）。

影”そして“頭尾方向ストレス（牽引ストレス）撮影”があることに注意する必要がある[19]。前者で検出される病変は**姿勢性病変**，後者で検出される病変は**牽引反応性病変**と呼ばれる（反応しない場合は牽引無反応性病変）。

なお，麻酔下での伸展ストレス撮影は，筋肉の弛緩および動物が疼痛を示さないために過度に伸展させてしまい脊髄の圧迫を増悪させる危険性があるため，可能な限り短時間かつ慎重に行う必要がある[13, 15, 19]。ストレス撮影は問題となる脊髄圧迫が動的であるか静的であるかを判断するだけでなく，伸展・屈曲・牽引による脊髄圧迫の変化を評価し，その後の治療方針を立てるうえで，極めて重要である[15]。牽引反応性病変である場合は頸部の牽引により圧迫病変は解除されることとなる[15]。

5．CT 検査

CT 検査は，骨性構造物の形態的評価を行うのに優れている。これには形態異常（椎体，椎弓，関節突起など），脊柱管狭窄，椎間孔狭窄などが含まれる。脊髄造影検査と CT 検査を組み合わせ，さらにワークステーションを使用することにより，脊髄圧迫の 3 次元的な状態，隣接する椎体同士の関係，および術中に刺入するスクリューの長さなどを，術前に把握することができるため，術前のプランニングをより正確に行うことが可能となる（図 13，図 14）。

6．MRI 検査

MRI 検査は，脊髄などの軟部組織の形態的評価を目的として実施する。MRI（特に T2 強調〔T2W〕画像）は，脊髄への圧迫の程度，脊髄内部の浮腫や出血，脊髄の萎縮，または脊髄中心管の拡張などを評価するのに

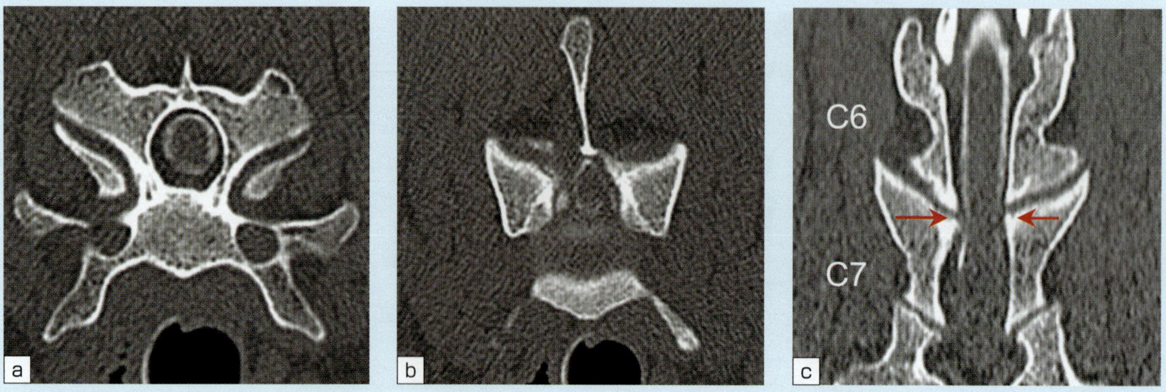

図 14　グレート・デーン，1 歳 9 カ月齢，去勢雄，脊髄造影後の CT 所見

動画 1 と同じ症例。

a：C6 椎骨中央部の横断像，b：C6-C7 椎骨間の横断像，c：C6-C7 椎骨間の水平断像。CT 撮影によって得られた画像をワークステーションに送り，加工することで，任意の位置の画像を確認することができる。C6 椎骨領域では造影剤がくも膜下腔に均一に分布しており，脊髄の圧迫は認められない。しかし，C6-C7 椎骨間では左右，外側方向からの圧迫を受け，脊髄が変形し，造影剤の分布も不均一となっている。水平断像（c）においても，C6-C7 椎骨間で左右両側から圧迫を受けている（矢印）ことがわかる。

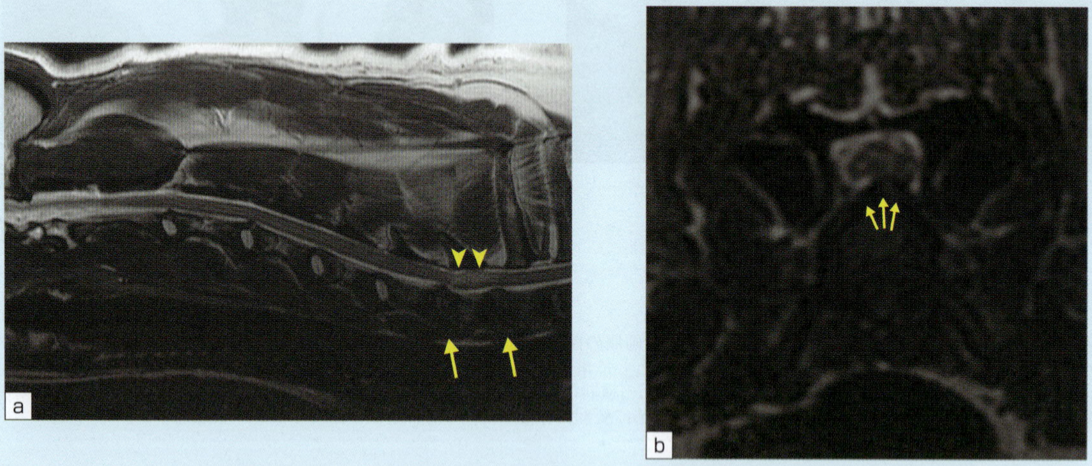

図 15　グレート・デーン，9 歳 5 カ月齢，雄

a：T2W 画像正中矢状断像。C6-C7 椎体，C7〜T1 椎体間の椎間板髄核は低信号化し，椎間板変性が示唆される。また，両椎間部ともに，椎間板線維輪は背側に突出し，脊髄を軽度に圧迫している（矢印）。圧迫部尾側の脊髄に浮腫を示唆する高信号領域が認められる（矢頭）。

b：T2W 画像，C6-C7 椎骨間（頭側）の横断像。この領域では，腹側からの椎間板線維輪の突出により脊髄が圧迫（矢印）されている。

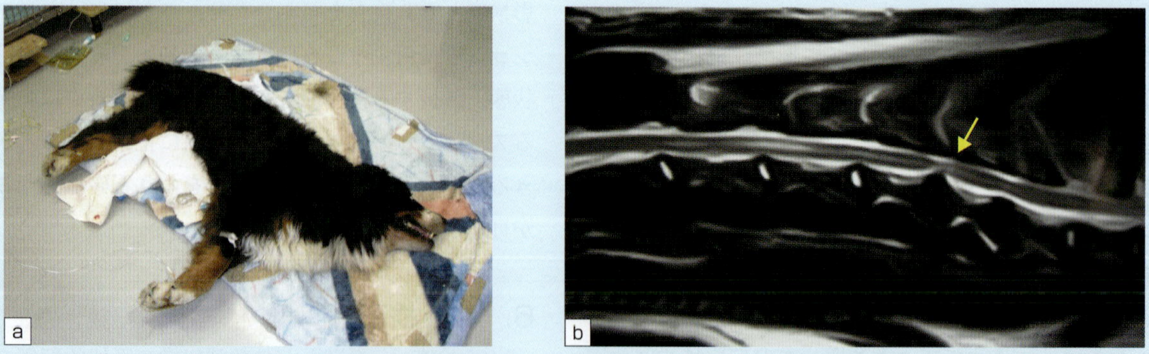

図 16　バーニーズ・マウンテン・ドッグ，5 歳 4 カ月齢，雌，35.0 kg

a：4 カ月前からの四肢の運動失調を呈し，来院 2 週間前から起立不能な四肢不全麻痺に進行していた。

b：同症例の頚椎 MRI T2W 画像正中矢状断像。C5-C6 椎体間そして C6-C7 椎体間の椎間板髄核の信号値は低下し，椎間板変性を示唆している。また C5-C6 椎体間で椎間板線維輪の膨隆，それに起因した脊髄圧迫が認められる（矢印）。

表4　ウォブラー症候群に対するステロイド投与量の一例

デキサメタゾン dexamethasone	0.2 mg/kg BID を3日間，その後 SID で3日間投与し，患者の再評価を行う[19] 1〜2回この治療を繰り返しても効果が認められない場合は外科療法を考慮する[19] ただし，他のステロイドと比較して，消化器系の副作用が発生しやすい
プレドニゾロン prednisolone	0.5 〜 1.0 mg/kg BID を3日間，その後 SID で3日間行い患者の再評価を行う[19] 1〜2回この治療を繰り返しても効果が認められない場合は外科療法を考慮する[19] 0.5 〜 1.0 mg/kg PO SID[2]
コハク酸メチルプレドニゾロン methylprednisolone sodium succinate(MPSS)	外科手術の前に 30 mg/kg を麻酔下で一度投与する* 本剤は術前のみ投与し，単回投与後は継続して投与しない[19]

*ただし，筆書らは，消化器系の副作用が発現する危険性が高まるため，この量の投与は推奨しない。

有効であり，特に横断像 axial view では線維輪または脊椎に付属する靭帯の肥厚などによる脊髄の圧迫を脊髄全周にわたり正確に可視化できる(図 15, 図 16)[2]。

しかしながら，動的病変が存在する場合はストレス撮影を行わなければ病変が検出できないこともあり，他の画像診断装置と比較して撮影時間が長い点が欠点となる場合もある。

7. 脳脊髄液(CSF)検査

脳脊髄液(CSF)の検査は，ステロイド反応性髄膜炎・動脈炎 steroid-responsive meningitis-arteritis (SRMA)や犬ジステンパーウイルス(CDV)性髄膜炎・脊髄炎などの炎症性脊髄疾患との鑑別診断を目的として実施する。ウォブラー症候群罹患症例では，通常，CSF 検査所見に特徴的な異常が認められることはないものの，軽度の細胞数の増加(7 〜 10 個 /μL；基準値 1 〜 5 個 /μL)，あるいは蛋白濃度の増加(25 〜 35 mg/mL；正常では 25 mg/mL 以下)が認められることがある(これらの基準値は獣医神経病学会のガイドラインによる)[1, 4]。CSF を採取する場合には，脊髄障害部位よりも尾側から採取することが望ましい[1]。

治療

1. 保存療法

多くの症例で外科療法が必要となるが，軽度の外傷により神経症状を発現した場合，もしくは骨格成熟前の若齢犬でウォブラー症候群が認められた場合には，保存療法を試みる価値はある[22]。保存療法としては，ケージレスト，厳格な運動制限，鎮痛剤，短期間のステロイドや非ステロイド性消炎鎮痛剤(NSAIDs)が含まれる[1, 19]。強制的な安静は，脊髄に発生した炎症を緩和するが，長期的な有効性に関してはわかっていない[19]。一般的に使用されるステロイドの投与量を表4[17, 19]に記す。

症状が消退した場合は，その後 3 〜 4 週間かけて徐々に通常の活動に戻すことが望ましい[19]。保存療法を 2 週間程度行っても，改善が認められない，もしくは治療期間中に症状の悪化が認められた場合は，外科療法を考慮すべきである[1, 22]。

保存療法の予後に関して，67 頭中 36 頭で回復が認められ，平均回復期間は 2.7 カ月であったという報告がある[5]。また，この報告では，外科療法による回復(30/37 頭，81％)と保存療法による回復との間に有意差は認められず，同様に平均回復期間(外科療法では 2.6 カ月)，生存期間(外科療法：中央生存期間 36 カ月，平均生存期間 46.5 カ月。保存療法：中央生存期間 36 カ月，平均生存期間 48 カ月)ともに，両群間に有意差が認められなかったとしている[5]。

2. 外科療法

ウォブラー症候群に対する外科療法の目的は，脊髄への圧迫を解除(減圧)し，頚椎を安定化することにより脊髄の内部損傷を防止し，回復に適した脊柱管内環境を提供することである[16, 19, 20]。外科療法は罹患動物が自力で起立ができる段階で適用するべきであり，脊髄障害が進行し，四肢麻痺を呈している症例では手術に対する反応は良くない。本疾患に対する外科療法は，その原因が多様であるために様々な方法が考案されており，外科医は患者の置かれている状態を見極めながら慎重に術式を選択する必要がある。適用する手術方法は，圧迫原因の種類，罹患領域の数，圧迫の方向，そして，その病変が動的／静的かを考慮して選択する[19]。

選択され得る基本的な手術方法としては，腹側減圧術(ベントラル・スロット)，脊椎牽引固定術(ステインマンピンまたは金属製インプラント〔スクリューまたは陽性ネジ付きピン〕と骨セメントの併用，もしくはセメントプラグ)，背側減圧術(椎弓切除術)がある[19, 22]。一般的に，牽引に反応しない単発性の腹側病

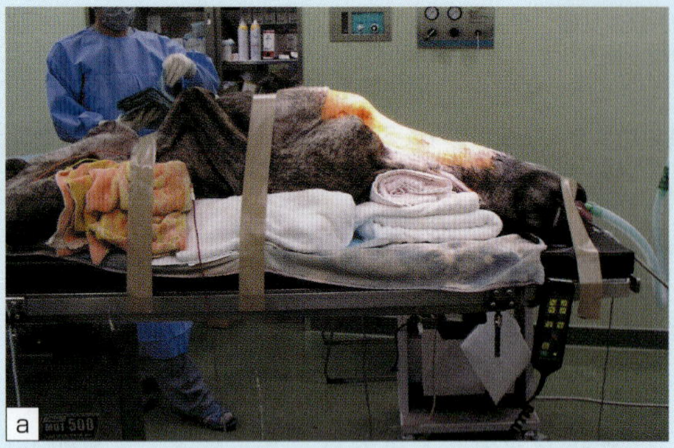

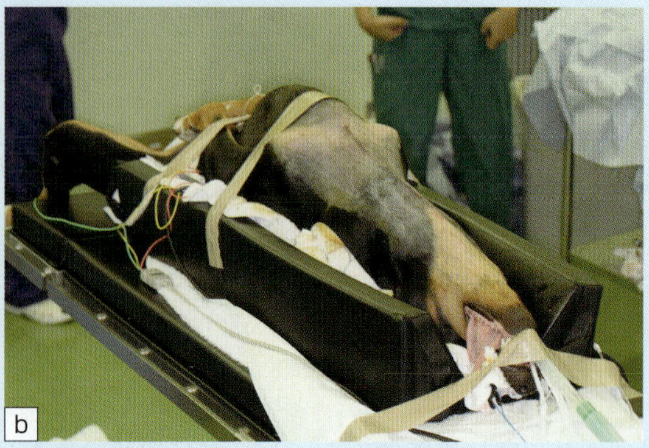

図 17　頚部腹側アプローチ時の保定
腹側減圧術そして頚椎牽引固定術を実施する場合には，前肢を尾側に伸展させ，頚部背側にクッションを入れ，頚椎を伸展させた姿勢に保定する。

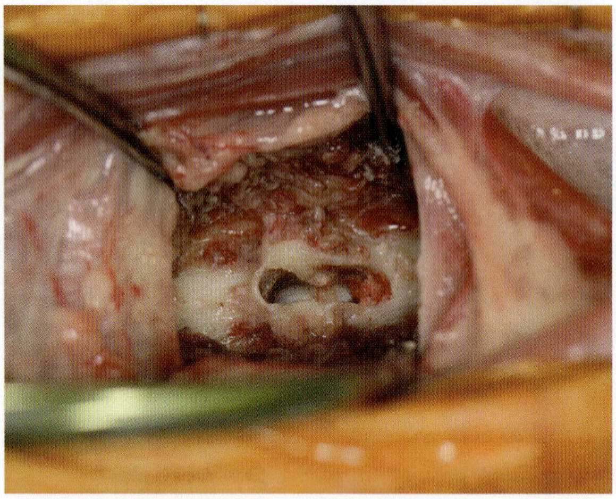

図 18　頚椎腹側減圧術(ベントラル・スロット)
Hansen Ⅰ型椎間板病変と Hansen Ⅱ型椎間板病変では，処置方法が異なる。Hansen Ⅱ型椎間板病変に対しては，スロットを作成した後，肥厚した背側線維輪を除去する。

変では腹側減圧術が，牽引に反応しない背側病変には椎弓切除術が選択される。また，牽引反応性および姿勢性病変にはセメントプラグなどの頚椎牽引固定術が選択される[15, 22]。実際には，罹患患者の臨床症状，病変部位，病変の数などにより適用される術式をさらに詳細に選択し，ときとして 2 種類以上の処置を組み合わせることもある。より詳細な手術適応のガイドラインは成書を参照されたい。

(1) 頚椎腹側減圧術(ベントラル・スロット)

腹側減圧術(図 17，図 18)は，頚部椎間板疾患に対して選択されるものと同様である。ウォブラー症候群においては，単発病変の症例で，肥厚および突出した椎間板線維輪の中央部の切除，そして背側中央へ脱出した椎間板物質の除去を目的として選択される。腹側減圧術は，解剖学的構造や正常組織への介入，脊髄の操作が最小限で済むため，有用性は高いものの[19]，ウォブラー症候群に対する腹側減圧術は手技的に若干難易度が高い[15, 22]。変形性脊椎症を伴う椎体には血管分布が増加しており，椎体自体の削除中の出血量は相対的に多い。また，椎骨自体が形成異常を伴っていたり，椎骨のサイズが大きくスロットの深さが深くなるため，脊柱管内での術野が制限される[15, 22]。合併症として，椎骨静脈洞からの出血，脱出した椎間板物質の不完全な除去，椎間腔の破断による神経根領域の圧迫，不適切なスロット幅による椎骨の亜脱臼などが含まれる[15, 22]。

本疾患に腹側減圧術を適用した場合，約 70％の症例で症状が改善し[11]，約 30％が 2 ～ 3 年程度で再び神経学的症状を発現する[18, 22]。腹側減圧術により，効果的

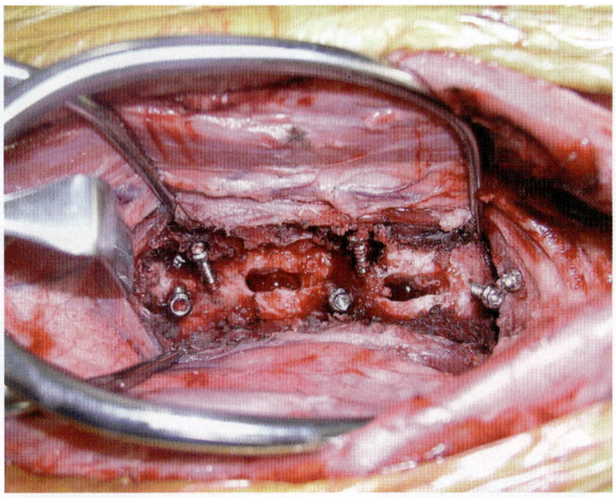

図 19　頸椎腹側固定術

この症例では，C5-C6 椎体間，C6-C7 椎体間に椎間板突出（動的病変）が認められ，2 カ所で腹側減圧術を適用し，さらに脊椎の不安定性を改善する目的で椎体固定術を併用した。

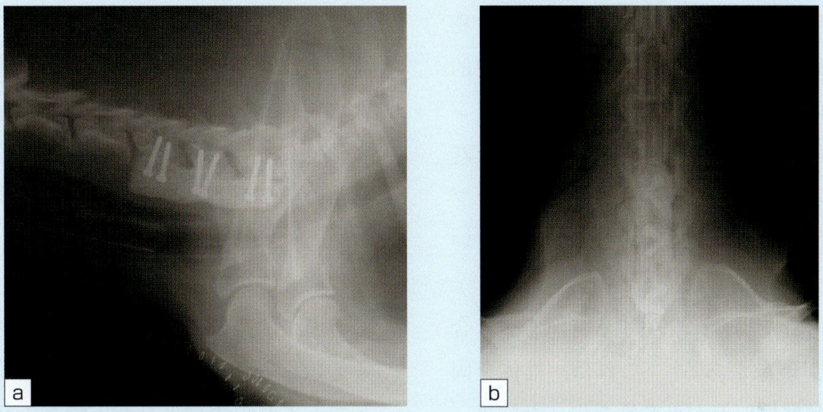

図 20　同症例(図 19)の術後の頸部 X 線所見，側方像(a)，腹背像(b)

C5 椎体，C6 椎体，そして C7 椎体に各 2 本ずつのスクリュー（直径 3.5 mm）を設置し，さらに骨セメントを使用して固定装置を作成した。

な減圧効果が得られない場合，もしくは術後に椎体の不安定性が予測される場合は，引き続き，椎体固定術を行う必要がある。

(2) 頸椎牽引固定術

本手技は単発もしくは多発性の牽引反応性病変に対して選択され，セメントプラグもしくは金属製インプラントと骨セメントを併用した固定方法が一般的である(図 19，図 20)。この方法を単独で適用すると，脊柱管内に侵入せずに神経根の圧迫に起因した疼痛を急速に緩和でき[22]，医原性の脊髄傷害のリスクが低い[19]。また，線維輪による姿勢性圧迫を伴う症例では，頸椎を伸展し固定することにより，脊髄そして神経根部の圧迫が解消され，後に線維輪の退縮が起こることにより減圧が維持される[19]。

金属製インプラントと骨セメントを適用した固定法は，基本的に単一箇所にのみ適用されるべきであり，3 椎体以上を架橋するとインプラントが破断する危険性がある[22]。もし連続した 3 椎体を固定する必要がある場合は，インプラントを 3 椎体すべてに設置し，セメントは太いステインマンピンで補強する必要がある[22]。本術式と海綿骨移植を併用した場合，80 ～ 90% の症例で良好に経過したと報告されている[11]。しかしながら，長期的には 20% の症例で症状の再発が認められている[11]。

セメントプラグは，椎間腔を牽引し，少量の骨セメントを椎間板腔に入れることにより椎間腔を牽引した状態を維持するもので[1]，複数の椎間に適用すること

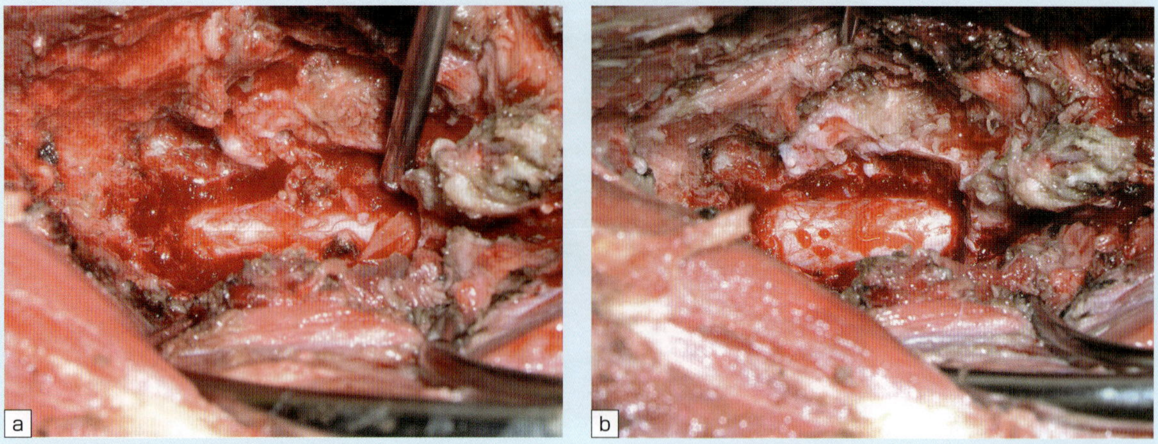

図21　背側椎弓切除術

この症例は，C6-C7椎骨間に黄色靱帯の肥厚そして椎弓の変形を伴い，背側そして外側から脊髄圧迫を伴っていた。背側椎弓を除去した段階では（a），増殖した黄色靱帯の断端が認められる。脊髄を保護しながら，ラウンドバーを使用して脊柱管内に突出した組織を切除した（b）。

が可能である[22)]。頚部の安定化を維持するために，術後数週間は頚部の外固定が必要である[1, 19, 22)]。最終的には処置された椎体同士が癒合し安定化する。セメントプラグを適用した症例の82％で，長期的に良好な経過が報告されている[11)]。術後の合併症として，インプラントの破断，変位による椎間腔の虚脱が知られている[19, 22)]。

椎体固定術を適用した場合に発生する特記すべき合併症として，**ドミノ現象**がある[1)]。これは，椎体を固定することにより頚椎椎間部が可動性を失った結果，隣接する椎間関節に異常な力が発生し，隣接する関節腔において類似した新たな脊髄圧迫病変を生じる現象である[1, 11)]。この現象はステインマンピンと骨セメントで安定化した症例の約25％で発生し[19)]，初回手術後6カ月～4年（平均約2年）で発生する[22)]。セメントプラグでのドミノ現象の発生は低いといわれている[19, 22)]。

近年ではこれらの合併症を緩和することを目的としたさらなる手術手技の改良[21)]とともに，ロッキングプレートなどの新しい固定器具による固定法も検討されつつある[18, 23)]。

(3) 背側椎弓切除術

この手術法は牽引に反応しない背側の静的病変を伴う症例に選択される[22)]（図21）。この術式は数カ所の減圧を同時に行うことが可能である[19)]。また，長期的予後は適用症例の80～95％において良好で，歩行不可能な犬は2.5カ月で歩行可能にまで回復すると報告されている[7, 11, 22)]。しかしながら，短期的には顕著な神経学的悪化が報告されており[15, 22)]，術後2日目では71％の症例で神経学的悪化が認められた[7)]。この神経学的悪化は4～6週間ほど継続する危険性がある[15)]。

本術式後の脊髄圧迫の再発としては，術後の椎間板の突出，関節包の肥厚，椎弓切除領域の瘢痕膜形成が考えられる[15)]。罹患椎骨をスクリューで安定化することで，これらの発生を低下できる可能性がある[15)]。

おわりに

ウォブラー症候群は，症状そして病態が多様であり，捉えにくい疾患である。また，治療方針に関しても，保存療法と外科療法の選択は必ずしも容易ではない。しかしながら，本疾患の脊髄障害の進行には頚部脊髄を包囲する構造物による物理的な脊髄圧迫が関与しており，これを回避するためには外科療法が適用となる状況は少なくない。外科療法の適用に際しては，罹患症例の脊髄障害の重症度，脊髄圧迫病変（個数，方向，動的／静的）を考慮して適切な手術法を選択することが重要である。

［神野信夫・原　康］

■参考文献

1) Bagley RS. Clinical Features of Important and Common Diseases Involving the Spinal Cord of Dogs and Cats. In: Fundamentals of Veterinary Clinical Neurology. Wiley-Blackwell. Ames. US. 2005, pp119-150.

2) Bagley RS, Gavin PR, Holmes SP. Veterinary Clinical Magnetic Resonance Imaging, Section 2. In: Diagnosis of Spinal Disease. Wiley-Blackwell. Ames. US. 2009.

3) Bruecker KA, Seim HB, Blass CE. Caudal cervical spondylomyelopathy: Decompression by linear traction and stabilization with Steinmann pins and polymethyl methacrylate. *J Am Anim Hosp Assoc*. 25(6): 677-683, 1989.

4) Chrisman C, Mariani C, Platt S, et al. 運動失調. In: 諸角 元二監訳. 犬と猫の臨床神経病学: 神経疾患の鑑別診断と治療法. インターズー. 東京. 2003, pp211-239.

5) daCosta RC, Parent JM, Holmberg DL, et al. Outcome of medical and surgical treatment in dogs with cervical spondylomyelopathy: 104 cases(1988-2004). *J Am Vet Med Assoc*. 233(8): 1284-1290, 2008.

6) deLahunta A, Kent M, Glass E. Small animal spinal cord disease. In: Veterinary Neuroanatomy and Clinical Neurology. Saunders Elsevier. St.Louis. US. 2009, pp267-284.

7) Dewey CW. Myelopathies: Disorders of the Spinal Cord. In: A Practical Guide to Canine and Feline Neurology, 2nd ed. Wiley-Blackwell. Ames. US. 2008, pp323-388.

8) Evans HE, Christensen GC. Arthrology. In: Evans GE. Miller's Anatomy of the Dog, 3rd ed. W.B.Saunders. Philadelphia. US. 1993, pp219-257.

9) Evans HE, DeLahunta A. The Skeletal and Muscular Systems. In: Guide to the dissection of the dog, 7th ed. Saunders Elsevier. St.Louis. US. 2009, pp6-92.

10) Evans HE. The Skeleton. In: Evans GE. Miller's Anatomy of the Dog, 3rd ed. W.B.Saunders. Philadelphia. US. 1993, pp122-218.

11) Jeffery ND, McKee WM. Surgery for disc-associated wobbler syndrome in the dog-an examination of the controversy. *J Small Anim Pract*. 42(12): 574-581, 2001.

12) Kapandji IA. 頸椎. In: 荻島秀男監訳. カパンディ関節の生理学 椎体. 医歯薬出版. 東京. 2005, pp66-159.

13) Kealy JK, McAllister H. The skull and vertebral column. In: Diagnostic Radiology and Ultrasonography of the Dog and Cat, 3rd ed. Saunders. Philadelphia. US. 2000, pp339-412.

14) König HE, Liebich HG. Axial skeleton. In: König HE, Liebich HG, Bragulla H, et al. Veterinary anatomy of domestic mammals: textbook and colour atlas, 4th ed. Manson Publishing. London. UK. 2009, pp49-122.

15) McKee WM, Sharp NJH. Cervical Spondylopathy. In: Slatter DH. Textbook of Small Animal Surgery, 3rd ed, Vol.1. Saunders. Philadelphia. US. 2002, pp1180-1193.

16) Oldy NJ. Tetraparesis. In: Platt SR, Olby NJ. BSAVA manual of canine and feline neurology, 3rd ed. BSAVA. Gloucester. US. 2004, pp339-412.

17) Platt SR. Neurologic System, Disorders of the spinal cord. In: Morgan RV. Handbook of small animal practice, 5th ed. Saunders Elsevier. St.Louis. US. 2008, pp215-292.

18) Rusbridge C, Wheeler SJ, Torrington AM, et al. Comparison of two surgical techniques for the management of cervical spondylomyelopathy in dobermanns. *J Small Anim Pract*. 39(9): 425-431,1998.

19) Seim HB. Diagnosis and Treatment of Cervical Vertebral Instability-Malformation Syndromes. In: Bonagura JD. Kirk's Current Veterinary Therapy XIII: Small Animal Practice. Saunders. Philadelphia. US. 1999, pp992-1000.

20) Seim HB. Surgery of the Cervical Spine. In: Fossum TW. Small Animal Surgery, 3th ed. Elsevie. St.Louis. Missouri. US. 2007, pp1402-1459.

21) Shamir MH, Chai O, Loeb E. A method for intervertebral space distraction before stabilization combined with complete ventral slot for treatment of disc-associated wobbler syndrome in dogs. *Vet Surg*. 37(2): 186-192, 2008.

22) Sharp NJH, Wheeler SJ. 頚部脊椎脊髄症. In: 原 康監訳. 犬と猫の脊椎・脊髄疾患—診断と外科手技—, 第2版. インターズー. 東京. 2006, pp217-239.

23) Voss K, Steffen F, Montavon PM. Use of the ComPact UniLock System for ventral stabilization procedures of the cervical spine: a retrospective study. *Vet Comp Orthop Traumatol*. 19(1): 21-28, 2006.

24) Zachary JF. Nervous System. In: Mcgavin MD, Zachary JF. Pathologic Basis of Veterinary Disease, 4th ed. Elsevier. St.Louis. US. 2006, pp833-972.

D

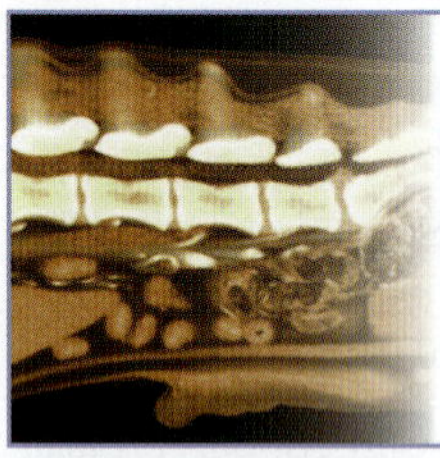

27. 馬尾症候群：変性性腰仙椎狭窄症

はじめに

馬尾症候群 cauda equina syndrome とは，腰仙椎の狭窄や不安定性などの結果，脊髄の尾側に走行する馬尾が圧迫などの影響を受けて神経徴候を引き起こす病態の総称で[10, 20]，その原因は多岐にわたる。先天性の脊柱管狭窄の結果として馬尾の機能が障害されることもあれば，仙椎領域の腫瘍が馬尾の機能障害の原因となることもある[10, 15, 20]。しかし，現実的には，このような症例を診察する機会は極めて少ない。日常の臨床現場で最も遭遇する機会が多いのは，加齢性変化によって変性した周辺靭帯や椎間板が馬尾を圧迫して生じる変性性腰仙椎狭窄症である。そのような理由から，DAMNIT-V の「D」にあたる変性性疾患の項で本疾患を取り上げた。

変性性腰仙椎狭窄症(DLSS)は，大型犬の中齢期以降で好発するため，股関節形成不全や前十字靭帯断裂といった整形外科疾患との鑑別診断が必要となることがある。変性性腰仙椎狭窄症はまれな神経疾患と思われがちだが，人気犬種であったラブラドール・レトリーバーやゴールデン・レトリーバーが中高齢になってきた昨今においては，診察をする機会は意外と少なくない。そのため，後肢の歩行異常を呈する中高齢の大型犬を診断する際には，常に変性性腰仙椎狭窄症を頭の片隅に入れておく必要がある。

本章では，馬尾領域の解剖，変性性腰仙椎狭窄症の病態生理，臨床症状，診断，治療，予後の順で，臨床現場において実践的な内容を中心に概説する。

馬尾領域の解剖

脊髄は，脊柱管内を尾側に向かって走行しており，それぞれの椎骨に対応した髄節が存在する。馬尾の解剖を理解するためには，椎骨と髄節の位置関係を把握しておく必要がある。頚椎領域では，7つの椎骨に対して8つの髄節が存在するが，椎骨とそれに対応する髄節の位置関係はほとんど同じである。胸椎～第3腰椎にかけても，椎骨と対応する髄節の位置はほとんど同じレベルにある。しかし，第4腰椎以降は，椎骨と髄節の位置関係が大きく異なる。これは，成長期に脊髄の成長が停止した後にも，脊椎の成長が継続するためにに生じるとされている[14]。そのため，犬では，第4腰椎内に第4～7腰髄節(L4～L7髄節)の4つの腰髄節が，第5腰椎内に仙髄節(S1～S3髄節)が存在することが多い(図1)。中型犬や大型犬においては，脊髄の尾側端である脊髄円錐が第6腰椎付近で終止することが多いが(図2)，体重が7 kg 以下の小型犬の脊髄はそれよりも尾側に長い傾向がある。したがって，小型犬は，中型犬や大型犬よりも1椎骨分，尾側にまで脊

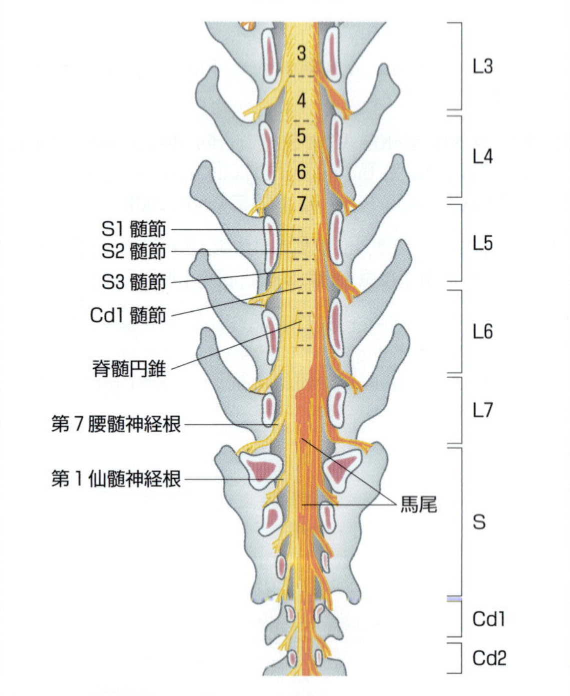

図1　犬の馬尾領域の解剖①

犬では，第4腰椎内に第4～7腰髄節(L4～L7髄節)の4つの腰髄節が，第5腰椎内に仙髄節(S1～S3髄節)が存在することが多い。
L3：第3腰椎，L4：第4腰椎，L5：第5腰椎，L6：第6腰椎，L7：第7腰椎，S：仙骨，Cd1：第1尾椎，Cd2：第2尾椎。

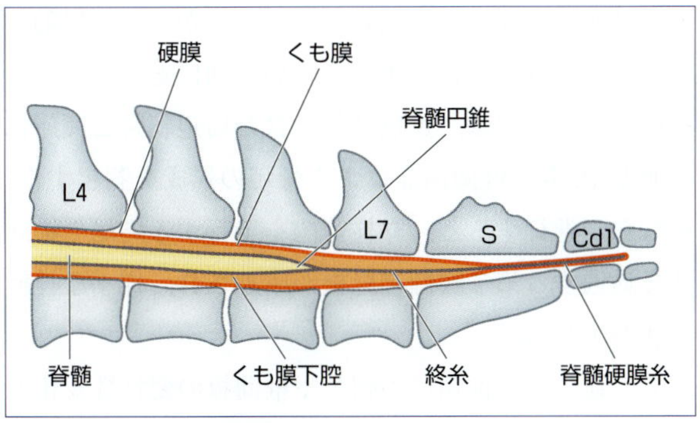

図 2　犬の馬尾領域の解剖②

中型犬や大型犬の脊髄円錐は，第 6 腰椎付近で終止していることが多い。
L4：第 4 腰椎，L7：第 7 腰椎，S：仙骨，Cd1：第 1 尾椎。

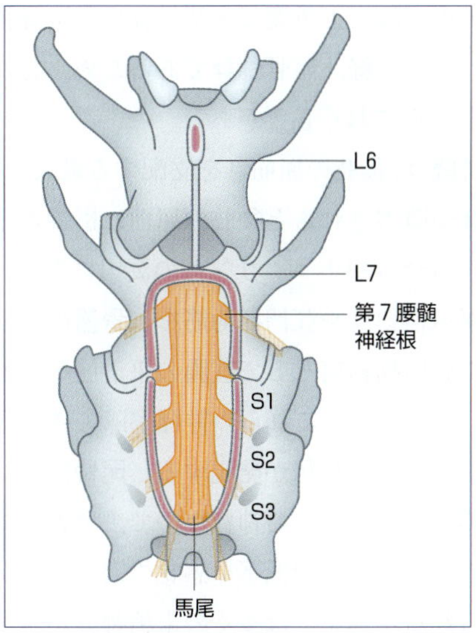

図 3　犬の馬尾領域の解剖③

手術でアプローチするときの馬尾の位置。多くの神経根が束となって尾側へ向かい並走している。
L6：第 6 腰椎，L7：第 7 腰椎，S1：第 1 仙椎，S2：第 2 仙椎，S3：第 3 仙椎。

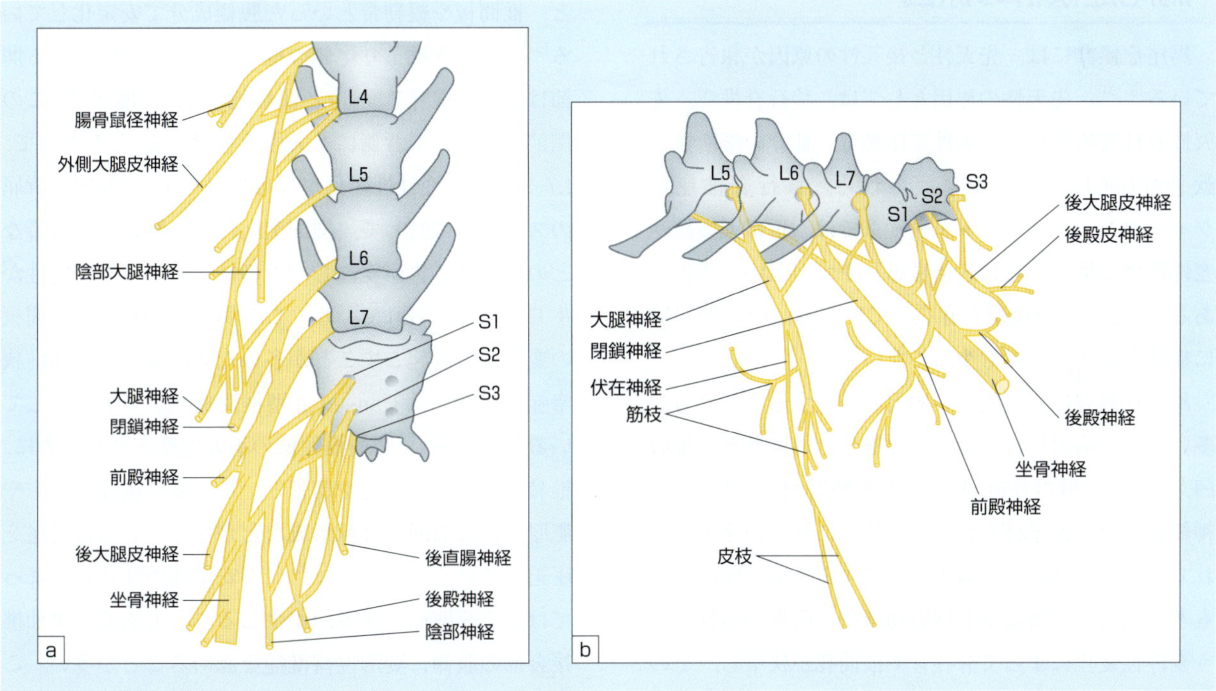

図 4　馬尾に由来する末梢神経とその走行

a：腹側観，b：外側観。
L4：第 4 腰椎，L5：第 5 腰椎，L6：第 6 腰椎，L7：第 7 腰椎，S1：第 1 仙椎，S2：第 2 仙椎，S3：第 3 仙椎。

髄が存在する[14, 18]。猫では，第 7 腰椎から仙骨内にまで脊髄が伸長していることが多い[14, 18]。このような解剖学的差異は，神経学的検査の解釈をするうえで極めて重要である。

脊髄の尾端からは，第 7 腰髄神経根，第 1 ～ 3 仙髄神経根，尾髄神経根（一般的に犬では第 1 ～ 5 尾髄神経根，猫では第 1 ～ 7・8 尾髄神経根であることが多い）が束となって尾側へ向かって並走している（図 1，図 3）。その形態が，“馬の尻尾の形態に似ている”ことから，これらの神経束のことを**馬尾 cauda equina** と呼んでいる。馬尾に由来する主な末梢神経は，坐骨神経，前殿神経，後殿神経，陰部神経，骨盤神経，後直腸神経，尾骨神経で[21]，これらの末梢神経の解剖と機能を理解しておくと馬尾症候群の病態を把握しやすい（図 4）。

これらの中で臨床上重要な末梢神経は，坐骨神経，陰部神経，骨盤神経，尾骨神経であるため，特にそれらの機能を覚えておく必要がある。

坐骨神経は，後肢の屈筋群を支配する最大の神経で，坐骨神経が障害されると後肢の屈曲に影響が生じ，歩行時のふらつきやナックリングの要因になる[13)]。**陰部神経**は尿道括約筋や肛門括約筋を，**骨盤神経**は膀胱の排尿筋や肛門括約筋そして直腸の平滑筋を支配している[13)]。したがって，これらの神経が障害されると尿漏や便失禁といった症状が発現する。**尾骨神経**は，尾の動きや感覚を担っている神経なので，尾骨神経の麻痺が生じると尾の動きの低下や感覚の消失といった症状が認められる。馬尾には多くの末梢神経が含まれているため，このように障害される末梢神経によって様々な症状を呈する。

馬尾症候群の原因

馬尾症候群には，先天性と後天性の原因が報告されている[15, 20)]。先天性の原因としては，移行脊椎症，先天性脊柱管狭窄症，先天性関節異常，仙骨の離断性骨軟骨症（OCD）[1)]などが挙げられる。移行脊椎症のジャーマン・シェパード・ドッグでは，正常犬に比べ変性性腰仙椎狭窄症に8倍罹患しやすいという報告がある[8)]。これらの疾患が存在していても，中齢期以降に症状を認めることも少なくない[15)]。

馬尾症候群は，後天性の原因で発症することの方が多い。その病因には，椎間板脊椎炎，外傷性腰仙椎脱臼，腰仙椎領域の骨折，原発性脊椎腫瘍，転移性腫瘍，神経鞘腫などが挙げられるが[15, 17)]，これらの発生はまれである。日常の臨床現場で遭遇する馬尾症候群で最も多い原因は，腰仙椎領域の靭帯や椎間板の加齢に伴う変性性変化によって脊柱管や椎間孔が狭窄し，その結果として馬尾領域の神経を圧迫して神経障害が発現する変性性腰仙椎狭窄症である。

変性性腰仙椎狭窄症の病態生理

変性性腰仙椎狭窄症は，馬尾症候群の最も多い原因であるため，診断および治療を行ううえでその病態生理を把握しておく必要がある。変性性腰仙椎狭窄症は，中高齢の大型犬での発症が多く，猫においての発症は少ない[6, 10)]。第7腰椎と仙骨の間の関節は，脊柱の中でも最も可動性に富み関節角度も急であるため[19)]，その間にある椎間板には過剰なストレスがかかり年齢とともに変性性の変化が生じやすい傾向にある。さらに，そのような状況は，黄色靭帯を含む周辺靭帯と関節包の肥厚や，変形性関節症による骨棘の形成を惹起する。それらが進行すると，脊柱管内を走行する馬尾や椎間孔を通過する第7腰髄神経根が圧迫され，様々な神経症状が生じる。

その他の腰仙椎領域の靭帯や椎間板の変性性変化の有力な原因は，腰仙椎関節の慢性的な不安定である。実際に，変性性腰仙椎狭窄症である多くの症例で，単純X線検査やMRI検査にて腰仙椎領域の動的な変化が描出される[13)]。さらに，外科療法を行うときに背側椎弓切除術や神経根解除のみでは改善しないことがあり，脊椎固定を併用した方が予後がよいという指摘もある[1)]。しかし，腰仙椎部の不安定性による馬尾の圧迫の機序は，現在のところ十分には解明されていない。椎骨の関節は，関節突起や黄色靭帯といった背側成分と，椎間板や縦靭帯といった腹側成分で安定化している[15)]。第13胸椎より尾側の椎骨で最も可動性がある関節は第7腰椎（L7椎骨）と仙骨（S椎骨）の関節で，この関節は腹側にも背側にも大きく可動する。したがって，L7-S関節の変性性変化が最も生じやすい。腹屈と背屈のストレスに対して，関節突起，黄色靭帯，縦靭帯などの周辺構造物が変性し，その結果として不安定性が生じると考えられている。この関節の動揺は，椎間板の変性を引き起こすことが多いため，変性性腰仙椎狭窄症の症例ではHansen II型椎間板ヘルニアが生じていることが多い。腰仙椎領域の不安定性を補うために，椎骨の増生，関節包や靭帯といった軟部組織の増生や肥厚，関節周囲の骨棘形成などが生じ，さらに馬尾を圧迫していく（図5）[10, 17, 20)]。不安定性の度合いによっては，L7-S関節の亜脱臼が生じることもある。腰仙椎接合部の腹側に**変形性脊椎症**を認めることが多い。これも不安定性があることを支持する理由の1つであるが，症状への関与は不明である。これらの発症機序は，ウォブラー症候群（尾側頸部脊椎脊髄症）における脊髄圧迫の機序と類似している[1)]。

疫学

変性性腰仙椎狭窄症は，大型犬での発症が多く，小型犬での発症は少ない傾向がある。特に，ジャーマン・シェパード・ドッグでの発症が多く[7, 10, 20)]，全体の約19～69％を占めると報告されている[4, 9)]。ジャー

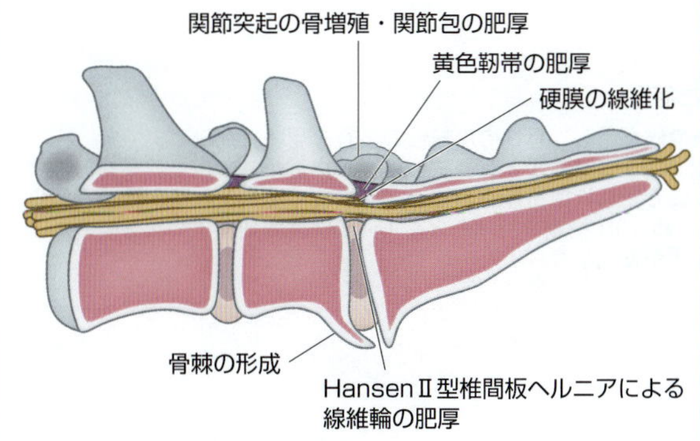

図5　変性性腰仙椎狭窄症の病態

第7腰椎と仙骨間に不安定性が生じた結果，椎骨の増生，関節包や靭帯といった軟部組織の増生や肥厚，関節突起の変化や骨棘形成などを生じ，馬尾を腹側および背側から圧迫する。また，変性性腰仙椎狭窄症の症例では Hansen II 型椎間板ヘルニアが生じていることが多い。

マン・シェパード・ドッグは，他の犬種に比較して8倍発症しやすいという報告もある[13]。その他の犬種では，ゴールデン・レトリーバー，ラブラドール・レトリーバー，グレート・デーン，エアデール・テリア，アイリッシュ・セッターなどの平均 35 kg 以上の大型犬での発生が多い傾向にある。犬では，雄での発症率が雌に比べて 1.3 ～ 5 倍高いと報告されている[7]。また，若齢で激しいトレーニングを行っている労働犬での発症が特に多いという報告もある[10]。筆者の施設では，フレンチ・ブルドッグ，トイ・プードル，ヨークシャー・テリアなどの小型犬やウェルシュ・コーギーなどにおいても発症を認めている。

通常，犬の変性性腰仙椎狭窄症は，6 ～ 7 歳以上の中齢以降での発症が多い[7, 20]。猫においての発生はまれである[6, 10]。

臨床症状

変性性腰仙椎狭窄症は，障害される神経根の位置や圧迫の程度によって様々な臨床症状を呈するため（表1），他の脊柱疾患と異なる特徴的な症状を示すことが多い[10]。特に，「最近ふらつくようになった」，「後肢を引きずる」，「最近階段の上り下りができなくなってきた」，「腰のあたりを触ると痛がる」という訴えで来院する症例が多い（表2）。変性性腰仙椎狭窄症の好発犬種では，股関節形成不全の発生も少なくない。すなわち，ジャーマン・シェパード・ドッグ，ラブラドール・レトリーバー，ゴールデン・レトリーバーといった犬種が後肢のふらつきで来院したときには，両者の鑑別を常に頭に入れておくべきである。また，急性の神経

表1　変性性腰仙椎狭窄症の臨床症状

軽～中程度	重度
触診時の背部痛	中程度の後肢の不全麻痺
尾を挙げたときの疼痛	後肢の筋萎縮
直腸触診時の疼痛	尾の不全麻痺
座るのが困難になる	排便障害
ジャンプするのが難しくなる	会陰反射の低下
階段の昇降が困難になる	尿漏
運動後に跛行が顕著になる	
知覚過敏	

表2　問診時にオーナーから聴取される内容

「後肢の爪が削れる」
「後肢を引きずっているような音がする」
「最近，急に後肢がやせてきた」
「最近，階段を上れなくなった」
「抱っこすると，腰の周辺を痛がる」
「しっぽの動きが悪くなった」
「しっぽを，やたらと噛むようになった」
「おしっこを漏らしてしまう」
「便を漏らすようになった」

根痛の結果，片側の後肢を挙上して来院する症例もあるので，このような症例においては前十字靭帯断裂との鑑別診断も必要となる。このような背景から，本疾患の診断を行うときにはその特徴的な症状を把握しておくことが重要である。

変性性腰仙椎狭窄症の最も特徴的な症状は腰仙椎領域の疼痛であり[10, 15, 20]，約 77 ～ 90%の症例で認められると報告されている[13]。すなわち，典型的な初期症状は**腰仙椎領域の疼痛**であるといっても過言ではない。立ち上がりのときやオーナーが腰仙椎領域に触れたときに，疼痛を訴えることが多い。しかし，症状の重症度や障害された部位により疼痛を認めないこともあるので注意が必要である。神経根が圧迫されることにより，神経根徴候である疼痛を伴う跛行を認めることがある（動画 1）[15]。実際に，片側の後肢を突然挙上した犬で変性性腰仙椎狭窄症と診断したことも経験している。

変性性腰仙椎狭窄症の症例では後肢のふらつきを認めることが多いが，これは運動失調 ataxia ではなく，下位運動ニューロン徴候（LMNS）による筋力低下が原因での歩行異常が多い[10, 13, 15, 17, 20]。主に坐骨神経領域が障害されるため，初期では後肢を引きずって歩き爪が削れていることが多く，重症例では膝関節を屈曲しない特徴的な歩行を呈する（動画 2）。後肢に十分な体重を負重させることができないため，起立や階段などの段差を上ることが困難になる。本疾患の約 92%が，階段の昇降が困難になると報告されている[4]。これらの歩行異常は，運動後に顕著化されることが通常であ

Video Lectures　神経根徴候

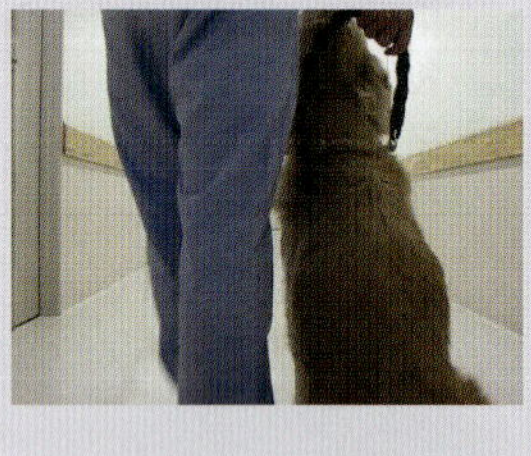

動画 1　急性の片側性の跛行を認めた症例

神経根が圧迫されることにより神経根徴候を示し，急性の片側性の跛行を認めた症例。

ゴールデン・レトリーバー，5 歳，去勢雄。4 カ月前から右後肢の跛行が突然はじまった。単純 X 線検査を行ったところ，股関節形成不全による変形性関節症を認めた。その後，非ステロイド性消炎鎮痛剤（NSAIDs）を処方しても良化しないため MRI 検査を行ったところ，変性性腰仙椎狭窄症を認めた。本疾患に対する処置を行ったところ症状が良化した。

Video Lectures　坐骨神経の障害

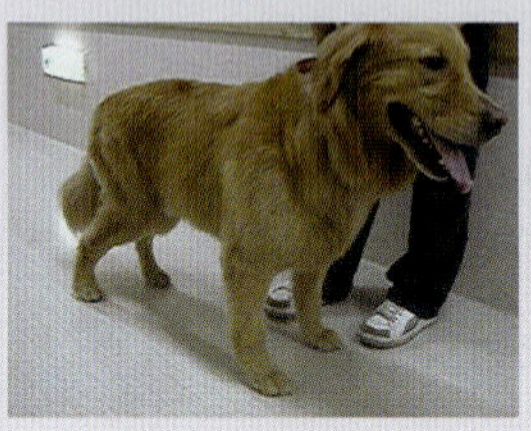

動画 2　膝関節を屈曲しない特徴的な歩行の様子

坐骨神経が障害されている症例では，膝関節を屈曲しない伸展気味の特徴的な歩行を呈する。

ゴールデン・レトリーバー，8 歳，去勢雄。10 カ月前から起立時に滑ったり，爪が擦れたりするようになった。MRI 検査を行ったところ変性性腰仙椎狭窄症を認めた。その後，階段の昇降が不可能となり，動画に示すような重度の歩行異常を認めたため，減圧術と経関節固定術による外科療法を行った。その後症状が良化した。

る[15]。これを，**神経性間欠跛行**という。後肢が震えるといった症状を認めることもあり，それは恐らく筋力低下と疼痛を反映しているのではないかと推察されている[18]。しかし，このような症状は股関節形成不全でも起こり得るので注意する。変性性腰仙椎狭窄症の症例では，単純 X 線検査で股関節の変形性関節症を認めることが少なくないが，ナックリングがあるときには本疾患が歩行異常や疼痛といった症状の主要因となっていることが多い。坐骨神経が障害されると，大腿部尾側の半腱様筋や半膜様筋，膝関節より遠位の前脛骨筋や腓腹筋の萎縮を認める[18]。これらの筋肉の萎縮の程度は，胸腰部椎間板ヘルニアなどの中枢神経疾患に比べて速くかつ重度である。一般的に，変性性腰仙椎狭窄症では麻痺になることは少なく，そのようなときには椎骨の骨折や腫瘍などを疑う。

変性性腰仙椎狭窄症の結果として骨盤神経や陰部神経が障害されると膀胱麻痺を生じる[10, 15, 20]。特に第 7 腰椎領域の病変では，骨盤神経や陰部神経が障害されやすい。通常，馬尾症候群では LMN 性膀胱麻痺を呈するので，圧迫排尿が容易で，尿漏を生じるタイプの膀胱機能障害となる。そのようなときには，歩行時に持続的に尿を漏らし，寝ているときにも尿を漏らすことがある。このような尿失禁は，変性性腰仙椎狭窄症の約 14%の症例で生じると報告されている。これらの症状は，通常はふらつきを伴うことが多く，単独で発症することは少ない。しかし，尿漏が唯一の臨床症状で来院した症例も経験しているので，このような症状の大型犬を診察する機会があるときには，本疾患も鑑別リストに入れておく必要がある。一般的に，尿道括約筋の機能不全の後に，肛門括約筋の機能不全が生じ，排便障害が生じる。排便障害は，変性性腰仙椎狭窄症の約 6%で認められる。通常，変性性腰仙椎狭窄症の場合には，便失禁が尿失禁よりも先行することはない[15]。したがって，便失禁が最初に認められるときには他の疾患を考慮する[15]。

尾の感覚障害や運動性の低下も特徴的な症状の 1 つであり[15]，約 53%の症例で認められる。尾をなめ壊したり，噛んだりすることもある。尾骨神経の障害により，尾を振らない，尾を下げっぱなしにしているといったような症状が認められることもある。重症例では，尾の深部痛覚が消失することがある。

診断

変性性腰仙椎狭窄症の診断は，腰仙椎領域の疼痛，坐骨神経の機能障害による後肢のふらつき，骨盤神経や陰部神経の機能障害による排尿や排便の異常，尾骨神経の機能障害による尾の運動性や感覚の低下をいかに捉えるかが重要である。そのためには，問診，歩行検査，触診，神経学的検査といった検査が診断のポイントとなる。しかし，実際には障害部位によって様々な症状を示すので，診断に苦慮することが多く，経験を要する。

変性性腰仙椎狭窄症を診断するときには，整形外科学的検査と神経学的検査の両方に精通しておく必要がある。変性性腰仙椎狭窄症を疑ったときには，股関節形成不全などの整形外科疾患との鑑別が重要であるため，まずは歩行検査や整形学的従手診断から行い，これらの疾患を除外する。次いで，神経学的検査を行い，ふらつきの原因である障害部位を絞り込んでいく。変性性腰仙椎狭窄症では，坐骨神経の障害を伴うことが多いため，引っこめ反射や前脛骨筋反射が低下する。また，会陰反射や尾の感覚検査も本疾患の鑑別に重要である。

これらの検査が終了したら，通常は単純X線検査，コンピュータ断層撮影（CT）検査，磁気共鳴画像（MRI）検査といった画像診断を行う[9, 10, 15, 20]。特に，ストレス造影検査，椎間板造影検査，CT検査，MRI検査といった特殊画像診断は，腰仙椎部の不安定性や神経根の圧迫の検出に優れている。しかし，これらの画像診断を行っても馬尾由来の末梢神経障害が診断できないときには，筋電図検査（EMG）が診断に有効なことがある。ここでは，これらの検査のポイントを順に概説する。

1．視診および触診

変性性腰仙椎狭窄症の症例では，伸筋群を支配する大腿神経よりも屈筋群を支配している坐骨神経が選択的に障害されるため，大腿部尾側のハムストリング筋群や膝関節より遠位の筋肉が萎縮する。特に，半腱様筋，半膜様筋，前脛骨筋，腓腹筋における筋萎縮を認める。また，歩行検査を行うと，肢の屈曲が困難となるため，伸展気味の特徴的な歩行を呈する（**動画2**）。背部痛が存在しているときには，背中を屈曲させるような歩様を示す。片側の神経根のみが圧迫されているときには，片側肢の挙上と著しい疼痛を伴う跛行を呈する。このような症例では，前十字靭帯断裂との鑑別が必要となる。

上り坂や階段を用いた歩行検査を行うと歩様異常が顕著化することがある。歩行検査を行うときには，尾の活動性も観察する。本疾患では，尾の活動性が低下していることが多い。

2．神経学的検査

神経疾患を疑ったときには，獣医神経病学会公認の神経学的検査表を用いて系統立てた神経学的検査を行う。変性性腰仙椎狭窄症の症例では，固有位置感覚や跳び直り反応を中心とした後肢の姿勢反応の低下を認めることが多い（図6a）。脊髄反射を行った場合には，前肢は正常であるが，後肢においては特に坐骨神経系の反射が低下し[18]，LMNSを示す。前脛骨筋反射や引っこめ反射の低下もしくは消失は，坐骨神経の障害を示唆する（図6c，d）。膝蓋腱（四頭筋）反射を行ったときに，坐骨神経の障害のある症例では，見かけ上の亢進を認めることがある。これを膝蓋腱（四頭筋）反射の**偽性亢進 pseudohyperreflexia**という（図6b）。膝蓋腱（四頭筋）反射を行ったときに，真の亢進なのか，偽性亢進なのかで悩んだときには，前脛骨筋反射や引っこめ反射の低下もしくは消失をもって偽性亢進と判断する。しかし，軽症例では，これらの姿勢反応や脊髄反射に異常を認めないこともよくあるので，これらの結果のみで本疾患を完全に除外すべきではない。変性性腰仙椎狭窄症の症例では，会陰反射の低下が認められることがあるので，会陰反射は必ず行うべきである（図6e）。第2-3仙髄節領域が障害されると会陰反射が低下する[15]。会陰反射を行うときに周辺の皮膚が荒れている場合には，便失禁の存在を示唆する。通常，本疾患の症例では，脳神経検査において異常を認めない。

変性性腰仙椎狭窄症の最も頻度の高い神経異常が，腰仙椎部の知覚過敏である[4, 20]。本疾患の症例では，尾を挙げて第7腰椎を強く圧迫することにより疼痛を誘発させることができる（図7）。この方法で疼痛が誘発された場合の本疾患に対する陽性率は84.7％である[4]。前肢を台の上に乗せて後肢で起立することにより脊柱を伸展させ，それから腰仙椎部を圧迫して疼痛を誘発させるという方法も感度が高い[10]。その他，腰仙椎部の疼痛を誘発させるためのさらに感度の高い検査として，**ロードシス試験 lordosis test**という方法がある。ロードシス試験とは，股関節と膝関節を屈曲させた状態で腰仙椎部を背側に反り，第7腰椎を圧迫することで疼痛を誘発させるという方法である（**動画3**）。ロードシス試験が陽性であった場合の97.7％が本疾患であると報告されており[4]，極めて特異度が高い検査である。この部位の疼痛は，直腸から指を挿入し腹側から押すことによっても誘発させることができる。直腸検査を行うことにより，肛門括約筋の緊張の程度も把握することができる。直腸検査を行ったときには，骨盤腔内腫瘤の有無も確認しておく。後肢の坐骨神経領域の皮膚を注射針で刺激し，浅部痛覚の異常を確認する。変性性腰仙椎狭窄症の症例では，選択的に坐骨神経領域のみに浅部痛覚の低下もしくは消失を認めることがある。尾の感覚検査も，本疾患の診断の一助となる。変性性腰仙椎狭窄症の症例では，尾の感覚の低下もしくは消失が認められることが多い（図8）。

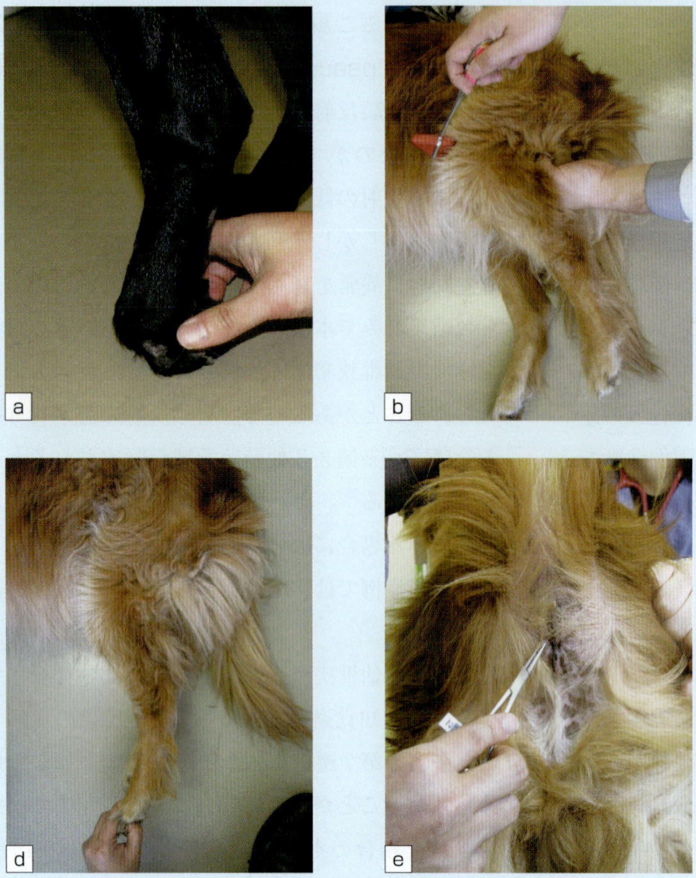

図6　変性性腰仙椎狭窄症を診断するときに有効な神経学的検査

変性性腰仙椎狭窄症の症例においては，a：固有位置感覚の低下または消失，b：膝蓋腱（四頭筋）反射の偽性亢進，c：前脛骨筋反射の低下または消失，d：引っこめ反射の低下または消失，e：会陰反射の低下または消失，が認められることがある。

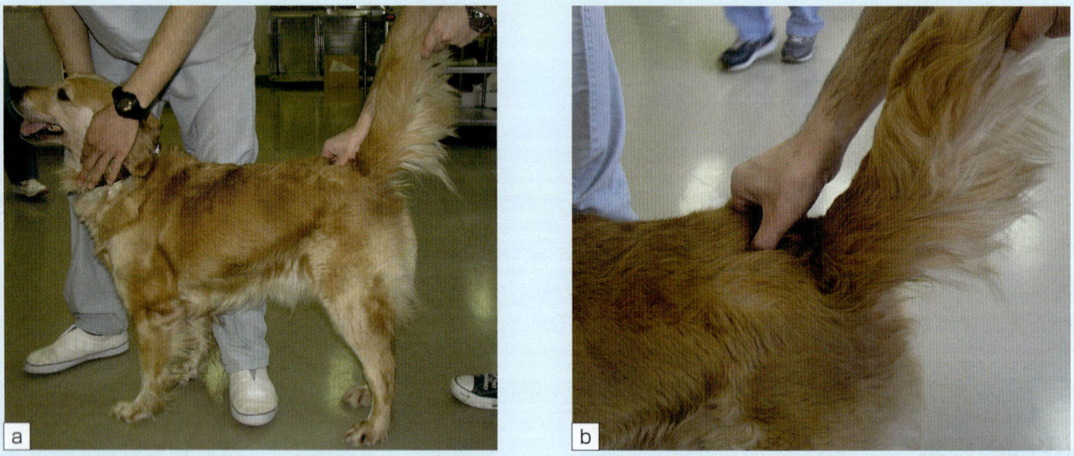

図7　変性性腰仙椎狭窄症の症例における感覚検査

尾を挙げて第7腰椎を強く圧迫すると，疼痛を誘発させることができる。

Video Lectures　ロードシス試験

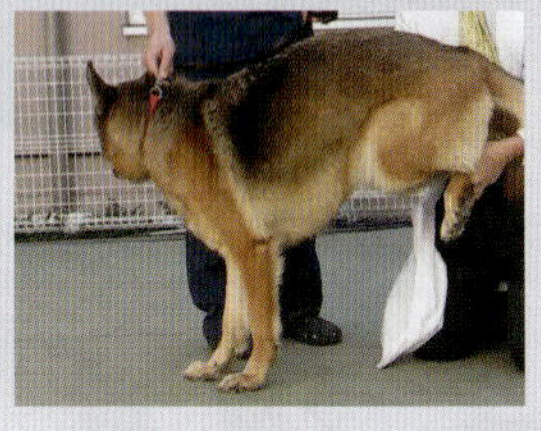

動画 3　ロードシス試験により腰背部痛を誘発させているところ

股関節と膝関節を屈曲させた状態で腰仙椎を背側に反り，第 7 腰椎を圧迫する。この方法で疼痛が誘発されたときには，腰仙椎領域の神経根痛の存在が示唆される。

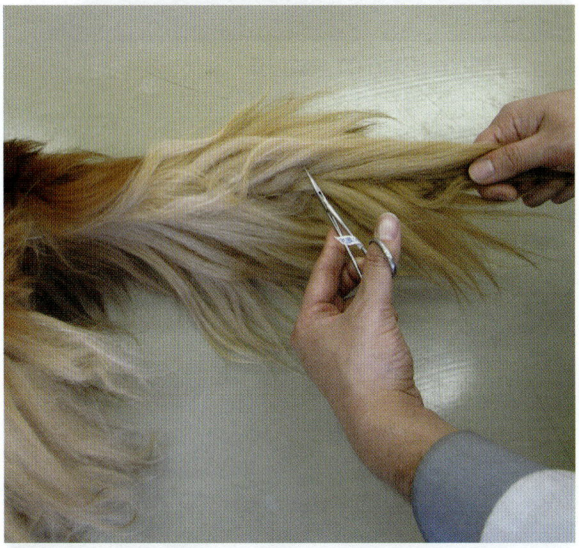

図 8　尾の感覚検査

変性性腰仙椎狭窄症の症例では，尾の感覚の低下もしくは消失が認められることが多い。

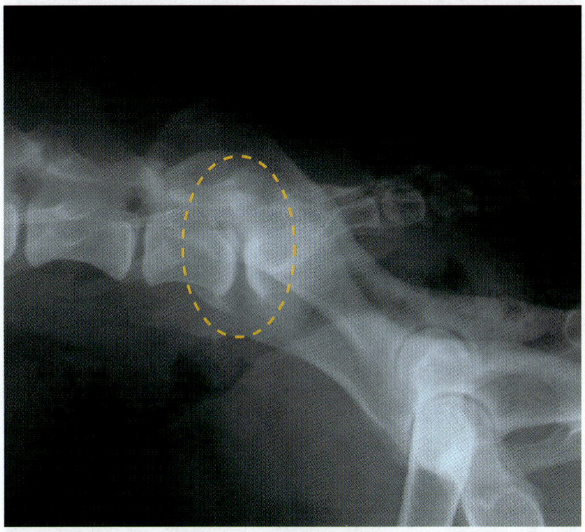

図 9　変性性腰仙椎狭窄症の単純 X 線検査所見

変性性腰仙椎狭窄症の症例では，第 7 腰椎と仙骨の間の骨棘の形成，椎骨終板の硬化像，椎間腔の狭小化または楔状化，椎骨の変位（亜脱臼）といった所見が認められる。

3. 単純 X 線検査

単純 X 線検査は，先天性腰仙椎奇形，脊椎腫瘍，椎骨骨折，腰仙椎脱臼，椎間板脊椎炎といった疾患の存在を診断するのに極めて有効である。また，変性性腰仙椎狭窄症に関する様々な所見も確認することができる。単純 X 線検査は，いずれの施設においても行うことが可能であるため，本疾患を疑ったときには必ず実施することを推奨する。重度の変化のある症例においては，無麻酔で単純 X 線検査を行っても容易に診断することが可能であるが，一般的に変性性腰仙椎狭窄症の症例は大型の活発な犬に多く，正確な診断を行うためには，鎮静または麻酔下で撮影することが推奨されている。

変性性腰仙椎狭窄症の症例では，第 7 腰椎と仙骨の間の骨棘の形成，椎骨終板の硬化像，椎間腔の狭小化または楔状化，椎骨の変位（亜脱臼）といった所見が認められる（図 9）[15, 17, 18, 20]。一部の症例では，椎間板の石灰化や椎間孔の不透過性の亢進といった所見が認められることもある。したがって，中高齢の犬で変性性腰仙椎狭窄症を疑ったときには，これらの所見に特に着目して読影をする。臨床的に症状を認めない症例であっても，このような異常所見を認めることがある。

腰仙椎領域を伸展および屈曲させて撮影するストレス撮影の有効性も一部で報告されている。ストレス撮影を行うことで，椎骨の不安定性による亜脱臼や椎間孔の狭小化を確認することができる。残念なことに，このような撮影を行っても，馬尾の圧迫の有無を正確に評価することはできない。そのため，馬尾の圧迫を明確にするために，脊髄造影検査[10]，椎間板造影検査[18, 20]，静脈造影検査[15, 18, 20]，硬膜外造影検査[15, 18, 20]といった診断法が試みられている。犬の約 80％は腰仙関節部まで硬膜内腔が存在するため，脊髄造影検査が本疾患の診断に有効であると主張している研究者もいる。しかし，腰仙椎関節まで脊髄自体が伸展していないため，脊髄造影検査は変性性腰仙椎狭窄症の確定診断には有効ではないとする研究者の方が多い。現実的には，変性性腰仙椎狭窄症の診断のために脊髄造影検

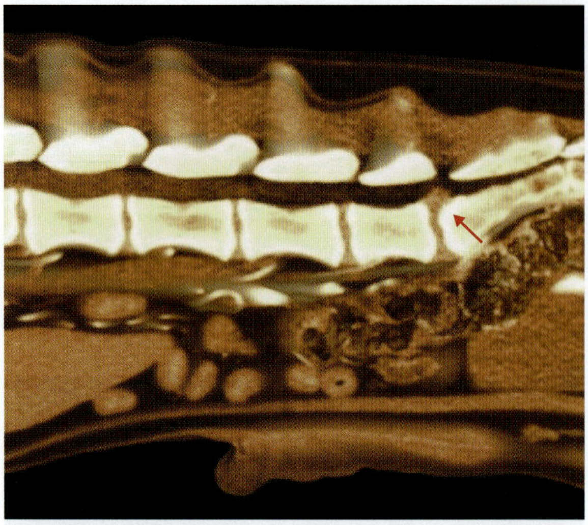

図 10　変性性腰仙椎狭窄症の CT 検査所見
椎間板線維輪の肥厚と脊柱管内への突出（矢印）を認める。

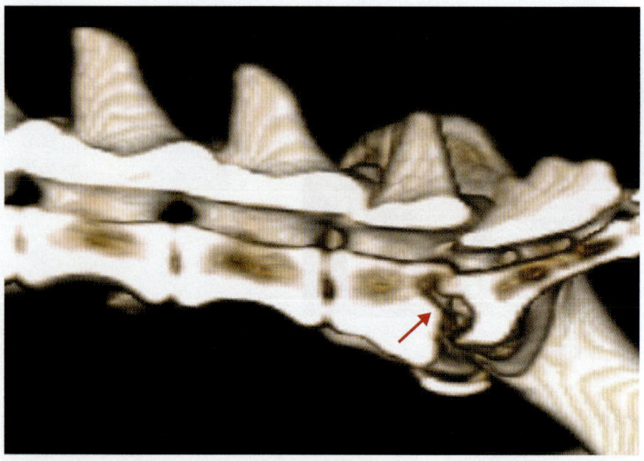

図 11　椎間板脊椎炎の CT 検査所見
第 7 腰椎と仙骨の椎骨終板の骨溶解像（矢印）を認める。

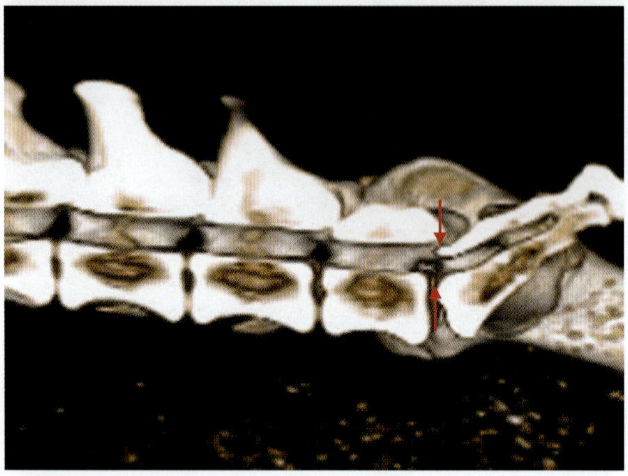

図 12　先天性腰仙椎狭窄症の CT 検査所見
8 カ月齢のジャーマン・シェパード・ドッグが後肢のふらつきで来院した。CT 検査を行ったところ腰仙椎領域の脊柱管の狭窄（矢印）を認めた。

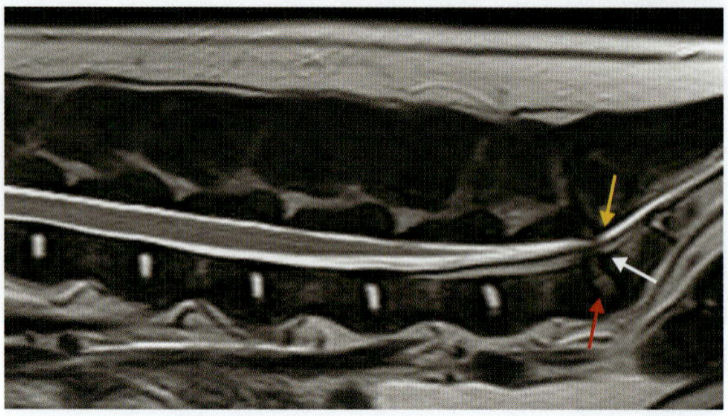

図 13　変性性腰仙椎狭窄症の MRI 検査所見（T2 強調画像）
第 7 腰椎と仙骨の間の椎間板の信号強度の低下（赤矢印），低信号の線維輪による腹側からの馬尾の圧迫（白矢印），低信号の黄色靭帯による背側からの馬尾の圧迫所見（黄矢印）が認められる。

査を行うことは少なく，他の疾患を鑑別したいときにのみ脊髄造影検査を行うのが一般的である[15]。椎間板造影検査と硬膜外造影検査を組み合わせたときの本疾患の診断率は 89％という報告もある。しかし，これらの検査は一般的ではなく，またその判定も困難で熟練を要するため，現在ではほとんど行われていない。

4. CT 検査

CT 検査は，腰仙椎領域の骨格を 3 次元で確認することができるため，より詳細な検査が可能である。特に，変性性腰仙椎狭窄症の診断に重要な，椎孔，椎間孔，関節突起といった部位の解剖学的な変化を様々な角度から観察することができるため，CT 検査は本疾患の診断に有効な手法の 1 つといえる（図 10）。CT 検査は，経関節腰仙椎固定術を行う場合のスクリューの挿入角度を計測することもできるため，術前計画のツールとしても活用することができる。

CT 検査も単純 X 線検査と同様に骨などの硬組織の描出に優れているため，腰仙椎関節の周囲における椎骨骨折，腰仙椎脱臼，椎間板脊椎炎（図 11），原発性脊椎腫瘍といった疾患との鑑別に有効である。さらに，矢状断像や横断像といった画像を利用することで，骨棘，椎間板線維輪，黄色靭帯の馬尾への圧迫の程度も診断することができる（図 10）。CT 検査は，単純 X 線検査では明確にすることができない先天性腰仙椎奇形も，明らかにすることができる（図 12）。変性性腰仙椎狭窄症の症例では，脊柱管や椎間孔の狭小化，関節突起周囲の骨棘の形成，関節包の肥厚，周辺靭帯の肥厚，椎間板の石灰化といったような所見が認められる。しかし，実際には，肥厚した椎間板の線維輪，黄色靭帯，

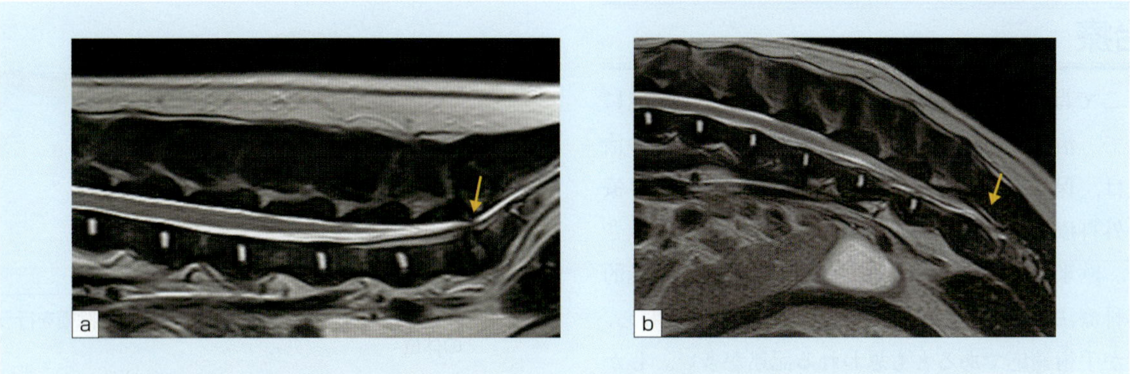

図 14　Dynamic MRI

a：腰仙椎関節の伸展像，b：屈曲像。伸展像と屈曲像で馬尾への圧迫の程度が変化している（矢印）。このような所見が認められたときには，同部位の動的圧迫や不安定性の存在を示唆する。

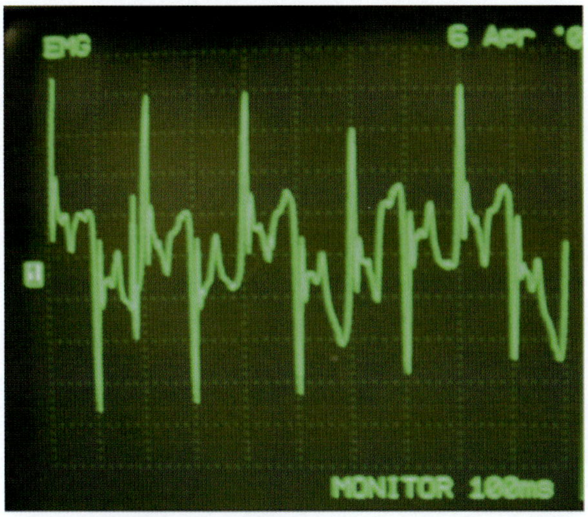

図 15　筋電図検査（EMG）所見

変性性腰仙椎狭窄症の症例で安静時筋電図検査を行うと，坐骨神経領域であるハムストリング筋群や膝関節よりも遠位の筋肉において脱神経性電位を認めることがある。

関節包といった軟部組織による馬尾の圧迫を正確に診断したいときには，MRI 検査が推奨される。

5. MRI 検査

MRI 検査は，脊髄や神経根の描出が可能で，椎間板，黄色靭帯，関節包といった軟部組織の評価を行うこともできるので，変性性腰仙椎狭窄症を疑ったときには，最も推奨される検査法といえる。通常，MRI 検査を行う時には，T1 強調（T1W）画像，T2 強調（T2W）画像，造影 T1 強調（C-T1W）画像を撮像し，それぞれの画像を比較して評価する。馬尾領域では，硬膜内に存在する脳脊髄液（CSF）が診断に影響を及ぼすことがあるので，水分抑制（FLAIR）画像の撮像も有効である。2D-MR myelography または 3D-MR myelography も，馬尾の病変を描出するのに優れており，筆者の施設では可能な限り撮像することにしている。

馬尾の圧迫の有無を評価するためには，矢状断像と横断像が有効である。変性性腰仙椎狭窄症の典型例では，T2W 画像にて第 7 腰椎と仙骨の間の椎間板の信号強度の低下，低信号の線維輪による腹側からの馬尾の圧迫，低信号の黄色靭帯による背側からの馬尾の圧迫といった所見が認められる（図 13）。また，腰仙椎領域を伸展または屈曲させて MRI を撮像することで，動的圧迫や不安定性の有無を診断することが可能である（図 14）[1, 18]。動的圧迫の有無を診断することは外科手術の術式を選択するうえでの参考となるので，可能であれば伸展位と屈曲位で撮像して評価を行うべきである。MRI 検査を行うことで，椎間板ヘルニア，脊髄腫瘍，末梢神経鞘腫といった他の神経疾患との鑑別も行うことができる。

6. その他の検査

変性性腰仙椎狭窄症による末梢神経障害を検出するために EMG の有効性が示されている[10, 15]。MRI 検査で腰仙部に圧迫性病変が認められた場合に，それが坐骨神経の機能に影響を及ぼしているか否かを判定するときに EMG は有効である。変性性腰仙椎狭窄症の症例で安静時筋電図検査を行うと，坐骨神経に支配されている筋肉において脱神経性電位 denervational potential を認めることがある（図 15）[12]。本疾患を鑑別するときには，坐骨神経の末梢神経伝導速度，誘発電位，F 波，脛骨神経刺激性体性感覚誘発電位の測定も有効である[10, 12]。これらの異常は，LMNS を示唆し，坐骨神経領域に選択的に認められたときには本疾患を鑑別リストに挙げる必要がある。尾の体性感覚誘発電位の測定も試みられており，馬尾領域の疾患により特異的な方法として紹介されている[13]。

治療

ここでは，臨床上最も多い変性性腰仙椎狭窄症に絞って，治療法を概説する。変性性腰仙椎狭窄症の治療法は，保存療法と外科療法に大別される[12)]。保存療法と外科療法は，一般的に臨床症状に基づいて選択される。欧米の神経病学の成書では，早期からの積極的な外科療法が紹介されていることが多い[15)]。すなわち，全例が手術適応であるとも思われる記述が多い。しかし，背部の知覚過敏のみの症状で，運動機能障害が認められない症例に対し，積極的な外科手術を行うべきか否かは，実際の臨床現場では悩ましい。このような症例では，多くの獣医師が保存療法を選択するのが現実であろう[12)]。

1．保存療法

知覚過敏のみで運動機能障害を認めない症例に対しては，非ステロイド性消炎鎮痛剤(NSAIDs)を中心とした疼痛管理が第1選択となる[12)]。このようなときには，メロキシカム(メタカム®，ベーリンガーインゲルハイム ベトメディカ ジャパン株式会社)，カルプロフェン(リマダイル®，ゾエティス・ジャパン株式会社)といったCOX-2高選択性NSAIDsや，フィロコキシブ(プレビコックス®，日本全薬工業株式会社)やロベナコキシブ(オンシオール®，ノバルティス アニマルヘルス株式会社)といったCOX-2阻害薬を用いることができる[12)]。保存療法の効果は2週間ごとに評価し，最低4～8週間は運動制限を実施する[12, 18, 20)]。運動制限を行う期間は一定しておらず，3～4カ月間の運動制限を行っている施設もある。運動制限期間中も，肢の機能を維持するために，病変部位に負担のかからない程度の短時間の散歩やリハビリテーションを行うべきである。その他には，ビタミンB製剤や抗酸化剤も併用されることが多い[12)]。ステロイドの使用には議論の余地があるが，神経根痛に対しては有効なことを経験する機会が多い。したがって，NSAIDsで疼痛管理が行えない症例においては，ステロイドの一時的な使用も考慮する[12)]。そのときには，プレドニゾロン(0.25～1.0 mg/kg, SID)を中心に使用する。ステロイドの投与を行うときには，NSAIDsとの併用は推奨されない。知覚過敏に加え，軽度の歩行不全が認められた症例においても，まずは2週間の保存療法が選択されることが多い。変性性腰仙椎狭窄症の約半数が，保存療法で改善したという報告もある[19)]。しかし，このような保存療法を適用しても症状が改善しないときや，悪化傾向を示したときには，なるべく早期に外科手術を考慮する。症状が重症化してから外科療法を行うと，症状の改善が遅くなったり治療に反応しなくなったりする傾向があり，術後管理に苦慮することが多い。このような背景から，重度の歩行異常が認められる症例においては，積極的に外科療法を選択した方が得策である[12)]。膀胱機能障害を伴う8歳以上の症例や，臨床症状が長期化している症例では，外科療法を行っても反応性が悪いという報告もある[20)]。

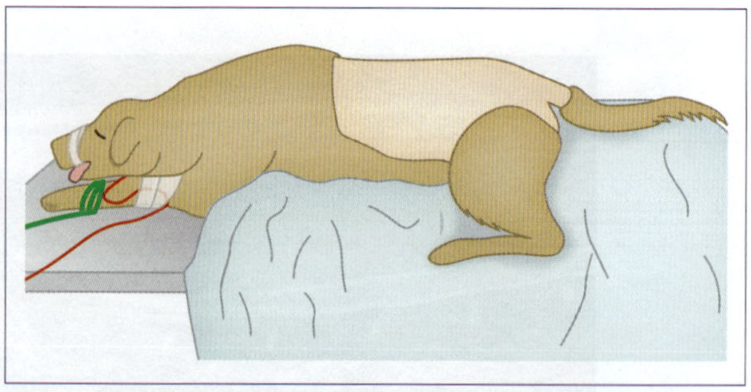

図16　変性性腰仙椎狭窄症の症例で背側椎弓切除術を行うときの体位

2．外科療法

外科療法としては，第7腰椎と仙骨の間で背側椎弓切除術 dorsal laminectomy を行うことにより，圧迫の原因となる黄色靭帯，硬膜管，線維輪を除去する方法が，最も一般的に行われている[12, 15, 18)]。椎間孔において神経根への圧迫が存在する場合には，片側椎弓切除術 hemilaminectomy，関節突起切除術 facetectomy，椎間孔拡大術 foraminotomy が選択される[12, 15, 17, 19, 20)]。馬尾周辺の硬膜の線維化が認められたときには，切開して神経根を解放する方法も推奨されている[10)]。一方で，この部位の造窓術は一般的ではない[10)]。両側の椎間孔において神経根圧迫が存在する例では，両側関節突起切除術を適用することが報告されているが[15)]，推奨していない研究者もいる[17)]。これらの減圧術単独で，約70～80％の症例が改善すると報告されている[19)]。このように減圧術単独でも高い成功率が得られることから，減圧術のみしか行わない専門医が多いようである。

背側椎弓切除術を行うときには，股関節をやや屈曲させるようにして保定する(図16)。このような保定を行うことで，腰仙椎関節の背側を開くことができ，良好な視野を得ることができる。第5腰椎の棘突起の辺りから，仙骨尾側にかけて背側正中切開をする(図

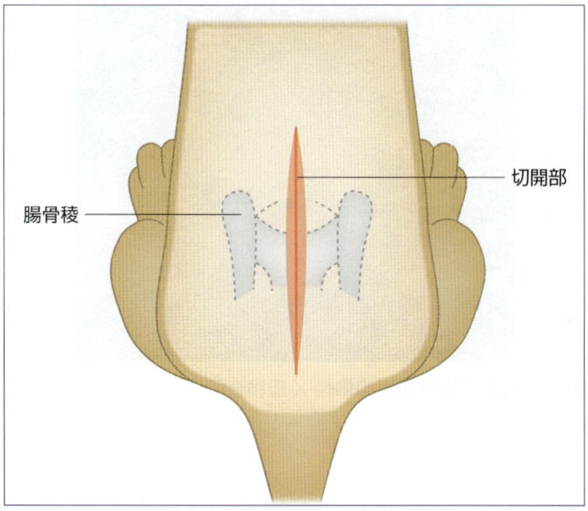

図 17　腰仙椎領域で背側椎弓切除術を行う際の切皮ライン
切皮ラインを赤線で示す。

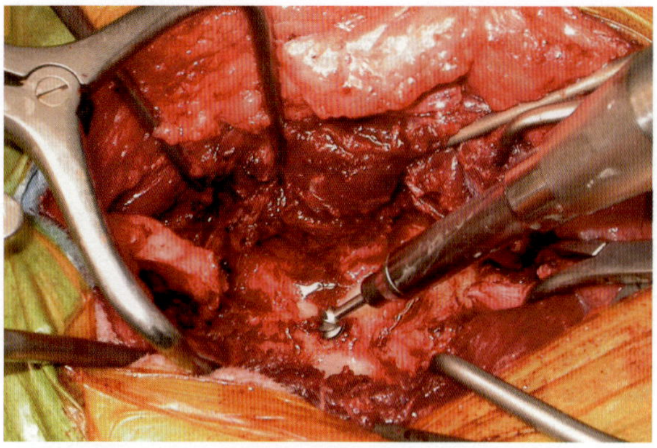

図 18　棘突起および背側椎弓の切削
第 7 腰椎と仙骨の背側椎弓板を露出した後に，ロンジュールで第 7 腰椎と仙骨の棘突起を切除する。次いで，ラウンドバーを用いて背側椎弓を削っていく。

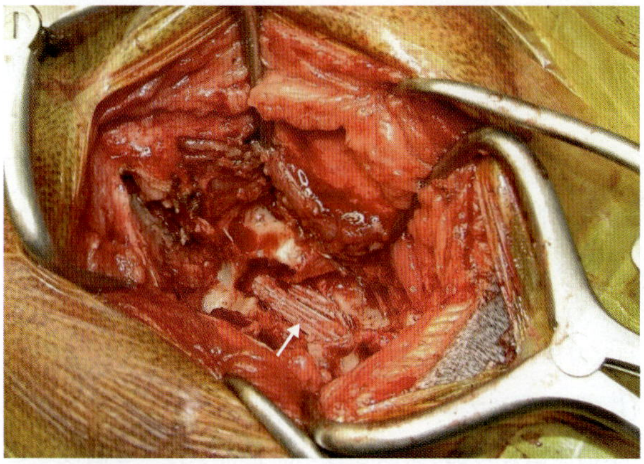

図 19　馬尾の露出
肥厚した黄色靭帯と背側椎弓を切除すると，馬尾を露出することができる（矢印）。

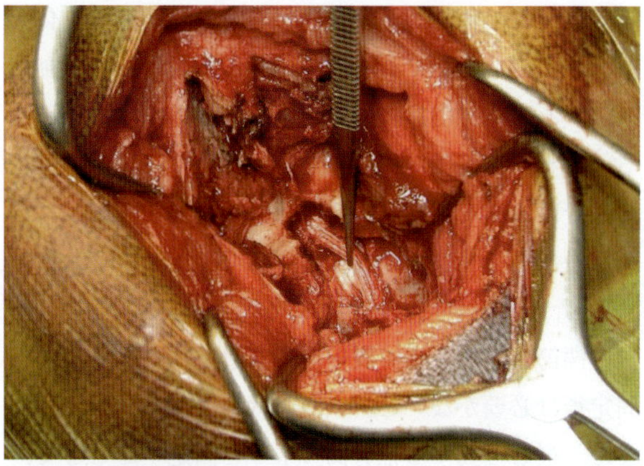

図 20　椎間板線維輪の露出
馬尾を左または右に牽引すると，簡単に椎間板の線維輪を露出することができる。

17）。腰仙筋膜を正中で切開した後に，骨膜起子を用いて腰多裂筋や内背側仙尾筋などを棘突起から剥離していき，第 7 腰椎と仙骨の背側椎弓板を露出する。脊柱の左右は，関節突起が完全に露出するレベルまで筋肉を剥離する。次いで，ロンジュールを用いて第 7 腰椎と仙骨の棘突起を切除する。左右の関節突起の位置を確認しながら，ラウンドバーを用いて背側椎弓を削っていく（図 18）。このときに，バーが穿孔して神経根を巻き込まないように，細心の注意を払って背側椎弓を削る。肥厚した黄色靭帯（椎弓間靭帯）をメスで切開すると，脂肪組織に囲まれた馬尾を露出することができる（図 19）。神経鈎などを利用して馬尾を左または右に牽引すると，簡単に椎間板の線維輪を露出することができる（図 20）。術前の画像診断または術中に椎間板線維輪の膨隆を確認したら可能な限り切除し，髄核物質が脱出していた場合にはそれを除去する。最後に椎間孔を確認して，神経根を圧迫しているような所見が認められたときには，必要に応じて椎間孔拡大術を行う。馬尾の解放が十分になされたら，出血の有無を確認してから閉鎖する。筋肉を閉鎖する前に，背側椎弓切除を行った部位に局所止血剤または遊離脂肪片を載せ，馬尾周囲における線維性瘢痕膜の形成を予防する。筋肉，皮下織，皮膚は常法どおりに閉鎖する。

動的な圧迫や不安定性が存在している症例において，関節固定術を併用するか否かは議論中である[1, 12, 19]。それは，関節固定術の術後に長期の成績を考察した論文が少ないからである[10]。**関節固定術**には，第 7 腰椎と仙骨の関節突起をスクリューで固定する経関節固定術と，第 7 腰椎の椎体と仙骨または腸骨翼をスクリューと骨セメントで固定する支持固定術がある。腰仙椎関節を伸展させたときに亜脱臼が生じる症例や，持続的な疼痛と神経異常が認められる症例において関節固定

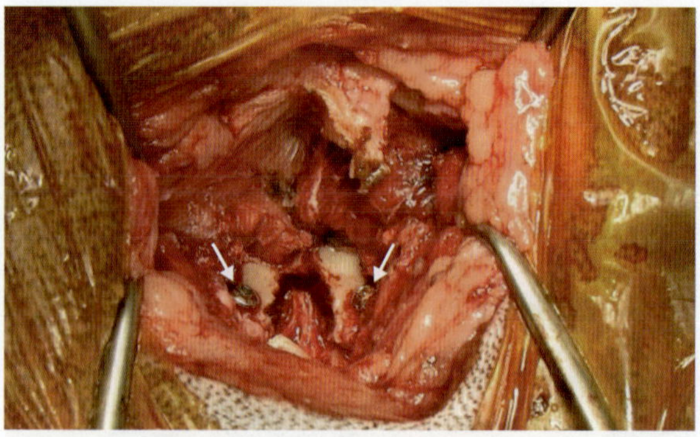

図21　経関節固定術
第7腰椎と仙骨間にある関節突起の関節面を処理した後に，同関節を皮質骨スクリューで固定する。

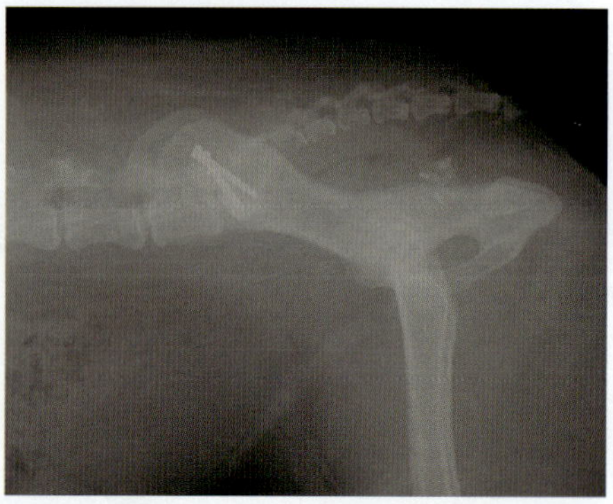

図22　経関節固定術後の単純X線検査所見
皮質骨スクリューにより第7腰椎と仙骨の関節突起が固定されている。

術が適用されると記載している成書が多いが[10]，残念なことに，これらの明確な適用基準は確立していない。筆者は，この領域の不安定性が本疾患の病態の主体となっていると考えているので，画像診断において動的圧迫のある症例では経関節固定術を併用することにしている[12, 18]。経関節固定術を行うときには，第7腰椎と仙骨間にある関節突起の関節面を処理した後に，同関節を皮質骨スクリューで固定する（図21，図22）。しかし，たとえ動的な圧迫があったとしても，他の部位での関節突起切除術で脱臼が生じないことから，関節固定術は必要がないという研究者も少なくない[12, 15, 20]。また，最も可動する椎骨間の1つを固定することで，他の部位に影響が生じる懸念も指摘されている[19]。確かにいえることは，変性性腰仙椎狭窄症に対する多くの術式が存在しているが，いまだ最適な方法は確定していない[12, 18]，ということである。今後は，大規模の前向きな研究が行われてエビデンスが構築されれば，一定の見解が見いだされるであろう。

リハビリテーション

変性性腰仙椎狭窄症の症例に対するリハビリテーションは，腰仙椎関節の疼痛の緩和，後肢の固有位置感覚の改善，不全麻痺の改善，協調性のある歩行の獲得，二次的な筋肉の張りの改善，ハムストリング筋群の萎縮を予防または最小限にするといった目的で行う[2]。

疼痛管理には，温度療法（寒冷療法または温熱療法），経皮的末梢神経電気刺激療法 transcutaneous electrical nerve stimulation（TENS），マッサージ療法，低反応レベルレーザー治療，超音波療法などが有効である[2]。筋萎縮の改善に対しては，他動的関節可動域訓練 passive range of motion（PROM），神経筋電気刺激 neuromuscular electro stimulation（NMES），運動療法，ハイドロセラピー（水治療法）が有効である[2]。関節可動域の維持および改善には，屈伸運動，モビライゼーション，マニピュレーション，ストレッチ，運動療法，ハイドロセラピー（水治療法），カバレッティレールなどが有効である[2]。起立不能な症例で起立を促すための神経刺激として，強制または補助起立，マッサージ療法，PROM，NMESが行われている。起立が可能となったら，歩行ができるようになるまでが，最もリハビリテーションが力を発揮する部分である。補助歩行，カートセラピー，バランス運動，ハイドロセラピー（水治療法），運動療法を行い，正常歩行へと回復させていく。これらのリハビリテーションは，適確な内科管理や外科療法を行ったうえでの，あくまでも補助療法であることを認識して行うことが重要である。

背部痛のみで神経異常が軽度の症例に対しては，保存療法が選択されることが多い。このような症例では，突出した線維輪や肥厚した靭帯によって神経根が刺激され，さらなる神経根の浮腫を生じて症状を悪化させることがないように，活発な運動は避けるべきである[2]。このような犬では，線維輪が十分に治癒するまで厳格な運動制限が必要となる。この期間は，ジャンプや地面を蹴るような激しい運動は控えるべきである。これらの運動制限期間中であっても，マッサージ療法，PROM，屈伸運動，温度療法，物理療法といった負荷のかからないリハビリテーションは行うべきである。症状の悪化がなければ，発症3～8週間後くらいから引き紐での散歩を開始して，徐々に運動レベルを上げていく[2]。

手術を行った症例においても，少なくとも4～6週間の運動制限が推奨されている。外科手術後の運動制限期間中であっても早期から負荷の少ないリハビリテーションを開始する。筆者の施設では，手術の翌日からリハビリテーションを開始している。手術1～3日後までは，寒冷療法，マッサージ療法，PROMを行い，不全麻痺の症例では5分程度の補助起立を行う[2)]。それ以外の時間は，厳格な運動制限を行う。手術4日～2週間後の期間には，温熱療法やTENSといった疼痛管理が有効である[2)]。その他には，マッサージ療法，屈伸運動，PROMも行い，症例によっては短時間の補助歩行訓練を行うことも可能である。バランス運動や体重移動といった姿勢反応の回復のためのリハビリテーションも効果的である。大切なことは，常に腰仙椎部を保護して行うことである。手術3～8週間後からは，引き紐での散歩を開始して，徐々に運動の活動性を上げていく。この時期には，ハイドロセラピー(水治療法)やカバレッティレールといった運動療法も実施可能である。ハイドロセラピー(水治療法)とカバレッティレールは，特に屈筋を刺激するのに有効であるため，変性性腰仙椎狭窄症の症例ではこれらの運動療法を行うことが推奨されている[2)]。

予後

変性性腰仙椎狭窄症と診断し，オーナーへ治療についてのインフォームド・コンセントを行うときには，予後についての情報を把握しておくべきである。画像診断により認められる圧迫の程度は，症状の重症度とも外科手術後の予後とも関連性がないと報告されている[13)]。したがって，画像で得られた圧迫の程度は重要ではなく，やはり神経症状の重症度によって予後が大きく左右される。疼痛のみで神経症状がない症例では，ほとんどが予後良好である[3, 11, 13)]。背側椎弓切除術を行った場合の1年後の機能回復率は，78～93%と報告されている[3, 10, 13)]。使役犬において，背側椎弓切除術を行った後に正常の仕事に復帰した割合は，88例中67例とかなり高い[10)]。

術後の予後と明らかに関連があるのは，尿失禁の有無といわれている[13)]。尿失禁が発症してから6週間以上経過した場合，または便失禁のある場合では，背側椎弓切除術後の予後が悪いと報告されている[10, 13)]。2回目の手術を行った症例も，良好な予後が期待できない[10)]。筆者の経験では，背側椎弓切除術の術前に起立できない症例は，術後に起立することができないか，起立までに長期間を要することが多い。実際に，重度の麻痺と尿失禁を伴う8歳以上の症例は，予後注意または不良であるという報告がある[7)]。したがって，麻痺が重度な場合にも術後の成績が悪いということをオーナーに伝えるべきである。保存療法と外科療法の適用基準，関節固定術が必要か否かについてはいまだ議論が必要であると思われるが，エビデンスが構築されれば一定の見解が見いだされるであろう。

おわりに

変性性腰仙椎狭窄症は，大型の中高齢犬で認められる神経疾患であるが，来院件数の割合から勘案するとそれほど多い疾患ではない。また，好発犬種では加齢に伴う後肢の整形外科疾患も多いため，責任疾患である変性性腰仙椎狭窄症を見逃してしまうことも少なくない。さらに，変性性腰仙椎狭窄症の初期の段階では，神経学的検査で異常を認めないことが多い。このような背景から，実際に変性性腰仙椎狭窄症を疑う症例に遭遇したときには，教科書どおりに診断および治療が展開できないため，多くの獣医師が困惑する。

そのような状況を最小限にするためには，本疾患に関する知識を十分にもっておく必要がある。そのような点に配慮して，本章では，変性性腰仙椎狭窄症に関する最新知見と，日常の臨床現場でも活用できる現実的な診断法および治療法について概説とした。

［枝村一弥］

■参考文献

1) Bargly RS. Lumbosacral disease: Is there instability? Proceedings 2005 ACVS Veterinary Symposium. 2005, pp365-366.

2) Bockstahler B, Levine D, Millis LD. Essential Facts of Physiotherapy in dogs and cats: Rehabilitation and Pain Management. BE Vet. Babehausen. DE. 2004.

3) Chambers JN. Results of treatment of degenerative lumbosacral stenosis in dogs by exploration and excision. *Vet Comp Orthop Traumatol.* 3: 130-133, 1988.

4) Danielsson F, Sjostrom L. Surgical treatment of degenerative lumbosacral stenosis in dogs. *Vet Surg.* 28(2): 91-98, 1999.

5) De Risio L, Sharp NJ, Olby NJ, et al. Predictors of outcome after dorsal decompressive laminectomy for degenerative lumbosacral stenosis in dogs; 69 cases (1987-1997). *J Am Vet Med Assoc.* 219(5): 624-628, 2001.

6) Hurov L. Laminectomy for treatment of cauda equina syndrome in a cat. *J Am Vet Med Assoc.* 186(5): 504-505, 1985.

7) Linn LL, Bartels KE, Rochat MC, et al. Lumbosacral stenosis in 29 military working dogs: epidemiologic findings and outcome after surgical intervention (1990-1999). *Vet Surg.* 32(1): 21-29, 2003.

8) Morgan JP, Bahr A, Franti CE, Bailey CS. Lumbosacral transitional vertebrae as a predisposing cause of cauda equina syndrome in German shepherd dogs: 161 cases (1987-1990). *J Am Vet Med Assoc.* 202(11): 1877-1882, 1993.

9) Rossi F, Seiler G, Busato A, et al. Magnetic resonance imaging of articular process joint geometry and intervertebral disk degeneration in the caudal lumbar spine(L5-S1) of dogs with clinical signs of cauda equina compression. *Vet Radiol Ultrasound.* 45(5): 381-387, 2004.

10) Sharp NJH, Wheeler SJ, et al. Lumbosacral disease. In: Small animal spinal disorders, 2nd ed. 2005, pp181-195.

11) Watt PR. Degenerative Lumbosacral stenosis in 18 dogs. *J Small Anim Pract.* 32(3): 125-134, 1991.

12) 枝村一弥. 変性性腰仙椎狭窄症(馬尾症候群)の臨床例. *Info Vets.* 12(11): 13-20, 2009.

13) 齋藤弥代子. 変性性腰仙椎狭窄症. *Info Vets.* 12(11): 4-7, 2009.

14) 佐々木基樹, 山田一孝, 早川大輔ら. 馬尾領域の局所解剖. *Tech Mag Vet Surg.* 11(4): 6-20, 2007.

15) 菅沼常徳訳. 馬尾症候群. In: Slatter DS. 佐々木伸雄, 高橋貢監訳. スラッター小動物の外科手術. 文永堂出版. 東京. 2000, pp1185-1186.

16) 田中亜紀訳. 脊髄疾患. In: Nelson RW, Couto CG. 長谷川篤彦, 辻本元監訳. Small Animal Internal Medicine, 3rd ed, 下. インターズー. 東京. 2005, pp1059-1087.

17) 田中茂男訳. 頭蓋および脊椎. In: Denny HR. 田中茂男監訳. 犬と猫の整形外科手術指針. キリカン洋行. 東京. 1999, pp 95-156.

18) 徳力幹彦監訳. Dr. Bagleyのイヌとネコの臨床神経病学. ファームプレス. 東京. 2008.

19) 原 康. 馬尾症候群に対する外科的治療. *Tech Mag Vet Surg.* 11(4): 46-58, 2007.

20) 原 康訳. 馬尾症候群. In: Fossam TW. 若尾義人, 田中茂男, 多川政弘監訳. Small animal surgery, 2nd ed, 下. インターズー. 東京. 2003, pp1394-1400.

21) 望月公子監訳. イヌの解剖学. 学窓社. 東京. 1985.

D

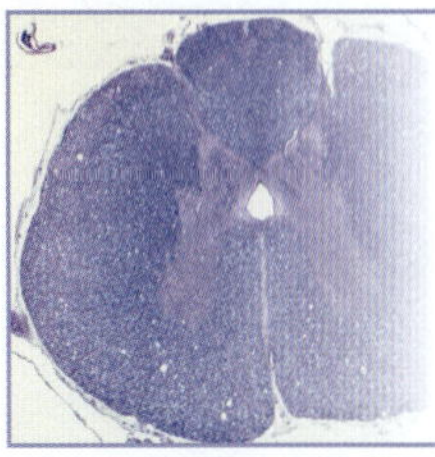

28. 変性性脊髄症

はじめに

変性性脊髄症 degenerative myelopathy（DM） は，特定の大型犬種に発生する疾患として40年ほど前から報告があるが，本邦ではまだそれほど聞き慣れない病名かもしれない。DMの好発犬種は大型犬が多いため，国内での発生が比較的少なく，現在までに知名度はあまり高くなかった。しかし，近年**ウェルシュ・コーギー・ペンブローク**（以下，ウェルシュ・コーギー）での発症が増えており，本邦ではウェルシュ・コーギーで好発する疾患として認識されはじめている。

DMはゆっくりと進行する疾患であり，発症後約3年で死に至る。診断においては，椎間板ヘルニアとの鑑別が特に重要である。DMは手術適応ではないため，椎間板ヘルニアと診断して手術をした場合は，術後も症状が進行し，その後四肢麻痺，呼吸筋麻痺，死亡へと経過してしまう。そのため，発症後早期の正しい診断が非常に大切である。現在のところ，DMに対する有効な治療法はないが，新しい治療法に関する研究は進んでおり，数年以内には何らかの変化がもたらされるのではないかと思われる。

本章では，DMの臨床症状の特徴，診断の進め方，現在推奨される治療法を解説する。特に，本邦で発生が増加しているウェルシュ・コーギーのDMに焦点を当て解説する。

病因

DMは，痛みを伴わない慢性進行性の後肢の不全麻痺から前肢の麻痺，そして呼吸筋麻痺へと進行する疾患で，ジャーマン・シェパード・ドッグに好発する疾患として，1973年にAverillにより初めて報告された[1]。その原因については現在までに様々な説が唱えられている。進行性軸索変性説[8]，免疫介在性疾患説[3,16,17]，遺伝性疾患説[5]，代謝性疾患説[9]（ビタミンE欠乏，ビタミンB_{12}欠乏，メチオニン欠乏）などが提唱されているが，いずれも確定的な結論には至っていない。

最も注目すべき報告は，2009年に米国・ミズーリ大学のチームが行った研究成果[2]である。この研究では，ウェルシュ・コーギーを含めDMに罹った犬では，**スーパーオキシドジスムターゼ1（*SOD1*）遺伝子**に変異があることが明らかにされた。DMに罹ったウェルシュ・コーギーでは，変異型ホモ接合体を有することが知られている。変異*SOD1*遺伝子が病態発生に深くかかわっていると考えられているが，詳細な病態メカニズムは明らかにされていない。何らかの進行性の変化により脊髄，特に胸腰髄移行部を中心として，脱髄と神経細胞および軸索の脱落を生じ，特徴的な臨床症状を引き起こしていると考えられている。

ヒトにおいて，*SOD1*遺伝子の変異は筋萎縮性側索硬化症（ALSまたはルー・ゲーリッグ病）という神経変性疾患を引き起こすことが知られている[15]。DMの臨床像がALSと類似する部分が多い点はとても興味深い。

疫学

1. 好発犬種

DMの好発犬種は，ジャーマン・シェパード・ドッグ，ボクサー，ラブラドール・レトリーバー，ローデシアン・リッジバック，チェサピーク・ベイ・レトリーバー，シベリアン・ハスキーなどの大型犬種であるが，ミニチュア・プードルでの発生も報告されている[1,4,13,14]。筆者は経験がないが，コリーやバーニーズ・マウンテン・ドッグにも発症が報告されている。さらに近年，ウェルシュ・コーギーでの報告が多く，欧米では注目を浴びている[6,12]。本邦では大型犬の飼育頭数が欧米と比べ少なく，現在までにDMの報告は少ないが，ウェルシュ・コーギーでの発生は間違いなく増加している。

Video Lectures 初期症状

動画1 後肢の運動失調の様子
初期症状(前半)。後肢の運動失調のために後肢の運び方に変化が現れる。
また，このイヌのように両後肢が交差することがある。

動画2 両後肢の不全麻痺が進行
初期症状(後半)。両後肢の不全麻痺が進行し，体重負重が困難となる。
歩行中に腰が横に倒れることがある。

2. 発症年齢，性差

発症年齢は犬種により異なる。好発犬種である大型犬(ジャーマン・シェパード・ドッグやボクサーなど)での発症年齢は，一般的に5歳以上(平均約8歳)であるといわれている[1, 5, 8]。これに対し，ウェルシュ・コーギーの好発年齢は約10歳である[6]。いずれの犬種においても，性差はないと報告されている。

臨床症状

1. 初期症状

最初に現れる症状は，ほぼ例外なく**後肢の運動失調**であり，通常どちらか一方の肢から発症する。運動失調は歩行時の肢の運びの変化，特に肢のスイングフェーズの開始遅延として現れることが多いため，「正常時よりも大股で歩く」という印象を受ける。また，肢のスイングが外側へ回転するような軌跡を描いたり，間欠的に両後肢が交差したりする(動画1)。観察力の鋭いオーナーであればこれらの変化に気付くであろう。しかし，これらの症状は非常にゆっくりと現れ，進行も遅いため，この時期のオーナー(恐らく獣医師も)の問題意識は低い傾向にある。DMの症状の特徴の1つは**痛みを伴わない**ということであり，後述する診断において非常に重要な所見である。痛みを伴わないため，しばらくの間，日常的な生活への支障はあまり出ない。このこともオーナーの問題意識が低くなる要因となっているかもしれない。

片側からはじまった後肢の運動失調はその後両後肢でみられるようになり，歩行時のふらつきや起立時の後肢の開脚(特に滑りやすい床上において)などの症状が顕著となる。恐らくこの時期に動物病院を受診することが多いであろう。その後，不全麻痺へと進行する。不全麻痺が進行すると後肢での体重負重がさらに困難となり，ふらつきが進み，歩行時の爪の擦過音が明らかになる。また歩行中に時折，腰が横に倒れることが増える(動画2)。

2. 中期～末期症状

次いで，後肢への体重負重が不可能となり，後肢を引きずって移動するようになる。この時期の初期には後肢の随意運動は残っているが(つまり引きずりながらも後肢をバタバタと動かすことが可能)(動画3)，次第に随意運動は消失し，完全に脱力した後肢を引きずるようになる(動画4)。多くのオーナーは，後肢の症状は日によって良化したり悪化したりすると訴える。

その後，症状は前肢に出現する。歩行時における前肢の動きの異常が最初の症状であるが，次第に前肢への体重負重が難しくなり，起立困難，起立不能になっていく。後肢と同様に初期は前肢の随意運動は認められるが，その後，随意運動は消失する(動画5)。一般的に，前肢の症状の進行は後肢の場合よりも早い。また，尿失禁と便失禁をするようになることもある。

前肢の異常に続くのが呼吸の異常である。最初は呼吸のリズムが不整となり，次第に呼吸障害が強く現れるようになる。この時期には発声への影響が出ることもある。声が変わる，かすれるといった症状である。その後，間もなくして犬は死亡する。DMだけを患っている犬では，意識や知能は最後まで障害されることはない。全病期を通して痛みが出ることはない。

Video Lectures 中期〜末期症状

動画 3　後肢による起立は不能ながらも随意運動は残っている様子
中期症状(前半)。後肢による起立は不可能となるが，後肢の随意運動は残っている。

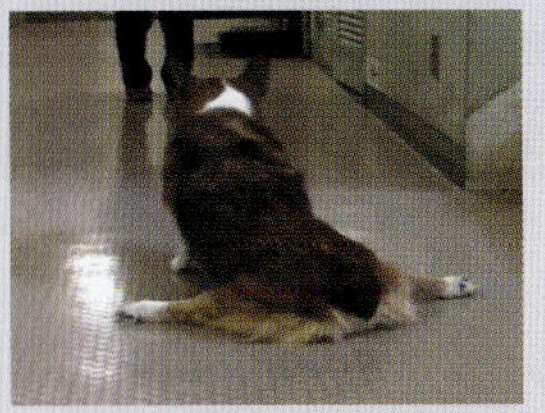

動画 4　後肢の随意運動が完全に消失した様子
中期症状(後半)。後肢の随意運動は完全に消失する。

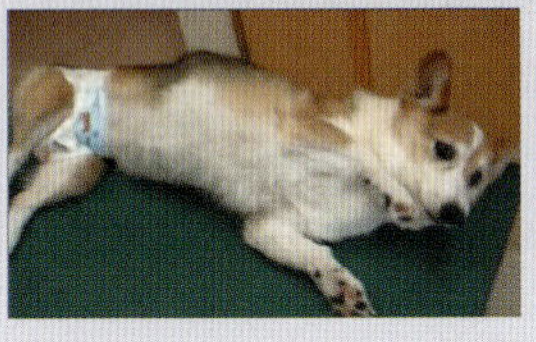

動画 5　四肢の随意運動が消失し横臥状態となった様子
末期症状。四肢の随意運動は消失し，横臥状態となる。
(動画提供：エンジェル動物病院　長谷川眞先生)

3. 進行性

DMの症状の進行性は，一般的に大型犬(ジャーマン・シェパード・ドッグやボクサー)の方が中型犬(ウェルシュ・コーギー)よりも早いといわれている。大型犬では，通常発症後6〜12カ月で起立不能となり，その時点で安楽死が選択されることが多い(少なくとも米国では)。そのため，その後の経過についてはあまりよく知られていない。

一方，ウェルシュ・コーギーの場合，オーナーによる罹患犬のケアが長期にわたり可能であることが多いため，生存期間は大型犬よりも長い。ある研究では，安楽死になった症例における発症後の期間の中央値は19カ月と報告されている[6]。この報告では，安楽死を選択しなかった場合，3年前後の生存が可能であるとされているが，他の報告も含め，症状の進行性と死期については詳しく調べられていない。

DM好発犬種の中で，本邦ではウェルシュ・コーギーの飼育頭数が比較的多い。近年DM発症例が増えているため(十数年前のウェルシュ・コーギーブームで飼われはじめた犬がちょうど10歳前後になったためと思われる)，筆者はウェルシュ・コーギーにおけるDMの臨床経過を調査している。経過を追っている29症例(雄16症例，雌13症例)のウェルシュ・コーギーについて症例の年齢と症状の進行性を図1に示した。これらの症例は全て特徴的な臨床症状を示し，脊髄の画像診断と遺伝子検査によりDMと疑われた症例である。

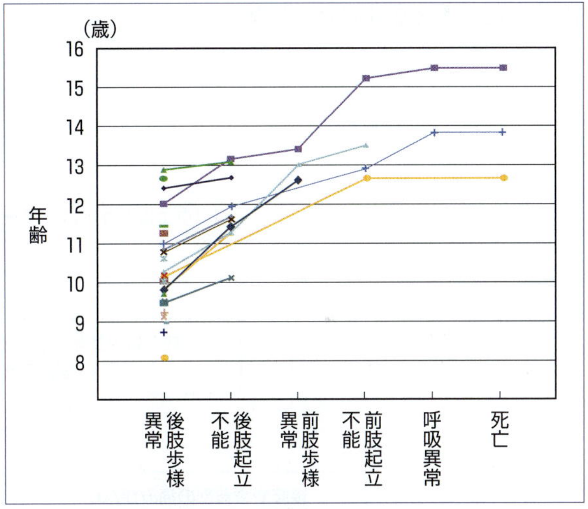

図1　変性性脊髄症(DM)が疑われたウェルシュ・コーギー29症例の臨床経過

発症年齢は平均10歳4カ月齢(範囲：8歳〜12歳11カ月齢)であり，全ての症例で後肢の運動失調が初発症状であった。後肢が起立不能となったのは，平均11歳10カ月齢(範囲：10歳1カ月齢〜13歳2カ月齢)であり，発症後平均11カ月(範囲：2カ月〜1年8カ月)であった。前肢の歩様異常が出現したのは，平均13歳(範囲：12歳7カ月齢〜13歳5カ月齢)であり，発症後平均2年4カ月(範囲：1年5カ月〜2年10カ月)であった。前肢が起立不能となったのは，平均13歳7カ月齢(範囲：12歳8カ月齢〜15歳3カ月齢)であり，発症後平均2年9カ月(範囲：1年11カ月〜3

年3カ月)であった。呼吸障害が出現したのは，平均14歳(範囲：12歳8カ月齢～15歳6カ月齢)であり，発症後平均2年11カ月(範囲：2年6カ月～3年6カ月)であった。全ての症例は呼吸障害の出現後，1カ月以内に死亡した。症例の年齢と症状の経過を表1にまとめた。

診断

現在のところDMに特異的な生前診断法はない。したがって，診断は複数の検査結果を総合的に解釈して行われるべきである。診断に用いられるのは，臨床症状，神経学的検査，画像診断(X線検査，コンピュータ断層撮影〔CT〕検査，磁気共鳴画像〔MRI〕検査など)，脳脊髄液(CSF)検査，および*SOD1*遺伝子検査である。診断の大まかな流れを図2に示した。現在のところ確定診断は，病理組織学的検査によってのみ可能である。他の疾患がない限り，全血球計算と血液生化学検査には異常は認められない。

1．臨床症状

DMの診断において，臨床症状は非常に重要な情報である。臨床症状の詳細はすでに述べたとおりだが，特に「痛みがない」，「慢性進行性である」という病歴はDMを強く疑う根拠となる。発症から間もない場合は，他の疾患との鑑別が必要となる。好発大型犬種に

表1　変性性脊髄症(DM)の症例における年齢と症状の経過

	範囲	平均
後肢歩様異常	8歳～12歳11カ月齢	10歳4カ月齢
—	—	—
後肢起立不能	10歳1カ月齢～13歳2カ月齢	11歳10カ月齢
発症後	2カ月～1年8カ月	11カ月
前肢歩様異常	12歳7カ月齢～13歳5カ月齢	13歳
発症後	1年5カ月～2年10カ月	2年4カ月
前肢起立不能	12歳8カ月齢～15歳3カ月齢	13歳7カ月齢
発症後	1年11カ月～3年3カ月	2年9カ月
呼吸障害	12歳8カ月齢～15歳6カ月齢	14歳
発症後	2年6カ月～3年6カ月	2年11カ月
死亡	12歳8カ月齢～15歳6カ月齢	14歳
発症後	2年6カ月～3年6カ月	2年11カ月

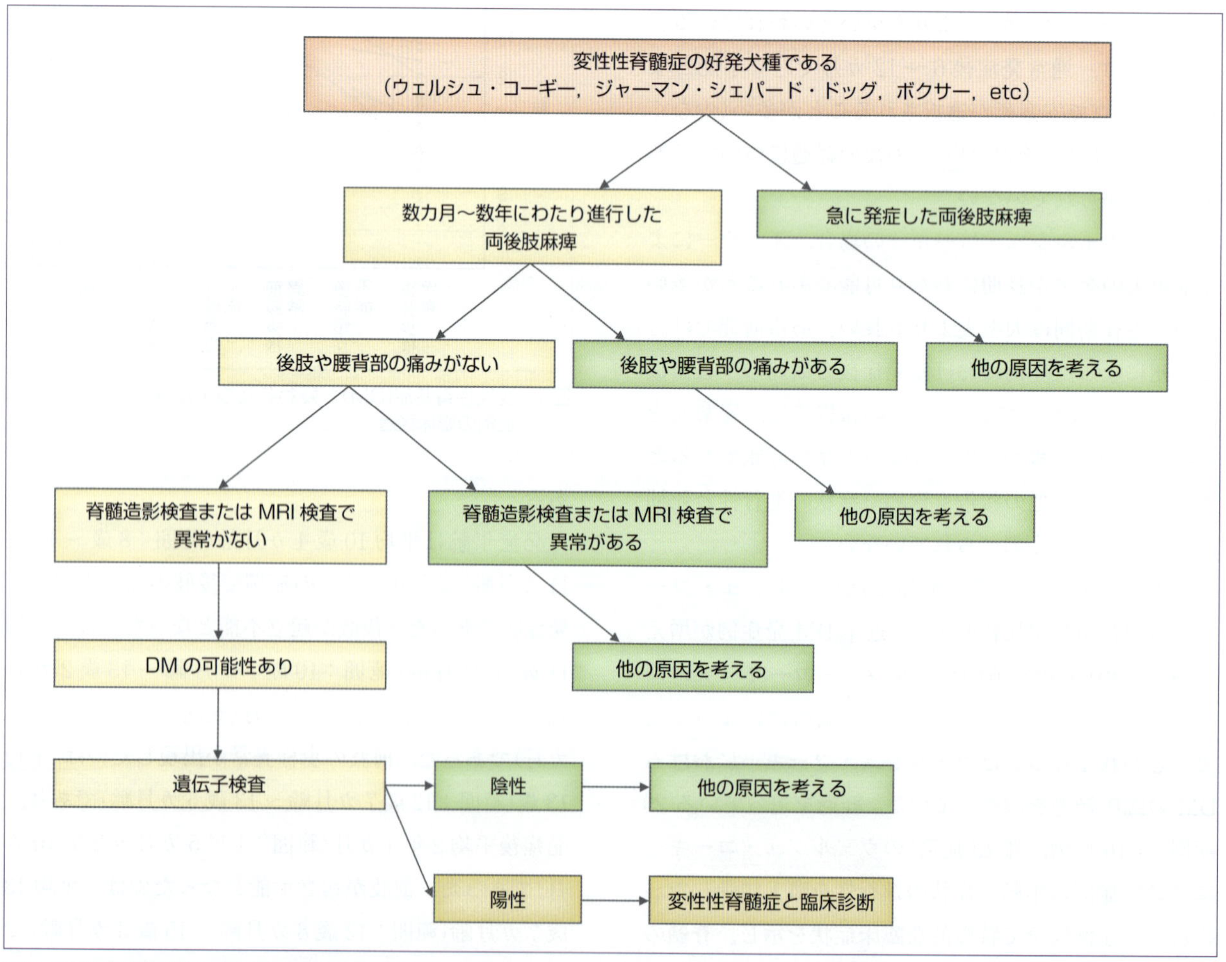

図2　変性性脊髄症(DM)の診断フローチャート

おいては，膝関節，股関節，腰仙椎における骨格系の異常との鑑別は特に重要である。大型犬とウェルシュ・コーギーを含む他の好発犬種では，後肢の進行性の運動失調や麻痺の原因となり得る椎間板ヘルニア（特にHansen Ⅱ型）や腫瘍性疾患（硬膜外腫瘍，硬膜内・髄外腫瘍，髄内腫瘍），炎症性疾患（髄膜炎，脊髄炎），脊髄くも膜嚢胞，変性性腰仙椎狭窄症との鑑別も必要である。DMとの鑑別が必要な主な疾患を表2にまとめた。

ウェルシュ・コーギーにおいて特に注意したいのが，Hansen Ⅱ型椎間板ヘルニアとの鑑別である。ウェルシュ・コーギーではDMの発症年齢は約10歳であるが，MRI検査を行うと，この年齢のウェルシュ・コーギーでは約半数でHansen Ⅱ型椎間板ヘルニア（症候性，無症候性を含めて）が見つかる。また，DMとHansen Ⅱ型椎間板ヘルニアの両疾患が同時に存在することも珍しくはない。このような場合，どちらが臨床症状の主原因となっているかを判断することが重要であるが，これは必ずしも容易ではない。Hansen Ⅱ型椎間板ヘルニアによる脊髄圧迫の程度と臨床症状の重篤度，痛みの有無，ステロイドによる試験的治療に対する反応性などの情報を基に判断するのがよいであろう。特に，手術適応かどうかの判断は慎重に行う必要がある。冒頭にも述べたが，椎間板ヘルニアの手術後，DMの症状が進行し，最終的に死亡するというのはオーナーにとっても，獣医師にとっても避けたいシナリオである。

ウェルシュ・コーギーにはHansen Ⅰ型椎間板ヘルニアも認められるが，通常は痛みを伴い，発症は急性であり，また比較的若い時期に発症するのが特徴であるので，鑑別は可能であろう。

2．神経学的検査

他の神経疾患へのアプローチと同様に，観察，歩様検査，姿勢反応，脊髄反射，脳神経検査などの神経学的検査を実施する。歩様検査においては，すでに述べたように病期により前後肢の運動失調や不全麻痺～麻痺が認められる。四肢の脊髄反射は初期には正常に存在する。後肢の脊髄反射（特に膝蓋腱〔四頭筋〕反射）は，正常である場合もあれば亢進している場合もある。一方で，約半数の症例において膝蓋腱（四頭筋）反射は低下または消失しており，一様ではない。これは脊髄腰膨大部の神経根にも様々な程度の病変が及んでいるからであると考えられている[6)]。

表2　変性性脊髄症（DM）の鑑別診断リスト

椎間板ヘルニア
腫瘍性疾患（硬膜外腫瘍，硬膜内・髄外腫瘍，髄内腫瘍）
炎症性疾患（髄膜炎，脊髄炎）
脊髄くも膜嚢胞
股関節と膝関節の骨関節疾患
馬尾症候群（変性性腰仙椎狭窄症）

後肢の姿勢反応は初期に低下，中期以降は消失していることが多い。初期は両前肢の脊髄反射および姿勢反応は正常であることから，T3～L3髄節領域の病変が疑われる。病期が進行すると四肢の脊髄反射は低下～消失する。DM以外の疾患がない場合は，脊椎全域にわたる触診と圧迫刺激による検査において，知覚過敏や疼痛反応は認められない。意識レベル，行動，知能は死亡するまで正常である。

3．画像診断

DMに罹患した犬の脊髄には脱髄病変，神経細胞および軸索の脱落，グリオーシスなどが認められるが，これらの変化は画像診断で捉えることはできない（将来的には可能になるかもしれない）。したがって，画像診断の目的は鑑別診断が必要な他の疾患の除外である。必要に応じて，股関節，膝関節，頚椎，胸腰椎，腰仙椎のX線撮影などを行い，これらの検査から脊髄疾患が疑われる場合は，さらに脊髄造影検査，CT検査，またはMRI検査などを実施する。純粋にDMだけに罹っている犬では，これらの検査に異常は認められないはずである。

末期のDM症例においては，脊髄の萎縮が起きると報告されている[10)]。これらの症例では，脊髄造影検査（X線検査，CT検査）やMRI検査において脊髄の萎縮所見が得られるかもしれない。

4．脳脊髄液（CSF）検査

CSF検査により感染性疾患や炎症性疾患の除外を行う。DM単独であれば，CSF検査の結果は正常であるが，蛋白濃度は上昇していることがある。フリーラジカルによる脊髄への酸化ストレスがDMの病態発生に関与しているという仮説に基づき，いくつかのバイオマーカーが研究されているが，現在までにDMに特異的なマーカーの発見には至っていない[6)]。

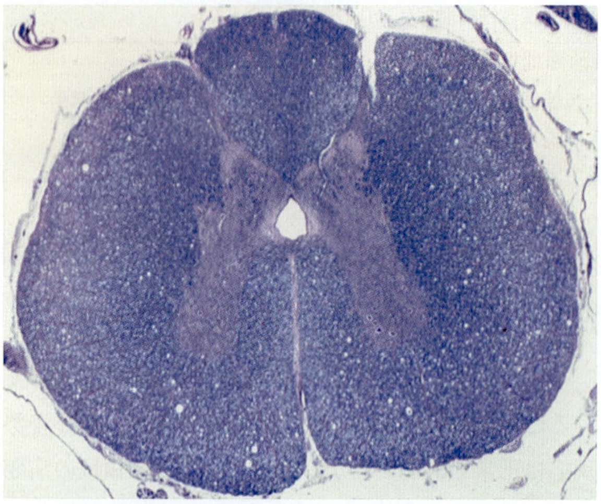

図3　変性性脊髄症(DM)の症例(ジャーマン・シェパード・ドッグ)の第12胸髄横断面，弱拡像，Luxol fast blue 染色

この症例では側索および腹索に軸索の脱落が顕著に現れている。

5．*SOD1* 遺伝子検査

DMに罹った犬では，*SOD1* 遺伝子の変異(変異型ホモ接合体)が認められる[2)]。しかし，遺伝子変異が認められても，必ずしも発症するとは限らない。変異型ホモ接合体をもつ犬のうち，どのくらいの犬でDMを発症するかはまだわかっていないため，遺伝子検査だけではDMの診断は不可能である。ただし，遺伝子変異がない場合(正常型ホモ接合体)にはDMは発症しないので，検査が陰性であればDMの除外診断が可能である。興味深いことに，ヘテロ接合体保有の犬の脊髄には軽度ではあるが，DMに特徴的な病理組織学的所見が認められる[2)]。一般的にヘテロではDMは発症しないと考えられているが，最近の報告では，非常にまれではあるものの，発症した例があると報告されている[7)]。

筆者が現在までに調べたウェルシュ・コーギーの *SOD1* 遺伝子検査の結果から，本邦のウェルシュ・コーギーにおける遺伝子変異保有率は相当に高いことが予想される。したがって，今後は発症と関連のある他の因子について解明する必要がある。ただ，これらの検体は，各種検査を終え，DMと仮診断を受けたウェルシュ・コーギーもしくはDMが鑑別診断に含まれる症例である。繁殖目的や子犬の検査，またはウェルシュ・コーギー以外の犬種の検査は行っていない。そのような目的で検査を希望する場合は米国の検査機関(Orthopedic Foundation for Animals；http://www.offa.org/dnatesting/dm.html，2014年12月現在)に依頼することができる。

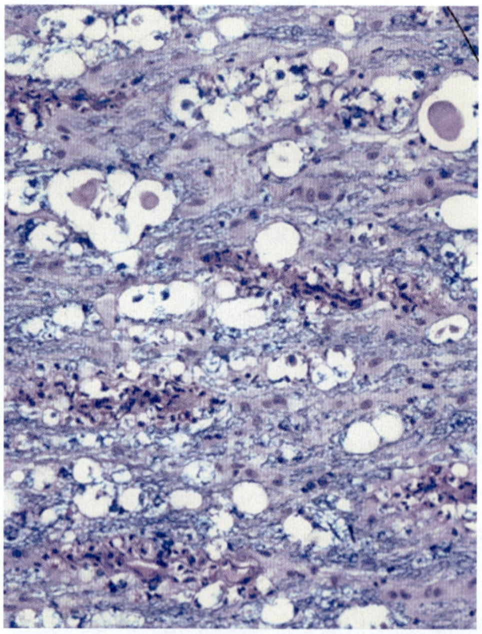

図4　変性性脊髄症(DM)の症例(ジャーマン・シェパード・ドッグ)の第12胸髄横断面，強拡像，Luxol fast blue 染色

軸索の膨化と脱落が認められ，星状膠細胞(アストロサイト，アストログリア)が散見される。

6．病理組織学的検査

現在のところ，DMの確定診断を行うには病理組織学的検査が必要である。犬種を問わず，特徴的な病変は白質病変であり，最も重度な病変は尾側胸髄(第12胸髄付近)を中心に認められる(図3，図4)。経過の長い症例においては，同様な病変が腰髄および頚髄に拡大して認められる。白質病変は脊髄の背索，側索および腹索に広範囲に認められ，症例により多少のバリエーションがあるが，ウェルシュ・コーギーにおいては側索の背外側部が最も重度であると報告されている[2, 12)]。白質病変の認められる部位には，グリオーシスが存在する。これらの部位では髄鞘(ミエリン)の膨化，軸索の膨化と脱落，脱髄が観察される。また，マクロファージによる変性した軸索や髄鞘の貪食像も観察されることがある。

治療

残念ながら，現在のところDMの根本的な治療法はない。治療の目的は筋肉の衰えを予防し，病態の進行を遅らせることである。治療は，薬剤療法，サプリメント，理学療法，日常生活のケアからなる。

1．薬剤療法，サプリメント

神経変性疾患において，酸化ストレスは病態の進行に深く関与していると考えられているため，抗酸化作用を有するビタミン類やサプリメントは病態の進行予防に効果があるかもしれない。ステロイドは効果がないので使用していない。

2. 理学療法

理学療法はDMの治療において最も重要な要素である[11)]。歩行可能であるうちは，積極的に散歩をしてもらい後肢の筋肉の萎縮をできるだけ予防する。散歩の長さや回数は厳密には決まっていないが，1日2～3回，各20～30分程度が実施可能な運動量であろう。水泳は非常に有効なリハビリテーションである(安全のために必ず犬用ライフジャケットを装着する)。水中歩行は，犬が地面では体重負重ができない場合でも浮力により歩行を助けるので，有効なリハビリテーションである。水中トレッドミルやプールを利用してこれらのリハビリテーションを行うことが可能である。水泳，水中歩行，水中トレッドミルでのリハビリテーションは1回20～30分，週1回程度が推奨される(ただし，犬の負担が少ないようであれば，頻度を上げても問題はない)。自力での起立や歩行が困難になってきたら，犬用カート(車イス)を装着することにより散歩が可能となる。カートを付けての散歩は後肢のリハビリテーションにもなるので，発病後，わりと早期から装着することも病期の進行予防に有効かもしれない。

以上の治療やリハビリテーションと同時に，自宅では四肢，背部，腰部の筋肉のマッサージを行う。マッサージは筋肉を揉みほぐすように行い，また前後肢の屈伸運動も行う。これらの目安は1日2～3回，各10分程度である。

3. 日常的なケア

日常的なケアはとても大切である。弱った前後肢に対して肥満はよくない。肥満である場合は適正体重となるように早めの減量が必要である。散歩やリハビリテーションを行う際，後肢を引きずることがあり，このことにより爪や指先を地面で擦り剥いてしまう。予防のためにスリング，犬用の靴，靴下などで肢先の保護をする。

排尿や排便の問題は病期の末期に，時折出てくる問題である。ペット用おむつにより尿失禁，便失禁に対応することが必要となるかもしれない。

起立や体位変換ができなくなった犬は，褥瘡を起こすことがある。柔らかい素材の敷物を使う，ときどき体位を変えてあげるなどをして，褥瘡を予防する。

おわりに

本章では犬のDMについて概説した。本邦では特にウェルシュ・コーギーに多発しており，我々獣医師がこれから真剣に取り組んでいかなければいけない疾患の1つである。遺伝性疾患である可能性が高いため，今後はブリーダーも含めた取り組みが必要となると思われる。

本章で繰り返し述べたように，なるべく早期の診断が重要である。特に椎間板ヘルニアとの鑑別と，手術適応の判断は慎重に行わなければならない。同時に病態解明に向けた研究も急務である。DMはヒトのALSとの類似点も多く，獣医学・医学のコラボレーションにより2つの難病の克服へ向けたブレークスルーがもたらされるかもしれない。

［神志那弘明］

■謝辞

当研究室で行っている研究は，多くの先生方にご協力をいただいている。特に，麻布大学の齋藤弥代子先生，鹿児島大学の大和 修先生，岩手大学の佐々木淳先生，おざわ動物病院の小澤 剛先生およびスタッフの先生方，エンジェル動物病院の長谷川眞先生，坂田動物病院の坂田郁夫先生と矢田奈緒子先生に深謝する。

■参考文献

1) Averill DR, Jr. Degenerative myelopathy in the aging German Shepherd dog: clinical and pathologic findings. *J Am Vet Med Assoc.* 162(12): 1045-1051, 1973.

2) Awano T, Johnson GS, Wade CM, et al. Genome-wide association analysis reveals a SOD1 mutation in canine degenerative myelopathy that resembles amyotrophic lateral sclerosis. *Proc Natl Acad Sci U S A.* 106(8): 2794-2799, 2009.

3) Barclay KB, Haines DM. Immunohistochemical evidence for immunoglobulin and complement deposition in spinal cord lesions in degenerative myelopathy in German shepherd dogs. *Can J Vet Res.* 58(1): 20-24, 1994.

4) Bichsel P, Vandevelde M, Lang J, Kull-Hachler S. Degenerative myelopathy in a family of Siberian Husky dogs. *J Am Vet Med Assoc.* 183(9): 998-1000, 965, 1983.

5) Braund KG, Vandevelde M. German Shepherd dog myelopathy--a morphologic and morphometric study. *Am J Vet Res.* 39(8): 1309-1315, 1978.

6) Coates JR, March PA, Oglesbee M, et al. Clinical characterization of a familial degenerative myelopathy in Pembroke Welsh Corgi dogs. *J Vet Intern Med.* 21(6): 1323-1331, 2007.

7) Coates JR, Zeng R, Johnson GC, et al. SOD1-associated canine degenerative myelopathy: a progress report. American College of Veterinary Internal Medicine Forum, Anaheim, CA, p330.

8) Griffiths IR, Duncan ID. Chronic degenerative radiculomyelopathy in the dog. *J Small Anim Pract.* 16(8): 461-471, 1975.

9) Johnston PE, Knox K, Gettinby G, Griffiths IR. Serum alphatocopherol concentrations in German shepherd dogs with chronic degenerative radiculomyelopathy. *Vet Rec.* 148(13): 403-407, 2001.

10) Jones JC, Inzana KD, Rossmeisl JH, et al. CT myelography of the thoraco-lumbar spine in 8 dogs with degenerative myelopathy. *J Vet Sci.* 6(4): 341-348, 2005.

11) Kathmann I, Cizinauskas S, Doherr MG, et al. Daily controlled physiotherapy increases survival time in dogs with suspected degenerative myelopathy. *J Vet Intern Med.* 20(4): 927-932, 2006.

12) March PA, Coates JR, Abyad RJ, et al. Degenerative myelopathy in 18 Pembroke Welsh Corgi dogs. *Vet Pathol.* 46(2): 241-250, 2009.

13) Matthews NS, de Lahunta A. Degenerative myelopathy in an adult miniature poodle. *J Am Vet Med Assoc.* 186(11): 1213-1215, 1985.

14) Miller AD, Barber R, Porter BF, et al. Degenerative myelopathy in two Boxer dogs. *Vet Pathol.* 46(4): 684-687, 2009.

15) Rosen DR, Siddique T, Patterson D, et al. Mutations in Cu/Zn superoxide dismutase gene are associated with familial amyotrophic lateral sclerosis. *Nature.* 362(6415): 59-62, 1993.

16) Waxman FJ, Clemmons RM, Hinrichs DJ. Progressive myelopathy in older German shepherd dogs. II. Presence of circulating suppressor cells. *J Immunol.* 124(3): 1216-1222, 1980.

17) Waxman FJ, Clemmons RM, Johnson G, et al. Progressive myelopathy in older German shepherd dogs. I. Depressed response to thymus-dependent mitogens. *J Immunol.* 124(3): 1209-1215, 1980.

D

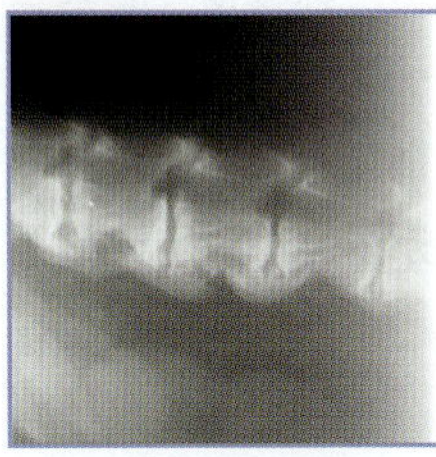

29. 変形性脊椎症

はじめに

今日，獣医療の高度化に伴い神経疾患に対する関心は高まっており，DAMNIT-V 分類に沿って多くの疾患が認識されている。その中で**変形性脊椎症 spondylosis deformans** は，日々の診療の中で最も遭遇する機会の多い疾患の1つであると思われる。変形性脊椎症は**非炎症性変化**で，椎体終板周囲から**骨増殖**が発生する。それは，極めて小さなものから，重度に進行したものでは椎体間にブリッジを形成するものまで認められる(図1)[7, 10]。1960年代には，犬[3, 9]，猫[3, 13]，牛[1]において骨増殖体による椎体間のブリッジ形成が報告されており，その病態について多くの議論がなされてきた。今日では，変形性脊椎症は重要な臨床症状を示すことが極めてまれなため，偶発的に見つかることが多く，発見されたとしてもあまり問題視されていない。

そこで本章では，日常ではあまり注目することの少ない変形性脊椎症について，過去の報告を整理しながら述べる。

疫学

変形性脊椎症は，全ての年齢において認められ，高齢なほど発生率が高く，10歳以上の犬では何らかの程度の変形性脊椎症を有している[3, 4, 6, 10, 11, 13]。また，性別や体重による発生率の差は認められない[6, 10, 11]。

1．好発犬種

好発犬種として，ボクサー，ジャーマン・シェパード・ドッグ，コッカー・スパニエル，エアデール・テリ

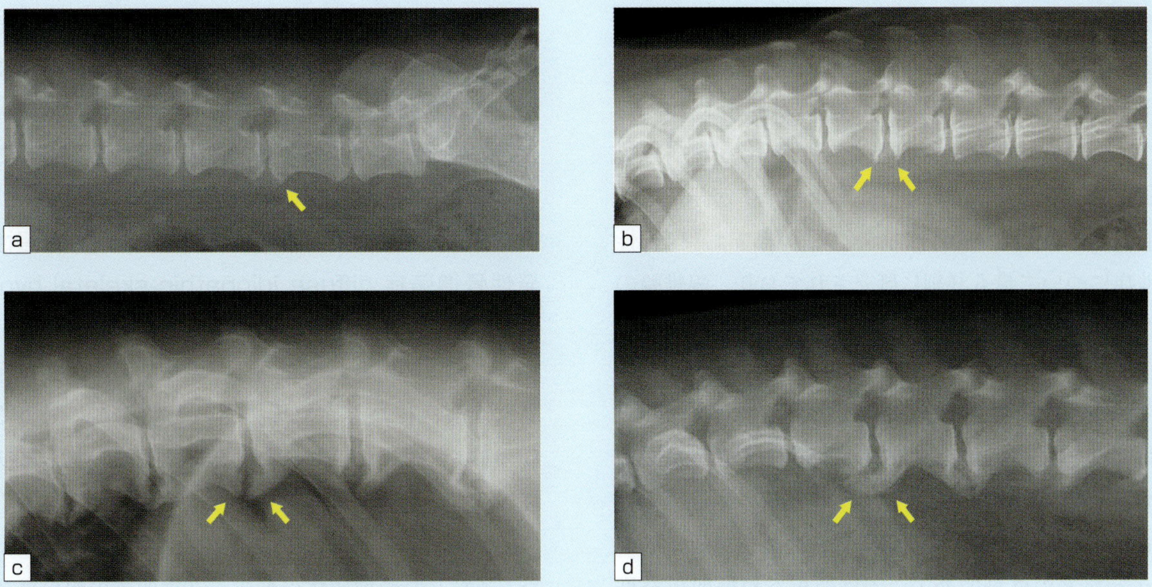

図1 変形性脊椎症の分類

変形性脊椎症は様々な程度のものが存在する。Morgan らは骨増殖体の程度によって以下の4タイプに分類している[9]。
a：小さな骨棘(骨増殖体)が形成される(矢印)。
b：椎間腔の両側に骨増殖体が認められる(矢印)。
c：骨増殖体が椎間腔の直下まできている(矢印)。
d：骨増殖体により前後の椎体が癒合しているようにみえる(矢印)。

ア，シェットランド・シープドッグが知られており，大型犬に多い傾向にある[2-5, 9, 10]。一方で，ダックスフンドでは，変形性脊椎症の発生が少ないという報告がある[7, 16]。しかしこれは，犬が小型になるほど椎体や骨増殖体が小さくなり，病変部を確認することが困難になるためと考えられている。同様に大型犬での発生率が高い傾向にあるのも，犬が大型になるほど椎体や骨増殖体も大きくなり，病変部を認識しやすくなることによるのかもしれない。

2. 好発部位

犬における好発部位は，第 11 胸椎より尾側とされている[16]。アメリカ，イギリス，スウェーデンの犬を対象とした調査では，第 2－3 腰椎間と第 7 腰椎－第 1 仙椎間において最も多く発生するとされている[9]。雌のビーグルを対象とした別の研究では，第 1 ～ 6 腰椎までの区間と第 6－7 頚椎間において好発すると報告されている[8]。また，猫では第 8 胸椎を好発のピークとして，頭尾側にいくにしたがい低い発生率となっていく[16]。

病態生理

変形性脊椎症の発生原因には多くの説が唱えられていたため，その病因により変形性脊椎症 spondylitis deformans，骨化変形性脊椎炎 spondylitis ossificans deformans，脊椎関節炎 spondylarthritis，強直性脊椎炎 ankylosing spondylitis，骨化性靱帯炎 syndesmitis ossificans などといった様々な名称が使用されており[7]，その多くが炎症性疾患を連想させる呼び方であった。しかし，Morgan らは，骨増殖体が非炎症性に形成されることを報告した[9]。この報告は，変形性脊椎症について最も詳細に研究されており，線維輪の変性後に骨増殖体が非炎症性に形成される変化を変形性脊椎症と定義している。

変形性脊椎症における骨増殖体は，不安定になった椎間板腔を安定させるために形成される[6, 7, 9]。椎間腔が不安定になる要因としては，①椎間板の変性，②半側椎骨などの先天性椎骨奇形，③椎間板造窓術 fenestration などの外科的介入，④椎間板炎や椎間板脊椎炎，⑤骨折や脱臼，などが挙げられる。しかし，真の変形性脊椎症は椎間板の変性に起因して徐々に骨増殖体が形成されるものであり，急性に発生する椎間腔の不安定性に続発する骨増殖体は，変形性脊椎症とは別に考えられるべきであるとされている[6, 7, 9, 16]。

医学領域における変形性脊椎症は，線維輪の肥大と髄核の変性に起因するとされている[6]。一方，獣医学領域では，加齢とともに線維輪と椎体終板を固定している線維が疲弊することで線維輪が側方や腹側に引き伸ばされ，軽度の椎間板突出を起こすことにより，骨増殖体が形成されると考えられている[4, 6, 9]。変形性脊椎症の原因となるこれらの変化は，Hansen Ⅱ型椎間板ヘルニア に類似していると考えられる。しかし，変形性脊椎症と椎間板ヘルニアの関連については多くの研究が行われてきたが，明確な答えは出ていない。近年の研究では，変形性脊椎症と椎間板ヘルニアは必ずしも同時に発生しておらず，また，椎間板ヘルニアを発症している個体と他の神経疾患を発症している個体との比較では変形性脊椎症の発症数やその程度に有意な差は認められなかったと報告されている[6]。また，線維輪の変性があるからといって必ずしも骨増殖体は形成されず，さらに線維輪の変性の程度と骨増殖体の大きさとの間に相関関係はないとされている[7, 9]。一方で Levine らは，変形性脊椎症と Hansen Ⅱ型椎間板ヘルニアとの間には相関関係があることを示唆している[6]。また，変形性脊椎症と Hansen Ⅰ型椎間板ヘルニアとの間に相関関係は認められないとされているが[6]，これは前述したダックスフンドに変形性脊椎症の発生が少ないということの要因の 1 つかもしれない[6]。

以上のことから，変形性脊椎症は，線維輪と椎体終板を繋ぐ線維が緩むことにより線維輪が変性し，Hansen Ⅱ型椎間板ヘルニアに類似した軽度の椎間板突出が側方および腹側に形成されることにより，椎間板腔が不安定となり，骨増殖体が非炎症性に形成される疾患であるといえる。

脊柱に激しい骨増殖体を伴う疾患として，**び漫性特発性骨増殖症 diffuse idiopathic skeletal hyperostosis（DISH）**が挙げられる（図 2）。医学領域においても原因は特定されておらず，糖尿病，高尿酸血症，異常脂質血症などが原因であると考えられている。DISH は脊柱の縦靭帯の骨化を特徴とし，さらにび漫性に全身の靭帯，腱，関節包なども骨化する[12, 14-17]。医学領域における DISH は，①少なくとも 4 椎体間にわたる連続した骨増殖体の形成，②椎間腔の幅の維持，③椎間関節と仙腸関節は骨増殖体を形成しない，と定義されている[14, 16, 17]。一方，獣医学領域における報告では，脊柱のみの骨化であり，その他の全身的な骨化については触れられていない[12, 15, 16]。現在においても，

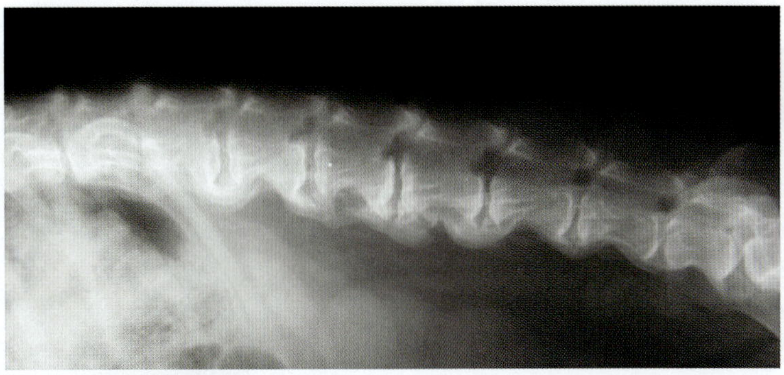

図２　び漫性特発性骨増殖症（DISH）
DISHでは，骨増殖体が腰椎全域にわたり形成されている。骨増殖体が発達しているにもかかわらず，椎間腔の幅は比較的保たれている。

脊柱に連続する重度の骨増殖体が認められた場合，DISHと診断されることが多いが，これは医学領域でいう，強直性脊椎肥厚症 ankylosing spinal hyperostosis（ASH），前縦靱帯骨化症 ossification of anterior longitudinal ligament（OALL），後縦靱帯骨化症 ossification of posterior longitudinal ligament（OPLL）などといった疾患に分類されるのかもしれない[17]。

臨床症状

変形性脊椎症が認識された当初は，神経症状を呈する症例において高頻度に骨増殖体が認められたため，臨床的に重要であると考えられ，麻痺や不全麻痺の鑑別診断に含まれていた[7]。また，骨増殖体による脊髄や神経根の圧迫，脊柱靭帯の緊張に起因する疼痛が報告されているが，変形性脊椎症のみが原因で臨床症状が生じることはほとんどない[6,7]。もし神経症状を示す症例がいたならば，それはその他の疾患を併発しているか，もしくは椎体背側に骨増殖体が形成されることにより神経が圧迫されていることが考えられるが，骨増殖体が脊柱管内に形成されることは非常にまれである[6, 8, 9]。

診断

変形性脊椎症は，日常的に単純X線検査時に認められることが多い。無作為に抽出された犬223例の単純X線写真において，変形性脊椎症が確認されたのは16.2%（36例）であったと報告されている[9]。また，この報告では他の地域で撮影された206頭の犬の単純X線所見についても述べられており，23.3%（48例）で変形性脊椎症が認められたとされている。一方，解剖を実施した研究では，140例中の75%で骨増殖体が確認された[13]。すなわち，単純X線検査では検出困難な微小な骨増殖体が形成されている可能性が高いことが示唆される[6, 10]。コンピュータ断層撮影（CT）や磁気共鳴画像（MRI）を用いれば微小な骨増殖体を検出することは可能となるであろうが，臨床症状を示すことがまれなため，実際に変形性脊椎症に対しこれらの検査が行われることはない。

単純X線検査の側方像において，椎間腔の背側の脊柱管内に骨増殖体が形成されているように描出されることがあるが，多くの場合は脊柱管外の側方に形成されている骨増殖体が重複して描出されており，前述したように脊柱管内に骨増殖体が形成されることはまれである（図３，図４）[6, 8, 9]。

治療

変形性脊椎症のみでは，臨床症状を呈することが極端に少ないため，治療対象となることはかなりまれである。もし脊柱管内に骨増殖体が形成され臨床症状が認められたならば，同部位の外科的減圧術を考える必要がある。また，前述したように，椎体間に骨増殖体を形成する原因はいくつかあり，その原因による臨床症状が認められるのであれば，それぞれの疾患に対応した治療法を選択する必要がある。

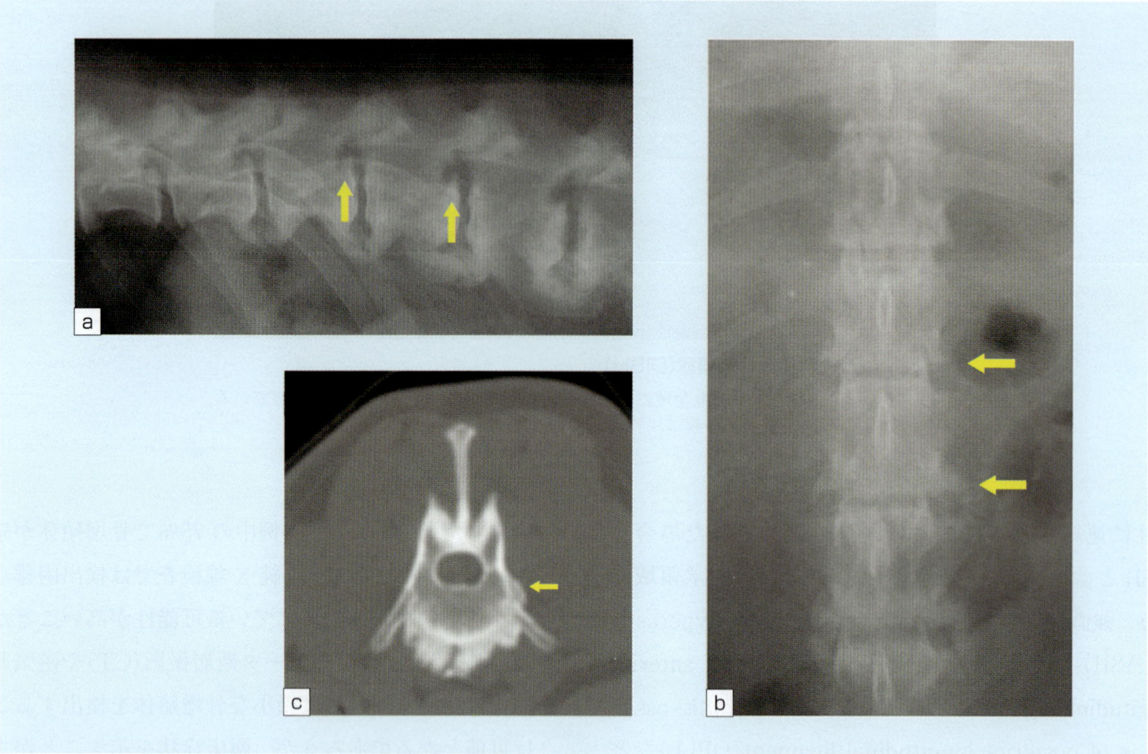

図 3　変形性脊椎症の症例における単純 X 線画像ならびに CT 画像

a：単純 X 線検査時の側方像。骨増殖体が脊柱管内に形成されているように描出されている（矢印）。
b：単純 X 線腹背像。骨増殖体が側方に形成されているのが認められる（矢印）。
c：同部位の CT 画像。脊柱管内に骨増殖体は認められない。横突起の背側に骨増殖体が形成されている（矢印）。a において，骨増殖体が脊柱管内に突出しているように描出されたのは，脊柱管の外側方に形成された骨増殖体であることがわかる。

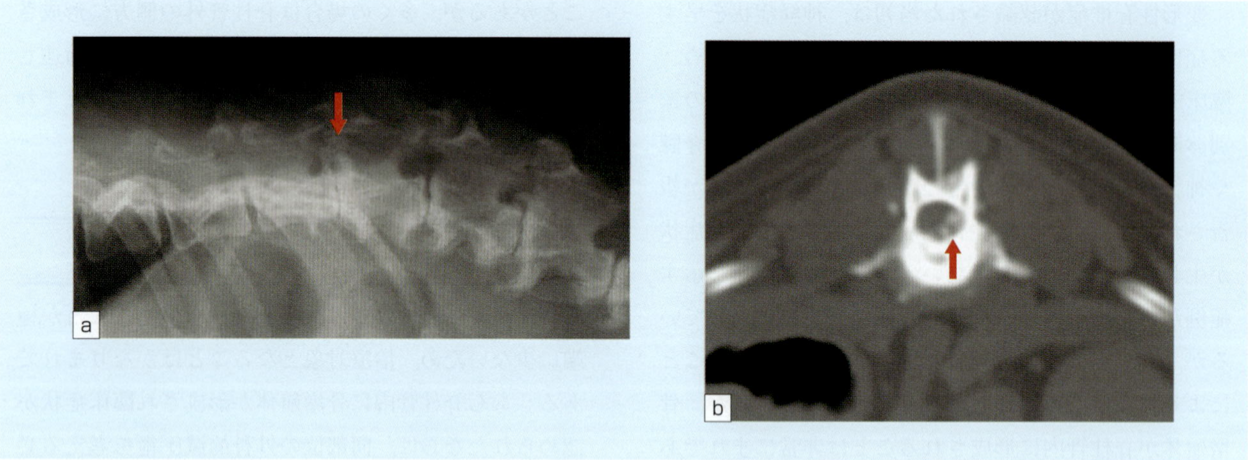

図 4　変形性脊椎症の症例における単純 X 線画像ならびに CT 画像（図 3 とは別症例）

a：単純 X 線検査時の側方像。図 3a と同様に，骨増殖体が脊柱管内に形成されているように描出されている（矢印）。
b：同部位の CT 画像。脊柱管内に骨増殖体が形成されている（矢印）。単純 X 線検査のみでは，骨増殖体が脊柱管内外のどちらに形成されているかの鑑別は困難である。

おわりに

変形性脊椎症の報告が多く認められるのは1960年代であり，臨床上，問題となることが少ないと判断されてからは，今日に至るまで新しい報告は他の神経疾患と比較すると非常に少ない。このような現状から考えると，変形性脊椎症をはじめとした骨増殖体の形成は，不安定化した椎体間を補修するものであり，疾患というよりは現象として解釈されるべきなのかもしれない。

［金井詠一・茅沼秀樹］

■参考文献

1) Bane A, Hansen HJ. Spinal changes in the bull and their significance in serving inability. *Cornell Vet.* 52: 362-384, 1962.

2) Carnier P, Gallo L, Sturaro E, et al. Prevalence of spondylosis deformans and estimates of genetic parameters for the degree of osteophytes development in Italian Boxer dogs. *J Anim Sci.* 82(1): 85-92, 2004.

3) Glenney WC. Canine and feline spinal osteoarthritis(spondylitis deformans). *J Am Vet Med Assoc.* 129(2): 61-65, 1956.

4) Hansen HJ. A pathologic-anatomical study on disc degeneration in dog, with special reference to the so-called enchondrosis intervertebralis. *Acta Orthop Scand Suppl.* 11: 1-117, 1952.

5) Langeland M, Lingaas F. Spondylosis deformans in the boxer: estimates of heritability. *J Small Anim Pract.* 36(4): 166-169, 1995.

6) Levine GJ, Levine JM, Walker MA, et al. Evaluation of the association between spondylosis deformans and clinical signs of intervertebral disk disease in dogs: 172 cases (1999-2000). *J Am Vet Med Assoc.* 228(1): 96-100, 2006.

7) Morgan JP, Biery DN. Spondylosis deformans. In: Newton CD, Nunamaker D. Textbook of small animal orthopedics. International Veterinary Information Services. Ithaca, NY. US. 1985, pp733-738.

8) Morgan JP, Hansson K, Miyabayashi T. Spondylosis deformans in the female beagle dog: A radiographic study. *J Small Anim Pract.* 30(8): 457-460, 1989.

9) Morgan JP, Ljunggren G, Read R. Spondylosis deformans (vertebral osteophytosis) in the dog. A radiographic study from England, Sweden and U.S.A. *J Small Anim Pract.* 8 (2): 57-66, 1967.

10) Morgan JP. Spondylosis derformans in the dog. A morphologic study with some clinical and experimental observations. *Acta Orthop Scand.* 7-87, 1967.

11) Morgan JP. Spondylosis Deformans in the Dog: its Radiographic Appearance. *J Am Vet Radiol Soc.* 8(1): 17-22, 1967.

12) Morgan JP, Stavenborn M. Disseminated idiopathic skeletal hyperostosis(DISH) in a dog. *Vet Radiol.* 32(2): 65-70, 1991.

13) Read RM, Smith RN. A comparison of spondylosis deformans in the English and Swedish cat and in the English dog. *J Small Anim Pract.* 9(4): 159-166, 1968.

14) Resnick D, Shaul SR, Robins JM. Diffuse idiopathic skeletal hyperostosis(DISH): Forestier's disease with extraspinal manifestations. *Radiology.* 115(3): 513-524, 1975.

15) Woodard JC, Poulos PW Jr, Parker RB, et al. Canine diffuse idiopathic skeletal hyperostosis. *Vet Pathol.* 22(4): 317-326, 1985.

16) 佐藤昭司, 松原哲舟, Morgan JP, LeCouter RA. 犬猫の脊柱疾患のすべて. LLL seminar. 兵庫. 1988, pp225-239.

17) 寺山和雄. Diffuse idiopathic skeletal hyperostosisと後縦靱帯骨化症. 別冊整形外科. 45: 2-6, 2004.

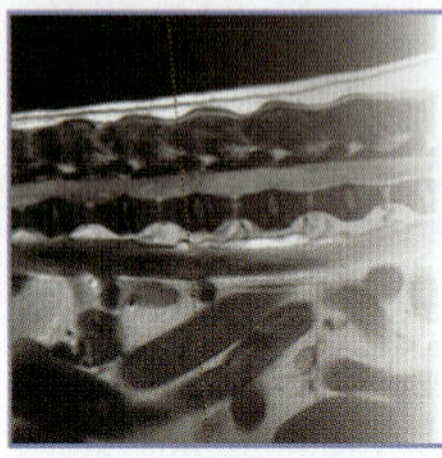

30. 進行性脊髄軟化症

はじめに

進行性脊髄軟化症は，Hansen I 型椎間板ヘルニアや脊椎骨折など，重度の急性脊髄損傷に伴って生じる脊髄実質の広範囲にわたる進行性壊死である。臨床症状と神経学的検査所見が生前診断の最大の鍵であり，ほとんどの場合では臨床的に明らかであるため，診断自体は比較的に容易である。しかし，原因疾患の治療に対する緊急性が非常に高いため診断管理上のジレンマは非常に大きく，治療開始前のオーナーへの十分なインフォームド・コンセントと，治療中の継続したコミュニケーションがトラブル回避に不可欠である。

本章では，その臨床的・病理学的特徴と合わせて，神経学になじみの薄い方が混同しやすいポイントについても解説する。

定義

軟化症 malacia とは，肉眼的に異常に軟らかい状態，という意味の病理学的用語である[12]。その本質は，不十分な血液供給など様々な原因による最終的な結果としての壊死であり，病変部位によって軟骨軟化症 chondromalacia，脊髄灰白質軟化症 poliomyelomalacia，脳白質軟化症 leuko-encephalomalacia などの名称が付く。中枢神経系では，様々な疾患において軟化症は頻繁に認められる。一般的に灰白質の変化は白質よりも速く進行し，自己融解的な変化は組織が壊死した後の酵素反応，すなわち酸素供給の有無などによる[12]。**脊髄軟化症 myelomalacia** は病状の経時的変遷によって進行性と局所性にわかれるが，本章では進行性脊髄軟化症を取り上げる。

進行性脊髄軟化症 progressive myelomalacia は，前述のとおり，一次的な疾患名ではなく様々な種類の重度の急性脊髄損傷に際して起こる，終末像としての広範性出血性および虚血性壊死に対する臨床上の名称である。すなわち，鑑別診断リストに列挙される他の一次的疾患と同等ではない。これまで，上行性症候群 ascending syndrome，上行性下行性虚血性壊死 ascending-descending ischemic necrosis，出血性脊髄軟化症 hemorrhagic myelomalacia，進行性出血性脊髄軟化症 progressive hemorrhagic myelomalacia など，様々な名称が歴史的に使用されてきた経緯がある。

壊死が非常に重度なため，通常は融解壊死が認められる。本症は極度の脊髄損傷にのみ伴って生じるので，本症を呈した患者は原因となる脊髄損傷によって，すでに脊髄が機能的に完全に分断されており，病変部位より尾側において運動機能と感覚伝達の両機能が全て消失している。

病態生理

急性脊髄損傷のメカニズムは，一次損傷と二次損傷に分類される。**一次損傷**は外傷発生時に認められ，脊髄実質内と脊髄へ分布する血管が，圧迫 compression，震盪 concussion，挫傷 contusion，剪断 shearing，牽引 laceration，伸張 stretching といった外力によって直接損傷を受ける。このような一次損傷が，二次損傷を引き起こす原因となる。**二次損傷**のメカニズムとしては，神経細胞内の ATP の枯渇，Ca および Na の細胞内蓄積，フリーラジカルの産生，サイトカインの産生増加，グルタミン酸や一酸化窒素の細胞外濃度の上昇などが挙げられる。また，急性脊髄損傷は脊髄内の血流自動調節能の破綻も引き起こし，これが二次損傷のカスケードをさらに悪化させる。詳細は様々な成書や文献を参考にされたい[8, 16]。

現時点で進行性出血性脊髄軟化症の詳細な病態生理は明らかになっていないが，重度の急性脊髄損傷に伴う二次損傷によって引き起こされることが強く示唆されており，重度の出血に起因する髄膜血管のけいれん，塞栓，出血性壊死による興奮性神経伝達物質の放出，細胞内Ca濃度の増加，フリーラジカルの産生，多種の炎症性メディエーターを介した貪食作用，多量のカテコールアミン分泌の関与などといった説がある[2,5,9,22]。頻繁に認められる局所的な脊髄の壊死が広範囲に拡大する要因については不明である。

本症は，深部痛覚を消失した麻痺の患者のうち約10～15％の患者で認められる[15,20]。Griffithsらの報告[5]によると，多くの症例で麻痺が12時間以内に発症しており，中には，受診時には深部痛覚が残存した麻痺であったが，その後症状の悪化が認められて本症を発症した症例もいたとのことである。これは，二次損傷が初診後も継続したことによる可能性が推察される。一般的に，二次損傷は一次損傷から48時間後まで継続する可能性がある。非常に硬い硬膜に包まれているという脊髄の特性も，脊髄損傷による腫脹や血管反応などの二次的変化が，病変部位以外の脊髄分節へと波及することの一端となっている可能性があると考えられているが，硬膜切開による圧力の軽減を行っても臨床的な予後は改善しないことが知られている[10]。

興味深い点としては，Hansen I型椎間板ヘルニアと比較すると，線維軟骨塞栓症 fibrocartilaginous embolism（FCE）に続発して本症が起こる頻度は極めて低い。FCEのように脊髄壊死に直結する病態は一次損傷の関与が非常に少ない。したがって，全くの個人的な見解であるが，二次損傷のみならず重度の一次損傷も，本症の発生に大きく寄与しているのではないかと推察される。

疫学

1．原因疾患

本症は，非常に多くの場合，胸腰部のHansen I型椎間板ヘルニアに続発することが広く知られているが，あらゆる重度の急性脊髄損傷に伴って起こる可能性がある[13]。筆者の個人的な経験においても，脊椎骨折に続発した例がある。1970年代の報告などでは，本症の発症は大部分がⅢ型ヘルニアによるとの記述があるが[5]，現在ではⅢ型ヘルニアと強いエネルギーで脊髄に衝突を起こして脊柱管内に広がった**高エネルギー性I型ヘルニア**の区別が磁気共鳴画像（MRI）検査などでより容易になっている。近年のより狭義なⅢ型ヘルニアの回顧的報告の中に本症が認められないこと，Hansen I型椎間板ヘルニアに続発した症例が大変豊富なこと，椎間板物質が強い衝突力で脊髄に衝突して分散される高エネルギー性I型ヘルニアは剖検による診断が困難な場合が多いことなどより，これらの症例は恐らく高エネルギー性I型ヘルニアによるものであろうと一般的に推察されている。狭義のⅢ型ヘルニアは，軟骨様化生のない健康な髄核が運動や外傷によって脊髄に衝突して飛散し，外科的に減圧可能な圧迫病変を残さない[1,9]。死亡後の病理検査で椎間板ヘルニアを診断することは肉眼所見に大きく依存しており，困難な場合がある。

また，FCEは本質的には脊髄実質の虚血性壊死であり，最終的に進行性脊髄軟化症へと移行することが，まれにあるといわれている。FCEの確定診断には，病理組織学的検査にて壊死した脊髄分節における線維軟骨による塞栓を確認する必要があり，その診断精度は臨床経過や画像診断およびその他の検査所見などを含めた，臨床医と病理医のコミュニケーションの質に大きく左右される。

2．発症部位

C1～C5髄節に原因病変が存在する患者では，本症を臨床的に確認できる可能性は極めて低い。脊髄機能が完全に失われてしまった時点では呼吸不全のため生存は難しく，壊死が他の脊髄分節へと波及することを臨床的に確認できる可能性はない。

C6～T2髄節に原因病変が存在する患者においても，本症を臨床的に確認できる可能性は極めて低い。深部痛覚を消失する程の頚髄損傷例では，多くの場合に交感神経系の機能も低下する。そのために，脊髄の壊死が他の脊髄分節へと波及することを臨床的に確認できるまで患者が生存する可能性は低く，またそのような管理は倫理的に議論の的となる。

本症は，T3～L3髄節に原因病変が存在する患者において，最も頻繁に認められる。恐らく最も多い原因疾患がHansen I型椎間板ヘルニアであり，脊椎骨折がこれに次ぐと思われる。ほとんどの場合，臨床的に明らかであり他の疾患と混同することは少ないが，急性脊髄損傷の発症直後に神経学的検査を行った場合には，脊髄ショックによる脊髄反射の低下と混同しないよう注意が必要である。また，理論的には脊髄ショックからの回復後と考えられる時間帯においても，T3～L3髄節領域の急性かつ重度の脊髄障害の患者において，後肢の引っこめ反射が低下していることが多い。特に，FCEでは，このような神経学的検査所見が頻繁に認められる経験が多いように感じる。いくつかの仮説があるものの，このメカニズムは明らかではない。しかし，脊髄ショックによると思われる引っこめ反射の低下を示す症例では，膝蓋腱（四頭筋）反射は正常で，他の全ての神経学的検査所見は T3 ～ L3 髄節病変を示唆しており，神経学的検査所見を総合的に解釈する必要がある。

L4 ～ S3 髄節に原因病変が存在する患者で本症が発生することはあるが，原因となる重度の急性脊髄損傷の発生頻度が少ないため，臨床的にこれらの患者において本症をみることは少ない。筆者は，L5-L6 椎骨間の Hansen Ⅰ型椎間板ヘルニアや脊椎骨折による局所性脊髄軟化症の疑いが非常に強い症例の経験をもつが，いずれも本症へは至らなかった。

また，急性の上行性麻痺を起こす全身性下位運動ニューロン（LMN）疾患（クーンハウンド麻痺，ダニ麻痺，ボツリヌス中毒，有機リン酸塩中毒，重症筋無力症など）でも脊髄反射の低下や筋緊張度の低下が認められるものの，深部痛覚を消失した麻痺の患者とは大きく異なった臨床所見を呈し，神経学的に病変部位が脊髄外と特定されるため，神経科医が臨床的に混同することは極めて少ないであろう。

局所性脊髄軟化症は重度の脊髄障害の患者で珍しくないが，必ずしもこれが他の脊髄分節へ波及するとは限らず，局所性脊髄軟化症を呈しても機能回復の可能性は存在する[9, 18]。しかしながら，臨床的には排尿や排便の機能障害，あるいは重度の運動失調などの永続的な後遺症を発症することが比較的に多い。

臨床症状

深部痛覚を消失する程に重度の急性脊髄障害を呈した患者の臨床的経過は，機能的に回復する場合から本症の発症に至るまで様々であり，治療方針の決定に際する臨床医のジレンマは大きい。治療方針を決定する前に，これらのグループをさらに細分化するのに有効な予後因子の研究が積極的に進められてきたが[3, 4, 6, 7, 15, 19, 20]，現段階では残念ながら信頼性の高い予後因子は存在しない。

一方，患者のシグナルメントおよび病歴と神経学的検査所見を合わせると，本症の多くの場合は臨床的に非常に明らかであり，他の疾患との鑑別で困惑することは少ない。壊死した脊髄分節は運動機能と感覚伝達の両方を完全に消失させるため，その支配領域には感覚麻痺と下位運動ニューロン徴候（LMNS）を伴う運動

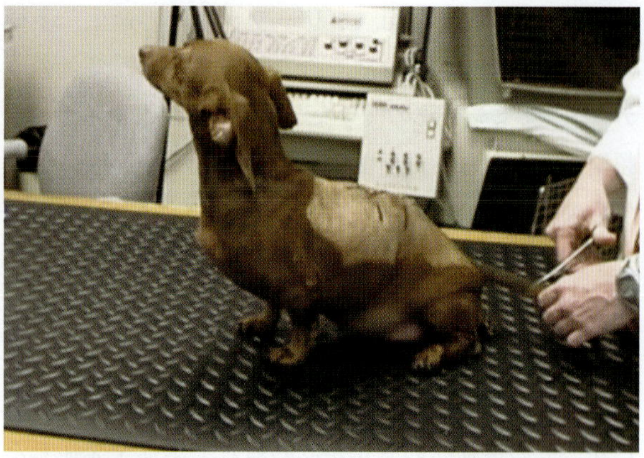

図 1　術後に進行性脊髄軟化症を呈した患者の典型的な姿勢
この写真では表情をうかがえないが，非常に不安気な表情を呈することが多い。背部の黒い線は，術後の皮筋反射消失ラインを示している。このラインが頭側に移動しているのが明らかである。
（画像提供：ミズーリ大学　Dr. Joan Coates）

麻痺が認められる。本症の臨床症状の本質は広範囲にわたる脊髄分節の壊死によるものであるため，広範囲にわたる LMN 性脊髄障害の存在が特徴的である。

一般的に LMNS は以下の 3 つが大きな特徴である。

1）脊髄反射の低下または消失
2）筋緊張度の低下
3）神経原性筋萎縮

本症を疑う患者は，神経原性筋萎縮が認められる程の慢性経過をたどっていないため，上記の 1）と 2）に焦点が絞られる。本症は，その原因となる急性脊髄損傷が起こってから 10 日間以内に発症し，一般的には脊髄損傷が発生してから約 5 日間が臨床的な区切りとなる[21]。臨床的には，急性脊髄損傷の発生後の 7 日以内に本症が認められなければ，その後発症する可能性は低い。発症後は 2 ～ 4 日間かけて徐々に進行し，脊髄全体へと波及する[9]。上位運動ニューロン徴候（UMNS）から LMNS への変化が多数の脊髄分節への波及を意味する。残念ながら，初診時に臨床的に明らかな症例は比較的少なく，原因疾患の外科的治療後に数日間かけて本症が臨床的に明らかとなることも多い。

本症は非常に強い全身性炎症性反応を伴っており，患者は強い痛みや不快感などに苦しむ[9]。多くの患者は不安に満ちたような非常に特徴的な表情をしており，頚を伸ばして斜め上を向いていることが多い（図 1）。その他の脊髄外の注意すべき臨床症状としては，抑うつ，食欲不振，嘔吐，血圧低下，毒血症，重度の感覚過敏などであるが，個人的な経験では食欲を維持する症例が比較的に多い印象がある。重度の感覚過敏のために触られたりすることを嫌う症例も多く，介護

者をひどく咬んでしまうこともある。

診断

1．神経学的検査

T3～L3 髄節に原因病変が存在する場合，一般的に後肢は UMN 性の麻痺を呈している。本症が発症すると，後肢および会陰部の LMNS が現れ，あわせて体幹皮筋反射の消失ラインが徐々に頭側へと移行する（図 1）。腹筋群の緊張度は低下し，腹部触診が異常に容易になる。壊死が上行するにしたがって肋間筋麻痺が生じて，特徴的な呼吸様式の変化が認められる。また，脊椎周囲の筋肉の緊張度が低下するために腹座姿勢を維持することが次第に困難になる。さらに上行すると，前肢の虚弱化と LMNS，両側性ホルネル症候群（第三眼瞼突出，縮瞳，眼瞼下垂，眼球陥凹）が認められるようになる。最終的に頚髄へと上行すると，横隔膜が麻痺するため呼吸不全を起こして窒息死に至る。通常，発症が臨床的に疑われてから 2～4 日以内に死亡に至る[9)]。

重度の脊髄障害を呈している患者の初診時に T3～L3 髄節と L4～S3 髄節の両方に神経学的検査所見に基づく病変部位がまたがっている場合，本症のような広範囲の LMN 性障害以外に，理論的には複数病変が重度の脊髄障害を同時に起こすという可能性が考えられるが，多くの場合，現実性が低い。なお，高齢の大型犬などでは，椎骨の病的骨折など重度な T3～L3 髄節領域の急性脊髄障害と，L4～S3 髄節領域の腰仙部狭窄などが併発する例は少なくない。そのため，実際の臨床現場で本症との混同は少ないものの，注意深い解釈が必要である。理論的には，これらの患者の多くは慢性的な後肢の虚弱や疼痛などの病歴，後肢の筋萎縮，膝蓋腱（四頭筋）反射の偽亢進，腰仙部の慢性疼痛，筋電図における自発的活動電位などが認められることが多いが，臨床の場でこれらの症例を本症と混同する可能性は比較的低い。

2．画像診断

脊髄造影検査や MRI 検査などの画像診断による本症の診断も近年試みられている[11, 14, 17)]が，他の様々な脊髄疾患と比較したものが少ないため特異性に乏しく，残念ながら信頼性に欠ける。また，これらの画像診断で本症が強く疑われる場合には，すでに臨床的に明らかになっている症例が多い。一方で，臨床的に明

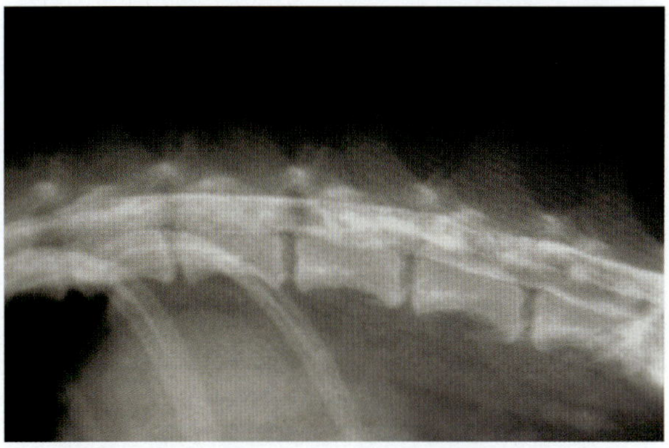

図 2　進行性脊髄軟化症の症例の脊髄造影検査所見

脊髄実質内にモザイク様の造影剤の浸入が認められる。中心管造影とは異なり，造影剤の分布が不均等かつ不連続である。なお，中心管への造影剤の浸入も L2-L3 椎骨間および L4 椎骨内に認められている。

（画像提供：相川動物医療センター　相川 武先生）

らかではない症例に対する画像診断は，特異性に乏しく判別は困難であるという認識が非常に一般的である。

(1) 脊髄造影検査

脊髄造影検査における特徴的な所見は，造影剤の実質内への浸入および脊髄の輪郭の描出が困難になることである[11)]。これは，融解壊死した脊髄実質内への造影剤の浸入と，重度の脊髄浮腫が主な原因であると考えられる。中心管造影と異なり，脊髄実質内での造影剤の分布は非常に不均等である（図 2）。脊髄分節全体が造影剤で置換されてしまうこともあるが，このような症例はすでに臨床的に本症が明らかである。

(2) CT 検査

コンピュータ断層撮影（CT）検査は，脊髄実質内の変化を描出する能力が非常に乏しいため，本症に対する診断学的な付加価値は低い。しかしながら，Hansen I 型椎間板ヘルニアや脊椎骨折の診断には非常に有効である。

(3) MRI 検査

近年，獣医療領域における MRI の普及によって，様々な脊髄疾患の MRI 検査所見の報告が増えてきており，本症に対するこれらの報告もいくつか存在する[14, 17)]。このような報告が比較的少ない一要因としては，診察時に臨床的に明白な場合には画像診断まで進む必要性が乏しく，その場で安楽死となることが多いという臨床的背景が考えられる。

MRI 検査では，広範囲にわたる T2 強調（T2W）画像における強い高信号（図 3）および T1 強調（T1W）画像

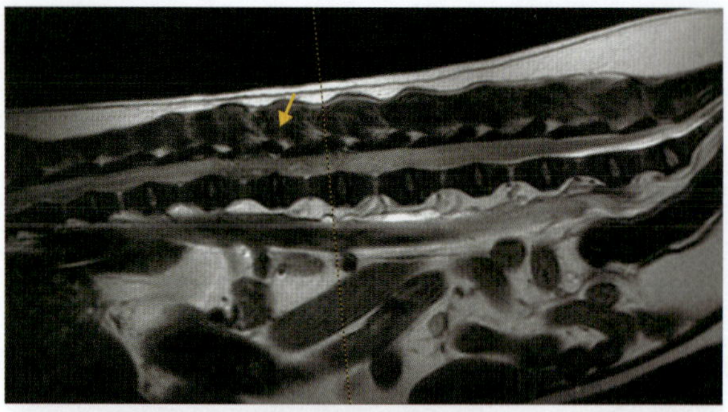

図 3　胸腰部脊髄 MRI 矢状断像 T2 強調画像

L1-L2 椎骨領域に存在する重度の硬膜外圧迫(矢印，この画像では不明瞭)および周囲の脊髄分節に広く分布する高信号領域が認められる。しかし，このような画像上の変化は特異性に乏しい。

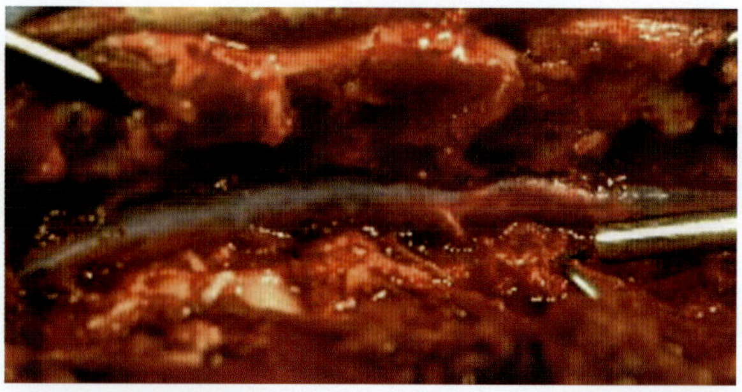

図 4　術中の肉眼所見

広範囲にわたっての髄膜下出血による脊髄の色調の変化(暗紫色)が認められる。このような症例は，進行性脊髄軟化症のリスクが非常に高い臨床的印象を術者に与える。しかし，このような肉眼的変化が認められない症例でも術後に進行性脊髄軟化症を除外することはできない。
(画像提供：相川動物医療センター　相川 武先生)

における低信号領域が認められる。一般的に，中枢神経系が壊死を起こすと，炎症，浮腫，出血，反応性グリオーシス，脱髄性変化など，多様な変化が認められる。一般的に，本症では大規模な出血と広範囲にわたる脊髄の壊死，重度の炎症性反応および浮腫が生じるため，T2W 画像における高信号および T1W 画像における低信号という所見が認められることが多い。しかしながら，これらの所見は本症を伴わない重度の脊髄損傷(Hansen I 型・Ⅲ型椎間板ヘルニア，外傷性脊髄損傷，脊髄炎，FCE など)で一般的に認められるものと類似しており，画像所見は特異性に乏しいため，画像による診断は極めて困難である。

3. 脳脊髄液(CSF)検査

一般的に，脳脊髄液(CSF)検査は本症の診断に対して大きな補助とはならない。一般的な重度の圧迫性脊髄損傷と同様の所見(軽度～中等度の細胞数の増加および蛋白濃度の増加)，および場合によっては 12 時間以上前の出血を示唆するキサントクロミーを呈することもある。これらの所見は非特異的なものである。

細胞診では多くの場合，好中球数の増加が認められる。これは，脳脊髄に損傷が発生すると，3 ～ 6 時間以内に好中球が組織内へ浸潤し，マクロファージなどが浸潤するには数日間かかるためであると考えられる[22]。本症の患者において髄鞘(ミエリン)物質が CSF 中の細胞内に認められたとの症例報告があるが[13]，CSF 中に認められる細胞外ミエリン様物質は，採取時のアーティファクトであり診断的意義はない[23]。

4. その他の検査

理論的には，本症に罹患した患者では特殊な電気生理学的検査で異常が認められる可能性があるが，臨床的に検査対象外である。また，筋電図で異常な自発的電位が発生する前に致死的経過をたどるので，筋電図検査では異常は認められないと推察される。急性炎症反応を検出する C 反応性蛋白 C-reactive protein (CRP)などは，本邦で頻繁に使用されているが，筆者の知る限り診断学的価値を検討した報告はなく，本症に対する感受性および特異性は不明である。

5. 術中の肉眼所見

典型的な進行性脊髄軟化症では，重度の硬膜下出血を伴う壊死のために脊髄が紫～黒色に変色しており，硬膜切開を行うと液体状の脊髄実質があふれ出る(図 4)。このような典型的な変化が認められる段階では，多くの場合において神経学的検査ですでに本症は明らかであり，さらなる画像診断や手術の必要性については議論の余地があろう。臨床的に明らかでない症例については，術中に脊髄の色調変化や腫脹などを認めることは多いが，これらの肉眼的変化は特異性に乏しく，術後に患者の容態を注意深く観察する必要がある。逆に，このような肉眼的変化を認めない症例でも本症の発症を除外することはできない。

6. 確定診断

脊髄壊死の確定診断には，病理組織学的検査が必要となる。本症の病理組織学的所見の最大の特徴は，広範囲にわたる脊髄(灰白質および白質)の出血性壊死である。髄膜や脊髄実質内へ分布する動脈および静脈にも塞栓や壊死が認められる。急激な壊死および迅速な人道的安楽死が行われるため，大規模な反応性アストロサイトーシスなど神経膠細胞(グリア細胞)による反

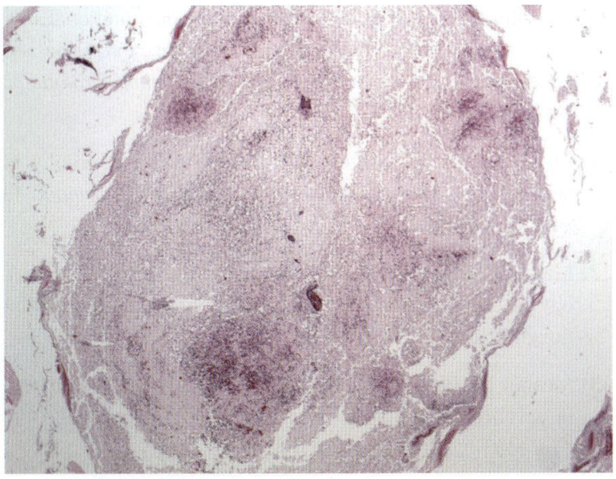

図5 病理組織学的所見
重度の灰白質壊死および複数の出血巣が認められる。脊髄の正常な解剖学的構造は認められない。

応は認められない(図5)[5]。進行性か局所性壊死かについては臨床上の所見が必要不可欠となり，病理組織学的検査でその判別は難しい。また，FCE，Hansen Ⅲ型椎間板ヘルニア，重度の脊髄炎などによる二次性の脊髄壊死との判別は，病理組織学的検査のみでは困難な場合があり，前述と同様に臨床医と病理医のコミュニケーションが必要不可欠である。

管理

前述したように，本症の確定診断には病理組織学的検査が必要であるが，多くの場合は臨床的に明らかであり，他の疾患との混同は少ない。

一方で，臨床的なジレンマは非常に大きい。重度の急性脊髄損傷(Hansen Ⅰ型椎間板ヘルニア，脊椎骨折など)に続発して認められるため，急患としての初診時には臨床的に明らかでないことも少なくない。数日間，経過観察すると臨床的に明らかになるが，その時点では原因疾患の治療が手遅れである。すなわち，治療方針を決定する前に本症を発症するかどうかを臨床的に見極める時間はない。たとえ臨床的には脊髄軟化症が明らかでなくても，初診時にこれらの点について十分にインフォームド・コンセントを行い，原因疾患の治療をただちに進めて，術後約1週間は注意深く経過を観察する必要がある。本症を発症する危険性がある患者に対しては人道的な手厚い管理が重要であり，中でも積極的な疼痛管理，静脈内点滴による血圧の維持，適切な排尿管理は，一般的な脊髄損傷の患者と同様に必須である。一方，臨床的に明らかに本症を発症した症例は，人道的安楽死へと直結する。原因疾患にかかわらず予後は極めて不良であり，さらなる診断学的検査や原因疾患の治療の対象外となる。積極的な疼痛管理をただちに行い，人道的安楽死を強く勧める。

脊髄軟化症が上行かつ下行しはじめると，ほとんどの場合に致死的経過をとり，現在，有効な治療法はない。本症を臨床的に強く疑った時点でその後の経過および予後を十分にオーナーに説明し，人道的および獣医学的な見地から安楽死を行う必要がある。最終的には呼吸不全が原因で死亡するが，そこに至る残された数日間は，患者にとって強い痛みと不快感を伴う苦痛の時間でしかない。歴史的に安楽死は，アジア諸国では欧米以上に受け入れ難いものとなっている。これには文化的背景の違いなど様々な要因が存在すると個人的に感じているが，人道的安楽死は人医療と比較した場合に獣医療の現場での数少ないメリットであり，動物の権利の1つであると個人的には感じている。安楽死については非常にデリケートな問題であり，容易に議論を行えるものではないが，現在，米国では本症に対しては人道的安楽死が唯一の“治療”であり，「安楽死が必要」とオーナーを教育(強要ではない)することは，獣医師としての責務であるとの教育がなされている。

ごくまれに，脊髄軟化症が進行しはじめてから途中で停止することがある。個人的にも過去に数例の経験があるが，長期的な家庭での管理が非常に困難であったため，最終的には安楽死に至った記憶がある。下行のみの症例，あるいは胸髄前部で停止した症例など様々であった。つたない記憶をたどって当時のことを顧みると，これらの患者の中には慢性痛覚過敏症を示唆する症状を呈した症例もいたように思い出される。進行がいったんはじまった後，仮に停止しても，機能的回復の可能性は極めて低く，機能的なペットとして家庭で長期間管理することは非常に難しい。

おわりに

本症は，生存の可能性が限りなく低い重篤な二次性脊髄疾患である。確定診断には病理組織学的検査が必要であるが，ほとんどの場合は臨床的に明らかであり，初診時に明らかでない場合にはLMN性症状の拡大が大きな鍵となる。MRI検査や脊髄造影検査などの画像所見は特異性が非常に乏しく，画像による診断は困難である。患者のシグナルメント，病歴，個々の鑑別疾患のメカニズムなどを十分に理解したうえで，臨床上の仮診断を行うことが重要であり，また本症は人道的安楽死に直結するため，診断に不明点がある場合は専門医への緊急的なコンサルタントが理想的である。

［金園晨一］

■謝辞

本稿を執筆するにあたり，写真をご提供いただいたミズーリ大学のJoan Coates先生，相川動物医療センターの相川 武先生に，この場を借りて深謝する。

■参考文献

1) De Risio L, Adams V, Dennis R, et al. Association of clinical and magnetic resonance imaging findings with outcome in dogs with presumptive acute noncompressive nucleus pulposus extrusion: 42 cases(2000-2007). *J Am Vet Med Assoc.* 234(4): 495-504, 2009.

2) Dewey CW, Hoffman AG , Rudowsky C. A practical guide to canine and feline neurology, 1st ed. Iowa State Press. Ames, Iowa. US. 2003.

3) Duval J, Dewey C, Roberts R, et al. Spinal cord swelling as a myelographic indicator of prognosis: a retrospective study in dogs with intervertebral disc disease and loss of deep pain perception. *Vet Surg.* 25(1): 6-12, 1996.

4) Ferreira AJ, Correia JH, Jaggy A. Thoracolumbar disc disease in 71 paraplegic dogs: influence of rate of onset and duration of clinical signs on treatment results. *J Small Anim Pract.* 43(4): 158-163, 2002.

5) Griffiths IR. The extensive myelopathy of intervertebral disc protrusions in dogs('the ascending syndrome'). *J Small Anim Pract.* 13(8): 425-438, 1972.

6) Ito D, Matsunaga S, Jeffery ND, et al. Prognostic value of magnetic resonance imaging in dogs with paraplegia caused by thoracolumbar intervertebral disk extrusion: 77 cases(2000-2003). *J Am Vet Med Assoc.* 227(9): 1454-1460, 2005.

7) Kazakos G, Polizopoulou ZS, Patsikas MN, et al. Duration and severity of clinical signs as prognostic indicators in 30 dogs with thoracolumbar disk disease after surgical decompression. *J Vet Med A Physiol Pathol Clin Med.* 52(3): 147-152, 2005.

8) Kube SA, Olby NJ. Managing acute spinal cord injuries. *Compend Contin Educ Vet.* 30(9): 496-504, 2008.

9) Lorenz DM, Coates RJ, Kent M. Handbook of veterinary neurology, 5th ed. Mo: Elsevier Saunders. St.Louis. US. 2010.

10) Loughin CA, et al. Effect of durotomy on functional outcome of dogs with type I thoracolumbar disc extrusion and absent deep pain perception. *Vet Comp Orthop Traumatol.* 18(3): 141-146, 2005.

11) Lu D, Lamb CR, Targett MP. Results of myelography in seven dogs with myelomalacia. *Vet Radiol Ultrasound.* 43(4): 326-330, 2002.

12) Maxie MG, Jubb KVF. Jubb, Kennedy, and Palmer's pathology of domestic animals, 5th ed. Elsevier Saunders. Edinburgh. UK, NewYork. US. 2007.

13) Mesher CI, Blue JT, Guffroy MR, et al. Intracellular myelin in cerebrospinal fluid from a dog with myelomalacia. *Vet Clin Pathol.* 25(4): 124-126, 1996.

14) Okada M, Kitagawa M, Ito D, et al. Magnetic resonance imaging features and clinical signs associated with presumptive and confirmed progressive myelomalacia in dogs: 12 cases(1997-2008). *J Am Vet Med Assoc.* 237(10): 1160-1165, 2010.

15) Olby N, Levine J, Harris T, et al. Long-term functional outcome of dogs with severe injuries of the thoracolumbar spinal cord: 87 cases(1996-2001). *J Am Vet Med Assoc.* 222(6): 762-769, 2003.

16) Olby N. The pathogenesis and treatment of acute spinal cord injuries in dogs. *Vet Clin North Am Small Anim Pract.* 40(5): 791-807, 2010.

17) Platt SR, McConnell JF, Bestbier M. Magnetic resonance imaging characteristics of ascending hemorrhagic myelomalacia in a dog. *Vet Radiol Ultrasound.* 47(1): 78-82, 2006.

18) Sanders S, et al. Radiographic diagnosis: focal spinal cord malacia in a cat. *Vet Radiol Ultrasound.* 40(2): 122-125, 1999.

19) Scott HW. Hemilaminectomy for the treatment of thoracolumbar disc disease in the dog: a follow-up study of 40 cases. *J Small Anim Pract.* 38(11): 488-494, 1997.

20) Scott HW, McKee WM. Laminectomy for 34 dogs with thoracolumbar intervertebral disc disease and loss of deep pain perception. *J Small Anim Pract.* 40(9): 417-422, 1999.

21) Sharp NJH, Wheeler SJ, et al. Small Animal Spinal Disorders: Diagnosis and Surgery, 2nd ed. Mo: Elsevier. Philadelphia. US. 2003, pp121-135.

22) Summers BA, Cummings JF, DeLahunta A. Veterinary neuropathology. Mosby. St.Louis. US. 1995, pp191-204.

23) Zabolotzky SM, Vernau KM, Kass PH, et al. Prevalence and significance of extracellular myelin-like material in canine cerebrospinal fluid. *Vet Clin Pathol.* 39(1): 90-95, 2010.

A

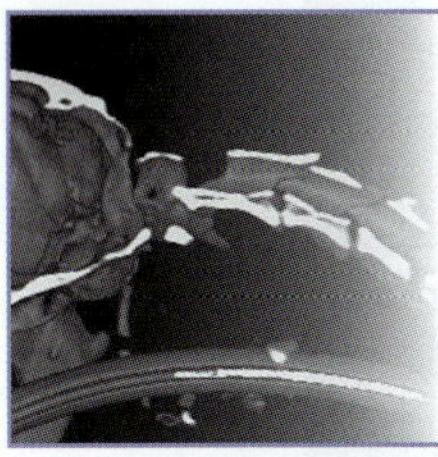

31. 環椎・軸椎不安定症

はじめに

環椎・軸椎不安定症 atlantoaxial instability は，第１頚椎（環椎 atlas）と第２頚椎（軸椎 axis）の不安定，亜脱臼，脱臼などに関連して脊髄障害を起こす疾患である。環椎・軸椎不安定症の多くは先天性の環軸関節の形態異常に関連して発症し，特にチワワ，ポメラニアン，ヨークシャー・テリア，シー・ズー，マルチーズ，ミニチュア・ダックスフンド，トイ・プードルといった犬種に多くみられる。

本疾患は成長期に何らかの脊髄障害を起こすことが多く，１歳以下で最初の臨床症状を示して診断されることが最も多い。先天性の不安定症が軽度である場合は，成長期には重大な脊髄障害を起こすことなく経過するが，反復する負荷により不安定症が重度になることで臨床症状を起こし，中〜高齢期に診断される例もある。一方，外傷などに伴う軸椎の椎体骨折や歯突起の骨折などに伴って後天性に急性発症する例もある。

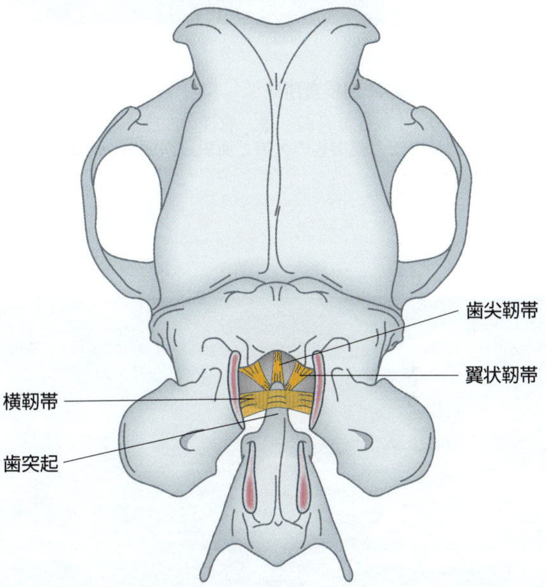

図１　環軸関節の解剖学的特徴

環椎の横靭帯は歯突起の背側を横行する。歯尖靭帯および翼状靭帯は歯突起と後頭骨の内側を連結している。両者のうち翼状靭帯の方がやや太く広い構造である。
（文献４を元に作成）

病態生理

環軸関節は，他の椎体関節とは異なり，椎体を連結し安定性に寄与する椎間板が存在しない，独特な構造をもつ。環軸関節の安定性は，主に軸椎の先端にある**歯突起**と，歯突起と環椎を強靭に連結する横靭帯，翼状靭帯，歯尖靭帯などによって維持される（図１）。また，椎体関節の関節包や背側環軸靭帯も，環軸関節の安定性に貢献している[4]。

幼齢犬にみられる重度の先天性環椎・軸椎不安定症では，歯突起やそれに結合する靭帯の低形成，異形成，欠損などが頻繁にみられる。

臨床症状と神経学的検査所見

環椎・軸椎不安定症による臨床症状は，頚部脊髄圧迫による頚部痛と頚部脊髄障害である。環椎・軸椎不安定症の患者の多くは頚部痛を示し，不活発で頭を触られたり抱き上げられたりすることを嫌がることが多い。頚部脊髄障害が進行すると後肢のふらつき，四肢のふらつきがみられ，転倒することもある。前肢，後肢の姿勢反応は低下あるいは消失していることが多い。重度の脊髄障害による起立不能や，急性脊髄障害による呼吸不全により急死することもある。一般的に，軽度の環椎・軸椎不安定症では初期症状は軽度であっても，反復する負荷により不安定症が進行することで臨床症状が悪化し，ときに急激に環軸関節の亜脱臼が進行して急性脊髄損傷による急死を含む重症の脊髄障害を引き起こすおそれがある。

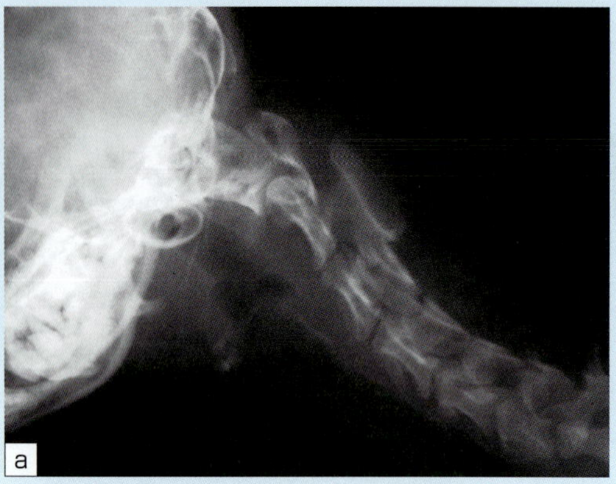

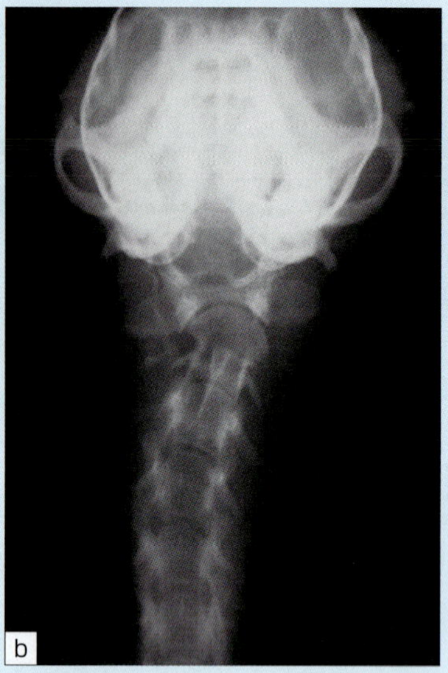

図2　単純X線検査所見

チワワ，1歳6カ月齢，雄。急性の四肢不全麻痺を7日前に発症した。歯突起の欠損と亜脱臼が明らかである。

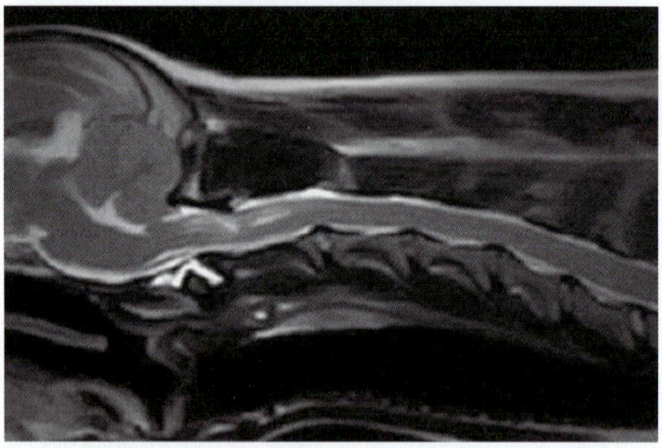

図3　MRI検査所見，T2強調画像

出血や浮腫といった脊髄損傷による二次的変化の評価に有用である。図では，環椎・軸椎不安定症による頚部脊髄障害が高信号領域として認められる。

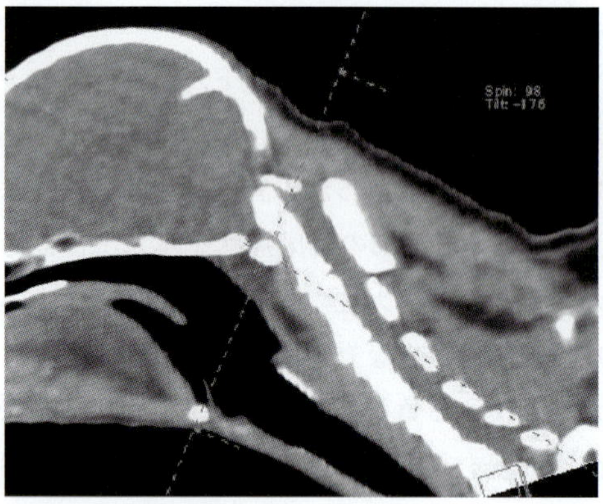

図4　CT検査所見

後頭骨や椎骨の形態の評価に有用である。図では後頭骨形成不全，後頭骨－環椎の重なり，そして，環軸関節の亜脱臼による軸椎の頭側への変位が認められる。

診断

重度の亜脱臼，脱臼を伴う環椎・軸椎不安定症の診断は，単純X線検査によりほとんどの場合で可能であるが(図2)，髄膜脳炎，頚部椎間板ヘルニア，脊髄空洞症，骨折，腫瘍など，頚部痛や頚部脊髄障害を起こす他の神経疾患を鑑別診断する必要がある。

全身麻酔をかける前に意識レベル，脳神経の異常，けいれん発作の有無，眼底検査所見などを評価して，頭蓋内圧が亢進している可能性を評価する。**髄膜脳炎が存在する患者に対して脊髄造影検査は禁忌**とされている。髄膜脳炎の除外診断のために脊髄造影検査に先立って脳脊髄液(CSF)検査を実施し，蛋白の定量や細胞診などを行って炎症や出血の存在を除外する。このとき，重度の環椎・軸椎不安定症がある症例や亜脱臼が確認されている症例では，頚部の屈曲によりさらなる脊髄障害が起こる危険性があるため，注意を要する。

先天性脊髄疾患，椎間板疾患などの脊髄圧迫性疾患，腫瘍性疾患などを鑑別診断するため，あるいは環椎・軸椎不安定症における脊髄損傷の二次的変化(出血，浮腫など)を評価するためには，磁気共鳴画像(MRI)検査が必要である(図3)。歯突起の形態異常，後頭骨形成不全，後頭骨－環椎のオーバーラッピング(atlanto-occipital overlapping)などを評価するにはコンピュータ断層撮影(CT)検査が有用である(図4)。環椎・軸椎不安定症の存在が不確定で，環軸関節に特定のストレスがかかる状態でのみ生じるような脊髄の動的圧迫が存在する場合には，確定診断のために背側と腹側への適度なストレスを加えた脊髄造影検査を実施する必要がある(図5)。

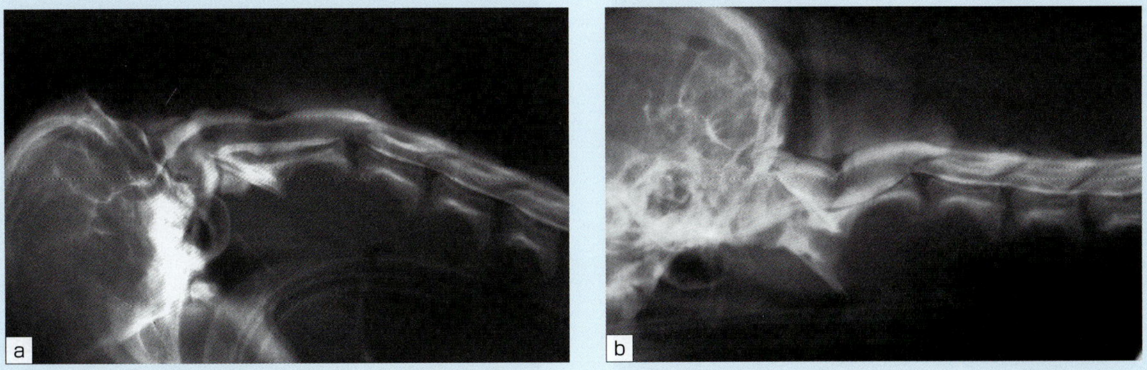

図5 ストレス脊髄造影検査所見

a：屈曲時；脊髄の圧迫は認められない。
b：伸展時；環軸関節の領域にて，背側からの圧迫が顕著に認められる。

治療

1. 保存療法

環椎・軸椎不安定症に対する保存療法には，ケージレスト，ステロイドなどによる抗炎症療法，ブレース装着による頚部の不動化などが挙げられるが，その効果を証明した報告はない。

Havigらによる環椎・軸椎不安定症に対する19例の保存療法の効果を評価した研究では，追跡調査のできた16例のうち10例で12カ月以上歩行可能状態が維持されたことを示し，保存療法が特に初回の急性発症した若い犬において効果的であると結論付けた。しかし，その他6例は環椎・軸椎不安定症の症状が改善しないか，再発したことにより死亡または安楽死されており，保存療法が効果的で安全な治療法とは言いがたい[6]。

2. 外科療法

環椎・軸椎不安定症に対する様々な手術法が報告されており，主に**腹側椎体固定法**と背側固定法とにわけられる。背側固定法は，環椎と軸椎に背側からアプローチし，様々なインプラントにより環椎と軸椎を固定する方法で，比較的簡便である。しかしながら，椎体の癒合を促進するために腹側環軸関節の関節軟骨を掻爬できていないので，最終的な椎体固定が達成されないという重大な欠点をもち，長期間の環椎・軸椎不安定症によるストレスに対する耐久性に問題があると考えられる。腹側椎体固定法に関連するリスクには，ピンやスクリューなどの挿入に関連して起こる重篤な脊髄損傷，椎骨動静脈の損傷などがある。外科療法後の合併症として，頚部気管の損傷，迷走・交感神経幹の損傷，反回喉頭神経の損傷による喉頭麻痺，骨セメントの感染，ピンの破錠・迷入，椎体の癒合不全などが挙げられる。

Schulzらの環椎・軸椎不安定症に対する9例の腹側椎体固定法での治療報告によると[11]，手術直後から48時間までに2例において重篤な呼吸障害が発症し，そのうち1例は48時間のベンチレータにより回復したが，他の1例は肺水腫により死亡している。1例において術後4カ月でピンの迷入が確認され，その後1カ月で口腔内から抜去された。1例において術後1カ月で食道狭窄が発症し，バルーンカテーテルによる治療により改善した。1例の死亡例を除く8例において，術後6～24カ月の再検査により神経学的な改善を認めている。

筆者が，2000～2009年に環椎・軸椎不安定症の患者に対して，陽性ネジ付きピンと骨セメントによる腹側椎体固定法の変法により治療した45例中42例(93.3%)で術後に神経学的改善がみられた。その全症例で，2010年9月時点，あるいは環椎・軸椎不安定症とは別の理由で死亡するまで，歩行可能な状態が維持されていた(平均追跡期間：35カ月)[1]。治療例のうち1例で歩行は回復せず，2例が術後早期に死亡した。長期合併症として1例で無菌性のインプラントの炎症が起こり，一時的に歩行状態が悪化したが薬剤療法により改善した。その他，単純X線検査により一部のピン破損が15例にみられたが，それに関連した神経学的な異常はなかった。

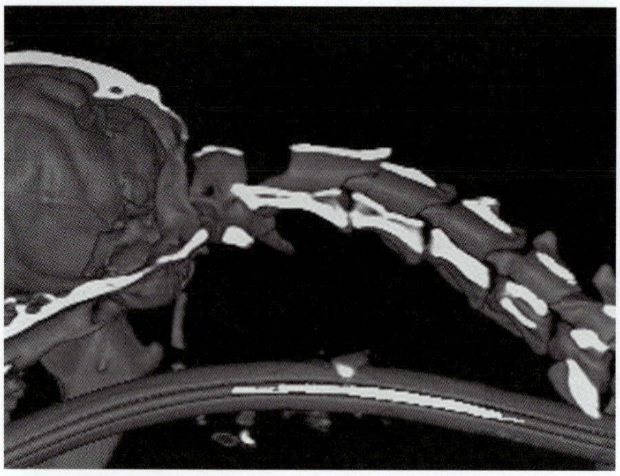

図6　症例，CT 検査所見
軸椎の背側への変位がみられる。

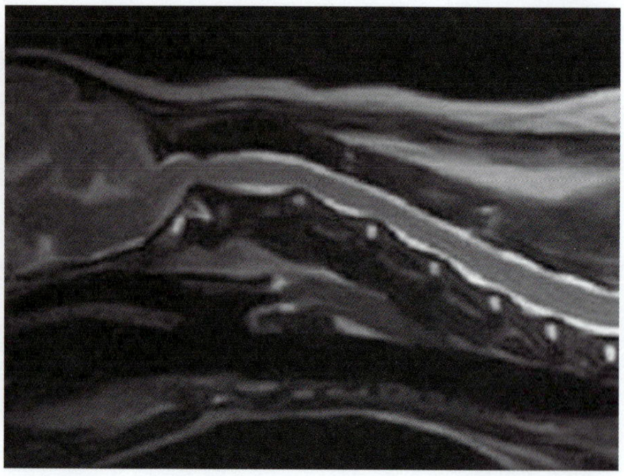

図7　症例，MRI 検査所見
環軸関節における脊髄の圧迫がみられる。

予後

過去の研究では，発症年齢が2歳以下，臨床症状の持続が10カ月以内，術前に歩行可能な症例などが，良好な予後因子であることが報告されている[2]。

筆者の研究では，術後に歩行が回復しなかった症例が3例のみであったために，中等度～重度の跛行を伴うが歩行が回復した不完全な回復症例(6症例)を追加した不完全回復／回復しない症例群9例と，完全な回復かわずかな跛行のみを伴って歩行が回復した症例群36例について，発症年齢(≦24カ月齢 vs＞24カ月齢)，神経学的グレード(G1～2 vs G3～4)，臨床経過(≦30日 vs ＞31日)，単純X線検査での歯突起の形態(正常 vs 異常)，第1-2頚椎におけるMRI T2W画像での高信号(高信号あり vs 高信号なし)などについて，不完全回復／回復しない危険性を統計学的に評価した。術前の神経学的グレードがG3～4症例群はG1～2症例群に対して有意に回復しない危険性がみられ，過去の報告と一致した。発症年齢については，回復した症例群の平均が17カ月齢であるのに対し，不完全回復／回復しない症例群の平均は81カ月齢であったが，統計学的な有意差はみられなかった。臨床経過，単純X線検査での歯突起異常の有無，第1-2頚椎におけるMRI T2W画像での高信号の有無には，いずれも統計学的有意差はみられなかった[1]。

症例　**環椎・軸椎不安定症の症例**

患者情報：チワワ，1歳，雄

臨床経過：特別な事故などの原因はないが，来院の1週間前から急に頚部を痛がり，震え，起立歩行ができないという主訴により他院を受診した。頚部の単純X線検査により歯突起の低形成が認められ，CT検査，MRI検査により環椎・軸椎不安定症と確定診断し，当院に紹介受診された。

神経学的検査：当院初診時の身体検査では特に異常はみられず，脳脊髄障害やけいれん発作の病歴もなかった。神経学的検査において患者の意識レベルや脳神経の異常は認められず，眼底検査所見は正常であった。重度の頚部痛が確認され，四肢において随意運動は観察できたが，固有位置感覚が消失しており，起立や歩行は不能であった。四肢の脊髄反射は全て正常であった。

CT検査：軸椎の背側への変位が確認された(図6)。

MRI検査：環軸関節における脊髄の圧迫が確認された(図7)。

外科手術：陽性ネジ付きピンと骨セメントによる腹側椎体固定法の変法により治療した(図8)。症例の手術後の単純X線検査所見を図9に示す。

術後経過：術後経過は良好で手術4日後より起立や歩行が可能になり，退院した。退院後はふらつきなどの神経学的異常はなくなり，その後の単純X線検査においてインプラントの異常などは認められていない。

おわりに

これまでに環椎・軸椎不安定症に対する様々な外科手術が報告されているが，多くの症例に対して一定の外科手技を実施した症例群に対する効果を評価した報告はなかった。筆者が報告した陽性ネジ付きピンと骨セメントによる腹側椎体固定法の変法は，これまでにみられた腹側椎体固定法に関連する合併症を最小限にするためにいくつかの改善が図られており，実施症例

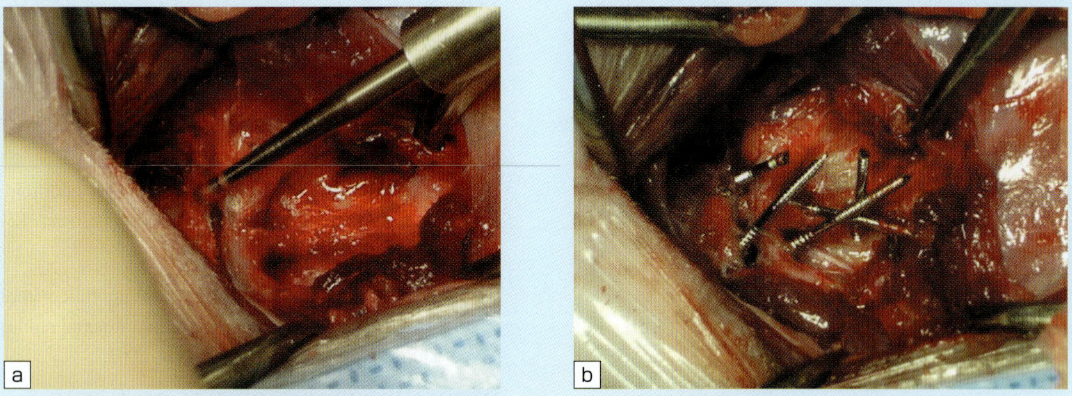

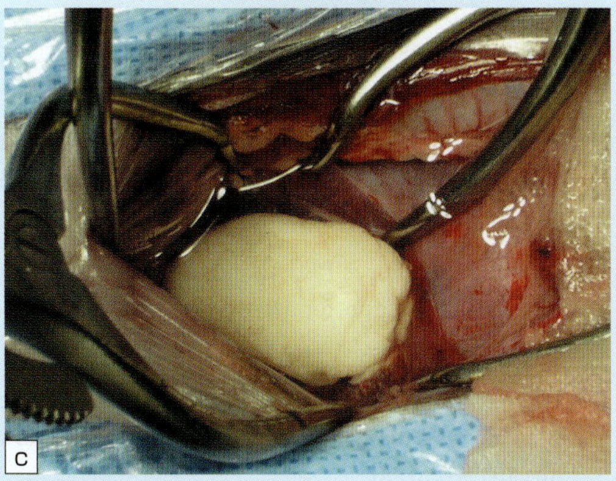

図8　腹側椎体固定法の変法（図7，図9とは別症例）

a：環軸関節を整復後，関節包を切除し，サージカルバーを使用して関節軟骨を掻爬する。
b：陽性ネジ付きピンで，環軸関節に経関節ピンを2本設置した後，環椎と軸椎のそれぞれの椎体にもピンを設置する。
c：ピンの長さを調節した後に，骨セメントを使用して椎体を固定する。

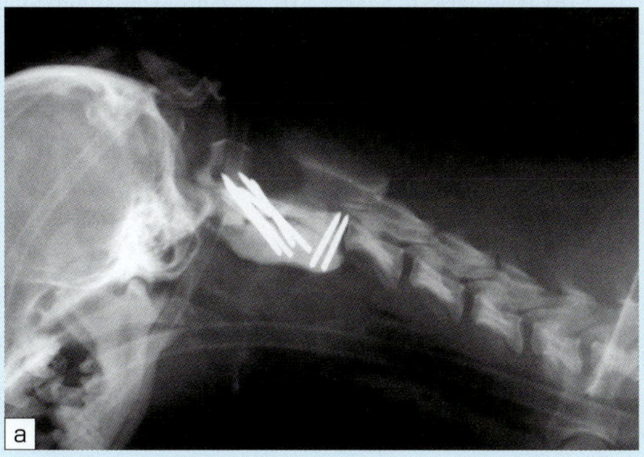

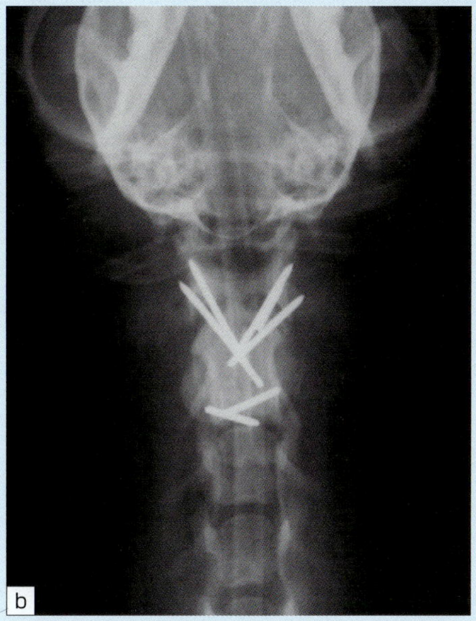

図9　症例，手術後の単純X線検査所見

a：側方像，b：腹背像。

の大部分(93.3%)に術後長期間の神経学的改善が確認され，再手術を必要とするような深刻な合併症が発生しなかった[1]。

環椎・軸椎不安定症は，精度の高い外科手術により治癒可能な疾患である。今後，さらなる症例について長期間の追跡調査を行い，併発疾患による影響，予後判定因子，合併症などについての検討を重ねる必要がある。

［相川　武］

■参考文献

1) Aikawa T, Shibata M, Fujita H. Abst, Modified Ventral Stabilization using positively threaded profile pins and polymethylmethacrylate for atlantoaxial instability in 49 Dogs. *Vet Surg.* 42(6): 683-692, 2013.

2) Beaver DP, Ellison GW, Lewis DD, et al. Risk factors affecting the outcome of surgery for atlantoaxial subluxation in dogs: 46 cases(1978-1998). *J Am Vet Med Assoc.* 216(7): 1104-1109, 2000.

3) Cerda-Gonzalez S, Dewey CW, Scrivani PV, et al. Imaging features of atlanto-occipital overlapping in dogs. *Vet Radiol Ultrasound.* 50(3): 264-268, 2009.

4) Cook Jr, Oliver JE. Atlantoaxial luxation in the Dog. *The Compend Contin Educ Pract.* 3(3): 242-250, 1981.

5) Denny HR, Gibbs C, Waterman A. Atlanto-axial subluxation in the dog: a review of thirty cases and an evaluation of treatment by lag screw fixtion. *J Small Anim Pract.* 29(1): 37-47, 1988.

6) Havig ME, Cornell KK, Hawthorne JC, et al. Evaluation of nonsurgical treatment of Atlantoaxial subluxation in dogs: 19 cases(1992-2001). *J Am Vet Med Assoc.* 227(2): 257-262, 2005.

7) Jeffery ND. Dorsal cross pinning of the atlantoaxial joint: new surgical technique for atlantoaxial subluxation. *J Small Anim Pract.* 37(1): 26-29, 1996.

8) Jhonson SG, Hulse DA. Odontoid Dysplasia with Atlanto-axial Instability in a Dog. *J Am Anim Hosp Assoc.* 25(4): 400-404, 1989.

9) Ladds P, Guffy M, Blauch B. Congenital odontoid process separation in two dogs. *J Small Animal Pract.* 12(8): 463-471, 1971.

10) Platt SR, Chambers JN, Cross A. A modified ventral fixation for surgical management of atlantoaxial subluxation in 19 Dogs. *Vet Surg.* 33(4): 349-354, 2004.

11) Schulz KS, Waldron DR, Fahie M. Application of ventral pins and polymethylmethacrylate for the management of atlantoaxial instability: result in nine dogs. *Vet Surg.* 26(4): 317-325, 1997.

12) Seim HB. Atlantoaxial Instability. In: Fossum TW, et al. Small Animal Surgery, 2nd ed. Mosby. Philadelphia. US. 2002, pp1250-1255.

13) Sorjonen DC, Shires PK. Atlantoaxial Instability: A Ventral Surgical Technique for Decompression, Fixation, and Fusion. *Vet Surg.* 10(1): 22-29, 1981.

14) Thomas WB, Sorjonen DC, Simpson ST. Surgical management of atlantoaxial subluxation in 23 dogs. *Vet Surg.* 20(6): 409-412, 1991.

15) Watson AG, de Lahunta A. Atlantoaxial subluxation and absence of transverse ligament of the atlas in a dog. *J Am Vet Med Assoc.* 195(2): 235-237, 1989.

16) Wheeler SJ, Sharp NJH. Atlantoaxial subluxation, Small animal spinal disorders. diagnosis and surgery. Mosby. London. 1994, pp109-121.

A

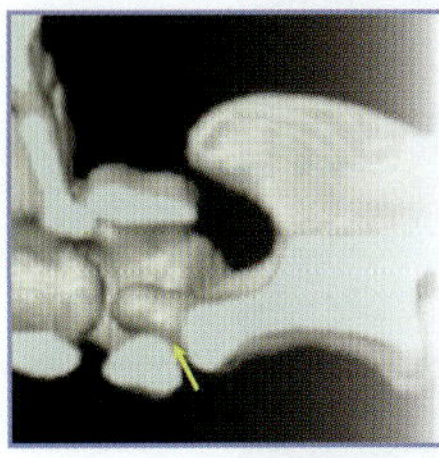

32. 脊椎・脊髄の奇形性疾患

はじめに

先天的に形態異常を示し神経学的機能障害を起こす疾患(**奇形**)は,脊髄や髄膜,あるいは脊椎にみられる。脊髄と髄膜の奇形,一部の椎骨の奇形は,胎生期の神経系の原基である神経管の発達不良によって起こる。すなわち,脊椎,脊髄および髄膜の3つの構造全てに欠陥が存在する場合,欠陥のある脊椎の中に正常な脊髄がある場合,あるいは欠陥のある脊髄が正常な脊椎の中にある場合がある。

脊髄や髄膜の奇形では原発的に神経構造が侵されるため様々な神経学的機能障害を起こすが,椎骨の奇形の多くは神経障害を起こすことはなく臨床的な意義は少ないといわれている[3, 15]。

本章では,代表的な脊椎・脊髄の奇形性疾患 anomalies of the vertebral column and spinal cord について記載する。

脊椎の奇形

椎骨は,一次および二次骨化中心*(**表1**,**図1**)から発育し,生後1年間に成獣の骨格になるまで成長するが,最も多くみられる椎骨奇形は,椎骨のこれらの**骨化中心の発育異常**,または**融合異常**に起因するものである[12]。

表1　椎骨の骨化中心

一次骨化中心(骨幹における骨化点,図1a)
a:椎体
b:左右の椎弓
二次骨化中心(骨端における骨化点,図1b)
c:棘突起
d:椎体の骨端(頭側および尾側)
e:左右の横突起
f:左右の前および後関節突起

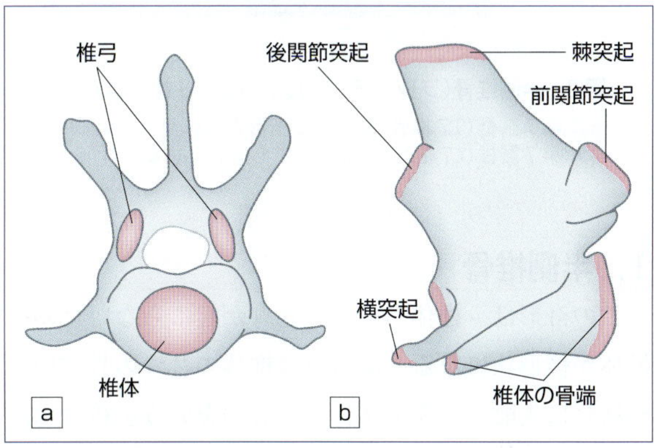

図1　椎骨の骨化中心

a:一次骨化中心　b:二次骨化中心。
ピンク色で示した部位にそれぞれの骨化中心が位置する。

表2　代表的な椎骨の奇形

a) 半側椎骨:hemi vertebra
b) 塊状椎骨:block vertebra
c) 移行脊椎:transitional vertebra
d) 二分脊椎:spina bifida
e) 後頭骨環軸椎奇形:occipitoatlantoaxial malformation
f) 先天性脊柱管狭窄:congenital spinal stenosis

*骨化中心:骨化は,つくられる骨の全域で同時に進行するのではなく,はじめは1カ所ないし数カ所で骨化が起こり,次第に周辺に及んでいく。この最初に骨化が起こる部位を**骨化中心**という。

椎骨の奇形(**表2**)は,犬では一般的に認められる所見で,ときとして猫にもみられる。多くの椎骨奇形は神経障害を引き起こすことはなく,神経学的に正常な犬や猫の単純X線検査で,偶発的に発見されることが多い[3, 10]。もし,椎骨奇形が関連して神経障害が起こっていれば,それは脊柱管の不安定症や変形による圧迫性あるいは外傷性による脊髄障害が一般的である。

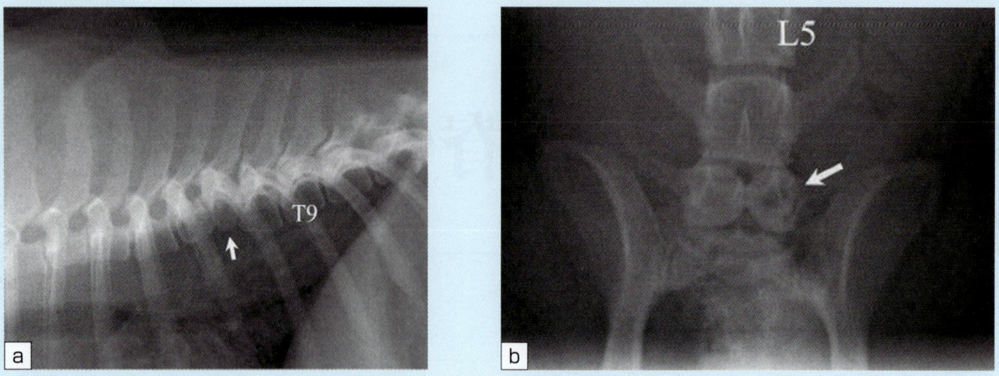

図2　半側椎骨(フレンチ・ブルドッグ，3歳，雄)

a：第7胸椎(T7椎骨)において楔形の椎体がみられる(矢印)。その前後の椎体も，軽度の形態の変化がみられる。
b：第7腰椎(L7椎骨)の椎体が蝶形をしている(矢印)。この形状から蝶形椎骨と呼ばれ，これも半側椎骨の1つの型である。

1．半側椎骨

この奇形は，椎体の一部の発育が起こらないために椎体が楔形状になる，あるいは椎体の2つの骨化中心が結合に失敗して蝶形状になるものをいう。後者は，**裂溝椎骨 cleft vertebra**または**蝶形椎骨 butterfly vertebra**とも呼ばれる[8]。この椎骨奇形は，ブルドッグ，フレンチ・ブルドッグ，パグ，ボストン・テリアなどの“巻き尾の犬種 screw-tailed breeds”の胸椎や尾椎によく認められる。椎体の変形のために，脊柱の側弯，背弯あるいは腹弯が認められる。

重度の脊柱弯曲を呈したものでは，脊柱管の狭窄や椎体の不安定症が起こり，進行性あるいは間欠的な脊髄障害を起こす。また，半側椎骨は脊髄形成異常，例えば脊髄癒合不全や脊髄くも膜嚢胞を併発していることもある[3, 6]。

(1) 診断

椎骨の形状の診断は単純X線検査で可能であるが，神経学的機能障害を伴っている場合は，この奇形に関連しているものか(脊柱管の狭窄や椎体の不安定症)，あるいは他の奇形の併発や椎間板ヘルニアなどその他の疾患に起因するものなのかを脊髄造影検査，コンピュータ断層撮影(CT)検査あるいは磁気共鳴画像(MRI)検査を行い，確定する必要がある(後述の症例1参照)。

(2) 単純X線検査

半側椎骨の単純X線所見を図2に示す。

①側方像または腹背像で楔形の椎体が，腹背像で蝶形の椎体がみられる。
②椎間腔は狭く，幅が一定していない。
③脊椎が不安定であるため，二次的に腹側や側方に変形性脊椎症を発症しやすい。
④脊柱の側弯，背弯あるいは腹弯が認められる。

(3) 治療

半側椎骨に関連した圧迫性の脊髄障害があれば，外科的減圧術および必要があれば脊椎固定術を行う[1, 7]。併発疾患のない若齢で神経学的機能障害が軽度の症例では予後良好であるが，脊髄形成異常を併発している場合は要注意である[3, 6]。

2．塊状椎骨

複数の椎体が完全あるいは部分的に融合して1つの椎骨を形成する奇形である。通常，塊状椎骨は安定しており，臨床的意義はない[8]。しかし，塊状椎骨の前後の椎間腔において，過剰な負荷がかかることで，椎間板突出の危険性が高くなるといわれている[12]。

単純X線検査

塊状椎骨の単純X線所見を図3に示す。

①塊状部の椎間腔は完全に，あるいは部分的に消失している。
②椎体の融合に加えて，棘突起が部分的に，あるいは完全に融合していることがある。
③頚椎と腰椎に最もよく認められる。

3．移行脊椎

脊椎区画(頚椎，胸椎，腰椎および仙椎)の境界部において，椎骨が本来の区画の形態をとらず，隣接した

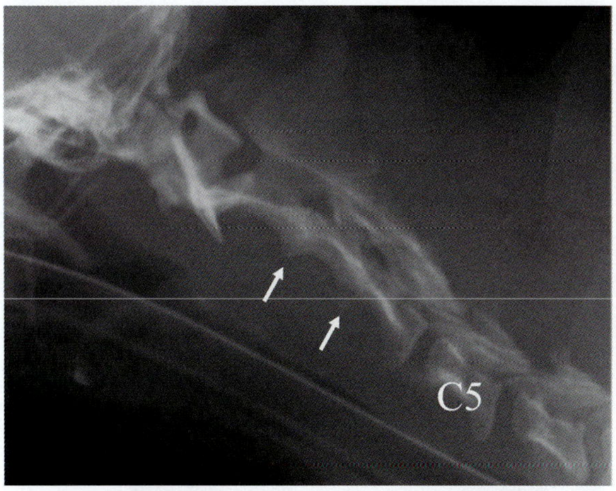

図３　塊状椎骨
ミニチュア・ダックスフンド(6歳，雄)にみられた第２～４頚椎(C2～C4椎骨)における塊状椎骨。第2-3頚椎(C2-C3椎骨)および第3-4頚椎(C3-C4椎骨)の椎間腔が消失している(矢印)。

脊椎区画の解剖学的特徴をもつような椎骨の奇形である[8)]。移行脊椎が原因で，脊椎数の相違がしばしば起こる。例えば，仙骨より前の脊椎数が正常な数(27個：頚椎７個，胸椎13個および腰椎７個)であっても，胸椎が14個で腰椎が６個や，胸椎が12個で腰椎が８個ある場合などである。通常，臨床的意義はないが，脊椎に対して外科手術(椎弓切除術など)を実施する場合には，正確な手術部位を間違えないようにすることが大切である[8)]。

(1) 診断

単純Ｘ線検査で診断可能である。

(2) 単純Ｘ線検査

移行脊椎の単純Ｘ線所見を図４に示す。

①頚胸椎部における移行脊椎
：第７頚椎(C7椎骨)の胸椎化(第７頚椎〔C7椎骨〕の片側または両側に肋骨が認められる)や，第１胸椎(T1椎骨)の頚椎化(第１胸椎〔T1椎骨〕の片側または両側の肋骨欠損が認められる)が生じる。

②胸腰椎部における移行脊椎
：第13胸椎(T13椎骨)の腰椎化(第13胸椎〔T13椎骨〕の片側または両側の肋骨欠損が認められる)や，第１腰椎(L1椎骨)の胸椎化(第１腰椎〔L1椎骨〕の片側または両側に肋骨が認められる)が生じる。

③腰仙椎部における移行脊椎
：第１仙椎(S1椎骨)の腰椎化(移行は，部分的なものから全移行まで様々である)や，第７腰椎(L7椎骨)の仙骨化(第７腰椎〔L7椎骨〕が片側または両側性に仙骨と腸骨の両方で関節を形成する)が生じる。

4. 二分脊椎

椎弓を形成する２つの骨化中心が融合せず，正中に裂溝を生じる椎弓の奇形である[8)]。巻き尾の犬種やマンクスに多く認められる。

椎弓と脊髄の奇形は神経管の発達と深く関連しており，それぞれが単独で奇形を起こすことも，両方に同時に起こることもある。脊髄や髄膜の脊柱管外への脱出を伴わず，臨床的に神経学的な機能障害を認めないものを潜在性二分脊椎症と呼ぶ。一方で，髄膜瘤 meningocele や脊髄髄膜瘤 myelo-meningocele といった嚢状病変が脊柱管外へ脱出したものを顕在性二分脊椎症と呼ぶ[3, 6, 10)]。**髄膜瘤**とは，椎弓の欠損している部分から髄膜のみが脱出するもので，神経組織も含めて脱出している場合を脊髄髄膜瘤と呼ぶ[6)]。

(1) 診断

椎骨の形態の診断は，単純Ｘ線検査で可能である。奇形が存在する部位の皮膚に小さな穴(皮膚表面から脊椎につながる皮膚洞)や，その付近の被毛の生える方向の異常を認めることがあり，これらは診断の一助となる。神経学的機能障害を伴っている場合は，この奇形の部位に脊髄や髄膜の異常が存在するかどうかを脊髄造影検査，CT検査あるいはMRI検査を行い確定する必要がある[19)]。

(2) 単純Ｘ線検査

二分脊椎の単純Ｘ線所見を図５に示す。

①腹背像で，２本の棘突起がみられる。
②棘突起の完全な欠損を認めることがある。

(3) 治療

神経学的機能障害を認めるものは脊髄の奇形に関連していることから，治療は不可能である。くも膜下腔や中心管に外部との交通がある場合(皮膚洞形成)は，髄膜脊髄炎を引き起こす恐れがあり，それを予防するためにはその交通路を外科的に閉鎖することを考慮するべきである。

5. 後頭骨環軸椎奇形

後頭骨環軸椎奇形は，後頭骨，環椎および軸椎に関連した異常を起こす先天性奇形である。これには，環

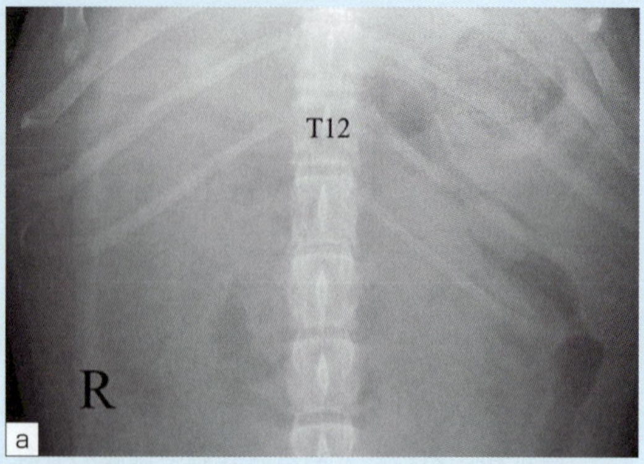

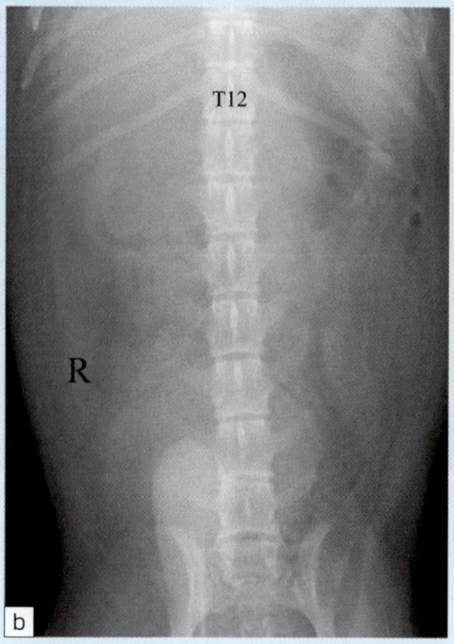

図4　移行脊椎(第13胸椎〔T13椎骨〕の腰椎化)

a：ウェルシュ・コーギー，9歳6カ月齢，雄。第13胸椎(T13椎骨)右側肋骨のわずかな痕跡がみられるが，ほとんど消失している。
b：ミニチュア・ダックスフンド，6歳10カ月齢，雄。第13胸椎(T13椎骨)の両側肋骨の欠損があり，脊椎数の相違がある(8個の腰椎にみえる)。この場合，脊椎に対して外科手術を実施するときには正確な手術部位を間違えないように注意する。

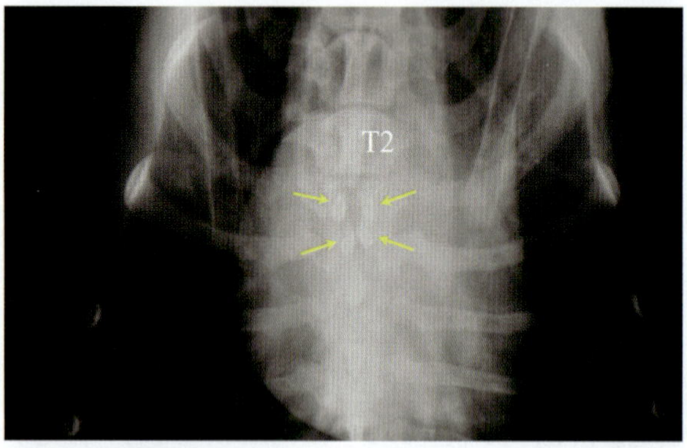

図5　二分脊椎

雑種犬，7カ月齢，雌。第3胸椎(T3椎骨)および第4胸椎(T4椎骨)において2本の棘突起がみられる(矢印)。

椎癒合(環椎と後頭骨の先天的な癒合)，環椎形成不全，歯突起の形成不全[3, 11]や角度の異常などがある[13]。歯突起に関わる奇形では，環軸関節を安定させる歯突起に付着する翼状靭帯，歯尖靭帯，横靭帯が機能しないため，環椎・軸椎不安定症や環軸亜脱臼を起こす。環椎・軸椎不安定症や環軸亜脱臼の臨床症状，診断および治療については，第31章「環椎・軸椎不安定症」を参照していただきたい。

6. 先天性脊柱管狭窄

脊柱管の狭窄の多くは，加齢に伴う脊柱の変形または不安定性や，大型犬によくみられる尾側頸部脊椎脊髄症(ウォブラー症候群)で起こるが，先天的な要素でも起こる[3]。狭窄は，原発病変として単独で起こることも，他の椎骨奇形(例：半側椎骨や塊状椎骨)に関連して起こることもある。臨床症状は，狭窄による脊髄圧迫性障害で起こる疼痛から神経学的機能障害まで様々である[3, 6]。

(1) 診断

椎体，肋骨や骨盤といった構造と重なるため，単純X線検査では正確に診断することは難しく，脊髄造影や硬膜外造影といった造影検査によって脊髄の圧迫を描出して判断する。CT検査やMRI検査ではより正確に診断が可能である[3]。

(2) 治療

症状が軽度であれば，ケージレスト，ステロイドあるいは非ステロイド性消炎鎮痛剤(NSAIDs)の投与といった保存療法が可能である。しかし，ほとんどの場合，再発あるいは悪化するため，外科的減圧術(背側椎弓切除術あるいは関節突起切除術や椎間孔拡大術の併用)が実施される[3, 4, 15]。

表3　代表的な脊髄・髄膜の奇形

a) 脊髄癒合不全：spinal dysraphism
b) 脊髄空洞症および水脊髄症：syringomyelia and hydromyelia
c) 類皮洞：dermoid sinus (pilonidal sinus)
d) 脊髄くも膜嚢胞：arachnoid cyst

脊髄の奇形

脊髄や髄膜にみられる奇形(表3)は，椎骨に関連し

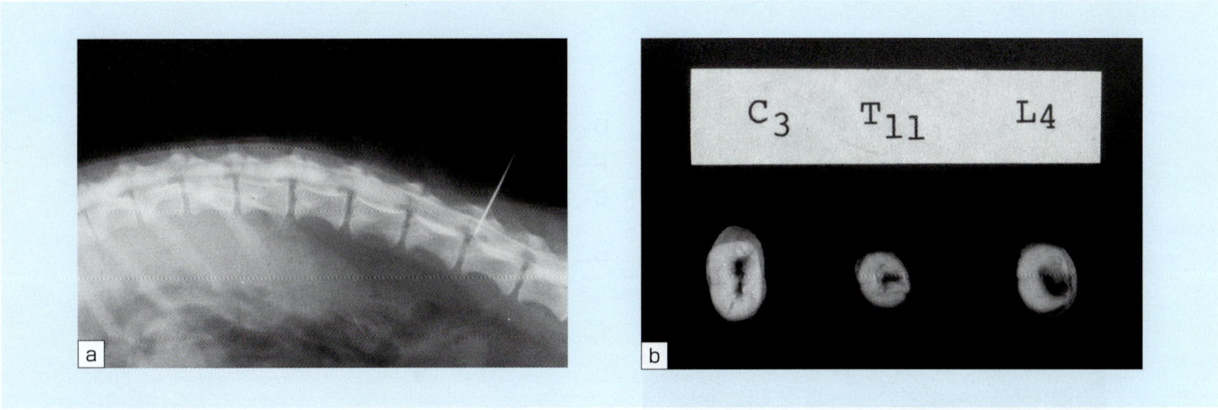

図 6　脊髄空洞症

ミニチュア・ダックスフンド，10 カ月齢，雌。
a：脊髄造影検査の結果，空洞内に造影剤の侵入を認めた。
b：剖検時の第 3 頚椎（C3 椎骨），第 11 胸椎（T11 椎骨）および第 4 腰椎（L4 椎骨）レベルにおける脊髄の肉眼的所見。中心管との区別は困難であるが，脊髄内に大きな空洞を認める。

た奇形とは異なり，**原発的に神経構造が侵される**ため様々な神経学的機能障害を起こす。症状の改善は期待できるものの，基本的には奇形性病変は根治できない。通常，脊髄奇形は動物が生後，歩きはじめるときに認識されるが，小さな病変では，外傷などによって初めて症状が誘発される場合もある。

1．脊髄癒合不全

脊髄癒合不全とは，神経管の閉鎖不全によって起こる脊髄の発達障害である。脊髄空洞症，水脊髄症，中心管の欠損，背側正中溝や腹側正中裂の奇形など様々な奇形が同時に存在する。何種類かの犬種に報告があるが，主にワイマラナーに多くみられる。ウサギ跳びのような歩行やかがみ込むような姿勢が特徴的な臨床症状である。これらの症状は，姿勢機能が働きはじめる 4 ～ 6 週齢頃から認められるようになるが，ほとんどは非進行性である。常にみられるわけではなく，被毛の異常，漏斗胸や捻転斜頚を認めることもある[6, 15]。

2．脊髄空洞症および水脊髄症

脊髄空洞症とは，脊髄実質内に異常に液体が貯留した状態をいう（図 6）。水脊髄症とは，脊髄内の異常に拡張した中心管内での液体貯留をいう。しかし，臨床的に両者の区別は困難であるため，総称して脊髄空洞症と呼ばれる。

脊髄空洞症は一般的に先天性であるが，外傷などから後天的に起こることもある。一方，水脊髄症はより先天性奇形と関連しているが[2, 15]，Kirberger らは脊髄造影による併発として水脊髄症が起こる可能性があることを報告している[9]。脊髄空洞症に罹患した動物は，水頭症，キアリ様奇形，後頭骨形成不全などを併発していることがある。症状は空洞病変の存在する部位によって様々であり，無症状のものから知覚過敏，運動失調，不全麻痺～麻痺や側弯などを生じる。診断には，MRI 検査が有用である[16]。

治療は，一般的にステロイドや脳圧降下剤などの投与を中心とした保存療法が行われるが，症状が重度な場合や，水頭症やキアリ様奇形を併発している場合には，脳室－腹腔シャント術（V-P シャント術），空洞－くも膜下腔シャント術（S-S シャント術），大後頭孔拡大術などが行われることもある。

3．類皮洞

胚形成期における外胚葉と神経管の分離不全によって起こる，先天性疾患である。背側正中の皮膚と硬膜が交通している状態で，ローデシアン・リッジバックおよびシー・ズーが罹患しやすい[15]。洞管からの感染により髄膜炎や脊髄炎に関連した臨床症状を起こす。背側正中線で体毛の渦がみられる，あるいは洞管から体毛や滲出液が出てくるのがみえることもあるので，診断の一助となる。硬膜との交通は脊髄造影検査もしくは MRI 検査によって確認する。治療は，抗生剤の投与と感染を起こした洞管や周囲組織の外科的切除術によって行う。関連した全ての組織を除去するために，椎弓切除術が必要なこともある[15]。

4．脊髄くも膜嚢胞

脊髄くも膜嚢胞とは，くも膜下腔にできた嚢胞状病変に脳脊髄液（CSF）が貯留した状態であり，この嚢胞状病変が脊髄を圧迫することで神経学的機能障害を起

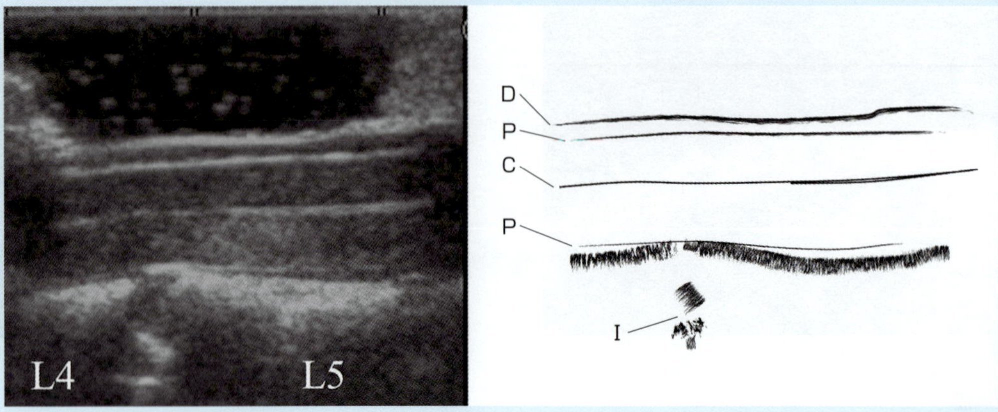

図7　術中脊髄超音波検査(IOSU)正常所見(L4-L5 レベル矢状断面)

マルチーズ，2歳，雌。正常な脊髄では，硬膜，脊髄表面(軟膜)，椎間板は高エコーを示す。脊髄はやや低エコー性で，髄液で満たされたくも膜下腔は脊髄実質よりも低エコーとして描出される。脊髄実質の中心に，中心管が1本あるいは2本ラインの高エコーとして描出される。
D：硬膜，P：軟膜，C：中心管，I：椎間板。

こす。原因は，先天的なものが最も一般的であるが，外傷や椎間板ヘルニアなどからの二次的病変も報告されている[14]。多くの犬種で罹患するが，ロットワイラーがその代表犬種である[2, 14]。主な発生部位は，頚髄領域と胸腰部結合領域で，病変は，脊髄の背側正中，背外側，腹側に認められる[10, 15]。単一の嚢胞状病変が一般的であるが，同時に複数の病変が認められる例もある[10]。症状は他の脊髄疾患と同様に，病変が存在する部位を反映し，一般的には不全麻痺と運動失調がみられる。診断は，脊髄造影検査あるいはMRI検査による嚢胞状病変の確認である。脊髄造影検査では，特徴的な涙滴状の陰影として現れる。MRI検査でも同様に特徴的な所見が得られるが，嚢胞性腫瘍や感染に関連した嚢胞状病変などその他の病変との鑑別が必要である[10]。

本誌の治療としては，椎弓切除術および嚢胞切開術あるいは切開した硬膜縁を関節周囲の軟部組織へ縫合する造袋術が行われている。術中に，実際の嚢胞状病変の範囲を肉眼的に認識することは困難なため，術中脊髄超音波検査 intraoperative spinal ultrasonography(IOSU)が有用であることが示されている[5, 17]。IOSUの正常所見を図7に示す。脊髄くも膜嚢胞の症例を後述の症例3および症例4で挙げる。

症例1　両後肢麻痺を起こした半側椎骨の症例

患者情報：フレンチ・ブルドッグ，3歳7カ月齢，雄

来院時所見：突然の両後肢麻痺で来院した。歩行検査を行ったところ，後肢での歩行は不能であった。神経学的検査では，両後肢ともに固有位置感覚が消失，膝蓋腱(四頭筋)反射はともに亢進しており，後肢の上位運動ニューロン徴候(UMNS)を示していた。深部痛覚は正常であった。

X線検査：単純X線検査では第4胸椎(T4椎骨)および第10胸椎(T10椎骨)の半側椎骨がみられ，第8と第9胸椎(T8・T9椎骨)の棘突起が癒合していた(図8a)。これらの異常と症状の関連をみるため，脊髄造影検査を実施した。その結果，半側椎骨のある部位の造影柱には問題がなく，第11～13胸椎(T11～T13椎骨)で造影柱の狭小化と左背外側からの硬膜外圧迫病変が描出された(図8b)。

手術：同部位における左側の片側椎弓切除術を実施したところ，多量の椎間板物質により脊髄が圧迫を受けていた。それらを除去し，脊柱管内を洗浄した。

経過：術後1日目には重度の運動失調を認めるものの，自力歩行が可能であった。1週間後の退院時には，しっかりとした歩行が可能となり，その後1カ月の検診では，わずかな運動失調は残っていたが，十分な歩行が可能であった。

考察：半側椎骨をもつ症例では，脊柱管の狭窄や椎体の不安定症により，脊髄障害を起こすことがある。しかし，本症例のように半側椎骨とは直接，関連のない疾患により脊髄障害を起こすこともある。そのため，現症状が半側椎骨と関連しているものか，あるいはその他の疾患に起因するものなのかを脊髄造影検査，CT検査あるいはMRI検査を行い確定する必要がある。

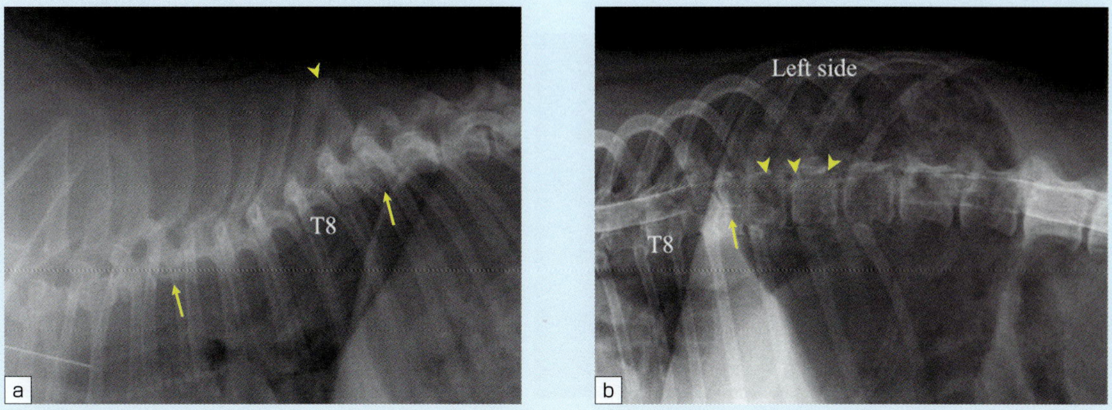

図8　症例1，X線所見

a：単純X線検査，側方像。第4胸椎（T4椎骨）および第10胸椎（T10椎骨）の2カ所で半側椎骨を認め（矢印），第8-9胸椎（T8-T9椎骨）の棘突起は先端部で癒合していた（矢頭）。

b：脊髄造影検査，左斜位像。半側椎骨の部位とは異なる第11～13胸椎（T11～T13椎骨）において背側の造影柱の変位と狭小化がみられ（矢頭），これは脊髄の左背外側からの硬膜外圧迫病変の存在を示す。矢印は第10胸椎（T10椎骨）の半側椎骨部を示す。第11～13胸椎（T11～T13椎骨）における左側の片側椎弓切除術の結果，多量の椎間板物質が認められた（椎間板ヘルニア）。

症例2　歯突起の角度異常あるいは環椎の横靭帯の異常に起因する症状を示した症例

患者情報：狆，7カ月齢，雄

稟告：幼少時より，ときどき痛みによると思われる悲鳴をあげていた。最近になって，悲鳴をあげることが多くなり，全身の震えと左側への捻転斜頚がみられるようになったとのことで来院した。これまでに外傷歴はないとのことであった。

来院時所見：歩行検査では，特に異常を認めなかった。神経学的検査は，全て正常であった。触診では，頚部筋群の緊張があり，何かの拍子に悲鳴をあげることがあった。

単純X線検査：単純X線検査では側方像で上方に向いた歯突起を認め，腹背像では非常に短い歯突起が観察された（図9a，b）。環椎椎弓と軸椎棘突起の間隔は正常範囲内と思われた。

CT検査：歯突起の先端が，環椎の脊柱管の中央部よりやや上方にみられた。構成した3D-CT像において環椎椎体と軸椎椎体の不整合があり，亜脱臼を認めた（図9c，d，比較のため正常所見を図10に示した）。本症例の歯突起はほぼ正常な大きさで存在することから，その角度の異常もしくは環椎の横靭帯の異常に起因するものと考えられた。

治療・経過：本症例は頚部疼痛のみの症状のため，保存療法としてネックカラーの装着のみで経過観察を行ったところ，1カ月後の検診では，悲鳴をあげることが非常に少なくなったとのことであった。現在も同様の保存療法で観察中である。

症例3　脊髄くも膜嚢胞の症例①

症例情報：ビーグル，4歳，雄

来院時所見：6カ月間の軽度な運動失調および後肢の不全麻痺が認められるとのことで来院した。歩行検査では，自力での歩行は可能であるが，軽度のふらつきがみられた。神経学的検査では，両後肢ともに固有位置感覚の低下がみられ，膝蓋腱（四頭筋）反射はともに正常で，後肢のUMNSを示していた。

画像診断：単純X線検査では特に異常を認めなかった。脊髄造影検査では，第13胸椎（T13椎骨）と第1腰椎（L1椎骨）の背側正中に涙滴状陰影がみられた（図11a，b）。MRIにおいても，同部位に拡張したくも膜下腔と思われる所見が認められた（図11c）。これらの所見より，脊髄くも膜嚢胞と術前診断した。

手術：本症例には第13胸椎（T13椎骨）と第1腰椎（L1椎骨）で背側椎弓切除術を行い，造袋術を実施した。椎弓切除後，硬膜を通して肉眼的に嚢胞状病変の範囲をみることは困難であったため（図11d），IOSUを実施した。その結果，嚢胞および脊髄の状態が明瞭に描出され（図11e），安全かつ正確に造袋術を実施することが可能であった（図11f）。

経過：手術直後に，神経学的な悪化がみられたが，徐々に改善し，2週間後には正常歩行が可能となった。7カ月間の術後経過観察では再発はみられなかった。

症例4　脊髄くも膜嚢胞の症例②

症例情報：シー・ズー，8歳，雄

来院時所見：9日前からの起立困難，四肢の伸展と頚

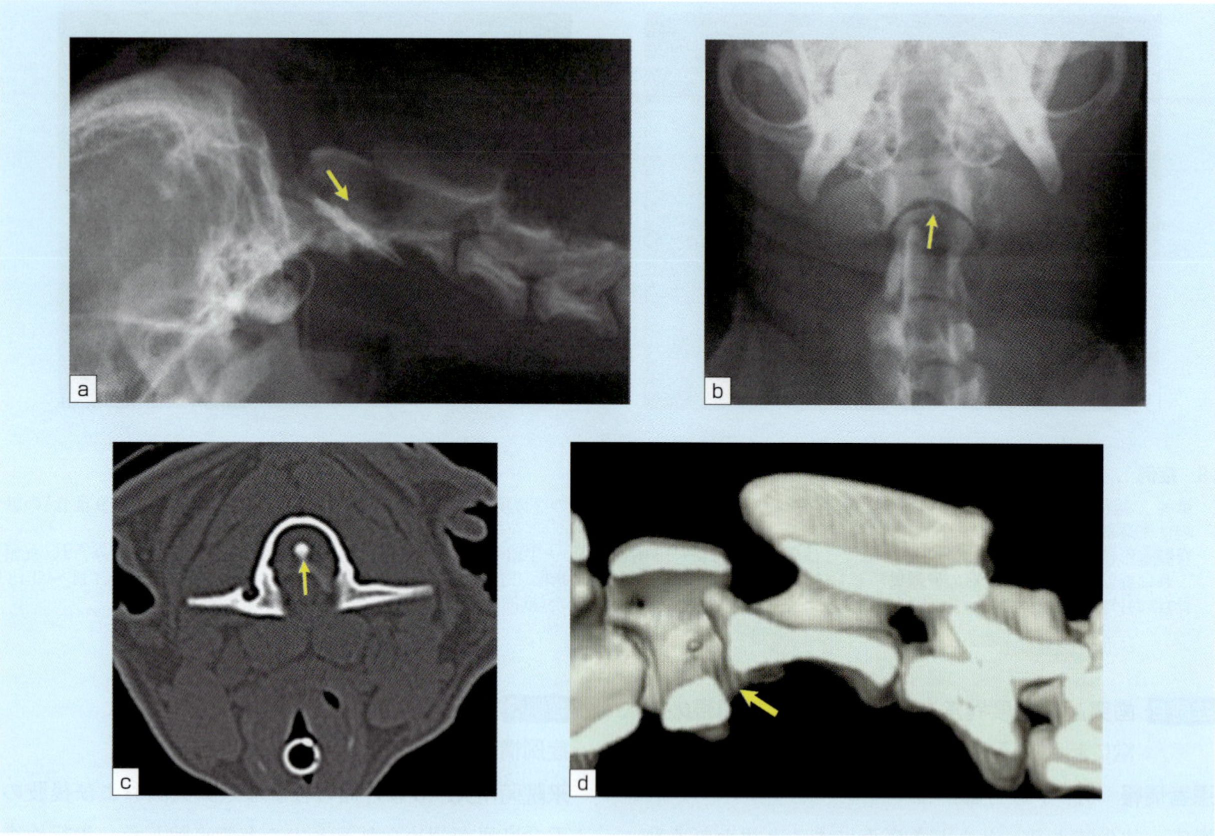

図 9　症例 2，単純 X 線所見，CT 所見

単純 X 線検査時の側方像(a)において，環椎部の脊柱管内で上方に向く歯突起が確認できる(矢印)。単純 X 線検査時の腹背像(b)では，非常に短い歯突起が描出されている(矢印)。環椎椎弓と軸椎棘突起の間の拡大はなく，この時点では環軸亜脱臼の存在を確定できなかった。CT 横断面(c)では，歯突起の先端が環椎の脊柱管の中央部よりやや上方にみられ，構成した 3D-CT 像(d)において，環椎椎体と軸椎椎体の不整合が確認された(矢印，図 10 の正常所見と比較)。

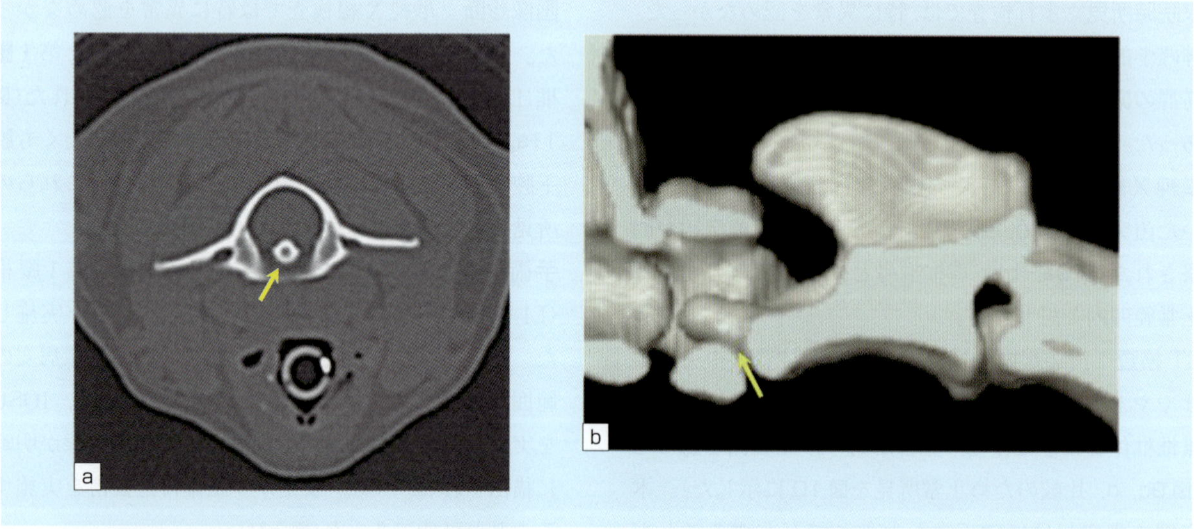

図 10　正常な環軸関節部の CT 横断像(a)と 3D-CT 像(b)

矢印は歯突起を示す。歯突起は環椎椎体に密着するように位置している。

部痛で来院した。神経学的検査では，四肢の固有位置感覚は低下していた。前肢の脊髄反射は正常であったが，後肢の脊髄反射は亢進しており，前後肢の UMNS を示していた。

X 線検査：単純 X 線検査では特に異常を認めなかった。脊髄造影検査では，C5-C6 椎間において腹側からの硬膜外圧迫病変と背側正中に造影剤貯留が認められた。さらに C6-C7 椎骨領域では，背側の造影剤の欠損像およびその尾側に若干の造影剤貯留が認められた(図 12a，b)。これらの所見より，C5-C6 椎間における

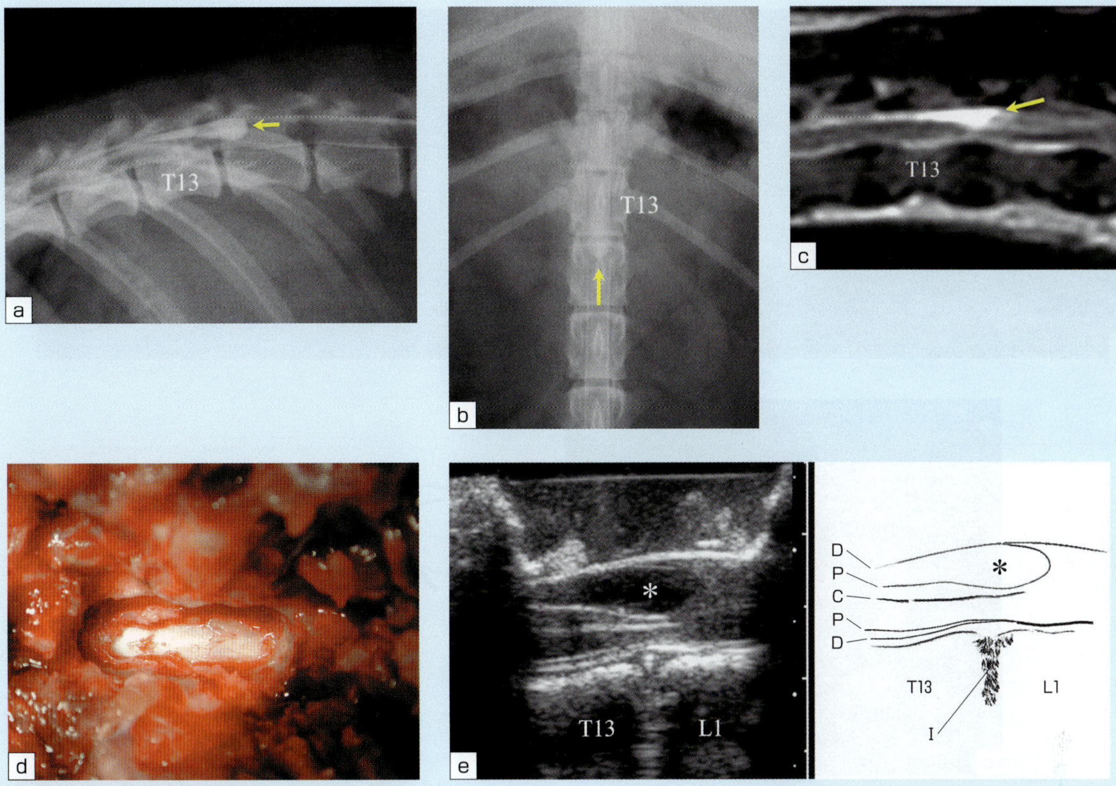

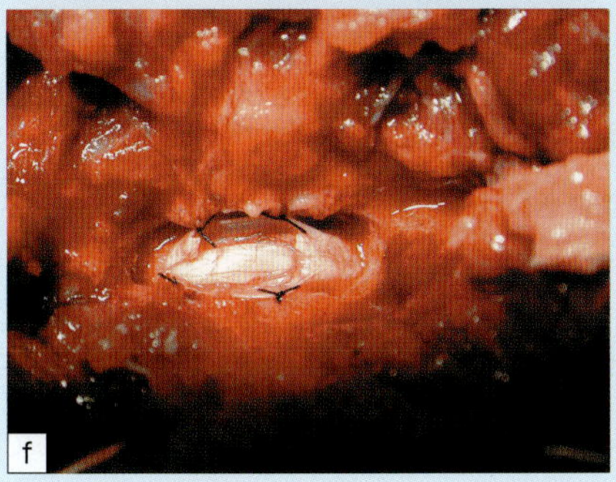

図 11　症例 3，脊髄くも膜囊胞①

脊髄造影検査時の側方像(a)および腹背像(b)ともに，T13-L1 椎骨領域に涙滴様陰影が認められる(矢印)。MRI T2 強調画像(c)で高信号を示すくも膜下腔と思われる部位に囊胞状の所見が認められる(矢印)。T13-L1 椎骨領域での背側椎弓切除後，肉眼的に囊胞状病変の正確な範囲の確認は困難であった(d)。IOSU では，囊胞状病変および脊髄の状態が明瞭に描出され(e)，この所見を術中ガイドとして，十分な椎弓切除と硬膜切開を行い，造袋術を実施した(f)。
＊：囊胞状病変，D：硬膜，P：軟膜，C：中心管，I：椎間板。

椎間板ヘルニアと C5-C6 椎骨領域および C7 椎骨領域尾側における脊髄くも膜囊胞と術前診断した。

手術：本症例には第 5 ～ 7 頚椎(C5 ～ C7 椎骨)で背側椎弓切除術を行い，椎間板ヘルニアに対しては減圧術のみを，脊髄くも膜囊胞に対しては造袋術を実施した。本症例も肉眼的に囊胞の範囲をみることは困難であったため，IOSU を実施した。症例 3 と同様，囊胞や脊髄の状態，そして椎間板突出が明瞭に描出され(図 12c)，安全かつ正確に椎弓切除および造袋術を実施することが可能であった。

経過：術後 1 日目より頚部痛が消失し，7 日目には四肢の伸展が消失した。しかし，再発を疑う症状がなかったにもかかわらず，術後 14 日目に突然死亡した。

考察：症例 3 および 4 のように，IOSU は脊髄，病変の範囲(拡がり)や脊髄と病変の関係をその場で画像化することが可能である。脊髄外科は術者にとって肉眼的に限られた範囲での手術操作となることから，正確で安全に手術を行うためには観察が困難あるいはできない脊髄内部やその周囲を可視化することがその助けとなる。その意味で，IOSU は脊椎・脊髄の手術支援として非常に有効性が高い検査法である[5, 17, 18]。

おわりに

脊椎・脊髄疾患を理解するためには，先天的な異常を知ることが重要である。歴史上，X 線の発見(1895 年)以前の生前診断は困難であり，死後解剖により診断されていた。X 線を応用した病態の観察がはじまると，脊椎・脊髄の奇形が生前診断されるようになった。そして，治療が試みられ，多くの知見が積み重ねられ

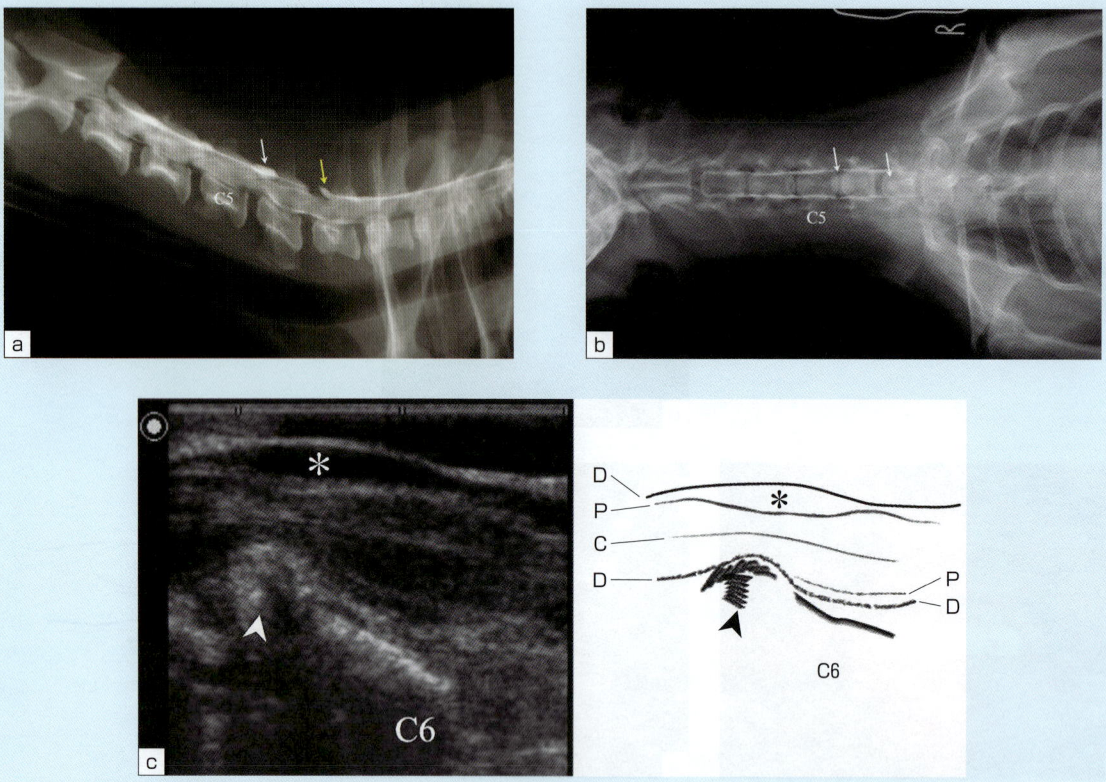

図 12　症例 4，脊髄くも膜嚢胞②

脊髄造影検査時の側方像(a)で，C5-C6 椎間において腹側からの硬膜外圧迫病変と背側正中に造影剤貯留が認められる(白矢印)。また，C6-C7 椎間で，背側の造影剤の欠損像およびその尾側に若干の造影剤貯留を認める(黄矢印)。腹背像(b)では，同部位に涙滴様の陰影が認められる(矢印)。C5～C7 椎骨の背側椎弓切除後，肉眼的に嚢胞状病変の正確な範囲の確認は困難であった。IOSU(c)では，嚢胞状病変，椎間板の突出そして脊髄の状態が明瞭に描出され，この所見を術中ガイドとして，十分な椎弓切除と硬膜切開を行い，造袋術を実施した。
*：嚢胞状病変，矢頭：突出した椎間板，D：硬膜，P：軟膜，C：中心管。

てきた。さらに，脊髄造影剤の出現，改良により詳細な画像診断が可能となり，積極的な手術を含む治療が行われるようになった。

筆者は，脊髄疾患の手術中に脊髄に対して超音波検査を応用することを開発し，より安全かつ確実な手術を施す努力を行っている[17, 18]。現在では，CT や MRI が普及しはじめ，より詳細な診断が可能となり，手術法の改良が行われつつある。そして，これらの高度診断機器を用いて，病態生理についても理解が進んでいる。

今後は，関連遺伝子に関する研究が進み，脊椎・脊髄の奇形に関する知見が深まるものと考えられる。

［田中　宏・中山正成］

■参考文献

1) Aikawa T, Kanazono S, Yoshigae Y, et al. Vertebral stabilization using positively threaded profile pins and polymethylmethacrylate, with or without laminectomy, for spinal canal stenosis and vertebral instability caused by congenital thoracic vertebral anomalies. *Vet Surg.* 36(5): 432-441, 2007.

2) Bagley RS. Clinical Features of Important and Common Diseases Involving the Spinal Cord of Dogs and Cats. In: Bagley RS. Fundamentals of Veterinary Clinical Neurology. Blackwell Publishing. Iowa. US. 2005, pp151-175.

3) Bailey CS, Morgan JP. Disease of the Spine. *Vet Clin North Am Small Anim Pract.* 22(4): 985-1015, 1992.

4) De Risio L, Sharp NJ, Olby NJ, et al. Predictors of outcome after dorsal decompressive laminectomy for degenerative lumbosacral stenosis in dogs: 69 cases(1987-1997). *J Am Vet Med Assoc.* 219(5): 624-628, 2001.

5) Galloway AM, Curtis NC, Sommerlad SF, Watt PR. Correlative imaging findings in seven dogs and one cat with spinal arachnoid cysts. *Vet Radiol Ultrasound.* 40(5): 445-452, 1999.

6) Jeffery ND. Anatomical Anomalies and Congenital Lesions. In: Jeffery NJ. Handbook of Small Animal Spinal Surgery. Saunders. London. UK. 1995, pp72-84.

7) Jeffery ND, Smith PM, Talbot CE. Imaging findings and surgical treatment of hemivertebrae in three dogs. *J Am Vet Med Assoc.* 230(4): 532-536, 2007.

8) Kealy JK, McAllister H. The Skull and Vertebral Column. In: Kealy JK, McAllister H. Diagnostic radiology and ultrasonography of the dog and cat, 3rd ed. Saunders. Philadelphia. US. 2000, pp339-412.

9) Kirberger RM. Recent developments in canine lumbar myelography. *Conpend Contin Educ Vet.* 16(7): 847-854, 1994.

10) LeCouteur RA. Diseases of the spinal cord. In: Ettinger SJ, Feldman EC. Textbook of Veterinary Internal Medicine, 4th ed. Saunders. Philadelphia. US. 2000, pp608-657.

11) Oliver JE, Lorenz MD, Kornegay JN. Tetraparesis, Hemiparesis, and Ataxia. In: Oliver JE, Lorenz MD, Kornegay JN. Handbook of Veterinary Neurology, 3rd ed. W. B. Saunders Company. Philadelphia. US. 1997, pp173-215.

12) Owens JM. 脊椎. 小動物の臨床 X 線診断. 北 昴監訳. 学窓社. 1984, pp69-86.

13) Parker AJ, Park RD, Cusik PK. Abnormal odontoid process angulation in a dog. *Vet Rec.* 93(21): 559, 1973.

14) Rylander H, Lipsitz D, Berry WL, et al. Retrospective analysis of spinal arachnoid cysts in 14 dogs. *J Vet Intern Med.* 16(6): 690-696, 2002.

15) Sharp NJH, Wheeler SJ. Miscellaneous conditions. In: Sharp NJ, Wheeler SJ. Small Animal Spinal Disorders: Diagnosis and Surgery, 2nd ed. St. Louis, Mosby. US. 2005, pp319-337.

16) Taga A, Taura Y, Nakaichi M, et al. Magnetic resonance imaging of syringomyelia in five dogs. *J Small Anim Pract.* 41(8): 362-365, 2000.

17) Tanaka H, Nakayama M, Ori J, Takase K. Usefulness of intraoperative ultrasonography for two dogs with spinal disease. *J Vet Med Sci.* 67(7): 727-730, 2005.

18) Tanaka H, Nakayama M, Takase K. Intraoperative spinal ultrasonography in two dogs with spinal disease. *Vet Radiol Ultrasound.* 47(1): 99-102, 2006.

19) 田賀淳夫, 中山正成, 田中宏, 田浦保穂. 犬の嚢腫性二分脊椎症の脊髄造影 X 線および MRI 所見. 日本獣医師会雑誌. 51(2): 81-84, 1998.

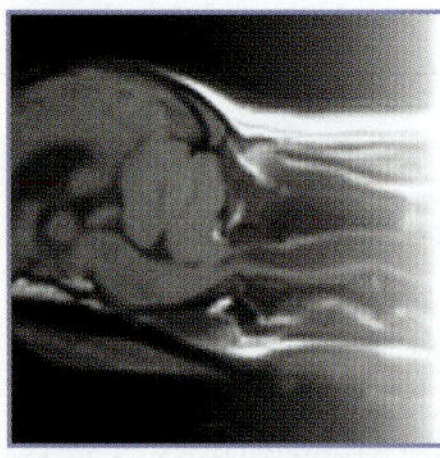

33. 脊髄空洞症

はじめに

脊髄空洞症は，脳脊髄液（CSF）の循環動態の変化により，脊髄実質内に液体が貯留する空洞 syrinx が形成される疾患である。中心管が拡大して空洞が形成される**水脊髄症 hydromyelia** と脊髄実質内に空洞が形成される**脊髄空洞症 syringomyelia** にわけられる[1)]が，これらの分類は空洞病変の周囲が上衣細胞であるか神経膠細胞（グリア細胞）であるかにより病理学的になされるもので，生前の正確な判定は不可能である。また，水脊髄症と脊髄空洞症が混在している症例もあり，臨床的には脊髄内に空洞病変を形成する疾患をまとめて脊髄空洞症，または**水脊髄空洞症 syringohydromyelia**[5, 6, 9)]と表現することが多い。

脊髄内における空洞形成については16世紀にStephanusが最初に報告しており，1824年にOlivier d'Angerが脊髄空洞症という用語を初めて用いた[5)]。医学領域では，病態生理，診断，治療に関して多くの報告や研究が行われているが，いまだに病態生理や発症のメカニズムは不明な点があり，日本では特定疾患（難病）の1つに指定されている。

犬では1965年にGardnerが剖検例において最初に報告したが[3)]，その後の報告は少なく，まれな疾患と考えられていた。しかし近年になり，犬における脊髄空洞症の診断症例が増加している。これは獣医療においてもMRIが導入され，脊髄内の生前の評価が可能になったことが最も大きな要因といえる。また，犬における脊髄空洞症の報告はキャバリア・キング・チャールズ・スパニエルやヨークシャー・テリア，ポメラニアン，チワワ，ミニチュア・ダックスフンドといった小型犬の特定犬種に偏る傾向がみられることから，遺伝的な要因により疾患自体が増加している可能性も考えられている。

病態生理

脊髄空洞症は先天性，後天性の様々な原因により発生している。ヒトでは**キアリⅠ型奇形**に合併する症例が最も多い。キアリⅠ型奇形は小脳扁桃が脊柱管内に下垂する先天性の奇形であり，大後頭孔部が狭窄することによりCSFの循環障害が生じ，その結果，空洞が形成されると考えられている。空洞病変は頚部脊髄に発生し，進行に伴って下方に伸展する。一方，脊髄腫瘍，脊髄損傷，脊髄くも膜炎などの後天性の疾患により二次的に空洞が形成される場合もある。この場合の空洞の形成部位は，その原因となる疾患の発症部位に依存する。

犬においても脊髄損傷や脊髄腫瘍に伴って後天性に発症する場合もあるが，その報告例は少ない。そのほとんどが先天性と考えられ，頚部脊髄に空洞が形成されている症例が多い。小脳尾側部の脊柱管内への変位という，ヒトのキアリⅠ型奇形に類似した所見を犬においても認めることがある。このような症例はキャバリア・キング・チャールズ・スパニエルで多く，先天的に後頭蓋窩が狭いために小脳が脊柱管内に変位すると考えられている（図1）[4, 6, 7)]。一方，ヨークシャー・テリア，チワワ，ポメラニアンといった小型犬で脊髄空洞症を発症している症例が多いが，これらの症例では小脳の脊柱管内への明らかな変位は認められない場合が多い。しかしながら，小脳尾側部の頭側への圧迫，大槽の狭小化，延髄尾側の屈曲といった異常所見が磁気共鳴画像（MRI）により高率に認められている。

このような異常所見は，後頭骨や環椎，軸椎の先天性奇形に伴うもので，ヒトのキアリⅠ型奇形と類似したCSFの循環障害を生じ，脊髄空洞症が発生すると考えられている。ただ，ヒトのキアリⅠ型奇形とは異なるため，**尾側後頭部奇形症候群 caudal occipital malformation syndrome（COMS）**という用語が用いられている（図2）[2)]。

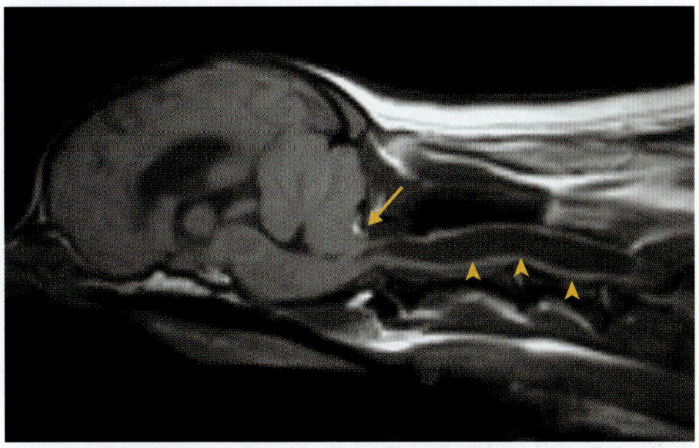

図１　脊髄空洞症のキャバリア・キング・チャールズ・スパニエルのMRI所見（T1強調〔T1W〕画像正中矢状断像）

小脳尾側部が脊柱管内に陥入している（矢印）。頚髄にT1W画像で低信号を示す空洞病変を認める（矢頭）。

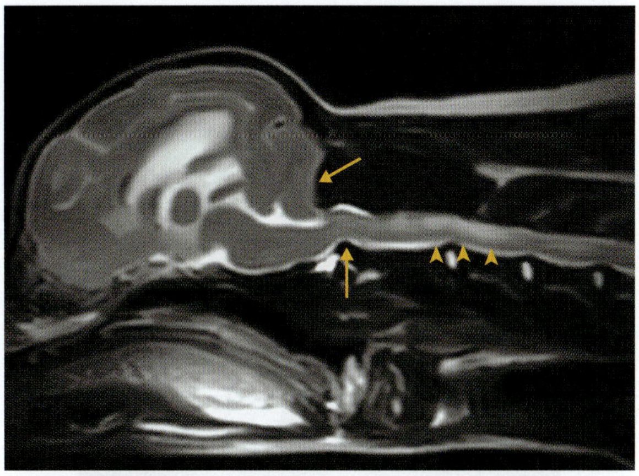

図２　尾側後頭部奇形症候群（COMS）の犬のMRI所見（T2強調〔T2W〕画像正中矢状断像）

小脳の頭側への圧迫（矢印），延髄尾側部の屈曲（矢印）を認める。頚髄にはT2W画像で高信号を示す空洞病変（矢頭）を認める。

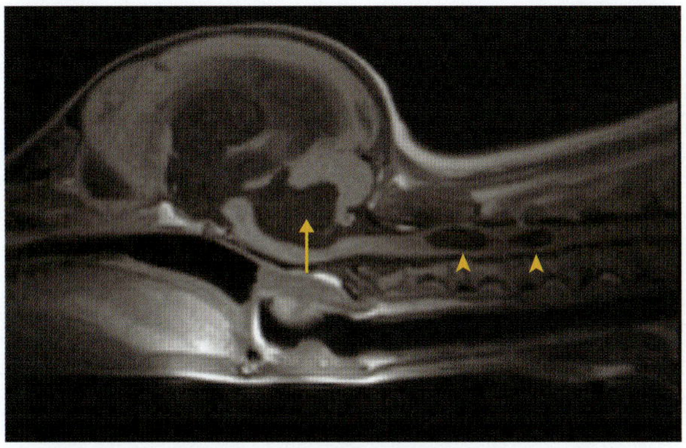

図３　重度の水頭症を伴う脊髄空洞症のミニチュア・ダックスフンドのMRI所見（T1W画像正中矢状断像）

第四脳室の重度の拡大（矢印）を認める。頚髄にはT1W画像で低信号を示す空洞病変（矢頭）を認める。

さらに，犬の脊髄空洞症では重度の水頭症を併発している症例もあり，特にミニチュア・ダックスフンドに多い（図３）。このような症例では，画像所見がヒトのDandy-Walker症候群と類似しているため，Dandy-Walker様奇形として報告されている場合もあるが，この疾患の特徴の１つである小脳虫部の形成不全を伴うことはほとんどないため，筆者はヒトのDandy-Walker症候群とは別の疾患と考えている。

ヒトのキアリⅠ型奇形に伴う空洞病変の発症のメカニズムについては，古くから諸説が考えられている。正確な機序についてはいまだ不明であるが，大後頭孔部におけるCSFの循環不全が脊髄空洞症の発症に関与していることは間違いなさそうである。

臨床症状

犬の脊髄空洞症における最も多い症状は，知覚過敏あるいは疼痛である[1, 5, 6, 7)]。頚部や体幹部を掻こうとする行動phantom scratchingや肢端を盛んに舐める，仰向けになって背部を床に擦り付けるといった行動は，脊髄空洞症における知覚過敏による症状の場合がある。しかし，これらの症状は皮膚病などの他の疾患と間違えられたり，単なる癖として見過ごされる場合も少なくない。疼痛の症状も頚部痛や跛行，肢の挙上といった明らかな症状の場合もあれば，音や振動に敏感に反応する，体に触れられたり抱っこされたりするのを嫌がるといった，疼痛の部位がはっきりしない場合も少なくない。よって，これらの行動や症状は脊髄空洞症から起こり得るものであることを認識しておく必要がある。

側弯は脊髄空洞症の特徴的な症状である[1, 5, 7)]。犬の場合には頚部において側弯が認められることが多いが，外見上認識できる重度の側弯がみられるのはまれである。

空洞病変が大きい場合には，より強い脊髄障害がみられる。最も重度の場合には四肢の不全麻痺がみられるが，後肢よりも前肢の症状が重篤であることが多い（第７章「頭蓋内奇形性疾患（水頭症を除く）」図16参照）。これは空洞病変がまず頚部に発生して尾側へ伸展する場合が多いことと，脊髄中心部から拡大する傾向があるためと考えられる。また，このような四肢の不全麻痺の症状が発症するのは中齢である場合が多い。先天性の奇形に関連して生じる疾患であるにもかかわらず発症年齢が遅いのは，空洞病変が非常にゆっ

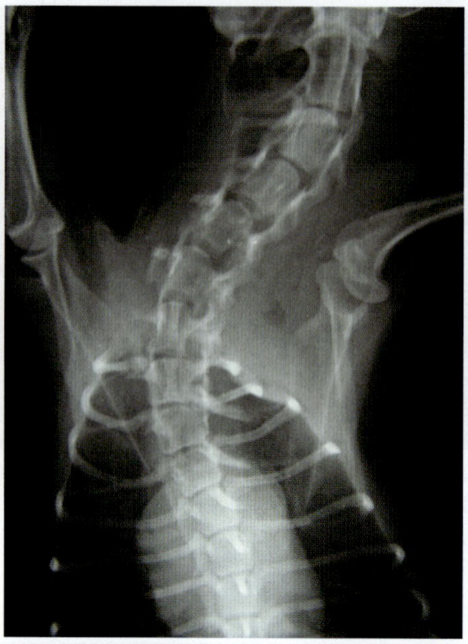

図4　頚椎の側弯を伴う脊髄空洞症の犬の頚部X線腹背像
骨の奇形を伴わない頚椎の弯曲を認める。

くりと拡大する場合があること，このような慢性進行性の脊髄障害では重篤な症状は脊髄障害が重度になるまで生じにくいことなどが原因と考えている。

この他に脊髄空洞症の犬では，捻転斜頚，旋回，回転などの前庭障害の症状や発作を併発している場合が多い。これらの症状は脊髄空洞症ではなく，合併する水頭症やCOMSによる症状と考えられる。

診断

頚部の側弯や知覚過敏，前肢の不全麻痺などの特徴的な臨床症状，シグナルメント（発症年齢，好発犬種など）および神経学的検査の所見などから本疾患を鑑別診断の候補として挙げることは可能であるが，確定診断にはMRI検査が必要である[5]。

1．単純X線検査

脊髄空洞症は脊髄実質内の病変であるため，単純X線検査では診断できないが，骨の変形を伴わない脊椎の屈曲像（側弯）がみられる場合がある（図4）。

2．脊髄造影検査

脊髄造影検査では，腰椎穿刺にて偶然に空洞内に造影剤が注入された場合や，くも膜下腔に投与した造影剤が逆流して脳室内を通過し拡張した中心管内まで達した場合などに，偶発的に診断される場合があるが，本症の有無の鑑別に有用とはいえない[1]。

3．CT検査，MRI検査

コンピュータ断層撮影（CT）検査においても重度に拡大した空洞病変は描出されるものの，軽度の病変の描出には不十分であり，空洞病変の正確な描出および他の脊髄実質病変との鑑別という点でMRI検査には劣る。よって，脊髄空洞症の診断にはMRI検査が必要不可欠である。近年，脊髄空洞症の報告が増加したのは，発症が増えているだけではなく，従来の検査では診断できなかったためと考えられる。

空洞内はCSFあるいは類似した液体で満たされているため，MRIではCSFと同様の信号強度（T1強調画像およびFLAIR画像で低信号，T2強調画像で高信号）を示す嚢胞性病変として描出され[1]，比較的に診断は容易である。

また，MRIでは同時に併発している病変を評価することによりその成因を予想できることが多い。

治療

犬の脊髄空洞症による臨床症状は，無症状から重度の四肢麻痺まで様々である。さらに，空洞病変，症状ともに進行する場合としない場合がある。犬の脊髄空洞症に対して治療を行った場合と，行わなかった場合の長期的な予後に関するデータも少なく，現状では治療法は確立されていない。よって，症状の重症度や進行度に応じて慎重に対応する必要がある。たとえ症状が軽度であっても，1回の検査で無治療と決めるのではなく，経時的なMRI検査により空洞病変の進行性を確認することが望ましい。

基本的には疼痛だけの症状の場合には保存療法を選択し，これが効果的でなかった場合や不全麻痺の症状がある場合に外科療法を選択することが多い。

1．保存療法

脊髄空洞症に対して使用する薬剤は，鎮痛剤，CSF産生抑制剤，ステロイド剤の3つにわけられる[5, 6]。

疼痛の症状が軽度の場合は，鎮痛剤として非ステロイド性消炎鎮痛剤（NSAIDs）を用いる。効果が不十分な場合には，ガバペンチンや経口のオピオイドの使用が推奨されている[5]。

CSFの産生を抑制する薬剤は，空洞病変の拡大を抑制する効果が期待される。プロトンポンプインヒビターであるオメプラゾールは，CSFの産生抑制効果があると報告されているが，高価であり，また，長期間

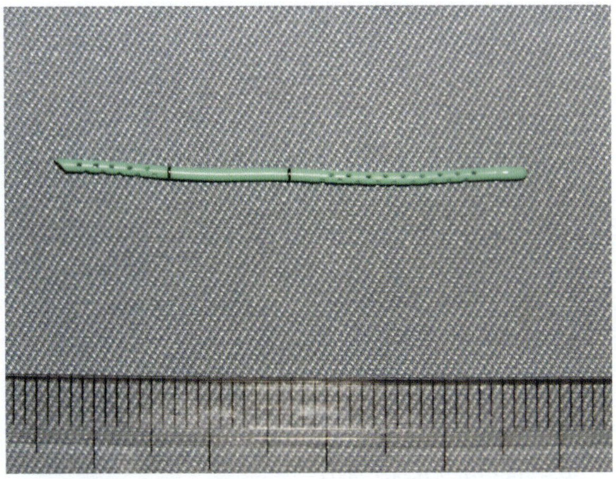

図5　空洞－くも膜下腔シャント術（S-Sシャント術）に用いるシャントチューブ

内径0.6 mm，外径1.0 mm，長さ40 mm（クリエートメディック株式会社）。

Video Lectures　外科療法

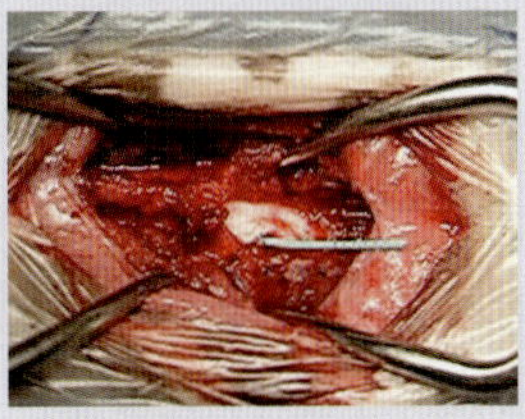

動画

空洞－くも膜下腔シャント（S-Sシャント）チューブを空洞内に挿入した様子

脊髄の拍動が認められる。チューブの先端は空洞内に挿入されている。チューブの尾側端から貯留液の排出が認められる。

の使用も推奨されない（最長8週間）。さらに，犬の脊髄空洞症で使用した場合の効果についても現在のところ定かではない[5)]。炭酸脱水酵素阻害剤であるアセタゾラミドもCSF産生抑制作用があり，脊髄空洞症の治療薬として挙げられている。しかしながら，長期間の使用により腹痛，嗜眠，虚弱といった副作用が発現する可能性があり，また，その効果も弱い。フロセミドもまたCSFの産生を減少させる効果があるが，利尿剤であり間接的な作用であることから，強い効果はあまり期待できない。グリセリンやイソソルビドなどの脳圧降下剤の経口投与は，水頭症の症状を軽減させる効果が期待できる。脊髄空洞症においても同様に使用する場合があり，症状の軽減効果が得られる場合もあるが，水頭症のときと比べ，その効果は低いようである。

ステロイド剤は，鎮痛効果だけではなくCSFの産生抑制効果もあると考えられており，実際に治療効果が得られることが多い。しかしながら，その作用機序については不明な部分があり，また，長期間の使用が必要となる場合が多いため副作用に対する注意が必要である[5)]。

2．外科療法

保存療法により疼痛がコントロールできない場合や，不全麻痺の症状が進行する場合などには外科療法を考慮する。外科療法は，空洞形成の原因であるCSF動態の異常を改善する目的で行う。

ヒトでキアリ奇形に伴う脊髄空洞症で症状を呈している場合には，**大後頭孔拡大術**が実施される場合が多い。これは後頭骨切除および硬膜切開を行うことにより，この部位でのCSFの循環障害を解除することを目的としており，手術成績は良い[3)]。

犬においてもキアリ様奇形やCOMSによる後頭骨頚椎移行部のCSF循環動態の異常が原因と考えられる場合，同様の外科療法が試みられている[1, 8, 9)]。後頭骨の切除に加えて，環椎の部分的な背側椎弓切除術（頭側部のみの切除）が併用される場合がある。硬膜切開は実施される場合とされない場合がある[5)]。

犬の脊髄空洞症の症例に対して大後頭孔拡大術を実施した場合の予後については，臨床症状の改善が認められた場合と手術後も変化がなかった場合の両方が報告されている[5, 8, 9)]。80％以上で症状の改善が得られた場合もあるが，その25％ではその後再発している[5)]。また，症状の改善が認められた場合でも空洞病変の消失は確認されていない。よって，犬の脊髄空洞症に対する大後頭孔拡大術に関しては，現状では確立された治療法とはいえず，再発を予防するための手技などが検討されている。

もう1つの外科療法としては，細いシャントチューブにより空洞内の液体をくも膜下腔にドレナージする，**空洞－くも膜下腔シャント術（S-Sシャント術）**が挙げられる（図5，**動画**）。この方法は，脊髄空洞症の原因にかかわらず効果が期待できる。また，手術直後より空洞内の液体が減少して症状の改善が得られる。しかしながら，チューブの閉塞による再発の可能性が高いこと，シャントチューブが脊髄実質を通過することにより起こる脊髄障害や感染などの合併症の可能性がある[1, 6)]。

水頭症を併発しており，空洞と脳室が交通している脊髄空洞症の場合には，脳室－腹腔シャント術（V-Pシャント術）により脳室だけでなく空洞の縮小効果が期待できる。しかしながら，S-Sシャント術と同様に閉塞による再発や感染症などの合併症の危険を伴う。

おわりに

脊髄空洞症は，近年になり診断されることが増加している疾患であり，その予後や治療成績についての情報はまだ不十分な疾患である。よって，治療方法の選択や予後の予想については注意する必要があり，慎重な経過観察が望ましい。また，今後の新たな報告などにも注目していただきたい。

[松永　悟]

■参考文献

1) Bagley RS, Gavin PR, Silver GM, et al. Syringomyelia and Hydromyelia in Dogs and Cats. *Compend Contin Educ Vet.* 22: 471-479, 2000.

2) Dewey CW, Berg JM, Stefanacci JD, et al. Caudal occipital malformation syndrome in dogs. *Compend Contin Educ Vet.* 26(11): 886-896, 2004.

3) Gardner WJ. Hydrodynamic mechanism of syringomyelia: its relationship to myelocele. *J Neurol Neurosurg Psychiatry.* 28(3): 247-259, 1965.

4) Lu D, Lamb CR, Pfeiffer DU, et al. Neurological signs and results of magnetic resonance imaging in 40 cavalier King Charles spaniels with Chiari type 1-like malformations. *Vet. Rec.* 153(9): 260-263, 2003.

5) Rusbridge C, Greitz D, Iskandar BJ. Syringomyelia: Current Concepts in pathogenesis, diagnosis, and treatment. *J Vet Intern Med.* 20(3): 469-479, 2006.

6) Rusbridge C, MacSweeny JE, Davies JV, et al. Syringohydromyelia in Cavalier King Charles spaniels. *J Am Anim Hosp Assoc.* 36(1): 34-41, 2000.

7) Rusbridge C. Syringomyelia. *UK VET.* 8(8): 59-62, 2003.

8) Takagi S, Kadosawa T, Ohsaki T, et al. Hindbrain decompression in a dog with scoliosis associated with syringomyelia. *J Am Vet Med Assoc.* 226(8): 1359-1363, 2005.

9) Vermeersch K, Ham LV, Caemaert J, et al. Suboccipital craniectomy, dorsal laminectomy of C1, durotomy and dural graft placement as a treatment for syringohydromyelia with cerebellar tonsil herniation in Cavalier King Charles spaniels. *Vet Surg.* 33(4): 355-360, 2004.

10) 岩崎喜信. Chiari 奇形に伴う脊髄空洞症の病態生理(2). In: 阿部 弘編. 脊髄空洞症. 医学書院. 東京. 1993, pp15-21.

11) 寺江聡. 脊髄空洞症. In: 山口昂一, 宮坂和男編. 脳脊髄のMRI. メディカル・サイエンス・インターナショナル. 東京. 1999, pp529-544.

N

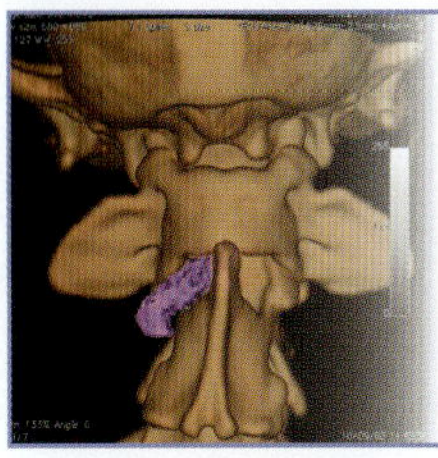

34. 脊髄腫瘍

はじめに

脊髄疾患に占める脊髄腫瘍の割合は多いとはいえないが，椎間板疾患や外傷性疾患が否定される場合には脊髄腫瘍の可能性を考慮しなければならない。特に高齢犬が不全麻痺や麻痺といった神経症状を呈して来院した際には，DAMNIT-V の N：腫瘍性疾患である本疾患を常に認識すべきであろう。現在の獣医療ではMRI など高度な画像診断技術が広く普及しつつあり，脊髄腫瘍と遭遇する機会も増えているのではないだろうか。

本章ではこのような現実を踏まえ，脊髄腫瘍の分類，臨床症状，診断，治療，合併症，予後，実際の症例について解説する。

脊髄腫瘍の分類

1. 腫瘍の種類

脊髄に発生する腫瘍の種類は多岐にわたる。表 1 に主な脊髄腫瘍を挙げる[23]。

2. 腫瘍の発生部位による分類

脊髄腫瘍は発生部位の解剖学的位置により，(1)**硬膜外腫瘍**，(2)**硬膜内・髄外腫瘍**，(3)**髄内腫瘍**に分類される[20]。

(1) 硬膜外腫瘍

硬膜外腫瘍は，脊柱管内において硬膜の外側に存在する(図 1a [1])。脊髄腫瘍のほぼ半数にあたり，犬では最も多く報告されている[12]。硬膜外腫瘍は脊椎および脊椎周囲の軟部組織，造血細胞成分に由来し，増殖しながら硬膜外腔を占拠して脊髄を圧迫する。

1) 脊椎腫瘍

硬膜外腫瘍には，急速な神経機能の悪化を伴う疼痛を呈する脊椎腫瘍が含まれ，骨肉腫が最も多く，線維肉腫がそれに続く[5]。一方，軟骨肉腫，血管肉腫および骨髄腫もまれに生じる[5, 12]。

脊椎腫瘍の詳細は第 35 章「脊椎腫瘍」を参照されたい。

2) 転移性腫瘍

転移性腫瘍では，乳腺，甲状腺，腎臓，膀胱など，脊髄周囲以外に原発性腫瘍がある場合が多く，問診の際に腫瘍の罹患歴を確認することは重要である。

3) リンパ腫

リンパ腫は硬膜および脊髄実質にも発生するが，硬膜外に発生する場合が多い[3]。一部の症例では髄膜浸潤をするため，脳脊髄液(CSF)に腫瘍性細胞が認められる場合がある[18]。猫の硬膜外腫瘍ではリンパ腫が最も多い[16, 28]。リンパ腫以外では，組織球肉腫[14]，肥満細胞腫[27]が硬膜外病変を形成して脊髄障害を起こした報告がある。

(2) 硬膜内・髄外腫瘍

硬膜内・髄外腫瘍は，硬膜の内側であるが，脊髄の外側に位置する(図 1b [1])。硬膜内・髄外腫瘍は，脊髄腫瘍のほぼ 3 分の 1 を占める[12]。硬膜内・髄外腫瘍でよく認められる腫瘍は，髄膜腫および神経鞘腫(神経線維腫，神経線維肉腫，リンパ腫)である[23]。これらの腫瘍は硬膜外に位置することもある[23]。

1) 髄膜腫

髄膜腫は，高齢犬の雄に多い傾向があり，発生部位としては頚髄領域に好発する傾向がある[8, 13]。通常，脊髄に対して圧迫性障害を及ぼし，腫瘍の増殖とともに神経学的異常は徐々に進行する[23]。また，罹患動物は神経学的異常と同時に疼痛を示す[23]。Fingeroth らの報告では，犬の脊髄髄膜腫 13 症例のうち 4 症例が浸潤性であった[8]。このような病理組織学的な多様性は，

表1　主な脊髄腫瘍の発生部位による分類

硬膜外腫瘍	硬膜内・髄外腫瘍	髄内腫瘍
原発性腫瘍	原発性腫瘍	原発性腫瘍
骨肉腫	髄膜腫	上衣腫
線維肉腫	神経鞘腫	神経膠腫
軟骨肉腫	リンパ腫	リンパ腫
リンパ腫	神経線維腫	血管肉腫
血管肉腫	神経線維肉腫	
骨髄腫	腎芽細胞腫	
	肉腫	
	リンパ腫	
転移性腫瘍	転移性腫瘍	転移性腫瘍
腺癌	→	→
肉腫	→	→
メラノーマ	→	→
リンパ腫	→	→

(参考文献23を元に作成)　→：左欄に同じ

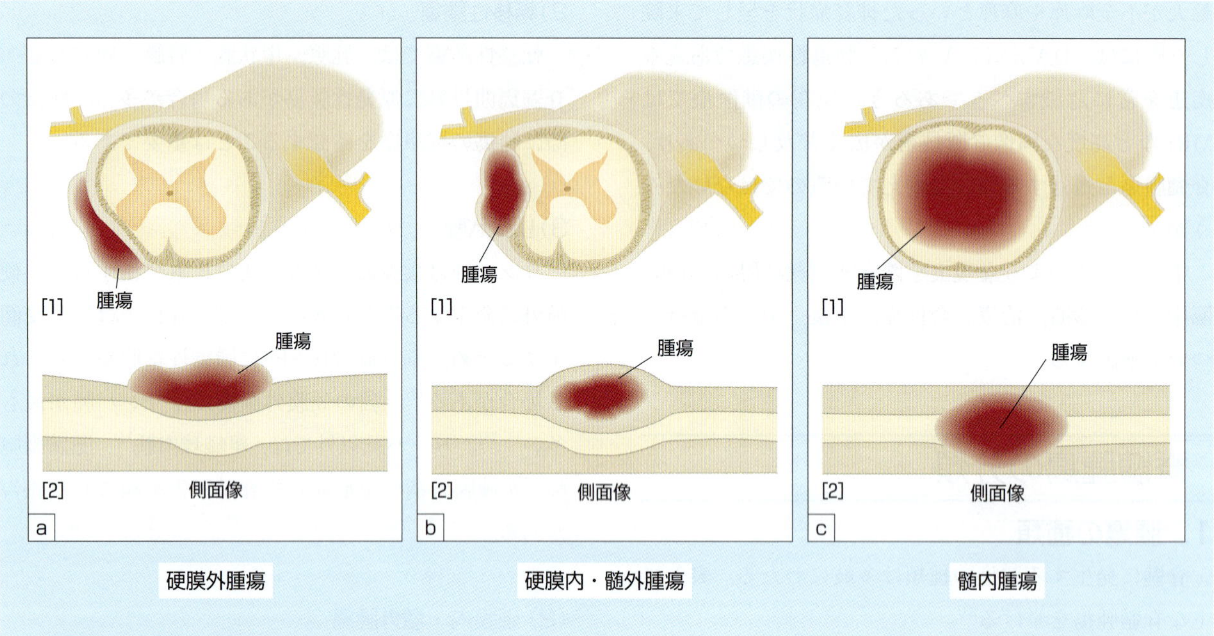

図1　脊髄腫瘍の解剖学的位置による分類と脊髄造影所見の模式図[20]

［1］病変部位の断面図，［2］脊髄造影所見の模式図。

臨床経過および予後に変化をもたらす。

2)神経鞘腫

神経鞘腫は，主に中～高齢(5～13歳)の中型犬種に多発する傾向がある。通常，神経鞘腫の症例は慢性進行性の跛行を呈し，神経叢と脊柱管内の神経根を起源とするのが一般的である[23]。神経鞘腫はしばしば神経線維に沿って脊髄内に浸潤するが，通常，遠隔転移は認められない[2, 22]。しかし，悪性の神経鞘腫では肺転移を認めることもある。脊髄内で発生した神経鞘腫は，神経叢で発生した神経鞘腫と比較して予後は悪く，切除後の再発率は72.3%である[2]。

3)腎芽細胞腫

腎芽細胞腫は，若齢犬のT10～L2椎骨領域に発生し得る[7, 25]。しばしば重度な脊髄圧迫が生じるが，境界明瞭である場合は外科的切除後の予後が良好な場合がある[24]。一方で，転移はまれであるが，局所に浸潤する場合がある[25]。

(3) 髄内腫瘍

髄内腫瘍は，脊髄実質内に発生し(図1c［1］)，脊髄腫瘍の中では最も発生頻度が少ないとされ，およそ15%とされている[12]。髄内腫瘍では多くの場合，急性進行性に脊髄障害が認められる。脊髄内病変の検出には磁気共鳴画像(MRI)検査が有効であるが，ときに硬膜内・髄外腫瘍との区別が困難な場合もある(後述の症例2を参照)。

非腫瘍性病変で脊髄内に病変を形成する疾患には類表皮嚢腫 epidermoid cyst や髄膜脊髄炎などがある[26]ため鑑別を要する。

臨床症状

脊髄腫瘍の臨床症状は腫瘍の圧迫による二次的な脊髄障害により発生し，その増大により症状の悪化が認められる[16]。罹患動物は，一肢または複数肢における不全麻痺または麻痺を呈することが多い[16]。また，固有位置感覚および随意運動の低下～消失，痛覚の低下～消失といった神経学的異常を認め，これらの変化は急性または慢性経過をたどる[16]。

臨床症状の多くは進行性である。急性に発現する肢の不全麻痺または麻痺は，髄内腫瘍の特徴的所見である[16]。一方，硬膜外腫瘍および硬膜内・髄外腫瘍ではより緩徐な進行をたどることが多い[16]。脊髄腫瘍の局在性により，症状は対称性あるいは非対称性に発現する[16]。脊髄原発性腫瘍の多くは，発症初期において疼痛を示すことはまれである[23]。脊髄性の知覚過敏は硬膜外腫瘍では特徴的所見であるが，髄内腫瘍では一般的ではない[16]。

診断

脊髄腫瘍の診断は，椎間板疾患，変性性脊髄症といった変性性疾患(D)，くも膜嚢胞などの奇形性疾患(A)，脊椎腫瘍などの腫瘍性疾患(N)，椎間板脊椎炎などの感染性疾患(I)，局所性肉芽腫性髄膜脳脊髄炎などの炎症性疾患(I)，外傷性および病的な脊椎骨折などの外傷性疾患(T)，脊髄梗塞などの血管障害性疾患(V)との鑑別が必要である。シグナルメント(特に年齢)，腫瘍罹患歴から，あらかじめ脊髄腫瘍の可能性を考慮する場合もあるが，はじめから脊髄腫瘍のみを疑って検査をはじめる場合は少ないと思われる。したがって，通常の脊髄障害を有する症例と同様に検査を進めていく。

1．稟告の聴取

シグナルメントの確認，症状(麻痺，疼痛など)，一般状態(元気，食欲など)，経過(急性／慢性，進行性，再発など)，腫瘍罹患歴(種類，良性／悪性，治療経過など)といった情報を正確に把握することが重要である。

2．一般身体検査

体重，呼吸数と呼吸様式，心拍数，聴診，体温，可視粘膜の色調，水和状態，栄養状態(体格)，体表腫瘤の有無，体表リンパ節の触診，筋肉の状態(萎縮とその部位)，体表各部の皮膚温，意識・精神状態，歩様，姿勢などが含まれる。特に日常的な疼痛を示さない動物でも脊椎周囲を念入りに触診して頚部痛および背部痛を確認することにより，病変の存在部位を検出できることもある。

3．神経学的検査

姿勢反応や脊髄反射により，C1～C5髄節，C6～T2髄節，T3～L3髄節，L4～S3髄節のいずれに病変が存在するかを推察する。さらに体幹皮筋反射，表在痛覚検査を実施して異常部位の詳細な局在を確認できれば，以降の画像診断の際に役立つであろう。病変の存在部位がある程度推測できたならば，単純X線検査を実施する。さらなる追加検査として全身麻酔を必要とする脊髄造影検査，コンピュータ断層画像(CT)検査，MRI検査，CSF検査などが必要とされる場合には，全血球計算，血液生化学検査を実施する。排尿障害が認められる際には，尿検査も実施する。

4．単純X線検査

単純X線検査の目的は，椎間板ヘルニア(D)，骨髄腫(図2)などの脊椎腫瘍(N)，椎間板脊椎炎(I)，脊椎骨折(T)などを検出することである。なお，椎間板ヘルニアは全ての症例において検出できるわけではない。基本的に軟部組織の病変は単純X線検査では検出できない。したがって，神経学的検査により脊髄病変の存在が疑われたにもかかわらず，単純X線検査により異常が認められなかった場合には，脊髄腫瘍，血管障害性病変，変性性疾患を疑い，さらなる画像診断検査に進む必要がある。また，過去に腫瘍疾患を罹患していた動物では，胸部および腹部の単純X線検査を実施する必要がある。

脊髄腫瘍において単純X線検査で認められる所見としては，脊椎のX線透過性の亢進(図2)，局所的な脊柱管の拡大像(図3)，病的骨折および椎間孔の拡大像である。これは，脊柱管内で増殖する腫瘍が脊椎あるいは椎間孔を圧迫している像である。臨床症状が慢

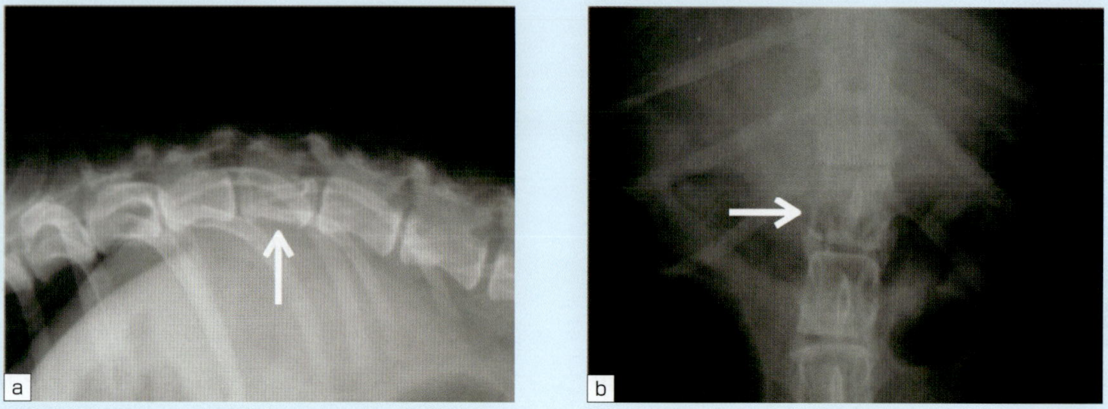

図2　単純X線所見で検出できる異常の例：骨髄腫の犬の単純X線像
シー・ズー，13歳，去勢雄。1カ月前からの後肢の対不全麻痺が麻痺に悪化。椎間板ヘルニアとして治療されていたが，改善されず来院した。第13胸椎のX線透過性の亢進および変形が認められる（矢印）。a：側方像，b：腹背像。

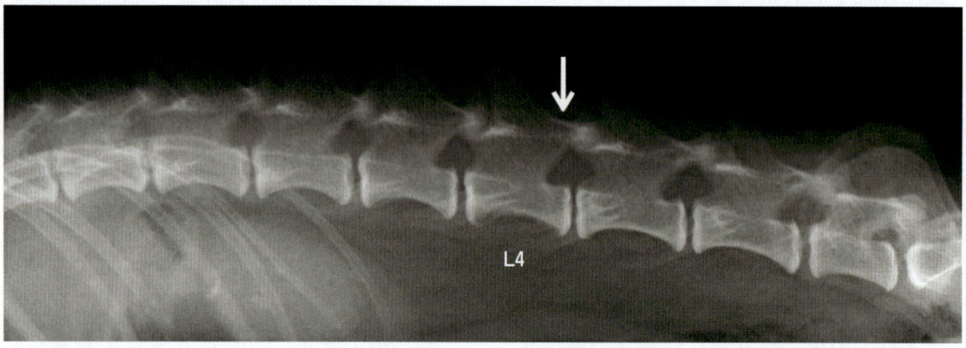

図3　単純X線所見で検出できる異常の例：局所的な脊柱管の拡大が認められる犬の側方像
トイ・プードル，13歳，避妊雌。2週間前からの後肢の対不全麻痺が麻痺に悪化。第4腰椎の脊柱管尾背側が背側に押し上げられている（矢印）。その後に行ったCT検査およびMRI検査により髄内腫瘤が認められ，生検材料の病理組織学的検査により腺癌と診断された。本症例は，乳腺腫瘍の罹患歴があり，転移性腫瘍とされた。

性経過する動物において，神経学的検査および触診で同部位における異常が認められた場合には脊髄腫瘍が疑われ，精査のために脊髄造影検査，CT検査，MRI検査などを実施する必要がある。

5．超音波検査

超音波検査は，脊髄腫瘍そのものを診断する際に適用できる方法ではない。しかしながら，腫瘍疾患を罹患していた動物では，胸部および腹部の単純X線検査とともに腹部超音波検査を実施して，腫瘍の存在を精査する必要がある。

6．脊髄造影検査

脊髄造影検査は，脊柱管内における脊髄の圧迫性病変を検出する有用な方法である。造影剤は脊髄と硬膜間のくも膜下腔に注入されるため，くも膜下腔の形状の変化により硬膜外病変（図1a［2］），硬膜内・髄外病変（図1b［2］），髄内病変（図1c［2］）を鑑別することが可能である[20]。ただし，手技の失宜により硬膜外腔に造影剤が注入された場合には診断を下すことができない。また，神経鞘腫[23]および髄内腫瘍[32]では腫瘍を描出できない場合もある。

CT検査またはMRI検査の方が，断層画像（横断，矢状断，背断など）や3次元画像を作成して病変を詳細に描出できるため，手術計画を立てるうえでは脊髄造影検査よりも利用価値は高い。

7．CT検査

脊椎を破壊して脊柱管内に増殖するような腫瘍の画像診断として，CT検査は特に有用である（図4）。一方，軟部組織由来の腫瘍では脊髄を含めた周囲の軟部組織とCT値が近似である場合があり，通常のCT検査のみでは腫瘍を検出できない場合がある。その場合には，腫瘍と脊髄の関係や，脊髄への圧迫の程度を評

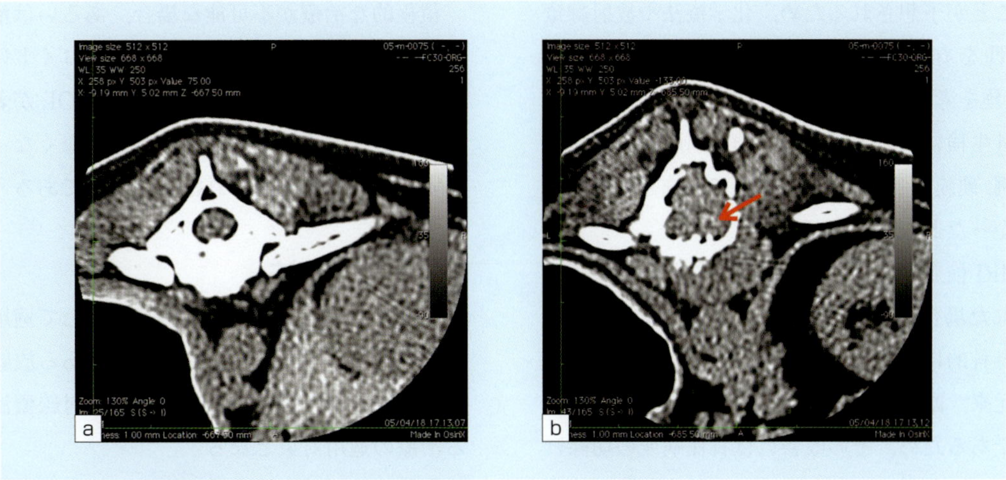

図4　図2の症例の非造影での CT 横断像

a：比較的正常な部位における横断像。
b：異常像。脊柱管内に腫瘍が侵入し，椎骨の破壊と脊髄の圧迫（矢印）が認められる。

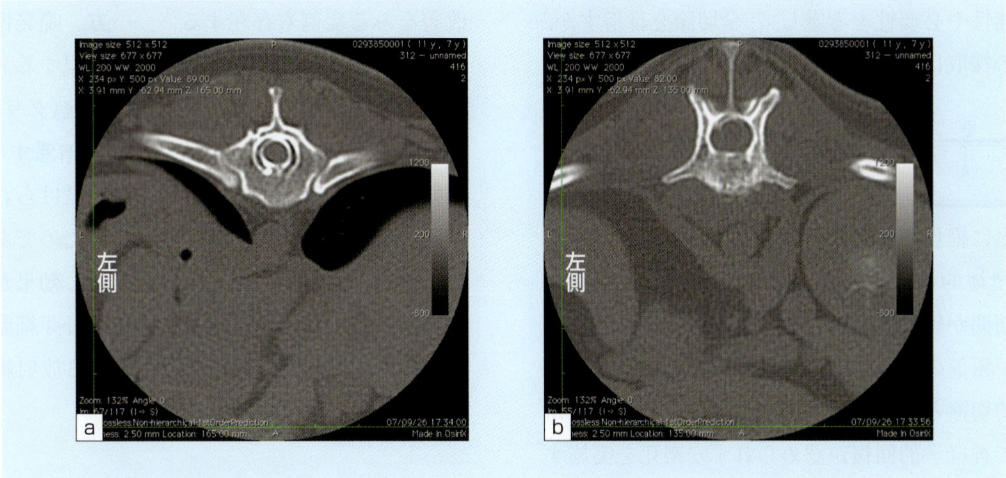

図5　脊髄造影下での CT 検査

a：正常な部位での横断面であり，くも膜下腔内に造影剤が充填され，リング状に描出されている。
b：a の症例における異常部位の横断像。左腹側から硬膜外に位置する軟部組織腫瘍が脊髄を圧迫し，くも膜下腔が明瞭に描出されていない。

価するために脊髄造影下で CT 検査をする必要がある（図5）。また，造影剤を経静脈性に投与することにより，一部の腫瘍では検出精度が改善される[15]。ただし，造影の順番を誤ると検出が難しくなる場合があるため，はじめに非造影での CT 検査を実施し，必要であれば脊髄造影下で CT 検査を実施する。その際に圧迫性病変が検出され，腫瘍性か否かを評価したい場合には静脈性造影検査を実施するとよいだろう。

8．MRI 検査

MRI 検査は人医療の脊髄腫瘍の画像診断では，現在，最も標準的な検査法となっている[9]。骨病変の描出は CT 検査よりは劣るが，いずれのタイプの脊髄腫瘍も描出することが可能である最も有用な診断法である。特に，硬膜内・髄外腫瘍および髄内腫瘍の存在が疑われた場合には MRI 検査を選択すべきであろう。

MRI 検査の特徴は，T2 強調（T2W）画像においてくも膜下腔内の CSF を描出することができるため，脊髄造影を必要としない点である。通常は，T1 強調（T1W）画像，T2W 画像，ガドリニウム増強 T1W 画像を矢状断像，横断像，背断像で撮像すると手術計画を立てるのに非常に役立つ。

9．生検

生検法には，針生検 fine needle aspiration（FNA）および切開生検がある。MRI 検査において境界が不明瞭，またはび漫性の病変（リンパ腫，形質細胞腫などが推定される）が確認された場合には，腫瘤の外科的切除が困難なことが予想されるため，化学療法や放射線療法に感受性を有する腫瘍か否かを判断するためにFNAの実施を考慮すべきである[9, 19]。脊髄腫瘍に対する経皮的針生検に関しては，5頭の脊髄腫瘍罹患猫(髄内病変1例，硬膜外病変4例)に対して実施されて問題を生じなかったと報告されている[10]。

一方，MRI検査において境界明瞭かつ限局性の病変が確認された場合，またはFNAが有効でなかった場合には，外科的に全摘出または部分摘出を考慮すべきである。元来，臨床症状は脊髄圧迫に起因するものがほとんどであるため，その改善には責任病変の切除による減圧が必要となる。したがって，腫瘍切除は病理組織学的検査のための材料の採取と治療を兼ねることになる[9, 16]。切除に際しては術中に目視下でFNAによる細胞診を実施し，化学療法や放射線療法など他の治療法の可能性や必要性を考慮して，全切除を目指すか，生検材料の採取にとどめるかを決定する。

治療

脊髄腫瘍に罹患した動物の全てが治療可能とはいえないが，積極的な治療により生活の質(QOL)が向上し，生存期間が延長する場合もある。犬の上衣腫を例にすると，術前の神経学的異常が重度であった症例では，外科的切除と高電圧放射線療法を併用したが，術後3カ月で神経学的回復が認められず安楽死を実施することとなった[11]。一方，術前の神経学的異常が軽度であった症例では，部分的外科的切除と常用電圧放射線療法を併用し，術後16カ月生存した[30]。したがって，より早期の診断および適切な治療を組み合わせることにより，脊髄腫瘍の治療成績も改善していく可能性があると思われる。

1．化学療法

大部分の脊髄腫瘍は，化学療法単独では治療効果が期待できない場合が多い[1]。ただし例外がある。多発性骨髄腫では，メルファランとプレドニゾロンによる化学療法の単独あるいは放射線療法との併用により良好な結果が得られている[19]。リンパ腫では，シクロホスファミド，ビンクリスチン，シトシンアラビノシド，L－アスパラギナーゼによる多剤併用療法が行われた報告がある[16]。血液脳関門(BBB)を通過する薬剤を選択することが望まれ，シトシンアラビノシド[31]，ロムスチン[6]が期待できるとされている。

積極的な治療が不可能な場合，あるいは治療を断念した場合には，対症療法としてステロイドにより脊髄圧迫の軽減を図る。しかしながら，QOLが著しく低下するなど，対症療法の効果が得られなくなった場合には安楽死を考慮しなければならないであろう。

2．放射線療法

放射線療法は，外科手術の補助として適用される。また，腫瘍が小さく，かつ単発性である放射線感受性腫瘍(リンパ腫，形質細胞腫)は，放射線療法単独による治療の適用対象となる[31]。

術後に放射線療法を適用するにあたっては，放射線障害について考慮する必要がある。急性障害は，治療開始2週間～3カ月後に発現する。これは脱髄によるもので，全身的なプレドニゾロンの投与により症状の改善をみる症例も存在する[23]。一方，晩発性障害は治療開始後6カ月以上経過してから発現する。これは脊髄内の血管内皮細胞および神経膠細胞(グリア細胞)の損傷に起因し，神経傷害は進行性に増悪する。1回の照射線量および総線量に耐用線量が設けられているのは，これらの細胞傷害を誘引しないためである[23]。

一般的に，術後の放射線療法に対し効果が認められる腫瘍としては，髄膜腫，上衣腫，腎芽細胞腫が挙げられる[23]。一方で，神経鞘腫に対する放射線療法は必ずしも有効ではない[23]。

3．外科療法

一般的な腫瘍切除の原則は積極的なマージンを確保することであるが，脊髄腫瘍に関しては脊髄を切除することはできないために不可能である。腫瘍の切除に際しては，正常な組織を保護し，十分な洗浄および吸引を行って術野から腫瘍細胞をできる限り除去することを心掛ける。また，腫瘍を切除した際の手術器械は閉創時には交換するなど，一般の腫瘍切除時と同様に留意する。

(1) 準備

手術にあたっては，腫瘍組織と正常組織との境界や血管の走行を確認するための拡大ルーペもしくは手術用顕微鏡，腫瘍剥離のための器械(マイクロ剥離子など)や神経外科手術用ガーゼ，止血のためのマイクロサージェリー用バイポーラが必要である。また，腫瘍切除には腫瘍鉗子のほかに超音波吸引装置を用いる場合がある。

表2　犬の髄膜腫の治療成績

引用文献	Fingeroth JM, et al. (1987)[8]	Bell et al. (1992)	Siegel et al. (1996)	Levy MS, et al. (1997)[13]	Moissonier et al. (2002)
症例数	9	1	6	2	10
補助療法	なし	放射線療法	放射線療法	記述なし	なし
生存期間(月数)	6＜	19 再発あり	8～25 中央値：13.5	46，47	平均：19.5

手術に際して正常の脊髄に物理的な傷害を加える可能性がある。脊髄への影響を軽減することを目的として，術前，術中にコハク酸メチルプレドニゾロン(MPSS)の使用が有用かもしれない[17)]。

(2) アプローチ

いずれのタイプの腫瘍においても，椎弓切除術は必要なアプローチ方法となる。椎弓切除術には**背側椎弓切除術**と**片側椎弓切除術**がある[21)]。腫瘍の存在範囲および切除方法を考慮し，いずれかの椎弓切除術を選択する。その際には腫瘍切除の操作上，腫瘍の存在範囲のみならず，周囲の正常な脊髄も確認できるように椎弓を切除する必要がある。そのためには**Funkquist A型**(背側椎弓，関節突起および椎弓根を切除する背側椎弓切除術)[21)]の適用，または連続した多椎骨にわたる椎弓切除が必要な場合もある。

広い範囲での椎弓切除が必要な場合には，術後の脊椎不安定を防止するために椎体固定が必要な場合もあり[21)]，画像診断所見を基にして術前の手術計画を念入りに立てる必要がある。

(3) 腫瘍の切除

前述したとおり，腫瘍の切除に際しては拡大ルーペもしくは手術用顕微鏡の使用が望まれる。視野の確保は，腫瘍と正常組織との識別や正常な脊髄に対する操作を最小にすることが可能となる。さらに血管系，特に腫瘍血管の識別と止血が可能となり，術中の術野確保と術後の脊髄虚血の防止に役立つ[9)]。各腫瘍の切除に関しては，症例の項で述べる。

合併症

周術期の合併症は，術中，術後早期，術後晩期に起こり得る。術中の合併症としては，手術の失宜，脊椎の不安定，血管傷害などから起こる医原性脊髄損傷が認められることがある[23)]。術後早期の合併症としては，脊椎の不安定，病的骨折，術創感染，寝たきりの動物では褥創の発生などが報告されている[23)]。術後長期経過してから発生する合併症もある。最も大きな問題は腫瘍の再発である[23)]。

予後

1．硬膜外腫瘍

硬膜外腫瘍では，リンパ腫と形質細胞腫を除いて予後は不良である[9)]。術後の予後に影響を及ぼすものには，術前の神経学的状態，腫瘍の解剖学的位置，局所における疾患の制御が挙げられる[23)]。術前の神経症状は，ヒトおよび犬において重要な予後因子といえる。

ヒトにおいての報告であるが，術前の歩行に問題が認められなかった患者の60～95%が術後も変わらず歩行可能であった。一方で，術前に不全麻痺が認められた患者の35～65%，対麻痺が認められた患者の25%未満しか歩行可能にはならなかった[9)]。

2．硬膜内・髄外腫瘍

硬膜内・髄外腫瘍の予後は，主に腫瘍の種類に依存する。

髄膜腫に関しては多くの報告があり，マージンが不完全な場合においても，術後の放射線療法の併用により生存期間が延長している(表2)。一方，髄膜腫では発生部位が予後に影響するとされており，①脊髄膨大部に位置する場合，②腫瘍が脊髄の腹側に存在する場合には予後が悪くなると報告されている[8)]。

神経鞘腫では，脊柱管内に腫瘍が発生した場合は，完全切除は困難であるため予後は特に悪い。マージンが評価されていない51症例のうち，術後1年間で再発が認められなかった症例は6症例(12%)のみであった[2)]。さらに，神経鞘腫は放射線感受性が低いとされている[24)]。

3．髄内腫瘍

髄内腫瘍に関しての報告は少ない。上衣腫は3症例報告されている。JefferyとPhillipsの2症例の報告で

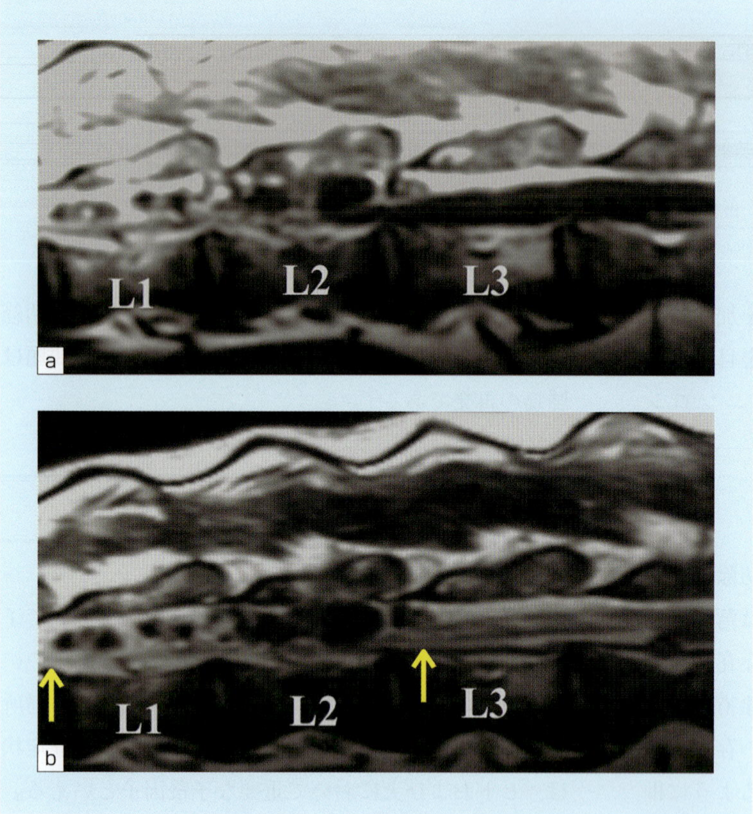

図6　症例1，MRI 矢状断像

a：T1 強調（T1W）画像，b：T2 強調（T2W）画像。第 13 胸椎～第 3 腰椎にかけて背側から脊髄を圧迫する腫瘤が認められる（矢印間）。腫瘤は T1W 画像および T2W 画像ともに高信号の腫瘤の中に点状または蛇行した低信号の領域が認められる。

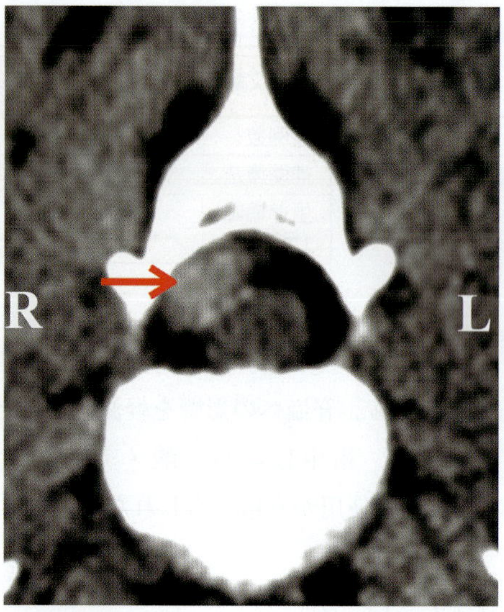

図7　症例1，静脈性造影 CT 所見

第 2 腰椎後縁レベルにおける横断像。右背側から脊髄を圧迫する腫瘤が認められる（矢印）。

は，1 症例は術後の神経機能の改善が認められず術後 3 カ月で安楽死された。もう 1 症例は何の問題もなく改善して 70 カ月生存した[11]。筆者らも上衣腫の症例を 1 例経験している（症例 3 を参照）[30]。

症例

症例 1　硬膜外腫瘍の症例[29]

患者情報：シベリアン・ハスキー，12 歳，雄，23.4 kg

臨床経過：2 年前から認められていた両後肢の不全麻痺が悪化し，さらに半年ほど前から尿失禁が認められていた。

初診時（第 1 病日）の一般身体検査では，両後肢の筋萎縮および右精巣の腫大硬結が認められた。背部圧痛は認められなかった。神経学的検査では，姿勢反応の低下が両後肢において認められ，右側で顕著であった。膝蓋腱（四頭筋）反射は，左側で低下，右側で消失しており，下位運動ニューロン徴候（LMNS）を示していた。単純 X 線検査では，異常は認められなかった。全血球計算，血液生化学検査においても，異常は認められなかった。これらの結果より，L4 ～ S3 脊髄分節における脊髄病変を疑い，MRI 検査を実施した。

MRI 検査：T1W 画像および T2W 画像の腰部矢状断像において，第 13 胸椎～第 3 腰椎にかけて脊髄背側に高信号の病変が存在し，脊髄を圧迫していた。また，病変内には点状または蛇行した低信号の領域が認められた（図 6）。

CT 検査：静脈性造影による CT 検査を実施した結果，第 13 胸椎～第 3 腰椎にかけて脊髄右背側に造影効果を認める塊状病変を認めた（図 7）。

手術：第 13 胸椎 - 第 1 腰椎および第 2-3 腰椎にて Funkquist B 型，第 1-2 腰椎にて Funkquist A 型背側椎弓切除術を実施した。多数の赤褐色の結節を有する脂肪様の腫瘤が硬膜外背側に存在して，脊髄を圧迫していた（図 8a）。腫瘤と硬膜との癒着は認められず，バイポーラ型電気メスを用いて容易に剥離できた。病理組織学的検査では，病変は脂肪組織および造血細胞により構成されており，骨髄脂肪腫と診断された（図 8b）。

経過：術後は抗生剤の投与とともに，1 日 2 回の導尿により神経原性膀胱麻痺に対処した。術後 9 日目には介助を伴った起立が可能となり，さらに後肢の随意運動が認められた。この時点においても尿失禁は認めら

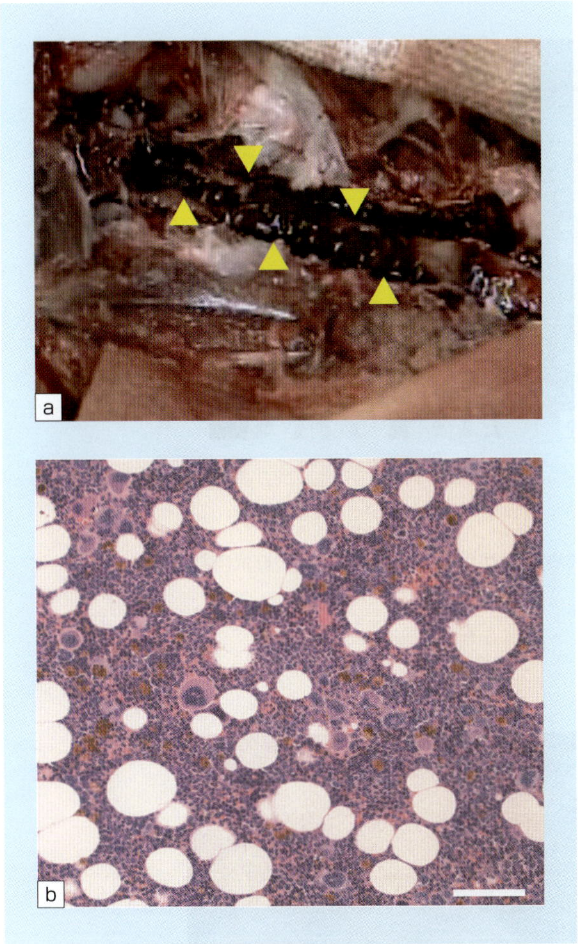

図 8　症例 1，術中および病理組織学的検査所見

a：多数の赤褐色の結節を有する脂肪様の腫瘤が，硬膜外の背側に存在して脊髄を圧迫している(矢頭)。
b：病理組織学的検査を行ったところ，病変は脂肪組織および造血細胞により構成されており，骨髄脂肪腫と診断された。

れたが，特定の場所において排尿をするなど，随意的な排尿も観察されはじめた。術後 34 日目には，尿失禁は依然として認められていたが，自力での起立が可能となった。術後 58 日目には約 10 分間の自力歩行が可能となり，容易に自力での起立が可能となった。術後 93 日には尿失禁の頻度も減少した。術後 149 日目における神経学的検査では，初診時には認められなかった右側の膝蓋腱(四頭筋)反射が認められた。

症例 2　硬膜内・髄外腫瘍の症例

患者情報：シー・ズー，7 歳，雄，6.0 kg

臨床経過：2 カ月前に左肩を痛がるとのことで開業獣医師のもとに来院した(第 1 病日)。一般状態は良好であり歩様も正常であったが，触診にて左側の頚部痛を呈した。プレドニゾロン(1 mg/kg，SC)の投与により症状は改善し，その後カルプロフェン(2 mg/kg, BID, PO)を 1 週間投与した。投与中止後は頭を後ろに向けると疼痛を訴えることがあったが，日常生活には支障はなかった。第 45 病日に左前肢の跛行および活動性の低下を認めたため，再び開業獣医師の下に来院した。単純 X 線検査で異常は認められなかった。

図 9　症例 2，硬膜内・髄外腫瘍の症例

第 50 病日の症例の外貌。自力による起立および歩行は不可能であり，常に横臥状態であった。

精査を目的に症例は，第 50 病日に大学病院に来院した。症例は，自力による起立および歩行は不可能であった(図 9)。触診では左側頚部における疼痛および筋萎縮，姿勢反応では左側前後肢での消失，右側前後肢での低下が認められた。脊髄反射は正常範囲内であった。

MRI 検査：第 50 病日に MRI 検査を実施した。T2W 画像において，左側第 1-2 頚椎の脊柱管内から椎間孔にかけて第 2 頚神経が腫大したと思われる等信号～一部低信号の所見が認められた。また，脊柱管内の腫瘤周囲にゴルフティーサインが認められた。当該病変は T1W 画像ではやや低信号に，ガドリニウム増強 T1W 画像では均一かつ限界明瞭な高信号領域として描出された(図 10)。これらの所見より硬膜内・髄外腫瘍が強く疑われた。

CT ガイド下 FNA：MRI 検査で確認された腫瘤の CT ガイド下 FNA を同日に試みた。非造影での CT 画像を撮影後，静脈性造影により当該腫瘤を描出して腫瘤の位置を確認(図 11)，腫大した第 2 頚神経に対して 23 G カテラン針を用いて FNA を試みた。しかしながら，有効な結果は得られなかった。

手術(観血的生検)：第 60 病日に左側第 1-2 頚椎間の片側椎弓切除術を実施して脊柱管内にアプローチし，硬膜切開後に腫瘤を摘出した(図 12)。病理組織学的検査では，悪性末梢神経鞘腫瘍と診断された(図 13)。

経過：悪性末梢神経鞘腫瘍は放射線の感受性が低いとされるが，近位および遠位方向ともに腫瘍のマージン

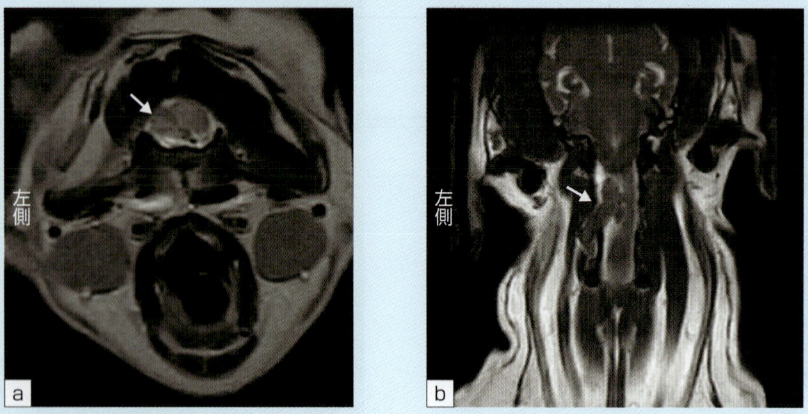

図 10　症例 2，MRI T2W 画像

a：第 1 頚椎尾側レベルの横断像，b：背断像。
左側第 2 頚神経の腫大および脊柱管内における腫瘤形成を認める（＊印）。腫瘤周囲には CSF の貯留によりゴルフティーサインが形成されている。

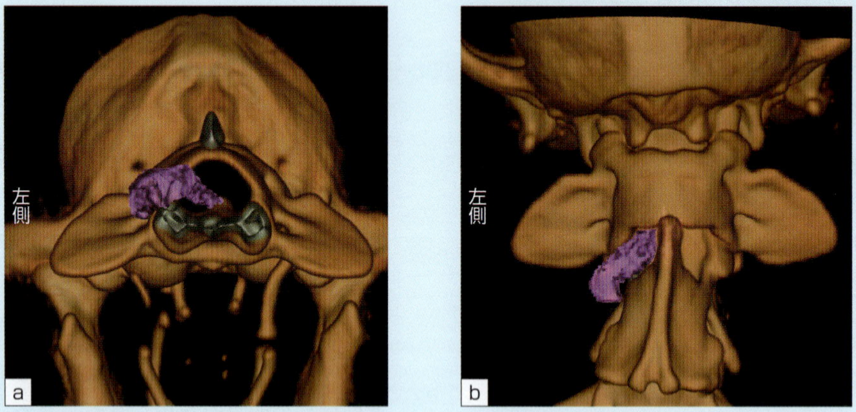

図 11　症例 2，造影 CT3D 画像

MRI 検査（図 10）と同日の CT 検査所見。
a：第 1-2 頚椎間の椎間孔レベルにおける尾側観。b：背側観。
紫色の部分で示したように，左側第 1-2 頚椎間の椎間孔から侵入する腫瘤病変を認めた。

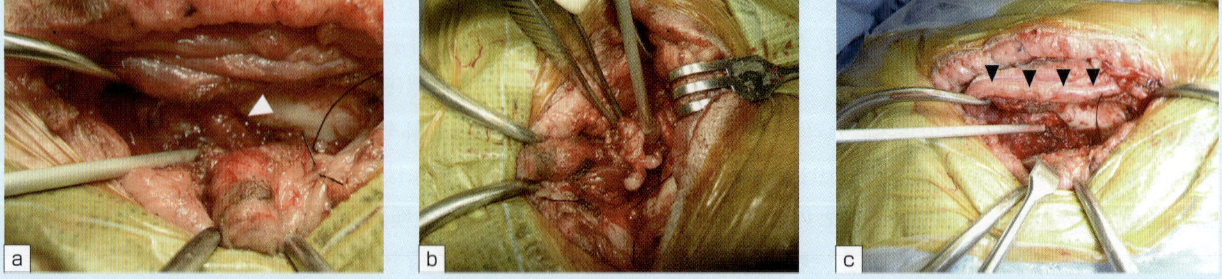

図 12　症例 2，術中所見

a：左側第 1-2 頚椎間の片側椎弓切除術により脊柱管内にアプローチをしている。椎間孔に腫大した第 2 頚神経が認められる（矢頭）。
b：硬膜切開後，脊柱管内の腫瘤を牽引して摘出している。左手の吸引管と右手の鉤の間に白色の脊髄が認められる。
c：腫瘤摘出後の左側第 1-2 頚椎間。矢頭は軸椎棘突起を示す。吸引管の先に圧迫により変形した脊髄が認められる。

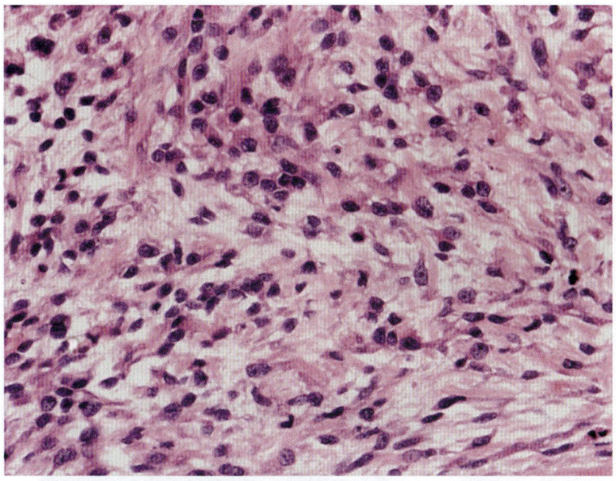

図 13　症例 2，病理組織学的所見
腫瘤は悪性末梢神経鞘腫瘍と診断された。

は確保していないため，常用電圧放射線療法を実施した。X 線は 300 kVp，10 mA の条件で発生させた。半価層は 2.5 mmCu であり，1 回線量 8 Gy で週 1 回の分割照射とした。総線量は 32 Gy とした。外科的切除から 95 日経過した時点で明らかな腫瘍の再発はなく（図 14），神経学的異常や疼痛もなく経過している。

症例 3　髄内腫瘍の症例[30)]

患者情報：ビーグル，4 歳，雄，13.1 kg

臨床経過：2 週間前より左後肢の歩様異常および排尿時の努責を主訴に大学病院へ来院した（第 1 病日，動画 1）。プレドニゾロン（1 mg/kg，SID）の投与により症状は一時的に改善したが，休薬すると再度悪化したため精査を希望した。

来院時には左後肢の内転および背部触診により第 2 ～ 5 腰椎にかけての圧痛が認められた。神経学的検査では左後肢における固有位置感覚の低下および両後肢での膝蓋腱（四頭筋）反射の亢進が認められた。

MRI 検査：T2W 画像において第 3 腰椎付近の脊髄内に均一かつ限界明瞭な高信号領域が認められた。当該病変は T1W 画像ではやや低信号に，ガドリニウム増強 T1W 画像では均一かつ限界明瞭な高信号領域として描出された（図 15）。これらの所見より，髄内腫瘍が強く疑われた。

手術（観血的生検）：腫瘍容積の減量による臨床症状の改善および病理組織学的検索のため，腫瘤の外科的切除を実施した。第 3 腰椎の背側椎弓を切除した後，硬膜を切開して脊髄を露出した。さらに脊髄背側正中裂を 25 G 注射針で切開したところ，暗赤色で小豆大の限界明瞭な腫瘤を認めた（図 16）。鉤およびバイポーラ型電気メスにより腫瘤の摘出を試みたものの，出血により術野の確保が困難となったこと，さらに腹側からの脊髄への栄養血管の損傷をおそれたため，腫瘤の完全切除は実施しなかった。腫瘤の部分切除の後，出血部位にゼラチンスポンジを挿入して止血した。硬膜は血液の貯留による脊髄の圧迫を避けるため縫合は行わなかった。その後，術創を常法どおりに閉鎖して手術を終了した。病理組織学的検査により，上衣腫と診断された（図 17）。残存腫瘍細胞に対する治療として，放射線療法が適用された。

放射線療法：X 線は常用電圧 X 線発生装置より 265 kVp，7A の条件で発生させた。半価層は 0.9 mmCu であり，1 回線量 4 Gy で週 3 回の分割照射とした。総線量は 40 Gy とした。また，X 線増感作用を期待して

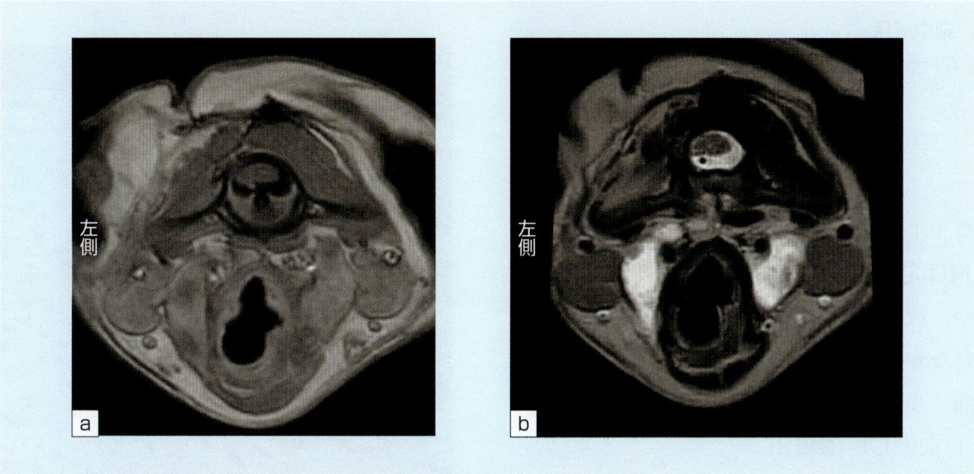

図 14　症例 2，第 155 病日（術後 95 日目）の MRI 検査所見
a：ガドリニウム増強 T1W 画像 第 1 頚椎尾側レベルの横断像，b：T2W 画像 第 1 頚椎尾側レベルの横断像。
明らかな腫瘍の再発は認められなかった。

Video Lectures　髄内腫瘍の症例

動画 1　初診時の歩様

症例は常に背弯姿勢であり，左後肢に運動失調が認められている。

動画 2　放射線療法終了後の歩様

症例の背弯姿勢は消散し，活動性は著しく改善した。なお，腰部背側正中の被毛が白色に変色した箇所は放射線照射を行った部位である。

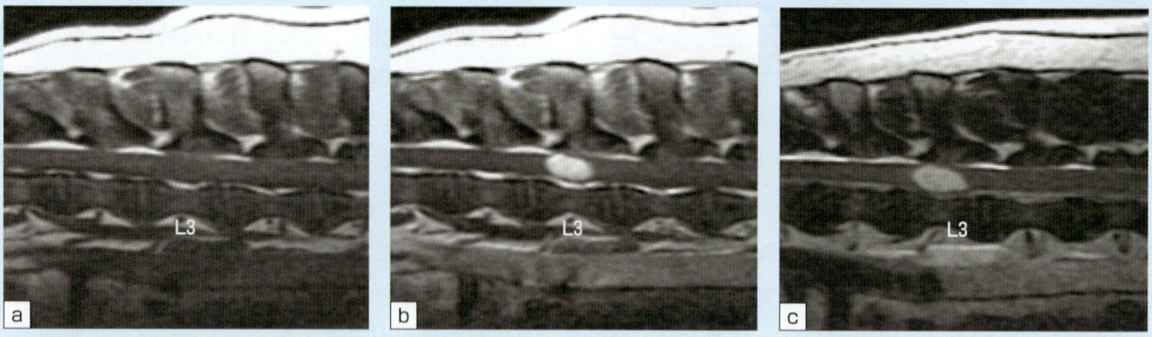

図 15　症例 3，MRI 検査所見

a：T1W 画像，b：ガドリニウム増強 T1W 画像，c：T2W 画像。
第 3 腰椎付近の脊髄内に均一かつ限界明瞭な病変が描出された。これらの所見より，髄内腫瘍が強く疑われた。

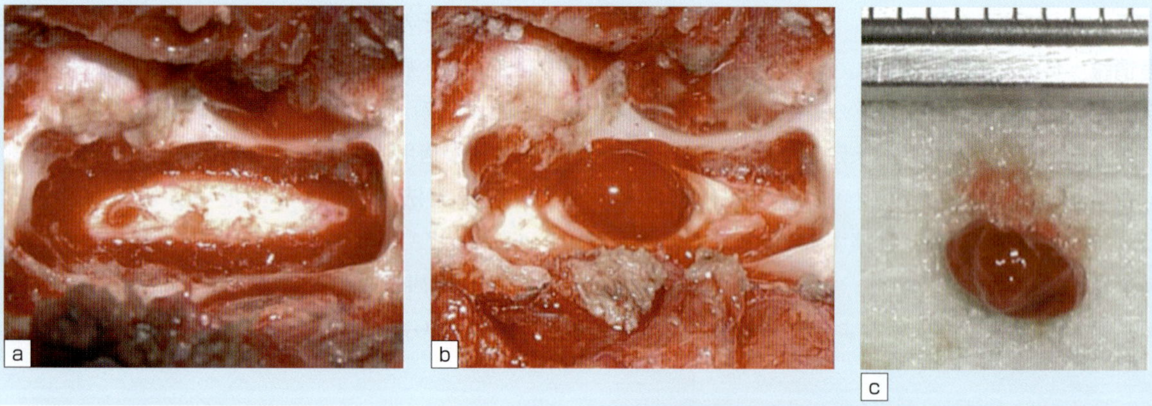

図 16　症例 3，術中所見

a：第 3 腰椎の背側椎弓を切除したところ，脊髄が膨隆していた。
b：硬膜を切開したところ脊髄が露出し，さらに暗赤色で小豆大の腫瘤を認めた。
c：部分切除された腫瘤。

毎照射時にカルボプラチン（25 mg/m^2）を使用した。

経過：本症例は定期的に MRI 検査を実施して経過観察しているが，放射線療法終了後 425 日まで腫瘍の増大は認められなかった。また，左後肢の内転は残ったものの，疼痛，歩様および排尿姿勢の異常は消散しており，QOL は向上した（動画 2）。

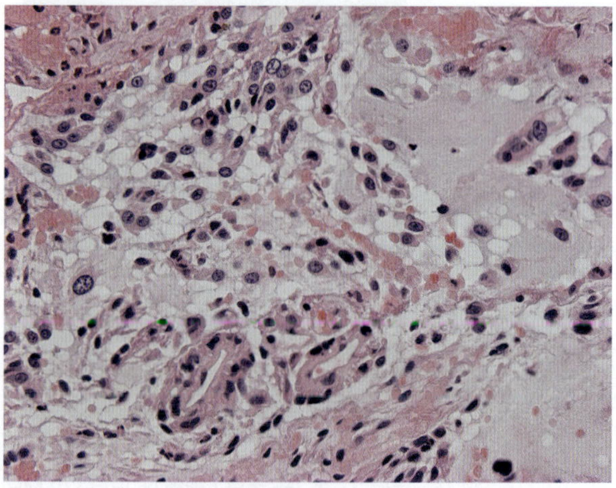

図 17　症例 3，病理組織学的所見

上衣腫と診断された。残存腫瘍細胞に対する治療として放射線療法が適用された。

おわりに

獣医学領域においても，MRIの普及に伴って脊髄腫瘍の症例も多く報告されるようになってきた。腫瘍の種類によるものの，神経学的異常の程度が軽度であれば腫瘍切除後の回復も期待できる。したがって，できるだけ早期に診断を下して処置をする必要がある。手術方法や補助療法の進歩は，生存期間の延長やQOLの向上につながる。多くの獣医師がそれぞれの症例を報告し，より良い方法を検討していくことが望まれる。

[上野博史]

■参考文献

1) Balmaceda C. Chemotherapy for intramedullary spinal cord tumors. *J Neurooncol.* 47(3): 293-307, 2000.

2) Brehm DM, Vite CH, Steinberg HS, et al. A retrospective evaluation of 51 cases of peripheral nerve sheath tumors in the dog. *J Am Anim Hosp Assoc.* 31(4): 349-359, 1995.

3) Britt JO Jr, Simpson JG, Howard EB. Malignant lymphoma of the meninges in two dogs. *J Comp Pathol.* 94(1): 45-53, 1984.

4) Cantile C, Baroni M, Tartarelli CL, et al. Intramedullary hemangioblastoma in a dog. *Vet Pathol.* 40(1): 91-94, 2003.

5) Dernell WS, Van Vechten BJ, Straw RC, et al. Outcome following treatment of vertebral tumors in 20 dogs(1986-1995). *J Am Anim Hosp Assoc.* 36(3): 245-251, 2000.

6) Fan TM, Kitchell BE. Lomustine. *Compend Contin Educ Vet.* 22: 934-936, 2000.

7) Ferretti A, Scanziani E, Colombo S. Surgical treatment of a spinal cord tumor resembling nephroblastoma in a young dog. *Prog Vet Neurol.* 4: 84-87, 1993.

8) Fingeroth JM, Prata RG, Patnaik AK. Spinal meningiomas in dogs: 13 cases(1972-1987). *J Am Vet Med Assoc.* 191(6): 720-726, 1987.

9) Gilson SD. Neuro-oncologic surgery. In: Slatter D. Textbook of Small Animal Surgery, 3rd ed. Saunders. Philadelphia. US. 2002, pp1277-1286.

10) Irving G, MacMilan MC. Fluoroscopically guided percutaneous fine-needle aspiration biopsy of thoracolumbar spinal lesions in cats. *Prog Vet Neurol.* 1(4): 473-475, 1990.

11) Jeffery ND, Phillips SM. Surgical treatment of intramedullary spinal cord neoplasia in two dogs. *J Small Anim Pract.* 36(12): 553-557, 1995.

12) LeCouteur RA, Withrow SJ. Tumors of the nervous system. In: Withrow SJ, MacEwen EG. Small Animal Clinical Oncology, 3rd ed. Saunders. Philadelphia. US. 2007, pp659-685.

13) Levy MS, Kapatkin AS, Patnaik AK, et al. Spinal tumors in 37 dogs: clinical outcome and long-term survival(1987-1994). *J Am Anim Hosp Assoc.* 33(4): 307-312, 1997.

14) Moore PF, Rosin A. Malignant histiocytosis of Bernese mountain dogs. *Vet Pathol.* 23(1): 1-10, 1986.

15) Niles JD, Dyce J, Mattoon JS. Computed tomography for the diagnosis of a lumbosacral nerve sheath tumour and management by hemipelvectomy. *J Small Anim Pract.* 42(5): 248-252, 2001.

16) Oakley RE, Patterson JS. Tumors of the central and peripheral nervous system. In: Slatter D. Textbook of Small Animal Surgery, 3rd ed. Saunders. Philadelphia. US. 2002, pp2405-2424.

17) Pietilä TA, Stendel R, Schilling A, et al. Surgical treatment of spinal hemangioblastomas. *Acta Neurochir (Wien).* 142(8): 879-886, 2000.

18) Rosin A. Neurologic diseases associated with lymphosarcoma in ten dogs. *J Am Vet Med Assoc.* 181(1): 50-53, 1982.

19) Rusbridge C, Wheeler SJ, Lamb CR, et al. Vertebral plasma cell tumors in 8 dogs. *J Vet Intern Med.* 13(2): 126-133, 1999.

20) Seim HB III. Principles of surgical asepsis. In: Fossum TW. Small Animal Surgery, 3rd ed. Elsevier Mosby. London. UK. 2007, pp1357-1378.

21) Seim HB III. Surgery of the thoracolumbar spine. In: Fossum TW. Small Animal Surgery, 3rd ed. Elsevier Mosby. London. UK. 2007, pp1460-1492.

22) Sharp NJH. Craniolateral approach to the canine brachial plexus. *Vet Surg.* 17(1): 18-21, 1988.

23) Sharp NJH, Wheeler SJ. Neoplasia. In: Sharp NJH, Wheeler SJ. Small Animal Spinal Disorders. Elsevier Mosby. London. UK. 2005, pp247-279.

24) Siegel S, Kornegay JN, Thrall DE. Postoperative irradiation of spinal cord tumors in 9 dogs. *Vet Radiol Ultrasound.* 37(2): 150-153, 1996.

25) Terrell SP, Platt SR, Chrisman CL, et al. Possible intraspinal metastasis of a canine spinal cord nephroblastoma. *Vet Pathol.* 37(1): 94-97, 2000.

26) Tomlinson J, Higgins RJ, LeCouteur RA, Knapp D. Intraspinal epidermoid cyst in a dog. *J Am Vet Med Assoc.* 193(11): 1435-1436, 1988.

27) Tyrrell D, Davis RM. Progressive neurological signs associated with systemic mastocytosis in a dog. *Aust Vet J.* 79(2): 106-108, 2001.

28) Uchida K, Morozumi M, Yamaguchi R, Tateyama S. Diffuse leptomeningeal malignant histiocytosis in the brain and spinal cord of a Tibetan Terrier. *Vet Pathol.* 38(2): 219-222, 2001.

29) Ueno H, Miyake T, Kobayashi Y, et al. Epidural spinal myelolipoma in a dog. *J Am Anim Hosp Assoc.* 43(2): 132-135, 2007.

30) Ueno H, Morimoto M, Kobayashi Y, et al. Surgical and radiotherapy treatment of a spinal cord ependymoma in a dog. *Aust Vet J.* 84(1-2): 36-39, 2006.

31) Vail DM, Young KM. Hematopoietic tumors. In: Withrow SJ, Vail DM. Small Animal Clinical Oncology, 4th ed. WB Saunders. Philadelphia. US. 2007, pp699-784.

32) Waters DJ, Hayden DW. Intramedullary spinal cord metastasis in the dog. *J Vet Intern Med.* 4(4): 207-215, 1990.

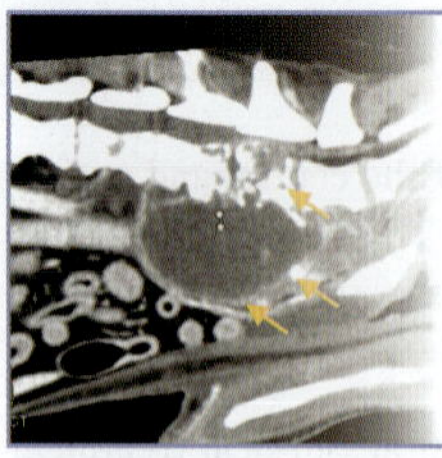

35. 脊椎腫瘍

はじめに

近年のミニチュア・ダックスフンドをはじめとした軟骨異栄養性犬種の飼育頭数の増加から，頚部もしくは胸腰部に発生する椎間板ヘルニアは日常的に遭遇する疾患となっている。しかし，これまでの「脊椎・脊髄疾患編」で述べられてきたように，四肢のいずれかに神経学的異常を示す脊椎・脊髄疾患は多様であり，特に高齢動物で同様な症状が認められた場合には，腫瘍性疾患の存在を念頭におく必要がある。

本章では，その中でも硬膜外から物理的に脊髄を障害することで神経学的な異常を生じる脊椎腫瘍について，症例を交えながら解説する。

病態生理

椎骨には他の骨格系と同様に骨および周囲組織を由来とした**原発性腫瘍**が発生し，また，諸臓器に発生した腫瘍を起源とする様々な**転移性腫瘍**も認められる。原発性腫瘍としては，骨肉腫，線維肉腫，軟骨肉腫，血管肉腫，脂肪肉腫，形質細胞腫，リンパ腫などがあり，また，あらゆる**悪性腫瘍**は椎骨に転移する可能性がある（**表**）[7]。これらの腫瘍は，椎骨および脊柱管内に発生もしくは浸潤し，椎骨の融解や病的骨折による疼痛，そして脊髄に硬膜外からの物理的な障害を加えることで，神経学的な臨床症状を引き起こす。

1．骨肉腫

骨肉腫は，椎骨に発生する腫瘍として最も多く遭遇する腫瘍である（図１，図２）。椎骨の骨肉腫の多くは単一の椎骨に孤立性に発生するが，まれに隣接する複数の椎骨での発生も報告されている[5]。診断時の平均年齢は約８歳であり，長骨の骨肉腫と同様に，高齢の大型犬において多く認められる。また，過去の報告では約17％の症例に転移が確認されており，他の長骨に発生する骨肉腫と比較し転移の可能性は低いものの，同様に悪性度の高い腫瘍と考えられる[2, 3]。しかし，多くの症例での予後因子は転移性病変ではなく，局所再発による神経学的症状の悪化である。また，四肢の長骨に発生した骨肉腫の転移性病変として，椎骨での発生も報告されている[2]。

表　椎骨・脊柱管内での発生が報告されている主な腫瘍

椎骨に発生する主な腫瘍	
原発性腫瘍	骨肉腫 線維肉腫 軟骨肉腫 血管肉腫 脂肪肉腫 孤在性形質細胞腫 リンパ腫
転移性腫瘍	腺癌 肉腫 メラノーマ リンパ腫 多発性骨髄腫

（文献７を元に作成）

2．形質細胞腫

椎骨に発生する形質細胞腫（図３）は，**多発性骨髄腫**もしくは孤在性形質細胞腫として表記され，椎骨に発生する腫瘍のうち４％程度と報告されている。また，多発性骨髄腫と診断された犬のうち25％の症例で椎骨での病変が確認されている[10]。通常，多発性骨髄腫で増殖する腫瘍性の形質細胞は機能性であり，**血液過粘稠症候群**の原因となる異常タンパクの分泌からモノクローナルな高ガンマグロブリン血症を呈する。また，高Ca血症や血小板減少症および血球異常，腎不全といった**腫瘍随伴症候群**と関連する異常を発現する。

このように，多発性骨髄腫は全身性疾患であり，以下のうち２項目以上が検出されることが診断の定義とされる[8, 10]。

・モノクローナル性ガンモパシー
・単純Ｘ線検査による多発性の骨融解性病変

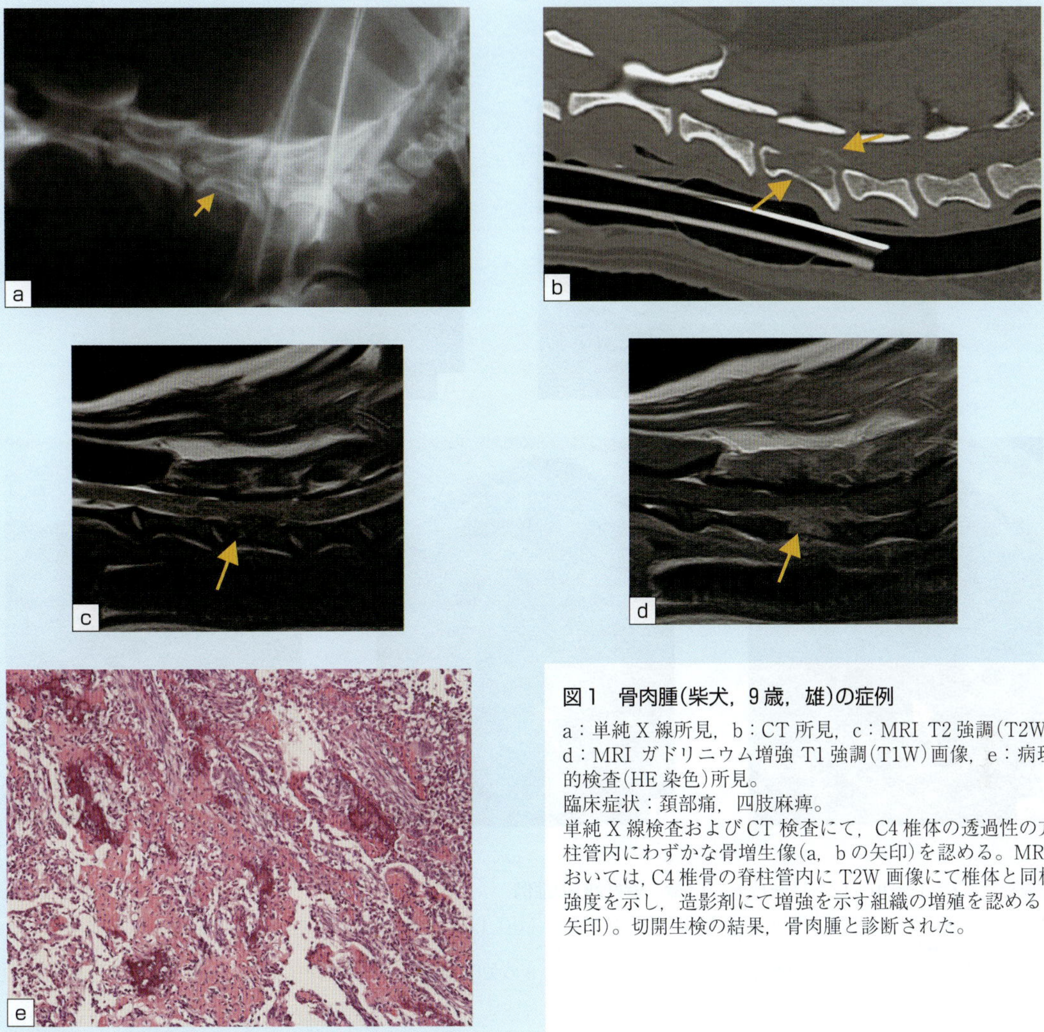

図1　骨肉腫(柴犬，9歳，雄)の症例

a：単純X線所見，b：CT所見，c：MRI T2強調(T2W)画像，d：MRI ガドリニウム増強 T1強調(T1W)画像，e：病理組織学的検査(HE染色)所見。
臨床症状：頚部痛，四肢麻痺。
単純X線検査およびCT検査にて，C4椎体の透過性の亢進，脊柱管内にわずかな骨増生像(a，bの矢印)を認める。MRI検査においては，C4椎骨の脊柱管内にT2W画像にて椎体と同様の信号強度を示し，造影剤にて増強を示す組織の増殖を認める(c，dの矢印)。切開生検の結果，骨肉腫と診断された。

・尿検査によるベンスジョーンズ蛋白の検出
・骨髄検査による腫瘍性形質細胞の出現または形質細胞増多症

形質細胞腫の中でも，骨以外の組織において腫瘍の形成が認められた場合には髄外(骨髄外)性形質細胞腫とされ，骨に限局的な発生が認められた場合には孤在性形質細胞腫として表記される[8)]。椎骨に発生する孤在性形質細胞腫は多発性骨髄腫の早期病変とも考えられ，比較的まれな病態である。孤在性形質細胞腫は，ヒトでは全身性の随伴症候群を生じることのない限局性の形質細胞腫と定義されている。

ヒトでは，孤在性形質細胞腫と多発性骨髄腫との鑑別点として，以下のような診断基準が挙げられている。
・病理組織学的検査において単一箇所の形質細胞腫が確認されている
・骨髄検査において異常が認められない(形質細胞の出現は5%以下)
・血液・尿中において異常蛋白が検出されない
・他の骨格系において融解像など異常所見が認められない
・貧血はなく，血中Ca濃度や腎機能は正常である

また，上記の鑑別に示されるような全身的随伴症は多発性骨髄腫の予後因子でもあり，孤在性形質細胞腫が多発性骨髄腫と比べて比較的良好な予後を示す一因とも判断される。

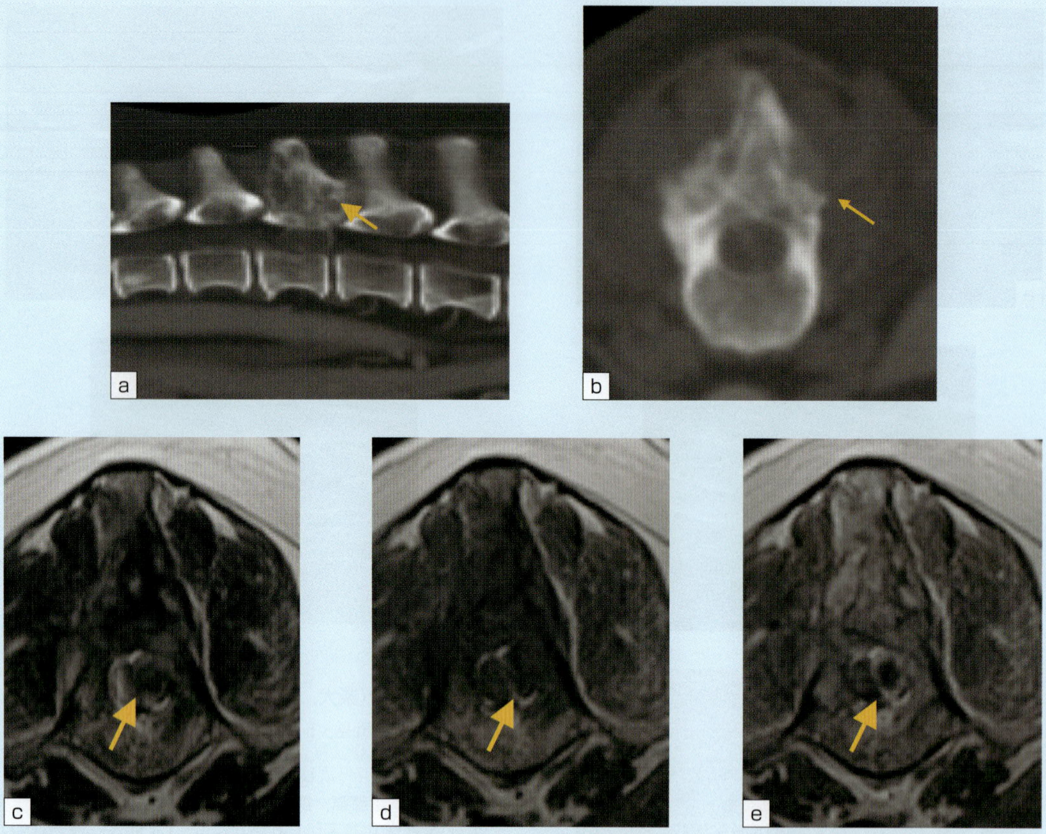

図2　骨肉腫(ラブラドール・レトリーバー，13歳，避妊雌)の症例

a：CT所見矢状断像，b：CT所見横断像，c：MRI T2W画像，d：MRI T1W画像，e：MRIガドリニウム増強T1W画像。
臨床症状：後肢不全麻痺。
L1椎骨の棘突起において骨融解および増殖性病変が認められる(a，bの矢印)。腫瘍は脊柱管内に増殖し，脊髄を硬膜外より圧迫している(c～eの矢印)。

(症例提供：ネオベッツVRセンター　宇根 智先生)

3．リンパ腫

犬で椎骨や椎骨周囲もしくは脊柱管内に発生するリンパ腫の多くは，多中心型リンパ腫の一病態として発生する(図4，図5)。これらは他の脊椎腫瘍と同様に，多くは脊髄への硬膜外圧迫もしくは脊髄神経根への障害により神経学的な臨床症状を示す。リンパ腫は椎骨の骨髄内へ浸潤もしくは置換する傾向にあるが，単純X線検査において骨破壊が確認されることや，それが臨床症状の一因となることはまれである[8, 9, 11]。

リンパ腫は，猫では脊柱管内に発生する腫瘍として最も多く認められる腫瘍である。また，リンパ腫の猫のうち5～12%の症例で，何らかの神経学的症状が発現するとの報告も存在する。多くのリンパ腫は孤在性で，硬膜外での発生である。これらリンパ腫の症例のうち2/3の症例は猫白血病ウイルス(FeLV)が陽性であり，腎臓をはじめとした他の臓器での発生が認められる。一方で，猫後天性免疫不全ウイルス(FIV)に関連したリンパ腫の発生は比較的まれである。FeLVがT細胞型リンパ腫に関連するのに対して，FIVに関連するリンパ腫はB細胞型由来のリンパ腫が多いとされている[11]。

4．転移性腫瘍，浸潤性腫瘍

乳腺，肺，前立腺を由来とする腺癌，諸臓器に発生した肉腫など体の各所に発生した腫瘍は1つ，もしくは複数の椎骨に様々な程度での転移が認められる(図6，図7)。転移の形態としては，他の諸臓器への遠隔転移と同様に，**血行性転移**または**リンパ行性転移**である。血行性転移の機序として，呼気時の腹腔内圧が上昇することにより，後肢や前立腺を通過した後大静脈内の血液が椎骨静脈洞への逆流を起こすことで，椎骨への転移が生じることが示されている。また，腹腔内のリンパ節や椎骨に隣接した軟部組織の腫瘍(線維肉腫など)は，椎骨に局所的に浸潤し，脊柱管内での脊髄の圧迫もしくは椎骨の病的骨折により神経学的な症状を発現させる。

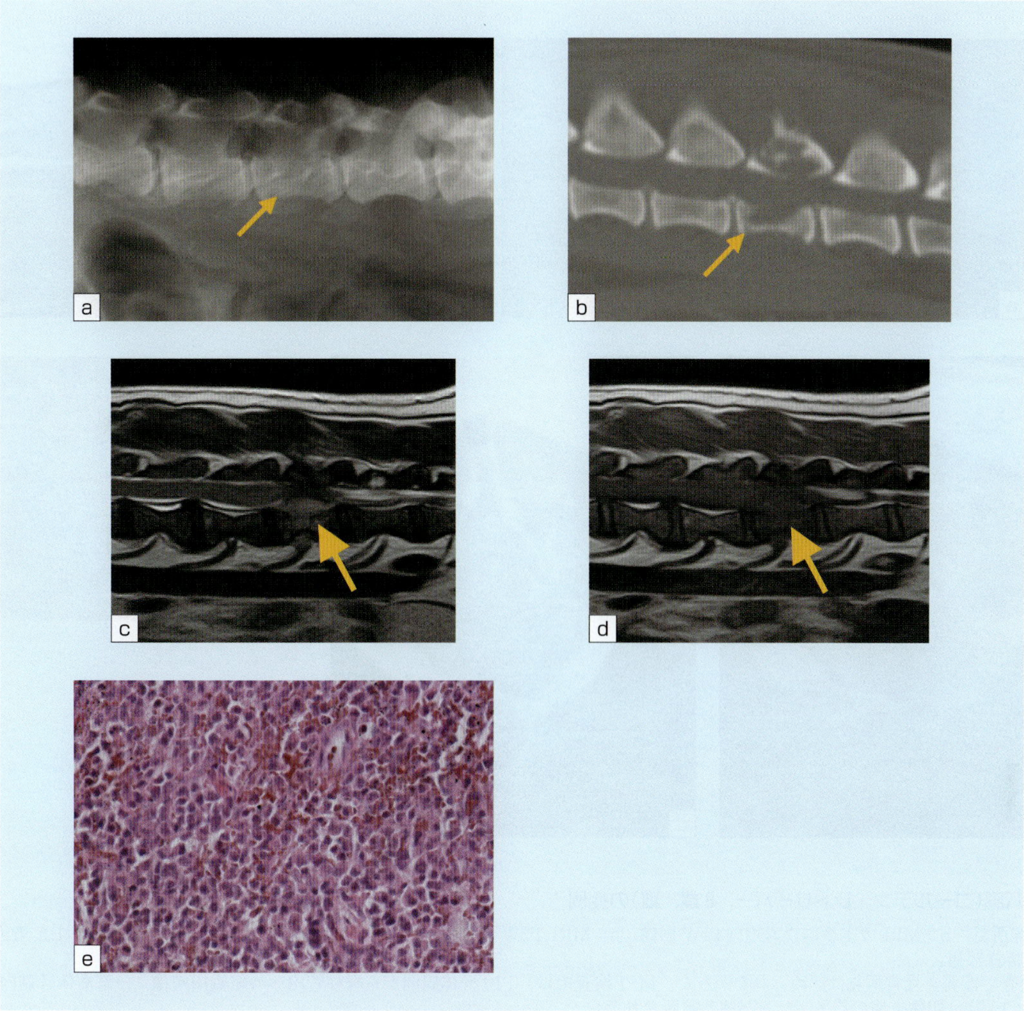

図3　多発性骨髄腫(フレンチ・ブルドッグ，4歳，雌)の症例

a：単純X線所見，b：CT所見，c：MRI T2W画像，d：MRI T1W画像，e：病理組織学的検査(HE染色)所見。
臨床症状：腰背部痛，不全麻痺，排尿障害。
単純X線検査およびCT検査にて，L5椎骨にパンチアウト様の骨融解像(a，bの矢印)が認められた。MRI検査においては，脊柱管内への組織増殖像，T2W画像にて高信号，T1W画像にてやや低信号を示す典型的なMRI像が得られた(c，dの矢印)。摘出した組織は，多発性骨髄腫と診断された。

臨床症状および神経学的検査

脊椎腫瘍をもつ患者では，腫瘍の発生部位によって局所的もしくは全身的な臨床症状を示す。一般的に，病初期では疼痛を認め，非特異的な活動性の低下などが認められる。その後の病期の進行に伴い，神経学的異常へと進行する。神経学的な臨床症状は脊髄に対する硬膜外圧迫や神経根圧迫により生じ，腫瘍の発生部位に応じた不全麻痺や麻痺を呈する。これらの臨床症状は他の腫瘍性疾患と同様に緩徐に進行するが，脊椎腫瘍により椎骨の病的骨折を生じた場合には，激しい疼痛とともに急性の症状として観察される。

神経学的検査所見は，これまでに述べられているような脊髄障害と同様であり，頚部，胸腰部，腰仙部などの障害される脊椎または脊髄の部位によって様々である。神経学的検査では脳神経検査を含め，各肢の姿勢反応，脊髄反射などから，上位運動ニューロン徴候(UMNS)や下位運動ニューロン徴候(LMNS)を把握し，脊髄障害部位の類推を行う。脊椎腫瘍では好発部位は存在せず，全ての脊椎において発生の予測をするべきである。特に，頭側の胸椎(T3～T9椎骨)に発生した脊椎腫瘍では，前肢の神経学的異常は認められないものの，体幹筋の弛緩により横臥から犬座姿勢への起立が困難となっている症例も多く，一見すると頚部の脊髄障害を呈するような症状であるため，神経学的検査の解釈には十分な注意が必要である。

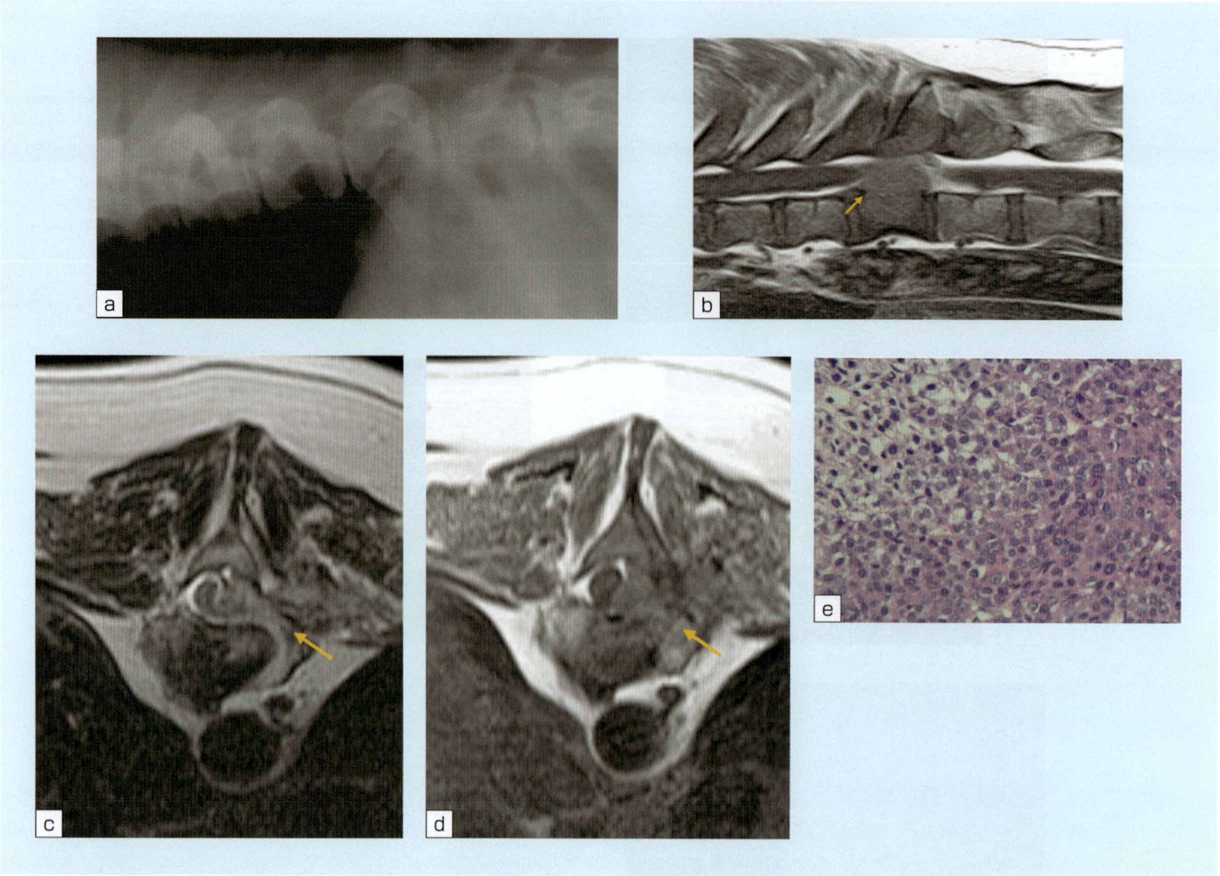

図4　リンパ腫(ゴールデン・レトリーバー，8歳，雌)の症例

a：単純X線所見，b：MRI ガドリニウム増強T1W 画像，c：MRI T2W 画像，d：MRI T1W 画像，e：病理組織学的検査(HE 染色)所見。
臨床症状：腰背部痛。
単純X線検査で顕著な異常所見は認められなかった。MRI 検査では，T10 椎体周囲から脊柱管内への組織増殖像，一部椎体骨髄内への浸潤が認められる(矢印)。切除生検の結果，リンパ腫と診断された。

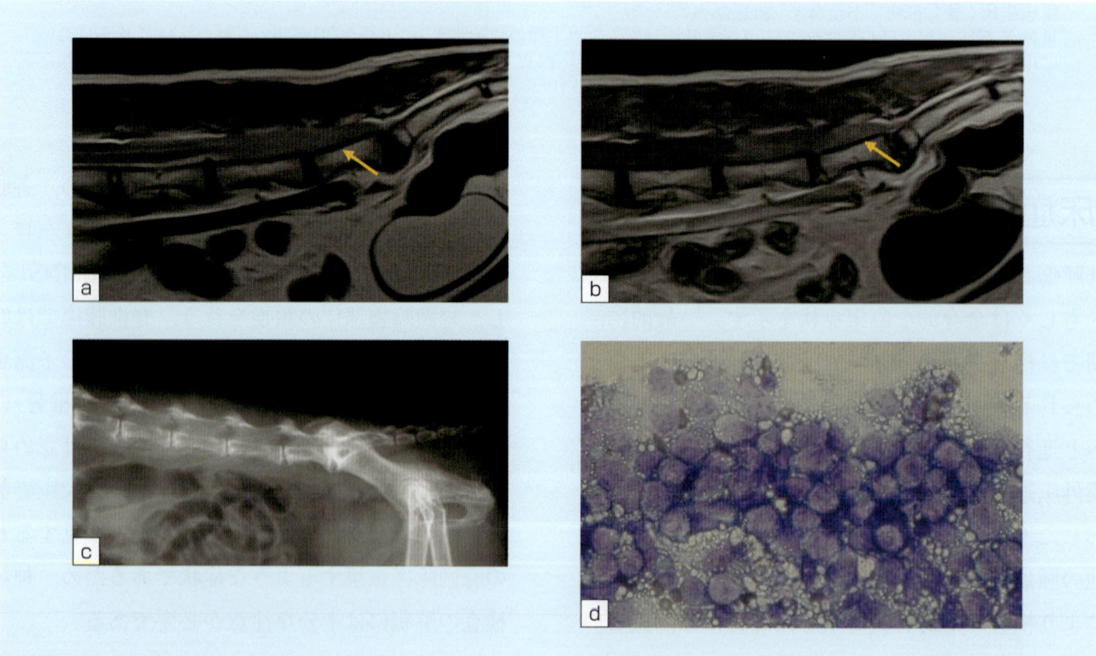

図5　リンパ腫(雑種猫，10歳，雄)の症例

a：MRI T2W 画像，b：MRI ガドリニウム増強 T1W 画像，c：単純X線所見，d：細胞診所見。
臨床症状：後肢不全麻痺。
L6-L7 脊柱管内に造影剤による増強を受ける組織増殖を認める(矢印)。椎骨への浸潤・融解像などは認められない。L6-L7 椎骨間の穿刺によるFNA により，リンパ腫と診断された。

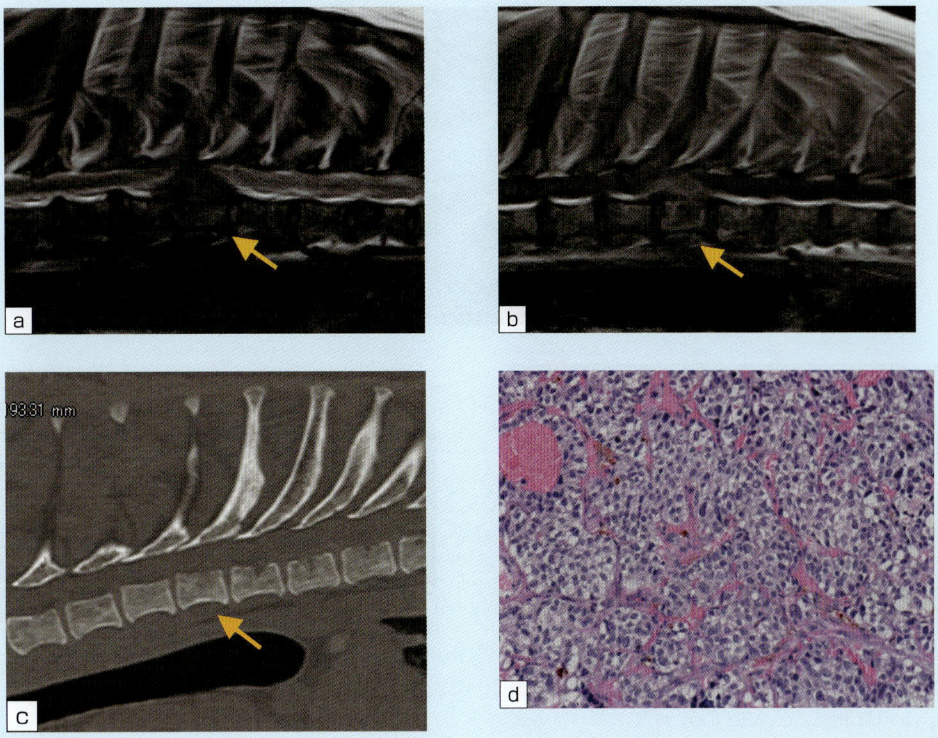

図 6　転移性腫瘍(雑種犬，12 歳，雄)の症例

a：MRI T2W 画像　b：MRI ガドリニウム増強 T1W 画像　c：CT 所見　d：病理組織学的検査(HE 染色)所見。
臨床症状：後肢不全麻痺。
T4 脊柱管内に，脊髄を硬膜外より圧迫する組織の増殖が認められた(a，b の矢印)。CT 検査にて，顕著な椎骨病変は確認されない(c の矢印)。片側椎弓切除術により減圧および組織生検を実施したところ，転移性腫瘍と診断された。

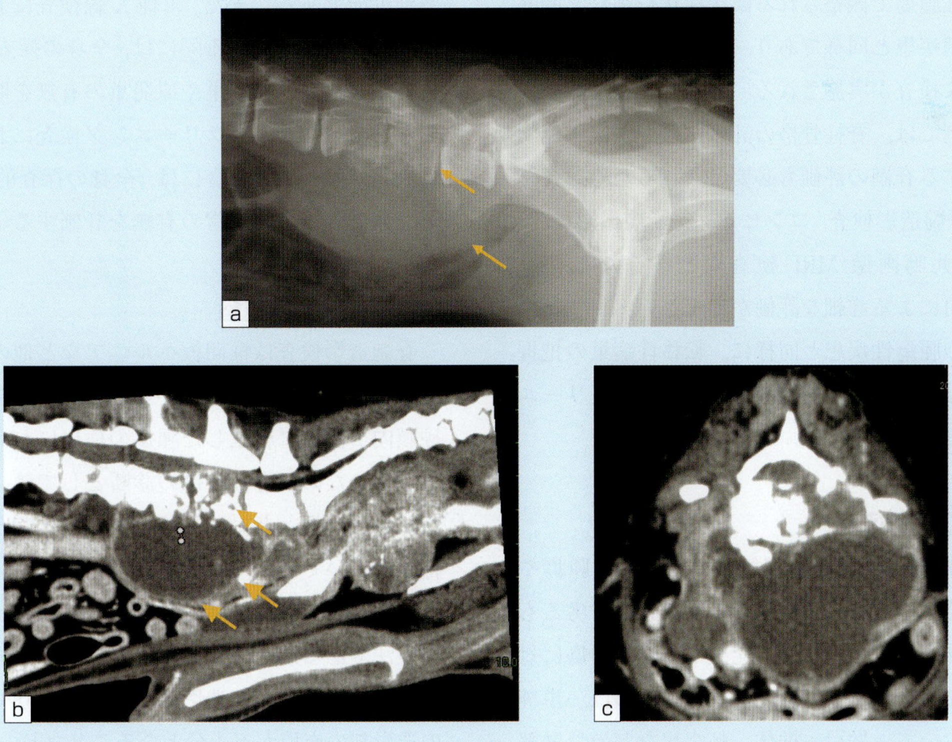

図 7　浸潤性腫瘍(雑種犬，12 歳，雄)の症例

a：単純 X 線所見　b，c：CT 所見。
臨床症状：背部痛，後肢不全麻痺。
腹側より椎体を融解し，脊柱管内に浸潤する腫瘤性病変が認められた(矢印)。椎体背側からの FNA により扁平上皮癌の転移と診断され，原発部位としては前立腺が疑われた。

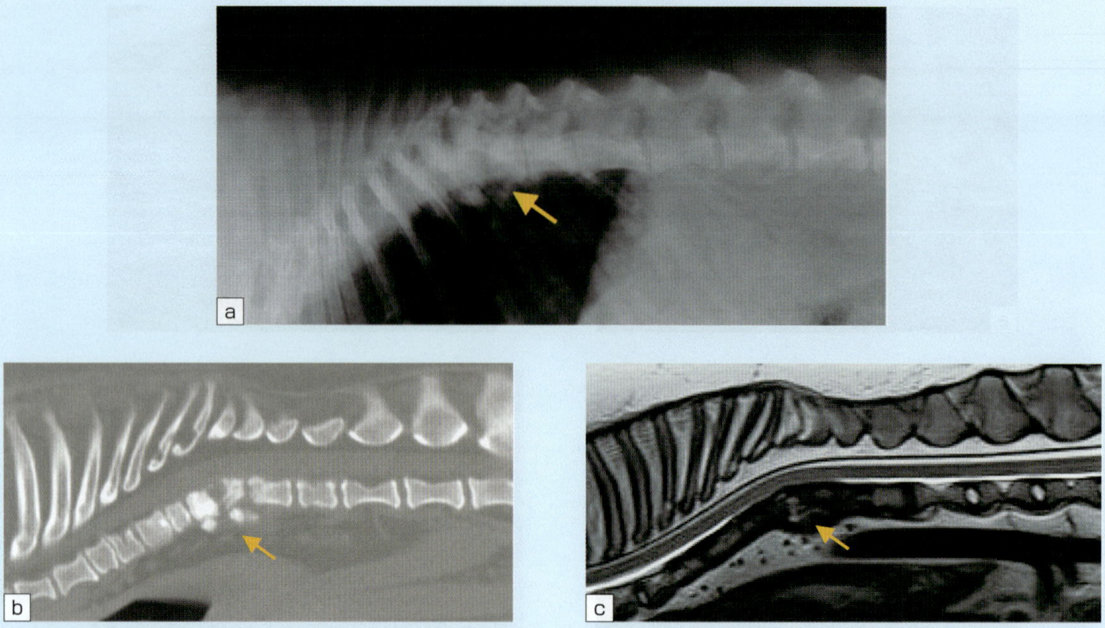

図8　椎間板脊椎炎（ブルドッグ，1歳，雄）の症例

a：単純 X 線所見　b：CT 所見　c：MRI T2W 画像。
臨床症状：背部痛。
単純 X 線検査および CT 検査より，T10–T11 椎間の椎間板および椎体終板を中心に骨融解および増生像が認められる（矢印）。MRI では脊髄圧迫所見は認められない。これらの画像所見より椎間板脊椎炎を疑い，抗生剤にて加療後，臨床症状は改善した。

診断

多くの脊椎腫瘍で観察される臨床症状や神経学的異常は他の脊髄疾患と同様であり，臨床画像診断でもそれらと同等な検査が実施される。しかし，脊椎腫瘍が疑われる症例では，脊柱骨格の評価とともに臨床症状として発現する脊髄の評価も必要とされるため，単純 X 線検査，脊髄造影検査，コンピュータ断層撮影（CT）検査，磁気共鳴画像（MRI）検査など多様なモダリティーの使用による詳細な評価が望ましい。

また，他の腫瘍性疾患と同様に，転移性病巣の把握やステージ分類を実施するために，全身のスクリーニング検査も実施する。

1. 単純 X 線検査

単純 X 線検査は周囲の軟部組織に発生した腫瘍や脊柱管内に発生する腫瘍に対しての検出感度に劣るものの，原発性もしくは転移性に発生する脊椎腫瘍に対しては有用な検査の 1 つといえる。脊椎腫瘍は，単純 X 線検査において，椎弓，椎体，棘突起などの骨融解もしくは骨増生あるいは両者が混在した像として観察される。同様な異常所見を示す疾患として椎間板脊椎炎（図8）なども挙げられるが，多くの脊椎腫瘍は 1 つの椎骨のみに観察され，椎間を越えて隣接する椎骨への浸潤が認められない点で，これら炎症性脊椎疾患と鑑別可能である。また，単純 X 線検査において椎骨に腫瘍性疾患が疑われる際には，全身の探査的 X 線撮影を実施し，他の転移巣や原発巣の有無を明確にする必要がある。また，スクリーニング検査において多発性骨髄腫が疑われる場合には，全身の探査的 X 線評価により他の骨格での異常の有無を評価する。

2. 脊髄造影検査

脊髄造影検査は椎間板ヘルニアなど他の脊髄疾患と同様に実施され，硬膜外からの脊髄障害部位の判定や硬膜内・髄外に発生した腫瘍の検出において有用である。このため，脊椎腫瘍の診断としては，腫瘍の正確な位置の把握とともに脊柱管内での脊髄との関連性の把握について有用である。

脊髄造影検査は依然として画像診断としては有用な検査法であるが，比較的に侵襲度の高い検査であるとともに，硬膜外への造影剤の流出によりくも膜下腔への造影剤の充填が不十分となることなどの欠点がある。また，髄内に発生した腫瘍の検出率は 42％と低く，神経鞘腫などの検出については偽陰性の結果が得られるなどの欠点もあるため，現時点では CT や MRI といった断層画像診断の方が優れた検査であるといえる[7]。

3. CT 検査

CT による断層画像診断は単純 X 線検査と比較し，椎骨の皮質骨や骨梁の形状についてより詳細な把握が可能であり，特に骨構造の増生や融解を示す脊椎腫瘍では最も有効な検査手段である。また，脊髄造影下での CT 検査(myelo-CT)や静脈性血管造影を組み合わせることで，脊柱管内に存在する腫瘍の位置や大きさなどを把握することも可能である。また，全身の脊椎を短時間のうちに撮影できるだけでなく，胸腔内や腹腔内など他の諸臓器の精査も可能であるために，スクリーニング検査として優れた検査であるといえる。しかし，脊柱管内や椎骨周囲の軟部組織の解像度については，MRI がより優れているため，可能であれば MRI での撮像が推奨される。

4. MRI 検査

MRI は優れた軟部組織のコントラスト，平面の多様性などから，脊椎・脊髄疾患の画像診断においては最も有用な検査手段と考えられる。しかし，骨構造の詳細な把握については CT に劣るため，脊椎腫瘍の検出には，可能であれば両モダリティーを併用することが望ましい。脊髄外に発生し硬膜外より脊髄を障害する腫瘍では，硬膜とくも膜下腔の関連性を把握することで腫瘍の位置(硬膜内または硬膜外)を詳細に把握することが可能である。しかし，椎骨自体は加齢などの影響による骨髄の変化(赤色髄や脂肪髄)により，信号強度の様々な変化が認められるため，腫瘍の椎骨への侵襲程度，皮質骨や骨梁の解釈については十分な注意を払うべきである[4]。

5. 主な腫瘍の画像診断

(1) 骨肉腫

単純 X 線検査および CT 検査では侵襲性の高い骨融解性病変，骨増殖性病変および両者の混合像として認められる(図 1, 図 2)。圧迫骨折による椎体長の短縮が認められることも多いが，椎間板構造は維持され隣接する椎骨を侵襲することはほとんどない。

MRI では，骨化の顕著な部位では T1 強調(T1W)画像と T2 強調(T2W)画像において低信号領域として認められ，骨化の乏しい充実性部位においては T1W 画像では低信号〜等信号，T2W 画像では高信号として認められる[12]。

(2) 形質細胞腫

単純 X 線検査および CT 検査では単一もしくは複数の椎骨において，虫食い状の骨融解性病変である**パンチアウト像**が認められる(図 3)。MRI の典型例においては，T1W 画像で低信号，T2W 画像で高信号を呈し，腫瘤の膨隆による脊髄の硬膜外圧迫所見として観察される。椎骨の骨髄内でも造影による増強効果などを示すが，前述した理由から椎骨の骨髄の異常信号の解釈については十分な注意が必要である[12]。

(3) リンパ腫

CT 検査において，椎骨より発生もしくは浸潤したリンパ腫では骨融解性病変が認められ，椎骨周囲において軟部組織性腫瘤を形成することも多く観察される(図 4, 図 5)。MRI では椎体内の骨髄が T1W 画像でび漫性もしくは限局性の低信号域を認め，T2W 画像にて軽度の高信号を示す。ガドリニウム増強 T1W 画像では比較的均一な増強効果を認める[12]。

6. 細胞診，生検

画像診断により腫瘍を疑わせる異常所見が認められた際には，発生部位や位置などを考慮し，可能な限り組織生検を行う。特に，リンパ腫や多発性骨髄腫といった化学療法が適応とされる腫瘍であるか，それ以外の腫瘍であるかを評価することに最も意味があり，細胞診のみであっても十分に有効な検査であるといえる。椎骨の背側要素や周囲の軟部組織もしくは一部脊柱管内に対しても経皮的な針吸引もしくはジャムシディー針による組織採材が可能である。また，頭側胸椎など深部の椎骨周囲の組織生検に対しては，CT ガイド下での穿刺が有用である。

切開生検は経皮的生検と比較し，侵襲的ではあるものの，より効果的に確定的な病理組織診断を得ることが可能である。通常，脊椎腫瘍では治療目的とした減圧や外科切除と同時に行われる。

治療および予後

1. 形質細胞腫

多発性骨髄腫や孤在性形質細胞腫については，化学療法が第 1 選択として挙げられる。推奨されるプロトコールは，メルファラン(0.1 mg/kg，SID，PO，10 日間，その後 0.05 mg/kg，SID，PO)とプレドニゾロン(0.5 mg/kg，SID，PO，10 日間，その後同量を EOD)

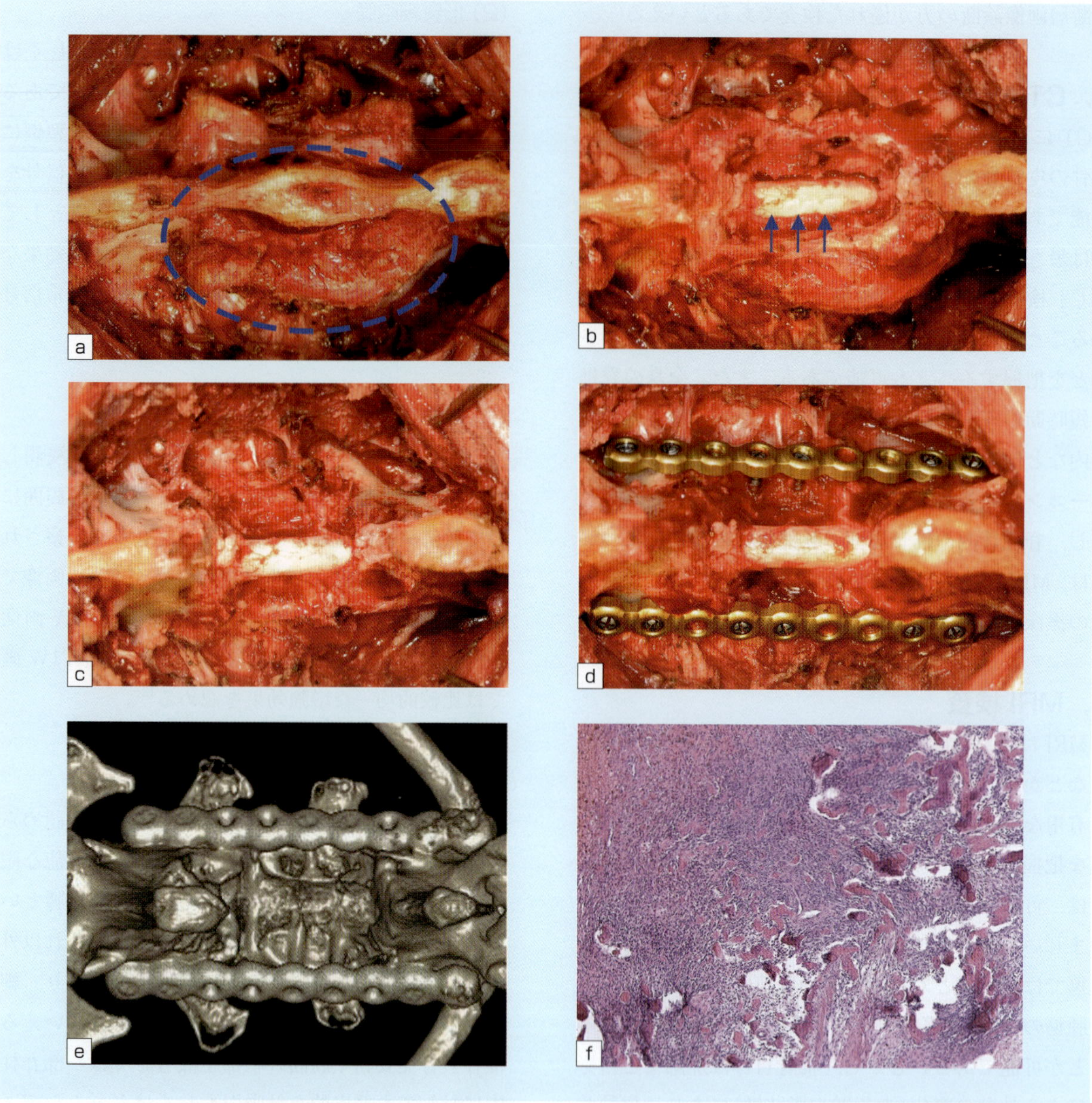

図 9　減圧術，減容積術および病理組織学的所見

図 2 と同症例。
a：棘突起および関節突起周囲に骨増生(破線)が認められる。
b：棘突起を切除し，背側椎弓切除により脊髄を露出する(矢印)。
c：両側の前後関節突起を切除し，可能な限り腫瘍の減容積を行う。
d：広範な椎弓切除により脊柱の不安定性が予測される場合には脊椎固定術を併用する。
e：術後の 3D-CT 画像。
f：病理組織学的検査の結果，病変は骨肉腫と診断された。
(症例提供：ネオベッツ VR センター　宇根 智先生)

の併用とされている。この報告では，完全寛解率 43%，部分寛解率 49%，効果なし 8%であり，生存中央値は 540 日であった。緩和療法としてのプレドニゾロン単独(0.5 mg/kg，SID，PO)による治療では，生存中央値は 220 日とされている[8]。また，上記の化学療法と放射線療法を併用した報告では，孤在性形質細胞腫での生存期間は 4 ～ 65 カ月とされている[10]。

このように，本疾患は他の脊椎腫瘍と比較し長期の生存期間が得られるため，病理検査による疾患の確定にしたがい積極的な化学療法が推奨される。

2．リンパ腫

リンパ腫に対する化学療法については他の成書に譲る。

3．減圧術，減容積術

脊椎腫瘍に対する外科療法は，根治的に腫瘍の完全摘出を目的とした椎骨切除および置換術が理想的であるが，神経学的異常の改善や疼痛緩和を目的とした減容積術および減圧術が選択されることが多い(図 9)。脊髄の減圧および病理組織学的検査を目的とした減容積術は，腫瘍の発生部位により片側椎弓切除術，背側椎弓切除術もしくは両者の組み合わせにより実施される。多くの症例ではこれらの手技により脊髄は救済されるため，一時的な疼痛の緩和，神経学的異常の改善が認められる。しかし，形質細胞腫やリンパ腫のように化学療法が適応とされる症例以外では，多くの場合，短期間での臨床症状の再発が認められる。過去の報告では，椎骨に発生した骨肉腫や線維肉腫に対して減容積・減圧術を実施した症例のうち，臨床症状の改善が認められたものは40％である[2]。同報告では，減圧と減容積を目的とした手術単独の治療による生存中央値は38日（15～600日）である[2]。そのため，脊椎腫瘍に対して外科療法に踏み切る際には，手術での目的（病理組織学的検査，減圧，全切除など），予測される予後について十分なインフォームド・コンセントが実施されるべきである。また，減容積術によって脊柱の不安定性が予測される場合や骨融解性病変が顕著であり，化学療法や放射線療法後に病的骨折などが予想される場合には，脊椎固定術の併用が推奨される。骨肉腫や線維肉腫に対して手術と併用した場合の補助治療の生存中央値は，放射線療法の実施では150日（60～365日），化学療法の実施では135日（15～365日）と報告されている[2]。

また，椎骨の解剖学的構造と腫瘍の発生部位について分類が試みられており，その分類に基づいた手術アプローチ，切除範囲，手技などが示されている[7]。それぞれの発生部位によって完全椎骨切除や部分的椎骨切除が必要とされ，その摘出部位に対しての安定性を確保するため，腸骨，肋骨，椎骨の棘突起などを使用した自家骨移植，同種移植骨片などを使用した置換固定術が試みられている[1]。

おわりに

これまでの獣医療では脊椎に発生する腫瘍は，十分なマージンを確保した摘出が困難であるため，予後不良な疾患とみなされてきた。しかし，人医療での脊椎腫瘍に対する治療を反映することにより，手術手技や治療選択について，さらなる可能性を内在した疾患であると考えられる。今後，獣医療での脊椎腫瘍に対する取り組みは重要な課題であり，的確な診断および手術手技を確立していくことが期待される。

［王寺　隆］

■謝辞

本章の執筆にあたり，病理組織学的検査を実施していただき，快く組織写真を提供していただいた病理組織検査ノースラボの賀川由美子先生に深謝する。

■参考文献

1) Chauvet AE, Hogge GS, Sandin JA, et al. Vertebrectomy, bone allograft fusion, and antitumor vaccination for the treatment of vertebral fibrosarcoma in a dog. *Vet Surg*. 28(6): 480-488, 1999.

2) Dernell WS, Van Vechten BJ, Straw RC, et al. Outcome following treatment of vertebral tumors in 20 dogs (1986-1995). *J Am Anim Hosp Assoc*. 36(3): 245-251, 2000.

3) Heyman SJ, Diefenderfer DL, Goldschmidt MH, et al. Canine axial skeletal osteosarcoma. A retrospective study of 116 cases (1986 to 1989). *Vet Surg*. 21(4): 304-310, 1992.

4) Kippenes H, Gavin PR, Bagley RS, et al. Magnetic resonance imaging features of tumors of the spine and spinal cord in dogs. *Vet Radiol Ultrasound*. 40(6): 627-633, 1999.

5) Moore GE, Mathey WS, Eggers JS, et al. Osteosarcoma in adjacent lumbar vertebrae in a dog. *J Am Vet Med Assoc*. 217(7): 1038-1040, 2000.

6) Naudé SH, Miller DB. Magnetic resonance imaging findings of a metastatic chemodectoma in a dog. *J S Afr Vet Assoc*. 77(3): 155-159, 2006.

7) Sharp NJH, Wheeler SJ. Small animal spinal disorders-diagnosis and surgery, 2nd ed. Mosby. Philadelphia. US. 2005.

8) Ogilvie GK, Moore AS. 桃井康行監訳. 犬の腫瘍. インターズー. 東京. 2008.

9) Ortega M, Castillo-Alcala F. Hind-limb paresis in a dog with paralumbar solitary T-cell lymphoma. *Can Vet J*. 51(5): 480-484, 2010.

10) Rusbridge C, Wheeler SJ, Lamb CR, et al. Vertebral plasma cell tumors in 8 dogs. *J Vet Intern Med*. 13(2): 126-133, 1999.

11) Withrow SJ, MacEwen EG. 小動物の臨床腫瘍学, 第2版. 松原哲舟監修, 岡公代訳. NEW LLL PUBLISHER. 大阪. 2000.

12) 柳下章. エキスパートのための脊椎脊髄疾患のMRI. 三輪書店. 東京. 2004.

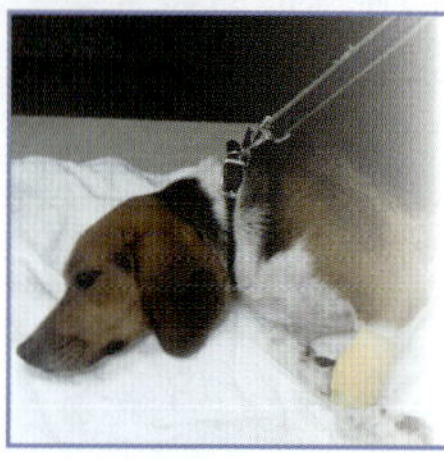

36. 脊髄炎

はじめに

脊髄炎は，炎症が脊髄に限定されるものと，全身性疾患の一部として脊髄に炎症が波及したものとがあり，犬や猫では後者が多い。また，原因として，感染性，非感染性(特発性)，医原性があり，猫では感染性が圧倒的に多い。

本章では，犬と猫における脊髄の代表的な感染性疾患と，犬でみられる特発性の脊髄炎について解説する。

感染性髄膜脊髄炎

1．疫学

猫において感染性髄膜脊髄炎は，最も重要な脊髄疾患の1つであるといえる。猫の脊髄病変の原因として，炎症性・感染性髄膜脊髄炎は腫瘍を抑えてトップを占め，その脊髄炎の8割以上は感染によるものであったとの報告がある[5, 19]。米国での報告によると，猫の感染性脊髄炎の内訳は，**猫伝染性腹膜炎(FIP)**が半数以上と最も多く，次いで細菌性脊髄炎，その他としてはクリプトコッカス症，トキソプラズマ症による脊髄炎であった[19]。本邦における正確な状況は不明であるが，恐らく類似した傾向にあると考えられる。犬では，髄膜脳脊髄炎と診断(臨床診断含む)された220頭についての回顧的研究があるが，原因疾患として**犬ジステンパーウイルス(CDV)**をはじめとしたウイルス性のものが約半数を占め，次いで肉芽腫性髄膜脳脊髄炎(GME)，壊死性髄膜脳炎(NME)，ステロイド反応性髄膜炎・動脈炎(SRMA)といった特発性のものが1/4，そして原虫性，細菌性，その他といった順序になっている[27]。筆者の診療施設では，この報告よりも特発性の割合が多いが(未発表データ)，国や時代の違いがあるのかもしれない。

本章では，感染性髄膜脊髄炎の中でも，特に臨床上重要だと考えられる，FIP，CDV性脊髄炎，そして細菌性髄膜脊髄炎について概説する。しかし，これら以外にも日常遭遇する可能性のある感染性髄膜脊髄炎は多数存在する。他の疾患については，参考文献14，34を参照していただきたい。また，髄膜脊髄炎は脳炎とともに認められることも多いので，第16章「感染性脳炎」も参考にしていただきたい。

2．猫伝染性腹膜炎ウイルス性髄膜脊髄炎

(1) 概要

猫伝染性腹膜炎 feline infectious peritonitis(FIP)は，猫コロナウイルスの変異株 coronavirus-FIP によって引き起こされる全身性疾患であるが，中枢神経系にも炎症が生じることがあり，それは**神経型FIP** neurologic form of feline infectious peritonitis(CNS-FIP)と呼ばれる。CNS-FIP の病態は，免疫介在性化膿性髄膜上衣脳脊髄炎であり，非滲出型(化膿性肉芽腫症：dry-type)FIP と関連して発生が認められることが多い。猫の髄膜脊髄炎で最も多い原因が FIP であり，我々，臨床獣医師にとって非常に重要な疾患である。前述のとおり，猫の髄膜脊髄炎(剖検例)の51%は FIP が原因であるとされる[19]。

(2) 病理所見

CNS-FIP の病理学的所見は，化膿性肉芽腫性髄膜炎／脈絡叢炎／脳室上衣炎である。つまり，病変の主座は中枢神経実質ではなく，それらを覆う内張りや外張りの構造物であり，これが本疾患の特徴といえる。これらの構造物に好中球，リンパ球，マクロファージなどの細胞の著しい浸潤を認め，そこからの炎症の波及によって脊髄や脳実質も障害を受ける。特に脳室上衣～実質への炎症の波及が重度であり，これらの所見は画像(磁気共鳴画像〔MRI〕)で捉えやすい。重症例では，細胞浸潤に加え，フィブリン析出や血管壁のフィブリノイド変性を伴う。これらの病変は，脊髄では頚髄に，脳では脳の尾側に特に顕著に認められる。中脳

水道の脳室上衣炎を起こすことが多く，炎症産物などにより脳脊髄液（CSF）流通路の閉塞が起こり，中脳水道よりも吻側の脳室系の拡大（水頭症）が生じることがある。また，脊髄中心管の上衣炎によってCSF流通路の閉塞が起こると，**脊髄空洞症（水脊髄症）**となる。

（3）疫学

FIPはいかなる年齢の猫においても発症し得るが，若齢～中年齢に多く，最多死亡年齢は3～16カ月齢である[21]。CNS-FIPを発症した猫のほとんどは，多数の猫が飼育されている施設出身であったとの報告がある[12]。

CNS-FIPは，滲出型よりも非滲出型FIPにおいてより一般的であり，非滲出型FIPの3～5割弱が何らかの中枢神経徴候を呈する可能性がある[9]。また，症状が神経系のみに限局する場合もある。

（4）臨床症状

CNS-FIPは，典型的には緩徐発症・急性進行性の神経徴候を呈す。病変部位に応じた神経徴候を呈すため本疾患に特異的な症状は存在しないが，髄膜炎徴候としての知覚過敏は約半数で認められる[12]。また，多発性病変を反映した多発性の脳脊髄徴候を呈すことが一般的である。FIPの脊髄病変は頚部に好発し[19]，かつ脳幹病変を伴うことが多いため，四肢の上位運動ニューロン徴候（UMNS）を呈することが多い。その他の徴候として，各種脳神経徴候や，さらに炎症が大脳実質に波及すると，てんかん発作が認められることがある。

前述のとおり，FIPの病態は脳室上衣炎が主体となる。そのため，脳室経路中の狭い部位（例：中脳水道）にてCSFの流れが滞り，閉塞性水頭症を併発することが多い。その場合は，嘔吐，元気消失，瞳孔の異常，さらに意識障害といった脳圧亢進徴候を示し，進行すると，瞳孔の固定や呼吸様式の異常，重度の意識障害，弓なり緊張といった，重度な脳ヘルニア徴候を呈し，死に至る。

（5）診断

CNS-FIPの生前診断は難しい。滲出液や病変の一部が採材可能であれば，免疫染色を行いマクロファージの抗原陽性をもって診断に結び付けることができるが[16]，中枢神経に限局したFIPの場合ではこの診断方法は難しい。しかし，CNS-FIPのほとんどにおいて，死後の病理解剖にて腸間膜リンパ節の腫大，脾臓や腎臓の表面不整などの腹部病変が見つかっている[13, 18]。したがって，針生検（FNA，あるいは生検）を行う目的として，中枢神経以外の病変を探すことは有意義であるといえる。

また，CNS-FIPではFIP性の眼病変を伴うことが比較的多いので（約30％）[12]，前ブドウ膜炎などの眼病変の存在もCNS-FIPの診断の一助になり得る。CNS-FIPの可能性は，通常，表1の1～7の結果から総合的に判断する。CSF検査の所見はCNS-FIPの診断に非常に重要であるが，診断や検査を行うときにはすでに重度の脳圧亢進徴候や脳ヘルニアを呈していることがあり，その場合にはCSFの採取はできない。特に猫の慢性脳ヘルニアの場合には，臨床徴候が通常よりも軽度であることがあるため，FIPを疑う場合に行う麻酔やCSF採取には十分な注意が必要である。

確定診断には罹患臓器の生検あるいは死後の解剖による病理検査が必要となる。

（6）治療および予後

CNS-FIPに対して科学的に有効性が立証された治療法はない。抗ウイルス剤のアジドチミジンとアシクロビルは，FIPウイルスに効果がないことが確認されている。アムホテリシンBとアデニンアラビノシドは，*in vitro*での効果が証明されたが，*in vivo*での研究が行われているか否かについて，筆者は把握していない。同じく抗ウイルス剤であるリバビリンに関しては，FIPを実験感染させた猫において毒性と効果を確認する研究が行われているが，毒性を示す可能性が高い割に効果が認められず[29]，本剤のFIPにおける使用は勧められない。

また，ネコインターフェロンωのFIPに対する効果を確認する目的で，二重盲検比較対照試験が行われている[24]。本研究にてFIPと確定診断された37頭のうち，3カ月以上生存したものは1頭のみであり，その1頭はインターフェロン投与群であった。しかし，全体を通して，本剤と偽薬との間に生存期間をはじめ様々なパラメータにおける有意差はなく，本剤の有効性を科学的に見いだすことはできなかった。

FIPに対する治療は，現時点では対症療法が主体となる。CNS-FIPに対しては，生活の質（QOL）を保ち脳圧を降下させる治療，すなわち補液，抗浮腫薬，抗炎症剤，抗てんかん薬，脳圧降下剤の投与が中心となる。特に二次性閉塞性水頭症，脊髄空洞症への積極的

表1　神経型猫伝染性腹膜炎(CNS-FIP)の臨床診断

1. CNS-FIPに特徴的な臨床像(本文参照)
2. FIPに一致する臨床像 ：高グロブリン血症(CNS-FIPの81%[12])や特徴的な血清蛋白電気泳動所見など。
3. CSF中の細胞数の増加 ：顕著な好中球増多症(多数の好中球+リンパ球とマクロファージ)を呈すことが多い。同様のCSF細胞所見を呈す細菌性髄膜脊髄炎が否定できれば，本所見はCNS-FIPを疑う有力な根拠となる。しかし，まれではあるものの，CSF中の細胞数に異常を呈さないことが起こり得る[18]。
4. CSF中の蛋白濃度の上昇 ：通常，顕著な上昇を示す(例：100 mg/dL)。
5. CSF中の抗コロナウイルスIgGの陽性* ：CSFの場合は25倍から陽性とされるので(IFA：間接蛍光抗体法の場合)，検査機関に依頼する際には低希釈倍率からの測定を依頼する必要がある。血清中の抗体価が陰性の場合でも，CSF中では陽性である可能性がある[12]。この検査のCNS-FIPにおける感度は高いが[12]，特異度に関しては低いとの意見がある[3]。しかし，本検査が陰性であってもCNS-FIPを完全に否定することはできない[3]。
6. CSF中のコロナウイルスのRT-PCRによる検出 ：本検査の感度と特異度はまだ調べられていない。恐らく，感度は高いが特異度はそれほど高くないと考えられる[9]。
7. MRI検査における脳室上衣炎所見や髄膜炎所見に水頭症や脊髄空洞症(水脊髄症)所見を伴うことがある ：これらの所見は，造影剤投与後，中脳，脳幹，脳頚髄移行部に顕著に認められることが多い。特に，ガドリニウム増強T1強調画像における，脳室上衣に沿った造影剤増強効果(上衣炎の所見)は本疾患に特徴的であり，本疾患を疑う有力な根拠の1つになり得る。しかしMRI検査にて，これらの所見が認められなくともFIPを否定することはできない。

*：血清中の抗コロナウイルスIgGの測定；血清中のIgGの上昇が認められてもFIPを発症していない個体は多く，また血清中のIgGが陰性であってもCSF中のIgGは陽性を示すことがある。すなわち，血清中の抗体価が陰性であったとしても，CNS-FIPである可能性を否定することはできない。したがって，血清単独でのIgG測定の意義はCNS-FIPの診断においては高くなく，CSFと合わせて測定することが勧められる。しかし，FIP全般においてだが，IFA測定で血清IgGが1,600倍以上という高値であれば，FIP感染である特異度は98%と十分に高いという結果が報告されている[16]。

な対策が重要であろう。CNS-FIPに対するステロイドの効果は不明であるが，非CNS-FIPにおいて食欲を増進させたり気分をある程度良くする可能性が指摘されているので，使用を試してよいと思われる。

予後は不良であり，致死的な疾患である。神経徴候の発現から，通常は数週間～2，3カ月以内に，死亡あるいはQOLの著しい低下のために安楽死が選択される。

3. 犬ジステンパーウイルス性脊髄炎

(1) 概要

犬ジステンパーウイルス(CDV)性脊髄炎canine distemper virus myelitisは，イヌ科動物をはじめとした様々な動物種に脳炎を引き起こすことで有名だが，脊髄炎の原因にもなる。予防接種が普及した現在においても，本邦をはじめ世界各地で発生は少なくない。また，犬が主なウイルス保有動物であるが，野生動物への感染源という点でも問題視されている。

(2) 病理所見と病態生理

CDV性脳脊髄炎の病変は，感染時の宿主の年齢，ウイルス株，宿主の免疫応答能，環境などに応じて，極めて多様である。一般的に，病変の分布と宿主の年齢によって，灰白質型(急性型)，白質型(亜急性－慢性型)，老犬脳炎old dog encephalitis(ODE)に分類される。また，ワクチン接種と関連しての発症例が報告されており，それを**ワクチン接種後CDV性脳炎**として分類することもある。

灰白質型は，ウイルスの増殖とそれによる組織の直接損傷が原因の脳脊髄灰白質炎であり，封入体の形成を伴う神経細胞の変性と壊死像が病理所見の主体となる。初期には，ウイルスによる免疫抑制のため炎症像がほとんど認められないことがある。また，壊死が広範囲に及び，灰白脳軟化症polioence-phalomalaciaを引き起こすことがある。

白質型は，リンパ球浸潤を伴う重度な脱髄，軟化壊死，膠細胞増加を特徴とする脳脊髄白質炎である。浸潤したリンパ球の主体はCD4陽性T細胞とB細胞である[14)]。感染初期には星状膠細胞(アストロサイト，アストログリア)内でのウイルス増殖が顕著であるが，慢性期になるとウイルスのmRNAの遺伝子発現はむしろ減少し，MHC class Ⅱの発現の増加が確認されている。白質型の中心をなす脱髄の発生機序としては，マクロファージ内のウイルスに反応した抗体によってマクロファージから活性酸素やサイトカインが放出され，それによって希突起膠細胞(オリゴデンドログリア)と髄鞘(ミエリン)の破壊，すなわち脱髄が生じると考えられている[4, 28)]。

ODEは，大脳半球の灰白質を主座とする広範な硬化性脳炎であり，免疫応答が比較的十分な個体において，ウイルスが中枢神経内へ逃れ，後に慢性進行性の神経徴候を発症するものと考えられている[11, 14]。脳の萎縮，広範囲な硬化(膠細胞増加)と神経細胞の変性，囲管性細胞浸潤，そして神経細胞内のウイルス封入体の形成[32]を特徴とする。ODE は，CDV と同科同属の麻疹ウイルスの変異株による，ヒトの亜急性硬化性全脳炎 subacute sclerosing panencephalitis(SSPE)の病態に非常に類似している。

ワクチン接種後 CDV 性脳炎とは，CDV のワクチン接種から 1 ～ 2 週間後に発症する脳脊髄炎で，脳幹と視床，脊髄の灰白質を主座とした広範な神経細胞の壊死と軟化を特徴とする。大量の神経細胞核内(> 細胞質内)封入体が認められるが，若齢犬に好発する全身症状を伴う灰白質型とは異なり，神経系以外の組織からは封入体の検出がないことが特徴であるといわれている[11]。原因としては，弱毒生ワクチンの弱毒化不良，潜伏感染時の接種が発症を誘発，宿主の免疫不良などが考えられている[7, 25, 26]。恐らく，個々の報告により原因は異なるものと考えられる。本疾患が疑われたときは，接種ワクチンと同一バッチ(バッチ：1 回の処理単位)を保管しメーカーに通知すべきだと考える。

(3) 疫学

感染経路は，感染犬の呼吸器の滲出物に含まれる CDV の飛沫感染が主である。しかし，本ウイルスは呼吸器以外の組織からも検出されており，尿をはじめとした様々な分泌物を介した感染もあり得ると考えられている[14]。灰白質型は，ワクチン未接種の若齢犬や免疫応答が不十分な若齢～成犬に発症する。白質型は，主にワクチンを接種した成犬にて発症するが，神経徴候が発現するか否かは，ウイルス株の毒性の強さと感染時の宿主の免疫状態によると考えられている。灰白質型と白質型の発症頻度であるが，剖検例においては約半々である。ODE の発症は非常にまれで，世界で報告が数例あるのみである。通常 5 ～ 6 歳以上の犬で発症する。ワクチン接種後 CDV 性脳炎は，若齢犬においてワクチン接種の 1 ～ 2 週間後に急性に発症する。同一バッチのワクチンを接種した数頭の子犬での発症が，世界で散発的に報告されている[6, 15]。

(4) 臨床症状

灰白質型は，呼吸器や消化器症状，眼や鼻の分泌過多，結膜炎・脈絡網膜炎など，いわゆる古典的な CDV 感染症による全身症状が先に現れる。その後，一部の犬にて，全身症状の回復から 1 ～ 3 週間後に神経症状が発現する。通常，急性発症・甚急性進行性で，てんかん発作，意識障害，視覚障害，旋回などといった大脳徴候主体の神経症状であることが多い。また，本病型では，ミオクローヌスを伴うことが多く，ハードパッドを認めることもある。

白質型では，神経症状に先立つ全身症状は軽度(食欲低下や発熱など)か，あるいは全く認められない。神経症状は，亜急性～慢性経過で発症し進行するが，通常灰白質型より軽度である。様々な多発性脳脊髄徴候を呈するが，前庭徴候をはじめとした脳幹徴候が多く，小脳徴候が認められることもある。灰白質型で好発するミオクローヌスはまれである。

ODE の神経症状は慢性進行性で，大脳徴候が主体となる。行動の変化，視覚障害，旋回，沈うつ，頭部の押し付け行動 head pressing といった認知症様徴候を呈すことが知られている。

ワクチン接種後 CDV 性脳炎の特徴的症状(四徴)として，行動異常(攻撃的，徘徊)，出血性下痢，発熱，運動失調が報告されている[11]が，ウイルス株などの原因の差によって好発症状は異なる可能性があると思われる。その他の症状として，てんかん発作や不全麻痺などがあり，早期に横臥状態となり，通常数日で死亡する。

(5) 診断

CDV 性脳脊髄炎の確定診断は，死後の病理解剖によって，本疾患に特徴的な病理所見を確認するとともに，封入体の確認，免疫組織学的染色，ウイルス分離といった方法により，脳や脊髄組織中の CDV を同定することによって行われる[9]。しかし，剖検時には病変部にウイルス抗原が認められなくなっている場合があり，ときに CDV 感染症の診断を難しくしている。

生前に本症を診断することは容易ではない。通常，生前は臨床的仮診断にとどまるが，特にワクチン接種済で神経症状のみの症例(このような症例が近年最も多いと考えられる)の診断には非常に苦慮する場合が多い。本疾患の臨床的仮診断は，臨床徴候や様々な検査結果から総合判断する方法に限定される。したがって，なるべく早期に，(もし可能であるなら)できる限り全ての検査を行い状況証拠を固め，病型ごとの特徴的な臨床所見と照らしあわせて，総合的に評価・判断する。CSF から CDV 抗原が検出(RT-PCR や免疫染色による方法，あるいは封入体の検出)されれば，非常

表 2　犬ジステンパーウイルス(CDV)性脳脊髄炎の診断における抗体価比の利用

CDV の抗体価比が CDV 以外のウイルスの抗体価比よりも大きければ，CDV の髄腔内産生がある (中枢内の感染成立) と判断できる

過去に接種した混合ワクチンに含まれる CDV 以外のウイルス(例：パルボウイルス)の抗体価を，CDV 抗体価測定と同じ方法で測定する

例)

$$\frac{\text{CDV}^{*}\text{の CSF 中抗体価}}{\text{CDV の血清中抗体価}} > \frac{\text{CPV}^{*}\text{の CSF 中抗体価}}{\text{CPV の血清中抗体価}}$$

＝CDV の中枢内感染成立

＊：CDV：犬ジステンパーウイルス
CPV：犬パルボウイルス

に診断価値が高い。しかし，陰性であっても CDV を否定することはできない。CSF 中の抗 CDV 抗体価(IgG，IgM)の測定は，感度・特異度ともに高く[14]，ポリメラーゼ連鎖反応(PCR)法が発達した今日においても本疾患診断におけるゴールド・スタンダードとみなされている。中枢神経に CDV 病変を認めない全身性 CDV 感染症や，ワクチン接種後の個体においては，CSF 中には CDV 抗体価の上昇を認めないため，CSF 中の CDV 抗体価の上昇は，CDV 性脳脊髄炎がある，もしくはあったことを示す確定的な証拠となる[14]。CSF 中の抗体価の上昇が認められた場合，CDV 性脳脊髄炎の診断をより確実にするため，混合ワクチンを接種している個体においては，ワクチンに含まれる血清中の抗体価上昇が期待される CDV 以外のウイルスの抗体価を測定し，それを利用する方法がある。具体的には，例えばパルボウイルス抗体価を，CDV の抗体価の測定と同じ測定方法で，CSF と血清において測定する。そして，CDV とパルボウイルスの抗体価，それぞれにおいて血清中の抗体価に対する CSF 中の抗体価の割合(＝**抗体価比 antibody ratio**)を算出する。パルボウイルスの抗体価比と比較し，CDV の抗体価比の方が高値を示す場合，CSF 中の CDV 抗体価の上昇は，血清中の CDV 抗体が CSF へ漏れ出たものではなく，髄腔内での産生の結果として生じたもの(＝中枢内感染がある，もしくはあった)とみなすことができる(**表 2**)。

白質型では抗体価の上昇を認めることが多いが，急性の灰白質型では抗体価の上昇を伴わないことがある。しかし，その場合は，ウイルス抗原が検出される可能性が高い。CSF の一般性状検査では，通常，蛋白濃度の上昇を伴う単核細胞増多症を示すが，宿主の免疫状態によっては炎症像を呈さない場合がある。

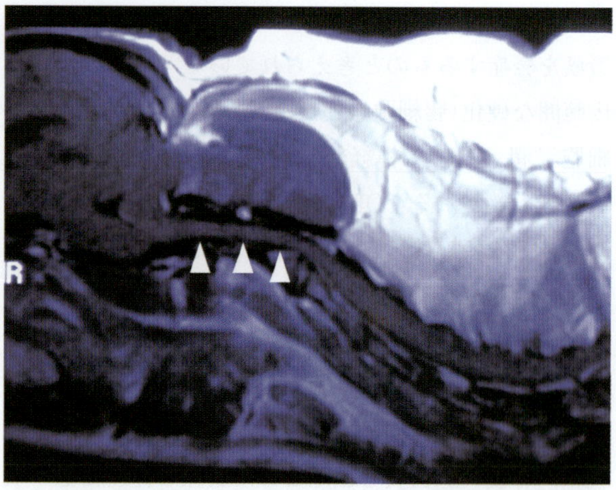

図 1　犬ジステンパーウイルス(CDV)性脊髄炎の発症から 1 年後のキャバリア・キング・チャールズ・スパニエルの脳尾側〜頚髄にかけての MRI 所見

ガドリニウム増強 T1 強調(T1W)画像正中矢状断。炎症像を伴わない脊髄実質の萎縮が認められる(矢頭)。

ここで解説した以外にも，臨床仮診断を導くための検査項目は複数存在する。それらをここに簡単にまとめると，身体検査および血液検査(ハードパッド，血液中のリンパ球減少症などの検出，封入体の検出)，神経学的検査，CSF 検査(抗 CDV IgG，IgM，必要に応じてパルボウイルス IgG，一般性状，封入体の検出)，CDV に対する RT-PCR(尿，結膜スワブ，便，血液，CSF，ハードパッド掻爬，鼻汁，唾液など)，MRI 検査(CDV 性脳脊髄炎に特異的所見は存在しないため，主に病態把握や鑑別診断が目的となる。慢性例では，非特異的な所見として脳や脊髄の萎縮を認めることがある，図 1)が挙げられる。

項目ごとの詳細は，第 16 章「感染症脳炎」を参照していただきたい。

(6) 治療および予後

科学的に有効性が立証された治療法は存在せず，補液，抗浮腫薬，抗てんかん薬などの全身管理と対症療法を積極的に行い，CDV 感染からの自然寛解を促すことが最重要となる。

研究中の治療薬やヒトの麻疹ウイルスに対する治療法について，私見を交えて紹介する。抗ウイルス剤のリバビリンと 5-エチニル-1-β-D-リボフラノシルイミダゾール-4-カルボキサシド(EICAR)は，CDV に対しての効果が *in vitro* で認められている[8, 10]。リバビリンは，人体薬としての開発段階において犬が毒性試験に使用されているが，それによると無毒性量は 5 mg/

kg/day 未満と，かなり少ない量である(中外製薬，社内資料)。また，リバビリン，EICAR ともに犬における *in vivo* での効果を立証する研究は行われていない。

ステロイドの使用であるが，特に白質型においては，髄鞘に対する自己抗体が見つかっていることから，過去には免疫抑制量での使用を勧める考え方もあった。しかし，前述したように，脱髄の主原因は，マクロファージから放出される活性酸素やサイトカインによる損傷であり，自己抗体は炎症に対しての副次的産物であるとの考え方が一般的になってきている[14, 28]。自己抗体量と脱髄の重症度とに相関性も認められていない[28]。さらに，炎症反応が十分でない病変にはウイルスが残存し，それがさらなる脱髄の原因，ひいては病態の慢性化につながるため，治療の要はいかにウイルスを排除するかにあると考えられている[20, 28]。

また，CDV と類似の麻疹ウイルスによるヒトの脳炎では，抗ウイルス剤とインターフェロンなどによる免疫賦活療法が推奨されている[30, 31]。このような背景を考慮すると，ステロイドの免疫抑制量での使用あるいは長期にわたる使用は，本症には適切でないと考えられる。一方で，CSF 中の抗体価の上昇が十分にあるにもかかわらず，神経症状が進行する症例への短期間の抗炎症量のプレドニゾロンの投与は，過度の炎症を“ほどよく”抑制するという目的で，状況によっては悪くないかもしれない。ヒトの麻疹脳炎では，インターフェロンやリバビリン投与による改善例が報告されている[17, 30]。また，ヒトの亜急性硬化性全脳炎では，インターフェロンの脳室内投与と，抗ウイルス作用ならびに免疫賦活作用をあわせもつ薬剤であるイノシンプラノベクスの併用が，ある程度有効とされている[31]。インターフェロンは血液脳関門(BBB)を通過しないため，中枢神経疾患に対してのインターフェロン投与は，ヒトでは髄腔内投与(＝髄注可能なヒトインターフェロンの CSF 内や脳室内投与)が推奨されている。また，ビタミン A 不足によって麻疹が重症化することがわかっているため，幼児の麻疹感染症に対してビタミン A 投与が行われる場合がある[22, 31]。残念ながら，これらの治療に対する有効性や安全性は犬ではわかっていない。

4. 細菌性髄膜脊髄炎

(1) 概要

細菌性髄膜脊髄炎 bacterial meningomyelitis は，小動物臨床で頻繁に遭遇する疾患とはいえない。ただ，細菌培養のための CSF 採取量が少ないなどの様々な理由から，診断が十分に行えていない可能性がある。事実，病理学的に診断された猫の脊髄疾患の回顧的研究によると，脊髄疾患の原因としては脊髄炎が最も多く，脊髄炎の原因として細菌感染(16%)が FIP(51%)に次いで多かったと報告されている[19]。

(2) 病態生理

尿路感染や心内膜炎など遠隔の感染巣からの血行性感染，椎間板脊椎炎や椎体骨髄炎など近接する感染巣からの波及，あるいは外傷や異物，CSF 採取，硬膜外カテーテル留置などによる直接的な感染によって生じる。しかし，実際に原因が明らかになることは比較的少ない。中枢神経には免疫を担う細胞やその他の成分が少ないため，BBB を越え，ひとたび細菌が中枢神経内に侵入すると，感染は成立しやすいと考えられる。犬や猫の細菌性髄膜炎の一般的な原因菌としては，*Escherichia coli*，*Staphylococcus* spp.，*Streptococcus* spp.，*Klebsiella* spp. などが挙げられる。嫌気性菌では，*Clostridium* の報告が多く[23]，その他としては，*Bacteroides*，*Fusobacterium* などが知られている。嫌気性菌の占める割合は，犬の細菌性髄膜脳脊髄炎の場合には約 10%と，好気性菌に比べるとはるかに少ない。しかし，嫌気性菌が少ないのは培養手技の問題のためであり，実際はもっと多いと考えられている。また，特に猫においては *Pasteurella multocida* も原因菌として重要である。最近，病理学的に確定診断した GME の犬において，脳の病変部位からグラム陰性菌である *Bartonella vinsonii* の DNA が検出された[2]が，その意義はまだ明らかとはいえない。

(3) 疫学

前述したとおり，猫において本症は脊髄炎の原因として一般的である可能性が高い。犬では，前述の髄膜脳脊髄炎に罹患した 220 頭についての回顧的研究によると，細菌感染の占める割合は約 7%であった[27]。犬や猫ともに若齢での発生が多いが，いかなる年齢の動物にも起こり得る。

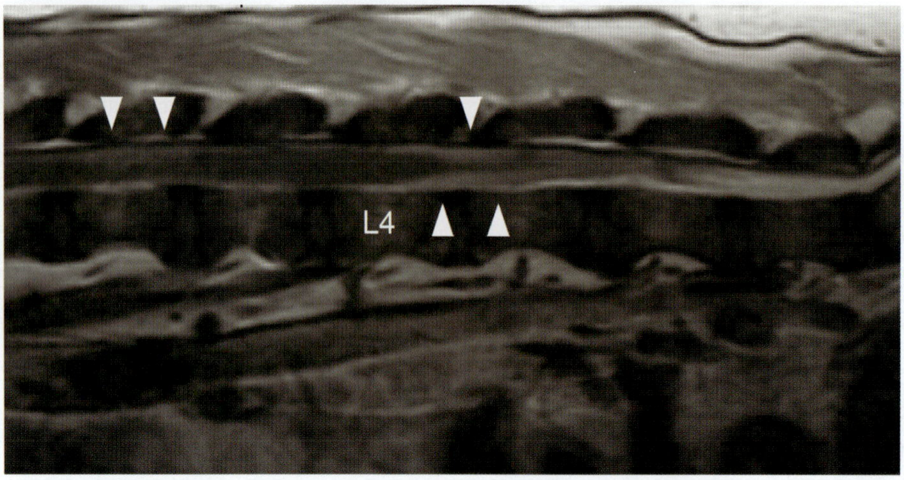

図2　細菌性髄膜脊髄炎のラブラドール・レトリーバーの腰髄におけるMRI所見

ガドリニウム増強T1W画像正中矢状断。脊髄硬膜下～脊髄実質に及ぶ造影剤で増強される病変が，腰髄にび漫性～多発性に認められる（矢頭）。CSFは好中球増多性の炎症像を呈し，CSFと局所のFNAにて，好中球の細胞質内，あるいは細胞質外に多数の細菌の存在を認めた。

(4) 臨床症状

重症で急な転機をとることが多いと考えられているが，慢性経過や軽症もあり得る。特に猫では，慢性発症／慢性経過の症例に遭遇することが多いようである。犬では約半数で発熱が認められる。初期や再燃時であれば頚部痛を呈すことがあり，これは主に髄膜炎を示唆する徴候である。神経機能の欠損を認めれば，髄膜のみならず中枢実質に病態が及んでいることを示す。神経症状は，病変の位置を反映したものとなり，画一的ではない。

(5) 診断

診断の要はCSF検査であり，9割以上で何らかの異常を呈す。細菌性髄膜脊髄炎を疑ったら，早急にCSF検査を実施すべきである。後肢の症状が主体であれば，腰髄部からのCSF採取を行うべきである。CSFの特徴的な所見は，蛋白濃度の増加を伴う好中球優位の細胞数増多症であり，多くの変性好中球が認められる。しかし，慢性経過やすでに抗生剤が投与されている場合は単核球優位になり，細胞数や蛋白濃度の増加が中程度にとどまることがある。本症では，CSF中のグルコース濃度の低下が認められることがある。CSFにおける細菌の貪食像がみられれば，診断は確定的である。CSF培養の感度は高くないため，CSFに加え血液と尿においても細菌培養（嫌気，好気）を行い，診断と治療薬を決定する。犬の髄膜脳脊髄炎における細菌培養の陽性率は，CSFで約20%，血液で約33%である[23]。

ヒトの本症では，1回のCSF採取量が多いばかりでなく，培養陰性の場合は複数回の培養を行うことが推奨されている。しかし，犬や猫の場合，CSF採取量が少なく，かつ採取には全身麻酔が必要であるため，短期間内における複数回の採取は（特に重症例では）困難であり，診断を難しくしている。ヒトにおいても，CSF培養が陰性の場合は，CSF所見が細菌性髄膜炎所見に一致していれば，血液培養陽性のみで診断可能とされている[33]。

細菌に対してのユニバーサルPCRは，本症の診断に適している可能性がある。CSF中のC反応性蛋白C-reactive protein（CRP）の上昇を認めることがあるが，本症に特徴的な所見ではない。脳ヘルニア所見（あるいは重度の脳圧亢進所見）がある場合はCSF採取を断念し，血液培養と尿培養にとどめるべきである。全血球計算にて全身性炎症像が認められることがあるが，必発所見ではなく，犬の本症で全血球計算に何らかの異常を呈したのは6割弱であったとの報告がある[23]。

単純X線検査所見にて，椎体の骨髄炎や椎間板脊椎炎が認められることがある。その場合，その部位からの採材と培養を行うことができる。MRI検査は，脊髄炎の範囲の把握や，脊髄硬膜外膿瘍，硬膜下膿瘍，髄内膿瘍などの検出，二次性閉塞性水脊髄症の有無，あるいはCSF採取の安全性の判断などに役立つ（図2）。

(6) 治療および予後

培養と薬剤感受性検査の結果に基づいた抗生剤投与が治療の要であるが，原因菌が特定できないことも多い（特定する努力は行うべきである）。CSF所見が本症に一致した場合，感受性検査の結果を待たずにただちに抗生剤投与を開始すべきであり，グラム染色の結果を基に薬剤選択を行う。培養が陰性との結果が返ってきた場合は，グラム染色から選択した抗生剤投与を続行し，治療への反応性をみながら薬剤変更を考慮する。CSF 塗抹にて細菌が観察されなかった場合には，可能性の高い菌種（前述の病因の項を参照）から原因菌を予測して，それに合った抗生剤を選ぶことになる。本症に対する抗生剤は，原因菌に対する抗菌力があることはもちろんのこと，それに加え，CSF 中において治療濃度に到達することと，できるだけ殺菌的薬剤を選択すべきである。適切な抗生剤としては，アンピシリン，ST 合剤，メトロニダゾール，第 3(4) 世代のセフェム系，イミペネム，クリンダマイシン，ドキシサイクリンなどが挙げられる。通常，一般投与量の上限程度の量を長期にわたって投与することが必要となるが，これは全身状態や他臓器の合併症の有無などに応じて調節すべきである。臨床徴候の消失とともに，CSF 検査の結果が正常化したことを確認し，治療を終了する。抗生剤終了後に再度 CSF 検査を行い，再燃がないことを確認する場合もある。様々な理由から再度 CSF 検査を行うことが不可能な場合は，症状の完全消失後 10 ～ 14 日間は抗生剤の投与を継続し，その後終了を試みる[9]。

後遺症としての症状の残存と，疾患そのものの持続による症状の継続との区別が付かない場合は，CSF 検査に加え MRI 検査が役に立つことがある。通常，感染性疾患にステロイドの投与は禁忌であるが，初期の過剰な炎症を抑制するという目的で，本症の犬や猫に初期のみステロイド剤を投与することがある。ヒトの細菌性髄膜脊髄炎では，発症初期（最長 4 日まで）の抗炎症量のステロイド投与（例：デキサメタゾン 0.15 mg/kg，IV，6 時間おき）は，予後を改善することがあると証明されている。脊髄硬膜外膿瘍は通常手術が適応となり，外科的除去と膿瘍の培養に基づいた抗生剤投与を行う。

犬や猫において，細菌性髄膜脊髄炎を治療し，予後を調査したまとまった報告は存在しない。ヒトにおいては，適切な治療が行われた場合の細菌性髄膜炎の生存率は約 70% と報告されている。ヒトと同様に，犬や猫の場合も，早期の診断と早期の適切な治療開始が予後を大きく左右するものと思われる。

［齋藤弥代子］

特発性脊髄炎

1．犬の肉芽腫性髄膜脳脊髄炎

(1) 概要

肉芽腫性髄膜脳脊髄炎 granulomatous meningoencephalomyelitis（GME）については第 15 章「犬の特発性脳炎 (2)：肉芽腫性髄膜脳脊髄炎とその他の疾患」で触れた。GME は犬の中枢神経系にみられる非化膿性の炎症性疾患である。感染因子の関与は否定的であり，その病理所見や治療への反応性から免疫介在性疾患であると考えられているが，原因はわかっていない。GME については非常に詳細なレビューが発表されているので参考にしていただきたい[1]。

(2) 病理所見

GME は病変の分布によって**巣状型 focal type**，**播種型 disseminated type** および**眼型 ocular type** に分類されている。このうち脊髄に炎症を起こすのは主に播種型であり，脊髄病変は頚部に好発する。さらに，大脳白質，小脳白質，脳幹を含む広い範囲に，複数の肉芽腫病変やび漫性病変を形成する（図 3）。脊髄に限局して GME が発生することは少ない。

(3) 疫学

GME は小型～中型犬に好発するが，特徴的な好発犬種はない。また，大型犬ではほとんど発生しない。性差は，雌に多いとする文献とそうでないものがある[1]。発症年齢は数カ月齢～ 8 歳程度であり，1 ～ 4 歳の犬に好発する。

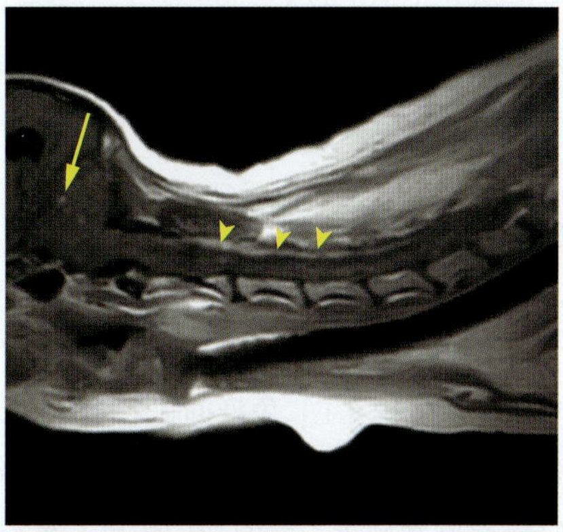

図 3　播種型肉芽腫性髄膜脳脊髄炎（GME）と確定診断されたトイ・プードル（7 歳，雌）の脳～脊髄にかけての MRI 所見

ガドリニウム増強 T1W 画像矢状断。小脳に造影剤で点状に増強される病変が複数存在する（矢印）。頚髄背側には造影剤で明瞭に増強される病変が認められる（矢頭）。

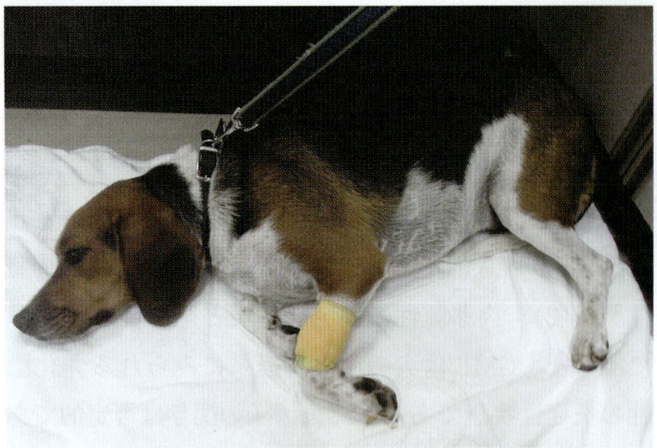

図4　ステロイド反応性髄膜炎・動脈炎（SRMA）に罹患したビーグル，1歳，避妊雌

発熱（40.2℃），頚部の疼痛ならびに歩行困難が認められた。

Video Lectures　ステロイド反応性髄膜炎・動脈炎（SRMA）症例の歩様

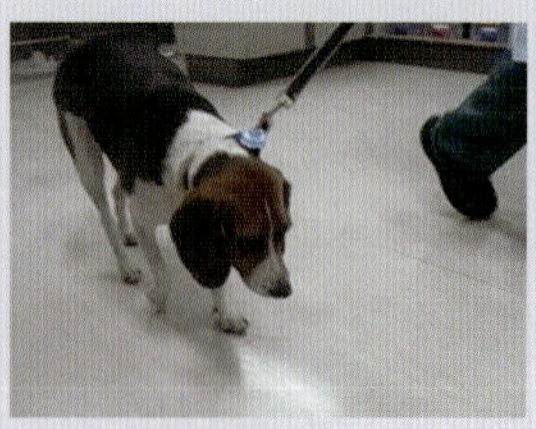

動画　歩様の異常

図4と同症例。頚部疼痛のために頭部を挙上できず，歩行もよろよろとしている。

（4）臨床症状

GMEの脊髄病変は頚部に好発するため，頚部の痛みや緊張，四肢の不全麻痺が現れやすい。この他に，脳病変により発作，運動失調，視力障害，頭位回旋，捻転斜頚，眼振，企図振戦など，様々な神経症状が発現する可能性がある。

（5）診断

GMEの脊髄病変はMRI所見で容易に観察できる。図3のように，脊髄の髄膜が肥厚し，造影剤で明瞭に増強される。血液検査ではGMEに特異的な異常所見はない。CSF検査では蛋白濃度の上昇と細胞数の増加が認められることが多い。CSFの細胞診では単核球が主体であり，少数の好中球も認められる。CDVをはじめとするウイルス，細菌，真菌，寄生虫は否定されなければならない。さらに，悪性リンパ腫や他の腫瘍性疾患も除外しなければならない。

CSF中の抗GFAP抗体における陽性率は20～30％程度であり，GMEのマーカーとして意義はない。GMEの確定診断には死後の病理組織学的検査が必須である。

（6）治療および予後

GMEの治療法としてステロイド，放射線照射，シクロスポリン，レフルノミド，シトシンアラビノシド，プロカルバジンなど，主に免疫抑制を目的とした治療法が報告されている（第15章「犬の特発性脳炎（2）：肉芽腫性髄膜脳脊髄炎とその他の疾患」を参照のこと）。脊髄病変を含むGMEは主に播種型であり，GMEの中では治療への反応性も予後も悪い。

2．犬のステロイド反応性髄膜炎・動脈炎

（1）概要

犬のステロイド反応性髄膜炎・動脈炎steroid-responsive meningitis-arteritis（SRMA）については第15章「犬の特発性脳炎（2）：肉芽腫性髄膜脳脊髄炎とその他の疾患」で述べた。SRMAはビーグル犬で発生する壊死性動脈炎として見いだされ，“壊死性動脈炎necrotizing arteritis”や“beagle pain syndrome”と呼ばれていた。その後，他の犬種でも報告されるようになり，現在ではSRMAと呼ばれている。一般的には頚部脊髄の髄膜炎と，隣接した動脈炎を呈し，ステロイド治療に比較的よく反応する。現在のところSRMAの原因は不明であり，疾患概念にもゆらぎがある。

（2）疫学

ビーグル，バーニーズ・マウンテン・ドッグ，ボクサーの若い個体（6カ月齢～3歳）で好発する。性差はない。これらの犬種にとどまらず，他の小型～中型犬でも散発的に報告されている。筆者はヨークシャー・テリアやジャック・ラッセル・テリアでもSRMAを経験している。

（3）臨床症状

典型的には40℃以上の発熱，頚部の痛みと緊張，知覚過敏，歩様の異常などが現れる（図4，動画）。これらの症状は抗生剤や非ステロイド性消炎鎮痛剤（NSAIDs）にはほとんど反応せず，抗炎症量のステロイド剤で緩和される。重症例では髄膜炎が脳にまで波及し，発作，視力障害，測定過大などの神経症状が同時にみられることもある。

（4）診断

SRMAの髄膜炎および動脈炎の病変は微細であり，MRI検査での描出は難しいことが多い。SRMAの際立った特徴はCSF所見に現れる。CSFの細胞数は増

加し(〜数千/μL)，その多く(80％以上)は好中球である。好中球に細菌貪食像や変性は認められない。CSFではIgAが著しく増加し，IgGやIgMも増加する。SRMAでは血清中のCRPが上昇し，治療マーカーとして期待されている。SRMAは不明熱の原因疾患として大きな割合を占めており，不明熱の鑑別診断としてCSF検査が勧められる。

(5) 治療および予後

プレドニゾロン1〜2 mg/kg, SIDで治療を開始し，臨床症状をみながら増減する。ステロイドへの反応性には個体差がある。多くの例では長期(6〜12カ月以上)のステロイド投与が必要であり，ステロイドを減量または中止すると炎症が再発する。特に，慢性に再燃を繰り返すと神経症状が不可逆的になり，予後が悪化する。

[松木直章]

■参考文献

1) Adamo PF, Adams WM, Steinberg H. Granulomatous meningoencephalomyelitis in dogs. *Compend Contin Educ Vet.* 29(11): 678-690, 2007.

2) Barber RM, Li Q, Diniz PP, et al. Evaluation of brain tissue or cerebrospinal fluid with broadly reactive polymerase chain reaction for Ehrlichia, Anaplasma, spotted fever group Rickettsia, Bartonella, and Borrelia species in canine neurological diseases(109 cases). *J Vet Intern Med.* 24(2): 372-378, 2010.

3) Boettcher IC, Steinberg T, Matiasek K, et al. Use of anti-coronavirus antibody testing of cerebrospinal fluid for diagnosis of feline infectious peritonitis involving the central nervous system in cats. *J Am Vet Med Assoc.* 230(2): 199-205, 2007.

4) Botteron C, Zurbriggen A, Griot C, Vandevelde M. Canine distemper virus-immune complexes induce bystander degeneration of oligodendrocytes. *Acta Neuropathol.* 83(4): 402-407, 1992.

5) Bradshaw JM, Pearson GR, Gruffydd-Jones TJ. A retrospective study of 286 cases of neurological disorders of the cat. *J Comp Pathol.* 131(2-3): 112-120, 2004.

6) Braund KG. Clinical syndrome in veterinary neurology, 2nd ed. Mosby. St.Louis. US. 1994.

7) Cornwell HJ, Thompson H, McCandlish IA, Macartney L, Nash AS. Encephalitis in dogs associated with a batch of canine distemper(Rockborn) vaccine. *Vet Rec.* 122(3): 54-59, 1988.

8) Dal Pozzo F, Galligioni V, Vaccari F, et al. Antiviral efficacy of EICAR against canine distemper virus(CDV) in vitro. *Res Vet Sci.* 88(2): 339-344, 2010.

9) Dewey CW. A practical guide to canine & feline neurology, 2nd ed. Wiley-Blackwell. Iowa. US. 2008.

10) Elia G, Belloli C, Cirone F, et al. In vitro efficacy of ribavirin against canine distemper virus. *Antiviral Res.* 77(2): 108-113, 2008.

11) Feliu-Pascual A. Clinical signs and diagnosis of distemper encephalitis. Proceedings of 2008 Southern European Veterinary Conference. 2008.

12) Foley JE, Lapointe JM, Koblik P, et al. Diagnostic features of clinical neurologic feline infectious peritonitis. *J Vet Intern Med.* 12(6): 415-423, 1998.

13) Foley JE, Leutenegger C. A review of coronavirus infection in the central nervous system of cats and mice. *J Vet Intern Med.* 15(5): 438-444, 2001.

14) Greene CE. Infectious diseases of the dog and cat, 3rd ed. Elsevier, Saunders. Philadelphia. US. 2006.

15) Hartley WJ. A post-vaccinal inclusion body encephalitis in dogs. *Vet Pathol.* 11(4): 301-312, 1974.

16) Hartmann K, Binder C, Hirschberger J, et al. Comparison of different tests to diagnose feline infectious peritonitis. *J Vet Intern Med.* 17(6): 781-790, 2003.

17) Hughes I, Jenney ME, Newton RW, et al. Measles encephalitis during immunosuppressive treatment for acute lymphoblastic leukaemia. *Arch Dis Child.* 68(6): 775-778, 1993.

18) Kornegay J. Feline infectious peritonitis: the central nervous system form. *J Am Anim Hosp Assoc.* 14: 580-584, 1978.

19) Marioni-Henry K, Vite CH, Newton AL, Van Winkle TJ. Prevalence of diseases of the spinal cord of cats. *J Vet Intern Med.* 18(6): 851-858, 2004.

20) Müller CF, Fatzer RS, Beck K, et al. Studies on canine distemper virus persistence in the central nervous system. *Acta Neuropathol.* 89(5): 438-445, 1995.

21) Pedersen NC. A review of feline infectious peritonitis virus infection: 1963-2008. *J Feline Med Surg.* 11(4): 225-258, 2009.

22) Perry RT, Halsey NA. The clinical significance of measles: a review. *J Infect Dis.* 189 Suppl 1: S4-16, 2004.

23) Radaelli ST, Platt SR. Bacterial meningoencephalomyelitis in dogs: a retrospective study of 23 cases(1990-1999). *J Vet Intern Med.* 16(2): 159-163, 2002.

24) Ritz S, Egberink H, Hartmann K. Effect of feline interferon-omega on the survival time and quality of life of cats with feline infectious peritonitis. *J Vet Intern Med.* 21(6): 1193-1197, 2007.

25) Shell L. Canine distemper. *Compend Contin Educ Vet.* 12: 173-179, 1991.

26) Summers BA. Veterinary neuropathology. Mosby. St.Louis. US. 1995.

27) Tipold A. Diagnosis of inflammatory and infectious diseases of the central nervous system in dogs: a retrospective study. *J Vet Intern Med.* 9(5): 304-314, 1995.

28) Vandevelde M. Pathogenesis of distemper infections in the nervous system. Proceedings of 2005 ACVIM forum. 2005.

29) Weiss RC, Cox NR, Martinez ML. Evaluation of free or liposome-encapsulated ribavirin for antiviral therapy of experimentally induced feline infectious peritonitis. *Res Vet Sci.* 55(2): 162-172, 1993.

30) 阿部敏明．免疫抑制性麻疹脳炎，進行性風疹脳炎，亜急性硬化性全脳炎．小児内科．28：増刊号，1996.

31) 五島敏郎．麻疹ウイルス．別冊日本臨床．領域別症候群 26: 489-494, 2004.

32) 内田和幸．病理学からみた小動物の神経病—中枢神経系疾患を中心に—．第 34 回獣医神経病学会抄録．東京．2010.

33) 河島尚志．細菌感染症ブドウ球菌症．別冊日本臨牀．領域別症候群．26: 538-541, 1999.

34) 並河和彦監訳．器官系統別 犬と猫の感染症マニュアル 類症鑑別と治療の指針．2004, インターズー．

I

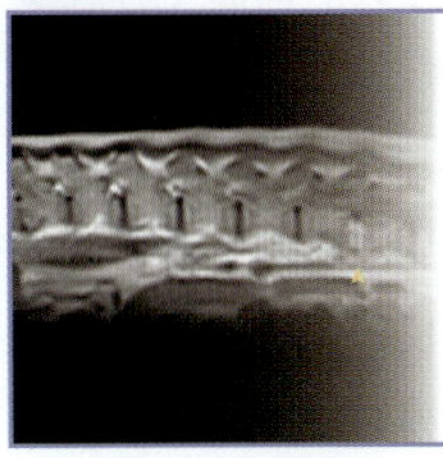

37. 椎間板脊椎炎

はじめに

椎間板脊椎炎 discospondylitis は，椎間板と隣接する椎体終板および椎体における感染性・炎症性疾患である。一方，椎体だけに炎症が起きる場合は，椎体骨髄炎あるいは脊椎炎と呼ばれる。いずれも病原体の感染による炎症性疾患であるが，椎間板脊椎炎の方が発症率は高い。よって，本章では椎間板脊椎炎について解説する。

椎間板脊椎炎は，主として泌尿器，心臓，口腔内など，中枢神経系以外の部位での感染が波及するものと考えられており，病原体が血行性に椎間板に到達して感染するとされている。

草のノギなどの異物の迷入，貫通性の外傷，外科手術などによる直接性の感染が原因となる場合もあるが，まれである。

椎間板脊椎炎はいずれの椎間板においても罹患する可能性があるが，腰仙関節，頚椎尾側部，胸椎中間部，胸腰部での発症が多い。また，1つの椎間板だけが罹患する場合もあれば，同時に複数の椎間板に発症することもある。

若齢～中年齢での発症が多く，雄は雌に比べて約2倍の発生率との報告がある[2～6]。また，成書では大型犬種の発症が多く[2～6]，小型犬種や軟骨異栄養性犬種での発症は少ないとされているが[6]，筆者は小型犬や軟骨異栄養性犬種の症例も多く経験している。これは，国内外の飼育頭数の差によるものかもしれない。猫における発生はまれである。

病態生理

椎間板脊椎炎は，泌尿器，心臓，口腔内などの他の部位の感染巣から病原体が血行性に椎間板に到達して感染するとされている。椎間板における感染成立の要因として，椎体骨端部の血流が緩徐であり原因菌が定着しやすいためと考えられている。また，椎間板における感染性炎症の成立および進行には，免疫不全が関与している可能性も指摘されている[6]。

感染の原因となる主たる病原体は細菌である。原因菌としては，*Staphylococcus intermedius* が多い[6]。次いで，*Streptococcus* spp., *Escherichia coli*, *Brucella canis* なども主な原因菌であるが，様々な細菌が原因となり得る。また，まれに *Paecilomyces*, *Aspergillus* といった真菌が原因となる場合もある。

臨床症状

最も多い臨床症状は脊椎の疼痛であり，本疾患に罹患した動物の80%以上で認められる。疼痛の程度は軽度～重度のものまで様々である。疼痛部位は罹患している椎間板および周囲の脊椎であるが，必ずしも明瞭に疼痛を訴えるのではなく，活動性の低下，走ったりジャンプしたりしなくなるなどの日常の行動の変化としてみられる場合もある。また，体のどこを触れられても嫌がるといった知覚過敏の症状としてみられる場合もある。

脊椎の疼痛は椎間板脊椎炎に特異的な症状ではなく，椎間板ヘルニアをはじめとする多くの脊椎・脊髄疾患に共通する症状である。よって，脊椎の疼痛が認められた場合には他の脊椎・脊髄疾患との鑑別が重要である。椎間板脊椎炎は感染性・炎症性疾患であり，その背景として他の臓器における炎症を伴っている場合が多い。よって，発熱や体重減少といった炎症性疾患時の全身性の症状を伴うことがある。しかしながら，これらの症状が認められるのは椎間板脊椎炎の30%程度であり[6]，認められない場合でも脊椎での感染を除外してはいけない。また，これらは非特異的症状であるため，他の疾患との鑑別，炎症部位の特定が重要である。

椎間板脊椎炎は，椎間板や椎体などの脊髄周囲の組織における炎症性疾患であり，炎症が脊髄自体に波及することはほとんどない。このため，不全麻痺の症状がみられることは少ない。疼痛により活動性が低下して不全麻痺が疑われる場合もあるが，神経学的検査にて姿勢反応の低下が認められることは少ない。しかしながら，椎間板における感染性炎症の結果，脊柱管内に膿瘍が形成された場合や，椎体から骨増殖体(骨棘)が背側方向に形成された場合には，これらが脊髄を圧迫することにより不全麻痺の原因となり得る。さらに，椎間板脊椎炎の診断および治療が適切に行われないと，椎体の炎症が進行して骨の融解が進み，最終的に脊椎の病的骨折や脱臼にまで至る場合もある。この場合には脊髄に重大な外力が加えられ，重篤な麻痺と疼痛を引き起こす。このように，椎間板脊椎炎に伴う不全麻痺の症状は病期が進行した場合に生じるものであり，発症の初期の段階では通常認められない。

診断

1．問診，身体検査，神経学的検査

椎間板脊椎炎の患者は，脊椎の疼痛，部位不明の疼痛，活動性の低下などを主訴に来院する場合が多い。疼痛の有無および部位の特定，不全麻痺の有無と程度などを正確に評価しなければならない。このため，診断の第1段階として詳細な問診，身体検査，神経学的検査が必要である。

身体検査で最も重要となるのは，脊椎およびその周囲における疼痛の触診による評価である。椎間板脊椎炎は**第7腰椎-第1仙椎(L7-S1椎体間)での罹患が最も多く**，この場合には腰仙部の圧痛が認められる。しかしながら，椎間板脊椎炎は全ての椎間板で発症する可能性があり，また複数の椎間板で同時に罹患することも多いため，脊椎の全域に対する圧痛の評価が必要である。また，椎間板脊椎炎は他の部位での感染症から波及するため，聴診による心雑音の有無のチェック，前立腺の触診，口腔内の検査など，全身の身体検査を怠ってはならない。部位不明の疼痛や活動性の低下は椎間板脊椎炎を疑わせる臨床症状であるが，多発性関節炎や腹部痛などでも同様の症状がみられるため，関節や腹部の注意深い触診が必要であり，これらが疑われる場合には関節の単純X線検査，関節液検査，腹部X線検査，超音波検査，コンピュータ断層画像(CT)検査，生検などによる精査が必要となってくる。

脊椎の疼痛は，多くの脊髄疾患においてみられる症状である。よって，椎間板脊椎炎を診断するうえで他の脊髄疾患との鑑別は避けて通れない。問診や神経学的検査により不全麻痺の有無や脳疾患の可能性についても評価しなければいけない。

椎間板脊椎炎は，椎間板とその周囲組織，および感染源である他の臓器において炎症反応を起こしているため，発熱を伴うことがある。この場合には，炎症性疾患の有無を評価するため，血液検査にて総白血球数，白血球分画，炎症マーカーであるC反応性蛋白C-reactive protein(CRP)などを測定する。犬で最も多い脊髄疾患である椎間板ヘルニアは，特に軽度の場合に椎間板脊椎炎と類似した症状を示す場合があるため鑑別するうえで重要であるが，通常，椎間板ヘルニアでは全身性の炎症性変化は伴わないため，鑑別するうえで重要なポイントとなる。

2．血液検査および全身の精査

椎間板脊椎炎は，他の臓器における感染が血行性に椎間板に波及して起きる。このため，椎間板以外の感染部位の検査および診断が必要となる。細菌性心内膜炎，膀胱炎，前立腺炎，外耳炎，歯肉炎などが原因となる可能性があるため，心雑音の聴取，前立腺の触診，口腔内検査，外耳道検査などの身体検査を実施し，感染巣が疑われる部位に関しては超音波検査などによる画像診断および細菌培養検査と抗生剤感受性検査のための採材(**尿培養**など)を行う。

血液検査では増殖性心内膜炎や前立腺膿瘍を発症している場合を除き，白血球数の増加は認めないことが多い。しかし，CRPは全身性の炎症反応を比較的鋭敏に反映するため，炎症の有無を判断するためのスクリーニングとして重要である。椎間板脊椎炎の約10%は*Brucella canis*が原因菌である。ブルセラ感染の場合には，治療に抵抗性の場合が多く，他の細菌感染と有効な抗生剤も異なってくるため，早期に**ブルセラの血清学的な診断**も行うべきである。

椎間板への血行性感染を裏付ける検査として，**血液培養検査**を実施する。必ずしも持続的に血液中に細菌が存在しているわけではないため，椎間板脊椎炎の場合に必ず陽性となるわけではなく，過去の報告での陽性率は45～75%である[3, 6]。しかしながら，陽性となった場合には原因菌の特定および有効な抗生剤の感受性検査も実施できるため診断ならびに治療に役立つ。

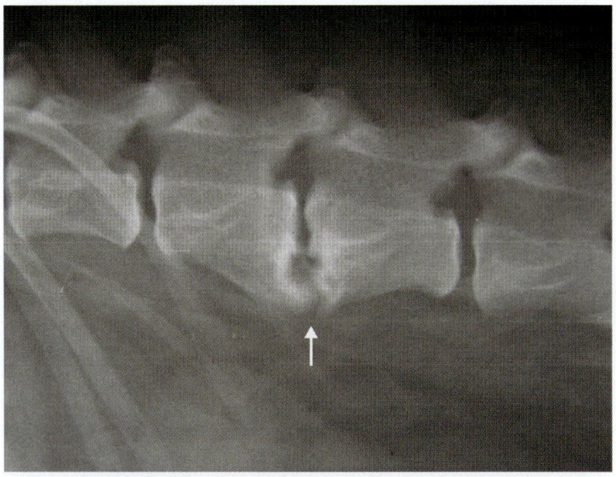

図１　椎間板脊椎炎（L2-L3 椎体間）の犬の単純Ｘ線側方像
罹患した椎間板の前後の椎体における骨融解と硬化および骨棘形成を認める（矢印）。

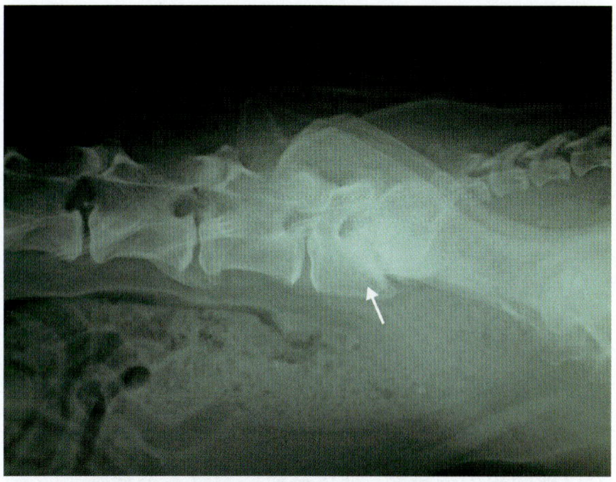

図２　椎間板脊椎炎（L7-S1 椎体間）の犬の単純Ｘ線側方像
骨融解が進行しL7椎体が短縮している（矢印）。

3．単純Ｘ線検査

椎間板脊椎炎では病態の進行に伴い比較的特徴的なＸ線所見がみられる。このため，画像検査として，脊椎の単純Ｘ線検査だけで本疾患を診断できる場合が少なくない。

初期のＸ線上の変化は，**椎体終板と椎間板の破壊による椎体終板の微細な不整化や椎間腔の狭小化**である。

感染が進行すると椎間板前後の椎体終板および椎体の骨融解が広がり，椎体のＸ線透過性の増大および椎間腔の不整な拡大がみられる。同時に，**椎体の硬化や骨棘の形成**も認められる（図１）。

さらに骨融解が進行すると，**椎体が短縮**し脊椎の病的骨折や脱臼が生じる場合もある（図２）。

一方，感染が沈静化してくると骨のＸ線透過性はみられなくなり，骨の再構築が進むと椎体の硬化像，椎体終板の不整化はなくなる。しかしながら，椎間腔は狭小化し椎体融合や骨棘は残存する（図３）。

これらのようなＸ線検査上の変化を確認することにより，椎間板脊椎炎の診断や治療効果を判定することが可能である。よって，椎間板脊椎炎では経時的なＸ線検査が非常に重要である。しかしながら，前述したようなＸ線上の所見が認められるのは感染が成立してから10～14日後以降と考えられており，臨床症状の発現時の単純Ｘ線検査では全く異常を認めない可能性がある。したがって，初期の１回の単純Ｘ線検査だけで診断を下すのは危険であり，注意が必要である。

4．脊髄造影検査，CT 検査，MRI 検査

脊髄造影検査は，造影剤を脊髄周囲のくも膜下腔に注入することにより脊髄の輪郭をＸ線検査にて描出する手法である。よって，椎間板ヘルニアや髄外腫瘍などによる脊髄外からの圧迫性の病変の有無や脊髄の腫脹などを評価することが可能である。椎間板脊椎炎では脊髄自体の形態的な変化は通常伴わないため，本疾患の診断には必ずしも有効とはいえない。脊柱管内に形成された膿瘍や骨棘により脊髄が圧迫されている場合には，脊髄造影検査によりこれらの病変を描出可能であるが，炎症性変化や膿瘍の有無などを評価できる磁気共鳴画像（MRI）検査の方が画像診断としては優れている。

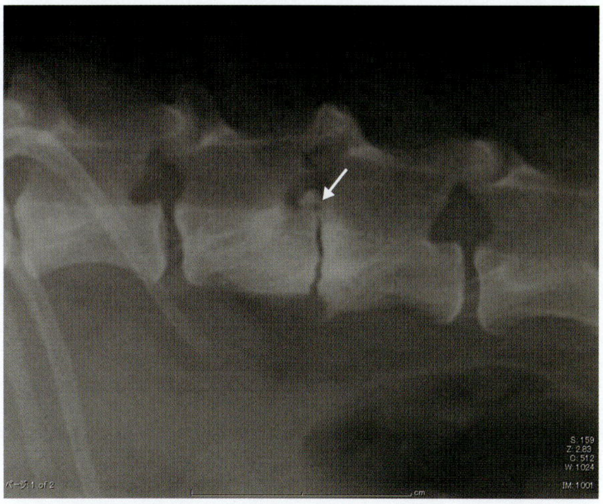

図３　椎間板脊椎炎（L2-L3 椎体間）の犬の単純Ｘ線側方像
感染が沈静化し，骨のＸ線透過性は消失している。また，椎体の硬化像，椎体終板の不整化も減少している。一方，椎間腔は狭小化し，脊柱管内にＸ線透過性の増殖体を認める（矢印）。

前述のとおり，椎間板脊椎炎では比較的特徴的なＸ線所見が得られることが多く，単純Ｘ線検査だけで診断されることがほとんどである。また，抗生剤を中心とした薬剤療法により順調に感染が沈静化することも多いため，他の画像診断が必要でない場合も少なくない。しかしながら，不全麻痺の症状を伴う場合には，

脊髄圧迫性病変の有無とその原因の診断にMRI検査が有用である。つまり，臨床症状や単純X線検査などにより椎間板脊椎炎が強く疑われている場合でも，明瞭な不全麻痺の症状が認められる場合には他の脊髄疾患の鑑別をするうえでMRI検査を実施することが望ましい。特に，治療により臨床症状が良化しない場合，治療にかかわらず悪化している場合，X線検査や血液検査などにより感染性炎症反応は沈静化しているにもかかわらず疼痛が残る場合などには，MRI検査を実施する。初期の椎間板脊椎炎においても，MRI検査所見では椎間板の線維輪，椎体終板における炎症は，T2強調(T2W)画像による信号強度の増加や造影剤による増強像として描出される[1]ため，単純X線検査よりも早期の診断が可能である。

CT検査は，椎体の変形や骨棘の微細な状況を評価するうえで有用である。骨棘による脊髄や神経根の圧迫が疑われる場合に適応となる。

5. 椎間板の生検および細菌培養検査

椎間板脊椎炎が疑われる場合には，主たる局所病変である椎間板およびその周囲組織から検体を採材し，病理検査により腫瘍性疾患との鑑別を行い，細菌の分離と抗生剤の感受性検査を行うことが望ましい。しかしながら，病変は骨組織である脊椎自体およびその周囲に存在しており，体表からの穿刺による採材は容易ではない。また，脊髄や神経根を傷付けるリスクも伴う。このため患部の穿刺を試みる場合には，全身麻酔にて不動化および鎮痛処置を施したうえで，X線透視下やCTガイド下にて実施することが望ましい(図4)。

このように局所からの採材にはリスク，患者への負担，費用などの問題を考慮する必要もあるため，診断時に必ず実施できるとは限らない。しかしながら，椎間板脊椎炎の確定診断，原因の特定，有効な治療法の選択に最も重要な検査であるため，初期の抗生剤による治療に反応しない場合には積極的に考慮するべきである。

6. 脳脊髄液(CSF)検査

通常，椎間板脊椎炎では脊髄および髄膜の炎症は伴わない。よって，脳脊髄液(CSF)検査では異常所見はみられず，その診断は有効でないため通常は実施しない。しかしながら，髄膜炎や脊髄内疾患との鑑別が必要な場合には考慮するべきである。

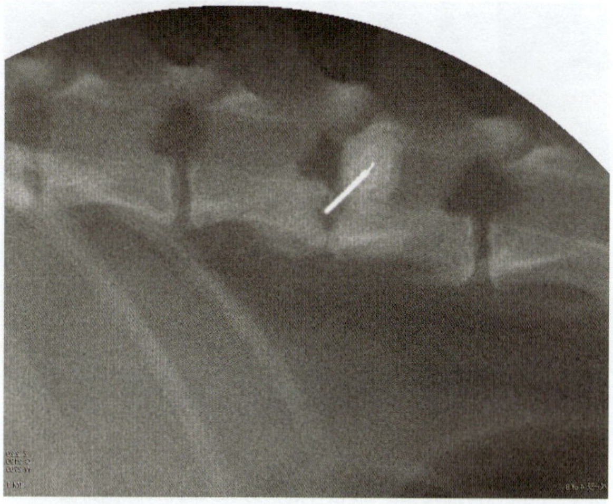

図4　X線透視下における椎間板脊椎炎の罹患部位への穿刺
細菌の分離と抗生剤の感受性検査のための採材を目的として，椎間板脊椎炎に罹患した椎間板にX線透視下にて穿刺を行っている。

7. 鑑別診断

全ての脊椎・脊髄疾患が椎間板脊椎炎との鑑別に必要であるが，特に頚部椎間板ヘルニア，軽度の胸腰部椎間板ヘルニア，変性性腰仙椎狭窄症は，臨床症状が脊椎の疼痛だけの場合が多く，鑑別すべき疾患として最も重要である。脊椎・脊髄の腫瘍は椎体の融解を伴うことがあり，椎間板脊椎炎と類似したX線所見が認められる場合がある。

変形性脊椎症は，椎間板脊椎炎と同様に椎体に骨棘を形成する。特に，沈静化した椎間板脊椎炎と変形性脊椎症のX線所見は酷似している場合が少なくない。しかしながら，変形性脊椎症は非炎症性疾患であり，骨棘は形成されるものの椎体自体に融解，骨硬化などの変化は認められない。

椎間板脊椎炎に伴う椎体の融解は罹患した椎間板の前後の椎体に生じるため，**椎体中央部を中心に融解している場合には骨肉腫などの脊椎腫瘍の可能性が高い**。しかしながら，正確な鑑別には病理検査が必要である。

多発性関節炎，髄膜炎をはじめとする全ての炎症性疾患もまた，疼痛や発熱などの臨床症状と類似しており，慎重に鑑別する必要がある。

治療

椎間板脊椎炎は感染性(主には細菌)の炎症性疾患であり，疼痛の症状を示すことが多いため，治療の中心は抗生剤，非ステロイド性消炎鎮痛剤(NSAIDs)の投与および安静である。

歯肉炎，膀胱炎，前立腺炎などから血行性に感染するため，脊椎以外の感染源と考えられる部位から採材した検体(尿など)，血液，椎間板穿刺により採材した検体の**細菌培養検査**を実施する。これにより原因菌を特定して感受性の高い抗生剤を選択するのが基本である。しかしながら，細菌培養検査や抗生剤感受性検査の結果が出るまでには数日を要する。また，これらの検査にて原因菌を特定できない場合や，採材そのものが実施できない場合もある。このため，治療の初期には盲目的に抗生剤を選択する場合が多い。一般的には，原因菌として最も多い *Staphylococcus intermedius*[6] に対する感受性から，**第 1 世代のセフェム系抗生剤**を第 1 選択薬とする場合が多い。感受性がある場合には疼痛，発熱などの症状は通常 5 日以内に軽減する。良化のみられない場合には抗生剤を変更するか，X 線透視下で病変部の椎間腔を穿刺し感受性検査用の採材を行う。

椎間板脊椎炎の約 10％は *Brucella canis* が原因菌である。*Brucella canis* による感染の場合には，テトラサイクリン系とアミノグリコシド系抗生剤の同時投与もしくはニューキノロン系抗生剤を選択する。通常，通院での治療となるため，筆者はニューキノロン系抗生物質を選択する場合が多い。抗生剤投与により臨床症状が改善または消失した場合でも，再発防止のため 6 ～ 8 週間投与を継続する。

感染が完全に沈静化するまではステロイド剤の使用は禁忌である。疼痛に対しては NSAIDs を選択し，安静とする。

抗生剤，NSAIDs による治療中は，臨床症状の変化を注意深く経過観察するが，定期的に脊椎の単純 X 線検査を行うべきである。適切な抗生剤による治療により感染が沈静化しないと，前述したように椎体の融解が進み，最終的に脊椎の病的骨折や脱臼を引き起こす場合もある。

抗生剤の投与が無効であり穿刺による局所からの採材が困難な場合には，手術による病変の掻爬，採材を選択する場合があるが，多くの場合は必要ない。また，活動期にみられる軟部組織性の脊髄圧迫物質(膿瘍など)は薬剤療法が成功すれば消失する場合が多いため，減圧手術が必要となることは少ない。

炎症に伴って形成される骨増殖体(骨棘)は脊髄や神経根を圧迫し，不全麻痺や疼痛の原因となる。この骨増殖体は炎症が沈静化しても消失しないため，疼痛や不全麻痺が継続する場合がある。このような場合には CT 検査あるいは MRI 検査により確定診断を行い，片側椎弓切除術あるいは椎間孔拡大術といった外科療法が適応となる。

予後

椎間板脊椎炎の予後はおおむね良好である。正確な診断，適切な治療が実施された場合には，炎症は沈静化し症状は消失する場合が多い。しかしながら，炎症により生じた椎体の形態の変化は残存する。また，二次的に椎間板ヘルニアを併発する可能性もある。一方で，適切な治療を実施しなかった場合，特に感受性のある抗生剤の併用なしにステロイド剤を使用した場合などでは，病的骨折や椎骨脱臼に至る可能性もあるため正確な診断および治療が重要である。

以下に筆者の経験した症例を挙げる。

症例 1　椎間板脊椎炎の症例①

患者情報：ミニチュア・ダックスフンド，4 カ月齢，雌，2.8 kg

稟告：胃内異物除去の手術を受けた 5 日後から，尾を振らない，歩きたがらない，抱き上げると痛がるなどの症状を示した。NSAIDs あるいはステロイド剤の投与により症状の改善を認めるものの，投薬を中止すると再発し，2 週間後の単純 X 線検査で第 4-5 腰椎間に異常を認めたため紹介された。

臨床症状：発症から 3 週間後の初診時，尾の振りが弱い，歩きたがらない以外に一般状態に異常はなく，体温も 38.7℃と平熱であった。神経学的検査では後肢の姿勢反応に若干の低下を認めたが，背部圧痛は示さなかった。血液検査では，総白血球数の増加(22,900/μL)以外に異常はなかった。単純 X 線検査では第 11-12 胸椎間の椎間腔の狭小化，その前後の椎体終板の硬化像および椎体腹側のラインの不整化を認めた。また，第 4-5 腰椎間においては椎体終板における不整な X 線透過亢進像および椎間腔の拡大を認めた(図 5a)。

MRI 検査：これらの所見から椎間板脊椎炎を疑ったが，椎間板ヘルニアの好発犬種であることも考慮して MRI 検査を行った。胸腰部の正中矢状断像において，T2W 画像では，第 11-12 胸椎間の椎間板および椎体終板の低信号化を，第 4-5 腰椎間の椎間板および椎体終板の高信号化を認めた(図 6a)。T1 強調(T1W)画像では，両部位ともに低信号を示し(図 6b)，ガドリニウム造影後の T1W 画像では，第 4-5 腰椎間の椎間板の

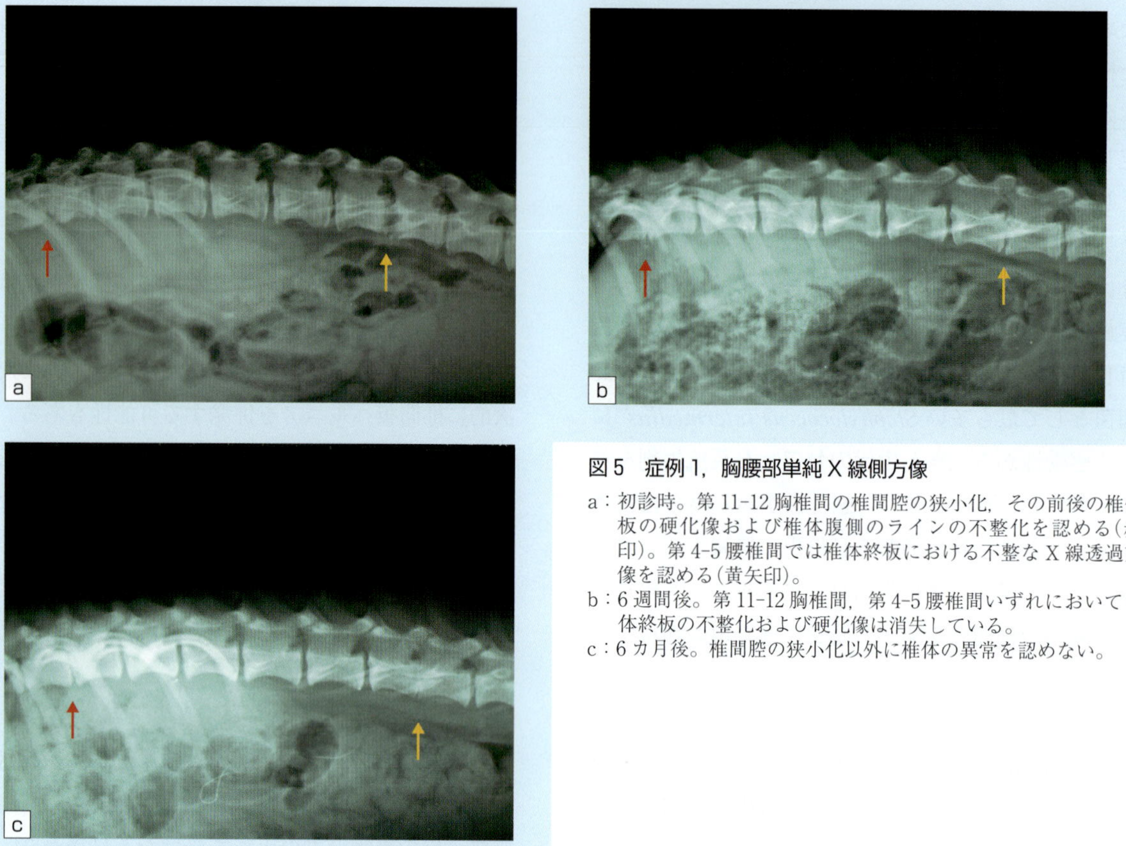

図5　症例1，胸腰部単純X線側方像

a：初診時。第11-12胸椎間の椎間腔の狭小化，その前後の椎体終板の硬化像および椎体腹側のラインの不整化を認める(赤矢印)。第4-5腰椎間では椎体終板における不整なX線透過亢進像を認める(黄矢印)。
b：6週間後。第11-12胸椎間，第4-5腰椎間いずれにおいても椎体終板の不整化および硬化像は消失している。
c：6カ月後。椎間腔の狭小化以外に椎体の異常を認めない。

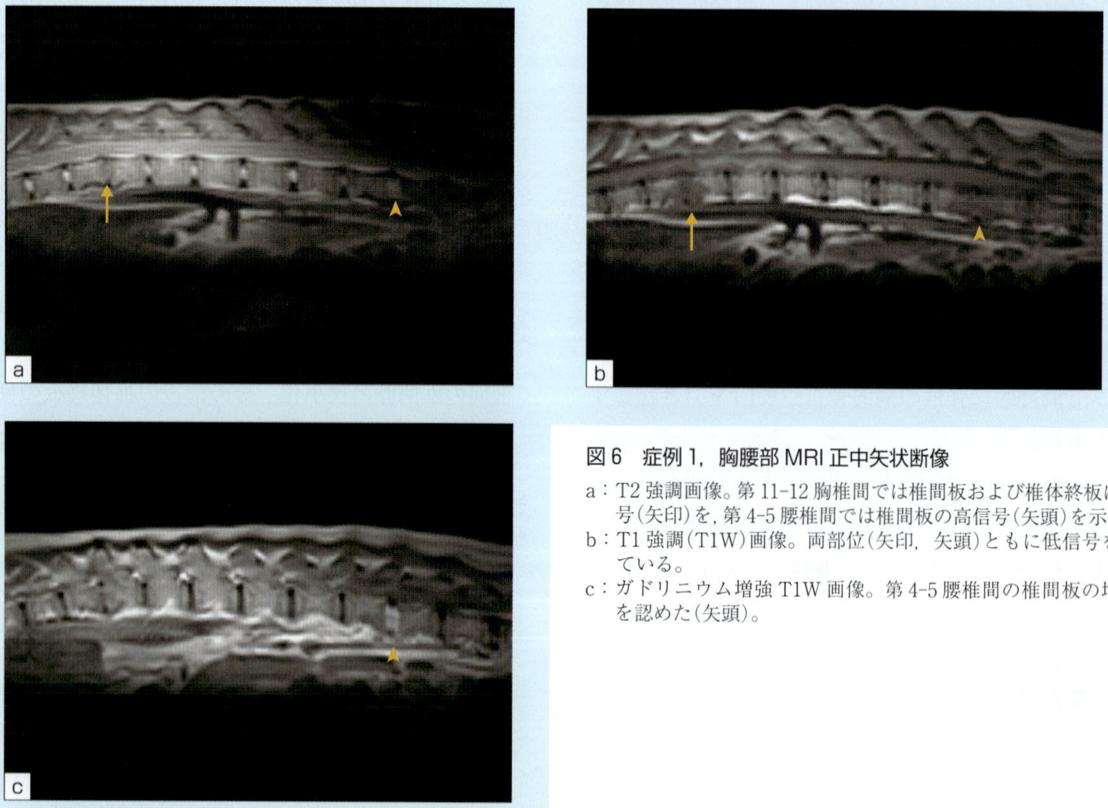

図6　症例1，胸腰部MRI正中矢状断像

a：T2強調画像。第11-12胸椎間では椎間板および椎体終板は低信号(矢印)を，第4-5腰椎間では椎間板の高信号(矢頭)を示した。
b：T1強調(T1W)画像。両部位(矢印，矢頭)ともに低信号を示している。
c：ガドリニウム増強T1W画像。第4-5腰椎間の椎間板の増強像を認めた(矢頭)。

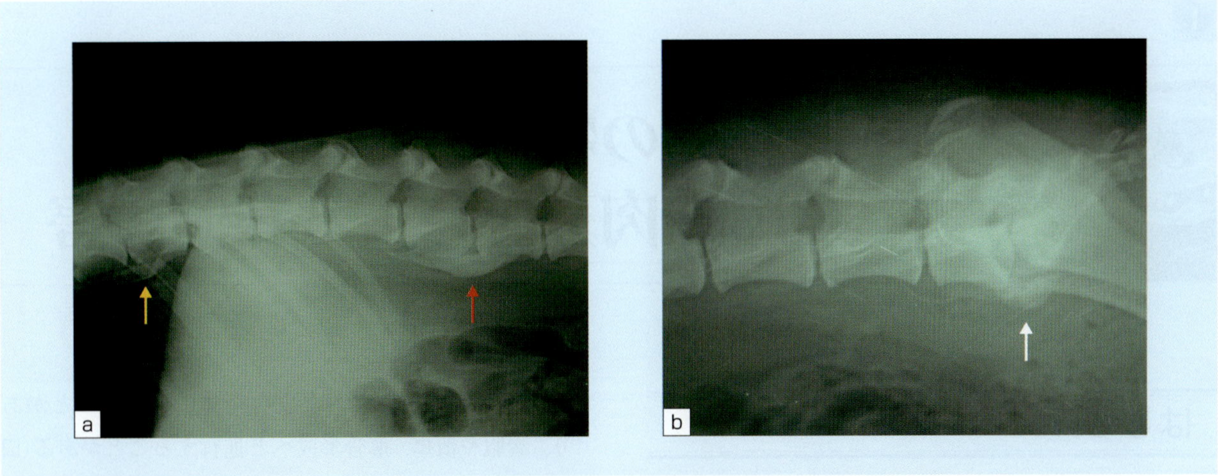

図7　症例2，単純X線側方像
胸腰部(a)および腰仙部(b)。第11-12胸椎(黄矢印)，第3-4腰椎(赤矢印)，第7腰椎－仙骨部(白矢印)に腹側への骨増殖像を認める。

増強像を認めた(図6c)。

診断・治療：これらの所見から，第4-5腰椎間を急性期の，第11-12胸椎間を慢性期に移行しつつある椎間板脊椎炎と判断した。本症例は，第1世代のセフェム系抗生剤であるセファレキシンを投与したところ症状が消失し，2週間後の血液検査では白血球数も正常(11,500/μL)となった。

経過：その後も投薬を継続し，6週間後の単純X線検査では第11-12胸椎間，第4-5腰椎間いずれにおいても椎体終板の不整化および硬化像が消失していたため(図5b)，投薬を中止した。休薬後も症状の再発はなく，約6カ月後の単純X線検査では椎間腔の狭小化は残るものの，椎体の他の変化は消失した(図5c)。

症例2　椎間板脊椎炎の症例②

患者情報：ラブラドール・レトリーバー，1歳7カ月齢，去勢雄，29 kg

稟告：8カ月齢時に元気および食欲の低下，散歩に行きたがらない，起き上がるときに痛がって鳴くなどの症状を示し，近医を受診したが，脊椎の単純X線検査では異常を認めなかった。単純X線検査は10日後にも行われたが，このときも異常は確認できなかった。その後，NSAIDsによる治療で症状は軽減するものの，投薬を中止すると疼痛の再発を繰り返していた。発症10カ月後の単純X線検査にて脊椎腹側に骨増殖像がみられたため，精査目的で紹介来院された。

臨床症状：初診時，体温が39.2℃とやや高かったが，一般状態は良好であった。触診にて胸腰部脊椎の圧痛を示したが，神経学的検査では大きな異常は認めなかった。脊椎の単純X線検査では第5-6頚椎，第4-5胸椎，第11-12胸椎，第3-4腰椎，第7腰椎－仙骨部において，腹側および側方への骨増殖像を認めた(図7)。血液検査ではCRPの軽度上昇(2.2 mg/dL)および蛋白電気泳動におけるγ分画の上昇を認めた。これらの検査結果から椎間板脊椎炎，変形性脊椎症，脊椎炎，骨軟骨腫などを疑い，血液培養および*Brucella canis*の凝集抗体検査を行ったところ，抗体検査は陽性で血液中からは*Brucella canis*が分離された。

治療・経過：オーナーが自宅での経口薬による治療を希望したため，エンロフロキサシン(10 mg/kg，SID)による治療をはじめたところ，疼痛を示さなくなった。また，約1カ月後の血液培養では抗体検査は陰性となった。2カ月以上同様の治療を続けた後に投薬を中止したが，その後の検診では症状および血液培養検査において再発は認められていない。

［松永　悟］

■参考文献

1) Adams WH. The spine. *Clin Tech Small Anim Pract.* 14(3): 148-159, 1999.

2) Hurov L, Troy G, Turnwald G. Diskospondylitis in the dog: 27 cases. *J Am Vet Med Assoc.* 173(3): 275-281, 1978.

3) Kornegay JN. Diskospondylitis. In: Kirk RW. Current Veterinary Therapy Ⅸ. Saunders. Philadelphia. US. 1986, pp810-814.

4) Kornegay JN, Barbar DL. Diskospondylitis in dogs. *J Am Vet Med Assoc.* 177(4): 337-341, 1980.

5) Kornegay JN. Diskospondylitis. In: Fossum TW, Hadlund CS, Johnson AL, et al. Textbook of Small Animal Surgery, 2nd ed. WB Saunders. Philadelphia. US. 1986, pp1087-1094.

6) Thomas WB. Discospondylitis and Other Vertebral Infections. *Vet Clin North Am Small Anim Pract.* 30(1): 169-182, 2000.

I

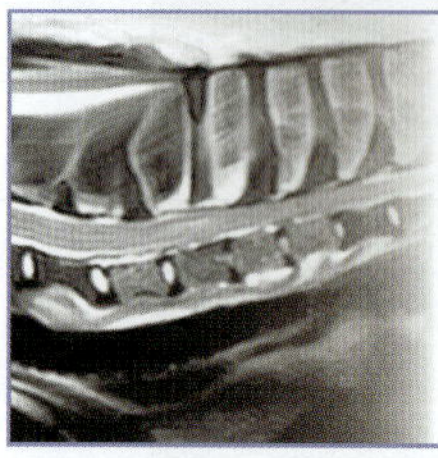

38. 硬膜外の特発性無菌性化膿性肉芽腫による脊髄障害

はじめに

特発性無菌性化膿性肉芽腫 idiopathic sterile pyogranulomatous inflammation(ISP)または**無菌性脂肪織炎**は，ミニチュア・ダックスフンドを含む特定の犬種に時折認められる皮膚疾患として知られる。ISPの原因や発症機序は依然として不明であるが，病変部位から微生物や異物が確認されないこと，また全身性のステロイド療法によく反応することから，異常な**炎症性組織球性反応**であることが示唆されている[7)]。

典型的な皮膚病変としては，**単発性あるいは多発性の皮膚結節**を認め，その大きさは数mm～数cmに至るものまで様々である。結節は，硬く限局性，あるいは軟らかく境界不明瞭なものが認められ，初期に皮下に形成されていたものが皮膚全体に広がることがあり，嚢胞や潰瘍，瘻管形成へと進行することがある(図1)。全身性の脂肪織炎の場合には，発熱，食欲不振，傾眠および沈うつなどの全身症状がみられ，膵炎に関連した脂肪織炎[7)]や，腹腔内脂肪に関連した特発性脂肪織炎または汎脂肪織炎[1)]がこれまでに報告されている。

筆者らは，皮下脂肪のISPに類似した病変が硬膜外脂肪に発生し，脊髄圧迫を起こした5頭のミニチュア・ダックスフンドについて2008年に報告し，硬膜外脂肪のISPはミニチュア・ダックスフンドにおける胸腰部脊髄障害の鑑別診断リストに加えられた[2, 8)]。その後，ミニチュア・ダックスフンド(2例)，パピヨン(1例)，雑種犬(1例)の硬膜外ISPを追加報告した[5)]。

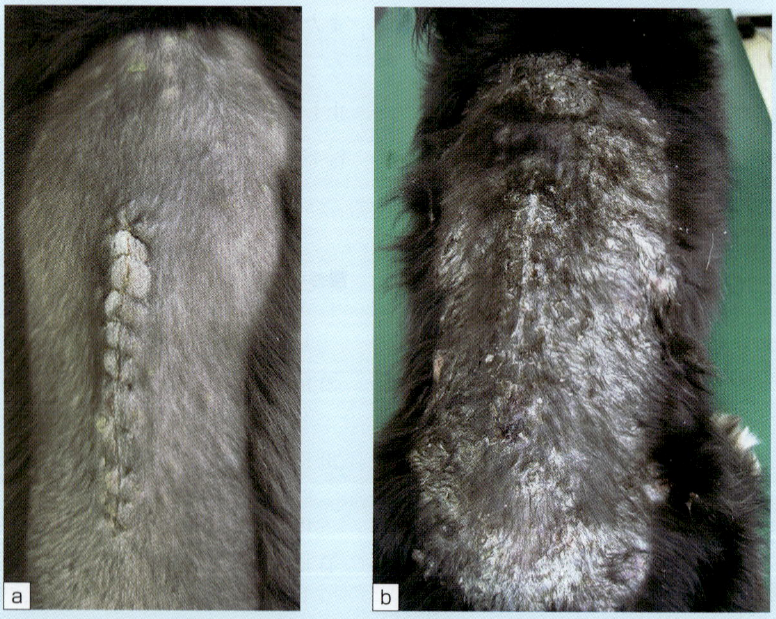

図1　硬膜外特発性無菌性化膿性肉芽腫(ISP)治療例の皮膚病変

ミニチュア・ダックスフンド，3歳，去勢雄。
手術時点では皮膚症状は認められなかったが，術後7日で背部皮膚に膿皮症様の症状が多発性に認められ(a)，セファレキシン(20 mg/kg，BID)とプレドニゾロン(1 mg/kg，SID)の投与を開始した。病変部位の好気および嫌気培養検査では微生物は分離されず，病変はプレドニゾロンに反応した。膿皮症は術後15日後に水泡状となり，自壊した後，治癒した(b)。

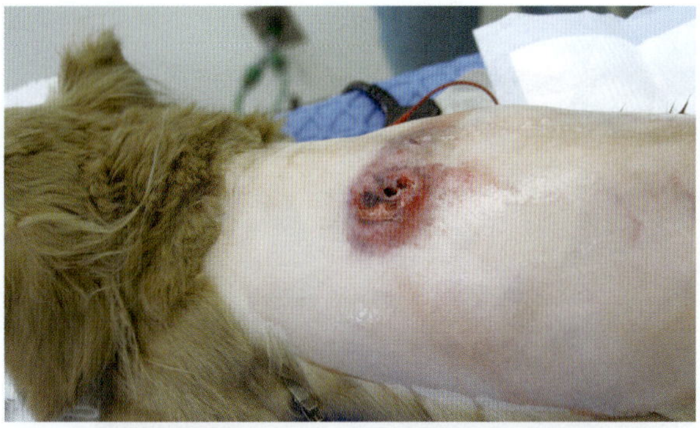

図 2　両後肢麻痺，深部痛覚消失の症例
初診時の皮膚の外貌。皮膚の腫瘤が瘻管を形成している。

筆者らの経験した硬膜外 ISP 10 例中 6 例で術前あるいは術後に硬膜外以外に ISP 病変を認め，本疾患は皮膚以外にも硬膜外脂肪，腹腔内脂肪，骨などにも同時発生することを報告した。したがって，硬膜外 ISP は全身性の ISP の 1 つの症状である可能性が示唆される。筆者は，限局された脊柱管腔内で硬膜外脂肪に ISP が発生した場合，容易に脊髄を圧迫するために，全身症状より先に脊髄障害が表面化するのではないかと考える。硬膜外 ISP は，全身性疾患の初期病態の可能性があり，術後の経過観察や継続治療が必要である。

病歴と臨床症状

皮膚 ISP や，原因不明の皮膚疾患，肉芽腫性疾患の病歴がある症例，白血球増多症や C 反応性蛋白 C-reactive protein（CRP）値の上昇など全身性の炎症を示唆する症例では，硬膜外 ISP の可能性を考慮する。脊髄障害の程度は，軽度～深部痛覚が消失するほどの後肢麻痺，急性発症から慢性経過をたどるものまで様々である（図 2）。これまで頚髄での限局した発生は報告されていないが，頭側胸髄の病変が頚部に及んでいた症例もあったことから，頚髄での発症の可能性もある。

画像診断

ISP は全身性疾患の可能性が示唆されているため，全身の評価をする。腹腔内病変や ISP 病変による椎骨の骨吸収像が確認される場合には，他の炎症性疾患や腫瘍性疾患との鑑別が重要になる。ISP の病変は，脊椎のどこにでも発症する可能性があるため，神経学的検査所見に基づいた脊髄障害部位の圧迫病変をくまなく評価する必要がある。胸腰部 ISP の脊髄造影検査による脊髄圧迫所見は，広範囲の圧迫，背側の圧迫，複数部位の圧迫，通常の胸腰部椎間板ヘルニアが起こらない部位での圧迫など，椎間板ヘルニアの典型的な圧迫所見との相違点が多い（図 3）。

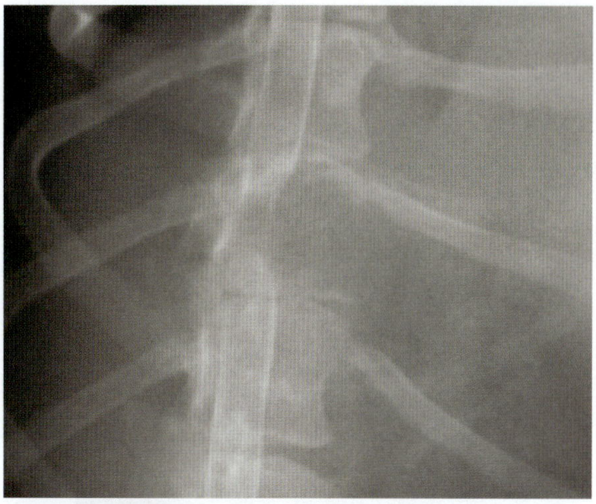

図 3　脊髄造影検査
ISP 病変による脊髄圧迫と椎骨の骨吸収像が認められる。

磁気共鳴画像（MRI）検査は，硬膜外の脊髄圧迫病変自体の評価が可能で，同時に椎骨，脊椎周囲，腹腔組織の評価が可能な点で有用な検査である（図 4）。しかしながら，MRI 検査所見のみでは ISP を確定診断できない。確定診断には，外科的減圧時に採取した硬膜外圧迫組織の病理組織学的検査および細菌培養検査が必須である。

外科療法と生検

筆者らは全例で片側椎弓切除術を実施し，硬膜外の圧迫病変は脂肪組織の炎症に伴う腫瘤によるものであり，髄核の脱出による典型的な脊髄圧迫病変とは異なることを確認した。硬膜外病変は赤色を呈し，軟らかく均一な質感であった。正常な硬膜外脂肪との連続性を有し，硬膜や骨との癒着は認められず，脊髄からの剥離も容易であることが多い（図 5）。椎弓切除部位における，正常脂肪組織との外観を比較することにより，十分な脊髄減圧が実施されているかどうかの指標とする。椎体の変色や脊椎領域周辺と周囲軟部組織に少量の膿状物質が認められることもある。椎弓切除部位は，脂肪組織などの移植は行わずに閉創する。

病理組織学的検査

HE 染色により，脊髄圧迫を引き起こしていた硬膜外脂肪組織にはマクロファージや好中球を中心とした

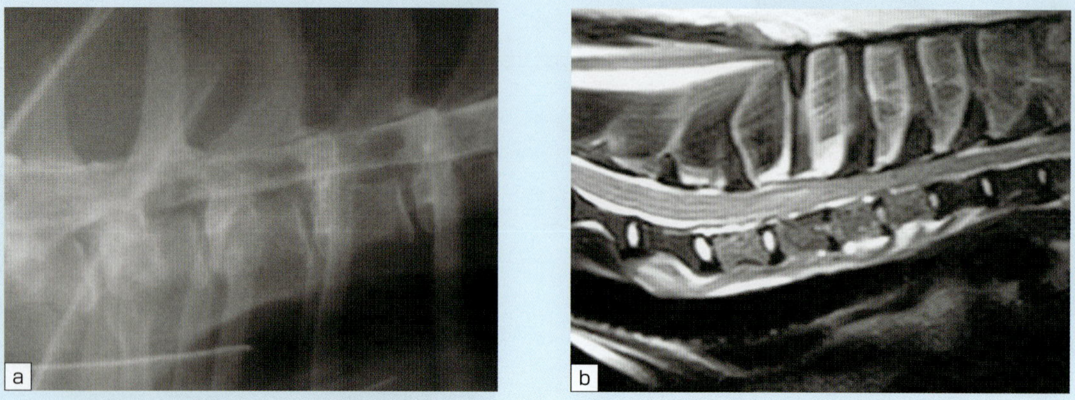

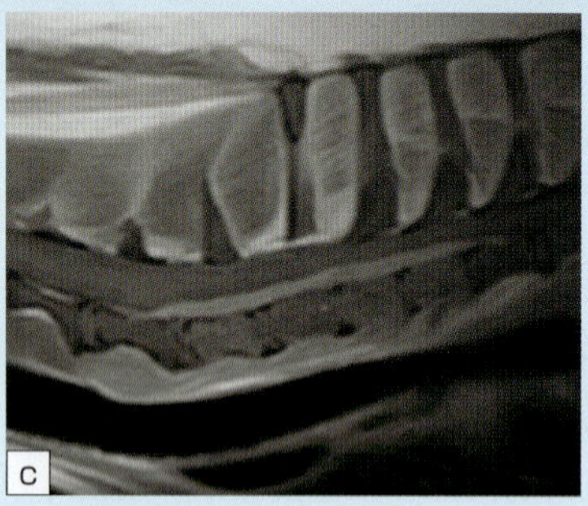

図4　画像診断所見

a：脊髄造影検査；C6～T3 椎骨領域の脊髄腹側の圧迫像。
b：MRI T2W 画像(同部位)；硬膜外腔に若干の脊髄圧迫が認められる。
c：MRI ガドリニウム増強 T1W 画像(同部位)；造影剤による増強効果が硬膜外腔の病変，および C7～T3 椎骨の各椎体に確認される。

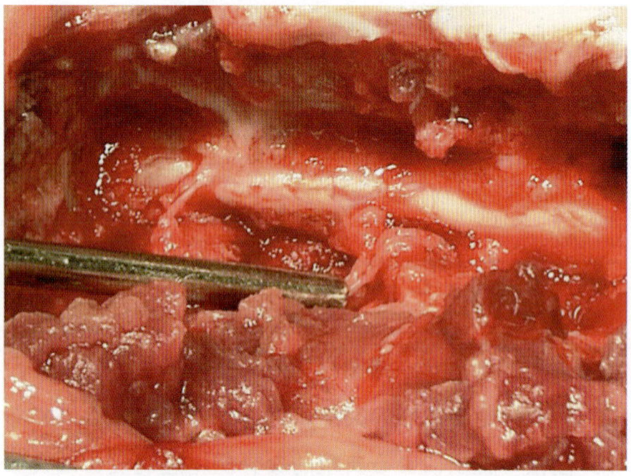

図5　特発性無菌性化膿性肉芽腫(ISP)の典型的な術中所見

硬膜外病変は赤色を呈し，軟らかく均一な質感で，正常な硬膜外脂肪と連続する。髄核の脱出による典型的な脊髄圧迫病変とは異なる。

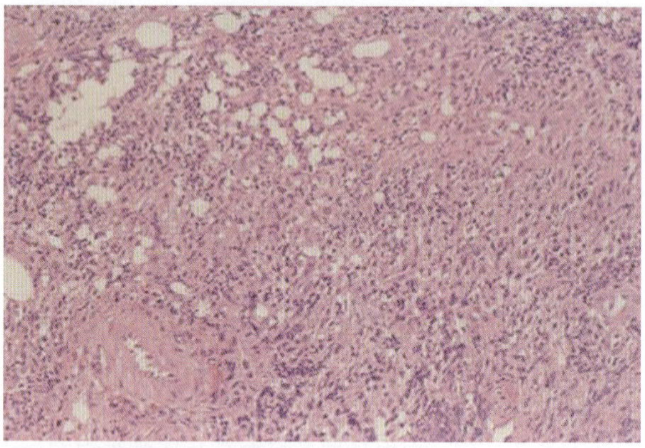

図6　病理組織学的検査所見，HE 染色

マクロファージや好中球を中心とした炎症細胞の浸潤が，脂肪組織内に認められる。

炎症細胞の浸潤が認められる(図6)。硬膜外腔周囲の炎症反応が，椎体や椎弓板，周囲の軟部組織にも波及していることがある。過ヨウ素酸シッフ(PAS)染色およびチール・ネルゼン法による染色では，真菌やマイコバクテリウム属菌の存在は認められない。

細菌培養検査

外科的に切除した組織の好気および嫌気培養では，細菌は分離されない。

術後経過

筆者らの経験した 10 例中 9 例で，外科手術後に短期間で症状が改善し，神経学的に良好な結果が得られた。1 例は術後の神経学的回復がみられないまま 2 カ月後に急死し，死因は特定できなかった。

多くの症例では，術後にステロイド療法を併用したが，非投与の症例でも回復し再発を認めないものもある。術前または術後に皮膚あるいは全身性の ISP を疑う臨床症状を認め，ステロイド療法への部分的な反応がみられた症例もある。

鑑別診断

犬の脂肪織炎の原因として報告されているものには，細菌や真菌の感染，栄養失調，血管障害，膵臓疾患，様々な免疫介在性疾患（全身性エリテマトーデス〔SLE〕，薬疹など）や物理化学的原因（注射後の炎症，外傷）などがある。ISP は時折，椎体や椎弓に浸潤し，脊椎炎や骨吸収像を伴うことがある。そのため，硬膜外腔や椎骨に原発，浸潤，転移する腫瘍性疾患との鑑別が重要となる。ISP の確定診断には，全身の評価と外科的生検による病理組織学的検査および微生物培養検査が必須である。

硬膜外腔の脊髄圧迫性疾患には，椎間板ヘルニア，硬膜外の腫瘍性疾患，感染性疾患，炎症性疾患などが挙げられる。手術中の肉眼的所見として，硬膜外腔に脱出した椎間板髄核との鑑別は比較的容易であるが，感染性疾患や腫瘍性疾患との鑑別は不可能である。ISP 病変に浸潤する炎症細胞は主にマクロファージと好中球であり，これは皮膚の無菌性脂肪織炎と類似の所見である[7]。

臨床上，硬膜外蓄膿症との鑑別は重要である。典型的な硬膜外蓄膿症[4, 6]とは対照的に，ISP では白血球増多症，発熱，傾眠，食欲不振などの感染を示唆するような臨床症状は認められないことがある。硬膜外蓄膿症に罹患した犬では，必ずしも硬膜外組織や体液の細菌培養検査が陽性となるわけではないが，全身性の感染を示唆するような臨床症状を示し，硬膜外組織，血液あるいは尿のいずれかの検体で細菌培養陽性となることが報告されている[4, 6]。

細菌，真菌あるいは *Mycobacterium* 属菌などの感染を培養検査および病理特殊染色検査により除外する必要がある。しかしながら，一般的に実施される培養検査では，比較的遭遇する機会の少ない病原体を除外することはできない。同様の皮膚病変に罹患したヒトの患者では，ポリメラーゼ連鎖反応（PCR）法により *Mycobacterium* 属菌などの病原体 DNA が検出されている[7]。特発性無菌性化膿性肉芽腫症候群と診断された 46 頭の犬のうち 21 頭で，PCR 法により *Leishmania* 属の DNA が検出されたことが報告されている。従来の微生物検査により，*Rickettsia* や *Leishmania* などの化膿性肉芽腫性炎を引き起こし得る病原体が検出されていないことを考慮すると，PCR 法などの検査が必要である。

治療

皮膚 ISP の一般的治療として，病変が退縮するまで通常 7 ～ 14 日間，プレドニゾンまたはプレドニゾロンを 2.2 ～ 4.4 mg/kg，SID の経口投与を行い，60％の症例で長期的なステロイドの隔日療法が必要となる[7]。ステロイドによる効果が認められない場合には，ドキシサイクリンやナイアシンアミドが効果的なことがあり，ステロイドに反応しない症例や寛解後にみられる難治性の症例に対しては，アザチオプリンが有効である[7]。一部の症例では，タクロリムスが効果的であったとの報告もある[3]。

皮膚 ISP の主な治療法は全身的なステロイド性療法であるため，硬膜外 ISP の一部の症例では，外科手術を実施せずともプレドニゾロンによる治療で回復した可能性もあるかもしれない。しかしながら，多くの場合，ISP と椎間板疾患（IVDD），硬膜外蓄膿症，腫瘍性疾患などといった疾患の臨床症状は類似しており，術前検査や画像診断による鑑別も困難である。そのため，外科的減圧術と，確定診断のための病理組織学的検査や培養検査が必須となる。

おわりに

硬膜外 ISP は，ミニチュア・ダックスフンド，その他の犬種における脊髄障害の原因となり得る。本疾患に対しては，外科的減圧術により良好な結果が得られるものと思われる。

確定診断された症例における初期治療および再発防止のためのステロイド療法の適用と効果については，さらなる検討が必要である。

［相川　武］

■参考文献

1) German AJ, Foster AP, Holden D, et al. Sterile nodular panniculitis and pansteatitis in three weimaraners. *J Small Anim Prac.* 44(10): 449-455, 2003.

2) Harari J. Abstract Thoughts, Compendium, May. 2009, p230.

3) Kano R, Okabayashi K, Nakamura Y, et al. Systemic treatment of sterile panniculitis with tacolimus and prednisolone in dogs. *J Vet Med Sci.* 68(1): 95-96, 2006.

4) Lavey JA, Vernau KM, Vernau W, et al. Spinal epidural empyema in seven dogs. *Vet Surg.* 35(2): 175-185, 2006.

5) Shibata M, Aikawa T, et al. Abst; Epidural Idiopathic Sterile Pyogranulomatous Inflammation Causing Spinal Cord Compressive Injury in Four Dogs. ACVS meeting 2011. 11. Chicago USA, ECVS meeting 2012. 7. Barcelona Spain.

6) Schmiedt CW, Thomas WB. Spinal epidural abscess in a juvenile dog. *Vet Comp Orthop Traumatol.* 18(3): 186-188, 2005.

7) Scott DW, Miller WH, Griffin CE, et al. Muller & Kirk's small animal dermatology, 6th ed. W. B. Saunders. Philadelphia. US. 2001, pp1136-1140, 1156-1182.

8) Aikawa T, Yoshigae Y, Kanazono S. Epidural idiopathic sterile pyogranulomatous inflammation causing spinal cord compressive injury in five Miniature Dachshunds. *Vet Surg.* 37(6): 594-601, 2008.

M I

39. ビタミンA過剰症，発作性転倒

はじめに

脊髄の代謝性・栄養性疾患（M）のカテゴリーに入る疾患としては，ビタミンA過剰症，低Ca血症，ハウンド犬の運動失調などが報告されている。しかし，良質なペットフードが普及した現在において，これらの発生は非常にまれであると考えられ，実際，幸か不幸か筆者もこれらの疾患に遭遇した経験がない。したがって，ビタミンA過剰症についての内容は，参考文献8の記載を中心にまとめ直したものであることを最初にお断りしておく。

次に，特発性疾患（I）として，キャバリア・キング・チャールズ・スパニエルの発作性転倒について紹介するが，本疾患はほとんど知られていない疾患であろう。その臨床症状は全体を通してみると非常に特徴的であるが，初期症状など一部だけをみるとキャバリア・キング・チャールズ・スパニエルで多くみられる膝蓋骨脱臼や，てんかん発作と間違われる可能性がある。「キャバリアの膝蓋骨脱臼は手術してもうまくいかないことがある」などと噂されているようだが，そのような症例の中には本疾患が混じっているのではないかと個人的には想像している。国内でも同腹子における発生が認められたため紹介する。

ビタミンA過剰症

1．病態生理

ビタミンAは脂溶性ビタミンの1つで，その欠乏は，繁殖障害，上皮細胞の障害，網膜変性などと関連する。その他に，ビタミンAは正常な骨格の成長と発達，特に破骨細胞の活性にも必要である。

過剰量のビタミンAは，**成長板の軟骨細胞の増殖を抑制**し，骨膜の**骨芽細胞の活性を抑え**，さらに**破骨細胞を活性化**する。その結果，**骨粗鬆症**が起こり，仮骨形成のようにみえる骨新生が，主な筋肉の腱付着部および靭帯と関節包の起始部に特にみられる。この新生骨は，椎骨，特に頚椎でみられ，隣接した椎骨同士が新生骨によって重度の変形性脊椎症と同様に癒合し，一部の症例では腰部領域に拡がることがある。その他の椎骨や四肢の骨に発生することもある。

2．シグナルメント

実験的には，犬，猫ともにビタミンA過剰症を発症するが，臨床上みられるのは主に猫であるとされており，通常，レバーを中心に与えられている猫でみられると記載されている。その他，肝油の過剰添加でもみられる。

若い犬や猫は，成犬や成猫の約2倍量のビタミンAを必要とするが，市販の幼犬，幼猫用のフードにビタミン添加剤を添加すると，必要量の100倍ものビタミンAを大量に与える結果となることがある。本症に罹患する猫の年齢は，一般的に2～10歳の間である。

3．臨床症状

成猫における臨床症状として，脊柱の強直と，神経根や脊髄の圧迫に関連した頚部痛，歩様失調，前肢の不全麻痺，および跛行が起こる可能性がある。その他，前肢または後肢の大きい関節の腫大，被毛の劣化，皮膚知覚の亢進または低下などが，食欲減退，体重減少とともにみられる。両側の肩関節または肘関節に強直が起こった場合，両前肢に負重することができず，後肢のみで起立するカンガルーのような姿勢をとる。頚椎に強直が起こると，毛づくろいができなくなる。

4．診断

犬では，大量の肝油またはビタミン添加剤を与えられたという稟告が診断に大いに役立つ。猫では，通常は生のレバー，それまで与えられていた主な食物が魚である場合や，添加物の過剰摂取が原因となるが，常にそうであるとは限らない。

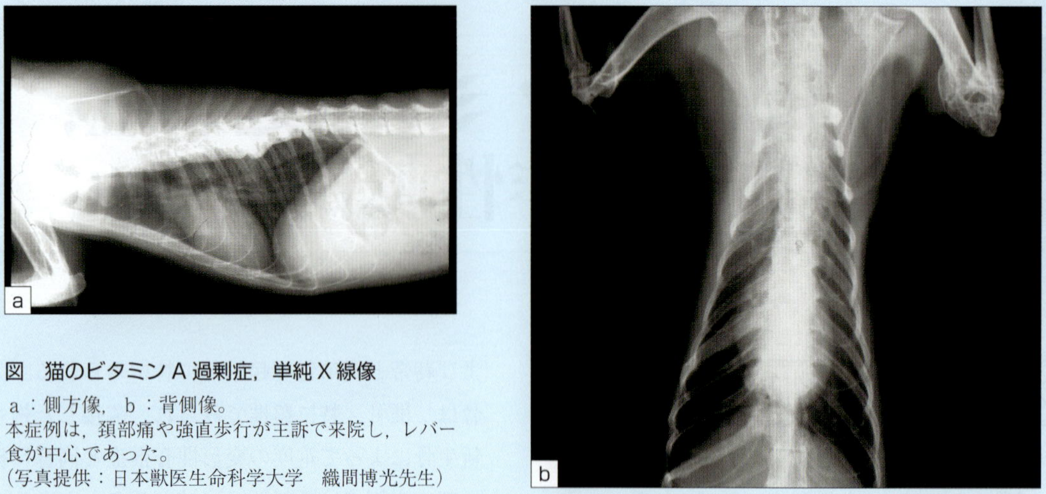

図　猫のビタミンA過剰症，単純X線像
a：側方像，b：背側像。
本症例は，頚部痛や強直歩行が主訴で来院し，レバー食が中心であった。
（写真提供：日本獣医生命科学大学　織間博光先生）

成猫では，頚椎，胸椎，四肢の大きい関節において単純X線検査を行うことにより，本疾患を推測することが可能である。探査的脊柱X線検査で，骨吸収を伴わない骨増殖や脊椎症を捉えることができる（図）。しかし，本症に関連してみられる脊髄圧迫を描出するには，脊髄造影検査，コンピュータ断層撮影（CT）検査，磁気共鳴画像（MRI）検査が必要である。子猫では，長骨の長軸方向の成長の減少および骨粗鬆症がみられ，単純X線検査で骨幹端の**アサガオ状の変形**がみられる。

肝生検を行うと，肝細胞の脂肪浸潤が認められる。本疾患に罹患した猫の80％が血漿レチノール（ビタミンA）濃度が高く，肝のレチノール測定を行えばさらに診断精度が上がる。

5．治療

食事の変更が必要である。肝油またはその他の添加物の給与はただちに中止する。ビタミンAは加熱調理することで大部分が破壊されるため，レバーは加熱して与える。市販のペットフードは必要量のビタミンAが添加されているため，本疾患に罹患した患者には，ビタミンA濃度が低く，その他のバランスがよい自家製食を与えることが望ましい。内臓肉，全卵，乳製品にはビタミンAが多く含まれるため材料には適さないが，脂肪を含まない肉，カッテージチーズ，植物油は使用可能である。

これらの治療により改善は期待できるが，劇的に骨形成が元に戻ることはない。対症療法として，疼痛の緩和が勧められる。ステロイドによって疼痛緩和が可能であるが，血漿中のビタミンA濃度の減少を妨げることがある。したがって，非ステロイド性消炎鎮痛剤（NSAIDs）の使用が適している。ビタミンAが徹底的に少ない食事に変更すると，中毒の程度にもよるが，1年程度で体内に蓄積したビタミンAを枯渇させることができる。改善は治療開始後2～4週間でみられる。

6．予後

食事の徹底的な改善や，必要に応じた疼痛緩和を実施すれば，臨床的にも，単純X線検査所見においても改善が期待できるが，改善がみられないこともある[1)]。強直した関節が正常な運動機能にまで回復することはない。

キャバリア・キング・チャールズ・スパニエルの発作性転倒

キャバリア・キング・チャールズ・スパニエルの発作性転倒 episodic falling（報告によっては episodic collapse，hypertonicity，hypertonic myopathy，hyperekplexia〔hyperexplexia〕と呼ばれている）は，**ストレス，不安，運動によって誘発**される**四肢の硬直**を特徴とする疾患で，本邦に加えて英国，米国，オーストラリアで報告されている[2, 3, 6, 9, 10, 11)]。

他の症状として，ウサギ跳び歩行，背弯姿勢，発声，虚脱もみられるが，意識の消失は伴わない[9)]。

1. 病態生理

本疾患は，これまで病態生理は不明であるがヒトの常染色体優性遺伝性のびっくり病 hyperexkplexia と病態がよく似ているとされてきた[8, 9]。びっくり病とは，予期せぬ聴覚，視覚および感覚刺激の後に誘発される，跳ね上がり反応，過緊張を呈し，転倒に至るまでに亢進した驚愕反射を主徴とする遺伝性疾患である[10～12]。現在，びっくり病のメカニズムは，脊髄の介在ニューロンにおける抑制性神経伝達の異常であり，一部はチャネル病(グリシン受容体の異常)で[11]，別の一部はトランスポーター病(グリシン再取り込み障害)である[12]と理解されており，それぞれ遺伝子変異が同定されている[11, 12]。2012年に*BCAN*遺伝子の変異が本疾患を発症したキャバリア・キング・チャールズ・スパニエルで同定された[4]。*BCAN*遺伝子は，シナプスの安定性と神経伝導速度を調節する神経周囲網の形成に必要不可欠な脳特異的細胞外プロテオグリカンである，ブレビカンをコードする。この報告では，本疾患はこの変異が関連した常染色体劣性遺伝疾患であるとしている。米国では，無症状のキャバリア・キング・チャールズ・スパニエルで遺伝子検査を実施したところ，キャリアが12.9％存在したとのことである。2011年にも，*GlyT2*遺伝子の変異(トランスポーター病)がアイリッシュ・ウルフハウンドにおいて同様の症状を呈する症例で同定された[3]。獣医学領域では，スコッティクランプなど病態不明の同様の疾患が複数報告されており，今後も原因遺伝子の検索というアプローチから病態が判明する疾患が出てくることが期待される。

2. シグナルメント

キャバリア・キング・チャールズ・スパニエルにみられる疾患である。臨床症状は3～7カ月齢で発現しはじめる[2, 6]。

3. 臨床症状

本疾患は，ストレス，不安，運動によって誘発される四肢の硬直を特徴とする疾患である。他の症状として，ウサギ跳び歩行，背弯姿勢，発声，虚脱，転倒もみられるが，意識の消失は伴わない。発作時以外は神経学的に正常で，症状が一生続いた症例や自然緩解した症例が報告されている[2, 6]。

4. 診断

診断は臨床症状に基づき，除外診断によって行われている[2, 6]。発作時以外は，神経学的検査で異常所見は認められない。MRIなどの画像診断では，特異的な異常所見は認められない[11]。本疾患では，重症筋無力症の診断に用いられるテンシロンテストに反応しない。全ての個体が同様の典型的な症状を呈するわけではないため，症例によっては，血液検査で代謝性疾患を，心臓超音波検査やホルター心電図で心疾患による失神を否定する必要があるかもしれない。

また，キャバリア・キング・チャールズ・スパニエルで比較的よくみられ，歩様の異常を呈する股関節形成不全や膝蓋骨脱臼との鑑別が必要である。

5. 治療

ベンゾジアゼピン誘導体であるクロナゼパムはGABA受容体(Cl^-チャンネル)の開口を促進し，びっくり病でみられるグリシン受容体(Cl^-チャンネル)の欠陥を補うだろうと考えられている[4]。びっくり病はクロナゼパムの投与に対して完全にではないが劇的に反応する[2, 6]。そこから類推して，本疾患の治療にもクロナゼパムが用いられており，良好な反応が報告されている。また，これまでにカルバマゼピンの投与で悪化した症例[3]，ジアゼパムで部分緩解した症例，クロナゼパムで部分緩解あるいは2年以上完全緩解した症例などが報告されている[2, 6]。

6. 予後

自然寛解した症例や，ジアゼパムやクロナゼパムの投与で維持できた症例などが報告されている[2, 6]が，それらに耐性が生じる可能性があると考えられる。

症例

症例情報：キャバリア・キング・チャールズ・スパニエル，1歳2カ月齢，避妊雌

稟告：生後6カ月齢時から散歩中に倒れるという主訴で紹介元病院に来院した[11]。稟告からは，「毎日ではないが散歩中に後肢が突っ張りはじめ，背中を丸めて次第に崩れるようになった。最終的に横たわるが，しばらく抱いてなでていると，何もなかったようにまた歩きはじめる」とのことだった。心臓超音波検査の結果，心機能に異常はないとのことで，神経疾患を疑い当院に紹介来院した。

来院時所見：初診時の一般身体検査，CBC，血液生化

Video Lectures　キャバリア・キング・チャールズ・スパニエルの発作性転倒

動画　症例，初診時の様子
歩く様子をみたところ，背弯姿勢と後肢の突っ張りがみられ(a)，背中を丸め横たわってしまった(b, c)。その後，次第に症状は治まった。

学検査では，異常所見は認められなかった。神経学的検査では，両前肢と右後肢の姿勢反応の低下が認められた。オーナーによると「しばらく歩けば症状が再現できそう」とのことだったので，歩かせてもらったところ，稟告どおりの症状が認められた(動画)。歩様の異常が出現してから倒れるまで3分程度，倒れてから起き上がるまで4分程度であり，全経過をとおして，意識レベルの低下は認められなかった。

MRI検査：MRI検査では，小脳の尾側が大後頭孔よりわずかに下垂しており，キアリ様奇形と考えられたが，その他に異常所見は認められなかった。脳脊髄液(CSF)は小脳の下垂があったため，採取しなかった。

診断：特徴的な臨床症状と以上の検査結果より，キャバリア・キング・チャールズ・スパニエルの発作性転倒と診断した。また，3肢に認められた姿勢反応の低下は，キアリ様奇形の症状と判断した。

治療・経過：クロナゼパムの在庫がなかったため，ジアゼパム(1.2 mg/kg，TID)を処方したところ，発作の回数が週2回程度まで低下した。その後，オーナーの都合で1週間内服が途切れてしまい，発作の頻度が上昇した。7週間目よりジアゼパムからクロナゼパム(0.4 mg/kg，TID)に変更したところ，臨床症状が消失した。しかし，本症例はその後てんかん重積などが認められるようになったため典型例ではなく，併発疾患を有する可能性が考えられた。また，同腹子に同様の症状を呈する個体が2頭存在し，1頭はほぼ同様の臨床症状，もう1頭は運動負荷によって後肢のウサギ跳び歩行がみられた。

おわりに

ビタミンA過剰症については，筆者に症例の経験がないため教科書的な記載に終始した。猫において図で提示したような変形性脊椎症に類似するX線所見が認められた場合には，ビタミンA過剰症を鑑別診断リストに入れる必要があると思われる。

キャバリア・キング・チャールズ・スパニエルの発作性転倒は，国内では筆者の経験した同腹子の3症例に関する報告[11]しかなく，その後，大阪で同様の臨床症状を呈する症例が見つかっているが，一般の臨床獣医師にはほとんど知られていない。それに加え，特異的な検査所見もないため，「散歩中にときどき倒れる」といった口頭の稟告のみでは心疾患による失神が疑われたり，「ときどき肢が突っ張って横に倒れる」という表現からはてんかんと誤診されてしまう可能性がある。また，実際に歩様を観察しても，ウサギ跳び歩行を確認するのみでは，キャバリアでは比較的よくみられる股関節形成不全などが，あるいは硬直し突っ張った後肢だけに目がいくと，これまたキャバリアでは比較的よくみられる膝蓋骨脱臼が原因であると誤診してしまう可能性が非常に高いと感じている。オーナーの中には，突っ張った歩行が出た時点で，痛がっていると思って抱き上げてしまう場合があると考えられ，その場合はオーナーもそれ以降の症状をみたことがないということになってしまう。実際に筆者が遭遇した症例のうち2症例は，他院で膝蓋骨脱臼と股関節形成不全の併発による臨床症状と診断されていた。しかし，臨床症状が非常に特徴的であるため，詳細に稟告を取ることや，オーナーに実際の症状発現時に動画を撮影してもらったり，実際に運動負荷をかけてみるなどして，臨床症状の全体を評価することで鑑別が可能であると考えられる。

この疾患が国内で広く認識された暁には，これまで見落とされていた症例が多数発見されるかもしれない。

[田村慎司]

■参考文献

1) Bagley RS. Dr. Bagleyのイヌとネコの臨床神経病学. 徳力幹彦監訳. ファームプレス. 東京. 2008, pp297, 366.

2) Garosi LS, Platt SR, Shelton GD. Hypertonicity in Cavalier King Charles Spaniels. *J Vet Intern Med.* 16: 330, 2002.

3) Gill JL, Capper D, Vanbellinghen JF, et al. Startle disease in Irish wolfhounds associated with a microdeletion in the glycine transporter GlyT2 gene. *Neurobiol Dis.* 43(1): 184-189, 2011.

4) Gill JL, Tsai KL, Krey C, et al. A canine BCAN microdeletion associated with episodic falling syndrome. *Neurobiol Dis.* 45(1): 130-136, 2012.

5) Herrtage ME, Palmer AC. Episodic falling in the cavalier King Charles spaniel. *Vet Rec.* 112(19): 458-459, 1983.

6) Morley DJ, Weaver DD, Garg BP, et al. Hyperexplexia: an inherited disorder of the startle response. *Clin Genet.* 21(6): 388-396, 1982.

7) Rees MI, Harvey K, Pearce BR, et al. Mutations in the gene encoding GlyT2(SLC6A5) define a presynaptic component of human startle disease. *Nat Genet.* 38(7): 801-806, 2006.

8) Shelton GD, Engvall E. Muscular dystrophies and other inherited myopathies. *Vet Clin North Am Small Anim Pract.* 32(1): 103-124, 2002.

9) Shiang R, Ryan SG, Zhu YZ, et al. Mutations in the alpha 1 subunit of the inhibitory glycine receptor cause the dominant neurologic disorder, hyperekplexia. *Nat Genet.* 5(4): 351-358, 1993.

10) Wills JM, Simpson KW. 竹内啓監訳. ウォルサム 小動物の臨床栄養学. 講談社. 東京. 1995, pp346-348.

11) Wright JA, Brownlie SE, Smyth JB, et al. Muscle hypertonicity in the cavalier King Charles spaniel--myopathic features. *Vet Rec.* 118(18): 511-512, 1986.

12) Wright JA, Smyth JB, Brownlie SE, et al. A myopathy associated with muscle hypertonicity in the Cavalier King Charles Spaniel. *J Comp Pathol.* 97(5): 559-565, 1987.

13) 田村慎司, 田村由美子, 大村斉, 大村琴枝, 園田康広. キャバリア・キングチャールズ・スパニエルの発作性転倒の1例. 第28回獣医神経病研究会講演抄録. 2007.

T

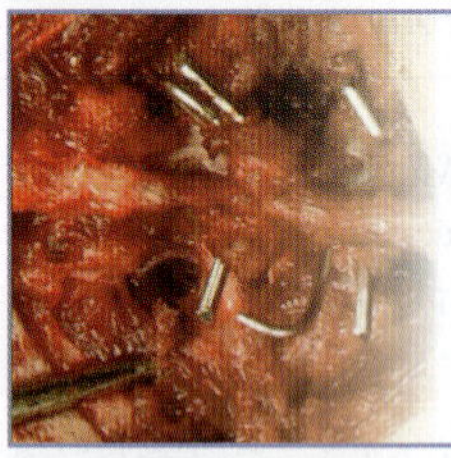

40. 脊髄損傷

はじめに

脊髄損傷は，椎間板疾患，脊髄梗塞(線維軟骨塞栓症〔FCE〕など)，外傷による脊椎の骨折・脱臼など様々な原因による脊髄の損傷を意味する。椎間板疾患やFCEの詳細については，他章を参照いただき，本章では，主に外傷による脊椎・脊髄損傷について解説する。

落下，交通事故，暴力を受けたことなどによって，脊椎または脊髄が損傷することを，**外傷性脊椎損傷**あるいは**外傷性脊髄損傷**という。脊椎の骨折や脱臼は，犬や猫の脊髄に由来する神経学的異常の主要な原因の1つである。現状では，脊髄損傷に対する有効な薬剤療法は確立されておらず，受傷した脊椎の安定化と脊髄への圧迫の除去が唯一の治療法である。重度な脊髄損傷の場合，機能回復が困難なことが多い。

病態

急性脊髄損傷の病態は，一次損傷と二次損傷にわけることができる。**一次損傷**は，外傷によって脊髄が強い外力を受けた際に生じる。脊髄の実質や血管の圧迫，挫傷，剪断，断裂および伸展によって，直接傷害を受ける。これに伴い，外傷によってずれた脊椎，骨片，ヘルニア物質および血腫が脊髄を持続的に圧迫することで，脊髄に虚血が生じ，二次的な脊髄損傷が引き起こされることとなる。

二次損傷は時間の経過に伴って，急性期(0～48時間)，亜急性期(48時間～2週間)，慢性期(2週間以降)に区別される[19]。二次損傷の急性期では，外傷に伴って生じた物理的圧迫や出血によって虚血が生じ，神経細胞内のエネルギー産生障害，細胞内Na濃度およびCa濃度の上昇，細胞外グルタミン酸(GLU)濃度の上昇，活性酸素種の産生，サイトカイン産生による炎症反応，乳酸・窒素酸化物の増加などが生じ，神経細胞はさらに損傷を受ける[8, 16, 21]。さらに，脊髄損傷時には，全身的な低血圧を伴うことがあり，これによって脊髄の血流が低下し，二次損傷の虚血を増悪させる原因となることがある[16]。

これらの機序以外にも，脊髄や神経根に物理的な圧迫が持続すると，脱髄が生じ，やがて神経や軸索が破壊される。亜急性期～慢性期にかけて，損傷が重度である場合や，軽度であっても脊髄が修復されるための適切な環境でなければ，星状膠細胞(アストロサイト，アストログリア)などの神経膠細胞(グリア細胞)による瘢痕組織が形成される。

疫学

1. 頚椎

頚椎での脊椎骨折・脱臼は，他の領域と比較して発生はまれである(図1)。この領域の脊椎に損傷を受けた動物は，重度の横断性脊髄障害に起因した四肢麻痺を呈すると同時に，呼吸筋麻痺などの致死的な損傷を受けている危険性がある。そのため，来院前にすでに死亡している症例が多いと推測され，このことが獣医師の遭遇する頻度が少ない一因と考えられる。また，頚椎の中では**第2頚椎での発生が最も多く**，全ての頚椎骨折症例のうち約50％の受傷部位が第2頚椎であったと報告されている[12]。

2. 胸腰椎

T1～T10椎骨の領域は解剖学的に安定性が高い位置であるために，骨折や脱臼をすることは比較的まれである。脊椎骨折・脱臼の受傷部位は**T10～L2椎骨の領域で最も多く**，犬と猫の脊椎骨折・脱臼のうち約50％を占めると報告されている[1, 6]。その理由は，この領域が，安定性の高い頭側胸椎と，脊椎周囲の筋肉で安定化されている尾側腰椎に挟まれているという解剖学的位置が原因と推測される。L3～L7椎骨では25～30％の割合で骨折・脱臼が認められる(図2，図3)[1, 6]。

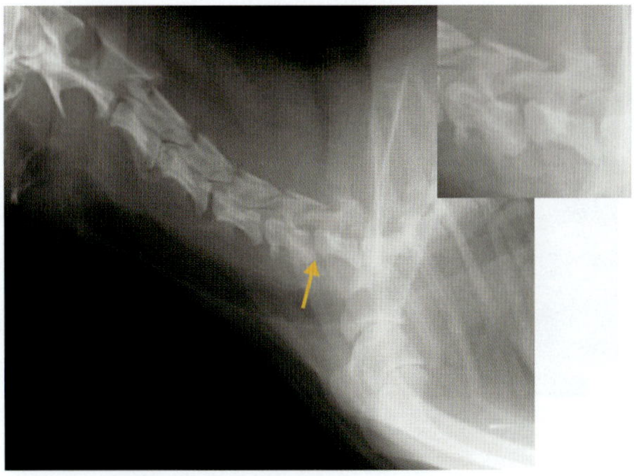

図1　トイ・プードル，5歳，雄，単純X線側方像
同居犬とケンカした後，左前後肢の不全麻痺となる。C6-C7椎骨間に脱臼が認められる（矢印）。

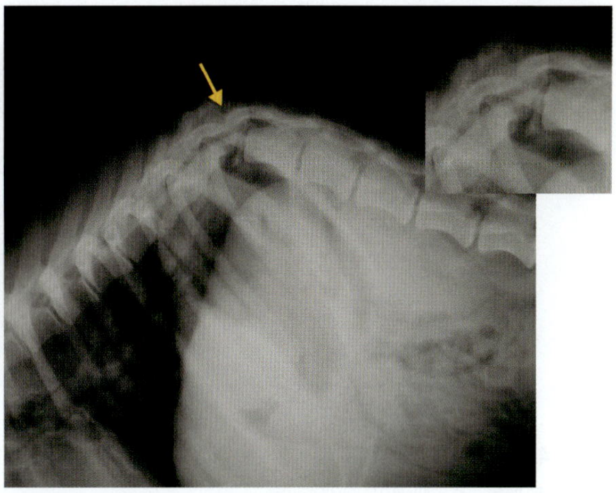

図2　柴，6歳，雄，単純X線側方像
2階のベランダから落下後，背弯姿勢となり，後肢の麻痺となる。T12椎骨に楔型圧迫骨折が認められる（矢印）。

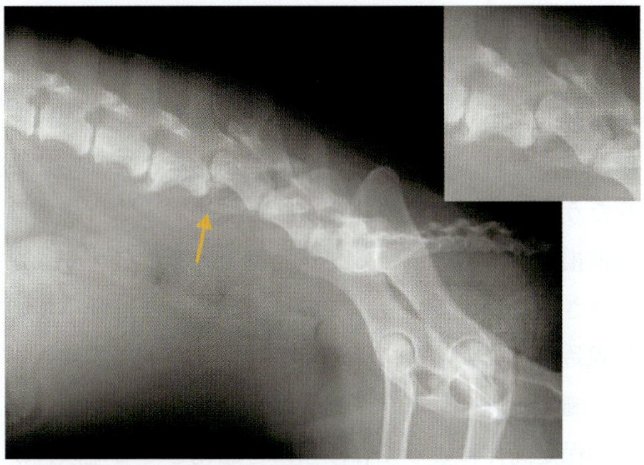

図3　柴，9歳，雌，単純X線側方像
3日前の車との交通事故後，後肢の麻痺となる。L4-L5椎骨間の脱臼が認められる（矢印）。

診断

1．一般身体検査

脊椎外傷を受傷した動物には，速やかに一般身体検査を実施し，脊椎以外に生命を脅かす損傷が存在するかどうかを診断することが重要である。合併している可能性がある損傷について以下に記す。

①ショック
②胸部損傷（気胸，血胸，肺挫傷，外傷性心筋症，横隔膜ヘルニアなど）
③頭部損傷
④腹部損傷（胆管破裂，尿管断裂，膀胱破裂，その他の腹腔内臓器の損傷など）
⑤長管骨や骨盤の骨折
⑥多発性脊椎損傷
⑦軟部組織の損傷
⑧腕神経叢または腰仙神経叢の損傷

これらの損傷を見逃さないように，注意深い一般身体検査が必要である。また，部位によっては，すぐには明らかとならない損傷もあるので，注意する必要がある。生命の危険が存在する場合は，救命的治療を優先する。

一般身体検査，神経学的検査が終了し，心肺機能や他の致命的異常が除外できたら，疼痛管理と受傷部位の自発的運動による悪化を防ぐ目的で，鎮静剤や麻酔剤による化学的不動化あるいはバックボードなどを用いた物理的固定を行う。胸部打撲に伴う外傷性心筋炎などは受傷から24～48時間後に悪化することがあるため，化学的不動化を実施した場合は，経時的な心電図モニタリングが必要である。

2．神経学的検査

外傷性脊髄損傷の診断ならびに予後の判定において，神経学的検査は極めて重要である。受傷している領域によって，四肢の姿勢反応や脊髄反射は異なる。ただし，2カ所以上の領域が損傷している可能性があるために（5～10％と報告されている）[1, 9]，神経学的検査の解釈には注意が必要である（極端な例ではあるが，C1～C5髄節とL4～L7髄節を損傷している場合は，前肢が上位運動ニューロン徴候〔UMNS〕，後肢が下位運動ニューロン徴候〔LMNS〕を呈することがある）。

脊髄損傷の重症度は，深部痛覚の有無によってある程度判定できる。深部痛覚の消失が認められる症例は，頚部損傷ではまれである。一方，胸腰部は犬や猫で最も脊椎の損傷を受けやすい部位であり，また脊柱管が他の領域と比較して狭いために，重度の脊髄損傷に陥

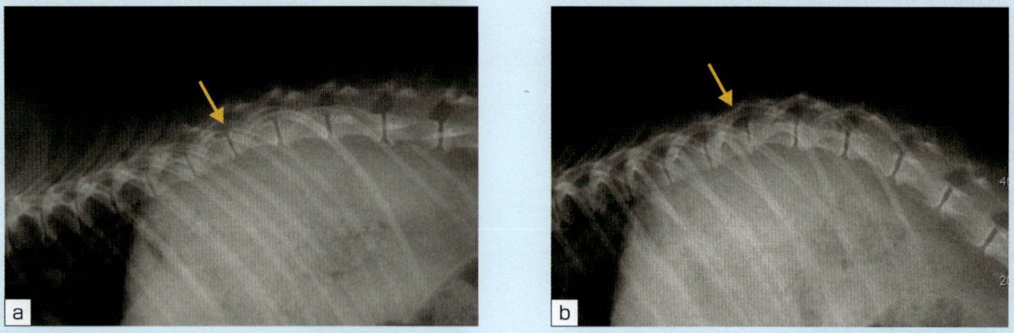

図4　ポメラニアン，10歳，雄，単純X線側方像

a：伸展位，b：屈曲位。
2mの高さから落下後，両後肢の不全麻痺を呈する。外傷歴や神経学的検査から外傷性脊椎骨折・脱臼が疑われたが，単純X線検査では明らかな異常は認められないため(a)，動的病変の有無を確認する目的で透視下での観察を行った。その結果，屈曲位(b)においてT11-T12椎骨間に脱臼が認められた(矢印)。

りやすく，深部痛覚が失われるほどの麻痺の症例に遭遇する機会は多い。

受傷直後の症例では，脊髄振盪によって一時的に疼痛反応の低下や四肢の反射の低下が認められ，一般的に**脊髄ショック**と呼ばれる状態を呈することがある。通常，この状態は受傷後数時間で消退する。また，胸腰部の脊髄損傷時に認められるSchiff-Sherrington徴候と頚髄障害との鑑別にも注意が必要である。腰髄(L1～L7髄節：主にL2-L3髄節)に存在する**辺縁細胞**は，前肢の伸筋にα運動ニューロンを送っている頚膨大部の神経細胞を持続的に抑制している。辺縁細胞からの上行性ニューロンが障害されることにより，前肢の伸筋の緊張亢進が現れる。このような機序で生じる徴候のことをSchiff-Sherrington徴候と呼んでいる。この徴候を呈する症例では，前肢の痛覚と随意運動は障害されない。この点が，頚髄損傷の症例との鑑別のポイントとして挙げられる。片側前肢の運動機能に重度な障害が現れている場合は，腕神経叢裂離を考慮する必要がある。

また，頭部外傷の有無を判定するうえで，脳神経検査も必ず実施する。意識障害や脳神経機能に異常を伴う症例では，頭部の画像診断を考慮する。

3. 画像診断

(1) 単純X線検査

外傷性脊椎骨折・脱臼は単純X線検査のみで診断可能であることが多い。先にも述べたように，複数カ所の脊椎が損傷している症例も少なからず存在するため，スクリーニングとして全身の側方像を最初に撮影する。斜位像が診断に有効な場合があるが，斜位像を撮影するときは動物を動かさずにX線を斜めから照射する。また，背腹像が必要な場合は同様にX線を真横から照射する。どうしても，動物を動かして背腹像を撮影しなければならないときは，副木などで安定化させたうえで，最大限の注意を払って撮影する。外傷性脊椎損傷の症例の中には，屈曲位でのみ椎骨のずれが観察される場合があり，この場合は，全身麻酔下でのX線透視撮影が有効である(図4)。麻酔下でX線撮影を実施する場合は筋肉が弛緩しており，ポジショニングや保定動作によって脊椎損傷を悪化させる危険性があるため注意する。

(2) CT検査，MRI検査

稟告，病歴，臨床症状および神経学的検査から脊椎の骨折・脱臼が疑われるにもかかわらず，単純X線検査では明らかな病変を特定できない場合や(**動画**)，脊柱管内への骨片の侵入の有無，関節突起の骨折(**動画**)などを診断するうえでコンピュータ断層撮影(CT)検査は最も優れた検査法である。また，CT検査は外科的安定化手術を選択する場合，インプラントの刺入角度などを詳細に検討できるために，手術計画の立案にも有効である。

磁気共鳴画像(MRI)検査は，軟部組織の描出能力に優れているため，脊髄実質の損傷の程度や脊椎周囲の筋組織などを詳細に評価できる(図5)。MRI検査によって，脊髄圧迫の有無，脊髄の浮腫の有無とその程度，脊髄内外の血腫などを描出することが可能であり，予後の推定に有効である可能性がある。一方で，MRI検査では骨組織を明瞭に描出できないため，骨折や微小骨片の評価には不向きである。そのため，可能であ

Video Lectures　外傷性脊椎骨折・脱臼における CT 検査の有効性

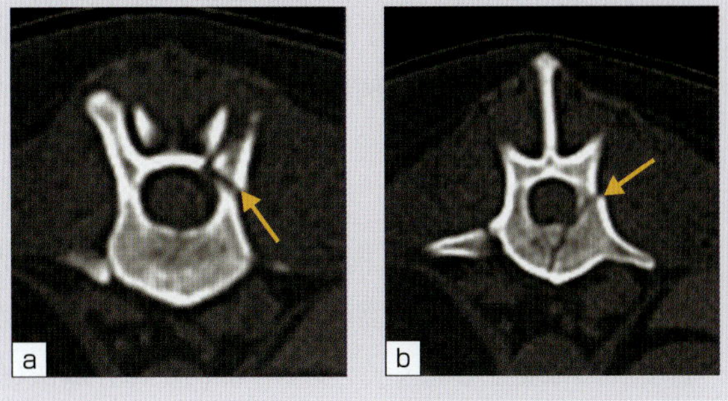

動画　柴，14 歳，雌の CT 所見

2 階のベランダから落下後，両後肢の不全麻痺を呈する。外傷歴や神経学的検査から外傷性脊椎骨折・脱臼が疑われたが，単純 X 線検査では明らかな異常は認められないため，CT 検査を実施した。その結果，L1 椎骨に関節突起(a)と椎体の骨折(b)を認めた(矢印)。

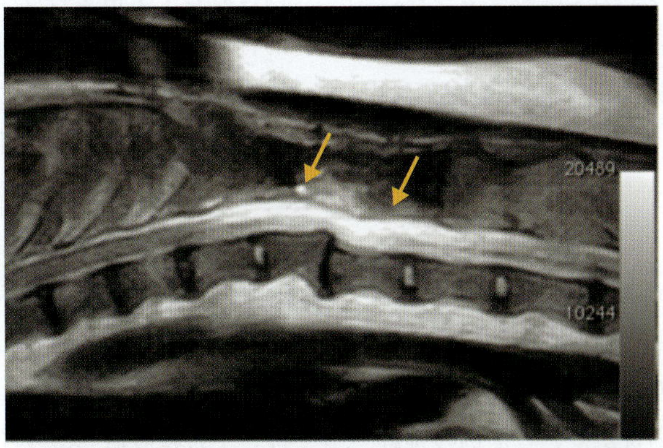

図 5　雑種犬，10 歳，雄，MRI T2 強調(T2W)画像矢状断像

2 週間前に自転車と衝突し，下敷きになったとのこと。その後から，両後肢の麻痺を呈する。単純 X 線検査にて T11-T12 椎骨間に脱臼を認めた。同部位の MRI 検査を実施したところ，脊髄実質背側に T2W 画像で高信号領域を認める(矢印)。本所見は，脊髄の浮腫，軟化，脳脊髄液の貯留などが疑われる。

ればCT 検査と同時に MRI 検査を実施することが望ましい。

治療

1．治療法の選択

脊椎の外傷性損傷に対する治療は，全身状態の安定化，脊椎の安定化，脊髄の圧迫解除および二次損傷の防止，また損傷した脊髄が回復するための最適な環境を整えることが目的となる。治療法は大きく，保存療法(外副子＋ケージレスト)と外科療法(整復および固定術)の 2 つにわけられる。

現状では，人医療と同様に，小動物臨床でも個々の症例について治療法の明確な選択基準は確立されていない。しかし，画像診断において，脊椎の不安定や脊髄の圧迫が認められた場合は，早期の外科的介入が第 1 選択となる。詳細な外固定法や脊椎固定法に関しては成書を参照していただきたい。

2．疼痛管理

ほぼ全ての脊髄損傷の症例において，程度の大小はあるものの，疼痛が認められるため，疼痛管理を合わせて実施する。また，仮に疼痛反応が認められない症例でも，疼痛反応が今後現れることを予測して疼痛管理をあらかじめ実施する。脊髄損傷に伴う疼痛は非ステロイド性消炎鎮痛剤(NSAIDs)あるいはオピオイドを用いて管理する。ステロイドの投与やストレスによる消化管出血の可能性がある場合，NSAIDs の使用は禁忌である。また，頭部損傷や頚髄損傷に伴って呼吸不全を呈している症例では，オピオイドによる呼吸抑制に注意する必要がある。

コハク酸メチルプレドニゾロンの有効性

ヒトの脊髄損傷の治療においてコハク酸メチルプレドニゾロン(MPSS)は，局所での血流改善，フリーラジカルの除去，抗炎症作用があることが発表され[10, 13]，また，損傷後 8 時間以内に MPSS を投与すると有意な改善があると報告[4, 5]されたことから，広く使用されている。この状況は規模(n 数)は小さいものの，小動物においても同様の結果が示されている。しかしながら，ここ十数年来，ヒトにおいてMPSSの治療効果に対して疑問がもたれており，現在，The American Association of Neurological SurgeonsやThe Congress of Neurological Surgeonsの公式見解として，MPSSは標準的治療として推奨されていない。小動物においても，盲検試験は実施されていないものの回顧的な臨床研究では有効性は確認されていない[7, 11]。また，高用量のMPSS投与によって重篤な副作用の報告[2, 3]がなされている。有用性は不明ではあるものの，他に代わる有効な治療法がないために，急性脊髄損傷の症例においては，現在も優先順位の高い選択肢の1つとなっている。

3. 部位別の治療法

(1) 頚椎

頚椎は，他の部位と比較し，脊髄の直径に対する脊柱管の直径が最も大きい。そのため，来院した症例は脊髄損傷の程度が比較的軽い場合が多い。症例の神経学的異常が悪化しない限り，外副子およびケージレストを用いた保存療法が効果的である。

安定化手術は以下のような場合に適応となる。

1) 四肢麻痺，あるいは呼吸不全を伴っている場合
2) 外副子を装着し，十分にケージレストができているにもかかわらず，神経学的異常が進行する場合
3) 保存療法を開始して48～72時間を経過しても強い疼痛がある場合
4) 動物の活動性が非常に高い場合
5) 外副子の装着が動物の性格的に受け入れられない場合など

安定化手術は，頚椎の解剖学的特徴に関連して選択される。手術法としては頚椎腹側からアプローチし，金属インプラントと骨セメント(poly methyl methacrylate, 以下 PMMA)を用いて椎体を固定する方法[2, 3, 20]，ロッキングプレートを用いる方法が報告されている[23]。一般的な骨プレートは，スクリューが皮質骨を2回貫通するのが困難であることと，十分な数のスクリューを刺入することが難しいことから用いられるケースは少ない。これらの中でも操作性に優れている金属インプラントとPMMAを用いる方法が選択されることが多い。具体的には，それぞれの椎体に挿入固定したネジ切りピン(あるいは皮質骨スクリュー)をPMMAで一体化させる方法であり，頚椎椎間部に不安定性を生じている症例に適用可能である。

(2) 胸腰椎

頭側胸椎(T1～T10椎骨)領域は，先にも述べたようにもともと安定性が高いため，受傷しても重度な骨折や脱臼は発症しにくく，多くの症例が保存療法(ケージレスト)の適応となる。脊椎の不安定を生じている症例に対して手術を行う場合は，この領域特有の解剖学的特徴(椎体が小さく断面が三角形で，また，肋骨があるために椎体側面にアプローチが困難)のため椎体を用いた固定法は実施が難しい。そのため，棘突起を用いた固定法を実施する。従来は，spinal stapling法が用いられていたが，固定力が弱いために，その適応は超小型犬に限られる。現在ではその変法であるピンとワイヤーを用いた脊椎分節固定法[14]により固定することが一般的である。ピンをU字型に曲げるなどして脊椎と平行に設置し，ワイヤーを用いて棘突起をこのピンに固定する方法である。

胸腰部(T10～L5椎骨)は，脊柱管の容積が他の部位と比較して狭いため，脊髄損傷が重症化しやすい。そのため，ほとんどの症例で外科的固定による安定化が必要となる。この領域でも頚椎と同様，最も一般的に用いられる方法は金属インプラントとPMMAによる固定法[2]である(図6，図7)。その他にも，プレートによる固定法(図8)[15, 22]や，ピンとワイヤーを用いた脊椎分節固定法[7]が適用可能である。

尾側腰椎(L5～L7椎骨)では，解剖学的に椎体側面にアプローチすることが難しく，また，この領域の神経根は後肢の運動を支配しているため，プレートを設置するために切断できない。これらの理由により，金属インプラントとPMMAによる固定法やプレートによる固定法を選択することは困難である。そのため，ピンとワイヤーを用いた脊椎分節固定法による安定化を実施する。

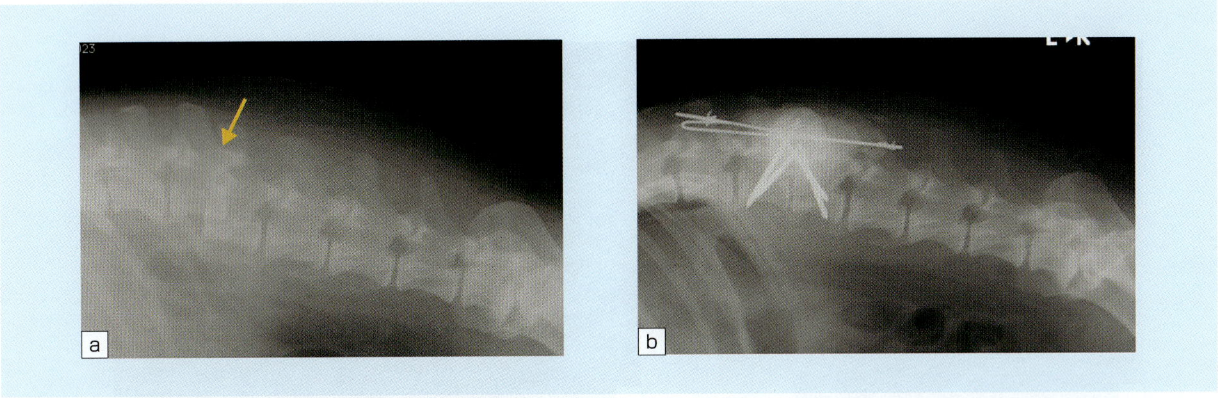

図6　ラブラドール・レトリーバー，10歳，雄，単純X線側方像

a：術前所見，b：術後所見。
車と衝突し，下敷きになった。その後，Schiff-Sherrington 徴候と後肢の麻痺を呈した。L2-L3 椎骨間に脱臼を認める(矢印)。
術式：各椎体に2本のネジ切りピンを刺入し，骨セメント(PMMA)と脊椎に平行に設置したピンによって固定した。術後，歩行は改善しなかったが，疼痛は消失し，車いすにて生活している。

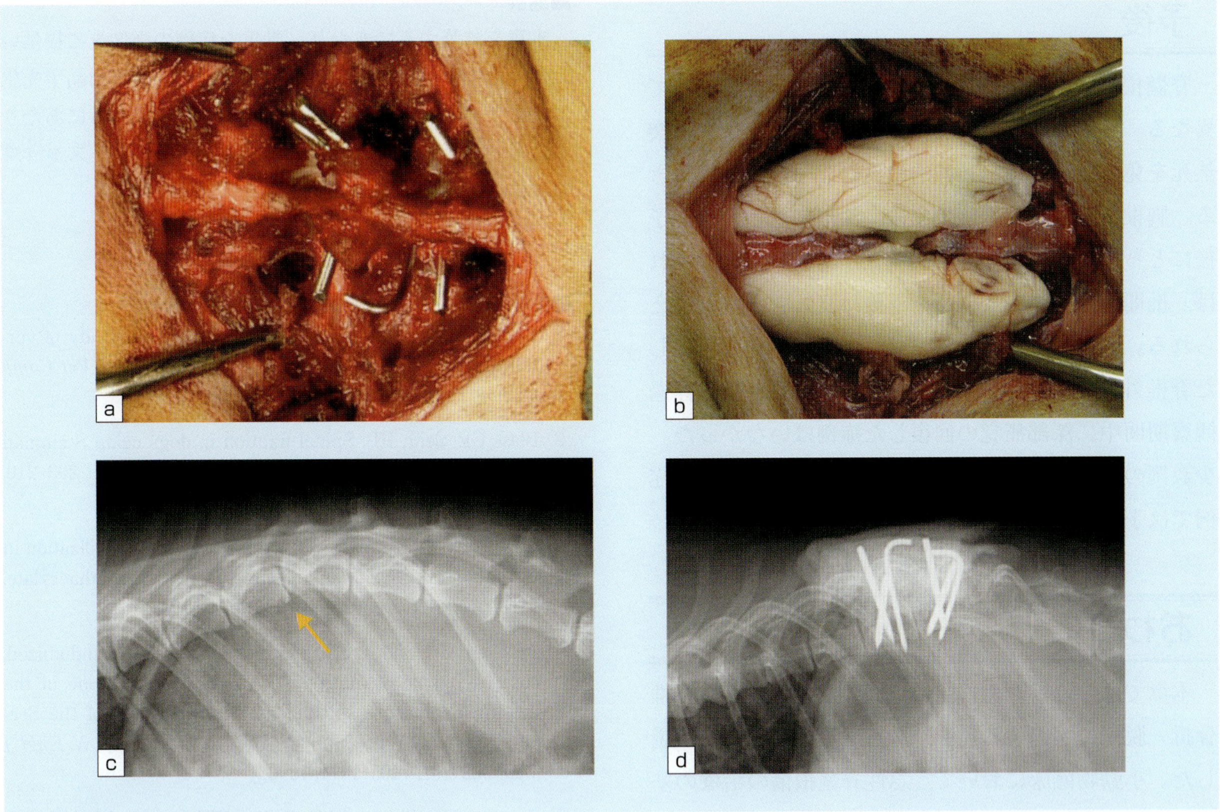

図7　手術所見および手術前後の単純X線側方像

図4と同症例。a，b：手術所見，c：術前のX線所見，d：術後のX線所見。
術式：本症例はMRI検査所見から脊髄に血腫や浮腫像は認められなかったため，背側椎弓切除による減圧は行わずに，脊椎の安定化手術のみを実施した。各椎体にネジ切りピン2本とスムースピン1本ずつを刺入し(a)，骨セメント(PMMA)によって固定した(b)。術後3日目から歩行可能となり，良好に経過している。

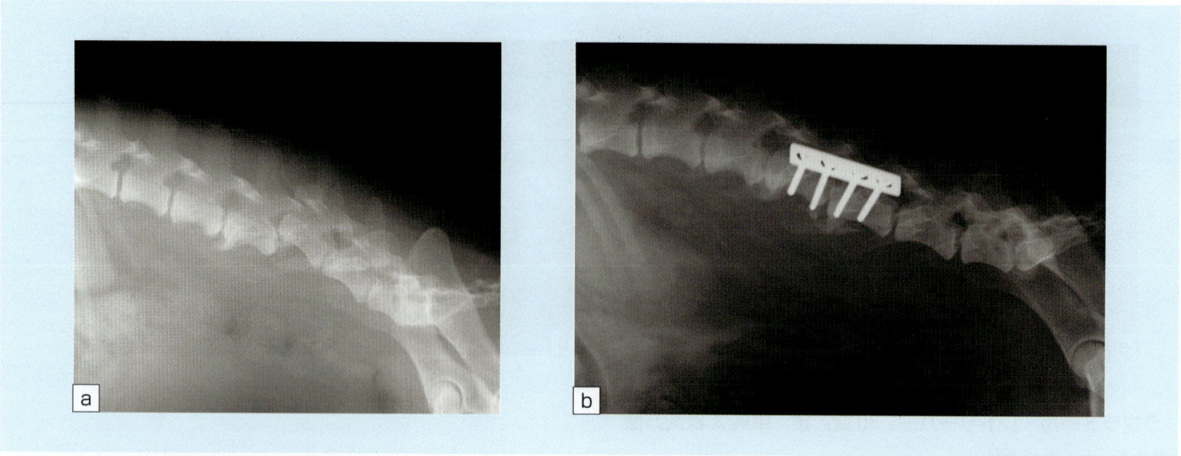

図 8　手術前後の単純Ｘ線側方像

図 3 と同症例。a：術前所見，b：術後所見。
術式：L4-L5 椎骨間の脱臼を骨プレートを用いて整復した。症例は術後 3 週間目より，ふらつきながらも歩行が可能となった。

予後

脊髄損傷の予後は，受傷部位やその重症度によって異なる。頚髄損傷では，受傷直後の呼吸停止による突然死を免れた場合は，比較的に良好な予後が期待できる。胸椎や腰椎損傷の症例では，深部痛覚の有無が予後にとって重要である。深部痛覚が消失していなければ，椎間板ヘルニアと同様，予後は良好であると考えられる。Olby らの報告[17]によると，深部痛覚の消失した脊椎外傷の犬 9 頭において，6 週間～2 年間の経過観察期間中に深部痛覚の回復した症例はいなかった。少数例の検討ではあるが，深部痛覚が消失している症例では予後は厳しいと考えられる。

おわりに

本章では，急性脊髄損傷について，主に外傷性脊椎骨折・脱臼に起因する病態，診断，治療について概説した。小動物臨床において，急性脊髄損傷の治療の基本は，的確な診断，速やかな脊椎の安定化，疼痛管理，支持療法である。現段階で，明らかに有効性が証明されている治療法は，適切な時期に実施する脊椎安定化手術のみである。現在，骨髄間質細胞，脂肪由来間質細胞などを用いた神経再生への取り組みの他，脊髄損傷を治療するべく様々な実験研究，臨床研究が行われている。今後，これらの取り組みが功を奏すれば，小動物の脊髄損傷の治療に新たな光明が見いだされるばかりでなく，人医療への応用も期待されることから，今後の新たな展開が待たれる。

［秋吉秀保・清水純一郎］

■謝辞

本章を執筆するにあたり，貴重な症例の画像をご提供いただいた千里桃山台動物病院の嶋崎 等先生，黒川晶平先生に心より感謝の意を表す。また，本章を作成するにあたりご協力いただいた大阪府立大学獣医臨床センタースタッフの皆様に深謝する。

■参考文献

1) Bali MS, Lang J, Jaggy A, et al. Comparative study of vertebral fractures and luxations in dogs and cats. *Vet Comp Orthop Traumatol.* 22(1): 47-53, 2009.

2) Blass CE, Seim HB. Spinal fixation in dogs using Steinman pins and methylmethacrylate. *Vet Surg.* 13(4): 203-210, 1984.

3) Blass CE, Waldron DR, van Ee RT. Cervical stabilization in three dogs using Steinman pins and methyl methacrylate. *J Am Anim Hosp Assoc.* 24(1): 61-68, 1988.

4) Bracken MB, Shepard MJ, Collins WF, et al. A randomized, controlled trial of methylprednisolone or naloxone in the treatment of acute spinal-cord injury. Results of the Second National Acute Spinal Cord Injury Study. *N Engl J Med.* 322(20): 1405-1411, 1990.

5) Bracken MB, Shepard MJ, Collins WF Jr, et al. Methylprednisolone or naloxone treatment after acute spinal cord injury: 1-year follow-up data. Results of the second National Acute Spinal Cord Injury Study. *J Neurosurg.* 76(1): 23-31, 1992.

6) Bruce CW, Brisson BA, Gyselinck K. Spinal fracture and luxation in dogs and cats: a retrospective evaluation of 95 cases. *Vet Comp Orthop Traumatol.* 21(3): 280-284, 2008.

7) Culbert LA, Marino DJ, Baule RM, Knox VW 3rd. Complications associated with high-dose prednisolone sodium succinate therapy in dogs with neurological injury. *J Am Anim Hosp Assoc.* 34(2): 129-134, 1998.

8) Dumont RJ, Okonkwo DO, Verma S, et al. Acute spinal cord injury, part I: pathophysiologic mechanisms. *Clin Neuropharmacol.* 24(5): 254-264, 2001.

9) Feeney DA, Oliver JE. Blunt spinal trauma in the dog and cat: insight into radiographic lesions. *J Am Anim Hosp Assoc.* 16(6): 885-890, 1980.

10) Hall ED, Springer JE. Neuroprotection and acute spinal cord injury: a reappraisal. *NeuroRx.* 1(1): 80-100, 2004.

11) Hanson SM, Bostwick DR, Twedt DC, Smith MO. Clinical evaluation of cimetidine, sucralfate, and misoprostol for prevention of gastrointestinal tract bleeding in dogs undergoing spinal surgery. *Am J Vet Res.* 58(11): 1320-1323, 1997.

12) Hawthorne JC, Blevins WE, Wallace LJ, et al. Cervical vertebral fractures in 56 dogs: a retrospective study. *J Am Anim Hosp Assoc.* 35(2): 135-146, 1999.

13) Hurlbert RJ. The role of steroids in acute spinal cord injury: an evidence-based analysis. *Spine(Phila Pa 1976).* 26(24 Suppl): S39-46, 2001.

14) McAnulty JF, Lenehan TM, Maletz LM. Modified segmental spinal Instrumentation in repair of spinal fractures and luxations in dogs. *Vet Surg.* 15(2): 143-149, 1986.

15) McKee WM. Spinal trauma in dogs and cats: a review of 51 cases. *Vet Rec.* 126(12): 285-289, 1990.

16) Olby N. Current concepts in the management of acute spinal cord injury. *J Vet Intern Med.* 13(5): 399-407, 1999.

17) Olby N, Levine J, Harris T, et al. Long-term functional outcome of dogs with severe injuries of the thoracolumbar spinal cord: 87 cases(1996-2001). *J Am Vet Med Assoc.* 222(6): 762-769, 2003.

18) Olby N. The pathogenesis and treatment of acute spinal cord injuries in dogs. *Vet Clin North Am Small Anim Pract.* 40(5): 791-807, 2010.

19) Rowland JW, Hawryluk GW, Kwon B, Fehlings MG. Current status of acute spinal cord injury pathophysiology and emerging therapies: promise on the horizon. *Neurosurg Focus.* 25(5): E2, 2008.

20) Schulz KS, Waldron DR, Fahie M. Application of ventral pins and polymethylmethacrylate for the management of atlantoaxial instability: results in nine dogs. *Vet Surg.* 26(4): 317-325, 1997.

21) Schwartz G, Fehlings MG. Secondary injury mechanisms of spinal cord trauma: a novel therapeutic approach for the management of secondary pathophysiology with the sodium channel blocker riluzole. *Prog Brain Res.* 137: 177-190, 2002.

22) Swaim SF. Vertebral body plating for spinal immobilization. *J Am Vet Med Assoc.* 158(10): 1683-1695, 1971.

23) Trotter EJ. Cervical spine locking plate fixation for treatment of cervical spondylotic myelopathy in large breed dogs. *Vet Surg.* 38(6): 705-718, 2009.

V

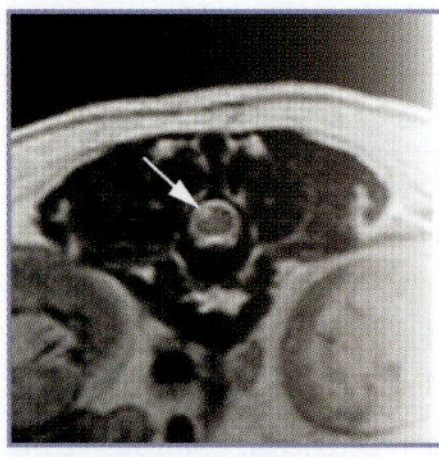

41. 脊髄梗塞：線維軟骨塞栓症

はじめに

脊髄梗塞 spinal cord infarction(または虚血性脊髄症 ischemic myelopathy)は数少ない脊髄の血管障害性疾患(DAMNIT-V 分類のうち V)の１つであり，**線維軟骨塞栓症 fibrocartilaginous embolism(FCE)**は脊髄梗塞で最も一般的な原因である。脊髄梗塞の原因としてはFCEの他に，血栓症や脊椎・脊髄腫瘍による局所の脊髄血管障害，寄生虫や異物の脊髄血管迷入などがあるが，FCE以外の原因による脊髄梗塞は極めてまれである。また，臨床的に診断・証明されることもほとんどなく，現在(少なくとも本邦においては)のところ，脊髄梗塞≒FCEといって差し支えないだろう。したがって，本章では脊髄梗塞の代表として，FCEについて解説する。

疫学

一昔前の欧米の成書では，FCEは比較的に若い非軟骨異栄養性犬種の大型犬～超大型犬で発生する疾患と記述されてきたが，最近では診断技術の向上も相まって様々な犬種(小型犬や軟骨異栄養性犬種)および猫でも発生することが知られている。1996年のCauzinilleとKornegayによるFCEと確定診断された36頭およびFCEが疑われた26頭の計62頭の報告[2]では，グレート・デーンが最多の13頭(20%)，次にラブラドール・レトリーバー7頭(11%)，ジャーマン・シェパード6頭(9.7%)であり，これらを含めた80%以上の犬が20kg以上の大型犬であった。また，この報告では，78.8%の症例が3～6歳での発症であった。2009年に，Nakamotoらによって報告された本邦における26症例の論文[4]では，柴犬が4頭(15%)，ミニチュア・シュナウザー3頭(12%)，その他ミニチュア・ダックスフンド，シー・ズー，ヨークシャー・テリア，バーニーズ・マウンテン・ドッグ，ラブラドール・レトリーバーが各々2頭ずつであり，73%が7歳未満での発症であった。筆者も数多くのFCE症例を経験しているが，若齢～中齢の(しかも特に元気な，活動性の高い)ミニチュア・シュナウザーとシェットランド・シープドッグ，ラブラドール・レトリーバー，ミニチュア・ダックスフンドが多い。また，まれではあるが，猫での発症も認められ，本邦からNakamotoらによる6ないし7例の報告がある[5,7]。犬では若齢発症であるが，猫では高齢での発症が多いようである。

病態生理

FCEは椎間板髄核と一致する**線維軟骨物質**が脊髄血管内に塞栓することで発症する，急性の虚血性脊髄障害である。しかしながら，なぜ，どのようにして椎間板髄核が脊髄血管に侵入するのかは不明のままであり，いくつかの仮説が立てられている。たとえば，椎間板に急激な圧縮性の外力が加わったとき，椎間板髄核が破裂性かつ散弾銃様に飛び散ることで周囲の血管内に侵入するのではないか(多くのFCE症例は激しい運動中や散歩中に突然の悲鳴とともに発症すること，および後述する画像所見から，この説は最もありそうなものである)，または椎間板変性に伴って椎間板内に生じた新生血管を通じて侵入するのではないか，あるいは血管内に線維軟骨が発生し(血管内壁の化生)，それが流れて塞栓するのではないか，などである[1,3]。

脊髄の血管分布は図1のようであり，脊髄は左右の脊髄神経根に沿って走行する**脊髄動脈**(背根動脈，腹根動脈)および腹側を走行する腹側脊髄動脈(中心動脈あるいは垂直動脈)，背側を走行する背外側脊髄動脈から血液供給を受ける。多くの犬の症例が左右いずれかの脊髄動脈(背根／腹根動脈)の塞栓によって発症することが画像的あるいは病理組織学的に確認されている。梗塞した血管の位置(太さ)およびその支配域に依存するが，通常病変は1脊髄分節内で片側性に局在する。

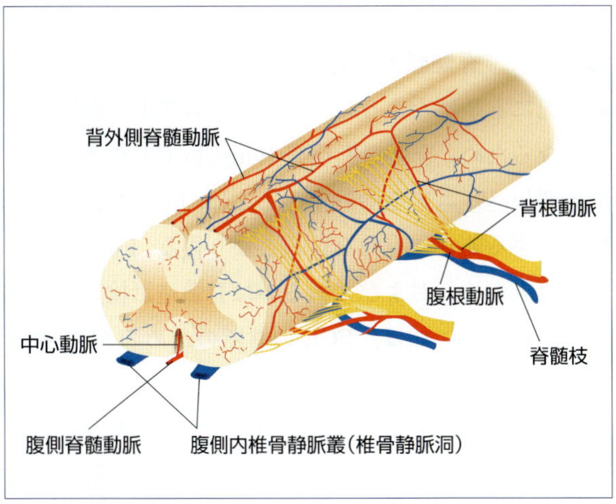

図１　脊髄の血管分布

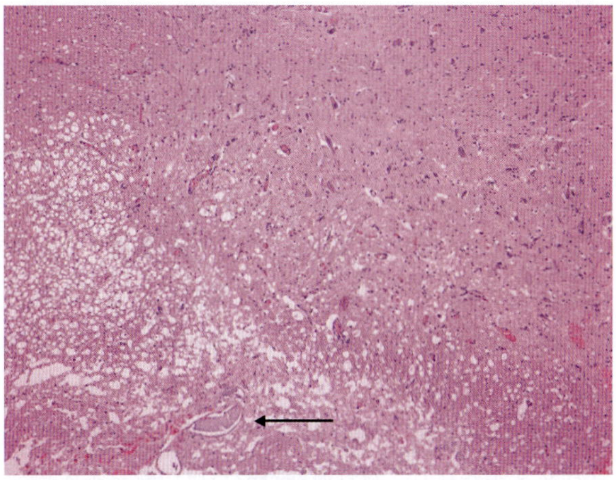

図２　線維軟骨塞栓症（FCE）の病理組織学的所見

脊髄血管内に線維軟骨物質（矢印）を認め，周辺の脊髄白質および灰白質に軟化壊死および虚血性変化が認められる。

経験的に，猫では腹側脊髄動脈で塞栓する症例が多いようである（図６も参照のこと）。病理組織学的には梗塞した血管の支配域における**虚血性壊死**（神経細胞脱落，軟化壊死，白質の軸索および髄鞘〔ミエリン〕変性など）および栓子である線維軟骨が確認される（図２）。

FCE は血管障害であるため，脊髄のどのレベルにおいても起こり得るが，好発部位は頚膨大部（C6 ～ T2 髄節）および腰膨大部（L4 ～ S3 髄節）が多い印象である。なお，先に紹介した Cauzinille と Kornegay の報告[2]では，病理組織学的に確定された症例のうち L4 ～ S3 髄節が 47％，C6 ～ T2 髄節が 30％であったが，Nakamoto らの報告[4]では T3 ～ L3 髄節が 50％で，C6 ～ T2 髄節が 23％, L4 ～ S3 髄節は 7.7％であった。

また，まれではあるが，FCE も他の脊髄疾患と同様に重症度が高い，あるいは梗塞巣の範囲が広い場合には，FCE とそれに続発する浮腫に引き続き進行性脊髄軟化症（第 30 章「進行性脊髄軟化症」を参照）へと発展することもある。

臨床症状

FCE は血管障害性疾患であるため，脳血管障害（第 22 章「脳血管障害」参照）と同様，一般的には急性発症（発症後一時的な悪化がある場合もある），その後は改善傾向あるいは非進行性という臨床経過をとる。前述したが，多くの症例が激しい運動中あるいは散歩中，散歩から帰宅した直後，軽い外傷時などに急性に発症する。また，この発症時のみに悲鳴をあげたり，あるいは発症からほんの数時間の間だけ疼痛を示す場合があるが，一般的には（来院する頃には）無痛性である。

臨床症状は病変部位（梗塞部位）によるが，発症時には一肢の跛行あるいは片側前後肢の跛行，固有位置感覚の低下のみを示し，数時間～１日程度で不全麻痺～麻痺へ進行するパターンや，発症直後から椎間板ヘルニアと同様に不全麻痺～麻痺を示すパターンがある。しかしながら，24 時間以降に症状が進行することは，脊髄軟化症へ発展する例を除き，極めてまれである。その後，しばらくの間は非進行性に神経学的な症状が継続し，数日～数カ月かけて徐々に改善傾向を示す。FCE の特徴は，超急性期（発症直後）あるいは亜急性期から慢性期において，明確な左右不対称性の臨床症状が認められる点である。部位別に代表的な神経学的異常を列挙するならば，C1 ～ C5 髄節では片側前後肢の上位運動ニューロン徴候（UMNS），C6 ～ T2 髄節ならば片側前肢の下位運動ニューロン徴候（LMNS）のみ，あるいは片側前肢の LMNS と同側後肢（ときに両側だが，同側でより強い）の UMNS，T3 ～ L3 髄節であれば片側後肢（ときに両側だが，同側でより強い）の UMNS, L4 ～ S3 髄節であれば片側後肢（ときに両側だが，同側でより強い）の LMNS である。FCE で認められる LMNS は急性期（すなわち続発する浮腫が最大となり，原発の梗塞巣よりも影響を受けている領域が広いとき）以外では１つの脊髄反射のみが低下ないし消失していることが多い。特に，後肢では膝蓋腱（四頭筋）反射のみが低下または消失し，引っこめ反射は正常であったり，あるいは膝蓋腱（四頭筋）反射が亢進し，引っこめ反射が消失していたり（＝見かけの UMNS, **偽性反射亢進**）する。最終的には，これも病変部位や重症度によって異なるが，最小限の神経学的欠損（たとえば一肢のみの固有位置感覚の低下や単肢のごく一部の限局した感覚欠如や筋萎縮，あるいは脊髄反射のみの欠損）が残存するか，臨床的には全く異常がないところまで回復する。ただし，頚膨大部（C6～T2髄節）あるいは腰膨大部（L4～S3髄節）で比較的に大きな血管が梗塞した場合には，後遺症として単肢の麻痺が永続的になることもあり，またC1～C5髄節での重大な病変では片側不全麻痺により，起立困難に陥る症例もまれに認められる（大型犬であった場合，安楽死の対象となることもある）。さらに理論的には，微細なLMNSの結果，感覚異常が残存し，舐性肢端炎や自己切断を示す場合があるかもしれない（筆者に経験はない）。

診断

1．シグナルメント，鑑別診断

FCEの診断は，シグナルメント（犬種，年齢）と，前述した極めて特徴的な“急性発症（特に運動中）”“無痛性”“非対称性の神経学的異常”というキーワードに加え，ある程度時間が経過した症例では“改善傾向”といった臨床症状で，おおよその臨床診断が可能である。病変部位の局在診断も通常の神経学的検査を正確かつLMNSであれば精密に行うことで，かなり絞り込むことができる。最も鑑別しなくてはならない疾患は，急性発症型の，すなわちHansen Ⅰ型の椎間板ヘルニアであると思われるが，FCEの多くは非軟骨異栄養性犬種であること（しかし，ダックスフンドでも発症するので注意），疼痛が継続していないこと，左右非対称性が（椎間板ヘルニアよりも）顕著であること，などが鑑別の助けとなる。

2．画像診断

FCEを確実に（ほぼ確定診断に近く）診断するためには，磁気共鳴画像（MRI）検査が必要となる。一般的に，FCEでは単純X線検査，脊髄造影検査，コンピュータ断層撮影（CT）検査で特異的な異常を検出することができない。超急性期～急性期のうちに脊髄造影検査あるいは脊髄造影下でのCT（myelo-CT）検査が行われ，また病変も比較的に重度であった場合は，病変領域に浮腫すなわち脊髄腫大が認められるために，髄内病変を示唆する脊髄造影所見が得られることもある（ただし，かなり読影に熟練した者でも見極めるのは困難なことがしばしばあるため，確定的ではない。なお，先に挙げたCauzinilleとKornegayの論文[2)]では，FCEと確定診断された47％の症例で脊髄造影検査にて脊髄腫大が認められている）。しかしながら，先にも挙げたように椎間板ヘルニアとの鑑別が重要となるため，脊髄造影検査やmyelo-CT検査を行って椎間板ヘルニアを除外することは，FCEの臨床診断を支持する非常に有力な情報となり得る。FCEの特徴的な臨床症状，および／あるいは脊髄造影検査における圧迫病変の欠如は，FCEの診断のためのMRI検査の適応を示唆する。

MRI検査は，事前の神経学的検査所見に基づく局在診断に従って，想定される病変部位について行う。通常の脊髄疾患のMRI検査と同様に，初めはT2強調（T2W）画像の矢状断面から撮像し，病変が疑われる領域の横断像（T2W，T1強調〔T1W〕画像およびガドリニウム増強T1W画像）を撮像する。典型的なFCEでは，T2W画像矢状断像で斑状～び漫性の高信号領域が脊髄実質内に認められ（急性期には正中矢状断像でわかることが多いが，典型的には正中よりわずかに外側の画像で捉えられる），同部位の横断像では脊髄内の左右どちらか一方に偏ったT2W画像で斑状または楔状，あるいはび漫性の高信号領域が捉えられる（図３）。

急性期において，このT2W高信号の領域は，原発の梗塞巣に加え，続発性の浮腫や，より重度の場合には脊髄軟化症を含んでいるため，実際の梗塞巣よりもかなり広範囲に認められることが多く，対側にも浮腫が及んでいることもある。また，急性期では脊髄造影検査で示されるように，浮腫による脊髄腫大がみられることが多い。このT2W高信号の領域は，発症からの時間経過とともに退縮する傾向にあり（続発性の浮腫が消散する），最終的には原発梗塞巣のみが点状～斑状の高信号病変として残る（図４）。また，まれだと思われるが，元々の梗塞領域が軽度で（小さく），発症から撮像までの時間経過が長ければ見過ごされる，あるいは特定できない可能性もある。一般的に，この梗塞巣はT1W画像では等信号～やや低信号であるため，T1W画像でFCEを特定することは困難である。ガドリニウム増強T1W画像における病変の増強所見は様々で，全く増強されないものから比較的強く増強されるものまであり，一貫性がない。ガドリニウム増強T1W画像で増強される病変は，恐らく比較的重度な症例で，血液関門が破綻している，あるいは出血性梗塞に至っているものと思われる。一部の重症例では，T2W高信号の病変内に一部低信号の領域を認めることがあり，この場合はガドリニウム増強T1W画像で

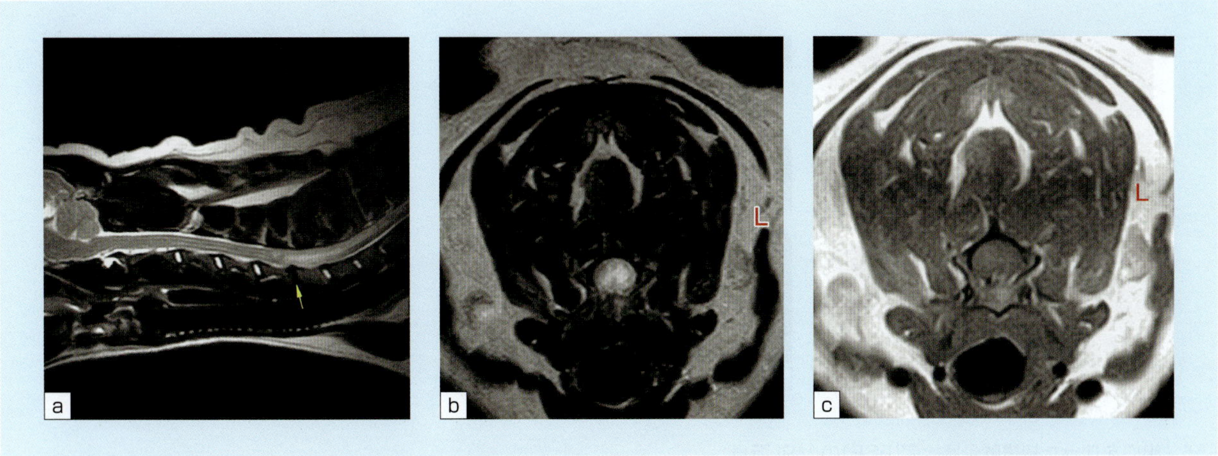

図３　急性期の線維軟骨塞栓症（FCE）の典型的なMRI所見

ミニチュア・シュナウザー，5歳，雄。耳掃除後に突然左後肢の不全麻痺を発症し，次の日の朝には四肢不全麻痺へ進行していた（この日にMRIを撮像）。神経学的には両後肢のUMNSと左前肢のLMNSを呈し，右前肢の反射は正常～やや低下気味で，左眼にはホルネル症候群を認めた。T2W画像正中矢状断像（a）では，C5-C6椎骨レベルの脊髄実質にび漫性の高信号病変と脊髄腫大を認める（この高信号は一部，T2椎骨レベルまで引き続き認められている）。また，C5-C6椎体間では椎間板髄核の高信号が欠如している（矢印）。同部位のT2W画像横断像（b）では，脊髄左側に優勢なび漫性の高信号病変を認め，ガドリニウム増強T1W画像（c）においては当該部位にやや低信号を示すものの，明らかな増強所見は認められない。

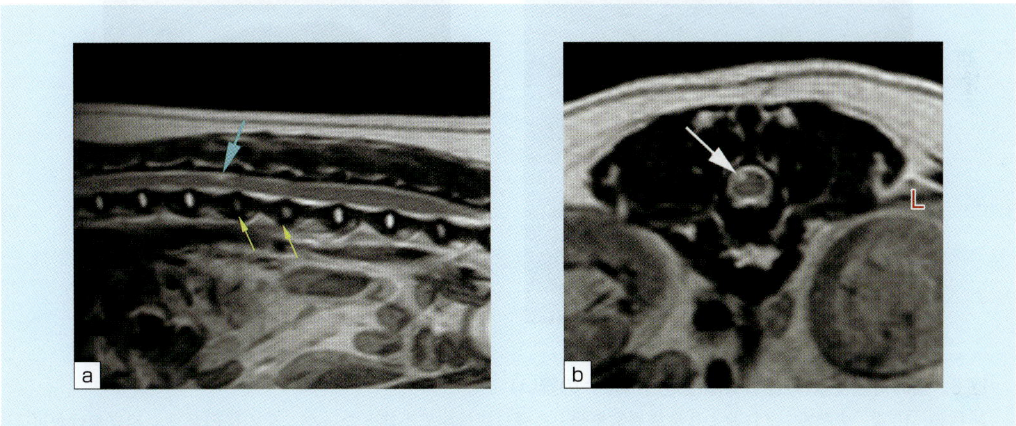

図４　慢性期の線維軟骨塞栓症（FCE）の典型的なMRI所見

チワワ，3歳，雄。MRI撮像の1カ月半前に，散歩後より突然右後肢の跛行を呈した。痛みはなく，その後徐々に回復し，歩行可能であるが，右後肢が時折ナックリングしていた。神経学的検査では右後肢の固有位置感覚の消失のみが認められた。T2W画像傍正中矢状断像（a）では，L1椎骨レベルの脊髄背側部にごくわずかな高信号領域を認め（水色矢印），またL1-L2椎体間およびL2-L3椎体間の椎間板髄核の変性（信号値低下）を認める（黄色矢印）。（a）の水色矢印レベルでのT2W画像横断像（b）では，右背角から側索領域に小さな斑状の高信号病変を認める（白矢印）。T1W画像およびガドリニウム増強T1W画像では，この病巣を明確に捉えることはできなかった（提示していない）。この病変は，T2W画像の1.5 mm厚の1スライスでしか認められない。慢性期のFCEでは，このように病変は退縮しており，また図3の急性期のような脊髄の腫大は認められない。このような小さな慢性化した病巣は，MRIの撮像次第では見過ごされる可能性もある。

の増強所見とともに病変内に出血を伴っていることを示唆している（図5）。

これらの一般的なFCEの所見に加え，（個人的経験では）約半数の症例において梗塞巣の直下あるいは前後1～3椎骨以内のいずれかの椎間板が変性（低信号化），あるいはT2W高信号を示す椎間板髄核の容積が近隣の正常な椎間板髄核に比べ減少していることが捉えられる。なお，この所見はFCEの発生機序には，やはり椎間板髄核の関与があることを暗示しているものと思われる（図3a，図4a，図5a）。発生がまれな猫でも，おおよそ犬のそれと類似した所見を示すものの，経験的に脊髄腹索領域（腹側脊髄動脈支配域）に病巣を有する症例が（犬よりも）多く感じられる（図6）。

3．脳脊髄液（CSF）検査

脳脊髄液（CSF）検査はFCEの診断において必須ではないが，脊髄造影検査時にCSFを採取できた場合やMRI検査所見上での脊髄炎との鑑別，出血の有無（脊髄軟化症への移行）を確認する場合に行うことがある。CSF検査では明らかな異常所見が認められないか，軽

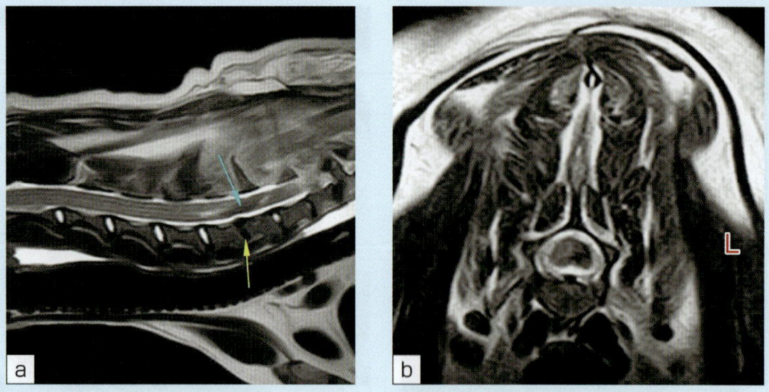

図5　出血を伴った線維軟骨塞栓症（FCE）のMRI所見

ミニチュア・シュナウザー，4歳，雌。ジャンプして椅子の上に乗ろうとし，その後より四肢不全麻痺となった。その後徐々に回復するも，左前後肢の不全麻痺が残存したため，発症から約1カ月後（慢性期）にMRIを撮像した。T2W画像正中矢状断像においてC6-C7椎骨レベルの脊髄実質が低信号（水色矢印）を示し，その前後にわずかな高信号領域を認める。また，C6-C7椎体間の椎間板髄核の高信号は欠如している（黄色矢印）。C6椎骨レベルの横断像で脊髄の左側がT2W画像（b）で低信号，造影T1W画像（c）ではわずかに増強されている。図3の急性期の症例と比較して，もはや脊髄の腫大は認められない。

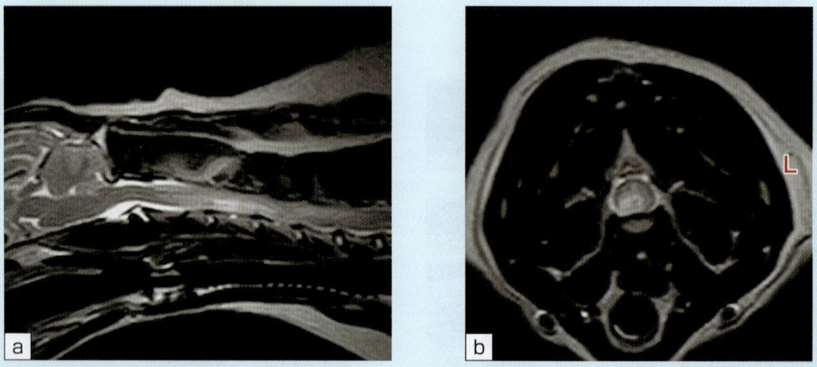

図6　猫の脊髄梗塞（線維軟骨塞栓症〔FCE〕の疑い）

雑種猫，10歳，去勢雄。2日前より歩様異常を呈し，翌日には起立不能となった。その後の2日で起立歩行が可能なまでに回復した。MRIは発症後5日目に撮像した。T2W画像矢状断像（a）においてC2椎骨尾側～C4椎骨頭側レベルの脊髄実質が高信号を呈し，腫大している。C3椎骨頭側レベルでのT2W横断像（b）において，高信号領域は左右（若干右に優位）の腹索領域に位置している。この症例では（猫であるが），図3，図4で示したような椎間板髄核の変性所見は明確ではない。

度の細胞数および蛋白濃度の増加が認められる（これらは非特異的所見である）。出血を伴う場合（出血性梗塞や脊髄軟化症）では，キサントクロミーや，ごくまれに比較的新鮮な出血所見が認められることがある。また，軟化症が穿刺部位にまで及んでいる場合，CSF採取ができないこともある。

治療

FCEに対する特異的な治療法はない。発症直後（発症から8時間以内）であれば，他の原因による脊髄損傷と同様（第24章「頚部椎間板ヘルニア」，第25章「胸腰部椎間板ヘルニア」，および第40章「脊髄損傷」も参照），脊髄浮腫などの二次的な変化に対してコハク酸メチルプレドニゾロン（MPSS）の投与が有効かもしれないと推奨する成書もある[1, 3, 6]。また，最近注目されているポリエチレングリコールの潜在的有効性を示しているものもある[3]。しかしながら，最近脊髄損傷に対するMPSSおよびポリエチレングリコールの効果については様々な議論があり，有効性はない，あるいは低いという意見が主流である。FCEの病態生理学的機序を考慮すると，フリーラジカルスカベンジングおよび抗浮腫効果のあるMPSSは病変の悪化抑制にいくらかの効果はあるのかもしれないが，リスク／ベネフィット比を考慮した場合，それに見合う有効性が得られるかどうかは疑問である。いずれにせよ発症から8時間以上経過した症例であれば（恐らくMRIで診断される頃には発症から8時間以上経過していることが多いだろう），特別に薬剤などを投与する必要はない。

基本的にFCEに対しては，理学療法（リハビリテーション）が中心となる。超急性期の疼痛がある時期を逸したならば，動物の起立や歩行の回復にあわせた比較的に早期からのリハビリテーションを開始すべきである。

予後

FCEの予後は病変部位，重症度によって非常に様々である。たとえば，胸腰部（T3～L3髄節）に生じた比較的に軽度のFCEであれば，恐らく発症から数日で歩行が可能となり，1～2カ月後には神経学的異常を検出できない程度まで回復するであろう。また，頚膨大部（C6～T2髄節）あるいは腰膨大部（L4～S3髄節）に軽度～中等度のFCEを生じた例では，1肢のみに限局的なLMNSが残存する程度にまで（C6～T2髄節では片側前肢の軽度LMNSと同側後肢の軽度の不全麻痺など）回復するだろう。これに対し，たとえば上位頚髄（C1～C5髄節）に重度の梗塞を生じた例では，四肢の不全麻痺および起立不能，ときに呼吸不全をも呈することがあり，これが大型犬や超大型犬である場合には，安楽死の対象になる可能性もある。また，脊髄軟化症へ移行する症例では，発症から24時間以降にも臨床症状の悪化および進行（上行性であったり，下行性であったりする）が認められ，同時に多くの場合は有痛性となる。この場合もまた，特に上行性に進行する場合には，呼吸筋麻痺により死亡するか，あるいは安楽死の対象となる。

予後について，先に挙げたCauzinilleとKornegayの論文[2]では，FCEが疑われた26例のうち，予後の追跡が行われた23例中17例（74%）がおおよそ2週間以内に臨床的に改善し，歩行可能となった。Nakamotoらの報告では[4]，26例中21例（81%）が歩行可能なまでに回復し，回復までにかかった時間は平均で14日であった。

おわりに

脊髄梗塞 であるFCEは，脊髄疾患で最多を誇る椎間板ヘルニアとの鑑別が重要な疾患であり，しばしば獣医師を幻惑させることがある。しかしながら，重症度にもよるが，ポイントを押さえて，診断さえしっかりとできれば，治療はあまり必要とせず，また予後も比較的良好な疾患である。一番やっかい（？）なのは，第1印象から椎間板ヘルニアと決めつけ，臨床経過，神経学的検査および画像診断をよく検討せずに椎弓切除術などを行ってしまうパターンである。そのような失態を起こさぬよう，以下にFCEの重要ポイントを箇条書きにまとめておくので，脊髄疾患の患者を診察するときに，頭の片隅に記憶しておいていただきたい。

重要ポイントのまとめ

- 突然の発症。
- 若齢の大型犬，ミニチュア・シュナウザー，シェットランド・シープドッグ，ラブラドール・レトリーバーに好発する（ただし，どの犬種・猫でも起こり得る）。
- 発症時にのみ痛みを示すことがあるが，来院時には通常痛みはない。
- 神経学的検査において左右差が明確な場合が多い。
- 発症から24時間までは悪化することもあるが，通常その後は改善傾向を示す。
- 単純X線検査，脊髄造影検査で明らかな異常所見や圧迫病変は認められない。
- 確実な診断にはMRI検査（脊髄造影検査で圧迫病変がない場合は，FCEの可能性が高い）が必要となる。
- 特別な投薬・治療の必要はなく（発症後8時間以内であればMPSSが有効かもしれない），基本的には比較的に早期から理学療法を行う。
- 重症度によるが，一般的に歩行回復への予後は良好である。

［長谷川大輔］

■謝辞
本章を執筆するにあたり，写真をご提供いただいたKyotoAR獣医神経病センター，株式会社キャミック，および東京大学の内田和幸先生に感謝の意を表す。

■参考文献
1) Bagley RS. 脊髄疾患の動物の診断的検査. In: 徳力幹彦監訳. Dr. Bagley のイヌとネコの臨床神経病学. ファームプレス. 東京. 2008, pp271-305.

2) Cauzinille L, Kornegay JN. Fibrocartilaginous embolism of the spinal cord in dogs: review of 36 histologically confirmed cases and retrospective study of 26 suspected cases. *J Vet Intern Med.* 10(4): 241-245, 1996.

3) Dewey CW. Myelopathies: Disorders of the spinal cord. In: A practical guide to canine and feline neurology, 2nd ed. Wiley-Blackwell. Iowa. 2008, pp323-388.

4) Nakamoto Y, Ozawa T, Katakabe K, et al. Fibrocartilaginous embolism of the spinal cord diagnosed by characteristic clinical findings and magnetic resonance imaging in 26 dogs. *J Vet Med Sci.* 71(2): 171-176, 2009.

5) Nakamoto Y, Ozawa T, Mashita T, et al. Clinical outcomes of suspected ischemic myelopathy in cats. *J Vet Med Sci.* 72(12): 1657-1660, 2010.

6) Sharp NJH, Wheeler SJ. 鑑別診断に注意を要する疾患. In: 原 康監訳. 犬と猫の脊椎・脊髄疾患：診断と外科手技, 第2版. インターズー. 東京. 2006, pp331-350.

7) 中本裕也, 小澤剛, 真下忠久ら. MRI 検査によって脊髄梗塞と診断したネコの7症例. 第30回獣医神経病学会抄録集. 2008.

末梢神経・筋疾患

[第 42 ～ 51 章]

42. 末梢神経・筋疾患編イントロダクション
43. 遺伝性ニューロパチー
44. 末梢神経鞘腫瘍およびその他の腫瘍に関連するニューロパチー
45. 炎症性ニューロパチー
46. 特発性前庭疾患
47. 外傷性ニューロパチー
48. 後天性重症筋無力症
49. 筋ジストロフィー，ミトコンドリア筋症
50. 炎症性筋疾患
51. その他のニューロパチー，ミオパチー

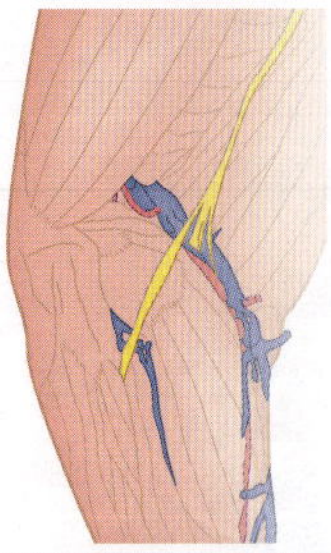

42. 末梢神経・筋疾患編 イントロダクション

末梢神経と筋の機能解剖ならびに基礎知識，用語

病気を理解するには，生理と解剖を理解しておくことが結局のところ近道となる。末梢神経疾患と筋疾患を知るうえで必要最小限の機能解剖と，それに関連付けて臨床で用いられる用語をここではまとめた。解剖学や機能解剖の詳細は，参考文献1，2などを参照してほしい。

一般的な定義では，末梢神経は中枢神経である脳に出入りする脳神経（12 対）と，同じく中枢神経である脊髄に出入りする脊髄神経（犬で通常 36 対）で構成される。脳と脳神経の位置関係を示す解剖の概略を図１に挙げる。

前肢と後肢の機能に関係する脊髄神経について，脊髄中の位置（脊髄分節）と機能を表１にまとめた。脳と脊髄の中に存在する神経細胞体は中枢神経系に分類するのが通例であり，脳や脊髄外に位置する神経線維や神経細胞体は末梢神経に分類される。図２に１つの運動神経単位を例に挙げて末梢神経と中枢神経の区分を示した。図３では，目視では１本に見える末梢神経であるが，拡大して見ると多数の小さな末梢神経から構成されていることがわかる。末梢神経は情報を送る方向によって，**遠心路**（中枢神経の指令を末端に伝える）と，**求心路**（末端の情報を中枢神経に伝える）にわけられる。

さらに，機能的特徴から末梢神経は体性神経と自律神経にわけられる。**体性神経**には，中枢神経からの運動の指令を骨格筋などの随意筋に伝える運動神経（遠心路）と，様々な感覚（皮膚，筋，視，聴，嗅，味，平衡，深部など）を中枢神経に伝える感覚神経（求心路）がある。**自律神経**は内臓，血管，腺などの不随意的に働く器官に分布して，内臓の活動の制御や恒常性の維持を行うが，解剖学的特徴や機能から，交感神経と副交感神経にわけられる。自律神経は遠心路のみを指すことが通例であるが，それら臓器に分布する神経には求心路である感覚神経も存在する。求心路を含めた反射弓が自律神経系の恒常性維持に重要な役割を担っているため，臓器に分布する末梢神経の求心路（臓器に分布する感覚神経）を自律神経に含める分類方法もある[2]。

交感神経の神経細胞体は，第八頚髄（あるいは第一胸髄）～第四（五）腰髄の側角に位置し，交感神経線維は腹根から脊髄神経とともに脊髄を出て，いったん交感神経幹を形成する。交感神経幹で一部の交感神経線維はニューロンを乗り換え，そのまま標的器官に分布する。頭部と腹腔・骨盤腔へ向かう神経線維は，交感神経幹を出てから神経節を形成し，そこでニューロンを乗り換えて標的器官に分布する（図４）。一方，**副交感神経**は，単独の神経路としては存在せず，特定の脳神経（CN Ⅲ，Ⅶ，Ⅸ，Ⅹ）と仙髄に神経核をもち，それらの脳神経，仙髄神経と混ざりながら中枢神経を出て，副交感神経節に至る。副交感神経節でニューロンを換え，それぞれの標的器官に至って副交感神経としての働きを行う（図４）。

このように，自律神経は末梢の標的器官に達するまでに１度ニューロンを換える。脳や脊髄を出て第１の神経節に到達するまでの線維を節前線維，それ以降の末梢の線維を節後線維と呼ぶ。

1．末梢神経・筋疾患の解剖学的構成要素と臨床的名称

末梢神経・筋疾患とは，解剖学的にどの部位の異常を意味するのであろうか。臨床的には，末梢神経を運動神経，感覚神経，自律神経の３つに大別し，疾患と関連付けて述べられることが多い。したがって，末梢神経疾患というと，これら３つの構造物における，特に中枢神経の外に位置する神経細胞体と神経線維の疾患の総称を意味する（図２）。

末梢神経の障害は，臨床的には，**ニューロパチー neuropathy** とも呼ばれることが多い。さらに，運動

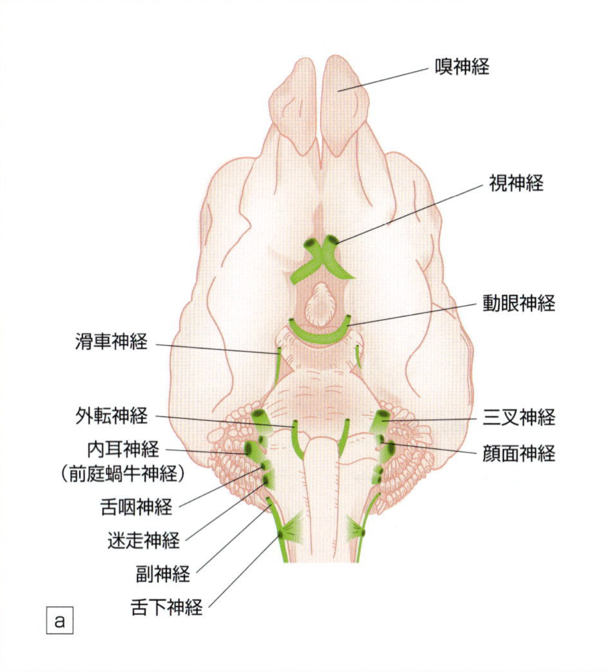

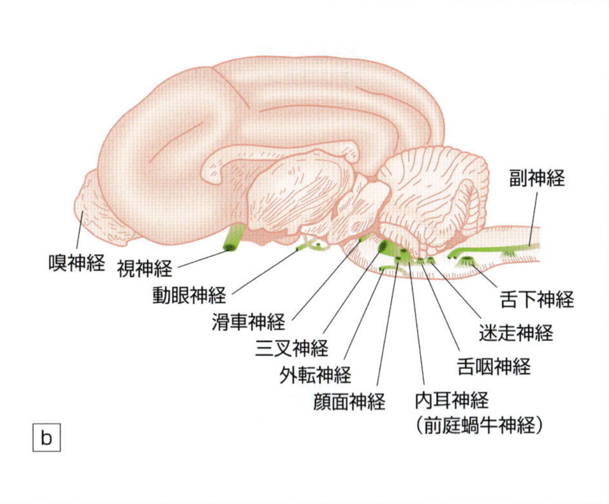

図1　犬の第Ⅰ～Ⅻ脳神経起始部

a：腹側観，b：内側観。
（文献1を元に作成）

表1　四肢を支配する主要な脊髄神経（末梢神経）

神経	脊髄分節	運動機能			感覚機能
		支配筋	主な機能	機能障害時の主な徴候	表在感覚分布位置（皮神経としての分布部位，図6参照）
前肢					
肩甲上神経	C6，C7	棘上筋 棘下筋	肩の外側支持 肩関節の伸展（棘上筋） 肩関節の屈曲または伸展（棘下筋）	棘上筋・棘下筋の萎縮	なし
筋皮神経	C6，C7，C8	上腕二頭筋 上腕筋 烏口頭筋	肘関節の屈曲（上腕二頭筋，上腕筋） 肩関節の伸展と外転（烏口頭筋）	引っこめ反射の肘関節における低下	前腕内側面の皮膚
腋窩神経	（C6），C7，C8	三角筋 大円筋 小円筋	肩関節の屈曲	引っこめ反射の肩関節における低下	上腕頭側面と外側面の皮膚
橈骨神経	C7，C8，T1，T2	上腕三頭筋 橈側手根伸筋などの手根伸筋群	肘関節，手根関節，指関節の伸展	前肢への負重不可，ナックリング，橈側手根伸筋と三頭筋反射の低下～消失	手背面（手の甲側）皮膚，前腕頭側面と外側面の皮膚
正中神経 尺骨神経	C8，T1，T2	橈側手根屈筋などの手根屈筋群	手根関節と指関節の屈曲	手根関節屈曲位（＝下がる）で保持，引っこめ反射の手根関節部における低下～消失	手の掌面皮膚と 前腕尾側面皮膚
後肢					
閉鎖神経	L4，L5，L6	内転筋群	股関節の内転	滑る床の上で股関節が外転	なし
大腿神経	L4，L5，L6	腸腰筋 大腿四頭筋	股関節の屈曲と膝関節の伸展	後肢への負重不可，膝蓋腱（四頭筋）反射の低下～消失	肢と趾の内側面の皮膚と，大腿部の頭側面と外側面の皮膚
坐骨神経	L6，L7，S1	大腿二頭筋 半腱／半膜様筋	股関節の伸展と膝関節の屈曲（足根と趾関節に関しては，腓骨神経と脛骨神経の欄を参照）	後肢への負重可能，股関節屈曲位，膝関節伸展位，ナックリング，引っこめ反射低下～消失	下腿部の尾側面と 外側面の皮膚
腓骨神経	L6，L7，S1	前脛骨筋群	膝関節の伸展， 足根関節の屈曲と趾の伸展	足根関節が伸展位で保持された状態になる（尖足（せんそく）），ナックリング，引っこめ反射の足根関節における低下	下腿部の頭側面の皮膚
脛骨神経	L6，L7，S1	腓腹筋 浅趾屈筋群	膝関節の屈曲， 足根関節の伸展と趾の屈曲	足根関節が過屈曲気味で保持された状態になる，蹠行	下腿部の尾側面の皮膚

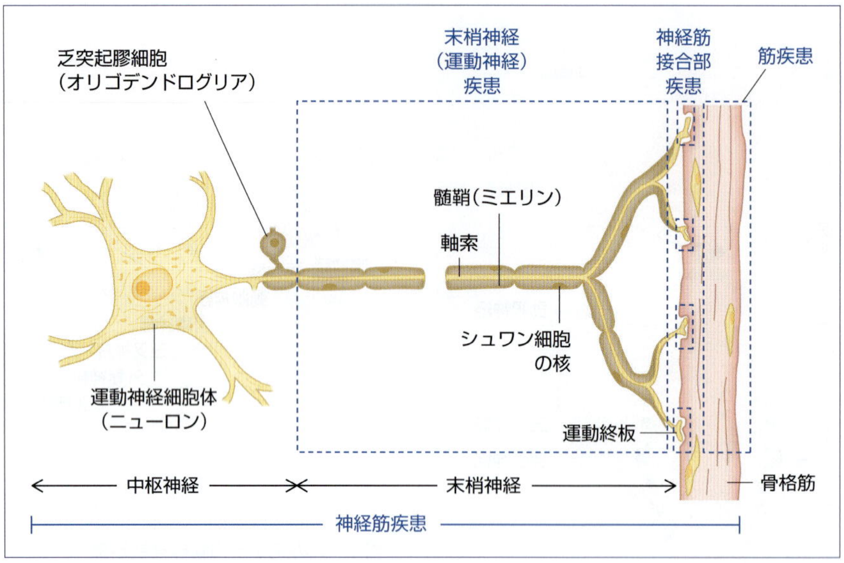

図2 運動神経単位における末梢神経，中枢神経の区分

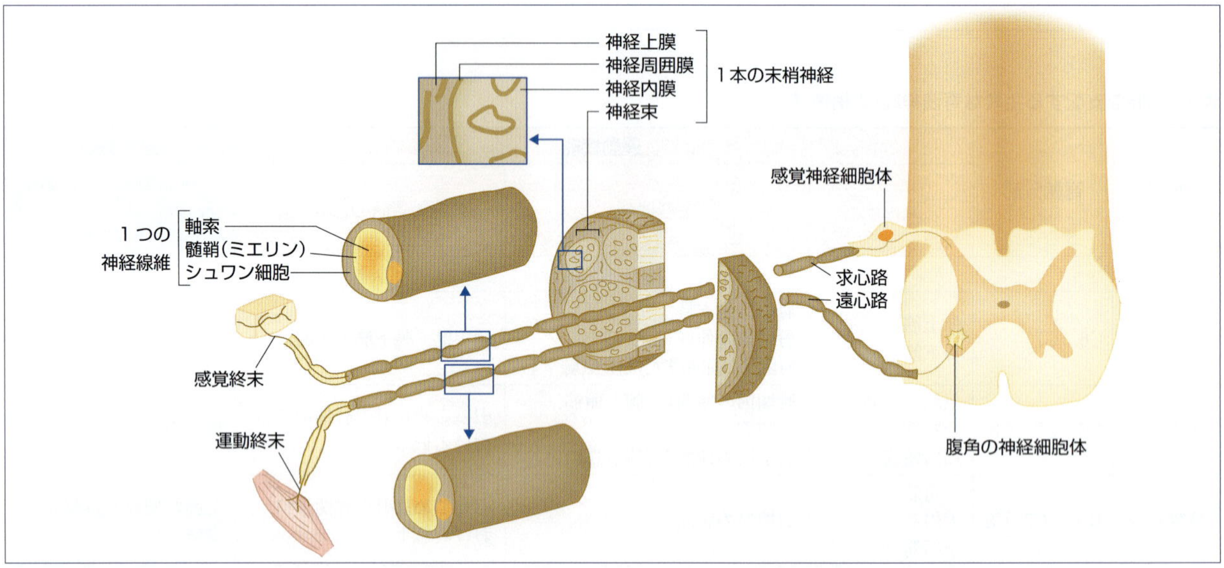

図3 末梢神経の構造
(文献1を元に作成)

神経における障害は運動ニューロパチー motor neuropathy，感覚神経の障害は感覚ニューロパチー sensory neuropathy, 自律神経の障害は自律神経ニューロパチー autonomic neuropathy と細分される。末梢神経疾患のうち，運動神経の疾患は，その効果器である筋疾患と症状が非常に類似し，さらに診断アプローチ法が重複するため，臨床では**神経筋疾患 neuromuscular disorders** として，ひとくくりにして述べられることが多い。神経筋疾患という場合，その中に含まれる解剖学的構造物は，運動神経細胞体，運動神経線維，神経筋接合部，そして筋肉である(図2)。末梢神経疾患というと，中枢神経内に存在する運動神経の神経細胞体は通常含まれないが(前述)，神経筋疾患となると含まれるため，厳密に考えると，この点は紛らわしい。

神経筋接合部疾患 neuromuscular junction disorders あるいは junctionopathy とは，運動神経の末端(運動終板)と筋が接合する部位における疾患の総称である(図2)。臨床神経学でいう筋疾患とは，通常骨格筋の障害を指し(図2)，筋肉の障害は**ミオパチー myopathy** といわれる。臨床で一般的に用いられる用語とその構成要素を表2にまとめた。

単独の末梢神経障害はモノニューロパチー mononeuropathy(単ニューロパチー)，多発性の場合はポリニューロパチー polyneuropathy(多発ニューロパチー)と呼ばれる。さらに多発性のミオパチーは，ポリ

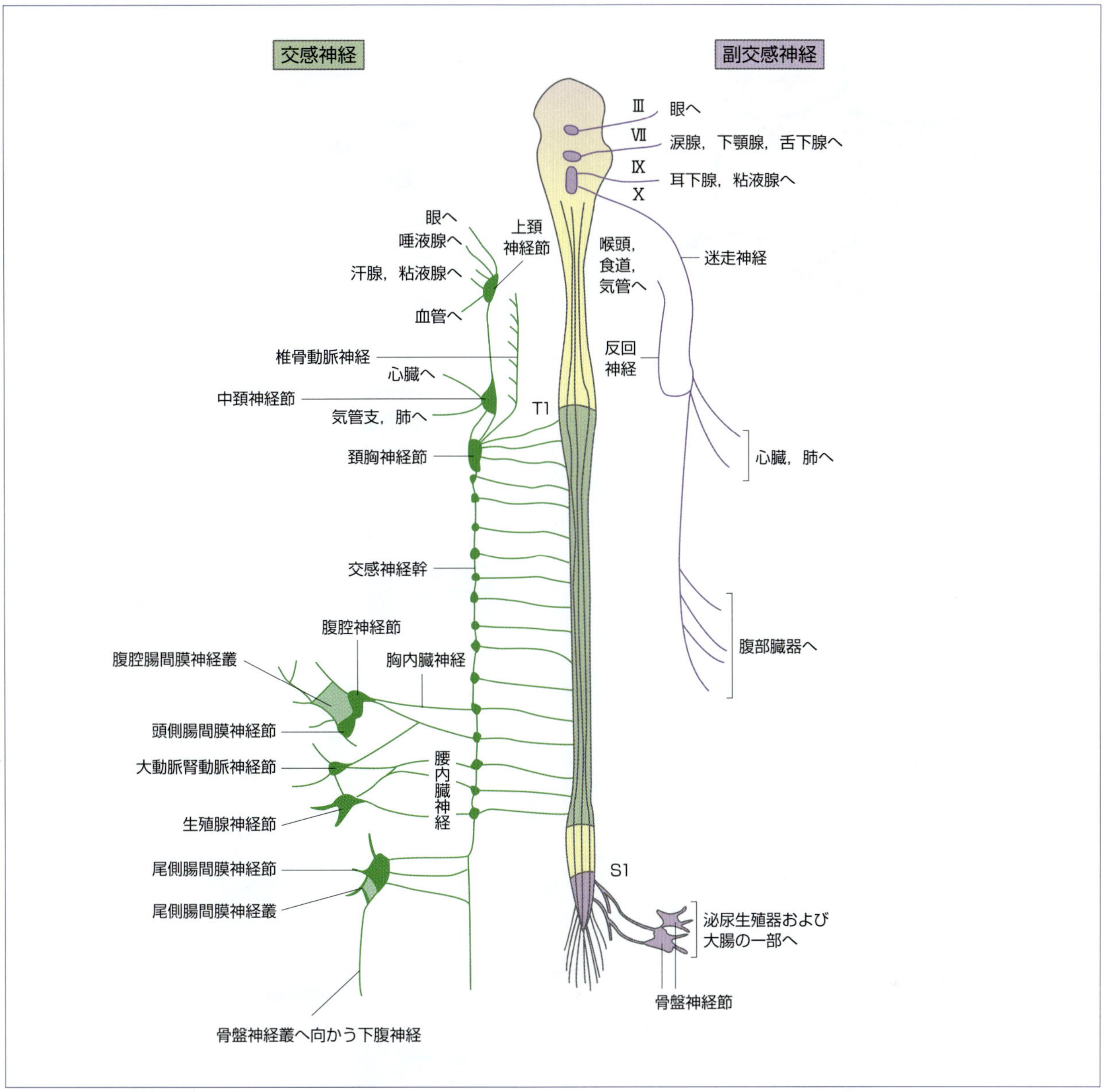

図4　交感神経，副交感神経の支配域
（文献1を元に作成）

ミオパチー polymyopathy（多発ミオパチー）と呼ばれる。

2. デルマトーム（皮膚分節）とオートノマスゾーン（自律帯）

皮膚のみに分布する感覚神経を皮神経というが，1つの皮神経が支配している皮膚領域全体を**デルマトーム dermatome**（皮膚分節）あるいは皮膚帯 cutaneous zone と呼ぶ。デルマトームには，2種以上の皮神経が支配する領域と，1種のみの皮神経が支配する領域とがあり，後者は**オートノマスゾーン autonomous zone**（自律帯）と呼ばれる（図5）。オートノマスゾーンにおける感覚機能を評価することにより皮神経の障害部位を特定できるので，末梢神経の病変の局在化を行う際に役に立つ（図6）。具体的な検査法は，診断法の項で解説する。

表2　臨床で頻用される用語とその構成要素

臨床で頻用される用語		構成要素
ニューロパチー	運動ニューロパチー	運動神経（線維）
	感覚ニューロパチー	感覚神経（線維）
	自律神経ニューロパチー	自律神経（線維）
神経筋接合部疾患		神経筋接合部
ミオパチー		筋
神経筋疾患		運動神経細胞体，運動神経（線維），神経筋接合部，筋

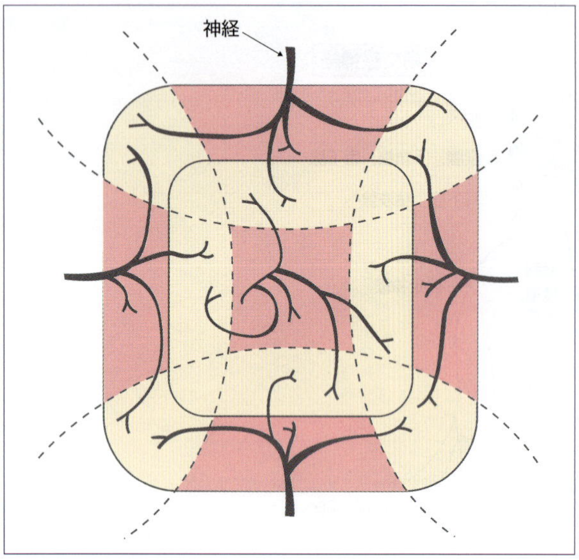

図5　オートノマスゾーン

桃色の部分がそれぞれの神経のオートノマスゾーンとなる。
（文献1を元に作成）

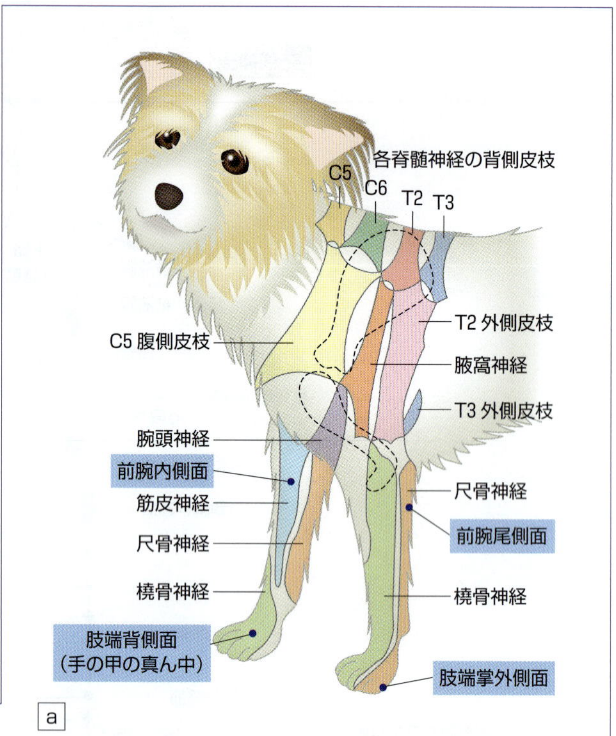

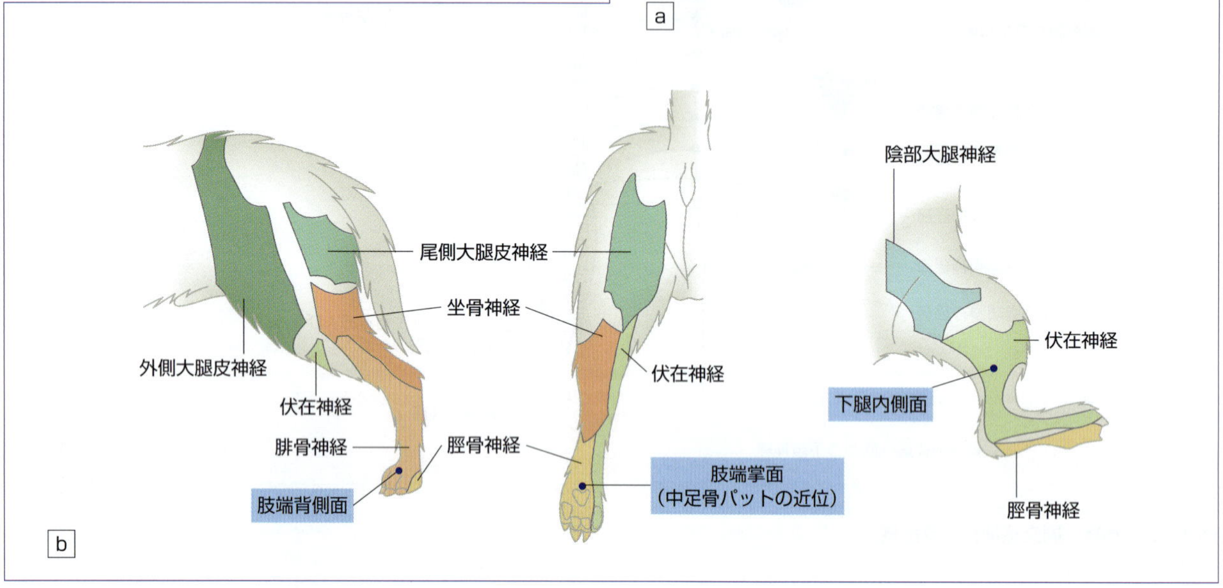

図6　犬の皮膚（皮神経）のデルマトーム（色付き部分）とオートノマスゾーン（●印の部分）（a：前肢帯，b：後肢帯）

●印は筆者が二段ピンチ法で通常使用しているオートノマスゾーンのポイントを示す。
後肢帯：大腿神経系は緑色（■■■■），坐骨神経系は橙色（■■■）で示す。

末梢神経・筋疾患の診断法

1．臨床的特徴と身体検査，神経学的検査

(1) 各ニューロパチーの主徴

運動ニューロパチーの典型的な症状は，罹患神経が構成する反射弓における反射の低下，罹患神経が支配する患肢（部）の麻痺／不全麻痺，筋力の低下，筋緊張度の低下，および筋萎縮であり，すなわち下位運動ニューロン徴候（LMNS）が主徴となる。したがって，同じくLMNSを呈す脊髄膨大部における脊髄実質，あるいは脳神経の神経細胞体を含む脳実質の疾患＝中枢神経疾患と区別をしなくてはならないが，そのためにはていねいな神経学的検査の実施が必須となる。神経学的検査による区別法は後述する。筋の萎縮は，運動ニューロパチーの中でも，髄鞘（ミエリン）の障害が主体であり（＝脱髄病変），軸索（あるいは神経細胞体）の障害が少ない場合は，認められないか軽度となる。感覚ニューロパチーでは，麻痺を伴わない運動失調や感覚異常，筋萎縮を伴わない反射の低下／消失が主徴であり，さらに自己損傷や排便排尿異常が生じることもある。ただし，固有位置感覚の経路に障害がなければ，歩様は正常となる[3]。感覚異常は，固有位置感覚の低

下や明らかな表在痛覚の低下として神経学的検査で捉えられる可能性があるが，その他の感覚異常（温覚，冷覚の異常や知覚過敏など）は評価が難しい。感覚ニューロパチーに伴う排便排尿異常は，自律神経性とも考えられている[4]。

自律神経ニューロパチーが単独で生じ，臨床的に捉えられることは，一部の疾患を除いて犬・猫の臨床ではまれである。ホルネル症候群は，眼へ分布する交感神経障害による徴候（症候群）であり，縮瞳，眼瞼裂狭小，眼球陥没（第三眼瞼突出）を３徴とする。その他の徴候として眼の充血がみられることがある。発汗減少は犬・猫ではない（わからない）。ホルネル症候群は，視床下部〜眼球までの交感神経走行路中のいずれの障害でも起こり得る。自律神経ニューロパチー単独疾患として自律神経障害 dysautonomia があるが，これは世界的にも大変まれで，かつ一部の地域に限局した発生のみが知られるので（本邦には発生なし），本章では割愛する。

特定の遺伝性変性性ポリニューロパチーなど，運動ニューロパチーあるいは感覚ニューロパチーがそれぞれ単独でみられる疾患もあるが，多くは両者が混在し，臨床徴候もそれを反映したものとなる。喉頭麻痺や巨大食道症は，ニューロパチーによって生じることがある。限局したモノニューロパチーにとどまることもあれば，ポリニューロパチーの一環として発症している場合もあるので，電気生理学的検査や病理学的検査によって原因を精査しておくことが推奨される[4]。

ミオパチーの徴候は運動ニューロパチーと非常に類似し，神経学的検査のみからは区別が困難である場合も多い。一般的にミオパチーの場合，罹患筋の筋力低下（機能障害），萎縮（あるいは腫脹），緊張度の低下が主徴となる。運動ニューロパチーと異なり，筋萎縮が重度でない限り（動物が自力歩行できるくらいであれば）反射は良好に保たれることが多く，また，体重を適切に支えれば姿勢反応の完全な消失は通常認められない。炎症性のミオパチー（例：咀嚼筋筋炎）の場合，病期によっては筋の疼痛が生じるため，触診や問診で捉えられる。四肢の筋が罹患している場合の歩様はぎこちなく，歩幅が狭く弱々しいが，運動失調は認めないことが特徴である。筋力低下がある場合，静止時に負重筋が振戦することがある。

神経筋接合部疾患の基本的徴候は，運動の反復に伴う骨格筋の筋力低下（易疲労性あるいは運動不耐性と呼ばれる）であり，休息によって筋力低下が改善することから本疾患を疑うことが可能である。神経学的検査は通常正常であるが，眼瞼反射あるいは引っこめ反射の低下が認められることがある。詳細は第 48 章「後天性重症筋無力症」で解説する。

(2) 病変部位の特定

以上の徴候から，末梢神経疾患あるいは筋疾患を疑った場合の次のステップは，病変部位の細かい特定である。末梢神経疾患と筋疾患は，病変の分布に応じて疑うべき疾患群が大きく異なるため，ていねいな神経学的検査によって病変の位置を確実に特定することが重要となる。主要神経と主要筋群それぞれ１つずつの異常を検出するように行うとよいだろう。

反射の（できるだけ）全項目とオートノマスゾーン上の感覚検査（後述），そして筋萎縮がある場合は萎縮筋群の分布を同定することによって，罹患神経あるいは筋群を特定する。この結果により，責任病巣が孤立性である，すなわち対側の神経もしくは解剖学的に隣接する神経系に一切異常を認めないと明らかになった場合は，単独の末梢神経障害＝モノニューロパチーと診断できる。一方，多発性病変が示唆された場合，それらの異常が中枢神経系内の解剖学的に隣接する部位から生じる徴候のみであって，特に左右両側性に神経徴候を伴えば，第一に考えるべき病変の位置は，（末梢神経・筋疾患でなく）中枢神経系となる。多発性病変が示唆された場合でも，それらの徴候がそれぞれ解剖学的に離れた部位を起源とする場合は，多発性の末梢神経障害＝ポリニューロパチー，多発性の筋障害＝ポリミオパチー，あるいは中枢神経系の多発性病変を鑑別診断として考える。モノニューロパチーの代表的鑑別診断としては，外傷や神経鞘腫などが挙げられる。ポリニューロパチーやポリミオパチーは炎症性あるいは変性疾患に多い。神経筋接合部疾患は，本邦では通常，後天性重症筋無力症が鑑別の一番に挙げられる。

(3) 遺伝性疾患鑑別診断リストの想定

末梢神経・筋疾患の原因疾患は極めて多彩であるが，遺伝性もしくは何らかの遺伝的要因が疑われる疾患も多い。したがって，発症時の年齢や品種はきわめて重要な情報となる。品種と発症年齢ごとの疾患リストはほとんどの神経病学の成書に記載されているので[1, 3, 7]，問診と身体・神経学的検査が終わった時点で，まずこのリストと照らし合わせて当てはまりそうな疾患がないかを確認するとよい。該当しそうな疾患

表3　末梢神経・筋疾患を疑う症例における初期診察時に特に重要な調査項目

稟告(問診)
品種，年齢，性別(品種ごとの疾患リスト[1, 3, 7]を参照)
同腹犬や家系情報
喘鳴，吐出，声の変化，採食や飲水の変化(飲み食いが下手になったか)
食後や飲水後にむせないか
手足先をひきずらないか，手足先を過剰に気にしないか(感覚異常の可能性の有無)
運動不耐性の有無
食中毒の可能性(鉛，有機リン〔慢性〕，ボツリヌス)
身体一般検査
呼吸様式と呼吸音(誤嚥性肺炎，呼吸筋機能の把握)
心臓の聴診，不整脈の有無，心機能評価(心筋評価)
喘鳴音(喉頭麻痺)
自律神経徴候の有無
膀胱と直腸の触診(排尿と排便機能の評価)
体温
神経学的検査
LMNSの有無
感覚異常の有無
静止時の筋の震え
運動不耐性
病変の範囲の特定

がある場合は，その疾患も鑑別診断リストとして念頭に置き，次の検査に進むべきである。末梢神経・筋疾患を疑った場合に特に重要な問診内容や，身体・神経学的検査項目を表3にまとめた。

2. 皮膚のオートノマスゾーンにおける感覚神経の検査

皮膚のオートノマスゾーン(あるいはデルマトーム)上の皮膚の感覚を評価することによって，皮神経の異常範囲を特定できる(表1の「感覚機能」の欄，図6)。皮膚の感覚の評価には**二段ピンチ(つねり)法 two-step pinch technique**が便利である。先が細いモスキート鉗子を使用し，各オートノマスゾーン上の皮膚をまずごく軽くつまみ，動物が気にせず落ち着くまでそのまま待つ。次に，動物が痛みに反応するまで徐々に鉗子を強くはさむ。明らかな反応がみられれば，それ以上強くはさむ必要はない。他と比較し，明らかに動物の反応が低下している部位があれば，そこを支配する感覚神経に異常があると考えることができる。

この検査は動物が静かで落ち着いていないと正しく評価できない。筆者が本検査のために通常使用しているオートノマスゾーン上のつまむポイントを図6に「•」印で示した。

3. 臨床病理学的検査

minimum database(MDB)としての血液一般検査(CBC，血液生化学検査，電解質検査)と尿検査は，必ず行うべきである。電解質異常に起因するミオパチーとして，たとえば猫の低K性ミオパチーがある。これらの検査に加え，神経筋疾患を疑う場合，血中CKとAST測定を行うとよい。CKとASTは筋の損傷，特に筋の炎症や壊死で有意な上昇がみられるが，一方で通常の運動や筋肉注射，長時間の横臥，てんかん発作などによる一時的な筋肉負荷によっても増加することがあるため，顕著な上昇あるいは持続的上昇がない限り臨床的意義の解釈には注意を要する。CKの著しい上昇は通常筋の壊死を示唆する。変性性疾患や炎症末期では，筋疾患であってもCKの上昇を認めない場合も多い。

副腎皮質機能亢進症や甲状腺機能低下症はニューロパチーやミオパチーと併発する可能性があるが，真の原因となることはまれであるので，検査を行った場合，結果の解釈には十分注意が必要である。それらの疾患に一致する(神経筋疾患以外の)症状が認められた場合は，それら内分泌疾患の診断検査を行う意義があるだろう。甲状腺機能を検査・評価する際は，euthyroid状態を十分に考慮しなければならない。たとえば，全身麻酔は甲状腺機能の検査結果に影響するので，甲状腺の検査を実施すべきかどうかの判断は，麻酔下検査の

表4　血液・尿検査項目と関連する末梢神経・筋疾患名

検査項目	疾患名
CK	筋損傷
AST	筋損傷
電解質(Na^+，K^+，Ca^{2+}，Mg^{2+})	各種ミオパチー(内分泌，代謝性，遺伝性疾患)
甲状腺パネル	甲状腺機能低下症によるミオパチー，ニューロパチー
ACTH 刺激試験	副腎皮質機能亢進症によるミオパチー，ミオトニア
ネオスポラ IgG	ネオスポラ感染症
トキソプラズマ IgG，IgM	トキソプラズマ感染症
抗アセチルコリン受容体抗体価	重症筋無力症
抗 TypeⅡ M 筋線維抗体価	咀嚼筋筋炎
ANA(抗核抗体)	全身性エリテマトーデス(SLE)
血漿乳酸／ピルビン酸比	各種後天性代謝性疾患，ミトコンドリア異常症
血清インスリン値	インスリノーマによるニューロパチー
血漿コリンエステラーゼ値	有機リン中毒
血中あるいは尿中鉛濃度	鉛中毒によるニューロパチー
尿中有機酸スクリーニング試験	各種先天性代謝性疾患(例：ミトコンドリア異常症など)

実施前に行わなくてはならない。

Neospora caninum(犬)や *Toxoplasma gondii*(猫・犬)は末梢神経や筋に寄生が認められる原虫疾患である。本邦での発生頻度は低いが，薬剤の奏効が期待できるので，本症の可能性が少しでもある場合は抗体価測定を行うべきであろう。後天性重症筋無力症は血中抗アセチルコリン受容体抗体価を，咀嚼筋炎は血中TypeⅡ M 筋線維に対する抗体価を測定することによって診断が可能である。自己免疫疾患における抗体価測定は，グルココルチコイド投与開始前に行うべきである。

その他の臨床病理学的検査としては，ANA(抗核抗体)，血漿乳酸／ピルビン酸比，血清インスリン値，血漿コリンエステラーゼ値，血中(尿中)鉛濃度，尿中有機酸スクリーニング試験などがあり，鑑別診断リストに基づき，必要な検査を選択する。表4に検査内容と関連する疾患名をまとめた。

4．薬物学的検査

後天性重症筋無力症を疑う場合，**エドロホニウム(テンシロン)テスト**が行われることがある。エドロホニウム(米国での商品名 Tensilon)は超短時間コリンエステラーゼ阻害剤であり，アセチルコリンがシナプス間隙に存在する時間を延長させることで筋力が一時的に改善する。エドロホニウム投与により筋力の明らかな改善が一時的に認められた場合，後天性重症筋無力症の可能性が高まる。この検査はその場で判定できるため，抗アセチルコリン受容体抗体価の結果を待つ間の仮診断法として便利である。しかし，偽陽性・偽陰性ともに起こり得るうえ，致死的な副作用(コリン作動性クリーゼ)の危険性があるため，正しい解釈と投与方法の熟知と，副作用に備えての十分な準備が肝要となる。本検査の方法の詳細は，第48章「後天性重症筋無力症」で解説する。

あまり一般的ではないかもしれないが，喉頭麻痺を疑う場合に，プロポフォールなどの短時間麻酔薬下でドキサプラムを使用し，喉頭の動きを観察することで，診断の一助とすることができる。

5．MRI 検査，CT 検査および脳脊髄液(CSF)検査

末梢神経と筋疾患におけるこれらの検査の有用性は，中枢神経疾患と比較すると低い。したがって，やみくもに磁気共鳴画像(MRI)検査やコンピュータ断層撮影(CT)検査，そして脳脊髄液(CSF)検査を行う必要性はなく，推奨されるべきではない。神経学的検査によって多発性の LMNS と判断した場合に，多発性の中枢神経疾患(リンパ腫や炎症性疾患など)をポリニューロパチーから鑑別する目的として，MRI と CSF 検査を行う意義は高いだろう。その他，CSF 検査では神経根に病変がある場合に異常を捉えられることがあり，また，MRI は末梢神経鞘腫をはじめとした末梢神経の腫瘍の検出，あるいは末梢神経や筋の外傷の病変部位の特定などにも有用な場合がある。造影剤を併用すれば，感度は低いがそれらの異常を CT でも捉えられる可能性がある。多発性神経根神経炎においては，CSF の蛋白濃度上昇と MRI による多発性の神経根領域の炎症像が得られるかもしれない。馬尾領域の異常(これ

は厳密にいえば末梢神経疾患であって脊髄疾患ではない)の検出に，MRIは有用である。

6. 電気生理学的検査

電気生理学的検査とは，電気的手法を用いた筋や神経系の機能検査である。評価対象とする部位に応じて様々な検査項目が存在するが，獣医療領域で末梢神経や筋疾患診断のために実施される代表的なものには，**筋電図検査(EMG)**，**運動神経と感覚神経の神経伝導速度(NCV)**，**反復刺激あるいは単一筋線維筋電図**による神経筋接合部評価，**F波**あるいは**H波**による末梢神経近位部(中枢神経も一部含む)評価，そしてcord dorsum potential(CDP)による神経根(背根)評価などがある。電気生理学的検査には，**聴性脳幹誘発反応(BAER)**，**体性感覚誘発電位**，**視覚誘発電位**など，末梢神経や筋肉以外の評価を目的とする検査も含まれる。

電気生理学的検査によって，筋疾患，末梢神経疾患，あるいは神経筋接合部疾患のいずれの疾患群に罹患しているかの客観的判定を行うことが可能である。本検査の感度は高く，異常の程度，分布(例：神経の遠位vs近位，運動神経vs感覚神経など)，種類(例：脱髄vs軸索変性など)といった原因診断のための有益な情報を与えてくれるとともに，臨床的に明らかでない病変の検出を行うことも可能である。一方で，実施にあたっては，ある程度の熟練した技術と特殊機器(図7)が必要となる。また，多くの場合はこの検査のみで原因診断が確定されるものではなく，疑われる疾患に応じて，臨床病理学的検査，薬物学的検査，CSF検査，あるいは後述する筋や神経の病理学的検査などを併用・追加し，総合評価として診断を導く必要がある。本検査は，ルーチンに行うべき身体・神経学的検査とは性質が異なり，個々の症例ごとに有益性を検討したうえで実施を決めるべきものである。

ここでは，小動物獣医療領域で比較的一般的な，EMG，神経伝導検査，F波検査について概説する。これら電気生理学的検査に関しては，第43章「遺伝性ニューロパチー」も参照されたい。反復刺激による神経筋接合部の検査も一般的といえるが，これについては第48章「後天性重症筋無力症」で述べる。

(1) 筋電図(針筋電図) 検査

筋電図検査(EMG)とは，筋線維が興奮する際に発生する電気的活動を記録し評価するものである。EMGと次に述べる神経伝導検査は相補的な関係にあり，これらを合わせて行うことで異常が筋肉にあるのか神経にあるのかを特定できる。

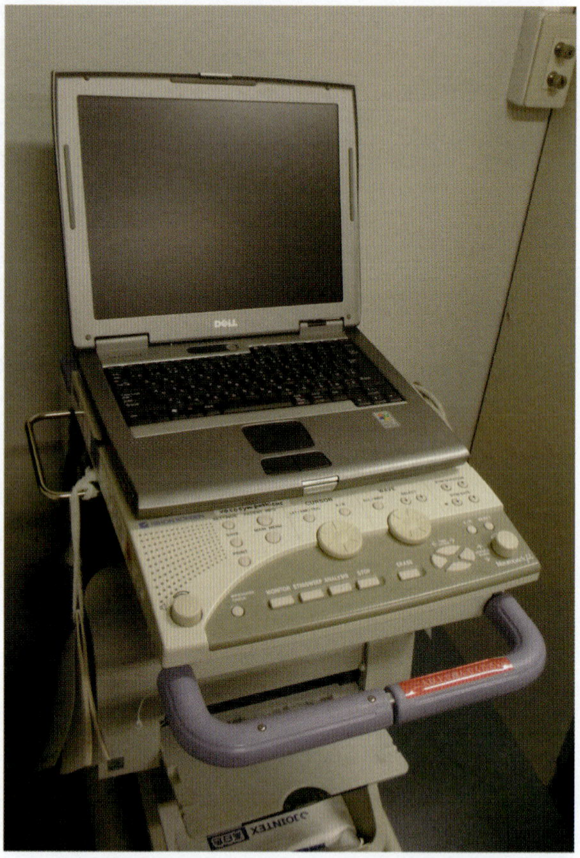

図7 電気生理学的検査に用いられる装置の一例(筋電図・誘発電位検査装置ニューロパック，日本光電工業株式会社)
電気生理学的検査に用いられる装置は，入力・増幅部，解析部，記録部，モニタ用ディスプレイ，スピーカー，各種刺激装置などから構成される。最近は，ここに示したような，これらをコンパクトにまとめた装置が一般化し，臨床現場でより使用しやすくなった。

臨床的には，EMGは骨格筋の活動を対象としており，平滑筋や感覚神経系を対象にはしていない。したがって，運動系(運動神経と関連する筋)の障害の分析が本検査の対象とされる。ヒトのEMGは，被験者に随意収縮を起こさせて評価する方法が一般的だが，これにはかなりの痛みを伴うため，獣医療領域では患者の協力が得られない，倫理的是非が問われる，などの理由からほとんど行われておらず，全身麻酔下で実施可能な刺入時電位と安静時電位の検査のみを行うことが通例とされる。

具体的方法としては，全身麻酔下の動物の筋肉に専用の針電極を刺入し，刺入に伴う筋の活動電位(刺入時電位)を得る。続いて，針電極を保持し，完全に力の入っていない(収縮していない)筋から安静時電位(安静時自発電位)が導出されるかをみる。それらを通常体表の主要筋全てにおいて，深い部分と浅い部分に針先

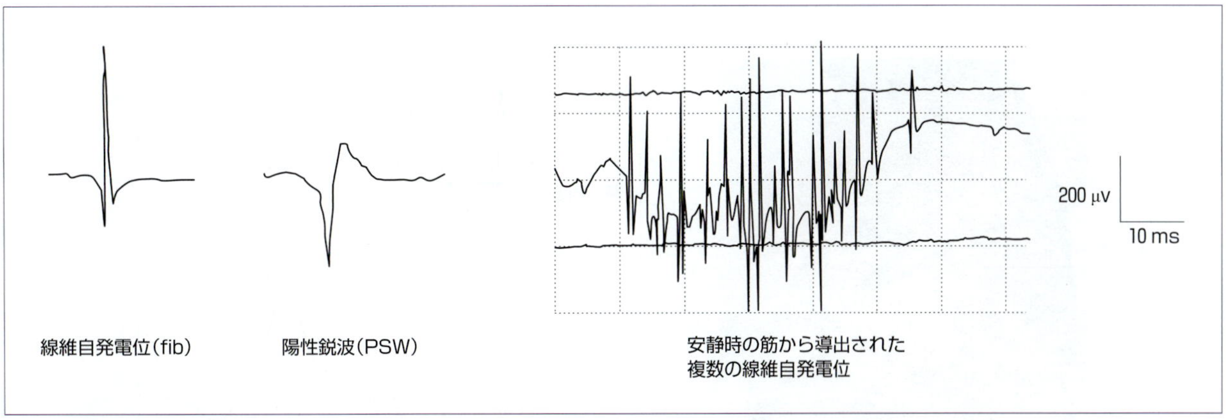

図8　異常な安静時自発放電
安静時に起こる異常筋電図の代表的なものとして，線維自発電位(fib)，陽性鋭波(PSW)，複合反復放電(CRD)がある。これらは，筋疾患でも末梢神経疾患(軸索変性)でも出現する可能性がある。

を移動させながら行う。正常であれば安静時の筋は電気的に静止状態にあるため，刺入時電位の他には筋電図は出現しない。しかし，運動神経(神経細胞体を含む)や筋の障害によって筋が脱神経状態に陥っていると，安静時自発放電が認められる。安静時自発放電のメカニズムとしては，脱神経によって筋のアセチルコリンに対する感受性が高まった状態となり(denervation hypersensitivity)，血流中に存在する微量のアセチルコリンによって筋線維の自発放電が起こるためと考えられている。代表的な安静時自発放電としては，**線維自発電位 fibrillation potential(fib)**，**陽性鋭波 positive sharp wave(PSW)**，**複合反復放電 complex repetitive discharge(CRD)** などがある(図8)。EMGでは波形電気信号が音にも変換される。したがって，波形の形状のみならず音からもこれらの異常筋電図を区別することができる。

適応例としては，神経筋疾患全般，ミオパチー，ニューロパチー(特に運動ニューロパチーにおける軸索変性)である。

(2) 神経伝導検査

本検査は，通常運動神経あるいは感覚神経の機能評価のために実施される。筋電図が骨格筋の活動そのものを対象とするのに対し，神経伝導検査は神経に電気刺激を与え，それによって誘発される神経やその支配筋の活動電位を導出するものである。

運動神経伝導検査では，運動神経の近位部と遠位部の2カ所以上で神経の走行に沿って電気刺激を与え，支配筋より誘発された**活動電位**(**複合筋活動電位：compound muscle action potential〔CMAP〕またはM波**と呼ばれる)の波形を記録する。異なる刺激部位から導出された波形を用いて，それぞれの潜時(刺激を与えてから波形が出現するまでの時間)，振幅，そして持続時間を計測する。**運動神経伝導速度**は，神経の2点間の距離をそれぞれの潜時の差で割ることにより算出できる(図9)。末梢神経の種類や動物種，さらに年齢によって伝導速度の正常範囲は異なるが，一般的に成犬では40 m/s未満であれば明らかに低下していると判断される。伝導速度以外に，導出されたM波(CMAP)の**形状**や**振幅**，**持続時間**も評価対象となる。末梢神経障害は脱髄と軸索変性が病態の基本であるが，本検査でそれらを区別することが可能である。著しい伝導速度の低下は，脱髄病変(節性脱髄病変)を示唆する。さらに，神経束内の脱髄が主として細い線維に起こると，個々の神経線維の伝導速度が大きくばらつくため，時間的分散が増大し，M波(CMAP)は**多相性**で持続時間が延長した波形となる。振幅の低下では，軸索変性が示唆される。軸索(特に太い線維)が障害されると，神経線維の損失量に応じてM波(CMAP)の振幅減少が顕著となる。実際は伝導速度もそれに伴い低下するが，脱髄性病変と比較すると低下は軽度である。軸索変性が重度であれば，あるいは刺激部位より遠位の脱髄が重度であれば，M波(CMAP)の導出は不可能となる。これらの結果を神経の近位と遠位にて比較することにより，近位性あるいは遠位性のニューロパチーを判断できる。しかし，神経根や四肢のかなり近位の末梢神経に関しては，本検査では導出が不可能であり，運動神経と感覚神経の近位部の評価にはH波，運動神経の近位部の評価には次項で述べるF波が適している。

感覚神経伝導検査には，遠位部の指／趾神経，あるいはそれよりやや遠位部の末梢神経に電気刺激を与

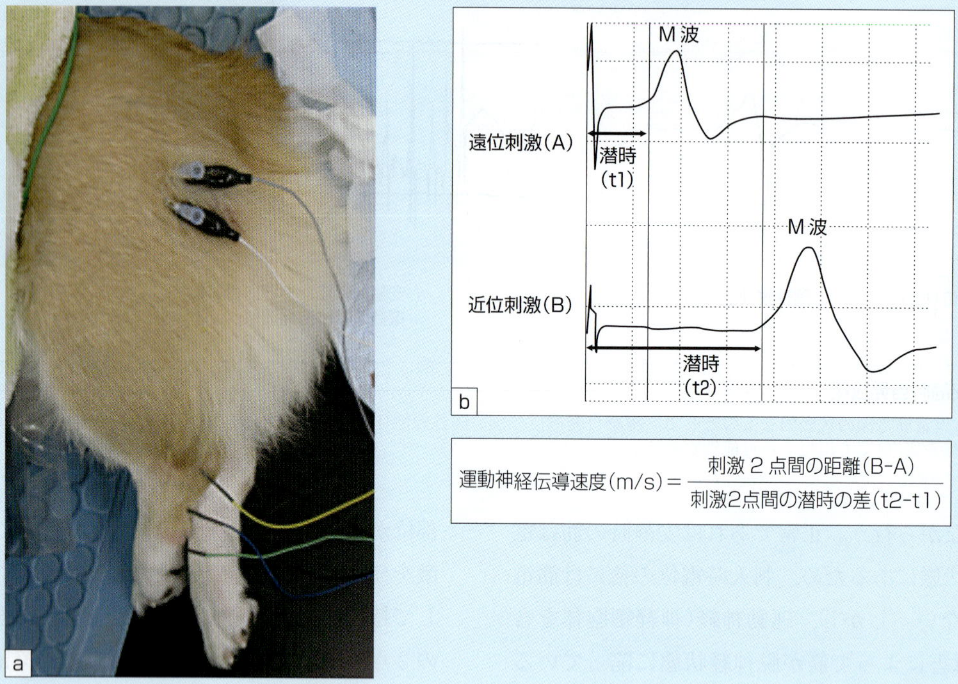

$$運動神経伝導速度(m/s) = \frac{刺激2点間の距離(B\text{-}A)}{刺激2点間の潜時の差(t2\text{-}t1)}$$

図 9　運動神経伝導検査(a)と伝導速度の算出法(b)

え，同一神経の近位部から**感覚神経活動電位 sensory nerve action potential(SNAP)**を導出する順行性誘発法と，その反対に感覚神経を近位部で刺激して同一神経の遠位部からSNAPを導出する逆行性誘発法とがある。SNAPの振幅はM波(CMAP)と比較してかなり小さく，筋電図や背景雑音の影響を大きく受ける。そのため一般的に加算平均法 signal averaging という手法が用いられる。加算平均法とは，ある基準から一定の時間に出現する電位を背景の雑音から識別するための方法で，感覚神経伝導検査の場合，神経を一定間隔で連続して電気刺激し，得られたそれぞれの電位を加算平均することによって行われる。一定間隔で刺激した場合，刺激と直接関連のない背景雑音は，信号の加算平均により平均化され消えていくが，刺激によって誘発されたSNAPは一定の時間間隔で発生するため，加算平均によりSNAPを背景の雑音から目立たせることができる。波形の評価法は運動神経伝導検査に準ずるが，振幅に関しては，個体差や測定部位による差が大きく，評価対象とされない。

適応例としては，運動ニューロパチー(運動神経伝導検査)，感覚ニューロパチー(感覚神経伝導検査)，末梢神経損傷，腕神経叢裂離(感覚神経伝導速度)などが挙げられる。

(3) F波

四肢のかなり近位の末梢神経や神経根に関しては，位置的に電極の設置が不可能であるため，前述した通常の神経伝導検査を用いることができない。**F波**とは，末梢神経に電気刺激を与えた際，M波(CMAP)より遅れて得られる活動電位の1つであり，運動神経系の近位部(運動神経や神経根(腹根)，脊髄腹角の運動神経細胞体)の評価に特に有用な検査方法である。

F波の発生のメカニズムであるが，末梢神経を電気刺激すると，刺激部位から順行性(遠位方向)にインパルスが伝わり，M波(CAMP)を発生させるが，同時に逆行性(近位方向)にもインパルスは伝わり，脊髄腹角の運動神経細胞体に到達する。このインパルスによって運動神経細胞体は自己興奮し，今度は順行性インパルスを発生して支配筋を再収縮させるために(M波〔CMAP〕に続いて)F波が発生する(図10)。すなわち，F波では運動神経全長にわたる伝導が反映される。

F波は単独の検査ではなく，前述した通常の神経伝導検査とともに行い，それらの結果と照らし合わせて評価する。**最短潜時**，**F率**(刺激部～脊髄までの近位部と，刺激部～支配筋までの遠位部の伝導速度の比較のための比率)，**F波伝導速度**などが評価項目として用いられている。F波は長い経路における評価であるとともに，潜時の正常範囲がM波(CMAP)検査よりも小さ

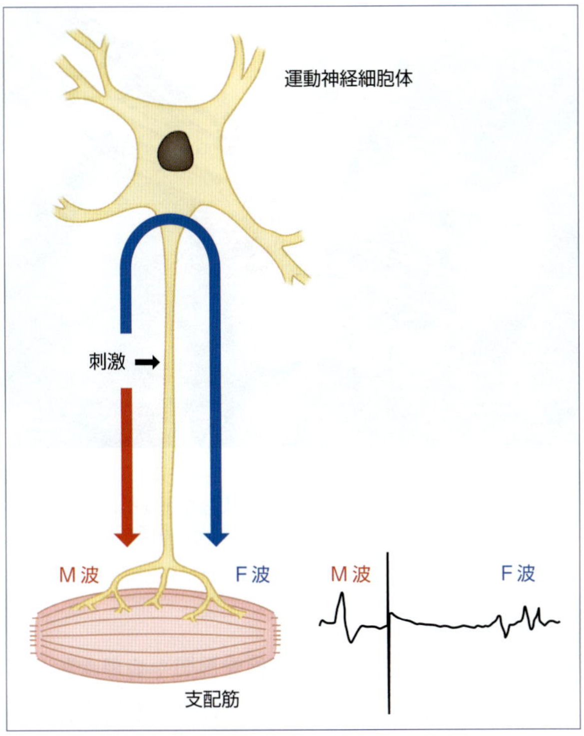

図 10　F 波の発生メカニズム
末梢神経を電気刺激すると，刺激部位から順行性にインパルスが伝わり，まず M 波(CMAP)を発生させるが，同時に逆行性にもインパルスは伝わり，運動神経細胞体に到達する。すると，運動神経細胞体から順行性にインパルスが筋に伝わり，F 波を発生させる。

いので，M 波(CMAP)と比較して運動神経機能の異常を捉える感度がより高いと考えられる。一方で，F 波は生理的変化による影響を受けやすく，また発生機序が生理的な伝導とだいぶ異なるため，解釈がやや複雑で注意を要する場合がある。

適応例としては，運動神経近位部病変(例：多発性神経根神経炎)，運動神経細胞体病変(例：運動ニューロン疾患)，広汎性脱髄性障害などがある。

7. 筋肉と末梢神経の生検

末梢神経疾患や筋疾患において確定診断を得るために，しばしば筋や末梢神経の生検が必要になる。やや侵襲性のある検査なので，実施にあたっては必要の是非をよく検討すべきである。また，ある程度診断名を予測したうえで適切な方法を選択して実施しないと，有意な病理診断所見が得られない可能性があるので注意が必要である。

末梢神経生検や筋生検の適応の代表例として，遺伝性／先天性ニューロパチーやミオパチー，(長期免疫抑制療法を必要とする)免疫介在性の炎症性ニューロパチーやミオパチー，あるいはこれまで挙げた診断技術を駆使しても診断が得られない場合，などが挙げられる。犬で最も多いニューロパチーと考えられている多発性神経根神経炎は，病変の主座が神経根を含んだ運動神経近位部に存在し，かつ臨床経過や神経徴候，電気生理学的検査から本疾患を疑うことが比較的容易であるため，通常神経生検の適応ではない。

生検(特に神経の生検)は，電気生理学的検査による異常の確認と部位の同定後に実施されることが多い。筋，神経の生検とも，採取量の確保と安全のために**外科的に行う必要がある**(開放生検)。採材が適切でなければ診断に結び付く病理結果を得られない。疑う病気の種類によるが，特に筋病理には通常組織化学的検索が不可欠とされ，そのためには採材片の一部を凍結する作業が必要となる。炎症性の筋症における浸潤細胞の評価や抗体染色であれば，ホルマリン固定の検体で評価可能であろう。

前述のとおり，特殊な固定／包埋と多様な染色法が要求されるため，筋肉と末梢神経の病理検査は，専門の検査機関，あるいはこの分野に精通した病理診断医の下で行うことが好ましいと考えられる。検査機関によって検体の必要最小量(長さや幅)や採取後の推奨処理法が決まっていることがあるので，あらかじめ問い合わせておくとよい。ここでは，生検方法を中心に述べるので，病理組織の見方については成書(参考文献 1，3，4 など)を参照していただきたい。

(1) 筋生検

1) 適応と筋の選択

筋生検の適応としては，臨床徴候から筋疾患を強く疑い，かつ血清免疫学的検索にて診断がつかない筋疾患が適応となるだろう。たとえば，ネオスポラとトキソプラズマ感染性筋症は血清免疫学的検索が可能であるので，先に血清による抗体価測定を行うべきである。

筋生検では，EMG にて針を刺入していない部位の筋を採取する。急性期や軽〜中程度の罹患部位が生検部位として適している。慢性で重度の場合，筋線維がすでに脂肪や結合組織で置換され，十分な情報が得られない可能性がある。異常の正確な評価のためには，採取筋における，同種正常動物での筋線維のサイズとタイプの割合が明らかである必要がある。また，表層にあり筋量が豊富で，採取によって機能障害をもたらさない部位を選択すべきであり，通常筋の中腹を採取する。これらの条件に当てはまるものとして表 5 に示す筋(部位)があり，実際の筋生検はこれらで行われることが多い。その他特殊な例としては，seronegative

表5　筋生検に使用される代表的な筋肉とその部位

筋肉	部位
上腕三頭筋(外側頭)	遠位1/3
大腿二頭筋	遠位1/3
大腿四頭筋(外側広筋)	遠位1/3
前脛骨筋	近位1/3
側頭筋	—

(＝血清抗アセチルコリン受容体抗体陰性)の重症筋無力症や先天性重症筋無力症の診断のための外肋間筋生検などがある。外肋間筋の採材手技はやや特殊であり，本章では省略する。

2) 生検手順

大腿二頭筋における筋生検を例に挙げ，採材手技を以下に概説する。表5に挙げた筋に関しては，ほぼ同様の方法で採材が可能である。組織に影響を与えるため，電気メスは(モノポーラ，バイポーラともに)極力使用しない方がよい。なお本手順と検体の処理方法は，国立精神・神経医療研究センターの後藤雄一先生(医師，筋病理学者)からご教授いただいた方法に，カリフォルニア大学比較神経筋病理研究室(Comparative Neuromuscular Laboratory)が推奨し欧米で一般的に行われている手法を基に，犬や猫用に筆者がアレンジを加えたものである。

①手術と同様の消毒とドレーピングを行う。

②切皮し，常法どおり大腿二頭筋筋膜を露出し，周囲の結合織を筋から剥離する。採取予定部位の筋実質は全過程をとおして(端以外は)極力触らぬよう努める。

③メスを用いて筋膜を必要な検体サイズ(Comparative Neuromuscular Laboratoryに提出する場合は，最低0.5×0.5×1 cm)よりやや大きめにコの字型に切開する。切開した筋膜を筋からていねいに剥離する。

④モスキート鉗子などを筋内に差し込み，必要な筋束を遊離する(図11)。内部に大きな血管や神経が入っていないことを確認し，鋏を用いて筋を必要な大きさに切断する。そのとき，近位側と遠位側を交互に少しずつ切ると，筋の縮みが少なく十分な長さが得られる。

⑤止血を確認し，筋膜を縫合し，皮下，皮膚を縫合する。

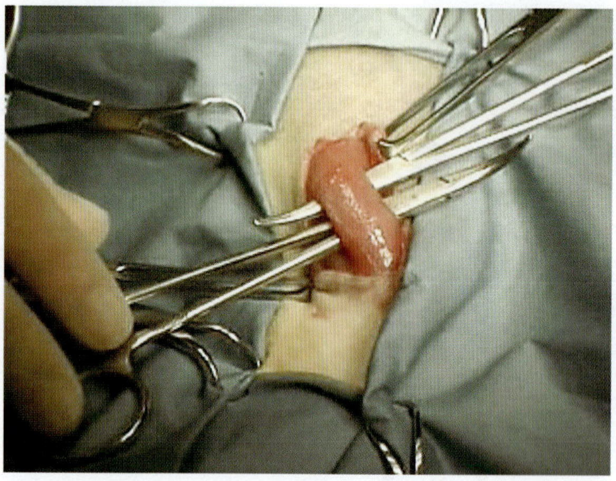

図11　筋生検

切除予定の筋束を遊離した様子。内部に大きな血管や神経が入っていないことを確認し，鋏を用いて筋を必要な大きさに切断する。

3) 検体の処理

検体の処理方法の詳細は各検査機関や病理診断医の好みによって異なるので，ここでは筆者が通常行っている方法を中心に，重要な点のみを簡単に解説する。

検体の処理は，筋肉片が縮まないよう採取後できるだけ速やかに行う。もし，処理開始までに時間がかかるようであれば，乾燥を防ぐために生理食塩水に浸したガーゼに包む。その際水分が多すぎると筋が膨化しアーティファクトの原因となるので，ガーゼは固く絞ったものを使用する。筆者は通常，**ホルマリン固定と凍結ブロックの2種を作成**し，さらに処理中に出る細かい肉片を生化学的検索用として凍結保存している。電子顕微鏡による検索が必要となる場合は，それ専用の固定が必要である。

筋病理では通常，筋線維の長軸方向にある程度の長さ(通常最低1 cm)が必要とされる。筆者は，筋肉片をおよそ0.5×0.5×1 cmに成型したものを2つ作成し，1つは縮まぬように**木製のへら状のものにはり付け，ホルマリンに入れ固定標本**とし，もう1つは，**コルク片の上にトラカントガムで倒れぬよう固定し，液体窒素とイソペンタンを使用して凍結標本を作製**している(図12)。

(2) 末梢神経生検(神経生検)

1) 適応と神経の選択

神経生検は，適切な神経を選択し正しい方法で行えば，安全に実施することが可能である。しかし，筋生検よりもさらに侵襲的な検査であるので，実施の是非にあたってはさらに十分な検討が必要である。臨床診断に加え，電気生理学的検査，血清免疫学的検査など

図12　筋肉片の処理
トラカントガムを用いてコルク片の上に固定した筋肉片を，液体窒素で冷やしたイソペンタンの中に入れて凍結させている様子。

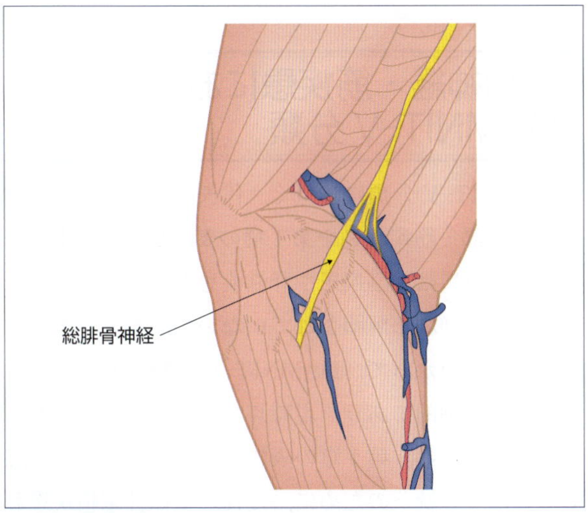

図13　総腓骨神経生検部位（左後肢外側面）
大腿骨外側顆尾側領域における総腓骨神経（矢印）が神経の生検によく使用される。
（文献5を元に作成）

で診断できる場合は，生検は適応とはならない。慢性炎症性ニューロパチーや遺伝性ニューロパチー，あるいは診断の得られないニューロパチーはよい適応と考えられる。

採材する神経は，臨床的にも電気生理学的にも異常が明らかである部位を選択しなければならない。症状が比較的最近発現した側，より強い側を選択する。異常が広汎性である場合は，正常組織像が確立され，かつ採取によって機能障害をもたらさないことが電気生理学的に証明されている神経の特定部位にて生検を実施する。これらの条件に当てはまり，最もよく利用されるのは，大腿骨外側顆尾側領域における**総腓骨神経**である（図13）。これは，運動神経成分と感覚神経成分を含む混合神経である。この神経は，比較的体表に近いため同定しやすく，形が扁平であるため術中の操作性がよいうえに，さらに筋生検も合わせて行う場合は，同一の切開にて，大腿二頭筋の生検も可能であるという利点がある。この神経は運動神経成分を含むので，全体の切除 whole nerve biopsy ではなく，必ず**神経束の一部を短冊状に切り出す部分切除 fascicular biopsy** を行わなくてはならない。この神経で安全に切り出せる幅は全体の1/2未満とされている。感覚神経成分のみの神経の遠位部であれば（例：後前腕皮神経 caudal cutaneousantebrachial nerve），whole nerve biopsy が可能であり，感覚性ニューロパチーの診断のために利用できる。

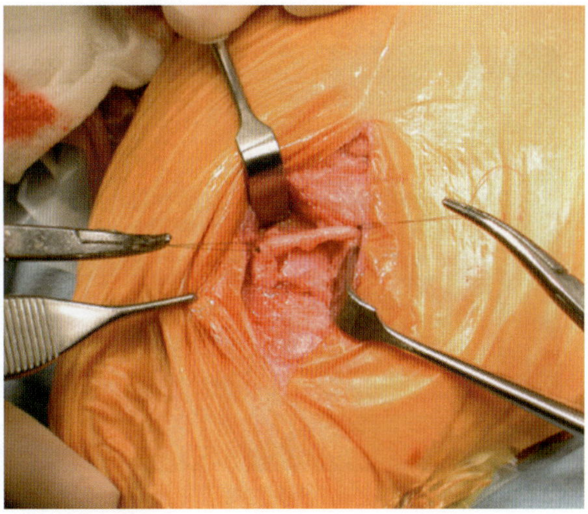

図14　神経生検
神経の遠位と近位2カ所に糸を穿刺結紮し，神経を軽く持ち上げた様子。（総腓骨神経）

2）生検手順

神経生検としては，最も代表的な総腓骨神経の生検手順を概説する。

①神経生検は，全身麻酔下で行う。手術と同様の消毒とドレーピングを行う。
②総腓骨神経の走行に沿って大腿骨外側顆のすぐ尾側を切皮し，常法どおり大腿二頭筋を露出する。
③大腿二頭筋を筋線維に沿って鈍性に剥離し，その下の総腓骨神経を露出する。
④神経を周囲組織からていねいに剥離する。神経周囲の脂肪や結合織は可能な限り取り除き，神経そのものの幅を確認する。
⑤必要な検体長（Comparative Neuromuscular Laboratory に提出する場合は，2.5 cm 以上）の遠位と近位2カ所に糸を穿刺結紮し（図14），両方の糸を軽く持ち上げながら，眼科用の鋏などを用い神経の尾側部

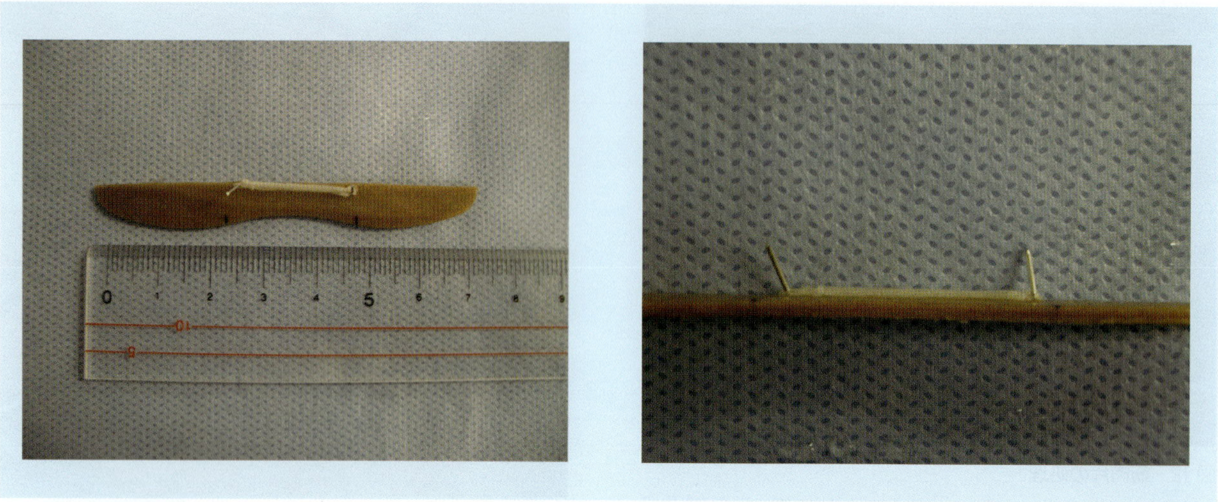

図 15　神経片の処理

へら状のもの（ここではアイスクリーム購入時にもらえる木製のスプーンを使用）に，ねじれず，引っ張りすぎないようにまっすぐ神経片を固定する。

を1/2未満の幅で短冊状に切り出す。

⑥止血を確認し，筋膜を縫合する。神経を縫合する必要はない。なお，筋生検も行う場合は，なるべく操作していない部分にて大腿二頭筋の筋生検をここで行う。

⑦皮下，皮膚を縫合する。

3）検体の処理

筋生検と同様，検体の処理方法の詳細は各検査機関や病理診断医の好みによって異なるので，ここでは筆者が通常行っている方法を中心に，重要な点のみを簡単に解説する。

より正確な病理診断を得るためには，神経片は，**神経束がねじれないよう長軸の長さを保った状態で固定**されなければならない。したがって，採取後ただちに神経片が縮まぬようできるだけまっすぐな状態にて何かに固定する必要がある。

筆者の場合，木製のへら状のもの（筋肉片の処理に使用するものと同じ）に，ねじれず，引っ張りすぎないよう注意しながらまっすぐの状態で神経片をはり付け，両端を針などで固定する。次に神経束を確認しながらメスを用いて2つに縦断する。それぞれの神経片をへらに固定した状態（図15）で，**1つはホルマリン固定（プラスチック包埋用）し，もう1つは凍結保存**する。ただし，検査機関によって要求される固定法が異なる（グルタルアルデヒドによる固定〔エポン包埋用〕が必要とされる場合がある）ので，あらかじめ確認しておく必要がある。

末梢神経・筋疾患における DAMNIT-V 分類

DAMNIT-V分類に基づく，代表的な末梢神経・神経筋接合部・筋疾患名を第1章の表に挙げた。末梢神経や筋疾患には，脳疾患や脊髄疾患と比較し，まだ原因や病態の詳細が解明されていない疾患がより多く存在する。したがって，DAMNIT-V分類は脳や脊髄疾患よりも流動的であり，現時点では分類が困難である疾患も存在する。第1章の表には，脳疾患と脊髄疾患の分類法との統一のために，変性・遺伝性末梢疾患および変性・遺伝性筋疾患を変性疾患と奇形性疾患にまたがって分類した。末梢神経・筋疾患の場合は，変性性なのか（＝出生時までに完成した組織がのちに変性する），あるいは奇形性なのか（出生時にすでに異常を伴う）が解明されておらず，その解明を待たずして遺伝性であることが明らかになった疾患が多いため，最近の傾向として，そのような疾患の場合は「遺伝性」として統一して分類されることが多い。

おわりに

次章からは，末梢神経疾患と神経筋接合部疾患そして筋疾患について，臨床現場で遭遇する機会の比較的多い疾患を中心に紹介する。脳疾患編や脊椎・脊髄疾患編と比べると，末梢神経・筋疾患編では見慣れない疾患名が多く出てくることになるかもしれない。しかし，神経疾患の範疇には末梢神経・神経筋接合部・筋肉は必ず含まれ，これらの疾患の理解は他の神経系疾患との鑑別という意味でも避けて通れないものである。是非末梢神経・筋疾患編も読破していただき，末梢神経と筋疾患を含めた神経系全てにおける真の「神経が診られる先生」になっていただきたい。

本章で掲載した参考文献以外にも，獣医神経病学を学ぶために推奨できる図書を挙げたので，是非参考にされたい。

[齋藤弥代子]

■推奨文献

・Dyck PJ, Thomas PK. Peripheral neuropathy, 4th ed. Saunders. Philadelphia. US. 2005.

・Shelton GD. Neuromuscular diseases I. *Vet Clin North Am Small Anim Pract.* 32(1): 189-206, 2002.

・Shelton GD. Neuromuscular diseases II. *Vet Clin North Am Small Anim Pract.* 34(6): xi, 2004.

・Stanley H, Peter C, Susan A, Neil C. Color atlas of veterinary anatomy, vol 3, The dog & cat. Elsevier, Mosby. Philadelphia. US. 2009.

・岡伸幸. カラーアトラス末梢神経の病理. 中外医学社. 東京. 2010.

・奥野征一. 脊髄・末梢神経疾患における臨床電気生理学的検査. 第 31 回獣医神経病研究会抄録. 2008.

・木村淳, 幸原伸夫. 神経伝導検査と筋電図を学ぶ人のために, 第 2 版. 医学書院. 東京. 2010.

・埜中征哉. 臨床のための筋病理, 第 3 版. 日本医事新報社. 東京. 1999.

■参考文献

1) Dewey CW. A Practical Guide to Canine & Feline Neurology, 2nd ed. Wiley-Blackwell. New Jersey. US. 2008.

2) Evans HE. Miller's anatomy of the dog, 3rd ed. Saunders. Philadelphia. US. 1993.

3) Glass EN, Kent M. The clinical examination for neuromuscular disease. *Vet ClinNorth Am Small Anim Pract.* 32(1): 1-29, 2002.

4) Granger N. Canine inherited motor and sensory neuropathies: an updated classification in 22 breeds and comparison to Charcot-Marie-Tooth disease. *Vet J.* 188(3): 274-285, 2011.

5) Stanley H, Peter C, Susan A, Neil C. Color atlas of veterinary anatomy, vol 3, The dog & cat. Elsevier, Mosby. Philadelphia. US. 2009.

6) 浅利昌男. 神経系の解剖と機能. In: 日本獣医内科学アカデミー編. 獣医内科学(改訂版)小動物編. 文永堂. 東京. 2011, pp333-338.

7) 徳力幹彦監訳. Dr. Bagley のイヌとネコの臨床神経病学. ファームプレス. 東京. 2008.

D A

43. 遺伝性ニューロパチー

はじめに

ニューロパチー neuropathy とは末梢神経が障害される病態を指し，運動神経が障害される場合を運動ニューロパチー motor neuropathy，感覚神経が障害される場合を感覚ニューロパチー sensory neuropathy，自律神経が障害される場合を自律神経ニューロパチー autonomic neuropathy と区別する。これらのニューロパチーの原因として，遺伝の関与が確定しているもの，あるいは推測されているものを**遺伝性ニューロパチー**と呼ぶが，多くの遺伝性ニューロパチーにおいて原因遺伝子は確認されていない。

犬と猫の遺伝性ニューロパチーは，運動神経と感覚神経の両方が障害される**運動感覚ニューロパチー**，感覚神経が選択的に障害される**感覚ニューロパチー**，ライソゾーム病（蓄積病）などの**先天的代謝障害と関連するニューロパチー**に分類される。病理学的には運動感覚ニューロパチーと感覚ニューロパチーは，末梢神経だけでなく中枢神経も障害するタイプと，末梢神経に限局するタイプに細分化される。さらに末梢神経の障害は，髄鞘（ミエリン）の障害と軸索障害にわけられる。軸索障害は神経細胞体，あるいは軸索そのものの障害によって引き起こされる。

遺伝性ニューロパチーを臨床的に診断する方法としては，末梢神経障害を証明すること，ならびに特定品種に関連した遺伝性ニューロパチーの臨床的特徴と照合することであろう。末梢神経障害は，神経学的検査を詳細に行うことで推測できる。運動感覚ニューロパチーの典型的な症状は，障害された神経が構成する反射経路における反射の低下，筋力の低下，筋萎縮であり，いわゆる下位運動ニューロン徴候（LMNS）を呈する。ただし，運動神経の病態として髄鞘の障害，つまり脱髄が主体であり，軸索障害が軽微な場合には筋力低下や筋萎縮が明瞭にはならないことがある。感覚ニューロパチーでは侵害受容や固有位置感覚の低下または消失がみられるが，筋力低下や筋萎縮はみられないという特徴を呈する。

神経学的検査は特殊な機器を必要としない神経機能検査であり，神経疾患の診断には必須であるが，その結果の評価が主観的であり，反射や反応を利用した検査であるため，運動神経，感覚神経それぞれの機能評価に特化したものではない。神経学的検査によりニューロパチーを推測した後，さらに詳細に検査を行うためには，電気生理学的検査を用いる。電気生理学的検査は運動神経，感覚神経についてその機能を評価することができ，その結果により脱髄病変とその部位，軸索障害，神経細胞体の障害の存在とその重篤度を確認することができる。ただし，遺伝性であるかどうかの診断は電気生理学的検査では不可能であり，遺伝子検査が実施できない場合は，診断に組織的検索が必要となる。ニューロパチーに適用される電気生理学的検査の詳細は第 42 章「末梢神経・筋疾患編イントロダクション」で述べられているが，具体的な遺伝性ニューロパチーについて触れる前に，本章でも再度，様々な病態における電気生理学的検査，特に神経伝導検査，F 波検査，筋電図検査（EMG）について紹介する。

電気生理学的検査

1. 神経伝導検査

神経伝導検査としては運動神経伝導検査，感覚神経伝導検査がある。**運動神経伝導検査** motor conduction velocity（MCV）は被検神経に電気的刺激を与え，その神経が支配する筋における活動電位を誘発する。被検運動神経は径の異なる複数の神経線維から構成されるため，誘発される筋の活動電位はそれらの複数の神経－筋の反応が重なり合ったものが観察される。この筋の活動電位を**複合筋活動電位** compound muscle action potential（CMAP，図 1）と呼ぶ。正常な神経では，刺激部位が異なっても誘発される

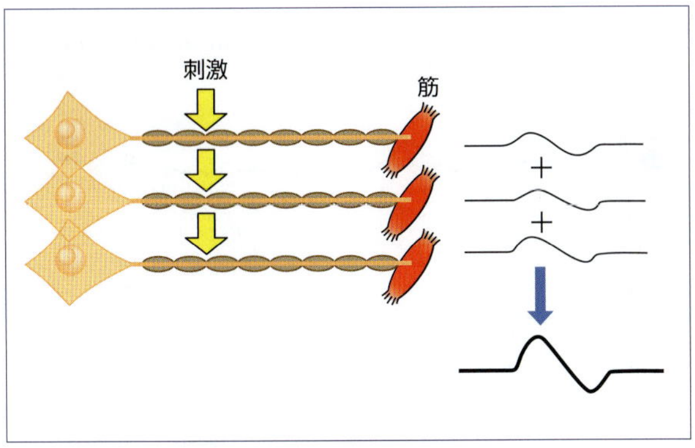

図1　複合筋活動電位(CMAP)の模式図

1つの神経線維が支配している筋より筋活動電位が誘発される。その活動電位が合算されたものが複合筋活動電位である。

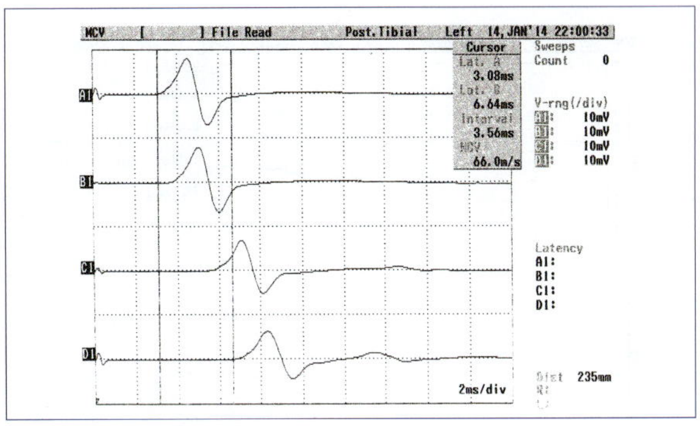

図2　正常な複合筋活動電位(CMAP)

脛骨神経を神経の走行に沿って4カ所で刺激し，骨間筋よりCMAPを記録した。刺激部位が近位であるほど，CMAPの出現する時間が遅くなる(潜時の延長)が，波形はほとんど変わらない。

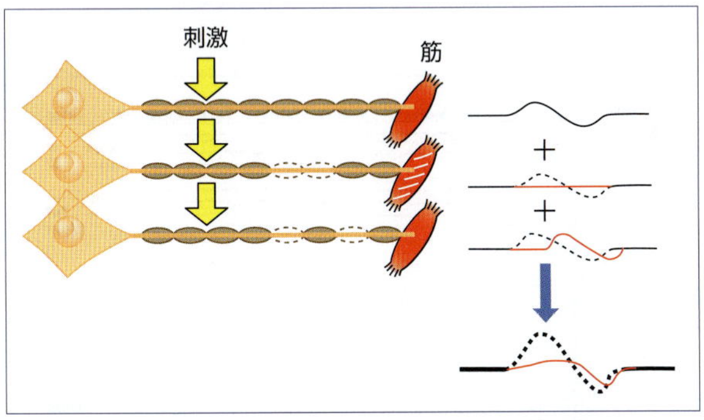

図3　複合筋活動電位(CMAP)の時間的分散の模式図

上から順に正常な神経，伝導ブロックが生じた神経，脱髄により伝導遅延が生じた神経を示す。それぞれの神経により誘発される筋活動電位は潜時，振幅とも異なるため，複合筋活動電位の波形が変化する。

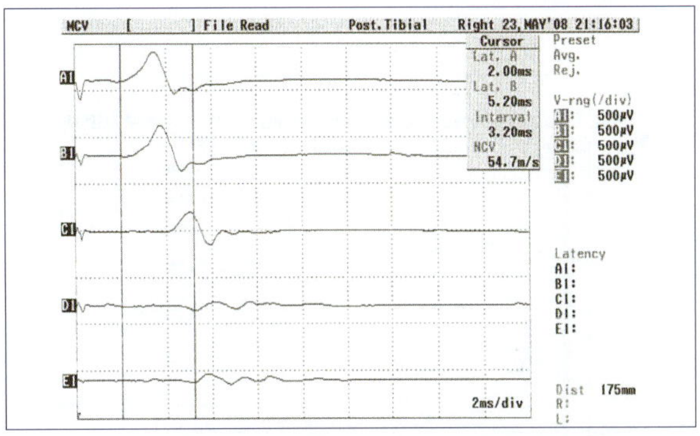

図4　ニューロパチーの猫における脛骨神経刺激－骨間筋記録による運動神経伝導検査

脱髄による伝導遅延と時間的分散が認められる。刺激部位は上より順に飛節部(A1)，飛節部より近位(B1)，膝窩部(C1)，大転子尾側(D1)，腸骨稜部(E1)である。刺激部位が近位になるとCMAPの波形は複雑化し，振幅は低下する。腸骨稜部－飛節部間の運動神経伝導速度は54.7 m/sであった。

CMAPの波形はほぼ同じである(図2)。脱髄疾患では，髄鞘の障害部位において伝導障害が生じるため，伝導が遅延する神経線維，伝導が遮断される神経線維などがある。そのため，誘発される筋の活動電位の出現するタイミングが大きく異なり，または出現しないものもあり，CMAPとしては波形の変化が現れる。伝導遅延を起こす神経線維が多い場合，波形が出現するまでの時間が遅延し，波形は複雑となり，波形のはじまりからおわりまでの時間が延長し，振幅(波形の大きさ)は低下する(図3,図4)。CMAPの波形が複雑化し，振幅が低下する状態を「**時間的分散が認められる**」と表現する。

感覚神経伝導検査 sensory conduction velocity (SCV)においては，被検神経を刺激し，その神経上から，神経線維を伝導する活動電位を記録する。この活動電位を**感覚神経活動電位** sensory nerve action potential (SNAP)と呼ぶ(図5)。SNAPは記録電極の形状や神経との距離などにより，波形や振幅が異なることがある。運動神経伝導検査を実施した際にCMAPが誘発できた刺激部位に，感覚神経伝導検査用の記録電極を設置したにもかかわらず，SNAPが誘発されない，あるいは低振幅である場合に，異常と判断する(図6)。

2. F波検査

運動神経の脊髄近傍部ならびに運動神経細胞体の機能を評価することができる**F波** F wave 検査は，F波の波形が刺激ごとに異なるため，必ず複数回(16回あるいは32回の刺激が一般的)の刺激によりF波を記録する。正常な犬の脛骨神経におけるF波出現率は100%である(図7)。運動神経細胞体の興奮性の低下，あるいは運動神経線維における脱髄が起こると，F波出現率の低下や，F波伝導速度の遅延が認められる(図8，図9)。

3. 筋電図検査

獣医学領域で臨床的に用いられる**筋電図検査** (EMG)は，刺入筋電図であり，筋電図用記録電極を被

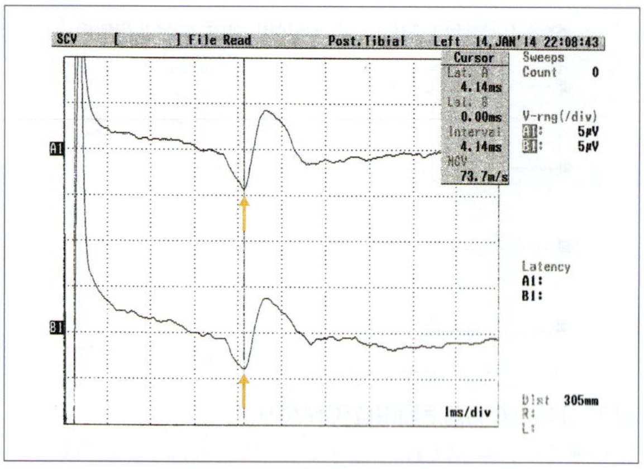

図5　正常な犬の感覚神経活動電位(SNAP)

脛骨神経を飛節部で刺激し，脛骨神経の大転子尾側部より記録した。矢印はSNAPの位置を示す。

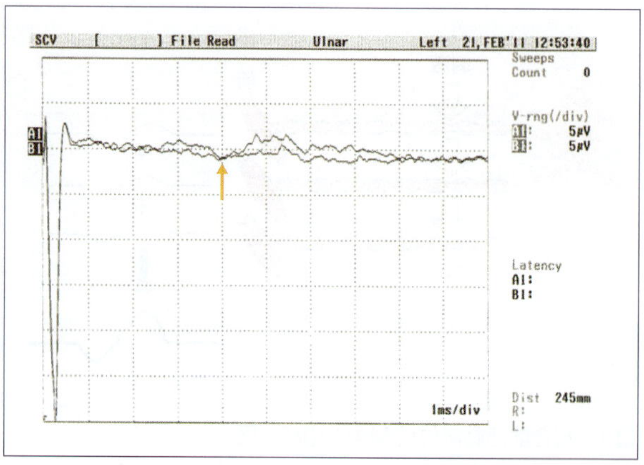

図6　脱髄性ニューロパチーの犬における感覚神経伝導検査(SNAP)

SNAP(矢印)の潜時は遅延し，振幅は低下している。

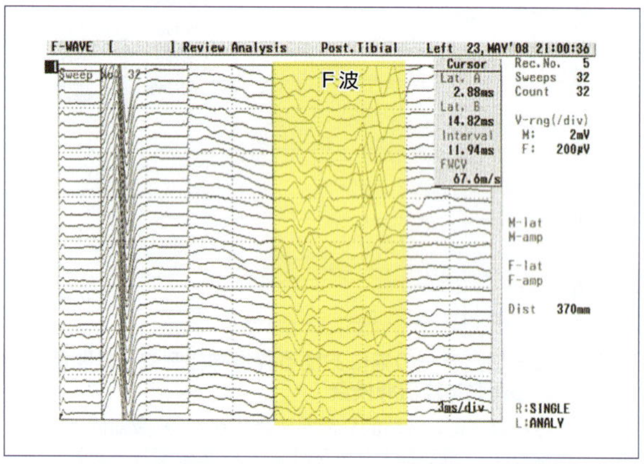

図7　脛骨神経刺激 - 骨間筋導出のＦ波検査

Ｆ波伝導速度は67.6 m/sであり，Ｆ波出現率は100％であった。

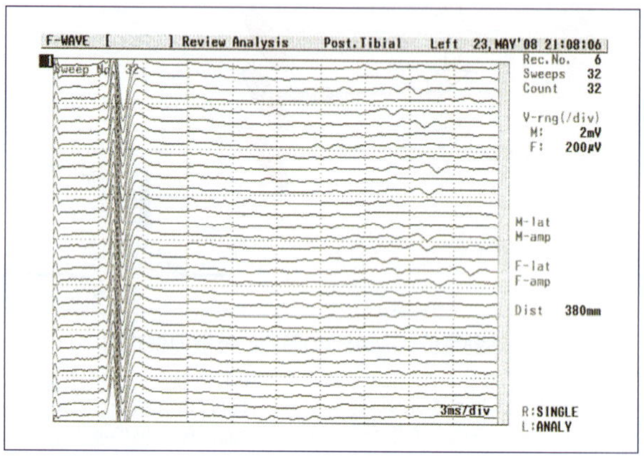

図8　脱髄性ニューロパチーの犬におけるＦ波検査

Ｆ波振幅は低下し，伝導速度も遅延している。

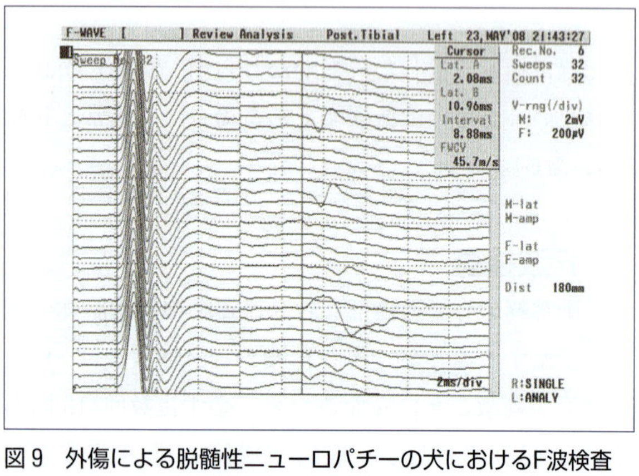

図9　外傷による脱髄性ニューロパチーの犬におけるF波検査

出現率の低下ならびに潜時の延長を認める。

検筋に刺入した際の刺入時電位，記録電極を筋内で静止させた際の安静時電位を評価の対象とする。正常な筋において，刺入時電位は記録電極を静止させた直後に消失し，安静時電位は出現しない(図10)。

神経支配が消失した筋，つまり脱神経が生じた筋では，刺入時電位の増大，延長と，安静時に筋の自発性放電が認められる。代表的な自発性放電に，**線維自発電位(線維自発放電)fibrillation potential(fib)，陽性鋭波 positive sharp wave(PSW)，複合反復放電 complex repetitive discharge(CRD)** がある(図11，図12)。

ニューロパチーの組織学的検査

ニューロパチーを組織学的に検査する方法としては神経生検があるが，採材可能な神経が限定されることもあり，本邦ではまだ一般的に実施されているとは言いがたい。ヒトの遺伝性ニューロパチーの診断は，遺伝子の異常が解明されていないものや，非典型例ではほとんどが生検により診断されている。

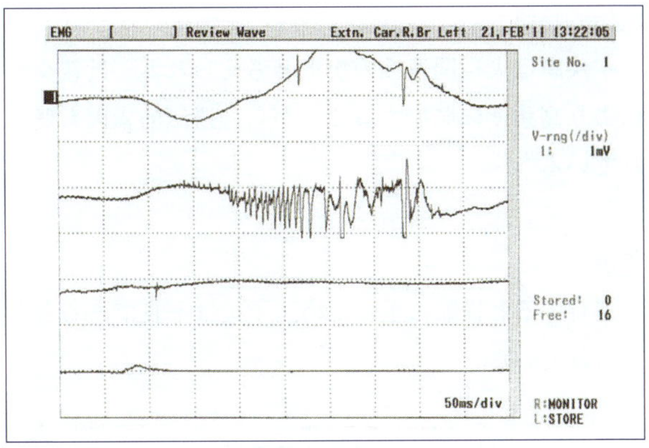

図 10　正常な橈側手根伸筋における刺入時の筋電図

上から 2 段目に刺入時電位が認められる。3 段目からは安静時電位である。

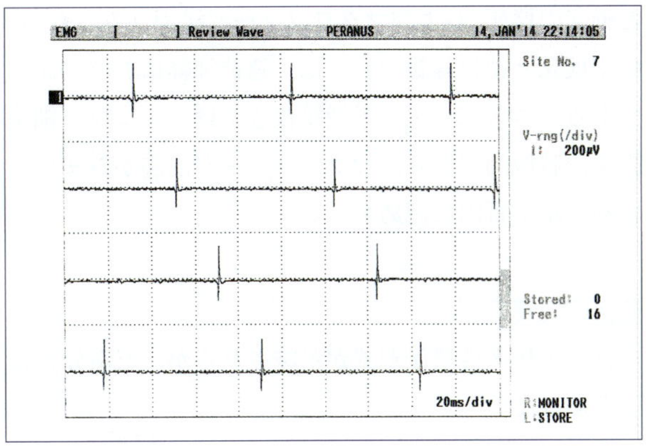

図 11　前脛骨筋における安静時電位

線維自発電位（fib）が認められる。

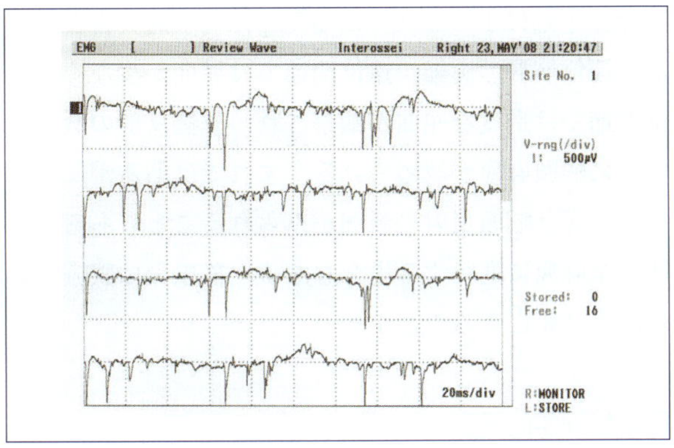

図 12　骨間筋における安静時電位

陽性鋭波（PSW）が認められる。

Video Lectures

特発性多発性ニューロパチーを発症したアラスカン・マラミュート

動画 1　歩行困難

1 歳 3 カ月齢時の様子。歩行が困難である。

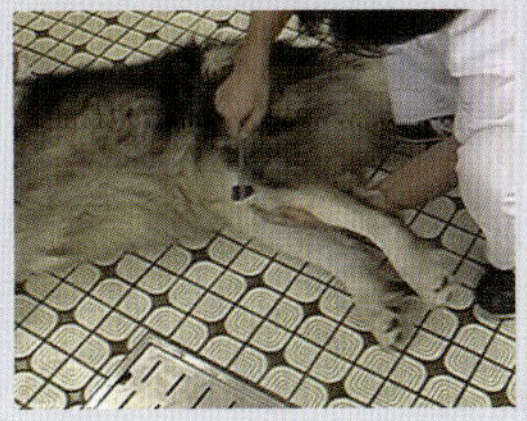

動画 2　脊髄反射の低下～消失

神経学的検査において，脊髄反射は低下～消失していた。

（動画 1，2 提供：とがさき動物病院　諸角元二先生）

代表的な遺伝性ニューロパチー

ここからは，遺伝性ニューロパチーのうち，代表的なものを紹介する。

1．遺伝性運動感覚ニューロパチー

遺伝性運動感覚ニューロパチーは，運動神経，感覚神経の両者を障害するニューロパチーである。ここでは遺伝性であると証明されていないが，疑われているものも含めて挙げる。

(1) アラスカン・マラミュートの特発性多発性ニューロパチー Alaskan Malamute polyneuropathy

臨床症状

臨床症状は 10 ～ 18 カ月齢の間に発現する[6]。後肢のウサギ跳び歩行や運動不耐性を呈し，進行性不全対麻痺から四肢麻痺へと推移する（**動画 1，動画 2**）。遠位の筋群は萎縮し，脊髄反射の低下が認められる。脊椎近傍や四肢の知覚過敏が顕著である。かすれた声や吸気時の喘鳴音といった症状が現れるため，喉頭麻痺も示唆されている。本疾患は進行性の経過をたどり，免疫抑制療法においても効果が認められていないため，安楽死が選択されることが多い[6]。

電気生理学的検査

EMG では，肢の筋群において fib と PSW が認められる。運動神経伝導検査においては，伝導速度の中程度の遅延と CMAP の振幅低下が認められることがある。

病理所見

病理学的検査により，遠位型運動感覚ニューロパチーが示唆される[6]。中枢神経系は障害されない。ほとんどの肢の筋で神経原性筋萎縮が認められる。神経の組織学的変化としては，有髄神経線維の消失，髄鞘

と軸索の壊死，およびマクロファージ浸潤がみられる。軸索壊死と神経線維の喪失は，遠位神経において顕著である。さらに，電子顕微鏡検査では，シュワン細胞異常が特徴的であり，マクロファージ浸潤がシュワン細胞の細胞質内に認められる。

遺伝的特質

常染色体劣性遺伝形式が示唆されるが，家系分析は完全ではない[6)]。

予後

予後は不良と考えられている。

(2) グレート・デーンの遠位型対称性運動感覚多発性ニューロパチー distal symmetric sensorimotor polyneuropathy (Great Dane)

臨床症状

これまでに報告された発症年齢は，1.3～5歳の間である[2, 32)]。臨床症状は4週間以上にわたり，重篤かつ進行性である。飛節の屈曲がなく，代償的に臀部を過度に屈曲するスキップ様の歩行が出現し，不全対麻痺へと進行する。脊髄反射は維持されているが，やがて遠位での反射低下が認められるようになる。頭部と膝関節よりも遠位の筋において，両側対称性に筋萎縮が認められる。

電気生理学的検査

EMGでは，膝関節と肘関節より遠位の全ての筋におけるfibとPSWが認められる。運動神経伝導検査において，遠位筋からのCMAPは誘発されない。

病理所見

病理学的変化としては，遠位の軸索変性が認められる[2)]。筋生検により，タイプ1とタイプ2の筋線維の萎縮を伴う著明な筋線維サイズの多様化が認められる。萎縮病変は，前後肢とも遠位筋群において最も顕著である。末梢神経の変化は全身的であるが，神経の遠位部で最も著しい。光学顕微鏡検査では，大径有髄線維の消失が認められる。さらに，電子顕微鏡での検査により，有髄線維の消失と神経内膜コラーゲンの増加がみられる。シュワン細胞数は増加し，軸索は障害されない。ときほぐし線維による検査では，び漫性神経線維変性が特徴的で，特に大径線維に認められる。

遺伝的特質

本疾患は犬種関連性の疾患と考えられる。近親交配により高頻度に発症することから，遺伝的素因も疑われている[2)]。

予後

進行すると横臥に至るため，予後は不良であると考えられている。

(3) レオンベルガーの遺伝性多発性ニューロパチー inherited polyneuropathy (Leonberger dog)

臨床症状

発症年齢は1～3歳である[48)]。神経学的異常としては，遠位筋群の萎縮，遠位関節では屈曲が少なく，近位関節では過度な屈曲が観察され，脊髄反射の低下ならびに喉頭麻痺が認められる。まれではあるが，顔面神経麻痺と咽頭反射の減弱がみられることもある。四肢不全麻痺に進行する場合もある。罹患犬は誤嚥性肺炎により死亡することが多い。

電気生理学的検査

EMGでは，四肢の筋群においてfibが認められる。運動神経伝導検査では，伝導速度の遅延と振幅の低下が認められ，CMAPが誘発されないこともある。脛骨神経におけるCMAPの消失が認められることが多い。

病理所見

筋生検において，様々な程度の神経原性筋萎縮が認められ，小群性と大群性萎縮がみられる。末梢神経生検における所見として，有髄線維の消失，小径軸索化，神経内膜の線維化が認められる。髄鞘再生が明瞭なものもある。

遺伝的特質

ある大きな多発性家族の家系分析から，X染色体関連遺伝が示唆される[48)]。本疾患の遺伝的あるいは病理学的特徴は，ヒトのCharcot-Marie-Tooth病の軸索ニューロパチーと類似する。

予後

病気の重篤度が個々の犬で異なることから，予後は要注意と考えられている。

(4) ロットワイラーの遠位型運動感覚多発性ニューロパチーRottweiler distal sensorimotor polyneuropathy

臨床症状

これまでに1.5～4歳の間で発症が報告されている[7]。雄も雌も罹患する。臨床症状は，蹠行姿勢，アヒル様歩行を呈し，脊髄反射の低下，遠位四肢筋の著しい萎縮を認める。不全対麻痺から四肢不全麻痺へ進行する。感覚障害は臨床症状としては認められない。臨床症状は急性の場合に加え，慢性かつ再発性に進行する症例も報告されている。

電気生理学的検査

EMGでは，膝関節ならびに肘関節よりも遠位の筋群において，fibとPSWが認められる。これらの筋の自発性放電の出現は，四肢近位筋群と傍脊椎筋群においてはわずかである。運動神経伝導検査ならびに感覚神経伝導検査において，伝導速度の低下が認められる。

病理所見

組織学的変化は，本疾患が遡行変性dying-back遠位型運動感覚ニューロパチーであることを示唆している[7]。筋線維は萎縮と肥大によってサイズが様々となる。筋線維萎縮は，小群と大群のランダムな配置をもってみられる。萎縮する筋線維は主にタイプ2であった。

末梢神経の生検では，異常は近位神経部位より遠位神経部位で明瞭である。異常所見としては，軸索壊死，有髄線維の大径線維消失，他の線維における薄い髄鞘およびマクロファージの浸潤が認められる。ときほぐし線維検査において，ミエリンの卵円形あるいはミエリンボールを伴う軸索変性がみられる。慢性症例においては，脱髄と軸索再生がみられることもある。

電子顕微鏡検査では，ミエリン軸索壊死，ミエリン破砕物を含むマクロファージを伴う様々な脱髄，シュワン細胞プロフィールの増加および軸索のないシュワン細胞バンドが認められる。剖検が行われたロットワイラーの1例においては，脳と脊髄に異常は認められなかった。

遺伝的特質

これまでに家系調査が行われていないため，遺伝的背景は解明されていないが，本疾患には犬種関連性が推測される[7]。

予後

慢性かつ再発性の経過を示す症例では，程度は異なるもののステロイドの治療に反応を示すことから，自己免疫素因が示唆されている。予後は要注意である。

(5) ダルメシアンとロットワイラーの喉頭麻痺多発性ニューロパチー複合larynyeal palysis polyneuropathy complex(Dalmatian and Rottweiler)

ダルメシアンとロットワイラーの喉頭麻痺多発性ニューロパチー複合は，遠位型運動感覚神経の軸索変性症として認められる。この2つの犬種の臨床症状と病理学的所見は類似する[4, 5, 38]。

臨床症状

臨床症状は，ダルメシアンでは2～6カ月齢で，ロットワイラーでは8～12週齢で発現する。喉頭麻痺以外の臨床症状は，巨大食道，測定障害，姿勢反応の欠如，脊髄反射の低下，四肢筋群の萎縮，顔面と舌の神経麻痺などである。巨大食道症はロットワイラーよりもダルメシアンで認められることが多い。侵害刺激に対する感覚は正常である。

電気生理学的検査

EMGでは，喉頭筋と四肢の遠位筋群においてfibとPSWが認められる。運動神経伝導検査では，伝導速度は正常からわずかな遅延が認められるが，CMAPは時間的分散を伴わない振幅の低下を示し，軸索消失を示唆する結果であった。

病理所見

病理学的所見は主に末梢神経に認められ，遠位型多発性ニューロパチーの病態を示す[4, 38]。喉頭筋と四肢遠位の筋群の変化は神経原性筋萎縮である。著明な所見は運動神経と感覚神経における軸索変性であり，組織学的には軸索壊死と巣状のミエリン消失が認められる。ときほぐし線維検査では，遠位線維においてより顕著な変性と，ミエリン卵円形が認められる。直径計測によるデータにおいては，遠位神経の中径と大径線維消失が顕著である[4]。脊髄と疑核を含む脳に異常は認められない。

遺伝的特質

罹患ロットワイラー5世代の家系分析が行われたが，共通の先祖がいないことが明らかであった[38]。

ダルメシアンの交配データによると，25%の同腹子が罹患していた[4]。

予後

喉頭麻痺と多発性ニューロパチーを合併するため，予後は不良である。

2. ミエリン関連多発性ニューロパチー

ミエリン関連ニューロパチーは，ニューロパチーの病理学的検査結果による分類であり，**末梢神経のミエリン低形成**を呈する疾患が報告されている。

(1) ゴールデン・レトリーバーの先天性ミエリン低形成多発性ニューロパチー congenital hypomyelination polyneuropathy(Golden Retriever)

臨床症状

臨床症状の発現は5.5～6.5週齢であり，屈んだ姿勢を示す後肢の運動失調として現れ，後肢の筋萎縮と不全対麻痺が認められる[3, 40]。歩行時には旋回運動が著明で，走行時にはウサギ跳び歩行がみられる。後肢の脊髄反射の低下もしくは消失が認められる。

電気生理学的検査

EMGの結果では，肢の筋において散発的な自発性放電が認められ，運動神経伝導検査では伝導速度の著しい遅延が観察される。これらはミエリン変性が優位な変化であることを示唆している。

病理所見

筋の変化は軽微なものであり，萎縮あるいは肥大線維による線維径の多様化が特徴的である。神経生検における光学顕微鏡検査では，全ての径の神経線維で不規則な薄い髄鞘を伴い，有髄軸索の減少が認められる。ときほぐし線維検査においては，脱髄と髄鞘再生が顕著である。電子顕微鏡検査では，ミエリン層板の減少やシュワン細胞数の増加がみられる。多くのシュワン細胞の細胞質は，細胞内小器官濃度が増加し，豊富である。

遺伝的特質

罹患犬同士の交配により，遺伝的欠損を生じやすいと考えられている。

予後

これまでに，2年間にわたり臨床症状の進行も改善もみられなかった例が報告されている。

(2) チベタン・マスティフの肥大性ニューロパチー hypertrophic neuropathy(Tibetan Mastiff)

肥大性ニューロパチーは，末梢神経における重度の脱髄を示す。連続的な脱髄と髄鞘再生のために，肉眼的に神経線維の肥大が認められる。犬の肥大性ニューロパチーは，ヒトの疾患である遺伝性感覚運動ニューロパチー(HSMN) I型(Charcot-Marie-Tooth病I型)とHSMN II型(Dejerine-Sottas病)と類似する。

臨床症状

臨床症状の発現は，7～10週齢の間に認められる[10, 13]。発症初期の症状は，後肢のウサギ跳び歩行と蹠行姿勢である。姿勢反応においては虚弱と緊張低下，脊髄反射では膝蓋腱(四頭筋)反射の消失，引っこめ反射の低下がみられる。発声困難が認められることより喉頭麻痺が示唆される。

筋萎縮の程度は様々であり，四肢の近位筋が萎縮するものや，遠位筋に認められるものもある。重症例は横臥し，肢の拘縮が認められる。通常，前肢よりも後肢の障害が重度である。感覚は正常であると考えられている。発症後4～6週間以内に起立可能となった子犬もいたが，筋の虚弱はその後も継続した。

脳脊髄液(CSF)中の蛋白濃度が増加している症例もある。

電気生理学的検査

EMGの結果では，自発性放電としてfibとPSWが認められる。発症後長時間経過した後の検査において自発性放電の減少が確認される。運動神経伝導検査と感覚神経伝導検査において伝導速度の遅延が認められ，病期の進行とともに振幅が低下し，伝導速度はさらに遅延する。電気生理学的検査の結果からは，脱髄と脱神経が示唆された[10]。

病理所見

末梢神経の組織学的検査において，脱髄を示す有髄線維密度の減少と，髄鞘を欠く軸索が認められる[13]。軸索変性はまれである。薄い有髄軸索の周囲に増加したシュワン細胞が存在する。電子顕微鏡検査では，ミエリン再生を示す髄鞘も認められる。シュワン細胞の細胞質は，変性ミエリンとフィラメント集積を示す軸索に隣接するか，あるいはそれらを細胞質分画に含む。

遺伝的特質

臨床的に正常な犬の近親交配計画の結果，正常子犬と罹患子犬の割合は3：1であり，常染色体劣性遺伝形式が示唆される[13]。

予後

予後は要注意である。成長とともに歩くことができるようになる罹患犬もいるが，筋の虚弱は残る。

3. 中枢神経と末梢神経を障害するニューロパチー

(1) バーマンの中枢－末梢遠位軸索変性症 Birman cat distal polyneuropathy

中枢－末梢遠位軸索変性症は，中枢神経と末梢神経における軸索変性を起こす疾患である。

臨床症状

臨床症状の発現は，8～10週齢の間にみられ，雌猫において報告されている[42]。罹患猫は蹠行姿勢を示し，飛節を内転する。後肢の運動失調と麻痺を伴う軽度の測定障害を示し，ゆっくりと進行する。

電気生理学的検査

EMGの結果，後肢筋群においてfibとPSWが認められる。運動神経伝導検査の結果は正常範囲内である。

病理所見

病変は中枢神経と末梢神経に分布し，遠位軸索変性症を示唆する[42]。中枢病変は，小脳白質，頚部脊髄薄束と，脊髄全体の錐体路における有髄線維のび漫性脱落が特徴的である。末梢神経においては，有髄と無髄における線維の消失が認められる。神経根は正常である。ミエリン卵円形と軸索壊死が認められる。

遺伝的特質

罹患猫は同じ両親から生まれた同腹姉妹であることから，何らかの遺伝的素因が考えられている。また，罹患猫は全て雌であることから，性染色体遺伝形式をとると予想される。

(2) ボクサーの進行性軸索変性症 progressive axonopathy(Boxer)

臨床症状

臨床症状は2カ月齢までに認められるが，さらに年齢が高くなってからの発症も報告されている[27, 30]。臨床的には12～18カ月間進行し，その後変化しなくなる。発症初期には後肢の運動失調を呈し，前肢へと進行する。固有位置感覚は低下する。筋伸展反射は減弱するが，屈筋の反射は保持される。筋緊張は低下するが，筋萎縮は軽微である。

電気生理学的検査

EMGの結果，特徴的な自発性放電は認められない。神経伝導検査において，運動神経伝導速度は遅延し，感覚神経伝導速度も遅延するかあるいは電位が記録できない。電位の振幅は低下し，持続時間の延長が認められる。F波潜時は遅延が認められる。これらの電気生理学的検査所見は，神経線維直径の減少と脱髄を表している[30]。

病理所見

中枢神経と末梢神経に病変が存在する。組織学的検査では，末梢神経において有髄線維数の減少が明瞭である[27]。運動神経，感覚神経の混合神経と，皮膚の神経の近位と遠位が障害され，遠位ではより重度の変化が認められる。背側と腹側の神経根にも軽度の病変が存在する。ときほぐし線維検査では，軸索変性を起こした線維と顕著な髄鞘再生が認められる[29]。脊髄の組織学的検査において，側面と腹側の灰白質の著明な空胞化が確認される[27]。

軸索スフェロイドは灰白質にみられる。スフェロイドの存在は進行性軸索変性症の名称を特徴付けるものである。病変は脳幹底部，楔状束核と副楔状束核，第Ⅴ脳神経(CN Ⅴ)の脊髄路，小脳白質と吻側のオリーブ核で著明である。

電子顕微鏡検査では白質の変性した線維が明瞭に観察される。腫大した軸索(スフェロイド)は，ニューロフィラメント構成物，小胞管状の構成要素，および増加したミトコンドリアを含んでいる。免疫細胞学的検査において，アクチン量が増加した腫大軸索，脊髄と脳幹の運動神経においてはニューロフィラメントを含んだ細胞質が認められる。軸索輸送の消失が病因として考えられている。

遺伝的特質

家系分析と交配研究の結果，常染色体劣性遺伝形式が疑われている[29]。

予後

この疾患は進行しないこともあるが，ゆっくりと進行することもあるので，予後は要注意である。

(3) ジャーマン・シェパード・ドッグの巨大軸索ニューロパチー giant axonal neuropathy (German Shepherd Dog)

臨床症状

臨床症状の発現は 14 ～ 16 カ月齢の間であり，蹠行姿勢，運動失調，進行性不全対麻痺が特徴である。固有位置感覚の消失は後肢で著明である[17, 18]。膝関節より遠位で筋萎縮が認められる。後肢の脊髄反射は消失し，感覚の低下もみられる。遅発性の症状として，巨大食道，便失禁，喉頭機能障害がある。症状は進行し，20 ～ 24 カ月齢までには四肢不全麻痺となる。

罹患犬の身体的特徴として，巻き毛の被毛が認められる。

電気生理学的検査

EMG の結果，膝関節より遠位の筋群において自発性放電が認められる。運動神経伝導検査において，坐骨－脛骨神経刺激による CMAP の振幅と時間的分散は，時間の経過とともに低下，減少を示す。運動神経伝導速度はわずかに遅延を示す[19]。

病理所見

病変は中枢神経と末梢神経に存在する。膝関節より遠位の筋群において神経原性筋萎縮が認められる。神経の組織学的変化としては，脱髄ならびに巨大な有髄軸索および無髄軸索が認められる[17, 21]。ときほぐし線維検査でみられる傍結節性ならびに非対称性に腫脹した巨大軸索は，飛節と足根骨間の脛骨神経において著明であるが，坐骨神経の近位では認められない。軸索変性はまれであり，大きな結節と薄くミエリン化した内部結節などにより特徴づけられる脱髄が確認される。

電子顕微鏡検査において，有髄線維あるいは無髄線維の軸索原形質は，細胞内小器官は少量で，高密度の塊状のニューロフィラメントを含む。マイクロフィラメント蓄積は，シュワン細胞においても認められる。中枢神経系にも病変が存在する[26, 28]。脊髄の主に長い運動路と感覚路の遠位部位に，ニューロフィラメントを含む腫大軸索がみられる。脳幹の薄核，楔状核および網様体核，背側小脳脊髄路と吻側小脳虫部の白質においても軸索腫大が認められる。電子顕微鏡検査により，薄束と楔状束では，腫大軸索は構築の乱れたニューロフィラメントから構成されていることが確認される。

遺伝的特質

本疾患の遺伝形式は常染色体劣性遺伝であることが示されている[19]。

予後

進行が早いことと，巨大食道症を発症することなどから，予後は不良である。

4. 遺伝性感覚ニューロパチー

感覚ニューロパチーの臨床的特徴は，局在的あるいは全身的な侵害受容の消失，固有位置感覚の欠如といった感覚系の障害が起こるが，筋の張力と強度は正常であることといえる。組織学的には，**末梢と中枢における有髄神経の減少**が認められる。これまで様々な犬種で報告されており，ジャック・ラッセル・テリア[23]，ゴールデン・レトリーバー[51]，ラフ・コリー[8]，ボーダー・コリー[58]，ドーベルマン，シベリアン・ハスキー，スコティッシュ・テリア[59]などがある。

(1) ロングヘアード・ダックスフンドの感覚ニューロパチー sensory neuropathy (Longhaired Dachshund)

臨床症状

臨床症状は 8 ～ 10 週齢で認められる[20]。全身性の感覚消失と自咬を示す。固有位置感覚は後肢で消失し，前肢では低下する。筋の張力と強度は正常である。脊髄反射は減弱あるいは消失する。尿失禁を呈することもある。

電気生理学的検査

EMG の結果，筋の自発性放電はみられず，運動神経伝導検査においても異常は認められない。感覚神経伝導検査において，SNAP は誘発されない。

病理所見

末梢神経の光学顕微鏡的所見においては，大径有髄神経が著明に減少し，遠位で最も顕著である[20]。ときほぐし線維検査において，傍結節性脱髄と髄鞘再生がみられる。電子顕微鏡検査では，細胞内小器官の集積を伴った軸索変性，管状水泡状構造物の増加を伴う変性性脱髄性神経線維，および神経内膜内の脱神経性シュワン細胞の増加などが認められる。

遺伝的特質

常染色体劣性遺伝形式が疑われているが，本疾患は現在のところ，種特異的と考えられている[16]。

予後

本疾患は進行性で，予後は不良である。

(2) イングリッシュ・ポインターの感覚ニューロパチー（趾端壊死症）toe necrosis / sensory neuropathy(English Pointer)

臨床症状

3～5カ月齢の間に，肉球を舐めたり咬んだりする症状が発現する[14]。肉球は腫大，発赤し，肢端部には潰瘍や裂傷がみられ，爪の変形や脱臼，肢端の自己切断などが認められる。固有位置感覚，運動能力，脊髄反射は維持される。

電気生理学的検査

EMG，神経伝導検査は正常範囲内である。

病理所見

病理学的には，感覚神経と小型の有髄・無髄神経線維が顕著に障害される。変性性変化は，ほとんどが脊髄後外側索に認められる。この経路は痛みや温度の求心性感覚を伝達する。組織学的所見としては，腹角神経節細胞数の減少，神経節における小型ニューロンの異常な増加，脊髄背側変性，後外側束の線維密度減少がある。電子顕微鏡では，有髄軸索変性よりも無髄軸索変性がより明確に確認される。無髄軸索は神経小管とニューロフィラメントを欠き，ミトコンドリア集積，高密度で有芯性の小胞，層板状の高密度顆粒およびグリコーゲン顆粒のために膨張する。

遺伝的特質

ジャーマン・ショートヘアード・ポインターでは，常染色体劣性遺伝形式と考えられている[44]。

予後

予後は不良である。

5. ライソゾーム病

ライソゾーム病の中には，ニューロパチーの臨床症状と病理学的所見を特徴とするものがある。ライソゾーム病は，ライソゾーム内のスフィンゴ脂質，糖脂質，オリゴサッカラーゼ，ムコ多糖類の蓄積を特徴とする[35, 39]。病理所見は，グロボイド細胞型白質ジストロフィー，ニーマンピック病A型，α-マンノシドーシス，フコシドーシス，糖原病Ⅳ型で報告されている。

(1) フコシドーシス fucosidosis

フコシドーシスはライソゾーム病の1つであり，α-フコシダーゼ欠損に起因する[31, 36, 54]。米国で交配されたイングリッシュ・スプリンガー・スパニエルでの報告がある[50]。

臨床症状

臨床症状は4～6カ月齢で現れる[54]。行動の変化として現れ，不安行動や拘束に抵抗を示すようになり，1歳までにはより顕著になる。学習反応も消失し，周囲への反応がなくなる。12～15カ月齢には歩行障害も出現し，姿勢反応の欠如がみられる。24～36カ月齢の間には，威嚇瞬目反応が消失し，頭位眼振が起こる。末梢血，骨髄，CSF中に，空胞を有する白血球が認められる。

電気生理学的検査

電気生理学的検査において，異常は認められない[54]。

病理所見

末梢神経の腫大は，水腫と脂質を貪食した食細胞浸潤からなり，上皮細胞とマクロファージの空胞化が認められる。電子顕微鏡検査において，空胞がライソゾームに由来することが確認できる[36, 54]。

遺伝的特質

フコシドーシスは常染色体劣性形式で遺伝する。

予後

予後は不良である。

(2) グロボイド細胞型白質ジストロフィー globoid cell leukodystrophy

グロボイド細胞型白質ジストロフィーは，ガラクトセレブロシダーゼ活性欠損によって起こる遺伝性疾患であり，ミエリンを形成する希突起膠細胞（オリゴデンドログリア）とシュワン細胞に，代謝毒性のあるプシコシンという物質が蓄積する[52, 56]。ガラクトセレブロシドは大部分がミエリン内に含まれるため，関連する病変は白質ジストロフィーとして現れる。

この疾患は，ヒト，犬，猫[33, 49]，羊[45]，マウス[15]で確認されている。犬種としては，ウエスト・ハイランド・ホワイト・テリア，ケアーン・テリア，ビーグル，プードル，バセット・ハウンド，アイリッシュ・セター，ポメラニアンで報告がある[22, 34, 37, 41, 43, 47, 60]。

臨床症状

臨床症状の出現は3カ月齢頃である。症状としては進行性不全対麻痺，麻痺として現れ，小脳症状が優位にみられることもある。末梢神経へ障害が進行すると，反射の低下が認められる。磁気共鳴画像（MRI）所見として，び漫性で対称的な白質の病変が観察される[11]。確定診断は，組織におけるガラクトセレブロシダーゼ活性減少を確認することである[56]。

電気生理学的検査

EMGによりfibが認められ，運動神経伝導検査において伝導速度の遅延が認められる。

病理所見

神経ではミエリン減少，大径および中間径の軸索消失，神経内膜内へのグロボイド細胞浸潤を認めた。電子顕微鏡検査では，大径および中間径の軸索におけるミエリン薄板の厚みの減少，ミエリン残屑を含んだシュワン細胞数の減少が確認される。グロボイド細胞型マクロファージは，膜で囲まれた細胞質空胞を含み，その空胞は管状封入体を有し，小胞体に近接している[55]。

遺伝的特質

ウエスト・ハイランド・ホワイト・テリアとケアーン・テリアにおいては常染色体劣性形式により遺伝する[53]。確定診断は，白血球と培養線維芽細胞におけるガラクトセレブロシダーゼ活性の測定により行う。

予後

予後は不良であり，ほとんどの罹患犬は1歳以下で死亡する。

(3) 糖原病Ⅳ型 glycogenosis type Ⅳ

糖原病は，グリコーゲン代謝異常とグリコーゲンの性状異常，および異常な量のグリコーゲン蓄積が特徴である。糖原病Ⅳ型は，α-1，4-D-グルカン：α-1，4-グルカン6グルコシルトランスフェラーゼというグリコーゲン分岐酵素の欠損により発症する。ノルウェージャン・フォレスト・キャットで報告されている。

臨床症状

臨床症状の発現は5カ月齢である。初期に発熱がみられ，全身的な筋の振戦，ウサギ跳び歩行を呈する。8カ月齢までに四肢麻痺へと進行し，中枢神経系も障害される[9, 25]。CK活性は増加する。

電気生理学的検査

EMG検査においてfibとCRDがみられる。運動神経伝導検査では，伝導速度は正常であったが，振幅の低下が認められる。

病理所見

組織学的には，過ヨウ素酸シッフ（PAS）陽性ジアスターゼ抵抗性の物質が細胞質内に蓄積することが特徴となっている。末梢神経と筋が重度に障害される[9]。神経の変化では，重度の軸索変性，腫大，泡沫状のマクロファージの存在，神経線維消失および神経内膜の線維化が特徴的である。病変は，運動神経，感覚神経，自律神経に認められる。筋では神経原性筋萎縮が認められ，PAS陽性封入体が，筋線維，筋内膜および筋周膜で確認される。電子顕微鏡検査では，蓄積物質は，周囲に膜を欠く粒子状の細胞質内沈着物として認められる[25]。

遺伝的特質

ノルウェージャン・フォレスト・キャットでは，常染色体劣性遺伝形式をとる[24, 25]。

予後

予後は不良である。

(4) ニーマンピック病A型(スフィンゴミエリン脂質症) Niemann-Pick disease type A / sphingomyelinosis

スフィンゴミエリン脂質症は，ライソゾーム病群の代表的疾患であり，内臓系と神経系を障害する。スフィンゴミエリンは細胞膜の成分であり，特に髄鞘内に存在する。スフィンゴミエリナーゼ(スフィンゴミエリンホスホジエステラーゼ)欠損の結果，マクロファージと神経にスフィンゴミエリンとコレステロールが蓄積する。神経系の障害や臓器腫大の程度およびスフィンゴミエリナーゼ活性に基づき，いくつかの亜型(A～F)を分類する分類体系が確立されている[46]。ニーマンピック病A型は，シャムとバリニーズで報告されている[1, 57]。

臨床症状

臨床症状は，2～5カ月齢で現れる。掌行と蹠行姿勢を伴う進行性の四肢不全麻痺を呈し，姿勢反応は欠如し，脊髄反射は低下する。声の変化も認められ，小脳症状を呈する場合もある。罹患猫は成長停滞を示す。

電気生理学的検査

EMGにおいて，fibとPSWが認められる。神経伝導検査では，運動神経伝導速度も感覚神経伝導速度も著しい遅延がみられる。

病理所見

病理学的検査において，原発性脱髄性多発性ニューロパチーが認められる[12]。光学顕微鏡検査では，異染色性粒子，すなわち空胞状物質の存在が確認される。また，脳神経，神経根，全ての末梢神経において，部分的ないし完全な脱髄と髄鞘再生がみられる。ミエリン残屑と粒子状物質を伴うマクロファージ様細胞が神経内膜に存在する。軸索は正常であった。電子顕微鏡検査では，マクロファージとシュワン細胞は多数の二次ライソゾームをもち，様々な形のラメラ層板構造を示していた。

遺伝的特質

本疾患では，常染色体劣性遺伝形式をとると推測されている。

予後

予後は不良であり，8～10カ月齢までに死亡する。

おわりに

犬と猫でみられる遺伝性ニューロパチーの代表的疾患について，臨床症状，電気生理学的検査，病理学的検査，遺伝的特質ならびに予後にわけて紹介した(表)。遺伝性ニューロパチーの多くは予後不良であり，致死的疾患も多い。病理学的にはそれぞれに特徴をもつ疾患であるが，臨床症状の多くは運動障害，四肢不全麻痺であり，臨床症状から病態を把握することが困難である。そのため，遺伝性ニューロパチーは，臨床症状と動物種，品種，年齢から疾患を推測することになる。

また，ニューロパチーを診断する際に，臨床所見，一般神経学的検査だけで病態の把握と病変部位の局在を判断することは困難である。電気生理学的検査は臨床検査の1つとして，多くの疑問を解決することができる手段である。ニューロパチーを診断するために，是非とも習得しておきたい検査であると考える。

［奥野征一］

表　犬と猫の遺伝性ニューロパチー

疾患名	罹患品種	発症年齢	遺伝形式	臨床的特徴	電気生理学的検査所見	病理学的所見
アラスカン・マラミュートの 特発性多発性ニューロパチー	アラスカン・マラミュート	10～18 カ月齢	常染色体劣性	進行性四肢不全麻痺 遠位筋萎縮，傍脊椎知覚過敏 喉頭筋麻痺	線維自発電位 陽性鋭波 運動神経伝導速度の遅延	神経遠位部の軸索変性 神経線維脱落 巣状あるいはび漫性ミエリン消失
グレート・デーンの遠位型対称性 運動感覚多発性ニューロパチー	グレート・デーン	1.3～5 歳	不明	不全対麻痺から四肢不全麻痺 咀嚼筋と遠位肢の筋の萎縮	線維自発電位 陽性鋭波 複合筋活動電位の消失	遠位肢と喉頭筋の有髄線維変性 と消失
レオンベルガーの遺伝性多発性 ニューロパチー	レオンベルガー	1～3 歳	X 染色体関連の疑い	遠位筋萎縮，遠位関節の屈曲の 減少，反射低下，喉頭麻痺	線維自発電位 運動神経伝導速度の遅延	神経線維の脱落 髄鞘再生
ロットワイラーの遠位型運動感覚 多発性ニューロパチー	ロットワイラー	1.5～4 歳	不明	不全対麻痺から四肢不全麻痺 反射減退，四肢の筋萎縮	線維自発電位 陽性鋭波	有髄線維の消失，軸索壊死 ニューロフィラメントの消失
ダルメシアンとロットワイラーの 喉頭麻痺多発性ニューロパチー 複合	ダルメシアン ロットワイラー	2～6 カ月齢 8～12 週齢	不明	喉頭麻痺 巨大食道 喉頭と四肢の筋の萎縮	線維自発電位 陽性鋭波 複合筋活動電位振幅の低下	有髄線維と無髄線維の消失 軸索壊死
ゴールデン・レトリーバーの先天性 ミエリン低形成多発性ニューロパチー	ゴールデン・レトリーバー	5.5～6.5 週齢	不明	ウサギ跳び歩行 反射低下	自発性放電 運動神経伝導速度遅延	有髄軸索の減少と薄い髄鞘 ミエリン減少
チベタン・マスティフの 肥大性ニューロパチー	チベタン・マスティフ	7～10 週齢	常染色体劣性	急性発症する全身性虚弱 発声困難	線維自発電位 陽性鋭波 複合反復放電	有髄線維密度の減少 広範にわたる脱髄 シュワン細胞のフィラメント蓄積
バーマンの中枢－末梢遠位 軸索変性症	バーマン	8～10 週齢	性染色体関連の疑い	測定障害，蹠行姿勢	線維自発電位 陽性鋭波	ミエリン残屑と崩壊軸索を伴う 神経線維の変性と遠位部分の消失
ボクサーの進行性軸索変性症	ボクサー	2 カ月齢	常染色体劣性の疑い	進行性運動失調 固有位置感覚と伸筋反射の欠如 軽度の小脳症状	運動神経伝導速度の遅延 感覚神経伝導速度の遅延	有髄線維数の減少 軸索変性 髄鞘再生
ジャーマン・シェパード・ドッグの 巨大軸索ニューロパチー	ジャーマン・シェパード・ドッグ	14～16 カ月齢	常染色体劣性	不全対麻痺から四肢不全麻痺 反射低下，遠位筋の萎縮 巨大食道	自発性放電 複合筋活動電位の振幅低下と 時間的分散	有髄線維の消失 ニューロフィラメントを含む軸索
ロングヘアード・ダックスフンドの 感覚ニューロパチー	ロングヘアード・ダックスフンド	8～10 週齢	品種関連	運動失調，固有位置感覚の喪失 全身的な痛覚の喪失 尿失禁，自咬	感覚神経活動電位振幅の低下	有髄神経の消失 軸索変性
イングリッシュ・ポインターの 感覚ニューロパチー(趾端壊死症)	イングリッシュ・ポインター	3～5 カ月齢	常染色体劣性の疑い (ジャーマン・ショートヘアード・ポインター)	肢の遠位の感覚消失 掌先端の変化と自咬	筋電図，神経伝導検査は正常	神経節神経細胞数の減少 有髄線維と無髄線維の変性 後外側束の線維減少
フコシドーシス	イングリッシュ・スプリンガー・ スパニエル	4～6 カ月齢	常染色体劣性	学習能力低下 運動失調，測定障害 嚥下困難，聴覚・視覚の消失	正常	神経，神経根の腫大 軸索スフェロイド 泡沫状マクロファージ
グロボイド細胞型白質 ジストロフィー	ウエスト・ハイランド・ホワイト・テリア， ケアーン・テリア，ビーグル，プードル， バセット・ハウンド，ポメラニアン， アイリッシュ・セター，短毛家猫， 長毛家猫	3～6 カ月齢	常染色体劣性 (ウエスト・ハイランド・ホワイト・テリア，ケアーン・テリア)	不全対麻痺から四肢不全麻痺 小脳障害，反射低下 筋萎縮	運動神経伝導速度の遅延	脱髄，軸索変性 グロボイド細胞を含んだマクロ ファージの集積
糖原病Ⅳ型	ノルウェージャン・フォレスト・キャット	5 カ月齢	常染色体劣性	全身性の筋の振戦 ウサギ跳び歩行 筋萎縮，拘縮，反射低下	線維自発電位 複合反復放電 複合筋活動電位振幅の低下	グリコーゲンの異常蓄積 ミエリンと軸索の消失
ニーマンピック病A型 (スフィンゴミエリン脂質症)	シャム，バリニーズ	2～5 カ月齢	常染色体劣性が推測 される	固有位置感覚の欠損 反射低下，振戦，蹠行姿勢	線維自発電位 陽性鋭波 運動神経伝導速度の遅延 感覚神経伝導速度の遅延	脱髄，泡沫状マクロファージ

■参考文献

1) Baker HJ, Wood PA, Wenger DA, et al. Sphingomyelin lipidosis in a cat. *Vet Pathol.* 24(5): 386-391, 1987.

2) Braund KG, Luttgen PJ, Redding RW, et al. Distal symmetrical polyneuropathy in a dog. *Vet Pathol.* 17(4): 422-435, 1980.

3) Braund KG, Mehta JR, Toivio-Kinnucan M, et al. Congenital hypomyelinating polyneuropathy in two golden retriever littermates. *Vet Pathol.* 26(3): 202-208, 1989.

4) Braund KG, Shores A, Cochrane S, et al. Laryngeal paralysis-polyneuropathy complex in young Dalmatians. *Am J Vet Res.* 55(4): 534-542, 1994.

5) Braund KG, Shores A, Cochrane S, et al. Laryngeal paralysis-polyneuropathy complex. *Prog Vet Neurol.* 5(4): 154, 1994.

6) Braund KG, Shores A, Lowrie CT, et al. Idiopathic polyneuropathy in Alaskan malamutes. *J Vet Intern Med.* 11(4): 243-249, 1997.

7) Braund KG, Toivio-Kinnucan M, Vallat JM, et al. Distal sensorimotor polyneuropathy in mature Rottweiler dogs. *Vet Pathol.* 31(3): 316-326, 1994.

8) Carmichael S, Griffith IR. Case of isolated sensory trigeminal neuropathy in a dog. *Vet Rec.* 109(13): 280-282, 1981.

9) Coates JR, Paxton R, Cox NR, et al. A case presentation and discussion of type Ⅳ glycogen storage disease in a Norwegian Forest Cat. *Prog Vet Neurol.* 7(1): 5-11, 1996.

10) Cooper BJ, de Lahunta A, Cummings JF, et al. Canine inherited hypertrophic neuropathy: clinical and electrodiagnostic studies. *Am J Vet Res.* 45(6): 1172-1177, 1984.

11) Cozzi F, Vite CH, Wenger DA, et al. MRI and electrophysiological abnormalities in a case of canine globoid cell leukodystrophy. *J Small Anim Pract.* 39(8): 401-405, 1998.

12) Cuddon PA, Higgins RJ, Duncan ID, et al. Polyneuropathy in feline Niemann-Pick disease. *Brain.* 112(Pt 6): 1429-1443, 1989.

13) Cummings JF, Cooper BJ, de Lahunta A, et al. Canine inherited hypertrophic neuropathy. *Acta Neuropathol.* 53(2): 137-143, 1981.

14) Cummings JF, de Lahunta A, Winn SS. Acral mutilation and nociceptive loss in English pointer dogs. A canine sensory neuropathy. *Acta Neuropathol.* 53(2): 119-127, 1981.

15) Duchen LW, Strich SJ. An hereditary motor neurone disease with progressive denervation of muscle in the mouse: the mutant 'wobbler'. *J Neurol Neurosurg Psychiatry.* 31(6): 535-542, 1968.

16) Duncan ID, Griffith IR. A sensory neuropathy affecting Long Haired Dachshund dogs. *J Small Anim Pract.* 23(7): 381-390, 1982.

17) Duncan ID, Griffith IR. Canine giant axonal neuropathy. *Vet Rec.* 101(22): 438-441, 1977.

18) Duncan ID, Griffith IR. Canine giant axonal neuropathy; some aspects of its clinical, pathological and comparative features. *J Small Anim Pract.* 22(8): 491-501, 1981.

19) Duncan ID, Griffith IR, Carmichael S, et al. Inherited canine giant axonal neuropathy. *Muscle Nerve.* 4(3): 223-227, 1981.

20) Duncan ID, Griffith IR, Munz M. The pathology of a sensory neuropathy affecting Long Haired Dachshund dogs. *Acta Neuropathol.* 58(2): 141-151, 1982.

21) Duncan ID, Griffith IR. Peripheral nervous system in a case of canine giant axonal neuropathy. *Neuropathol Appl Neurobiol.* 5(1): 25-39, 1979.

22) Fletcher TF, Lee DG, Hammer RF. Ultrastructural features of globoid-cell leukodystrophy in the dog. *Am J Vet Res.* 32(1): 177-181, 1970.

23) Franklin RJM, Olby NJ, Targett MP, et al. Sensory neuropathy in a Jack Russell terrier. *J Small Anim Pract.* 33(8): 402-404, 1992.

24) Fyfe JC, Giger U, Van Winkle TJ, et al. Familial glycogen storage disease type Ⅳ(GSD Ⅳ) in Norwegian Forest cats. Proceedings of the Eighth American College of Veterinary Internal Medicine Forum. 1990, pp1129.

25) Fyfe JC, Giger U, Van Winkle TJ, et al. Glycogen storage disease type Ⅳ: inherited deficiency of branching enzyme activity in cats. *Pediatr Res.* 32(6): 719-725, 1992.

26) Griffith IR, Duncan ID. The central nervous system in canine giant axonal neuropathy. *Acta Neuropathol.* 46(3): 169-172, 1979.

27) Griffith IR, Duncan ID, Barker J. A progressive axonopathy of Boxer dogs affecting the central and peripheral nervous systems. *J Small Anim Pract.* 21(1): 29-43, 1980.

28) Griffith IR, Duncan ID, McCulloch M, et al. Further studies of the central nervous system in canine giant axonal neuropathy. *Neuropathol Appl Neurobiol.* 6(6): 421-432, 1980.

29) Griffith IR, McCulloch MC, Abrahams S. Progressive axonopathy: an inherited neuropathy of boxer dogs. 2. The nature and distribution of the pathological changes. *Neuropathol Appl Neurobiol.* 11(6): 431-446, 1985.

30) Griffith IR. Progressive axonopathy: an inherited neuropathy of Boxer dogs. 1. Further studies of the clinical and electrophysiological features. *J Small Anim Pract.* 26(7): 381-392, 1985.

31) Hartley WJ, Canfield PJ, Donnelly TM. A suspected new canine strage disease. *Acta Neuropathol.* 56(3): 225-232, 1982.

32) Henricks PM, Steiss J, Petterson JD. Distal peripheral polyneuropathy in a great dane. *Can Vet J.* 28(4): 165-167, 1987.

33) Johmson KH. Globoid leukodystrophy in the cat. *J Am Vet Med Assoc.* 157(12): 2057-2064, 1970.

34) Johnson GR, Oliver JE Jr, Selcer R. Globoid cell leukodystrophy in a Beagle. *J Am Vet Med Assoc.* 167(5): 380-384, 1975.

35) Jolly RD, Walkley SU. Lysosomal storage disease of animals: an essay in comparative pathology. *Vet Pathol.* 34(6): 527-548, 1997.

36) Kelly WR, Clague AE, Barns RJ, et al. Canine alpha-L-fucosidosis: a storage disease of Springer Spaniels. *Acta Neuropathol.* 60(1-2): 9-13, 1983.

37) Luttgen PJ, Braund KG, Storts RW. Globoid cell leukodystrophy in a Basset hound. *J Small Anim Pract.* 24(3): 153-160, 1983.

38) Mahony OM, Knowles KE, Braund KG, et al. Laryngeal paralysis-polyneuropathy complex in young Rottweilers. *J Vet Intern Med.* 12(5): 330-337, 1998.

39) March PA. Neuronal storage disorders. In: August JR. Consultations in feline internal medicine, vol 5. Elsevier Saunders. Philadelphia. US. 2001, pp393-404.

40) Matz ME, Shell L, Braund K. Peripheral hypomyelinaization in two golden retriever littermates. *J Am Vet Med Assoc.* 197(2): 228-230, 1990.

41) Mcdonnell JJ, Carmichael KP, Mcgraw RA, et al. Preliminary characterization of globoid cell leukodystrophy in Irish Setters. *J Vet Intern Med.* 14(3): 340, 2000.

42) Moreau PM, Vallat JM, Hugon J, et al. Peripheral and central distal axonopathy of suspected inherited origin in Birman cats. *Acta Neuropathol.* 82(2): 143-146, 1991.

43) Palmer AC, Blakemore WF. A progressive neuronopathy in the young cairn terrier. *J Small Anim Pract.* 30(2): 101-106, 1989.

44) Pivnik L. Zur vergleichenden problematic einiger akrodystrophischer neuropathien bei menschen und hund. *Schweiz Arch Neurol Neurochir Psychiatr.* 112: 365-371, 1973.

45) Pritchard DH, Naphtine DV, Sinclair AJ. Globoid cell leukodystrophy in polled Dorset sheep. *Vet Pathol.* 17(4): 399-405, 1980.

46) Scriver CR, Beaudet AL, Sly WS, et al. The metabolic & molecular bases of inherited disease, 8th ed. McGraw-Hill. New York. US. 2001.

47) Selcer ES, Selecer RR. Globoid cell leukodystrophy in two West Highland White Terriers and one Pomeranian. *Compend Contin Educ Prac Vet.* 6(7): 621-624, 1984.

48) Shelton GD, Podell M, Poncelet L, et al. Inherited polyneuropathy in Leonberger dogs: a mixed or intermediate form of Charcot-Marie-Tooth disease? *Muscle Nerve.* 27(4): 471-477, 2003.

49) Sigurdson CJ, Basaraba RJ, Mazzaferro EM, et al. Globoid cell-like leukodystrophy in a domestic longhaired cat. *Vet Pathol.* 39(4): 494-496, 2002.

50) Smith MO, Wenger DA, Hill SL, et al. Fucosidosis in a family of American-bred English Springer Spaniels. *J Am Vet Med Assoc.* 209(12): 2088-2090, 1996.

51) Steiss JE, Pook HA, Clark EG, et al. Sensory neuronopathy in a dog. *J Am Vet Med Assoc.* 190(2): 205-208, 1987.

52) Suzuki K, Suzuki Y. Globoid cell leucodystrophy(Krabbe's disease): deficiency of galactocerebroside beta-galactosidase. *Proc Natl Acad Sci USA.* 66(2): 302-309, 1970.

53) Suzuki Y, Austin J, Armstrong D, et al. Studies in globoid leukodystrophy: enzymatic and lipid findings in the canine form. *Exp Neurol.* 29(1): 65-75, 1970.

54) Taylor RM, Farrow BRH, Healy PJ. Canine fucosidosis: clinical findings. *J Small Anim Pract.* 28(4): 291-300, 1987.

55) Vicini DS, Wheaton LG, Zachary JF, et al. Peripheral nerve biopsy for diagnosis of globoid cell leukodystrophy in a dog. *J Am Vet Med Assoc.* 192(8): 1087-1090, 1988.

56) Victoria T, Rafi MA, Wenger DA. Cloning of the canine GALC cDNA and identification of the mutation causing globoid cell leukodystrophy in West Highland White and Cairn terriers. *Genomics.* 33(3): 457-462, 1996.

57) Wenger DA, Sattler M, Kudoh T, et al. Niemann-Pick disease: a genetic model in Siamese cats. *Science.* 208(4451): 1471-1473, 1980.

58) Wheeler SJ. Sensory neuropathy in a Border Collie puppy. *J Small Anim Pract.* 28(4): 281-289, 1987.

59) Wouda W, Vandevelde M, Oettli P, et al. Sensory neuropathy in dogs: a study of four cases. *J Comp Pathol.* 93(3): 437-450, 1983.

60) Zaki FA, Kay WJ. Globoid cell leukodystrophy in a miniature poodle. *J Am Vet Med Assoc.* 163(3): 248-250, 1973.

N

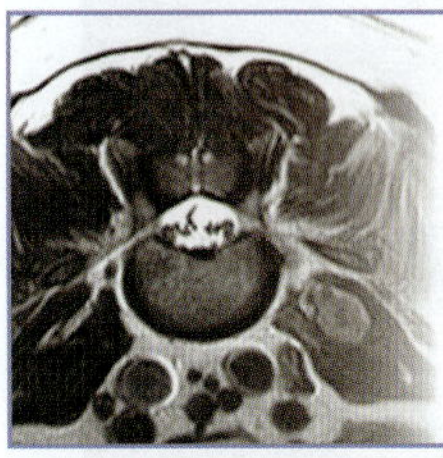

44. 末梢神経鞘腫瘍およびその他の腫瘍に関連するニューロパチー

はじめに

末梢神経系 peripheral nervous system(PNS)を侵す腫瘍性疾患には，主に末梢神経に発生する腫瘍，すなわち末梢神経鞘腫瘍と，他の腫瘍に関連して末梢神経症状を呈する腫瘍随伴性ニューロパチーが挙げられる。

本章ではこれらの病態について解説するが，今回の腫瘍性疾患に限らずPNS疾患の診断では，神経学的検査における下位運動ニューロン徴候(LMNS)の検出と電気生理学的検査が重要であり，第42章「末梢神経・筋疾患編イントロダクション」や成書も参照すべきである。また，特に末梢神経鞘腫瘍に関しては他の脊髄腫瘍との鑑別も重要となるため，第34章「脊髄腫瘍」も同時に参照されたい。

末梢神経鞘腫瘍

1．概要と疫学

末梢神経鞘腫瘍 peripheral nerve sheath tumors(PNSTs)はその名のとおり，末梢神経の神経鞘に発生する腫瘍であり，シュワン細胞が腫瘍性増殖を示すシュワン細胞腫 schwannoma と，シュワン細胞のみならず神経周囲の結合織(神経周膜や神経内膜など)も増殖する神経線維腫 neurofibroma，およびそれらの悪性型である悪性シュワン細胞腫 malignant schwannoma，神経線維肉腫 neurofibrosarcoma に分類される[5, 9, 13](このほか，過去には“神経鞘腫，neurinoma，neurilemmoma”などの呼称も用いられていたが，現在ではほとんど使われていない)。シュワン細胞腫か神経線維腫かは病理組織学的に分類されるが，臨床的にこれらの鑑別は困難であり(また，治療や予後にあまり関与しないため)，総じてPNSTsと呼ばれている。ただし，悪性のものは予後が悪く，臨床的にも重要であることから，悪性シュワン細胞腫および神経線維肉腫はしばしば**悪性末梢神経鞘腫瘍 malignant PNSTs (MNSTs，MPNSTs)**として論じられる。

PNSTs/MNSTsは中齢～高齢の犬においてときおり認められ，猫ではまれである。PNSTs/MNSTsは脊髄神経，脳神経のいずれの部位においても発生するが，各部位での神経根部や尾側頚髄～頭側胸髄から派出する脊髄神経(≒腕神経叢)および三叉神経での発生が特に多いようである[4, 9, 13]。犬51頭の脊髄神経に発生したPNSTsにおける回顧的研究[4]において，全体の診断時平均年齢は8.7歳(3～13歳)であった。明らかな犬種差，性差は認められなかった。

PNSTsは神経根，神経叢，あるいはより末梢で発生し，比較的緩やかに進行する。近位および遠位に拡大していくが，神経根に発生したものは近位へ拡大するとすぐに脊柱管内(あるいは頭蓋内)へ到達・侵入し，また**MNSTsでは髄内へ浸潤することも多い**。これにより初期に認められるLMNSに加え，上位運動ニューロン徴候(UMNS)あるいは脳幹症状(脳神経に発生した場合)が認められるようになる。また，腕神経叢や腰仙神経叢などの神経叢に発生したものでは，拡大に伴い叢内にある複数の神経を巻き込むことになる。一部の症例では顔面や四肢末端に局所性の軟部組織腫瘍としてPNSTs/MNSTsが発生することもある。**PNSTs/MNSTsは局所あるいは神経走行に沿った拡大性および浸潤性は高い**ものの，遠隔転移は非常にまれである。

PNSTs/MNSTs以外の末梢神経を巻き込む腫瘍には，神経根を巻き込むような髄膜腫，脊椎腫瘍や傍脊柱および末梢神経周辺の軟部組織に発生する軟部組織肉腫(線維肉腫，血管周皮肉腫，横紋筋／平滑筋肉腫など。これらの腫瘍に関する詳細は腫瘍学の成書を参照されたい)，およびリンパ腫(特に猫。リンパ腫については後述する)などが挙げられる。

2．臨床症状と神経学的検査所見

PNSTsの臨床症状はその発生部位・神経，あるいは

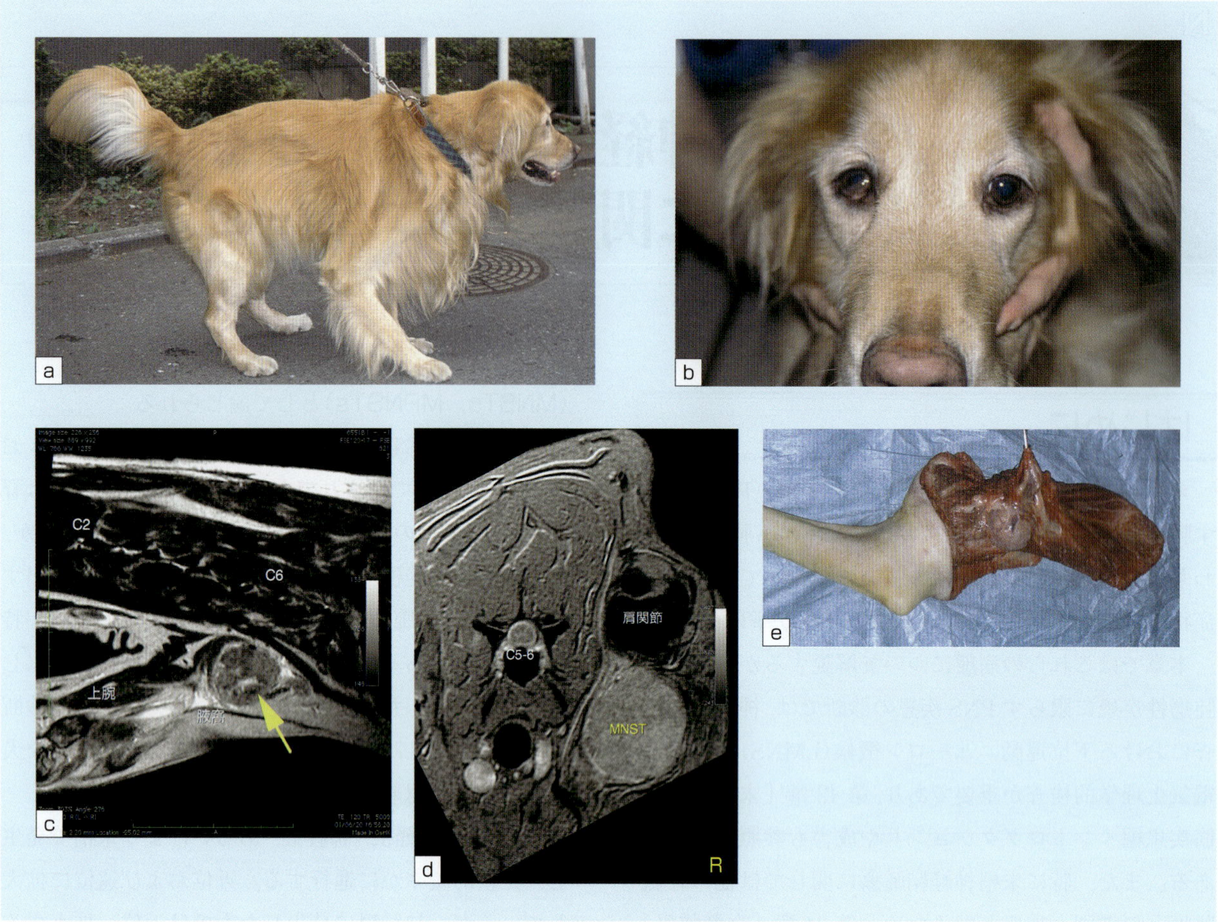

図１　断脚術を行った悪性末梢神経鞘腫瘍（MNST）のゴールデン・レトリーバー（7 歳，雄）

約１年前からの右前肢跛行を主訴に来院した。神経学的検査では右前肢のナックリング（固有位置感覚の消失），起立位での肘関節の沈下（a），橈側手根伸筋反射および上腕三頭筋反射の消失，前肢を頻回に舐めることによる舐性皮膚炎，および右眼にホルネル症候群を認めた（b）。また触診において，右腋窩部にゴルフボール大の腫瘤を触知できた。MRI では右腋窩部に T2 強調（T2W）画像で不均一な高信号，T1 強調（T1W）画像で低信号，造影剤では一部増強される腫瘤病変を認めた（c，d）。腕神経叢に発生した PNSTs と診断し，断脚術が行われた（e）。病理組織学的診断は，MNSTs であった。

脊柱管内／頭蓋内浸潤の有無によって大きく異なる。共通していえるのは，いずれの部位であっても**初期には罹患した神経の LMNS が顕著に認められる**ということである。

最も多いとされる尾側頚神経～前胸神経，あるいは腕神経叢に発生した PNSTs/MNSTs（図 1）では，通常患側前肢のナックリングや跛行が認められ，それらから緩徐に進行する（単不全麻痺）。また，跛行に伴い罹患した神経の支配領域の筋萎縮が認められるようになる。神経根に発生した，あるいは神経根を巻き込む場合には，神経根症状（疼痛，頚部のミオクローヌス，患肢の挙上など）が優位に認められることもある。触診において，患肢および患側腋窩で疼痛が認められることもしばしばあり（このため，類似した跛行・疼痛を示す整形外科疾患との鑑別が重要になる），腕神経叢に発生したものでは，腋窩の注意深い触診にて腫瘤を触知できることもある。また，この領域に発生した PNSTs/MNSTs では，同側性にホルネル症候群が認められることもある（図 1b）。

神経学的検査では前肢の部分的（初期）あるいは全般的な LMNS が示される（患肢の固有位置感覚の低下～消失，前肢の主要な脊髄反射である橈側手根伸筋反射〔橈骨神経：C7 ～ T1〕，二頭筋反射〔筋皮神経：C6 ～ C8〕，三頭筋反射〔橈骨神経：C7 ～ T1〕の低下～消失，および引っこめ反射の低下～消失）。これらの神経学的検査所見が得られたならば，さらに詳細に罹患神経を絞り込むため，各神経のオートノマスゾーンのつまみ検査を行う。また，患肢と対側肢を比較しながら注意深く触診し，どの筋肉が萎縮しているかを記録する。より進行した症例では，腫瘍が近位へ拡大し，脊柱管内へ侵入することで脊髄を圧迫，あるいは MNSTs では脊髄内浸潤を来すことにより，C6 ～ T2 分節の脊髄徴候が認められる。すなわち，患側でより優位な前肢の LMNS および後肢の UMNS がみられる。

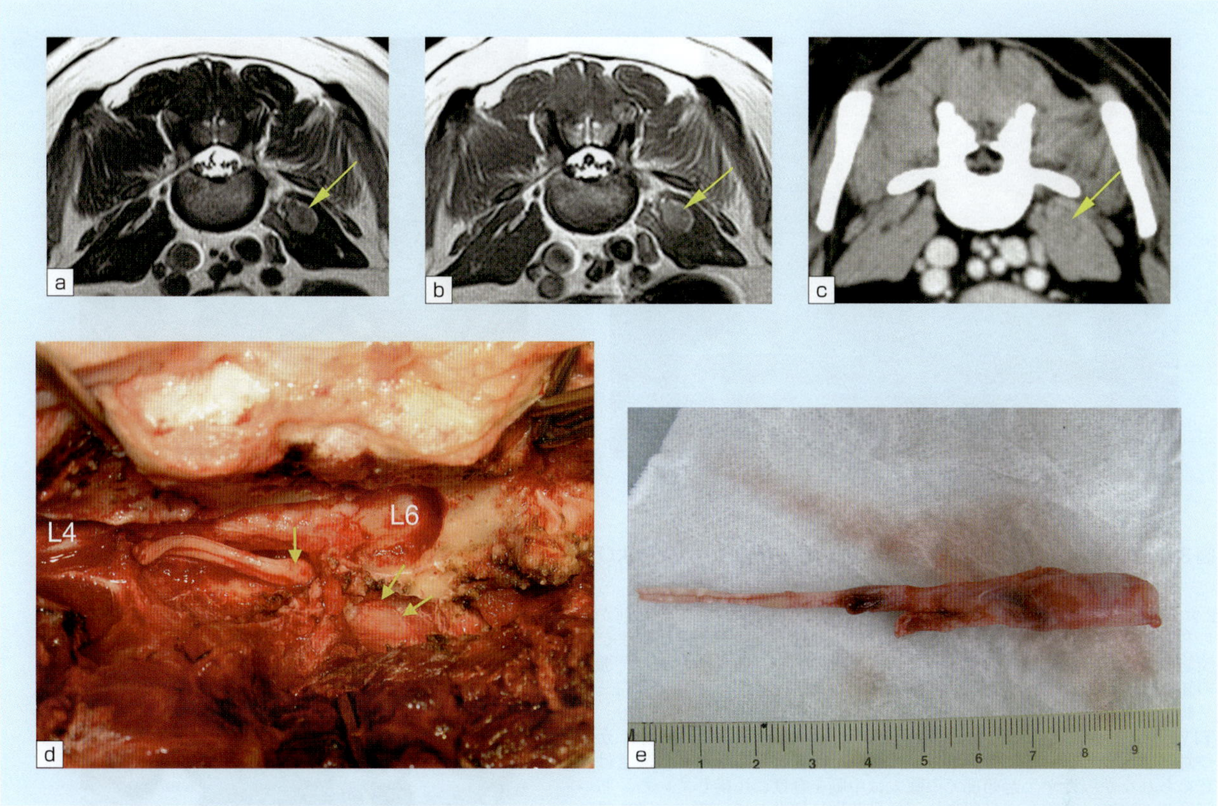

図 2　局所切除を行った悪性末梢神経鞘腫瘍 MNST のラブラドール・レトリーバー（10 歳，雄）

7 カ月前から間欠的な左後肢の跛行が認められ，3 カ月前から顕著となり，来院した。神経学的検査では左大腿筋の顕著な萎縮，膝蓋腱（四頭筋）反射の消失が認められ，坐骨神経領域の反射（前脛骨筋，腓腹筋，引っこめ反射）は正常であった。MRI において L5-L6 神経根より遠位へ走行する末梢神経の腫大性病変が認められ，病変は T2W 画像で等～やや高信号（a），T1W 画像で低～等信号，ガドリニウム増強 T1W 画像で淡く増強された（b）。CT において病変は等吸収域を示し，造影剤によりごくわずかに造影された（c）。これらの所見から，L5 脊髄神経（大腿神経）の末梢神経鞘腫瘍を疑い，髄内浸潤の防止を目的として，局所的な切除術が行われた。手術は L4 ～ L6 までの片側椎弓切除にて腫大した神経根および腫瘤性病変を確認し，L4 の神経分枝から腫瘤病変を含めて切除された（d，e）。病理組織学的診断は MNST（悪性シュワン細胞腫）であった。症例は術後翌日より起立可能で，跛行は残るものの歩行は可能であった。
（症例提供：ネオベッツ VR センター　宇根 智先生）

後肢に分布する脊髄神経あるいは腰仙神経叢に発生した場合もまた，前肢と同様に片側後肢の単不全麻痺が認められる。神経学的検査も同様に片側後肢の LMNS を示唆する。大腿神経（L4 ～ L6）が罹患すれば，膝蓋腱（四頭筋）反射が低下～消失し（図 2），坐骨神経（腓骨神経：L6-L7，脛骨神経：L7-S1）が罹患すれば，膝蓋腱（四頭筋）反射は見かけ上の亢進（偽の反射亢進）を示し，前脛骨筋反射，腓腹筋反射および引っこめ反射は低下～消失するであろう。前肢と同様に，後肢のオートノマスゾーンにおける知覚検査でより詳細な情報を得ることができる。この領域に発生した腫瘍では，脊柱管内へ拡大した場合でも初期にはあまり神経学的異常は変わらない。ただし腫瘍が脊柱管内で大きく拡大したならば，対側にも同様の変化が生じ，また排尿／排便障害も明瞭となる。

脳神経に発生する PNSTs も同様に，初期には罹患した脳神経の片側症状が典型的に認められる。特に発生頻度の高い三叉神経鞘腫（図 3a）では，片側の側頭筋や咬筋の萎縮，眼瞼反射や角膜反射の低下～消失，顔面感覚（上顎や下顎）の痛覚鈍麻が認められる。内耳神経鞘腫では片側の末梢性前庭障害，顔面神経鞘腫では片側の顔面神経麻痺が顕著である。また，病期が進み，腫瘍が頭蓋内へ侵入・浸潤すると，多発性かつ連続性の脳神経障害（たとえば，三叉神経鞘腫では，初期の三叉神経障害に続いて外転神経，顔面神経の障害が進行性に現れてくる）や罹患側と同側の姿勢反応低下（不全片麻痺），意識レベル低下などが表出してくる。

3．診断

現在，PNSTs/MNSTs の診断は，前述した臨床症状および神経学的検査所見から疑われる病変部位が推定された後に，単純 X 線検査（触知できるようなものであれば超音波検査），さらに脊髄造影，コンピュータ断層撮影（CT）あるいは磁気共鳴画像（MRI）を用いた画像診断に進むことが一般的である。ただし，たとえば顔面や腋窩，四肢に腫瘤が触知あるいは超音波検査で視

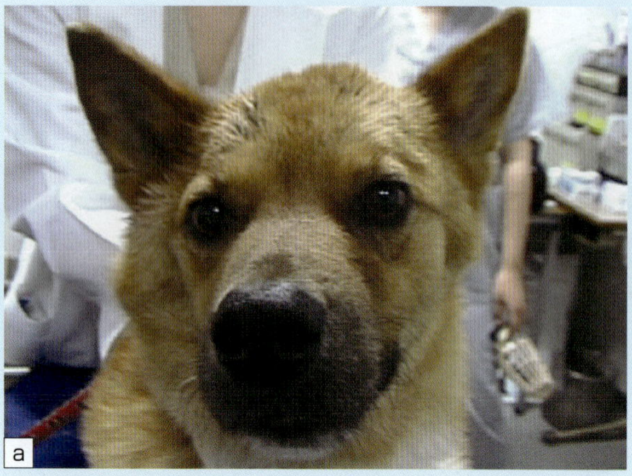

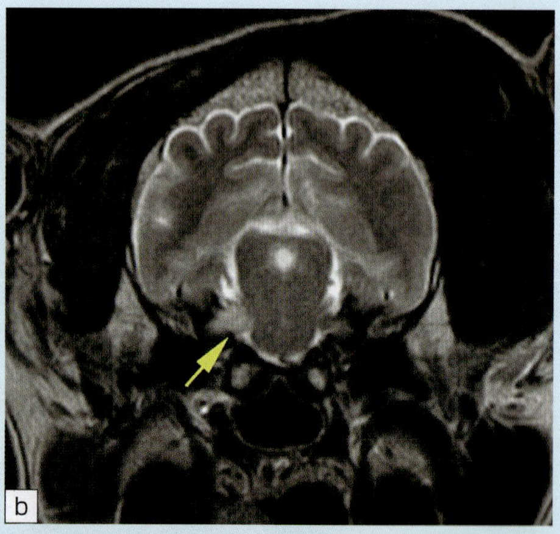

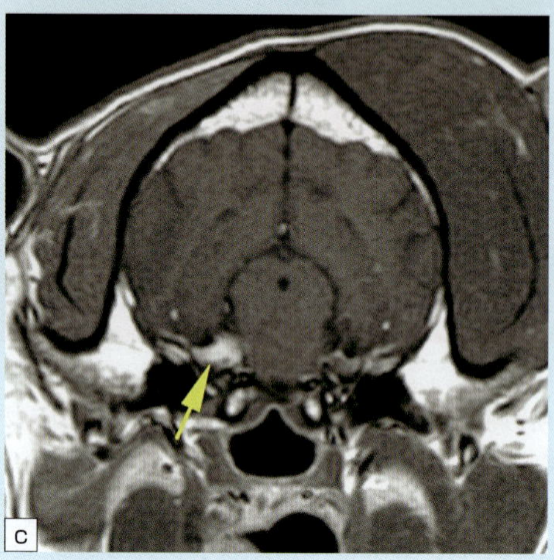

図 3　三叉神経鞘腫と考えられた雑種犬(10 歳，去勢雄)の外貌および MRI 所見

2 カ月ほど前より右眼を掻く様子のみられることが多くなり，1 カ月前から右側頭筋が萎縮してきたため来院。神経学的検査では右側頭筋および咬筋の萎縮，右眼瞼反射の低下，右角膜反射の消失，右上顎および下顎の知覚低下が認められ，右三叉神経麻痺と考えられた(a)。MRI では右三叉神経が起始部から脳底部への走行に沿って T2W 画像で高信号(b)，T1W 画像で等信号，ガドリニウム増強 T1W 画像(c)で強く増強され，かつ対側と比較し明らかに腫大していた(矢印)。姿勢反応などには異常は認められなかったが，起始部での腫大は中脳を軽度に圧排していた。右側頭筋・咬筋は萎縮し，対側に比べ信号強度は増加している。病理組織学的診断は行われていないが，三叉神経鞘腫と考えられた。

覚化できる場合には，他の軟部組織腫瘍と同様に生検(FNA やツルーカット，局所生検など)が CT や MRI に先行して実施されることもある。実際，四肢や顔面の軟部組織腫瘍を切除し，病理組織学的検査によって PNSTs/MNSTs と診断されることも少なくないようである。また，電気生理学的検査，すなわち神経伝導検査や筋電図検査(EMG)は，罹患した神経およびその支配筋をより詳細に特定するのに役立ち，また類症の整形外科疾患との鑑別にも有用である。

単純 X 線検査では，腫瘤が巨大な(それは恐らく触知可能な)場合や典型的な脊柱管内浸潤(たとえば椎間孔が拡大している，あるいは脊椎に骨融解などを伴うなど)を呈する場合を除いては，罹患神経支配域の筋肉量低下以外に明らかな所見が得られない。しかしながら，他の脊髄・脊椎疾患や腫瘍性疾患(多発性や転移性，あるいは後述する腫瘍随伴性ニューロパチー)を除外するために，神経学的検査所見から疑われる領域のみならず，胸部や腹部の撮影を行うことが望ましい。

脊髄造影は，神経学的検査から脊髄病変が疑われる場合に実施される。脊柱管内へ侵入・浸潤した PNSTs/MNSTs は脊髄造影上，硬膜内・髄外病変，あるいは，まれに髄内病変の所見を呈する(詳細は第 34 章「脊髄腫瘍」参照)。ただし，脊髄造影所見のみからでは PNSTs の診断は困難であり，やはりより詳細な診断のために CT や MRI へ進むか，あるいは手術時に肉眼的に鑑別することとなる。

PNSTs/MNSTs が疑われる大多数の症例では，CT あるいは MRI が行われる。CT では脊髄造影下での CT 検査(脊柱管内浸潤の評価として)および／あるいは通常の造影 CT 検査(腫瘍自体を造影する)が望まれる。また，CT も MRI も脊髄神経の PNSTs/MNSTs が疑われる場合には，脊髄周辺のみならず，たとえば腋窩や骨盤領域も撮像視野に含めた広範な撮影領域の設定が望まれる(図 1c，d)。こうすることで，脊柱より遠位への病変の拡がりや遠位での腫瘤形成，筋萎縮領域を捉えることができる。

PNSTs/MNSTs 自体は一般に，神経の走行に沿って腫大あるいは腫瘤化する。CT(図 2c)では周囲の筋組織に比べ，等～やや高吸収像，造影剤投与下では造影されない，もしくは淡く，ないし均一に造影され，MRI では T2 強調(T2W)画像でやや低～やや高信号，T1 強調(T1W)画像で等～やや低信号，ガドリニウム増強 T1W 画像では淡く，あるいは均一に増強される(図

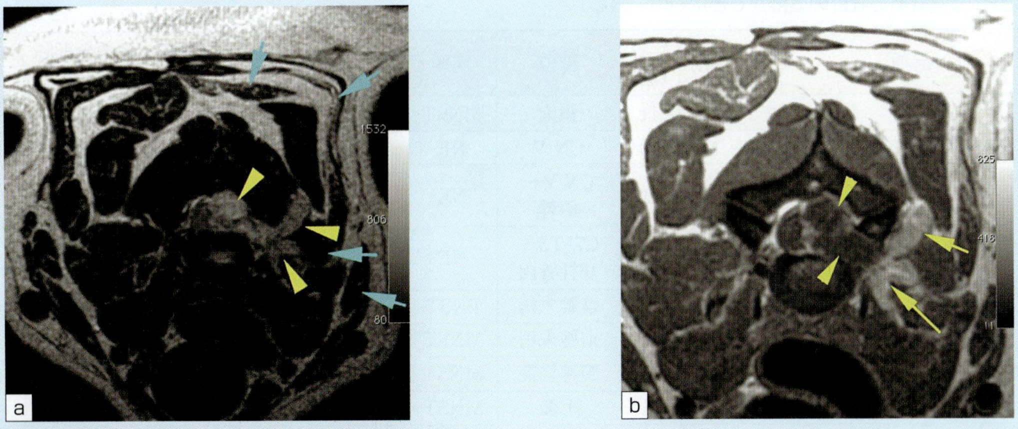

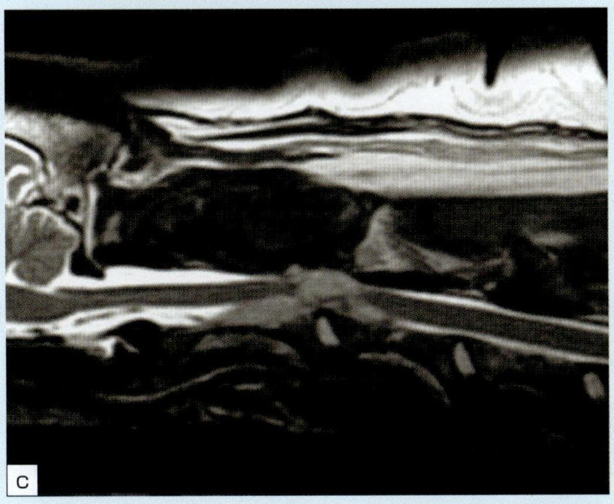

図 4　数日前より四肢不全麻痺を呈したゴールデン・レトリーバー(9 歳，雄)の頸部 MRI 所見

C2–C3 レベルにおける T2W 横断像(a)，ガドリニウム増強 T1W 横断像(b)，および T2W 矢状断像(c)。C2–C3 左神経根部から脊柱管内・外へと T2W 高信号(a：黄色矢頭)，T1W 等信号(図なし)が認められ，また同側支配筋での顕著な萎縮が認められる(a：水色矢印；対側と比較すると，萎縮が顕著である)。ガドリニウム増強 T1W 画像では脊柱管外の病変はほぼ均一に増強されるが(b：黄色矢印)，脊柱管内の病変は増強されない(b：黄色矢頭)。脊柱管内病変は C2–C3 神経根より頭尾側方向へ拡大している(c)。この PNSTs は脊柱管内(一部硬膜内)髄外病変であった。病理組織学的診断はされていない。

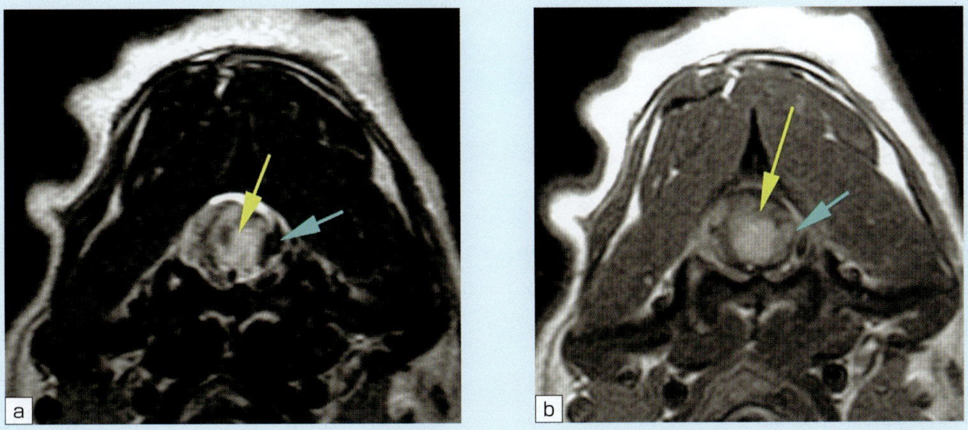

図 5　4 カ月前より進行性のふらつきと前肢の虚弱が認められたアメリカン・コッカー・スパニエル(9 歳，雄)の MRI 所見

C1–2 レベルにおける T2W 横断像(a)およびガドリニウム増強 T1W 横断像(b)。神経根部は T2W 画像で低信号(a：水色矢印)であり，脊髄内は低～高信号の混合信号を示す(a：黄色矢印)。ガドリニウム増強 T1W 画像では髄内および神経根病変ともにほぼ均一に増強されるが，より遠位部(末梢部)での増強効果は強くなかった(図なし)。この症例は剖検が行われ，MNST の髄内浸潤であった。
(症例提供：麻布大学　齋藤弥代子先生)

2a，b，図 3b，c，図 4)。石灰化を生じている場合や MNSTs(壊死や出血，石灰化，線維化などを含む)で脊柱管内あるいは髄内浸潤している場合は，それに応じてデンシティ(CT 値)や MR 信号強度に不均一性が認められる(図 4，図 5)。同時に罹患した神経の支配域にある筋群に萎縮性の変化(正常な対側筋肉に比べ，明らかな筋萎縮と線維化や脂肪への置換)が認められる(図 3b，c，図 4)。腫瘍が脊柱管内あるいは頭蓋内へ侵入

表　日本獣医生命科学大学付属動物医療センターにおける末梢神経鞘腫瘍／悪性末梢神経鞘腫瘍（PNSTs/MNSTs）に対する放射線治療の成績（ある程度の追跡ができたものに限る）

	品種	性別	年齢（歳）	部位	病理	外科手術の有無	総線量（Gy）	退縮の有無	無再発期間（カ月）	生存期間（カ月）
犬	柴	M	11	歯肉	MNST	—	32	＋	4	7＊
犬	フラットコーテッド・レトリーバー	M	10	CN V	NE	—	36	±	3	9＊
犬	ウエスト・ハイランド・ホワイト・テリア	NF	9	CN V～脳幹	NE	—	36	NE	2	19＊
犬	ウエスト・ハイランド・ホワイト・テリア	F	7	C7-T3～脊柱管内	NE	—	36	＋	4	6＊
犬	雑種犬	NM	11	前腕末梢	PNST	—	24	＋	6	6＜LTF
犬	雑種犬	NM	14	前腕末梢	MNST	局所切除	36	±	4	9＜LTF
犬	ラブラドール・レトリーバー	NF	7	腕神経叢	MNST	—	32	＋	6	12＜LTF
猫	アメリカン・ショートヘアー	NF	11	上顎	MNST	—	30	±	4	4＜LTF
猫	ラグドール	NF	14	顔面	MNST	—	36	—	—	3＊

無再発期間：放射線治療終了後，腫瘍増大あるいは症状の再燃がみられなかった期間
生存期間：初診から死亡まで，あるいは追跡できている期間
M：雄，F：雌，NM：去勢雄，NF：避妊雌
CN V：三叉神経
MNST：悪性末梢神経鞘腫瘍，PNST：末梢神経鞘腫瘍
＊：死亡／安楽死，○＜LTF：○カ月以上の追跡なし
—：なし，＋：あり，±：変化なし，NE：評価できず

した症例では，神経根部からの腫瘍実質により脊髄・脳幹実質が圧排される像が観察され，場合によっては脊髄・脳幹実質に浮腫を伴う。より悪性度が高く，これらの実質内に腫瘍が浸潤している場合には腫瘍と正常実質との境界が不明瞭となり，画像所見も複雑化する（たいていはガドリニウム増強T1W画像で腫瘍を識別できるが，境界を指摘するのは困難なことが多い）（図5）。

4．治療および予後

残念ながら，PNSTs，特にMNSTsにおける治療は非常に限定的であり，かつ予後は一般に芳しくない。脊髄神経の遠位（末梢部）に発生した局所性のPNSTsでは外科的切除が行われる。その適応基準は，①腫瘍の近位および遠位に2～3cm以上の正常組織のマージンを確保できる，②神経節や脊髄への浸潤がない，③局所浸潤および遠隔転移が認められない，ことである[11]。良性か悪性かの判断，およびその拡がりは病理組織学的検査に依存し（術前の生検で正確に判定できればよいが，多くの場合確定診断は術後に行われる），また罹患した神経が主要なものであれば（たとえば大腿神経や坐骨神経）術後に完全な単麻痺となり，その後の生活の質（QOL）を低下させる（たとえば重篤な擦過傷や自己断節など）懸念があるため，患肢の断脚術が推奨される。比較的発生の多い腕神経叢のPNSTsもまた，外科的切除が適応となる場合があるが，前述したように近位に十分なマージンが取れない（あるいは肉眼的に確認できない）ことがほとんどであり，また複数の神経を巻き込むために，やはり断脚術が好ましいとされている（図1e）。オーナーが断脚を拒否する場合には局所切除のみが行われる場合もあるが（図2d，e），やはり術後の患肢のQOL低下や再発のリスクが極めて高いことを十分にオーナーに説明する必要がある。脊柱管内浸潤や脊髄浸潤を生じている場合，あるいは近位のマージンを取るためには，片側または背側椎弓切除術および硬膜切開や神経根切除を行う必要がある（図2d）。脊柱管内浸潤あるいは脊髄浸潤を生じている場合には，近位＝脊髄にマージンを取ることはできず，可能な限りの切除となるが，不完全切除となるため予後はおおむね不良である。

脳神経に発生したPNSTs/MNSTsが外科適応になることはほとんどない（ごく少数例での報告が認められるのみである[1]）。ヒトの聴神経鞘腫（内耳神経鞘腫）や三叉神経鞘腫では，外科手術あるいは定位的放射線外科（ガンマナイフなど）による治療が行われているが，今のところ獣医療におけるこれらの適応を報告したものはなく，もし犬の脳神経PNSTsで外科適応の可能性があるとすれば，三叉神経や顔面神経の頭蓋外に限局して発生しているものであろう。

PNSTs/MNSTsに対する放射線治療はあまり効果がないようであり，我々の施設でも著効した例はない。我々の施設におけるPNSTs/MNSTsに対する放射線治療の治療成績の一部を表に要約する。実際的には，腫瘍がやや退縮するか，あるいはほとんど大きさに変

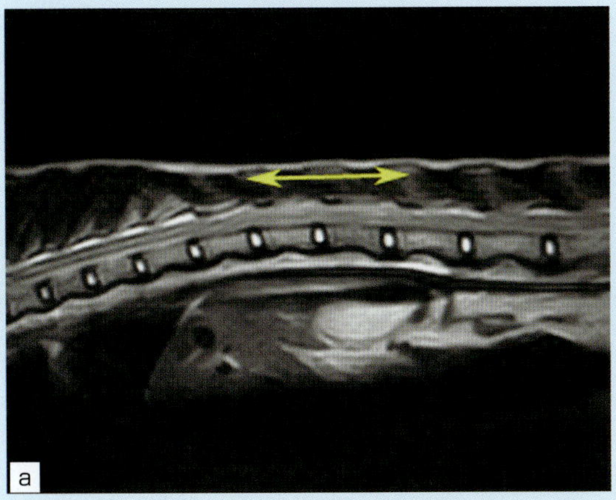

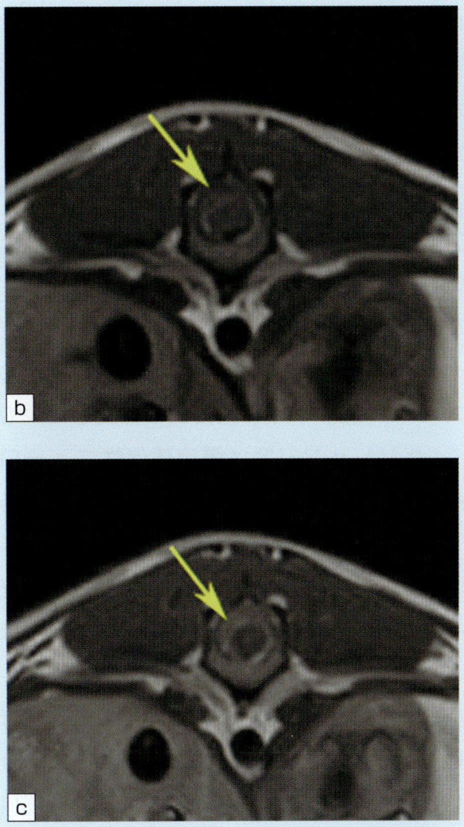

図 6　猫に認められた脊柱管内リンパ腫の MRI 所見

T2W 矢状断像(a)において，T12 ～ L1 の領域で脊髄の輪郭(脊髄実質と実質外の境界)が不明瞭になっている。同部位の T1W 横断像(b)では脊髄右背側部の硬膜外領域がやや低信号を呈し(矢印)，造影後(c)に増強される。このび漫性の硬膜外病変は手術および組織診断によってリンパ腫と診断され，その後化学療法によって治療された。
(症例提供：麻布大学　齋藤弥代子先生)

化がない期間が 4 ～ 6 カ月持続し，その後には再増大する傾向にある。術後に放射線治療を組み合わせた症例において，術後 25 カ月まで再発なく生存したことが報告されているが[12]，これは手術で完全摘出した他の論文と比較して有意なものではなかった[11]。さらに，PNSTs/MNSTs に対する化学療法はこれまでほとんど記述されることはなかった。ごく最近，6 歳のゴールデン・レトリーバーの腕神経叢に発生した MNST に対しニトロシルコバラミン(NO-Cbl：20 mg/kg，SC，BID)を使用し，治療開始から 15 カ月後で治療前に比べ 53%ほどの退縮を得た症例報告がなされた[2]。これは期待できる治療法かもしれないが，1 症例のみでの報告であり，エビデンスを得るにはより多くの症例での治療成績を待たなければならない。

前述したが，PNSTs/MNSTs の予後は比較的乏しい。51 例(うち 47 例が外科手術を適用されている)の PNSTs/MNSTs における回顧的研究[4]では，末梢(神経叢よりも遠位)群(n＝8)，神経叢群(n＝20)，および神経根(脊柱管内浸潤)群(n＝23)の各々で中央生存期間は，16 カ月(0.5 ～ 85 カ月：ただし 50%が追跡不能のため正確ではない)，12 カ月(3 ～ 43 カ月)，および 5 カ月(10 ～ 18 カ月)であった。別の 18 例の研究[3]では，13 例が頚髄に発生しており，うち 6 例は診断時に安楽死され，1 例は術後 1 カ月で突然死した。残りの頚髄発生 6 例では手術が行われ，うち 5 例は 10 ～ 14 カ月内に再発し，安楽死された。1 頭は術後 10 カ月で再発はなかったが，他の要因で死亡している。頚髄発生例以外の 5 例では胸腰部の硬膜内髄外に発生し，うち 4 例が手術不能と診断，安楽死が施され，1 頭のみが背側椎弓切除による完全切除にて 18 カ月以上生存していた。このように，手術により完全切除が行える遠位部で発生した PNSTs 以外での 1 年以上の生存は難しい状況である。しかしながら，前述した 2 つの研究はいずれも 80 ～ 90 年代のものであり，診断技術の発達および顕微鏡手術などが普及した現在では，予後においていくらかの上方修正が見込まれる。

リンパ腫

特に比較的若齢の猫において，脊髄の硬膜外腫瘍として一般的に認められるが(図 6)，時折これらの腫瘍が神経根部や神経叢，よりまれには末梢神経に発生することが知られている[6～8]。リンパ腫と猫白血病ウイルス(FeLV)との関連性は周知のとおりであり，FeLV 感染や末梢神経障害が示唆される動物において，リンパ腫は常に鑑別診断リストに加える必要がある。逆に，リンパ腫が疑われる猫において末梢神経障害が認められた場合には，神経系における腫瘍発生を疑うべきである。

治療は通常のリンパ腫に対する化学療法に準ずるが，化学療法に反応が乏しい場合や神経組織への圧迫が重度の場合には外科手術も考慮される。

腫瘍随伴性ニューロパチー

様々な，特に全身性あるいは悪性の腫瘍において，随伴性の単ニューロパチーやポリニューロパチー／ミオパチーが認められることがある。これらは前述したPNSTsやリンパ腫のように直接的に神経を侵すものではなく（ただしリンパ腫は**腫瘍随伴性ニューロパチー paraneoplastic neuropathy**に含まれる場合があったり，あるいはリンパ腫に関連した随伴性ニューロパチーを生じることもある），間接的に神経系に影響を及ぼす（**遠隔効果 remote effect**と呼ばれる）[10, 14]。腫瘍随伴性ニューロパチーの正確な病態生理は不明のままであるが，腫瘍から産生される神経毒性因子の関与，腫瘍による軸索やシュワン細胞における代謝障害，あるいは腫瘍と末梢神経で共有する抗原への免疫反応などが考察されている[5, 10]。

ヒトにおいては乳癌や卵巣癌，肺癌，胃癌，前立腺癌，胸腺腫（重症筋無力症を併発する）などで自己抗体が認められている[14]。犬ではインスリノーマ（最も一般的），肺癌，胃癌（平滑筋肉腫），血管肉腫，リンパ腫，および多発性骨髄腫において腫瘍随伴性ニューロパチーの報告がある[10]。臨床症状は軽度のLMNS（脊髄反射の低下）や筋虚弱から重度のLMNS（脊髄反射の消失，筋萎縮），四肢不全麻痺と幅広く，ときにそれは原発腫瘍に対する化学療法や放射線治療による副作用と鑑別することが困難である。診断は神経系外の原発性腫瘍の存在／診断と臨床症状，電気生理学的検査および神経筋生検によって行われる。インスリノーマでは低血糖を生じ，それによる中枢神経系の障害（発作や虚脱，昏睡）を認めるが，低血糖とニューロパチーの因果関係については明確ではない[5, 10]。治療は原発腫瘍に向けられ，そのコントロールが良好な場合，たいていニューロパチーも改善する。一部の症例では原発腫瘍に対する，あるいは随伴性ニューロパチーに対するステロイド療法，免疫抑制療法，免疫グロブリン療法などが有効な場合もあるかもしれない。

［長谷川大輔］

■謝辞

本章を執筆するにあたり，症例や画像，データを提供していただいた麻布大学の齋藤弥代子先生，ネオベッツVRセンターの宇根 智先生，日本獣医生命科学大学の弥吉直子先生，原 康先生，藤田道郎先生に深謝する。

■参考文献

1) Bagley RS, Wheeler SJ, Klopp L, et al. Clinical features of trigeminal nerve sheath tumor in 10 dogs. *J Am Anim Hosp Assoc.* 34(1): 19-25, 1998.

2) Bauer JA, Frye G, Bahr A, et al. Anti-tumor effects of nitrosylcobalamin against spontaneous tumors in dogs. *Invest New Drugs.* 28(5): 694-702, 2010.

3) Bradley RL, Withrow SJ, Synder SP. Nerve sheath tumors in the dog. *J Am Anim Hosp Assoc.* 18(6): 915-922, 1982.

4) Brehm DM, Vite CH, Steinberg HS, et al. A retrospective evaluation of 51 cases of peripheral nerve sheath tumors in the dog. *J Am Anim Hosp Assoc.* 31(4): 349-359, 1995.

5) Dewey CW. Disorders of the peripheral nervous system. In: Dewey CW. A Practical guide to canine & feline neurology, 2nd ed. Wiley-Blackwell. Iowa. US. 2008, pp427-467.

6) Fox JG,Gutnik MJ. Horner's syndrome and brachial paralysis due to lymphosarcoma in a cat. *J Am Vet Med Assoc.* 160(7): 977-980, 1972.

7) Higgins MA, Rossmeisl JH Jr, Saunders GK, et al. B-cell lymphoma in the peripheral nerves of a cat. *Vet Pathol.* 45(1): 54-57, 2008.

8) Linzmann H, Brunnberg L, Gruber AD, et al. A neurotropic lymphoma in the brachial plexus of a cat. *J Feline Med Surg.* 11(6): 522-524, 2009.

9) Lorenz MD, Coates JR, Kent M. Paresis of one limb. In: Lorenz MD, Coates JR, Kent M. Handbook of Veterinary Neurology, 5th ed. Elsevier. St.Louis. US. 2011, pp94-108.

10) Lorenz MD, Coates JR, Kent M. Tetraparesis, hemiparesis, and ataxia. In: Lorenz MD, Coates JR, Kent M. Handbook of Veterinary Neurology, 5th ed. Elsevier. St.Louis. US. 2011, pp162-249.

11) Sharp NJH, Wheeler SJ. 腫瘍. In：原 康監訳. 犬と猫の脊椎・脊髄疾患：診断と外科手技，第2版. インターズー. 東京. 2006, pp255-289.

12) Siegel S, Kornegay JN, Thrall DE. Postoperative irradiation of spinal cord tumor in 9 dogs. *Vet Radiol Ultrasound.* 37: 150-153, 1996.

13) Sonia Anor. Monoparesis. In：Platt SR, Olby NJ. 作野幸孝訳, 松原哲舟監修. BSAVA犬と猫の神経病学マニュアルIII. New LLL Publisher. 大阪. 2006, pp265-279.

14) 森 秀生. 悪性腫瘍による神経障害. In：水野美邦，栗原照幸編. 標準神経病学. 医学書院. 東京. 2000, pp349-350.

45. 炎症性ニューロパチー

はじめに

末梢神経炎は，外傷や局所感染の波及による単一神経，あるいは単一神経叢に発生するものや，トキソプラズマ感染など原虫感染の際にみられる多発性神経炎などを除けば，多くが特発性の炎症であり，真の原因は不明である。特発性末梢神経炎の多くはヒトでも類似した疾患がみられるので，その情報は獣医臨床にとっても有用である。末梢神経炎で臨床的に重要な点は，治療が必要なものか自然回復が望めるものかをできるだけ早期に診断することである。しかし，多くの病院では診断に有用な電気生理学的検査が実施できず，また画像診断の有用性が低い疾患が多いので，臨床徴候および神経学的検査が診断の重要な根拠となる。

本章では筆者が経験し，国内での発生が確認できた疾患のいくつかを解説する。

急性多発性神経根神経炎

急性多発性神経根神経炎 acute polyradiculoneuritis (AP)は，犬，猫ともに認められるが犬の方が多い。諸外国に比べ本邦での報告例は少なく[55]，筆者が大学病院で経験した症例数は犬で数例，猫で1例であり，どちらかというと珍しい疾患である。しかし，予後が良好な疾患であり，単に二次症例でみられることが少ないだけなのかもしれない。米国ではよくみられる疾患であり，特にアライグマ狩猟犬(クーンハウンドという犬種)に多く発生がみられることから，**クーンハウンド麻痺 coonhound paralysis** とも呼ばれている。APの同義語として，acute polyneuropathyや，犬では acute canine polyradiculoneuritis (ACP), acute canine polyneuropathy (ACP)などが用いられている。

1. 病態生理

本疾患は脊髄神経根の脱髄性非化膿性炎を特徴とし，末梢神経にリンパ球浸潤と脱髄病変がみられる(図1)。病理発生については，末梢髄鞘(ミエリン)に対する自己免疫疾患であると考えられており，ヒトの**ギラン・バレー症候群 Guillain-Barré syndrome (GBS)** との類似性が指摘されている[10, 21, 34]。GBSのあるタイプでは神経構成成分であるGM1ガングリオシドに対する抗体が認められるが，*Campylobacter jejuni* の菌体外膜がGM1ガングリオシドと類似抗原をもつことより，この菌の先行感染が原因の1つとして疑われている[24, 50]。APの犬の血清をラットに投与すると坐骨神経に脱髄が認められるという報告があるが，脱髄を起こさせた血清中の因子は不明である[5]。

アライグマの咬傷により発生するAPは実験的にアライグマの唾液を投与することで発症させることができ，唾液中の成分が本症の発生に関与していると考えられている[21]。しかし，アライグマのいない地域やアライグマとの遭遇歴のない犬にも発生がみられることから[35]，発生に関与している因子は複数存在しているものと思われる。

米国でもAPが疑われる犬とAPでない犬でのトキソプラズマ抗体保有率が55.8%：11.4%と，前者で明らかに高いことが報告されており[22]，トキソプラズマ感染との関連が疑われる。また，別の疾患ではあるが，トキソプラズマ様原虫感染による急性多発性神経根神経炎が報告されており[9]，原虫感染はAPの誘因になることは十分考えられる。

その他，ワクチン接種後の発生[18]など，感染や免疫学的感作の後に発症がみられる。しかし，明らかな引き金となる出来事が確認できないものもある[35]。本疾患は予後が良好な場合が多いため，剖検して確定されるものが少なく，世界中で発生のみられる急性多発性ニューロパチーが，全て同一の病態であるかは明らかでない。

ヒトでも急性炎症性脱髄性多発ニューロパチー acute inflammatory demyelinating polyneuropathy

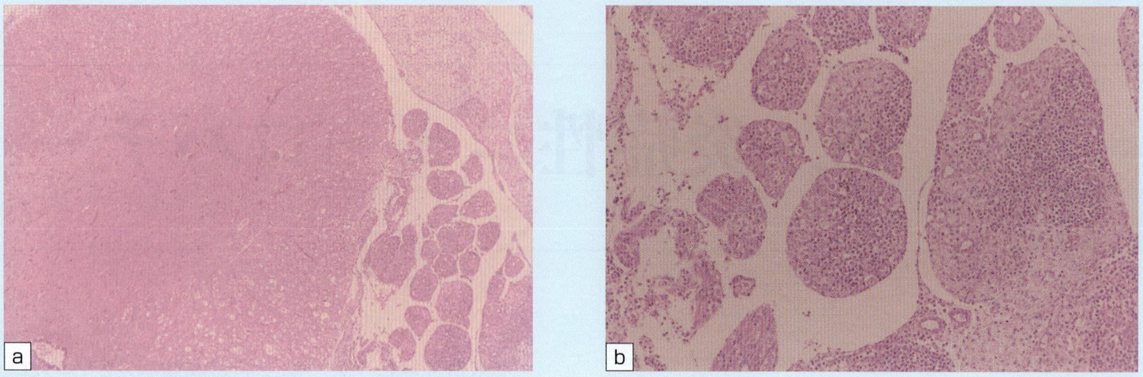

図1　APの脊髄および神経根の病理組織学的所見（ペルシャ，10歳）
a：弱拡大像，b：aの神経根部（右下部分）の拡大像。運動神経根における炎症細胞の浸潤が認められる。
（画像提供：とがさき動物病院　諸角元二先生）

（AIDP）＝GBSとされていたが，軸索障害型 acute motor axonal neuropathy（AMAN）などが知られ，現在では少なくとも4つのサブタイプが知られている[24)]。ちなみに欧米ではGBSの83％がAIDPであるのに対し，中国では60～90％がAMANである[49)]。このように地域差がみられる原因は明らかではないが，先行する感染病原体の違いや，人種による宿主側の感受性の違いが推定されている。品種も多く色々な環境で飼われている犬や猫では，ヒト以上に複雑な要因が関与している可能性は否定できない。GBSの型の違いは電気生理学的所見で明らかに捉えられるので，獣医療領域でも電気生理学的検査による客観的評価は病態を知るうえで重要であろう。特にAPでは，神経生検の有用性があまり高くないとされているのでなおさらである。

APの真の原因は不明であるが，外的あるいは内的要因によって生じ，短期間で回復する免疫学的な異常によって起こるものと思われる。このことは免疫抑制剤が効果を示さないこと，同じ犬がアライグマの唾液の感作で，そのたびに発症，回復を繰り返すことから推定できる[13)]。

2．臨床徴候

好発する犬種，年齢，性別などはないが，成犬や成猫に多い。若齢での発症は，筆者の経験や文献上，ワクチン接種に関連するものが多い[18)]。典型的な例では後肢の急性麻痺からはじまり，数日で四肢麻痺に至る。重度のものでは四肢の全ての脊髄反射は消失し（下位運動ニューロン徴候〔LMNS〕），全身から力が抜け，筋弛緩剤投与後のようなグニャグニャした状態になる（動画1，動画2）。顔面麻痺が生じることもあるが，多くの例で脳神経には異常がなく，嚥下障害などはみられない。痛覚は障害されず，むしろ過敏であることが多いとされている。肛門反射は障害されず，膀胱と直腸の麻痺もみられない。麻痺がひどく，呼吸筋が冒される場合は死亡することがある。時間経過とともに体幹筋，四肢の筋の萎縮が起こるが，頚部および顔面の筋萎縮は認められない。1カ月程度で回復傾向がみられ，多くの例では2～3カ月で自然に回復するが，それ以上かかる場合もある。再発することもあるが，再発例がより症状が重いということはない。猫では犬より回復が早く，4～6週間で完全に回復する[19)]。

3．診断および治療

典型例は前述した特徴的な臨床経過や症状から診断できる。すなわち，**頭部を除く全身性のLMNSを示す急速進行性の麻痺**がみられた場合は本症を疑う。特に知覚過敏がみられた場合は本症である可能性が高い。典型例でないものや発症初期のものでは，外見上は強ばった歩き方のようにみえ，LMNSが不明瞭な場合がある。電気生理学的検査は診断に有用であり，筋電図検査（EMG）では複合筋活動電位の低下や除神経電位（線維自発電位など）が認められ，また神経伝導速度の低下，F波の潜時の延長や振幅の低下，F波出現率の低下など，脱髄や軸索障害を伴う腹側神経根障害の所見を示す[7)]。脳脊髄液（CSF）検査で著しい蛋白濃度の増加（細胞数の増加を伴う場合も，伴わない場合もある）がみられる場合は本疾患である可能性が高い[19)]。神経生検は，神経根病変が主である本疾患では有用性はあまり高くない。

Video Lectures 犬の急性多発性神経根神経炎

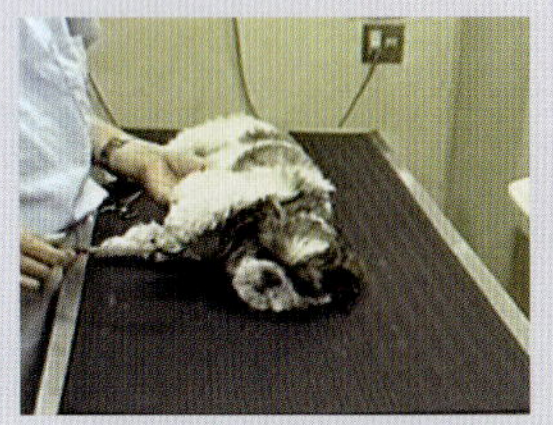

動画1　急に起立不能となったシー・ズー（2歳，雌）

四肢の下位運動ニューロン徴候（LMNS）が認められ，弛緩性の麻痺を呈している。顔面に異常はみられず，知覚は障害されていない（知覚過敏もない）。3カ月後にはほぼ完全に回復した。
（動画提供：渡辺獣医科病院　渡辺泰夫先生）

Video Lectures 猫の急性多発性神経根神経炎

動画2　2週間前から歩様異常を呈したペルシャ（10歳，雌）

四肢の下位運動ニューロン徴候（LMNS）が認められる。
（動画提供：とがさき動物病院　諸角元二先生）

鑑別疾患としては重症筋無力症，多発性筋炎，ボツリヌス中毒（犬）などが挙げられる。ボツリヌス中毒では顔面部の麻痺が高率にみられ，知覚過敏がなく，通常，電気生理学的に除神経電位が認められず，回復も早い[32]。

呼吸筋麻痺が重度の場合は人工呼吸が必要なことがあるが，通常は特別の処置を必要とせず自然回復するので，その間の看護が主体となる。動けないものでは食事の給与，体位変換による褥瘡の防止，排泄物の処理など，栄養や水分の補給，および体を衛生的に保つことが重要である。用手的に四肢を屈伸させ，筋力の回復を図ることも有用である。ステロイドは効果が認められない[35, 37]。ヒトでは血漿交換，γグロブリン大量投与が行われているが[24]，動物では行われていないようである。

慢性炎症性脱髄性多発ニューロパチー

慢性炎症性脱髄性多発ニューロパチー chronic inflammatory demyelinating polyneuropathy（CIDP）は**慢性進行性の末梢神経炎**で，成犬[4, 32]，成猫[4, 15]，幼猫に発生するが，犬でより一般的である[28]。発生に性差や品種差は認められない[4]。ヒトでも同名の疾患があり，類似の疾患と考えられる。同義語として慢性特発性多発性ニューロパチー chronic idiopathic polyneuropathy，慢性特発性多発性神経炎 chronic idiopathic polyneuritis がある。筆者は犬と猫で臨床徴候や経過，治療に対する反応から CIDP と思われる症例を経験しており，また CIDP の病態の1つである感覚ニューロパチー sensory neuropathy の報告例も認められている[16]。CIDP も大学紹介症例数は少なく，発生率はそう高くないと思われるが，本疾患はステロイド治療に反応するため，AP と同様に，紹介される頭数が少ないだけかもしれない。

1．病態生理

免疫介在性疾患と考えられており，末梢神経の髄鞘（ミエリン）の炎症反応が認められるが，その引き金となるものを含め発症メカニズムは不明な点が多い。ヒトの CIDP ではいくつかのミエリンタンパクに対する自己抗体が数種類認められる他，細胞性免疫の関与も疑われている[23]。また，経過や症状，障害部位，病理などの違いから，多くの亜型が知られている[51]。

AP ではまれな**脳神経障害がよくみられる**のも本疾患の特徴である。脊髄神経節に炎症が起こると知覚が失われ，これを**神経根神経炎 ganglioradiculitis** あるいは感覚ニューロパチーと呼んでいる[8, 16, 28]。

2．臨床徴候

症状は病期により異なるが，**後肢の不全麻痺からはじまり，ゆっくりと，数カ月の経過で前肢へと進行し**四肢不全麻痺となる。麻痺は弛緩性で，筋萎縮もみられるようになる。症状の程度には波があり，改善／寛解や悪化を繰り返す。次第に進行していき，四肢麻痺となることもある。また，まれに急性発症し AP と紛らわしいこともある[32]。犬では喉頭や顔面の麻痺が認められる（**動画3**）。猫でも顔面の異常を示すことが多く，また食道拡張もみられる。歩様は腰の落ちた蹠行歩行となり，頚部の腹側屈曲が認められる[28]。

3．診断および治療

診断は，臨床徴候，すなわちゆっくりと進行する多発性の LMNS であること，および電気生理学的検査と神経生検所見を基になされる。運動神経伝導速度は脱髄のため低下している。組織学的に脱髄や再ミエリン化，単核球の浸潤が認められる（**動画3の病理組織写真**）。

Video Lectures 神経根神経炎（感覚ニューロパチー）

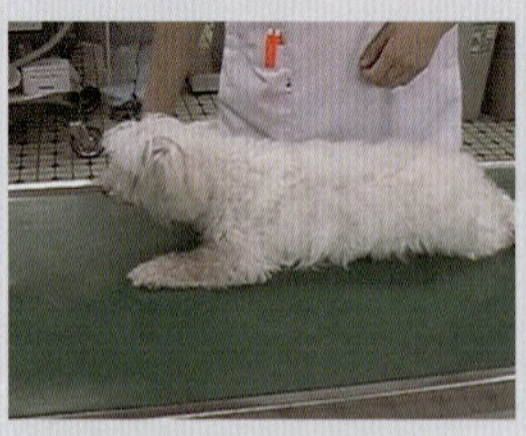

（動画，画像提供：とがさき動物病院　諸角元二先生）

動画 3　約 1 年前から歩様異常を示すマルチーズ（9 歳，雌）

ここ 1 週間，食事を飲み込めない。対光反射は消失し，眼球後引反射もなく，右三叉神経麻痺，右顔面神経麻痺，舌下神経麻痺も認められた。病理組織学的に神経根神経炎（感覚ニューロパチー）と診断された。

右：病理組織写真。背根に単核細胞の浸潤が認められる。

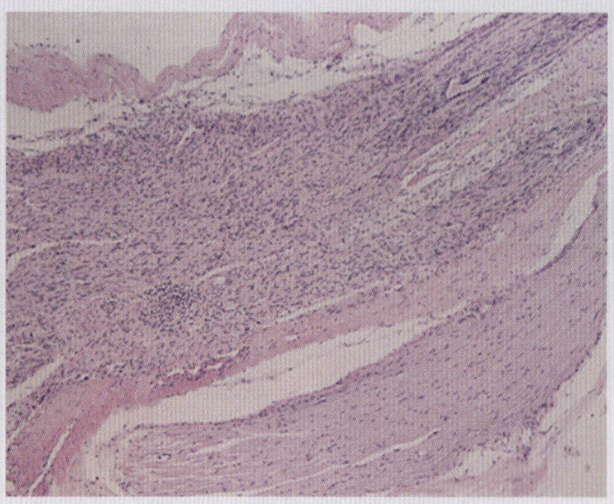

Video Lectures 腕神経叢神経炎

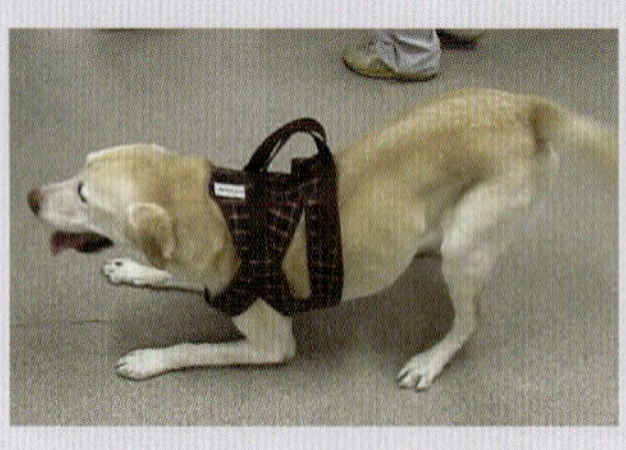

動画 4　発症後 20 日，および 4 カ月の様子

神経叢神経炎を発症したラブラドール・レトリーバー（11 歳，雌）。左前肢の跛行からはじまり，発症 20 日後の再診時には明らかな両側性跛行となった。写真は発症より 4 カ月後で，肘を着いて歩く特徴的姿勢である。後肢には一貫して異常は認められない。完全回復には約 1 年を要した。

CSF は蛋白濃度，細胞数の増加がみられるが，非特異的所見である。

本疾患は AP と異なり，ステロイドが有効な場合が多い。通常はプレドニゾロンを免疫抑制量（2 mg/kg/day，SID ～ BID）で開始し，反応をみて減量していく[37]。多くはこの療法に反応するが，一部は再発しステロイド抵抗性となる。また，症状が自然に改善や悪化を繰り返すタイプでは，治療に反応したのかは不明瞭なことがある。

プレドニゾロン単独で効果がみられないときはシクロホスファミド，アザチオプリンなど他の免疫抑制剤の投与を試す[6]。ヒトではステロイド療法の他に血漿交換，γグロブリン大量投与が行われているが，長期の免疫抑制の効果については確定されていない[23, 45]。

腕神経叢神経炎

腕神経叢神経炎（brachial）plexus neuritis は，犬[1, 11]および猫[17]で報告されている比較的まれな疾患で，**前肢の過敏，跛行ではじまる両側性の腕神経叢の炎症**である。ヒトでも同様な疾患が知られており，特発性腕神経叢炎 idiopathic brachial neuritis，パーソネージ－ターナー症候群 parsonage-Turner syndrome，神経痛性筋萎縮症 neuralgic amyotrophy と呼ばれている[14, 41, 50]。

1．病態生理

アレルギーが関与する疾患と考えられ，馬肉食，狂犬病生ワクチン接種に関連した報告がある[11, 13, 28]。筆者の経験した 2 例では，特に引き金となった事象は確認できなかった。ヒトではワクチン接種やウイルス感染に伴って発症している[50]。病理組織学的には腹側神経根部を中心に，著しい単核細胞の浸潤を伴う腕神経叢の重度のワーラー変性が認められる[11, 13, 17]。

2．臨床徴候

突然の跛行ではじまる。跛行の数時間～数日前より前肢を触るのを嫌がったという稟告があるので，ヒトと同様に前肢の痛みが最初の症状のようである。症状は片側性にはじまるものもあるが，数日～1 週間以内で両側性になる。前肢筋肉は急速に萎縮し，やがて肘を着いた姿勢で歩くようになる（**動画 4**）。後肢には異常がみられない。

1 ～ 2 カ月程度で自然に回復してくるが，筆者の経験では完全回復するのに小型犬で 6 カ月程度，大型犬で 1 年程度かかる。ヒトでは 3 年以内に 90%が回復するといわれている[14]。

3．診断および治療

特徴的な臨床徴候から診断する。**発症前数日以内に蕁麻疹などアレルギー症状を発していれば，本疾患の可能性は高い**。両側性根症状，頚部脊髄中心部分の出血や炎症，脊髄空洞症などが類似した症状を示すことがある。

診断には電気生理学的検査や磁気共鳴画像（MRI）検査が有用である。MRIではT2強調（T2W）画像で両側性に腫脹した神経叢が高信号で描出される[17]。ヒトでは臨床徴候が片側性であったり左右差があったりすることが多い（電気生理学的には両側性）とされているので[14, 41, 44]，片側性の症状を示す症例を，画像上類似している腕神経叢腫瘍と誤診しないよう注意が必要である。そのためにも，電気生理学的検査で両側性異常を確認することが重要である。

治療にはステロイドが有効であるが[28]，時間経過したものでは効果がない。引き金が食事であればそれを変更する。通常数カ月で自然に回復するが，回復途中での手根骨捻挫や，肢端の自己切断が起こることがあるので注意が必要である。

特発性三叉神経炎

特発性三叉神経炎 idiopathic trigeminal neuritis とは，突然発症する下顎の下垂を特徴とする両側性の三叉神経炎である。脳神経疾患としては，顔面神経麻痺や末梢性前庭障害に次いで多くみられる。犬に多いが猫でも認められる。同義語として**特発性三叉神経麻痺** idiopathic trigeminal nerve palsy，特発性三叉神経ニューロパチー idiopathic trigeminal neuropathy がある。

1．病態生理

特発性の神経炎であり原因は不明である。病理組織学的には，脳幹部の病変を伴わない三叉神経および神経節の両側性非化膿性神経炎がみられ，脱髄，軸索変性が認められている[28]。AP同様，本疾患の予後は良好で，多くの例で自然に回復する。両側性三叉神経麻痺を呈した症例の剖検例で三叉神経とその神経節に最も重度な病変が認められた多発性根神経炎の犬の報告[36]や，原因不明の多発性神経炎に伴ってみられた例も報告[30]されており，多発性神経炎の1つの症状として三叉神経炎が起こることもある。しかし，これらの報告の三叉神経炎が特発性三叉神経炎とどのような関連があるのかは明らかでない。

本疾患の臨床徴候は三叉神経の下顎枝である下顎神経（咬筋の運動）麻痺によるが，上顎神経や眼神経など知覚枝にも異常がみられることがある。

2．臨床徴候

急に発症する顎の下垂が特徴であり，そのため採食や飲水が不能となる。前述のように，下顎の下垂は下顎神経（咀嚼筋の運動）の障害による症状であるが，上顎や角膜の知覚低下を伴っているものもあり，報告では三叉神経炎の35％に認められている（動画5）[30]。また，一過性に軽度の側頭筋萎縮を認めることもある。炎症が三叉神経に組み込まれている節後性交感神経に波及し，**ホルネル症候群が起こることもある**（図2）[30, 36]。予後は良好で，ほとんどの例が3週間程度で回復する。

3．診断および治療

急性発症する特徴的な臨床徴候から診断可能である。中枢性の原因（脳幹病変）で両側性三叉神経麻痺がみられる場合には，必ず姿勢反応に異常が認められ，また他の脳神経の異常も発現するので区別できる。下顎の下垂はパンティングの際の開口とほぼ同じ程度のため，オーナーが病的下垂に気付かず，主訴が「水がうまく飲めない」，「水を飲むのに時間がかかる」ということだけのこともある。また，犬は水を絶えず飲もうと試みるので，まれに「水を多く飲む」という主訴のことがある。この場合は尿比重を測定することで真の多渇多飲と区別できる。顎下垂は外見上は顎関節脱臼と類似する点もあるが，用手的な顎の閉鎖に抵抗感がなく，また疼痛もないので区別可能である。また，顔面の知覚低下が確認できればさらに確実である。MRI所見の報告もあり[39]有用ではあるが，本疾患の診断のためというよりも中枢性や両側三叉神経を巻き込むリンパ腫など，他の両側性三叉神経疾患との鑑別により有用であろう。

特異的治療法はなく，ステロイドも効果が認められない[28, 30]。自然回復する疾患なので，その間の採食，飲水の補助が重要である。肉塊のようなある程度の大きさのものは，嚥下に必要な口腔相（顎を閉じて食塊をつくるプロセス）を必要としないので，口の奥に入れてやれば嚥下できる。飲水は伸縮性のテープを口吻に巻いてやるとある程度は可能である（動画6）。テーピン

Video Lectures　特発性三叉神経炎

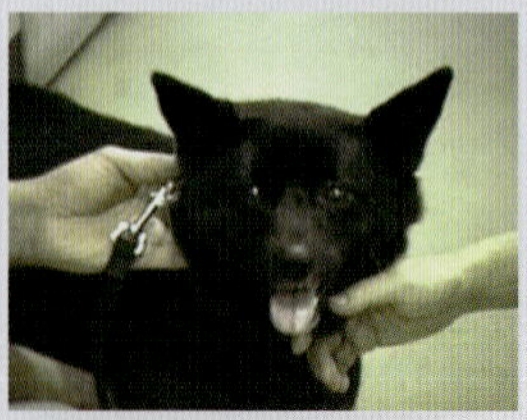

動画5　下顎が下垂した犬①

特発性三叉神経炎の犬。下顎の下垂が認められる。下顎が動かないため飲水がうまくできない。

動画6　下顎が下垂した犬②

特発性三叉神経炎により下顎の下垂を呈した犬。伸縮性テープを口吻に巻くことで，ある程度飲水が可能になる。

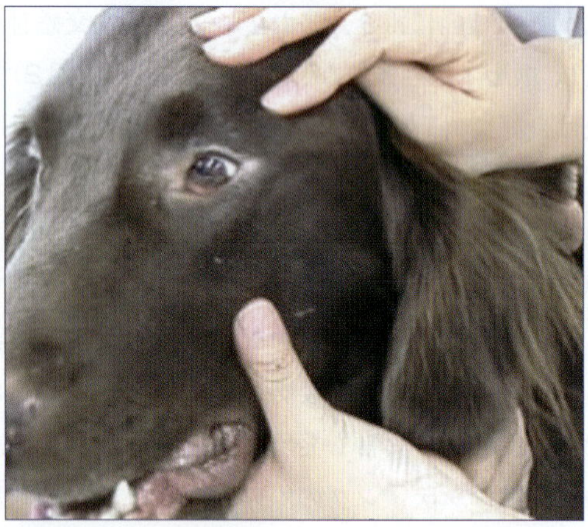

図2　特発性三叉神経炎の際にみられたホルネル症候群

グを嫌がる場合は洗面器程度の大きな容器に水を入れ，首の高さまで上げてやると犬は自分の顎を水に沈めるようにして飲水できる。しかし，誤嚥の可能性には常に注意が必要である。これらの処置でうまくいかない場合はチューブを用いて食事を与える。

特発性顔面神経麻痺

特発性顔面神経麻痺 idiopathic facial nerve paralysis は，脳神経のニューロパチーの中で，最もよく遭遇する疾患である。犬の顔面神経麻痺の74.7％，猫の25％が特発性であったと報告されている[26]。

1．病態生理

犬や猫の特発性顔面神経麻痺に関して，顔面神経管内も含めた詳細な病理所見の報告は筆者が調べた範囲では見つからない。犬の頬骨部位における顔面神経の病理組織学的所見では，太い径の有髄線維の変性，ワーラー変性，再髄鞘化や軸索再生がみられたとの報告があるが[3, 47]，その部位に炎症の所見はない。したがって，炎症性ニューロパチーの中に本疾患を含めるのは適当ではないかもしれない。しかし，ヒトの特発性顔面神経麻痺（Bell 麻痺）の剖検例では顔面神経管内に炎症性浸潤を認めており[43]，現在では，顔面麻痺発生のメカニズムは，最初に顔面神経管内の神経節炎が起こり，神経の浮腫を生じ，骨性の狭く長い神経管内で顔面神経が圧迫されて末梢の神経に変性が起こると考えられている[54]。犬や猫でも同様な変化が起こっているとすれば，頬骨部での顔面神経には変性のみで炎症が認められないということの理由は説明できる。Varejão らは特発性顔面神経麻痺の犬の側頭骨内の顔面神経をMRIで観察し，造影増強されたことを報告している[46]。これはヒトでの所見と同様であり[27]，犬でも顔面神経管内で炎症が起こっている可能性がある。Bell 麻痺の原因については，単純ヘルペスⅠ型（HSV-1）の再活性化の関与が疑われているが，犬や猫では原因について十分な研究は行われていない。コッカー・スパニエル，ビーグル[3, 13]などの犬種で発生が多いとされているが，どの犬種にも起こり得る。

2．臨床徴候

片側性に起こることが多いが，両側性にほぼ同時に発症する場合や，片側性に起こり数日で反対側にも起こることがある。症状の進行は急で，発症後7日以内に症状がピークになるとされているが，多くは48時間以内で進行が止まり，3～6週間で回復する。しかし，それ以上かかることや，十分な回復のみられないこともある。オーナーの気付く徴候は，閉眼不能，口唇の下垂，病側から食事をこぼすなどである（動画7）。舌の先2/3の味覚消失，唾液や涙液の分泌障害などもみられる。ヒトではあぶみ骨筋麻痺により聴覚過敏が起こることがあるが[25]，犬や猫では確認できない。両側麻痺の場合，犬ではパンティング時に口角が引けないため，熱の放散効率が落ち，耐暑性が低下するので注意が必要である。時間経過したものでは，患側の筋の拘縮により，口唇の下垂は消失してくるが，これを回復と混同してはいけない。

3．診断および治療

特徴的な臨床徴候から顔面神経麻痺の診断は容易であるが，特発性のものと他の原因による顔面麻痺との鑑別が治療や予後のうえから重要となる。特発性を除

Video Lectures　特発性顔面神経麻痺

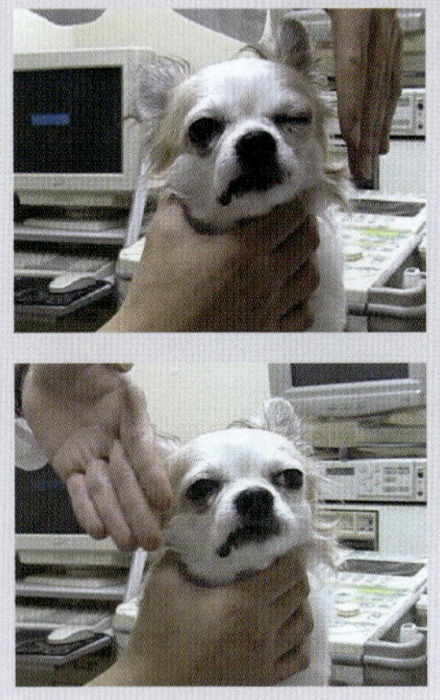

動画7　右側に麻痺が認められる症例

口唇の下垂がみられ，眼瞼はどのような刺激に対しても閉眼できない。

けば最も可能性の高い原因は，中耳・内耳炎に関連したものである。特に猫での中耳・内耳炎は，外耳炎からの波及によるものに比べて咽頭や喉頭の炎症から続発するものが多く，外耳に異常が認められないため，特発性と誤診しやすいので注意が必要である。その他，外傷，腫瘍，甲状腺機能低下などによる顔面神経麻痺との鑑別も必要であり，表情筋の筋炎や重症筋無力症なども両側顔面神経麻痺と類似した症状を呈する場合がある。また，顔面神経以外の脳神経に異常がないかの確認も重要である。顔面神経単独の異常では口唇の麻痺は起こるが，その部の知覚は障害されないため，口唇を激しく自咬してしまうことはない。犬歯付近の口唇の皮膚や粘膜に傷や潰瘍などがみられる場合，三叉神経の障害も発生している可能性がある。

鑑別診断にはMRIやコンピュータ断層撮影(CT)が有用で，特に鼓室胞やその周辺の異常の正確な評価には必須である。また，MRIは特発性顔面神経麻痺の予後を推定するのにも使用できるかもしれない。Varejão ASらは，6頭の特発性顔面神経麻痺の犬の造影MRIで，広範囲に造影増強が認められた3頭は完全には回復しなかったが，迷路部／膝神経節のみ造影された1頭は8週間で完全に回復し，造影増強されなかった2頭は4週間で完全に回復したと報告している[46]。彼らも述べているように，造影される範囲によって予後が推測できるか否かについては，より多くの症例を積み重ねる必要はあるが，興味深い結果である。

本疾患の予後は良好で，多くの例で3～6週間で特別の治療なしに自然回復するが，回復までの間は閉眼できず，涙液の減少もみられるので，角膜損傷に十分な注意が必要である。また，顔面のマッサージにより**表情筋の拘縮を予防する**ことも有用である。本疾患に限らず，本邦ではヒトの医療も含め，神経疾患の治療に向神経ビタミン(B_1，B_6，B_{12})が用いられている。これらビタミンの使用は欠乏が明らかな場合を除いて否定的な意見が多い。しかし，神経再生時に有効であるかもしれないこと[52, 53]，高価な治療法ではないこと，明らかな副作用は認められないことから，筆者は回復が遅れている症例に対し使用することがある。

獣医学領域では，本疾患に対してステロイドの使用を勧める記述はみられない。しかし，ヒトではBell麻痺に対するステロイドの有効性に関しては多くの研究がなされ，無効とする報告もあるが[31]，有効とする報告も多い[29, 38, 42, 48]。特に発症早期に使用したものでは回復が早いことが知られている[29, 42, 48]。米国神経学アカデミー(The American Academy of Neurology)のガイドラインではステロイド療法は“probably effective”であり[20]，我が国では発症14日以内ではプレドニゾロンの使用が推奨されている[48]。犬や猫の特発性顔面神経麻痺がヒトと同じ病態であるなら，ヒトにおけるのと同様，発症早期のステロイドの使用は顔面神経管内での炎症を抑え，圧迫による脱髄をある程度軽減でき，回復率向上や回復期間の短縮が可能かもしれないと筆者は考えている。

視神経炎

視神経は末梢神経ではないので，神経の再生は起こらない。したがって，視神経の疾患は治療可能なものでも，早期に治療を開始しなければ永久的な失明を起こす。

1．病態生理

視神経炎optic neuritisは犬ジステンパーウイルス(CDV)，クリプトコッカス，猫伝染性腹膜炎(FIP)ウイルス，トキソプラズマなどの感染，腫瘍随伴症候群，免疫介在性疾患に伴ってみられるが[33, 37]，臨床的に失明以外の異常を伴わない場合の多くは特発性である[13]。特発性視神経炎は非化膿性脱髄性疾患であり，免疫介在性疾患と考えられている。特に犬にみられる特発性視神経炎の多くは，肉芽腫性髄膜脳脊髄炎(GME)の局所型であると考えられる(図3)[13, 33]。猫では特発性の報告はみられず，眼窩近傍や鼻腔の腫瘍，感染，高血圧に伴って認められる[33]。

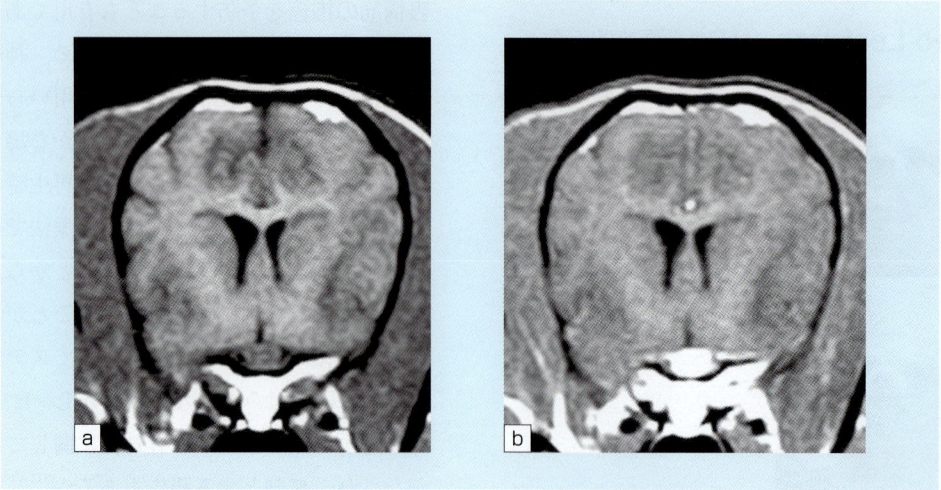

図3　突然の散瞳性失明を呈したミニチュア・ダックスフンドのMRI所見

a：T1強調(T1W)画像，b：ガドリニウム増強T1W画像。視神経／視交叉が増強されている。その他に視索，外側膝状体も増強され，GMEの眼型と診断された。

2. 臨床徴候

突然の両側性失明と散瞳が特徴である。片側性に発症することもあると思われるが，来院する症例はほとんど両側性失明である。これは，片側性の場合，行動上の異常がわかりにくく，また障害のない(あるいは障害の軽い)側の眼に入った光による共感性対光反射があるため瞳孔異常(障害側の散瞳)も起こらず，オーナーが異常に気付かないためと思われる。また，たとえ両側性に発症しても動物が慣れた環境におかれた場合では，行動上から失明していることに気付くのが遅れるため，病状が進行した状態で来院することもある。

眼底検査で乳頭炎が認められ，出血や滲出が確認できることもある。乳頭炎はときに乳頭浮腫と混同されるが，後者は脳圧上昇に伴って起こり，ほとんど両側性で，少なくとも初期には視覚消失を伴わない。球後視神経炎では眼底に異常がみられない。

3. 診断および治療

多くの場合，**突然の両眼の散瞳性失明**が主訴となる。散瞳性失明では突発性後天性網膜変性 sudden acquired retinal dystrophy(SARD)などの網膜疾患との鑑別が重要で，この評価には網膜電図(ERG)が有用である。ERGに異常がなければ視神経の異常と判断される。眼底検査で乳頭炎が確認できれば視神経炎の可能性が高いが，炎症が認められなくても否定はできない。視神経異常が疑われたら，感染を除外するために各種感染症の抗体価検査などを行う。MRIは失明の原因を知る検査として有用である[40]。

治療はそれぞれの原因に対して行うが，感染以外の原因の場合は原疾患に対する特異的治療と同時に，視神経炎に対する免疫抑制療法を開始する。通常はプレドニゾロン1～2 mg/kgをBIDで経口投与し，2～3週間後から漸減していく。ステロイドに反応が悪い場合は，リンパ腫などの治療薬である塩酸プロカルバジン(procarbazine hydrochloride，ナツラン®，中外製薬株式会社など)の投与も勧められる[6]。初期の視神経炎であれば多くはこの治療に反応するが，治療を中止すると再発するものもある。また，これらの治療に反応しないものもある。

おわりに

神経炎のほとんどは特発性であり，真の原因が不明である。APやCIDPは臨床経過や病理所見から区別されるが，臨床的にはどちらともいえないものも経験する。研究が進めばヒトのGBSやCIDPのように，さらにタイプわけがされていくかもしれない。

［織間博光］

■参考文献

1) Alexander JW, de Lahunta A, Scott DW. A case of brachial plexus neuropathy in a dog. *J Am Anim Hosp Assoc.* 10(5): 515-516, 1974.

2) Bensfield AC, Evans J, Pesayco JP, et al. Recurrent demyelination and remyelination in 37 young Bengal cats with polyneuropathy. *J Vet Intern Med.* 25(4): 882-889, 2011.

3) Braund KG, Luttgen PJ, Sorjonen DC, Redding RW. Idiopathic facial paralysis in the dog. *Vet Rec.* 105(13): 297-299, 1979.

4) Braund KG, Vallat JM, Steiss JE, et al. Chronic inflammatory demyelinating polyneuropathy in dogs and cats. *J Peripher Nerv Syst.* 1(2): 149-155, 1996.

5) Brown MJ, Northington JW, Rosen JL, Lisak RP. Acute canine idiopathic polyneuropathy (ACIP) serum demyelinates peripheral nerve in vivo. *J Neuroimmunol.* 7(4): 239-248, 1985.

6) Chrisman C, Mariani C, Platt S, Clemmons R. In：諸角元二(監訳). ポイント解説 犬と猫の臨床神経病学－神経疾患の鑑別診断と治療法－. インターズー. 東京. 2003.

7) Cuddon PA. Electrophysiologic assessment of acute polyradiculoneuropathy in dogs: comparison with Guillain-Barré syndrome in people. *J Vet Intern Med.* 12(4): 294-303, 1998.

8) Cummings JF, de Lahunta A, Mitchell WJ Jr. Ganglioradiculitis in the dog. Aclinical, light-and electron-microscopic study. *Acta Neuropathol.* 60(1-2): 29-39, 1983.

9) Cummings JF, de Lahunta A, Suter MM, Jacobson RH. Canine protozoan polyradiculoneuritis. *Acta Neuropathol.* 76(1): 46-54, 1988.

10) Cummings JF, Haas DC. Coonhound paralysis. An acute idiopathic polyradiculoneuritis in dogs resembling the Landry-Guillain-Barré syndrome. *J Neurol Sci.* 4(1): 51-81, 1966.

11) Cummings JF, Lorenz MD, De Lahunta A, Washington LD. Canine brachial plexus neuritis: a syndrome resembling serum neuritis in man. *Cornell Vet.* 63(4): 589-617, 1973.

12) de Lahunta A. Veterinary Neuroanatomy and Clinical Neurology, 2nd ed. Saunders. Philadelphia. US. 1983.

13) de Lahunta A. Veterinary Neuroanatomy and Clinical Neurology, 3rd ed. Saunders. St.Louis. US. 2009.

14) Dillin L, Hoaglund FT, Scheck M. Brachial neuritis. *J Bone Joint Surg Am.* 67(6): 878-880, 1985.

15) Flecknell PA, Lucke VM. Chronic relapsing polyradiculoneuritis in a cat. *Acta Neuropathol.* 41(1): 81-84, 1978.

16) Funamoto M, Nibe K, Morozumi M, et al. Pathological features of ganglioradiculitis (sensory neuropathy) in two dogs. *J Vet Med Sci.* 69(12): 1247-1253, 2007.

17) Garosi L, de Lahunta A, Summers B, et al. Bilateral, hypertrophic neuritis of the brachial plexus in a cat: magnetic resonance imaging and pathological findings. *J Feline Med Surg.* 8(1): 63-68, 2006.

18) Gehring R, Eggars B. Suspected post-vaccinal acute polyradiculoneuritis in a puppy. *J S Afr Vet Assoc.* 72(2): 96, 2001.

19) Gerritsen RJ, van Nes JJ, van Niel MH, et al. Acute idiopathic polyneuropathy in nine cats. *Vet Q.* 18(2): 63-65, 1996.

20) Grogan PM, Gronseth GS. Practice parameter: Steroids, acyclovir, and surgery for Bell's palsy (an evidence-based review): report of the Quality Standards Subcommittee of the American Academy of Neurology. *Neurology.* 56(7): 830-836, 2001.

21) Holmes DF, Schultz RD, Cummings JF, de Lahunta A. Experimental coonhound paralysis: animal model of Guillain-Barré syndrome. *Neurology.* 29(8): 1186-1187, 1979.

22) Holt N, Murray M, Cuddon PA, Lappin MR. Seroprevalence of various infectious agents in dogs with suspected acute canine polyradiculoneuritis. *J Vet Intern Med.* 25(2): 261-266, 2011.

23) Hughes RA, Allen D, Makowska A, Gregson NA. Pathogenesis of chronic inflammatory demyelinating polyradiculoneuropathy. *J Peripher Nerv Syst.* 11(1): 30-46, 2006.

24) Hughes RA, Cornblath DR. Guillain-Barré syndrome. *Lancet.* 366(9497): 1653-1666, 2005.

25) Katzenell U, Segal S. Hyperacusis: review and clinical guidelines. *Otol Neurotol.* 22(3): 321-326, 2001.

26) Kern TJ, Erb HN. Facial neuropathy in dogs and cats: 95 cases (1975-1985). *J Am Vet Med Assoc.* 191(12): 1604-1609, 1987.

27) Kinoshita T, Ishii K, Okitsu T, et al. Facial nerve palsy: evaluation by contrast-enhanced MR imaging. *Clin Radiol.* 56(11): 926-932, 2001.

28) Lorenz MD, Coates JR, Kent M. Paresis of One Limb. In: Lorenz MD. Handbook of veterinary neurology, 5th ed. Elsevier, Saunders. St.Louis. US. 2011.

29) Marsk E, Hammarstedt L, Berg T, et al. Early deterioration in Bell's palsy: prognosis and effect of prednisolone. *Otol Neurotol.* 31(9): 1503-1507, 2010.

30) Mayhew PD, Bush WW, Glass EN. Trigeminal neuropathy in dogs: a retrospective study of 29 cases (1991-2000). *J Am Anim Hosp Assoc.* 38(3): 262-270, 2002.

31) May M, Wette R, Hardin WB Jr, Sullivan J. The use of steroids in Bell's palsy: a prospective controlled study. *Laryngoscope.* 86(8): 1111-1122, 1976.

32) MolínJ, Márquez M, Raurell X, et al. Acute clinical onset chronic inflammatory demyelinating polyneuropathy in a dog. *Muscle Nerve.* 44(3): 441-444, 2011.

33) Nell B. Optic neuritis in dogs and cats. *Vet Clin North Am Small Anim Pract.* 38(2): 403-415, 2008.

34) Northington JW, Brown MJ. Acute canine idiopathic polyneuropathy. A Guillain-Barré-like syndrome in dogs. *J Neurol Sci.* 56(2-3): 259-273, 1982.

35) Northington JW, Brown MJ, Farnbach GC, et al. Acute idiopathic polyneuropathy in the dog. *J Am Vet Med Assoc.* 179(4): 375-379, 1981.

36) Panciera RJ, Ritchey JW, Baker JE, et al. Trigeminal and polyradiculoneuritis in a dog presenting with masticatory muscle atrophy and Horner's syndrome. *Vet Pathol.* 39(1): 146-149, 2002.

37) Platt S, Olby N. BSAVA manual of canine and feline neurology, 3rd ed. BSAVA. Gloucester. UK. 2004.

38) Ramsey MJ, DerSimonian R, Holtel MR, et al. Corticosteroid treatment for idiopathic facial nerve paralysis: a meta-analysis. *Laryngoscope.* 110(3 Pt 1): 335-341, 2000.

39) Schultz RM, Tucker RL, Gavin PR, et al. Magnetic resonance imaging of acquired trigeminal nerve disorders in six dogs. *Vet Radiol Ultrasound.* 48(2): 101-104, 2007.

40) Seruca C, Ródenas S, Leiva M, et al. Acute postretinal blindness: ophthalmologic, neurologic, and magnetic resonance imaging findings in dogs and cats(seven cases). *Vet Ophthalmol.* 13(5): 307-314, 2010.

41) Sumner AJ. Idiopathic brachial neuritis. *Neurosurgery.* 65(4 Suppl): A150-152, 2009.

42) Taverner D, Cohen SB, Hutchinson BC. Comparison of corticotrophin and prednisolone in treatment of idiopathic facial paralysis(Bell's palsy). *Br Med J.* 4(5778): 20-22, 1971.

43) Ulrich J, Podvinec M, Hofer H. Histological and ultrastructural changes in idiopathic facial palsy. *ORL J Otorhinolaryngol Relat Spec.* 40(6): 303-311, 1979.

44) van Alfen N, van Engelen BG. The clinical spectrum of neuralgic amyotrophy in 246 cases. *Brain.* 129(Pt 2): 438-450, 2006.

45) van Schaik IN, Winer JB, de Haan R, et al. Intravenous immunoglobulin for chronic inflammatory demyelinating polyradiculoneuropathy: a systematic review. *Lancet Neurol.* 1(8): 491-498, 2002.

46) Varejão AS, Muñoz A, Lorenzo V. Magnetic resonance imaging of the intratemporal facial nerve in idiopathic facial paralysis in the dog. *Vet Radiol Ultrasound.* 47(4): 328-333, 2006.

47) Wright JA. Ultrastructural findings in idiopathic facial paralysis in the dog. *J Comp Pathol.* 98(1): 111-115, 1988.

48) 木村珠喜, 馬場正之, 沈正男. 顔面神経麻痺のステロイド療法の評価. *Clinical Neuroscience.* 23: 1058-1059, 2005.

49) 桑原聡. ギラン・バレー症候群の電気生理学的病型と診断基準. 神経研究の進歩. 47: 527-533, 2003.

50) 薄敬一郎, 結城伸泰. 分子相同性仮説に基づく Guillain-Barre 症候群の発症機序と抗ガングリオシド抗体. 神経研究の進歩. 47: 534-544, 2003.

51) 園生雅弘. CIDP の亜型. 神経研究の進歩. 47: 513-525, 2003.

52) 内藤傭, 陌間啓芳, 小田隆造ら. 顔面神経麻痺に関する実験的研究. 日本耳鼻咽喉科学会会報. 70: 178-179, 1969.

53) 長谷川和雄, 三国直二, 酒井豊. 実験的末梢神経麻痺に対するビタミンB群の効果について. 日本薬理学雑誌. 74(6): 721-734, 1978.

54) 羽藤直人. ウイルス感染と顔面神経麻痺. *Clinical Neuroscience.*23: 1032-1034, 2005.

55) 諸角元二, 内田和幸, 牧野仁, 中島豪. 猫の多発神経根炎. 日本獣医臨床病理学会講演要旨. 73, 2002.

I

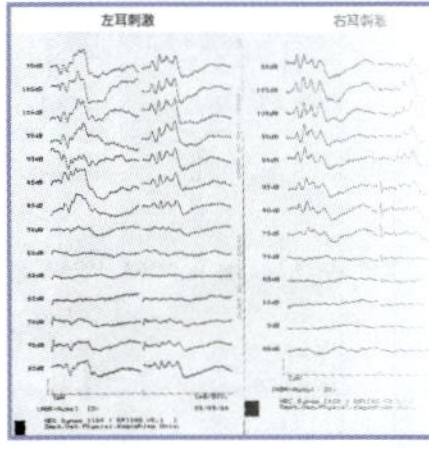

46. 特発性前庭疾患

はじめに

神経学的検査表の検査項目には，非常に役立つ項目とそうでない項目があると感じたことはないだろうか？　これは，検査項目が**“病巣診断”**に有用な場合と**“病態評価”**にしか使えない場合があるからと考えられる。たとえば，神経学的検査の脊髄反射や皮筋反射で病変部位を局在化し，コンピュータ断層撮影(CT)や磁気共鳴画像(MRI)で病巣が確定した場合は，病巣診断が可能であったという典型例である。これに対し，前庭系と眼球に関する検査項目が病巣の局在診断に重宝であったという経験は多くはないように思われる。そこで本章では，神経学的検査での眼球の所見が病巣診断においてとても重要な手がかりとなる代表的な疾患として，特発性前庭疾患を挙げて解説する。

最初に，“特発性”について確認しておきたい。DAMNIT-V 分類での「idiopathic(特発性)」とは，その病態生理学(原因)が現時点では不明あるいは未確定な疾患の接頭語として用いられている。診断名を付けるという意味では便利である。しかし，診断は最終診断名を“当てる”作業ではない[21]。特発性疾患の診断は可能性のある他の疾患を除外することである。たとえば，特発性疾患の代表例として特発性てんかんがある。4 歳のゴールデン・レトリーバーが全般発作を急性発症して再発している場合，特発性てんかんの可能性が高くても，臨床徴候のみでは脳腫瘍を否定できない。逆に，8 歳のゴールデン・レトリーバーの場合は，脳腫瘍の可能性が高いとはいえ，遅発性の特発性てんかんでないとは断言できない[4]。これと同様に，特発性前庭疾患の場合も，末梢性か中枢性かの鑑別を念頭においた除外診断を行う必要がある。たとえば，中枢性前庭障害を示す疾患に，致死的な肉芽腫性髄膜脳脊髄炎(GME)がある。特発性顔面神経麻痺も同様である。治療可能な中耳炎，内耳炎や甲状腺機能低下症，あるいは脳腫瘍を除外することが鑑別診断には必須である。しかし，人医療分野でも同様の問題は臨床獣医師の悩みの種のようである。たとえば，**“めまい”**の救急診療に際して最も重要なことは，その原因が脳血管障害(脳梗塞や脳出血)かどうかの鑑別にあるといわれている[22]。

今回は，“特発性”の診断が除外・鑑別診断に終始する(せざるを得ない)という理由から，まずはその主な徴候である平衡障害の鑑別に必要な知見を論述し，最後に特発性前庭疾患および中枢性前庭障害の一例について紹介する。

用語の定義：前庭器官，蝸牛器官，内耳，迷路，平衡，前庭感覚，平衡感覚

平衡感覚を受容する**前庭器官**は，構造的に半規管と耳石器(卵形嚢・球形嚢)から構成されている。また，聴覚を受容するのは**蝸牛器官**である。前庭器官と蝸牛器官の総称が**内耳**である。内耳は管状(蝸牛や半規管)あるいは球状(耳石器)からなる複雑な構造をしており，古典的に迷路と呼ばれてきた。迷路は膜迷路と骨迷路からなる。受容器である有毛細胞を含み内リンパ液で満たされている膜様構造物が膜迷路で，その鋳型的な骨部分を骨迷路と呼ぶ。モルモットでは例外的に迷路の大半が中耳腔に突出しているが，犬や猫では側頭骨(岩様部)に埋没している。

一方，**平衡**(平衡感覚 equilibrium)の定義は，「身体の平衡を保ち，調整された運動を行う基礎となる感覚ないし能力。主に前庭器がその役目を担う」とされている[23]。前庭器官は，平衡の維持に中心的な役割を果たすことから平衡器官とも呼ばれる。つまり，“平衡”は機能的な名称であり，“前庭”は本来は構造的な名称である(前庭とは母屋に対する前の庭の意で，母屋に相当するのが平衡に重要な三半規管，その前庭にあるのが卵形嚢，球形嚢である)。しかし，最近は“前庭

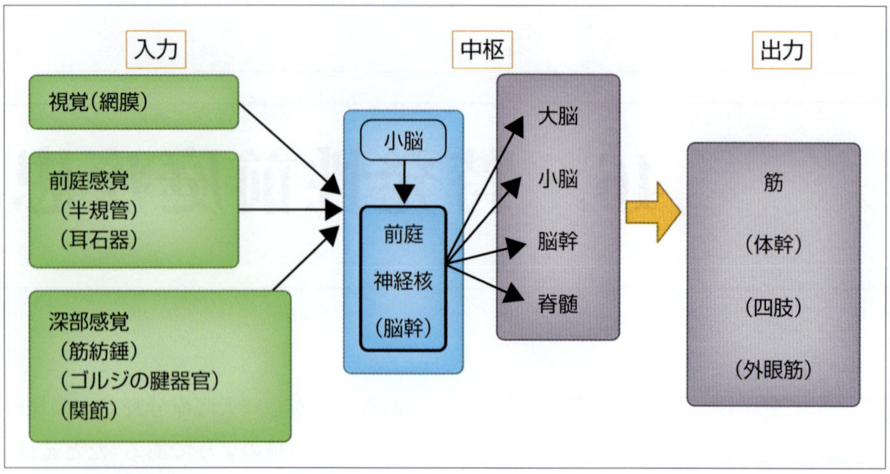

図1　平衡(維持)のための入力系と出力系

系”が機能的な総称として使われることが増えているので，ここでは平衡と前庭系を併記する。なお，前庭感覚とは前庭器官に由来する感覚である。つまり，前庭感覚は平衡感覚の中心的なものであるが，少なくともヒトでの主観的な平衡の知覚には前庭感覚以外の感覚(視覚や体性感覚)も影響を及ぼすので，平衡感覚≧前庭感覚とみなせる。また，迷路という言葉は，メニエール病のように前庭器官と蝸牛器官の両方が障害される場合は迷路障害と一括して表現できるので便利であるが，ここでは基本的に使用しない。

平衡の機能解剖学

身体の平衡の維持には，前庭感覚だけでなく，視覚と深部感覚(体性感覚)の3つの感覚器からの入力が単独あるいは協調して機能する必要がある(図1)。すなわち，身体の平衡を維持するシステム＝前庭系は multi-sensory system とみなされている[15, 28]。これらの3つの感覚情報は，直接あるいは小脳を介して脳幹の前庭神経核に入力される。この神経核への入力は，前庭器官から前庭神経を介するものが最大である。しかし，視覚や深部感覚からの入力も，直接あるいは前庭小脳を介して入力されている。また，脳幹網様体や脊髄，大脳皮質などからの入力もある。一方，これらの前庭神経核からの投射は，大きく以下の①〜③に分類される。

①脊髄の介在ニューロンへの投射

同側の伸筋群には促通性の，屈筋群には抑制性の情報を送る。これらの投射系を介して，前庭器官が存在する頭部を支える頚部の筋群と，四肢や体幹の筋群が協調して姿勢を維持している。

②脳幹への投射

眼球運動に関する脳神経核(動眼神経核，滑車神経核，外転神経核)へ投射し，眼球運動を調節する他に，脳幹網様体(動揺病での嘔吐などに関与)や意識に上る固有位置感覚にも影響を及ぼしている。

③小脳への投射

前庭小脳(片葉虫部小節葉)や室頂核などに投射する。

以上をまとめると，姿勢や歩行運動の制御は，感覚情報として前庭感覚だけでなく視覚と体性感覚が脳幹(前庭神経核)や小脳で統合され，四肢・体幹および眼球運動の協調が行われて，身体の平衡が維持される。これらの入力系・出力系のいずれかに障害が起こるとめまいや平衡障害が生じる。

機能解剖学では，前庭系は**末梢前庭系**(前庭器官と前庭神経)と**中枢前庭系**(脳幹と小脳など)に大別される。前庭器官の特徴は，左右対称，鏡像的に頭蓋骨に配置され，相補的に機能していることである。半規管は頭部運動の回転加速度を主として検出し，正常では片方が興奮すると他方は抑制される。たとえば，時計回り回転をはじめると右側の前庭器官が刺激(左側は抑制)され，回転を急停止すると逆に左側が刺激(右側は抑制)される。

一方，直線加速度を検出する耳石器は，水平方向の直線加速度は卵形嚢が，垂直方向は球形嚢が検出していると考えられているが，その機能についてはまだ不明な点が多い。

平衡に関する重要な反射

平衡の維持に重要な反射に関する知識は，その機能破綻による前庭障害の徴候の理解に必要である。

1．前庭動眼反射

前庭動眼反射 vestibulo-ocular reflex（VOR）とは，頭部運動により生じた網膜上の像の“ずれ”を迅速に元に戻す反射で，回転刺激で半規管により駆動される rotational-VOR（r-VOR：回転性前庭動眼反射）と，直線運動 translation や傾斜で耳石器により駆動される translational-VOR（t-VOR：直線運動性前庭動眼反射）に分類される[6]。r-VOR では，鏡像的に配置している左右の前庭器官の活動度に左右差が生じると，脳幹（前庭神経核）レベルでその左右差がさらに強調され，その頭部運動の逆方向の眼球運動が生じる。眼球運動の**緩徐相**が眼球の運動可動域の限界に達すると眼球は迅速に最初の位置に戻り（**急速相**），再び緩徐相が繰り返される。この一連の反射的な眼球の往復運動が眼振（眼球振盪）である。したがって，眼振の本来の生理学的意義は網膜上の像のずれを補正して視点を維持する緩徐相にある。しかし，**眼振の向きは急速相の方向で表すことになっている**ので，注意が必要である。このVOR でみられる眼振は，急速相と緩徐相からなる律動性眼振 jerk nystagmus とも呼ばれる。

一方，眼球が振子のように往復運動を繰り返す振子眼振 pendular nystagmus もあるが，これは前庭性ではなく，多くの場合は先天性異常などでみられる。なお，t-VOR は高等動物でみられる系統発生学的に新しい機能で，その研究はまだ十分には行われていない。

2．視運動性眼振

視運動性眼振 optokinetic nystagmus（OKN）では，網膜全体に写る外界の像の動き（optic flow，網膜上での像の流れ）に対して，その像の動きを追いかける眼球運動（＝緩徐相）が起こり，眼球が限界まで動いたら元の位置に戻す急速相が生じる。前庭動眼反射との違いは，反射弓の感覚刺激が視覚である点である。したがって，VOR による前庭性眼振の評価は暗視下で行い，視覚による OKN の影響を除外すべきである。しかし，後述する症例で示すように，末梢性前庭疾患では，視覚を遮断しなくても VOR に基づく眼球運動で異常を検出できることが少なくない。

3．前庭脊髄反射

前庭神経核を経由し，頚筋群をはじめとして体幹や四肢の筋を調節している運動経路を前庭脊髄路と総称し，この経路による反射を前庭脊髄反射と総称する[19]。臨床的に重要なのは，姿勢（頭位）維持の基本的な制御は頚筋や体幹の筋群ではより反射的に行われるので，前庭系の異常による障害が出やすいということである。

めまいと平衡障害の関係：犬に“めまい”はあるか？

平衡障害のヒトでの主な症状はめまいである。ヒトのめまいは「空間における身体に関する見当識（空間識）の障害の自覚」あるいは「空間覚の失調」と定義されており，回転性めまい（vertigo：周囲や自分がぐるぐると回転しているように感じる）と非回転性めまいに分類される。非回転性めまいは動揺性めまい（dizziness：身体がゆらゆら揺れたり，一方向に倒れたりするように感じる）と失神型めまい（立ちくらみや気が遠くなるように感じる）に分類されている[12]。すなわち，めまいとは，患者の訴えとしての症状 symptom である。一方，平衡障害 equilibrium disturbances／平衡異常 dysequilibrium とは，身体の平衡の均衡 balance が破綻した状態であり，特定の診察法で他覚的に捉えられる徴候 sign である[24]。

人医療分野では，めまいと平衡障害は責任病巣によってはいずれか一方しか認められないが，少なくとも前庭系病変では両者が必発するとされている[24, 28]。犬や猫の特発性前庭疾患とヒトの片側性末梢性前庭障害の臨床所見には共通する部分が多いので，犬や猫から症状を聴き取ることはできないものの，前庭に起因すると推測できる平衡障害の犬や猫もめまいを感じていると推測できる。犬の特発性前庭疾患で自発眼振が停止して食欲が回復した後に捻転斜頚が続く現象は，“めまい”を伴わない平衡障害とみなすことができる。

運動失調と平衡障害の違い

運動失調 ataxia とは，「筋力低下 weakness がないのに随意運動をうまくコントロールできず，姿勢や身体の平衡を適切に維持できない状態で，筋の協調不全や筋活動の規則性が失われた状態」と定義されている。原因により，小脳性，感覚性（脊髄性），前庭性に大別される[10, 18]。この分類では，前庭性運動失調 vestibular ataxia と前庭性平衡異常は同義となる。

一方，平衡には静的平衡と動的平衡があり，それぞれの障害として，静的平衡障害（自発眼振や捻転斜頚）と動的平衡障害（歩様の異常や回転後眼振など）が区別される。人医療分野では，運動失調と動的平衡障害の区別の重要性が強調され，症候学的に区別すべきと明記している成書もある[24]。しかし，前述したように，前庭系と小脳とは機能的に密接に関係しているので，前庭系病変でも運動失調と動的平衡障害が合併したり，重複し得るとされている。静的平衡障害と姿勢異常との関係も同様で，ヒトの臨床では区別して把握しないと，論点が不明確になるとされている[24]。なお，そのヒトでの鑑別の要点は，運動失調は運動機能障害であるので，（狭義の）運動時にしかみられないという考え方に基づく。

症候とは症状と徴候の短縮語で，ヒトでは神経疾患の現症（臨床像）を把握し，速やかに適切な治療を行うために，治療効果の評価の基軸となる症候学の重要性が説かれている。論理的には正しいと思われるが，“めまい”の症状を聴取できない獣医療においては，運動失調と平衡障害の明確な区別は，少なくとも現時点では困難なことが多いであろう。たとえば，脳幹腫瘍による中枢性前庭障害で平衡障害と運動失調が併発した場合に，犬で徴候のみからそれらを区別することは不可能と思われる。しかしながら，片側の前庭器官の末梢性障害で引き起こされるのが，平衡障害であり運動失調ではないことは，犬でも鑑別できる。すなわち，犬の捻転斜頚や自発眼振は静的平衡障害とみなせる。また，脳腫瘍患者における回転後眼振の異常所見は，動的平衡障害とみなせる（動画1）。しかし，脳腫瘍が小脳にある場合は，小脳性運動失調 cerebellar ataxia と動的・静的平衡障害を明確に区別することは，現時点の知見では困難であろう。

前庭障害

1．臨床徴候と神経学的検査所見

前庭器官の機能低下により生じる平衡障害は，静的平衡障害と，検査や歩行などで前庭刺激を与えた場合の動的平衡障害に分類される。人医療分野ではそれぞれ静的体平衡検査（直立検査など）と動的体平衡検査（歩行検査など）が確立されている[27]。

オーナーが最初に気が付きやすい平衡障害は，ふらつきなどの運動障害や嘔吐や食欲低下（廃絶）などである。後者は動揺病 motion sickness の徴候と同じで，前庭自律神経反射を介したものと考えられ，まれであるとされているが[14]，筆者の経験では，オーナーからていねいに聴き取れば初発徴候として認められることが少なくないと感じている。重篤で甚急性に発症した場合は，軸転（体軸に沿った回転運動。末梢性の場合は障害側に回転する）を示すので手が付けられないほどである（動画2）。

神経学的検査項目で重要なのは，姿勢（捻転斜頚，体軸の傾き，横転，軸転），歩様（旋回），斜視，眼振，生理的眼振である。中でも，「姿勢」での捻転斜頚と「眼振」での自発眼振の所見が最も重要で，その存在が確認できたら，その方向性を確認する。激しい軸転がある場合の回転方向は，捻転斜頚と同じ考え方で評価す

Video Lectures 動的平衡障害の例

動画1　脳腫瘍での回転後眼振

脳腫瘍が第三脳室後部から中脳水道を中心とした正中部にあり，側脳室（特に右側前角）の拡張や中脳の圧迫により，せん妄や対光反射異常をもたらしていた症例。聴性脳幹誘発反応（BAER）検査で，脳幹部の障害が中脳だけでなく橋にまで及んでいたことが示唆された。なお，自発眼振や頭位眼振は認められなかった。

Video Lectures 前庭障害

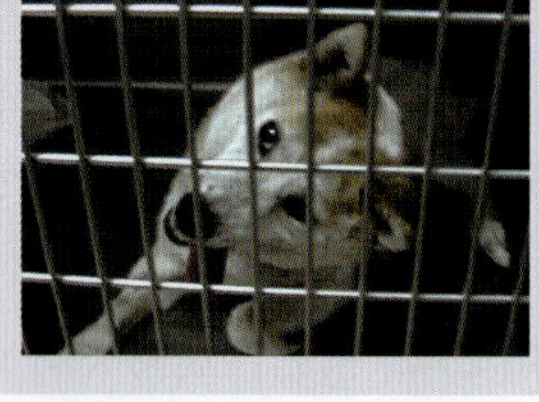

動画2　特発性前庭疾患での軸転

重篤で急性に片側性末梢性前庭障害を発症し，軸転を示している。患側は左。本症例の経過を表3に示した。

表1 中枢性および末梢性前庭障害の特徴

	中枢性前庭障害（脳幹および小脳）	末梢性前庭障害（前庭器および前庭神経）
捻転斜頸	あり，障害側に向かう	あり，障害側に向かう
運動失調（障害側）	あり	あり
固有位置感覚の異常および不全麻痺*	可能性あり（障害側の片不全麻痺）*	なし
意識レベル	抑うつなどを示すことがある	清明，disorientation あり
脳神経の異常*	第Ⅷ脳神経（CN Ⅷ）以外もあり得る（CN Ⅴ, Ⅵ, Ⅹ, Ⅺ）*	CN Ⅷのみ（中耳炎の場合）*
ホルネル徴候	まれ	可能性あり（中耳炎の場合）
眼振*	水平自発眼振 回転性自発眼振 垂直自発眼振* 頭位眼振 方向交代性	水平自発眼振 回転性自発眼振 頭位眼振 方向固定性
斜視	あり	あり
吐き気／嘔吐	ときどき	あり（少なくない）

*：中枢性前庭障害に特異的と考えられている所見。

る。眼振の急速相と緩徐相の目視による区別は勘違いしないように注意が必要である。また，単純なことであるが，観察者からみた右左と犬自身の右左を混同しないように，速やかにメモを取ることも勘違いを回避する最善の方法である。このような勘違いは，病巣診断に重要な影響を及ぼしてしまう。

姿勢や歩様の異常があり，正常な頭位での斜視や自発眼振が観察されない場合は，頭位斜視 positional strabismus と頭位眼振 positional nystagmus を評価する。神経学的検査表の項目にある「頭位変換」では，特に眼振の場合，頭位眼振 positional nystagmus と頭位変換性眼振 positioning nystagmus を混同しないように注意が必要である。これらの相違は，頭位の変化を迅速に行う（＝頭位変換性眼振）か，頭位の移動をなるべくゆっくり行うか（＝頭位眼振，頭位斜視）である。人医療分野ではさらに，注視させる（ある方向を見つめさせる）ことでより細かく眼振を評価し，病巣診断に利用してきた。残念ながら，犬や猫に注視させることは不可能であり，獣医学領域での知見はまだまだ乏しく，適切な頭位変換性眼振の検査方法（頭を傾ける角度や速度など）も不明である。したがって，現時点では頭位眼振を必ず確認すべきである。自発眼振がなくても，この誘発性の眼振が確認できれば，前庭障害を強く示唆する所見となる。

一方，自発あるいは頭位眼振が認められないにもかかわらず，姿勢や歩様に異常がある場合は，運動失調と静的平衡障害あるいは動的平衡障害との鑑別が難しくなる。筋力低下がなければ，運動失調は除外できるであろうが，その客観的評価は必ずしも容易ではない。ヒトでは末梢性あるいは脊髄性平衡異常が知られているので，犬や猫でも理論的には前庭障害ではない平衡障害が末梢神経鞘腫や多発神経炎（ポリニューロパチー）などで起こり得る。しかし，四足動物であるという理由もあるのであろうが，これらの疾患で患肢の不全麻痺や筋萎縮が出現する前に平衡障害を検出できたということを，筆者はまだ経験していない。今後，ヒトと同様に，重心動揺検査や床反力計などを用いた歩行の運動学的評価法の開発が，これらの鑑別診断に必要であろう。

2. 末梢性と中枢性の鑑別

獣医学領域でよく言及されている**中枢性前庭障害**と**末梢性前庭障害**の特徴を表1にまとめた。鑑別のポイントは，中枢性前庭障害でのみ観察されると考えられている徴候のチェックと，典型的な片側性末梢性障害の確認である。中枢性前庭障害の可能性を示唆する徴候は，①意識される固有位置感覚の消失，②顔面神経以外の脳神経の異常所見，③垂直（自発）眼振の存在，④方向交代性の眼振である。軸転を示すような劇的な症例や猫などでは，最初の神経学的検査を適切に実施するのが困難なことがある。前庭障害では，理論的には筋力や意識レベルに異常がないはずであるが，軸転を示すような激しい末梢性前庭障害では，自発眼振が持続している急性期にはかなり過敏になっているので的確な評価は難しい。したがって，徴候が落ち着いてきたら，繰り返し神経学的検査を行い，中枢性障害の可能性が否定されるまで再評価した方がよい。

前記のうち，③の垂直眼振では，その向きに注意する必要がある。下眼瞼向き眼振は，ヒトでは小脳脊髄変性症やキアリ奇形Ⅰ型でみられることが多く[14]，前

表2 前庭障害のDAMNIT-V分類

	中枢性前庭障害(脳幹，小脳)		末梢性前庭障害(前庭器，前庭神経)	
	病態	特徴的な徴候，備考	病態	特徴的な徴候，備考
変性性：degenerative	・ライソゾーム病 ・神経変性疾患	―	(耳毒性のある薬剤)	―
奇形性：anomalous	・キアリ様奇形 ・くも膜嚢胞 ・水頭症	―	・先天性前庭疾患	・先天性難聴を伴うことがある ・左右差のない運動失調 ・臨床徴候が改善しても捻転斜頚や歩行時の体幹の左右への振れは残ることが多い※2
代謝性・栄養性：metabolic/nutritional	・肝性脳症 ・電解質異常 ・腎疾患 ・甲状腺機能低下症(犬)	・二次性の前庭症状を呈するので，他の症状も示すことが多い ・犬では甲状腺機能低下症での発症が報告されている	・甲状腺機能低下症	・高齢 ・最初の臨床徴候として前庭障害がみられることが多く，急性発症で非進行性捻転斜頚と頭位斜視
	・チアミン欠乏症	・猫で前庭神経核の障害で発症することがある	―	―
腫瘍性：neoplasia	・脳腫瘍	・犬では髄膜腫と脈絡叢腫瘍 急性発症も緩徐に進行性に発症することもある	・中耳や内耳の腫瘍(末梢神経鞘腫)	―
炎症性：inflammatory	・脳炎(ウイルス，細菌，真菌性)(GME, NMEなどの特発性の場合もある)	・ジステンパー脳炎(ワクチン接種を実施していても) ・FIP(dry-type)	・中耳炎／内耳炎 ・鼻咽頭ポリープ	・高齢動物での末梢前庭障害の約半数 ・キャバリア・キング・チャールズ・スパニエルのPSOM(原発性分泌性内耳炎)
特発性：idiopathic	―	―	特発性前庭疾患	―
中毒性：toxic	・メトロニダゾール中毒	・大量*1長期投与により急性発症 ・全身性の運動失調や眼振，食欲不振，嘔吐など	・アミノグリコシド系抗生剤中毒 ・クロルヘキシジン中毒など	・ループ利尿薬(フロセミド)なども原因となる
外傷性：traumatic	・頭部外傷	―	・中耳や内耳の外傷	・同側の顔面神経や三叉神経に障害が出ることがある
血管性：vascular	・脳血管疾患	―	―	―

＊1：犬では60 mg/kg/day以上といわれているが，より低用量でも報告あり。
＊2：先天性末梢性前庭障害の好発品種：ジャーマン・シェパード・ドッグ，イングリッシュ・コッカー・スパニエル，ドーベルマン，シャム，バーミーズ。

庭小脳とその底面の延髄の障害で観察されている[2)]。鹿児島大学共同獣医学部附属動物病院でも，小脳梗塞がMRI検査で確定した犬で自発性の垂直眼振(下眼瞼向き)を確認している。末梢性障害で垂直眼振の下眼瞼向き眼振が出るためには，理論的に三半規管の1つである両側の前半規管(のみ)が選択的に障害される必要があるので，末梢性障害の可能性は低く，一般的には中枢性と考えてよい。一方，同じ垂直眼振でも，上眼瞼向き眼振は下眼瞼向き眼振に比べて頻度が低く，ヒトでもその病態はあまりよくわかっていない。

④の方向交代性の眼振に関しても注意が必要である。方向固定性の眼振は末梢性障害，方向交代性の眼振は中枢性障害の可能性があると一般的には考えられている[5, 7)]。しかし，必ずしも鑑別における決定的な所見ではない[11)]。片側の末梢性前庭障害による自発眼振が方向固定性なのは，障害側の前庭が機能低下あるいは廃絶により頭位を変えても反応しないためと考えられる。眼振は半規管や前庭神経核の活動の左右差で決まるので，残存している健側からの前庭情報が入力されると，前庭神経核の活動の左右差に変化をもたらすと考えられる。中枢性前庭障害の病態生理に不明な点が少なくない現時点では，Bagleyが呈示しているように[1)]，方向交代性であれば中枢性障害を疑うが，方向固定性であっても中枢性障害は除外できないと考える方が誤診のリスクを低くできるであろう。

表2に前庭障害をもたらす疾患のDAMNIT-V分類を示した。これを念頭に置き，鑑別を進める。

末梢性前庭疾患

1．疫学

末梢性前庭疾患の犬83頭（1975～1978年）の報告[9]では，最も多い症状は**捻転斜頸**（96.3%）で，回旋性の**自発眼振**は61頭（73.4%）に，水平性の自発眼振は7頭（8.4%）に認められている。この83頭のうち中耳炎／内耳炎は41頭（49%），特発性前庭疾患は33頭（39%）で，初診時に自発眼振が認められた割合は特発性前庭疾患（94%）の方が中耳炎／内耳炎（71%）より高かった。発症の平均年齢（範囲）は，中耳炎／内耳炎で8.5歳（0.5～18歳），特発性前庭疾患では12.5歳（2～17歳）で，品種や性別による差は報告されていない。特発性前庭疾患の予後を追跡調査できた49頭のうち，26頭は2カ月後においても捻転斜頸が残っていた。

一方，猫では特発性前庭疾患75頭の報告がある[3]。夏に多く発症し，性差はなく，発症平均年齢は4歳（1～10歳）であった。大部分は片側のみの急性発症で，捻転斜頸と運動失調の併発が42頭（56%），自発眼振まで併発していたものが31頭（41%）であった。追跡調査できた20頭では，2週間後に7頭で捻転斜頸や自発眼振が改善し，4～6週間後では8頭が完全に回復していた。しかし，5頭（25%）では数カ月後においても軽度の運動失調と捻転斜頸が継続していた。

2．片側性末梢性前庭障害の特徴

片側性末梢性前庭障害は，その最大の原因（末梢障害の約50%）[8, 9]とされている中耳炎／内耳炎であれ，特発性前庭疾患であれ，その徴候は同じである。捻転斜頸は患側が下になり，水平性自発眼振の急速相は健側に向かう（図2）。これは，正常なVORと逆のパターンで，障害側の前庭器官の機能低下あるいは廃絶により左右のアンバランスが生じ，回転刺激を与えなくても眼振が誘発される（自発眼振）。眼球運動の本質が視点を一定にするという緩徐相にあるので，患側（機能低下側）に異常な緩徐相が出ると考えれば理解しやすい。

前庭系に生じた左右差は，その差が大きいほど緩徐相の速度が速くなるとされている。しかし，獣医学領域での眼振の定量的評価はまだ不十分である。SandersとBagleyは，自発眼振の頻度が66 bpm以上で末梢性前庭障害の可能性が高いと述べている[8]。ヒトでは，回転性めまいが末梢性前庭障害でよくみられるので，この自発眼振の頻度の高さは末梢性障害の程度を反映していると考えられる。しかし，ヒトの脳梗塞などで前庭神経核の片側性障害を来した場合は，回転性のめまいを発症するので，自発眼振の頻度のみで末梢性と中枢性を区別すべきではない。

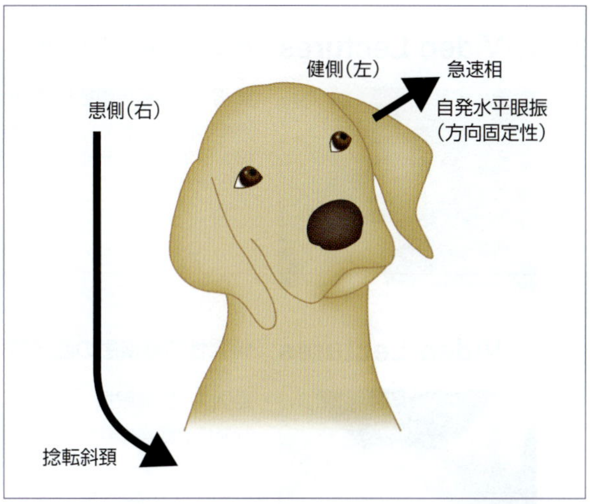

図2　片側（右側）の末梢性前庭障害の捻転斜頸と自発水平眼振の向き

末梢性障害による眼振の方向は，理論的には障害を受けた半規管と平行な面で回転する[14]。右側の水平半規管の機能低下では，左方向への水平性自発眼振がみられる。しかし，垂直に位置している前半規管と後半規管の機能低下では方向がやや複雑になる。右側の前半規管の機能低下では上眼瞼向きの垂直成分と験者からみて時計回りの回旋成分の混じった眼振が，右側の後半規管の機能低下ではこれと逆（下眼瞼向きの垂直成分と験者からみて半時計回りの回旋成分の混合）の眼振が出る。片側の全ての半規管が障害を受けた場合は，垂直に位置している前および後半規管による垂直成分が相殺されるものの回旋成分は同じ方向に向かうので，水平半規管の障害による水平成分とこの回旋成分とが混合して水平回旋混合性（自発）眼振となる。つまり，片側の末梢性前庭障害で水平方向以外の眼振が出ることがあるのは，このような理由によると推測される。

捻転斜頸は，前庭脊髄路を介したものである。前庭脊髄路は同側の頚筋には抑制性の，反対側の頚筋には興奮性の結合をしている。したがって，片側の前庭が障害を受けると，その反対側の頚筋の収縮は抑制され，同側の頚筋の収縮は相対的に増強されるので，患側と同側に頚部が曲がると考えられる。

3．小児のめまい・平衡障害診断

動物の診療では，言葉によるコミュニケーションの発達が十分でない小児のめまいの診断が参考になると

Video Lectures めまい・平衡障害診断

動画3　回転後眼振検査（正常例）

犬での回転検査である回転後眼振検査の正常例。1回転／2秒で10回転して急停止し，誘発される眼振回数と時間を測定する。視覚遮断しなければ，回転後に誘発される生理的（前庭性）眼振は数回で停止する。

Video Lectures 特発性前庭疾患の臨床徴候

動画4　自発眼振

特発性前庭疾患の急性期にみられる自発眼振。患側は左。左眼は斜視（外下方）も観察されている。

思われるので，紹介しておきたい。小児のめまいは，本人の訴え（知覚の異常＝症状）がない場合は，平衡障害によるバランスの異常（運動制御の異常）の有無で判断されている[17]。新生児や乳幼児でのめまい・平衡障害診断は以下の3段階で行われている[13]。

（1）1次検査

運動発達障害の有無を，モロー反射などの原始反射などで評価する。乳幼児では“立ち直り反射”が平衡障害の重要な検査とみなされている。

（2）2次検査

自発眼振や頭位眼振の有無のほかに，カロリックテスト（温度刺激検査）と回転検査が行われている。カロリックテストでは，外耳道に冷水あるいは温水を注入することで半規管の内リンパ流動を引き起こし，誘発される眼振から半規管機能を評価する。従来は，その解剖学的位置から外側半規管が刺激されるといわれてきたが，誘発される眼振には水平成分のみではなく，回旋や垂直成分が含まれていることから，前および後半規管も関与していると考えられている[16]。この検査法を犬や猫に適用できれば，半規管の機能低下や廃絶を直接証明できるので，末梢障害の確定診断となる。しかし，実際の適用は難しい。外耳道は動物の体の中で一番敏感な部分の1つのようで，正常な犬への適用は困難であった。また，前庭症状が出ている場合は情動的に安定していないことが多く，もともと敏感な外耳道への注水はさらに困難で，筆者の経験では一度も成功したことはない。

一方，自発眼振や頭位眼振の有無は犬でも基本的で最も重要な所見である。また，乳幼児では特に回転検査の有用性が強調されている[13]。犬での回転検査には，回転後眼振検査が応用できる（動画3）。

（3）3次検査

CTやMRIなどの画像診断の他に，腫瘍の経過観察に聴性脳幹誘発反応（BAER）が有用とされている[17]。

特発性前庭疾患の特徴

1．臨床徴候

猫ではどの年齢でもみられるようであるが[9]，犬では高齢犬でみられることが多い[3]。発症の経過が急性あるいは甚急性で，症状も軽度の捻転斜頚を示す程度から，重篤な平衡障害や軸転などを示すまで様々であり，てんかん発作と間違える場合もある。

臨床徴候は通常は片側性なので，前述したとおり，水平自発眼振や回旋性眼振（急速相が捻転斜頚の逆方向）がみられる（図2，動画4）。非対称性の運動失調（あるいは動的平衡障害）を示すだけで，固有位置感覚の異常や筋力低下，意識状態や知性（認知機能）の問題は認められない。しかしながら，軸転を示すような急性期には見誤る可能性があるので，経過を追って再検査すべきである。

2．臨床検査

表2に基づき鑑別を進めていくが，最初の検査として耳鏡検査を行う。外耳炎が患側のみに認められれば，

Video Lectures 特発性前庭疾患の代償期

動画５　代償期での回転後眼振（時計回り）
動画６　代償期での回転後眼振（反時計回り）

特発性前庭疾患の代償期での回転後眼振（自発眼振は３日で停止した。第10病日の記録）。患側（左）刺激となる反時計回り回転後の（誘発）眼振は６回で，健側（右）刺激となる時計回り回転後の14回に比べて半分以下の反応で，患側の機能低下が継続していることを示唆している。

中耳炎／内耳炎が原因である可能性が高くなる。外耳炎の所見がなくても，特に猫では耳管経由の中耳炎があるので，中耳炎／内耳炎の否定はできない。さらに，症例が高齢であった場合には，鑑別診断の上位に挙がるもう１つの疾患として甲状腺機能低下症がある。

外耳道に問題がない場合，中耳炎を単純Ｘ線撮影で検出できる場合もあるが，もし異常が見受けられなくても可能性を否定することはできない。完全な除外診断には，CT検査やMRI検査が必要である（BAER検査でも除外可能である）。多くの場合は急速に回復し，最初の改善は72時間以内にみられることが多く，2～3週間で完全に回復するとされている[8]。しかし，個体によっては臨床徴候が長引くことがある。**表３**の症例でも自発眼振の消失までに約2週間を要した。自発眼振の消失は，末梢性前庭障害の急性期が過ぎ，前庭代償期になったことを示唆している[20]。しかし，犬での前庭代償に必要な時間に関する客観的なデータは見当たらない（**動画５，動画６**）。したがって，中枢障害を疑う所見がなく，かつ，耳鏡検査で外耳炎が認められず，また，稟告で外傷や耳毒性のある抗生剤の使用歴もない場合は，発症から3日間程度を限度として，経過を観察してもよいであろう。この間に明らかに増悪する場合は，CT検査やMRI検査による除外診断が勧められる。なお，甲状腺機能低下症による前庭障害は進行しないとされているが，明らかな証拠は見当たらない。したがって，高齢で高コレステロール血症などの他の徴候がある場合は，最初から除外項目に加えた方がよいであろう。高齢犬で積極的な除外診断（麻酔下での画像診断）を行うのであれば，後肢の固有位置感覚に異常がある場合には特に，CT検査による脊椎のスクリーニング検査が勧められる。これは，前庭障害とは関係のない，慢性化あるいは潜在性の椎間板突出に起因する固有位置感覚の障害が多いとされているからである[8]。ＣＴ検査を用いれば，脊椎症の診断もできる。

3．治療

ステロイドを用いても，急速な回復には寄与しないとされている[8]。しかし，後述するように，前庭神経炎である可能性も考えられるので，筆者はプレドニゾロンを処方している。また，症状が同側に，あるいは反対側に再燃することもある。多くの場合，自発眼振が消失しても捻転斜頚（すなわち，軽度の平衡障害）が残ることが多い（**表３**）[8]。治療は支持療法と対症療法（鎮静剤や動揺病の治療）である。

4．病態生理

特発性前庭疾患の原因は，疾患名のとおり，不明である。しかし，いくつかの考え方がある。たとえば，内耳の内リンパ液の異常や，前庭器官の軽度の酔い／中毒 a mild intoxication of the vestibular system，自己免疫疾患などが疑われている[8]。興味深いことに，特発性顔面神経麻痺は，人医療分野ではBell麻痺として記載がある。しかし，前庭器官の基本的構造は同じと考えられるにもかかわらず，特発性前庭疾患に相当する疾患名は人医療分野では見当たらない。前述したように，犬のめまいを正確に評価することは難しいが，病態から片側の末梢性前庭障害であると考えられることから，これと類似した病態として，ヒトの末梢性めまい疾患の特徴を**表４**にまとめた[25]。これらのうち，梅毒は除くとして，前庭神経炎と良性発作性頭位めまい症以外では，蝸牛症状（難聴，耳鳴，耳閉感）が随伴し，中でも難聴が特徴である。**表３**の例に示したように，蝸牛症状の１つである難聴の検出のために，小児めまいの３次検査で提示されているBAERによる聴覚閾値の測定を行ってきた。しかし，過去のいずれの症例でも**表３**の症例と同じく，すでに両耳とも老犬性難聴になっている例しか見当たらず，患側のみの明らかな閾値上昇は確認できていない（**図３**）。また，MRI検査で内リンパ水腫の所見も得られたことはない（今後，高磁場のMRIが導入されれば，検出できるかもし

表3　激しい軸転を呈した特発性前庭疾患の犬の経過

症例：雑種犬，13歳1カ月齢，雌，8.6 kg，既往歴：乳腺炎，狂犬病と混合ワクチン接種済み。

第1病日	後肢のふらつきが目立つようになる。
第2病日	かかりつけのクリニックに入院。症状は，捻転斜頚，水平自発眼振（方向固定性），CP正常。嚥下はできるが水を飲んでもすぐに嘔吐。維持療法を開始。
第5病日	軸転を断続的に発症。
第6病日	鹿児島大学共同獣医学部附属動物病院に転院。 転院時の神経学的検査：右への水平自発眼振（方向固定性）。 左向き（反時計回り）の旋回運動および軸転→左側の前庭障害（末梢性）を示唆。 血液検査での異常値：CPK＞2,000 U/L（BB：4%，MB：1%，MM：95%），CRP＝2.20 mg/dL。 MRIおよびCT検査：特異的所見は見当たらない（中耳炎／内耳炎も除外）。 エンロフロキサシン，アンピシリン，プレドニゾロン，ジフェンヒドラミンの投与開始。
第7病日	自力採食，嘔吐なし。
第8病日	自力採食できなくなる（シリンジ給与）。
第9病日	シリンジ給与。軸転が増悪。ジアゼパムとフェノバルビタールで催眠，鎮静を図る。
第10病日	軸転がさらに増悪。シリンジ給与。CPK＝＞2,000 U/L，CRP＝4.2 mg/dL。 ジアゼパムとフェノバルビタールで催眠，鎮静を図るも不十分。 CSF検査所見：有核細胞数 14.3個/μL（正常は5個以下），蛋白濃度 35.5 mg/dL（正常上限は30 mg/dL）。有核細胞は，マクロファージが優勢（94%），ヘモジデリンを伴わない赤血球貪食像あり。細菌や真菌は認めない。 CSF所見からの鑑別診断リスト （1）外傷性の圧迫や損傷 （2）壊死性脳炎や肉芽腫性髄膜脳炎 （3）ジステンパー脳炎 （4）真菌感染 2回目のMRI検査所見：側頭筋に T2強調（T2W）画像にて高信号（炎症像），脳には特異的所見はない。 特異的脳炎はMRI所見より除外。軸転による外傷性脳障害（続発性）の可能性が高いが，真菌感染も除外できないので，抗生剤（アンピシリン，エンロフロキサシン）およびジフェンヒドラミンは継続し，ステロイドは休薬した。 →全身麻酔からの覚醒では激しい軸転と発声 vocalization が認められた。 ジアゼパムとフェノバルビタールによるコントロールを継続。 ヒトで頻用されている重炭酸ナトリウムの点滴静脈注射を試行したが，即効的な効果は認めなかった。
第11病日	終日，嗜眠状態。
第12病日	意識レベルが正常に戻り，クリニケア®と水を経口投与。 頚部の捻転が再出現。自発眼振は消失。 CPK＝177 U/L，CRP＝1.0 mg/dL，予防的にフェノバルビタールを投与。
第13病日	食欲回復。 聴性脳幹誘発反応（BAER）検査（図3）：閾値上昇はあるが左右差なし。脳幹機能異常を示す所見もない。
第14病日	自力採食できるようになる。フェノバルビタール休薬。
第15病日	状態は安定している。自発眼振の消失も継続している（頭位を変換すると少しだけ同じ性状の眼振がみられることがある）。嘔吐もない。
第16病日	WBC＝31,200/μL，CPK＝93 U/L，CRP＝0.15 mg/dL。 食欲あり。ジフェンヒドラミンをクロルプロマジンに変更。 側頭筋にミオクローヌスを認める。
第17病日	状態は安定。食欲あり。 右大腿部前面近位部に褥創を認め（おむつによる外傷性），処置。 外注検査結果：ジステンパー（血液IgG，CSF IgG，CSF RNA）はいずれも陰性。
第18病日	さらに徐々に回復。捻転斜頚は明らかだが自発眼振はほとんどない。
第19病日	自力歩行可能となる。排泄姿勢の維持も可能。 神経学的検査：回転後眼振*に異常（数値上昇：左側の末梢性前庭障害の継続を示唆）。 *：1回転／2秒で10回転して急停止し，誘発される眼振回数と時間を測定する。 （表）　｜左回転後｜右回転後 視覚あり｜20回（15.2秒）｜4回（2.8秒） 視覚遮断｜実施不可（目隠しを嫌う）
第23病日	退院。アンピシリンを5日間継続。捻転斜頚は続き，歩様は失調様歩行を示すが，旋回運動や明らかな筋力低下，小脳性運動失調を示唆する異常は認めない。
退院後の経過	再発などもなく元気であったが，退院から22カ月後に食欲低下で来院。BUN＝40.6 mg/dL，Cre＝2.4 mg/dL であり，stage 3の慢性腎臓病と診断され，対症療法を開始している。なお，このときの前庭症状は平衡障害のみが継続しており，初発時と同じく，左側を下にした軽度の捻転斜頚を示していた。また，頭を自分で振るとよろけることがある。しかし，意識状態や知性および歩様には問題はなかった。回転後眼振検査は実施していない（回転刺激を極度に嫌がったため検査を断念した）。

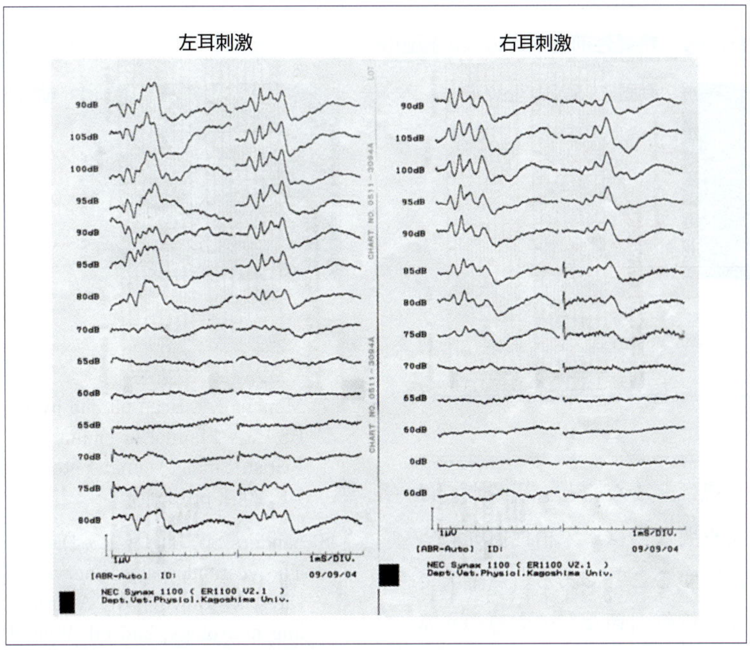

図 3　特発性前庭疾患の犬の聴性脳幹誘発反応（BAER）
閾値：70 dB。

表 4　ヒトの末梢性めまい疾患の特徴

症患名	特徴
メニエール病	蝸牛症状（耳鳴，難聴，耳閉感）を合併することが多い
遅発性内リンパ水腫	片側高度難聴が先行
レルモワイエ症候群	めまい発作後に蝸牛症状が軽減
前庭神経炎	初回発作で高度な半規管麻痺（カロリックテストで評価）
突発性難聴に伴うめまい	メニエール病初回発作と鑑別困難
良性発作性頭位めまい症	潜時と疲労性のある頭位眼振
迷路梅毒	梅毒血清反応陽性
外リンパ瘻	髄液圧変動のエピソード，変動性難聴

（文献 25 を元に作成）

れない）。したがって，現時点では，ヒトで蝸牛症状を示す疾患（メニエール病など）に相当するという証拠はない。一方，蝸牛症状を認めない良性発作性頭位めまい症が高齢者に多いこと，早期に治癒する例が多いが遷延例もあること，再発もよくあることなどの所見は，犬の特発性前庭疾患の所見と矛盾していない。しかし，軸転を起こすような劇的な症状はヒトではないようである。一方，前庭神経炎も，蝸牛症状を伴わないという点も含めて，その臨床像は特発性前庭疾患と類似している。前庭神経炎の診断に必要な検査所見は，①聴力検査で正常あるいはめまいと関係のない聴力像，②温度眼振検査で患側の機能低下あるいは廃絶，③自発および頭位眼振検査で方向固定性水平性（ときに，水平・回旋混合性）の眼振（通常は健側向き），④神経学的検査で前庭神経以外の神経障害所見がない，となっている。温度眼振検査を犬に適用して半規管の機能脱落を確認したことはないが，BAER による聴覚閾値の測定が主観的な聴覚閾値を反映しているのであれば，犬の特発性前庭疾患に符合するように思われる。しかし，前庭神経炎では MRI で顔面神経麻痺と類似した所見（前庭神経のガドリニウム増強効果）からウイルス感染を疑う報告はあるが，ウイルスの抗体価の変動を認めた症例や側頭骨病理の報告例も少なく，ヒトでも病因は確定していない。臨床像が類似しているもう 1 つの疾患にレルモワイエ症候群があるが，その診断基準はまだない。したがって，現時点での断片的な知見では，最も関連性が高いと思われるのは前庭神経炎と推測できるものの，その確定にはほど遠い状況である。

表３に特発性前庭疾患と診断された犬の経過例を示した。この例では，自発眼振が停止したのは第 13 病日であり，回復が遷延した例だと思われる。退院前の第 20 病日（動画７）では，自発眼振は停止していたものの，捻転斜頸は明らかでときどき転倒した。第 40 病日（動画８）では転倒はしなくなったが，捻転斜頸は残っており，発症後 22 カ月目まで継続していた。

Video Lectures 特発性前庭疾患の犬の経過例

動画7　第20病日の様子

動画8　第40病日の様子

おわりに

犬や猫の特発性前庭疾患は，少なくとも現時点では最終診断ではない。一番重要なのは，末梢性前庭障害であることを“病巣診断”することである。高齢犬でふらつきなどの歩様異常や捻転斜頚などの姿勢の異常が認められた場合，自発眼振あるいは頭位眼振と捻転斜頚の関連性が末梢性前庭障害を示していることを確認する。そして，末梢性前庭障害の鑑別診断表の中から最大の原因である中耳炎／内耳炎と，特に高齢の場合は甲状腺機能低下症を除外する。可能性のある病因として前庭神経炎を推測しているが，確定には至っていない。

[川﨑安亮]

■謝辞

本章を執筆するにあたり，表3の症例をご紹介いただいた，垂水動物病院の出石京子先生に深謝する。

■参考文献

1) Bagley RS. イヌおよびネコの前庭疾患の評価. In: 徳力幹彦監訳. Dr. Bagleyのイヌとネコの臨床神経病学. ファームプレス. 東京. 2008, pp403-406.

2) Baloh RW, et al. Spontaneous vertical nystagmus. *Rev Neurol*(Paris). 145(8-9): 527-532, 1989.

3) Burke EE, Moise NS, de Lahunta A, Erb HN. Review of idiopathic feline vestibular syndrome in 75 cats. *J Am Vet Med Assoc*. 187(9): 941-943, 1985.

4) Dewey CW, Bailey KS. Signalment, History, and the differential Diagnosis: The First Consideration. In: Dewey CW. A practical guide to canine and feline neurology, 2nd ed. Wiley-Blackwell. Iowa. US. 2008, pp3-15.

5) Havey RG, Harari J, Delauche AJ. Neurologic signs related to inner ear disease, Medical management of ear disease. In: Ear diseases of the dog and cat. Iowa State University Press. Ames. US. 2001, pp196-207.

6) Leigh RJ, Zee DS. The vestibular optokinetic system. In: The neurology of eye movements, 4th ed. Oxford University Press cop. New York. US. 2006, pp20-107.

7) Munana KR. Head tilt and nystagmus. In: Platt SR, Olby NJ. BSAVA Manual of canine and feline neurology, 2nd ed. British Small Animal Veterinary Association. Gloucester. UK. 2004, pp155-171.

8) Sanders SG, Bagley RS. Disorders of hearing and balance: The vestibulocochleaf nerve(CN Ⅷ) and associated structures. In: Dewey CW. A practical guide to canine and feline neurology, 2nd ed. Wiley-Blackwell. Iowa. US. 2008, pp261-286.

9) Schunk KL, Averill DR Jr. Peripheral vestibular syndrome in the dog: A review of 83 cases. *J Am Vet Med Assoc*. 182(12): 1354-1357, 1983.

10) Thomas WB, Dewey CW. Performing the neurologic examination. In: Dewey CW. A practical guide to canine and feline neurology, 2nd ed. Wiley-Blackwell. Iowa. US. 2008, pp53-74.

11) Troxel MT, Drobatz KJ, Vite CH. Signs of neurologic dysfunction in dogs with central versus peripheral vestibular disease. *J Am Vet Med Assoc*. 227(4): 570-574, 2005.

12) 内野誠. めまいを生じる主な疾患. In: 東儀英夫編. よくわかる頭痛・めまい・しびれのすべて—鑑別診断から治療まで—. 永井書店. 大阪. 2003, pp198-210.

13) 加我君孝. めまいの構造. 金原出版. 東京. 1992, pp96-100, pp124-130.

14) 國弘幸伸. 眼振検査. In: 武田憲昭, 池田勝久, 加我君孝ら編. 耳鼻咽喉科診療プラクティス, 6 EBMに基づくめまいの診断と治療. 文光堂. 東京. 2001, pp178-186.

15) 栗原照幸. 神経学的徴候のみかたと対応, めまい. In: 篠原幸人, 水野美邦編. 脳神経疾患のみかたABC. 医学書院. 東京. 2000, pp113-118.

16) 黒崎貞行. コンピュータ画像認識による温度眼振の三成分解析. 日本耳鼻咽喉科学会会報. 95(4): 510-516, 1992.

17) 坂田英明, 加我君孝. 小児のめまい. In: 武田憲昭, 池田勝久, 加我君孝ら編. 耳鼻咽喉科診療プラクティス, 6EBMに基づくめまいの診断と治療. 文光堂. 東京. 2001, pp80-85.

18) 篠原幸人. 神経学的検査法の実際とそのポイント. In: 篠原幸人, 水野美邦編. 脳神経疾患のみかたABC. 日本医師会. 東京. 2000, pp33-74.

19) 杉内友理子. 体平衡の生理, 前庭脊髄系. In: 野村恭也ら総編集. CLIENT21 21世紀耳鼻咽喉科領域の臨床, 8 めまい・平衡障害. 中山書店. 東京. 1999, pp106-121.

20) 武田憲昭. 前庭代償の分子メカニズム. In: 高橋正紘, 武田憲昭編. 神経耳科学. 金芳堂. 東京. 1998, pp67-90.

21) 武田憲昭. めまい診療のガイドライン. In: 武田憲昭, 池田勝久, 加我君孝ら編. 耳鼻咽喉科診療プラクティス, 6EBMに基づくめまいの診断と治療. 文光堂. 東京. 2001, pp2-15.

22) 成冨博章, 渡邊吉將. 救急医療におけるめまい. In: 武田憲昭, 池田勝久, 加我君孝ら編. 耳鼻咽喉科診療プラクティス, 6EBM に基づくめまいの診断と治療. 文光堂. 東京. 2001, pp18-22.

23) 日本生理学会. 生理学用語集, 改訂第5版. 南江堂. 東京. 1998.

24) 平山惠造. めまいと平衡異常. In: 神経症候学, 改訂第2版 I. 文光堂. 東京. 2006, pp655-688.

25) 堀井新. 急性期のめまいの診断と治療. In: 武田憲昭, 池田勝久, 加我君孝ら編. 耳鼻咽喉科診療プラクティス, 6 EBM に基づくめまいの診断と治療. 文光堂. 東京. 2001, pp26-30.

26) 松永大道. 犬用 Video-Oculography (VOG) の開発と VOG を用いたイヌの Vestibulo-Ocular Reflex (VOR) の定量評価とその臨床応用. 鹿児島大学農学部獣医学科 卒業論文. 2011.

27) 宮田英雄, 水田啓介. 機能検査, 偏倚・失調の検査. In: 野村恭也ら総編集. CLIENT21 21 世紀耳鼻咽喉科領域の臨床, 8 めまい・平衡障害. 中山書店. 東京. 1999, pp188-192.

28) 八木聰明. めまいの発症機序. In: 東儀英夫編. よくわかる頭痛・めまい・しびれのすべて―鑑別診断から治療まで―. 永井書店. 大阪. 2003, pp183-197.

47. 外傷性ニューロパチー

はじめに

末梢神経損傷は圧迫，挫滅，牽引，切断，裂離などにより起こる。小動物臨床において末梢神経損傷は比較的頻繁にみられるが，中でも**坐骨神経損傷**と**橈骨神経損傷**，および**腕神経叢裂離**が最も頻繁にみられる。これらの末梢神経損傷に対する治療報告は小動物臨床の分野ではごく限られたものである。

末梢神経損傷

1．病態生理

軸索は脊髄内部あるいは脊髄付近の神経細胞体からの延長で，突起状の構造をしており，神経細胞の信号の出力を担う。シュワン鞘によって包鞘された髄鞘（ミエリン）のある軸索を**有鞘有髄神経線維**，シュワン鞘に包鞘されるが髄鞘のない軸索を**有鞘無髄神経線維**と呼ぶ（図1）。

髄鞘は，絶縁体の性質をもつ脂質からなる細胞膜が何重にも巻き付く形で構成されている。**ランヴィエ絞輪**は一定の距離を隔てて髄鞘に存在する狭窄した部分で，ここで髄鞘は断絶し，軸索もここでいくらか細くなっている。2つの絞輪の間を髄鞘節と呼ぶ。髄鞘はイオン電流の漏洩を防ぎ電気的信号の伝導速度を上げる効果をもつ**跳躍伝導**に寄与している。一般的に軸索が太いほど，これを包む髄鞘は厚く，絞輪間隔も長くなる。絞輪間隔が長いほど伝導は速い。急速な興奮伝導を必要とする体性知覚神経線維や，骨格筋に分布する運動神経線維が有髄であるのに対し，内臓などの運動に関与する自律神経線維は急速な興奮伝導を必要とせず，無髄である。末梢神経では，各髄鞘節にシュワン細胞がシュワン鞘を形成する。

神経内膜はコラーゲン線維，線維芽細胞と神経細胞に栄養供給する毛細血管により構成される組織で，軸索とシュワン細胞を取り囲み分離する。

神経周膜は軸索の束を包み込む強靭な線維性の管であり，神経束を構成する。それぞれの神経束には複数の軸索が含まれる。末梢にいくほど神経束の数は増し，それぞれの神経束はより明瞭になる。神経上膜がこれら全体を取り囲む（図2）。

神経が損傷を受け，神経上膜が切断されると，切断の近位端に軸索が不正に増殖して結節性に膨大した神経腫が形成され，遠位端に血腫，増殖したシュワン細胞と線維芽細胞からなるグリオーマが形成される。

神経損傷の際に神経内膜，神経周膜，神経上膜の連続性がどの程度保たれているかが神経再生能に直接関与する。末梢神経線維を切断した場合には，シュワン細胞が増殖して断端をつなぎ，近位断端側より神経線維が再生して伸びていくのを誘導する。

2．末梢神経損傷の程度

末梢神経損傷の程度による分類を図3に示す。

(1) ニューラプラキシー

ニューラプラキシー neurapraxia とは，軽度の神経圧迫により起こる，神経線維の解剖学的損傷を伴わない最も軽度の損傷である。神経伝導の一時的な中断が生じる。変性性変化はみられず，完全な回復が期待できる。

(2) 軸索断裂症

軸索断裂症 axonotmesis は，重度の神経線維の圧迫，牽引により起こり，軸索の一部が断裂するが，神経内膜と結合組織は無傷である。断端部の遠位では**ワーラー変性**が起こり，軸索と髄鞘が変性し貪食される。軸索の自発的再生は起こるが，機能回復までの期間は損傷の程度と終末器官までの距離により決まる。

(3) 神経断裂症

神経断裂症 neurotmesis とは，最も重度の損傷であ

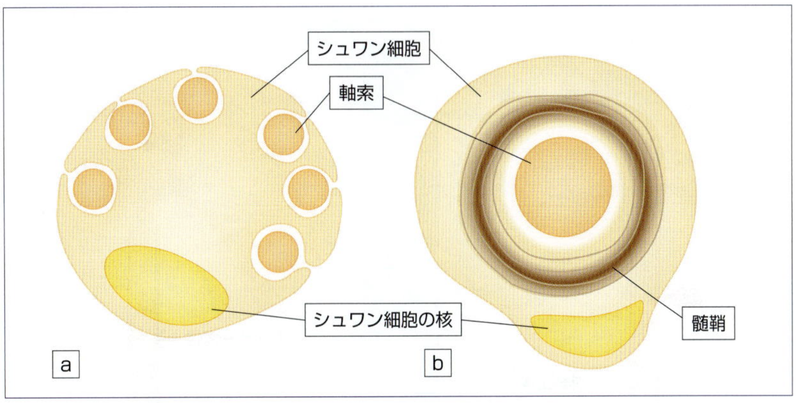

図1　無髄神経線維(a)と有髄神経線維(b)の横断面の模式図
髄鞘はシュワン細胞の細胞膜が軸索を幾重にも取り巻いたものである。

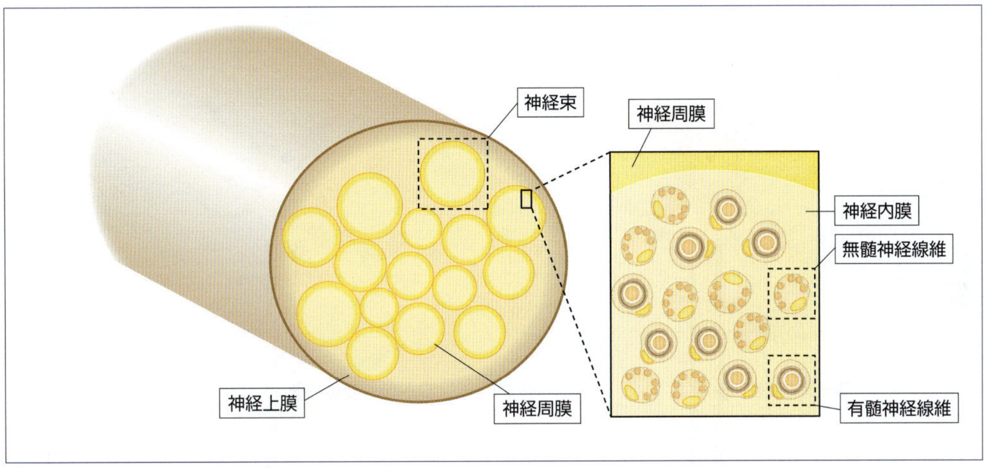

図2　末梢神経の横断面の模式図
神経線維は神経内膜（薄い黄色にて示す）と呼ばれる組織に包まれて存在する。多数の神経線維および神経内膜が神経周膜（黄色にて示す）によって束ねられ，これを神経束という。さらに神経上膜（茶色にて示す）が複数の神経束を取り囲む。

る。神経線維が完全に断裂し，断端が離開する。軸索断裂症と同様にワーラー変性が起こる。断端が離開しているために自発的な回復は見込めない。

3. 治療

末梢神経切断の際には断端が離れていることが多いために，近位，遠位の断端を確認し，断端をデブリドメントする。デブリドメントの最良の方法は断端を柔らかい材料(ペンローズドレーンなど)で被覆し，神経を挫滅することのないように，未使用のメスやカミソリの刃により神経の走行に対して直交面で切る。

神経縫合の目的は，近位端，遠位端のそれぞれの神経束同士の正確な解剖学的連続性を再現することにある。そのためにはマイクロサージェリー用器具を使用し，適切な拡大視野の下で実施すべきである。一般的に用いられる縫合材料は丸針に装着された8-0～10-0のナイロン糸である。

神経上膜縫合は，神経組織の欠損が最小限で，神経束同士の正確な解剖学的連続性を再現可能な末梢神経損傷に使用される方法で，ルーペなどの中程度の拡大視野でも操作可能である。最初に8-0ナイロン糸により外周の0度と180度の位置で神経上膜を縫合する。その縫合糸を切らずに残した断端を使用して神経を操作し，90度と270度の位置を神経上膜縫合する。その後，必要に応じて追加の縫合をする。

神経周膜縫合あるいは神経束縫合は神経束の正確な並置のために，8～16倍の拡大視野が必要である。神経損傷断端部の神経上膜から神経束を分離し，それぞれの神経束を9-0～10-0のナイロン糸で縫合する。それぞれの神経束に対して通常2カ所の縫合をする。

神経の広範囲な挫滅や欠損により神経縫合が不可能なときには神経移植が適応となる。近位断端と遠位断端をデブリドメントし，欠損を橋渡しするために自家神経束遊離移植を用い神経束縫合をする。

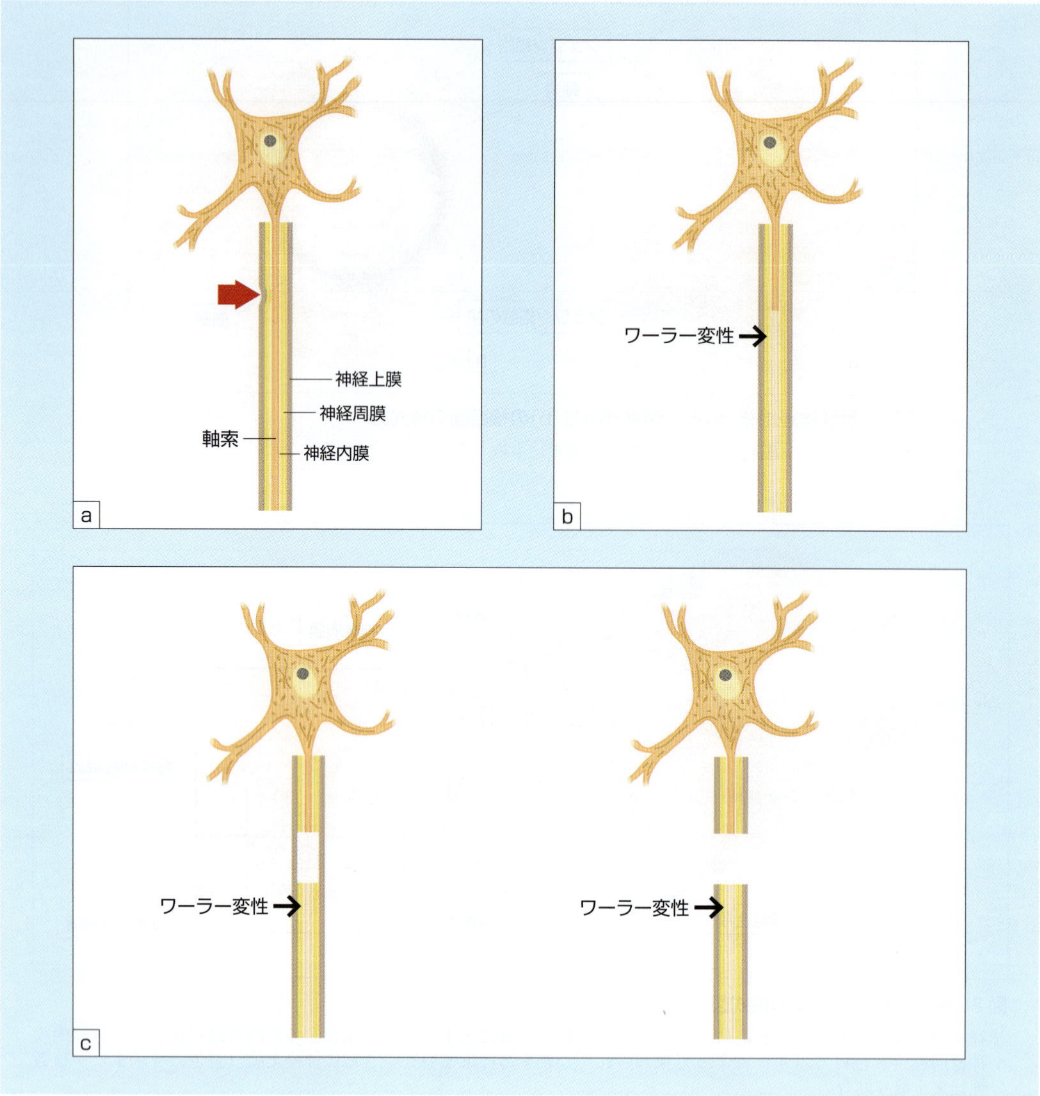

図3　末梢神経損傷の程度による分類

a：ニューラプラキシー
軽度の神経圧迫により，神経伝導の一時的な中断が生じるが，変性性変化はみられない。
b：軸索断裂症
軸索の一部が断裂し，断端部の遠位においてワーラー変性が起こる。
c：神経断裂症
神経線維が断裂し，断端が離開する。断端部遠位にてワーラー変性が起こる。神経断裂症には図に示すように2つのパターンがある。

坐骨神経損傷，橈骨神経損傷

腸骨，寛骨臼，坐骨周辺の粉砕骨折の際には坐骨神経損傷，上腕骨遠位・橈骨の粉砕骨折の際には橈骨神経損傷のおそれがある。各神経の断裂は支配領域の深部痛覚およびオートノマスゾーン autonomous zone（自律帯）の皮膚感覚を消失する。

外傷直後の神経の不完全断裂（ニューラプラキシーおよび軸索断裂症）と完全断裂を厳密に評価することは困難である。完全断裂が疑われる場合には，粉砕骨折周囲の神経の評価をする。

腕神経叢裂離

腕神経叢裂離 brachial plexus avulsion とは，交通事故などにより前肢に過大な牽引力が働くことで生じ，小動物における前肢の神経障害で最も頻繁にみられる。瞳孔不同，片側性の体幹皮筋反射の消失，前肢の引っこめ反射の低下／消失，痛覚の消失などの症状が認められる。裂離部位に応じて，頭側腕神経叢裂離，尾側腕神経叢裂離あるいは全腕神経叢裂離の症状をもつ可能性がある。

頭側腕神経叢（C5～C7）からは肩甲上神経，肩甲下神経，筋皮神経，腋窩神経などが起始する。頭側腕神

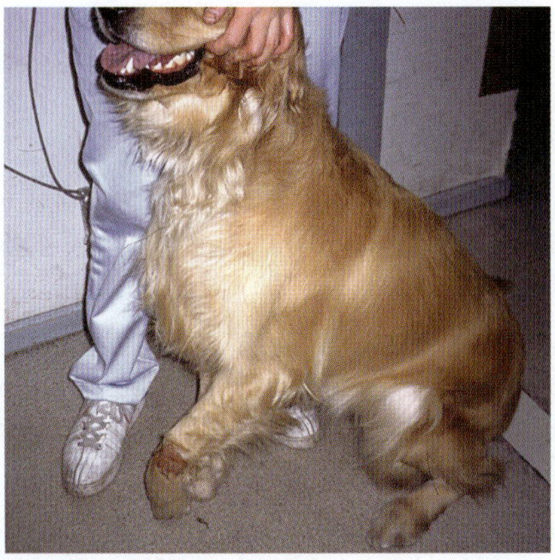

図４　尾側腕神経叢裂離の犬の症例

手根関節と肘関節を固定することはできないが，肘関節の屈曲が可能で上腕をやや持ち上げることが可能である。

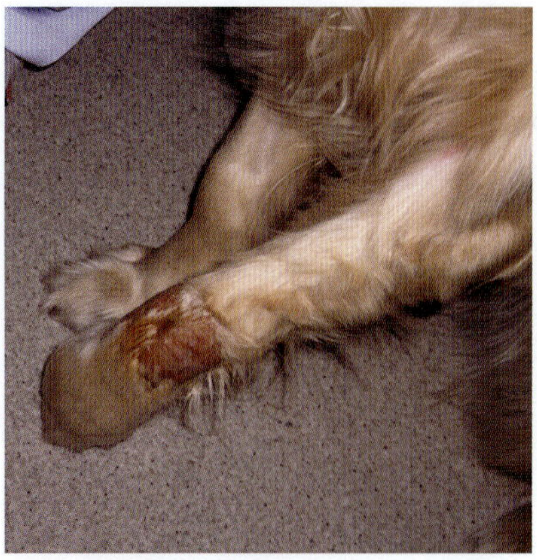

図５　尾側腕神経叢裂離の犬の症例

典型的な舐創。症例によっては自己断節をする。

経叢裂離の症状は肘関節の屈曲ができなくなり，ときに肩関節の亜脱臼が起こる。

尾側腕神経叢（C7～T2）からは橈骨神経，正中神経，尺骨神経が起始する。尾側腕神経叢裂離は前腕が頭側に牽引された状態で起こる。症状は肘関節，手根関節を固定することができなくなることにより，負重が不可能になる。頭側腕神経叢が無傷なら，肘関節の屈曲は可能である（図４，図５）。

頭側および尾側の腕神経叢裂離（全腕神経叢裂離）は前肢が強く牽引されたり，外転された状態で起こる。前肢は完全に脱力した状態で地面に引きずることが多い（図６）。

図６　全腕神経叢裂離

1．神経学的検査所見

T1～T3 神経根の裂離により交感神経節前線維を損傷する結果，同側の瞳孔縮小を起こす。ホルネル症候群のその他の症状は通常みられない。C8 と T1 神経根の裂離により外側胸神経の体幹皮筋への神経支配が損なわれ，片側性の体幹皮筋反射の消失が起こる。反対側の体幹皮筋反射は正常に認められる。各神経のオートノマスゾーンの皮膚感覚を評価することで，損傷した神経根の範囲を推測する。損傷から数週間後には，血管への交感神経支配欠如により患肢は熱感を帯びる。

2．診断

前述の症状から，診断は比較的容易である。ヒトの腕神経叢裂離は造影コンピュータ断層撮影（CT）検査により確定診断されるが，犬においても造影 CT 検査が同様の診断能を示すという報告がある。脊髄造影検査で本疾患に関連した硬膜の憩室状の構造が確認できることがある。また，くも膜下腔に造影剤を注入した状態での磁気共鳴画像（MRI）の評価でも確定診断が可能という報告もある。受傷後 7～10 日目には，筋電図検査（EMG）により除神経性の変化が現れる。

3．治療

ニューラプラキシーであれば，1～2 カ月の経過で症状の改善が起こる。裂離した神経根を外科的な末梢神経移植により試験的に治療した報告がある。部分的な腕神経叢裂離のうち，三頭筋の神経支配が維持されている場合は，腱－筋肉移動術，手根関節固定術が実施されることもあるが，臨床的に完全な機能回復を期待できるわけではなく，多くの症例が擦過傷，自己断節などの合併症を伴う。小動物では片側性の前肢断脚後の歩行状態，生活の質（QOL）は比較的良好であるために，通常は断脚が第 1 選択肢となる。

［相川　武］

■謝辞
本章を執筆するにあたり，多くのご指導をいただいた麻布大学の齋藤弥代子先生に深謝する。

■参考文献

1) Bailey CS. Patterns of cutaneous anesthesia associated with brachial plexus avulsions in the dog. *J Am Vet Med Assoc.* 185(8): 889-899, 1984.

2) Ettinger SJ, Feldman EC. Textbook of Veterinary Internal Medicine, 4th ed. Mosby. Philadelphia. US. 2008, pp702-704.

3) Forterre F, Gutmannsbauer B, Schmahl W, et al. CT myelography for diagnosis of brachial plexus avulsion in small animals. *Tierarztl Prax Ausg K Kleintiere Heimtiere.* 26(5): 322-329, 1998.

4) Moissonnier P, Duchossoy Y, Lavieille S, et al. Lateral approach of the dog brachial plexus for ventral root reimplantation. *Spinal Cord.* 36(6): 391-398, 1998.

5) Muñoz A, Mateo I, Lorenzo V, et al. Imaging diagnosis: traumatic dural tear diagnosed using intrathecal gadopentate dimeglumine. *Vet Radiol Ultrasound.* 50(5): 502-505, 2009.

6) Sharp NJH, Wheeler SJ. Small Animal Spinal Disorders: Diagnosis and Surgery, 2nd ed. Elsevier Mosby. Edinburgh. US. 2005, pp30-31.

7) Slatter D. Textbook of Small Amimal Surgery, 3rd ed. Mosby. Philadelphia. US. 2007, pp1218-1226.

I

48. 後天性重症筋無力症

はじめに

本章では，神経筋接合部疾患の中の免疫介在性疾患(DAMNIT-V 分類のⅠ)として，**後天性重症筋無力症 acquired myasthenia gravis(MG)**を概説する。重症筋無力症には後天性以外に先天性重症筋無力症があるが，これは，遺伝子変異による**神経筋接合部伝達異常**に起因するものである。神経筋接合部における障害は，重症筋無力症以外にも，中毒・薬物によるもの(ボツリヌス中毒や有機リン中毒)，各種腫瘍に随伴するもの(Lambert-Eaton 無力症症候群：ヒトでの報告のみ)などがあり，臨床徴候はそれぞれが比較的類似している。本章は免疫介在性疾患についてなので，それらはカバーしていない。ご興味のある方は成書を参照していただきたい。

1. 重症筋無力症とは

重症筋無力症は神経筋接合部疾患の一種であり，先天性と後天性とに大別される。先天性と後天性いずれの場合も，神経終末のシナプス前膜から骨格筋のシナプス後膜への刺激の伝達が障害されるために，筋力低下や筋の易疲労性(＝運動不耐性)といった徴候が生じることが特徴である。犬の後天性重症筋無力症はそれほど珍しい病気ではないが，先天性は大変まれである。

2. 先天性重症筋無力症とは

先天性重症筋無力症とは，ニコチン型アセチルコリン受容体の先天的な減少もしくは機能不全によるもので，ジャック・ラッセル・テリア，イングリッシュ・スプリンガー・スパニエル，サモエド，スムース・フォックス・テリアといった限られた犬種で報告がある。臨床徴候のない母犬から生まれ，幼少期の一時期のみ易疲労性を呈し，成長とともに完全に寛解がみられた先天性重症筋無力症がミニチュア・ダックスフンドの同腹子で報告されているが，これは胎子期の**アセチルコリン受容体(AChR)**のサブユニットの異常が原因と推測されている[7]。筆者は，同様の徴候を示したラブラドール・レトリーバーの同腹犬を本邦で経験している(未発表)。

ヒトでは，先天性のタイプは先天性筋無力症候群 congenital myasthenic syndrome と呼ばれることが一般的で，この言葉は，AChR の異常以外の様々な神経筋接合部の伝達障害を引き起こす先天的異常を含有している。

3. 後天性重症筋無力症とは

後天性重症筋無力症とは，ニコチン型 AChR を代表とする神経筋接合部の機能タンパクに対する自己抗体産生により，神経筋の伝達効率が低下する自己免疫疾患である。獣医療と人医療の両者において，本疾患は発症機序の解明が最も進んだ自己免疫疾患であるといわれている[13, 26]。今回は，神経筋接合部における免疫介在性疾患(Ⅰ)の内容であるため，後天性重症筋無力症についての解説を行う。

病態生理

後天性重症筋無力症は，**骨格筋終板**のシナプス後膜上に存在するニコチン型 AChR に対する自己抗体が産生され，神経筋接合部の伝達が障害されることによって生じる自己免疫疾患である(図 1)。人医療では抗 AChR 抗体以外に，AChR と同様，シナプス後膜上に存在する機能タンパクである筋特異的チロシンキナーゼ(MuSK)に対する自己抗体も，本疾患の原因としてよく知られている。獣医療では，重症筋無力症徴候を呈すが抗 AChR 抗体陰性であった犬で，抗 MuSK 抗体を調べたところ，陽性であったとされるデータがある(Shelton GD 2011, 未発表データ)。しかし，MuSK 抗体は犬や猫ではルーチンに調べられておらず，MuSK 抗体が原因の重症筋無力症の頻度は不明であ

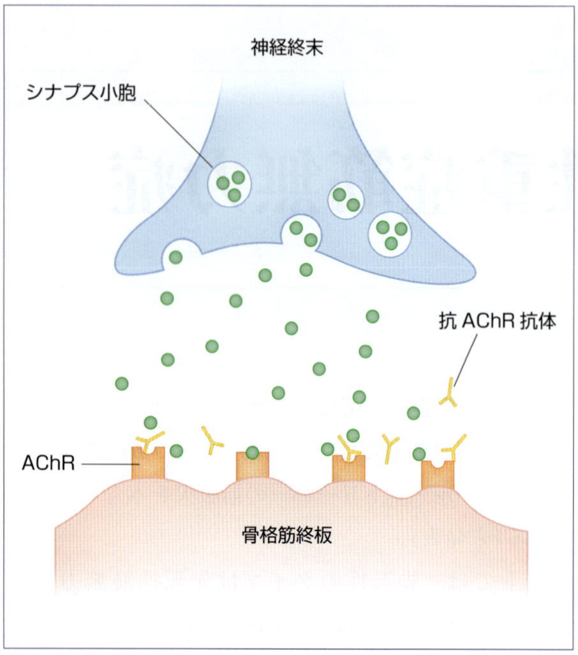

図1　後天性重症筋無力症の発症機序

後天性重症筋無力症では，骨格筋終板のシナプス後膜上に存在するニコチン型 AChR に対する自己抗体が産生され，神経筋接合部の伝達が障害される。

る。

抗 AChR 抗体はポリクローナルで，ほとんどの場合 IgG 抗体である。ヒトの本症の病態には，B 細胞のみではなく T 細胞も関与していることがわかっている。AChR の α サブユニット（＝アセチルコリン結合部）にエピトープが位置する[4]。抗 AChR 抗体によって伝達が阻害される機序は完全には解明されていないが，以下の3つの機序が推測されている。①抗体が直接 AChR に結合しイオンチャネルの開放を阻害する説（受容体活性の直接阻害説），②抗体が AChR とクロスリンクすることにより受容体分解速度を促進する説（受容体崩壊促進説），③補体介在性に筋終板崩壊が生じる説（補体介在性筋終板崩壊説）である[6]。後天性重症筋無力症における形態上の変化としては，筋終板膜のひだの減少，受容体数の減少，そして抗体や補体の付着が電子顕微鏡で確認されている[8, 28]。

正常な現象として，運動神経終末に神経インパルスが繰り返し伝達すると，シナプス前膜からシナプス間隙に放出されるアセチルコリンの量は徐々に減少するが，この現象は rundown と呼ばれている。放出可能なアセチルコリンの量と受容体数は，筋収縮を引き起こすのに十分な終板電位を生じさせるための最低必要量よりはるかに多いために，放出されるアセチルコリン量が rundown によって減少しても正常動物ではほとんど臨床的変化を生じない。終板電位にどの程度余裕があるかは安全率 safety factor として表現され，哺乳動物では約 3〜5 倍の余裕をもっているとされる[24]。しかし，重症筋無力症に罹患した動物では，正常な機能をもつ AChR 数が減少しているため，放出されたアセチルコリンが受容体と結合できるチャンスが減少し，筋収縮が起こりにくくなる。これにより，臨床的には筋力低下が生じる。また，たまたま十分量結合できた場合は収縮が起こるが，これがときによって変化する筋力低下の機序である。さらに，繰り返しの発射による rundown によって，シナプス前膜からのアセチルコリンの放出が減り，筋終板の受容体と結合するチャンスがさらに減少するため，臨床徴候としては**易疲労性（運動不耐性）**が観察される[2, 4, 23]。

特定の筋が障害を受ける局所型が，なぜ生じるのかはよくわかっていない。ヒトでは筋力低下が眼筋に限局する眼筋型が多いが，その発生機序として，筋力低下がただ単に他の筋よりも症状として出やすい，抗原性が異なる，あるいは眼筋ではもともとアセチルコリン量もしくは受容体数が少ない，など様々な説が考えられている[2]。

ヒトでは，胸腺の重症筋無力症発症への重要な関与が推測されている。ヒトの重症筋無力症患者の約 80% に胸腺過形成などの胸腺異常がみられ，胸腺摘出により症状が改善することが多い。胸腺の myoid 細胞上に AChR が発現しており，胸腺内には抗 AChR 抗体を分泌する B 細胞が存在するなどの理由から，胸腺内の自己 AChR を非自己と誤認して自己免疫を獲得し，全身の AChR に対する免疫応答を引き起こすのではないかと考えられている[9]。胸腺腫を伴う患者で抗筋抗体がみられることもある。犬の後天性重症筋無力症における胸腺腫の発生率は 3% と低いが，猫の同疾患ではおよそ 25% と比較的高い[15]。

シグナルメント

後天性重症筋無力症は，犬では，ジャーマン・シェパード・ドッグ，ラブラドール・レトリーバー，ゴールデン・レトリーバー，チワワ，ジャーマン・ショートヘアード・ポインター，秋田犬，ニューファンドランド，各種のテリアで報告が多い[6, 15]。ニューファンドランドとグレート・デーンでは家族性の発生が報告されている。一方で，猫の本疾患の発生率は犬の約 1/30 とかなり少ない[17]。雑種猫よりも純血種に多く，特にソマリとアビシニアンでの報告が多い。

発症年齢は二峰性を呈し，それぞれのピークは犬で3歳(4カ月齢～4歳)と10歳(9～13歳)，猫で2～3歳と9～10歳である。去勢術や避妊術を受けた犬では，受けていない犬よりも発生率が高い[6]。

臨床徴候

後天性重症筋無力症の主な臨床徴候を表1に示した。本疾患の主徴は，運動の反復に伴う骨格筋の筋力低下(易疲労性・運動不耐性)と休息による改善である。臨床徴候には個体差が大きく，さらに同じ個体においても日内変動や日差変動が認められることが多い。臨床徴候の分布と重症度に基づき，**全身型重症筋無力症 generalized MG, 局所型重症筋無力症 focal MG, 劇症型重症筋無力症 acute fulminating MG** の3つに分類される(表2)。これら3つの型とも犬，猫で認められる。

全身型MGは後天性重症筋無力症の中で最も一般的であり，犬では約60%を占める[5, 20]。四肢の筋力低下 muscular weakness を主徴とし，運動による誘発や増悪(易疲労性・運動不耐性 exercise intolerance)を認める。通常，後肢の筋力低下の方が前肢よりも顕著である。運動開始後数秒～数分以内に歩行不能となり，数分休むとある程度動くことが可能となる，というパターンが最も典型的である。重度の場合ははじめから歩かないが，数歩ならば無理に歩かせることはできる。しかし，易疲労性は必発所見とは限らず，筋力低下を主としたその他様々な徴候が本疾患によって起こり得ることがわかってきた[5]。たとえば，筋力低下がほとんど後肢のみに限局する例，あるいは易疲労性を呈すというより運動負荷を与える前から筋力低下徴候が強く，一見するとポリニューロパチーとの区別が困難にみえる例などである。四肢の筋力低下に併発する徴候としては，巨大食道や胸腺腫による吐出が最も多く，全身型MGの犬の90%に巨大食道が認められる[21]。その他の併発徴候として，嚥下困難や唾液分泌過多(咽頭機能不全による)，声の変化(喉頭麻痺による)，外眼筋の筋力低下による眼瞼下垂や閉眼不全などがある。これらは本疾患にしばしば認められる徴候であるが，本疾患に特異的というわけではない。

猫の全身型MGでは，閉眼不全を併発することが多い。これは眼瞼反射検査を行うことで，眼瞼が(十分に)閉鎖しない，あるいは本検査を繰り返すと徐々に眼瞼が閉鎖しなくなることにより，容易に判断することができる(動画1～動画3)。さらに，猫の本症では頚部腹屈(頭部を下げたままの姿勢)がよく認められるが，これは筋力低下を反映した徴候の1つと考えられる。本疾患の動物では，咳や呼吸困難，発熱に注意し，それらを認めた場合には二次性誤嚥性肺炎の可能性を考慮しなければならない。

四肢の骨格筋の臨床的な異常は伴わずに，四肢以外の筋や筋群の筋力低下が限局性に認められることがあ

表1　後天性重症筋無力症の主要な臨床徴候

臨床徴候	猫(n=20)	犬(n=25)
全身の脱力	70%	64%
眼瞼反射の低下	60%	36%
咽頭機能の低下	32%	8%
喉頭機能の低下	24%	6%
巨大食道	40%	84%
頭側縦隔腫瘤	15%	8%
筋線維束攣縮	15%	—
引っこめ反射の低下	10%	—
多発性筋炎併発	5%	8%
心拡大	5%	—
筋萎縮	5%	—

(文献4，8を元に作成)

表2　後天性重症筋無力症の分類

	定義	主な徴候
全身型重症筋無力症 generalized myasthenia gravis(generalized MG)	・四肢の筋力低下を主徴とするもの	・四肢の筋力低下 ・易疲労性(運動不耐性)
局所型重症筋無力症 focal MG	・特定の筋群(食道，咽頭，喉頭，眼筋など)に筋力低下が限局 ・四肢の筋力低下は臨床的には明らかでない	・食道：巨大食道症・吐出 ・喉頭：声の変化，喘鳴 ・咽頭：嚥下困難，むせなど ・眼筋：閉眼不全，眼瞼反射検査の反復により徐々に閉眼できなくなる
劇症型重症筋無力症 acute fulminating MG	・急発症急進行性の全身型MG＋吐出	・急発症急進行性の全身型MGの徴候 ・吐出 ・通常急速に死に至る

Video Lectures　全身型後天性重症筋無力症の猫(9歳，雌)

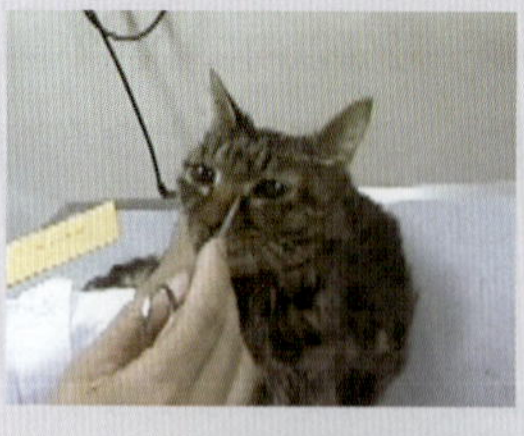

動画1　エドロホニウム投与前

起立不能，削痩，嚥下困難を主訴に来院した。エドロホニウム検査前は，横臥状態から自力では立ち上がることができず，眼瞼反射検査においては眼瞼の閉鎖が不完全であった（閉眼不全）。
（動画提供：日本獣医生命科学大学　長谷川大輔先生，織間博光先生）

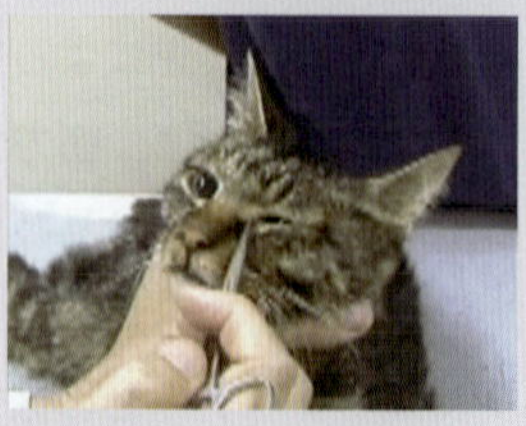

動画2　エドロホニウム投与後

エドロホニウムを投与したところ，その直後から眼瞼閉鎖の明らかな改善を認め，続いて立ち上がることもできるようになった（エドロホニウム検査陽性)。抗 AChR 抗体は 37.7 nmol/L（猫：0.3nmol/L＜で陽性）と高値を示したため重症筋無力症と診断した。ワゴスチグミンとプレドニゾロンにて治療を開始し，経口投与が可能になった段階でワゴスチグミンをピリドスチグミンに切り替えた。
（動画提供：日本獣医生命科学大学　長谷川大輔先生，織間博光先生）

動画3　ピリドスチグミンとプレドニゾロンによる治療から4カ月後

治療開始から4カ月後の来院時には，起立不能，削痩，嚥下困難は完全に改善し，閉眼不全の徴候も認められなかった。
（動画提供：日本獣医生命科学大学　長谷川大輔先生，織間博光先生）

り，これは局所型 MG に分類される。局所型 MG では，食道，咽頭，喉頭，眼輪筋の徴候が多く，脳神経支配の骨格筋に多発性に発現する場合もある。抗 AChR 抗体陽性の重症筋無力症全体に対する局所型 MG の占める割合は，犬で約 36 ～ 43%，猫では犬より少なく約 15%である[6, 20]。

しかし局所型 MG が占める割合は，実際にはもっと高い可能性も考えられる。ヒトの局所型 MG には，抗 AChR 抗体を原因としない重症筋無力症が約半数と多いため，もし犬や猫でも同じ傾向をもつのであれば，今後抗 AChR 抗体以外の自己抗体が明らかになり検査される機会が増えることで，未診断であった局所型が多く発見されるかもしれない。局所型 MG では四肢の筋力低下を認めないことが特徴であるが，電気生理学的検査を行うと，四肢の筋から重症筋無力症に一致する異常（＝減衰反応。詳細は後述）が検出される場合がある。局所型 MG のうち食道筋が障害された場合は**巨大食道**となり，吐出を主徴とする。犬の食道は骨格筋主体で構成されるので，本疾患が食道にも発症すると考えられる。特発性巨大食道症と診断された犬で抗 AChR 抗体を測定した報告があるが，そのうちの 26%で陽性を呈した。つまり，それらの犬の巨大食道の原因は，（特発性ではなく）重症筋無力症であった[21]。さらに，前述したように，局所型 MG ではヒトと同様抗 AChR 抗体以外の重症筋無力症の割合が高い可能性があるので，特発性巨大食道症とされる症例のうちのかなりの割合が，重症筋無力症を原因とする可能性があり得る。

咽頭機能が障害されれば，むせやすい，あるいは誤嚥しやすいなどの嚥下障害が生じる。喉頭の障害では，声の変化（声質の変化やかすれ声）や喘鳴が認められる。眼輪筋が障害を受けると，閉眼困難（目を閉じない／完全には閉じない）という徴候を示すが（前述)，これは猫の重症筋無力症に比較的多く認められる。ヒトの局所型 MG では眼筋が罹患する眼筋型が最も多く，眼瞼下垂や複視で初発することが多いとされる[27]。

劇症型 MG（あるいは急性劇症型 MG とも呼ばれる）は急発症で甚急性に進行する全身型重症筋無力症であり，一般には吐出からはじまり四肢の筋力低下と横臥，そして呼吸筋の麻痺へと進行する。通常人工呼吸器が必要となる。進行が早いので，運動不耐性の経過はほとんど示さずに横臥状態で来院することが多い。予後は最も悪く，多くが死亡する。この型の頻度は最も低く 15%ほどである[6]。

身体一般検査とその他の一般検査

まずは身体一般検査を実施する。誤嚥性肺炎の徴候がないかを調べるため，胸部の聴診を行う。筋力低下のために，（力が入っている）筋の振戦が観察されることがある。喉頭の機能は，吸気性喘鳴音や声の変化などから評価することができる。咽頭や舌・口唇の運動機能の評価は，診察時の観察や検査だけでは不十分であり，飲水や採食時の変化，むせやすくないかなどを問診にて確認することが重要である。

minimum database（MDB）（CBC，血液生化学検査，尿検査）を実施し，全身状態の十分な把握に努めるとともに，電解質異常，低血糖，代謝性疾患をはじめとした重症筋無力症以外で筋力低下の原因となる他の疾患の除外も行う。甲状腺機能低下症もまた易疲労性や筋力低下の原因となるため，甲状腺機能低下症に一致する他の所見が存在する場合は特に，甲状腺パネルを測定しておくべきだろう。

重症筋無力症を疑う場合，巨大食道や誤嚥性肺炎の確認のために，頚部～胸部のX線撮影を必ず行うべきである。胸腺腫が併発することがあるため（特に猫），縦隔洞の評価もあわせて行う。しかし，X線検査で胸腺腫の所見はなく，コンピュータ断層撮影（CT）検査や磁気共鳴画像（MRI）検査によってはじめて確認できる場合もある。縦隔洞の超音波検査も有用かもしれない。ヒトの重症筋無力症ではしばしば心臓の異常を伴い，犬の本疾患においても3度房室ブロックの報告があるので[10]，心電図検査も必要かもしれない。その他の併発疾患として，ヒトで甲状腺疾患（機能亢進／機能低下）や重症筋無力症以外の各種免疫介在性疾患があるが，犬においては多発性筋炎の報告が多い[10]。したがって，疑わしい所見が存在する場合にはそれらの診断検査実施を考慮する。

神経学的検査所見

神経学的検査は，運動不耐性が誘発される前に実施すれば通常は正常な所見が得られる。本疾患における神経学的検査の注意点として（これは筋力低下を示す疾患に共通することだが），姿勢反応を評価する際は検査者が動物の体重を十分に支えて行わなければならない。体重の支えが十分であれば，重症筋無力症の犬では固有位置感覚の異常はみられない[12]。随意運動が存在する筋においては反射も正常である。しかし，検査の反復によって反射や反応が低下する場合がある。たとえば，眼瞼反射を繰り返し行うと次第に眼瞼の動きが悪くなることがある。神経学的検査は通常では正常と述べたが，脳神経の欠損を疑う所見，たとえば飲み込み反射の低下や咽頭機能の低下を認めることや，引っこめ反射が低下していることはある。

易疲労性の存在がはっきりしない場合，屋外で運動させせると評価しやすい。神経筋接合部疾患は神経筋疾患の1つに分類されるが（分類については，第42章「末梢神経・筋疾患編イントロダクション」を参照），この疾患群は徴候が類似し，鑑別のために特殊な診断検査が必要になることが多い。重症筋無力症を他の神経筋疾患から鑑別するための診断検査について，次に述べる。

鑑別診断

易疲労性や脱力の原因となる疾患を鑑別疾患として考慮する。内分泌や電解質異常などの非神経系に起因する疾患としては，甲状腺機能低下症，インスリノーマによる低血糖症，糖尿病（性ニューロパチー），低あるいは高K血症をはじめとした電解質異常などがある。

重症筋無力症の鑑別として，代表的な神経系疾患には，多発性神経根神経炎や慢性炎症性ポリニューロパチーをはじめとした各種ポリニューロパチー，多発性筋炎，ボツリヌス中毒，有機リン中毒などがある。海外ではダニ麻痺が鑑別診断として重要であるが，本邦での報告はない（原因となるダニがいないとされる）。

診断

1．エドロホニウム（テンシロン）検査

重症筋無力症の仮診断のために広く用いられる。米国での商品名がテンシロン Tensilon であるので，テンシロンテストともいわれる。**エドロホニウム**は超短時間作用型コリンエステラーゼ阻害剤で，アセチルコリンがシナプス間隙に存在する時間を延長させることにより，筋力が一時的に改善する。

検査の際は静脈確保を必ず行い，できれば犬を外へ連れ出す。その際，挿管の準備とアンビューバッグ，そしてアトロピン（0.02～0.04 mg/kg）を携帯する。犬を歩かせ，まず筋力低下が生じるまでと回復までの時間を確認する。次に，同様に犬を歩かせ，筋力低下が生じた時点でエドロホニウム 0.1 mg/kg を静脈内投与する。通常，瞬時に筋力の改善がみられるが（約1分で効果最大），投与から1分ほど待っても変化がない場合は，0.1 mg/kg 追加投与する。劇的な筋力の改善（投与後はすたすた歩ける，あるいは脱力に至る時間が投与後では明らかに長いなど）が認められれば陽性であると判定する（**動画4**）。重度の筋力低下を呈して歩行

Video Lectures　先天性重症筋無力症が疑われる子犬(2カ月齢)

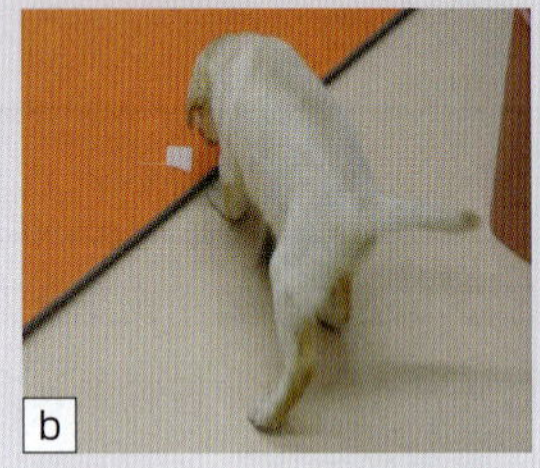

動画4　エドロホニウム投与前と投与後の様子

先天性重症筋無力症が疑われるラブラドール・レトリーバーの子犬（2カ月齢）におけるエドロホニウム投与前（写真a）と投与後（写真b）の様子。エドロホニウム投与前と比べ，投与直後に明らかな筋力の改善が認められたため，エドロホニウム検査は陽性と判断された。
（動画提供：ジップ動物病院　松本博生先生）

困難な症例の場合でも，本剤投与により明らかな筋力の改善が認められれば陽性と判断することができる(動画2)。エドロホニウムの効果は数分間のみ持続するので，5分を大幅に超えて筋力の改善が続く場合は本疾患ではない。

本検査は，抗AChR抗体検査などの確定診断結果を待つ間，重症筋無力症としての治療を開始するかどうかの判断に便利な検査である(つまり，陽性であればコリンエステラーゼ阻害剤による治療開始)。しかし，本検査には偽陽性も偽陰性もあり得るので，結果の解釈には注意を要し，本検査のみから診断を下してはならない。神経筋疾患であれば，どの疾患であってもエドロホニウムに反応する可能性がある。ただし重症筋無力症以外の疾患では，通常それほど劇的な改善は認めない[4, 15]。眼筋型以外の局所型MGの場合は，本検査は有用ではない。さらに，全身型MGであっても機能的AChRがほとんど残っていない場合(特に劇症型MG)では，エドロホニウムに対する十分な反応がみられず，つまり偽陰性となる可能性が高い。脱力時間が短くすぐに回復する場合も，本検査による評価は困難である。この場合は，作用時間の長いネオスチグミンによる試験が提案されている[15]。

エドロホニウム検査は比較的安全な検査であるが，投与量が(その個体にとって)過剰であったり，重症筋無力症ではない動物に投与したりした場合に，多量の流涎，嘔吐，脱糞，脱力，筋の攣縮(線維束攣縮)，気管支収縮，徐脈，呼吸停止といったコリン作動性クリーゼ cholinergic crisisに陥ることがある。コリン作動性クリーゼの徴候が出現した際には，速やかにアトロピンの静脈内投与と気管挿管を行い，エドロホニウムの作用が消失するまで維持管理する。対応が遅れると死亡する可能性がある。エドロホニウムはコリンエステラーゼ阻害薬であるが，アトロピンはムスカリン性の副作用のみに効果を示し，ニコチン性の副作用に対する治療効果はない。したがって，本試験時にはアトロピンを準備するだけでなく，挿管と呼吸補助の準備をしておかなければならない。エドロホニウム検査におけるアトロピン前投与の是非であるが，アトロピンを前投与すると，コリン作動性クリーゼの初期徴候である流涎をマスクすることになり，コリン作動性クリーゼの開始を見逃すことになり得るので，犬でのアトロピン前投与はお勧めできない。ただし，エドロホニウムの代わりにネオスチグミンを使用した場合は投与した方がよいと思われる。また，猫はエドロホニウムへの反応性が強いのでアトロピン前投与が推奨される[22]。

2. 電気生理学的検査

重症筋無力症診断に使用されている電気生理学的検査としては，反復刺激試験と単一筋線維筋電図がある。後述するように本疾患の診断に大変有用であるが，全身麻酔と特殊な機器を必要とするため，現時点ではあまり一般的に行われているとはいえない。

(1) 反復刺激試験

反復刺激試験 repetitive nerve stimulationでは，四肢の末梢神経を電気的に反復刺激し，四肢の筋における誘発筋電図(＝複合筋活動電位 compound muscle action potential〔CMAP〕)を記録する。正常であれば，低頻度連続刺激(通常3 Hz)におけるCMAPの振幅の変化は少なく，10%以上の減衰は認められない。しか

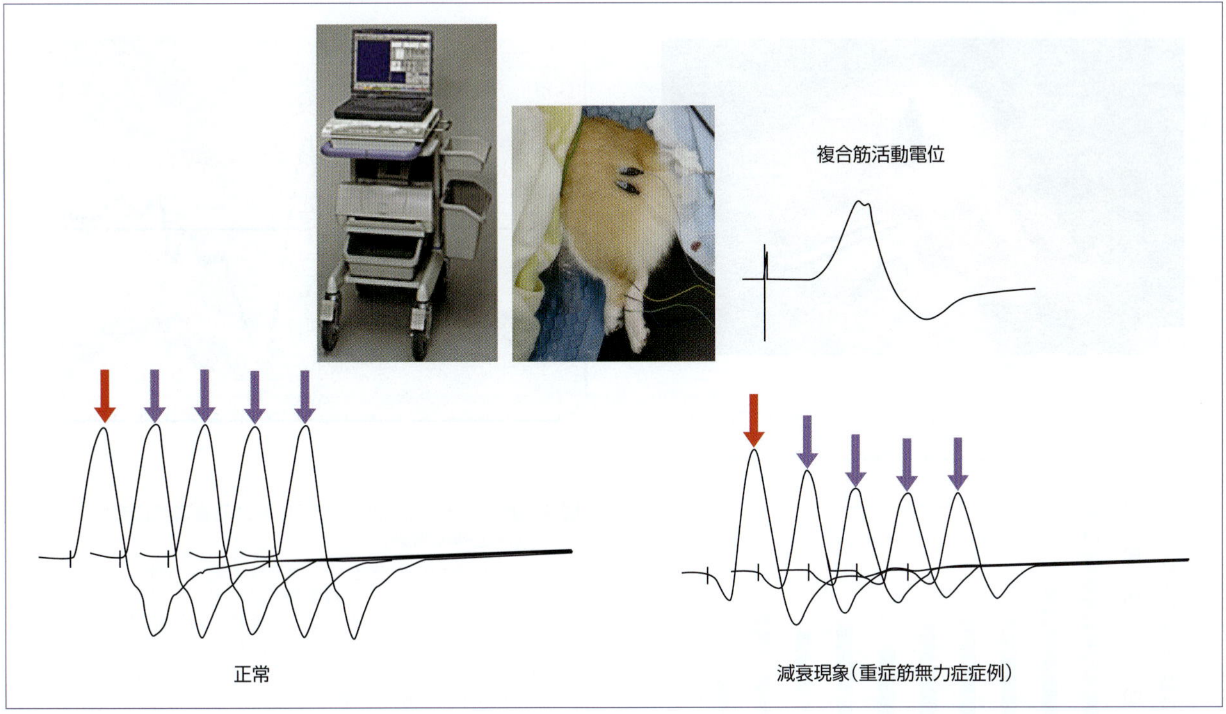

図2　反復刺激試験

反復刺激試験では，四肢の末梢神経を電気的に反復刺激し，四肢の筋における誘発筋電図（＝複合筋活動電位）を複数回記録する。正常であれば，複数回刺激による複合筋活動電位の振幅にはほとんど変化が認められない。しかし重症筋無力症においては，1回目の刺激で得られた複合筋活動電位（⬇）の振幅と比較し，2回目以降の複合筋活動電位（⬇）に10％以上の振幅の減衰が生じるのが特徴で，これを減衰現象（減衰反応）と呼ぶ。

し，本症においては，1回目の刺激によるCMAP（第1反応）の振幅は正常であるが，それ以降の複合筋活動電位に10％以上の振幅の減衰が生じるのが特徴である（図2）。この**減衰現象 waning**は減衰反応とも呼ばれ，運動時にみられる易疲労性を客観的に再現したものである。これが認められれば神経筋接合部障害を強く疑うことができる。本検査はヒトで非常に感度が高い（＝異常検出率が高い）ことがわかっており，犬や猫における感度は調べられていないが，ヒトと同様であると推測される。ヒトの局所型MGでは，本検査の感度は全身型MGより低いが，それでも後述する抗AChR抗体検査よりも感度は高い[6]。特異性の点では，次に述べる単一筋線維筋電図の方が優れている。

筆者らは，この反復刺激試験を局所型MGの食道型の診断を目的として，食道の筋で実施している。正常の犬の食道筋では，四肢の骨格筋と同様に減衰反応はみられないが，薬剤投与によって一時的に重症筋無力症類似状態としてから再度食道筋の反復刺激を行うと，骨格筋に類似した減衰反応が得られる（図3）[16]。

(2) 単一筋線維筋電図

単一筋線維筋電図 single fiber EMGでは，本検査に専用の非常に細い針電極を使用し，1つの筋線維からの誘発筋活動電位を記録する。測定を繰り返すことによって，筋線維ごとの神経筋伝達時間のばらつき jitterを求める。jitterの延長や，2番目の電位の脱落があれば陽性となる。この検査は，重症筋無力症診断に対し反復刺激試験よりも特異性が高いが，他の神経筋接合部疾患において陽性反応が出てしまう，つまり偽陽性が出ることがある[6]。

犬における方法論は確立しているが[11]，重症筋無力症の臨床例に使用された報告は筆者が知る限りではまだない。反復刺激試験よりもさらに特殊な機器と技術が必要であるため，これを行える施設は世界でも数少ない。

3．血中抗AChR抗体

犬と猫における後天性重症筋無力症の診断のゴールド・スタンダードは，血中抗AChR抗体の測定である。血中抗AChR抗体は，ラジオイムノアッセイ（RIA）による免疫沈降反応法によって検出することができ，犬では抗体濃度が0.6 nmol/L（猫：0.3 nmol/L）以上であれば陽性と判定する。検査系は犬・猫用に開発されたものを用いるべきである。

偽陽性は非常にまれであり，疾患特異性が高いので診断に大変有用な検査である。一方で，全身型MGにおける偽陰性率は低いが，局所型MGでは比較的高い

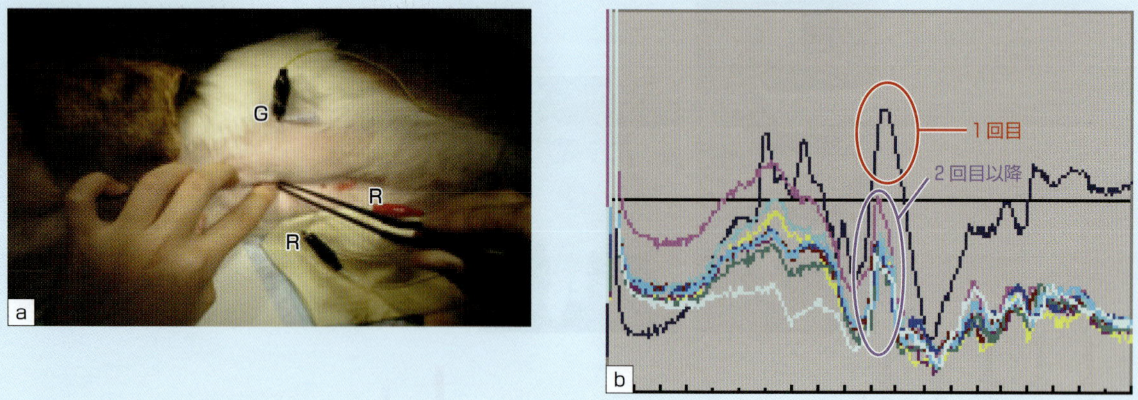

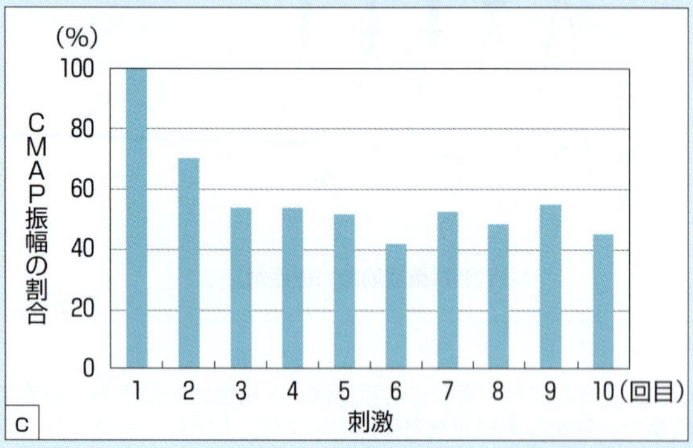

図3　重症筋無力症類似状態下における食道筋の反復刺激試験（迷走神経刺激）

a：鉗子電極を用いた迷走交感神経幹の皮下刺激と食道筋からのCMAPsの検出（R：記録電極，G：アース電極）。
b：臭化パンクロニウム投与後に食道筋を反復刺激して得られたCMAPs（刺激1～10回目のCMAPs）。
c：1回目刺激によるCMAPsの振幅に対する2回目以降の刺激によるCMAPsの振幅の割合。

と考えられる。ヒトにおいて全身型MGの患者のうち抗AChR抗体陰性の割合は約15%であるのに対し，局所型MG患者では30～50%である[6]。ヒトでは抗体価陰性の患者の初期診断には，一般的に単一筋線維筋電図が使用されている。電気生理学的検査を実施せず，診断を抗AChR抗体価のみに頼っている犬・猫において，抗体価の正確な偽陰性率を求めることは難しいが，全身型MGのうち約2%が抗体価陰性seronegativeであったと報告されている（だが実際はもっと高いのではないかともいわれている）[18]。前述したように，局所型MGでの偽陰性率はヒトと同様，全身型MGよりも高いと考えられる。

偽陰性の生じる理由として，抗体のほとんどが受容体に結合しているため血中に存在しない場合や，抗AChR抗体以外の抗体の存在が考えられる。これら抗AChR抗体が証明されない重症筋無力症は，seronegative MG（抗AChR抗体陰性の重症筋無力症）と呼ばれ，その診断は獣医療では容易とはいえないが，まずは電気生理学的検査の実施が必要であろう（診断基準は後述する）。

劇症型MGでは抗体濃度は高値を示すが，一般的に臨床徴候の重篤度と抗体濃度には相関性は認められていない。免疫抑制量のステロイド投与により抗AChR抗体濃度が低下するため[22]，ステロイド投与を開始する前に抗AChR抗体測定のための採血を行っておくべきである。

4. 筋終板における免疫グロブリンの検出（免疫組織化学染色）

外科的に筋生検を行い，神経筋接合部位における免疫グロブリン量を組織学的に評価することができる。この検査は重症筋無力症に対する特異性は高くないが感度が高いので[6]，スクリーニング検査として特定の症例においては有用である。また，seronegative MGの症例においては，本検査により神経筋接合部での抗体の結合率を評価し，診断の補助とすることができる。

本検査には神経筋接合部の割合の多い肋間筋を用い，未固定の状態で検体を提出する必要がある。肋間筋の生検は比較的特殊であり，侵襲性のある検査なので，手技を習得した獣医師が行うべきである。本検査を実施している病理検査所は限られている。この検査もグルココルチコイド投与前に行わなければならない。

5. seronegative MG（抗AChR抗体陰性の重症筋無力症）の診断

重症筋無力症が疑われる症例において，抗AChR抗体が陰性だった場合の診断法であるが，「重症筋無力症に一致する臨床徴候＋エドロホニウム試験陽性＋反復刺激試験による減衰現象の検出＋コリンエステラーゼ阻害剤投与による臨床徴候の改善＋最低2回の抗AChR抗体陰性結果」を満たせばseronegative MG，つまり抗AChR抗体陰性であるが重症筋無力症であると判断できる[22]。陰性が陽転することもあり，可能であれば抗AChR抗体測定を繰り返し行うことが推奨される。

治療および管理

後天性重症筋無力症の治療法には様々な選択肢があり，個々の症例に応じたよりよい方法を選択して実施すべきである。特に犬の重症筋無力症の場合は自然寛解が期待できるので，寛解に至るまでの間，薬による副作用を最小限に維持しながら，筋力を改善し，巨大食道による誤嚥をいかにうまく防ぐことができるかが重要なポイントであろう。

1．コリンエステラーゼ阻害剤

本薬剤によってシナプス間隙中のアセチルコリンの分解が阻害され，アセチルコリンがシナプス後膜のAChRと結合するチャンスが増すために，筋力が回復する。つまり，コリンエステラーゼ阻害剤による治療は，根本治療ではなく対症療法である。しかし，ヒトと違って犬の重症筋無力症は比較的短期間で自然寛解が期待できるので，寛解が生じるまでの期間を対症療法のみで維持することが可能であれば，それが最も好ましいとする意見がある。犬の重症筋無力症において，抗コリンエステラーゼ療法と適切な看護のみで9割の症例がコントロール可能であり，この治療を行った症例では平均約6カ月で自然寛解が認められたと報告されている[19]。

コリンエステラーゼ阻害剤の第1選択薬は経口投与薬である**ピリドスチグミン**（犬：0.5～3 mg/kg，BID～TID，猫：0.25 mg/kg，BID～TID）である。至適投与量の個体差が大きく，副作用の発現率も高いので，まず最少量から開始し，反応をみながら四肢の筋力が正常化するまで徐々に増量を試みる。急な増量や高用量からの開始は，コリン作動性クリーゼを引き起こす危険があるので避けなければならない。コリンエステラーゼ阻害剤の過剰投与によるコリン作動性クリーゼと重症筋無力症が増悪した**筋無力性クリーゼ myasthenic crisis**の徴候は非常に似ている。これらを区別するために，エドロホニウム検査を（注意深く）行うことがある。エドロホニウム検査によって臨床徴候の良化が認められれば，コリンエステラーゼ阻害剤の増量が必要な筋無力性クリーゼである。悪化すれば過剰投与によるコリン作動性クリーゼであるので，コリンエステラーゼ阻害剤を減量しなければならない。

四肢の筋と比較して，巨大食道症に対するコリンエステラーゼ阻害剤の反応は，一般的に悪い（もしくは遅い）。これは，ヒトの眼筋型でも同様なことがいえるらしい[6]。経口投与が不可能な場合，注射薬である**ネオスチグミン**を使用する。ネオスチグミンは作用持続時間が短いため，犬では6時間ごとに0.04 mg/kg（IM）を投与しなければならない。経口投与が可能になったら，もしくは胃瘻チューブを設置した場合は，ピリドスチグミンに切り替える。

2．グルココルチコイド

グルココルチコイドの本疾患に対する有効性は，ヒトでよく証明されている。副作用軽減のために半減期の短いプレドニゾロンの使用が一般的で，原則として隔日投与が推奨されている[25]。犬では，抗コリンエステラーゼ療法のみで効果が十分でない場合に，誤嚥性肺炎がないことを確認してプレドニゾロンが併用されることがある。抗炎症量（0.5 mg/kg，BID）から開始し，筋力の低下が起こらないか十分に注意しながら，必要に応じて一月ほどかけて徐々に増量を試みる。免疫抑制量まで（特に治療開始から数週間以内の場合）は増量しないことが推奨されている[12]。

グルココルチコイド投与によってグルココルチコイド性ミオパチーが生じ，重症筋無力症の徴候が増悪することがあるが，これはまれな副作用ではない。特に筋力低下が重度な場合や呼吸筋の動きに問題が生じている場合は，グルココルチコイドによる筋力低下が生じやすいため，増量は十分にゆっくりと行うなどの注意が必要である。猫では筋力低下の副作用が犬より出現しにくく，巨大食道の併発率も低いので，犬よりもグルココルチコイドが使用しやすいかもしれない。デキサメタゾンは筋力低下作用がプレドニゾロンより強いため[6]，本疾患には勧められない。

臨床徴候の消失後は，プレドニゾロンの投与量を2～4週間ごとに約半量ずつ漸減し，寛解を保てる最小量で維持する。プレドニゾロンが断薬可能となる症例もいる。

3．免疫抑制剤とその他の治療法

コリンエステラーゼ阻害剤とプレドニゾロン療法に

図 4　The Bailey Chair（巨大食道症“食事椅子”）
○の部分に食器を置いて食べさせる。食後最低 10 ～ 15 分間はこの姿勢を維持する（画像提供：Ms. Donna Koch）。

対して反応が乏しい場合，あるいはプレドニゾロンの投与量減量を目的として，免疫抑制剤を使用することができる。ヒトの重症筋無力症では，主にプレドニゾロンの投与量減量を目的として，アザチオプリンが最も一般的に，その他シクロスポリンやミコフェノール酸モフェチルなども使用されている[25]。免疫抑制療法以外の治療法としては，血液浄化療法，**大量免疫グロブリン静脈療法（IVIG）**があり，これらの療法も一般的になっている[28]。

犬においても，アザチオプリン，シクロスポリン，ミコフェノール酸モフェチルといった免疫抑制剤や血液浄化療法の報告があるが，症例数は非常に少ない。**アザチオプリン**は通常 1 ～ 2 mg/kg, PO, q24 ～ 48 hr で使用され[12]，効果が認められるまで数週間（2 ～ 6 週間）かかる。骨髄抑制をはじめとした副作用の発現率が高いため，十分なモニタリングと注意が肝要となる。

シクロスポリンは，ピリドスチグミンとプレドニゾロン療法に反応が乏しかった 2 頭の犬において顕著な効果を示した報告があり[3]，本疾患に対しての治療効果が期待されている。投与量は 3 ～ 6 mg/kg，PO，q12 hr が推奨されている[12]。本剤の問題としては，値段が高いことと，副作用として嘔吐が比較的多いため，特に巨大食道や咽頭・喉頭の問題をもつ場合は，誤嚥の危険性を高める可能性があることであろう。

ミコフェノール酸モフェチルは，3 頭の重度の重症筋無力症の犬においてその効果が報告されている[1]。この薬剤の利点は治療効果が早く発現することで（犬で 2 日以内），好中球の作用に影響を及ぼさないため誤嚥性肺炎を併発する症例に適しているかもしれない。投与量は 7 ～ 15 mg/kg，PO，q12 hr が推奨されている[12]。

これらの薬剤を使用する場合は，副作用や詳細な投与方法に関して成書を参照していただく必要がある。

4. 巨大食道症の管理

食事内容と与え方を工夫することは，巨大食道症の動物において吐出や逆流の可能性を減少させ，**誤嚥性肺炎**を防ぐために極めて重要である。誤嚥性肺炎が犬の重症筋無力症の最も多い死因であり，抗体自然消失までいかにそれを避けるかが本疾患治療における成功のキーポイントとなる。

食事中のみならず食後の適切な姿勢について，オーナーに指導しなければならない。立位姿勢で食事をさせ，食道内容物が胃に入る（“落ちる”）まで食後は最低でも 10 ～ 15 分間，その姿勢を維持させる必要がある。頭部を上にするだけでは不十分であり，咽頭から噴門までを地面に対してできるだけ直角に維持する必要がある（図 4）。動物のサイズや性格・生活環境などに応じて様々な工夫が必要となるが，たとえば立ち上がることしかできないような底の狭く深い箱に犬を入れ，その中で食事させ，食後もしばらくそのまま立たせておく方法がある。食事用の“食事椅子”（筆者の造語）の作り方をはじめ，巨大食道についての情報を提供しているグループがある（http://baileychair.blogspot.jp/，2015 年 2 月現在）。英語のウェブサイトであるが，是非参考にしていただきたい。また，小型犬であれば傘立てを利用してもよい。そのような中に入れられた犬ははじめは驚くが，その中に入ると食事がもらえるとすぐ理解するので，大概の犬は食事椅子での食事に早期に慣れてくれる。人が後ろから補助しながら，犬の前肢をテーブルにかけて立位姿勢をとらせ，食事を少しずつ与える方法もある。水もそのときに与えるようにする。

巨大食道症では，食事は少量ずつ頻回に与えるべきである。また，与える食事自体にも工夫が必要で，個体差はあるが，缶フードを肉団子状に丸めて1つずつ与える方法が比較的うまくいく。液状過ぎるよりもある程度塊になっているほうが咽頭刺激や食道の蠕動運動刺激性が高いので，一般的に好ましい。適切な硬さや形には個体差があるため，様々な条件で試してみるとよい。

これらの方法でうまくいかない，すなわち誤嚥を繰り返す場合は，PEGチューブなどの胃瘻チューブ設置が必要となる。胃瘻チューブからの給餌でも吐出が完全に消失するわけではないが，誤嚥性肺炎の危険性は低下する。また，立位での食事の必要がなくなるし，経口投与薬を確実に与えられるといった利点がある。胃瘻チューブを設置した場合は，逆流性食道炎を防ぐために，メトクロプラミドなどの下部食道括約筋の収縮を高める薬物を投与するとよい。胃瘻チューブの設置にかかわらず，食道炎や誤嚥性肺炎を軽減させるためにH_2ブロッカーの使用が勧められる。誤嚥するものは胃内容物が多く，胃内pHを上げておくことにより誤嚥性肺炎自体が軽くすむ可能性がある[6]。誤嚥性肺炎が生じたら，抗生剤などによる適切で迅速な治療が必要となる。

5. その他

ヒトの後天性重症筋無力症患者の約80%に，胸腺過形成をはじめとした胸腺異常がみられ，悪性の胸腺腫の合併例では原則として胸腺摘出術が適応とされるが，その他の胸腺異常への胸腺切除術の適応に関しては，意見がまちまちのようである[9, 14, 29]。犬では，後天性重症筋無力症における胸腺腫瘤（正しくは前縦隔の腫瘤）併発率は3%と少ない[20]。一方で，胸腺腫の犬の30～50%に重症筋無力症が認められたとする報告がある[19]。後天性重症筋無力症の犬における胸腺摘出の意義は現時点では不明であるが，腫瘍が存在するならば摘出を考慮すべきであろう。

神経筋接合部における安全域 safety margin を減少させ，重症筋無力症の症状を悪化させる可能性のある薬物（表3）が存在するが，それらの使用は可能な限り避けなければならない。感染症に罹患すると，病原体構成成分の一部とAChRのタンパクの一部の相同性から，重症筋無力症が悪化することがある[29]。ワクチン接種は，他の自己免疫性疾患と同様，利益がリスクを上回らない限り避ける，もしくはワクチン抗体価を測定して必要最少頻度で接種すべきである。未避妊雌は避妊手術を行うことによって本症が軽減する可能性がある[5]。

表3　重症筋無力症を悪化させる可能性のある薬物（抜粋）

アミノ配糖体系抗生剤
アンピシリン
フルオロキノロン
エリスロマイシン
イミペネム
ガドリニウム－DTPA
フェノチアジン誘導体
抗不整脈薬（例：プロカインアミド）
βアドレナリン遮断薬（例：プロプラノロール）
筋弛緩薬（例：サクシニルコリン）
インターフェロン
アセタゾラミド　など

予後

犬の重症筋無力症における初期1年間の死亡率は約40%であり，死因のほとんどは誤嚥性肺炎である。早期診断と適切な治療により，この死亡率はかなり下げられると考えられている[22]。発症後半年から1年以内に自然に寛解や治癒することが多く[22]，それまでの間，いかに誤嚥性肺炎を防いでいくかが重要となる。寛解は抗AChR抗体濃度が正常に戻ることにより判断できる。通常2カ月ごとの抗体濃度測定が推奨されている[6]。

猫の生命予後は一般的に犬よりよいと考えられる。初期死亡率は約15%であり，死亡は劇症型MGによるものが多い[8]。治療により，発症から2カ月以内に約半数で徴候の改善が認められている[8]。

［齋藤弥代子］

■謝辞

本章を執筆するにあたり，症例や画像，データを提供していただいた元日本獣医生命科学大学の織間博光先生，日本獣医生命科学大学の長谷川大輔先生，ジップ動物病院の松本博生先生，Bailey Chair考案者のMs. Donna Kochに深謝する。

■参考文献

1) Abelson AL, Shelton DG, et. al. Use of mycophenolate mofetil as a rescue agent in the treatment of severe generalized myasthenia gravis in three dogs. *J Vet Crit Care.* 19(4): 369-374, 2009.

2) Barton JJ, Fouladvand M. Ocular aspect of myasthenia gravis. *Semin Neurol.* 20(1): 7-20, 2000.

3) Bexfield NH, Watson PJ, Herrtage ME. Management of myasthenia gravis using cyclosporine in 2 dogs. *J Vet Intern Med.* 20(6): 1487-1490, 2006.

4) Dewey CW. Acquired myasthenia gravis in dogs-Part I. *Compend Contin Educ Pract Vet.* 19(12): 1340-1353, 1997.

5) Dewey CW, Bailey CS, Shelton GD, et al. Clinical forms of acquired myasthenia gravis in dogs: 25 cases(1988-1995). *J Vet Intern Med.* 11(2): 50-57, 1997.

6) Dewey CW. Junctionopathes: Disordes of the Neuromuscular Junction. In: Dewey CW. A practical guide to canine and feline neurology. Wiley-Blackwell. Ames. Iowa. US. 2003, pp463-516.

7) Dickinson PJ, Sturges BK, Shelton GD, LeCouteur RA. Congenital myasthenia gravis in Smooth-Haired Miniature Dachshund dogs. *J Vet Intern Med.* 19(6): 920-923, 2005.

8) Ducoté JM, Dewey CW, Coates JR. Clinical forms of acquired myasthenia gravis in cats. *Compend Contin Educ Pract Vet.* 21(5): 440-448, 1999.

9) Engel AG, Dyck PJ. Diseases of the neuromuscular junction. In: Thomas PK, Peter J, Dyck MD. Peripheral neuropathy, 4th ed. Saunders. Philadelphia. US. 2005, pp831-867.

10) Hackett TB, Van Pelt DR, Willard MD, et al. Third degree arterioventricular block and acquired myasthenia gravis in four dogs. *J Am Vet Med Assoc.* 206(8): 1173-1176, 1995.

11) Hopkins AL. et al. stimulated single fibre electromyography in normal dogs. *J Small Anim Pract.* 34(6): 271-276, 1993.

12) Khorzad R, Whelan M, Sisson A, Shelton GD. Myasthenia gravis in dogs with an emphasis on treatment and critical care management. *J Vet Emerg Crit Care(San Antonio).* 21(3): 193-208, 2011.

13) Lindstrom J, Shelton D, Fujii Y. Myasthenia gravis. *Adv Immunol.* 42: 233-284, 1988.

14) Lovelace RE, Younger DS. Myasthenia gravis with thymoma. *Neurology.* 48 Suppl 5 76S-81S, 1997.

15) Platt SR, Olby NJ. Tetraparesis. In: Platt S, Olby N. BSAVA Manual of canine and feline neurology, 3rd ed. BSAVA. Gloucester. UK. 2004.

16) Saito M, Fukui A, Muto M, Inoue M. Esophageal compound muscle action potentials elicited by repetitive nerve stimulation in dogs. Proceedings in 21st Annual symposium of the ESVN. 2008.

17) Shelton GD, Ho M, Kass PH. Risk factors for acquired myasthenia gravis in cats: 105 cases(1986-1998). *J Am Vet Med Assoc.* 216(1): 55-57, 2000.

18) Shelton GD. Myasthenia gravis: Laboratory disgosis and predictive factors. Proceedings of the 16th Annual American College of Veterinary Internal Medicine Forum. San Diego. US. 1998, pp309-310.

19) Shelton GD. Myasthenia gravis: lessons from the past 10 years. *J Small Anim Pract.* 39(8): 368-372, 1998.

20) Shelton GD, Schule A, Kass PH. Risk factors for acquired myasthenia gravis in dogs: 1,154 cases(1991-1995). *J Am Vet Med Assoc.* 211(11): 1428-1431, 1997.

21) Shelton GD, Willard MD, Cardinet GH 3rd, Lindstrom J. Acquired myasthenia gravis. Selective involvement of esophageal, pharyngeal, and facial muscles. *J Vet Intern Med.* 4(6): 281-284, 1990.

22) Shelton DG. Myasthenia gravis and disorders of neuromuscular transmission. *Vet Clin North Am Small Anim Pract.* 32(1): 189-206. 2002.

23) Trontelj JV. Safety margin at single neuromuscular junctions. *Muscle Nerve Suppl.* 11: 21-27, 2002.

24) Wood SJ, Slater CR. Safety factor at the neuromuscular junction. *Prog Neurobiol.* 64(4): 393-429, 2001.

25) 川口直樹. 重症筋無力症治療の現状と展望―免疫抑制・調節薬の観点から. *Brain and Nerve.* 63(7): 737-743, 2011.

26) 川口直樹. 重症筋無力症. 日本臨牀増刊. 870. 416-421, 2005.

27) 小西哲郎. アセチルコリン受容体抗体と MuSK 抗体と重症筋無力症. *Brain and Nerve.* 63(7): 695-704. 2011.

28) 高倉公明, 宮本忠雄監修. 第5章 主要疾患. In: 最新の伝達物質―受容体の分子機構と関連神経疾患. メジカルビュー社. 東京. 1996.

29) 高守正治. 後天性自己免疫性重症筋無力症. 別冊日本臨牀. 領域別症候群. 36: 323-335, 2001.

D A

49. 筋ジストロフィー，ミトコンドリア筋症

はじめに

筋疾患は，筋肉自体に一次的な原因が存在することで起こる筋疾患（**筋原性疾患**：myopathy）と，筋肉を支配する神経系に異常があり，二次的に筋肉が障害される筋疾患（**神経原性筋疾患**：neurogenic muscle disorder）に大別される。本章で取り上げる筋ジストロフィーやミトコンドリア筋症は，筋原性疾患に含まれる。

筋ジストロフィーおよびミトコンドリア筋症は，本書において変性性疾患（D）に分類されているが、本来は遺伝性・先天性疾患（I）あるいは代謝性（M）疾患に分類される症候群である。近年獣医療領域においても数多くの症例が報告されてきているが，これらの症例の多くは病因や病態が解明されていない。

本章では，犬および猫でこれまでに報告のある代表的な遺伝性筋疾患の病態生理と疫学，臨床症状，診断，治療，予後について，筆者の経験や過去の症例報告，また，ヒトにおける知見を基に紹介していく。

筋ジストロフィー

筋ジストロフィー muscular dystrophy とは，骨格筋の変性・壊死を主病変とし，臨床的に進行性の筋力低下と筋萎縮を呈する遺伝性筋疾患であると定義され，その遺伝形式，原因遺伝子，臨床経過と罹患筋の分布の相違によって，様々な病型に分類されている[70, 72]。また，医学領域では，30 以上の病型が分子生物学的解析により明らかになっている。筋ジストロフィーは，筋細胞膜を介して筋線維内の細胞骨格と細胞外の基底膜を連結している細胞外基質タンパク質（ラミニン $\alpha2$ など），筋細胞膜タンパク質（ジストログリカンやサルコグリカンなど），あるいは筋細胞膜結合タンパク質（ジストロフィンなど）をコードする遺伝子の変異によって引き起こされる（図 1）。

筋ジストロフィーの中でも，**ジストロフィン遺伝子**の変異（欠失，重複，逆位，ナンセンス変異，スプライシング異常など）によって引き起こされるデュシェンヌ型筋ジストロフィー duchenne muscular dystrophy（DMD）は，X 染色体連鎖性遺伝形式を示し，新生男児 3,500 人に 1 人の割合で発症する。遺伝性筋疾患の中で最も発生頻度が高い。また，DMD と同様にジストロフィン遺伝子に異常をもつが，DMD よりも軽症な臨床経過を示すベッカー型筋ジストロフィー becker muscular dystrophy もある。DMD は臨床的に，2 ～ 5 歳で歩行異常を発症し，症状は徐々に進行する。13 歳未満で歩行不能となり，関節拘縮や脊柱の変形が加わり，最終的には 30 歳前後で呼吸不全または心不全により死亡する。

血液検査では血清 CK 値が正常値の数十倍以上に上昇し，AST や LDH などの各筋逸脱酵素の値も上昇する。筋病理では，骨格筋や心筋において筋線維の変性・壊死を主病変とし，中心核をもつ再生筋線維の出現や筋線維の大小不同を示す。病期の進行に伴い，筋線維数の減少と結合組織や脂肪組織への置換が認められる。

ジストロフィンは，筋細胞膜直下に存在する筋細胞膜裏打ちタンパク質であるが，F-アクチンとジストロフィン結合タンパク質に結合して，ジストロフィン糖タンパク質複合体 dystrophin associated glycoprotein complex（DGC）を形成し，筋肉収縮時の筋細胞膜の安定性に寄与していると考えられている。ジストロフィンの欠如により，細胞骨格と基底膜の連結が不安定となるため筋形質膜は脆弱となり，筋線維の変性・壊死を来すと考えられている[7, 13]。DMD の治療法については，ステロイド剤などの薬物療法，理学療法，呼吸不全および心不全に対する対症療法に限られており，いまだ根本的治療法は確立されていない。

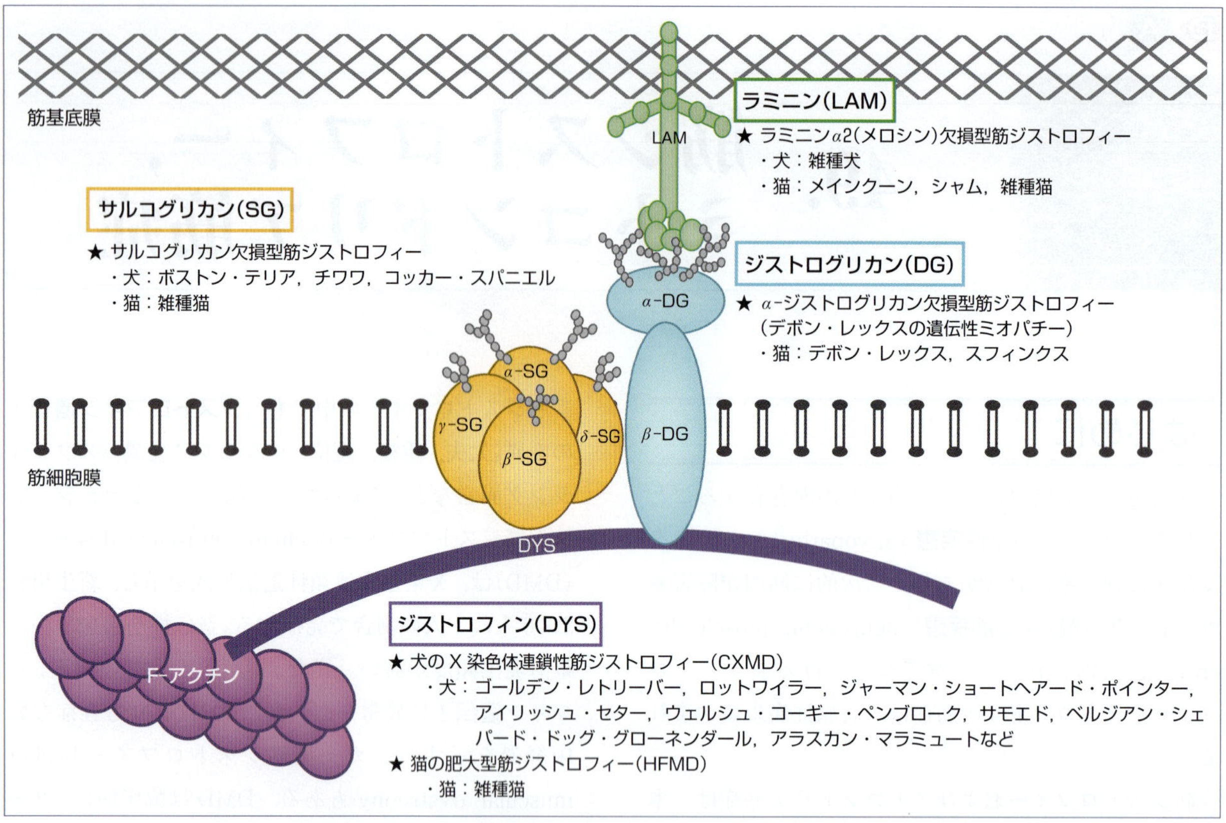

図1　ジストロフィン糖タンパク質複合体(DGC)と小動物における筋ジストロフィー

筋ジストロフィーは，DGCを構成するラミニンなどの筋細胞外基質タンパク質，ジストログリカン（DG）やサルコグリカン（SG）などの筋細胞膜タンパク質，ジストロフィン（DYS）などの筋細胞膜結合タンパク質をコードする遺伝子の変異によって引き起こされる。小動物臨床の領域では，ジストロフィン（犬・猫），ジストログリカン（猫），サルコグリカン（犬・猫），およびラミニンα2鎖（犬・猫）が欠損した筋ジストロフィーが報告されている。

犬のX染色体連鎖性筋ジストロフィー

1．病態生理と疫学

犬のX染色体連鎖性筋ジストロフィー canine X-linked muscular dystrophy（CXMD）は，1988年にKornegayやCooperらによって，ゴールデン・レトリーバーにおいて見出され，ゴールデン・レトリーバー筋ジストロフィー golden retriever muscular dystrophy（GRMD）と呼ばれる[10, 28]。CXMD罹患犬では，筋細胞膜の安定化に関与している筋細胞膜結合タンパク質のジストロフィンが，ジストロフィン遺伝子の変異によって欠損する。ジストロフィン遺伝子はX染色体短腕に局在し，79個のエクソンをもち，全長2,000 kbを超える長大な遺伝子であるため，遺伝子変異の頻度が相対的に高くなる。ジストロフィン遺伝子に変異をもつ雄犬は，個体差や品種差はあるものの，筋障害に起因した臨床症状を呈する。非常にまれではあるが，ジストロフィンが欠損した雌犬の報告があり[50]，ジストロフィン遺伝子に異常をもつ多くの雌犬ではキャリア（保因）犬となる。キャリア犬では血清CK値や他の筋逸脱酵素値が軽度に上昇しているが，一般的に明らかな臨床症状を示さない。そのため，無症候性キャリア犬の繁殖による家系内への変異遺伝子の伝播や，ジストロフィン遺伝子の高い突然変異率が，散発的な筋ジストロフィーの発生に関連しているものと考えられる。

ジストロフィン欠損に起因した自然発症性の犬の筋ジストロフィーは，ゴールデン・レトリーバーのほかに，アイリッシュ・テリア[64]，サモエド[43]，ロットワイラー[67]，ベルジアン・シェパード・ドッグ・グローネンダール[25]，アラスカン・マラミュート[24]，ラットテリア[65]，ワイアー・フォックス・テリア[33]，ジャーマン・ショートヘアード・ポインター[46]，ウェルシュ・コーギー・ペンブローク[68]，日本スピッツ[25]，ブリタニー・スパニエル[60]，ミニチュア・シュナウザー[40]，ラブラドール・レトリーバー[3]，キャバリア・キング・チャールズ・スパニエル[41]，グラン・バセット・グリフォン[26]，ワイマラナー[2]など多品種で発生が確認されており，他の遺伝性筋疾患と比較し症例報告

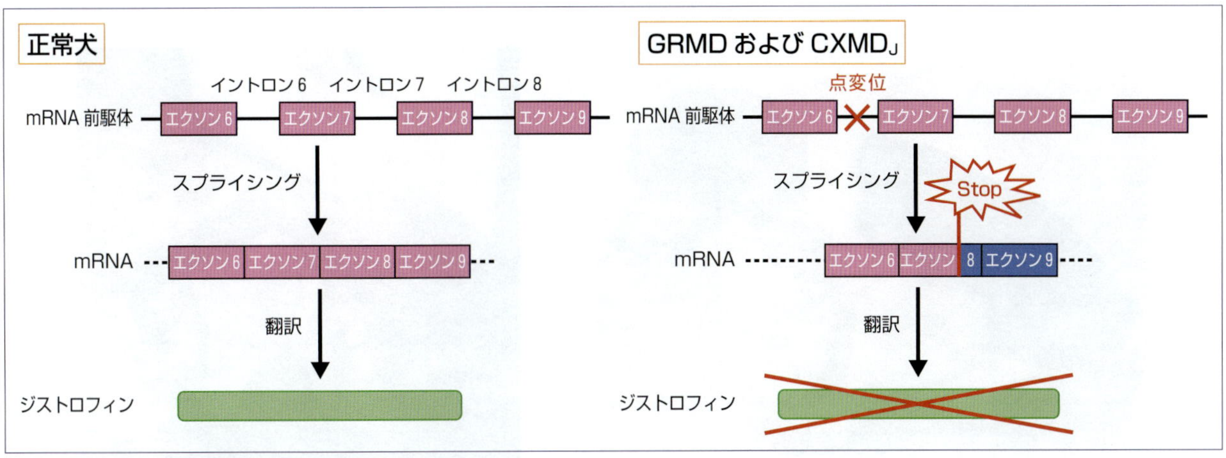

図2 犬のX染色体連鎖性筋ジストロフィー（CXMD）の遺伝子変異の一例

ゲノムDNAより転写されたmRNA前駆体は，スプライシングによってイントロンが排除されmRNAがつくられる。正常犬では翻訳過程を経て，ジストロフィンが合成される。GRMD，およびビーグル種の $CXMD_J$ では，イントロン6のスプライシング調節領域に点変異をもち，スプライシング過程でエクソン7を欠いたmRNAが産生され，エクソン8内にストップコドンを生じることから，翻訳過程でジストロフィンが合成できない。

数は多い（図1）。この中でも，遺伝子変異が同定されているのは，ゴールデン・レトリーバー，ロットワイラー，ジャーマン・ショートヘアード・ポインター，およびウェルシュ・コーギー・ペンブロークに限られる。

GRMDでは，ジストロフィン遺伝子のイントロン6内のスプライシング調節領域に点変異をもち，mRNAレベルでエクソン7を欠き，エクソン8内にストップコドンを生じるため，ジストロフィンタンパク質が産生されない（図2）[48]。一方，ロットワイラーでは，エクソン58における塩基置換変異によってストップコドンを生じ，ジストロフィンが欠損する[67]。ジャーマン・ショートヘアード・ポインターでは，エクソン79の3'非翻訳領域におけるジストロフィンプロモーター領域の欠失変異が認められている[46]。さらにウェルシュ・コーギー・ペンブロークでは，イントロン13内にlong interspersed repetitive element-1（LINE-1：長鎖散在反復配列）と呼ばれる配列が挿入され，エクソン13とエクソン14の間にストップコドンを含む新たなエクソンを形成することでジストロフィンが産生されないことが，報告されている[54]。

本邦ではGRMDの凍結精子をビーグル犬に人工授精し，キャリア犬を作出後，そのキャリア犬をビーグル犬と自然交配させることで，ビーグル種の犬のX染色体連鎖性筋ジストロフィー罹患犬 canine X-linked muscular dystrophy in Japan（$CXMD_J$）の作出に成功し，現在，独立行政法人国立精神・神経医療研究センターにおいて系統維持されている[52]。$CXMD_J$ はGRMDと比較し，臨床症状が軽度であると考えられている。

2. 臨床症状

CXMD罹患犬の自然経過における特徴的な事象の1つとして，出生直後の血清CK値が異常高値を示し，新生子期の死亡率が40％前後に達することが挙げられ[53, 58]，生後7日齢までに死亡する場合は新生子劇症型 fulminant neonatal form と呼ばれている[58]。新生子期に死亡したCXMD罹患犬の横隔膜では肉眼的に白色線状病変が認められ，病理組織学的所見では高度の筋変性・筋壊死所見である硝子様変性が認められたが，この時期の四肢骨格筋では筋変性病変はほとんど認められなかった[53]。よって，CXMD罹患犬では筋細胞膜の安定性に寄与するジストロフィンが欠損しているため，出生時の胎盤呼吸から肺呼吸へ転換する際に生じる呼吸筋への急激な機械的負荷が加わることで，急性かつ高度な筋変性を生じて高CK血症を起こし，重篤な場合は呼吸筋麻痺，呼吸不全となり死亡に至るものと考えられている。呼吸筋障害が軽度で死亡に至らない場合であっても，哺乳の吸いつきが正常犬と比較して悪いことが多い。

新生子期を経過すると明らかな臨床症状はいったん消失するが，2カ月齢前後になると再び臨床症状を呈するようになる。主な症状としては，全身性の筋力低下，頭部（側頭筋，咬筋），体幹，四肢骨格筋の筋萎縮，運動不耐性，易疲労性が挙げられる。また，流涎，嚥下障害，巨舌（舌根部の肥大と舌の可動性低下），開口困難を認めることが多く，摂食困難や飲水困難となり成長遅延を引き起こす。病状が進行すると，脊柱背弯や関節拘縮，後肢の投げ出し座り，歩行異常（歩幅の短縮，硬直歩行，ウサギ跳び様歩行），起立時や歩行時に

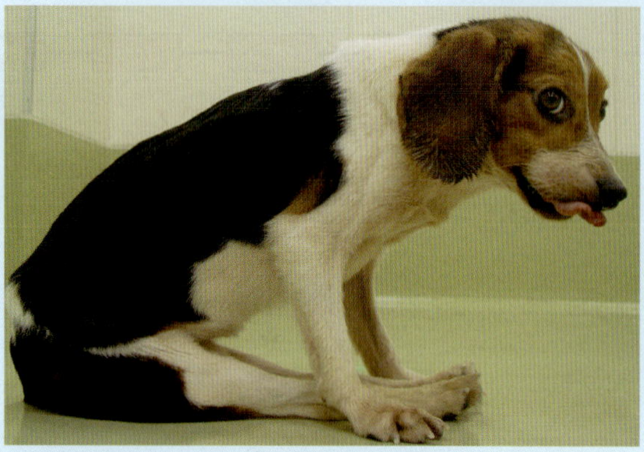

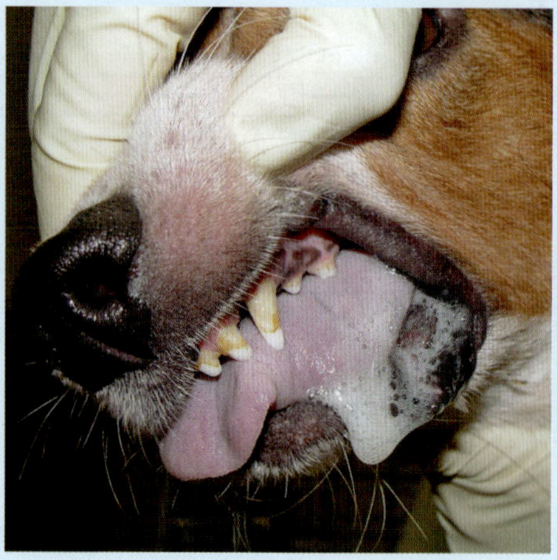

図3　犬のX染色体連鎖性筋ジストロフィー(CXMD)の臨床症状

ビーグル種の$CXMD_J$の典型的な臨床症状として，全身性の筋力低下と筋萎縮，後肢の投げ出し座り，指趾開扇，脊柱背弯や関節拘縮，頚部筋や舌骨筋の肥大，巨舌，嚥下障害，流涎などが認められる。

おける蹠行姿勢(脛骨足根関節の位置が下がる)，指趾開扇，呼吸障害(呼吸機能低下による安静時呼吸数の増加や，運動後における過度な腹式呼吸の増加)が認められるようになる。さらに，頚部筋や舌骨筋，咽頭筋の肥大が認められることも多い(図3)。

臨床症状は進行性であり，1歳前後まで悪化の一途をたどるが，その後は緩徐進行性または安定的に経過することが多い。

3．神経学的検査所見

固有位置感覚，脳神経検査および脊髄反射に異常は認められないが，姿勢性伸筋突伸反応や手押し車反応において，筋力低下や関節拘縮に起因したホッピング動作(両後肢をそろえて跳ねる動作)を示すことがある。精神異常や行動異常は認められない。

4．診断

(1) 血液検査

CXMD罹患犬における血清CK値の推移は，GRMDや$CXMD_J$において明らかにされている[53, 58]。出生1時間後の血清CK値は，数万〜数十万U/Lに達するが，2週齢前後には数千〜1万U/L程度まで低下する。臨床症状の発現する2カ月齢前後には，再び血清CK値が数万U/Lまで上昇し，その後，筋萎縮の進行とともに徐々に血清CK値は低下する。また，筋逸脱酵素群であるAST，ALT，LDHの顕著な上昇も同時に認められる。

(2) 心電図検査，心臓超音波検査

心電図検査において，心拍数の増加やPQ間隔の短縮が認められる[59, 69]。また，Ⅱ，Ⅲ，およびaVF誘導において，深く先鋭な異常Q波やQ/R ratioの増加が認められる[36, 69]。心臓超音波検査では，左室後壁が高エコーを呈し，心筋における線維化や石灰化を反映しているものと考えられている。左室内径短縮率fractional shortening(FS)の低下を認めることもある。

(3) 電気生理学的検査

四肢，体幹，頭部，舌などの骨格筋の筋電図検査(EMG)では，複合反復放電や偽ミオトニー放電，陽性鋭波，線維自発電位といった重度の異常自発活性が認められる。運動神経伝導速度(MNCV)に異常は認められない。

(4) 病理組織学的検査

HE染色による病理組織学的検査では，筋線維の萎縮と肥大に起因した筋線維の大小不同，広範な筋線維の変性・壊死，リンパ球やマクロファージを主体とした炎症性細胞浸潤・ファゴサイトーシス，中心核をもつ好塩基性の再生筋線維が認められる(図4)。病態が進行すると，筋内膜(筋線維間)における線維組織の増生が認められる。また，筋線維の石灰沈着や脂肪浸潤がみられることがある。

確定診断は，免疫組織化学やウェスタンブロットによって，筋細胞膜におけるジストロフィンの欠損を証明することで行われる。ジストロフィン欠損型の筋ジ

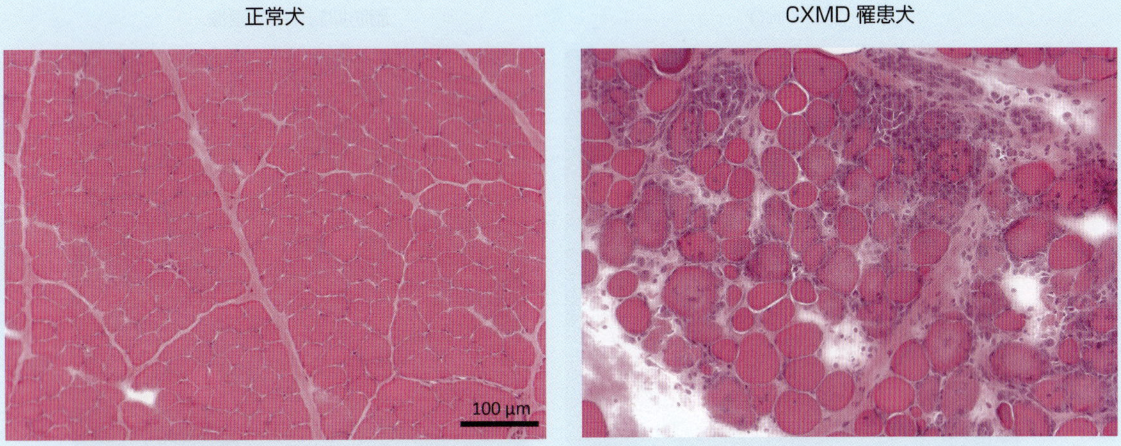

図4　犬のX染色体連鎖性筋ジストロフィー（CXMD）の病理組織学的所見（HE 染色）
2カ月齢の正常犬およびCXMD 罹患犬の HE 染色を示す。CXMD 罹患犬では筋線維の大小不同，広範な筋線維の変性・壊死，炎症性細胞浸潤，中心核をもつ再生筋線維が認められる。

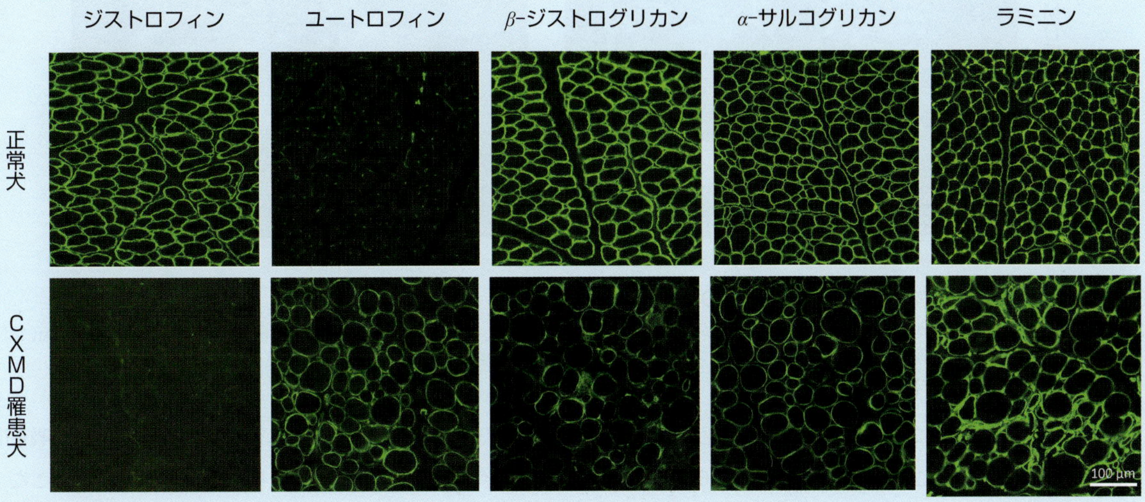

図5　犬のX染色体連鎖性筋ジストロフィー（CXMD）の病理組織学的所見（免疫組織化学）
正常犬およびCXMD 罹患犬の骨格筋における DGC の免疫組織化学の所見を示す。CXMD 罹患犬では，ジストロフィンの欠損だけでなく，ジストログリカンやサルコグリカンの発現低下が引き起こされるが，ラミニンの発現レベルは正常犬と同等である。また，CXMD 罹患犬では，ユートロフィンの発現が代償的に増加する。

ストロフィーでは，ジストロフィンの欠損だけでなく，ジストロフィンとともにDGC を形成するジストログリカンやサルコグリカンの発現が低下するが，細胞外基質タンパク質であるラミニンの発現に変化は認められない。また，正常では血管や神経筋接合部に発現を認め，ジストロフィンと構造が類似するホモログタンパク質として知られる**ユートロフィン**の筋細胞膜における発現が代償的に増加することも，ジストロフィン欠損型筋ジストロフィーの重要な特徴である（図5）。

（5）画像検査

CXMD 罹患犬の嚥下障害の評価には，食道のバリウム造影検査が有用である。嚥下運動の咀嚼期～口腔期に異常が認められたとの報告や，胃食道逆流が認められたといった報告がある[3]。

また，CXMD 罹患犬の骨格筋の壊死や炎症の評価には，磁気共鳴画像（MRI）検査が有用である。壊死や炎症の存在する骨格筋は，T2 強調（T2W）画像で高信号，ガドリニウム増強 T1 強調（T1W）画像で増強される領域として捉えることができるが，これらの画像法と比較して，特に選択的脂肪抑制（CHESS）T2W 画像で

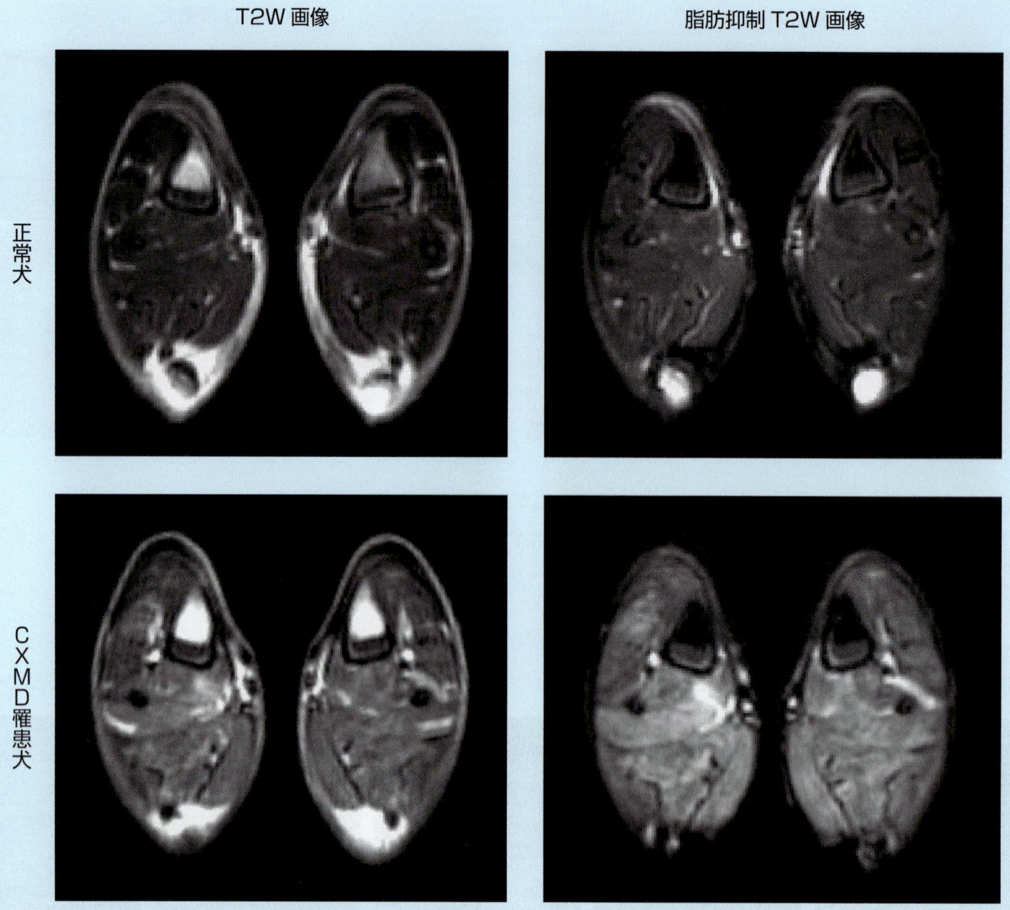

図 6　犬の X 染色体連鎖性筋ジストロフィー（CXMD）の画像所見

正常犬および CXMD 罹患犬の下腿筋 MRI を示す。筋線維の高度な変性・壊死が引き起こされる CXMD 罹患犬の骨格筋障害の評価には MRI の撮像が有用である。T2W 画像や脂肪抑制 T2W 画像では，壊死や炎症性細胞浸潤領域を高信号として捉えることができる。

は，筋ジストロフィーにおける筋線維の壊死や炎症性病変を鋭敏に描出することが可能である（図 6）[27]。

5．治療

ジストロフィンの発現回復をもたらす根本的な治療法はない。CXMD 罹患犬に対し，筋細胞膜の安定性の改善やアポトーシスの抑制などにより，筋変性を抑制すると考えられているプレドニゾロンを用いた治療研究（0.5 mg/kg，q2day，または 1 ～ 2 mg/kg/day）が行われており，運動性や筋力といった筋機能の改善は認められているが，血清 CK 値の減少や病理組織学的所見の改善は認められていない[22, 32]。そのため，CXMD 罹患犬に対するステロイド療法の有効性は限定的であると思われる。

6．予後

最初のターニングポイントは，出生直後の急性呼吸筋障害となる。新生子期を経過した場合の次のターニングポイントは，慢性進行性の心筋障害や呼吸筋障害などの臨床症状の重篤度に依存することになる。GRMD は 2 歳以前に死亡することが多いが，軽症例では約 8 歳まで生存したとの報告がある[61]。$CXMD_J$ でも同様に 2 ～ 3 歳で死亡することが多いが，軽症例の $CXMD_J$ では 11 歳を超える個体も存在する。

猫の肥大型筋ジストロフィー

1．病態生理と疫学

猫の**肥大型筋ジストロフィー** hypertrophic feline muscular dystrophy（HFMD）は，ジストロフィン遺伝子の変異によって引き起こされる猫の遺伝性筋疾患である[63]。HFMD はヒトや他の動物のジストロフィン欠損症と同様に，X 染色体連鎖性の遺伝様式をとる[8, 16]。HFMD という名称は，体幹の筋肉および四肢近位筋の筋肥大が HFMD において特徴的な臨床症状であることに由来する[8, 15, 16, 49]。Winand らは HFMD の猫 1 頭

図 7　猫の肥大型筋ジストロフィー（HFMD）の臨床症状
7 歳の HFMD 罹患猫の外貌写真を示す。本症例では頚部の硬直，頚部筋と四肢近位筋（大腿筋）の筋肥大，舌の肥厚，歩様異常，運動不耐性，嘔吐などが認められた。
（画像提供：青木犬猫病院　青木 宏先生）

のジストロフィン遺伝子の解析から，骨格筋およびプルキンエ線維におけるプロモーター領域の広範な欠損を指摘し，これが原因で骨格筋や心筋でジストロフィンが欠損することを明らかにした[66)]。典型的な HFMD は 3 ～ 6 カ月齢の短毛種の雄猫においての報告が散見され，猫においても X 染色体連鎖性のジストロフィン欠損症が最も一般的な筋ジストロフィーの病型であると思われる（図 7）[8, 16, 49, 63)]。

2．臨床症状

HFMD は，体幹（頚部，肩，舌）や四肢近位筋の筋肥大，舌の石灰化といった特徴的な臨床症状を示す（図 7）。その他の臨床症状として，運動不耐性，歩行異常（ウサギ跳び様歩行）や歩行困難，唾液の過剰分泌，四肢や頚部の硬直，飛節の内転，嘔吐や吐出が認められる。さらに，横隔膜が肥厚し食道裂孔において食道を圧迫・閉塞することによる巨大食道症，舌の機能障害による脱水や重度の高浸透圧血症，肝脾腫大症，腎障害，全身麻酔・激しい運動・ストレスに起因した甚急性の横紋筋融解症といった致命的な合併症を引き起こし得る[8, 15, 16, 31)]。また，心筋の肥大は認められるが，多くは無症候性である[17)]。

3．神経学的検査所見

通常，固有位置感覚，脳神経検査，および脊髄反射に異常は認められない。

4．診断

（1）血液検査

血清 CK 値は顕著に増加する（過去の症例報告から 10,000 U/L 以上の値を示すものと考えられるが，高齢で筋萎縮が進行した症例では，これよりも低い CK 値を示すかもしれない）。また，AST，ALT，LDH の顕著な上昇も認められる。

（2）電気生理学的検査

HFMD の EMG では，ミオトニー放電（急降下爆撃音），線維自発電位，刺入時電位の延長，複合反復放電，または陽性鋭波などが認められる[15)]。

（3）病理組織学的検査

HFMD の筋病理では，DMD や CXMD と同様に，筋線維の大小不同，変性・壊死筋線維や中心核をもつ再生筋線維が認められるが，炎症性細胞浸潤や結合組織・脂肪組織の増生は認められないことが多い。肥大した筋線維では，縦裂 splitting がみられることがあ

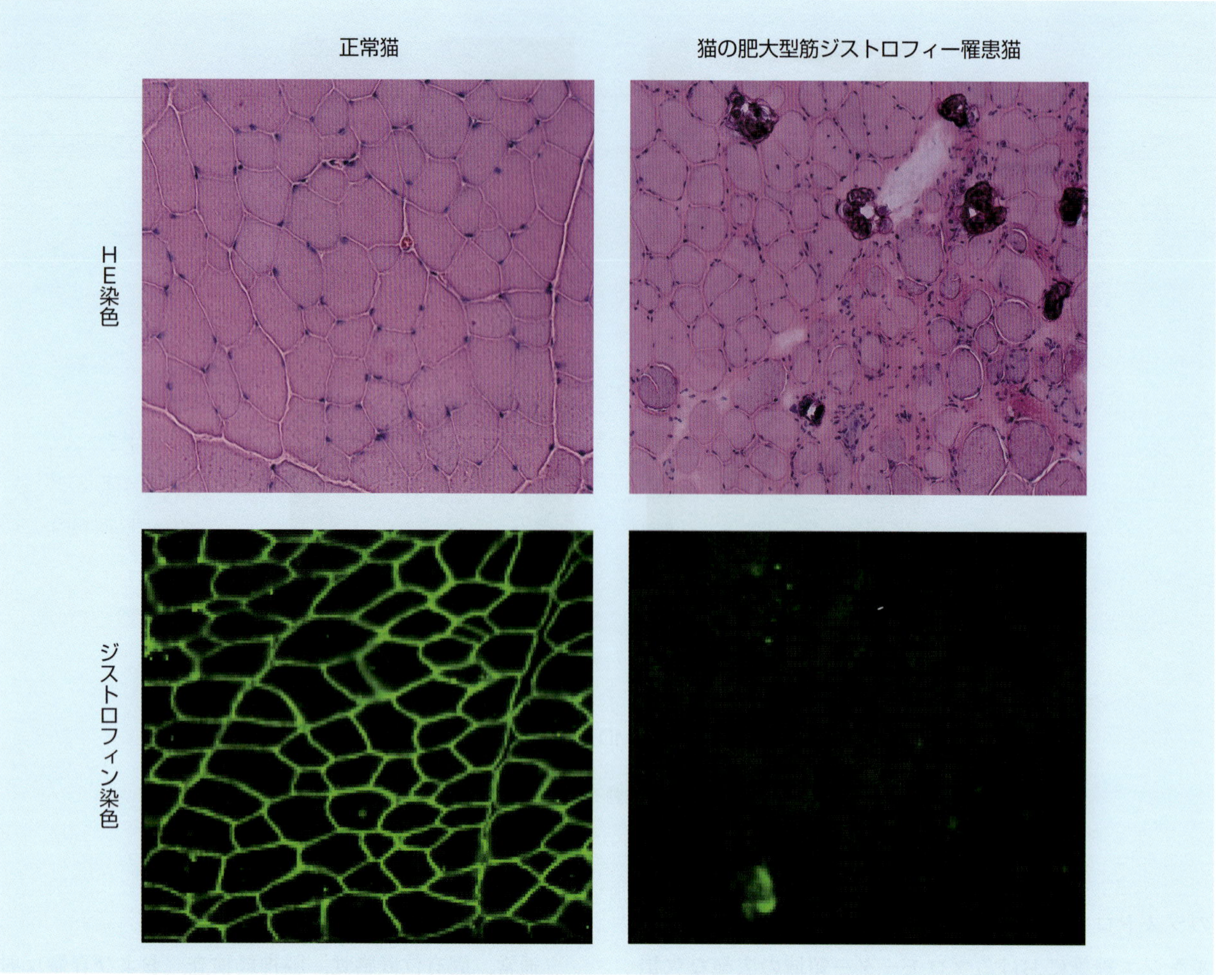

図8　猫の肥大型筋ジストロフィー(HFMD)の病理組織学的所見
正常猫およびHFMD罹患猫の筋病理所見と免疫組織化学検査所見を示す。筋線維の大小不同，変性・壊死筋線維，中心核をもつ再生筋線維が認められた。また，軽度の炎症性細胞浸潤や，筋線維の縦裂，石灰沈着，線維化病変も散見された。

る。HFMDの特徴的な所見には，筋線維の異栄養性石灰化が挙げられる[8, 14-16, 31]。

確定診断は免疫組織化学やウェスタンブロットにて，ジストロフィンの欠損を証明することで行う。また，CXMDと同様に，ジストロフィンの類似タンパク質であるユートロフィンの発現が上昇する一方，ジストログリカンやサルコグリカンなどのDGCを構成する分子の発現が低下する(図8)。

5．治療

HFMDの治療としてプレドニゾロンを用いた報告[55]が存在するが，治療効果については不明である。ジストロフィンの発現回復を目的とした根本的治療法はなく，対症療法や支持療法を行う。

6．予後

HFMDの予後は前述の合併症の重篤度に依存するが，一般的に長期にわたり生活の質を保つことが可能である。罹患動物に対するストレスや，吸入麻酔の使用は避けるべきである。

ラミニンα2(メロシン)欠損型筋ジストロフィー

1．病態生理と疫学

筋ジストロフィーの中で，出生時または乳児期より発症する疾患群は，**先天性筋ジストロフィー** congenital muscular dystrophy(CMD)に分類される。**ラミニンα2(メロシン)欠損型筋ジストロフィー laminin α2(merosin)-deficient congenital muscular dystrophy**は，CMDのうち約40～50%に認められ，常染色体劣性遺伝の遺伝様式をとり，筋肉や末梢神経(シュワン細胞)，血管などの基底膜に発現する主要なラミニンアイソフォームであるα2鎖をコードする遺伝子(*LAMA2*)の変異によって起こる。ヒトのラミニンα2欠損型筋ジストロフィーでは，乳幼児期からの発育・発達の遅延，全身の筋萎縮と筋力低下が認められ，呼吸不全で乳幼児期に死亡する場合もある[71]。

獣医療領域では，犬で1症例（ブリタニー・スプリンガー・スパニエルの雑種犬）[50]，猫で4症例（メインクーン，シャム，短毛雑種猫，ペルシャの雑種猫）[1, 37, 42]の報告があるのみとなっている（日本においてはペルシャの雑種猫の1症例）。遺伝形式は不明であるが，ヒトと同様に常染色体劣性遺伝であると思われる（図1）。

2．臨床症状

発症時の年齢は，犬で1歳未満の若齢時，猫で2.5～6カ月齢とされ，後肢の筋力低下でオーナーが気付くことが多い。主症状としては，顕著な全身性の筋萎縮，四肢の筋力低下，歩行異常・歩行困難，四肢の関節拘縮，前肢の筋緊張低下，開口障害が挙げられる。行動や精神状態は正常であり，てんかん発作は認められない。

3．神経学的検査所見

脳神経，脊髄反射，固有位置感覚は正常である。手押し車歩行を行うとホッピング動作を示し，踏み直り反応は弱いことが多い。これらの異常は四肢の関節拘縮や筋力低下に関連したものであると思われる。

4．診断

(1) 血液検査

ラミニン$\alpha 2$欠損型筋ジストロフィーに罹患した動物の多くは，血清CK値が中等度（5,000 U/L前後）に上昇する。ASTやALTなどの筋逸脱酵素は軽度に上昇する。

(2) 電気生理学的検査

EMGでは，自発活性（線維自発電位や陽性鋭波）が認められることがある。MNCV検査では，神経伝導速度の低下が認められる。

(3) 病理組織学的検査

筋病理では，筋線維の大小不同，変性・壊死筋線維と中心核をもつ再生筋線維が多数認められる。また，高度の線維化，脂肪浸潤も認められる。末梢神経の病理では，髄鞘（ミエリン）の菲薄化や脱髄，シュワン細胞の変性（細胞質の空胞変性）が認められる。

確定診断は免疫組織化学やウェスタンブロットによって，ラミニン$\alpha 2$の欠損を証明することで行う。ジストロフィンや他のジストロフィン結合タンパク質（ジストログリカンやサルコグリカン）の発現低下とユートロフィンの筋細胞膜における発現は，ジストロフィン欠損型筋ジストロフィーとは異なり，認められない。

5．治療

特異的な治療法はなく，対症療法や支持療法を行う。

6．予後

本疾患に罹患した犬の死因などは不明であるが，3頭の猫のうち，2頭は2歳までに安楽死が行われている[37]。残りの1頭は，5歳3カ月齢時に誤嚥性肺炎で死亡したと報告されている[1]。

α-ジストログリカン欠損型筋ジストロフィー（デボン・レックスの遺伝性ミオパチー）

1．病態生理と疫学

ジストログリカンは，筋肉細胞の内外を連結するDGCの重要な構成分子であり，筋細胞膜外に存在するαサブユニットと筋細胞膜を貫通するβサブユニットからなる。αおよびβサブユニットは，もともと1つの遺伝子（*DAG 1*）でコードされており，翻訳後に2つのサブユニットに切断される[12, 23]。**α-ジストログリカンはさらに翻訳後修飾により**，4つの糖鎖（O-マンノース型糖鎖：マンノース，N-アセチルグルコサミン，ガラクトース，シアル酸）が付加されており，ラミニン$\alpha 2$などの細胞外基質タンパク質と結合する[9]。ヒトにおける**α-ジストログリカン欠損症には**，福山型先天性筋ジストロフィー，筋・眼・脳病muscle-eye-brain disease，Walker-Warburg syndromeなどが挙げられるが，これらの疾患は全て糖鎖修飾に関連する遺伝子の異常によって引き起こされ，α-ジストログリカンの発現が減少する（ヒトでは*DAG1*の遺伝子変異は同定されていない）[71]。

獣医療領域では，デボン・レックスで認められる遺伝性ミオパチーとして報告された[34, 44]。近年，デボン・レックスの近縁となるスフィンクスにおいて同様の症状を示す個体が発見され，ヒトのα-ジストログリカン欠損症とは異なり糖鎖修飾に異常は認められなかったが，α-ジストログリカンのタンパク質発現の低下が示された。したがって本疾患はα-ジストログリカンの欠損が原因であると考えられている(図1)[35]。本疾患は，常染色体劣性の遺伝形式をとる。

2. 臨床症状

3～23週齢時に，筋力の低下でオーナーが気付くことが多い。本疾患の特徴的な臨床症状には，頚部筋や肩甲帯筋の筋力低下に起因した頭頚部の腹側屈曲，肩甲骨の背側突出，“物乞い”姿勢や“シマリス”姿勢，四肢の筋力低下に伴う運動時の四肢の震えや歩幅の短縮，前肢の硬直と測定過大歩行，クラウチング歩行，易疲労性が挙げられる。胸骨に顎を乗せる姿勢や，伏臥姿勢をとり前肢の上に頭を乗せる姿勢が認められることもある。多くの症例で嚥下障害が認められる。

3. 診断

(1) 血液検査

本疾患に罹患した猫の血清CK値は，正常範囲内か軽度の上昇にとどまる。また，他の筋逸脱酵素の上昇は認められない。

(2) 電気生理学的検査

複数の筋肉群において，線維自発電位，複合反復放電，陽性鋭波などの自発活性が認められる。運動神経や感覚神経の伝導速度に異常は認められない。

(3) 画像検査

食道造影検査において，食道の運動低下や巨大食道がしばしば認められる。

(4) 病理組織学的検査

筋線維の大小不同が認められる。遅筋(赤筋)線維myosin heavy chain type I fiberが優位(割合の増加)となる場合や，変性・壊死した筋線維や組織球の浸潤，中心核をもつ再生筋線維，筋線維核数の増加，筋線維の縦裂を認めることがある。後肢の近位筋や四肢の遠位筋と比較し，前肢の近位筋や背側の頚部筋での筋障害が強い。末梢神経や脳脊髄領域に異常は認められない。

免疫組織化学やウェスタンブロットにおいて，α-ジストログリカンの発現減少が認められる。また，ラミニン$\alpha 2$の発現が減少することもある。ジストロフィンやβ-ジストログリカンなどのジストロフィン結合タンパク質減少は認められない。

4. 治療

疾患特異的な治療法はない。

5. 予後

本疾患に罹患した猫の臨床症状は，発症後から緩徐に進行，ないしは症状の悪化がほとんど認められない。死因としては，食事に起因した喉頭けいれんによる上部気道閉塞が非常に多く，突然死することが報告されている。

サルコグリカン欠損型筋ジストロフィー

1. 病態生理と疫学

サルコグリカンは，筋細胞膜貫通型の糖タンパク質であり，サルコグリカンコンプレックスと呼ばれるヘテロ4量体構造を形成する。骨格筋や心筋においてはα，β，γ，δ，平滑筋においてはε，β，γ，δの4つのサルコグリカンによりコンプレックスが形成される[4]。サルコグリカンコンプレックスの構成分子の遺伝子変異は，一般的にヒトにおいて常染色体劣性の筋ジストロフィーである肢帯型筋ジストロフィーlimb-girdle muscular dystrophy(LGMD)を引き起こし，数多くのミスセンス変異，スプライシング変異，ナンセンス変異が4つのサルコグリカン遺伝子において同定されている[19, 29]。また，サルコグリカン欠損症では，ジストロフィン欠損症のDMDと同様に，DGCを構成する他の構成分子の欠損を同時に引き起こす[29, 57]。

獣医療領域におけるサルコグリカン欠損症は，特異的な遺伝子変異は同定されていないものの，若齢のボストン・テリア，コッカー・スパニエル，チワワ，短毛雑種猫で報告されている[11, 45, 47]。特にボストン・テリアにおいては複数頭の報告があり，サルコグリカン欠損症の遺伝的な素因をもっている可能性がある(図1)。

2. 臨床症状

2～11カ月齢時に全身性の筋力低下に伴う歩行異常，無気力(歩きたがらない)，運動不耐を示すことが多く，緩徐進行性である。その他の臨床症状としては，前肢の硬直と外転歩行(竹馬様歩行)，前肢の骨格筋(胸筋，棘上筋，上腕二頭筋，上腕三頭筋)を中心とした筋肥大や，巨舌，嚥下障害，嘔吐・吐出，呼吸異常が認められることがある。

3. 神経学的検査所見

意識レベル，脳神経，固有位置感覚は正常である。脊髄反射は正常または下位運動ニューロン徴候(LMNS)を示す。

4. 診断

(1) 血液検査

罹患した犬または猫の血清 CK 値は，中等度〜高度に上昇する。また，AST や ALT などの筋逸脱酵素の上昇も認められる。

(2) 電気生理学的検査

前後肢の骨格筋をはじめとする様々な筋肉群の EMG において，陽性鋭波，線維自発電位，複合反復放電が認められる。

(3) 病理組織学的検査

罹患動物の筋病理では，筋線維の大小不同(円形化した萎縮筋線維や筋線維タイプの異常を伴わない肥大筋線維)，多数の変性・壊死筋線維と再生筋線維，炎症性細胞浸潤が認められる。また，線維化や Ca 沈着が認められることがある。神経組織は正常である。

免疫組織化学やウェスタンブロットでは，サルコグリカンコンプレックスを構成する複数のサルコグリカンの欠損または発現の減少が認められる。サルコグリカンのうちいずれか1つの欠損が，サルコグリカンコンプレックスを構成する他の分子を二次的に欠損または発現減少させたと考えられ，どのサルコグリカンタンパク質の欠損が根本的な原因なのかは特定できていない。サルコグリカン以外の DGC を構成する他の構成分子(ジストロフィンやラミニンなど)の欠損や発現減少は認められないことが多い。

5. 治療

疾患特異的な治療法はない。

6. 予後

予後については不明である。

ミトコンドリア筋症

ミトコンドリアは細胞エネルギーの産生に関与する重要な細胞小器官である。外膜および内膜の二重膜構造をとり，内膜の内腔は**マトリックス**と呼ばれる。マトリックスにはクエン酸回路の諸酵素や脂肪酸の β 酸化にかかわる酵素が存在し，ミトコンドリア内膜には4つの呼吸鎖複合体(複合体Ⅰ：NADH デヒドロゲナーゼ，複合体Ⅱ：コハク酸デヒドロゲナーゼ〔SDH〕，複合体Ⅲ：CoQ-シトクロム C レダクターゼ，複合体Ⅳ：シトクロム C オキシダーゼ〔COX〕)と ATP 合成酵素が存在し，エネルギー産生の重要な場になっている。これらの酵素群は，ミトコンドリア DNA または核 DNA によってコードされることが知られている。

ミトコンドリア病 mitochondrial disorders は，ミトコンドリアに機能異常をもつ疾患群の総称であり，ミトコンドリア DNA や核 DNA の遺伝子異常が，自然発症性，母系遺伝，メンデル性遺伝，または複合的な遺伝様式によって引き起こされる[18]。ミトコンドリア病は，酸化的リン酸化に強く依存した臓器，特に骨格筋，脳，心筋，感覚器，腎臓において重度な障害を示す。ミトコンドリア病患者では，ミトコンドリアの機能異常によって十分な好気的エネルギー代謝を行うことができないため，嫌気的エネルギー代謝の亢進が起こり，代謝産物である乳酸やピルビン酸が蓄積し，代謝性アシドーシスを引き起こすことが多い。ミトコンドリア病の中でも，特に筋力低下や易疲労性などの骨格筋症状を示すものを**ミトコンドリア筋症 mitochondrial myopathy** と呼んでいる。

1. 病態生理と疫学

獣医療域におけるミトコンドリア筋症の病因として，これまでクランバー・スパニエルやサセックス・スパニエルにおいて，ミトコンドリア内のピルビン酸をアセチル CoA に変換する酵素であるピルビン酸デヒドロゲナーゼの欠損が報告され，後にピルビン酸デヒドロゲナーゼフォスファターゼ-1遺伝子の変異が同定された[20, 21, 51]。また，オールド・イングリッシュ・シープドッグでは，呼吸鎖複合体Ⅳのシトクロム C オキシダーゼ活性の異常とミトコンドリア mRNA の減少が報告されている(図9)[5, 62]。

ミトコンドリア筋症の発生犬種には，アイリッシュ・テリア[64]，サセックス・スパニエル[21]，オールド・イングリッシュ・シープドッグ[5]，ジャック・ラッセル・テリア[38]，ジャーマン・シェパード・ドッグ[39]，クランバー・スパニエル[6]が挙げられる。本疾患の猫での症例報告は認められない。本疾患は常染色体劣性遺伝であると考えられている。

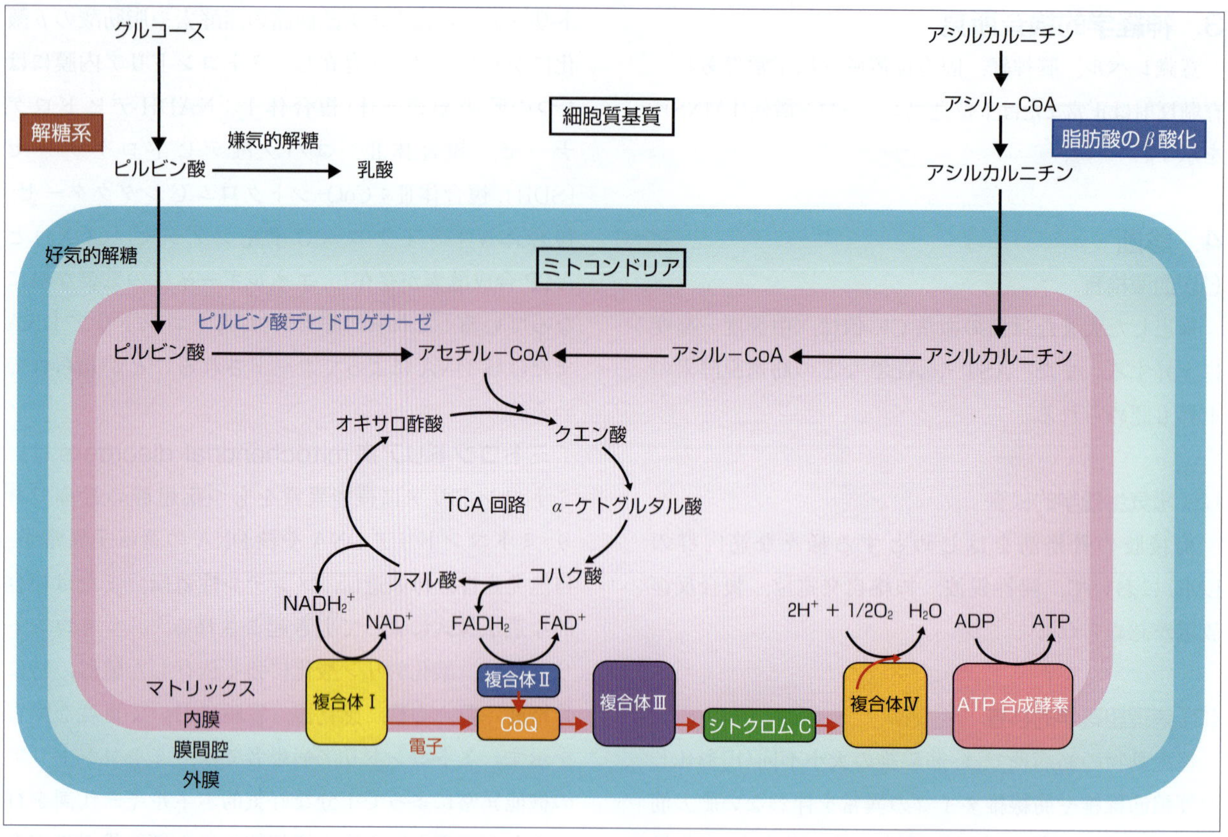

図 9　ミトコンドリアにおけるエネルギー代謝経路とミトコンドリア筋症

ミトコンドリア筋症は獣医療領域において，ピルビン酸デヒドロゲナーゼの複合体の欠損や，呼吸鎖複合体Ⅳのシトクロム C オキシダーゼ（COX）活性の欠損が報告されている。ミトコンドリアのエネルギー代謝異常によって嫌気的解糖の亢進が起こり，乳酸やピルビン酸が蓄積することで代謝性アシドーシスを起こす。

複合体Ⅰ：NADH デヒドロゲナーゼ，複合体Ⅱ：コハク酸デヒドロゲナーゼ，複合体Ⅲ：CoQ-シトクロム C レダクターゼ，複合体Ⅳ：シトクロム C オキシダーゼ，CoQ：補酵素 Q，赤線は電子の流れを示す。

2．臨床症状

1 歳未満で，運動不耐性や易疲労性，歩行異常（運動後における後肢の歩幅の短縮，脊柱背弯，後肢のウサギ跳び様歩行）を示すことが多く，緩徐進行性である。また，進行性の筋力低下や全身性の筋萎縮が認められ，重度の場合は歩行困難となることがある。臨床症状に易疲労性を伴うことから，重症筋無力症との鑑別（ミトコンドリア筋症では，コリンエステラーゼ阻害剤であるエドロホニウムを静脈内投与しても，症状改善は認められない）が必要であると考えられる。

3．神経学的検査所見

固有位置感覚，脳神経，脊髄反射は正常であるが，手押し車反応や跳び直り反応などの姿勢反応は，筋力低下によって誘発されないことがある。

4．診断

（1）血液検査

罹患犬では，血清 CK 値が軽度に上昇（多くの症例で 1,000 U/L 以下）する。また，AST や ALT，LDH などの筋逸脱酵素群も軽度に上昇する。運動前後または摂食前後における血中乳酸濃度の上昇や，運動負荷後または摂食後の乳酸／ピルビン酸比の上昇（正常犬における乳酸／ピルビン酸比は 10～20）が認められることが多く，乳酸血症による代謝性アシドーシスを引き起こす。乳酸／ピルビン酸比の上昇を伴う乳酸アシドーシスは，ピルビン酸デヒドロゲナーゼやピルビン酸カルボキシラーゼの欠損，シトクロム C オキシダーゼなどのミトコンドリア呼吸鎖の異常，クエン酸回路の障害に関連して起こる。

（2）電気生理学的検査

骨格筋の EMG において，陽性鋭波，線維自発電位，複合反復放電が認められることが多い。また MNCV は正常である。

（3）病理組織学的検査

ミトコンドリアにおいて機能異常が存在する場合，

表　筋ジストロフィーの各病型の特徴

疾患名	罹患品種	原因遺伝子	遺伝形式	血液検査
犬のX染色体連鎖性筋ジストロフィー（CXMD）	ゴールデン・レトリーバー，ロットワイラー，ジャーマン・ショートヘアード・ポインター，アイリッシュ・セター，ウェルシュ・コーギー・ペンブローク，サモエド，ベルジアン・シェパード・ドッグ・グローネンダール，アラスカン・マラミュートなど多犬種	ジストロフィン	X染色体連鎖性遺伝	CK：顕著に上昇（出生1時間後に数万～数十万 U/L。2週齢前後で数千～1万 U/L に低下し，2カ月齢前後に数万 U/L まで再び上昇。その後，筋萎縮に伴い低下する） AST，ALT，LDH：顕著に上昇
猫の肥大型筋ジストロフィー（HFMD）	雑種猫	ジストロフィン	X染色体連鎖性遺伝	CK：顕著に上昇（10,000 U/L 以上） AST，ALT，LDH：顕著に上昇
α-ジストログリカン欠損型筋ジストロフィー（デボン・レックスの遺伝性ミオパチー）	デボン・レックス，スフィンクス	α-ジストログリカン	常染色体劣性遺伝	CK：正常範囲か軽度の上昇 AST，ALT，LDH：正常値
サルコグリカン欠損型筋ジストロフィー	ボストン・テリア，チワワ，コッカー・スパニエル	サルコグリカン	常染色体劣性遺伝	CK：中等度から高度に上昇 AST，ALT：上昇
ラミニンα2（メロシン）欠損型筋ジストロフィー	雑種犬，メインクーン，シャム，雑種猫	ラミニン	常染色体劣性遺伝？	CK：中等度に上昇（5,000 U/L 前後） AST，ALT：軽度に上昇

ミトコンドリア数の増加や形態異常を引き起こすことが多く，筋細胞膜下に多くのミトコンドリアが集積する。そのため，罹患動物の HE 染色では好塩基性の縁取りをもつ筋線維として，またゴモリトリクローム変法染色では，筋細胞膜下および筋原線維間に赤色の顆粒状物質の蓄積をもつ，**赤色ぼろ線維 ragged red fiber** と呼ばれる筋線維が認められることが特徴的である。ミトコンドリアの集積した領域は，コハク酸デヒドロゲナーゼ染色やニコチンアミドアデニンジヌクレオチドテトラゾリウムリダクターゼ（NADH-TR）染色で濃染し，酸化酵素活性が高いことがわかる。また，筋周囲や筋線維内に過ヨウ素酸シッフ染色（PAS）陽性の筋線維が認められることが多く，グリコーゲンの蓄積が示唆される。電子顕微鏡検査では，筋細胞膜下や核近傍において構造的に正常または異常な形状をしたミトコンドリアやグリコーゲン顆粒の蓄積が認められる。その他の非特異的な筋病理所見として，筋線維の大小不同や萎縮筋線維が認められる。なお，末梢神経において異常は認められない。

5. 治療

疾患特異的な治療法はないが，100 mg/head/day のコエンザイムQや10 mg/kg/dayのビタミンC投与によって，罹患動物の活動性が上がったという報告がある[5, 56]。その他，ミトコンドリアのエネルギー経路において使用されるL-カルニチンやビタミン B_2（リボフラビン）などの使用も有効とされる[30]。ビタミン B_1（サイアミン）の使用やケトン食療法（高脂肪，低タンパク質）もまた，有効であるかもしれない[6]。

6. 予後

治癒は望めず，予後不良である。

おわりに

本章では，筋ジストロフィー（表），ならびにミトコンドリア筋症について紹介した。医学領域と比較し，獣医療領域における筋ジストロフィーやミトコンドリア病の症例報告や研究報告はまだ非常に少なく，多くの遺伝性筋疾患では病因や病態が詳細に解明されていないのが現状である。この要因には，先天性筋疾患を確定診断するにあたって，罹患動物に対し麻酔下での侵襲的な筋生検が必要となること，また筋生検を行っても確定診断に至らない場合があること，さらに確定診断に至った場合でもその先の根本的な治療法がないため，オーナーが筋病理検査を望まないことが挙げられる。たとえ筋病理検査を行うことができなくとも，臨床上の仮診断にあたっては，罹患動物のシグナルメント（特徴的な症状の有無など），病歴（発症時年齢など），家族歴の有無（X染色体性 or 常染色体性），品種，血液検査（血清 CK 値など）などの情報は非常に重要となることから，遺伝性筋疾患の一般的な病態は少なくとも理解しておく必要があると思われる。

［小林正典］

■謝辞

今回，写真をご提供いただいた国立精神・神経医療研究センターの武田伸一先生，ならびに青木犬猫病院の青木 宏先生に深謝する。また，併せて，免疫組織化学において抗体をご提供いただいた国立精神・神経医療研究センターの今村道博先生に深謝する。

■参考文献

1) Awamura Y, Uchida K, Arikawa-Hirasawa E. Long-term follow-up of laminin alpha2(merosin)-deficient muscular dystrophy in a cat. *J Feline Med Surg.* 10(3): 274-279, 2008.

2) Baltzer WI, Calise DV, Levine JM, et al. Dystrophin-deficient muscular dystrophy in a Weimaraner. *J Am Anim Hosp Assoc.* 43(4): 227-232, 2007.

3) Bergman RL, Inzana KD, Monroe WE, et al. Dystrophin-deficient muscular dystrophy in a Labrador retriever. *J Am Anim Hosp Assoc.* 38(3): 255-261, 2002.

4) Blake DJ, Weir A, Newey SE, et al. Function and genetics of dystrophin and dystrophin-related proteins in muscle. *Physiol Rev.* 82(2): 291-329, 2002.

5) Breitschwerdt EB, Kornegay JN, Wheeler SJ, et al. Episodic weakness associated with exertional lactic acidosis and myopathy in Old English sheepdog littermates. *J Am Vet Med Assoc.* 201(5): 731-736, 1992.

6) Cameron JM, Maj MC, Levandovskiy V, et al. Identification of a canine model of pyruvate dehydrogenase phosphatase 1 deficiency. *Mol Genet Metab.* 90(1): 15-23, 2007.

7) Campbell KP. Three muscular dystrophies: loss of cytoskeleton-extracellular matrix linkage. *Cell.* 80(5): 675-679, 1995.

8) Carpenter JL, Hoffman EP, Romanul FC, et al. Feline muscular dystrophy with dystrophin deficiency. *Am J Pathol.* 135(5): 909-919, 1989.

9) Chiba A, Matsumura K, Yamada H, et al. Structures of sialylated O-linked oligosaccharides of bovine peripheral nerve alpha-dystroglycan. The role of a novel O-mannosyl-type oligosaccharide in the binding of alpha-dystroglycan with laminin. *J Biol Chem.* 272(4): 2156-2162, 1997.

10) Cooper BJ, Winand NJ, Stedman H, et al. The homologue of the Duchenne locus is defective in X-linked muscular dystrophy of dogs. *Nature.* 334(6178): 154-156, 1988.

11) Deitz K, Morrison JA, Kline K, et al. Sarcoglycan-deficient muscular dystrophy in a Boston Terrier. *J Vet Intern Med.* 22(2): 476-480, 2008.

12) Ervasti JM, Campbell KP. A role for the dystrophin-glycoprotein complex as a transmembrane linker between laminin and actin. *J Cell Biol.* 122(4): 809-823, 1993.

13) Ervasti JM, Ohlendieck K, Kahl SD, et al. Deficiency of a glycoprotein component of the dystrophin complex in dystrophic muscle. *Nature.* 345(6273): 315-319, 1990.

14) Gaschen F, Burgunder JM. Changes of skeletal muscle in young dystrophin-deficient cats: a morphological and morphometric study. *Acta Neuropathol.* 101(6): 591-600, 2001.

15) Gaschen F, Jaggy A, Jones B. Congenital diseases of feline muscle and neuromuscular junction. *J Feline Med Surg.* 6(6): 355-366, 2004.

16) Gaschen FP, Hoffman EP, Gorospe JR, et al. Dystrophin deficiency causes lethal muscle hypertrophy in cats. *J Neurol Sci.* 110(1-2): 149-159, 1992.

17) Gaschen L, Lang J, Lin S, et al. Cardiomyopathy in dystrophin-deficient hypertrophic feline muscular dystrophy. *J Vet Intern Med.* 13(4): 346-356, 1999.

18) Graeber MB, Muller U. Recent developments in the molecular genetics of mitochondrial disorders. *J Neurol Sci.* 153(2): 251-263, 1998.

19) Hack AA, Groh ME, McNally EM. Sarcoglycans in muscular dystrophy. *Microsc Res Tech.* 48(3-4): 167-180, 2000.

20) Herrtage E, Houlton JE. Collapsing Clumber spaniels. *Vet Rec.* 105(14): 334, 1979.

21) Houlton JE, Herrtage ME. Mitochondrial myopathy in the Sussex spaniel. *Vet Rec.* 106(9): 206, 1980.

22) Howell J, Davies L, Everaard A. The use of prednisone in the GRMD dog. *Neuromuscul Disord.* 12: 738, 2002.

23) Ibraghimov-Beskrovnaya O, Ervasti JM, Leveille CJ, et al. Primary structure of dystrophin-associated glycoproteins linking dystrophin to the extracellular matrix. *Nature.* 355(6362): 696-702, 1992.

24) Ito D, Kitagawa M, Jeffery N, et al. Dystrophin-deficient muscular dystrophy in an Alaskan malamute. *Vet Rec.* 169(5): 127, 2011.

25) Jones BR, Brennan S, Mooney CT, et al. Muscular dystrophy with truncated dystrophin in a family of Japanese Spitz dogs. *J Neurol Sci.* 217(2): 143-149, 2004.

26) Klarenbeek S, Gerritzen-Bruning MJ, Rozemuller AJ, et al. Canine X-linked muscular dystrophy in a family of Grand Basset Griffon Vendéen dogs. *J Comp Pathol.* 137(4): 249-252, 2007.

27) Kobayashi M, Nakamura A, Hasegawa D, et al. Evaluation of dystrophic dog pathology by fat-suppressed T2-weighted imaging. *Muscle Nerve.* 40(5): 815-826, 2009.

28) Kornegay JN, Tuler SM, Miller DM, et al. Muscular dystrophy in a litter of golden retriever dogs. *Muscle Nerve.* 11(10): 1056-1064, 1988.

29) Laval SH, Bushby KM. Limb-girdle muscular dystrophies--from genetics to molecular pathology. *Neuropathol Appl Neurobiol.* 30(2): 91-105, 2004.

30) Leonard JV, Schapira AH. Mitochondrial respiratory chain disorders I: mitochondrial DNA defects. *Lancet.* 355(9200): 299-304, 2000.

31) Lin S, Gaschen F, Burgunder JM. Utrophin is a regeneration-associated protein transiently present at the sarcolemma of regenerating skeletal muscle fibers in dystrophin-deficient hypertrophic feline muscular dystrophy. *J Neuropathol Exp Neurol.* 57(8): 780-790, 1998.

32) Liu JM, Okamura CS, Bogan DJ, et al. Effects of prednisone in canine muscular dystrophy. *Muscle Nerve.* 30(6): 767-773, 2004.

33) Lorenz MD, Coates JR, Kent M. Handbook of Veterinary Neurology, 5th ed. Elsevier, Saunders. St. Louis, US. 2011.

34) Malik R, Mepstead K, Yang F, et al. Hereditary myopathy of Devon rex cats. *J Small Anim Pract.* 34(11): 539-545, 1993.

35) Martin PT, Shelton GD, Dickinson PJ, et al. Muscular dystrophy associated with alpha-dystroglycan deficiency in Sphynx and Devon Rex cats. *Neuromuscul Disord.* 18(12): 942-952, 2008.

36) Moise NS, Valentine BA, Brown CA, et al. Duchenne's cardiomyopathy in a canine model: electrocardiographic and echocardiographic studies. *J Am Coll Cardiol.* 17(3): 812-820, 1991.

37) O'Brien DP, Johnson GC, Liu LA, et al. Laminin alpha 2 (merosin)-deficient muscular dystrophy and demyelinating neuropathy in two cats. *J Neurol Sci.* 189(1-2): 37-43, 2001.

38) Olby NJ, Chan KK, Targett MP, et al. Suspected mitochondrial myopathy in a Jack Russell terrier. *J Small Anim Pract.* 38(5): 213-216, 1997.

39) Paciello O, Maiolino P, Fatone G, et al. Mitochondrial myopathy in a german shepherd dog. *Vet Pathol.* 40(5): 507-511, 2003.

40) Paola JP, Podell M, Shelton GD. Muscular dystrophy in a miniature schnauzer. *Prog Vet Neurol.* 4(1): 14-18, 1993.

41) Piercy RJ, Walmsley G. Muscular dystrophy in Cavalier King Charles spaniels. *Vet Rec.* 165(2): 62, 2009.

42) Poncelet L, Resibois A, Engvall E, et al. Laminin alpha2 deficiency-associated muscular dystrophy in a Maine coon cat. *J Small Anim Pract.* 44(12): 550-552, 2003.

43) Presthus J, Nordstoga K. Congenital myopathy in a litter of Samoyed dogs. *Prog Vet Neurol.* 4(2): 37-40, 1993.

44) Robinson R. 'Spasticity' in the Devon rex cat. *Vet Rec.* 130(14): 302, 1992.

45) Salvadori C, Vattemi G, Lombardo R, et al. Muscular dystrophy with reduced beta-sarcoglycan in a cat. *J Comp Pathol.* 140(4): 278-282, 2009.

46) Schatzberg SJ, Olby NJ, Breen M, et al. Molecular analysis of a spontaneous dystrophin 'knockout' dog. *Neuromuscul Disord.* 9(5): 289-295, 1999.

47) Schatzberg S, Whittemore J, Morgan E, et al. Sarcoglycanopathy in 3 dogs. Proceedings of the American College of Veterinary Internal Medicine, 22nd Annual Forum, Dallas, TX, 2003.

48) Sharp NJ, Kornegay JN, Van Camp SD, et al. An error in dystrophin mRNA processing in golden retriever muscular dystrophy, an animal homologue of Duchenne muscular dystrophy. *Genomics.* 13(1): 115-121, 1992.

49) Shelton GD, Engvall E. Canine and feline models of human inherited muscle diseases. *Neuromuscul Disord.* 15(2): 127-138, 2005.

50) Shelton GD, Liu LA, Guo LT, et al. Muscular dystrophy in female dogs. *J Vet Intern Med.* 15(3): 240-244, 2001.

51) Shelton GD, van Ham L, Bhatti S, et al. Pyruvate dehydrogenase deficiency in Clumber and Sussex spaniels in the United States and Belgium. *J Vet Intern Med.* 14(3): 342, 2000.

52) Shimatsu Y, Katagiri K, Furuta T, et al. Canine X-linked muscular dystrophy in Japan(CXMDJ). *Exp Anim.* 52(2): 93-97, 2003.

53) Shimatsu Y, Yoshimura M, Yuasa K, et al. Major clinical and histopathological characteristics of canine X-linked muscular dystrophy in Japan, CXMDJ. *Acta Myol.* 24(2): 145-154, 2005.

54) Smith BF, Yue Y, Woods PR, et al. An intronic LINE-1 element insertion in the dystrophin gene aborts dystrophin expression and results in Duchenne-like muscular dystrophy in the corgi breed. *Lab Invest.* 91(2): 216-231, 2011.

55) Soens IV, Mois N, Meervenne SV, et al. A case of hypertrophic muscular dystrophy in a Belgian domestic shorthair cat. *Vlaams Diergeneeskundig Tijdschrift.* 78(2): 111-115, 2009.

56) Tauro A, Talbot CE, Pratt JN, et al. Suspected mitochondrial myopathy in a springer spaniel. *Vet Rec.* 163(13): 396-397, 2008.

57) Vainzof M, Passos-Bueno MR, Canovas M, et al. The sarcoglycan complex in the six autosomal recessive limb-girdle muscular dystrophies. *Hum Mol Genet.* 5(12): 1963-1969, 1996.

58) Valentine BA, Cooper BJ, de Lahunta A, et al. Canine X-linked muscular dystrophy. An animal model of Duchenne muscular dystrophy: clinical studies. *J Neurol Sci.* 88(1-3): 69-81, 1988.

59) Valentine BA, Cummings JF, Cooper BJ. Development of Duchenne-type cardiomyopathy. Morphologic studies in a canine model. *Am J Pathol.* 135(4): 671-678, 1989.

60) van Ham LML, Roels SLMF, Hoorens JK. Congenital dystrophy-like myopathy in a Brittany Spaniel puppy. *Prog Vet Neurol.* 6(4): 135-138, 1995.

61) Vieira NM, Moreira Y, Zucconi E, et al. Microarray analysis of two exceptional Golden Retriever Muscular Dystrophy (GRMD) dogs with no dystrophin and a mild course. *Neuromuscul Disord.* 21(9): 648-649, 2011.

62) Vijayasarathy C, Giger U, Prociuk U, et al. Canine mitochondrial myopathy associated with reduced mitochondrial mRNA and altered cytochrome c oxidase activities in fibroblasts and skeletal muscle. *Comp Biochem Physiol A Physiol.* 109(4): 887-894, 1994.

63) Vos JH, van der Linde-Sipman JS, Goedegebuure SA. Dystrophy-like myopathy in the cat. *J Comp Pathol.* 96(3): 335-341, 1986.

64) Wentnik GH, Meijer AEFH, van der Linde-Sipman JS, et al. Myopathy in an Irish Terrier with a metabolic defect of the isolated mitochondria. *Zentralbl Vet Med A.* 21: 62-74, 1974.

65) Wetterman CA, Harkin KR, Cash WC, et al. Hypertrophic muscular dystrophy in a young dog. *J Am Vet Med Assoc.* 216(6): 878–881, 2000.

66) Winand NJ, Edwards M, Pradhan D, et al. Deletion of the dystrophin muscle promoter in feline muscular dystrophy. *Neuromuscul Disord.* 4(5–6): 433–445, 1994.

67) Winand N, Pradham D, Cooper B. Molecular characterization of severe Duchennetype dystrophy in a family of Rottweiler dogs. Proceedings of the Muscular Dystrophin Association: Molecular mechanisms of neuromuscular disease, Tucson, AZ, 1994. Jan 24–25.

68) Woods P, Sharp NJ, Schatzberg S. Muscular dystrophy in Pembroke Corgis and other dogs. Proceedings of 16th American College of Veterinary Internal Medicine Forum, San Diego, CA. 301–303, 1998.

69) Yugeta N, Urasawa N, Fujii Y, et al. Cardiac involvement in Beagle-based canine X-linked muscular dystrophy in Japan (CXMDJ): electrocardiographic, echocardiographic, and morphologic studies. *BMC Cardiovasc Disord.* 6: 47, 2006.

70) 筋ジストロフィー研究連絡協議会. 筋ジストロフィーはここまでわかったPART2. 医学書院. 東京. 1999.

71) 埜中征哉. 臨床のための筋病理, 第4版. 日本医事新報社. 東京. 2011.

72) 水野美邦, 栗原照幸. 標準神経病学. 医学書院. 東京. 2012.

I

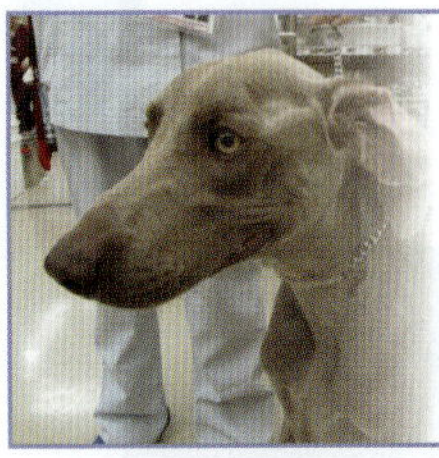

50. 炎症性筋疾患

はじめに

獣医学の神経筋疾患において，椎間板ヘルニアや脳脊髄炎などの中枢性神経疾患と比較して，筋疾患はあまり発生していないように思われる。したがって犬や猫の筋疾患を実際にみる機会は少ないのではないだろうか。しかし，いざというときには，しっかりと診断し，適切な治療を行う必要がある。

炎症性筋疾患はその原因により，免疫介在性と考えられている特発性炎症性筋疾患，あるいは感染や腫瘍などの他の疾患に起因して生じる二次性炎症性筋疾患に分類することができる(表1)。また，炎症の拡がりによって全身性あるいは局所性に分類することができる(表2)。カリフォルニア大学の Comparative Neuromuscular Laboratory も，**炎症性筋疾患の治療のポイントは早期診断**で，早期治療によって良好な予後が得られると述べている。

したがって，本章では最良の治療を実施するためにいかに早期に臨床症状から炎症性筋疾患を疑い，適切な検査を実施して確定診断に至るかに関して，過去の報告に基づいて疾患ごとに紹介したい。

特発性炎症性筋疾患

1．全身性炎症性筋疾患

(1) 特発性多発性筋炎

特発性多発性筋炎 idiopathic polymyositis は，犬と猫における全身性炎症性ミオパチーである。体幹，四肢や顔面などの全身の骨格筋に広汎に認められるリンパ球と組織球系細胞の浸潤を伴った免疫介在性炎症性疾患であるが，抗原が惹起される原因は不明である[45]。犬では年齢，犬種に関係なく発症するが，大型犬ならびに高齢犬で好発する傾向にある[4, 31]。猫では通常1歳以上で発症し，好発品種は特に報告されていない[45]。

表1　原因による炎症性筋疾患の分類

特発性炎症性筋疾患	二次性炎症性筋疾患
・多発性筋炎 ・皮膚筋炎 ・咀嚼筋筋炎 ・外眼筋炎 ・ウェルシュ・コーギーの炎症性筋症	・感染性筋炎(感染性多発性筋炎) ・腫瘍随伴性筋炎(胸腺腫・リンパ腫) ・全身性エリテマトーデス ・薬剤性炎症性筋疾患

表2　病巣の範囲による炎症性筋疾患の分類

全身性炎症性筋疾患(多発性筋炎)	局所性炎症性筋疾患
・特発性多発性筋炎 ・皮膚筋炎 ・ウェルシュ・コーギーの炎症性筋症：慢性期 ・感染性筋炎 ・腫瘍随伴性筋炎 ・全身性エリテマトーデス ・薬剤性炎症性筋疾患	・咀嚼筋筋炎 ・外眼筋炎 ・ウェルシュ・コーギーの炎症性筋症：急性期 ・(感染性筋炎) ・(腫瘍随伴性筋炎) ・(全身性エリテマトーデス) ・(薬剤性炎症性筋疾患)

臨床症状

［犬］

最もよく認められる臨床症状は，全身虚弱による運動不耐性，つま先立ちで歩くような**竹馬様歩行**，痛みによる頚部屈曲，嚥下障害，全身の筋萎縮と巨大食道症である(図1a)[16]。その他，間歇的な発熱，全身の筋肉痛，かすれた声で鳴くような発声障害，顎の筋萎縮による開口困難や四肢脊髄反射において下位運動ニューロン徴候(LMNS)を呈する場合もある。筋肉痛は全身の多くの筋群で顕著に認めるが，頭部の筋群ではやや軽度である[31]。巨大食道症に伴う吐出によって，二次的な誤嚥性肺炎に陥る場合もある。

［猫］

著しい**頚部の腹側への屈曲 ventral flex** や，高いところへ跳ぶことができなくなる，そして短い距離を歩行した後に座ったり，横臥になったりと全身虚弱による運動不耐性を認める(図1b)[51, 56]。症例によっては筋肉痛を呈する場合もある。

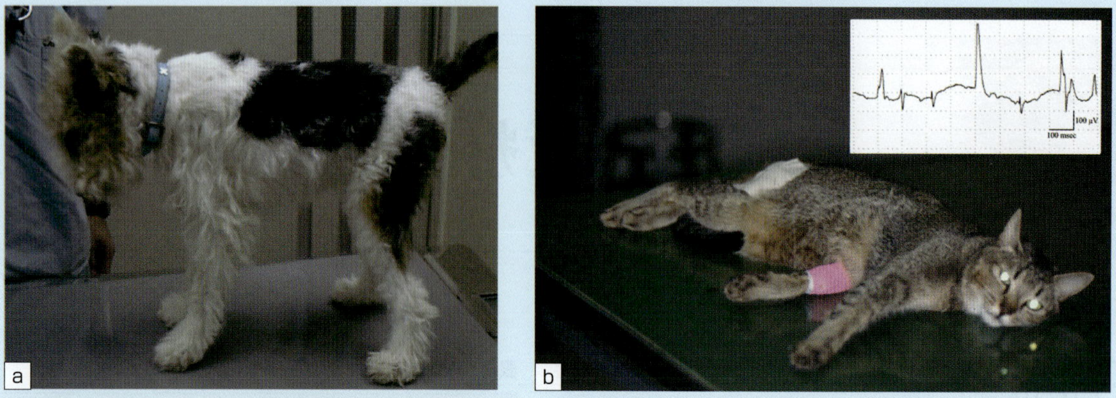

図１　特発性多発性筋炎の犬と猫

犬の特発性多発性筋炎に特徴的な四肢の強張りを伴う立位姿勢ならびに頚部屈曲を認める(a)。全身虚弱による運動不耐性によって横臥状態となった猫(b)。
挿入：単純針筋電図(EMG)によって認められた異常な安静時自発放電波形。

診断

［犬］

特異的な自己抗体を産生しないため，診断は，①筋虚弱，竹馬様歩行や筋萎縮などの臨床症状，②血清中CKの異常高値，③正常な神経伝導速度(NCV)と異常筋電図(EMG)，④血清による感染や他の筋疾患・神経筋接合部疾患(重症筋無力症，咀嚼筋筋炎)の抗体価が陰性，そして⑤骨格筋におけるリンパ球浸潤を伴う炎症像の確認(筋生検)によって行う[16, 31, 45)]。これらのうち３つ以上があてはまれば暫定的に診断してよいが，治療法が異なる感染や他の筋疾患(項目④)は除外すべきである。

多くの症例で，血清中CKは正常値の10倍以上を示す[45)]。また，安静時に測定しても２～100倍の値を示し，さらに運動によってその値が増加するという報告もある[8, 32, 36, 37)]。

筋電図(EMG)の異常は，四肢の近位で悪化傾向にあり，線維自発電位，陽性鋭波などの異常な安静時自発放電が認められる(図１)。吐出や呼吸困難などの症状がなくても，特発性多発性筋炎を疑った症例では胸部X線撮影を行い，巨大食道や誤嚥性肺炎の有無を評価することが望ましい。犬の感染性筋炎の原因としてはネオスポラ症(*Neospora caninum*)やトキソプラズマ症(*Toxoplasma gondii*)が存在するため，これらを除外する必要がある。

鑑別疾患としては，多発性関節炎，咀嚼筋筋炎，重症筋無力症，感染性多発性筋炎や特発性多発性神経根神経炎，髄膜炎，全身性の消耗性疾患，慢性のステロイド投与などが挙げられる。

［猫］

犬に準じて診断を実施する。猫の感染性筋炎の原因であるトキソプラズマ *Toxoplasma gondii* の血清抗体価は必ず測定すべきである。また，罹患した多くの猫は低Ca血症になっているため，低Ca血症性多発性筋症との鑑別が重要である[50)]。臨床症状から両者を区別することは非常に困難であるため，低Ca血症が認められる症例では，多発性筋炎の診断を進めていく前にCa補正を行い，臨床症状の改善があるかどうかを評価することが重要である。

病理組織学的所見

［犬］

特発性多発性筋炎の活動的病変としては，筋線維の変性壊死，間質におけるリンパ球，組織球系細胞，および形質細胞などの単核細胞浸潤が特徴的に認められる(図２)。免疫組織化学染色により炎症細胞の表面抗原を検索すると，後述の咀嚼筋筋炎あるいはウェルシュ・コーギーの炎症性筋症と比較してT細胞の浸潤が優勢であることが特徴である。本疾患では特異的な自己抗体が検出されないことが多いこと，T細胞では特にCD8陽性細胞が多いことなどから，病理発生として，細胞傷害性T細胞が筋組織傷害に重要な役割を担っていると考えられている。

慢性の病変では，炎症細胞浸潤が減少し，筋線維の萎縮消失と間質における結合組織増生が顕著となる。このため，病態としては非可逆的となり，治療を施しても機能的回復が困難な状態となると予想される。この慢性期の病態は後述されるいずれの筋炎あるいは他

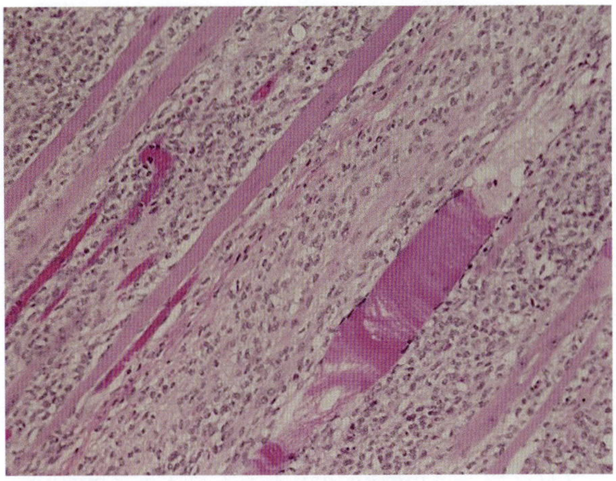

図2　特発性多発性筋炎の病理組織学的所見
筋線維の変性と，筋線維間に著明な単核細胞の浸潤が認められる。これらの単核細胞は，リンパ球と組織球系細胞を主体とする。

の筋疾患にも共通する転帰であり，病変の活動的な時期に生検を実施しないと鑑別診断が困難になるばかりでなく，治療による症状の改善も期待できなくなる。

治療および予後

［犬］

初期であれば免疫抑制量のステロイド療法によって，臨床症状は早急かつ完全に改善することが多い[32, 36, 44]。プレドニゾロン(2～4 mg/kg/day もしくは1～2 mg/kg，BID が望ましい)を用いて，症状の改善とともにプレドニゾロンを漸減する。一般的な投与法は最初の14日間は1～2 mg/kg，BID，続く14日間は1～2 mg/kg，SID もしくは0.5～1 mg/kg，BID と漸減し，その後0.5～1 mg/kg，SID ないしは0.25～0.5 mg/kg，BID と漸減して維持する[56]。この量で最低でも6週間継続し，症状の改善に応じてさらに漸減・休薬を行う。漸減・休薬によって再発する場合には，プレドニゾロンの投与を生涯続ける必要がある。また，プレドニゾロンを減量するために免疫抑制剤(アザチオプリン：1～2 mg/kg，SID，シクロスポリン：2～5 mg/kg, SID)を併用することも望ましい。筆者らは長期間のプレドニゾロン投与が必要な症例に対しては積極的にシクロスポリン(5 mg/kg，SID)を併用し，プレドニゾロンを最低量で維持している。なお，感染を除外する前に免疫抑制治療をすべきではない。

初期にコントロールが成功すれば比較的長期の良好な予後が得られる。しかし巨大食道症を呈した症例では誤嚥性肺炎を起こす可能性があるため，予後に注意が必要である。巨大食道症症例においては，吐出による誤嚥性肺炎を防ぐために立位姿勢で食事を与える。

［猫］

初期であれば免疫抑制量のステロイド療法によって，臨床症状は早急かつ完全に改善することが多い。ただし，感染を除外する前に免疫抑制治療を行わないよう注意する。

プレドニゾロン(4～6 mg/kg/day もしくは2～3 mg/kg, BID が望ましい)を用いて副作用をチェックしながら2カ月以上使用し，漸減・休薬する[56]。漸減・休薬に伴い再発するようであれば，プレドニゾロンを再開する。

(2) 犬の皮膚筋炎

皮膚筋炎 dermatomyositis は犬で認められる全身の皮膚，骨格筋，そして血管に病巣を認める免疫介在性炎症性疾患で，**コリー**で初めて報告された[22]。コリーの他，コリーとの雑種犬[26]，シェットランド・シープドッグ[17, 23]が好発犬種に挙げられ，これらの犬種では家族性に皮膚筋炎が認められている。したがって，**犬の家族性皮膚筋炎**とも呼ばれる。遺伝性についてはコリーでよく研究されており，その多くは常染色体優性遺伝によるものと考えられている[28]。その他の犬種でも散発的な皮膚筋炎の報告はあるものの家族性は認められていない[16, 59]。

病因は定かではないが，ある報告では家族性皮膚筋炎の罹患犬より採取した筋肉からピコルナウイルスが同定されており，感染が発症に貢献している可能性が示唆されている[26]。発症年齢は早く，通常生後7週間～6カ月以内には最初の臨床症状を認める。

臨床症状

最初の臨床症状として，脱毛，明瞭な小範囲の紅斑，小水疱，結痂，潰瘍ならびに痂皮形成などの皮膚病変が認められ，病変部位に色素沈着が起こる(図3)。皮膚病変は鼻口領域，傍眼窩領域，耳，口唇といった，顔面や尾の先端，骨の隆起した部位に顕著に認められる。その他，口腔内や肢のパッドの病変も報告されている[25]。皮膚病変が軽症な場合は数カ月で改善することもあるが，通常，脱毛，異常な色素沈着，痂皮は残存する。紫外線への曝露，雌の発情，外傷は皮膚病変を増悪させる因子である[24]。また，細菌や真菌が二次的に感染することもある。

多くの症例で皮膚病変に続き，全身性の筋炎が生じ

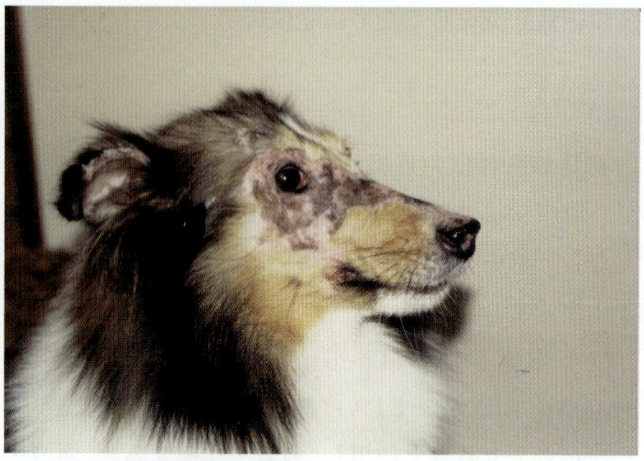

図3　皮膚筋炎の犬

鼻口・鼻梁領域，傍眼窩領域，耳，口唇に，脱毛，明瞭な小範囲の紅斑，色素沈着，結痂ならびに痂皮形成などの皮膚病変が顕著に認められる。
（画像提供：吉田動物病院　池 順子先生，アニマルクリニックらぶ 岡田かおり先生）

る。両側の側頭筋萎縮がしばしば最初の異常として観察される。続いて，他の咀嚼筋と四肢遠位の筋群が最も重篤に障害されることが多く，これに伴い，嚥下困難，開口困難や咬むことができなくなり，また食べ損じが生じる[26]。さらに重篤な症例では巨大食道症を認め，吐出による誤嚥性肺炎を生じることもある。

慢性期になると罹患した筋の萎縮を認める。多くの症例で，筋炎病巣の重症度は，皮膚炎の重症度に相関している。

診断

確定診断は皮膚ならびに筋組織の病理組織学的検査によって行われる。コリーあるいはシェットランド・シープドッグといった犬種，家族性，特徴的な鼻口領域ならびに傍眼窩領域の皮膚炎に加えて，開口困難を伴う咀嚼筋領域の筋炎に基づいて暫定的に診断を行う。末梢神経伝導速度（PNCV）は正常であるが，反復刺激試験で減衰したという報告もある。EMG においては線維自発電位，線維束自発電位，陽性鋭波などの異常な安静時自発放電が認められるが，異常筋電図の程度と皮膚筋炎の重症度に相関性は認められない。血清中 CK 値の上昇は軽度である。

病理組織学的所見

病理学的には特発性多発性筋炎と同様，筋組織の間質へのリンパ球と組織球系細胞の浸潤を特徴とするが，小血管中心の炎症所見が皮膚および筋で認められる場合がある。炎症細胞の主体がT細胞と組織球系細胞である点は特発性多発性筋炎と類似するが，T細胞では特に CD4 陽性細胞が多いとされている。このため，液性免疫による免疫複合体 immune complex の血管壁沈着が血管病変あるいは皮膚病変の形成に関与すると考えられる。

治療および予後

免疫抑制療法を実施する。皮膚筋炎が軽度な症例では，ステロイド療法によって，通常，良好な予後が得られる[45]。重度な症例でも一定の臨床症状の改善が認められる。特発性多発性筋炎の治療と同様に，プレドニゾロン（2～4 mg/kg/day もしくは 1～2 mg/kg，BID が望ましい）を用いて，症状の改善とともにプレドニゾロンを漸減する[45]。症状が安定する量まで徐々に漸減し，長期間維持する必要がある。漸減・休薬によって再発する場合には，プレドニゾロンの投与を生涯続ける必要がある。また，筆者らはプレドニゾロンを漸減するために免疫抑制剤（アザチオプリン：1～2 mg/kg，SID，シクロスポリン：2～5 mg/kg，SID）の併用も望ましいと考える。さらに，免疫抑制療法下で，皮膚の二次的感染を防ぐための抗生剤の使用も重要である。

巨大食道症を呈した症例では誤嚥性肺炎を起こす可能性があるため，予後に注意が必要である。巨大食道症の症例においては，吐出による誤嚥性肺炎を防ぐために立位姿勢で食事を与える。その他，皮膚炎の予防として，日光に当たらない，避妊手術の実施，ビタミンE（400 IU/day）の投与も推奨されている。また，微小循環領域の血流を改善させる働きをもつペントキシフィリン（25 mg/kg，BID）による治療も一定の効果があることが報告されている[25, 47]。ペントキシフィリン投薬後，おおよそ6週間後に毛が生えはじめ，ほとんどの症例で改善が認められた[47]。

2. 局所性炎症性筋疾患

（1）犬の咀嚼筋筋炎

咀嚼筋筋炎 masticatory muscle myositis（MMM）は，**開口困難**を主症状とした犬における咀嚼筋に限局した免疫介在性炎症性筋疾患である[45, 52]。咀嚼筋と骨格筋に存在する筋組織の違いによって，咀嚼筋にのみ炎症が生じる。咀嚼筋である咬筋，側頭筋，翼突筋，そして顎二腹筋には特有の **2M 筋線維**が存在し，咀嚼筋筋炎の犬ではこの 2M 筋線維においてのみ特異的に炎症，壊死，細胞貪食などの反応が認められる。2M 筋線維は，肉食動物の咀嚼筋に存在している[45, 52]。過

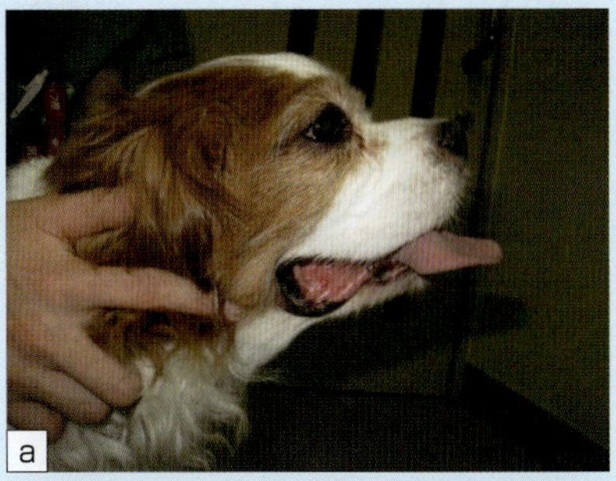

図４　急性期の咀嚼筋筋炎の症例

発症してから比較的急性期の症例(a)。右側咀嚼筋は若干腫脹しており，動物は開口は少しできるものの嫌がる(動画１)。MRI 検査において右側側頭筋ならびに咬筋に T1 強調(T1W)画像等信号(b)，T2 強調(T2W)画像高信号(c)，FLAIR 画像高信号(d)，そしてガドリニウム増強 T1 強調(T1W-P)画像(e)によって増強される炎症所見を認める(白矢印)。また，右側側頭筋が左側と比較すると腫脹している。

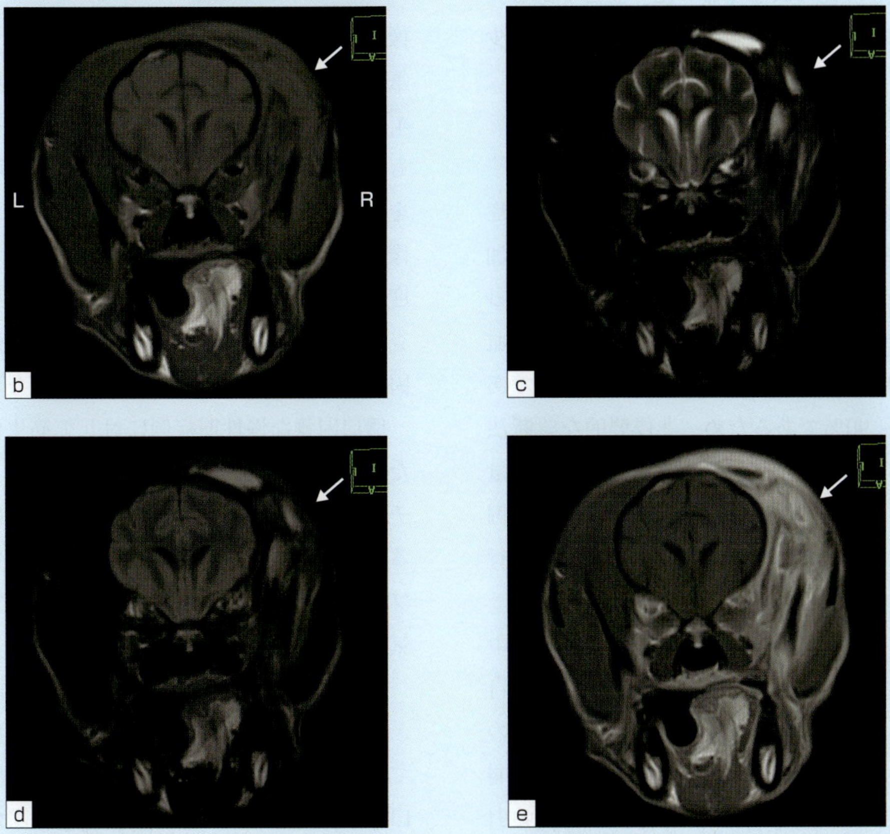

去に報告されている萎縮性筋炎あるいは好酸球性筋炎の一部は，咀嚼筋筋炎と同じ疾患と考えられる[15, 20, 21, 38]。咀嚼筋筋炎は 2M 筋線維に対する自己抗体が産生されることによって発症するが，その原因は明らかではない。一説によると過去の炎症，感染あるいは外傷に起因していると推測されている[39, 43]。

本疾患は，犬の特発性多発性筋炎に次いで比較的よく認められる特発性筋炎である[16]。大型犬での発症が多いとされているが，ミニチュア・ダックスフンドなどの小型犬での発症も報告されている。若齢(平均２歳)～中年齢での発症が多いとされ[18]，性差は報告されていない。

臨床症状

急性期の症状として，開口時の疼痛(開口困難)が顕著である(図４，動画１)。口を開く際，痛みを呈することから食事を嫌がり，このため体重が減少する。また，開口困難に伴い，流涎過多や鳴き声の変化を認める。その他，発熱，局所リンパ節の腫大，活動性の低下や無気力などの症状を呈する。急性期には肉眼的に**咀嚼筋が腫大**し，顔が腫れあがったようにみえ，触診によっても筋腫大が顕著である。さらに，側頭筋と翼突筋の腫大によって眼球突出や結膜炎が起こる症例も存在する[16]。

慢性期になると活動性，気力ともに正常に戻るが，進行性の**咀嚼筋萎縮**を認め，萎縮に伴い筋組織が線維化し，わずかにしか口を開くことができなくなる(開口困難，図5)。こうした症例では摂食困難に陥り，体重減少の原因となる。肉眼的には側頭筋，翼突筋や咬筋が重度に萎縮することによって頬骨が浮き出て，いわゆる狐様顔貌を呈するようになる。触診で咀嚼筋の萎縮が重度に認められるが，疼痛はない。

急性期・慢性期にかかわらず，オーナーからの稟告として最も多いのが,「口が開かなくなった」であり，その他，「ご飯を食べようとするが上手に食べられない」,「おもちゃを咥えられなくなった」などである。急性期の咀嚼筋の腫大や筋肉痛に気付くオーナーは少ないように思われる。

診断

病理組織学的検査による2M筋線維に限局した炎症所見によって確定診断を行うが，病歴，臨床症状に加えて，**血清中抗 2M 筋線維抗体**を測定することによって診断を行うこともできる[30]。過去の報告によると血清中抗2M筋線維抗体価測定の特異度は100％であり，感度は85～90％であるため，非侵襲的な診断法として大変有用である[53]。しかし，長期間免疫抑制量のステロイド療法を実施している症例や慢性期の症例では陰性となることがあり，その場合，確定診断を行うには筋生検による評価が必要となる。

急性期には，血清中CK値は正常ないしは軽度～中等度上昇し，咀嚼筋のEMGによって異常な安静時自発放電を認めるため，これらの所見は筋炎を疑う際の重要な指標となるが，特異性はない。急性期には咀嚼筋やリンパ節の触診で疼痛を示し，罹患犬は口を強引に開こうとしても疼痛のために抵抗して開こうとしない(動画1)。また，側頭筋の腫大が触知される場合もある。慢性期には疼痛は消失するが，咀嚼筋の線維化によって開口できない。

最近の報告ではコンピュータ断層撮影(CT)や磁気共鳴画像(MRI)による画像検査を用い，咀嚼筋に限局した病変や腫脹を見出すことによって診断ができるとの報告もある[7, 48]。CT検査において，咀嚼筋の萎縮，腫脹あるいはその両方が認められる。単純CT画像で病変部の咀嚼筋は低CT値を示し，造影によって増強される領域として捉えることができる。その他，多くの症例で，下顎リンパ節や内側咽頭後リンパ節などの局所リンパ節が腫大していたと報告されている。MRI検査では，T2強調(T2W)画像，プロトン拡散画像，ならびにFLAIR画像において咀嚼筋の筋腹に境界不明瞭な広汎の高信号が認められる。T1強調(T1W)画像では等信号であるが，造影剤によって増強される。筆者らの症例においても，同様の所見が得られた(図4，図5)。側頭筋の萎縮や腫脹の程度を評価するのにもMRIは優れている。これらの画像検査は，組織生検を実施する際にも有用であると考えられる。しかし画像診断の場合，筋炎病巣の存在を確認するうえでの感度は高いが，疾患特異度は低いため，病理組織学的検査や血清抗体価の測定によって他の炎症性筋疾患の原因である感染などを除外しなければならない。

Video Lectures 咀嚼筋筋炎

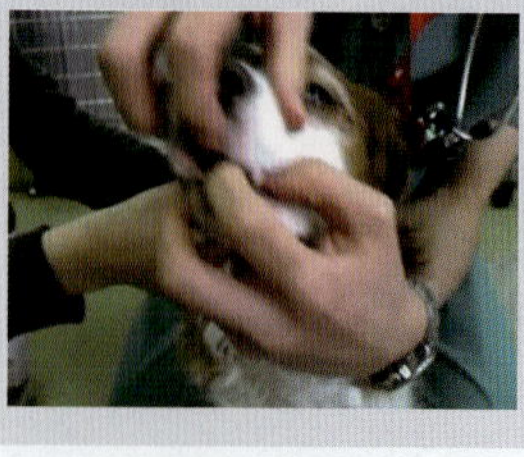

動画1　開口を嫌がる様子
図4の症例。開口を試みるも，顎の開口範囲は狭く，開口を嫌がっている。

開口困難な慢性期症例に対して筋生検や画像検査のための全身麻酔を実施する場合は，麻酔前に気管チューブの挿管ができる程度に口を開けることができるかどうかのチェックが必要である。仮に気管チューブの挿管ができない場合は，速やかに気管切開をして気道を確保しなければならない。

その他，近年，咀嚼筋筋炎の麻酔に関連した合併症として，開口困難に伴い舌の腫大した症例が報告されている[41]。全身麻酔後に舌が口の外に出ていたが，開口部が狭いことによって舌の血液循環が悪くなり，腫大したと考えられる。咬筋と顎二腹筋を外科的に切断して開口を試みたが失敗し，結局下顎骨切り術によって開口できるようになった。したがって，咀嚼筋筋炎を疑う開口困難の症例に対しては，麻酔をかける前にまずX線検査によって顎関節疾患を除外するとともに，2M筋線維に対する血清中の抗体価を測定し，麻酔下の検査の是非を判断するべきである。

鑑別疾患には，顎顔面の外傷，顎関節疾患，顎関節周囲の腫瘍，眼疾患，眼窩疾患，三叉神経障害やウェルシュ・コーギーの炎症性筋症などの他の炎症性筋疾患が挙げられる。

病理組織学的所見

2M筋線維は肉食動物の咀嚼筋に存在するため，本疾患は犬に特異性の高い筋疾患であり，病理組織学的診断は臨床症状，抗2M筋線維自己抗体の有無などを

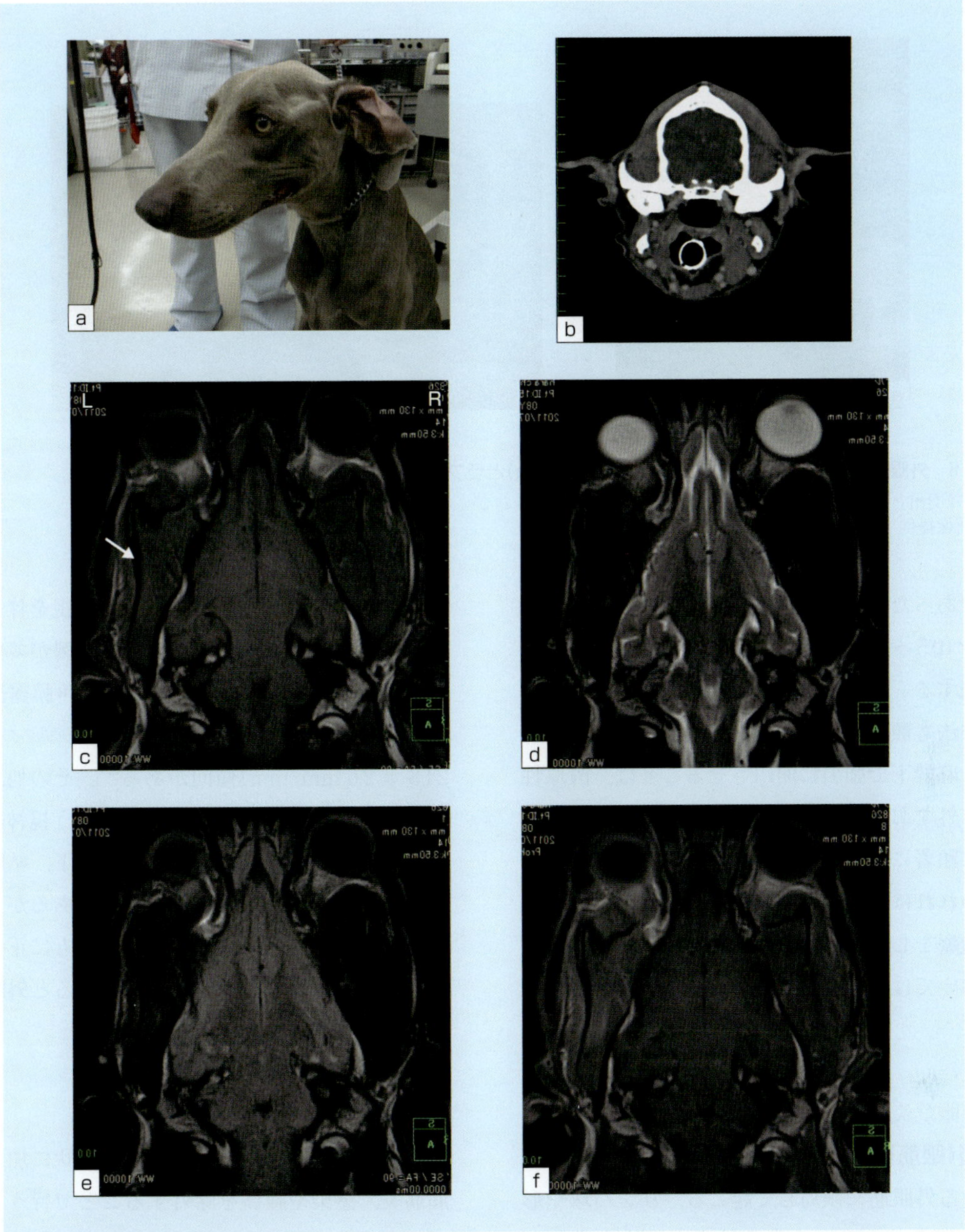

図5　慢性期の咀嚼筋筋炎の症例

重度の咀嚼筋萎縮によって狐様顔貌となった症例。開口困難により口角部しか口を開くことができない(a)。CT画像において，左側側頭筋の萎縮が顕著に認められる(b)。MR画像では左側咬筋の萎縮を認める(矢印)。慢性期に入っているため筋肉の炎症は重度ではない。
c：T1W画像，d：T2W画像，e：FLAIR画像，f：T1W-P画像

加味したうえで実施する。病理組織学的には，筋線維の変性・壊死とリンパ球，形質細胞，および組織球系細胞の浸潤を特徴とする。前述の特発性多発性筋炎，皮膚筋炎と比較して，CD20，BLA36などのB細胞の表面抗原に陽性を示すB細胞の浸潤が優勢となる。このため，本筋炎の病理発生には自己抗体を介した免疫応答が非常に重要と考えられる。病変の慢性期には，間質結合組織の増生と筋組織の変性・消失が顕著となるため，生検診断の価値は乏しい。

治療および予後

治療法としてはステロイドの投与が第1選択となる。急性期であった場合，血清中CK値が正常範囲に下がり，顎の開口機能が正常に戻るまで，免疫抑制量のプレドニゾロン(2～4 mg/kg/dayもしくは1～2 mg/kg，BIDが望ましい)を用いる。その後，3週間程度で半量に漸減し，さらに状態が安定していれば徐々に減量して症状の出ない用量で6カ月程度維持する。過度の減量や早期の休薬は再発の原因となるので注意する。

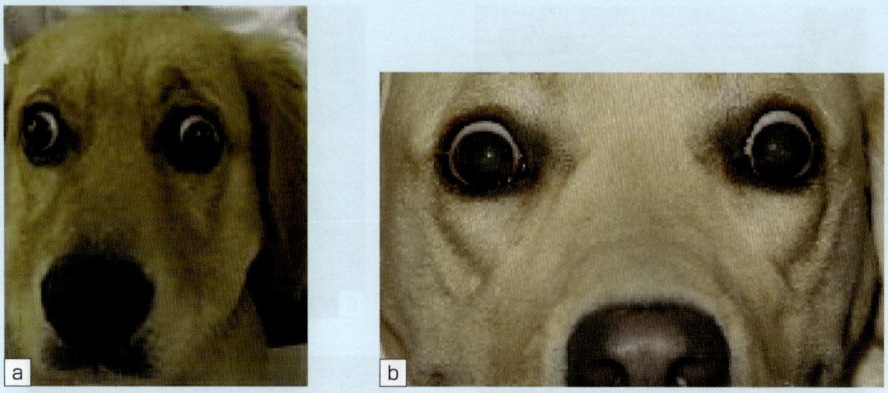

図6　外眼筋炎を呈したゴールデン・レトリーバー(a)とラブラドール・レトリーバー(b)
眼球突出と強膜領域の露出が顕著に認められる。
（画像提供：ケンブリッジ大学　Dr. David Williams）

慢性期であった場合，急性期よりも少ない量のプレドニゾロン（0.5～1 mg/kg，BID 程度）で1カ月程度投薬を継続する。その他，苦痛のない範囲で口を開かせる理学療法も顎関節の可動域を拡大させるうえで有効となる。麻酔下で強引に開口させることは，医原性に顎関節を外すおそれがあるので勧められない。咀嚼筋の萎縮は顕著に認められるものの，急性期に適切に治療が行われれば，予後は良好である。プレドニゾロンによる治療をしたにもかかわらず開口が困難な慢性期症例においては，食事をペースト状にして与える必要がある。

(2) 犬の外眼筋炎（眼筋炎）

外眼筋炎（眼筋炎）extraocular muscle myositis は犬における外眼筋に限局して起こる，リンパ球や形質細胞の浸潤を伴った免疫介在性炎症性筋疾患である。咀嚼筋と四肢骨格筋は正常であるため，眼筋線維への特異的抗原が発現していると考えられている[8, 9]。しかし，発生率は低く，まとまった症例報告もわずかで，その詳細については今なお不明である[1, 60]。過去にネオスポラに感染した犬が外眼筋炎を発症したとの症例報告があるが，その因果関係は定かではない[13]。ゴールデン・レトリーバーやラブラドール・レトリーバーなどの大型犬での報告が圧倒的に多いが，ウェルシュ・コーギー，ダックスフンドや秋田犬などの他の犬種でも発生が報告されている[1, 40, 46, 60]。好発年齢は幼齢～若齢（6～20カ月齢）で，雌が罹患する傾向にある[60]。

臨床症状

通常，急性期には**両眼の顕著な眼球突出**が特徴的で，肉眼的に強膜領域が広くみえ，外斜視を伴うこともある（図6）。第三眼瞼は突出しない症例が多い。眼圧は正常範囲（15.6 ± 2.6 mmHg）だが，角膜露出領域が増えることで流涙量が若干増加する（シルマー紙試験：24.8 ± 2.6 mm/min）傾向がある[60]。その他，斜視に伴うわずかな視覚障害や眼筋浮腫に伴う視神経圧迫による視覚障害，結膜炎，眼瞼反射の低下，結膜浮腫，外眼筋麻痺などの症状を認めることがあるが，疼痛はない。対光反射は直接ならびに間接ともに正常で，眼底にも異常はみられない。慢性期になると**外眼筋萎縮**による斜視が顕著になる傾向にある。

診断

通常，特徴的な眼球突出の臨床症状に加えて，咀嚼筋筋炎，感染や腫瘍を除外することで行う。眼窩領域の超音波検査によって外眼筋の腫脹を観察することはとても重要かつ有用であるが，外眼筋炎の多くの症例で眼窩内のエコー源性が高くなり眼窩の構造がはっきりとしないため，外眼筋を評価できない場合も多い。外眼筋の筋電図検査や筋生検は侵襲性が高く，あまり勧められない。

MRI 検査は，外眼筋炎の診断に有用である。罹患犬の外眼筋は腫脹し，筋腹に炎症所見を呈する。血清中 CK の値は正常かわずかに上昇する程度である[12, 60]。眼球突出を伴う咀嚼筋筋炎やリンパ腫などの眼窩内腫瘍との鑑別が重要である。

病理組織学的所見

病理組織学的検査は，前述のように病変部の特殊性により実施されることが少ないので，活動的な病変が検索されることはほとんどない。自験例では，臨床症状とCT検査所見などより外眼筋の腫大が確認され，外眼筋炎が疑われた症例の血清において，骨格筋組織の横紋に反応する自己抗体を蛍光抗体法により検出した例があった。ウェスタンブロット法などによる詳細な抗原定性は実施していないため，本抗体の抗原や疾患との関連は不明であるが，組織検索を実施することが困難な部位であるため，本疾患における自己抗体の有無については今後も検討の価値があると考えられる。

なお，罹患例は免疫抑制剤による治療に良好に反応し，症状の寛解を得た。

治療および予後

抗炎症量のステロイド療法によって，早急かつ完全に改善することが多い。初期にプレドニゾロン(1～2 mg/kg/day)を用いて，症状の改善とともに2～3カ月かけて漸減する。早期に休薬すると再発する可能性がある。プレドニゾロンを長期に使用する場合や肝臓への負担が多い症例では，免疫抑制剤を併用する。アザチオプリン(2 mg/kg/day)とプレドニゾロン(1 mg/kg/day)を併用し，改善した報告もある[60]。

再発のおそれはあるものの，一般的に予後は良好である。しかし，慢性期の症例では斜視が改善せず，場合によっては外科的に眼球の位置を整復する必要がある。

(3) ウェルシュ・コーギーの炎症性筋症

舌の折れ曲がりと**側頭筋の萎縮**が特徴的な筋炎で，舌や側頭筋を含む顔面の筋肉を中心として起こるリンパ球，形質細胞の浸潤を主体とする免疫介在性炎症性疾患である。病状が進行するにつれて四肢の骨格筋にも病変を認めるため，特発性多発性筋炎に類似するが，その病態は若干異なると報告されている[57]。側頭筋の萎縮に加え，嚥下障害を伴う舌筋の萎縮から，以前は舌咽神経，三叉神経，顔面神経そして迷走神経を含む多発性脳神経障害と考えられていたが，舌を中心とした筋炎であることが判明した[29]。

現時点で，日本国内におけるウェルシュ・コーギーにのみ特異的に発症しているが，家族性は認められていない[29, 57]。過去にボクサーで舌の非薄化を伴う多発性筋炎の症例が国外において報告されているが，本疾患と同じであるかは定かでない[49]。慢性期には舌が非薄化し，皺が寄ることから，病態が明らかになる前は通称**舌ペラ病**とも呼ばれていた(図7)。

過去の報告から，好発年齢は平均3歳以上であるが，1歳で発症している例もいる。性差については不明である。

臨床症状

発症初期には，舌の折れ曲がりや異常な動き，流涎過多が特徴的である(図7)。オーナーからは，「最近うまくご飯を食べられない」，「ご飯をこぼすようになった」，「食事中に咳き込む」との稟告も多い。また，症例によっては初診時から四肢筋群や顔面表情筋のミオクローヌス(筋けいれん・震え)を認める場合もある(図7，動画2)。病期が進行するにつれて，舌筋の萎縮，嚥下困難が認められるようになり，摂食低下による体重減少や側頭筋萎縮などの症状を呈する。また，四肢骨格筋病変の進行によって，段差を上り下りできなくなり，歩行時にふらつくようになる。

慢性期には舌の非薄化，側頭筋萎縮が顕著になる他，四肢骨格筋群の虚弱による運動不耐性といった全身症状を生じる。末期には嚥下不能となり，衰弱ないしは誤嚥性肺炎が原因となり死亡する。

診断

診断は通常，犬種，特徴的な舌の折れ曲がりや異常な動きなどの臨床症状に加えて，筋炎の原因となる感染や腫瘍を除外することで行う。他の炎症性筋疾患と同様に，発症初期～中期であれば舌筋ならびに側頭筋のEMGにおいて線維自発電位，線維束自発電位を認める。しかし，筆者らは，舌の単純針筋電図実施によって舌の炎症を引き起こしてしまった経験があるため，実施する際は抗生剤の投与をお勧めする。

また，MRI検査で舌筋，側頭筋を評価することも有用である。発症初期でも，MR画像において舌筋ならびに側頭筋に，脳灰白質と比較してT1W画像で等信号，T2W画像で高信号，FLAIR画像で高信号，ガドリニウム増強T1W画像で増強される炎症所見を認める(図8)。炎症が慢性期の病態になると，筋組織内に脂肪置換と思われる高信号領域がT1W画像，T2W画像ならびにFLAIR画像で認められる。

血清中CK値は軽度に上昇(2～10倍)している症例が多い。筋生検は侵襲性が高くあまり勧められないが，確定診断には必要となる。鑑別疾患として咀嚼筋筋炎，特発性多発性筋炎，多発性脳神経障害，重症筋無力症，筋ジストロフィーなどが挙げられる。特発性多発性筋炎との鑑別は，特徴的な舌の症状の有無で行う。

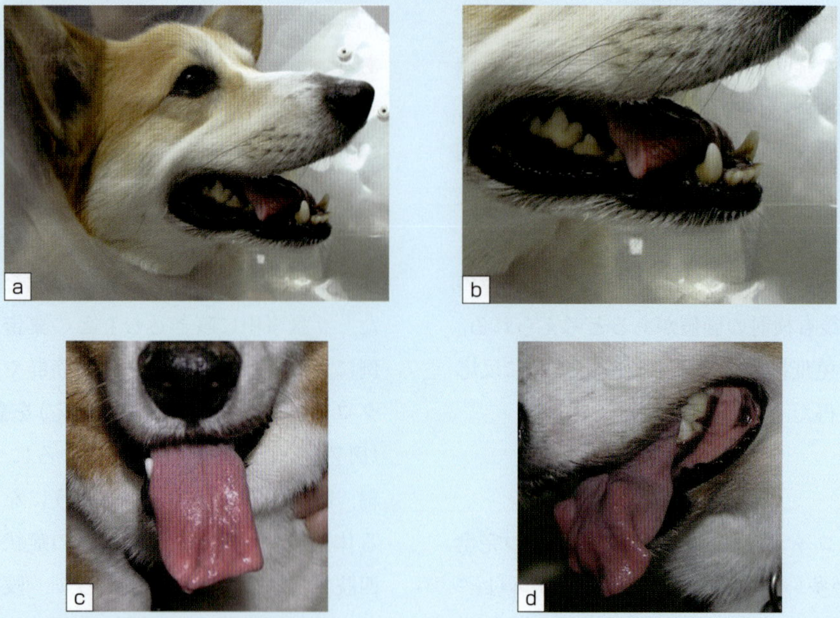

図7　ウェルシュ・コーギーの炎症性筋症の症例

初期症状として舌の折れ曲がりが特徴的である(a, b)。ステロイドの休薬により，後肢の震えが再発した(動画 2)。c，d は舌筋萎縮によって舌が菲薄化し，ぺらぺらになった別の症例。

Video Lectures

ウェルシュ・コーギーの炎症性筋症

動画 2　後肢の震えが再発した様子

後肢の震えが再発した(図 7a，b と同症例)。

病理組織学的所見

ウェルシュ・コーギーは，変性性脊髄症の好発犬種であり，多くの罹患症例が遺伝的に *SOD1* 変異を有していることから，ウェルシュ・コーギーの炎症性筋症と呼ばれる本犬種の筋疾患についても神経原性筋疾患の可能性も考慮すべきであるが，これまでのところ，罹患症例に筋疾患を説明し得る神経組織の病変は認められていない。このため，本疾患の病理発生には免疫介在性の筋原性筋疾患としての側面が強いと予想される。

特徴的な病変としては舌筋，特に舌先端部を中心に重篤な炎症性病変が観察される。若齢で発症したものと比較的高齢で発症したものとで，基本的な病変の差異はない。舌では，筋組織の著明な萎縮と消失，間質へのリンパ球，形質細胞，組織球性細胞の浸潤が認められる(図 9，図 10)。特に筋萎縮が進行し，炎症反応が減弱した舌病変では，脂肪組織浸潤が特徴的に認められる。筋組織に分布する末梢神経組織や筋紡錘に異常は認められない。免疫組織化学染色では，CD20 や BLA36 に陽性を示す B 細胞，および HLA-DR 陽性の組織球系細胞の浸潤が優勢であり，CD3 陽性の T 細胞は比較的少ない。また，筋組織には IgG や C3 の沈着が確認される(図 11)。これらの炎症細胞の特徴は咀嚼筋筋炎に類似する。しかし，大腿筋を含む様々な筋組織で炎症性変化が確認される点は，咀嚼筋筋炎とは明らかに異なっている。このため，病期によっては，病理組織学的検査に舌筋の生検は必須ではなく，側頭部や大腿の筋でも炎症病変を描出することは可能と思われる。

罹患犬の血清中には，蛍光抗体法により，横紋筋の横紋を認識する自己抗体が検出され，ウェスタンブロット法では約 42kDa のタンパク質が認識される(図 12)。このタンパク質をマトリックス支援レーザー脱離イオン化法(MALDI-TOF MS)により同定したところ，creatine kinase mitochondrial 2 であることが明らかにされている[57]。本タンパク質は横紋筋の横紋部に局在することが判明しているが，犬の筋組織における分布などについては不明な点が多く，本タンパク質の分布の筋組織間の相違が本疾患における筋病変

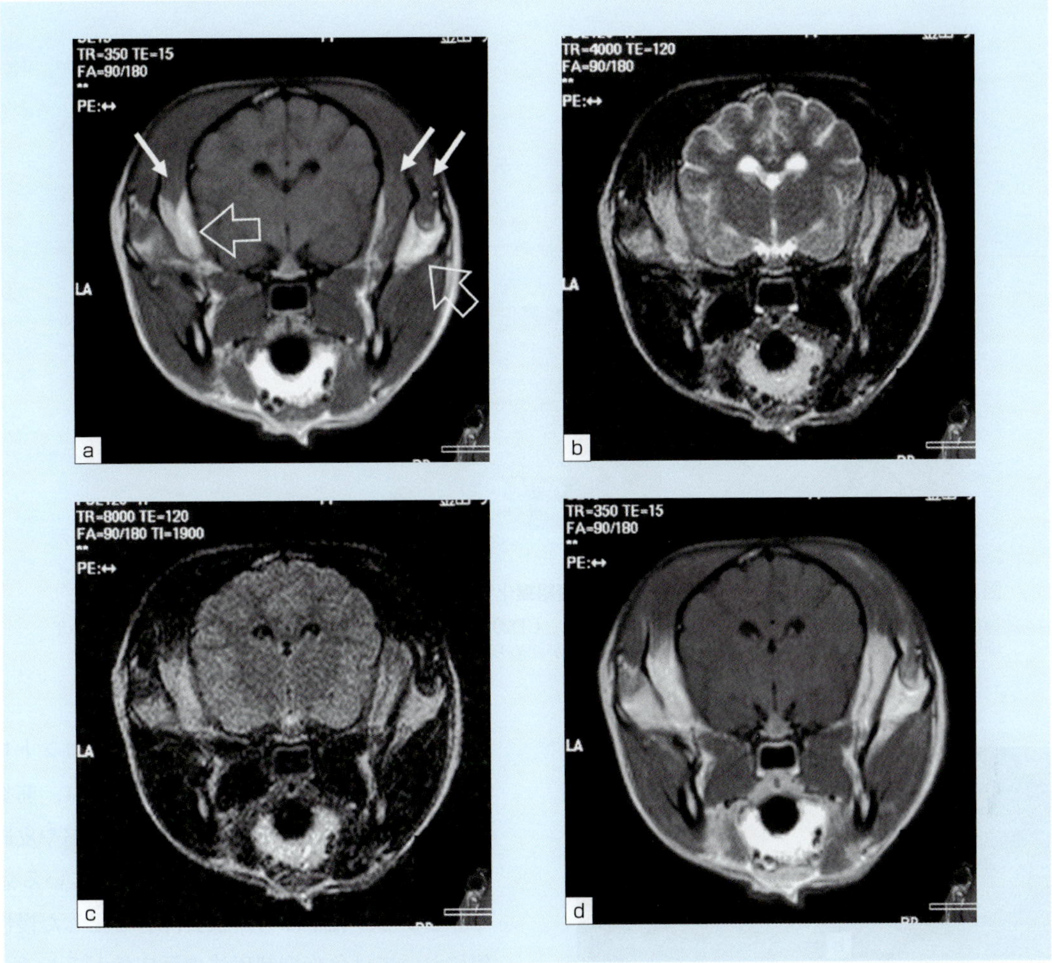

図 8　ウェルシュ・コーギーの炎症性筋症症例の MRI 所見(背断像)

舌以外にも側頭筋に T1W 画像等信号(a)，T2W 画像高信号(b)，FLAIR 画像高信号(c)，ならびに T1W-P 画像(d)によって増強される炎症所見を認める(白矢印)。さらに，側頭筋内に全ての画像において高信号を呈する脂肪が認められる(白抜き矢印)。

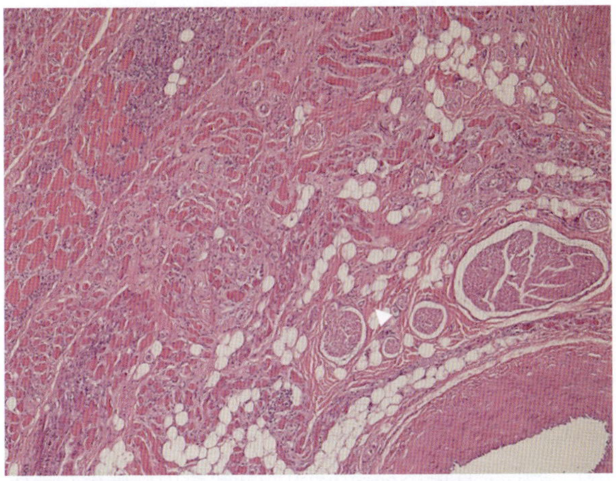

図 9　ウェルシュ・コーギーの炎症性筋症の病理組織学的所見(弱拡大)

筋線維間に炎症細胞浸潤が認められ，萎縮した筋線維間には脂肪組織浸潤が認められる。病変内の神経組織に異常は認められない。

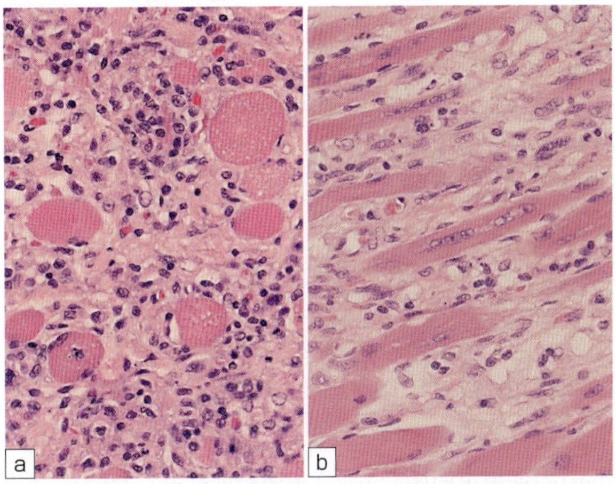

図 10　ウェルシュ・コーギーの炎症性筋症の病理組織学的所見(中拡大)

筋線維横断面(a)と縦断面(b)。炎症細胞はリンパ球や組織球系の細胞を主体とし，筋線維の変性や鎖核などの再生性変化が認められる。

の特異な局在に関連する可能性があると予想される。

治療および予後

初期であれば免疫抑制量のステロイド療法によって，臨床症状は早急かつ完全に改善することが多い。

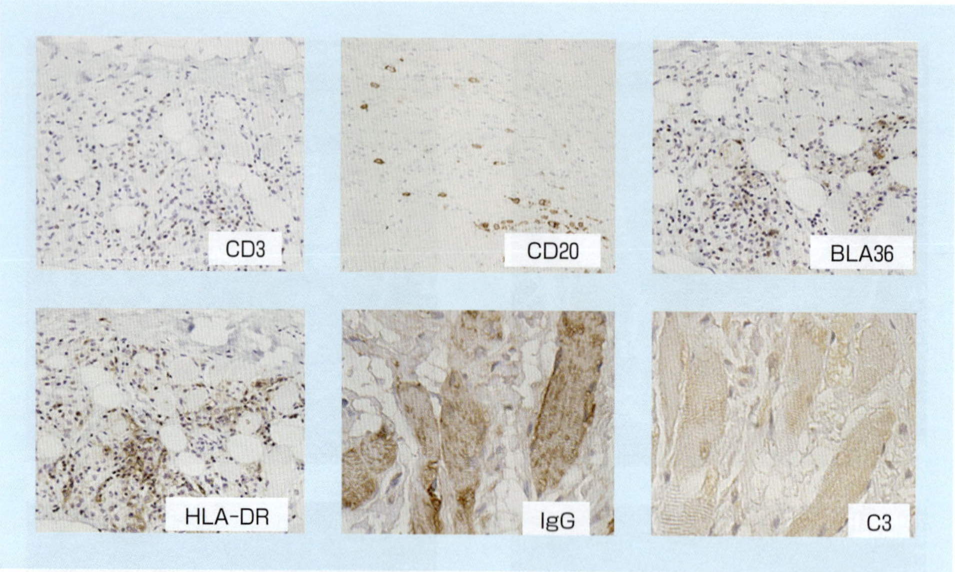

図 11　ウェルシュ・コーギーの炎症性筋症の免疫組織化学所見

炎症細胞の主体は，HLA-DR 陽性の組織球系細胞と，CD20 および BLA36 陽性の B 細胞であり，CD3 陽性の T 細胞は比較的少ない。筋線維には IgG や C3 の沈着が認められる。

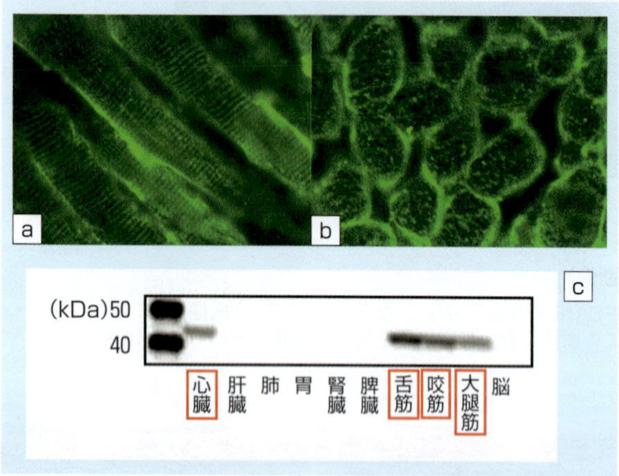

図 12　ウェルシュ・コーギーの炎症性筋症に罹患した犬(ウェルシュ・コーギー)の血清中自己抗体の検出

蛍光抗体法(a：縦断面，b：横断面)により，犬舌筋の横紋を認識する自己抗体が確認され，ウェスタンブロット法(c)によりマウスの心筋および骨格筋の約 42kDa のタンパク質を認識する自己抗体が確認される。

筆者らはプレドニゾロン(2 ～ 4 mg/kg/day もしくは 1 ～ 2 mg/ kg，BID が望ましい)を用いて症状が改善した後に，免疫抑制剤(シクロスポリン：5 mg/kg/day)の併用を開始して，3 週間程度経過した時点でプレドニゾロンを漸減している。この際，シクロスポリンの血液中濃度を測定し，有効血中濃度(300 ng/mL)に達していることを確認した後にプレドニゾロンを漸減することが望ましい。症例数が少ないため確かなことはいえないが，免疫抑制剤を併用してもプレドニゾロンを休薬すると，四肢骨格筋や表情筋の震えといった症状が再発するため，プレドニゾロンは低用量で維持する必要がある。初期にしっかりとコントロールを行えば比較的長期の良好な予後が得られ，筋炎ならびにプレドニゾロンの副作用による筋萎縮や皮膚の石灰化は認められるものの長期間維持している症例もいる。しかし，嚥下障害，摂食障害を呈した慢性期の症例においては免疫抑制療法の反応性が乏しく，誤嚥性肺炎などの合併症を起こすため，予後に注意が必要，ないしは予後不良である。全ての免疫介在性筋炎にいえることだが，感染を除外する前に免疫抑制療法を実施すべきではない。

二次性炎症性筋疾患

1．感染性筋炎

犬や猫における感染性筋炎は，原虫(*Neospora caninum*，*Toxoplasma gondii*)，細菌(*Leptospira*，*Clostridium*)，リケッチア(*Ehrlichia*)，ウイルス(猫後天性免疫不全ウイルス feline immunodeficiency virus〔FIV〕)，寄生虫(microfilaria，住肉胞子虫 *Sarcocystis*)，そして真菌(*Sporothrix*)が筋組織内に感染して生じる炎症性筋疾患の総称であり(表 3)，病原体が常在すれば，日本を含む世界中どこでも発症する可能性がある。臨床症状はこれらの病因よりも，その感染の局在によって変化する。

犬や猫における感染性筋炎は多く報告されているが，まとまった数の症例報告はネオスポラ症やトキソプラズマ症に伴う筋炎である。したがって，本項では

表3 感染性炎症性筋疾患の病原

原虫性	*Neospora, Toxoplasma, Hepatozoon, Trypanosoma*
寄生虫性	*Trichinella, Sarcocystis,* microfilaria
細菌性	*Leptospira, Clostridium*
リケッチア性	*Ehrlichia*
ウイルス性	猫後天性免疫不全ウイルス（FIV）

（文献43を元に作成）

トキソプラズマ症（主に猫）ならびに**ネオスポラ症**（主に犬）に伴う筋炎について紹介する。

臨床症状

臨床症状は局在によって変わり，無症状から重症例まで報告されている。一般的な感染性筋炎の症例では，特発性多発性筋炎と同様に，全身の筋虚弱，運動不耐性，短い歩幅での歩行や竹馬様歩行を呈する。また，筋萎縮の程度は症例や進行の程度によって様々である。感染による全身性の筋炎（感染性多発性筋炎）に罹患した症例では，全身の触診によって疼痛を認めることがある。

重篤な全身性の筋虚弱にもかかわらず，脊髄反射や姿勢反応は正常なことが多い。痛覚はもちろん正常である。しかし，感染が筋肉だけに局在しているのではなく，神経にも存在した場合，四肢の麻痺・不全麻痺，脊髄反射の低下ないし消失，神経原性筋萎縮などの運動神経障害を呈する場合もある。感染が原因の場合，神経筋症状の他，全身症状を示すことが多い。

診断

他の炎症性筋疾患と同様に，全身の筋虚弱，運動不耐性や筋肉の疼痛などの臨床症状に加えて，血液検査（全血球計算，血液生化学検査），尿検査によって感染を示唆する所見や血清中CK値の上昇の有無を確認する。側頭筋萎縮や運動不耐性を認める症例に対しては，血清中の2M筋線維に対する抗体価や抗アセチルコリン受容体抗体価を測定することで，咀嚼筋筋炎や重症筋無力症を除外する必要がある。さらに，X線検査や超音波検査などによって腫瘍随伴性筋炎を除外することも重要である。

前述の検査で確定診断に至らなかった場合や感染性筋炎を疑う症例では，血清中の感染抗体価を測定していく。測定する感染抗体価は，居住地域，渡航歴によっても異なるが，犬では*Neospora*，*Toxoplasma*ならびに犬ジステンパーウイルス（CDV）に対する抗体価，猫では*Toxoplasma*，*Neospora*ならびに猫後天性免疫不全ウイルス（FIV）に対する抗体価をまず測定するべきである。ただし，抗体価が高いからといって感染性筋炎と確定するわけではなく，可能性があるという目安にすぎない。これは過去の一過性の罹患であっても抗体価が維持されている場合があるからである。したがって，感染抗体価の高い症例においては，確定診断のために筋生検による筋組織の評価が必要な場合がある。筋生検を行う際，EMGやMRIあるいはCT画像は，採取する筋を決定するうえで有用である。その他，症状に合わせ，腹水検査や脳脊髄液（CSF）検査を実施する必要がある。

（1）トキソプラズマ症

*Toxoplasma gondii*が原因となり，生肉を食べている犬や猫で抗体価が高値を示し，臨床症状を出すことが多い[45]。その他，トキソプラズマに曝露されやすい野良猫，保護された猫や高齢の猫で罹患しやすい。さらにFIV，猫白血病ウイルス（FeLV），猫伝染性腹膜炎（FIP）ウイルスに感染している猫では，免疫不全によってトキソプラズマ症に罹患しやすくなる[14]。

臨床症状

臨床症状として，若齢犬で呼吸器症状，神経筋症状ならびに消化管症状が典型的なものとして挙げられる[14]。高齢犬では神経筋症状を発症することが最も多く，発作，運動失調，麻痺（不全麻痺），脳神経障害といった神経症状や，筋炎に伴う竹馬様歩行，筋肉痛，筋萎縮が認められる[27]。

猫でよくみられる症状は，発熱，元気消失，体重減少，筋肉痛と黄疸である。また，眼底の網脈絡膜炎，ブドウ膜炎や緑内障がよく認められ，神経症状として発作，旋回，運動失調や振戦などを認める（**表4，動画3**）。

診断

確定診断は筋生検によるが，筋生検の実施が難しい一般診療施設では，トキソプラズマに対する血清中IgMとIgGの測定が有用である。生前のトキソプラズマ症の診断ガイドラインとして，①トキソプラズマに対する血清中IgM抗体価が1：64以上，あるいは2〜3週間後のIgG抗体価が4倍以上に増加していること，②妥当な臨床症状が存在している，③他の疾患を除外していること，そして④適切な処方によって改善を認めるといった項目が挙げられる。

表4　猫のトキソプラズマ症に伴う一般的な臨床症状と続発疾患

全身症状	発熱，元気消失，食欲不振，体重減少，筋肉疼痛，知覚過敏，嘔吐，下痢，黄疸，腹水，脾腫，リンパ節腫大
呼吸器症状	鼻炎，咳，呼吸困難，頻呼吸，気管支肺胞音の増加
眼の症状	結膜炎，網脈絡膜炎，視神経炎，視神経萎縮，盲目，瞳孔不同，緑内障，網膜剥離
神経症状	発作，旋回，運動失調，行動異常，振戦

（文献58を元に作成）

Video Lectures

トキソプラズマに感染した猫

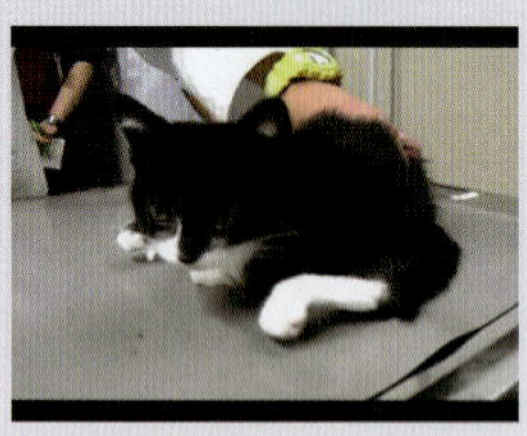

動画3　後肢の強張りによる運動失調，頭部の振戦の様子

後肢の強張りによる運動失調に加えて，頭部の振戦を認める。

治療および予後

治療法として，**クリンダマイシン**（10 mg/kg，PO，BID）を4週間続けることが推奨されている[19, 35]。クリンダマイシンは血液脳関門（BBB）や眼の血管系を通過するため，中枢神経症状や眼底症状に対しても有用である。全身症状は通常数日で改善するが，多発性筋炎の回復には数週間かかることもある。ステロイドによる免疫抑制療法のみを実施すると，感染巣におけるブラディゾイドを再活性化させてしまい悪化の原因となる。

(2) ネオスポラ症

形態的に *T. gondii* に似た *Neospora caninum* も感染性筋炎の原因になる。したがって，過去に報告されている犬のトキソプラズマ症の原因病原体の多くは，実は *N. caninum* によるものかもしれない。ネオスポラ症は，犬では経胎盤感染によって感染することが多い[14]。犬の自然界での感染は，病原体を有する中間宿主の胎子，遺体，そして胎盤を採食することによって起こる。生の牛肉の採食もまた，感染の原因となる。猫では，子猫で *N. caninum* に感染した報告があるが[14]，*T. gondii* の方が一般的である。

臨床症状

犬のネオスポラ症は年齢に関係なく発症するが，**経胎盤感染**によって子犬で発症することが多く，産後すぐあるいは数週間以内に臨床症状が認められる。子犬では後肢の過伸展に加え，多発性神経根神経炎と多発性筋炎に伴う上行性麻痺が特徴的な臨床症状である（図13，動画4～動画7）。成犬でも同様の症状を伴うことがあるが，無症状の場合や広汎の中枢神経症状を呈する症例，多発性筋炎を発症する症例と様々である（表5）[13, 16]。心筋炎，肝炎，肺炎，嚥下障害，あるいは皮膚炎を呈した犬の症例も報告されている。

診断

診断は，筋生検による筋組織内における原虫の同定であるが，腹水や中枢神経症状を併発している症例では，腹水やCSF中の原虫を同定することでも確定診断につながる。

仮診断は，①ネオスポラに対する血清中IgG抗体価が1：200以上である，②臨床症状が過去の報告に類似する，③他の原因を除外する，そして④適切な治療に反応すること，によって行ってもよい。不顕性感染の場合，抗体価は1：800を超えないという報告があるため，臨床症状を呈する犬で抗体価が1：800を超える症例は，ネオスポラ症に罹患している可能性が高い[6]。中枢神経症状を呈している症例では，CSF中の抗体価を測定することも診断に役立つかもしれない。

病理組織学的所見

病理学的なネオスポラ感染による筋炎あるいは神経炎の病態は多彩である。活動期の病変では，組織球系細胞，リンパ球，形質細胞および好中球などの多彩な炎症細胞浸潤と，筋線維の壊死が認められる。病変中に原虫の偽シストが観察されることがあるが（図14），採取組織が限られる生検では，しばしば原虫体を確認することが困難となるため，非特異的な筋炎として診断される場合が多い。逆に，筋生検の際，ほとんど炎症反応を欠いた組織中に，偶発的に原虫のシストが観察されることもある。このため，原虫性筋疾患の生検結果の解釈については，原虫や活動的炎症が見出せない場合であっても，あくまでも参考所見にとどめるべきであると思われる。

治療および予後

治療はトリメトプリム－スルホンアミド（サルファ

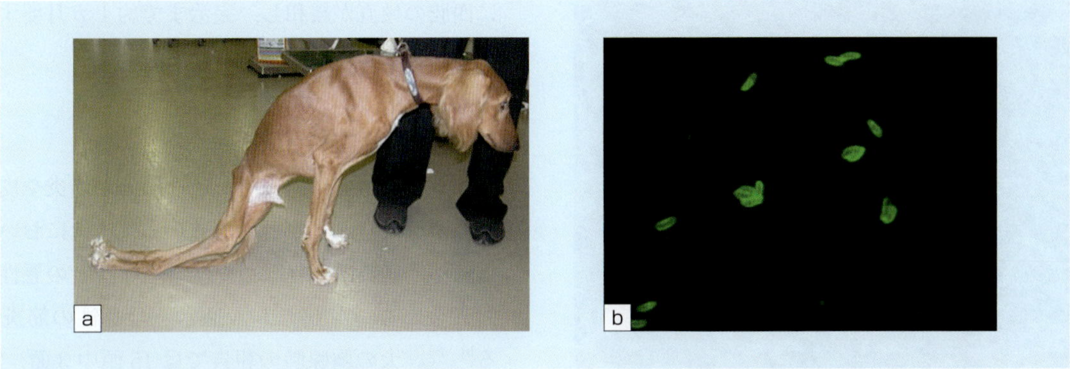

図 13　ネオスポラ感染症による多発性筋炎の若齢犬

後肢の過伸展による運動失調が特徴的である(a)。血清抗体価によって *Neospora caninum* 陽性が確認された(b)。姿勢反応の低下や脊髄反射の低下から多発性神経根神経炎を併発していると考えられる。
（画像提供：日本大学　枝村一弥先生）

Video Lectures　ネオスポラ感染症による多発性筋炎

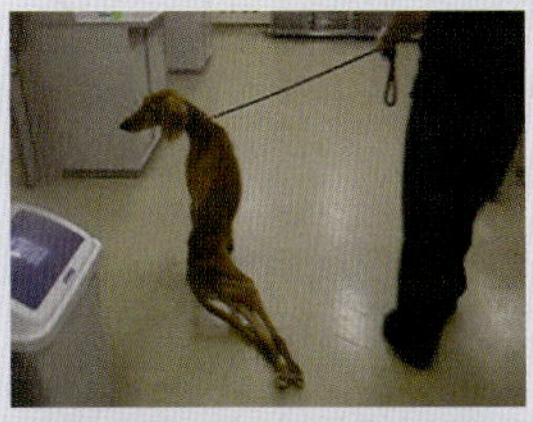

動画 4　運動失調
（動画提供：日本大学　枝村一弥先生）

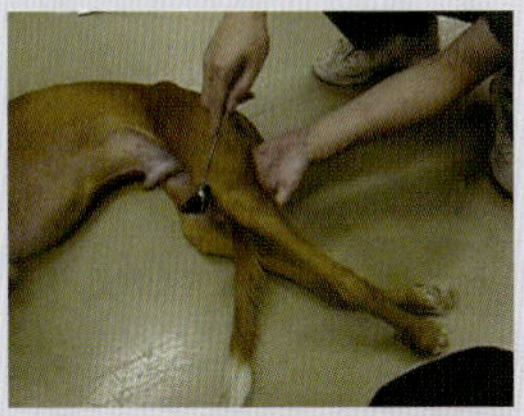

動画 6　膝蓋腱(四頭筋)反射の低下ならびに前脛骨筋反射の消失
（動画提供：日本大学　枝村一弥先生）

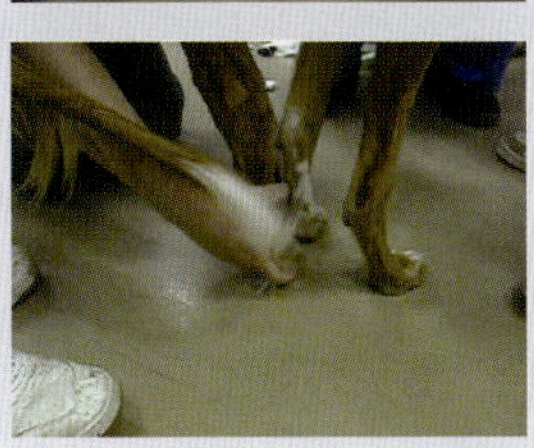

動画 5　ナックリング
（動画提供：日本大学　枝村一弥先生）

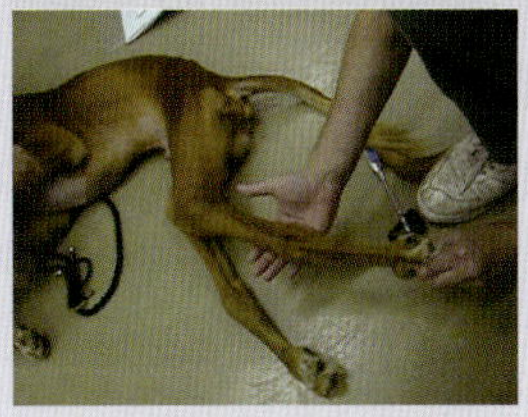

動画 7　引っこめ反射の低下
（動画提供：日本大学　枝村一弥先生）

表 5　犬のネオスポラ症に伴う一般的な臨床症状

子犬（6カ月齢以下）	神経根神経炎／筋炎	上行性下位運動ニューロン硬直による麻痺，筋萎縮，知覚過敏，嚥下困難，開口障害，呼吸筋麻痺，失禁
	中枢神経症状	多様：単肢麻痺～四肢麻痺 病変の局在によって症状が変化
若齢犬～（6カ月齢以上）	LMNS	弛緩性対麻痺～四肢麻痺，跛行，知覚過敏，筋緊張の減少
	中枢神経症状	病変の局在によって症状が変化：発作，行動異常，盲目，瞳孔不同，ホルネル症候群，三叉神経障害，振戦や小脳症状(小脳炎)，前庭症状
	全身症状	発熱，嘔吐，咳(肺炎)，元気消失，黄疸，不整脈，潰瘍形成，掻痒感，吐出，巨大食道

（文献 58 を元に作成）

剤）(20 ～ 25 mg/kg，PO，BID)，クリンダマイシン(7.5 ～ 15 mg/kg，PO，BID)，あるいはクリンダマイシン，トリメトプリム - スルホンアミドならびにピリメタミン(1 mg/kg/day)の組み合わせで実施する。投薬期間は 4 ～ 8 週間，または臨床症状が消失してからさらに 2 週間継続する必要がある。トキソプラズマ症と同様に，ステロイドによる免疫抑制療法のみを実施すると，感染巣におけるブラディゾイドを再活性化させてしまい，悪化の原因となる。

重度のネオスポラ症に罹患している症例の予後は悪い。若齢犬では生き残るが，後肢の過伸展は永続的に残る[6]。成犬の軽症な症例では，早期発見と適切な治療によって比較的良好な予後が得られる。

(3) クロストリジウム症

犬のネオスポラ症や猫のトキソプラズマ症ほどではないが，*Clostridium tetani* 感染によっても筋炎が生じることが報告されている[5, 34, 45]。土壌中に生息する *C.*

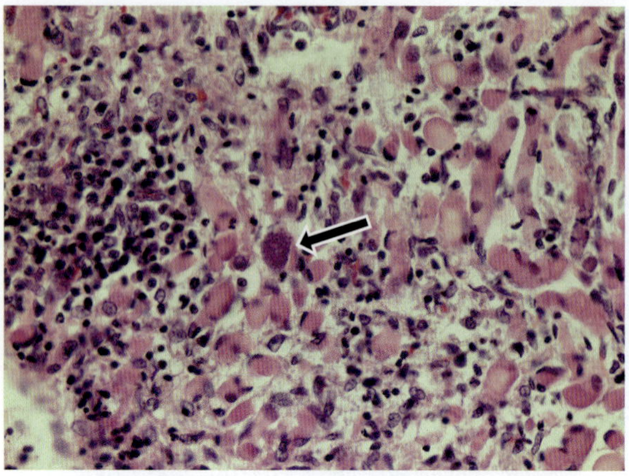

図 14　子犬に認められたネオスポラ感染による骨格筋炎の病理組織学的所見

リンパ球や組織球系細胞に加え，好中球を混じた重度の炎症性変化と筋組織の壊死が認められ，原虫の偽シスト（矢印）が観察される。

tentani は，嫌気性でグラム陽性，芽胞形成をする細菌で，通常，咬傷や筋組織へと通ずる外傷，外科手術後の汚染や過去の筋肉内注射が感染経路となり，局所的あるいは全身性の筋炎を引き起こす。症状は他の筋炎と類似するが，重度の筋肉痛を呈する。また，感染した芽胞が**テタノスパスミン tetanospasmin** を産生することによってさらに重篤な神経障害を引き起こす（**破傷風**）。テタノスパスミンは抑制系神経伝達物質の放出を抑制することにより，高感受性のヒトや馬では歩行障害，全身性のけいれん・硬直，痙笑などを呈し，最悪死に至る。したがって，ヒトでは菌保有動物による咬傷や土壌中での外傷の場合，積極的にワクチン接種が行われる。

臨床症状

犬の破傷風の症状は全身性で四肢硬直，竹馬様歩行，第三眼瞼の突出，痙笑が報告されている[5]。

一方，猫の破傷風の症状は局所性で，罹患肢の過伸展や疼痛を呈する[34]。犬や猫において診断は，創傷の有無，臨床症状や EMG により本疾患を疑い，菌の同定や破傷風菌毒素に対する抗体価の測定によって確定する。

治療および予後

治療は，毒素の全身への拡がりを防ぐことが重要であり，感染部位の切除と抗生剤（ペニシリンやメトロニダゾール）の投与が必須となる。犬では，馬の破傷風抗毒素を投与した報告もある[5]。

重篤な症状を呈している症例での予後は悪い。犬では生存率は約 50％で，改善する症例では治療後，徐々に四肢の硬直が緩和し，完治まで約 1 カ月要することが報告されている。

2. 腫瘍随伴性筋炎

ヒトにおいては，様々な悪性腫瘍が筋炎や皮膚筋炎の原因になることがわかっている[10]。犬においても腫瘍随伴性筋炎は，胸腺腫やリンパ腫などの悪性腫瘍が引き金となって起こり，通常，全身性の筋炎を呈する[16, 45]。犬の胸腺腫の報告では 15 頭中 3 頭，23 頭中 1 頭で，多発性筋炎を生じている[2, 3]。また，犬の筋炎に関する報告では 200 頭中，腫瘍随伴性筋炎は 12 頭で認められており，うち 6 頭がリンパ腫と診断されている。また，リンパ腫に伴う筋炎の症例報告もされている[42]。その他，犬では気管支癌，骨髄性白血病や扁桃癌が，筋炎と関連していることが報告されている[20, 55]。猫では，胸腺腫症例 11 頭中 3 頭で多発性筋炎が認められたという報告がある[11]。このうち，2 頭では心筋炎を併発しており，1 頭では湿性の皮膚炎を併発，皮膚炎を併発した症例では治療の反応が悪かった。

犬の胸腺腫に伴う筋炎の発症機序として，筋組織中のタイチンおよびリアノジン受容体を含む筋タンパク質への抗体産生が関連し，多発性筋炎や後天性重症筋無力症を発症すると考えられている[54]。

犬のリンパ腫に伴う多発性筋炎の発生機序として，①浸潤した T 細胞がリンパ腫へと悪性転化，②多中心型リンパ腫の二次的な腫瘍随伴性症候群，あるいは③骨格筋原発性リンパ腫を早期に診断できなかった，などの可能性が考えられる[42]。しかし，犬のリンパ腫に伴う筋炎の報告の多くで，初期にリンパ腫を疑う臨床所見がないことや，初期の筋生検では筋組織内に腫瘍細胞の浸潤は認められないということがあったが，長期追跡調査後（最大 12 カ月後）あるいは死後の剖検によって得た筋組織内には腫瘍細胞の浸潤が確認されている[16, 42]ことから，二次的な腫瘍随伴性症候群の可能性は低いとされている。

さらに，ヒトにおける骨格筋原発性リンパ腫の場合，リンパ芽球が筋組織へ浸潤することで筋の腫脹が認められるが犬の症例では認められなかったこと，全身性ではないことから，骨格筋原発性リンパ腫の可能性も低いと考えられている。したがって，リンパ球が悪性転化した可能性が示唆されている。

臨床症状

臨床症状は特発性多発性筋炎と同様で，全身性の筋虚弱による運動不耐性や竹馬様歩行などを呈する。側頭筋や咬筋の萎縮が重度に認められたとの報告もある。胸腺腫の症例では呼吸困難を呈することがある。

診断

診断は臨床症状に加えて，胸部X線検査で胸腺腫の存在や，触診と超音波検査によって局所リンパ節の腫大がないかどうかを確認する。血清中CK値は上昇する症例もいれば，正常な症例も存在する。EMGは異常を示すが，特異的ではない。リンパ腫に伴う筋炎の症例においては，初期の筋組織中に腫瘍細胞を見出すことはできず，局所リンパ節の腫脹を伴わない症例も存在するため，定期的な検査が必要となる。

治療および予後

筋炎に対する治療は，特発性多発性筋炎に準ずる。胸腺腫に対しては外科摘出，放射線治療，あるいは化学療法を実施する。リンパ腫に対しては化学療法を実施する。

その他

全身性エリテマトーデスのトイ・プードルにおいても多発性筋炎や多発性関節炎が併発すると報告されている[33]。また，薬物(ペニシラミン，シメチジン)による炎症性筋疾患も報告はされている[45]。このような症例では，病理組織学的には筋炎よりもむしろ筋組織に分布する血管に病変の主座が認められることが多く，血管壁のフィブリノイド変性を伴い，血管周囲に好中球を主体とする炎症細胞の浸潤が認められる(図15)。このような血管炎の病理発生については，詳細な検討はなされていないが，免疫複合体の血管壁沈着を介したⅢ型アレルギー反応であると予想される。

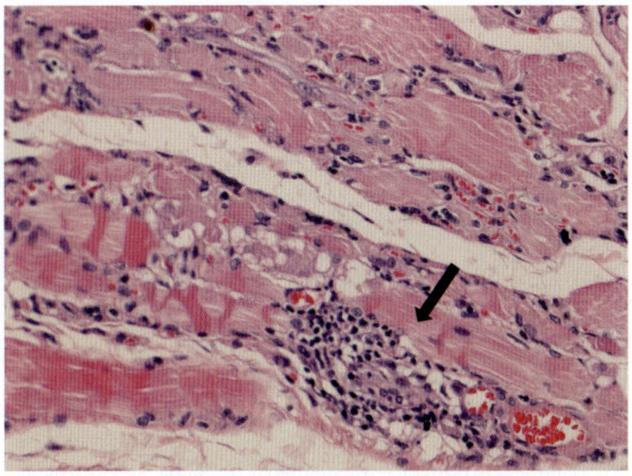

図15　多発性の関節炎と筋炎症状を呈したミニチュア・ダックスフンドの筋組織生検像

血管周囲に好中球とリンパ球を主体とする炎症反応が認められ(矢印)，同病変部に接する筋組織に変性・壊死が認められる。

おわりに

犬や猫の炎症性筋疾患の発生率は決して高いとはいえない。しかし，日本国内においても特発性多発性筋炎，犬の咀嚼筋筋炎，そして最近ではウェルシュ・コーギーの炎症性筋症は比較的よく認められる炎症性筋疾患であり，遭遇する機会があるかもしれない。したがって，開口困難や舌の折れ曲がり，血清中CKの異常高値を認めた症例では，迅速に血清診断を行い，早期治療をしていく必要がある。

[伊藤大介・北川勝人・内田和幸]

■謝辞

本章を執筆するにあたり，症例の画像や動画のデータを快く提供していただいた吉田動物病院の池 順子先生，アニマルクリニックらぶの岡田かおり先生，University of Cambridge，David L. Williams先生，ならびに日本大学の枝村一弥先生に深謝する(記述順)。

■参考文献

1) Allgoewer I, Blair M, Basher T, et al. Extraocular muscle myositis and restrictive strabismus in 10 dogs. *Vet Ophthalmol.* 3(1): 21-26, 2000.

2) Aronsohn MG, Schunk KL, Carpenter JL, et al. Clinical and pathologic feature of thymoma in 15 dogs. *J Am Vet Med Assoc.* 184(11): 1355-1362, 1984.

3) Atwater SW, Powers BE, Park RD, et al. Thymoma in dogs: 23 cases(1980-1991). *J Am Vet Med Assoc.* 205(7): 1007-1013, 1994.

4) Averill DJ Jr. Diseases of the muscle. *Vet Clin North Am Small Anim Pract.* 10(1): 223-234, 1980.

5) Bandt C, Rozanski EA, Steinberg T, Shaw SP. Retrospective study of tetanus in 20 dogs: 1988-2004. *J Am Anim Hosp Assoc.* 43(3): 143-148, 2007.

6) Barber JS, Trees AJ. Clinical aspects of 27 cases of neosporosis in dogs. *Vet Rec.* 139(18): 439-443, 1996.

7) Bishop TM, Glass EN, De Lahunta A, et al. Imaging diagnosis--masticatory muscle myositis in a young dog. *Vet Radiol Ultrasound.* 49(3): 270-272, 2008.

8) Braund KG. Endogenous causes of myopathies in dogs and cats. *Vet Med.* 92(7): 618-627, 1997.

9) Braund KG. Neurological diseases. In: Braund KG. Clinical Syndrome in Veterinary Neurology, 2nd ed. Mosby. St. Louis. US. pp81-331, 1994.

10) Buschbinder R, Hill CL. Malignancy in patients with inflammatory myopathy. *Curr Rheumatol Rep.* 4(5): 415-426, 2002.

11) Carpenter JL, Holzworth J. Thymoma in 11 cats. *J Am Vet Med Assoc.* 181(3): 248-251, 1982.

12) Carpenter JL, Schmidt GM, Moore FM, et al. Canine bilateral extraocular polymiositis. *Vet Pathol.* 26(6): 510-512, 1989.

13) Dubey JP, Koestner A, Piper RC. Repeated transplacental transmission of Neospora caninum in dogs. *J Am Vet Med Assoc.* 197(7): 857-860, 1990.

14) Dubey JP, Lappin MR. Toxoplasmosis and neosporosis. In: Greene CE. Infectious Diseases of the dog and cat, 3rd ed. WB Saunders. Philadelphia. US. 2006, pp754-775.

15) Duncan ID, Griffiths IR. Inflammatory muscle disease in the dog. In: Kirk RW. Current Veterinary Therapy, vol.7: small animal practice. WB Saunders. Philadelphia. US. 1980, pp779-782.

16) Evans J, Levesque D, Shelton GD. Canine inflammatory myopathies: a Clinicopathologic review of 200 cases. *J Vet Intern Med.* 18(5): 679-691, 2004.

17) Ferguson EA, Cerundolo R, Lloyd DH et al. Dermatomyositis in five Shetland sheepdogs in the United Kingdom. *Vet Rec.* 146(8): 214-217, 2000.

18) Gilmore MA, Morgan RV. Masticatory myopathy in the dog: A retrospective study of 18 cases. *J Am Anim Hosp Assoc.* 28(4): 300-305, 1992.

19) Greene CE, Cook JR Jr, Mahaffey EA. Clindamycin for treatment of Toxoplasma polymyositis in a dog. *Am J Vet Res.* 187(6): 631-634, 1985.

20) Griffiths IR, Duncan ID, McQueen A, et al. Neuromuscular disease in dogs: some aspects of its investigation and diagnosis. *J Small Anim Plact.* 14(9): 533-554, 1973.

21) Harding HP, Owen LN. Eosinophilic myositis in the dog. *J Comp Pathol.* 66(2): 109-122, 1956.

22) Hargis AM, Haupt KH, Hergreberg GA. Familial canine dermatomyositis. Initial characterization of the cutaneous and muscular lesion. *Am J Pathol.* 116(2): 234-244, 1984.

23) Hargis AM, Haupt KH, Prieur DJ, et al. A skin disorder in three Shetland sheepdogs: comparison with familical canine dermatomyositis of Collies. *Comp Contin Educ Pract Vet.* 7: 306-315, 1985.

24) Hargis AM, Moore MP, Riggs CT, et al. Severe secondary amyloidosis in a dog with dermatomyositis. *J Comp Pathol.* 100(4): 427-433, 1989.

25) Hargis AM, Mundell AC. Familial canine dermatomyositis. *Comp Contin Educ Pract Vet.* 14(7): 855-863, 1992.

26) Hargis AM, Prieur DJ, Haupt KH, et al. Postmortem findings in four litters of dogs with familial canine dermatomyositis. *Am J Pathol.* 123(3): 480-496, 1986.

27) Hass JA, Shell L, Saunders G. Neurological manifestations of toxoplasmosis: a literature review and case summary. *J Am Anim Hosp Assoc.* 25(3): 253-260, 1989.

28) Haupt KH, Prieur DJ, Moore MP, et al. Familial canine dermatomyositis: clinical, electrodiagnostic, and genetic studies. *Am J Vet Res.* 46(9): 1861-1869, 1986.

29) Ito D, Okada M, Jeffery ND, et al. Symptomatic tongue atrophy due to atypical polymyositis in a Pembroke Welsh Corgi. *J Vet Med Sci.* 71(8): 1063-1067, 2009.

30) Jeffery N. Neurological abnormalities of the head and face. In: Platt SR, Olby NJ. BSAVA Manual of Canine and Feline Neurology, 3rd ed. Gloucester. UK. 2004, pp185-186.

31) Kornegay JN, Gorgacz EJ, Dawe DL, et al. Polymyositis in dogs. *J Am Vet Med Assoc.* 176(5): 431-438, 1980.

32) Kornegay JN. Disorders of the skeletal muscles. In: Ettinger SJ, Feldman EC. Textbook of Veterinary Internal Medicine: disease of the dog and cat. WB Saunders. Philadelphia. US. 1995 ,pp727-736.

33) Krum SH, Cardinet GH 3rd, Andrson BC, et al. Polymyositis and poyarthritis associated with systemic lupus erythematosus in a dog. *J Am Vet Med Assoc.* 170(1): 61-64, 1977.

34) Langner KF, Schenk HC, Leithaeuser C, et al. Localised tetanus in a cat. *Vet Rec.* 169(5): 126, 2011.

35) Lappin MR, Greene CE, Winston S, et al. Clinical feline toxoplasmosis. Serologic diagnosis and therapeutic management of 15 cases. *J Vet Intern Med.* 3(3): 139-143, 1989.

36) Lewis RM. Immune-mediated muscle disease. *Vet Clin North Am Small Anim Ptact.* 24(4): 703-711, 1994.

37) Lewis RM, Picut CA. Neuromuscular disorders. In: Lewis RM, Picut CA. Veterinary Clinical Immunology. WB Saunders. Philadelphia. US. 1988, pp104-120.

38) Martin WP, Thompson R. An unusual case of masticatory muscular atrophy in a dog. *Can Vet J.* 1(8): 371-373, 1960.

39) Melmed C, Shelton GD, Bergman R, et al. Masticatory muscle myositis: pathogenesis, diagnosis, and treatment. *Comp Contin Educ Pract Vet.* 26(8): 590-604, 2004.

40) Mitchell N. Ophthalmology: Extraocular polymyositis. *UK vet.* 13(8): 54-58, 2008.

41) Nanai B, Phillips L, Christiansen J, et al. Life threatening complication associated with anesthesia in a dog with masticatory muscle myositis. *Vet Surg.* 38(5): 645-649, 2009.

42) Neravanda D, Kent M, Platt SR, et al. Lymphoma-associated polymyositis in dogs. *J Vet Intern Med.* 23(6): 1293-1298, 2009.

43) Neumann J, Bilzer T. Evidence for MHC I-restricted CD8+ T-cell-mediated immunopathology in canine masticatory muscle myositis and polymyositis. *Muscle Nerve.* 33(2): 215-224, 2006.

44) Pedroia V. Disorders of the skeletal muscles. In: Ettinger SJ. Textbook of Veterinary Internal Medicine. WB Saunders. Philadelphia. US. 1989, pp733-742.

45) Podell M. Inflammatory myopathies. In: Shelton GD. Neuromuscular Diseases. Veterinary Clinics of North America. Small Animal Practice. WB Saunders. Philadelphia. US. 2002, pp147-167.

46) Ramsey DT, Hamor RE, Gerding PA, et al. Clinical and immunohisto-chemical characteristics of bilateral extraocular polymyositis of dogs. Proceeding of American College of Veterinary Opthalmology. 1995, pp129-135.

47) Rees CA, Boothe DM. Therapeutic response to pentoxifyline and its active metabolites in dogs with familial canine dermatomyositis. *Vet Ther.* 4(3): 234-241, 2003.

48) Reiter AM, Schwarz T. Computed tomographic appearance of masticatory myositis in dogs: 7 cases(1999-2006). *J Am Vet Med Assoc.* 231(6): 924-930, 2007.

49) Ryckman LR, Krahwinkel DJ, Sims MH. Dysphagia as the primary clinical abnormality in two dogs with inflammatory myopathy. *J Am Vet Med Assoc.* 226(9): 1519-1523, 2005.

50) Schunk KL. Feline polymyopathy. Proceedings of the second annual meeting of the American College of Veterinary Internal Medicine. Washington, DC. US. 197-200, 1984.

51) Shell LG. A review of feline neuromuscular diseases. *Vet Med.* 93(6): 565-574, 1998.

52) Shelton G, Cardinet G, Bandman E. Canine masticatory muscle disorders: A study of 29 cases. *Muscle Nerve.* 10(8): 753-766, 1987.

53) Shelton G, Cardinet G. Canine masticatory muscle disorders. In: Kirk R. Current Veterinary Therapy, vol X. WB Saunders. Philadelphia. US. 1989, pp816-819.

54) Shelton GD, Skeie GO, Kass PH, et al. Titin and ryanodine receptor autoantibodies in dogs with thymoma and late-onset myasthenia gravis. *Vet Immunol Immunopathol.* 78(1): 97-105, 2001.

55) Sorjonen DC, Braund KG, Hoff EJ. Paraplegia and subclinical neuromyopathy associated with a primary lung tumor in a dog. *J Am Vet Med Assoc.* 180(10): 1209-1211, 1982.

56) Taylor SM. Selected disorders of muscle and the neuromuscular junction. In: Thomas WB. Common neurologic problems. Veterinary Clinics of North America. Small Animal Practice. WB Saunders. Philadelphia. US. 2000, pp59-75.

57) Toyoda K, Uchida K, Matsuki N, et al. Inflammatory myopathy with severe tongue atrophy in Pembroke Welsh Corgi dogs. *J Vet Diagn Invest.* 22(6): 876-885, 2010.

58) Troxel MT. Infectious neuromuscular diseases of dogs and cats. *Top Companion Anim Med.* 24(4): 209-220, 2009.

59) White SD, Shelton GD, Sisson A, et al. Dermatomyositis in an adult Pembroke Welsh corgi. *J Am Anim Hosp Assoc.* 28(5): 398-401, 1992.

60) Williams DL. Extraocular myositis in the dog. *Vet Clin North Am Small Anim Pract.* 38(2): 347-359, 2008.

D M I

51. その他のニューロパチー，ミオパチー

はじめに

本章では，前章までに取り上げられなかったニューロパチーおよびミオパチーの中から重要と考えられる疾患，DAMNIT-V 分類の D（変性性疾患）に分類される**線維性ミオパチー**，**ラブラドール・レトリーバーミオパチー**（遺伝性疾患），M（代謝性疾患）に分類される**甲状腺機能低下症性ニューロパチー／ミオパチー**，そして DAMNIT-V では分類が難しい徴候名である**ミオキミア／ニューロミオトニア**および**ミオトニア**について解説する。

今回紹介する疾患は，本邦における臨床現場での遭遇はまれであり，過去の報告例も少ないことから，発生頻度はそう高くないと推察される。しかしながら，諸外国においては多数の発症例が報告されている疾患も含まれており，本邦における認知度が低いために見過ごされている可能性も否定できない。本章によって各疾患に対する理解が深まるとともに，臨床現場での診断・治療の助けとなれば幸いである。

ミオキミア／ニューロミオトニア

ミオキミア myokymia（MK）とは，筋の不随意的な反復性収縮に伴い直上の皮膚が波打ち，あたかも皮膚の下を虫がうごめいているかのようにみえる臨床症状である[16, 32, 33, 94]。また，運動や興奮により誘発される発作性の全身性筋硬直を特徴とする持続的筋収縮を**ニューロミオトニア neuromyotonia（NMT）**と呼ぶ[16, 31, 32, 33, 91, 94]。同一症例にて MK と NMT の併発が多く認められることから，同一の異常が背景にあると考えられている[16, 26, 33, 91]。MK/NMT はジャック・ラッセル・テリアで多数の発症例が報告されており，その他の犬種では筆者の知る限りヨークシャー・テリア，ボーダー・コリー，コッカー・スパニエル，マルチーズ，ダックスフンド，キャバリア・キング・チャールズ・スパニエル，雑種犬および1頭の雑種猫での報告がある[8, 26, 38, 69, 89, 90, 91, 97, 99]。欧米では散発的な報告が認められるのに対し，本邦では筆者らが 2011 年に報告した1例のみである[99]。

1. 病態生理

全身性 MK における筋の不随意的な反復性収縮および NMT における持続的筋収縮は，両者とも末梢神経軸索の興奮性の亢進によって生じ，この亢進は**電位依存性カリウムチャネル voltage-gated potassium channel（VGKC）**の機能不全が原因とされている[16, 77]。MK/NMT に関与している VGKC は，脱分極および再分極の停止を担っている遅延整流性 K^+ チャネルである。このチャネルが機能不全に陥ると脱分極が延長し，Ca^{2+} チャネルが開いたままになることでより多くの Ca が流入するため，過剰のアセチルコリンがシナプス間隙に放出される。この機序により，再分極の遅延とともに筋の反復性収縮が生じる[16]。

ヒトの先天性 MK では VGKC の遺伝子変異が報告されている[12]。後天性 MK の場合は，Isaacs 症候群などの各種免疫介在性疾患や感染症との併発，あるいは胸腺腫やリンパ腫などの腫瘍随伴症候群としての発症が知られ，患者血清中に抗 VGKC 抗体が検出されることが多い[3, 29, 31, 32, 33, 94]。獣医学領域では，MK/NMT の原因として自己免疫性疾患を示唆する報告があるが[16, 77]，正確な発症機序や併発誘因疾患については解明されていない。人医学領域では，放射性免疫沈降法を利用して血清中抗 VGKC 抗体価の測定が可能であるが，獣医学領域では商業ベースでの測定は実施されていない。

一方，顔面 MK などの局所性 MK は脳幹腫瘍，脳炎や神経細胞障害に起因する下位運動ニューロン（LMN）の障害が原因と考えられている[8, 38]。顔面 MK の犬1頭においても，原因不明の脳脊髄液（CSF）有核細胞数増多が報告されている[97]。ヒトの顔面 MK は多発性硬

Video Lectures　ミオキミア／ニューロミオトニアのヨークシャー・テリア（8歳，未避妊雌）

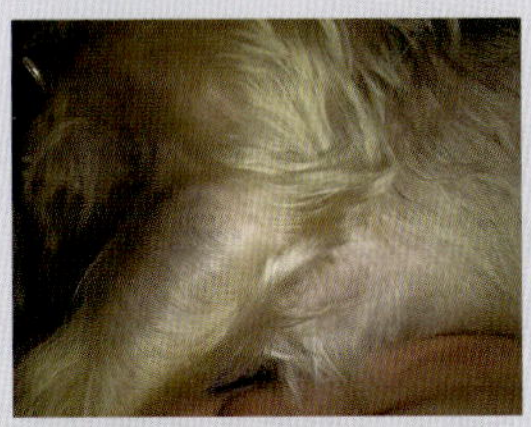

動画1　ミオキミア

四肢の筋において，筋の不随意的な反復性収縮に伴い直上の皮膚が波打ち，あたかも皮膚の下を虫が這っているかのようにみえるミオキミアが認められた。
（動画提供：麻布大学　齋藤弥代子先生）

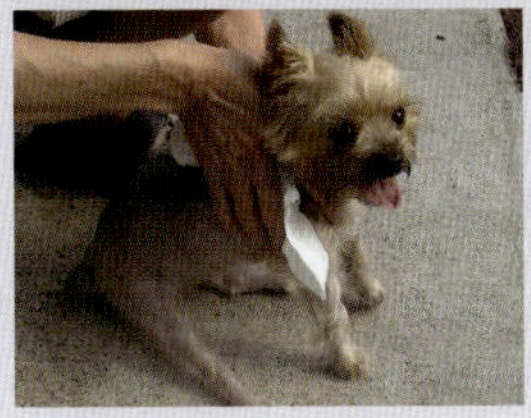

動画2　ニューロミオトニア

ニューロミオトニアの発作時の様子。呼吸促迫および前肢の硬直を認めた後，後肢が虚脱し起立不能に陥った。
（動画提供：麻布大学　齋藤弥代子先生）

化症，Guillain-Barré 症候群，Bell 麻痺などに付随して生じる[6, 34, 42, 55]。ヒトでは NMT を呈した抗 VGKC 抗体陽性辺縁系脳炎の報告があるが[93]，一般的に本脳炎における NMT はまれであり，本脳炎と NMT との関連性は不明と結論づけられている[93, 103]。

2. 臨床症状

報告されている犬の多くで，1 歳前後での発症が認められている。MK を呈した動物では，体幹部および四肢の筋に律動的で波状の，虫が這っているような動きが観察され（動画1），この動きは睡眠中や全身麻酔中も消失しない[69, 91]。NMT は発作性に全身性の筋硬直が認められ，発作は数分～数時間持続する（動画2）。発作中は意識が保たれるが，高体温により死亡することもある。ストレスや興奮が NMT の引き金になると考えられている[26, 69, 91, 97]。また，筋の律動的な反復性収縮および持続的筋収縮に加え，顔を擦る動作や頻呼吸などの臨床症状が認められることもある[8]。

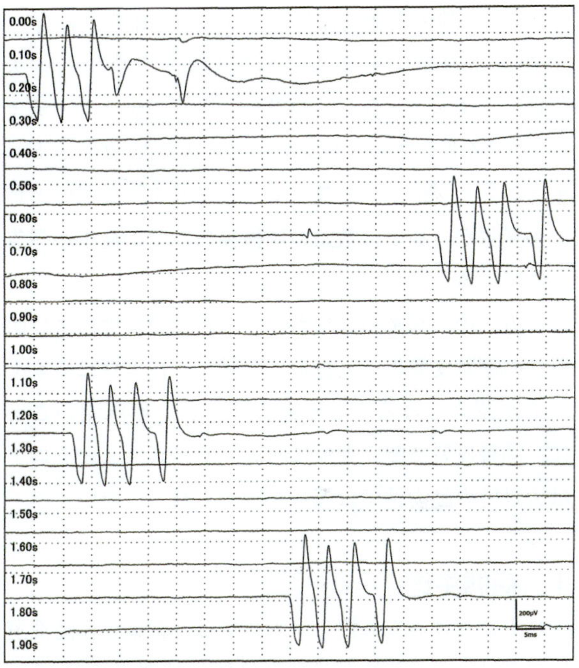

図1　針筋電図検査（EMG）におけるミオキミア放電

左橈側手根屈筋において単一運動単位電位が 130 ～ 250 Hz の頻度で短持続の群をなして発射し，短い静止期の後，同一の群放電が反復するミオキミア放電が認められた。
（画像提供：麻布大学　齋藤弥代子先生）

3. 診断と治療

MK/NMT は特徴的な臨床症状および筋電図検査（EMG）によって診断する。MK における EMG では，単一運動単位が 5 ～ 400 Hz の頻度で数秒間群をなして発射し，短い静止期の後に同じ群放電を繰り返す**ミオキミア放電**が認められる（図1）[16, 91, 100]。一方，NMT における EMG は**ニューロミオトニー放電**と呼ばれ，MK と同様の突発性に生じる運動単位発射であるが，**ミオキミア放電**よりも持続時間が長く非律動性で，典型例では電位の振幅が漸減する[26, 100]。血液検査では CK，AST，ALT の上昇が認められることがある[8]。

ヒトでは MK/NMT に対する治療として，カルバマゼピン，フェニトインなどの抗けいれん薬やプロカインアミドなどが使用され[94]，特に抗 VGKC 抗体陽性例において高い効果が認められている[41, 68, 102]。これらの薬剤の作用機序として，Na^+ チャネルからの Na の細胞内流入抑制による膜の安定化作用が考えられている[10]。猫の MK の症例で，フェニトインの経口投与により良好な反応を示した例が報告されているが[26]，犬ではフェニトインやカルバマゼピンは薬物代謝が速く血中濃度を維持できないため，通常使用されない[25]。

膜安定化作用のあるプロカインアミドやメキシレチンにより犬のMK/NMTで良好な反応が得られた報告があるが[34, 69]，その反応には個体差がある[8]。

また，免疫抑制量のプレドニゾロンや，フェノバルビタール，ジアゼパムなどの抗てんかん薬を治療に用いた報告があるが，MK/NMTに効果は認められていない[8, 26, 91]。

ミオトニア

ミオトニア myotoniaとは機械的刺激や休息の後，骨格筋における筋弛緩が遅延し，疼痛や筋けいれんを伴わない筋の持続的な収縮が認められる臨床症状である[23]。先天性ミオトニアは犬，猫ともに発生が認められており，他の動物ではヒトをはじめ，山羊，馬，羊，マウスでの発生も報告されている[4, 45, 58, 79, 80]。犬ではミニチュア・シュナウザー[7, 28, 95]，チャウ・チャウ[23, 44]，スタッフォードシャー・テリア[74]，グレート・デーン[39]，ジャック・ラッセル・テリア[54]などの犬種での発生が，猫では数頭の雑種猫[36, 86]での発生が報告されている。

一方，中～高齢の犬において，自然発症性および医原性の副腎皮質機能亢進症に続発し，後天性にミオトニアが認められることがある[21, 30, 83]。興味深いことに，副腎皮質機能亢進症に起因する後天性ミオトニアは犬以外の動物種では発症が認められていない。

1. 病態生理

ヒトにおける先天性ミオトニアは，常染色体優性遺伝のThomsen病および常染色体劣性遺伝のBecker病が知られており，ともに電位依存性Cl^-チャネルの1つであるClC-1をコードする*CLCN1*遺伝子の変異が同定されている[101]。犬における先天性ミオトニアもヒトと同様，骨格筋における電位依存性Cl^-チャネルの1つであるClC-1のミスセンス変異によって生じると考えられており，ミニチュア・シュナウザーにおいて常染色体劣性遺伝が証明されている[7, 70, 95]。2009年にはジャック・ラッセル・テリアにおいても電位依存性Cl^-チャネルの遺伝子変異が報告され[54]，同様の遺伝子変異が他の犬種および猫で推測されている。

犬において副腎皮質機能亢進症に続発してミオトニアが発現する正確な病態生理は解明されていないが，細胞内K濃度の減少，Caの異常代謝，タンパク質の異化や筋原線維タンパク合成の変化などが原因として考えられている[20, 30, 49]。

2. 臨床症状

先天性ミオトニアでは出生時は正常だが，動物が歩行を開始する生後数週で臨床症状が明らかになることが多い[16]。典型的な臨床症状は，全身性の骨格筋の肥大，休息後の起立困難，硬直歩行および歩幅の短縮であり，速足時にはウサギ跳び様歩行が認められることもある[95]。歩様異常は前肢と比較し，後肢でより重度なことが多い[36]。筋肥大は特に四肢の近位，頚部ならびに舌の筋で顕著に認められる。硬直歩行は休息後や寒冷環境によって悪化し，運動によって改善する（warm up 現象）[36]。全身性の筋肥大の結果，上部気道の狭窄に起因する喘鳴音や嚥下障害が生じることもある。Viteらの報告によると，先天性ミオトニアを呈したミニチュア・シュナウザー9頭全てにおいて，下顎骨の短縮および下顎犬歯の内側への偏倚が認められた[95]。また，猫において開口障害がみられた例も報告されている[36]。通常，神経学的検査は正常である[95]。

後天性ミオトニアにおいても，先天性ミオトニアと同様，四肢の筋肥大や硬直歩行が認められるが（図2，動画3），後天性ミオトニアでは筋硬直は片側の後肢からはじまり，数週間後に反対の後肢へ，その後すぐに前肢の硬直へと進行すると考えられている[30, 83]。

3. 診断と治療

診断はシグナルメント，特徴的な臨床症状およびEMGに基づいてなされる。ミオトニアを呈したヒトのEMGでは，針電極の刺入後の随意的な筋収縮の後，陽性鋭波あるいは陰性棘波が規則正しく反復する**ミオトニー放電**が認められ[100]，動物においてもヒトと同様にミオトニー放電がみられる[23, 36, 95]。筋の病理組織学的検査では，筋線維の変性，肥大や中心核 internal nucleiが確認される[36]。血清CK値は正常から軽度の上昇にとどまる[23, 36, 95]。

先天性ミオトニアは，膜安定化作用のあるプロカインアミドやメキシレチン，あるいはフェニトイン，キニジンの投薬により臨床症状の緩和が認められる。この中でも，プロカインアミドが筋硬直の改善において最も効果があると考えられているが[23]，筋硬直が完全に消失するわけではない。先天性ミオトニアでは通常，臨床症状は進行せず生後6～12カ月で安定することが多い。障害が重度でなければ長期的な予後は良好である。

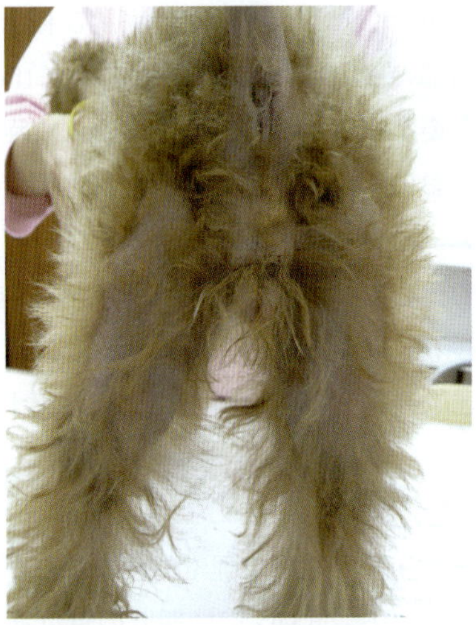

図2　副腎皮質機能亢進症に続発し，ミオトニアを発症したトイ・プードル(7歳，未避妊雌)

両後肢における近位筋の肥大ならびに左右対称性の脱毛，皮膚の紅斑，痂皮が認められた。
(画像提供：KyotoAR 獣医神経病センター　中本裕也先生)

Video Lectures

ミオトニアを発症したトイ・プードル(7歳，未避妊雌)

動画3　歩行時の様子

四肢の硬直歩行が認められた。
(動画提供：KyotoAR 獣医神経病センター
中本裕也先生)

後天性ミオトニアの場合には，副腎皮質機能亢進症に対する治療のみではミオトニアの臨床症状に改善は認められず[30, 83]，プロカインアミド(12.9 mg / kg, PO, q12hr)の投薬後1週間以内に筋硬直の明白な改善がみられた例が報告されている[83]。

なお，ダントロレン，サクシニルコリンなどの筋弛緩薬，フィゾスチグミン，ネオスチグミン，βアドレナリン遮断薬，利尿剤，臭化カリウムなどの薬剤の投与はミオトニアの臨床症状を悪化させるため，使用を避けなければならない[96]。

線維性ミオパチー

線維性ミオパチー fibrotic myopathy とは，重度の**筋の線維化および拘縮**により跛行を呈する慢性進行性の疾患であり，特に雄のジャーマン・シェパード・ドッグでの発生が多く報告されている[52, 53, 67, 78]。その他，ラブラドール・レトリーバー[13, 35, 61, 92]，ドーベルマン[52, 92]，セント・バーナード[52]，ベルジアン・シェパード・ドッグ[52]をはじめとする大型犬での発生が認められており，少数だが猫での発生も報告されている[51, 85]。

1．病態生理

急性外傷や反復する慢性外傷，筋肉内への薬物投与，自己免疫疾患，感染，ニューロパチー，血管異常などが原因となり筋組織が線維性結合組織に置換されると考えられているが，正確な病理発生は不明である[85]。線維化は筋腱領域の遠位端もしくは筋膨大部に限局して認められ，起始部ではみられない[52]。大腿薄筋および半腱／半膜様筋での障害が一般的だが[52, 81, 85, 92]，棘下筋[18, 35, 50, 63, 76]，棘上筋[85, 92]，小円筋[13]，縫工筋[18, 53]，腸腰筋[11, 15, 48, 61, 67, 72, 82, 87]での発生も報告されている。

2．臨床症状

歩行時，後肢がスイング相の最高点から下降しはじめ，**後肢が地面に着地する前に膝関節が内転，足根関節が外転する特徴的な歩様**を示すとともに，歩行時の歩幅は短縮する[2, 16]。このような特徴的な歩様は，常歩より速歩時に顕著に認められる。多くの場合，跛行は数週間～数カ月間かけて徐々に進行する。片側性，両側性ともに発症が認められているが，両側性の場合でも跛行は片側でより重度である[16]。多くは疼痛を伴わないが，疼痛を伴う跛行や触診により疼痛がみられた例も報告されている[15, 52]。

3．診断と治療

診断はシグナルメントならびに特徴的な臨床症状に基づいてなされる。体表の筋が罹患した場合では，硬い線維性の帯状組織が触知可能であり(図3)，X線検査では罹患した筋の肥厚が確認できる[81]。また，超音波検査では高エコー性の線維化所見が認められると報告されている[67, 78]。筋の線維化が進行した症例では，EMGで刺入時電位の欠如が認められる場合もあるが，多くは正常である。筋生検では最小限の炎症を伴う筋の線維化が確認されるが[15]，本疾患に特異的ではない[52]。通常，神経学的検査では異常はみられない[81]。

跛行が重度でなく日常生活に支障のない程度であれば，積極的な治療は推奨されない[16]。腱切断術や罹患筋の切除などの外科手術が試みられており，腸腰筋の線維性ミオパチーに対して筋腱切除術を実施した結果，良好に経過した報告も存在するが[11, 15, 67]，歩様の改善は一時的で数週～数カ月後に再発することも多

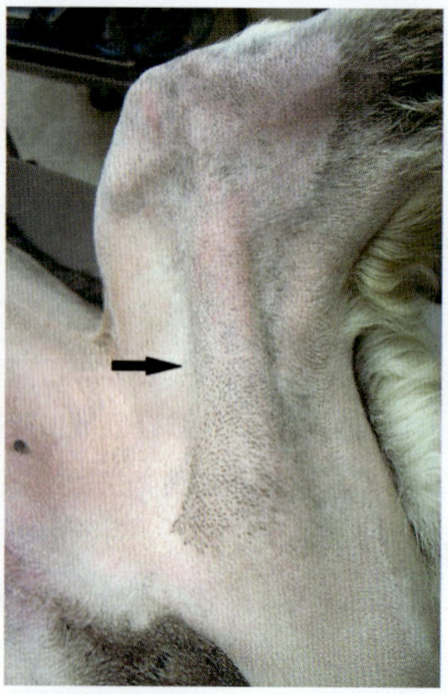

図3　後肢における線維性ミオパチーを呈したジャーマン・シェパード・ドッグ
左後肢の半膜様筋に硬い線維性の帯状組織が認められた。
（画像提供：麻布大学　齋藤弥代子先生）

い[16]。ステロイド剤，非ステロイド性消炎鎮痛剤(NSAIDs)やペニシラミンなどによる内科療法は効果が認められておらず[16]，運動制限や理学療法による明らかな効果も確認されていない[81]。

ラブラドール・レトリーバーミオパチー(LRM)

ラブラドール・レトリーバーミオパチー labrador retriever myopathy(LRM)は，別名“hereditary myopathy”[56, 57]，“inherited myopathy”[27]などとしても報告されている幼少期のラブラドール・レトリーバーに認められる比較的まれな筋疾患である。1976年にKramerら[46]によって初めて報告されて以来，欧米諸国にて散発例が報告されている。発症に性差は認められていない。

1．病態生理

正確な病態生理については解明されていないが，筋の変性性変化の原因として常染色体劣性遺伝が報告されている[47, 57]。

2．臨床症状

出生時は正常だが，2～7カ月齢で最初の臨床症状が認められる。臨床症状は非常に個体差が大きいが，一般的には運動不耐性，運動失調や，触診で疼痛を伴わない全身性の筋萎縮が認められる。筋萎縮は特に四肢の近位筋ならびに咀嚼筋で顕著に観察される。歩行時の歩幅は短縮し，しばしばウサギ跳び様歩行が認められる。頚部の腹方屈曲 ventroflexion of the neck ならびに背弯姿勢がみられることもある。重症例では，X線検査において巨大食道が確認された例も報告されている[98]。

神経学的検査では，四肢の姿勢反応は正常であるが，膝蓋腱(四頭筋)反射は低下～消失する。臨床症状はストレス，運動，興奮や寒冷環境により悪化する。

3．診断と治療

診断は臨床症状，電気生理学的検査ならびに筋生検によってなされる。EMGでは四肢の近位筋および頭部の筋において，線維自発電位，陽性鋭波，複合反復放電が検出されるが，運動神経伝導速度(MNCV)は正常である[59]。筋の病理組織学的変化は多岐にわたるが，TypeⅡ線維の減少，萎縮ならびに壊死が観察される[9]。末梢神経の生検では組織学的な異常は認められない[56]。血清中CK値は正常～軽度の上昇にとどまる。

LRMに対する特異的な治療方法はなく，個々の症状に対する対症療法を実施する。詳細なメカニズムは不明だが，ジアゼパムの経口投与により症状の改善が認められたとの記載や[16]，LRMに罹患した犬の中には筋肉内のカルニチン濃度が低い個体が存在することから，L-カルニチンの経口投与(50 mg/kg, BID)が筋力の改善に有効との報告もある[1]。

幼少期のラブラドール・レトリーバーに発生し，LRMに臨床症状が類似する筋疾患として，**犬のX染色体連鎖性筋ジストロフィー canine X-linked muscular dystrophy(CXMD)**が挙げられる[5]。CXMDに罹患したラブラドール・レトリーバーでは，虚弱，舌の肥大や嚥下障害がみられ，血液生化学検査においてCKの重度高値が，EMGでは複合反復放電が認められている。LRMとCXMDは，臨床症状は類似するものの予後に差があり，LRM罹患犬では生後6～12カ月で臨床症状は安定し，家庭犬としての生活が送れることが多いが，CXMDは進行性疾患であり，有効な治療法もなく予後不良である。よって，診断の際に両者を鑑別することが重要である(**表**)。CXMDの詳細については，第49章「筋ジストロフィー，ミトコンドリア筋症」に非常に詳しくかつわかりやすくまとめられているので参照していただきたい。

表　ラブラドール・レトリーバーにおけるラブラドール・レトリーバーミオパチー(LRM)と犬のX染色体連鎖性筋ジストロフィー(CXMD)の比較

	ラブラドール・レトリーバーミオパチー(LRM)	犬のX染色体連鎖性筋ジストロフィー(CXMD)
性別	発症に性差なし	雄
発症年齢	2～7カ月齢	出生直後もしくは6週齢以下
臨床症状	運動不耐性，運動失調，疼痛を伴わない全身性の筋萎縮	後肢の硬直，虚弱，舌の肥大，嚥下障害
膝蓋腱(四頭筋)反射	低下～消失	正常
血清CK値	正常～軽度上昇	重度上昇(>20,000 U/L)
遺伝様式	常染色体劣性遺伝	X染色体連鎖性遺伝
治療	支持療法(ストレスや寒冷環境を避ける)	有効な治療法なし
予後	生後6～12カ月で臨床症状は安定することが多い	進行性疾患であり，予後不良のことが多い

(文献5を元に作成)

甲状腺機能低下症性ニューロパチー／ミオパチー

甲状腺機能低下症は犬で比較的よく認められるホルモン性疾患であるが[24]，甲状腺機能低下症に起因する神経徴候はまれであり[19]，神経徴候の原因となりうる他の原因の精査も行うべきとされる[71]。神経徴候は末梢神経障害が一般的であるが，中枢神経障害が認められた例も報告されている[37, 40, 43]。

1．病態生理

甲状腺機能低下症が末梢神経障害を起こす病態生理はほとんど解明されていないが，末梢神経周囲へムチンが沈着することで粘液水腫が生じ，これによる神経への機械的圧迫や絞扼が神経障害の原因の1つとして考えられている[19, 60]。これは特に，ヒトの手根管症候群をはじめとした甲状腺機能低下症性単ニューロパチーや多発性単ニューロパチーの主な原因と考えられている[22]。

一方で，甲状腺機能低下症に関連したポリニューロパチーの原因としては，シュワン細胞あるいは神経細胞における甲状腺ホルモンの低下に起因する直接的な代謝性障害が考えられており[22]，甲状腺摘出によって軸索輸送に変化が生じることがラットを用いた実験で証明されている[75]。この理由として，甲状腺ホルモンはミトコンドリアに直接作用して細胞の呼吸を促進させ，ATP産生とATPase活性を増加させる働きがあるため，甲状腺ホルモンの低下は，神経細胞体におけるATP欠乏とATPase活性の減少を招き，その結果としてNa^+/K^+ポンプ活性の低下から軸索輸送が障害を受けると考えられている[75]。

甲状腺機能低下症の犬における末梢神経病理の報告は限られているが，甲状腺機能低下症に起因するポリニューロパチー徴候を呈した犬の末梢神経病理所見として，髄鞘(ミエリン)の不規則性 myelin irregularity や軸索の壊死 axonal necrosis が認められたと報告されている[17, 40, 43, 88]。また，ポリニューロパチー徴候を呈した犬の筋生検では神経原性萎縮を呈すことが多い[40, 43]。

2．臨床症状

犬の甲状腺機能低下症に起因する神経徴候は急発症し，通常，症状の進行は認められないとされる。捻転斜頸，水平眼振，姿勢性の斜視，旋回などの前庭機能障害や威嚇瞬目反応の低下，眼瞼反射の低下などの顔面神経麻痺，四肢不全麻痺や四肢の反射の低下などの中枢あるいは末梢神経障害に由来する各種神経徴候が，甲状腺機能低下症に関連して生じると報告されている[37, 40, 43]。しかし，真の因果関係が証明されていない報告も多い。

3．診断と治療

甲状腺機能低下症の確定診断はT_4，FT_4，TSHの測定により行う。神経疾患によってeuthyroid sick(甲状腺機能に異常のない動物における甲状腺ホルモンの低値)状態に陥っている可能性があるので，T_4の低値のみからの判断は危険である。甲状腺機能低下症の詳細な診断方法については成書などを参考にされたい[24]。

甲状腺機能低下症の犬における電気生理学的検査の異常としては，MNCVの低下，CMAPの振幅の低下や多相性といった神経伝導検査の異常[40, 84, 88]あるいは線維自発電位，陽性鋭波，複合反復放電といったEMGの異常が報告されている[17, 40, 71, 73]。

甲状腺機能低下症が適切に診断された場合の治療は，レボチロキシンの経口投与となる。甲状腺機能低下症性ニューロパチーの犬の多くは，甲状腺ホルモンの補充療法に対し早期に反応し，治療開始後2～8週間以内に臨床上の正常化が得られる場合が多い[14, 17, 40, 43, 65]。しかしながら，顔面神経麻痺，巨大食道および喉頭麻痺は治療に対する反応性が乏しく，前庭障害に関しては回復に数カ月を要するとの報告もある[43, 64]。

甲状腺機能低下症による比較的初期の障害としては，末梢神経の構造的変化よりも代謝性の機能異常が主体であることが示唆されており[66]，そのような段階では甲状腺ホルモンの補充療法による早期の回復が期待できると考えられる。一方で自験例からすると，明らかな神経の構造的変化を生じた場合や，顕著な軸索変性を伴う場合では，回復に長時間を要する可能性や回復しない可能性が考えられる[88]。

［宇津木真一］

■謝辞

本章を執筆するにあたり，貴重なアドバイスをいただくとともに症例や画像，動画を提供していただいた麻布大学の齋藤弥代子先生，KyotoAR 獣医神経病センターの中本裕也先生に深謝する。

■参考文献

1) Amann JF. Congenital and acquired neuromuscular disease of young dogs and cats. *Vet Clin North Am Small Anim Pract.* 17(3): 617-639, 1987.

2) Bagley RS. イヌとネコの末梢神経系，神経筋接合部，筋肉の重要かつ主要な疾患の臨床像. In: 徳力幹彦監訳. Dr. Bagley のイヌとネコの臨床神経病学. ファームプレス. 東京. 2008, pp185-201.

3) Basiri K, Fatehi F. Isaacs syndrome associated with chronic hepatitis B infection: a case report. *Neurol Neurochir Pol.* 43(4): 388-390, 2009.

4) Beck CL, Fahlke CH, George AL Jr. Molecular basis for decreased muscle chloride conductance in the myotonic goat. *Proc Natl Acad Sci U S A.* 93(20): 11248-11252, 1996.

5) Bergman RL, Inzana KD, Monroe WE, et al. Dystrophin-deficient muscular dystrophy in a Labrador retriever. *J Am Anim Hosp Assoc.* 38(3): 255-261, 2002.

6) Bettoni L, Bortone E, Ghizzoni P, et al. Myokymia in the course of Bell's palsy. An electromyographic study. *J Neurol Sci.* 84(1): 69-76, 1988.

7) Bhalerao DP, Rajpurohit Y, Vite CH, et al. Detection of a genetic mutation for myotonia congenita among Miniature Schnauzers and identification of a common carrier ancestor. *Am J Vet Res.* 63(10): 1443-1447, 2002.

8) Bhatti SF, Vanhaesebrouck AE, Van Soens I, et al. Myokymia and neuromyotonia in 37 Jack Russell terriers. *Vet J.* 189(3): 284-288, 2011.

9) Bley T, Gaillard C, Bilzer T, et al. Genetic aspects of Labrador Retriever myopathy. *Res Vet Sci.* 73(3): 231-236, 2002.

10) Bowman WC, Rand MJ. Textbook of pharmacology, 2nd ed. Blackwell Scientific. Oxford. UK. 1980, p31.

11) Breur GJ, Blevins WE. Traumatic injury of the iliopsoas muscle in three dogs. *J Am Vet Med Assoc.* 210(11): 1631-1634, 1997.

12) Browne DL, Gancher ST, Nutt JG, et al. Episodic ataxia/myokymia syndrome is associated with point mutations in the human potassium channel gene, KCNA1. *Nat Genet.* 8(2): 136-140, 1994.

13) Bruce WJ, Spence S, Miller A. Teres minor myopathy as a cause of lameness in a dog. *J Small Anim Pract.* 38(2): 74-77, 1997.

14) Budsberg SC, Moore GE, Klappenbach K. Thyroxine-responsive unilateral forelimb lameness and generalized neuromuscular disease in four hypothyroid dogs. *J Am Vet Med Assoc.* 202(11): 1859-1860, 1993.

15) Adrega Da Silva C, Bernard F, Bardet JF, et al. Fibrotic myopathy of the iliopsoas muscle in a dog. *Vet Comp Orthop Traumatol.* 22(3): 238-242, 2009.

16) Dewey CW. Myopathies: Disorder of skeletal muscle In: Dewey CW. A Practical guide to canine & feline neurology, 2nd ed. Wiley-Blackwell, Iowa. US. 2008, pp469-515.

17) Dewey CW, Shelton GD, Bailey CS, et al. Neuromuscular dysfunction in five dogs with acquired myasthenia gravis and presumptive hypothyroidism. *Prog Vet Neurol.* 6(4): 117-123, 1995.

18) Dillon EA, Anderson LJ, Jones BR. Infraspinatus muscle contracture in aworking dog. *N Z Vet J.* 37(1): 32-34, 1989.

19) Dixon RM, Reid SW, Mooney CT. Epidemiological, clinical, haematological and biochemical characteristics of canine hypothyroidism. *Vet Rec.* 145(17): 481-487, 1999.

20) Duncan ID, Griffiths IR. Myotonia in the dog. In: Kirk RW Current veterinary therapy Ⅷ. Saunders. Philadelphia. US. 1983, pp686-691.

21) Duncan ID, Griffiths IR, Nash AS. Myotonia in canine Cushing's disease. *Vet Rec.* 100(2): 30-31, 1977.

22) Dyck PJ, Thomas PK. Peripheral Neuropathy, 4th ed. Elsevier Inc. Philadelphia. US. 2005, pp2039-2049.

23) Farrow BR, Malik R. Hereditary myotonia in the chow chow. *J Small Anim Pract.* 22(7): 451-465, 1981.

24) Ferguson DC. Testing for hypothyroidism in dogs. *Vet Clin North Am Small Anim Pract.* 37(4): 647-669, 2007.

25) Frey HH. Anticonvulsant drugs used in the treatment of epilepsy. *Probl Vet Med.* 1(4): 558-577, 1989.

26) Galano HR, Olby NJ, Howard JF Jr, et al. Myokymia and neuromyotonia in a cat. *J Am Vet Med Assoc.* 227(10): 1608-1612, 2005.

27) Gortel K, Houston DM, Kuiken T, et al. Inherited myopathy in a litter of Labrador retrievers. *Can Vet J.* 37(2): 108-110, 1996.

28) Gracis M, Keith D, Vite CH. Dental and craniofacial findings in eight miniature schnauzer dogs affected by myotoniacongenita: preliminary results. *J Vet Dent.* 17(3): 119-127, 2000.

29) Grant R, Graus F. Paraneoplastic movement disorders. *Mov Disord.* 24(12): 1715-1724, 2009.

30) Greene CE, Lorenz MD, Munnel JF, et al. Myopathy associated with hyperadrenocorticism in the dog. *J Am Vet Med Assoc.* 174(12): 1310-1315, 1979.

31) Gutmann L. AAEM minimonograph #37: facial and limb myokymia. *Muscle Nerve.* 14(11): 1043-1049, 1991.

32) Gutmann L, Gutmann L. Myokymia and neuromyotonia. *J Neurol.* 251(2): 138-142, 2004.

33) Gutmann L, Libell D, Gutmann L. When is myokymia neuromyotonia? *Muscle Nerve.* 24(2): 151-153, 2001.

34) Gutmann L, Thompson HG Jr, Martin JD. Transient facial myokymia. An uncommon manifestation of multiple sclerosis. *J Am Med Assoc.* 209(3): 389-391, 1969.

35) Harasen G. Infraspinatus muscle contracture. *Can Vet J.* 46(8): 751-752, 2005.

36) Hickford FH, Jones BR, Gething MA, et al. Congenital myotonia in related kittens. *J Small Anim Pract.* 39(6): 281-285, 1998.

37) Higgins MA, Rossmeisl JH Jr, Panciera DL. Hypothyroid-associated central vestibular disease in 10 dogs: 1999-2005. *J Vet Intern Med.* 20(6): 1363-1369, 2006.

38) Holland CT, Holland JT, Rozmanec M. Unilateral facial myokymia in a dog with an intracranial meningioma. *Aust Vet J.* 88(9): 357-361, 2010.

39) Honhold N, Smith DA. Myotonia in the Great Dane. *Vet Rec.* 119(7): 162, 1986.

40) Indrieri RJ, Whalen LR, Cardinet GH, Holliday TA. Neuromuscular abnormalities associated with hypothyroidism and lymphocytic thyroiditis in three dogs. *J Am Vet Med Assoc.* 190(5): 544-548, 1987.

41) Ishii A, Hayashi A, Ohkoshi N, et al. Clinical evaluation of plasma exchange and high dose intravenous immunoglobulin in a patient with Isaacs' syndrome. *J Neurol Neurosurg Psychiatry.* 57(7): 840-842, 1994.

42) Jacobs L, Kaba S, Pullicino P. The lesion causing continuous facial myokymia in multiple sclerosis. *Arch Neurol.* 51(11): 1115-1119, 1994.

43) Jaggy A, Oliver JE, Ferguson DC, et al. Neurological manifestations of hypothyroidism: a retrospective study of 29 dogs. *J Vet Intern Med.* 8(5): 328-336, 1994.

44) Jones BR, Anderson LJ, Barnes GRG, et al. Myotonia in related Chow Chow dogs. *N Z Vet J.* 25(8): 217-220, 1977.

45) Koch MC, Steinmeyer K, Lorenz C, et al. The skeletal muscle chloride channel in dominant and recessive human myotonia. *Science.* 257: 797-800, 1992.

46) Kramer JW, Hegreberg GA, Bryan GM, et al. A muscle disorder of Labrador retrievers characterized by deficiency of type II muscle fibers. *J Am Vet Med Assoc.* 169(8): 817-820, 1976.

47) Kramer JW, Hegreberg GA, Hamilton MJ. Inheritance of a neuromuscular disorder of Labrador retriever dogs. *J Am Vet Med Assoc.* 179(4): 380-381, 1981.

48) Laksito MA, Chambers BA, Hodge PJ, et al. Fibrotic myopathy of the iliopsoas muscle in a dog. *Aust Vet J.* 89(4): 117-121, 2011.

49) LeCouteur RA, Dow SW, Sisson AF. Metabolic and endocrine myopathies of dogs and cats. *Semin Vet Med Surg (Small Anim).* 4(2): 146-155, 1989.

50) Leighton RL. Tenotomy for infra-spinatus muscle contracture. *Mod Vet Pract.* 58(2): 134-135, 1977.

51) Lewis DD. Fibrotic myopathy of the semitendinosus muscle in a cat. *J Am Vet Med Assoc.* 193(2): 240-241, 1988.

52) Lewis DD, Shelton GD, Piras A, et al. Gracilis or semitendinosus myopathy in 18 dogs. *J Am Anim Hosp Assoc.* 33(2): 177-188, 1997.

53) Lobetti RG, Hill TP. Sartorius muscle contracture in a dog. *J S Afr Vet Assoc.* 65(1): 28-30, 1994.

54) Lobetti RG. Myotonia congenita in a Jack Russell terrier. *J S Afr Vet Assoc.* 80(2): 106-107, 2009.

55) Mateer JE, Gutmann L, McComas CF. Myokymia in Guillain-Barré syndrome. *Neurology.* 33(3): 374-376, 1983.

56) McKerrell RE, Braund KG. Hereditary myopathy in Labrador retrievers: a morphologic study. *Vet Pathol.* 23(4): 411-417, 1986.

57) McKerrell RE, Braund KG. Hereditary myopathy in Labrador retrievers: clinical variations. *J Small Anim Pract.* 28(6): 479-489, 1987.

58) Moore GA, Dyer KR, Dyer RM, et al. Autosomal recessive myotonia congenita in sheep. *Genet Sel Evol.* 29(2): 291-294, 1997.

59) Moore MP, Reed SM, Hegreberg GA, et al. Electromyographic evaluation of adult Labrador retrievers with type-II muscle fiber deficiency. *Am J Vet Res.* 48(9): 1332-1336, 1987.

60) Nickel SN, Frame B, Bebin J, et al. Myxedema neuropathy and myopathy. A clinical and pathologic study. *Neurology.* 11: 125-137, 1961.

61) Nielsen C, Pluhar GE. Diagnosis and treatment of hind limb muscle strain injuries in 22 dogs. *Vet Comp Orthop Traumatol.* 18(4): 247-253, 2005.

62) Panciera DL. Conditions associated with canine hypothyroidism. *Vet Clin North Am Small Anim Pract.* 31(5): 935-950, 2001.

63) Pettit GD. Infraspinatus muscle contracture in dogs. *Mod Vet Pract.* 61(5): 451-452, 1980.

64) Platt SR. Neuromuscular complications in endocrine and metabolic disorders. *Vet Clin North Am Small Anim Pract.* 32(1): 125-146, 2002.

65) Pollard JD, McLeod JG, Honnibal TG, et al. Hypothyroid-polyneuropathy. Clinical, electrophysiological and nerve biopsy findings in two cases. *J Neurol Sci.* 53(3): 461-471, 1982.

66) Quattrini A, Nemni R, Marchettini P, et al. Effect of hypothyroidism on rat peripheral nervous system. *Neuroreport.* 4(5): 499-502, 1993.

67) Ragetly GR, Griffon DJ, Johnson AL, et al. Bilateral iliopsoas muscle contracture and spinous process impingement in a German Shepherd dog. *Vet Surg.* 38(8): 946-953, 2009.

68) Ramseyer JC. Isaacs' syndrome. *West J Med.* 123(2): 130, 1975.

69) Reading MJ, McKerrell RE. Suspected myokymia in a Yorkshire terrier. *Vet Rec.* 132(23): 587-588, 1993.

70) Rhodes TH, Vite CH, Giger U, et al. A missense mutation in canine C1C-1 causes recessive myotonia congenita in the dog. *FEBS Lett.* 456(1): 54-58, 1999.

71) Rossmeisl JH Jr. Resistance of the peripheral nervous system to the effects of chronic canine hypothyroidism. *J Vet Intern Med.* 24(4): 875-881, 2010.

72) Rossmeisl JH, Rohleder JJ, Hancock R, et al. Computed tomographic features of suspected traumatic injury to the iliopsoas and pelvic limb musculature of a dog. *Vet Radiol Ultrasound.* 45(5): 388-392, 2004.

73) Scott-Moncrieff JC. Clinical signs and concurrent diseases of hypothyroidism in dogs and cats. *Vet Clin North Am Small Anim Pract.* 37(4): 709-722, 2007.

74) Shires PK, Nafe LA, Hulse DA. Myotonia in a Staffordshire terrier. *J Am Vet Med Assoc.* 183(2): 229-232, 1983.

75) Sidenius P, Nagel P, Larsen JR, et al. Axonal transport of slow component a in sciatic nerves of hypo- and hyperthyroid rats. *J Neurochem.* 49(6): 1790-1795, 1987.

76) Siems JJ, Breur GJ, Blevins WE, et al. Use of two-dimensional real-time ultrasonography for diagnosing contracture and strain of the infraspinatus muscle in a dog. *J Am Vet Med Assoc.* 212(1): 77-80, 1998.

77) Sinha S, Newsom-Davis J, Mills K, et al. Autoimmune aetiology for acquired neuromyotonia(Isaacs' syndrome). *Lancet.* 338(8759): 75-77, 1991.

78) Spadari A, Spinella G, Morini M, et al. Sartorius muscle contracture in a German shepherd dog. *Vet Surg.* 37(2): 149-152, 2008.

79) Steinberg SA, Botelho S. Myotonia in a horse. *Science.* 137 (3534): 979-980, 1962.

80) Steinmeyer K, Klocke R, Ortland C, et al. Inactivation of muscle chloride channel by transposon insertion in myotonic mice. *Nature.* 354(6351): 304-308, 1991.

81) Steiss JE. Muscle disorders and rehabilitation in canine athletes. *Vet Clin North Am Small Anim Pract.* 32(1): 267-285, 2002.

82) Stepnik MW, Olby N, Thompson RR, et al. Femoral neuropathy in a dog with iliopsoas muscle injury. *Vet Surg.* 35(2): 186-190, 2006.

83) Swinney GR, Foster SF, Church DB, et al. Myotonia associated with hyperadrenocorticism in two dogs. *Aust Vet J.* 76(11): 722-724, 1998.

84) Tamura M, Okuno S, Tateno N, et al. A canine hypothyroidism with neuropathy, ECG abnormality and hyperkeratosis. *J Jpn Vet Neurol.* 9: 7-11, 2004.

85) Taylor J, Tangner CH. Acquired muscle contractures in the dog and cat. A review of the literature and case report. *Vet Comp Orthop Traumatol.* 20(2): 79-85, 2007.

86) Toll J, Cooper B, Altschul M. Congenital myotonia in 2 domestic cats. *J Vet Intern Med.* 12(2): 116-119, 1998.

87) Tucker DW, Olsen D, Kraft SL, et al. Primary hemangiosarcoma of the iliopsoas muscle eliciting a peripheral neuropathy. *J Am Anim Hosp Assoc.* 36(2): 163-167, 2000.

88) Utsugi S, Saito M, Shelton GD. Resolution of Polyneuropathy in a Hypothyroid Dog Following Thyroid Supplementation. *J Am Anim Hosp Assoc.* 15: pii: jaaha.6035. 2014.

89) Vanhaesebrouck AE, Bhatti SF, Bavegems V, et al. Inspiratory stridor secondary to palatolingual myokymia in a Maltese dog. *J Small Anim Pract.* 51(3): 173-175, 2011.

90) Vanhaesebrouck AE, Van Soens I, Poncelet L, et al. Clinical and electrophysiological characterization of myokymia and neuromyotonia in Jack Russell Terriers. *J Vet Intern Med.* 24(4): 882-889, 2010.

91) Van Ham L, Bhatti S, Polis I, et al. Continuous muscle fibre activity in six dogs with episodic myokymia, stiffness and collapse. *Vet Rec.* 155(24): 769-774, 2004.

92) Vaughan LC. Muscle and tendon injuries in dogs. *J Small Anim Pract.* 20(12): 711-736, 1979.

93) Vincent A, Buckley C, Schott JM, et al. Potassium channel antibody-associated encephalopathy: a potentially immunotherapy-responsive form of limbic encephalitis. *Brain.* 127(Pt 3): 701-712, 2004.

94) Vincent A. Understanding neuromyotonia. *Muscle Nerve.* 23(5): 655-657, 2000.

95) Vite CH, Melniczek J, Patterson DF, et al. Congenital myotonic myopathy in the miniature schnauzer: an autosomal recessive trait. *J Hered.* 90(5): 578-580, 1990.

96) Vite CH. Myotonia and disorders of altered muscle cell membrane excitability. *Vet Clin North Am Small Anim Pract.* 32(1): 169-187, 2002.

97) Walmsley GL, Smith PM, Herrtage ME, et al. Facial myokymia in a puppy. *Vet Rec.* 158(12): 411-412, 2006.

98) Watson AD, Farrow BR, Middleton DJ, et al. Myopathy in a Labrador retriever. *Aust Vet J.* 65(7): 226-227, 1988.

99) 宇津木真一, 齋藤弥代子, 久末正晴. ミオキミア／ニューロミオトニアのヨークシャーテリアの１例. 日獣会誌. 64: 56-60, 2011.

100) 木村淳, 幸原伸夫. 神経伝導検査と筋電図を学ぶ人のために, 第１版. 医学書院, 東京. 2003, pp166-188.

101) 小林高義. 先天性ミオトニア：クロライドチャネロパチー. 神経研究の進歩. 47: 283-290, 2003.

102) 園田至人, 有村公良. Isaacs 症候群と抗カリウムチャネル抗体. *Clinical Neuroscience.* 16: 84-87, 1998.

103) 高堂裕平, 下畑享良, 徳永純ら. 不眠と手指振戦を合併した抗 VGKC 抗体陽性辺縁系脳炎の１例. 臨床神経. 48: 338-342, 2008.

行動学

52. 神経病と問題行動

はじめに

神経疾患はその臨床症状が往々にして行動の変化であることが多く，はたして“問題行動”といわれる行動学の分野なのか，“神経疾患”として治療すべき分野なのか迷うことも多いと考えられる。

問題行動 problem behavior といわれているものは，「しつけの問題である」，「飼い方の問題であるだけだ」と，捉えられ，以前しばらくの間はドッグトレーナーや訓練士の関与する分野と認識されていたようである。しかし，実際に問題行動といわれるものの中には，ヒトでいう精神疾患に類似したものも含まれており，訓練やトレーニングだけでは済まされないものも多く存在すると考えられるようになった。そして，精神疾患も脳の異常から生じる行動変化であり，行動異常があった際に，医学でいう神経内科，神経外科に含まれる“神経病学”として理解して治療すべきものか，精神科の分野として理解して治療を進めるべきか，非常に悩ましい症例を多く見かけるようになっている。

行動学 ethology（精神科）の分野であったとしても，脳の異常，主に機能異常や神経伝達物質の数のバランス異常，神経伝達物質の受容体のバランス異常などが原因であるため，ヒトでいう神経内科や神経外科の分野からの異常との鑑別診断は重要である。また，精神科分野であるとされた場合，「しつけておけば大丈夫」ではなく，エビデンスに基づいた治療が必須となってくる。

本章では，神経疾患と鑑別の難しい攻撃行動，常同障害について，診断，治療，予後を解説し，さらに，問題行動として動物行動診療科に紹介され，筆者の経験した症例のうち，最終的には神経疾患であったという症例を紹介する。

攻撃行動

1．攻撃行動の類症鑑別

(1) 稟告

動物が攻撃行動を示す場合，獣医師に相談するオーナーは多い。さらに，相談する際も「動物に家族を攻撃されているなんて」，「しつけがなっていない」，「飼い方が悪い」と，非難されることも多いため，主訴としてではなく他の理由で動物病院に来院したついでに「ちょっと咬みついてきて怖いのよ」と，ためらいがちに話を盛り込んでくることも多い。その訴えを聞き流されて，もっと攻撃が過激になってから二次診療へ来院するケースも多いため，ちょっとしたSOSでも受け取めて，攻撃行動の鑑別診断をスタートさせるのは，悪いことではないと考える。

(2) 鑑別診断リストの作成

動物の攻撃行動があった場合の鑑別診断リストは主に，感染性疾患（ウイルス性疾患，細菌感染，寄生虫感染），腫瘍性疾患，栄養性疾患，中毒，脳障害，先天性疾患，疼痛，内分泌性，医原性，てんかん発作などを検討する必要がある。脳に障害をきたす**感染性疾患**のうちでも，ジステンパーウイルス感染や狂犬病ウイルス感染，猫伝染性腹膜炎ウイルス（FIPV）感染，トキソプラズマ感染などはすぐに鑑別診断リストとして挙げられるが，他にも，ボルナ病ウイルスや猫後天性免疫不全ウイルス（FIV）感染により認知機能不全，不適切排泄や攻撃行動などの非特異的な行動変化を起こすことがある。

栄養性の問題から行動変化をきたすものとしては，**チアミン欠乏，トリプトファン欠乏**などが挙げられる。最近，手づくり食や生食を与えるオーナーも見受けられるが，生のマグロやサケなどを主食としていると，それらに含まれるチアミナーゼのためにチアミン欠乏を起こしやすい。チアミン欠乏をきたすと，食欲不振，下痢，鈍麻，興奮，攻撃性，発作，前庭徴候などの行動変化がみられる。

内分泌性の異常からの攻撃行動として，特に注意したいのが**甲状腺機能低下症**である。甲状腺機能低下症は，多くは沈うつになる印象があるが，まれに犬で攻撃性や不安のような非特異的な行動徴候がみられることがある[1]。攻撃性があり，さらに血液検査データから ALP 上昇など疑わしい所見があったら，甲状腺機能の検査も実施しておくのが好ましい。もう 1 つ挙げておきたいのは，内分泌疾患とはいわないものの，何らかの疾患でステロイドが処方された場合に，副作用として攻撃行動がみられることがある。

2. 発作との鑑別

攻撃行動が非常に突発的であったり激しいものであるときには，**焦点性発作 focal seizure** と呼ばれる発作性の攻撃行動も鑑別診断リストに入れるべきである。精神運動性のてんかん発作と，不安やセロトニンの枯渇による攻撃行動の鑑別は難しいが，攻撃性が急に出てくるような場合や，同じ状況であるのに激しい攻撃性が出るときと出ないときがはっきりしている場合はてんかんを疑う。

てんかん発作 epileptic seizure からの攻撃と行動学的な攻撃行動の鑑別をするには，問診の取り方に工夫が必要である。筆者は，攻撃行動の問診を取っているときは，全般的な話を聴取するのではなく，各攻撃行動エピソードに関する詳細を聞くように心がけている。たとえば，まず「1 番最近にあった攻撃の問題はいつですか？ そのときの話を詳しく教えていただけますか？」と聞いて，攻撃行動の状況，行動の前後の状況，そのときの家族の状況，その場所の環境，きっかけとなるような事柄があればその状況など 1 つずつ詳しく聞く。その後，「2 番目に最近にあった攻撃行動はいつですか？」という風に，1 回 1 回のエピソードに関して詳しく聞いていく。この方法で出来事をさかのぼりながら何回かのエピソードを聞き出すことで，攻撃行動がみられた状況とそれぞれの攻撃がどのようなものであったかを理解でき，状況と攻撃があまりにもばらばらであれば，発作性の攻撃行動を疑ってもよいと考える。

筆者は猫で 2 例，恐らくてんかん発作からの攻撃行動であると考えられた症例を経験している。どちらの猫も，攻撃する際に何がきっかけなのか全くわからず，突然オーナーに飛びかかり，また，飛びかかって咬みついたり狙ったりする場所も毎回ばらばらであった。咬みつき方も尋常ではなく，たいがいは咬みついたままぶら下がるほどの力であった。オーナーが大けがをしてしまうという点，叱ったり振りほどいたりしても収まるものではないという点も特徴的である。攻撃した後に，“反省する”ような行動をとるとか隠れるといったような毎回決まった行動がみられることもなく，収まると通常そのまま少し間があった後（発作後期 postictal phase，発作後もうろう状態 postictal confusion），普通の猫の行動に戻るという状態であった。

3. 人に対する攻撃行動

(1) 分類

攻撃行動が神経学的な問題ではないと判断すると，次は行動学的な鑑別を行う。犬の攻撃行動も猫の攻撃行動も，行動の動機や攻撃の対象を用いて診断名をつけていることが多い。

犬の攻撃行動の分類としては，以下のようなものが挙げられる。

- **恐怖性**攻撃行動 fear aggression：恐怖を感じ，自らを守るために相手を攻撃する。
- **学習性**攻撃行動 learned aggression：恐怖や不安から攻撃した際に，攻撃行動をしたことで自分の安全を確保できた経験が数回あると攻撃行動を使うことを学習し，何らかの不安をあおるような局面に立つとすぐに自信をもって攻撃行動を使用するようになってしまう。
- **葛藤性**攻撃行動 conflict aggression：2 つの相異なる感情が同時に起こった結果，葛藤状態となり，その葛藤状態から逃れるために攻撃行動を使う。たとえば，見知らぬ人に対して恐怖もあるが興味もある場合，葛藤状態となる。その葛藤を起こしている対象者が犬にさらに近づいたり急に動いた場合に，葛藤から攻撃行動に行動が移行することが多々ある。
- **防御性**攻撃行動 protective aggression：自らを守る，防御するために攻撃すること。恐怖性攻撃行動と同じ行動であることも多いため，防御性攻撃行動という診断名を使用しない専門家も多い。
- **縄張り性**攻撃行動 territorial aggression：自分の家，寝床，居場所などに近付く人や他の動物に対して攻撃する行動。本来の縄張り性のある動物の示す縄張り性攻撃行動とは少し意味が違い，多くは不安や恐怖からの攻撃である。
- **所有性**攻撃行動 possessive aggression：自分のもっているもの，食べているものなどを取り上げられまいとする攻撃行動。

・**遊び誘発性**攻撃行動 play-induced aggression：遊び行動が激しくなってしまい，人や他の動物を結果的に攻撃してしまう行動。社会性の欠如からも起こり得る。

・**母性**による攻撃行動 maternal aggression：子犬を生んだ母犬，あるいは偽妊娠した母犬が，子犬や子犬と見立てたおもちゃなどを守ろうと，近付く人や他の動物に対して示す攻撃行動。

・**捕食性**攻撃行動 prey aggression：捕食対象物に対して，追いかけて殺して食べるためにみせる攻撃行動。この捕食性の攻撃行動が何らかの理由で同居犬や同居動物，あるいは人に対して発現されることがある。

・**行動異常からの**攻撃行動 aggressive behavior from other behavioral abnormality（常同障害 compulsive disorder，認知機能不全 cognitive dysfunction）：常同障害や認知機能不全の症状の1つとして攻撃行動は発現することもある。

・**序列性**攻撃行動 dominance aggression：犬同士の序列関係が安定せず，序列を決めるために攻撃行動が発現される。人に対しては，以前過剰に診断名として使用されていたものであり，犬が人に対して優位行動を示し，人がそれに従わないと攻撃をする行動である。しかし，実は人に対しての序列制の攻撃行動はほとんどないと考えてよく，万が一あった場合は，脳の機能異常である可能性が高いと考えられる。

一方，猫の攻撃行動では以下のようなものが挙げられる。

・遊び誘発性攻撃行動：上記参照

・**転嫁性**攻撃行動 redirected aggression：転嫁行動としての攻撃行動。外にいる猫を攻撃しようとするが，窓などがあって攻撃できないため，近くにいる人や同居猫を攻撃する。

・母性による攻撃行動：上記参照

・恐怖性攻撃行動：上記参照

・葛藤性攻撃行動：上記参照

・学習性攻撃行動：上記参照

・行動異常からの攻撃行動（常同障害，認知機能不全）：上記参照

分類は基本的に攻撃行動の表現型によってわけられており，生化学的異常や分子生物学的異常の可能性については考慮されていない[4]。

(2) 治療へのアプローチ

治療法は攻撃行動のタイプにより異なる。よくみられる攻撃行動に関しての治療法は後述するが，どの攻撃行動に関してもまずは安全対策を考えないといけない。まずは，オーナーや他の人に危害を及ぼすような状況にさせてはいけないということを考える。また，犬の攻撃行動が全くなくなる，犬が二度と100％咬まない，という保証はできないことをオーナーに理解してもらう必要がある。

どの攻撃行動であっても，共通にいえることは以下の4点である。

①安全対策のため，ケージ，マズル，ベビーゲートなどを上手に使用することを勧める。

②体罰や叱ることは攻撃性を悪化させる可能性が高いため，やめさせる。

③家庭内のルールづくりは，どんな攻撃行動や問題行動でも必要になるため，家族間のコミュニケーションがとれるようにする。

④家族に動物の行動を理解してもらえるよう，獣医療者側からのコミュニケーションを十分にとる。

1）犬の恐怖性攻撃行動

犬のオーナーに対する攻撃行動の中で最も多いのが，不安と学習から攻撃しているケースである。心理的な不安や葛藤があり人とのコミュニケーションがとれずにいる場合や，社会化不足，オーナーと一貫性のあるルールが形成されていないことからの混乱が原因となることが多い。早期離乳された動物は，社会化がうまく行われなかったことや不安傾向が強い[5]ことから，恐怖性攻撃行動が引き起こされることが多い。

診断

身体的，神経学的検査において他に異常がないこと，疼痛などがないことを確認し，除外診断を行う。現在，特異的な診断ツールはない。行動学的には，動物が攻撃行動をする前後に，**不安行動** behavior from anxietyや**葛藤行動** conflict behavior を見せていることが多い。

治療

動物は，不安や恐怖から攻撃しているため，より不安を増してしまうことのないよう，決して体罰を与えたり叱らないことをオーナーに伝えることが大切である。また，不安をつくる材料が環境にある場合(小さな子どもが追いかけ回している，訪問者に対して恐怖があるなど)は，その環境から犬を外すことを考える。

不安や恐怖からの攻撃行動では，攻撃性をコントロールする**セロトニンの枯渇**が考えられる[7]ため，治療の一環として抗うつ剤の使用は有効である。現在，恐怖性攻撃行動に対して効果のある薬物は，フルオキセチン[2]とクロミプラミン[8]であり，薬用量は下記に示すとおりである。

フルオキセチン：(犬)1～2 mg/kg，SID
(猫)0.5～1 mg/kg，SID
クロミプラミン：(犬)2～3 mg/kg，BID
(猫)0.5～2 mg/kg，SID

薬物療法のみで攻撃行動が収まることはなく，必ず行動修正法とともに使用しなければならない。また，抗うつ剤が効果を示すまでには4～8週間ほどかかるため，比較的長期の利用になることはオーナーに伝えておかなければならない。

行動修正法 behavior modificationとしては，まずオーナーとの関係に一貫性をもたせるのが最も重要となる。予告なく触られたり，抱かれたりするのはどんな犬にとっても不安になるものであり，特に頭の回り，首回り，四肢回りは子犬のときから基本的に触られたり抱かれて抑えられたりすることが苦手である。そのことをよくオーナーに知らせたうえで，一貫性のある関係性をつくってもらう。犬に対して，カジュアルに，適当に触れることを禁止し，犬との関係をもつときは必ずコマンド(おすわり，まて，など)を命じ，犬が従ったらおやつなどの報酬を与えるようにする。これを繰り返すうちに，犬は「おすわり」などの号令かかると，オーナーが何らかのアプローチをしてくることを理解し，そのアプローチも常におやつなどの報酬を与えていたことで，オーナーのアプローチは決して怖かったり不安をあおるものではないということを学習していく。また，四肢を触る練習も同じで，常に決まった順番で肢を取るようにし，肢を取る前には必ず「あし」など決まったコマンドを入れ，肢に手を伸ばしつつおやつをあげるようにする。肢に触れられることはおやつをもらえることであり，不安を感じることではないことを犬に伝えるのである。

疼痛や疾病があって，そこから派生する不安などから生じる攻撃行動もあるが，ここに述べられている治療法はそれらにも応用することができる。触られると具合が悪い，痛い，などの学習が入っているため，痛みや不具合を取り去った後は，号令をかけ，おやつをあげながら徐々に問題の個所に触れていくようにすることで，問題の場所は触られてももう大丈夫であることを覚えてくれるようになる。

犬の体を触る練習には，**拮抗条件付け－脱感作 desensitization-counter conditioning**という方法を使用する。拮抗条件付けとは，今まで条件付けされた情報を他の情報に入れ替えることである。肢を触られるのが怖いと感じる犬であれば，肢を触るたびにおやつをあげ，肢に触られることは楽しく，不安なものではないことを教える。脱感作法とは，徐々に刺激に暴露させていく方法で，たとえば肢を触られるのが怖い犬に対しては，まず肩周辺(犬が怖いと思わない部分)から触り，アプローチする肩あたりを触りつつご褒美をあげ，徐々に犬の苦手な肢端までゆっくり進みながら触っていく方法である。

行動修正法のコツは，決して慌てて行わないことである。オーナーは早く治したい一心で，急いであちこち触れるようになりたくて，強引に行動修正を進めていく傾向にある。急ぐと問題が悪化していくため，なるべくゆっくり治療を進めていくように注意すべきである。行動修正法は，本を読んで文章のみで上手に行うことは難しく，犬の表情や小さな行動を見ながら行うべきであるため，学習理論や行動修正に詳しい看護師やトレーナーに技術指導をしてもらうのが成功のカギとなる。

2) 猫の遊び誘発性攻撃行動

猫における人への攻撃行動として一番よく報告されるのが，遊び誘発性の攻撃行動であろう。通常は2歳以下の単独飼育の猫で認められる。子猫のときからはじまり，継続することがある。この問題行動が発現する危険因子として，人との関わり合いが不適切だったり不十分であったりすること，人工保育などで他の猫との遊びが不足し攻撃的な遊びの抑制がきかないこと，運動が不足していること，社会性が不足していることなどが考えられる。

治療

まず，安全対策として，人の怪我を防ぐことが重要である。特定の刺激や状況をオーナーから聞き出し，その状況をなるべくつくらないように指導する。また，子どもが家庭にいる場合には，子どもが猫と遊んでいる際に大人が必ず監視しているようにする。

対応策

まず，猫の生活環境を整備し，おもちゃやボールで遊ばせて人に直接攻撃が来ないようにする。また，積極的に遊ぶ時間を設けるように指導する。たとえば，猫が自分から遊びに誘わないと遊んでもらえないような状況では，猫が遊びに誘う際に攻撃を仕掛けていることがあるため，人の夕食の後は必ず30分は猫と遊ぶなど，猫が遊びに誘うのではなく，人が遊びの時間を決めていくことが大切である。

不適切で攻撃的な遊びがはじまったら，すぐに猫をかまうのをやめる。猫を叱ってもそれは猫の興奮性を上げてしまい，より激しい攻撃になる可能性もあるため，ただ無視をする，あるいは猫がいる部屋から何も言わずに出ていくのがよい。

遊び誘発性の攻撃行動を予防するために，猫のいる環境を楽しいもの，飽きないものにすることも大切である。おもちゃはただ出しっぱなし，置きっぱなしにしても，そのおもちゃで遊ぶことに飽きて相手にしなくなってしまうため，一部のおもちゃを除いて全部しまい，3日ごとに出ているおもちゃを入れ替えたり，ぶら下げたり，さらに置いておくおもちゃの置き場所やぶら下げ場所を変えてみる。また，“知育トイ”といわれる，転がすとおやつが出てくるようなおもちゃを置いておき，遊びたい気持ちをおもちゃに向けさせるようにする。知育トイは自宅で簡単につくれるものもある(図1)。

予防としては，子猫のときから素手で猫と遊ばず，必ずおもちゃを使って遊ぶようにした方がよい。

図1 知育トイの1例

ペットボトルの側面にいくつかの穴をあけ，ペットボトルの中にはフードを入れておく。ペットボトルを転がすことで，フードが出てくる簡易“知育トイ”である。

常同障害

1. 定義

常同障害 compulsive disorder とは，動物が明確な目的や機能をもたずに，反復性の比較的単調な行動を示し続けることを指す。通常これらの行動は維持行動から由来する[4]。また，これは人の強迫性障害と症状や病態生理[6]，治療薬に対する反応が類似している[3]。一般的な症状としては，回転，尾追い，自傷，旋回，歩き回る，幻覚を見ているような行動，光や影追い，ハエ追い行動，壁に沿って走る，発声などがある。特定の常同行動を頻発する動物種，品種，血統が存在するが，発症自体は年齢，性別，品種に相関しない。平均的な発症年齢は，性成熟の時期であることが多い。

また，症状として現れる行動は品種によって特異的なことが多い。品種とよくみられる行動の一部を表に示す。常同行動としては，表に示すものだけには限らない。

2. 常同障害の類症鑑別

何らかのストレスやフラストレーションから起こる**葛藤行動**である場合がある。たとえば，動物園で飼育している動物が狭い檻の中で，同じようにぐるぐる回る行動を繰り返すが，外の広い場所に出すと繰り返し行動(常同行動)がみられなくなるような場合，これは葛藤行動(フラストレーションやストレスを下げるために行われる行動，すなわち我々の貧乏ゆすりのような行動)であると考えてよい。このような行動の場合はその動物に適した環境を整え，ストレスやフラストレーションを取り除くことで問題は解決することが多い。

オーナーの関心を引こうとして常同行動を示すこともある。尻尾を追いかけていると，オーナーが何らかの反応を示すため，オーナーの気を引こうと行動を繰り返す場合もある。もし関心を引こうとする行動であった場合，人が見ていないときはその行動を示さな

表　常同行動によって現れる行動とその品種

品種	行動
ジャーマン・シェパード・ドッグ	尾追い
柴	
ブル・テリア	回転，尾追い
グレート・デーン	自傷，塀に沿って走る
ジャーマン・ショートヘアード・ポインター	
ドーベルマン	脇腹吸い
ボーダー・コリー	影を見る
ミニチュア・シュナウザー	後肢(や臀部)を確認する
シャム	織物吸い
アジア系の猫	

いだろうし，行動を示しているときにもオーナーの注目を集めようとする何らかのしぐさが見受けられる。したがって，行動から鑑別していく，さらにはオーナーが行動に対しどのように対処しているかを聞き出して，オーナーに状況を理解してもらうことで問題は解決する。

しかし，焦点性発作として**尾追い行動**，**ハエ咬み行動**の症状が認められる場合もあり，常同障害との鑑別が重要となる(てんかん性に一定の行動・動作を反復するものを“**自動症 automatism**”という)。通常，てんかん性の問題である場合には途中で止めることができないが，常同障害の場合の多くは音や何らかの刺激で行動を制止することができ，制止している間におやつを食べることもできる。おやつを食べ終われば，また常同行動に戻ることもできるという特徴がある。また，常同障害の場合には発作後期と呼ばれる発作後のもうろうとした状態はみられない。

その他，感染症や皮膚疾患，疼痛などとの鑑別が重要である。

3. 診断

身体検査や症状に応じて，鑑別診断のための神経学的検査や血液検査などを行い，他の疾患との鑑別をする。行動に関しては，問題となっている行動を撮影した自宅での動画を見せてもらうことが診断の大きな助けとなる。

4. 治療

原因は，葛藤，ストレス，フラストレーションであるため，可能であればこれらを取り除く努力をすることが大切である。すなわち，常同行動のはじまるきっかけを排除できるようにするのである。環境がその動物に適したものか，リラックスできるものかという点も考えて，必要に応じて環境の改善を行う。また，治療には行動修正法と薬物療法を併用するのが一般的となる。

(1) 行動修正法

行動修正法としては，動物が繰り返しの行動，あるいは1点を見つめて固まるような行動をしていたら，音などを出して，動物の気持ちを切り替える。行動が中断されたら，その動物が知っているコマンド(「おすわり」「おいで」「ふせ」など)を命じ，従ったら報酬を与えるようにする。または，常同行動を示すような状況になったら，あるいは示しそうになったら，何か動物の知っている他の行動をさせ，うまくできたら報酬を与えるという**反応置換法 response substitution**を用いる。

動物の気持ちを切り替えるためにコマンドを命じて他の行動をさせるのであるが，その動物が何もコマンドを知らないと行動修正のツールとして使用できないため，普段から「おすわり」「おいで」「まて」「ふせ」などのコマンドを褒美を使って**正の強化法**で楽しく教えておくことが重要となる。

(2) 薬物療法

薬物療法において，よく使用される薬物は以下の2つである。

フルオキセチン：(犬)1～2 mg/kg，SID
　　　　　　　　(猫)0.5～1 mg/kg，SID
クロミプラミン：(犬)1～3 mg/kg，BID
　　　　　　　　(猫)0.5～2 mg/kg，SID

これらの薬物でよくみられる副作用は，食欲低下と眠気である。通常，数週間で副作用はほとんどみられなくなるが，もし重篤な症状(食欲廃絶，けいれん，胃腸障害など)がみられた場合には，その薬剤をやめて他の種類に変更するべきである。使用上の注意として，クロミプラミンはてんかん閾値の低下，見かけ上の T_4 の低下，尿停滞が起こることがある。また，フルオキセチンの場合は，前眼房圧の上昇，血糖値の上昇があるため，状況に応じて薬の変更や中断も考える。

薬物療法の際は必ず血液検査を行い，代謝に影響のある肝臓や腎臓の機能を確認してから使用する。

5．予想される経過や予後

薬物の効果が出るまでに時間がかかるため，改善には数週間かかる。4 週間経っても何ら変化がない場合は，再評価を行った方がよい。また，環境中のストレスなどに再度暴露された際には，再発するおそれがある。行動修正法や環境の改善を薬物療法とともに行わなければ，予後はあまり良好ではない。

常同行動をしてきた時間が長いほど，治療にも時間がかかるため，早期の治療開始が好ましく，また，行動修正や環境改善はオーナーの理解が必要なため，オーナーへのコミュニケーションも重要な要因となる。

印象的であった実際の症例

1．急な攻撃行動を示した犬の 1 例

筆者が行動医療の研修医をしていた頃に経験した症例である。

他に 3 匹の犬を飼っていた若い夫婦 2 人が，マスティフの雑種犬の攻撃行動で相談にみえた。主訴はオーナー夫婦に対する攻撃行動であり，問題行動として行動科を受診したが，詳細に病歴を聞くと，攻撃行動は突如はじまっており，攻撃性もかなり重篤で，躊躇なく咬みつこうとしている様子であった。さらに，行動診療の場合，攻撃性を示した際に犬や周りの人がどのような行動をとったのかを詳細に聞き取りをするのだが，この詳細な各エピソードに関する聞き取り情報が大きなヒントをもたらす結果となった。

診察にみえる前の週末，キャンプに行った際に屋外でオーナーと同居犬に対する攻撃行動が認められたという。そのとき，攻撃をする前にトラックから飛び降りて少しうろうろしていたとのことであったが，トラックから降りる際に少しふらつき，女性オーナーが手で支えたというエピソードがあった。普段は問題なく飛び降りるトラックの荷台からふらついたのが「おかしいな」と思い，また，今までそんな行動はなかったとの話であった。

急な攻撃行動の開始，いつもできている行動が急にできなくなる，ふらつく動作がある，ということで，神経学的な問題を疑い，神経科の獣医師にも診ていただいたが，軽い四肢の異常が認められたのみであった。神経学的な問題，特に脳の異常がある可能性が高いことをオーナーに話した。2 カ月後の再診の際には，神経症状が進んでおり，結局安楽死になった。本症例は，死後解剖により，第三脳室に脈絡叢癌が見つかった。

ここで重要なのは，問題行動の相談を受けた際には，問題となっている行動の詳細をエピソードごとに詳細に聞き出してほしいということである。オーナーの説明には彼らの考えも含まれるため，彼らが大切な情報と思わなければ決して出てこない話がある。その“オーナーにとってはつまらない話”が診断における大きなヒントとなるため，攻撃行動なら攻撃行動 1 つ 1 つのエピソードを詳細に聞くことが正確な診断へつながっていくと考える。

2．急な攻撃行動を示した猫の 1 例

猫の急激な攻撃行動が主訴であっても，恐らく脳神経の異常であるということが示唆された例も 2 症例ある。どちらも攻撃行動はかなり激しく，咬みつくとそのまましっかり離さないため，咬んだ状態で腕にぶら下がるようなこともある。攻撃行動のそれぞれのエピソードを聞いてもあまり共通性がなく，攻撃行動発現のきっかけとなっているものが定かではなかった。

攻撃行動が過度に激しく，また，それぞれのエピソードを聞いてもきっかけに関連性が見当たらず，攻撃行動自体が急にはじまったものであったり，はじまったときからかなり激しいものであったりした場合は，脳の異常を疑った方がよい。そのような場合，発作である可能性があるため，頭部の磁気共鳴画像（MRI）検査を行うのもよいであろう。

筆者が経験した急激な攻撃行動を示した猫は，オーナーに MRI 撮像を勧めたが，金銭的な問題で検査を受けないことを選んだため，治療的診断を試みた。恐らくてんかん発作のようなものであろうと仮診断し，抗てんかん薬を処方，現在，攻撃行動は落ち着いている。万が一，攻撃行動が落ち着かなくなったり，問題が再発した場合には頭部の MRI 検査と神経学的検査を行う予定である。

3．わがままな食べ方と思われたが神経学的疾患であった 1 例

ゴールデン・レトリーバー，9 歳の症例で，行動科を受診した理由が特定のジャーキーと特定のささみ缶しか食べないということと，同居犬との関係が不安定になっているということであった。体重は減少していたが，元気はあり，ジャーキーとささみ缶はよく食べるとのことであった。

カウンセリングをしているときに，診察室でジャーキーを含むいくつかの種類のおやつを提示したが，全

く食べ物に興味を示さず，横を向いてしまう。しかし，よく食べるというジャーキーをオーナーが鞄から取り出して見せると，袋が出ただけで目の色が変わり，ジャーキーを勢いよく食べる行動が見受けられた。ジャーキーを食べていく行動を観察すると，ジャーキーを目で確認し，そのまま匂いを嗅いだりすることもなく，見た目だけでさっと食べる行動が通常の犬の食事行動からは異なるため，食欲中枢に何らかの異常があり，ジャーキーとささみ缶に関しては，前頭葉からの記憶だけで食べている(我々が，おなかがすいているわけではないのにポテトチップスを食べ続けるような行動)，と判断した。

食事の際の行動異常から，脳の異常である可能性が高いことを伝え，神経症状が出る可能性があることを話した。脳のMRI撮像を勧めるも，犬自体が元気であるため，オーナーはそのまま検査をしない方向でいたが，行動科受診から数カ月後に何度かひっくりかえるような発作が起きた。元気であり，神経学的検査ではほとんど異常が認められなかったが，MRI検査を行ったところ，かなり大きな下垂体腫瘍が発見された。この腫瘍が視床下部まで圧迫していたために食欲中枢に異常をきたし，全く食べないという行動を引き起こしていたのである。大好きなジャーキーとささみ缶は，恐らく，空腹だから食べたのではなく，「おいしいものである」という以前の学習から食べた(筆者が空腹でもないのにケーキを食べるときの心境かもしれない)と考えられた。

通常の行動とは少し違う行動を発見するには，通常の健康な犬や猫の行動をよく観察するのが重要である。問題行動と提示されたときに，オーナーの話と同時に，自宅で撮影してもらった動物の行動の動画を見ることで，問題行動が神経学的なものか，精神学的なものか，“癖”といわれるような学習からのものかがわかる。したがって，行動の動画とともにオーナーの訴える話を聞き，診断を進めていくようにするとよい。

4．常同障害か，てんかん発作かの判断が困難であった１例

柴犬，3歳の症例で，主訴は尾追い行動であった。外で飼われていたため，行動がはじまるときの詳細な状況をオーナー一家もわからず，外で大きな音がするので見ると，飼い犬が激しく尾を追いかけているという状況であった。尾を追いかけながら尾に咬みついて，尾の先から出血も認められ，あまり激しく回るときは抱きしめて止めようとしているが，なかなか止められない，という主訴であった。

この症例は外飼いであるために行動の詳細がわからず，カウンセリングでは焦点性発作による尾追い行動か，常同障害による尾追い行動かの鑑別ができなかった。そのため，とりあえず，セロトニン再取り込み阻害薬(フルオキセチン)を処方したが，治療をしている1カ月間，行動は全く改善されず，どちらかといえば悪くなっているようであるとの報告を受けた。そこで，オーナーに犬の行動をビデオで撮り，もう少し観察してもらうようにお願いした。

数週間後に届けられたビデオを観たところ，犬はすやすや寝ているかと思えば突然飛び起き，尾を追う行動が何度か撮影されており，さらには，オーナーが抱きしめて止めようとしているが，強引に回り続ける様子が確認された。常同障害の場合，途中で抱きしめたりおやつをあげたりすると行動を止めることは比較的容易であり，一方で何らかのストレスや，興奮させるようなことがあると，行動を発現することが多い。しかし，今回の柴犬の行動では，きっかけもなく寝ている状態から急にはじまったり，物理的に止めることができない，という特徴があることから，焦点性発作であると診断を下し，数日かけてセロトニン再取り込み阻害薬を漸減しつつ，フェノバルビタールの投薬を開始した。すると，問題となっていた尾追い行動の頻度は減り，現在は安定した生活を送れている。

行動の特徴を聞き出したり動画を見ることで鑑別ができることも多いため，行動に関する問診もていねいにとり，可能であれば自宅での問題となっている行動の動画を見せてもらうことは重要と考える。

おわりに

問題行動として病院に相談された場合に，すぐにしつけの問題と捉えて看護師やトレーナー，しつけ担当のスタッフにそのまま相談を回してしまうことも多々あるかもしれないが，問題行動の陰に神経学的・内科学的な原因が隠れていることもある。また，オーナーに「認知症」と言われたが故に，夜鳴きは認知症と信じ込んで治療をはじめることもあるが，実はオーナーの気を引きたいがために夜に吠えはじめているということもある。問題行動で相談された場合，神経学的・内科学的なものでないか，あるいは問題行動でも診断名は何か，まずは診断をしてから治療の選択肢を提示

できるようにしていただきたい。

また，行動に関連するかもしれないと疑われたときに1～2時間もかけて問診を取ることができない，行動修正のデモンストレーションが時間的にも難しい，と判断された場合は，行動診療を専門に行っている施設に紹介いただくことが可能である。

［入交眞巳］

■参考文献

1) Beaver BV, Haug LI. Canine behaviors associated with hypothyroidism. *J Am Anim Hosp Assoc*. 39(5): 431-434, 2003.

2) Dodman NH, Donnelly R, Shuster L, et al. Use of fluoxetine to treat dominance aggression in dogs. *J Am Vet Med Assoc*. 209(9): 1585-1587, 1996.

3) Goldberger E, Rapoport JL. Canine acral lick dermatitis: Response to the anti-obsessional drug clomipramine. *J Am Anim Hosp Assoc*. 27: 179-182, 1991.

4) Howitz DF, Neilson JC. 武内ゆかり，森裕司監訳. 小動物臨床のための5分間コンサルタント 犬と猫の問題行動 診断・治療ガイド. インターズー. 東京. 2012.

5) Kanari K, Kikusui T, Takeuchi Y, Mori Y. Multidimensional structure of anxiety-related behavior in early-weaned rats. *Behav Brain Res*. 156(1): 45-52, 2005.

6) Ogata N, Gillis TE, Liu X, et al. Brain structural abnormalities in Doberman pinschers with canine compulsive disorder. *Prog Neuropsychopharmacol Biol Psychiatry*. 45: 1-6, 2013.

7) Reisner IR, Mann JJ, Stanley M, et al. Comparison of cerebrospinal fluid monoamine metabolite levels in dominance-aggressive and non-aggressive dogs. *Brain Res*. 714(1-2): 57-64, 1996.

8) White MM, Neilson JC, Hart BL, Cliff KD. Effect of clomipramine hydrochloride on dominance-related aggression in dogs. *J Am Vet Med Assoc*. 215(9): 1288-1291, 1999.

略語表

略　語	英　名	和　名
AAA	aromatic amino acids	芳香族アミノ酸
ACTH	adrenocorticotropic hormone	副腎皮質刺激ホルモン
AEDs	antiepileptic drugs	抗てんかん薬
AP	acute polyradiculoneuritis	急性多発性神経根神経炎
ARAS	ascending reticular activating system	上行性網様体賦活系
Aβ	amyloid beta	アミロイドβ
BAER	brainstem auditory evoked responce	聴性脳幹誘発反応
BBB	blood brain barrier	血液脳関門
BCAA	branchedchain amino acids	分岐鎖アミノ酸
BDV	borna disease virus	ボルナ病ウイルス
BME	bacterial meningoencephalitis	細菌性髄膜脳炎
CAA	cerebral amyloid angiopathy	脳血管アミロイド症
CBF	cerebral blood flow	脳血流量
CCA	cerebellar cortical abiotrophy	小脳皮質アビオトロフィー
CCoV	canine coronavirus	犬コロナウイルス
CDVE	canine distemper virus encephalitis	犬ジステンパーウイルス性脳炎
CDVI	canine distemper virus infection	犬ジステンパーウイルス感染症
CDS	cognitive dysfunction syndrome	認知機能不全症候群
CDV	canine distemper virus	犬ジステンパーウイルス
CHV	canine herpesvirus	犬ヘルペスウイルス
CIDP	chronic inflammatory demyelinatingpolyneuropathy	慢性炎症性脱髄性多発ニューロパチー
CMAP	compound muscle action potential	複合筋活動電位
CN Ⅰ～Ⅻ	cranial nerve Ⅰ～Ⅻ	第Ⅰ～Ⅻ脳神経
CNS	central nervous system	中枢神経(系)
CNS-FIP	feline infectious peritonitis viral meningoencephalitis	猫伝染性腹膜炎ウイルス性髄膜脳炎
COMS	caudal occipital malformation syndrome	尾側後頭部奇形症候群
CPP	cerebral perfusion pressure	脳灌流圧
CPS	complex partial seizure	複雑部分発作
CRD	complex repetitive discharge	複合反復放電
CRP	C-reactive protein	C 反応性蛋白
CS	cluster seizures	群発発作
CSF	cerebrospinal fluid	脳脊髄液
CT	computerized tomography	コンピューター断層画像
CVR	cerebral vascular resistance	血管抵抗
CXMD	canine X-linked muscular dystrophy	犬のX染色体連鎖性筋ジストロフィー
DHA	docosahexaenoic acid	ドコサヘキサエン酸
EPA	eicosapentaenoic acid	エイコサペンタン酸
DIC	disseminated intravascular coagulation	播種性血管内凝固
DISH	diffuse idiopathic skeletal hyperostosis	び漫性特発性骨増殖症
DM	degenerative myelopathy	変性性脊髄症
DZP	diazepam	ジアゼパム
EAE	experimental autoimmune encephalomyelitis	自己免疫性脳脊髄炎
EBD	epileptic brain damage	発作(てんかん)性脳損傷
EEG	electroencephalogram	脳波
EMG	electromyogram	筋電図
EPA	eicosapentaenoic acid	エイコサペンタン酸
EPSP	excitatory postsynaptic potential	興奮性シナプス後電位
ERG	electroretinogram	網膜電図

略　語	英　名	和　名
FBM	felbamate	フェルバメート
FCE	fibrocartilaginous emboli	線維軟骨塞栓症
FCoV	feline coronavirus	猫コロナウイルス
FECT	food-elicited cataplexy test	カタプレキシー発作誘発試験
FECV	feline enteric coronavirus	猫腸コロナウイルス
FeLV	feline leukemia virus	猫白血病ウイルス
fib	fibrillation potential	線維自発放電
FIP	feline infectious peritonitis	猫伝染性腹膜炎
FIPV	feline infectious peritonitis virus	猫伝染性腹膜炎ウイルス
FIV	feline immunodeficiency virus	猫後天性免疫不全ウイルス
FLAIR 画像	fulid-attenuated inversion recovery imaging	フレアー(水抑制反転回復)画像
FME	fungal meningoencephalitis	真菌性髄膜脳炎
FNA	fine needle aspiration	針生検
FPV	feline parvovirus	猫パルボウイルス
FS	focal (or localization-related) seizure	焦点性(あるいは局在関連性)発作
GBP	gabapentin	ガバペンチン
GC/MS	gas chromatography/mass spectrometry	ガスクロマトグラフィー／ マススペクトロメトリー
GFAP	glial fibrillary acidic protein	グリア線維性好酸性タンパク
GME	granulomatous meningoencephalomyelitis	肉芽腫性髄膜脳脊髄炎
GRMD	golden retriever muscular dystrophy	ゴールデン・レトリーバー筋ジストロフィー
GS	generalized seizure	全般発作
HE	hepatic encephalopathy	肝性脳症
HFMD	hypertrophic feline muscular dystrophy	猫の肥大型筋ジストロフィー
ICP	intracranial pressure	頭蓋内圧
ILAE	International League Against Epilepsy	国際抗てんかん連盟
INAD	infantile neuroaxonal dystrophy	小児型神経軸索ジストロフィー
IOSU	intraoperative spinal ultrasono-graphy	術中脊髄超音波検査
IPSP	inhibitory postsynaptic potential	抑制性シナプス後電位
ISP	idiopathic sterile pyogranulomatous inflammation	特発性無菌性化膿性肉芽腫
IVDD	intervertebral disk disease	椎間板疾患
KBr	potassium bromide	臭化カリウム
LC-MS/MS	liquid chromatography-mass spectrometry/mass spectrometry tamdem mass spectrometry	タンデムマス
LEV	levetiracetam	レベチラセタム
LMNS	lower motor neuron sign	下位運動ニューロン徴候
LRM	labrador retriever myopathy	ラブラドール・レトリーバーミオパチー
LTG	lamotrigine	ラモトリジン
MAP	mean arterial pressure	中心動脈圧
MDZ	midazolam	ミダゾラム
MG	myasthenia gravis	重症筋無力症
MK	myokymia	ミオキミア
MMM	masticatory muscle myositis	咀嚼筋筋炎
MNCV	motor nerve conduction velocity	運動神経伝導速度
MNST	malignant peripheral nerve sheath tumor	悪性末梢神経鞘腫瘍
MPSS	methylprednisolone sodium succinate	コハク酸メチルプレドニゾロン
MRI	magnetic resonance imaging	磁気共鳴画像
MST	multiple subpial transection	軟膜下皮質多切除術
NAD	neuroaxonal dystrophy	神経軸索ジストロフィー
NCL	neurol ceroid lipofuscinosis	神経セロイド・リポフスチン症
NCV	nerve conduction velocity	神経伝導速度
NLE	necrotizing leukoencephalitis	壊死性白質脳炎
NME	necrotizing meningoencephalitis	壊死性髄膜脳炎
NMES	neuromuscular electro stimulation	神経筋電気刺激
NMT	neuromyotonia	ニューロミオトニア

略　語	英　名	和　名
NSAIDs	non-steroidal anti-inflammatory drugs	非ステロイド性消炎鎮痛剤
ODE	old dog encephalitis	老犬脳炎
OKN	optokinetic nystagmus	視運動性眼振
P/B ratio	pituitary height / brain area ratio	下垂体高 / 脳エリア比
PB	phenobarbital	フェノバルビタール
PCR	polymerase chain reaction	ポリメラーゼ連鎖反応
PDH	pituitary dependent hyperadrenocorticism	下垂体性副腎皮質機能亢進症
PGB	pregabalin	プレガバリン
PNS	peripheral nervous system	末梢神経系
PNST	peripheral nerve sheath tumor	末梢神経鞘腫瘍
PRO	propofol	プロポフォール
PROM	passive range of motion	他動的関節可動域訓練
PS	partial seizure	部分発作
PSS	portosystemic shunt	門脈体循環シャント
PSW	positive sharp wave	陽性鋭波
PTB	pentobarbital	ペントバルビタール
RI	resistance index	抵抗係数
RT-PCR	reverse transcription-polymerase chain reaction	逆転写ポリメラーゼ連鎖反応
RV	rabies virus	狂犬病ウイルス
SE	status epilepticus	てんかん発作重積
SIDS	sudden infant death syndrome	乳幼児突然死症候群
SNAP	sensory nerve action potential	感覚神経活動電位
SPS	simple partial seizure	単純部分発作
SRMA	steroid-responsive meningitis-arteritis	ステロイド反応性髄膜炎・動脈炎
SUDEP	sudden unexpected death in epilepsy	てんかん患者の突然死
T1W 画像	T1 weighted image	T1 強調画像
T2W 画像	T2 weighted image	T2 強調画像
TENS	transcutaneous electrical nerve stimulation	経皮的末梢神経電気刺激療法
TGEV	transmissible gastroenteric virus	豚伝染性胃腸炎ウイルス
TIA	transient ischemic attack	一過性脳虚血性発作
TPM	topiramate	トピラマート
UMNS	upper motor neuron sign	上位運動ニューロン徴候
VB ratio	ventricle-brain ratio	脳室脳比
VEP	visual evoked potentials	視覚誘発電位
VGKC	voltage-gated potassium channel	電位依存性カリウムチャネル
VNS	vagus nerve stimulation	迷走神経刺激療法
VOR	vestibulo-ocular reflex	前庭動眼反射
WHO	World Health Organization	世界保健機関
ZNS	zonisamide	ゾニサミド

薬剤投与方法の略語	
SID	1 日 1 回
BID	1 日 2 回
TID	1 日 3 回
q ○ hr	○時間おき
EOD	隔日投与
IV	静脈内投与
IM	筋肉内投与
PO	経口投与
SC	皮下投与
CRI	持続注入(投与)

索　引

欧　文

Ｉa 求心性線維（末梢感覚ニューロン） 319
AAA（芳香族アミノ酸） 139
ACTH 産生腺腫 178
ACTH 刺激試験 180
AEDs（抗てんかん薬） 252
ALS（筋萎縮性側索硬化症） 389
BAER（聴性脳幹誘発反応） 290
BBB（血液脳関門） 36
BCAA（分岐鎖アミノ酸） 139
BDV（ボルナ病ウイルス） 221
BME（細菌性髄膜脳炎） 223
Brucella canis 465
C1 型毒素 279
CBF（脳血流量） 35
CCA（小脳皮質アビオトロフィー） 24, 54
CCNU（ロムスチン） 158, 173
CDE（犬ジステンパーウイルス性脳炎） 208
CDV（犬ジステンパーウイルス） 207
CMAP（複合筋活動電位） 507
CNS（中枢神経系） 209
CNS-FIP（猫伝染性腹膜炎ウイルス性髄膜脳炎） 215
complex repetitive discharge（複合反復放電） 507
COMS（尾側後頭部奇形症候群） 109, 426
CPP（脳灌流圧） 35
C-P シャント術（嚢胞-腹腔シャント術） 101
DAMNIT-V 分類 21, 39, 327, 512
Dandy-Walker 様奇形 24, 113
DISH（び漫性特発性骨増殖症） 398
DISHA 85
disk bulge［椎間板ヘルニア］ 344
DM（変性性脊髄症） 389
dural tail sign 169
EEG（脳波）検査 249
FCE（線維軟骨塞栓症） 25, 403, 490
FECV（猫腸コロナウイルス） 215
fibrillation potential（線維自発放電） 507
FIPV（猫伝染性腹膜炎ウイルス） 215
FIV（猫後天性免疫不全ウイルス） 219
FMD（大後頭孔拡大減圧術） 108
FME（真菌性髄膜脳炎） 224
FPV（猫パルボウイルス） 221
FS（焦点性発作） 242, 623
F wave（F 波） 508, 515
GABA-ベンゾジアゼピン受容体複合体異常 140
GFAP（グリア線維性好酸性タンパク質） 192
GM1 ガングリオシドーシス 48
GME（肉芽腫性髄膜脳脊髄炎） 199
HAC（副腎皮質機能亢進症） 179
Hansen Ⅰ型椎間板ヘルニア 331, 344, 402
Hansen Ⅱ型椎間板ヘルニア 331, 344
HE（肝性脳症） 24, 138
ICP（頭蓋内圧） 34, 302
Joest-Degen 小体（好塩基性封入体） 222
L-2-ヒドロキシグルタル酸尿症 78
MCB（membranous cytoplasmic body） 47
MDR1 遺伝子 279
MGCS（グラスゴー・コーマ・スケール） 288
Monro-Kellie 説 34
MR アンギオグラフィー（MRA） 304
M wave（M 波） 508
NCL（神経セロイド・リポフスチン症） 24, 45, 48
Nelson 症候群 184
NLE（壊死性白質脳炎） 25, 189
NME（壊死性髄膜脳炎） 25, 189
op'-DDD（ミトタン） 182
P-V curve（頭蓋内圧-容積曲線） 34
PaCO2（炭酸ガス分圧） 35
P/B ratio（下垂体高／脳断面積比） 178
PDH（下垂体依存性副腎皮質機能亢進症） 178
positive sharp wave（陽性鋭波） 507
PSS（門脈体循環シャント） 138
RI（血管抵抗指数） 122
R-R 間隔変動率 89
Schiff-Sherrington 徴候 324, 345, 484
SOD1（スーパーオキシドジスムターゼ 1）遺伝子 389
SRMA（ステロイド反応性髄膜炎，動脈炎） 203
S-S シャント術（空洞-くも膜下腔シャント術） 108, 429
staggering disease（千鳥足の疾患，猫ヨロヨロ病） 221
SUDEP（てんかん患者の突然死） 262
TIA（一過性脳虚血性発作） 298
two-step pinch technique（二段ピンチ〔つねり〕法） 504
V-P シャント（脳室-腹腔シャント） 124
VB ratio（脳室脳比） 121
VBM（voxel-based morphometry） 238
X 染色体連鎖性筋ジストロフィー 578
α-ジストログリカン欠損型筋ジストロフィー 585
γ 固縮（除脳固縮，除脳姿勢） 32, 289

あ行

亜鉛製剤 146
亜急性脱髄性脳脊髄炎 209
悪性末梢神経鞘腫瘍 439, 529
アザチオプリン 574
アスペルギルス症 25
アセタゾラミド 125, 324

遊び誘発性攻撃行動 624
アテトーゼ(アテトーシス) 232
アテローム血栓性梗塞 299
アミノグリコシド系抗生剤 280
アミノグリコシド系抗生物質中毒 25
アミロイドアンギオパチー 298
アミロイドβ 82
アラスカン・マラミュートの
　特発性多発性ニューロパチー 517
アルギニン製剤 145
アレルギー性脳脊髄炎 25
アンモニア 138
イオヘキソール 346
医原性の中毒 279
移行脊椎 24, 416
異所性灰白質 103
イソソルビド 125
一過性脳虚血性発作(TIA) 298
遺伝性運動感覚ニューロパチー 517
遺伝性運動失調 24
遺伝性感覚ニューロパチー 522
遺伝性多発性ニューロパチー［レオンベルガー］ 518
遺伝性ニューロパチー 24, 514
イトラコナゾール 226
犬ジステンパーウイルス(CDV) 207, 454
犬ジステンパーウイルス(CDV)性脊髄炎 25, 456
犬ジステンパーウイルス(CDV)性脳炎(CDE) 25, 207
犬ジステンパー感染症(CDI) 208
犬ヘルペスウイルス性脳炎 25, 214
易疲労性 566
イベルメクチン中毒 279
イミプラミン 273
インスリノーマ 129
インターフェロン-α 173
喉頭麻痺多発性ニューロパチー合併症
　［ダルメシアン，ロットワイラー］ 519
ウェルシュ・コーギーの炎症性筋症 25, 601
ウェルニッケ脳症 135
ウォブラー症候群 24, 322, 360
運動失調 549
　——遺伝性 60, 526
　——固有位置感覚性 322, 334, 364
　——小脳性 33, 303, 550
　——進行性 60, 526
　——前庭性 134, 549
運動神経病 59
運動ニューロパチー 502
運動療法 353
栄養性疾患 22, 40, 328
壊死性血管炎 298
壊死性髄膜脳炎(NME) 25, 189
壊死性白質脳炎(NLE) 25, 189
エチレングリコール中毒 277
エドロホニウム検査 570
エナメル質形成不全 211
遠位型運動感覚多発性ニューロパチー
　［グレート・デーン］ 519
塩酸セレギリン(エフピー) 94
塩酸チアミン 135
塩酸ドネペジル(アリセプト) 94
炎症性筋疾患 593
炎症性ニューロパチー 537
横断性脊髄障害 482
尾追い行動 627
おそらく症候性てんかん 242
オートノマスゾーン(自律帯) 501
躍るドーベルマン病 232
オピオイド 352, 428, 485
オメプラゾール 125
オルビフロキサシン 224
オレキシン 269

か行

下位運動ニューロン徴候(LMNS) 319, 333
外眼筋炎 25, 600
開口困難 596
外傷性椎間板ヘルニア 25, 344
外傷性てんかん 293
外傷性ニューロパチー 560
塊状椎骨 416
回転後眼振検査 554
外転神経 499
回転性めまい 549
灰白質型犬ジステンパーウイルス性脊髄炎 456
灰白脳症 211
灰白脳軟化症 456
外腹側斜視 119
開放性頭部外傷 285, 294
海綿状脳症 59
カイロミクロン症 24
過換気療法 291
蝸牛器官 547
角化亢進(ハードパット症) 211
拡散強調画像(DWI) 36, 224, 304
角膜潰瘍 183
下垂体依存性副腎皮質機能亢進症(PDH) 178
下垂体高／脳断面積比(P/B ratio) 178
下垂体腫瘍 24, 178
ガスクロマトグラフィー／マススペクトロメトリー
　(GC/MS) 75
家族性皮膚筋炎 595
カタプレキシー(情動脱力発作) 267
滑車神経 499
葛藤行動 624, 626
滑脳症 24, 102
化膿性肉芽腫 218
ガバペンチン(GBP) 237, 259, 428
カフェイン 277
過リン酸化タウ 83
カルバメート中毒 25

カルムスチン(BCNU) 158
感覚神経活動電位 508, 515
感覚ニューロパチー 502, 522
感覚ニューロン 318
眼型肉芽腫性髄膜脳脊髄炎 199
間質性浮腫 36
眼振 33, 280
肝性脳症(HE) 24, 138
間接性振盪 345
感染性筋炎 25, 604
感染性髄膜脊髄炎 454
感染性脳炎 207
環椎-後頭骨オーバラッピング 235, 410
環椎・軸椎不安定症 24, 409
陥没骨折 285
顔面神経 499
顔面神経鞘腫 531
顔面神経麻痺 25
キアリ様奇形 24, 107, 419
奇異性(逆説性)前庭症候群 33, 168
キサントクロミー 307, 346, 406, 494
キシリトール中毒 278
拮抗条件付け 625
希突起膠細胞腫 24, 153
吸収不全症候群 129
嗅神経 499
急性多発性神経根神経炎 537
急性脳脊髄症 209
狂犬病ウイルス(RV)性脳炎 25, 214
頬骨弓切除 172
胸腺腫 566, 575, 608
恐怖性攻撃行動 623
胸腰部椎間板ヘルニア 24, 343
局在関連性発作 242
局所性炎症性筋疾患 596
虚血性脊髄障害 490
巨大軸索ニューロパチー
［ジャーマン・シェパード・ドッグ］ 522
巨大食道症 574, 593
起立時振戦 237
筋萎縮性側索硬化症(ALS) 389
菌血症 298
筋原性疾患 577
筋ジストロフィー 24, 577
——先天性 584
——肥大型 582
筋線維束攣縮 279
筋肥大 582, 614
筋無力性クリーゼ 573
空洞-くも膜下腔シャント術(S-S シャント術) 108, 429
クッシング三徴候(クッシング反射) 290
クッシング病 178
くも膜下腔 318
くも膜絨毛 118
くも膜嚢胞 98
グラスゴー・コーマ・スケール(MGCS) 288
グリア線維性好酸性タンパク質(GFAP) 192
グリオーシス 89, 305, 393
グリオーマ 41, 149, 151, 173, 560
クリッカートレーニング 92
クリプトコッカス症 25
クリンダマイシン 227, 606
グルタル酸尿症Ⅱ型 78
クロストリジウム症 607
クロナゼパム 479
グロボイド細胞型白質ジストロフィー 524
クロミプラミン 273, 625
クーンハウンド麻痺 537
形質細胞腫 444, 451
痙性斜頚 232
経前頭洞開頭術 172
経蝶形骨下垂体切除術 185
頚椎牽引固定術 371
経頭蓋走査法 121
頚部横断性脊髄障害 333
頚部狭窄性脊髄症 361
頚部脊髄障害 331, 409
頚部椎間板障害 331
頚部椎間板ヘルニア 24, 331
頚部痛 333, 363, 409, 460
頚部腹側椎間板造窓術 338
頚膨大部 320, 491
血液脳関門(BBB) 36
血液培養 303, 460, 466
血管原性浮腫 36, 302
血管抵抗指数(RI) 122
血管肉腫 24
血漿浸透圧 130
ケトン食療法 262
減圧開頭術 293
減圧術 452
限局性石灰沈着症 25
原虫性多発性神経根神経炎 25
原発性上皮小体機能低下症 133
抗 2M 筋線維抗体 598
抗 CDV 抗体価 458
抗 GFAP 抗体 192, 327, 462
抗アセチルコリン受容体(AChR)抗体 237, 505, 605
高アンモニア血症 73, 138
抗閾値作用 253
好塩基性封入体(Joest-Degen 小体) 222
抗拡延作用 253
膠芽腫 149, 158
後弓反張姿勢(除小脳固縮, 除小脳姿勢)
33, 58, 289, 303, 324
攻撃行動 622
高血糖症 24, 130
好酸性核内封入体形成 209
好酸性封入体 209
甲状腺機能亢進症 24, 132
甲状腺機能低下症 24, 130, 555
甲状腺機能低下症性ニューロパチー／ミオパチー 617

甲状腺クリーゼ 132
項靭帯 360
構造性／代謝性てんかん 242
高張生理食塩水 292
抗てんかん薬(AEDs) 253, 293
後天性重症筋無力症 25, 565
後天性水頭症 117
後天性ミオトニア 614
後頭蓋窩 98
後頭骨開頭術 172
後頭骨環軸椎奇形 417
後頭骨環椎形成不全 24, 328
行動修正法 625, 627
喉頭麻痺 411, 503, 517, 567, 618
喉頭麻痺多発性ニューロパチー複合
［ダルメシアン，ロットワイラー］ 519
高 Na 血症 105, 133
孔脳症 24, 105
抗プロジェステロン剤 173
興奮毒性(説) 246
硬膜外腫瘍 24, 431, 437
硬膜外蓄膿症 475
硬膜外特発性無菌性化膿性肉芽腫(ISP) 472
硬膜外麻酔 318
硬膜骨化 24
硬膜切開 108, 294, 406, 429, 534
硬膜内・髄外腫瘍 24, 431, 437
高用量デキサメタゾン抑制試験 180
高齢犬における振戦 237
誤嚥性肺炎 574, 593
股関節形成不全 377
呼吸障害 334, 390
コクシジオイデス症 25
骨髄脂肪腫 438
骨増殖体 397, 466
骨粗鬆症 477
骨肉腫 24, 314, 444
コハク酸メチルプレドニゾロン 349, 437, 485, 494
孤発性ナルコレプシー 274
コリンエステラーゼ阻害剤 573
コリン作動性クリーゼ 570

さ行

細菌性髄膜脊髄炎 459
細菌性髄膜脳炎(BME) 25, 223
細菌培養検査 474
細胞毒性浮腫(細胞性障害浮腫) 36, 301
坐骨神経損傷 25, 562
殺虫剤中毒 278
サルコグリカン 581
サルコグリカン欠損型筋ジストロフィー 586
三叉神経 499
三叉神経鞘腫 531
産褥テタニー(子癇) 133
散瞳性失明 201, 544
サンドホフ病 48
ジアゼパム(DZP) 258
視運動性眼振 549
ジェットバス(温水渦流浴)療法 353
四丘体嚢胞 98
軸索球 55
軸索スフェロイド 521
軸索断裂症 25, 560
シクロスポリン 192, 203, 236, 574
自己調節能 35, 284
視神経 499
視神経炎 25, 543
視神経欠損 24
ジスキネジア 233
ジステンパー性ミオクローヌス 211, 232
ジストニア 232
ジストログリカン 581
ジストロフィン遺伝子 577
シスプラチンによるニューロパチー 25
自動症 242, 627
シトシンアラビノシド 203
歯突起 110, 316, 409, 418
歯突起形成不全 24, 327
自発眼振 550
ジヒドロピリミジナーゼ欠損症 78
脂肪酸代謝異常症 76
脂肪織炎 472
脂肪腫 438
臭化カリウム(KBr) 257
重症筋無力症 565
——seronegative MG 572
——後天性 565
——先天性 565
——筋無力性クリーゼ 573
腫瘍随伴性筋炎 25, 608
腫瘍随伴性ニューロパチー／ミオパチー 24, 536
循環血液減少性ショック 287
上位運動ニューロン徴候(UMNS) 320, 333
上衣腫 24, 149, 436
症候性てんかん 242
上行性網様体賦活系 30
焦点性発作(FS) 242, 623
常同障害 626
情動脱力発作(カタプレキシー) 267
小脳奇形 112
小脳梗塞 303
小脳低形成 24, 113, 221
小脳皮質アビオトロフィー(CCA) 24, 54
小脳ヘルニア 39
除小脳固縮(後弓反張姿勢，除小脳姿勢)
33, 58, 289, 303, 324
除脳固縮(除脳姿勢，γ固縮) 32, 289
自律神経機能検査 89
自律神経ニューロパチー 503
白犬の振るえ症候群 234
腎芽細胞腫 432

真菌性疾患……224
真菌性髄膜脳炎(FME)……25, 224
神経芽細胞腫……162
神経型 FIP……454
神経筋接合部疾患……25, 500
神経筋生検……536
神経原性筋疾患……577
神経原線維変化(NFT)……83
神経膠腫(グリオーマ)……24, 149
神経根神経炎……539
神経細胞遊走(異常)……102, 103
神経軸索ジストロフィー(NAD)……24, 54
神経刺激療法……261
神経鞘腫……24, 431, 432
神経性間欠跛行……378
神経断裂症……25, 560
神経縫合……561
神経セロイド・リポフスチン症(NCL)……24, 45, 48
進行性軸索変性症［ボクサー］……521
進行性脊髄軟化症……24, 25, 402
進行性ミオクロニーてんかん(ラフォラ病)……232, 245, 251
新生子劇症型筋ジストロフィー……579
振戦……231
浸透圧性浮腫……38
浸透圧利尿薬……109, 125, 173, 292
髄核……318, 331
髄鞘(ミエリン)溶解症……280
水脊髄症……24, 419, 426
水頭症……24, 117
髄内腫瘍……24, 432, 437
髄膜腫……24, 166, 314, 431
髄膜脳炎……410
——肉芽腫性……556
——壊死性(NME)……25, 189
髄膜脳脊髄炎……454
髄膜脳瘤……24, 107
髄膜瘤……24, 107, 417
睡眠覚醒調節機構……270
睡眠ポリグラフ検査……272
水無脳症……106
スコッティクランプ……25, 233
ステロイド……369, 456, 539, 572, 594
ステロイド反応性髄膜炎・動脈炎(SRMA)……25, 203, 462
ストレス撮影……366
スーパーオキシドジスムターゼ1(*SOD1*)遺伝子……389
スパズム(攣縮)……233
スフィンゴミエリン脂質症……525
スフィンゴリピドーシス……44
星状膠細胞腫……41, 149
精神運動発作……242
静水圧性浮腫……38
正中変位……289
静的病変……361
静的平衡障害……550
生理的眼振……289
赤核脊髄路……31
赤色ぼろ線維……589
脊髄炎……454
——感染性……454
——特発性……461
脊髄空洞症……24, 107, 119, 419, 426, 455
脊髄くも膜嚢胞……24, 419
脊髄形成異常……24
脊髄血管炎症候群……25
脊髄血腫……25
脊髄梗塞……490
脊髄硬膜外脂肪腫症……25
脊髄再生医療……314
脊髄腫大……492
脊髄出血……25
脊髄腫瘍……431
脊髄ショック……484
脊髄造影検査……325, 434
脊髄損傷……25, 329, 482
——一次損傷……329, 482
——二次損傷……329, 482
脊髄軟化症……402
脊髄変性症……57, 59
脊髄癒合不全……419
脊椎炎……465
脊椎奇形……314, 325, 328, 343
脊椎腫瘍……444
脊椎分節固定法……486
舌咽神経……499
舌下神経……499
セラメクチン……279
線維自発放電……516, 632
線維性脊柱管狭窄症……24
線維性ミオパチー……24, 615
線維軟骨塞栓症(FCE)……25, 403, 490
線維肉腫……24
線維輪……318
潜因性てんかん……242
線状骨折……286
全身性エリテマトーデス……609
全身性炎症性筋疾患……593
全身性筋硬直……612
全身性振戦症候群……25, 231, 234
全前脳胞症……24, 104
選択的コバラミン吸収不良症候群……79
選択的神経細胞壊死……301
前庭蝸牛神経……499
前庭障害……550
——中枢性……33, 551
——末梢性……33, 551, 553
前庭脊髄反射……549
前庭動眼反射……549
先天性・遺伝性ミオパチー……24
先天性筋ジストロフィー……584
先天性重症筋無力症……565
先天性脊柱管狭窄……24, 418
先天性難聴……24

先天性ミエリン低形成多発性ニューロパチー
［ゴールデン・レトリーバー］……520
先天性ミオトニア……614
先天代謝異常症……24，51，73
前脳徴候……119
全般強直間代性発作（大発作）……243
全般発作（GS）……243
前ブドウ膜炎……455
素因性てんかん……242
巣状型肉芽腫性髄膜脳脊髄炎……199
造窓術……338，350，398
総分岐鎖アミノ酸チロシンモル比……142
測定過大……33
測定障害……33
側方椎体切除術……349
側弯……427
咀嚼筋筋炎……25，596
ゾニサミド（ZNS）……258

た行

対傾椎骨……316
大後頭孔拡大減圧術（FMD）……108
対光反射……289
大孔ヘルニア……39，285
代謝性脳症，ニューロパチー……129
代謝性ミオパチー……24
帯状回（大脳鎌下）ヘルニア……39，285
大脳基底核……28，231
大脳皮質形成異常……102
大脳辺縁系……28
多価不飽和脂肪酸……89
多系統アビオトロフィー……59
多小脳回症……102
脱感作……625
脱髄性脊髄症……24，327
脱抑制……254
ダノン病……44
多発性骨髄腫……24，436，444
単眼症……105
断脚……534，563
炭酸ガス分圧（PaCO2）……35
タンデムマス……75
チアミン欠乏症……24，134
蓄積病（ライソゾーム病）……43，523
チック……212，232
遅発性神経細胞死……301
遅発性脱髄性脳脊髄炎……209
痴呆症（認知機能不全症候群）……81
中心性脊髄症候群……111
中枢神経系（CNS）……189，199，207，231
中枢性前庭障害……33，551
聴性脳幹誘発反応（BAER）……290
チョコレート中毒……25，277
椎間孔拡大術……384，469
椎間板……317，331，343
椎間板障害……331
椎間板脊椎炎……25，465
椎間板脱出……331，344
椎間板ヘルニア……314，331，343
椎骨骨折・脱臼……25，316
椎骨静脈洞（腹側内椎骨静脈叢）……323
椎骨動脈……298，322
椎体骨髄炎……465
椎体不安定症……340
低K血症……24，133
低Ca血症……133，477
低血糖症……24，129
低酸素症……24，242
低Na血症……280
低用量デキサメタゾン抑制試験……180
テオブロミン……277
デキサメタゾン……125
テタニー……133，233
テタヌス……233
テタノスパスミン……233，608
デボン・レックスの遺伝性ミオパチー……585
デルマトーム（皮膚分節）……501
転移性脳腫瘍……149
電解質異常……24，133
てんかん……25，241
——おそらく症候性……242
——構造的／代謝性……242
——症候性……242
——素因性……242
——特発性……241
——難治性……252
てんかん患者の突然死（SUDEP）……262
てんかん外科……261
てんかん発作……211，241，293，623，629
テンシロン検査……505，569
テント下構造……33
テント切痕ヘルニア……39，168
テント前開頭術……172
テント前（テント上）構造物……28
頭位眼振……551
頭位斜視……551
頭蓋内圧（ICP）……34，284，290，302
頭蓋内圧亢進徴候……290
頭蓋内圧-容積曲線（P-V curve）……34
頭蓋内奇形性疾患……98
頭蓋内くも膜嚢胞……24，98
頭蓋内出血・血腫……287
動眼神経……31，499
糖原病IV型……524
橈骨神経損傷……25，562
動静脈奇形……25
糖タンパク代謝異常症……44
動的病変……361
動的平衡障害……550
糖尿病……24

頭部外傷……25, 283
——開放性……285, 294
——閉鎖性……285, 294
動揺病……550
トキソプラズマ症……25, 226, 537, 605
特発性炎症性筋疾患……593
特発性顔面神経麻痺……25, 542
特発性巨大食道症……25
特発性好酸球性髄膜炎……25, 204
特発性三叉神経炎……25, 541
特発性疾患……21, 23, 25, 41, 329
特発性振戦症候群……25, 234
特発性脊髄炎……461
特発性前庭疾患……25, 547
特発性多発性筋炎……25, 593
特発性てんかん……241
特発性頭部振戦……25, 236
特発性脳炎［犬］……189, 199
特発性無菌性化膿性肉芽腫……25, 472
トピラマート(TPM)……260
ドーベルマンダンス病……232
トラフ値……255
トリロスタン……182
トルペド……56

な行

内因性 ACTH 濃度……180
内耳……547
内耳神経……499
内分泌学的検査……180
鉛中毒……25
ナルコレプシー……25, 267
軟骨異栄養性犬種……331, 343, 444, 465, 490
軟骨性外骨症……24
軟骨肉腫……24
軟骨様変性……331, 344
難治性てんかん……252
難聴……87, 290, 555
——先天性……24
——突発性……557
——変動性……557
——老齢性……555
肉芽腫性髄膜脳脊髄炎(GME)……25, 199, 461
——眼型……199
——脊髄……461
——巣状型……199
——播種型……199, 461
二次性炎症性筋疾患……604
二次性全般化……242
二段ピンチ(つねり)法……504
ニトロシルコバラミン……535
二分脊椎……24, 417
ニーマンピック病 A 型……524
ニューラプラキシー……25, 560
ニューロパチー・ミオパチー……25, 612
ニューロミオトニア……233, 612
尿毒症／尿毒症性脳症……24, 133
認知機能不全症候群(痴呆症)……24, 81
ネオスチグミン……573
ネオスポラ症……25, 606
ネグリ小体……214
猫後天性免疫不全ウイルス(FIV)関連性脳症……25, 219
猫コロナウイルス(FCoV)……215, 454
猫多発性脳脊髄炎……24
猫腸コロナウイルス(FECV)……215
猫伝染性腹膜炎ウイルス(FIPV)……215
—— FIPV 性髄膜脊髄炎……25, 454
—— FIPV 性髄膜脳炎(CNS-FIP)……25, 215
猫白血病ウイルス (FeLV)……446, 535, 605
猫パルボウイルス(FPV)感染症
(猫汎白血球減少症)……25, 113, 221
猫ヨロヨロ病, 千鳥足の疾患(staggering disease)……221
粘液水腫……617
捻転斜頚……232, 550
脳圧(頭蓋内圧)……284
脳幹(中脳, 橋, 延髄)……31
脳幹反射……289
脳灌流圧(CPP)……35, 284
脳虚血……284
濃グリセリン(グリセオール)……125, 292, 309
脳血管アミロイド症(CCA)……83
脳血管障害……298
脳血流量(CBF)……35, 284
脳梗塞……41, 298
脳挫傷……286
脳酸素要求量……284
脳室拡大……89, 117
脳室系の閉塞(脳脊髄液の循環不全)……38
脳室上衣炎……454
脳室上衣細胞……118
脳室脳比(VB ratio)……121
脳室-腹腔シャント術(V-P シャント術)……127, 419
脳出血……41, 298
脳腫瘍……149
——原発性……41, 149, 166
——転移性……41, 149, 156
脳震盪……286
脳脊髄液(CSF)検査……327, 346
脳脊髄液(CSF)循環……98, 323
脳脊髄液の循環不全(脳室系の閉塞)……38
脳槽の消失……289
脳塞栓症……298
脳卒中……298
脳損傷……286
——一次損傷……283
——二次損傷……283
脳底動脈……122, 298
脳波(EEG)検査……249
脳浮腫……36
——間質性……36
——血管原性……36

——細胞毒性性……36
——浸透圧性……38
——静水圧性……38
脳ヘルニア……39, 285
嚢胞開窓術……101
嚢胞穿刺吸引……101
嚢胞－腹腔シャント術(C-P シャント術)……101
農薬中毒……25, 278
脳梁形成不全／脳梁欠損症……24, 104

は行

背根……319
背側固定法……411
背側縦靭帯……315, 335
背側椎弓切除術……315, 340, 384, 437, 453, 534
ハイドロキシウレア……173
ハエ咬み行動……242, 627
白質型犬ジステンパーウイルス性脊髄炎……456
白質ジストロフィー……57, 523
白質脳脊髄症……24, 211, 327
パグ脳炎……189
播種型肉芽腫性髄膜脳脊髄炎……199
播種性血管内凝固(DIC)……141, 283, 329
破傷風……25, 608
パズルフィーダー……93
白血球減少症……208
ハード・パット症(角化亢進)……211
馬尾症候群(変性性腰仙椎狭窄症)……24, 321, 374, 468
バーマンの中枢-末梢遠位軸索変性症……521
バリスム(バリスムス)……232
反射……319
反射弓……319
反衝損傷……345
半側椎骨……24, 398, 416
ハンター病……44
パンチアウト像……447, 451
反応性アストロサイトーシス……406
反応置換法……627
反復刺激試験……570
非回転性めまい……549
非化膿性脳炎……189, 221
非ステロイド性消炎鎮痛剤(NSAIDs)……279, 337, 349, 428, 468, 478, 485
ヒストプラズマ症……25, 328
尾側後頭部奇形症候群(COMS)……24, 109, 426
肥大型筋ジストロフィー……582
肥大性ニューロパチー［チベタン・マスティフ］……520
ビタミンA過剰症……24, 477
皮膚筋炎……25, 595
皮膚結節……472
ヒプノグラム……267
ヒポクレチン……267
び漫性軸索損傷……286
び漫性特発性骨増殖症(DISH)……398
ピリドスチグミン……573
ビンクリスチン……25
ファブリー病……44
フィゾスチグミン発作誘発試験……272
フィッシャー比(BCAA/AAA)……139
封入体検査……212
フェノバルビタール(PB)……95, 255
フェルバメート(FBM)……260
副交感神経刺激徴候……278
複合筋活動電位……507, 514
複合反復放電……507
腹根……319
副神経……499
副腎皮質機能亢進症(HAC)……24, 178
副腎皮質機能低下症……24, 280
腹側減圧術(ベントラル・スロット)……316, 323, 337, 340, 370
腹側椎体固定法……411
腹側内椎骨静脈叢(椎骨静脈洞)……323, 344
腹部超音波検査……180
フコシドーシス……523
不随意運動……231
舞踏運動……232
ブラストミセス症……25
振子眼振……33
フルオキセチン……625
フルコナゾール……226
フルマゼニル……140, 145
プレガバリン(PGB)……259
プレドニゾロン……125, 192, 202, 369, 451
プロカインアミド……614
プロカルバジン……203
フロセミド……109, 125
プロテオグリカン……343
プロプラノロール……236
プロポフォール(PRO)……261
分岐鎖アミノ酸(BCAA)……139
粉砕骨折……286
閉眼不全……567
平衡感覚……547
閉鎖性頭部外傷……285, 294
ヘキサクロルフェン中毒……25
ペネンブラ……302
ペルメトリン……279
変形性脊椎症……24, 397
ベンスジョーンズ蛋白……445
変性性脊髄症(DM)……24, 389
変性性腰仙椎狭窄症(馬尾症候群)……24, 321, 374, 468
片側椎弓切除術……315, 340, 349, 437, 469, 473
ベンゾジアゼピン……236
ベンゾジアゼピン受容体拮抗薬(フルマゼニル)……140, 145
ペントバルビタール(PTB)……261
ベントラル・スロット(腹側減圧術)……316, 323, 337, 340, 370
芳香族アミノ酸(AAA)……139
膀胱麻痺……325, 378
発作重積……260

発作焦点……242
発作性脱分極シフト(PDS)……245
発作性転倒……25, 233, 477
発作性脳損傷……246
ボツリヌス中毒……25, 279
ポリニューロパチー……500
ポリミオパチー……500
ボルナ病ウイルス(BDV)性脳炎……25, 221
ホルネル症候群……25, 503, 541

ま行

マカダミアナッツ中毒……278
末梢感覚ニューロン(Ⅰa求心性線維)……319
末梢神経炎……537
末梢神経鞘腫瘍……529
末梢神経損傷……25, 560
——橈骨神経……25, 560, 562
——坐骨神経……25, 560, 562
末梢神経低形成……24
末梢神経無形成……24
末梢性前庭障害……33, 551
慢性炎症性脱髄性多発ニューロパチー……539
慢性(再発性)脱髄性多発性神経炎……25
慢性有機リン中毒……25
マンニトール……125, 292, 309
ミエリン関連多発性ニューロパチー……520
ミエリン(髄鞘)溶解症……280
ミエリン低形成……59, 520
ミオキミア／ニューロミオトニア……233, 612
ミオクロニー発作……243
ミオクローヌス……211, 231
ミオトニア……233, 614
ミオパチー……25, 500, 612
ミコフェノール酸モフェチル……574
ミダゾラム(MDZ)……260
ミトコンドリア筋症……24, 577, 587
ミトコンドリア病……587
ミトタン(op'-DDD)……182
脈絡叢乳頭腫……149
ムコ多糖症……44
ムコリピドーシス……44
無症候性(オカルト)水頭症……117
迷走神経……499
迷路……547
メタアルデヒド中毒……25, 278
メチルマロン酸尿症……79
メトロニダゾール中毒……25, 279
メニエール病……548
めまい……549, 553
メルカプタン……139
メルファラン……451
免疫組織化学染色……209, 572
免疫抑制剤……573
モキシデクチン……279
モノニューロパチー……500
問題行動……622
門脈体循環シャント(PSS)……138

や行

有機酸代謝異常症……76
有機リン中毒……25, 278
輸液療法……291
癒合椎骨……24
ユートロフィン……581
陽性鋭波……507
腰椎……316
腰膨大部……320, 491
ヨヒンビン……273

ら行

ライソゾーム病……24, 43, 523
ラクツロース……145
ラクナ梗塞……90, 299, 303, 305
ラフォラ病……245, 251
ラブラドール・レトリーバーミオパチー(LRM)……24, 616
ラミニンα2(メロシン)欠損型筋ジストロフィー……584
ラモトリギン(LTG)……260
離断性骨軟骨症……24
流涎……141
リンパ球細胞質空胞化……50
リンパ腫……24, 446, 452, 535
類皮洞……24, 419
類表皮嚢腫……433
レチノイン酸……184
裂溝椎骨……416
裂脳症……24
レフルノミド……203
レベチラセタム(LEV)……259
レボチロキシン……617
攣縮(スパズム)……233
ロードシス試験……379
老犬脳炎……456
老人斑……82
肋間筋麻痺……405
ロットワイラーの遠位型運動感覚多発性ニューロパチー……519
ロムスチン(CCNU)……158, 173

わ行

ワーラー変性……540, 560
腕神経叢神経炎……25, 540
腕神経叢裂離……25, 562

付録 DVD について

■ DVD の使用方法

本書の付録 DVD を DVD ビデオ対応のプレーヤーまたはパーソナルコンピュータで再生してください。

初期画面(Top Menu)

①疾患分類を選んでクリック
見たい動画がある疾患分類を選んでクリックする。

[ページ／メニューページ数]　初期画面(Top Menu)へ戻る。　次のメニューページへ進む。

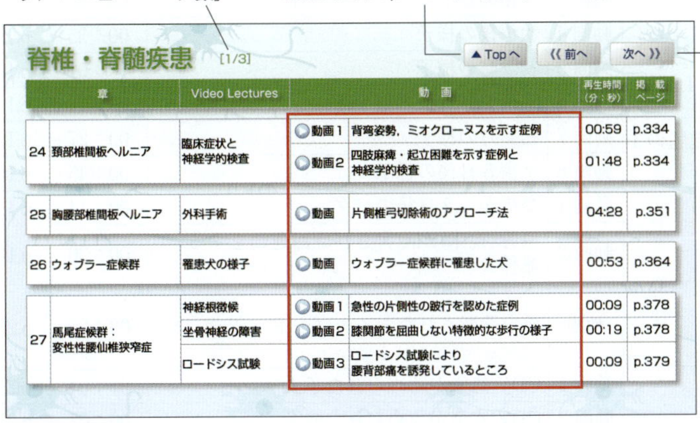

動画選択画面

②見たい動画を選んでクリック
動画選択画面のリストから，
見たい動画(赤の囲み部分)を選んでクリックする。
※次頁の動画リストも参照。

③動画を見る
※動画はすべて無音です。

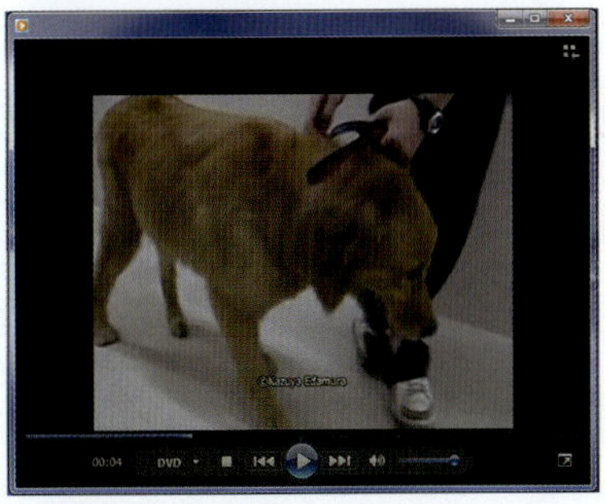

動画再生画面(Windows の場合)
※ご利用の環境によって，見え方は変わります。
また，一部画質の粗い動画があります。

■収録動画リスト（動画はすべて無音。）

脳疾患

章		Video Lectures	動　画		再生時間（分：秒）	掲　載ページ
4	神経軸索ジストロフィー・小脳皮質アビオトロフィーとその他の疾患	パピヨンの神経軸索ジストロフィー（NAD）の症例	動画 1	初診時（3.5 カ月齢）の様子	00：32	p.67
			動画 2	5 カ月齢時の様子	00：28	p.67
			動画 3	6 カ月齢時の様子	00：32	p.67
6	認知機能不全症候群（痴呆症）	認知機能不全症候群（CDS）罹患犬	動画 1	特徴的な旋回，無目的歩行，および方向転換・後退行動の不能（15 歳，雑種）	01：45	p.87
			動画 2	姿勢異常および前転（17 歳，ヨークシャー・テリア）	00：24	p.87
7	頭蓋内奇形性疾患（水頭症を除く）	犬のキアリ様奇形	動画 1	大後頭孔拡大術の様子	00：18	p.109
		猫の小脳奇形	動画 2	酔っぱらい歩行	00：52	p.113
8	水頭症（主に先天性水頭症について）	脳底動脈における RI 測定	動画	RI の測定法	01：13	p.122
9	非神経疾患に伴う代謝性脳症・ニューロパチー	低血糖症	動画 1	低血糖により発作を呈している犬	00：28	p.130
			動画 2	静脈内への糖補給後の全身状態	00：30	p.130
		高血糖症	動画 3	高血糖による意識レベルの低下	00：11	p.131
		尿毒症	動画 4	尿毒症によりけいれんを呈している犬	00：14	p.133
		電解質異常	動画 5	低 K 血症のために運動失調を呈した猫	00：07	p.134
		チアミン欠乏症①	動画 6	眼瞼反射の消失が見られたチアミン欠乏症の猫	00：13	p.135
		チアミン欠乏症②	動画 7	治療前の様子（歩様の観察）	00：10	p.136
			動画 8	治療前の様子（垂直眼振）	00：28	p.136
10	肝性脳症	ベンゾジアゼピン受容体拮抗薬が著効した肝性脳症の 1 例	動画 1	初診時の様子	00：44	p.146
			動画 2	フルマゼニル投与後	00：19	p.146
11	神経膠腫	症例 1，犬の膠芽腫の 1 例①	動画 1	起立位の様子	00：36	p.159
			動画 2	ふらつきの様子	00：12	p.159
			動画 3	手術の様子	05：56	p.159
			動画 4	治療後の様子	00：35	p.159
		症例 2，犬の膠芽腫の 1 例②	動画 5	初診時の様子	00：07	p.160
			動画 6	手術 220 日後の様子	00：21	p.160
		症例 3，犬の神経芽細胞腫の 1 例	動画 7	初診時の様子	00：27	p.163
			動画 8	手術 5 日後の様子	00：45	p.163
14	犬の特発性脳炎（1）：壊死性髄膜脳炎と壊死性白質脳炎	壊死性髄膜脳炎（NME）	動画 1	発症から 2 日後のパグ	00：14	p.190
		壊死性白質脳炎（NLE）	動画 2	脳幹（視床）が障害され旋回運動をする雑種犬（マルチーズ×シー・ズー）	00：30	p.194
15	犬の特発性脳炎（2）：肉芽腫性髄膜脳脊髄炎とその他の疾患	播種型 GME	動画	確定診断されたトイ・プードル（7 歳，雄）	00：26	p.201
16	感染性脳炎	犬ジステンパーウイルス（CDV）感染	動画 1	CDV 感染が認められた子犬	01：04	p.211
			動画 2	CDV 感染が認められた成犬	00：07	p.211
17	不随意運動：全身性振戦症候群をはじめとした振戦を呈する疾患	全身性振戦症候群の 1 例	動画	マルチーズ，6 歳，避妊雌の様子	01：27	p.234
18	てんかん	焦点性発作	動画 1	ハエ咬み行動	02：48	p.243
			動画 2	意識減損を伴わない焦点性発作①	02：35	p.243
			動画 3	意識減損を伴わない焦点性発作②	04：35	p.243
			動画 4	焦点性発作からの二次性全般化	01：32	p.243
		全般発作	動画 5	全般強直間代性けいれん	01：52	p.244
			動画 6	ミオクロニー発作	00：28	p.244
		WHMD の進行性ミオクロニーてんかん（ラフォラ病）	動画 7	視覚刺激によるミオクローヌス	00：22	p.245
19	ナルコレプシー	犬のナルコレプシー	動画 1	遊戯によるカタプレキシー	00：38	p.268
			動画 2	カタプレキシー発作誘発試験	00：46	p.273
			動画 3	症例犬の発作所見	01：14	p.275
20	各種中毒と神経徴候	医原性の中毒	動画 1	犬と猫のイベルメクチン中毒	01：06	p.280
			動画 2	メトロニダゾール中毒	00：28	p.280
			動画 3	メトロニダゾール中毒による発作	00：48	p.280

脊椎・脊髄疾患

章		Video Lectures	動 画		再生時間（分：秒）	掲 載 ページ
24	頚部椎間板ヘルニア	臨床症状と神経学的検査	動画 1	背弯姿勢，ミオクローヌスを示す症例	00：59	p.334
			動画 2	四肢麻痺・起立困難を示す症例と神経学的検査	01：48	p.334
25	胸腰部椎間板ヘルニア	外科手術	動画	片側椎弓切除術のアプローチ法	04：28	p.351
26	ウォブラー症候群	罹患犬の様子	動画	ウォブラー症候群に罹患した犬	00：53	p.364
27	馬尾症候群：変性性腰仙椎狭窄症	神経根徴候	動画 1	急性の片側性の跛行を認めた症例	00：09	p.378
		坐骨神経の障害	動画 2	膝関節を屈曲しない特徴的な歩行の様子	00：19	p.378
		ロードシス試験	動画 3	ロードシス試験により腰背部痛を誘発しているところ	00：09	p.381
28	変性性脊髄症	初期症状	動画 1	後肢の運動失調の様子	00：51	p.390
			動画 2	両後肢の不全麻痺が進行	00：31	p.390
		中期～末期症状	動画 3	後肢による起立は不能ながらも随意運動は残っている様子	00：12	p.391
			動画 4	後肢の随意運動が完全に消失した様子	00：21	p.391
			動画 5	四肢の随意運動が消失し横臥状態となった様子	00：43	p.391
33	脊髄空洞症	外科療法	動画	空洞-くも膜下腔シャント（S-S シャント）チューブを空洞内に挿入した様子	00：13	p.429
34	脊髄腫瘍	髄内腫瘍の症例	動画 1	初診時の歩様	00：16	p.442
			動画 2	放射線治療終了後の歩様	00：13	p.442
36	脊髄炎	ステロイド反応性髄膜炎・動脈炎（SRMA）症例の歩様	動画	歩様の異常	00：24	p.462
39	ビタミン A 過剰症，発作性転倒	キャバリア・キング・チャールズ・スパニエルの発作性転倒	動画	症例，初診時の様子	00：59	p.480
40	脊髄損傷	外傷性脊椎骨折・脱臼における CT 検査の有効性	動画	柴，14 歳，雌の CT 所見	00：04	p.485

末梢神経・筋疾患

章		Video Lectures	動 画		再生時間（分：秒）	掲 載 ページ
43	遺伝性ニューロパチー	特発性多発性ニューロパチーを発症したアラスカン・マラミュート	動画 1	歩行困難	01：26	p.517
			動画 2	脊髄反射の低下～消失	00：52	p.517
45	炎症性ニューロパチー	犬の急性多発性神経根神経炎	動画 1	急に起立不能となったシー・ズー（2 歳，雌）	00：48	p.539
		猫の急性多発性神経根神経炎	動画 2	2 週間前から歩様異常を呈したペルシャ（10 歳，雌）	00：56	p.539
		神経根神経炎（感覚ニューロパチー）	動画 3	約 1 年前から歩様異常を示すマルチーズ（9 歳，雌）	01：41	p.540
		腕神経叢神経炎	動画 4	発症後 20 日，および 4 カ月の様子	00：23	p.540
		特発性三叉神経炎	動画 5	下顎が下垂した犬①	00：03	p.542
			動画 6	下顎が下垂した犬②	00：17	p.542
		特発性顔面神経麻痺	動画 7	右側に麻痺が認められる症例	00：57	p.543
46	特発性前庭疾患	動的平衡障害の例	動画 1	脳腫瘍での回転後眼振	00：07	p.550
		前庭障害	動画 2	特発性前庭疾患での軸転	02：30	p.550
		めまい・平衡障害診断	動画 3	回転後眼振検査（正常例）	00：27	p.554
		特発性前庭疾患の臨床徴候	動画 4	自発眼振	00：08	p.554
		特発性前庭疾患の代償期	動画 5	代償期での回転後眼振（時計回り）	00：06	p.555
			動画 6	代償期での回転後眼振（反時計回り）	00：14	p.555
		特発性前庭疾患の犬の経過例	動画 7	第 20 病日の様子	01：01	p.558
			動画 8	第 40 病日の様子	02：12	p.558
48	後天性重症筋無力症	全身型後天性重症筋無力症の猫（9 歳，雌）	動画 1	エドロホニウム投与前	00：32	p.568
			動画 2	エドロホニウム投与後	01：19	p.568
			動画 3	ピリドスチグミンとプレドニゾロンによる治療から 4 カ月後	00：21	p.568
		先天性重症筋無力症が疑われる子犬（2 カ月齢）	動画 4	エドロホニウム投与前と投与後の様子	00：39	p.570
50	炎症性筋疾患	咀嚼筋筋炎	動画 1	開口を嫌がる様子	00：16	p.598
		ウェルシュ・コーギーの炎症性筋症	動画 2	後肢の震えが再発した様子	00：13	p.602
		トキソプラズマに感染した猫	動画 3	後肢の強張りによる運動失調，頭部の振戦の様子	00：20	p.606
		ネオスポラ感染症による多発性筋炎	動画 4	運動失調	00：15	p.607
			動画 5	ナックリング	00：03	p.607
			動画 6	膝蓋腱（四頭筋）反射の低下ならびに前脛骨筋反射の消失	00：09	p.607
			動画 7	引っこめ反射の低下	00：08	p.607
51	その他のニューロパチー，ミオパチー	ミオキミア／ニューロミオトニアのヨークシャー・テリア（8 歳，未避妊雌）	動画 1	ミオキミア	00：21	p.613
			動画 2	ニューロミオトニア	00：25	p.613
		ミオトニアを発症したトイ・プードル（7 歳，未避妊雌）	動画 3	歩行時の様子	00：14	p.615

■神経学的検査表

神経学的検査表　neurological examination　　　　検査日時＿＿＿＿＿＿＿＿　＿＿：＿＿

名前＿＿＿＿＿＿＿＿＿＿＿＿＿＿　　体重＿＿＿＿kg

動物種・品種＿＿＿＿＿＿＿＿＿＿　　発症時期＿＿＿＿＿＿急・徐々

性別＿＿＿＿＿＿＿＿＿＿＿＿＿＿　　進行の程度＿＿＿＿＿＿＿＿

生年月日＿＿＿＿＿＿＿＿＿＿＿＿　　てんかん発作　有・無＿＿＿＿＿＿

現在の治療 current treatment：

既往歴 history　初発，再発，過去の治療の有無：

観察 observation

意識状態 mental status：正常，傾眠 somnolent，昏迷 stuporous，昏睡 comatose＿＿＿＿＿＿＿＿

知性・行動 intellectual behavior：正常，異常＿＿＿＿＿＿＿＿

姿勢 posture：正常，捻転斜頚 head tilt，横臥・腹臥・座位，頭位回旋 turning＿＿＿＿＿＿＿＿

歩様 gait：正常，自力起立，自力歩行，運動失調 ataxia，不全麻痺 paresis・麻痺 plegia（tetra，para，mono，hemi）

旋回 circling，測定障害 dysmetric，その他の異常＿＿＿＿＿＿＿＿

不随意運動の有無：なし，振戦 tremor，ミオクローヌス myoclonus，その他＿＿＿＿＿＿＿＿

触診 palpation

筋肉：萎縮 atrophy，緊張 tone 亢進 / 低下＿＿＿＿＿＿＿＿

骨・関節＿＿＿＿＿＿＿＿

姿勢反応 postural reactions		LF	RF	LR	RR
固有位置感覚 proprioception	ナックリング knuckling				
	ペーパースライド paper slide test				
踏み直り反応 placing	触覚性 tactile				
	視覚性 visual				
跳び直り反応 hopping					
立ち直り反応 righting					
手押し車反応 wheelbarrowing					
姿勢性伸筋突伸反応 extensor postural thrust					

脊髄反射　spinal reflexes		LF	RF	LR	RR
膝蓋腱（四頭筋）反射 patella	大腿神経；L4，L5，L6				
前脛骨筋反射 cranial tibialis	坐骨神経の腓骨神経；L6，L7				
腓腹筋反射 gastrocnemius	坐骨神経の脛骨神経；L7，S1				
橈側手根伸筋反射 ext.carpi radialis	橈骨神経；C7，C8，T1				
二頭筋反射 biceps	筋皮神経；C6，C7，C8				
三頭筋反射 triceps	橈骨神経；C7，C8，T1				
引っこめ反射 flexor/withdrawal	C6-T2 / L6-S1				
交叉伸展反射 crossed extensor					
会陰反射 perineal	陰部神経；S1，S2				
皮筋反射 panniculus reflex		L		R	

NE＝not evaluated 評価せず，0＝absent 消失，1＝depressed 低下，2＝normal 正常，3＝hyper 亢進，4＝hyper with clonus クローヌスを伴う亢進

（獣医神経病学会 HP より一部改変，2015 年 2 月現在）

脳神経 cranial nerves		L	R	
顔面の対称性 facial symmetry	表情筋			顔面 facial［7］
	側頭筋，咬筋			三叉 trigeminal［5］
眼瞼反射 palpebral				三叉［5］眼枝 ophthalmic → 顔面［7］
角膜反射 corneal				三叉［5］眼枝 ophthalmic → 外転［6］
威嚇瞬目反応 menace				視 optic［2］→ 顔面［7］　（小脳）
瞳孔の対称性 pupil size	S　M　L			動眼 oculomotor［3］
斜視 strabismus	正常位			動眼［3］，滑車 trochlear［4］，外転 abducent［6］
	頭位変換（誘発）			前庭 vestibular［8］
眼振 nystagmus	正常位			前庭［8］　（小脳）
	頭位変換（誘発）			前庭［8］
生理的眼振 phys.nystagmus				動眼［3］，滑車［4］，外転［6］，前庭［8］
対光反射 pupillary light	左刺激			視［2］→ 動眼［3］
	右刺激			視［2］→ 動眼［3］
知覚 sensation	（鼻），上顎			三叉［5］上顎枝 → 顔面［7］
	下顎			三叉［5］下顎枝 → 顔面［7］
開口時の筋緊張				三叉［5］
舌の動き・位置・対称性 tongue				舌下 hypoglossal［12］
飲み込み swallowing				舌咽 glossopharyngeal［9］，迷走 vagus［10］
僧帽筋，鎖骨頭筋，胸骨頭筋の対称性				副 accessory［11］
綿球落下テスト				視 optic［2］
嗅覚 olfaction				嗅 olfactory［1］

知覚 sensation	LF	RF	LR	RR
表在痛覚 superficial pain				
深部痛覚 deep pain				
知覚過敏 hyperesthesia	有・無			

排尿機能 urinary function

　随意排尿　有・無＿＿＿＿＿＿＿＿＿＿＿＿＿＿＿＿

　膀胱　　　膨満・圧迫排尿容易＿＿＿＿＿＿＿＿＿＿＿

鑑別診断リスト differential diagnosis

コメント comments

検査者名：＿＿＿＿＿＿＿＿＿＿＿＿＿＿＿＿＿＿＿

病変の位置決め　lesion localization　とその理由

1. 末梢神経＿＿＿＿＿＿＿＿＿＿＿＿＿＿＿＿＿＿＿
2. 脊髄：　C1-C5, C6-T2, T3-L3, L4-S3
3. 脳：　前脳（大脳・間脳），脳幹（中脳・橋・延髄），小脳，前庭（中枢・末梢）
4. 全身性神経筋疾患＿＿＿＿＿＿＿＿＿＿＿＿＿＿＿
5. 正常

推奨される検査　recommended test

《 緑書房 創業 55 周年記念出版 》
犬と猫の神経病学 各論編

Midori Shobo Co.,Ltd

2015 年 4 月 20 日　第 1 刷発行©

監修者……………………長谷川大輔・枝村一弥・齋藤弥代子

発行者……………………森田　猛

発行所……………………株式会社 緑書房
〒 103-0004
東京都中央区東日本橋 2 丁目 8 番 3 号
TEL　03-6833-0560
http://www.pet-honpo.com

編　集……………………羽貝雅之・大谷裕子・小林奈央・松原芳絵・酒井瑞穂

カバーデザイン……株式会社 メルシング

印刷・製本…………株式会社 アイワード

ISBN 978-4-89531-216-5 Printed in Japan
落丁，乱丁本は弊社送料負担にてお取り替えいたします。